燃气输配系统的设计与实践

李猷嘉　著

中国建筑工业出版社

图书在版编目（CIP）数据

燃气输配系统的设计与实践/李猷嘉著. —北京：中国建筑工业出版社，2006
ISBN 978-7-112-08740-2

Ⅰ. 燃... Ⅱ. 李... Ⅲ. 煤气输配 Ⅳ. TU996.6

中国版本图书馆 CIP 数据核字（2006）第 133147 号

本书包括的主要内容有：绪论；燃气输配系统；系统负荷、设计负荷及负荷的调节方法；燃气流量的计算；支管的能力设计与建设；配气系统能力的设计原理；管网的模拟；能力设计经济学；管材的力学特性与金属管材；系统设计中的塑性材料；阀门；燃气的调压与超压保护；调压站的设计；配气管网的施工、维修和运行；事故的调查研究；环境、安全与危机评估等内容。

本书可供从事燃气输配系统的设计、施工、研究、管理等人员使用，也可供大专院校师生使用。

*　　*　　*

责任编辑：胡明安　姚荣华
责任设计：赵明霞
责任校对：张景秋　兰曼利

燃气输配系统的设计与实践
李猷嘉　著
*
中国建筑工业出版社出版、发行（北京西郊百万庄）
各地新华书店、建筑书店经销
北京密云红光制版公司制版
廊坊市海涛印刷有限公司印刷
*
开本：787×1092毫米　1/16　印张：35½　字数：881千字
2007年3月第一版　2016年8月第三次印刷
定价：**75.00**元
ISBN 978-7-112-08740-2
（15404）

前　言

我国城市燃气的建设起步早，但发展慢。世界燃气工业在近二百年的历史中，已经历了由煤制气到油制气再到天然气的几个阶段。我国到上世纪末，以陕气进京为标志，加上随后的“西气东输”，才开始迎来大规模使用天然气的阶段。与发达国家相比，整整落后了半个多世纪。工业的发展，如果没有一定规模的实践，是不可能走在世界发展的前列的，燃气工业也不例外。

天然气到来之后，从气井的井口到用户的燃烧器顶端形成了一条燃气链。燃气链包括：天然气的开采与处理，地下储气、输气、配气和应用等几个环节，各个环节既互有联系，又各有其技术内涵。当今世界的燃气工业已发展到一个相当高的水平。21 届世界燃气大会的标语是“天然气是 21 世纪的能源”，22 届的标语是“天然气——促进未来生态平衡发展的催化剂”。燃气的消费量在世界能源构成中的比重已达到 24%左右。不仅建成了跨国的长输管线，发展了燃气的国际贸易；许多大城市也相应配套建成了数千到上万公里的城市配气管网；地下气库的建设也达到了相应的规模，工作燃气容积达到了世界燃气消费总量的 14%；各个环节上各种设施合理的配置，确保了供气的安全；燃气应用的范围和规模也日益扩大，形成了一个庞大的基础设施产业。世界上各种高科技的成果在燃气工业中得到了应用。以国际燃气联盟（IGU）为代表的国际组织，以及每三年一次的世界燃气大会反映了国际燃气工业的进展水平。近十年来，亚洲、西太平洋地区许多国家的燃气工业也开始迅速发展。

燃气输配系统是城市燃气的主体，是最贴近用户的城市基础设施，燃气市场的需求应以安全、成本、效益和用户的满意度为标准。因此，燃气输配系统是确保城市安全供气的核心，也是燃气链中单位输气量投资最大的部分，其内容包括城市门站后的公用输气干线、配气管网、储气调峰和各种调压、计量设施等，大量的设计参数需要定量化，以期充分反映城市对燃气需求的动态规律。科技越是进步，越能反映各类动态规律的真实情况，并逐渐形成了完整的设计理念和方法，反映了各国科技水平之间的差距。由于燃气属于易燃、易爆和压力输送气体，直接牵动着各类用户的安全，因此，供气的安全性和经济性成为工程的主要难点，相关设备产品的性能和质量成为工程的主要关键，先进的施工、维修、更新、检测和管理系统成为科技进步和技术创新的主要内容。在世界各地举行的国际燃气技术与设备的展览会上，许多科技成果日新月异，得到了充分的反映。

反观我国的城市燃气事业，与发达国家相比，在规模和用气结构上就有很大的差距，而一定的用气结构和规模反映着一定的技术水平。又由于在我国长期的计划经济时期，城市燃气一直坚持保本微利，带有福利性质；实际执行的情况是成本高、亏损严重，安全事故不断发生，长期处于严重不足的局面，阻碍了行业的科技进步。

天然气到来后，在发展煤制气时期积累的一些经验已不能满足要求。粗放的设计、施工和管理方式急待改变，规范、标准等建设必须迅速与先进国家接轨。从工程的设计理念到设备的研制开发和管理体系，必须迅速赶上发达国家的水平。

在编写本书的过程中，编者主观上期望能充分反映先进国家燃气输配系统设计与实践方面的经验和水平，在设计方面能反映先进国家，特别是美国的设计理念和方法，一个燃气输配工程师必须掌握的基础内容和必须具备的职业素质；在实践方面，能反映21世纪初的国际水平。为此，经过多年来对国、内外资料的收集、考察、学习和研究，反复比较和探讨，逐步形成了本书的内容。回顾过去半个多世纪来从事城市燃气建设工作的历程，从上世纪50年代初学习前苏联开始，一直以前苏联的经验为模式，已形成了一套完整的思路和方法，加上长期的计划经济，行业发展缓慢和对发达国家的资料、书籍缺乏系统研究等因素，已习惯于老一套的做法，由此而产生的惰性也不容忽视。近年来，在燃气工程中虽然也引进了一些发达国家的先进设备，但对整个体系的影响仍不大。这些说明，燃气工业技术上与发达国家的接轨，必须从行业的基础理论体系开始，弄清发达国家燃气技术发展中的每个环节的来龙去脉，进行系统的学习、验证、分析和比较，不断从我国的工程实践和管理中总结经验，才能取得进步，为逐步参与国际燃气工程建设准备条件，这也是本书所期望能达到的目标。

本书虽编写了几个年头，希望能为广大燃气工作者做一些新的贡献，但由于水平有限，书中难免有误，敬请读者不吝赐教斧正。

本书承北京建筑工程学院王民生教授审阅，谨此表示衷心的感谢。

李猷嘉于中国市政工程华北
设计研究院

目　　录

绪　论

燃气工业源于以煤制气为主的城市燃气，已有近二百年的历史（肇始于1812年），最早在欧洲，但很快就发展到北美和其他国家。19世纪中叶后，亚洲的少数国家也开始起步；当时的规模很小，用户主要是民用、商业和少量的工业，集气源、贮气、输配和应用为一体，形成一条燃气链，称为城市燃气，在社会生活中起着越来越重要的作用。进入20世纪后，气源结构开始发生变化，天然气迅速发展。如1900年美国天然气占国内能源生产总量的3.2%，1962年已达到34%（$393.4\times10^9m^3$）；而当时西半球的其他国家的天然气工业发展较慢，1961年仅占世界市场产量的18%，美国却占75%。1963年美国使用天然气的用户为3394万户，相当美国燃气用户的95%，天然气干管的长度为111.8×10^4km（包括气田的集气管线，输气管线（32.12×10^4km）和配气管线（69.8×10^4km），但不包括支管在内[2]。二战后，前苏联开始建设长输管线，天然气工业迅速发展。20世纪70年代，欧洲由于北海气田的发现，天然气工业也加快发展，经过近半个世纪的建设，也形成了强大的天然气工业，与此同时，城市燃气也完成了由人工燃气（Manufactured gas）向天然气的转换（Conversion）工作。天然气在世界一次能源中的比重已达到24%，形成了以天然气为主要气源的供气系统，其构成可见图0-1[85]。

根据图0-1所示的天然气系统，从气井井口到燃烧器顶端（From the wellhead to the burnertip）称为供气链。供气链包括天然气的生产与处理、地下贮气、输气、配气和应用5个环节。这5个环节互有联系但又有不同的技术内涵。从井口到燃烧器顶端这个大系统内不断有新的问题产生，为了推动燃气工业的发展，解决发展中存在的问题，1931年在英国伦敦成立了国际燃气联盟（International Gas Union—简称IGU），每隔3年召开一次世界燃气大会，每届会议都有需要解决的重点问题；按供气链中的五个环节成立了分委员会，形成了不同的专业内容，侧重研究各自发展中的共性问题，进行学术交流，推动科技进步。联盟的主席每三年轮换一次，到2003年已开过22届世界燃气大会（我国于1986年参加该组织）。

我国城市燃气发展的特点是起步早，发展缓慢，与国际的发展规律不同步。当前，世界各国均以天然气到来前后作为城市燃气发展的分界线。我国到上世纪90年代中期以“陕气进京”为标志才开始天然气到来的阶段。与发达国家相比，落后了半个世纪。天然气到来之后，供气链的各个环节均面临着降低成本、扩大用气范围和技术上与国际接轨这三个问题，科技的进步也将开始走上与世界各国燃气工业相同的发展道路。

值得注意的是，天然气到来之后，我国在发展人工燃气阶段积累的经验已不能满足当前发展的需要，在计划经济时期许多粗放的做法和相应的经济概念也不适应当今市场经济的需要。城市燃气在许多国家均属于公用事业，而我国甚至在相当长的时期内还看成是福利事业，因而改革步履缓慢，影响行业的科技进步。

技术上如何改变粗放的做法，做到精益求精，就需要系统地掌握发达国家的先进技术，不断积累，以求创新。科技越是进步，就必然越是贴近事物发展的实际情况，从这点

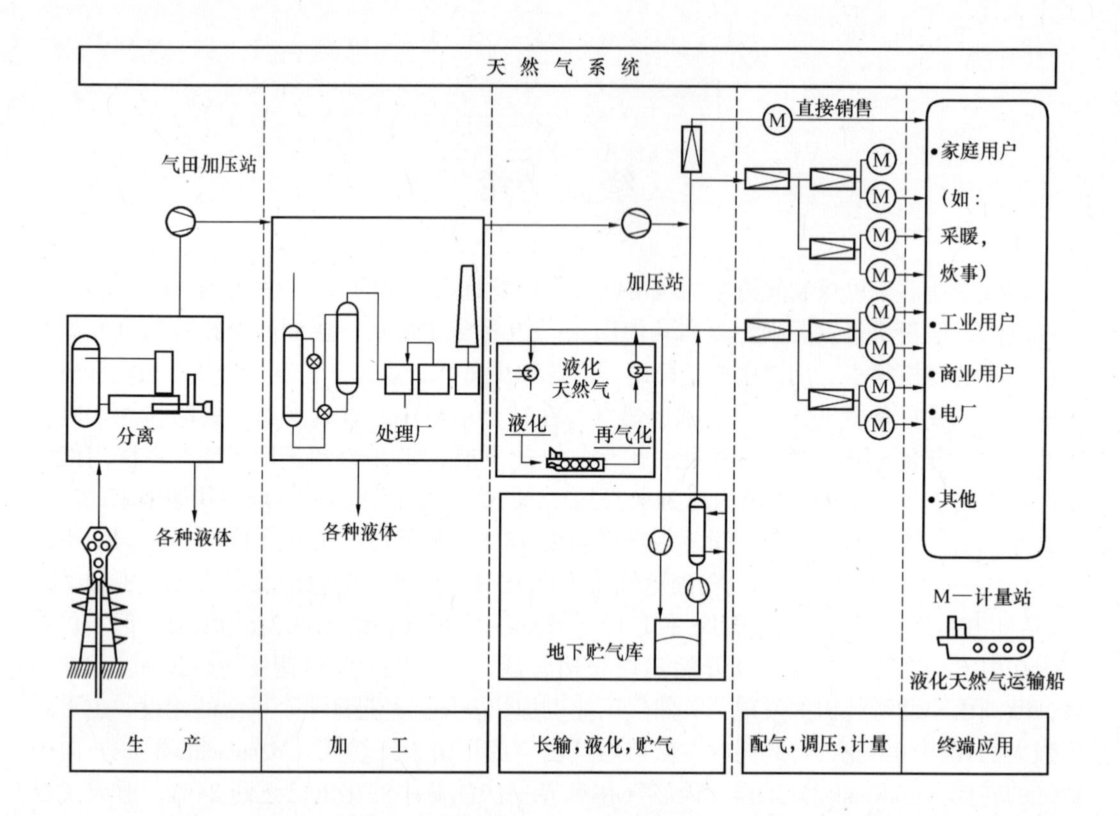

图 0-1　天然气供气系统

看，需要研究的课题很多。本书希望能作为行业科技工作者“迎头赶上”的一个基础。

一、天然气的资源与市场

天然气是化石燃料中最清洁的一种能源，在世界的各个地区均发现有丰富的天然气资源，其蕴藏量提供了一个安全、有效和可靠的能源资源。国际燃气联盟宣称，21 世纪是天然气的时代，预计 2030 年在世界一次能源中的比重将达到 27%。2001 年 1 月 1 日发布的世界天然气的储量可见表 0-1[120]。

世界天然气的储量（2001 年 1 月 1 日发布）　　**表 0-1**

地　区	证实储量		增加储量		潜在储量		总储量	
	10^9m^3	%	10^9m^3	%	10^9m^3	%	10^9m^3	%
非　洲	11200	7	3800	4	3100	1	18100	4
中　东	59100	36	26000	27	58400	25	143500	29
东　亚	2800	2	1100	1	33800	14	37700	8
南　亚	1800	1	900	1	2600	1	5300	1
东南亚和大洋洲	9200	6	2900	3	2600	1	14700	3
东欧和北亚	56100	35	8400	9	92200	39	156700	32
西欧和中欧	5400	3	4300	5	4100	2	13800	3
北　美	8400	5	45000	47	34000	14	87400	17
南　美	7500	5	2500	3	6700	3	16700	3
世界总计	161500	100	94900	100	237500	100	493900	100

2000～2030 年地区性天然气的消费量可见表 0-2。[120]

地区性天然气的消费量① (10^9m^3) 表 0-2

地 区	2000	2010	2030	增长率（%）	
		（潜在量）		2000～2010	2010～2030
非 洲	63	95	155	4.3	2.5
中 东	193	290	520	4.2	3.0
东 亚	128	222	383	5.7	2.8
南 亚	50	105	247	7.7	4.4
东南亚和大洋洲	106	199	267	6.5	1.5
东欧和北亚	547	604	746	1.0	1.1
西欧和中欧	457	622	778	3.1	1.1
北 美	803	980	1420	2.0	1.9
南 美	95	165	315	5.7	3.3
世 界	2442	3282	4831	3.0	2.0

注：①在理想的条件下，天然气的消费量将超过 2030 年预测量的 18%。

由表 0-1 和表 0-2 可知，世界天然气的蕴藏量是很丰富的，但天然气在世界各产气区的产量也是不平衡的。国外的研究工作者[121]根据燃气的资源状况将产气国分成三类：一类是天然气富裕的国家（Gas Surplus Countries）；另一类是天然气短缺的国家（Gas Short Countries）；再一类是天然气时多时少的国家（Surplus Window Countries）。因此，资源丰富程度不同的国家应采取不同的利用对策。需求量大的发达国家也不一定自身有丰富的资源，于是又产生了天然气的国际贸易问题。不论天然气来源如何，天然气发展中的首要问题是经济问题[121]。发展的第一个障碍是它的成本结构和定价方法（Structure of gas costs and pricing），因为没有一个单一的成本和价格的计算标准可以简单地和其他替代燃料的成本作比较。另一个障碍是确定燃气的高使用价值（High value uses of gas），明确何处利用和怎样利用才能充分发挥燃气的高使用价值。国际燃气联盟十分重视决策中的长期战略研究项目，它将对世界天然气的发展起到指导作用，因此，除燃气链中各环节所包含的研究课题外，还围绕着：世界天然气的前景、战略和经济性；环境、安全与健康；燃气在发展中国家的经济问题和液化天然气（LNG-Liguified Natural Gas）问题等四个方向开展研究工作，其中天然气的资源前景显然是最主要的，它是回答"21 世纪是天然气时代"的立论依据。为此，世界各国的专家们已经做了大量的工作[118,119]。研究的目标已不限于常规天然气资源（Conventional Gas Sources）还包括非常规天然气资源（Unconventional Gas Sources）。研究(2003 年）认为[120]，非常规天然气资源中可能发展成为天然气工业气源的，包括天然气的水合物（Natural gas hydrates），低渗透性的天然气蕴藏量（Low-permeability gas reserviors）以及煤层甲烷气（Coal-bed methane）等。其他非常规天然气资源，如水溶天然气（Aquifer gas），浅层气（Shallow gas）和深层气（Deep gas）等则在较远的将来也具有地区性意义。人工燃气也在增长中。当前，世界上的人工燃气主要用于生产蒸汽、电力、氢和化工产品，以改变到 20 世纪末一直用来专门生产制造化学药品的状态。许多专家对非常规天然气的产量还做了定量分析[118]。这说明 21 世纪中天然气在世界能源中的作用是非常重要的。

专家们预测，天然气的生产和输送成本在多数耗气地区将不断上升。到 2030 年左右，如果还沿用当今的天然气开采技术，则平均生产成本将达到40～50美元/1000m^3[120]。

2000年，天然气的洲际贸易量约占世界天然气消费量的12%。90%的出口量来自东欧和北亚，东南亚等。从最近的报告可知[120]，近年来又建成了20000km的输气干线和5座新的天然气液化厂（Natural gas liquifaction plants），新增供气能力31×10^6t，又有21艘LNG油轮投入运行，预计到2030年，天然气的国际贸易量将增加3倍，需要新的投资额约2万～3万亿美元，虽然投资的数额与历史的成本相比并无夸大，但融资是很大的，需要各国政府和法规等方面的合作，建立一个稳定的法律框架，涉及到包括法律、规程、经济、财务、技术和环境等各个方面。财政和法律是大投资项目的先决条件。

发展天然气还应考虑到环境、安全和健康，要研究它与可持续发展的关系。可持续发展应当既满足当代人的要求，又不对后代人满足其需求构成危害，天然气就具备这一优势，与其他化石燃料相比，天然气的碳密度（Carbon intensity）最小，有很高的氢碳比，对相同的能源消费量，它所排放的CO_2量较小，约相当于煤炭的$\frac{1}{2}$，比燃油少20%，可产生较低的NO_x排放量，几乎可以忽略SO_2和影响地区空气质量的颗粒物的排放。油、煤和天然气的燃烧排放量可见表0-3[122]。

油、煤和天然气的燃烧排放量（以油当量为基础）（kg）　　**表0-3**

排放物	燃烧1t油	燃烧1t油当量的煤炭	燃烧1t油当量的天然气（即1120m^3天然气）
CO_2	3100	4800	2300
SO_2	20（含1%S未脱）	6（含1%S，80%已脱除）	—
NO_2	6（工业用）	11（工业用）	4（工业用）
CO	6～30	4.5～20	0.5～3
未燃烃	0.5	0.3	0～0.45
灰	—	220	—
飞灰	—	1.4	—

从世界范围看，能源的低碳化也是一个发展趋势，发展天然气有利于促进低碳化，1860～1996年全球低碳化的状况可见图0-2。[118]

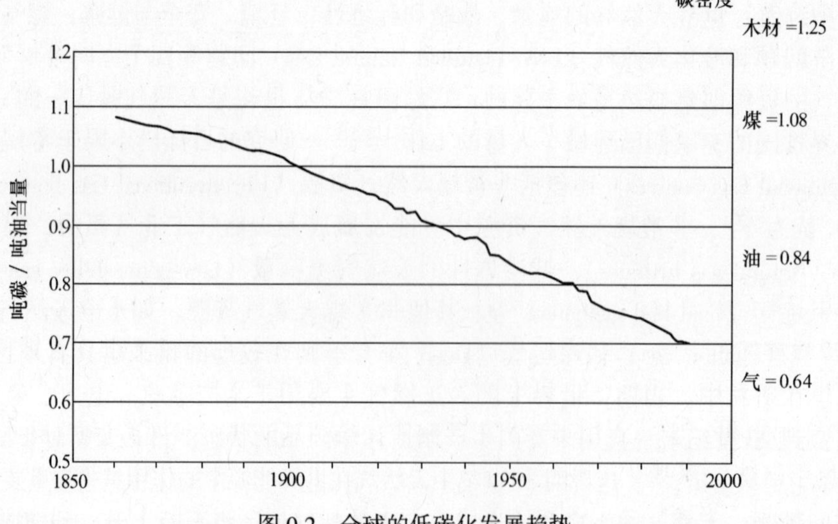

图0-2　全球的低碳化发展趋势

由图 0-2 可知，自 1860 年以来，全球的低碳化每年约降低 0.3%。

我国天然气资源丰富，报刊上不断有鼓舞人心的报导，近期探明总资源量达 $38000\times10^9m^3$。目前仅探明了 7%。虽然天然气在中国整个能源体系中目前所占的份额很小，2002 年仅占一次能源总消费量的 3%，2003 年城市用气仅 $16.9\times10^9m^3$，但中国正在迅速扩建基础设施，促进国内天然气的消费及进口，前景很好。

天然气定位于环境友好燃料（Environment-friendly fuel）是完全适当的，它在能源资源可选择的层次上具有独特的和战略的地位，是一种无后悔的燃料（Fuel of no Regret）。有效地利用天然气，不断提高其能源利用率和支持发展有效的新能源资源是走可持续化能源发展的关键。

二、燃气输配系统在供气链中的作用

发展燃气工业的目的最终在于应用，也就是满足市场的需求。由于气源往往远离市场，依靠输配系统向市场供气。输配系统主要解决两大问题，即供气的稳定性与用气的波动性之间的矛盾。为了解决这个问题，就出现了贮气或补充气源等环节。当供气规模日益扩大后，这一环节甚至还包括战略储备在内，成为一个独立的工业体系，并可以由第三方参加。另一个问题是输气压力和用气压力之间的矛盾。为了提高输气的经济性，燃气的输送压力不断提高，但从用气的安全性和可靠性来看，降低压力才能保证使用安全，对用户来说，压力必须降到用户的安全使用范围之内，且不同用户有不同的压力要求。输气系统和配气系统就成为完全独立的两个体系，国际上已称为输气工业和配气工业，其分界线各国常以门站为界：门站上游为输气系统，门站下游为配气系统。但门站下游的管道也有相当大的部分担负输气任务（公用输气管道），因此也统称燃气输配系统，它是一个多级压力系统，还需要许多场站的配合（类似于电网）。由于配气系统均设在城市中，城市人口众多，用户构成复杂，其建设与城市的发展和规划密切相关，于是城市的输配系统就成为城市的重要基础设施之一，是城市的生命线工程，属于城市中的永久设施。某些国家输气管线和配气管线（不包括支管）的长度如表 0-4[123]。

1995 年部分国家输气管线和配气管线的长度（km） **表 0-4**

国 名	输气管线	配气管线	总 计
阿根廷	10696	86500	97196
澳大利亚	12060	64292	76352
奥地利	4400	17800	22200
孟加拉国	1173	8226	9399
比利时	3503	40124	43627
巴 西	3962	4372	8334
克罗地亚	646	1063	1709
捷克共和国	14146	23605	37751
埃 及	3000	2800	5800
爱沙尼亚	810	1370	2180
芬 兰	820	1170	1990
法 国	31759	136860	168619

续表

国　名	输气管线	配气管线	总　计
德　国	50000	270000	320000
英　国	17900	251700	269600
匈牙利	4485	40832	45317
伊　朗	8801	38970	47771
爱尔兰	1004	4771	5775
意大利	27659	164000	191695
拉脱维亚	1238	3317	4555
立陶宛	1453	4044	5497
新西兰①	2560	7200	9760
挪　威	3700	10	3710
波　兰	16580	79330	95910
韩　国	1055	10723	11778
罗马尼亚	11100	20982	32082
俄罗斯	147784	200479	348263
斯洛伐克共和国	5191	12296	17487
斯洛文尼亚	730	194	924
西班牙	6412	14750	21162
瑞　典	527	3000	3527
瑞　士	1990	11480	13470
荷　兰	11424	108000	119424
美　国②	591951	1379557	1971508

注：①为估计数。

②美国为1991年数据[124]。输气管线中包括138856 km的集气管线。

由表0-4可知，在供气链（Gas supply chain）中配气管道的长度大大高于输气管道的长度。配气管道和输气管道可以同步建设，但不可能同步建成。配气系统是一个复杂的、不断分支和不断延伸的系统，它随城市的发展而发展。配气系统必须对用户保证不间断的供气，安全供气是第一因素。配气系统的建设难度大，城市地下管道复杂，埋管的限制条件多。法国的经验为[125]：配气管网前期投入大，建设期长，资金返回慢，还款期长，没有单一买方能承诺长期购买。因此，天然气到来后，燃气输配系统的建设常成为燃气工业发展中的一个“瓶颈”。燃气输配系统的利用率国际上常以总销售量（10^6m^3）与系统总长度（km）的比值表示。国际应用系统分析研究所（IIASA）[118]对自1933～1994年美国的耗气量与管道长度关系的数据进行了研究，得出回归方程式如下：

$$Y = 2810.2X + 74671 \tag{0-1}$$

式中　Y——燃气管道长度，km；

　　X——燃气消费量，10^9m^3。

其依据的资料可见图0-3[118]。

研究工作者按此关系式用外推法推算全球2050年全球的燃气管道长度约为70×10^6km，在整个“甲烷气时代”约为140×10^6km，并认为届时实际的管道长度也可能低于

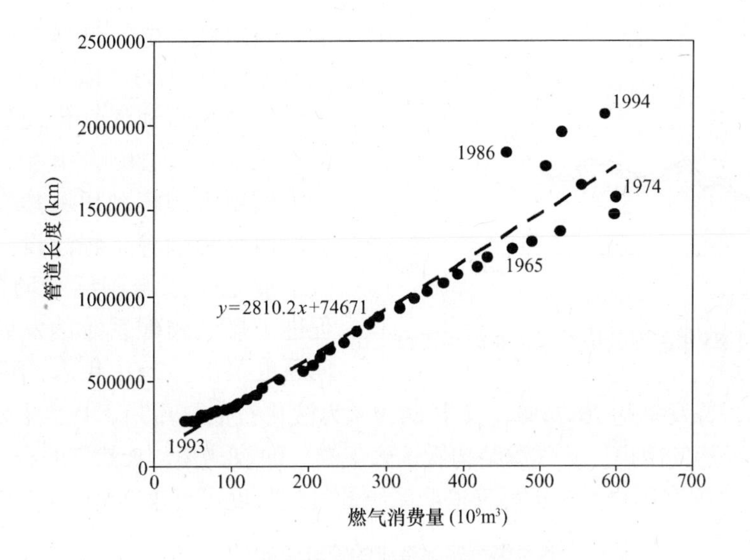

图 0-3　1933～1994 年美国管道长度与燃气消费量的关系

此值[118]。

按我国自 1986～1998 年的城市燃气管道长度与耗气量的关系，通过回归分析计算，也可得回归方程如下[126]：

$$Y = -19000 + 520X \tag{0-2}$$

式中　Y——燃气管道的长度，km；

X——燃气消费量，10^{12}kJ。

需要注意的是，美国的统计公式已包括了长输管线的长度，而我国的统计公式仅包括城市管网。

与美国的统计公式相比，按我国公式求得的结果偏大。如以年输 $10\times10^9\text{m}^3$ 的天然气相比较，按公式（0-1）计算约为 0.1×10^6km，而按公式（0-2）计算则约为 0.16×10^6km，且输气量越大，偏差也越大。

影响管长的主要因素为单位管长的输气量，它与用户的用气量和分散程度有关。用户的用气量越小、越分散，则单位管长的输气量越小，输配气的成本也越高。为了增大单位管长的输气量，就必须扩大燃气的利用范围，增大除民用以外的用气量，且统一在同一个输配系统中才能提高经济效益。

包括地下气库在内的输配系统建设投资可参考，美国 1960～1985 年公用燃气工业的年建设支出（图 0-4）[144]。图 0-4 可帮助我们建立一个公用燃气工业的投资概念，地下贮气和配气系统的投资大大超过输气系统的投资。一个设施不完整的天然气系统难以保证安全供气。

从上述分析可知，燃气输配系统的地位十分重要，至今各国仍在不断研究和完善燃气输配系统，提高其输气能力和经济性，用最新技术提高输配系统的设计、运行和管理水平，确保安全供气。

三、我国燃气输配系统的现状与前景

我国的燃气输配系统是随城市燃气的发展而逐步形成的。城市燃气发展的特点是起步早、发展慢。以煤为原料的城市燃气输配系统压力低、规模小和投资大。20 世纪 90 年代

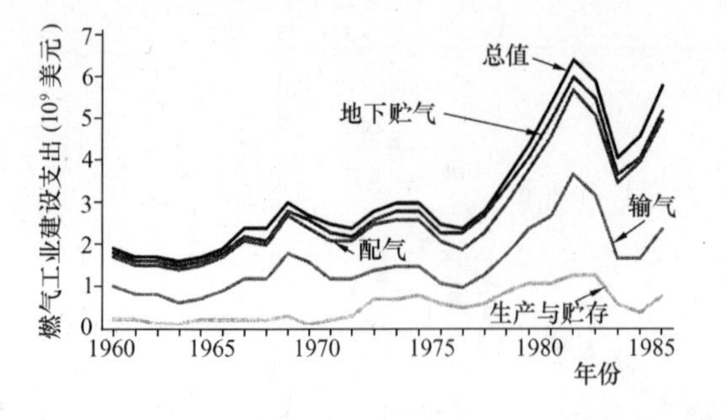

图 0-4 1960～1985 年美国公用燃气工业的年建设支出

后，我国城市燃气迅速发展主要依靠液化石油气（LPG），以瓶装供气为主，有少量的液化石油气气化或混空气的简易供气系统。从 1995 年开始，陕气进京拉开了城市大规模利用天然气的序幕，随后的西气东输等工程建设，使我国的燃气工业走上了与国际相同的发展轨道，促进了燃气输配系统的发展，但面临的问题也很多。2003 年末，我国城市用气人口为 2.6 亿，普及率达 76.74%，其中 64.9%为液化石油气用户，18.5%为人工燃气用户，16.6%为天然气用户。从气源结构看，人工燃气的 28.9%，天然气的 26.5%和液化石油气的 69.4%供家庭用户。各类燃气输配系统的管道长度可见表 0-5。

各类燃气输配系统的管道长度（km） **表 0-5**

燃气类别 \ 年份	1990	1991	1992	1993	1994	1995	1996
人工燃气	16312	18181	20931	23952	27716	33809	38486
天然气	7316	8054	8487	8889	9566	10110	18752
液化石油气	—	—	—	—	—	—	2762
总 计	23628	26235	29418	32841	37282	43919	60000
燃气类别 \ 年份	**1997**	**1998**	**1999**	**2000**	**2001**	**2002**	**2003**
人工燃气	41475	42725	45856	48384	50114	53383	57017
天然气	22203	25429	29510	33655	39556	47652	57845
液化石油气	4086	4458	6116	7419	10809	12788	15349
总 计	67764	72612	81482	89458	100479	113823	130211

由表 0-5 可知，天然气管道的增长最快，2003 年管长达 57845km，与 1995 年相比增加 35.7 倍，家庭用气量为 $3.75 \times 10^9 m^3$，供气人口 4320 万人，已超过人工燃气管长的 57017km，但天然气的用气人口仍少于人工燃气（4792 万人）。近年来我国长输管线的建设发展迅速，城市管道的建设明显滞后。长输管线与配气管道必须按一定的比例发展（可参考表 0-4），且应考虑与用户连接的支管长度。人工燃气的管道有一部分可转换使用天然气，但转换的速度不会太快，天然气在城市供气中要发挥更大的作用，显然还有大量工作要做。

以上的分析仅是说明管道的建设状况，在城市输配系统中，管道的建设仅是一个部分，切不能理解为燃气输配系统就是管道的建设。为了确保系统能按需要安全、连续供气，还要有一系列的设施建设配合，作为一个系统整体，它所包含的内容很多。

我国在发展人工燃气的输配系统中已积累了不少的经验，配套设备的生产也有了一定的规模，如各种储罐，场、站中的阀门、调压器等设备等已有国内产品。在规范、规程和标准建设中也做了大量的工作，这些无疑为发展天然气工业奠定了基础，但生产实践的要求决定工业的技术水平，我国大规模天然气的利用还刚起步，尚未经历发达国家那样大发展的生产实践，技术空白很多。必须清醒地认识到，我国目前的技术水平与发达国家相比还有很大的差距。例如，输配系统的经济性、安全性和可靠性差，寿命期短；调峰、贮气的环节甚为薄弱；设备陈旧落后，国产化率很低；科技投入不足，因循守旧，缺乏创新能力；规范体系与国际不接轨，建设工作任重道远；设计、施工、管理工作粗放；投入产出效率低下，急需有一个重大的突破，使我国燃气输配系统的科学技术逐步达到国际水平。

四、编写本书的目的与要求

我国燃气输配工业中的许多重要技术尚未与国际接轨。但科学技术的国际接轨，不是简单引进国外先进设备，而是在市场经济的前提下，结合本国的情况，通过消化吸收和采用先进的科学技术，使整个供气系统取得与先进国家同样的经济效益。因此，科技接轨应该是一个广义的概念，它包括科学决策、技术经济分析、设计、施工、管理及其体制等各个方面。

各国发展燃气工业的模式不同，与气源资源的条件有关，欧、美和日本就有很大的差异。因此，科技接轨必须博采众长，但提高效益的目标应该是一致的。科技接轨当前的任务，首先应反映在规范、规程和标准的国际接轨上。规范、规程和标准是推动科技进步的依据，要深入了解发达国家制定时的根据和沿革。我国燃气输配系统的设计规范基本上还是采用前苏联的体系，带有计划经济的特征，比较粗放、简单，在一个模式内操作，许多地方不符合我国加入 WTO 后贸易技术壁垒协议（TBT）的要求。一般来说，规范内容主要应该反映安全要求的强制性内容，不能限制设计、管理人员的创新能力。设计、管理人员应该不断用先进的科学技术不断改进设计和管理方法，使之更接近于工程实际，以提高效益为目标，不断取得进步，而不是千篇一律，重复进行粗放的简单化工作。

其次，要缩小与先进国家燃气输配系统技术水平的差距，还应系统地切实掌握发达国家的先进技术和处理工程技术的思路，特别是我国尚无实践经验的新技术和新方法。实际上，当今世界各个领域中出现的先进技术在燃气输配系统的设计和实践中均有反映，且发展迅速，在每三年一次的世界燃气大会上就有明显的进展，发达国家的成果始终起着主导的作用。

本书在编写过程中，意图在解决上述第二个问题中能有所贡献，所引用的参考资料能反映当前燃气输配系统的最高水平。从世界燃气大会上展出的图书和书目中，有美国燃气协会新出版的《燃气工程运行与实践》丛书，共 12 册，是继美国《燃气工程师手册》后的另一部巨著。1993 年访问美国燃气协会总部时，承蒙赠予其中的《系统设计》和其他著作、规范和软件等，通过阅读每届世界燃气大会上发表的论文、报告、统计资料以及收集到的国外工程文件等，对世界的先进水平有了一个较为完整的理解。因此，根据自己多年来的思考与实践，在编写本书时，确定了两个奋斗目标，一是在设计方面，期望能系统反映发达国家的思路和方法，在市场经济条件下，如何在设计中贯彻效益的思想和从实践出发的作风。美国在燃气输配工业方面历史悠久，资料最为完整，出版的书籍和研究成果对各国的影响很大，规范、标准引用的范围也广，因而作为首选的参考内容，再旁及到其他国家的先进经验。二是在实践方面，期望能反映发达国家 21 世纪初所取得的成就。各发达国家在工程实践中均有大量的创新性成果，是世界高科技在燃气领域中的应用范例，且日新月异地在发展中，有些已成为我国技术引进的重要部分。学习国外的先进技术应靠自己的努力，不断思考与积累，在此基础上勇于实践、不断创新才能取得进步。技术的进步，最终应反映在所取得的效益上，只有通过与发达国家的比较才能认识到差距。我国的科学技术需要有几代人的努力才能进入世界的先进行列，燃气工业亦不能例外。

第一章　燃气输配系统

第一节　燃气输配系统的组成

燃气输配系统包括一种或多种压力等级的管网和相应的设施，其任务是将燃气从供气源点，如城市门站，贮气设施或制气厂，经济、安全、可靠地向用户供气。

随着各国城市燃气气源的发展和变化、城市规划的不同特点、供气规模的大小和科学技术的进步，燃气输配系统也有一个演变的过程。在人工燃气时代，供气规模较小，民用户占主要地位，因而供气压力较低，输配系统的组成也比较简单。自从天然气成为城市的主要气源后，由于用户结构发生了根本的变化，城市燃气输配系统也发生了根本的变化。典型的燃气输配系统构成可见图 1-1[1]。

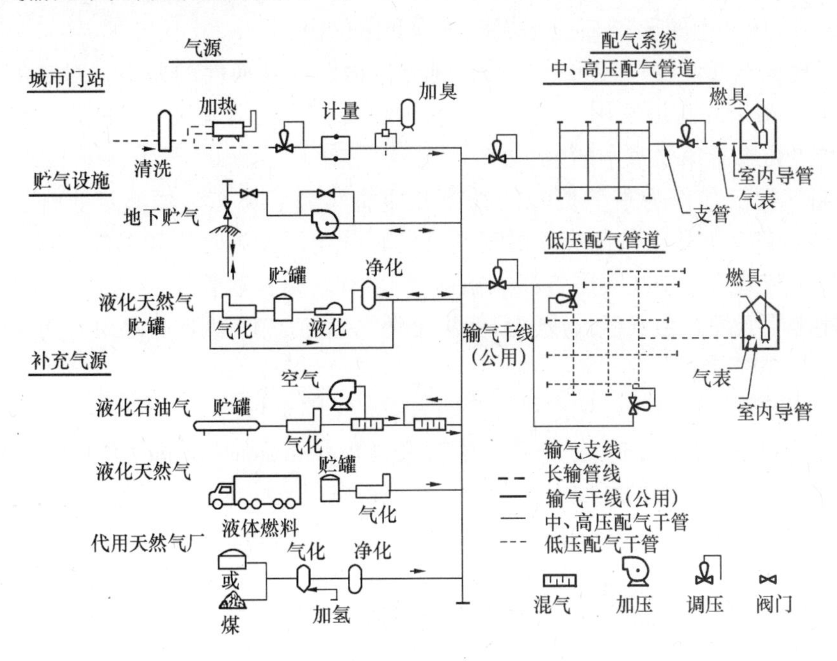

图 1-1　典型的燃气输配系统构成

由图 1-1 可知，供气源点包括三个主要部分：城市门站（或市边站）（City Gate Station）、贮气设施（Gas Storage Facilities）和补充气源（Supplemental Sources）。

1. 城市门站。城市门站是长输管线和输配系统的交接站，主要包括清洗、加热、调压、计量和加臭几个部分。城市门站主要有两个功能，一是将长输管线的压力减压至城市输配系统所要求的压力；二是计量城市配气部门按合同所购进的燃气量。门站内通常设有两套并联的燃气计量站，一套属长输公司管理，另一套属城市配气部门管理。计量精度双方认同，每日统计燃气的销售量，以便按合同进行财务结算。计量站中燃气的计量，除流量外，还包括按购气合同中所规定的质量标准所要求的检测设施。流量应按合同规定的标准状态换算；质量检测包括热值、华白数、硫化氢和总硫含量、烃露点、水露点、氧含量和惰性气体含量等是否符合购气合同的要求。在市场经济条件下，供气质量影响到购卖双方以及用户的利益。在以液化天然气作气源时，有的国家（如日本）还设有热值调整部分。

2. 贮气设施。这是进行季节调峰或储备气源以确保安全供气不可缺少的部分。包括地下贮气库（UGS）和自备的液化天然气贮站。地下气库的类型很多。2003 年，世界上的地下气库已超过 634 座[120]，其调峰能力决定于两个指标：即贮库的工作燃气容积（WGV-Working gas volume）（m^3）和日回供量（Withdrawal capacity）（m^3/d）。日回供量越大，调峰的灵活性也越大。2003 年世界 634 座已有贮库设施的工作燃气容积已达 $340\times10^9m^3$，回供能力为 $200\times10^6m^3/h$。工作燃气容积的配置状况为：东欧和中亚占 42%，美洲占 38%，西欧占 19%，亚洲其他地区占 1%。

自备的液化天然气贮站也可作为贮气设施，通常作为同期性的备用。自建天然气的液化厂时，对天然气要作预处理，其标准为[127]：CO_2 浓度应脱至 50ppm，水应脱至 1ppm，汞应脱至 $10\times10^{-9}g/m^3$（n），重烃（特别是芳香烃）应在液化前脱除，N_2 应小于 1%（摩尔百分数），天然气中的 S 和 Cl 会形成硫化物和卤化物。

自建液化天然气调峰厂经再气化后，还应根据燃气互换性的要求，对热值调整或加 N_2 和加臭后才能进入管道使用。德国、比利时、荷兰、美国有这类调峰厂，调峰厂的工作范围和特点可参看第二章中的表 2-23。

3. 补充气源。常作为季节调峰的补充和应急气源。补充气源有：液化石油气（丙烷）-空气混合站、液化天然气流动供气站（已有液化厂设施时）和以油或煤为原料的代用天然气厂等方式。例如在美国首都华盛顿[129]，有三条长输管线供气，在西弗吉尼亚汉普县有一座地下气库，但气候最冷时只能满足耗气量的 2/3，因此，还设有两座丙烷-空气调峰站作为补充气源。

输配系统的管道部分，按用途可分为四大类（见图 1-1）：

1. 输气干线（Trunk mains）。来自长输管线（Transmission pipeline）（3.0～8.0MPa）的燃气，经城市门站（主要供气源点）调压后至城市输气支线的一段管道。这段管道也可称为公用供气干线（Utility supply mains）或公用输气干线（Utility Transmission mains）。压力通常为 0.4～5.5MPa。

2. 输气支线（Feeder mains）。由输气干线经调压后至配气干管之间的一段管道。通过调压器也可与用户支管相连。

3. 配气干管（Distributor mains）。许多配气系统常包括若干个在不同等级压力下运行的管网。如图 1-1 所示，来自高压输气干线的燃气可以通过调压器向高压、中压和低压配气管网供气。运行压力为 0.2～0.8MPa 的高压管网又可分成两种类型，即直接为用户服务或向中压或低压配气管网供气。

4. 支管（services）。连接配气干管与用户燃气管道的一段管道。

由图 1-1 可知，上述几种燃气管道均以调压器、阀门或燃气表作分界。不论燃气表置于室外还是室内，连接燃气表和燃具的管道可称为燃气导管（Fuel run）。各国按用途对燃气管道还有其他的分类方法，如输气干管、配气管道、庭院管、引入管、立管和户内导管等。

燃气管道也可按压力分类，但其名词术语或每一等级的压力范围在国际上并没有确切的统一规定[1]。图 1-1 中所示的压力分级只是代表燃气工业中一种常见的情况。

各国配气管道的压力分级可见表 1-1，它与本国城市燃气的发展历史、安全要求、城市结构和规划等情况有关。历史上在使用煤制气的阶段，国外一般采用 900 ~ 1400Pa 的低压配气系统，由一个 10 ~ 200kPa 的中压管网通过调压站或贮罐向此低压配气系统供气。当各国转换使用天然气后，由于天然气本身的压力较高，因而采用中压配气系统较为有利。为使天然气灶具正常燃烧，低压配气系统也将压力提高到 2000 ~ 3000Pa。

各国城市燃气输配管道的压力分级（10^5Pa）①　　**表 1-1**

国　家	高　压	中　压	低　压	燃气表前最大允许压力
阿尔及利亚	>4	A：0.4 ~ 0.03 B：4 ~ 0.4	<0.03	0.02
阿根廷	>1.5	1.5	<0.05	0.02
比利时	>15	A：0.5 ~ 0.1 B：5 ~ 0.5 C：15 ~ 5	<0.1	5.0
加拿大	>5	A：3 ~ 0.1 B：5 ~ 3	<0.1	0.05
丹　麦	>4	A：1 ~ 0.1 B：4 ~ 1	<0.1	0.1
法　国	>19	A：0.4 ~ 0.05 B：4 ~ 0.4 C：19 ~ 4	<0.05	4.0
德　国	>1	1 ~ 0.1	<0.1	0.1。有些地区是 0.025
荷　兰	>1	1 ~ 0.04	<0.04	0.1
匈牙利	>6	A：3 ~ 0.1 B：6 ~ 3	<0.1	0.1
意大利	>5	A：0.5 ~ 0.04 B：5 ~ 0.5	<0.04	0.04
西班牙	>4	A：0.4 ~ 0.04 B：　~ 0.4	<0.05	常用 0.05
瑞　典	>4	4 ~ 0.1	<0.1	0.1
英　国	>7	A：2 ~ 0.075 B：7 ~ 2	<0.075	0.075
美　国	>4	A：1.5 ~ 0.5 B：4 ~ 1.5	<0.5	0.5（气表常装于户外）

注：①来源：十五届世界燃气会议文件。

表 1-1 说明，配气系统有三种类型：

1.X 型。即高压或中压配气管道通过调压站降至低压后直接供用户。意大利 95%，英国 80% 的配气系统采用 X 型。

2.Y 型。中压（10^4Pa）直接供用户，在表前降到 2500Pa（L 型天然气）或 2000Pa（H 型天然气），如比利时、荷兰在人口稠密区采用 Y 型。

3.Z 型。中压 0.1～0.4MPa 直接供用户，在表前降到低压。如阿尔及利亚、加拿大、法国、西班牙、丹麦采用 Z 型，最高压力为 0.4MPa；阿根廷采用 Z 型，一般为 0.15MPa；德国采用 Z 型，最高 0.1MPa；匈牙利农村采用 Z 型，最高 0.4MPa；美国一般采用 Z 型有 0.4MPa 和 0.17MPa 两种。

用户燃气表前的最高允许压力并不是燃具要求的额定压力。一般燃具可直接与压力小于 0.04×10^5Pa 的管道相连接（或设燃具调压器），如与压力大于 0.04×10^5Pa 的管道相连，则在气表前必须设置调压器。前苏联规定 0.05×10^5Pa 时，表前应设用户调压器，称为较高压力的低压系统；有的国家规定 0.1×10^5Pa 时，表前应设用户调压器，称为磅压系统。表前调压系统应与表前最高允许压力相匹配，以确保供气的安全。

我国城镇燃气设计规范在 2006 年版中根据长输高压天然气的到来和参考国外城市燃气的经验，规定城镇燃气管道应按燃气设计压力分为 7 级，如表 1-2 所示。

城镇燃气设计压力（表压）分级　　　**表 1-2**

名　　称		压力（MPa）
高压燃气管道	A	$2.5 < P \leq 4.0$
	B	$1.6 < P \leq 2.5$
次高压燃气管道	A	$0.8 < P \leq 1.6$
	B	$0.4 < P \leq 0.8$
中压燃气管道	A	$0.2 < P \leq 0.4$
	B	$0.01 \leq P \leq 0.2$
低压燃气管道		$P < 0.01$

输配管道压力的分级，取决于用户与管网根据经济和安全规定的连接条件。如民用户（包括单户采暖）和小型商业用户，历史上出于安全考虑，运行压力只要求低压，通常与低压配气管网相连；而大型商业用户，有时虽然运行压力也只要求低压，但一般不与低压管网相连，因为由低压管网承担流量大的集中负荷是不经济的。

中压及次高压燃气管道（小于 0.8MPa）用来通过调压站向城市低压及中压管网供气或向工业或大型商业用户供气。

城市中的次高压管道（0.8～1.6MPa）是向大城市供气的主动脉，常连接成环状、半环状或辐射状，通过调压站向中压或次高压（小于 0.8MPa）的管道供气，或对大型工业或工艺过程要求高于 0.8MPa 的工业用户供气。

鉴于在城市的发展过程中，由于交通事业的进步和对居住环境的要求，不少国家的城市居民已在远离城市中心的独立建筑中居住，且比例在逐步增大（即所谓城市空心化），因此，与管网的连接条件也在发生变化。有些国家的管网连接条件已按区域划分，如旧城区、商业区、郊区和工业区等。旧城区、商业区的居民用户与低压管网相连；而郊区、工业区的居民，则与中压或次高压管网（B）相连。居民用户与中、次高压管道（B）相连时，应通过专设的调压装置。

在输配系统中也可采用更高压力的管道（>1.6MPa），形成公用输气干线，联系若干个门站，并作管道贮气使用。有的国家，一个管网的供气范围已涉及若干个城市，形成一个大型区域性供气管网，则采用更高压力的管道是十分必要的。我国《城镇燃气设计规范》（2006 年版）中对高压燃气管道分成两级，最高压力可达 4.0MPa，其安全要求已类似于长输管线，但应比长输管线严格。

管网的压力越高，燃气的焓值也越高，因此压力就是财富，应该充分合理利用，但不能盲目提高对压力等级的要求，影响长输管线的输气能力。

调压装置也是构成燃气输配系统的重要部分。当运行压力较高的管道向另一运行压力较低的管道供气时，在两个系统之间均应安装调压器。调压器的出口压力根据需要可设定为常量或按负荷变化。

与低压配气管网相连的居民用户燃气管道，或与中、高压管网相连的表后燃气管道，其运行压力一般为 1~3kPa。这一压力是由燃具的特性所规定的。

第二节　燃气输配系统的选择

如上节所述，现代化城市的燃气输配系统是一个复杂的构筑物，它由高、中、低压燃气管网、门站、调压站、调压装置、通信及遥控系统等组成。燃气输配系统应保证连续地向用户供气，且运行安全，管理简单、方便，维修与发生事故时能断开，减小影响供气的范围。所选择的输配系统应具有最佳的经济效益，且施工与投产可以分阶段进行。

燃气输配系统按压力级别有以下几种类型：

1. 由一级压力级别管网构成的系统。

2. 两级系统。由低压和中压或低压和次高压（小于 0.8MPa）管网构成的系统。

3. 三级系统。由低压、中压和次高压（小于 0.8MPa）管网构成的系统。

4. 多级系统。由低压、中压、次高压（小于 0.8MPa）及高压（小于或大于 1.6MPa）的管网构成的系统。

城市中配置不同压力级别的管网是考虑到：

1. 城市中有要求不同压力级别的用户，如民用户、小型商业用户等要求低压供气，而许多较大的工业企业及商业用户则要求中压或高压供气。

2. 输气量大、输气距离较远的管道，采用中压或高压，虽技术要求高，但经济上比较合理。

3. 在城市的中心地区或商业区，一般建筑物密集、道路狭窄、交通频繁、地下设施稠密，敷设高压管道难以满足较高的技术要求（包括间距）。此外，高压燃气管道敷设在高密度人流的商业区对安全与运行也不利。

4. 许多国家居民区内的采暖锅炉房及设于建筑物内的调压装置只允许与压力小于 0.4MPa 的燃气管道连接，通常，要求配气管网设计成低压或中压系统。

5. 大城市的多级管网系统还在于其燃气管网在建设、发展和改造过程中均经历了一段很长的时期。城市的中心区和商业区与新区相比采用较低的压力有些是历史造成的。

城市中主要的低压与高压输配管网应设计成一个整体，统一向工业、商业、居民用户以及调压站供气。一个整体的管网要比分别供应用户的管网经济，它可免除许多并行敷设的管道。此外，当居民和商业用户的用气量与工业负荷相比较小时，若统一于一个管网系统供气，则民用部分增加的投资很小。即使对建有工业区的城市，工业区的供气也宜与城市管网合建在一起，以提高管网整体的可靠性，且投资增加很小。只有对特大型工业式电站，宜设专用燃气管道，且不妨碍管道的贮气能力。

一个区域、城市或某镇的燃气输配系统应因地制宜地选择合理的方案。城市输配管网可布置成环状、枝状或环、枝状合用的。

来自长输管线的燃气可以通过若干个门站向城市供气，也可通过门站以辐射状的、环状的或半环状的输气干线或输气支线沿城市外围布置（1.6~4.0MPa），经若干个调压站后再向城市输配管网供气，这样的输气干线可补充长输管线的贮气量。管网上的设备和设施之间应设通信和遥控系统。

选择一个城市的燃气输配系统时，应考虑许多因素，其中主要的有：

1. 气源特性。如燃气组分和热值的变化范围，华白数的变化范围，燃气的净化程度，各种杂质的含量以及含湿量等。

2. 城市的规模、规划及建筑物的特点。经济发展水平和生活习俗，人口密度等。

3. 城市的供气方针和不同供气地区可能达到的居民气化率以及与可替代能源的比价等。

4. 工业企业、商业和电站等的数量和特点等。

5. 是否有大型天然或人工障碍物影响着管道的敷设（如河川、湖泊、山岳、公路和铁路枢纽等），以及城市发展的远景规划等。

6. 设备与管理水平，社会公德以及其他人文因素等。

设计燃气输配系统时，应做出多个方案，进行技术经济比较后从中选择最佳方案。两级、三级或多级燃气输配系统，调压站设于有采暖的独立建筑物内，燃气管道由不同压力级别组成，通常是最常用的、经典性的城市供配气系统。

对中等或较小的城市，一般采用两级系统：次高压管道（小于0.8MPa）和低压管道。如在城市的中心区或商业区内不允许敷设高压管道，则宜采用三级系统：次高压（小于0.8MPa）、中压和低压系统，或中压和低压两级系统。对前一种状况，只有一小部分处于市中心或商业区的高压管道改成中压管道。美国等一些国家，燃气管道的压力越高，所要求的安全技术设施越多（不仅是间距要求），一次投资也越大，因此，不论采用何种方案，均可由技术经济比较的结果来确定。

多级管网系统中，若高压管道的压力大于0.8MPa，只适用于大城市中的局部管网系统，或作为输气干线或输气支线使用。

对大城市及中等城市，所有的配气管网宜设计成环状。对小城市或居民点，不论高压或低压管网，也可设计成枝状。燃气管道的管径应在充分利用压降的前提下，通过计算求定。

调压站在有些国家要求设于有采暖的砖砌独立建筑物内，有些国家则允许设于无遮盖的露天场所，也有些国家允许建在地下。这些都决定于一个国家的气候条件、设备和管理水平以及社会公德等人文因素。调压站应便于运行和维修，其数量应通过技术经济比较确定，其位置应位于该调压站供气区的中心，且一个调压站的供气范围不应覆盖另一调压站的供气范围。

向用户供气的燃气管道应选择最短距离，尽可能减小管道的长度。燃气流的交汇点应在相邻调压站供气区的边界上。交汇点的连线常称为无流线（No flow line）或等压线。

对高程差很大的城市或居民点（如位于丘陵或山区），调压站的布置应考虑燃气的静压。如使用的燃气轻于空气，则调压站的位置宜选择在标高最低的道路附近。

城市中心或商业区的民用、商业和小型工业企业常直接与低压配气管网相连，连接支管只需在建筑物的入口设一启闭设备。这种系统的最大优点是在建筑物的入口支管上无须再设调压器。因为在市中心和商业区，要保证大量调压器的安全运行，既复杂且费用很高。

根据城市居民区的规划特点和该区的人口密度，低压配气管道通常沿街道敷设并逐步形成连续的环状；也可敷设在街坊内部，仅使主要管道形成环状。具体布置方案有以下几种情况：

1. 城市范围内有许多古老的建筑区和商业区，街坊由连续的建筑所构成，形成一个封闭的建筑群（门脸式建筑），多数商业区属于这种类型。这种情况下燃气管道沿每一街道、小巷敷设，相互交叉，自然形成环状。敷设于街道的燃气管道向建筑群每一用户的入口燃气管道供气。

2. 对完全新建的公寓式居住区，建筑物均匀地布置在整个街坊内，建筑物之间有一定的间距，类似这样的规划，燃气管道可敷设在街坊内部。除主要管线连成环状外，多数管道可设计成枝状而形成一个整体管网，并可由不同的调压站供气。

3. 许多别墅式建筑，常位于城市郊区，建筑物之间有更大的距离，燃气管道可敷设在绿化区，可采用高、中压管道系统，通过设于围墙上的表前调压器向用户供气。

为了在维修时能切断向小区供气的低压管网，在管道上应设启闭设备。高、中压燃气管道上的启闭设备应能使个别管段停止工作。启闭设备还应设置在配气管网引出的支管上，建筑物的入口处，调压站的前后，套管的前后，穿越铁路和公路处的前后。启闭设备的数量应严格控制，只要能满足管道的维修、改造和发生事故时的切断要求即可。每一启闭设备的特性用其工作的失效概率表示。概率越大，系统的可靠性越低。但在发生事故时，由于能及时关闭用户，又提高了系统的可靠性。为此，不同国家常根据设备的质量、路面的结构等，规定了启闭设备的设置原则。

以下根据城市的规模和特点[3]，介绍几种管网系统设置时所考虑的原则，作为参考。

图 1-2 为特大城市的管网系统[3]。燃气通过门站由长输管线进入城市输气管网（输气干线或支线）。特大城市可由一条以上的长输管线供气，并有若干个门站，以提高供气系统的可靠性。门站的最佳数量可由技术经济计算确定。

来自门站的燃气先进入城市的外围环，再分成若干个供气点向城市供气。

燃气输配系统是多级的，燃气依次经过高压（或次高压）输气干管，通过调压器阀门的节流，使压力降低，再进入低一级压力的管网。通常，次高压配气干管的最高允许压力为0.8MPa，低压管道的允许压力应小于3kPa。为清晰起见，图面上的管道依次排列着，实际上在同一街道上，可能并行敷设着高压、低压或中压、低压燃气管道。由于低压燃气管道覆盖着整个的供气区，管线也最长。为了减少金属耗量，在不同的地区设有调压站，由中压或高压管道通过调压站供气。调压站的布置越密，并行敷设的管道也越多。有时，

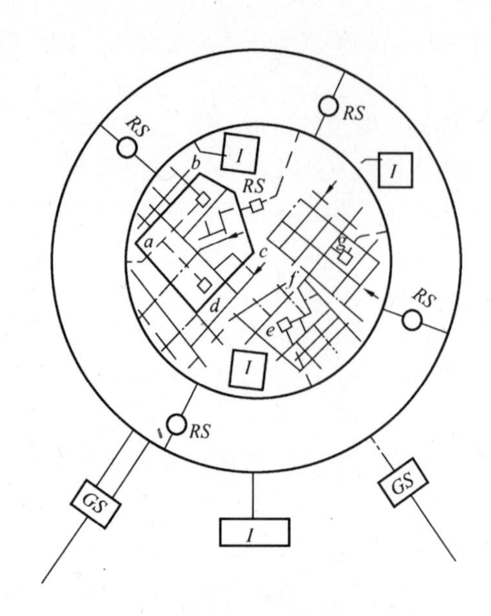

图 1-2　特大城市的多级燃气输配系统
GS—门站；RS—调压站；I—工业

在城市的一些老区和居民区内设有采暖锅炉房或小型工业企业，需要不同的供气压力时，燃气管道的并行敷设就往往不可避免。若在居住街坊和新建小区内无工业企业，其供热又由热电站或大型区域锅炉房承担时，则燃气管道的并行敷设就可大大减少。

多数工业企业可直接与高、中压管网相连，这可减少街道上高、中压管道的并行敷设量。如在城市中的某区只能敷设中压管道，且又联系着居民和共用锅炉房，则在这一区内宜敷设中压管道，通过调压站与位于城市其他区内的高压管道相连。

高压输气干管宜敷设在城市的边缘地区，该区的人口密度较小，地下构筑物也较少。

多级系统是一种十分经济的系统，工业等大用气户所占的比重较大时，主要燃气量由高压输送，可以大大减少管网的金属耗量。

在居民与公共建筑区内只允许敷设低压管网时，户外支管有不同的长度，它决定于建筑物离低压管网的距离。如图 1-2 所示，低压管网覆盖着整个的居民区，如调压器（调压箱）设于每个建筑物内或相邻建筑群的建筑物内，则低压管道的长度最短，它仅由部分户外管和户内管组成。这样的输配系统以后还将专门讨论。

不同压力级别的管网通过调压站相互联系。调压站自动地将燃气压力降至下一级管网所要求的压力值，并保持为常量。为防止调压器后的压力过高，应设超压保护装置。

为提高供气的可靠性，管网应成环。首先应将高压和中压管网成环，因为它是城市的主动脉。低压管网成环仅限于主要街道的燃气管道，次要街道的管道可采用枝状。从供气系统的可靠性来看，环状管网应留有一定的压力储备，对主要环路选择同管径。低压管网有几个供气点时，连接供气点的中压管道可以成环，也可以是枝状供气，且采用同管径(如图 1-2 中的 a、b、c、d、e、f、g 管道)。因为从供气的压力储备观点看，当一个调压站损坏后，易于从相邻的调压站获得燃气，从而提高了管网的可靠性。由于成环的不是全部低压管道，仅是部分干线，因而也是经济的。但是，如调压站设计成有监控调压器的并联系统，则低压管道又无采用同管径的必要。方案的采用要经技术经济比较后确定。

在近代的燃气供应系统中，低压燃气管道并不是一个连成整体的管网，而是按小区的特点配置的。这一原则还可避免低压管道过多地穿越天然障碍物。

对低压管网分配计算流量时，应按枝状管道原理分清管道的主次，尽可能使主要干线担负基本的转输流量，可使管网更为经济。因为经济计算证明，两根并行管道的最佳流量分配，是将所有的流量分配在其中的一根管道上，若平均分配在两根并行的管道上则造价最高。这一结论也适用于若干根并行管道的流量分配。此外，管网中的主要干线，一般工艺和运行条件较好，为提高供气的可靠性，设有严格的控制设备。至于次一级的枝状管道，因只涉及局部用户，停气修理时，影响面较小，且维修工作可在短期内完成。

大城市的三级供气系统示例可见图1-3[3]。

该城市位于河流的两岸，且河东区大于河西区，城市中有较多的工业企业和公共建筑。系统由多个部件组成，貌似多余，实际是提高了管网的可靠性和运行的灵活性。

供应城市的燃气来自两条长输管线，气源的可靠性是很高的。燃气通过三座门站进入城市管网，不仅提高了城市管网的可靠性，也减小了门站的供气半径，降低了城市管网的造价。

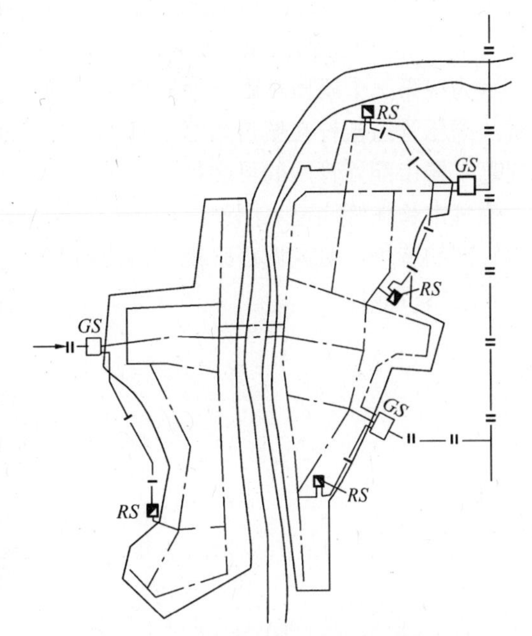

图 1-3　大城市的三级燃气输配系统

GS—门站；RS—调压站；-ıı-—长输管线；-ı-—高压管道；-·-—次高压管道

除低压管网外，系统由两级次高压管网（小于 0.8MPa 和小于 1.6MPa）组成。1.6MPa 的高压管道自门站起至各调压站布置成辐射状，增加了向小于 0.8MPa 级次高压管网的供气点，既降低了造价，也提高了供气的可靠性。次高压（1.6MPa）的枝状管沿城市边缘敷设，调压站也敷设在城市边缘地区。由于 0.8MPa 级的燃气管道与 1.6MPa 级的燃气管道已有部分并行敷设，如再增加供气点，会降低经济性。

次高压管网（小于 0.8MPa）为城市主要的环状管网，敷设在河流的两侧，用两根过河管连接起来，因此，它是一个整体的环网系统，且有 7 个供气点，提高了运行的可靠性。工业用户、锅炉房和向低压管网供气的调压站可与这一次高压管网相连。

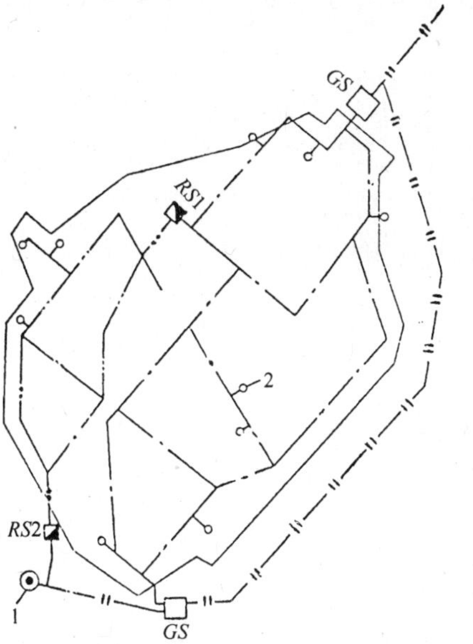

图 1-4　中等城市的四级输配系统

GS—门站；RS—调压站；-ıı-—长输管线；-·-—次高压管道（<0.8MPa）；-··-—中压管道；1—电站；2—用户

中等城市的四级燃气输配系统可见图 1-4[3]。

城市连成一个整体，无河流间隔。西部为老建筑区，街道狭窄，不允许敷设次高压管道（小于 0.8MPa），因此在老区采用了中、低压两级系统。之所以要采用中压管网，是由于居民区中的锅炉房要求与中压管网相连。

中压管网连成环状。两个供气点——调压站成对置状态，缩小了调压站的服务半径，降低了中压管网的投资。两个供气点还提高了这一区域供气的可靠性。

在城市余下的区域内，除低压管网外（图

中未表示），采用次高压（小于0.8MPa）环状管网，由两座门站供气。次高压管道通过调压站（RS1）向中压管道供气，而另一调压站（RS2）则直接由1.6MPa的次高压管网供气，因为在第2个调压站附近设有电站，通向电站的大流量输气管道采用高压较合适也较经济。高压管道敷设在城市边缘，提高了系统的可靠性。此外，由于有三个高压供气点，又提高了城市配气管网的可靠性。

燃气由长输管线进入门站。两个门站虽增加了长输管线的造价，但两点供气又降低了城市管网的造价。对大城市来说，两点或多点供气比仅设一个门站要经济合理，且提高了供气系统的可靠性。

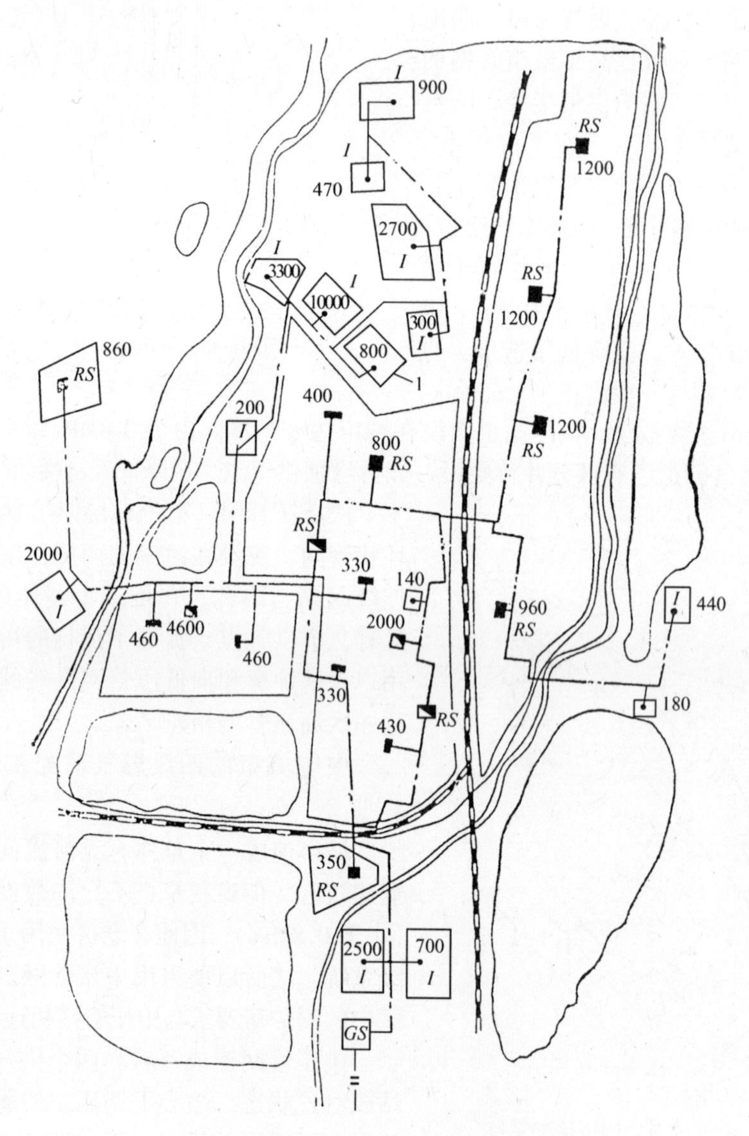

图1-5　中、小城市的燃气输配系统

—锅炉房；—主调压站；—调压箱；*I*—工业；*GS*—门站；*RS*—调压站（箱）

上述有若干个供气点的多环供气系统是经济和可靠的方案；但在布线时，应尽量避免中、高压管道的并行敷设。只有在少量的特殊地区才允许低压管道与中压或高压管道并行敷设。

平原地区中、小城市的燃气输配系统可见图 1-5[3]。该市从北至南有河流与铁路穿越。居住区由三个区域构成，中心区集中了老式建筑（均为 2～3 层）。北部地区的街道不宜敷设高压燃气管道。西区为新建的多层住宅区。东部地区为独立的花园式建筑，可建宅旁管道。

西部与中心地区建筑物的采暖由两个采暖锅炉房承担。中心地区的北部为局部采暖，建有设于建筑物内的锅炉房或壁炉。东部地区的民用住宅则多用壁炉采暖。此外，在市郊还有两个居民点，其燃气供应也纳入城市系统中。

工业企业位于城市的北部，城市管网要向市郊的五个工业企业供气。

该城市采用三级输配系统，门站设于城市的南部边缘，燃气进入次高压管道（小于 0.8MPa）。在城市居民集中区的街道上不能均敷设 0.8MPa 的管道，因该区的北部地区街道狭小，为此，中心居住地区的环状燃气管道由两部分组成：高压南半环（小于 0.8MPa）通过调压站与北部中压半环相连；此部分中压半环的东部地区采用枝状燃气管道，向位于城市北部的两个较小的工业企业供气。由于北部地区的枝状燃气管道有不同的压力级别，因此不能成环。两个大的采暖锅炉房与高压和中压管道相连。

民用与商业用户只与低压管道相连（图中未表示）；小型采暖锅炉房和壁炉也与低压管网相连。

另一中、小城市的燃气输配系统可见图 1-6[3]。该城市气候温和，采暖负荷较小。城市中有河流、铁路和公路穿过，有许多天然和人工障碍物。城市南北约为 6km，东西约为 4km。

城市的布局为长方形，小街坊、街坊面积约为 1.5～3.5hm^2。主要居住区位于河流两岸（在铁道以北），建筑主要为 2～3 层，间或亦有 4 层的；河北地区的居民也有多层建筑；铁路以南为花园式的建筑。

城市的西部有热电站，可保证民用采暖负荷的 40%，主要是 3～4 层的老建筑和 4～5 层的新建筑。1 层或 2 层的建筑均采用局部采暖或壁炉。

城市的街道极为理想，为沥青及圆石路面，街道较宽，对选择不同压力级别的管道无限制。工业企业在城市的各区都有，其用气量约等于居民和商业用户的用气量。

根据城市的大小、特点、地理位置、天然和人工障碍物的情况，采用次高压（小于 0.8MPa）及低压两级系统。由于城市的规模较小，又没有重要的用户，因此高压管道可采用枝状的，其布置可按天然与人为的区域划分。低压管网在图中未表示，但其主要干线应连成环状，而街坊内部的管道则可采用枝状。为向低压管网供气，可根据独立的五个区设四个调压站和三个调压箱。

门站位于城市的北部，主要高压输气干线从城市的东北向西南穿越。来自次高压管网的燃气经调压站向工业用户和热电站供气。向低压管网供气同样也通过调压站。居民及商业用户与低压管网相连。如前所述，1～2 层建筑物的采暖设施也与低压管网相连。

上述供气系统有很好的经济性。高压管道的长度较短，也有很好的可靠性。

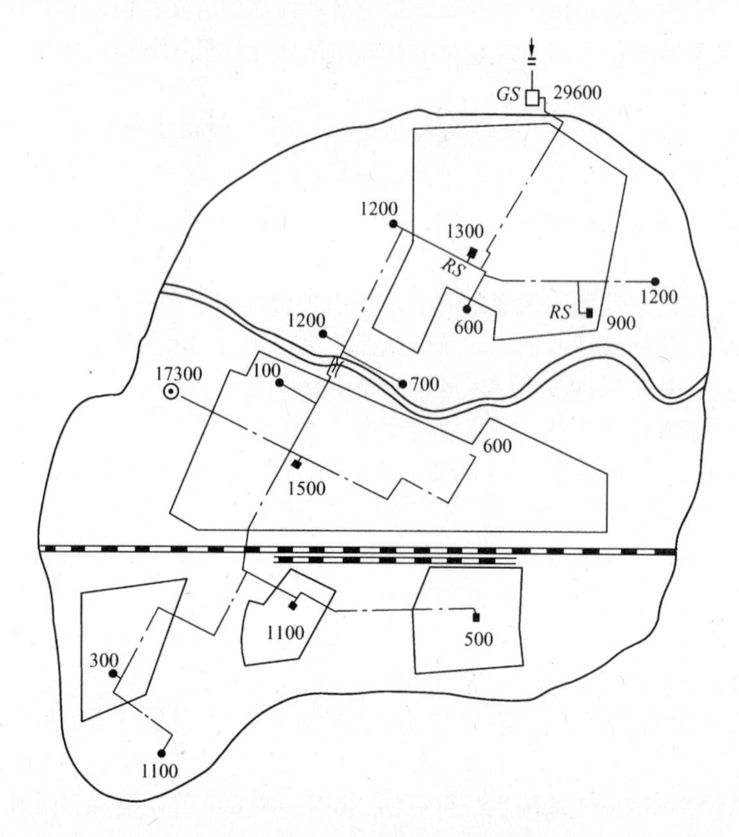

图 1-6　中、小城市的燃气输配系统

GS—门站；*RS*—调压站；-·-次高压管道（<0.8MPa）；⊙热电站

设有调压站的多级供气系统目前世界上最为流行，也最成熟。法国典型的城市输配系统可见图 1-7[38]。

图 1-7 根据区域的不同特点，因地制宜地采用不同等级的管网。其压力分级为：低压管网(B.P)：人工燃气——800Pa；H 类天然气(高热值天然气)——1800Pa；L 类天然气(低热值天然气)——2700Pa；丙烷-空气混合气(热值为 7.6kW·h/m^3)——800Pa；丙烷-空气混合气(热值为 15.7kW·h/m^3)——1800Pa；低压 A 级(B.P.A)——5000Pa，需设用户调压器。中压(M.P)分成三级：中压 A(M.P.A)——5000~40000Pa；中压 B(M.P.B)——$(0.4\sim4)\times10^5$Pa；中压 C(M.P.C)——大于 4×10^5Pa[$(4\sim19.2)\times10^5$Pa]。

采用多级系统的另一原因是，天然气到来后，用户构成已完全不同于人工燃气时代，不同用户对压力的要求也不同；此外，许多国家都有配套的、流量不同的、可靠性能高的调压器生产。调压站的运行也比较简单，已有丰富的技术经济计算依据和设计运行经验。采用低压管网漏气的危险性也比中、高压管网要小。这种系统惟一的缺点是埋地低压管网较长，金属耗量与投资较大，因此，应尽量改进低压管网的设计，挖掘潜力。对低压管网可作如下的分析：低压管网始于调压站，终于燃具，各部分的区分可见图 1-8。

由图 1-8 可知，低压管网首先可分为户外管及户内管，其分界点为建筑物入口的启闭设备。其次，户外管又可分为配气管与支管，虽然边界已十分清晰，但在实际设计中，支

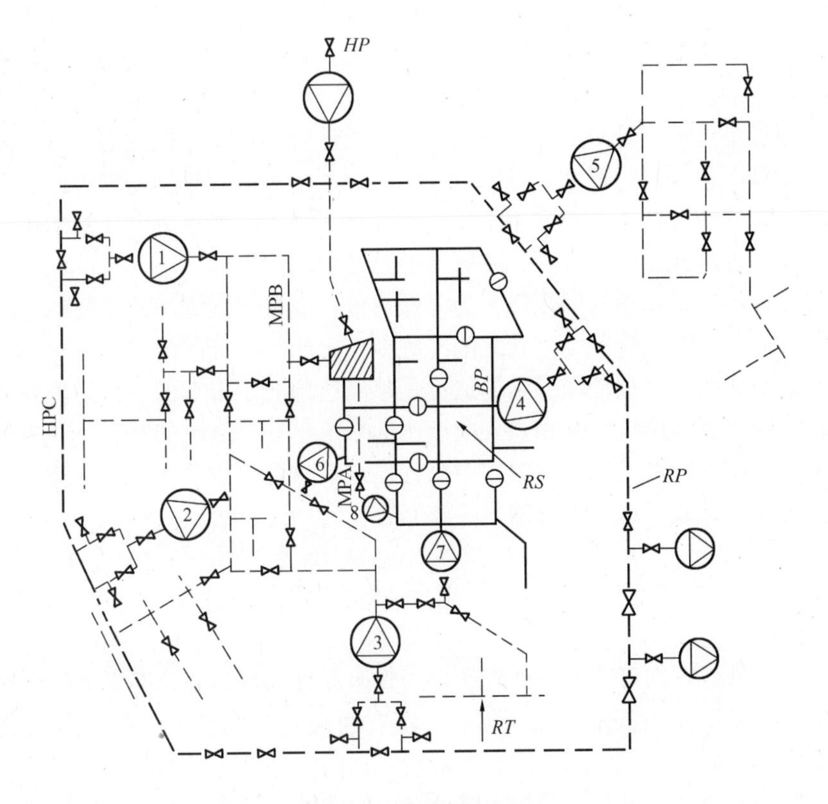

图 1-7 燃气输配管网

门站；调压站；隔断；阀门

M.P.C—（4～19.2）$\times 10^5$Pa 的管道，即初级管道 *RP*；M.P.B—（0.4～4）$\times 10^5$Pa 的管道，即次级管道 *RS*；M.P.A—（0.05～0.4）$\times 10^5$Pa 的管道，即三级管道 *RT*；*BP*—低压管网

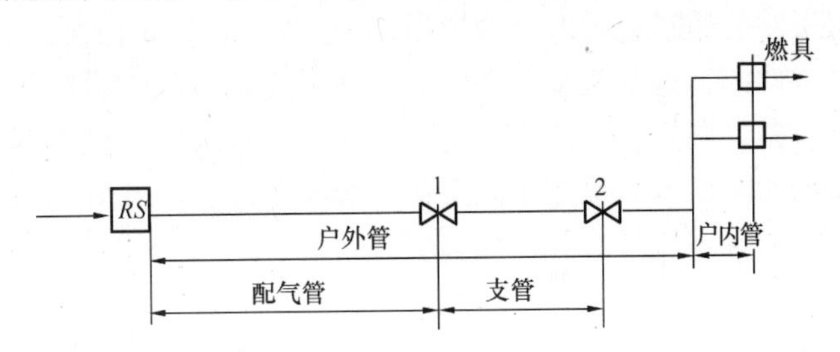

图 1-8 低压管网简图

1—支管启闭设备；2—建筑物入口启闭设备

管的长度可以由设计人员任意确定，因为在初步设计阶段，设计的原始资料往往不完整，支管常选择得较长且稀少；到施工图阶段，低压管网的设计才能更接近实际，这时支管的密度往往增大，多数情况会更靠近建筑物。由于支管长度的减小，低压管道的整体金属耗量也就降低。

这类情况的发生是由设计实践的复杂性造成的。因为配气管网常按一定的压降设计，与支管的密度无关，而所有的用户支管包括户内管又是采用较小的压降且压降值不变，当大量支管的长度减小后，也降低了管网的投资。

为避免增大管网的造价，配气管网的设计必须考虑到支管的密度值；在施工图阶段即使管网的位置会有所变更，但对总造价的影响不大。支管的密度值可用一定用户支管的平均长度来控制。

另一种方法是设计支管时应充分利用支管与低压管网连接处的压力。这一压力可根据配气管网的计算图示得到。但在实际的设计实践中，由于配气管网与支管的设计往往不是同一个单位，支管的设计人员仍采用了相同的计算压降，致使靠近调压站的用户支管不能充分利用与配气管网连接处的压力，使管网的总造价增大。

如支管设计中仍采用相同的压降，为降低造价，应根据规划和建筑物的特点，用技术经济计算的方法，在配气管网与支管之间准确地算出压降的分配值。

用上述方法要明显降低低压管网的造价是难以达到的。根本的方法是提高低压管网的压力，这就出现了街坊调压箱和用户表前调压的系统。这一系统的特点是减少了低压户外管道的长度，使配气管网的绝大部分按中压管道设计。但为数众多的调压装置的造价、安全管理及其寿命期又成了这一系统的另一类问题。

第三节　调压箱和用户表前调压的配气系统

如上所述，低压管网可分为户外管和户内管两部分。各国的管网安全规范均表明，民用与商业用户只允许使用低压燃气，因此，所有的供气系统至少应有户内的低压燃气管道。为了降低低压配气管网的造价，在规范所要求的安全范围条件下，可将低压管网改成中压管网。因为提高压力可减小管径，降低管网的造价；但中压燃气又必须通过调压降为低压后才能满足用户的使用要求，调压器的设置位置就成为影响经济性的主要因素。从理论上说，调压器的位置离用户越近，则中压配气管网越经济，如调压器设于用户的气表前，则户外支管也成了中压管道，表前调压器的入口压力又等于调压器的最小允许进口压力（在此压力下调压器的通过能力即该调压器的额定流量），这时允许压降最大，中压管网也最经济，但安全性差，这就是表前调压的供气系统。如调压器设于户外支管的某一合理位置上，一个调压器（调压箱）供应一定数量的用户。调压箱前的管道为中压，箱后的管道为低压。调压箱的入口压力也等于调压箱的最小允许进口压力（在此压力下调压箱的通过能力即该调压箱的额定流量），这时的允许压降略小于表前调压的系统，中压管网也较经济，但安全性优于表前调压的方案。这就是调压箱的供气系统。

以下研究一个小区的布置图。按低压配气系统向中压转换的程度可有以下三种方案。

1. 系统设有调压装置。中（高）压管网输送燃气的主要部分，对民用及小型商业用户，则由分布较广的低压管网供气，如图 1-9（*a*）。这是低压配气系统未向中压转换的方案。

2. 系统设有街坊调压箱。大部分户外管网转换成中压。调压箱中设有小流量的调压器，流量与用户的要求相匹配，大约一个街坊设一个，装于箱内或壁龛中，与调压箱连接的外部支管也较短，如图 1-9（*b*）。

3. 用户调压装置系统（表前调压器）。民用与小型商业用户的外网全部转换成中压，每户设有调压器，调压器安装于燃气表前。对有围墙的别墅式住宅，也可将调压器连同燃气表设在围墙上的箱中。这种方式在西方国家十分普遍。

上述三种配气方案，除第一种仍保持低压配气外，其他两种方案均是将低压配气转换

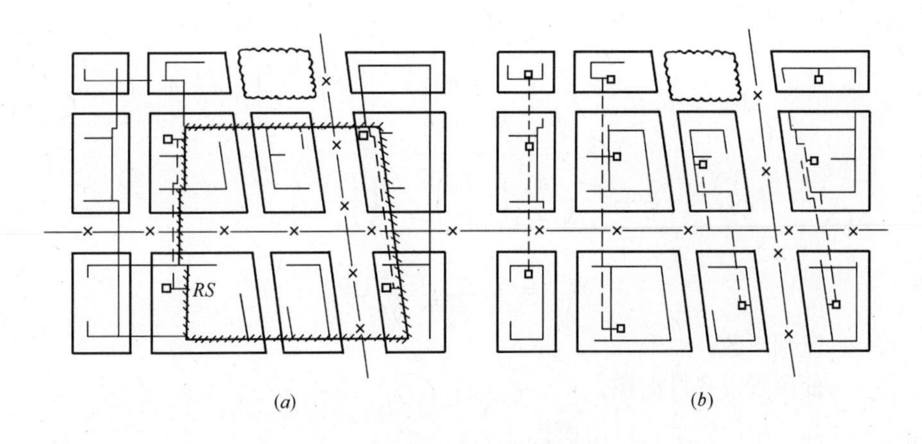

图 1-9　管网系统简图
（a）调压站式；（b）街坊调压箱式

成中压配气，使调压装置靠近用户，既可降低管道的造价，又可减小燃具前的压力波动范围，提高燃烧的稳定性。但是提高配气压力，表示三个方案的安全条件不同，不能简单地作经济比较（如仅比较调压器成本与管道成本的关系）。实际上，居住建筑的环境条件相差很大，安全因素也有很大的差异，很难用一个单一的安全指标来表示，因此只能根据各国长期的运行经验，因地制宜地选择方案。从当前多数国家的实践来看，配气管网的最高允许运行压力均不超过 0.4MPa，居民用户燃具的最高允许运行压力不超过 2～3kPa（可参见表 1-1 中的数据），可在这一压力范围内探讨所取方案的可能性与合理性。归纳各国的经验，常用的方案有以下几类：

（1）对市郊分散的别墅型建筑，可允许由压力为 0.4MPa 的燃气通过表前调压器降至 2kPa 供民用。表前调压器有户外和户内两种安装方式，且包括必要的安全设施（见第四章）。在发达国家这种方式应用很普遍，而在我国很少。

（2）将低压管网的压力提高到 5～10kPa，进户后通过表前调压降至 2kPa 以下供民用。这一系统即前述的所谓磅压系统或低中压系统。由表 1-1 可知，升高范围法国为小于 5kPa，英国为小于 7.5kPa，加拿大、丹麦、比利时为小于 10kPa，我国规范定为小于 10kPa。这种方式有推广的实际意义，多层或高层建筑也可采用。

（3）在上述两者之间的建筑物，如有完善的安全设施，也可采用 0.2MPa 中压 B 级通过表前调压供民用。

（4）调压箱的安全使用条件比表前调压装置要宽，一般可采用 0.2MPa 的中压 B 级。符合规范要求时也可采用 0.4MPa 中压 A 级（如代替调压站的调压柜）。

（5）许多国家的规范对户外地下燃气管道无最小管径的要求。如规定最小管径不能小于 50mm 或 100mm，则采用上述方案节约的意义不大[3]。

低压配气管道提高压力后的安全性评价，常以燃气管道发生整体性破坏为基础，危险性正比于单位时间内由管道泄出的燃气量。自管道伤口流出的燃气量与管中表压的关系，可按以下求质量流量的公式表示[3]：

对低压管道：

$$M_l = \mu_0 f_l \sqrt{2(P_1 - P_0)\rho_0} \tag{1-1}$$

对高、中压管道：

$$M_{hm} = \mu_0 f_{hm}\sqrt{2\frac{K}{K-1}\left[\left(\frac{P_0}{P_1}\right)^{\frac{2}{K}} - \left(\frac{P_0}{P_1}\right)^{\frac{K+1}{K}}\right]}P_1\sqrt{\frac{\rho_0}{P_0}} \tag{1-2}$$

记

$$\psi = \sqrt{\frac{K}{K-1}\left[\left(\frac{P_0}{P_1}\right)^{\frac{2}{K}} - \left(\frac{P_0}{P_1}\right)^{\frac{K+1}{K}}\right]} \tag{1-3}$$

则

$$M_{hm} = \mu_0 f_{hm}\sqrt{\frac{2\rho_0}{P_0}}\psi P_1 \tag{1-4}$$

式中 μ_0——流量系数；

f_l——低压管道孔口面积；

f_{hm}——高、中压管道孔口面积；

K——绝热指数；

P_1——压力；

ρ_0——燃气密度。

高、中压管道与低压管道相比的相对漏气率 ϕ 为：

$$\phi = \frac{M_{hm}}{M_l} = \frac{f_{hm}}{f_l}\psi\frac{P_{1hm}}{\sqrt{P_0(P_{1l} - P_0)}} \tag{1-5}$$

式中 P_{1hm}及 P_{1l}——高、中压及低压燃气管道的绝对压力，Pa；

P_0——大气压，Pa（可视为 100kPa）。

当 $P_{1hm} > 200$kPa 时，为临界流量，此时 $\psi = 0.456$

单长管道损坏面积的概率值相等。统计表明，低压配气管道的损坏频率与管径和压力无关，因此，提高压力时，发生危险的相对漏气率可按下式计算（设 $f_l = f_{hm}$）：

试求配气管网在不同压力下的相对漏气率？如为低压管道，当然 $\phi = 1$。

如管网中的压力提高到 50kPa，则与 3kPa 的低压管网相比，相对漏气率为：

$$\phi = 0.456\frac{150}{\sqrt{100(103 - 100)}} = 3.95$$

即漏气率要增加 4 倍，如管中压力为：

100kPa，则 $\phi = 5.44$

300kPa，则 $\phi = 10.88$

600kPa，则 $\phi = 19.0$

由此可知，燃气管道受损后的漏气强度与管中的绝对压力成线性关系。压力越高，漏气量也越大，与低压时漏气量的差别也越大。以中压为例，当压力为 300kPa 时，相对漏气率为 10.88，显然，系统的安全性降低了。

从上述近似计算中可知，在一定的压力下，燃气将通过管道的受损处向大气逸出。如管道敷设于土壤中，土壤将对漏气点产生附加的阻力，绝对漏气量将减少。但高、中压管道的漏气量与低压管道相比总是增加的。对低压管道来说，土壤的阻力增加，压降相对减小，漏气量也相应的减小。对中、高压管道，只有在靠近管壁处的土壤压力超过临界值时，漏气量才可能减小。土壤压力只要小于临界值，漏气量就不变。

因此，将居民区的配气管网由低压改成中压，将增加漏气的危险性，必须采取一定的措施以提高系统的安全性。

随着城市燃气的发展，供气范围不断扩大，安全问题也日益突出，事故屡有发生。虽然世界各国均不断有燃气爆炸、中毒等伤亡事故发生的报导，但在程度上各国有很大的差异。安全问题是从发生的事故开始认识的。燃气事故的危机性（Risk）来源于易燃、易爆和高压输送。发生事故的危机性以发生事故的频率（Freguency）和事故的严重程度（Severity rate）的乘积表示。对管道燃气，事故频率常以失去的工作日与系统的管长表示，实际上，维修与施工系统等也有影响。至于事故的严重程度还应考虑到许多潜在的因素，如人口密度，建筑物的特点等，从而产生了危机管理（Risk management）的概念。危机管理是系统使用管理政策、程序和方法以保护工作人员，人民群众，环境和公司财产，使其损失达到可接受的程度。危机管理还包括系统地评估潜在的危险，并提出危险控制的过程（重点在漏气）。由于漏气量与系统的压力有关，同一系统，压力越高，漏气量也越大，因此，在管网的优化运行中，常根据用户燃气消费量的变化，调节配气管道中燃气的压力，作为遥控系统的主要任务。

第四节　燃气的基本特性参数计算

燃气是由多种可燃与不可燃成分组成的混合物,主要由烃类(如甲烷、乙烷、乙烯、丙烷、丙烯、丁烷、丁烯等)、氢、一氧化碳等可燃成分和二氧化碳、氮、氧等不可燃成分组成。

天然气的主要成分为甲烷，根据气田的不同，也常有少量其他烃类和不可燃成分如二氧化碳、氮等。常温下为气体，无色、无味，比空气轻，易燃、易爆。在空气中能完全燃烧，生成 CO_2 和 H_2O。CH_4 为一碳化合物，与其他含 C 燃料或烃类相比，燃烧后生成的 CO_2 最少。CO_2 是温室气体，是属于限制排放的气体，天然气的利用可减少 CO_2 的排放量，因而称为环境友好燃料（Environment-Friendly Fuel）。但 CH_4 本身是一种温室气体，其温室效应比 CO_2 高很多，因此应限制 CH_4 直接排向大气。

单一气体的特性是计算燃气特性的基础数据。部分气体在标准状态下的主要特性值列于表 1-3 中。

部分气体在标准状态（101325Pa，0℃）下的主要特性值　　**表 1-3**

序号	名称	分子式	分子量 M	千摩尔容积 V_M (m^3/kmol)	气体常数 R [J/(kg·K)]	密度 ρ (kg/m^3)	临界温度 T_c (K)	临界压力 P_c (MPa)	动力黏度 $\mu\times10^6$ (Pa·s)	运动黏度 $\nu\times10^6$ (m^2/s)	热值 (MJ/m^3) 高热值	热值 (MJ/m^3) 低热值
1	甲烷	CH_4	16.043	22.362	518	0.7174	190.7	4.641	10.6	14.5	39.842	35.902
2	乙烷	C_2H_6	30.070	22.187	276	1.3553	305.4	4.884	8.17	6.41	70.351	64.397
3	乙烯	C_2H_4	28.054	22.257	296	1.2605	283.1	5.117	9.5	7.45	63.438	59.477
4	丙烷	C_3H_8	44.097	21.936	188	2.0102	369.9	4.256	7.65	3.81	101.266	93.240
5	丙烯	C_3H_6	42.081	21.990	197	1.9136	365.1	4.600	7.80	3.99	93.667	87.667
6	正丁烷	$n\text{-}C_4H_{10}$	58.124	21.504	143	2.7030	425.2	3.800	6.97	2.53	133.886	123.649
7	异丁烷	$i\text{-}C_4H_{10}$	58.124	21.598	143	2.6910	408.1	3.648			133.048	122.853
8	丁烯	C_4H_8	56.108	21.607	148	2.5968			7.47	2.81	125.847	117.695
9	氢	H_2	2.016	22.427	413	0.0899	33.3	1.297	8.52	93.00	12.745	10.767
10	一氧化碳	CO	28.010	22.398	297	1.2506	133.0	3.496	1.69	13.30	12.636	12.636

续表

序号	名称	分子式	分子量 M	千摩尔容积 V_M (m^3/kmol)	气体常数 R (J/kg·K)	密度 ρ (kg/m^3)	临界温度 T_c (K)	临界压力 P_c (MPa)	动力黏度 $\mu \times 10^6$ (Pa·s)	运动黏度 $\nu \times 10^6$ (m^2/s)	热值 (MJ/m^3)	
											高热值	低热值
11	二氧化碳	CO_2	44.010	22.260	188	1.9771	304.2	7.387	14.30	7.09	—	—
12	二氧化硫	SO_2	64.059	21.882	129	2.9275			12.30	4.14	—	—
13	硫化氢	H_2S	34.076	22.180	244	1.5363			11.90	7.63	25.348	23.368
14	氮	N_2	28.013	22.404	296	1.2504	126.2	3.394	17.00	13.30	—	—
15	氧	O_2	32.000	22.392	259	1.4291	1548	5.076	19.80	13.60	—	—
16	空气		28.966	22.400	287	1.2931	132.5	3.766	17.50	13.40	—	—
17	水蒸气	H_2O	18.015	21.629	461	0.833	647	22.12	8.60	10.12	—	—

一、燃气的物理化学性质

（一）燃气的组成

1. 混合气体的组分有三种表示方法：容积成分 y_i，质量成分 g_i 和摩尔成分（分子成分）x_i。

(1) 容积成分是指混合气体中各组分的分容积与总容积之比，即 $y_i=\frac{V_i}{V}$。混合气体的总容积等于各组分的分容积之和，即 $V=\Sigma V_i$。

(2) 质量成分是指混合气体中各组分的质量与混合气体的总质量之比，即 $g_i=\frac{G_i}{G}$。混合气体的总质量等于各组分的质量之和，即 $G=\Sigma G_i$。

(3) 摩尔成分是指混合气体中各组分的摩尔数与混合气体总摩尔数之比。由于在同温度和同压力下，1摩尔任何气体的容积大致相等（见表1-9），因此，气体的分子成分在数值上也近似于其容积成分。

混合气体的总摩尔数等于各组分的摩尔数之和，即

$$V_m=\frac{1}{100}\Sigma(y_iV_{moli}) \tag{1-6}$$

式中 V_m——混合气体的平均摩尔容积，m^3/kmol；

y_i——各单一气体的容积成分，%；

V_{moli}——各单一气体的摩尔容积，m^3/kmol。

2. 混合液体组分的表示方法与混合气体相同，也以容积成分 y_i，质量成分 g_i 和摩尔成分 V_i 三种方法表示。

（二）平均分子量

燃气是各组分的混合物，不能用一个分子式表示，通常将燃气的总质量与燃气的摩尔数之比称为燃气的平均分子量。

1. 混合气体的平均分子量可按下式计算

$$M=\frac{1}{100}\Sigma y_im_i \tag{1-7}$$

式中 M——混合气体的平均分子量；

y_i——各单一气体的容积成分，%；

M_i——各单一气体的分子量。

工程上计算空气的平均分子量时，常按 O_2 占21%，N_2 占79%计算，因而空气的分子量为

$$M = \frac{1}{100}(21 \times 32 + 79 \times 28.013) = 28.85 \approx 29$$

2. 混合液体的平均分子量可按下式计算：

$$M = \frac{1}{100}\Sigma X_i M_i \quad (1\text{-}8)$$

式中　M——混合液体的平均分子量；

X_i——各单一液体的分子成分，%；

M_i——各单一液体的分子量。

（三）燃气的平均密度和相对密度

单位体积的物质所具有的质量，称为这种物质的密度。单位体积的燃气所具有的质量称为燃气的平均密度。密度的单位为 kg/m^3。

1. 混合气体的平均密度为：

$$\rho = \frac{1}{100}\Sigma y_i \rho_i \quad (1\text{-}9)$$

式中　ρ——混合气体的平均密度，kg/m^3；

ρ_i——燃气中各组分在标准状态下的密度，kg/m^3；

y_i——燃气中各组分的容积比，%。

湿燃气的密度

$$\rho_w = (\rho + d) \times \frac{0.833}{0.833 + d} \quad (1\text{-}10)$$

式中　ρ_w——湿燃气的密度，kg/m^3；

d——燃气的含湿量，kg/m^3 干燃气。

2. 相对密度：气体的相对密度是指气体的密度与相同状态下空气密度的比值（也称为气体的比重）。混合气体的相对密度可按下式计算：

$$S = \frac{\rho}{1.293} \quad (1\text{-}11)$$

式中　S——混合气体的相对密度，空气为1；

ρ——混合气体的平均密度，kg/m^3；

1.293——标准状态下（101.325kPa，0℃）空气的密度。如标准状态为101.325kPa，15℃则空气的密度为1.225；标准状况为101.325kPa，20℃，则空气的密度为1.2。

工程上以0℃作为标准状态的国家已很少，阅读资料时应注意关于标准状态的规定。在设计时注意实际地点的气压和温度数据。

3. 混合液体的平均密度为：

$$\rho = \frac{1}{100}\Sigma y_i \rho_i \quad (1\text{-}12)$$

式中　ρ——混合液体的平均密度，kg/L；

y_i——各单一液体的容积成分，%；

ρ_i——混合液体各组分的密度，kg/L。

4. 液体的相对密度是指液体的密度与水的密度的比值（也称为液体的比重）。由于4℃时水的密度为1kg/L，所以液体的平均密度与相对密度在数值上相等。液态液化石油气的平均密度为0.5~0.6kg/L；液化天然气的平均密度约为0.43kg/L。贮存1t液化天然气的几何容积要大于贮存1t液态液化石油气的几何容积。

（四）临界参数与气体的状态方程

1. 气体的临界参数　当温度不超过某一数值时，对气体进行加压可以使气体液化；而在该温度以上，无论加多大的压力也不能使气体液化，这一温度就称为该气体的临界温度。在临界温度下，使气体液化所需要的压力称为临界压力；此时气体的各项参数称为临界参数。

（1）混合气体的平均临界温度可按下式计算：

$$T_{mc} = \frac{1}{100}\Sigma y_i T_{ci} \tag{1-13}$$

式中　T_{mc}——混合气体的平均临界温度，K；

T_{ci}——各单一气体的临界温度，K；

y_i——各单一气体的容积百分比，%。

（2）混合气体的平均临界压力可按下式计算：

$$P_{mc} = \frac{1}{100}\Sigma y_i P_{ci} \tag{1-14}$$

式中　P_{mc}——混合气体的平均临界压力，MPa；

P_{ci}——各单一气体的临界压力，MPa；

y_i——各单一气体的容积百分比，%。

（3）混合气体的平均临界密度可按下式计算：

$$\rho_{mc} = \frac{1}{100}\Sigma y_i \rho_{ci} \tag{1-15}$$

式中　ρ_{mc}——混合气体的平均临界密度，kg/m³；

ρ_{ci}——各单一气体的临界密度，kg/m³；

y_i——各单一气体的容积百分比，%。

临界参数是气体的重要物理指标：气体的临界温度越高，越容易液化。如液化石油气中的丙烷、丁烷、丙烯、丁烯等在常温下加压即可使其液化；而天然气中的主要成分甲烷，因临界温度较低，较难液化，在常压下需将温度降至－163.15℃以下才能液化；天然气中的惰性气体 N_2 需在－176℃以下才能液化。

2. 实际气体的状态方程　当气体的压力较高或温度较低时，如果仍用理想气体（标准状态时）的状态方程式进行计算，就会有较大的误差。此时，应考虑气体分子本身所占有的容积和分子之间的引力，对理想气体的状态方程式进行修正。实际气体的状态方程式可表示为：

$$pv = ZRT \tag{1-16}$$

式中　p——气体的绝对压力，Pa；

v——气体的比容，m³/kg；

Z——压缩因子；

R——气体常数，J/（kg·K）；

T——气体的热力学温度，也称绝对温度，K。

压缩因子是随气体的温度和压力而变化的，在工程上，配气系统的压力低于1MPa，温度在10～20℃之间时，可以近似地当作理想气体进行计算。但压力高于1MPa时，则不能按上式算得准确的结果。由于天然气是混合气体，没有一个专门的方程可对各种状态下的天然气热力特性都能进行准确的计算，因此，对不同状态下的天然气选用不同的状态方程。由于物质在不同的状态下，其 P、V、T 的变化关系也不同，物质的状态方程就成为热物理界的重要研究领域。

在实际应用中，文献［116］中介绍了BWR状态方程新公式。压力与温度和密度的函数关系如下：

$$P = \rho RT + \left(B_0RT - A_0 - \frac{C_0}{T^2} + \frac{D_0}{T^3} - \frac{E_0}{T_4}\right)\rho^2 + \left(bRT - a - \frac{d}{T}\right)\rho^3 + d\left(a + \frac{d}{T}\right)\rho^6 + \frac{c\rho^3}{T^2}(1 + \gamma\rho^2)e \times \rho(-\gamma\rho^2) \tag{1-17}$$

式中，B_0、A_0、C_0、D_0、E_0、a、b、c、d、α 和 γ 为状态方程式中的11个参数，可应用毕希渥（Bishio）和罗宾逊（Robinson）根据类似于混合法则得出的关系计算。上式可按牛顿-拉夫森叠代法求解。

另一种方法可见文献［117］，这是由美国俄克拉何马大学和燃气研究院得出的天然气状态方程式，已由美国燃气协会（AGA）输气计量委员会以8号报告发表，成为工程上广泛采用的公式，并已制成应用软盘，其公式为：

$$P = RT[\rho + B\rho^2 + C\rho^3 + D\rho^4 + E\rho^6 + A_1\rho^3(1 + A_2\rho^2)e^{-A_2\rho^2}] \tag{1-18}$$

（五）黏度

物质的黏滞性用黏度表示。常用动力黏度计量单位为Pa·s（10泊）和运动黏度 m^2/s（10000斯托克斯）表示。一般情况下，气体的黏度随温度的升高而增加，见图1-10。混合气体的动力黏度随压力的升高而增大，而运动黏度则随压力的升高而减小；液体的黏度随温度的升高而降低，压力对黏度的影响不大。

1. 混合气体的动力黏度可按下式近似计算：

$$\mu = \frac{100}{\Sigma\left(\frac{g_i}{\mu_i}\right)} \tag{1-19}$$

式中　μ——混合气体的动力黏度，Pa·s；

μ_i——混合气体中各组分的动力黏度，Pa·s；

g_i——混合气体中各组分的质量成分，%。

2. 混合液体的动力黏度可按下式近似计算

$$\mu = \frac{100}{\Sigma\left(\frac{x_i}{\mu_i}\right)} \tag{1-20}$$

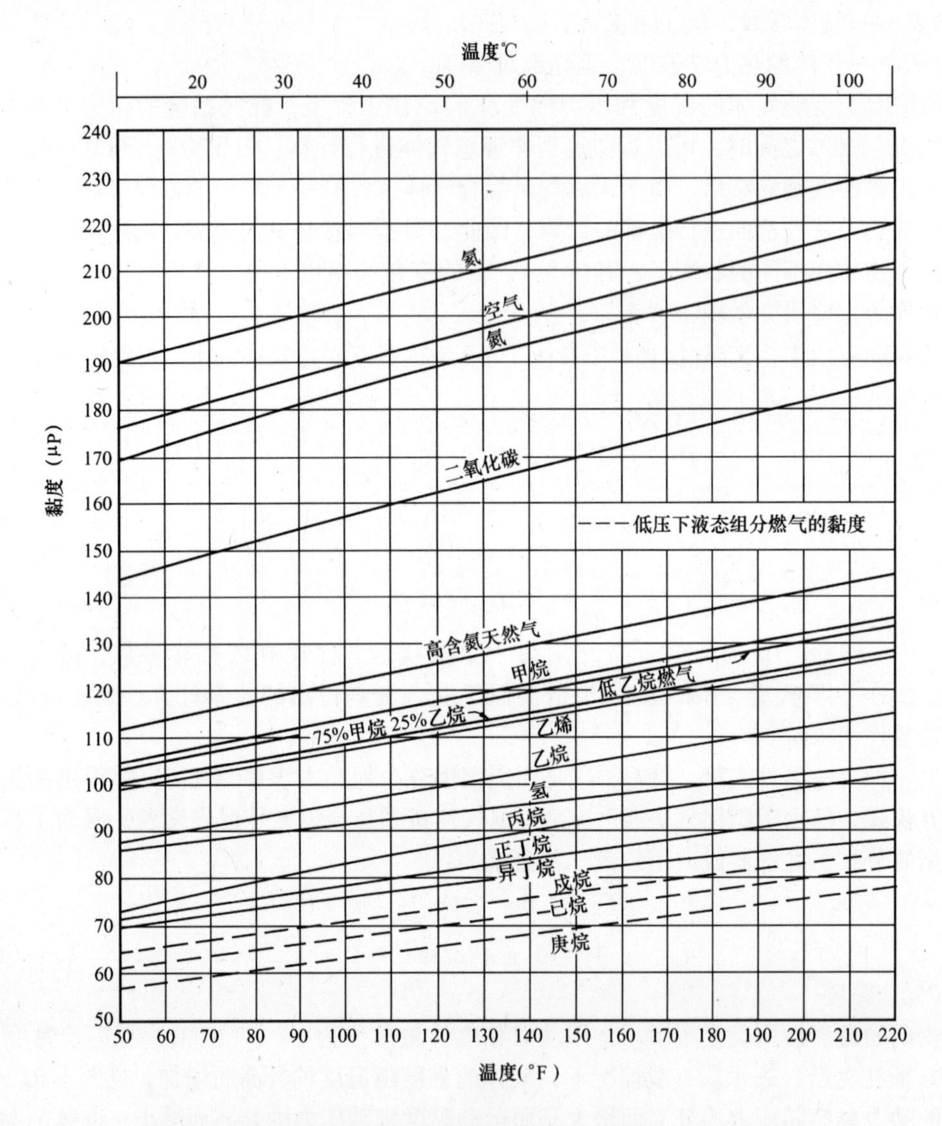

图 1-10　天然气组分和天然气混合物的黏度与温度和大气压的关系

（注：$1\mu p = 10^{-7}Pa\cdot s$）

式中　μ——混合液体的动力黏度，Pa·s；

μ_i——混合液体中各组分的动力黏度，Pa·s；

x_i——各单一液体的摩尔成分，%。

3. 混合气体和混合液体的运动黏度为

$$\nu = \frac{\mu}{\rho} \tag{1-21}$$

式中　ν——流体的运动黏度，m^2/s；

μ——相应流体的动力黏度，Pa·s；

ρ——相应流体的密度，kg/m^3。

美国天然气的黏度为（9.5～11.5）$\times 10^{-6}$Pa·s，由于流量计算公式中黏度的方次很小

(0.15～0.26)，因此计算中把黏度看成常数，即 10.5×10^{-6}Pa·s，上下相差不会超过±2.5%。

（六）饱和蒸气压和相平衡常数

1. 饱和蒸气压

(1) 单一液体的蒸气压

液态烃的饱和蒸气压，简称为蒸气压，是指在一定温度下，密闭容器中的液体及其蒸气处于动平衡状态时，蒸气压所表示的压力为绝对压力。

同一液体的蒸气压与容器的大小及其中液量的多少无关，仅决定于温度。液态烃的饱和蒸气压随温度的升高而增大。

(2) 混合液体的蒸气压

在一定温度下，当密闭容器中的混合液体及其蒸气处于动平衡状态时，根据道尔顿定律，混合液体的蒸气压等于各组分蒸气分压之和；根据拉乌尔定律，各组分的蒸气分压等于此纯组分在该温度下的蒸气压乘以其在混合液体中的分子成分。混合液体的蒸气压可由下式计算

$$P = \Sigma P_i = \frac{1}{100}\Sigma x_i P_i' \tag{1-22}$$

式中　P——混合液体的蒸气压，Pa；

P_i——混合液体中某一组分的蒸气分压，Pa；

x_i——混合液体中该组分的分子成分，%；

P_i'——该组分在同温度下的蒸气压，Pa。

根据混合气体的分压定律，各组分的蒸气分压为

$$P_i = y_i P \tag{1-23}$$

式中　y_i——该组分在气相中的摩尔成分（等于其容积成分），%。

2. 相平衡常数

在一定温度下，一定组成的气液平衡系统中，某一组分在该温度下的蒸气压 P_i' 与混合液体蒸气压 P 的比值是一个常数 k_i；该组分在气相中的分子成分 y_i 与其在液相中的分子成分 x_i 的比值，同样是这一常数 k_i，该常数称为相平衡常数，即

$$\frac{P_i'}{P} = \frac{y_i}{x_i} = k_i \tag{1-24}$$

式中　k_i——相平衡常数。

（七）沸点和露点

1. 沸点

液体温度升高至沸腾时的温度称为沸点。在沸腾过程中，液体吸收热量，不断气化，但温度保持在沸点温度，并不升高，直至液体全部气化。

不同液体的沸点是不同的，同一液体的沸点随压力的改变而改变；压力升高时，其沸点也升高；压力降低时，其沸点也降低。

通常所说的沸点是指在标准状态下液体沸腾时的温度。

显然，液体的沸点越低，就越容易沸腾和气化；沸点越高，越难沸腾和气化，如在一个大气压下，甲烷的沸点为－162℃，所以在常压下，甲烷是气态的；要使甲烷液化，需

将温度降至 -162℃以下。常压下丙烷的沸点为 -42℃，所以液态丙烷在寒冷的冬季也可以气化。

2. 露点

饱和蒸气经冷却或加压，立即处于过饱和状态，当遇到接触面或冷凝核便液化成露，这时的温度称为露点。露点与烃类的性质及其压力有关。在输气管道中应避免水的形成。干燃气中所含水分的质量称为燃气的含湿量，常用每立方米干燃气中含有多少克水来表示。在输送气态烃的管道中，也应避免出现工作温度低于其露点温度的情况，以免产生凝析液。

（八）体积膨胀

大多数物质都具有热胀和冷缩的性质。通常将温度每升高 1℃液体体积所增加的倍数称为体积膨胀系数。

1. 单一液体的体积膨胀

利用体积膨胀系数可按下式计算出单一液体温度变化时的体积变化值。

$$V_2 = V_1[1 + \beta(t_2 - t_1)] \tag{1-25}$$

式中　V_1——单一液体温度为 t_1 时的体积，m^3；

V_2——单一液体温度为 t_2 时的体积，m^3；

β——该液体在 $t_1 \sim t_2$ 温度范围内的体积膨胀系数平均值。

2. 混合液体的体积膨胀

混合液体在温度变化后，其体积可按下式计算

$$V_2 = \frac{1}{100} V_1 \Sigma y_i [1 + \beta_i (t_2 - t_1)] \tag{1-26}$$

式中　V_1——混合液体温度为 t_1 时的体积，m^3；

V_2——混合液体温度为 t_2 时的体积，m^3；

β_i——混合液体各组分在 $t_1 \sim t_2$ 温度范围内的容积膨胀系数平均值。（可参见表 1-4）；

y_i——温度为 t_1 时，混合液体各组分的容积成分，%。

部分烃和水的体积膨胀系数　　　**表 1-4**

名称＼温度范围（℃）	-20~0	0~10	10~20	20~30	30~40
乙　烷	0.00436	0.00495	0.01063	0.03309	—
乙　烯	0.00454	0.00674	0.00879	0.01357	—
丙　烷	0.00246	0.00265	0.00258	0.00352	0.00340
丙　烯	0.00254	0.00283	0.00313	0.00329	0.00354
水	—	0.0000299	0.00014	0.00026	0.00035

由表 1-4 可知，液化石油气的容积膨胀系数大约比水大 16 倍。因此，在贮存容器中应留有一定的膨胀空间。

二、燃气的热力特性

（一）气化潜热

单位数量的物质由液态变成与之处于平衡状态的蒸气所吸收的热量称为该物质的气化潜热。反之，由蒸气变成与之处于平衡状态液体时所放出的热量为该物质的凝结热。同一物质在同一状态时气化潜热与凝结热是同一数值，其实质为饱和蒸气与饱和液体的焓差。

（二）燃气的热值

燃气的热值是指单位数量的燃气完全燃烧时所放出的全部热量。燃气的热值分为高热值和低热值。高热值是指单位数量的燃气完全燃烧后，其燃烧产物与周围环境恢复到燃烧前的原始温度，烟气中的水蒸气凝结成同温度的水后所放出的全部热量。低热值则是指在上述条件下，烟气中的水蒸气仍以蒸气状态存在时，所获得的全部热量。

干燃气的热值为

$$B_h = \frac{1}{100}\Sigma y_i B_{hi} \tag{1-27}$$

$$B_l = \frac{1}{100}\Sigma y_i B_{li} \tag{1-28}$$

式中　B_h——干燃气的高热值，MJ/m^3 干燃气；

B_l——干燃气的低热值，MJ/m^3 干燃气；

y_i——各单一气体的容积成分，%；

B_{hi}——各单一气体的高热值，MJ/m^3；

B_{li}——各单一气体的低热值，MJ/m^3。

湿燃气与干燃气的热值换算关系为：

$$B_h^w = (B_h + 2352d_g)\frac{0.833}{0.833 + d_g} \tag{1-29}$$

$$B_l^w = B_l\frac{0.833}{0.833 + d_g} \tag{1-30}$$

式中　B_h^w——湿燃气的高热值，MJ/m^3 湿燃气；

B_l^w——湿燃气的低热值，MJ/m^3 湿燃气；

d_g——燃气的含湿量，kg/m^3 干燃气。

在实际工程中，因为烟气中的水蒸气通常以气体状态排出，可利用的只是燃气的低热值，因此在工程实际中一般以低热值作为计算依据。在以高热值作计算依据时，燃烧效率在数值上低于以低热值作计算依据。以低热值作计算依据的冷凝锅炉效率可接近于1。

（三）状态图

在进行热力计算时，一般需要使用饱和蒸气压 P，密度 ρ（或比容 v），温度 T，焓（Enthalpy）值 H 和熵（Entropy）值 S 等五个状态参数。为了使用方便，可将这些参数绘制成曲线图，称之为状态图。当已知上述五个参数中的任意两个参数时，只要这两个参数是相互匹配的，即可在状态图上确定其状态点，并可在图上直接查得该状态下的其他参数。

但是已有的状态图都是对单一气体而言的，如甲烷、丙烷、正丁烷的状态图等，而没有不同组分的天然气或其他混合烃类气体的状态图。因为如前所述，只有确定了不同燃气作为实际气体的状态方程式后，才有可能获得混合气体的状态图。

美国燃气协会（AGA）的热力学特性程序（The A.G.A Thermodynamic Properties Program）可较易准确求得不同组成天然气的压力-焓值图。这一程序使用的状态方程式由AGA输气计量委员会的8号报告（A.G.A. Transmission Measurement Committee Report NO. 8）提出，它是由俄克拉何马大学（University of Oklahoma）在燃气研究院（GRI-Gas Research Institute）支持下完成的。状态方程式和衍生出的焓、熵的公式可用来计算燃气的特性，包括温度，压力，密度，焓和熵。使用者只要输入任意两个特性值，程序就可算出余下的三个参数，并可用英制和国际单位表示。

1. 应用示例

【例1-1】　计算压缩机的效率。

已知条件为：压缩机的入口压力为500psia（3447.5kPa），温度65°F（18.3℃）；压缩机的出口压力为850psia（5860.75kPa），温度145°F（62.8℃）。

燃气的组分为：甲烷96.0%，乙烷1.5%，丙烷0.5%，氮1.5%，CO_2 0.5%。

【解】　（1）输入压力值 $P=3447.5\text{kPa}$ 和温度值 $t=18.3℃$ 可得：

熵值 $S=2.2281\text{Btu/lb}\cdot\text{k}$，即 $9.325\dfrac{\text{kJ}}{(\text{kg}\cdot\text{K})}$

（2）按等熵压缩过程输入 $S=9.325\dfrac{\text{kJ}}{(\text{kg}\cdot\text{K})}$ 和 $P=5860.75\text{kPa}$

可得温度　$T=137.5°\text{F}$　即58.66℃

焓值　$H=269.65\text{Btu/lb}$.

即　$H=626.99\dfrac{\text{kJ}}{\text{kg}}$。

（3）输入 $T=62.8℃$ 和 $P=5860.25\text{kPa}$ 以求压缩机出口的焓和熵值，可得：

$S=2.236\dfrac{\text{Btu}}{\text{lb°R}}$　即　$S=9.359\dfrac{\text{kJ}}{\text{kgK}}$

$H=274.23\dfrac{\text{Btu}}{\text{lb}}$　即　$H=637.64\dfrac{\text{kJ}}{\text{kg}}$

按下式可求得压缩机的效率：

$$\text{压缩机效率}=\frac{(H_{rev}-H_{in})}{(H_{out}-H_{in})}=\frac{626.99-550.21}{637.64-550.21}=87.8\%$$

式中　H_{rev}——按等熵过程求得的焓值，$\dfrac{\text{kJ}}{\text{kg}}$；

H_{out}——压缩机出口的焓值，$\dfrac{\text{kJ}}{\text{kg}}$；

H_{in}——压缩机入口的焓值，$\dfrac{\text{kJ}}{\text{kg}}$。

【例1-2】　求门站的温降？

已知条件为：上游压力500psia（3447.5kPa），上游温度50°F（10℃）；下游压力 $P=$ 85psia（586.08kPa）。燃气的组分与例1-1相同。

【解】　（1）输入 $P=3447.5\text{kPa}$，$T=10℃$ 得焓值

$H=228.06\dfrac{\text{Btu}}{\text{lb}}$，即　$H=530.29\dfrac{\text{kJ}}{\text{kg}}$

（2）按等焓过程输入 $P=586.08\text{kPa}$，$H=530.29\dfrac{\text{kJ}}{\text{kg}}$ 得：

$$T = 23.5°F \quad 即 \quad T = -4.73℃$$

【例 1-3】　如门站下游的温度需保持 40°F（4.45℃）应增加多少热量？

【解】　输入 $t = 4.45$℃和 $P = 586.08$kPa，得该状态下的焓值　$H = 236.5 \dfrac{Btu}{lb}$　即　$H = 549.9 \dfrac{kJ}{kg}$。

应增加的热量为　$549.9 - 530.29 = 19.62 \dfrac{kJ}{kg}$。

2. 程序的特点

(1) 该程序使用的单位有两种，即英制单位（E）和国际单位（M），按英制单位运算，最后自动换算成国际单位。所取单位见表 1-5。

程序使用的单位　　**表 1-5**

名　称	英制单位	国际单位	名　称	英制单位	国际单位
温　度	°F	℃	焓	Btu/lb	kJ/kg
压　力	psia	kPa	熵	Btu/(lb·R)	kJ/(kg·K)
密　度	lb/ft^3	kg/m^3			

换算系数见表 1-6。

程序中采用的单位换算系数　　**表 1-6**

序号	被乘数	乘　数	换算成	序号	被乘数	乘　数	换算成
1	ft^3	0.0283168	m^3	5	psia	6.894757	kPa
2	lb	0.4535922	kg	6	Btu/lb	2.3252	kJ/kg
3	Btu	1.0547	kJ	7	Btu/（lb·R）	4.185	kJ/（kg·K）
4	K	1.8	R				

(2) 标准压力和温度

程序以 14.73psia 和 60°F 即 101.325kPa 和 15.6℃作为基准压力和温度，据以计算相对密度和热值。也可另行设定基准压力和温度。

(3) 程序可使用的燃气组分范围

燃气的特性是其组分的函数。程序在视屏上可显示出 20 种可应用的燃气组成，见表 1-7。

程序可使用的 20 种燃气组分　　**表 1-7**

序号	组　分		序号	组　分	
1	氮 Nitrogen	?	11	正戊烷 n-pentane	?
2	二氧化碳 Carbon dioxide	?	12	异戊烷 Iso-pentane	?
3	硫化氢 Hydrogen sulfide	?	13	正己烷 n-hexane	?
4	水 Water	?	14	正庚烷 n-heptane	?
5	氦 Helium	?	15	正辛烷 n-octane	?
6	甲烷 Methane	?	16	正壬烷 n-nonane	?
7	乙烷 Ethane	?	17	正癸烷 n-decane	?
8	丙烷 Propane	?	18	氧 Oxygen	?
9	正丁烷 n-butane	?	19	一氧化碳 Carbon monoxide	?
10	异丁烷 Iso-butane	?	20	氢 Hydrogen	?

操作程序时，按表中次序输入每一组分的数据，无组分则输入 0，组分数据以摩尔百分数或容积百分数表示，但不能用质量百分数。如燃气中有 1.05%的氮，则在氮项输入 1.05。当输入最后一个摩尔百分数后（氢的摩尔百分数），并相加总量为 100，就可计算状态方程参数：相对密度、热值和基础压缩系数（Base Compressibility factor）。

（4）程序计算类型的选择

如前所述，程序可以计算压力、温度、密度、焓和熵值。只要输入任何两个特性值，程序就可算出另外三个特性值，除非输入的两个特性值与规定的燃气成分不相符合。按键的符号为：T—温度，P—压力，D—密度（Density），H—焓（Enthalpy），S—熵（Entropy）。先按两个字母键再按输入键。例如，如欲知 50℉和 100psia 状态等熵压缩至 500psia 时的温度，则必须首先知道 50℉和 100psia 时的熵值。按下“TP”（或 PT），再按输入键，可得输入温度和压力下的密度、焓和熵值。

下一步再按“PS”（或 SP），输入已知的熵和压力值后，可得在 500psia 和相同熵值时的温度值。如在选择完输入数据后，再按 E 或 M 键，可得英制或国际单位值。

（5）程序所依据的计算公式

编制程序时计算焓和熵的公式取：

$$H - H_0 = \frac{P}{\rho} - RT + \int_0^{\rho}\left[P - T\left(\frac{\partial P}{\partial T}\right)_{\rho}\right]\frac{d\rho}{\rho^2} \tag{1-31}$$

$$S - S_0 = -Rl_n(\rho RT) - \int_0^{\rho}\left[\rho R - \left(\frac{\partial P}{\partial T}\right)_{\rho}\right]\frac{d\rho}{\rho^2} \tag{1-32}$$

上两式来源于：Hoagan，O.A.，Watson，K.M and Ragatz，R.A，《Chemical Process principles Part Ⅱ：Thermodynamics》P.565，John wiley d Sons Inc.，New York（1962）。

美国燃气研究院（GRI）的萨凡奇博士（Dr.Jeffrey L. Savidge）将 AGA 输气计量委员会报告 8 中的状态方程式式（1-18）代入式（1-31）和式（1-32）后，可衍生出以下公式：

$$\begin{aligned} H - H_0 = {} & \frac{P}{\rho} - RT - RT^2\left[\frac{dB}{dT}\rho + \frac{dC}{dT}\frac{\rho^2}{2} + \frac{dD}{dT}\frac{\rho^3}{3} + \frac{dE}{dT}\frac{\rho^5}{5}\right. \\ & \left. + \frac{dA_1}{dT}\left[\frac{1}{A_2}\{1 - e^{-A_2\rho^2}\} - \frac{\rho^2}{2}e^{-A_2\rho^2}\right]\right. \end{aligned} \tag{1-33}$$

$$\begin{aligned} S - S_0 = {} & -R\ln(\rho RT) - R\left[B\rho + C\frac{\rho^2}{2} + D\frac{\rho^3}{3} + E\frac{\rho^5}{5}\right. \\ & + A_1\left(\frac{1}{A_2}\{1 - e^{-A_2\rho^2}\} - \frac{\rho^2}{2}e^{-A_2\rho^2}\right] \\ & + RT\left[\frac{dB}{dT}\rho + \frac{dC}{dT}\frac{\rho^2}{2} + \frac{dD}{dT}\frac{\rho^3}{3} + \frac{dE}{dT}\frac{\rho^5}{5}\right. \\ & \left. + \frac{dA_1}{dT}\left(\frac{1}{A_2}\{1 - e^{-A_2\rho^2}\} - \frac{\rho^2}{2}e^{-A_2\rho^2}\right]\right. \end{aligned} \tag{1-34}$$

以及对状态方程中各参数项 B，C，D，…等对温度 T 的一次导数值公式。这些公式在此从略。

（6）运算举例：

已知的燃气组分如下表：

编号	组 分	摩尔百分数	分子量	编号	组 分	摩尔百分数	分子量
6	甲 烷	90.0	16.0430	10	异丁烷	1.0	58.1230
7	乙 烷	5.0	30.0700	11	正戊烷	0.5	72.1500
8	丙 烷	2.0	44.0970	12	异戊烷	0.5	72.1500
9	正丁烷	1.0	58.1230	总 计		100	18.7081

计算所得的相对密度 = 0.6474174

计算所得的高热值 = 1158.163Btu/ft^3 = 43137.47kJ/m^3

计算所得的低热值 = 1047.521Btu/ft^3 = 39016.45kJ/m^3

如欲求温度为 41℉（5℃），压力为 145.0psia（1000kPa）时的燃气特性，则结果如下表：

摩 尔 体 系	质 量 体 系
英制单位系统	
密度$\left(\frac{\text{lb-mole}}{\text{ft}^3}\right)$ = 2.786454 × 10^{-2}	密度$\left(\frac{\text{lb}}{\text{ft}^3}\right)$ = 0.5212926
焓$\left(\frac{\text{Btu}}{(\text{lb-mole})}\right)$ = 4062.999	焓$\left(\frac{\text{Btu}}{\text{lb}}\right)$ = 217.1786
熵$\left(\frac{\text{Btu}}{(\text{lb·mole·°R})}\right)$ = 41.00188	熵$\left(\frac{\text{Btu}}{(\text{lb·R})}\right)$ = 2.191665
SI单位系统	
密度$\left(\frac{\text{kg-mole}}{\text{m}^3}\right)$ = 0.4463477	密度$\left(\frac{\text{kg}}{\text{m}^3}\right)$ = 8.350316
焓$\left(\frac{\text{kJ}}{(\text{kg·mole})}\right)$ = 9447.353	焓$\left(\frac{\text{kJ}}{\text{kg}}\right)$ = 504.9873
熵$\left(\frac{\text{kg}}{(\text{kg·mole·K})}\right)$ = 171.6088	熵$\left(\frac{\text{kJ}}{\text{kg}^{-\text{k}}}\right)$ = 9.17297

注：摩尔体系 × 分子量 = 质量体系。

如：2.786454 × 10^{-2} × 18.7081 = 0.5212926

4062.999/18.7081 = 217.1786

由以上计算可知，5℃和 1000kPa 时燃气的相对密度为$\frac{8.350316}{1.22552}$ = 6.81369，与标准状态的相对密度相比，$\frac{6.81369}{0.6474174}$ = 10.52441。这表示在上述状态下 10.52441m^3 的燃气可压缩成 1m^3。

3. 单一气体的状态图

对单一气体，如甲烷、乙烷、丙烷等，有通过实验数据绘制成的状态图。当已知上述五个参数中的任意两个参数后，利用状态图可确定其状态点，并在图上直接查得该状态下的其他参数。图 1-11 为状态图的示意图。

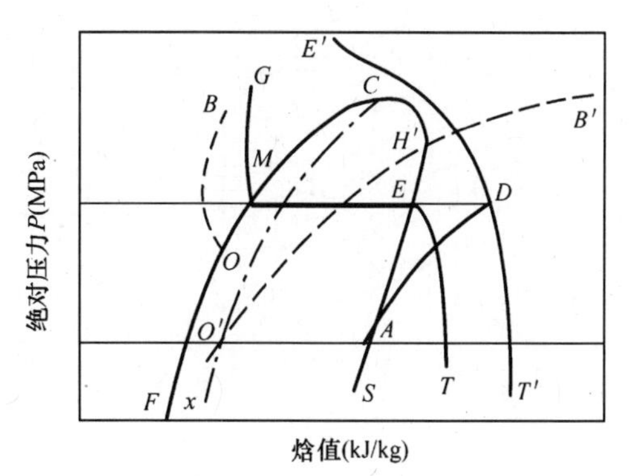

图 1-11 状态图的示意图

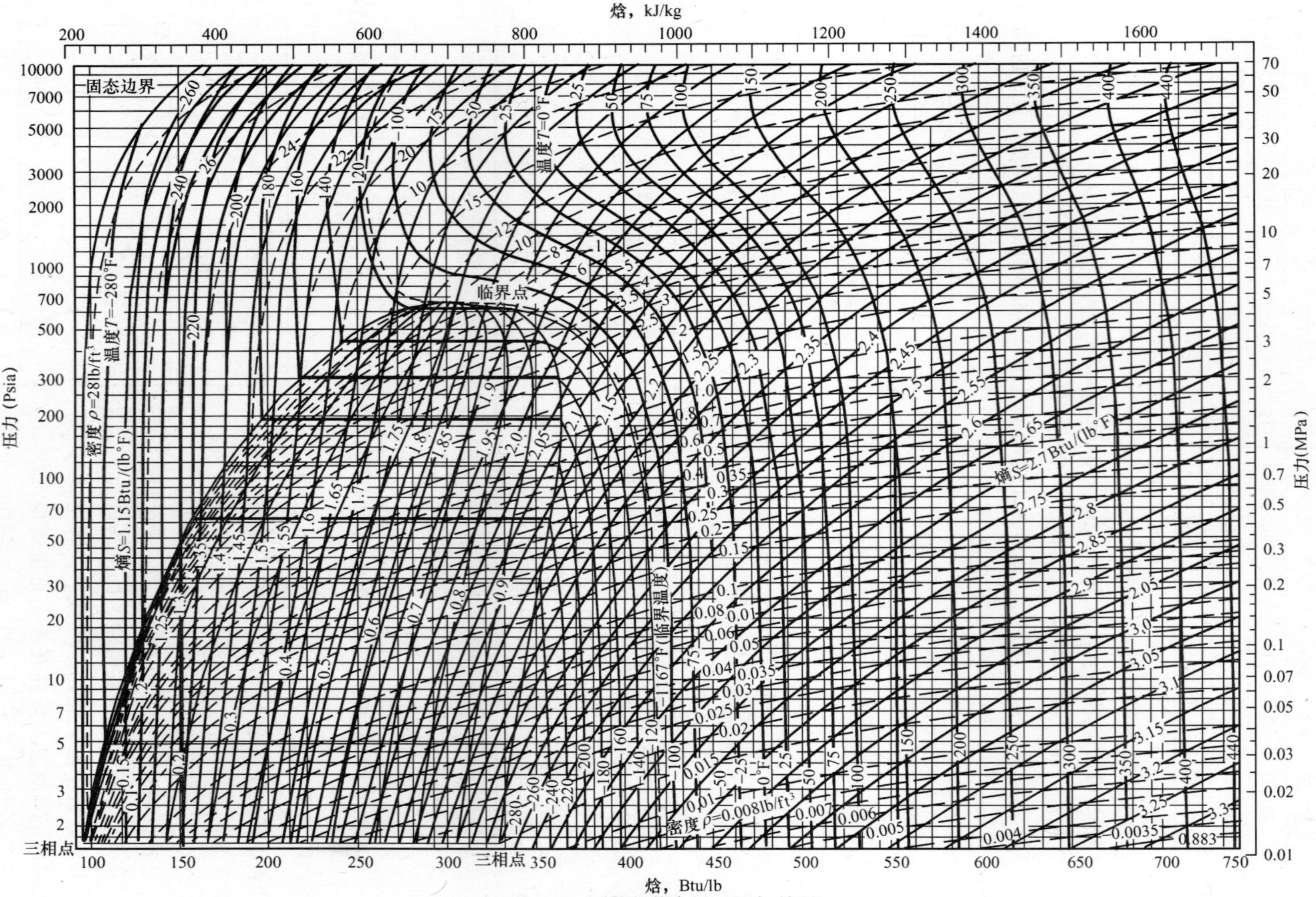

图 1-12　甲烷的状态图（压力-焓图）

图 1-11 中，C 为临界状态点，CF 为饱和液体线，CS 为饱和蒸气线。整个状态图分为三个区：CF 线左侧为液相区，CF 与 CS 线之间为气液共存区，CS 线右侧为气相区。水平线为等压线 P，[MPa（psia）]，垂直线为等焓线 H，[kJ/kg（Btu/lb）]，液相区的 OB 线表示液体的密度 ρ，[lb/ft^3（kg/m^3）^{2}] 也可用比容表示（m^3/kg），曲线 $O'H'B'$ 表示气体（蒸气）的密度 ρ（lb/ft^3），折线 $TEMG$ 表示低于临界温度时的等温线，$F'E'$ 表示高于临界温度时的等温线。曲线 AD 为等熵线。由临界状态点 C 引出的 CX 线为蒸气的等干度线。

干度是指每 kg（lb）饱和液体和饱和蒸气的混合物中饱和蒸气的含量 kg（lb），常用符号 x 表示。

$$x = \frac{\text{饱和蒸气质量}}{\text{饱和液体质量} + \text{饱和蒸气质量}} \tag{1-35}$$

式中　x——干度，kg/kg（lb/lb）。

显然，饱和液体线 CF 上任一点的干度 $x=0$，饱和蒸气线 CS 上任一点的干度 $x=1$。

天然气中主要成分甲烷的状态图［压力-焓（p-H）图］可见图 1-12。图中有英制和国际单位的对照，也可参考其他参考书中的类似状态图。熟练掌握状态图中各参数的关系，对建立热力计算中各参数关系的概念甚为有用。

第二章　系统负荷、设计负荷及负荷的调节方法

第一节　负荷与负荷特性

一、耗气量的用户分类

负荷与负荷特性是设计任何能源供应系统的重要基础，燃气供应也不例外。设计城市的燃气输配系统时，必须首先认真研究该城市的负荷与负荷特性。负荷与负荷特性和具体城市的自然、人文、能源资源以及经济的发展等状况有关。不同城市在不同发展阶段的负荷与负荷特性也不相同。各国在负荷与负荷特性的研究方面均做了许多工作，不同时期有不同的特点，计算方法也不相同，但均力求符合实际情况，它直接影响到燃气输配系统的经济性和可靠性。

负荷（Load）来源于不同用户的耗气量（Demand），它和配气系统的供气量（Send-out of gas distribution systems）相匹配。而负荷特性，则表示耗气量在一年中的不同小时，不同日，不同周、月或不同季节的变化。耗气的变化图决定着燃气输配系统所担负的使命和所要完成的任务。主要供应居民炊事和热水用气的输配系统与增供居民、商业和工业用户采暖用气的配气系统，因耗气特性的不同而有很大的区别，且后者要复杂得多。燃气作为一种城市能源后，还必须研究其他类型的能源，如液体燃料、电力等的替代关系。城市燃气在其发展的过程中，始终是在与其他能源的竞争中发展的，因为用户总是选择最经济和合理的能源。只有在能源的替代关系中才能确定燃气的地位。

年耗气量决定于燃气利用的方案、用户的规模和经济性。而根据年耗气量变化特性所确定的最大小时耗气量（Maximum hourly demand）即设计负荷（Design load），则用来作为确定输配系统的管径、选择设备以及调压器等的依据。确定年耗气量时应很好地估算系统的现状和未来的耗气量，以便用图表或数学方法研究用户的负荷变化规律。

耗气量和负荷是两个概念[1]，耗气量是因，负荷是果（Demand is the cause，load is the effect）。负荷的确定以耗气量为依据。根据用户的耗气量可建立起输配系统的燃气负荷模型。根据耗气的类别，也可有不同的用户分类方法。有的将耗气用户分成民用住宅的生活用气、商业用气和工业用气等，且均包括各自的采暖用气在内，通常统计分类常用这种表达方法。有的则按耗气特点分类，将用户分成：居民、商业和工业企业（不含采暖）用气、采暖用气、非高峰期或季节用户和调节用户或可中断供气的用户等，在工程设计中常用这种分类方法，它有利于完整地表达负荷的特性。就第二种分类分述如下[1]：

（一）居民、商业和工业企业用气（不含采暖）（Residential，Commercial and industrial，excluding space heating）

这类用户是燃气的连续供应户，只有在维修与事故情况下才会中断供气，因此，也可称为“稳定”（firm）的用气户。“稳定”的用气户也包括采暖用气。但不包括采暖用气在

内的“稳定”负荷称为基本负荷（Base load），在日常的用气变化中，基本负荷相对是一个常量，只有在周末、节日或不同的季节才有变化。

基本负荷中居民用户所包含的门类各国有很大的差别。主要有家庭中的炊事、热水、洗衣（包括烘干）、冷藏、垃圾焚烧及其他的非采暖用气等。商业用户所包含的门类各国也有很大的差别，主要有旅馆、餐厅和其他公共设施等燃气耗量较大的炊事、热水、空调和生产蒸汽的用气。工业用户所包含的门类也很多，主要决定于企业不同的生产工艺。

商业与工业的基本负荷在年耗气量变化中相对是一个常量，除非在周末或假期才有小量的变化。但这类用户的业务范围较复杂，常会因生产和销售量的变化而增减其燃气用量。

（二）采暖用气（Space heating）

采暖负荷（Space heating load）包括生活与工作场所所有为采暖服务的用气量，泛指所有以燃气作民用、商业及工业企业的采暖用气。采暖用气量与燃气采暖的方式有关，各国有不同的方式，但采暖用气的日耗气量完全决定于气候条件：夏季基本不用，而冬季用得最多。采暖用气也是“稳定”负荷的一部分。

（三）非高峰期或季节用户（Off-peak or seasonal）

在用气的非高峰期，当采暖用户的耗气量较小时，燃气有多余时才开始使用燃气的一部分用户，这类用户也是稳定的用气户。一年中的其他时间则改用替代燃料，以便使用燃料的总成本达到最佳值。在图 2-1 中即从 4 月 1 日 ~ 10 月 31 日之间的用气户属于这类用户。燃气空调也可看作是这类用户。由于这类用户在调节全年用气负荷中有十分重要的意义，许多国家都想方设法发展这类用户。美国的经验指出，这类用户的总用气量应小于燃气采暖的总用气量。

（四）调节用户或可中断供气的用户（Interruptible）

可中断供气用户的种类很多，它不属于“稳定”的用气户。燃气有剩余时才供给，当供稳定用户的燃气量无剩余时，就停止向这类用户供气，这类用户就要用其他燃料来维持设备的运行，必须进行燃料的转换。因此，调节用户的燃气价应低于替代燃料的价格。有的国家规定，停气时间在 90 日以内是一种价格，90 日以上的又是一种价格[15]。工业锅炉常作为可中断的用气户。

二、负荷特性与负荷曲线（Load curve）

负荷特性或负荷曲线是在相同的时间段内，一个或不同用户群体的负荷变化。不同类别的用户有不同的负荷特性。负荷特性可分为：季节波动或月波动（负荷的月变化）—年负荷图；周或日的波动（负荷的日变化）—周负荷图；小时波动（负荷的小时变化）—日负荷图。由于从夏季至冬季，稳定的日负荷也是变化的，因此，许多燃气公司均存在着时序性的高峰负荷问题。图 2-1[1]为美国一家燃气公司（Peoples gas light and coke co.）典型的负荷曲线，或称为一定延续时间内的用气图。图中的时间段以日计。

准确的城市负荷曲线应以小时为时间单位。对更详细的工况甚至应取更短的时间段，如半小时、1/4 小时等，这样的年负荷图可作为动态设计的依据。以小时为单位是考虑到供气系统的惰性和在小时内负荷的变化较小，因此，可将该小时内负荷变化的平均值看作是一个常量。在缺乏完善的数据采集和监控系统时，绘制年负荷图是一项繁重的工作，简化的方法是以分负荷图表示，如以月为单位的年负荷图，以日为单位的周负荷图和以小时为单位的日负荷图等。分负荷图的典型性十分重要，使用条件也有限制。采暖负荷也只有以日为单位的年负荷图才能基本反映耗气的季节波动，如图 2-1 所示。负荷曲线图是燃气供应系统设计和运行的基本依据。

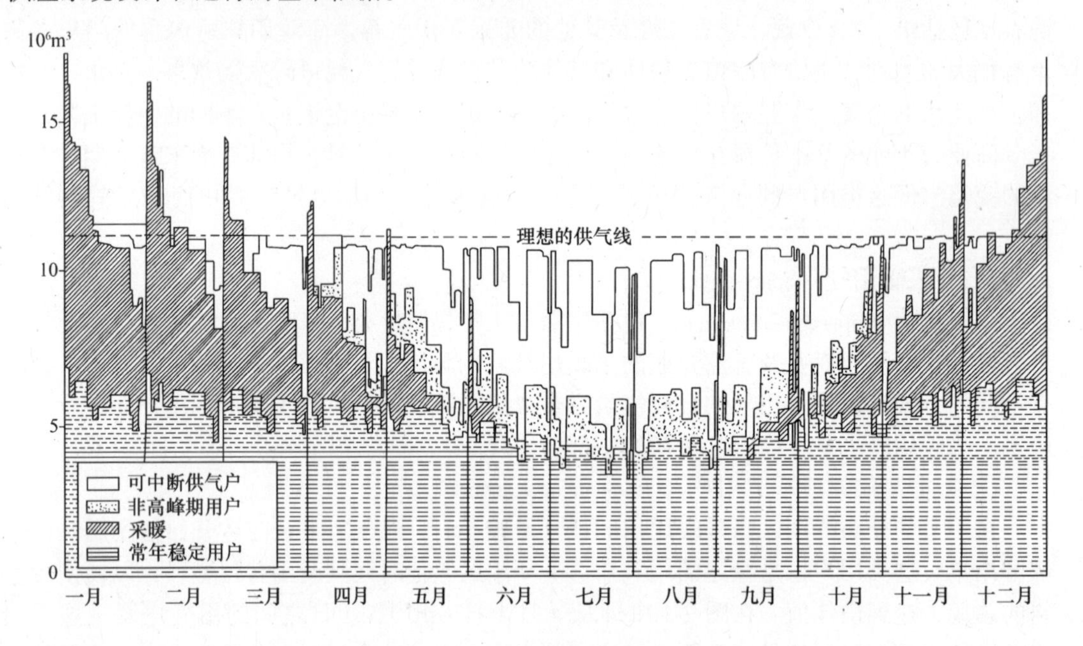

图 2-1　一年中的日负荷曲线图

图中的负荷曲线由四类用户组成：即，可中断供气用户；非高峰期或季节用户；采暖用户（按月作出负荷曲线后叠加上去）和年复一年的稳定用户（不包括采暖）。

在图 2-1 中，由于可中断供气用户的安排非常完善，填补了图中的大部分空缺，因而日总供气量在一年中的变化不大。虚线表示城市燃气公司向长输管道供气公司按合同方式购进的气量，是一条理想的供气线也是长输管线理想的能力线。

负荷曲线对城市输配系统的运行管理也有重要的意义。利用负荷曲线可以正确地安排一年中的供气计划，确定调节用户的用气量，安排燃气管网及其构筑物的改进和维修计划等。例如利用用气的变化规律，可以关断个别管段和调压装置，进行维修而不影响对用户的供气。

由图 2-1 可知，各类用气量中，采暖负荷具有最大的季节波动性，它随室外气温的变化而变化。生活、商业用户的用气量也有较大的季节波动性，它也受气温的影响，室外温度降低时用气量就增大。例如，冬季水温低，将水加热要耗费更多的热量，冬季也更多食用热食品，夏季城市人口有所减少，一些人外出旅游等。由于生活、商业用户的负荷比采暖负荷小，在总年耗量中所占的比重不大，因此在汇总的结果中，它对总波动的影响甚小。国外的经验表明：凡建筑物的采暖和居民生活用气量在总用气量中达到一定的比重后，月用气量的波动将增大，而生产工艺用气量占有较大比重的城市，其年用气量的波动性较小。

将采暖负荷从工艺负荷中分离出来进行计算是有意义的，这两类负荷的用气工况差别很大。由图 2-1 可知，采暖负荷在一个月内不是一个常量，而是随室外温度及其在不同温度区间内的不同日数而变化的一个变量。在更精确地作图时，冬季负荷的日波动性也是变化的，在下一节中将有详细的讨论。

理想的负荷曲线是一条水平线，它表示用气量为常量。用气量为常量时，燃气输配系统的设计可大大简化。由于在所有的时间内燃气通过管道系统的流量为常值，因而供应 1m^3 燃气的成本可以大大降低。但由于负荷变化的复杂性，负荷曲线通常也难以达到理想状态。

在天然气到来之前，我国城市燃气主要供民用炊事和少量热水，工业用户的比例也不大，城市燃气的负荷曲线也必然是另一种模式。图 2-2 为上海市 1994 年的年负荷曲线图。

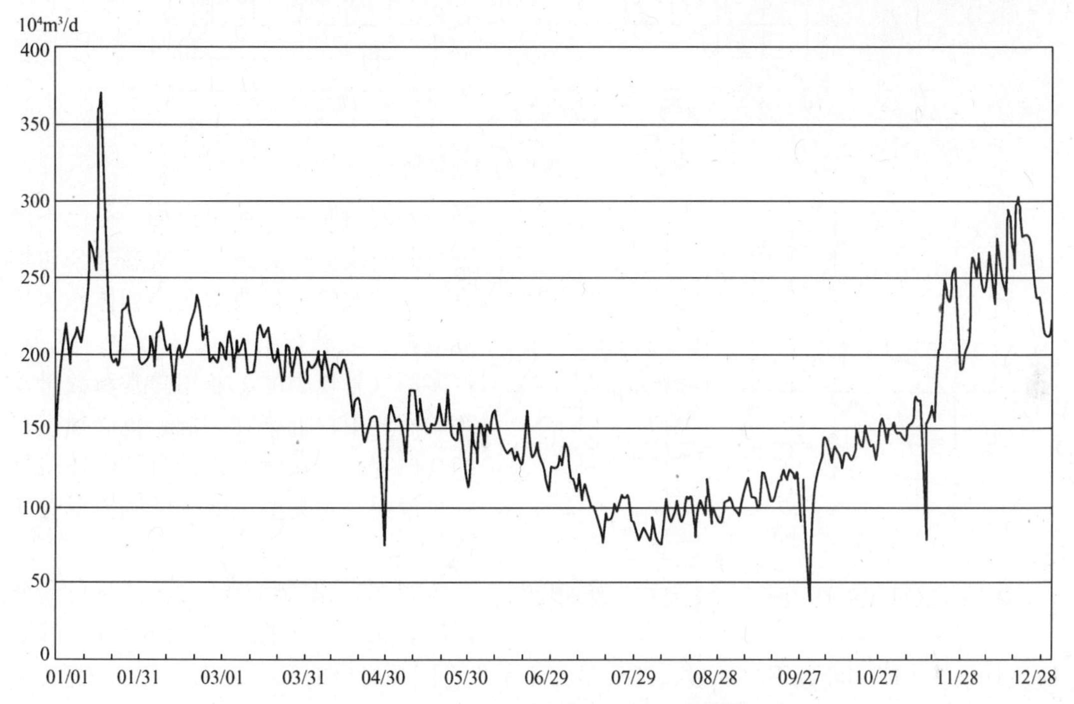

图 2-2 上海市 1994 年的燃气负荷曲线图

来源：《上海浦东煤气厂二期工程后评价自评报告》

比较图 2-1 和图 2-2 可知，燃气在不同的使用工况下，负荷曲线也有很大的差别。

负荷曲线的研究也包括各类用户的用气规律。例如，某一单独用户炊事用气的日和小时的波动规律可用图 2-3[1,76]中的两条曲线表示（图中以 1/2 小时为时间段单位）。但单独用户的用气规律不能代表用户群体的用气规律。用户群体用气规律的研究要利用概率的概念，因为即使用气规律十分严格的用户，工况的随机性本质仍然是存在的。因此，必须研究有一定数量同类用户的用气规律才有实际意义。

以燃气作采暖能源后，负荷特性与采暖方式有关。对大型采暖锅炉设备的用气量可认为在一天内的变化不大（天气突然变冷或变暖除外）。对某一单独用户的小型燃气采暖设备，尤其是带有回拔装置的时钟恒温器的采暖设备，一天之内的用气量则是有波动的。当单户燃气采暖发展到一定规模后，多数燃气公司的高峰耗气量就主要由采暖负荷构成。采暖负荷的数量大、峰值高、常发生在寒冷季节早 6 时～9 时之间。如图 2-4[1,77]所示。

图 2-5 所示为两类商业用户的负荷曲线。图中的时间段取 1/2 小时。图中的曲线表明，不同类型的商业用户有不同的用气特征，且出现高峰耗气量时有很大的时序差。对不

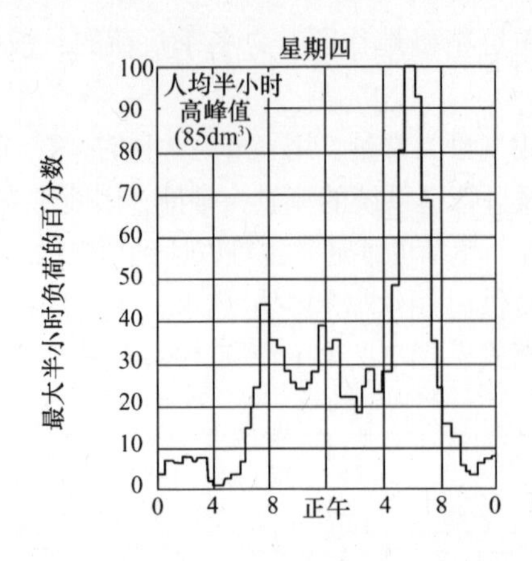

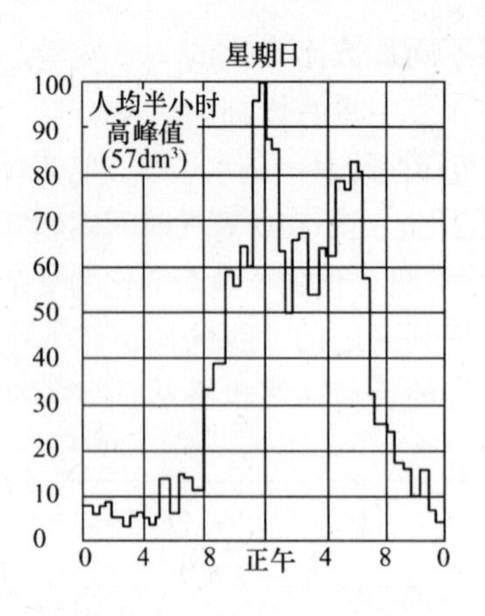

图 2-3　炊事用户的日负荷曲线

同类型的商业和工业用户均可得出不同的负荷曲线。在美国，一些燃气公司均有不同领域的一批典型用户群体作为研究对象，以获得有意义的数据。此外，许多用气量较小的工业用户常和数量众多的商业用户混杂在一起，也必须进行综合研究。这在讨论设计负荷时还将进一步说明。对大型工业企业则需单独研究。

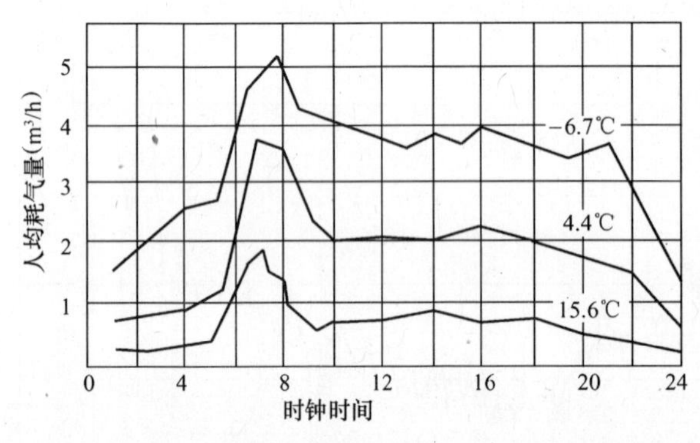

图 2-4　室外温度对民用采暖户日负荷曲线的影响

图 2-3、图 2-4 和图 2-5 的日负荷曲线还表示，由于燃气使用的不同工况，居民炊事、采暖和商业用户的最大耗气量并不发生在同一时序时间。如图 2-4 中，最大采暖耗气量发生在晨 7 时左右，而该时居民炊事和商业用户却并不是高峰值（图 2-3，图 2-5），因此，输配系统高峰耗气量出现的时间决定于不同类型用户耗气的综合情况。不同城市或同一城市的不同区域均有不同的规律。惟一的共同规律是居民采暖因耗气量最大，影响也最大，因此，当燃气采暖发展到一定的规模后，输配系统的最大负荷常以最大采暖耗气量作为基础确定。我国目前城市燃气主要用于居民的炊事和少量的热水供应，单户燃气

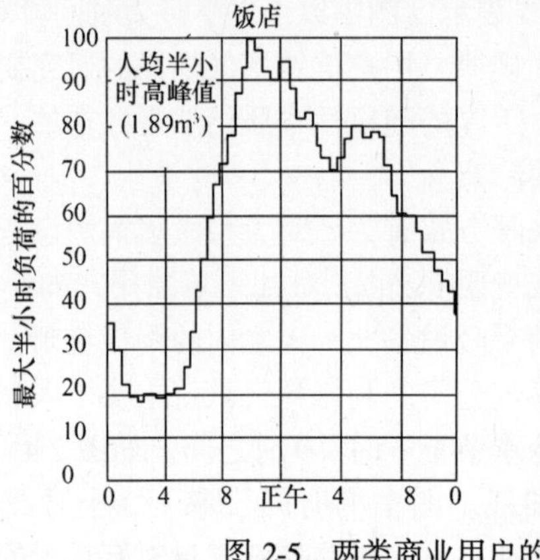

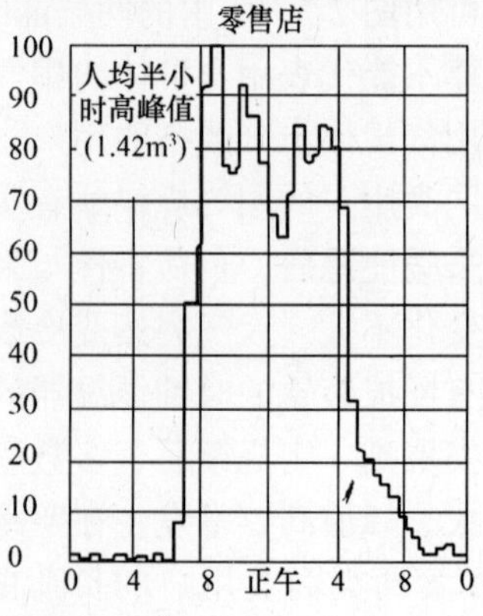

图 2-5　两类商业用户的负荷曲线[1,76]

采暖尚未大规模推广，但由此可以看出，有采暖负荷和仅供居民炊事用气的负荷特性是完全不同的。

在以后的讨论中，负荷的单位以 m^3/h 表示，并需表明燃气在一定状态下的热值。但用气范围扩大后，贸易上通常以对应于体积为基础的能量值表示。在国际单位中，能量以瓦（W），体积以 m^3/h 表示。

影响负荷特性的有气候因素、用户因素和时间因素等，必须深入研究它们之间的相互关系。

气候因素主要指大气的温度和风速。地面温度和太阳的辐射强度对采暖负荷的影响也很大。辐射强度的大小决定于一年中不同的时间和云层的覆盖量。气候因素导致季节用气量的变化，如图 2-1 中的负荷曲线所示。

用户因素是指用户的类型与数量、用户所用燃具的类型与能力、用户居住建筑结构的特点和生活习惯影响耗气量的因素等。如炊事用气量决定于备餐时间与备餐工艺，也即用户的生活方式反映了用气工况。用户因素是一个变数，因为新型燃具在不断地出现，旧燃具年复一年在更新。在特殊的地理区内，用户的数量与特性也经常变化。变化最大的是区域内部的发展，特别是在土地快速升值阶段和建设项目的发展时期。从长远观点看，用户使用燃气的方式不仅反映用户性质的变化，也反映技术工艺发展的变化，如预制食品的增多及室外温度感应器的采用等，已大大改变了现有燃具的使用方式。

时间因素是指一日内各个小时，一月内的各日和一年中不同季节等影响耗气量的因素。小时和日的时间因素主要反映用户的生活习惯，季节因素则反映不同季度的耗气活动特性；有些还受到人们心理作用的影响，例如春季的寒冷日不同于秋季或冬季同样温度的寒冷日。在心理作用的影响下，根据美国的统计数据，即使其他所有的耗气因素相同，秋季寒冷日的采暖用气量要比春季同样温度下寒冷日的耗气量大得多。

三、气候与采暖负荷的关系[1]

许多小型采暖系统应用燃气后，可以节省热网系统，除舒适和经济外，还可减少对大气环境的污染。国外的经验表明，以燃气做采暖能源，对分散的居住建筑甚易取得良好的节能效果。当我国的天然气供应发展到一定的规模后，燃气取暖必将得到充分的发展，因此，研究燃气采暖负荷与城市燃气输配系统的关系就十分必要。

燃气采暖中首先遇到的问题是采暖的设计温度。保守地说，可取气象记录中出现过的当地最低温度或略低值作为燃气输配系统的采暖设计温度。美国采暖、制冷和空调工程师学会认为[1]，日平均最低温度应该是 30 年一遇的最低温度，这样的温度在原则上才适合美国的城市。大风和低温会影响到系统的高峰耗气量。

另一种设计温度选择的方法是研究气温的变化趋势。美国不同城市的气候变化趋势甚至都已整理成公式，可以用这些公式预测未来年份的气候，演示量的变化，甚至还可得到变暖或变冷的方向性意见，只要将分散性数据代入计算公式即可。

通常，采暖设计日是指该日 24 小时内供气量为最大时的气候条件，在这一天中，可作出每小时的供气量与温度的关系。设计日中的最大小时供气量有时并不一定是温度最低的时刻。例如，曾有这样的情况，最低温度发生在早晨 6 时，但恒温器可能到早晨 7 时还没有指示供热。24 小时的平均温度也可能比最低温度要高出若干度。像这类情况对单户燃气采暖尤其要认真研究[18]。一个家庭可能产生采暖忽冷忽热的现象，但一个供气系统的能力决不能在用户需要时供气不足。

综上所述，建筑物的采暖负荷决定于建筑物采暖的耗热量，而耗热量又与建筑物的热损失有关，因此，采暖用热量是一个完全决定于气候条件的负荷。虽然，建筑物采暖负荷的计算已十分成熟，但涉及输配系统调峰量的大小，管径的配置等，则是输配系统设计中所必须首先解决的问题。城市燃气输配系统设计中的采暖负荷，因燃气的采暖方式，燃气利用技术的发展水平等，各国有不同的计算方法。

以美国为例[1]，近年来采暖负荷的计算以度日数为基础。当室温低于 16～21℃时，多数用户会感到不舒适；但 18℃是最常用的舒适性基础温度。当室内温度低于这一基础温度时，采暖耗热量的增加大约正比于基础温度与室外温度之差。图 2-6 为某建筑物的耗热量与温度之间关系的测定结果。由图可知，在 16℃以内数据的分布约为直线，它反映了采暖负荷与温度的关系，但没有考虑到云层覆盖、风速和风向等引起温度变化的影响。整个曲线中的直线段可用下式表示：

$$Q_{h,h} = C(t_i - t_e) \tag{2-1}$$

式中　$Q_{h,h}$——用户的燃气采暖负荷，m^3/h；

t_i——采暖室内计算（基础）温度，常取 18℃；

t_e——室外温度，℃；

C——常数项，决定于居住区、小区或建筑群体中用户的数量和供热厂的规模。

图 2-6 中直线的位置可用最小二乘法求定，并可用来求出室内采暖的基础温度，方法是延长低温线，使之与基本负荷的延长线相交（延长线在图上用虚线表示），对应于交点的温度即基础温度。从图 2-6 中所得的基础温度为 15.6℃。类似于图 2-6 中所示的曲线也可对居民点或整个输配系统范围内的用户作出。曲线直线段的斜率代表温度变化的负荷增加量。

从采暖负荷与温度的关系可引出度日数的概念，它表示寒冷气候强度与延续时间的一个指标，可定义为在一定时间周期内各天室外日平均温度与基础温度（即室温，常取 18℃）之差，乘以时间周期的日数。当时间周期内各天的室外日平均温度等于或高于基础温度时，这一时间

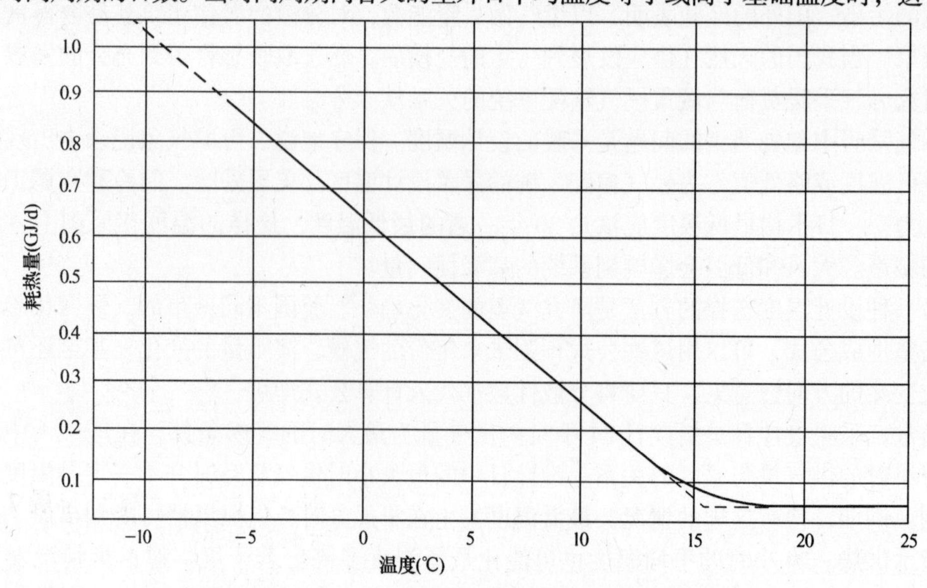

图 2-6　每用户平均日燃气耗量与日平均温度的关系[1]

周期（以日计）的度日数为零。在我国，采用集中供热方式时，时间周期专指采暖期，采暖期以室外日平均温度为5℃划分，高于5℃时不供热。因此，当时间周期内室外的日平均温度高于5℃时，这一时间周期的度日数为零。这可称之谓采暖期的度日数。而国外资料中的度日数则并非专指类似于我国标准中的采暖期。在发展单户燃气采暖时，由于用户有决定采暖的主动权，显然会突破采暖期度日数的限制。度日数的表达式为：

$$D_{din} = (t_i - t_e)n \tag{2-2}$$

式中 D_{din}——时间段为 n 的度日数，℃·d；

t_i——基础温度（通常取18℃）；

t_e——时间段 n 内的室外空气平均温度（时间段以日为单位时，即该日最高、最低室外温度的平均值），℃；

n——平均温度所延续的时间，d。

若室外平均温度为17℃，则时间段为1日的度日数为1（按我国采暖期的划分，则度日数为零）。若已知某日的室外平均温度为2℃，则该日的度日数为16。

室外空气的平均温度可从气象台多年观测的气象数据整理而得。气象台有一天的最高、最低，甚至每小时的温度记录。但美国气象部门的记录是按当地时间的午夜（零时）至下一个午夜作为一日的标准时间，而美国的许多燃气公司则往往以早8时或中午12时作为一日的开始，因此，要将气象台的数据换算成燃气公司习惯采用的数据。此外，最好采用24小时周期内的平均小时温度读数作为计算度日数的依据，在计算配气系统的管径和设备容量时更为可靠。

气象数据表明，燃气采暖的供气量与度日数有很好的相关性。实践表明，随气候变化的燃气消费量，近似地正比于该时间段内的度日数，即：

$$Q_{h,n} = K \cdot D_{din} \tag{2-3}$$

式中 $Q_{h,n}$——时间段 n 内的采暖耗气量，m^3；

K——比例常数，m^3/（℃·d）；

D_{din}——规定时间段 n 内的度日数，℃·d。

因此，度日数可用来计算单独用户，用户群体或整个区域内供气系统的采暖耗气量。计算一定时间段内的耗气量时，只要将该时间段内的度日数乘以常数项（一定时间段内单位度日数的耗气量）即可。常数项可从研究用户采暖耗气量的数据中得出。这种采暖耗气量的计算方法在美国用得很广，虽然它忽略了温度以外的其他气候因素。表2-1[1,78]为美国若干城市燃气采暖的平均度日数值。

美国若干城市燃气采暖的平均度日数值 **表2-1**

城市名称	平均度日数（℉·d）	平均度日数（℃·d）	城市名称	平均度日数（℉·d）	平均度日数（℃·d）
亚特兰大	2811	1560	芝加哥	6282	3487
伯明翰	2780	1543	达拉斯	2367	1313
波士顿	5936	3294	丹 佛	5839	3240
布鲁克林	5280	2930	新奥尔良	1203	668
查塔努加	3238	1797	圣路易斯	4469	2480

我国若干城市采暖期的度日数可见表 2-2[6]。

我国若干城市采暖期的度日数值　表 2-2

城市名称	计算用采暖期			城市名称	计算用采暖期		
	日数 E（d）	室外平均温度 t_e（℃）	度日数（℃·d）		日数 E（d）	室外平均温度 t_e（℃）	度日数（℃·d）
北　京	125	-1.6	2450	济　南	101	0.6	1757
天　津	119	-1.2	2285	郑　州	98	1.4	1627
石家庄	112	-0.6	2083	四川阿坝	189	-2.8	3931
太　原	135	-2.7	2795	拉　萨	142	0.5	2485
呼和浩特	166	-6.2	4017	西　安	100	0.9	1710
沈　阳	152	-5.7	3602	兰　州	132	-2.8	2746
长　春	170	-8.3	4471	西　宁	162	-3.3	3451
哈尔滨	176	-10.0	4928	银　川	145	-3.8	3161
徐　州	94	1.4	1560	乌鲁木齐	162	-8.5	4293

美国的许多燃气公司根据当地的气象观测结果，在选用度日数的数值时，与表 2-1 中所列的值略有不同。

【例 2-1】[1]　美国中南部的一家燃气公司从其运行经验中得知，每增加一个度日数，其负荷要增加 20376m^3/（℃·d），求在 -6.7℃时的期望负荷。若 18℃时（度日数为零）的基础负荷为 226400m^3/d。

$$\text{期望负荷} = \text{基础负荷} + \text{采暖负荷}$$

$$\text{期望负荷} = 226400 + 20376 \times [18 - (-6.7)] = 735800\text{m}^3/\text{d}$$

【例 2-2】[1]　计算一个月的耗气量。若已知该月的度日数为 845.7℃·d，每度日数耗天然气为 1.018m^3/（℃·d）。

计算结果为：

$$845.7 \times 1.018 = 861\text{m}^3/\text{月}$$

实际上，采暖负荷受风力的影响很大。风速增大也增加了建筑物的散热量，它与降低室外温度对采暖负荷的影响相同。因此，美国有些燃气公司[1]提出了风速与当量温差的关系。公式可表达为：

$$\Delta t = k(W - C) \tag{2-4}$$

式中　Δt——当量温差，℉；

W——日平均风速，mile/h；

k, C——由经验确定的常数。

若 $W \leqslant C$，则 $\Delta t = 0$

风力校正公式中的常数项可见表 2-3[1]。

风力校正公式中的常数值（括号内值代入公式所得温差为℃）　**表 2-3**

地　区	k	C	地　区	k	C
布里奇波特	0.25（0.0858）	W_s①	纽约市	0.33（0.1133）	15（24.3）
密歇根州中部	0.60（0.206）	8（12.96）	加拿大多伦多	1.00（0.343）	100（162）

① W_s 为季平均的日风速（mile/h），一年中的各季有不同的数值。

表 2-3 中的单位为英制，Δt 为℉，只有算出结果后才能换算成℃，即 Δt（℃）= $0.556\Delta t$（℉）。

也可用表中括号内的数值直接算出摄氏温差值，误差很小。

【例 2-3】[1]　计算一天的度日数。若室外平均温度为 20℉（-6.66℃），日平均风速为 30mile/h（48.6km/h），常数值 $k=0.33$（0.1133），$C=15$（24.3）。

按公式 2-4，$\Delta t=0.33\times(30-15)=5$℉

即　$0.556\times5=2.775$℃

如按表中括号内的数值，也可直接算出摄氏温差值：$\Delta t=0.1133\times(48.6-24.3)=2.753$℃

有效室外平均温度为：

$$-6.66+(-2.775)=-9.435$$

或 $-6.66+(-2.753)=-9.413$

一天的度日数为：

$$D_{\mathrm{did}}=[18-(-9.435)]\times1=27.435℃\cdot\mathrm{d}$$

或 $$D_{\mathrm{did}}=[18-(-9.413)]\times1=27.413℃\cdot\mathrm{d}$$

风速除增加建筑物的耗热量外，也增加了冷空气的渗入量。将渗入的冷空气温度提高到建筑物内的室温就要增加热负荷。这种建筑物耗热量的风力效应同样也可看作是室外温度的降低。因此，更为准确的风力效应计算，应把这些因素也考虑进去[79]。

在美国，还没有一个简单的公式可用来表达采暖耗气量或整个配气系统的供气量和有关气候因素之间的关系[1]。已有的公式都是根据某些特殊用户与气候因素有关的数据用静态分析方法获得。例如，在气候条件与大型建筑物的采暖耗气量之间可用最小二乘法得出以下通式[1]：

$$Q=Q_0-Q_s+a_tt+a_wW+a_sS+a_gG+a_t^2t^2+a_{tw}tW+a_{ts}tS \tag{2-5}$$

式中　Q——燃气的日供应量，m^3/d；

Q_0——附加供应常数，m^3/d；

Q_s——星期日的附加供应常数，m^3/d；

t——日平均温度，℃；

W——日平均风速，km/h；

S——日平均太阳辐射能，W/m^2；

G——地面温度，℃；

$a_t, a_w, a_s, a_g, a_t^2, a_{tw}$ 及 a_{ts}——供气公式中的常数。

公式中的常数可通过气象资料分析得出。上式中所表示的气象-负荷关系常用来预测系统的日负荷，但至今未能用它来计算设计负荷，部分原因是难以得到建立这一关系式的耗气数据。

采暖耗气量随室外温度变化的计算表　　表 2-4

温度段（℃）		平均室外温度 t_e（℃）	t_i-t_e（℃）	温度段的延续时间（d）	度日数 D_{di}（℃·d）	耗气百分数（%）	不同温度段的耗气量（10^6m^3）
自	至						
—	-25	-25	43	1.1	47.3	5.5	5.5
-24.9	-20	-22.5	40.5	2.1	85.0	9.9	9.9
-19.9	-15	-17.5	35.5	4.6	163.3	19.1	19.1
-14.9	-10	-12.5	30.5	6	183.0	21.3	21.3
-9.9	-5	-7.5	25.5	7.6	193.8	22.7	22.7
-4.9	0	-2.5	20.5	7	143.5	16.8	16.8
0.1	5	+2.5	15.5	2.6	40.3	4.7	4.7
总　计		—	—	31	856.2	100	100

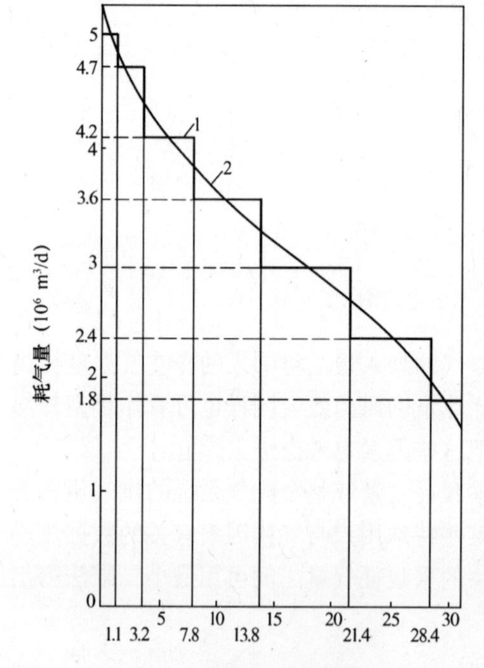

图 2-7　1月份采暖负荷随室外平均温度段变化的延时图

利用度日数的概念，也可画出图 2-1 中所示的采暖部分负荷曲线。若以某城市 1 月份的负荷曲线为例，1 月份的统计数据和计算结果见表 2-4[3]，该城市每度日数的耗气量为 $116.8\times10^3m^3/$(℃·d)。

根据表 2-4 中每一平均室外温度的时间段值可绘出耗气量 Q_i 随 t_e 增加的延时图。表 2-4 中列出的仅为 1 月份的计算结果，并可用图 2-7 表示[3]。用同样的方法，可绘出采暖期内每个月份的采暖负荷随室外平均温度段的延时图。叠加到其他类型用户的负荷图上之后，就可得各类用户总的负荷曲线，类似于图 2-1 所示。由图 2-1 可知，每个月的采暖负荷不是常量，而是随每个月不同室外温度变化的变量。在更精确地作图时，冬季的小时-日波动也应考虑进去。有些燃气公司的年报资料中，往往把一个月内的采暖负荷当作常量作图，这类示意图不能作为指导设计和运行的依据。夏季的空调耗气负荷曲线，可类似于采暖负荷作出，只要应用冷度日数的概念。

第二节　负荷特性的数学表达和数据获得的方法

一、数学表达方法

（一）名词术语[1]

为了正确的定义用来表达输配系统特性的系数，需规定一组名词术语，以便各种系数可用数学式或文字来表达。定义名词术语的基本概念可见图 2-8。定义如下：

Q ——燃气的流量（使用量），m^3/h；

$\overline{Q}$ ——一定时间段内的平均燃气流量，m^3/h；

$\overline{Q}_{c,w}$ ——对一个燃具或一个用户 C，在一定的气候条件 W 下，在一定的时间段 t

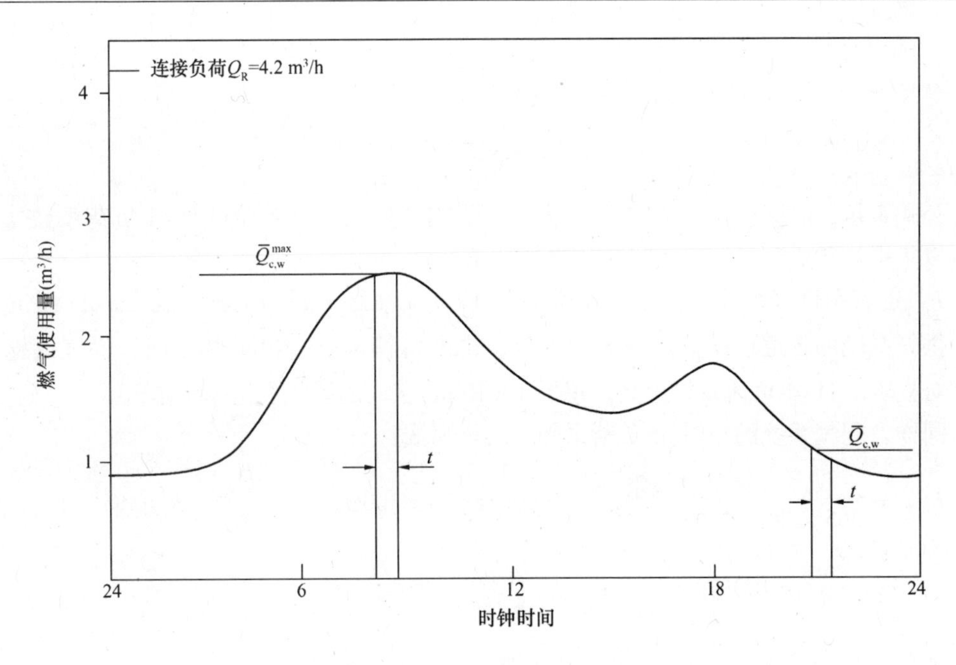

图 2-8　负荷的定义

内的平均耗气量。如某一用户群体有 N 个燃具或 N 个用户，则用 $\overline{Q}_{N,w}$ 表示；

$\overline{Q}_{c,w}^{max}$ ——为 $\overline{Q}_{c,w}$ 的最大值（在连续的 $\overline{Q}_{c,w}$ 中选取）。选择的时间段应大于计算平均值的时间段；

Q_{Ri} ——第 i 个用户的连接负荷（Connected load）。

（二）负荷曲线中的峰值

负荷曲线的特征是其峰值，是设计人员为确定燃气系统通过能力时最感兴趣的数值，因为峰值表明了用户或用户群体的最大用气量。但是，仅用峰值来描述负荷曲线是远远不够的，正如描述一个山岳时，仅用一个海拔高度也不完善一样。因此，对负荷曲线更为完善的表达方法是用峰值与某一参照值的比值来表示。在燃气工程中，参照值常用长期的平均用气量（Long-run average rate of use）作基点，此值可从接近实际的负荷曲线中得出。峰值与参照值的关系有多种表达方式，如负荷系数、同时系数、耗气系数和不均匀系数（俄罗斯采用）等。

（三）负荷系数（Load factors）[1,2]

世界上许多国家，为了描述用户耗气量变化的特性，常引用负荷系数这一观念。负荷系数可定义为在一定的时间段内，实际的用气量与同一时间段内按某一最大短期耗气量使用时的比值。

例如，一个供气系统的日-年负荷系数 $L_{d,y}$ 可用以下的一个百分数表示：

$$L_{d,y} = \frac{\text{年总供气量}(m^3/a)}{365 \times \text{最大日供气量}(m^3/d)} \times 100\% = \frac{Q_y}{365 \times Q_{d,y}^{max}} \times 100\%$$

$$= \frac{\overline{Q}_{d,y}}{Q_{d,y}^{max}} \times 100\% \tag{2-6}$$

式中　Q_y——年总供气量，m^3/年；

$Q_{d,y}^{max}$——一年中的最大日供气量，m^3/d；

$\overline{Q}_{d,y}$——一年中的平均日供气量，即 $\frac{Q_y}{365}$。

公式表示，时间段以年为单位，最大短期耗气量以日为单位。日-年负荷系数 $L_{d,y}$最终可以年平均日供气量与最大日供气量的比值表示。

$L_{d,y}$也表示供气系统的平均设备利用率（The average percent use of gas supply facilities），因为供气系统的管道、设备常按 $Q_{d,y}^{max}$计算，也即每销售 $1\times10^4m^3$ 燃气时，供气设施所需的相对投资。日-年负荷系数越高，每供 $1\times10^4m^3$ 燃气的供气设施投资越低。

同样，配气系统的小时-年负荷系数 $L_{h,y}$可写成：

$$L_{h,y}=\frac{\text{年总供气量}(m^3/a)}{365\times24\times\text{年最大小时耗气量}(m^3/h)}\times100\%=\frac{Q_y}{8760Q_{h,y}^{max}}\times100\%$$

$$=\frac{\overline{Q}_{h,y}}{Q_{h,y}^{max}}\times100\% \tag{2-7}$$

式中　$\overline{Q}_{h,y}$——年平均小时耗气量，m^3/h；

$Q_{h,y}^{max}$——一年中的最大小时耗气量，m^3/h。

公式表示，时间段以年为单位，最大短期耗气量以小时为单位。小时-年负荷系数 $L_{h,y}$ 最终可以年平均小时耗气量与年最大小时耗气量的比值表示。年最大小时耗气量可以出现在年最大耗气日中，也可以不出现在最大耗气日中，决定于具体城市的负荷特性，两者从理论上并无直接联系。

上式中的 $\frac{1}{8760\times L_{h,y}}$ 常称作负荷乘数，已知负荷乘数后，也甚易求得 $Q_{h,y}^{max}$。

$L_{h,y}$ 表示配气系统的平均设施利用率（The average percent use of the system's gas-distribution facilities），因为配气系统的管道、设施常按 $Q_{h,y}^{max}$ 计算，也即每销售 $1\times10^4m^3$ 燃气所需配气管道及设施的投资指标。小时-年负荷系数越高，每耗 $1\times10^4m^3$ 燃气的配气系统的投资就越低。这两个负荷系数在燃气工程中用得很广，是表达供、配气系统经济性的两个重要指标。

由上述表达式可知，负荷系数也可看作是在两个不同时间段（a）和（b）中某类用户群体平均耗气量的比值，但时间段（b）应大于并包含时间段（a）。例如，在式（2-6）中，年供气量除以 365 后，即平均日供气量，这样变换后，日-年负荷系数 $L_{d,y}$ 就可看作是平均日耗气量与最大日耗气量的比值。如分子、分母均除以 24，使耗气量的单位成为 m^3/h，分子就成为年平均小时耗气量，分母就成为一年中高峰日的平均小时耗气量。即

$$L_{d,y}=\frac{\overline{Q}_{h,y}}{Q_{d,y}^{max}/24}\times100\% \tag{2-8}$$

在已知高峰日的平均小时耗气量后，也可求得 $L_{d,y}$。

一般来说，如负荷系数以时间段（a）和（b）作基础，且时间段（b）跨越时间段（a），对同类用户群体，在相同的其他条件（如气候条件 W）下，根据前述名词术语的定义，负荷系数（%）可表达为：

$$L_{a,b} = \frac{\overline{Q}_{b,N}}{\overline{Q}_{a,N}^{max}} \times 100\% \qquad (2\text{-}9)$$

如 b 表年，a 表日，则日负荷系数为 $L_{d,y}$，$\overline{Q}_{b,N}$ 为年平均日耗气量，$\overline{Q}_{a,N}^{max}$ 为 $\overline{Q}_{b,N}$ 的最大值，即最大平均日耗气量（在以日为基础的 $\overline{Q}_{b,N}$ 连续图中选取）。

如 b 表年，a 表小时，则时负荷系数为 $L_{h,y}$，$\overline{Q}_{b,N}$ 为年平均小时耗气量，$\overline{Q}_{a,N}^{max}$ 为 $\overline{Q}_{b,N}$ 的最大值，即最大平均小时耗气量（在以时为基础的 $\overline{Q}_{b,N}$ 连续图中选取）。

上式表示，对一个已知燃气系统负荷系数的确定，决定于所选择的时间段，系统所包含的燃具状况和时间段（b）内的气候条件。

日-年，小时-年，小时-日和其他各种负荷系数可根据具体的用户类型和系统不同部分的地理条件确定。美国不同类型用户典型的负荷系数可见表 2-5。表中的数据为经验值。严格地说，应根据气候条件和用户特性，经过试验得出的数据才能应用。

燃气用户的典型负荷系数[1]　　**表 2-5**

用户类型	$L_{d,y}$（%）	$L_{h,y}$（%）	用户类型	$L_{d,y}$（%）	$L_{h,y}$（%）
采暖（美国北部）	26	17	餐厅	84	53
炊事	72	16	零售店	63	21
炊事及冷藏	78	38	工业金属制品业	79	45

【例 2-4】[1]　一个配气系统的年供气量为 $3.6 \times 10^8 m^3/$年，高峰日供气量为 $130 \times 10^4 m^3/d$，高峰小时耗气量为 $9.0 \times 10^4 m^3/h$，求日-年，求小时-年负荷系数。

代入式（2-6）和式（2-7）后可得：

$$L_{d,y} = \frac{3.6 \times 10^8}{365 \times 130 \times 10^4} \times 100\% = 75.8\%$$

$$L_{h,y} = \frac{3.6 \times 10^8}{365 \times 24 \times 9.0 \times 10^4} \times 100\% = 45.6\%$$

（四）同时系数与差异系数[1]（Coincidence and diversity factors）

如同所有的用户不会在早晨同一时间起床一样，所有的采暖机组也不会在同一时间均出现高峰用气量。这种在不同的用户中燃具的运行既不连续又不协调的现象表示，用户群体的最大耗气量常小于单个用户最大耗气量的总值。因此，用户群体的同时系数可用来度量所有燃具以高峰负荷同时运行的程度。

用户群体的同时系数可用该用户群体的最大同时使用量（Group maximum coincident demand）（最大同时耗气量）与最大非同时使用量（Group noncoincident maximum demand）（单独用户最大耗气量之和）的比值表示，即：

$$C_N = \frac{\overline{Q}_{N,W}^{max}}{\sum_{C=1}^{N} \overline{Q}_{C,W}^{max}} \qquad (2\text{-}10)$$

式中　$\overline{Q}_{N,W}^{max}$——N 个用户或燃具在一定的气候条件 W 下的最大用气量；

$\overline{Q}_{C,W}^{max}$——一个用户或燃具在一定的气候条件 W 下的最大用气量；

C_N——在一定的时间段 t 和一定的气候条件 W 下，N 个燃具或用户群体的同时系数。

同时系数用统计方法确定。实验中，单独用户的数据应选择合理的时间段和无主观臆断的气候条件。当用户使用的燃具种类繁多时，同时系数的确定也有一定的困难。因为在现代的居民生活条件下，用户所设置燃具的功率通常都超过根据该户人数所需要的功率。今后随着人们生活条件的改善，燃具功率的富裕量还将提高。用户燃具的功率与实际使用功率之间不相符合的情况，必将导致使用同时系数求计算流量时产生误差。此外，同样类别的燃具组合，若用户人口不同，则同时系数也不同。因此，也有提出应按使用不同燃具组合的用户人口数来确定同时系数的方法。

同时系数的倒数称为差异系数或多样性系数。差异系数越大，表示所用燃具的种类越多。燃具越是多样化，则燃具同时在高峰负荷值运行的可能性就越小。

（五）耗气系数[1]（Demand factor）

用户群体的耗气系数定义为群体最大同时耗气量与连接负荷（Connected load）之比。连接负荷约等于所有燃具可能在相同时间内按其能力运行的负荷值。其表达式为：

$$D_{\mathrm{N}} = \frac{Q_{\mathrm{N,W}}^{\max}}{\sum_{C=1}^{N} Q_{\mathrm{R}i}} \times 100\% \tag{2-11}$$

式中　D_{N}——耗气系数，%；

$Q_{\mathrm{N,W}}^{\max}$——在一定的气候条件 W 下，N 个用户的最大同时耗气量，$\mathrm{m^3/h}$；

$Q_{\mathrm{R}i}$——单独用户与管道的连接负荷，$\mathrm{m^3/h}$。它表示用户燃具的最大运行负荷，即能力值。

耗气系数类似于同时系数，但其概念又不同于同时系数。同时系数也不能简单地理解为表达燃具同时工作的一个系数，或同时系数越小，即同时工作的燃具数越少。这可由图2-9加以说明。

假设有两个用户，用户1的负荷曲线如图上实线所示，t 时间段内（在此以小时计）最大用气量出现在上午8时后的1小时，即［Q_{C1}］$^{\max}$，用户2的负荷曲线如图上虚线所示，t 时间段内最大用气量出现在上午6:30时后的1小时，即［Q_{C2}］$^{\max}$。两个用户最大用气量之和为 $\sum_{C=1}^{2}[\overline{Q}_{\mathrm{C}}]^{\max}$。但两个用户的最大用气量不发生在同一时间，将用户1和用户2的负荷曲线叠加起来，成为两个用户群体的负荷曲线，在图中用点划线表示，其最大值出现在上午7时后的1小时，即最大小时平均值为 $[\overline{Q}_2]^{\max}$。用户1和用户2均同时在工作，只是高峰值不重叠。$[\overline{Q}_2]^{\max}/\sum_{C=1}^{2}[\overline{Q}_{\mathrm{C}}]^{\max}$ 表示两个用户的同时系数。如用户1的连接负荷为 Q_{R1}，用户2的连接负荷为 Q_{R2}，两个用户连接负荷的总值为 $\sum_{C=1}^{2}Q_{\mathrm{R}i}$，$[\overline{Q}_2]^{\max}/\sum_{C=1}^{2}R_i$ 表示两个用户的耗气系数。由图可知，$Q_{\mathrm{R1}} >$［Q_{C1}］$^{\max}$，$Q_{\mathrm{R2}} >$［Q_{C2}］$^{\max}$，它是指耗气能力而言，耗气能力就是指最大值，在相同的额定压力条件下，耗气能力即燃具的额定负荷，在已知管道的压力和气候等外部条件下，耗气能力是容易确定的。

由上述比较说明可知，耗气系数更易于由经验来确定，因为所需要的耗气数据仅对用户总体而言，而不是针对每一个单独用户。耗气系数可用来说明整个配气系统、部分

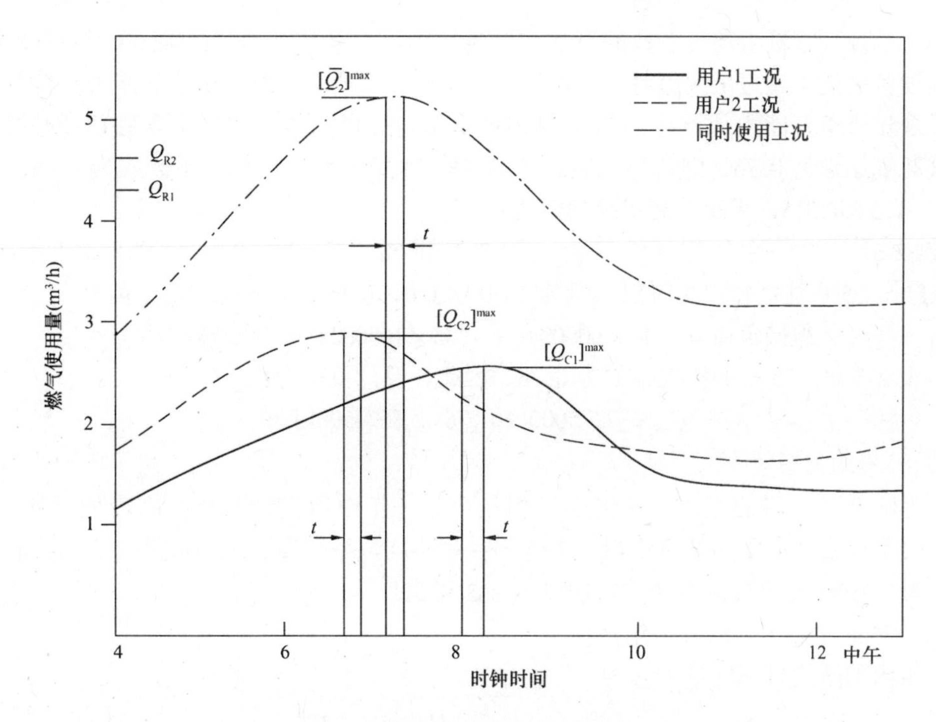

图 2-9　同时系数和耗气系数的定义

配气系统或不同类型燃具使用时的负荷特性。表 2-6 所示的耗气系数值是美国一家燃气公司在最大采暖负荷的时间条件下得出的。这样的耗气系数也反映了用户群体的生活习惯。不同燃气公司所使用的耗气系数值不同；同一公司在不同管辖地区使用的耗气系数值也不同。

各类燃具的耗气系数[1]　　**表 2-6**

用户数	炊事用燃具	热水器	燃气采暖	用户数	炊事用燃具	热水器	燃气采暖
1	1.00	1.00	1.00	75	0.24	0.34	0.78
5	0.70	0.50	0.92	100	0.20	0.33	0.76
10	0.57	0.43	0.88	200	0.15	0.32	0.73
25	0.40	0.37	0.84	500	0.14	0.31	0.69
50	0.29	0.34	0.80	1000	0.14	0.30	0.68

对燃具或用户群体，耗气系数的值可用来说明其与设计负荷的关系。在规定的时间段内，设计负荷等于耗气系数表达式中的分子。如果能确知用户群体所用的全部燃具情况，则耗气系数就可用来计算用户群体的设计负荷。耗气系数接近于 1，代表一种高度同时的负荷，且差异性很小，这时，设计负荷就接近于连接负荷。较小的耗气系数则表示设计负荷仅为连接负荷的一小部分。

燃气采暖的耗气系数很高，因为气候不同于用户的生活习惯，它是采暖负荷的一次影响因素。美国曾发生过这样的情况，在不常遇到的严寒季节，采暖负荷甚至可能等于或大于采暖连接负荷，除采暖机组按最大能力（Top capacity）运行外，炊事燃具也用来补足采暖负荷不足的热量。

一个单独采暖机组耗气系数的倒数有时称它为潜力系数（pickup factor）。潜力系数表示，当设备的能力超过最大值时，为保证运行正常，它所具有继续供能的能力。潜力系数越大，采暖机组有能力从更冷的起点向建筑物迅速提供热量。如一个采暖机组供应 100 户，其耗气系数为 0.76，倒数为 1.315；如选择较大的机组后，耗气系数成为 0.66，倒数为 1.5，1.5 > 1.315，表示采暖机组的潜力更大。

【例 2-5】[1]　一个住宅开发区由一根总管供气。有 40 户住宅每户采暖供热量为 90000kJ/h，35 户住宅每户采暖供热量为 105000kJ/h，求该管道采暖的设计负荷？

$$连接负荷 = (40 \times 90000) + (35 \times 105000) = 7275000\text{kJ/h}$$

由表 2-6 知，75 户的耗气系数为 0.78，因此，设计负荷为：

$$Q_{\mathrm{d}} = 7275000 \times 0.78 = 5674500\text{kJ/h}$$

（六）不均匀系数[3,4]

这是前苏联采用的方法，我国也沿用至今。一年中用气量变化的高峰值可通过月、日、小时负荷变化的不均匀性求得，不均匀性用不均匀系数表示。为求得一年中的最大小时用气量，小时-年高峰系数 $k_{\mathrm{h,y}}^{\max}$可按以下方法得出。

1. 考虑一年内用气的月不均匀性。

一年内的平均日用气量 $\overline{Q}_{\mathrm{d,y}}$为：

$$\overline{Q}_{\mathrm{d,y}} = \frac{Q_{\mathrm{y}}}{365} \tag{2-12}$$

式中　Q_{y}——年用气量。

一年内用气量最大月（命名为计算月）中的平均日用气量$\overline{Q}_{\mathrm{d,m(max)}}$可通过一年内的月高峰系数 $k_{\mathrm{m(max),y}}^{\max}$求得，即：

$$k_{\mathrm{m(max),y}}^{\max} = \frac{\overline{Q}_{\mathrm{d,m(max)}}}{\overline{Q}_{\mathrm{d,y}}} \tag{2-13}$$

因此：

$$\overline{Q}_{\mathrm{d,m(max)}} = k_{\mathrm{m(max),y}}^{\max} \cdot \overline{Q}_{\mathrm{d,y}} = k_{\mathrm{m(max),y}}^{\max} \times \frac{Q_{\mathrm{y}}}{365} \tag{2-14}$$

式中　$k_{\mathrm{m(max),y}}^{\max}$——月一年高峰系数。

2. 考虑计算月内的日不均匀性。

计算月内的最大日用气量 $Q_{\mathrm{d,m(max)}}^{\max}$可通过计算月的日高峰系数 $k_{\mathrm{d,m(max)}}^{\max}$求得：

$$k_{\mathrm{d,m(max)}}^{\max} = \frac{Q_{\mathrm{d,m(max)}}^{\max}}{\overline{Q}_{\mathrm{d,m(max)}}} \tag{2-15}$$

因此：

$$Q_{\mathrm{d,m(max)}}^{\max} = k_{\mathrm{d,m(max)}}^{\max} \cdot \overline{Q}_{\mathrm{d,m(max)}}$$

$$= k_{\mathrm{d,m(max)}}^{\max} \cdot k_{\mathrm{m(max),y}}^{\max} \times \frac{Q_{\mathrm{y}}}{365} \tag{2-16}$$

式中　$k_{\mathrm{d,m(max)}}^{\max}$——计算月的日高峰系数。

前苏联的文献中已发现上述假设的错误，并作了说明[4]；因为计算月内的最大日用气量是一年内最大的日用气量，如计算月具有最大的日不均匀性，则这一结论是正确的。如最大的日不均匀性在别的月份，则用气量最大日可能不在计算月内。由图 2-2 上海市 1994 年的负荷曲线可知，最大用气月在 12 月，而最大用气日则在 1 月份。1 月份才是计算月。

由此可见，上述分析是在月高峰系数和日高峰系数均在同一个月时才是正确的。

3. 考虑高峰日内的小时不均匀性。

用气量高峰日内的平均小时用气量 $\overline{Q}_{h,d(max)}$ 为：

$$\overline{Q}_{h,d(max)} = \frac{Q_{d,m(max)}^{max}}{24} \tag{2-17}$$

用气量高峰日的小时高峰用气量 $Q_{h,a(max)}^{max}$ 可通过高峰日内的时高峰系数 $k_{h,d(max)}^{max}$ 求得：

$$k_{h,d(max)}^{max} = \frac{Q_{h,d(max)}^{max}}{\overline{Q}_{h,d(max)}} \tag{2-18}$$

因此，

$$\begin{aligned} Q_{h,d(max)}^{max} &= k_{h,d(max)}^{max} \cdot \overline{Q}_{h,d(max)} \\ &= k_{h,d(max)}^{max} \cdot \frac{Q_{d,m(max)}^{max}}{24} \\ &= k_{h,d(max)}^{max} \cdot k_{d,m(max)}^{max} \cdot k_{m(max),y}^{max} \times \frac{Q_y}{365 \times 24} \end{aligned} \tag{2-19}$$

式中　$k_{h,d(max)}^{max}$——最大用气日中的小时高峰系数；

$k_{d,m(max)}^{max}$——最大用气月中的日高峰系数；

$k_{m(max),y}^{max}$——一年内最大用气月的月高峰系数。

下角码 m（max），d（max）表示最大用气月和最大用气日。

前苏联的文献也指出[4]，因为用气量最大日内的最大小时用气量代表一年内的最大小时用气量，如用气量最大日也具有最大的小时不均匀性，则这一结论也是正确的，即小时高峰系数和日高峰系数也必须在同一日内。

最后可得：

$$Q_{h,y}^{max} = k_{h,d(max)}^{max} \cdot k_{d,m(max)}^{max} \cdot k_{m(max),y}^{max} \frac{Q_y}{8760}$$

计算中的参照值为小时一年平均用气量。

$$Q_{d,y}^{max} = k_{d,m(max)}^{max} \cdot k_{m(max),y}^{max} \cdot \frac{Q_y}{365}$$

计算中的参照值为日一年平均用气量。

如令一年中的小时高峰系数为 $k_{h,y}^{max}$，则：

$$k_{h,y}^{max} = k_{h,d(max)}^{max} \cdot k_{d,m(max)}^{max} \cdot k_{m(max),y}^{max}$$

一年中的日高峰系数为 $k_{d,y}^{max}$，则：

$$k_{d,y}^{max} = k_{d,m(max)}^{max} \cdot k_{m(max),y}^{max}$$

从上述演算过程中，有几点值得注意：

1. 在计算月高峰系数 $k_{m(max),y}^{max}$ 时，是通过一年内用气量最大月（命名为计算月）中的平均日用气量 $\overline{Q}_{d,m(max)}$ 求得的。这一表达方式可回避各月因日数不同而引起的麻烦。例如，若居民用户 1 月份的用气量占年用量的百分数为 10.3%，2 月份为 9.6%；由于 1 月份为 31 日，2 月份为 28 日，则月高峰系数应在 2 月（1.25），而不是在 1 月（1.21）。

2. 前苏联的文献已经指出[3,4]，上述高峰系数的导出过程只有在高峰小时、高峰日和高峰月重合时才正确。设计配气系统时，计算月实际上应该是月、日、小时三个重合的不均匀系数的乘积为最大值时的月份。设计供气系统时，计算月应是年高峰日用气量所在的月份。计算月的概念实际上是没有意义的。因为根据燃气公司的运行经验，最高日用气量是甚易得到的，各国燃气公司的年报中均有年供气量和日最大供气量的值，没有必要通过高峰月这一中间环节求得；小时最大耗气量也没有必要通过最大日耗气量求得；以避免逻辑上的错误。计算日、小时高峰耗气值的根本依据应是城市用气的小时-年负荷曲线。在缺乏小时-年负荷曲线资料时，完全有可能按不重合的绝对小时、日、月高峰系数的错误思维来计算。实际上，不均匀系数法来源于前苏联早期在制订五年计划时所用的方法[7]。他们认为，即使高峰系数的取值偏大，也是使燃气管道的输气能力留有一定的储备量，在计划经济年代，对储备量过大造成经济上的损失则考虑较小。由于思维逻辑上的错误，除前苏联外，至今尚未看到其他国家采用类似的表达方法，且俄罗斯在长输管线的设计中也一直是采用负荷系数概念的。

3. 在具备了足够数量的不同城市，不同地区和在不同气候条件下的负荷曲线后，实际上甚易获得一年内的高峰小时用气量值，没有必要通过三个高峰系数来计算。在城市燃气以居民生活用气为主的发展阶段，美国的文献说明，高峰日用气量常出现在感恩节[1]，而且年年如此，前苏联则以元旦前一日的12月31日为日用气高峰日[7]。也有将月、日高峰系数合在一起，取其乘积为1.6~1.7，类似于美国所采用的负荷系数，但又缺乏负荷系数那样明确的工程概念。在我国，高峰日常出现在春节前的数天内，但春节在公历日中是不固定的。近年来，由于春节旅游业的兴起，有些城市的高峰日又不出现在春节的前夕，因此，高峰日的确定必须根据不同城市作具体分析。由图2-1可知，当燃气采暖发展到一定的规模后，负荷曲线中的最大日用气量往往出现在室外空气温度最低的严寒日，与生活用气规律已完全不同，且也有一定的规律可循。由于气温变化的影响因素很多，因此，在公历日中也是不固定的。

（七）最大利用时数与最大利用日数[4]

如果不均匀系数的求得与负荷系数法相同，其小时、日高峰系数确实反映了负荷曲线中的小时一年和日一年高峰值，则不均匀系数与负荷系数之间存在倒数关系，如：

$$L_{\mathrm{h,y}} = \frac{1}{k_{\mathrm{h,y}}^{\max}} \tag{2-20}$$

$$L_{\mathrm{d,y}} = \frac{1}{k_{\mathrm{d,y}}^{\max}} \tag{2-21}$$

在式（2-6）和式（2-7）中，令：

$$m_{\mathrm{d}} = L_{\mathrm{d,y}} \times 365 = \frac{365}{k_{\mathrm{d,y}}^{\max}} \tag{2-22}$$

$$m_{\mathrm{h}} = L_{\mathrm{h,y}} \times 8760 \times \frac{8760}{k_{\mathrm{h,y}}^{\max}} \tag{2-23}$$

则式（2-22）和式（2-23）中　m_{d}——最大利用日数；

m_{h}——最大利用时数。

若已知 m_d 和 m_b，则

$$Q_{d,y}^{max} = \frac{Q_y}{m_d} \tag{2-24}$$

$$Q_{h,y}^{max} = \frac{Q_y}{m_h} \tag{2-25}$$

其物理概念为：如年耗气量按最大小时负荷（或最大日负荷）连续均匀地使用，则共可使用 m_h 小时或 m_d 日。

如前所述，最大利用时数与前述的负荷乘数之间也存在倒数的关系。

对负荷特性的分析应使用概率的概念。例如，即使其他的条件相同，随着用户数量的增加，高峰系数就减少，因为用来叠加的负荷特性图的数量越多，高峰值重合的概率就越小，即高峰负荷同时出现的可能性也越小。不考虑城市用气户的数量而采用相同的高峰系数是错误的。同样，最大利用小时数也随城市人口数的不同而变化。城市的用气人口数越多，最大利用小时数也越大。

二、负荷数据的获得[1]

上述确定负荷功率特性的各种系数，都是根据用户的负荷特性数据整理而成。因此，为了编制整个配气系统的负荷曲线，各燃气公司必须积累相应的记录数据。这些记录包括由城市门站、气源厂和地下气库向城市管网供气的图表和日志表，以及大型商业和工业企业大流量的抄表数和图表。有了这些数据后，就甚易得出系统的日或小时的供气曲线以及相关的系数。

如为了得到单独用户的日和小时耗气系数，需要在燃气表上附加安装一个耗气记录装置，当气表的读数指示器转动完整的一周时，就对记录装置输入一个电脉冲信号。将每一耗气时间段内所产生的脉冲数记录于磁带中，作为该时间段内耗气量的记录。每隔 24 小时，耗气记录装置与接收计算机接通，同时提出一个 24 小时的耗气报告。耗气记录设备也可通过电话随时查询，以证实其功能在运行中是否正常。接收计算机可由磁带提供输出数据供分析使用。

还有一种耗气记录仪在燃气行业中广为流行。这种耗气记录仪可以设定每隔 15、30 或 60 分钟的时间段记录耗气值。磁带的长度可满足 30 日到 90 日的要求。最新的耗气记录仪是采用固态技术（solid state technology），数据记录于有固态记忆元件的数据卡上（Data Cartridges），其能力类似于老式的磁带记录仪。如果要得到不同负荷类型完整的负荷特性，就必须对用户按不同性质分类。对民用户，分类按照燃具的组合情况和房屋的类别进行，对商业和工业用户，则按业务的类型进行分类。

为获得有代表性的负荷特性数据，在每类用户中要选择 100~300 个有代表性的用户。用户的选择有两种方法，其一是在同类用户总量中进行随机取样，其二是对每类用户按年耗量的大小再进一步分成若干档次，然后按随机取样法再选择同样数量的用户，这就可得出在不同耗气范围内不同的负荷特征数据。为了说明按耗气量分档区分用户的必要性，可以图 2-10[2] 中小型、中型和大型的公寓住宅群燃气仅作炊事用的负荷特性为例。

图中的负荷特性数据可见表 2-7。

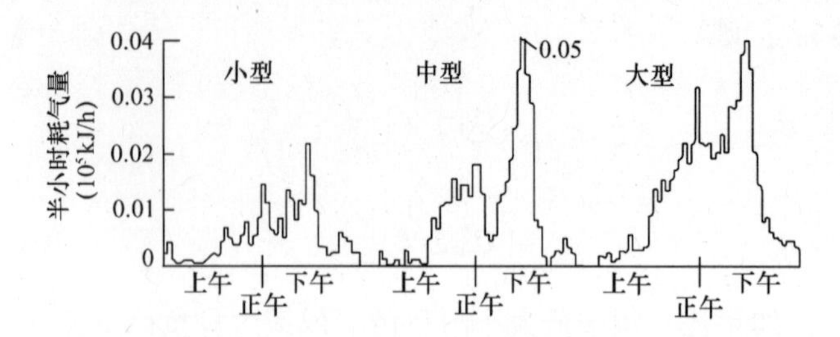

图 2-10　对小型、中型和大型公寓住宅用户群体在仅作炊事用时的负荷特性（以星期五，高峰日的 24 小时表示）

不同用户群体的负荷特性[2]　　　　**表 2-7**

	用户群体		
	小　型	中　型	大　型
平均月耗气量（MJ/人）	307	510	831
24 小时平均用气量（MJ/人）	13.7	24.4	35.0
1/2 小时平均高峰用气量（MJ/人）	1.16	2.66	2.11
小时负荷系数（%）	24.6	19.1	37.4

表中所列为 1/2 小时平均高峰用气量，因此，小时负荷系数 $=\dfrac{24\text{小时平均用气量}}{2\times24\times\dfrac{1}{2}\text{小时平均高峰用气量}}$，

对小型用户，小时负荷系数 $=\dfrac{13.7}{48\times1.16}=24.6\%$。

由表可知，小时负荷系数对大型用户群体最高，其次为小型用户，再其次为中型用户。不同耗气档次的用户群体有不同的负荷特性。

为获得用户群体的耗气图，可选择一个由燃气总表供气或一个由单独门站供气的居住小区，数据从用户群体单独气表的读数中获得。对同一个用户小区应按夏季和冬季将采暖负荷与非采暖负荷分列，这对确定采暖负荷的特性十分有用。

负荷特性的逐渐变化也将影响设计负荷的确定。如某一地区居民的生活方式发生了变化：原来的居民区因拆迁而建造了豪华的公寓。技术进步也是负荷图变化的另一原因，如，新的节能技术对负荷的影响等。因此，应持续不断地对负荷特性进行研究。

20 世纪 70 年代中期[1]，由于石油危机，燃气的价格不断提高，导致节能的呼声日益高涨和要求用户改变燃气的传统使用方式。实际上，在过去的 30 年中，世界上的许多燃气公司已采取措施减少了居民耗气量的 10% ~ 15%，商业及工业用户耗气量的 8% ~ 12%，节能主要是从改进采暖技术中获得，形成了消费量决定于燃气价格的局面。但是，节能虽然降低了燃气的年销售量，却没有降低高峰耗气量。自从家庭采暖系统中安装了节能装置——有深夜回拨装置（Deep night setbacks）的时钟恒温器（Clock thermostats）后，它可随室外温度的变化自动控制供暖机组的负荷，达到节能的目的。但是，除改善房屋的保温状态、随室外温度变化控制燃烧器的负荷以及减少房屋热损失等以减少燃气使用量的措施外，采暖机组的燃烧效率（Firing rate）和耗气率（Rate of gas consumption）均相差无几，只是燃烧器运行的时间缩短了，它时开时闭，节省了燃料。用深夜回拨装置可在清晨提高围护结构的温度约 5.6℃，延长了采暖机组燃气的燃烧时间，减少了采暖系统高峰耗气的差异性，增加了同时性。研究耗气的实际记录数据后也证明，在用户使用了时钟恒温器回拨装置后，提高了其日高峰与连接负荷的百分比，也即提高了用户总体耗气的同时性。国外的许多燃气工程师已充分地认识到科技进步对负荷特性的影响以及计算用户耗气量时相应因素的变化。

当获得耗气数据后，就可用不同的方法处理所得的信息以绘制负荷曲线、确定计算负荷、耗气系数或设计负荷等。对燃气输配系统的设计人员，最感兴趣的是设定时间段内的连续总耗气量，它甚易换算成气量的时间平均值。由于流量常以小时的体积气量表示，在换算时，对15或30分钟的耗气时间段读数要加以说明。

三、负荷与负荷特性数据的分析和比较

由于负荷、负荷特性是设计和运行的基本依据，各国均做了大量的研究工作。在设计工作中，对具有或缺乏完备的负荷特性数据资料时，应采用不同的对策和方法，以求得负荷值更切近实际，而不是主观臆断。美国和俄罗斯是世界上燃气使用量最大的两个国家，研究这两个国家处理问题的思路和特点，对我国今后建立自己的设计计算体系和技术上与国际接轨是很有意义的。如前所述，在负荷与负荷特性研究中，最重要的是得出两个数值，即，年总耗气量和高峰负荷值。年总耗气量类似于电力工业中的年发电量，它是一个企业计算年收入的主要经济数据，高峰负荷值类似于电力工业中的装机容量；是管道和设备设计的主要依据，也用来计算投资额。

（一）民用户的耗气特性

1. 美国的负荷特性数据[2]

民用户分成两类，即有燃气采暖的用户和无燃气采暖的用户。根据不同用户的特点，研究其负荷系数、同时系数和耗气系数，作为设计计算的依据。

（1）年耗气量的预测和连接负荷

年耗气量的预测值按照用户使用的燃具类型进行计算。美国燃气协会（AGA）根据统计资料提出使用不同燃具的平均年耗气量为：燃具，11181 GJ；冷藏，14345GJ；衣服烘干，4536GJ（电）、9810GJ（气）；垃圾焚烧炉，15822GJ；热水器，26898GJ（如不包括洗碗，则为6328～9493GJ）；庭院照明，17615GJ。

民用燃具典型的输入热量可见表2-8[2]

民用燃具的典型输入热量（连接负荷）

（所有燃烧器满负荷工作）　　**表2-8**

燃　具	GJ/h
锅炉	47.5～422①
中央暖风炉	53～422①
每房间的热空气	21
每房间的蒸汽或热水	32
衣服烘干	21～42
可转换用其他燃料的燃烧器	47.5～422①
地面炉	32～46
暖衣炉，每燃烧器	9.5
垃圾焚烧炉	2～42
燃气灯	3.2

续表

燃　　具	GJ/h
燃气灶：一个烤箱，4 个灶眼	68.6
分离式烤箱，4 个灶眼	89.7
两烤箱，6 灶眼	110
冷藏	3.2 ~ 4.2
室内采暖器：辐射式，每辐射板	2
挂壁式采暖器	4.2 ~ 26.4
循环式，无排气道	5.3 ~ 53
循环式，有排气道	5.3 ~ 132
挂壁式有排烟道采暖器	3.2 ~ 79
热水器：自动储水式 115 ~ 150L	47.5
自动快速式 7.6 ~ 15L	158 ~ 316.5
民用循环式或手边式	37

注：①多数家庭小于 4.2m³/h。

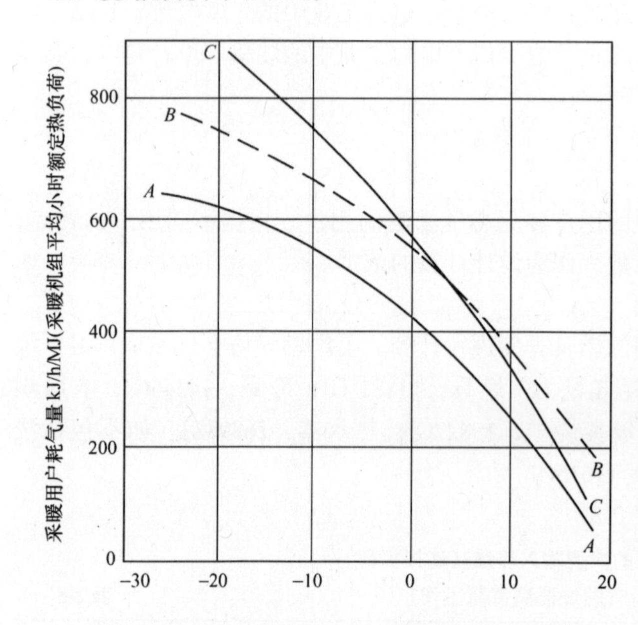

图 2-11　高峰小时的平均室外温度
C-C：美国的一个南方城市；B-B：曲线 A-A 的可信极限；
A-A：美国北部 8 个城市的平均统计值

（2）有燃气采暖的民用户[2]

在城市居民住宅的燃气采暖达到一定的饱和度后，应以燃气采暖的高峰耗气量计算采暖负荷。采暖负荷的计算可采用前述的度日数法。如果计算一个地区的最大采暖耗气量时缺少该地区的计量表耗气数据，则也可按以下步骤进行计算。首先，确定该地区燃气采暖的饱和程度，即燃气采暖的用户数 N；其次，计算 N 个用户所用采暖机组的单机平均额定流量（Average rated input）I（MI）；其三，根据图 2-11 查得采暖用户的同时高峰小时平均耗气量（Coincident peak hour average demand）C。C 的单位为（kJ/h）/MJ，即，采暖机组平均额定流量为 1000kJ 时，燃气采暖用户的同时高峰小时平均耗气量。上述三个因素的乘积 NIC，即应求得的高峰小时平均耗气量。

为了确定用户采暖机组的单机平均额定流量 I（以 1000kJ 计）和同时高峰小时平均耗气量 C（以 kJ/h 计）之间的关系，需要做很多的研究工作。如果采暖机组每 1000kJ 的平均额定热负荷值在高峰小时的平均耗气量为 1000kJ/h，则表示在高峰小时时，采暖机组要全部投入运行，同时系数为 1.0。如果高峰小时的平均耗气量为 500kJ/h，则表示同时系数为 0.5。反之，如果能已知同时系数，就可求得每 1000kJ 采暖机组额定负荷时的高峰小时平均耗气量。美国9家燃气公司的研究成果汇总后列于表2-9中[2]。

每用户的高峰小时平均耗气量①（以采暖机组每1000kJ的平均额定负荷值相对应的高峰小时平均耗气量kJ表示）　**表2-9**

室外温度（℃）	开展研究工作的燃气公司②								
	1	2	3	4	5	6	7	8	9
15.5	38	33	—	95	66	95	206	88	148
10	185	147	333	254	148	202	310	176	304
4.4	250	267	370	400	238	368	420	279	445
-1	325	338	466	495	330	440	528	371	572
-6.67	388	444	564	565	420	496	563	456	603
-12.2	425	567	600	635	505	565	592	522	778
-17.7	490	—	—	705	594	—	—	—	—
采暖机组的额定负荷（MJ/h）	84.4	79.1	31.7③	82.3	127.7	130.0	172.0	143.5	70.9
研究中的住宅数	86	134	30	94	99	79	80	86	59

注：①除第8栏的高峰小时出现在上午的8~9时外，其他各栏均出现在上午7~8时。

②开展研究工作的公司为：1—伍斯特（Worcester）燃气灯公司；2—巴尔的摩（Baltimore）燃气与电力公司；3—新泽西州公用电力及燃气公司（1952年）；4—长岛（Long island）灯公司；5—纽约州电力与燃气公司；6—费城电力公司（1951~1952年）；7—费城电力公司（1946~1947年）；8—新泽西州公用电力及燃气公司（1958年）；9—亚拉巴马州燃气公司（1956~1957年）。

③厨房采暖。

上表的用法为：如以栏1中的数据为例，采暖机组的平均额定热负荷为84.4MJ/h。当室外温度为10℃时，高峰小时的平均耗气量为$\frac{185}{1000}\times 84.4 = 15.6$MJ/h。当室外温度为-17.7℃，则高峰小时平均耗量为$\frac{490}{1000}\times 84.4 = 41.36$MJ/h。

由表2-9可知，每个燃气公司研究所得的数据有很大的差异。这说明，高峰小时的出现与许多因素有关，其中主要的是用户的起床习惯、采暖的控制方法和所采用的采暖系统等。为了得出高峰小时平均耗气量的计算范围，可将表2-9中开展研究工作的9家燃气公司的数据绘于一张图上（图2-11）[2]。

图2-11中，横坐标为高峰小时的平均温差，纵坐标为用户高峰小时的平均耗气量（以采暖机组每1000kJ平均热负荷值的高峰小时平均耗气量kJ/h表示）。曲线*A-A*的数据来自表2-9中栏1~8几家公司；*C-C*来自栏9公司的数据（美国南部城市）。曲线*B-B*是曲线*A-A*的可信上限，在观察中，至少有90%的值在此极限以下。

曲线*A-A*与横坐标的交点大约在18℃处，刚好等于度日数计算中常用的基础温度计算值。

设计中为了获得高峰小时的最大耗气量（Peak hour maximum demand），还需研究高峰小时内负荷的波动情况，研究工作以1/2或1/4小时为基础。美国的研究表明，高峰小时最大耗气量与高峰小时平均耗气量的比值约为2.4~1.0。

（3）无燃气采暖的民用户[2]

无燃气采暖民用户的负荷变化决定于所用燃具的数量和类别，它与住宅采暖的数据不

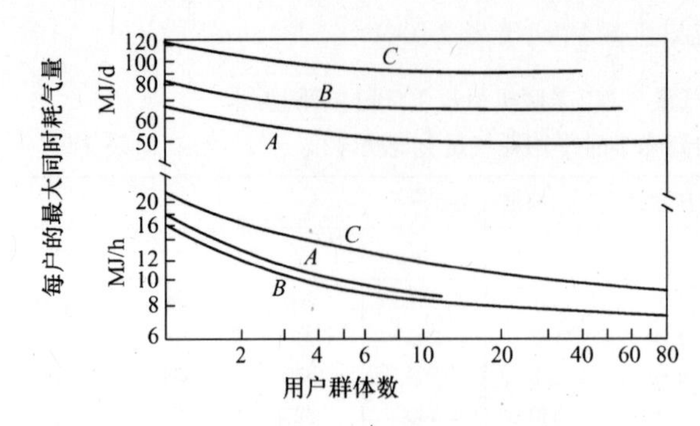

图 2-12　对别墅式住宅使用不同燃具时每用户的最大日和小时的同时耗气量

日数据来自测试周的日用气量。小时数据来自住宅群体 1/2 小时的用气数据曲线 A—仅作炊事；B—炊事与冷藏；C—炊事与全年热水供应

同。通常，无燃气采暖的高峰小时负荷与住宅有燃气采暖的高峰小时负荷并不同时发生。即使住宅采暖是主要因素时，无燃气采暖负荷的同时性也应考虑进去。

对独家邸宅（One family residences）或别墅式住宅的无燃气采暖负荷，用户的最大差异性（Maximum diversity）常发生在 20 户或略多一些的别墅住宅作为一个住宅群体研究时，如图 2-12[2] 所示。由图可知，小时和日的最大同时耗气量，从 20 户起一直延续到 80 户时变化也不大。因此，对 20 户或更多的用户，相应的小时同时系数为 48%，日同时系数为 82%，相应的平均同时系数值可见表 2-10[2]。

相应的平均同时系数值（%）　　表 2-10

用户数	1	2	4	10	20	40	80
日同时系数	100	90	85	82	80	80	80
时同时系数	100	77	64	54	50	47	46

综合的日负荷曲线可由实测方法获得，也可根据用户使用不同燃具的类别和不同年耗气量的比值按加权法求得。实测结果表明，最大的 1/2 小时负荷值常出现在星期日午后的 12:30。

在缺乏相应的可参考数据时，美国建议每一燃气表的最大小时非采暖燃气耗量可采用 8440kJ/h/表，因为印第安那州 19 个城市共 30417 个燃气表的统计数据表明；当高峰小时段的温度为 1.7～23.4℃时，最大小时无燃气采暖耗气量的范围为 4684～10023kJ 之间，平均值为 7248kJ。为了使数据准确，要从不同的角度进行论证。

对公寓式住宅（Apartment houses），无燃气采暖的月负荷可见表 2-11[2,190]。数据的样本量来自 230000 个公寓住宅用户中的 9.8%。

公寓住宅用户的月耗气量　　表 2-11

月耗气量 10^5kJ/人（约）	用户数		
	仅作炊事	炊事及冷藏	总计
0～2.24	177	2	179
2.28～4.48	548	17	565
4.52～6.71	513	26	539
6.76～8.95	196	60	256
9.00～11.19	61	176	237
11.23～13.43	12	215	227
13.47～15.66	7	136	143
15.71～17.90	6	64	70
17.94～20.14	0	32	32
20.18～22.38	0	8	8
22.42～24.61	0	3	3
总计	1520	739	2259

一周中每日 24 小时的耗气量和公寓式住宅用户最大 1/2 小时的耗气量可见表 2-12[2,190]。

公寓住宅用户的日耗气量和1/2小时高峰耗气量　　表 2-12

日　期	仅作炊事 [10^5kJ/人（约）]		炊事与冷藏 [10^5kJ/人（约）]	
	24 小 时	最大$\frac{1}{2}$小时	24 小 时	最大$\frac{1}{2}$小时
星期一	0.181	0.020（下午 6:00）	0.443	0.018（下午 6:00）
星期二	0.170	0.017（下午 6:30）	0.460	0.020（下午 5:30）
星期三	0.176	0.019（下午 6:00）	0.433	0.019（下午 6:00）
星期四	0.181	0.016（下午 6:00）	0.456	0.019（下午 6:30）
星期五	0.224	0.018（下午 6:00）	0.502	0.022（下午 6:00）
星期六	0.158	0.009（下午 7:00）	0.448	0.018（下午 6:30）
星期日	0.190	0.011（中午 12:00）	0.474	0.017（上午 11:30）

根据表中的数据，不难算出小时负荷系数值。例如，以星期五的数据为例，仅作炊事的小时负荷系数为$\frac{0.224}{24\times2\times0.018}=25.9\%$；炊事与冷藏的小时负荷系数为$\frac{0.502}{24\times2\times0.022}=47.5\%$。

由表 2-7 亦可知，仅对炊事用户而言，第三列的大型群体用户，因包含有许多大用户，因而小时负荷系数值最佳（34.7%）。

如前所述，同时耗气的数据也可用连接负荷（Connected load）的某一百分数，即耗气系数表示。图 2-13[2,191] 为多层住宅（Multiple dwellings）使用燃气灶和冷藏的耗气系数。

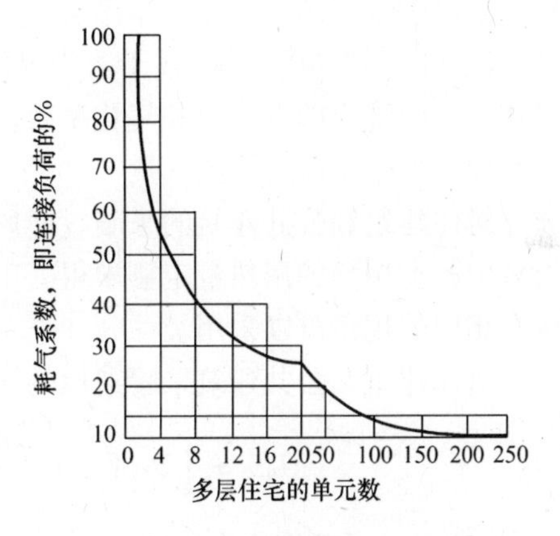

图 2-13　多层住宅使用灶具和冷藏时，管道的设计负荷占连接负荷的百分数

由图可知，当多层住宅的用户数为 20 单元时，设计负荷为连接负荷的 28%；当用户数为 200～250 单元时，设计负荷为连接负荷的 10%。

2. 前苏联的负荷特性数据[4]

前苏联在制定负荷特性数据的方法时认为：计算民用和公共建筑用气量是一项复杂的工作，因为这类用户的用气量和许多因素有关，如燃气设备的类别、住宅设备的完善程度、居住人口数、城市设施和企业燃气设备的类型、有集中供应热水的用户所占的比例和气候条件等。上述因素中的多数无法进行精确计算，因此，用气量是按多年经验积累而制定的平均定额进行计算。

(1) 年耗气量的预测

由于居民生活用气量的计算特别困难，在用气定额中应考虑到：居民有时在小吃店、食堂和饭馆用餐，有时还利用公共建筑设施提供的方便条件用餐。前苏联的《建筑法规》中对居民炊事和热水的年用气量以及公共建筑的年用气量均有规定。例如《建筑法规》规定，在有集中供热水的住宅中，居民用于炊事的用气量定额为 2680MJ/（人·年）［64×10^4kcal/（人·年）］；没有集中供热水和燃气热水器的用户，因为热水是在燃气灶上得到的，所以用气定额为 3400MJ/（人·年）［81×10^4kcal/（人·年）］；用于炊事并装备燃气热水器的用户，用气量定额为5320MJ/（人·年）[127×10^4kcal/（人·年）]。居民用气量中还应考虑在家庭中洗衣的用气量，定额值为8790MJ/t干衣（210×10^4kcal/t干衣）。在计算中，将用户分成三类：第一类为有集中供热水的居民用户，以 x_1 表示在居民中所占的百分比；第二类为无集中供热水的居民用户，所占百分比以 x_2 表示；第三类为使用燃气热水器供热水的用户，所占百分比用 x_3 表示，除居住在集体宿舍的人员外，对全城居民用户可写为：

$$x_1 + x_2 + x_3 = 1$$

同时，假设设备情况不同的用户，其户均人数相等，这样，就可求得在不同类型的住宅中居民的用气人数。

此外，还要定出居民住宅使用燃气的气化率。除去陈旧的居住建筑不能供气，或采用电气炉灶的现代化建筑物不需供气外，气化率通常小于1。根据气化率可得使用燃气的人数，乘以用气定额，即可得年用气量。

洗衣的用气量定额以1t干衣为单位，且规定1000居民一年的洗衣量为100t，再考虑到在住宅中洗衣的百分比和气化率后，即可得在住宅中洗衣的总量，并得出年耗气量。

（2）采暖通风的年耗气量

居住建筑和公共建筑的采暖、通风和供热水的用气量，可通过《建筑法规》的《热网篇》中各类用户的用热量定额求得。工业企业的采暖、通风、供热水和工艺所需的用气量也有相应的规范可以采用。

居住建筑和公共建筑采暖通风的年用气量 $Q_{h\cdot v}$（kJ）可由下式求得：

$$Q_{h\cdot v} = \left[24(1+k)\frac{t_i - t_e}{t_i - t_{eh}} + ZK_1K\frac{t_i - t_e}{t_i - t_{ev}}\right]\frac{q\cdot F\cdot n_h}{\eta_h} \tag{2-26}$$

式中　t_i——采暖期室内温度，℃；

t_{eh}——采暖室外计算温度，℃；

t_{ev}——通风室外计算温度，℃；

t_e——采暖期室外平均温度，℃；

K，K_1——考虑到公共建筑采暖和通风用热量的系数。如无具体资料，可分别取0.25和0.4，即公共建筑为居住建筑的25%，其中40%有通风设施；

Z——公共建筑一天内平均运转的小时数。如无具体资料，可选取 $Z=16$h；

n_h——采暖期的日数，d；

η_h——采暖系统的效率。锅炉房 $\eta_h=0.8\sim0.85$，局部采暖 $\eta_h=0.7\sim0.75$；

F——采暖建筑物的有效面积，m^2；

q——居住建筑最大小时采暖耗热量的扩大指标[kJ/(m^2·h)]。指标值见表2-13[4]。

居住建筑不同室外温度时的耗热量扩大指标　　表2-13

	采暖室外计算温度 t_{eh}（℃）				
	±0	-10	-20	-30	-40
扩大指标 q [kJ/（m^2·h）]	335	461	544	628	670

由锅炉房作热源的集中供热水系统的用气量 Q_{hw}（kJ）可由下式求得：

$$Q_{hw} = 24q_{hw}N\left[n_h + (350 - n_h)\frac{60 - t_1}{60 - t_2}\cdot\beta\right]\frac{1}{\eta_{hw}} \tag{2-27}$$

式中　t_2——采暖期水温，以5℃计；

t_1——夏季水温（不分春、秋季），以15℃计；

60℃——要求的热水温度，℃；

β——考虑夏季热水用量减少的系数，无具体资料时，对疗养区和南方城市可取 $\beta=0.8$；

N——使用集中供热水的人数；

η_{hw}——锅炉效率，$\eta_{hw}=0.8\sim0.85$；

$350-n_h$——夏季用热水天数（一年按350d计）；

$\frac{60-t_1}{60-t_2}$——夏季因水温上升减少的热量；

q_{hw}——供热水的平均小时耗热量的扩大指标（包括公共建筑），见表2-14[4]。

热水用量平均小时耗热量的扩大指标 q_{hw}　　**表2-14**

采暖期内热水用量的平均定额［L/（人·d）］	80	90	100	110	120	130
扩大指标 q_{hw}［kJ/（L·h）］	1050	1150	1260	1360	1470	1570

计算设计负荷时，对配气管网采用不均匀系数法和最大利用小时数法。

城镇居民用户用气量的小时最大不均匀系数（小时高峰系数）与供气规模和所用燃具的性能有关，一般为 $K_{h,y}^{max}=1.6\sim2.2$，对生活福利设施 $K_c^{max}=2.62$，澡堂 $K_b^{max}=1.65$，洗衣店 $K_L^{max}=2.25$，采暖炉 $K_h^{max}=2.4$。

采用最大利用小时数法计算设计负荷时，居民用户的最大利用小时数 m 值可见表2-15[4]。

随城市人口数不同的最大利用小时数 m　　**表2-15**

名　称	气化人口数（万人）													
	0.1	0.2	0.3	0.5	1	2	3	4	5	10	30	50	75	≥100
m（h/年）	1800	2000	2050	2100	2200	2300	2400	2500	2600	2800	3000	3300	3500	3700

采暖锅炉房用气量的最大利用小时数，可由式（2-28）求得：

$$m_h = 24n_h\frac{t_i - t_e}{t_i - t_{eh}} \tag{2-28}$$

式中的符号与式（2-26）相同。公式的明显特点是未考虑24小时内耗气量的波动。

在计算户内管道和配气支管时，有两种求算设计流量的方法，即采用高峰用气时燃具的同时系数 C_N 计算小时最大用气量和高峰系数法。高峰系数是一年内的最大小时耗气量与年平均小时用气量之比。两种系数互有联系，并可由一系数换算成另一系数。

用 C_N 求计算流量的公式为：

$$Q_C = \sum_1^n C_N Q_{ni} N_i \tag{2-29}$$

式中　Q_C——计算流量，m^3/h；

C_N——相同或同类燃具的同时系数，根据燃具总数 $\sum_1^n N_i$ 选取。对居住建筑，即住户数；

n——燃具的类型数；

Q_{ni}——同类燃具的燃气额定流量；

N_i——同类的燃具数。

采用这一方法是以相同或同类燃具的燃气额定流量乘以小于1的系数以求得计算流量值。这一方法考虑了一定数量的燃具同时工作的概率，并与用户所用的燃具和燃气设备的数量有关。

用高峰系数法求计算流量的公式为：

$$Q_C = \sum_1^n k_{h,y}^{max} \frac{Q_y}{8760} N_i \tag{2-30}$$

式中　Q_C——计算流量，m^3/h；

$k_{h,y}^{max}$——一年内用气的时高峰系数，它与用户的用气情况（仅用于炊事还是用于炊事和供热水）、各户的人数及用户总数 $\sum_1^n N_i$ 有关；

Q_y——用户的年用气量，m^3/年；

N_i——同一类型的用户数；

n——住宅的类型数。

前苏联的研究工作者认为，用同时系数法进行计算的主要缺点是没有考虑使用同一燃具的人数。在现代的居民生活条件下，用户所设置燃具的功率通常均超过根据该户人数所需要的功率。今后随着人们生活条件的改善，燃具功率的富裕量还将提高。用户燃具的功率与实际使用情况的不符合，使采用同时系数法求设计流量时会造成误差，增加了管道的金属耗量。因此，在采用同时系数法时，应特别注意制定住宅的人口数和所装燃具的功率相适应的问题，以免产生较大的误差。

（二）商业用户的耗气量

1. 美国的负荷特性数据[2,190]

商业用户的种类繁多，应分门别类进行研究，所得结果也完全不同。美国一家燃气公司提出的研究报告可见表2-16[2,190]。

商业用户的负荷特性数据　　表 2-16

	旅馆	路边面包房	酒吧烧烤冷饮	服装店	杂货及屠宰	其他零售店	宿舍	公寓住宅②	其他③
研究的用户数	40	5	11	27	5	5	6	9	9
每人平均年耗气量（10^5kJ）	3522	1699	1314	1507	197	1146	1403	1815	1449
每类最大同时耗气量半小时耗气量［10^5kJ/（h·人）①］	0.763	0.773	0.404	0.666	0.178	0.619	0.395	0.430	0.610
半小时末时间	上午 10:30	上午 9:00	下午 4:00	下午 2:00	下午 3:30	上午 8:30	下午 7:30	下午 6:00	上午 11:00
一周中的所在日	周三	周五	周六	周五	周六	周一	周五	周二	周二
日耗气量［10^5kJ/（d·人）］	11.53	5.53	5.16	6.91	0.95	4.97	3.50	4.78	5.67
一周中的所在日	周五	周三	周日	周四	周六	周一	周五	周二	周二
以年为标准的负荷系数半小时（%）①	52.7	25.1	37.1	25.8	12.7	21.2	40.5	48.3	27.1
日（%）	83.7	84.2	69.8	59.6	57.0	63.2	101.1	104.0	70.6
每类用户非同时最大值半小时耗气［10^5kJ/（h·人）］①	1.10	1.01	0.56	0.85	0.23	0.82	0.47	0.66	0.79
小时同时系数（%）	69.4	76.6	72.7	78.7	79.0	75.4	84.0	64.8	77.2

注：①半小时耗气量已换算成小时耗气量单位。

因此，小时负荷系数 $=\frac{3522}{8760\times0.763}=52.7\%$；

日负荷系数 $=\frac{3522}{365\times11.53}=83.7\%$；

小时同时系数 $=\frac{0.763}{1.10}=69.4\%$。其他各栏的计算相同。

②主要指热水、衣服烘干和烧油燃烧器的启动用气。

③主要指服务、后勤和维修部门。

表 2-16 中的数据是在 47000 家商业用户中选择了 117 家作为样本。每类用户至少应选择 5 户为代表才能获得有意义的数据。虽然各类用户之间的高峰小时有很大的差异性，但总的负荷系数还是较高的。

预测其他商业负荷（包括采暖）时，可按上述住宅用户中无燃气采暖和有燃气采暖的方法进行。

2. 俄罗斯的负荷特性数据[4]

俄罗斯商业用户称为公共建筑用户，由于在世界上独树一帜，在七国语言燃气辞典中除俄语外，其他语言均译为商业用户。这类用户的耗气量亦是根据《建筑法规》中所规定的定额计算，其值可见表 2-17[4]。

前苏联公共建筑的耗气量定额　　表 2-17

	单　位	用　气　量
1. 生活福利设施		
洗衣店：非机械化洗衣店	MJ/t 干衣	8790
有烘干的非机械化洗衣店	MJ/t 干衣	12600
有烘干和熨平的机械化洗衣店	MJ/t 干衣	20100
消毒内衣和大衣：蒸汽消毒	MJ/t 干衣	2240
火焰消毒	MJ/t 干衣	1260

续表

	单 位	用 气 量
浴室：淋浴	MJ/（人·次）	38
盆浴	MJ/（人·次）	50
2. 医疗机构		
医院：用于炊事	MJ/（床位·年）	3180
日常及医疗用热水（不包括洗衣）	MJ/（床位·年）	9210
门诊：医疗（不包括洗衣）	MJ/（就诊者·年）	84
3. 公共饮食业		
食堂和饭店：备午餐（与规模无关）	MJ/份午餐	4.2
备早餐或晚餐	MJ/份早餐或晚餐	2.1
4. 食品厂（加工面包和糕点成品）		
模制面包	MJ/t 成品	1760
炉上直接烤制面包	MJ/t 成品	4560
长形面包，小白面包，奶油面包	MJ/t 成品	4000
糕点（大蛋糕、甜点心、饼干等）	MJ/t 成品	6070

为计算设计流量，一些公共建筑的最大利用小时数见表 2-18[4]。

公共建筑的最大利用小时数 m 值 **表 2-18**

名 称	m（h/年）	备 注
浴 室	1600～2300	包括采暖通风的用气量
洗衣店	2300～3000	包括采暖通风的用气量
公共饮食业	1800～2200	不包括采暖通风的用气量

（三）工业用户的耗气量

1. 美国的负荷特性数据[2,190]

工业用户的负荷特性甚难分析，即使看来相同的企业，由于规模和经营方式的不同也会有很大的变化。美国的研究表明，由于工业企业经常用改变劳动时间的方法来改变产品的产量，甚至在一个特定的小时内也常改变设备的使用情况，因此，要作出负荷曲线将十分困难。建议的一个方法是分析相近的 10 个最大用气户（在该地区中以 5 个最大的工业为一组）。表 2-19[2,190]所示为美国按这一思路进行研究的早期成果。值得注意的是，在每 5 个一组的大工业中，最大同时 1/2 小时耗气量常出现在上午的 9:00 时。

工业用户的负荷特性数据 **表 2-19**

	陶瓷、玻璃制品	烘烤业	其他食物制品	金属制品	衣、帽工业
试验组的用户数	11	8	10	11	8
销售量最大月的人均耗气量（10^5kJ/人）	7256	14265	8048	16874	742
用户群体最大同时耗气量 1/2 小时耗气量[10^5kJ/(h·人)]①	23.1	36.5	33.3	53.2	4.3
1/2 小时末的时间	上午 9:00	上午 9:00	上午 9:00	上午 9:00	上午 9:00

续表

	陶瓷、玻璃制品	烘烤业	其他食物制品	金属制品	衣、帽工业
日耗气量［10^5kJ/（d·人）］	317	623	387	713	41
一周中的所在日	周四	周四	周二	周三	周四
最大销量月的负荷系数:					
1/2 小时（%）①	43.6	54.3	33.6	44.1	24.0
日（%）	76.3	76.3	69.3	78.9	60.5
用户群体最大非同时耗气量					
1/2 小时［10^5kJ/（h·人）］①	25.8	39.2	36.0	61.8	5.4
日［10^5kJ/（d·人）］	335	630	405	774	43
同时系数					
1/2 小时（%）①	89.6	93.2	92.5	86.1	80.0
日（%）	94.7	98.9	95.5	92.0	93.8

注：①1/2 小时耗气量已换算成小时耗气量。

因此，小时负荷系数 $= \dfrac{7256}{30 \times 24 \times 23.1} = 43.6\%$

$$日负荷系数 = \frac{7256}{30 \times 317} = 76.3\%$$

（该月按 30 日计）

$$小时同时系数 = \frac{23.1}{25.8} = 89.6\%$$

$$日同时系数 = \frac{317}{335} = 94.7\%$$

2. 前苏联的负荷特性数据[4]

前苏联工业企业的年耗气量根据工艺要求算出后，通过最大利用小时数以求出设计负荷。工业企业用气量的最大利用小时数与生产的类别、工艺过程、采暖负荷与生产负荷的比例以及一天内的工作班次有关。工业企业用气量的最大利用小时数大致可取为：连续性工艺过程的三班制工厂，$m = 6000 - 7000$h/年；两班制工厂，$m = 4500 - 5000$h/年；一班制的小工厂，$m = 3000 - 4000$h/年。与美国的方法相比要简单得多。

（四）开展负荷特性数据的研究工作

美国的天然气工业发展较早，前苏联较晚，由于经济体制的不同，反映在燃气负荷的计算上也存在不同的方法。美国一直实行的是市场经济体制，城市燃气虽具有公用事业的性质，但因建设资金来源于债券及股票，企业对经济效益十分重视，在设计中力求各种数据符合实际，各大燃气公司均十分重视负荷与负荷特性的调查研究和数据的积累。统计资料完整，数理统计的方法在燃气工业中的应用十分广泛，不同燃气公司都有自己的数据库。前苏联一直是实行的计划经济，燃气工程建设的资金由国家投资，常沿用全国性的大指标（如耗气定额等）作为设计依据，统一按《法规》所规定的数据进行设计。虽然《法规》中的数据可以修订，但往往落后于形势的发展，难以考虑到全国不同的情况。在计划经济中也没有供销合同、“照付不议”等原则的约束，经济性也就考虑较少。20 世纪 90 年代后燃气工业的亏损一直十分严重。

在城市燃气设计中，我国一直是沿用前苏联的设计方法和体系。受气源的限制，我国城市燃气发展较晚、规模较小，长期以来以民用炊事和少量热水供应为主，采用耗气定额和不均匀系数的方法确定设计负荷，负荷特性研究的深度不够，设计数据中的主观成分较多，设计依据不足，这种情况显然不能满足市场经济条件下我国天然气到来之后大规模发展的需要，城市燃气技术与国际的接轨也日益迫切。

改革开放二十余年来，我国有城市燃气设施的城市已发展到600余个，供气规模虽小，但也积累了不少统计资料，虽然涉及的范围还不全面，深度也有待改进，从中也有一些规律值得研究。例如从各个城市多年的实际耗气量来看，各城市间的差别很大，户均人数也在变化之中。1995～1999年我国以液化石油气计的居民人均年耗气量［MJ/（人·年)］可见表2-20[8]。由表2-20可知，不同城市的人均耗气量差别很大，耗气量也并不是随着生活水平的提高而不断增加，电力等其他替代能源已对生活用气量产生影响，因此，在设计中参考统计资料中的数据已比按定额值的方法选择来得实际。至于商业和工业用户的耗气特性，更是变化多端，难以做出全国性的统一规定。

1995～2000年我国以液化石油气计的居民人均年耗气量［MJ/（人·年)］

表2-20

城市	1995			1996			1997		
	人均用气[kg/(人·年)]	户均人数(人/户)	人均耗气量[MJ/(人·年)]	人均用气[kg/(人·年)]	户均人数(人/户)	人均耗气量[MJ/(人·年)]	人均用气[kg/(人·年)]	户均人数(人/户)	人均耗气量[MJ/(人·年)]
北京	51.86	2.48	2388.4	52.54	2.45	2419.7	54.86	2.43	2526.6
天津	40.10	3.02	1846.8	32.03	3.00	1475.1	33.80	2.96	1556.7
沈阳	25.44	3.20	1171.6	17.18	3.23	791.2	21.46	3.18	988.3
上海	45.54	2.90	2097.3	48.65	2.86	2240.6	44.68	2.73	2057.7
西安	52.75	3.02	2429.4	22.49	3.06	1035.8	24.07	3.12	1108.5
南京	47.58	3.16	2191.3	49.32	3.01	2271.4	46.39	3.00	2136.5
杭州	34.02	3.10	1566.8	47.17	3.18	2172.4	47.02	3.19	2165.5
武汉	37.48	3.13	1726.1	39.45	3.38①	1816.9	40.17	3.38	1850.0
济南	65.50	4.00	3016.6	18.55	4.90①	854.3	31.95	3.18	1471.5
广州	23.09	3.06	1063.4	68.20	4.00	3141.0	50.82	3.93	2340.5

城市	1998			1999		
	人均用气[kg/(人·年)]	户均人数(人/户)	人均耗气量[MJ/(人·年)]	人均用气[kg/(人·年)]	户均人数(人/户)	人均耗气量[MJ/(人·年)]
北京	55.98	2.38	2578.2	58.62	2.34	2699.7
天津	30.35	2.97	1397.8	24.44	2.92	1125.6
沈阳	24.60	3.19	1133.0	17.17	3.28	790.8
上海	56.36	1.64①	2595.7	37.54	2.23	1728.9
西安	22.59	3.11	1040.4	46.26	3.11	2130.5
南京	41.59	2.98	1915.4	42.66	3.00	1964.7
杭州	47.02	3.19	2165.5	47.02	3.19	2165.5
武汉	39.72	3.19①	1829.3	49.85	3.12①	2295.8
济南	33.69	3.20	1551.6	33.85	2.79①	1559.0
广州	53.70	3.38	2473.2	66.07	3.60	3042.9

注：①中国城市建设统计年报中使用液化石油气的户均人数与使用人工燃气的户均人数不同。

改革开放后，我国的城市人口处于迅速的增长期，城市用气人口的数量甚难准确把握，因而仅按人口计会造成失误。如深圳的外来人口比当地人口还多，北京外来人口达400万人，上海达300万人。因此，在负荷计算中，除人口外，还应有另一些参考值，以上仅涉及耗气量。在我国市场经济中所发生的各种燃料之间的替代关系，商业和工业部门不断更新改造，促使城市燃气的科技工作者不断地开展研究工作，借鉴各国的经验，以动态的方式，建立起包括负荷曲线在内的，符合实际的城市燃气设计依据的体系。

第三节　管道设计负荷的计算

管道的设计负荷有多种计算方法，但都是以研究耗气量后得到的负荷特性为基础，即根据耗气高峰确定设计负荷及负荷的相关量。利用统一的抄表记录格式，计算机可简单而又准确地完成研究工作，并尽可能地使用地区性的负荷预测方法。工程师的能力还体现在负荷计算中能合理地选择安全系数。

对现有配气系统的设备能力能否满足需要，是否要用新设备代替等，也决定于设计负荷的计算结果。设计负荷也决定着设计条件下燃气的供应量，因此，设计负荷的计算十分重要。

如前所述，所有用户的燃具在一个相当长的时间段内按总连接负荷工作是不可能的，设计的经济性也要求设计负荷小于连接负荷，但究竟小多少，要处理好这个问题就十分困难；必须仔细研究所有连接负荷的数据，预测未来的用户数及其耗气量，以及根据抄表的数据研究严寒气候条件下用户总体的同时高峰耗气量。

在应用设计负荷小于连接负荷的方法时，也常出现实际负荷大于设计负荷的情况，这时，管道系统的管径仅满足设计负荷就不合理。如提高运行压力，又不能超过最大允许运行压力（MAOP），于是，减少供气量或局部停气的事故就时会发生。设计人员的水平就体现在解决这类可能发生，又很少发生的压力不足和所选管径过大又不经济这类问题的能力。归根倒底，首先要算准设计负荷。

一、支管设计负荷的计算[1]

一个家庭连接支管可能出现的最大负荷是这个家庭所有燃具的总负荷。由于所有燃具用量的峰值是非同时性的，实际上不会发生这种耗气情况。但是，单个家庭的设计负荷通常还是采用全部燃具的连接负荷，这对支管系统的经济性影响不大[75]。居民用户的支管管径通常由各地燃气公司根据运行压力的等级规定了选择的标准。美国考虑采暖负荷后，在不同运行压力下单户燃气支管管径的选择范围如表2-21。

燃气支管在不同运行压力下的管径范围[1]　　**表2-21**

运行压力（kPa）	管　径　范　围
0～3.45	$1\frac{1}{4}''\sim1\frac{1}{2}''$（31.8～38.1mm）
3.45～172	$\frac{3}{4}''\sim1''$（19.1～25.4mm）
172～689	$\frac{1}{2}''\sim\frac{5}{8}''$（12.7～15.9mm）

上表中的规定不适用于特长的燃气支管及较大的连接负荷。遇到这种情况时，则要重新审定选择管径的规程或研究支管的负荷。对单元式居住建筑或公寓式住宅燃气支管的设计负荷应充分考虑连接燃具在应用时的非同时性，用耗气系数法甚易算出设计负荷。美

国[1]的公寓式建筑一般均装有统一的燃气采暖设备和热水器，且采暖设备均安装了时钟恒温器，因此在计算燃气支管的设计负荷时，应慎重地确定采暖和热水的连接负荷，然后再对炊事和衣服烘干负荷选择适当的耗气系数，因为采暖与热水负荷的同时性很大。

【例 2-6[1]】 燃气用户支管向公寓住宅的 25 个单元供气，每单元装有 1 台燃气灶(包括 1 个烤箱和 4 个灶眼燃烧器)。公共房间设有 5 台燃气衣服烘干机，热流量分别为：

燃气灶：57000kJ/h；

衣服烘干机：21000kJ/h。

燃气的热值为 37MJ/m³。根据表 2-6 中的耗气系数计算用户支管的设计负荷 25 户仅设炊事用燃具时耗气系数为 0.4。设 5 台衣服烘干机的耗气系数为 0.6。

$$燃具的设计负荷 = \frac{0.4 \times 57000 \times 25}{37000} = 15.4\text{m}^3/\text{h}$$

$$烘干机设计负荷 = \frac{0.6 \times 21000 \times 5}{37000} = 1.7\text{m}^3/\text{h}$$

用户支管的总设计负荷 = 15.4 + 1.7 = 17.1m³/h

二、干管设计负荷的计算[1]

城市供气系统的干管指门站后的各种主要管道，包括高压、中压和低压干管。干管设计负荷的计算比支管要复杂得多。计算干管的设计负荷时，必须对已有燃气管道系统的通过能力进行近期、中期和远期的研究。对尚无燃气管道的地区，则应做好燃气管道的规划。

已有燃气管道近期通过能力的研究内容包括：管道的通过能力能否满足下一个冬季的需要？如果管道系统有一部分需要维修或更换，因压力不足引起采暖负荷的降低将会产生多大的寒冷效果？

对已有燃气管道的通过能力进行中、远期研究时，则应对管道的维修和更新作出规划，使负荷的增加能满足下一个 5～10 年的需要。

对远期的新供气区，则应做好管道的规划及选择好合理的管径。

总之，近期研究需包括已有用户的未来负荷，而中、远期研究则应包括远期用户的数量，分配位置及负荷计算。因此，设计负荷由两部分组成：已有用户的负荷与未来用户的负荷。

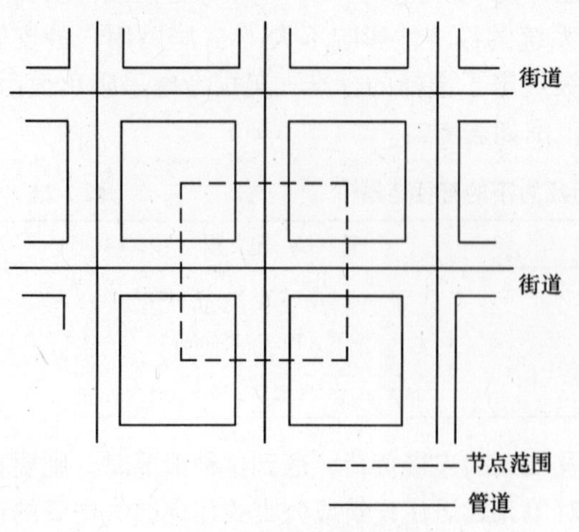

图 2-14 节点面积示例

为计算设计负荷，必须先确定用户的地理位置和高峰燃气用量。实际上，一定数量用户的负荷是集中在一起的，因此可看作是负荷中心的一个集中负荷。负荷中心通常是在干管的相交处。在系统设计中，这一负荷中心称之谓节点（Node）。负荷中心所代表地理区域的大小决定于所研究系统的类型。近期配气系统的负荷图中，节点面积通常如图 2-14 所示的范围，而远期的配气系统，负荷中心的节点面积则通常是整个城镇。用负荷中心表达用户计算负荷的方法常称为负荷集中法（Load gathering）。因此，干管设计负荷的计算必须明确弄清高峰用气量和系统每一负荷中心的用户同时耗气量。明确地说，设计负荷计算的目标，就是以负荷值回答图 2-15 中的问号。

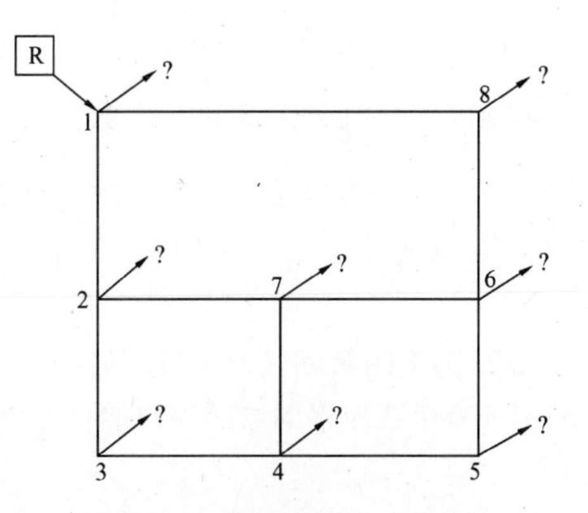

图 2-15 设计负荷计算的目标

R—区域调压站

？—未知负荷

国外的许多燃气公司，在确定管道的设计负荷时，要做许多与负荷数据有关资料的分析与研究工作。即使对已供气的用户，管道的设计负荷也不能单纯从统计数据中得出，而是要选择和分析数据中与负荷有关的量。美国[1]多数燃气公司的工程师认为与负荷有关的信息内容包括：燃气公司数据库系统中的计费数据和计费卡上用户的月耗气记录；城市中不同类别用户燃气耗量的月报表、年报表和日供气图；标有用户地址、每一用户支管的压力等级、燃具的类型、耗气量以及燃气表编号等内容的用户登记表；以及从中可算出大型工业与商业用户日负荷和小时负荷的用气图表等。此外，其他有用的辅助数据也应广为收集，其内容包括：居民用燃烧器的热流量及燃具的同时使用情况；大型工业及商业用户燃烧器的热流量；小时供气图；由单独城市门站供气的独立系统中用户的日和小时用气图；系统用气负荷增长量的估计和负荷特性的研究结果等。

美国不同燃气公司有不同的设计负荷计算方法，决定于公司对记录的处理情况，甚至对工业负荷的计算方法也不同。多数是根据连接负荷，耗气数据或每个用户的平均设计负荷来求得设计负荷。现分述如下：

（一）根据连接负荷计算设计负荷——耗气系数法[1]

对每一用户群体，设备的连接负荷是已知的，乘以耗气系数，即可得设计负荷：

$$Q_{\mathrm{d}} = D_{\mathrm{N,W}} \cdot \sum_{c=1}^{N} QR_i \tag{2-31}$$

式中 Q_{d}——用户群体的设计负荷，即式（2-11）中的 $Q_{\mathrm{N,W}}^{\max}$，m^3/h；

$\sum_{c=1}^{N} Q_{Ri}$——N 个用户燃具的热流量，除以燃气的热值，即用户的连接负荷，m^3/h；

$D_{\mathrm{N,W}}$——N 个用户，在高峰耗气的气候条件 W 下，在一定时间段内的耗气系数。

（二）根据耗气数据计算设计负荷——负荷系数法[1]

对无燃气采暖的用户，年耗气量可用一个适当的负荷系数直接转换成设计负荷。对有燃气采暖的用户，其与气候敏感部分的年耗气量应从总年耗气量中剔出后分别计算。计算时将剔出的采暖年耗气量除以耗气时间段内的度日数，再乘以设计日的度日数，最后，利用负荷系数可将高峰日负荷转换成设计负荷。

对无燃气采暖的用户，根据式（2-7）可写为：

$$Q_{\mathrm{d}} = \frac{Q_{\mathrm{y}}}{365 \times 24 \times L_{\frac{\mathrm{h}}{4},\mathrm{y}}} \tag{2-32}$$

式中 Q_{d}——设计负荷或高峰负荷，即式 2-7 中的 $Q_{\mathrm{h,y}}^{\max}$，m^3/h；

Q_y——年总耗气量，m^3/h；

$L_{\frac{h}{4},y}$——$\frac{1}{4}$小时年负荷系数，用百分数表示。在此，耗气时间段采用 15 分钟，然后换算成以小时计的百分数。

式（2-32）中的 $\frac{1}{365 \times 24 \times L_{\frac{h}{4},y}}$ 称为负荷乘数，负荷乘数的倒数即最大利用小时数。表 2-22 为美国某燃气公司所用的年负荷乘数[1]，适用于正常的年份（平均度日数），用来计算 100 个或更多的居民用户的设计负荷。相应的最大利用小时数和 $L_{h,y}$值亦列于表 2-22 中。

不同类型用户的负荷乘数及负荷系数　　表 2-22

负荷的类型	负荷乘数	最大利用小时数 m_h	$L_{h,y}$
无燃气采暖			
居　民	0.000181	5525	0.631
商　业	0.000191	5236	0.611
工　业	0.000330	3030	0.346
有燃气采暖			
所有类型的用户	0.000547	1828	0.209

对有燃气采暖的用户，设计负荷可按式（2-33）计算[1]：

$$Q_d = \left[\frac{(q_w - q_s f_w D_w) D_{did}}{D_{diw}} + f_w q_s\right] f_p \tag{2-33}$$

式中　Q_d——设计负荷或高峰负荷，m^3/h；

q_w——冬季计费周期中的耗气量，m^3；

q_s——夏季的平均日耗气量，m^3/d；

f_w——冬季日平均与夏季日平均的基础负荷之比，约为 1.05～1.15；

D_w——冬季计费周期的日数，d；

D_{did}——设计日的度日数，℃·d；

f_p——高峰短期用气量与高峰日用气量之比，即时高峰负荷系数；

D_{diw}——冬季计费周期的度日数，℃·d。

上式中：集合项 $\frac{q_w - q_s f_w D_w}{D_{diw}}$ 表示与气候有关的耗气常数与度日数的关系，相当于式（2-3）：$Q_{h,n} = KD_{din}$ 中的常数 K。因此，上式是利用耗气量与度日数的关系，根据已出现过的冬季计费周期中的耗气量，换算成设计日度日数 D_{did}气候条件下的设计日耗气量。

系数 f_p 可用负荷系数的形式表示：

$$f_p = \frac{1}{24 L_{\frac{h}{4},d}} \tag{2-34}$$

式中　$L_{\frac{h}{4},d}$——刻-小时-日负荷系数，用百分数表示（耗气时间段为 15 分钟）。在此，表示以 15 分钟耗气量为基础的小时-日负荷系数。

在式（2-33）中，高峰日负荷值乘以 f_p 即可得设计负荷。f_p 通常称为高峰日的高峰小时系数，范围为 0.047～0.061，常用的范围为 0.050～0.058。低值应用于严寒气候地区，高值应用于温和气候地区。

在燃气工业中，耗气的高峰时与高峰日的比值 f_p 有多种表达方法。它也可用高峰日的平均小时负荷表示，高峰日的平均时负荷为日负荷的$\frac{1}{24}$，即 4.167%或 $f=0.0416$，若 $f_p=0.05$，它相当于高峰时用气量为高峰日用气量的 5%，或相当于高峰日平均小时用气量的$\frac{0.05}{0.0416}=120\%$。

美国有些燃气公司对负荷中的基础负荷［式（2-33）中的 $f_w q_s$］采用一个 f_p 值，而对负荷的采暖部分则用另一个 f_p 值，基础负荷的系数倾向于采用高值 0.07～0.09，它不同于燃气采暖中所用的值。也有些燃气公司对民用、商业和工业这三种基本类型用户的基础负荷与采暖负荷均采用不同的 f_p 值。公式（2-33）既可用于无燃气采暖用户，也可用于采暖用户，因为无燃气采暖负荷中也有与气候有关的部分。

【例 2-7[1]】　计算有燃气采暖居民用户的设计负荷，计费记录中有关的耗气数据和系数值如下：

夏季数据：

计费周期　33d

耗气量　77840m³

冬季数据：

计费周期　60d

耗气量　1337180m³

计费周期的度日数（室内温度为 18℃）

910℃·d，$f_w=1.05$，$f_p=0.055$，设计日平均室外温度为 −21℃。

将以上数据代入式 2-33 后可得：

$$Q_d=\left\{\frac{\left[1337180-77840\times1.05\times\frac{60}{33}\right][18-(-21)]}{910}+1.05\frac{77840}{33}\right\}\times0.055$$

$$=2937.8\text{m}^3/\text{h}$$

计算式中：$77840\times1.05\times\frac{60}{33}$为相当于冬季（60d）的基础负荷；

$1337180-77840\times1.05\times\frac{60}{33}$为冬季 60d 中与气候有关的采暖负荷；$\frac{\left[1337180-77840\times1.05\times\frac{60}{33}\right]}{910}$为按 60d 计，单位度日数的采暖负荷；［18－（－21）］×1 为设计日的度日数；$1.05\frac{77840}{33}$为冬季的日基础负荷；｛　　｝为包括采暖与基础负荷在内的高峰日负荷。

另有一种根据耗气数据计算设计负荷的综合性方法。这一方法的耗气数据可从两个实际的计费数据中进行选择。美国[1,80]的做法是：夏季的计费周期，其特征是计费周期内的日平均度日数小于 0.3℃·d/d（0.5℉·d/d）；冬季的计费周期，其特征是该周期内的平均度日数大于 11.7℃·d/d（21℉·d/d）。值得注意的是，根据我国现行采暖期的概念，21℉相当于 +6.672℃，尚不在采暖期内，似应定在 0℃即大于 18℃·d/d 较合适。根据上述两个数值可求解以下方程式中的 K 值。常数 K 值反映了采暖耗气量与度日数和平均日基础负荷的关系。

$$\begin{cases} Q_s = KD_{dis} + Q_b D_s \\ Q_w = KD_{diw} + Q_b D_w \end{cases} \tag{2-35}$$

式中 Q_s——夏季 D_s 日计费周期内的耗气量，m^3；

Q_w——冬季 D_w 日计费周期内的耗气量，m^3；

Q_b——基础负荷，m^3/h；

D_{dis}，D_{diw}——夏季和冬季计费周期内的度日数，℃·d。

若 $D_{dis}=0$，则 $Q_b = \dfrac{Q_s}{D_s}, K = \dfrac{Q_w - Q_s \dfrac{D_w}{D_s}}{D_{diw}}$

经验表明，如用两个冬季计费周期的耗气数据代入式（2-35）中求解，则所得的值更能代表曾经出现过的严寒气候高峰日的基础负荷。

一旦求得 K 和 Q_b 值，则代入式（2-35）后可算出已知计费周期度日数的用户耗气量，也可代入式（2-33）的修正式（2-36），算出用户的设计负荷。

$$Q_d = [KD_{did} + Q_b f_w] f_p \tag{2-36}$$

上式比式（2-33）更易求得设计负荷。

上述计算方法十分有用，它可根据任何气象条件的数据来计算耗气量。对研究系统的负荷工况也很有用，特别在维修或更换支管时，能很好地确定系统的负荷。当耗气数据因计量仪表的原因不能获得准确的结果时，则可用邻近地区用户的设计负荷做依据。

（三）根据用户的平均设计负荷计算设计负荷[1]

通过对用户总体特性曲线的研究，常可得到不同类别的用户中每一用户或每人的平均设计负荷值，也可得到每类用户按占地面积计的设计负荷和相应每一用户（以人为单位）的设计负荷值。负荷区内用户总体燃气采暖的设计负荷为：

$$Q_d = \frac{N \cdot Q_{n,w}^{max}}{n} \tag{2-37}$$

式中 Q_d——设计负荷或高峰负荷，m^3/h；

N——负荷区内燃气采暖的用户数；

$Q_{n,w}^{max}$——在一定的时间段内，几个用户在高峰耗气的气候条件 W 下的最大平均同时耗气量。

上式的本质也就是根据 n 个用户的最大平均同时耗气量值推论到 N 个用户。在许多国家的建筑群中，相邻的住宅建筑不论其大小或风格都有很大的差异，这一差异可用每个用户的使用系数（use-per-customer factor）来界定，也就是在式（2-37）中加上一个邻里权重系数（Neighborhood weighting factor）。此权重系数等于邻里平均年用气量与系统平均年用气量之比。

使用这种方法时，需首先对用户进行分类。以负荷计算为目标的用户常分类如下：

1. 无采暖居民；2. 有采暖居民；3. 无采暖商业；4. 有采暖商业；5. 公寓建筑；6. 轻、重工业生产工艺；7. 轻、重工业采暖；8. 学校、教堂、机关及政府大楼等。

此外，还应有次一级的分类，如，商业用户可再分为：食品与洗衣等。用户也可按耗气量的大小进行分类。上述分类方法在计算设计负荷时经常用到。

不论采用何种方法计算设计负荷，设计工程师还应对下列参数进行认真的研究，以便作出必要的修正。要研究的参数包括：高峰耗气的时段；设计中的气候条件；设计负荷与气候之间的关系；设计负荷的特性系数；耗气的时间段；漏气的允许量等。

1. 高峰耗气的时段。高峰耗气的时段指可能发生高峰耗气量的日时段和年时段，它可从供气数据的分析中得到。对用燃气采暖的地区，居民和商业用户高峰负荷出现的时段由采暖系统的控制方法决定，常发生在最冷日的清晨，且不仅要考虑室外温度，还要考虑风速的影响。对工业用户的供气系统由于其在非采暖季或作为调节用户的耗气量，这比采暖的耗气量要大，因此，高峰耗气量不决定于采暖负荷，而决定于非采暖季的负荷。美国的经验是，这类系统的高峰耗气量常发生在早春或晚秋。

2. 设计的气候条件。上述计算设计负荷的三个基本方法中，均规定了设计的气候条件。在式（2-33）中，设计的气候条件用设计日的度日数表示。另两个设计负荷的计算方法中，则采用了与气候有关的系数，即耗气系数和每户的平均同时耗气系数。这两个系数均决定于设计的气候条件。

气候特性的基本资料来源于历史上积累的气象数据。最佳的计算方法是根据过去的气候数据，用随机取样的方法推算出未来的气候状态。同时，还应查找世界同类地区每天发生的异常情况作为参考。

美国的经验指出[1]，应用国家气象局的数据时，还要分析气象站的位置，其数据能否代表供气的地区。如当气象站位于机场附近时，其数据就不能代表城市的中心地区。在应用历史的气象数据时，也不能不加分析，要考虑地区的位置、环境的条件和观测的质量。在美国，有许多私营气象观测站，其观测质量较高，且观测的历史也较长。

研究气象资料的目的是选择合理的气候条件，如选择过去 20 年中曾发生过的极端气候数据作为依据等。虽然许多城市计算采暖所需的设计温度与风速可从有关的手册中查到，但手册中的气象资料仅是作为建筑设计的重要依据。对燃气采暖，还必须研究可能发生的特殊情况，因为一个单独的建筑物可以容忍短期的过热或过冷，但一个燃气系统却必须满足所有时间内用户所需的全部耗气量。

3. 设计负荷与气候的关系[1]

在计算设计气候条件下的负荷时，公式（2-33）中假设设计负荷与温度呈线性关系。但在严寒时，负荷-温度或负荷-度日数的关系也可能出现图 2-16 中所示的两种极端情况。图中较平坦的负荷曲线（曲线 a）相当于多数燃气采暖机组的容量太小。燃气采暖机组的能力只能满足温度高于高峰耗气温度时的需要。如规定只能满足 -20℃的温度时，一旦出现 -25℃，采暖机组就因容量太小而不能提供更多的热量。图中的加速曲线（曲线 b）则相当于恶化的采暖情况，为补充采暖系统的供热不足而需要开启全部的燃具燃烧器。在美国的配气系统中，这两种情况均出现过。因此在确定采暖的耗气系数时，就必须考虑在严寒时可能发生的情况。设计工程师要注意到，已知温度下的设计负荷与实际负荷不相匹配的情况是可能发生的。此外，用式（2-33）计算采暖系统的设计负荷时，是假设燃气是惟一的热源。如可能用其他燃料，如木柴、煤油或电力等补充采暖系统不足的热量时，就不能再用式（2-33）。

4. 设计负荷的特性系数。在设计负荷计算中所用的负荷特性系数应根据负荷已确定

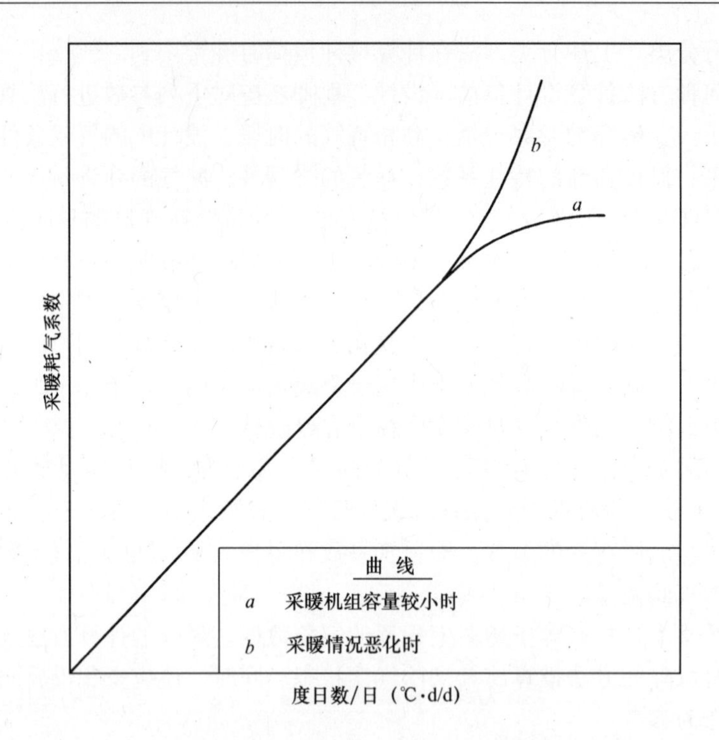

图 2-16　温度特低时耗气系数的趋势

的用户总体在高峰耗气时段内的数据求出。采暖计算中对非采暖燃具所选择的耗气量并不是每一燃具真实的高峰耗气量，而只是在采暖高峰时的一个应用值。例如，美国的设计资料中常介绍一些燃具的典型耗气量就并不是每种燃具真实的高峰耗气量，它是在计算采暖高峰耗气时所选择的一个应用值，即最大同时平均耗气量。由于采暖高峰系数值甚难求得，它完全随气候而变化，高峰耗气的气候条件也并不是每一个采暖季均会出现。当高峰耗气的气候尚未有过时，则应根据高峰耗气的条件用最小二乘法外推求得。

采暖系统有两种主要方式：暖风与热水，其采暖耗气系数也不同。对热水系统，由于大量的热量贮存于系统的水中，与暖风系统相比，其运行的频率较低。为尽快满足最冷日的用热需要，热水系统燃具的热流量在同样采暖负荷下要比暖风系统大，因此，热水系统的负荷系数比暖风系统也大。

根据美国的经验，小区用户的负荷特性系数相当不稳定。在相同气候条件下进行重复测量时，少数用户用气方式的变化会大大地影响总耗气量。因此，负荷特性的研究最好选择 150 户或 150 户以上的小区进行。其结果用来计算同样规模或略大的小区设计负荷时，不会产生太大的偏差。在计算规模较小的小区设计负荷时，则结果偏小。

用过去的负荷特性系数计算设计负荷的前提是用户的用气性质不能有变化。但近十几年来，广泛应用的节能方法已改变了这些系数[192]。采暖特性发生根本变化的实例是使用了多时段恒温器（Multi-timed thermostats）。这种恒温器的开关在温度的“正常”和“低温”之间可根据用户所需要的时间表任意设定。当恒温器开关的位置由“低温”转向“正常”时（通常在早晨），供热机组可以连续运行。这不仅可以弥补围护结构的热损失，还可提高围护结构的温度，但也可能引起许多相邻的建筑物要求同时供热。不仅在设计温度状态，在较暖的气候条件下也会发生这种情况。若风险系数没有考虑在使用多时段恒温器时连接负荷的增加量，就会产生供气不足。因此在设计新的供气系统时，应该很好地确定总的连接负荷值。

设计中负荷特性系数的不同值还应反映用户用气性质的变化。如住宅的大小、型式和同类地区居民不同的生活习惯。例如，同时上班的双职工，其生活习惯对负荷特性有很大的影响。他们往往在白天和晚上一样，将恒温器倒拨，形成晚间的用气高峰，且周末比周日有更高的负荷值。因此，只有通过对周期性的耗气负荷作经常的研究，才能确定合理的设计负荷特性系数。

5. 耗气时段的确定。耗气的时段是指一定的时间周期，在这一时间周期中，最大同时耗气量的平均值可作为设计负荷。因此，应很好地选择耗气时段。耗气时段决定于所使用的设计负荷是否会影响系统的压力。美国的经验表明，低压系统的耗气时段宜取 5 ~ 15 分钟，中、高压系统取 15 ~ 30 分钟较合适。在计算中通常使用的是 60 分钟的耗气时段，耗气量的单位取 m^3/h。设计人员应充分考虑并换算耗气时段对设计负荷的影响。如耗气时段为 60min，则设计负荷就简单地成为高峰小时耗气量，而系数 f_p 就成为高峰小时/高峰日的比值。

6. 允许的漏气量。任何类型的燃气管道在运行中均有一定的漏气量。允许的漏气量应加到原有供气系统的负荷上去，因为漏气量也是一种系统负荷。允许漏气量与供气系统的供销差值（Unaccounted for gas）是两个概念。供销差值还包括气表走时的误差和输气量，当然也包括漏气，但供销差值可能为正值。对不同系统合理的允许漏气量应根据经验确定，通常以不考虑漏气时设计负荷的某一百分数表示。

三、设计负荷计算的统计方法[1]

一般设计负荷应小于连接负荷，但当所取的设计负荷小于连接负荷时，也存在一定的风险性，因为经常有实际负荷超过设计负荷的情况发生。根据负荷特性计算设计负荷实质上是一种计算可能发生最大负荷的一个经验方法。用概率的理论可以确定实际负荷超过设计负荷的概率。对某一事件的概率可定义为：

$$\text{概率} = \frac{\text{成功的结果数}}{\text{可能发生的总结果数}}$$

概率论的统计方法提供了关于不确定性（Uncertainty）的一种逻辑方法。它作为一种辅助工具，可帮助设计工程师选择好设计温度，并在合理和可靠的基础上进行设计。

统计术语中的效益，在设计负荷计算中相当于风险系数（Risk factor）。它指在未来的采暖期中，对一定类型的用户群体，已出现的耗气量可能超过设计负荷规定值一次或多次的概率，并假设一年中的气候是一个随机样本，是用户所在地区历史上曾经历过的。风险系数与设计负荷之间的关系见图 2-17[1,81]。由图中的风险系数曲线可知，当用户总体的设计负荷小于连接负荷时，超过设计负荷值的风险不大，且每个年度中设计负荷小于连接负荷的范围很大（图 2-17 的左侧范围），常称为低端值（low end value），概率值为 1.0。在曲线的右侧部分，风险系数较低，即任何年份设计负荷超过连接负荷的概率较小。风险系数的范围对规划工程师非常有用。合理的风险系数值约为 0.10 ~ 0.01。

在选择风险系数时，规划工程师必须研究低风险带来经济上的高支出问题。工程师们应征求公众对燃具压力可能低于额定值的意见，研究工业调节用户，减少供气量和切断某些

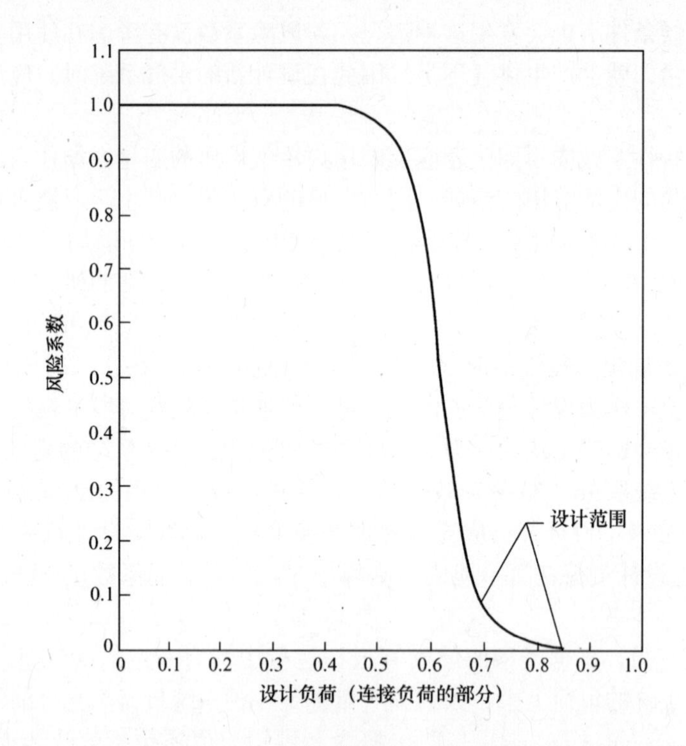

图 2-17　风险系数与设计负荷的关系

地区的供气以保证整个采暖系统正常工作的可能性等。也要考虑建筑物受冻后用户所受的损失和严寒条件下生活上带来的后果。在设计中采用低风险系数后，应算出一个超大管径的系统与正常系统之间造价的差别，作为决策的参考。

作为例子[1]，值得介绍美国燃气工艺研究院（IGT）对两种类型用户风险系数曲线的研究结果。数据由燃气公司提供，用每一用户的平均耗气量计算设计负荷的方法绘制曲线，绘图时研究了整个采暖季中用户群体的耗气数据和用户所在地区的历史气候资料。

风险系数曲线由两组数据得到，见图 2-18。图中，邸榭园区（Dixie orchard）有 343 个用户，平均连接负荷为 4.41m^3/h，当风险系数为 0.10 时，该地区人均设计负荷为 2.55m^3/h,相应的耗气系数为$\frac{2.55}{4.41}=0.58$；当风险系数为 0.01 时，人均设计负荷为 2.75m^3/h,耗气系数为$\frac{2.75}{4.41}=0.625$，设计负荷大约增加了 8%。一个有经验的设计师对新建配气系统的设计负荷应留有 5%～10%的安全裕量。实践表明，对邸榭园区，曾出现过的最低温度为 -22℃，设计负荷的计算值取为 2.44m^3/h，将曲线的直线段向上延长后可知，风险系数已超过 10%，因此，设计负荷留有适当的裕量是十分必要的。美国的经验表明，如计算中不留裕量，在严寒气候中发生的后果与通常由于压力低于正常压力或短期不能满足负荷需要的后果是完全不同的。

用风险系数计算设计负荷的方法常用于排水管道的设计中，其风险按百年一遇（或其他时段）的风暴考虑。但燃气系统要复杂得多，燃气系统的风险系数除气候因素外，还和用户数和用户的生活习惯有关，耗气系数甚难定量地表达其全部影响。

用图 2-18 的曲线计算其他地区未来的设计负荷时，应按用户的规模进行修正，将增

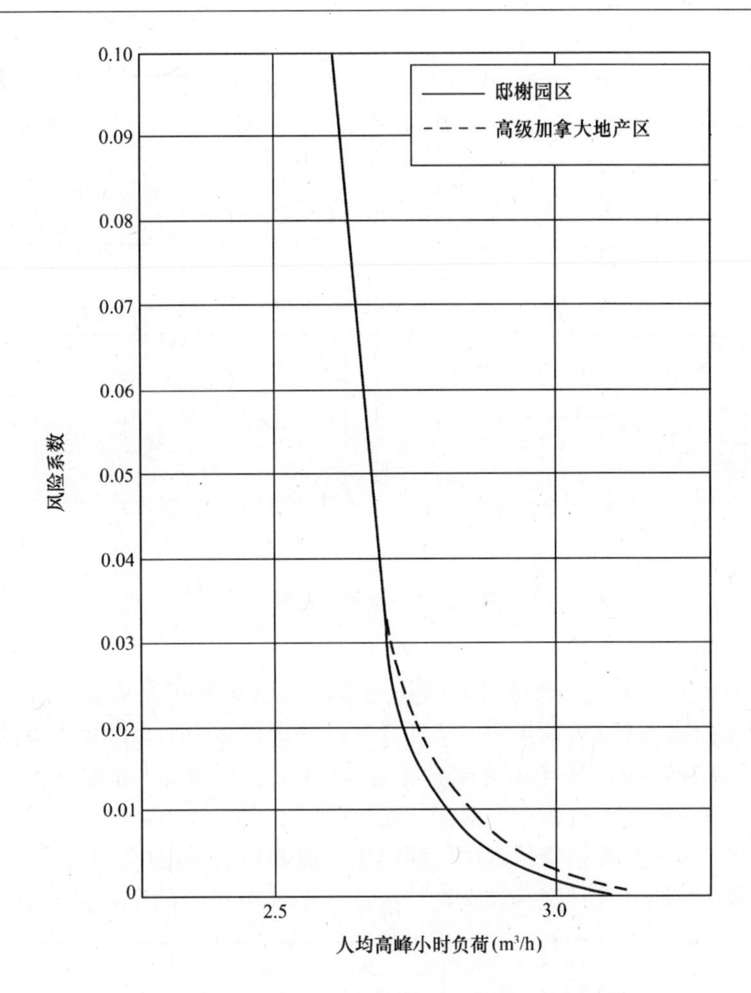

图 2-18　最冷日的风险系数与设计负荷的关系

加用户的不确定数加到连接负荷上去。

风险系数法是计算设计负荷的一种方法，它代表了一种观点和目标，虽然在应用上还有许多困难，但对新建燃气系统在设计负荷值上增加 5% ~ 10% 的裕量是值得考虑的。

第四节　负荷的地区分配

为完成一个配气系统的供气要求，必须确定每一用户的耗气量及其地理位置。至于所定负荷的准确程度，则并不在系统设计的范围之内。民用和小型工、商业用户的负荷可以集中在一起，放置在管网系统有代表性的位置上。这一位置可称为负荷中心（Load center)，它常设在干管的相交点上。

每一负荷中心所代表的地区大小与系统的压力类型有关。在长远规划中，可以把整个城市、整个镇或小区当做一个负荷中心。而在近期规划中，负荷中心则通常是指图 2-19 中所示的节点。至于向低压管网供气的中压系统，其负荷中心则是较大的用气户和低压管网供气区内的调压站位置。在管网的分析计算中，必须先做好负荷的集中工作。负荷的集中方法有：节点面积集中、工地面积集中、计算机负荷集中和其他负荷集中等方法。

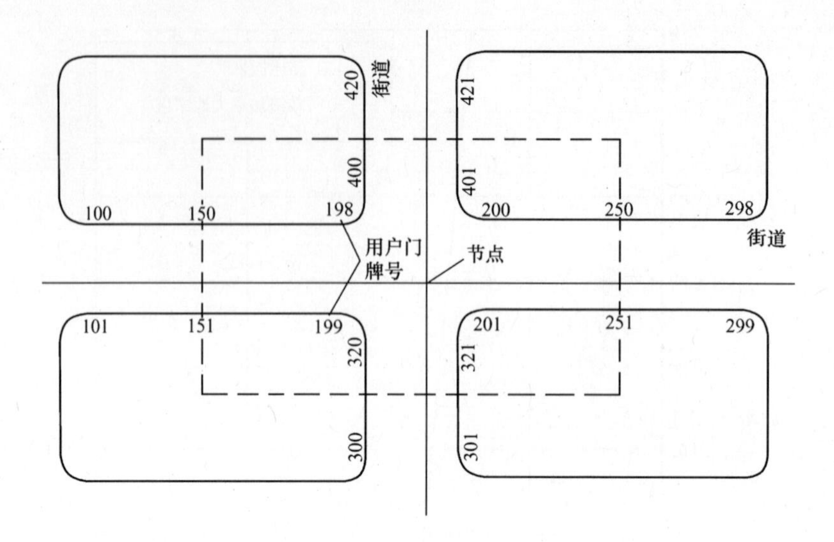

图 2-19　节点面积示例

一、按节点面积集中负荷

如图 2-19 所示，一个节点所供气的面积通常以街道交叉处为基准，向每个方向延伸半个街坊距离的范围。这种负荷集中方法在管网的分析计算中不会产生太大的误差。至于大容量的商业和工业负荷，其连接负荷通常为（1.5～3）$\times 10^4 m^3/h$ 或更大，则应标明其准确的位置。在负荷的集中过程中要对配气系统的每一负荷中心算出在高峰耗气时段内用户的同时耗气量。用户通常是指稳定用气的民用、商业和工业用户，当调节用户的用气量代表所在地区的高峰耗气量时则另当别论。在计算系统中集中的主要是已有用户的负荷，

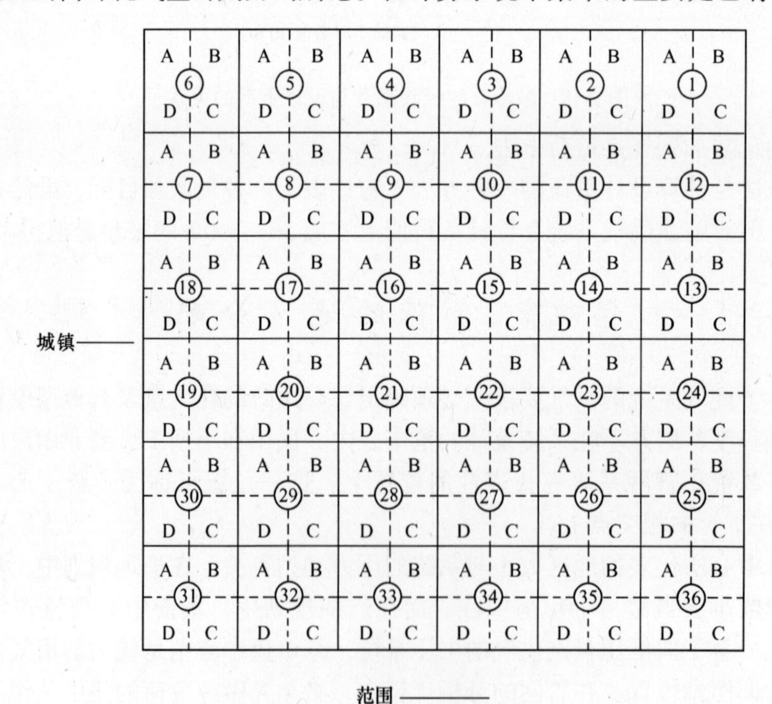

图 2-20　用户位置的编码

如需包括远期负荷，则应把远期负荷加到用户的用气量上去。

二、按土地面积集中负荷

用户和负荷的信息也可按永久性土地的面积集中。如一个城镇的土地为 10km 见方，则可划分成图 2-20 所示的 36 个区域，每一区域的 1/4 约为 0.7km^2，用户和负荷的信息可准确地按 0.7km^2 的范围集中起来。此外，还可利用航空测量得到的信息合理地将用户和负荷配置在合适的干管上。图 2-21 则表示调压站的负荷位置。采用这一方法时，经验和判断能力也是十分重要的因素。

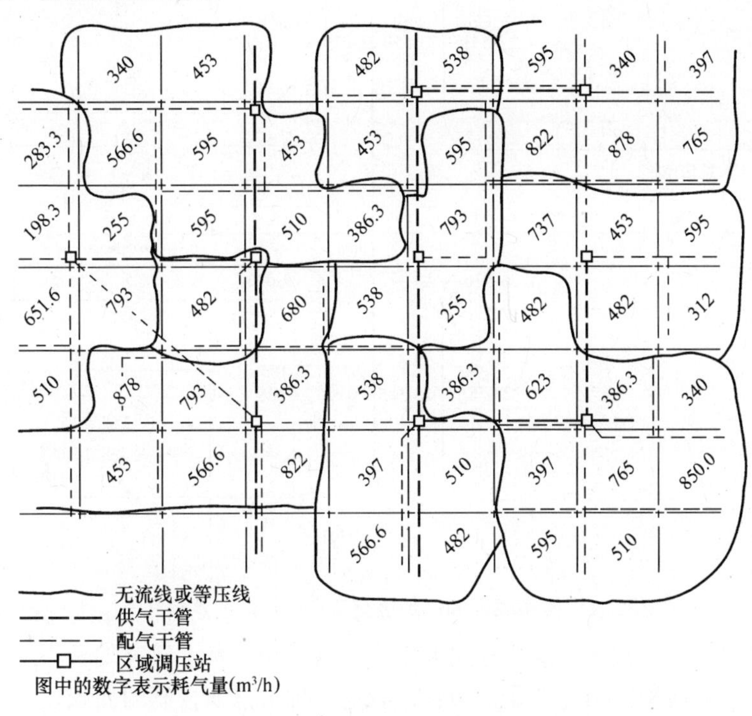

图 2-21 调压站负荷的配置[82]

三、用计算机集中负荷[1]

这是利用信息复原法（Information retrieval methods）存取用户信息数据库（Information data base）的一种方法。与用户有关的数据贮存在软盘式磁带中，用钥匙可取出任何参数的数据。取出特定用户信息常用的钥匙是：地址、燃气表编号或收费编号等。收费编号还能提供与用户有关的其他信息，如服务档案等。工程研究的编号是另一把钥匙，当提出索取某一用户有关数据的要求后，编号就启动计算机，直接找到软盘的位置或对磁带扫锚取支所需的数据。再有一把钥匙是可用来取出节点编号的数据。

与磁带多接口系统（Tape-driven multinterfacing system）相比，软盘数据库系统（Disc-oriented database system）的最大优点是贮存于软盘中的数据可任意取出，它具有即时（Real-time）用户信息系统的功能，而用磁带贮存的数据只能依次地获得，获得的过程以“分”计，而不是以“秒”计。磁带的优点是可以便宜地贮存大量数据，因而常用来贮存软盘易于失落的数据。

（一）搜索系统（Finder system）

图 2-22 为一种搜索系统，它提供一种在负荷中心集中小流量用户负荷的方法。用一个搜索编码带动计算机程序，根据相应的地址将不同类别的用户放置在合适的负荷中心上。编码的规定如下[82]：

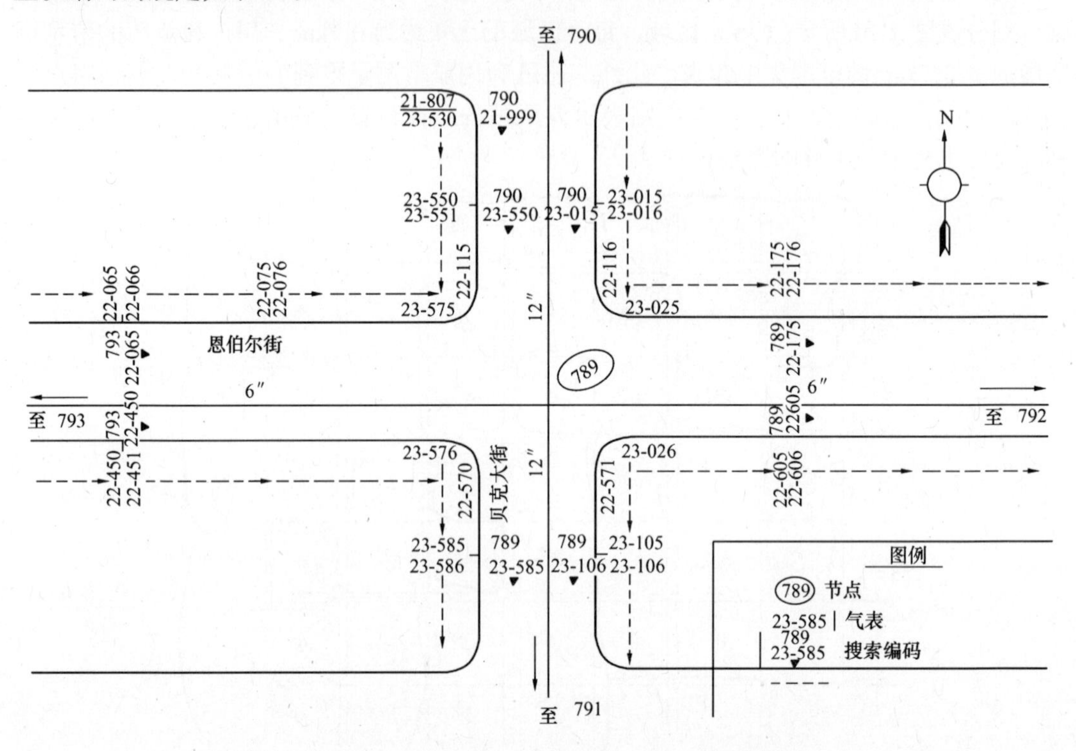

图 2-22　搜索编码和以街道交叉点表示的节点编号[82]

1. 管道系统需分成次级系统单独研究时，次级系统应标上研究编号。

2. 负荷中心的面积应预先选定。负荷面积通常即节点所控制的面积。

3. 节点：规定设在街道的交叉处，干管的末端，大流量用户的支管连接处，调压站的入口或出口处等。可在空隙处对系统的每一部分标上编码，编号从连接气源的大口径管道开始。对每一次级系统，编号均重复从 1 开始。

4. 搜索系统主要为配气系统服务，其负荷中心代表节点面积。在档案中存有按街道分布的用户地址和节点所属的街道范围。对双向敷管的街道，逢单或逢双的用户地址分别编在街道的同一侧。档案中街道顺序按字母排列，街道内部则按地址排列。编码工作完成后，可按下列程序进行负荷的计算和集中：

(1) 负荷计算程序可根据现有用户的数据计算设计负荷。计算的成果，即负荷档案，为标有街道地址的用户设计负荷值。

(2) 负荷档案对应于搜索代码。将每一用户标在相应的节点面积上。

(3) 经过处理的负荷档案可形成一个负荷-节点的文件，作为随后管网分析中的数据输入量。

(二) 错误及误差的来源

现有用户负荷计算和负荷集中的计算机法中出现一次误差的主要原因是[83]：

1. 负荷特性值的计算粗略。

2. 不恰当地使用了负荷特性值，弄错了其与温度、用户生活方式和用户群体规模之间的关系。

3. 设计日气候条件的选择不适当。

4. 使用了总量校核法。仅以负荷总量等于总供气量不能表明负荷的分配是否恰当。

5. 使用了估计的读数。估计读数换算成有效和准确的气表读数时未经过校验。

6. 气表不工作。

7. 校验以往的耗气量时，忽略了寒假等情况。

8. 房屋转手时恒温器的设定较低。迁入户未校核以前的耗气量。

9. 商业与工业负荷发生了变化。工业与商业负荷在企业的整个生产周期中是经常变化的，如引进了新的生产线，改变了若干个操作方法，增加了燃气的燃烧设备等，但在记录中没有反映负荷的变化。

10. 私自改变气表管路，气表停走而不通知公司。

11. 选错了高峰小时和差异系数，造成管网计算不符合高峰负荷的条件。例如以中间负荷与高峰负荷相比，其高峰小时和差异系数有本质的区别。

12. 登记错误。不论使用何种系统，只要在气表编码、加到节点上的气表数或分配的管道上发生了登记错误，均会发生负荷的遗漏和引起负荷分配的错误。

13. 现场改变了管道的位置，在施工中遇到了下水道或公路而改线，均会造成管网计算中的压力误差。

14. 忽略了节能的效果。即便采暖系统没有变化，但建筑物隔热方式的改变，时钟恒温器和电子控制器的使用等，均影响日耗气量和高峰时耗气量。

15. 某些特殊类型的负荷并不发生在选定的高峰日。如洗车、谷物干燥、沥青工厂等的用气负荷对非高峰日的影响要大于高峰日。

16. 分类错误。分类错误会造成用户记录的错误。

17. 特殊情况。特殊的账目、特殊的单据、额外的用气和公司的自用气等，虽然在总负荷中并不重要，但也是一种不可忽略的负荷。

四、其他负荷集中方法[1]

对小城镇，负荷较大的工业和商业用户常单独标在管道系统上，余下的民用负荷除以系统的管长后可得单位管长的负荷。在管网的分析中，管段的负荷可用管段的长度乘以单位管长的负荷得到。

在选择某种计算设计负荷的程序之前，应对这一程序的有效性进行校验。通常采用已有用户在一定的气候条件和压力范围内进行负荷分配计算值的校验工作，当实测的压力数据与计算所得的压力值相符时，可以认为设计负荷的计算方法是有效的。

第五节　远期负荷的计算[1]

造成远期负荷的变化有两个原因，即现有用户的用气量发生变化和新用户的增加。现有用户用气量发生变化是因燃具的类型和数量、节能的方法和生活习惯的变化所引起。历史性的耗气数据只能提供变化范围的粗略值，要得到比较准确的数据，必须对同一居民点进行若干年的连续研究才能得到。

一、负荷增长的模式[1]

计算远期负荷时，需首先作出一个规定的地理区内高峰燃气耗量与时间的关系图（图2-23）。

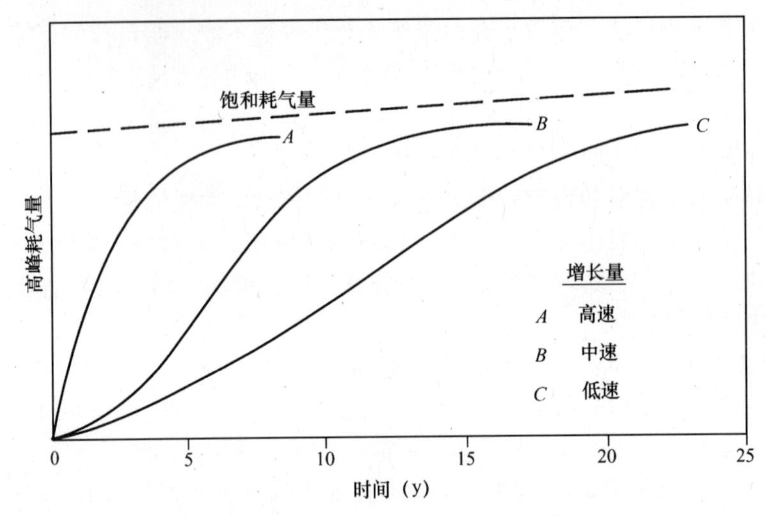

图 2-23　地区的负荷增长

图 2-23 所表示的地理区为尚未开发的地区。曲线 *A* 为快速发展，曲线 *B* 为中间发展状态曲线 *C* 为非常缓慢的发展曲线。

图中的饱和耗气量表示高峰燃气耗量在一个地理区内已得到了充分的发展，燃气用具的使用范围已达到了最大值。耗气曲线的斜率向上相当于用户的高峰气量随时间而增大，反之，斜率向下，相当于随时间而减小。图 2-23 中的主要参数是饱和耗气量和达到饱和耗气量所需要的时间。如果耗气量增加很快，在 5 年内就能达到饱和值，则饱和耗气量就可作为设计负荷，并以此确定供气地区主干管的管径。如果期望的发展速度很慢，要在 10 年以上才可能达到饱和值，则供气干管管径及设备的确定需要慎重，必须考虑投资的经济性，但小管径的配气干管可按负荷的大小安装。如有可能，供气主干管的选线应避免负荷的增长达到其需要值，而留有一定的裕量。

如负荷的增长属于中间状态，达到饱和耗气量的时间在 5～15 年的范围内，则需要对耗气量的增长进行预测，规划小规模的负荷区时，远景预测期为 5～10 年或更久，规划长期建设项目的负荷区时，预测期为 10～20 年或更久。规划的内容包括气源和供气系统。如前所述，项目的负荷区有时可能很大，会涉及整个城镇的发展。

二、预测方法

对连接负荷为（1.5～3.0）$\times 10^4 m^3/h$ 的大型工业、商业用户应单独进行研究，全面掌握其高峰耗气量、地理位置和满足市场需要的投产时间等。实际上，对大型工业用户的用气要求必须在 2～3 年前就已确定下来（预知时间）；至于工业负荷中的可中断用气户，则主要决定于燃料价格的相对变化，规划工程师也必须对其转换的可能性做到心中有数。

预测民用户的远期耗气量及地理分配位置比较困难，只能通过实践来判断。通常根据用气模式类型相似的现有用户人数数据，算出其设计负荷的平均值，再据以推算出远期规划中用户的数量及地理分配位置。远期负荷预测中的资料调研范围十分广泛，涉及政治、经济和城市建设的各个方面，各国都有自己的做法，且随预测的地区而不同，如市中心区、市郊区或小城镇等。一般来说，国外远景负荷的调查包括两大内容，即负荷的地区分配依据和负荷的数量依据。

在预测远景负荷的地区分配时，调查的内容可侧重在：

公路建设规划；规划承诺区的布置；地形因素；地质条件；公共交通设施的位置；工业发展计划；旧房屋的改造计划；法律与法规；税率等。

在预测远景负荷的数量时，调查的内容分两部分，即一次调查和二次调查。一次调查提供预测增长量的基本依据；二次调查则从另一个侧面完成预测的准备工作。一次调查的内容包括：

地区人口（职业分类）；户口调查（户居人数）；房地产开发；企业状况（销售、工业发展、地方管理部门）；政府规划部门（社会发展、公路发展、地区的协调、节约与水资源等）；土地利用研究；城镇对燃气供应的要求；允许烧煤、烧油的截止日期；经济发展；历史统计数据等。

二次调查的内容包括：商业发展；其他公用事业（给水、排水、电力、电站、交通等）；服务设施；财务部门；教育部门等。

（一）按人均高峰耗气量计算

这一方法常被地方规划部门所采用。计算一个负荷区内远期的设计负荷时，可先根据该负荷区内已使用燃气的人数和总体同时高峰耗气量得出人均值，将人均值乘以该区内的人口增长数即可得预测值。计算公式表达如下：

$$Q_{\mathrm{F}} = N_{\mathrm{P}}\left(\frac{\overline{Q}_{\mathrm{p}}^{\max}}{n_{\mathrm{p}}}\right)(1+R)^{\mathrm{n}} \tag{2-38}$$

式中 Q_{F}——远期设计负荷的计算值，$\mathrm{m^3/h}$；

N_{P}——负荷区内远期的人口数，人；

n_{p}——负荷区内已使用燃气的人口数，人；

$\overline{Q}_{\mathrm{p}}^{\max}$——负荷区内已用燃气用户在高峰负荷和设计气候条件下的总体最大同时耗气量，$\mathrm{m^3/h}$；

n——预测的远期年数，年；

R——用气户每人的平均耗气综合增长率。R 值可以为负值，代表负荷减少率。

必要时，可假设 R 为常数，然后对预测期内的耗气量根据经验作增、减的调整。负荷的减少率主要受可替代能源比价的影响，如家用电器的发展和电价的相对降低，常使用户更乐于使用电力。人均耗气量根据当地已用燃气用户的数据算出也比套用定额数据准确和可靠。

（二）按每公顷土地的高峰耗气量计算

根据待开发的土地面积，也可预测远期的耗气量。先根据已开发土地面积使用燃气的耗气数据算出每公顷土地的平均同时高峰耗气量，再乘以待开发的土地面积，即可得远期设计负荷的计算值。计算公式表达如下：

$$Q_{\mathrm{F}} = A\left(\frac{\overline{Q}_{\mathrm{p}}^{\max}}{a}\right)(1+R)^{\mathrm{n}} \tag{2-39}$$

式中 A——负荷区内需求算耗气数据的土地面积，hm^2；

a——负荷区内已使用燃气的土地面积，km^2。

耗气数据可根据市郊、老居民区、新居民区、小城镇等进行分类。

美国的燃气公司认为，上述方法也适用于工业区，且也是计算负荷区内饱和耗气量的一个好方法。将上述方法改变一下，还可用来计算整个负荷区内的远期耗气量，计算公式可表达为：

$$Q_F = \left(\frac{A_u}{A_d}\right) F_d Q_D (1 + R)^n \tag{2-40}$$

式中 A_u——未开发的土地面积，hm^2；

A_d——已开发的土地面积，hm^2；

F_d——未开发区在 n 年远期规划中第 i 年将开发的百分数，%；

Q_D——负荷区内已有用户的设计负荷，m^3/h。

航测方法也可作为这一方法的补充。

远期用户的位置可根据规划研究的结果标出。近期研究中的负荷数据则需一个一个街坊的分配。远期研究只涉及供气干管的设计，无需定出调压站的供气范围或前述 1/4 负荷区的分配等。

预测数据只能表示一个远期的发展趋势，不能作为近期的设计依据。预测数据还涉及许多政治、经济和环境等市场因素（Market factors[84]）。要做许多市场分析的工作，在经济计算中还将论及。

第六节 负荷的调节方法与贮气量计算

如前所述，耗气量按公历时序的变化图，即负荷特性曲线，是设计人员的重要设计依据。除用来确定设计负荷外，也是选择负荷的调节方法和贮气量计算的依据。

从有城市燃气供应开始，就存在负荷的调节与贮气问题，它是供气系统的一个主要组成部分，或供气链中的一个主要环节。如解决不好负荷的调节与贮气问题，就不能保证安全、可靠的供气。负荷的调节方法很多，包括气源、输气管道、用户、后备气源和贮气设施等，它与供、配气系统的经济性有关，因此，在供气工程项目的开始，就应解决好负荷调节和贮气方案，并与其他供配气设施同步建设。

一、负荷的调节方法

由图 2-1 所示的年负荷图可知，一年中耗气量的波动很大，细分起来，有按一年中各月用气波动排列的年负荷图；按一月（或一周）中各天用气波动排列的月（或周）负荷图和按一日中各小时，甚至 1/2 小时用气波动排列的日负荷等。假设气源的供气量可以按月调节，则燃气的供需平衡就可只考虑平衡一个月内的用气波动，由于一个月内的用气波动没有明确的规律性，常用最大用气月的最大用气周的负荷图作为研究供需平衡的基础，如果一个月内的气候变化不大，或者燃气仅供民用、不供采暖，则也可用最大用气月平均用气周的负荷图作代表；如果气源的供气量可以按日调节，则燃气的供需平衡就可只考虑最大用气日的小时用气波动。

但是，上述假设都是在牺牲气源供气能力的基础上达到的。供气设施的利用率将很低，负荷系数很小，经济效益会很差，因此，世界上所有的供气企业都希望一年中有稳定的供气量，使供气设施的利用率达到最高值，从而获得最佳的经济效益。类似于工业企业运作中，充分发挥生产线的产品产量可获得最佳的经济效益一样。

负荷的调节通常有四种方式，即用户调节、贮气、补充气源和气源调节。

图 2-1 表明，首先应尽可能发展可中断的用气户和非高峰期用户，使一年中的用气波动达到最小值。但发展这类用户时，燃气的价格必须降到比使用其他替代燃料更低时用户才能接受。稳定用气户的气价由于调节成本的增加必然会有所提高，但气价的上限也同样受到使用其他替代能源的限制，于是就产生了用补充气源（见图 1-1）和贮气方式平衡供需矛盾的办法。贮气相当于商品流动中的库房，应选择投资和运行费用最低的方式。将上述三种方式和气源调节结合起来，使整个供气系统能获得最佳的经济效益。

用补充气源和贮气设施平衡用气的波动通常称为调峰（Peak shaving）。国际上调峰是一个广义的概念[10]，它不仅包括负荷波动的调节，也包括周期性的短期补充气源。如图 1-1 所示，补充气源通常有丙烷-空气混合装置、液化天然气（LNG）供应装置、以液体燃料或煤作原料的代用天然气（SNG）装置等。补充气源厂因规模小，成本高，使用时间短，在选择时要做好经济分析。例如[9]，美国首都华盛顿用丙烷-空气混合装置作调峰，仅为了解决一年中 7 天的供气不足。俄罗斯也是世界上以丙烷-空气混合气作补充气源的具有丰富经验的国家之一。丙烷常贮存于地下岩层中，贮存的周期很长，使用时间很短。据 2003 年国际燃气联盟的统计[10]，以液化天然气作调峰补充气源的在 2000 年欧洲有 9 座，南亚 1 座、澳大利亚 2 座、北美 60 座、南美 1 座。世界液化天然气调峰厂的工作范围可见表 2-23[10,128]。

世界液化天然气调峰厂的工作范围　　**表 2-23**

液化能力 [m^3（N）/h]	贮罐能力 (m^3)	气化能力 [m^3（N）/h]	液化周期 (d/年)	气化周期 (d/年)
10000 ~ 25000	10000 ~ 180000	10000 ~ 400000	150 ~ 300	5 ~ 20

注：表中 m^3（N）为标准立方米。

这类调峰厂均是夏季贮存多余的低价天然气，液化后留作冬季高峰时作为补充气源而不是作为日调峰使用的。表 2-23 表明，这类调峰厂的液化周期较长，而气化周期一年中仅 5 ~ 20d，因而设备利用率较低，成本较高，是在特定的条件下采用的。

以贮气方式作调峰的，有各种贮气设施，随城市燃气发展的不同阶段而不同。在煤制气时期，由于燃气的出厂压力低、供气规模小，通常用低压罐贮气，包括湿式罐、干式罐、威金斯罐等。贮罐工作容积的大小，视气源厂的生产调节能力而不同。对专供城市用的煤制气厂，如无合适的可中断用气户，原则上应按需求量生产，在供生活用气为主时，可按最大用气月平均用气周的负荷曲线计算工作燃气的贮量。但不同月份的生产量要与月-年负荷图相匹配。燃气厂的规模按最大日用气量确定，相当于发电厂的装机容量。这类厂的设备利用率较低，且一年中经常出现向大气排放多余燃气的情况。如果以大型焦化厂的焦炉余气作气源，供应城市的燃气仅是总产气量的一小部分，允许由制气厂担负日调峰时，也可按最大用气日的负荷曲线计算工作燃气的贮量。如人工气的输气距离较远，需要提高输气压力时，经过经济比较，也可采用高压罐贮气（球形罐或圆柱形罐），工作燃气的贮量计算也与气源厂的调节能力和可中断用气户的设置情况有关。

以液化石油气（丙烷）混空气或液化天然气卫星厂（Satellite plant）作气源时，原则上可以按需求量生产，但完全做到按变化着的小时需求量产气较困难，通常要设缓冲压力罐，缓冲罐工作燃气贮气量的大小与产气的灵活能力有关，一般常小于按最大日用气波动负荷图算出的贮量值。

对以天然气作气源的近代供气系统，由于供气规模的扩大，燃气已成为城市能源供应中的一个重要部门，供气对象已不限于民用，还涉及到工业、采暖等各个领域，当燃气采暖发展到一定的规模后，平衡用气的季节波动十分重要，必须考虑采用地下贮气或补充气源等其他调节方式。国际经验表明，地下贮气因成本较低是首选的方式。

据2002年11月国际燃气联盟的统计[11]，2000年世界上已有633座地下气库（UGS），其中572座（相当于633座的90%）地下气库的工作燃气容积（WGV）或工作燃气能力（WGC）约$328\times10^9m^3$。在1998～2000年之间，工作燃气的能力增加了6%。

欧洲的地下气库工业已从国内转向国际，且有第三方（TPA-Third Party Access）参加，这对贮气工业将产生重要的影响，其主要目的是不断降低贮气成本。降低成本的方向是：扩大洞穴（Caverns）规模（以10^6m^3计）、采用水平钻、提高初始压力、进行远程控制和环境监督等。现代的地下气库不仅可以平衡季节用气波动，也可平衡周、日和小时的用气波动，且已发展到考虑战略贮气的阶段[2]。

美国的地下气库已有80年以上安全和可靠的运行历史[13]，国家级的有415个，其中348个利用枯竭油、气田，40个利用含水层（Aquifer field），27个利用盐穴（Salt Caverns）。总工作燃气能力（WGC）为$110\times10^9m^3$，高峰供气能力为$2.2\times10^9m^3/d$，大约一半的贮气能力集中在国家中部和东北部的人口稠密地区和工业区。传统的作为解决气候变化的补充用气仍是建库的主要目的。在夏季的低耗气月份将天然气注入气库，留作冬季高耗气时取出使用，这可使管道设施在全年中有较高的设备利用率。在天然气大规模利用时，必须认真研究地下气库的建设问题。

二、燃气输配系统对地下气库的要求

天然气输配系统中设置地下气库是为了使气源和长输管线的输出能力既满足用户耗气量变化的要求又能获得最佳的经济效益。燃气的贮存有两种类型：一种是燃气输配系统为补偿燃气供应与消费之间的差异而贮存的，这类贮库的运行（燃气的注入和供出）是以一年或较短的时间周期进行的，常称为系统贮存。如果本可利用的燃气作为战略或突发事件的需要而贮存起来，则称为平衡贮存。地下气库出现的初期常作为系统贮存，逐步发展到战略贮存。美国的地下气库至今主要用作系统贮存。以下主要讨论系统贮存问题。

所有的负荷调节方法包括贮气在内有两个重要指标[14]：容积指标和功率指标。容积指标指需要平衡的燃气总量，贮气容积则是利用气源、用户、长输管线调节后的余下部分或全部（仅用贮气调节时）。功率平衡意味着获得燃气和消费燃气同时存在，也即在一个给定的时间内要适当的安排从气源和从贮气库来的燃气以满足用户的需要。燃气输配系统中燃气供应与需求的关系可见图2-24[14]，图中的1，2，3表示燃气输配系统燃气平衡的三种情况，由图也可看出地下气库的作用。

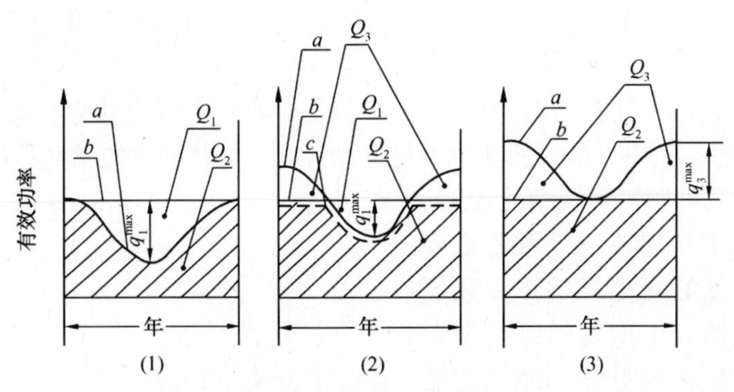

图 2-24　燃气输配系统中燃气供应与需求的关系

图中　a—用户的功率需求曲线；

b—气源的有效功率曲线；

c—功率不足区曲线（燃气供应受限制）（虚线）；

Q_1—功率富裕区的燃气量；

Q_2—供应用户的燃气量（无燃气贮存）；

Q_3—功率不足区的燃气量；

Q_1+Q_2—能够得到的燃气量；

Q_2+Q_3—用户燃气平衡的需求量；

q_1—气源的功率富裕量；

q_3—气源的功率不足量；

q_1^{max}—最大功率富裕量；

q_3^{max}—最大功率不足量。

图 2-24（1）描绘的是一种气源能满足所有用户需求量的状况。

燃气的利用率，即年负荷系数为：

$$L=\frac{Q_2}{Q_2+Q_2}\ll 1 \tag{2-41}$$

图中，无燃气不足的区域，不需贮气库和补充燃气以满足耗气高峰的需要。这种情况的燃气利用率最低。但世界上也曾采用过这种运行图式，如波兰在 1975 年前供应高甲烷含量的天然气和 1985 年前供应含氮量高的天然气时均采用过这种平衡状况。从图 2-24（1）也可看出，有可能将富裕的燃气量贮入地下气库，使其有效容积达到 Q_1，从而提高燃气的利用率，这就是图 2-24（2）的平衡情况，燃气富裕区和燃气不足区的面积相等（$Q_1=Q_3$）且进入贮气库的功率 q_1 之和与从贮气库中供出的功率 q_3 之和相等，则地下气库可发挥最大的作用。

理论上，燃气的利用率为：

$$L=\frac{Q_3+Q_2}{Q_1+Q_2}=1 \tag{2-42}$$

图 2-24（2）说明，如果有燃气贮存，燃气的输送可以遵循曲线“a”的规律进行，把可控制的气源功率由功率富裕期转到功率不足期，燃气的利用率就可以理论上增加到 1。

图 2-24（3）表示，气源的有效功率只等于最小的用户需求功率，没有功率富裕区，无燃气注入贮气库。图中，最大的功率不足值为 q_3^{max}，与其相应的燃气不足量为 Q_3。

图 2-24 中的几种燃气平衡情况说明，在燃气输配系统中利用地下气库的重要性，也指出了气库的规模及工作参数的关系，这对解决燃气平衡的问题有很大的意义。国外的经验表明[14]，燃气的贮存要完全符合图 2-24（2）的情况并不切合实际，在出现介于图（1）～（2）或（2）～（3）之间的情况时必须选择不同的工作参数。

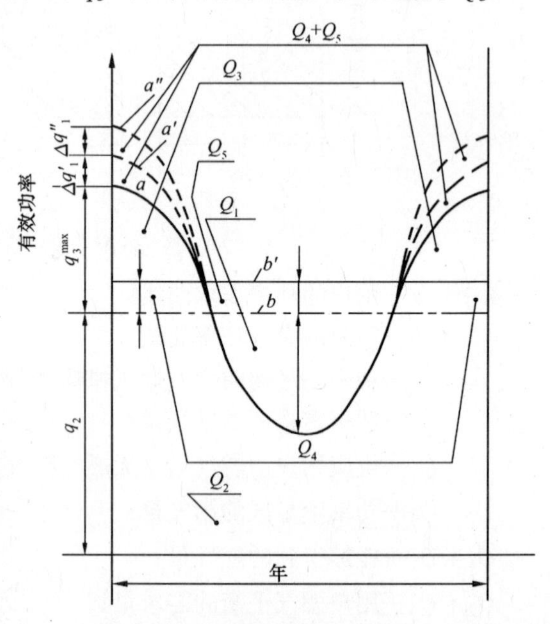

图 2-25　具有后备气源的燃气输配系统的供需关系

对燃气平衡的要求和贮气容积与燃气供需的实际情况密切有关。工程上预测用户的燃气功率消费量和气源的有效功率必须在几年之前进行。预测值和实际值之间的误差是完全可能存在的；发生误差时，供需情况就特别严重。为了避免发生这类情况，储备一定的燃气量是完全必要的。误差的产生在于：

1. 在缺气期，燃气的实际需求功率大于气库所有的有效容积，这往往是因晚春、早冬或例外的严寒所引起。

2. 在缺气的某些时段内，用户对燃气的需求功率大于气源和贮库的供出功率，但缺气期的燃气总需求量小于气库的有效容积，这通常发生在短期的气温下降、输入燃气减少或事故等原因。

国外的经验表明，上述两种情况都要考虑到，由于购气合同的限制，只增加气库的有效容积是不可能获得额外燃气的，因为功率富裕期内燃气的富裕量是有限的，即便增加了气库的有效容积也没有气把它充满。为了改善这种情况，应按图 2-25[14] 所示的方法解决燃气的平衡问题。

图中：

Q_1—基本气源的富裕气量；

Q_2—来自基本气源的气量；

Q_3—功率不足区的缺气量（已减去从后备气源获得的气量）；

Q_4+Q_5—来自后备气源的气量；

Q_4—来自后备气源的气量；

Q_5—后备气源增加的富裕气量；

$Q_1+Q_2+Q_4+Q_5$—可得到的气量；

Q_1+Q_2—来自基本气源的气量；

$Q_2+Q_3+Q_4$—燃气平衡的需求气量；

Δq_1—由两部分组成：功率不足区后备气源的有效功率及功率富裕区后备气源的富裕功率；

q_2—基本气源的有效功率；

q_3^{max}—无后备气源时的最大功率不足值；

$\Delta q'_1 + \Delta q''_1$—后备气源的有效功率（功率储备）；

b—基本气源的有效功率曲线；

b'—基本气源加后备气源的总有效功率曲线；

a—用户功率需求曲线；

a'，a''—功率储备曲线。

由图 2-25 可知，气源由两部分组成：基本气源的有效功率为 q_2，其燃气量为 $Q_1 + Q_2$；后备气源的有效功率为 Δq_1，其燃气量为 $Q_4 + Q_5$。基本气源主要是为满足用户正常燃气平衡之用，若由于有效功率减少，或试井时，平衡能力会暂时下降。后备气源只是在功率不足期间满足燃气消费之用。

比较图 2-24（2）和 2-25 后可知，$Q_1 = Q_3 + Q_4$。对输出量为 $Q_4 + Q_5$，后备气源的有效容积可作如下分析：

1. 在功率不足期 Q_4 被直接利用，后备气源要减少 Q_4 值，其功率为 Δq_1。如果 Q_4 这一后备气源并不需要，气库的有效容积也不必扩大，仍可维持为 Q_3。

2. 在功率富裕期，后备气源的气量可增加 Q_5 值，其功率也是 Δq_1。这种情况下，富裕的气量就有可能注入气库，并可考虑建造有效容积为 $Q_1 + Q_5$ 的气库，不仅可以完全满足 Q_3 的需要，还可建立起有效容积为 $Q_4 + Q_5$ 的储备，也就是在供气不足期，气库的有效容积超过了用户燃气平衡所需的 Q_3 值。

由上可知，供气不足期可获得的补充气总量等于 $Q_3 + 2Q_4 + Q_5$（因为 Q_3 已减去了 Q_4 故为 $2Q_4$）。后备气源的最大有效容积为 $Q_4 + Q_5$。

满足燃气需求的调节方法可由以下公式表示：

日高峰耗气量（功率）：

$$q_{\mathrm{d}}^{\max} = q_{\mathrm{s}}^{\max} + q_{\mathrm{I}}^{\max} + q_{\mathrm{U}}^{\max} \tag{2-43}$$

年度燃气需求量：

$$q_{\mathrm{d}}^{\max} \cdot 365 \cdot L = (q_{\mathrm{s}}^{\max} + q_{\mathrm{I}}^{\max}) \cdot 365 \cdot L \tag{2-44}$$

式中 $q_{\mathrm{d}}^{\max}$——高峰日耗气量（功率）；

$q_{\mathrm{s}}^{\max}$——高峰日最大供气量（功率）；

$q_{\mathrm{I}}^{\max}$——后备气源最大日供气量（功率），即 Δq_1；

$q_{\mathrm{U}}^{\max}$——气库的最大日供气量（功率）；

L——日负荷系数。按本章日负荷系数的概念：日负荷系数 $= \dfrac{\text{年度燃气需求量}}{\text{日高峰耗气量} \times 365}$，因此，年度燃气需求量 $= (q_{\mathrm{s}}^{\max} + q_{\mathrm{I}}^{\max}) \cdot 365 \cdot L$。

若有附加的季节用户日耗气量，则应加到公式（2-43）中去。

后备气源可以是建设相应的制气厂（丙烷-空气混合气、液化天然气以及其他代用天然气厂等）、扩大气库建设容量或建设后备气库等，使气库总的有效储备功率大于燃气输配系统所要求的功率。

在气源不能保证全年供气时，如周期性短期的产量下降，洪水、台风等周期性灾害等原因，也需要建设后备气源或后备气库，涉及到供需双方的合同和许多经济因素。对有两

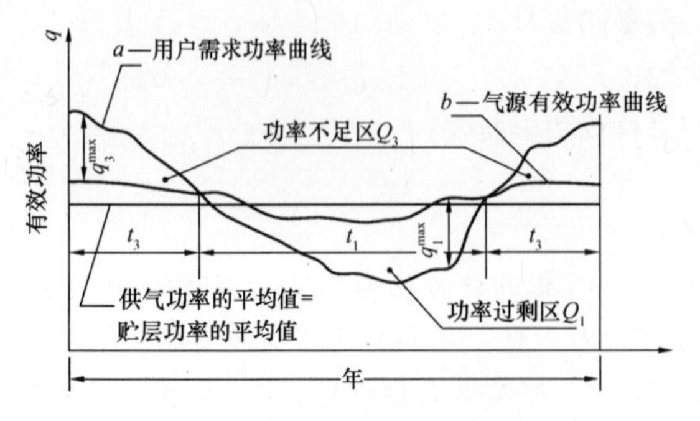

图 2-26　功率过剩区与功率不足区的年度平衡关系

t_3—功率不足期；Q_3—功率不足期内缺气量；q_3^{max}—最大功率不足值；Q_1—功率过剩期内富裕气量；q_1^{max}—最大功率过剩值

条或两条以上输气干线的供气网络，还要考虑来自不同气田的气源工况和气质的匹配。

燃气输配系统对地下气库的要求还可用图 2-26[14]引用能量平衡的概念进行研究。假设功率不足区和功率过程区的面积相等且含义如下：Q_3表示满足输配系统燃气短缺所需的总气量，Q_1 表示能注入贮气库的最大气量（满足用户需要后的剩余气量），则燃气输配系统对地下气库的要求可用以下的关系式表达：

$$Q_3 \ll q_3^{\max} T_Z \tag{2-45}$$

式中　Q_3——贮气库的总有效容积，应等于功率不足期所需燃气的总容积，m^3；

q_3^{max}——从贮库中排出的总有效功率，应等于最大功率不足量，m^3/h；

T_Z——从贮气库排出燃气的时间，h。

假设输配系统中需要有若干个贮气库，且所有的贮气库均在运行，每个贮库都要供出相应的一部分燃气来解决燃气不足的问题，则关系式可写为：

$$Q_3 \ll \sum_{1}^{n} q_{3i}^{\max} T_{Zi} \tag{2-46}$$

式中　q_{3i}^{max}——第 i 个气库排出的最大有效功率，m/h；

T_{Zi}——第 i 个气库排出燃气的时间，h；

n——贮气库的总数。

图 2-27[14]举出一个如何选择有效容积的例子。由图可知，当贮库的有效容积相等，且从地下气库的供出功率越大，则 q/Q 值也越大。假设曲线 a 表示气源的总有效功率，曲线 b 表示用户的需求功率；Q_{31}表示现有贮库的有效容积，q_{31}^{max}表示从贮库排出燃气的最大功率，显然，贮库的贮气量是不够的，燃气的平衡条件可归纳为以下四点：

（1）在 T_{rz}时间内，贮库排放燃气要受到两个方面的限制：

1）在 T_1 时间内排出燃气的有效功率是有限制的。

2）在余下的 $T_{rz}-T_1$ 时间内，用户的功率需求也是有限制的（见 V_1 和 V_2 的关系）。

（2）燃气输配系统功率不足期的总容积（曲线 a 与 b 所包围的面积）比贮气库的有效容积大得多，对于这个贮气库如不适当地增大 q_{31}^{max}而要想利用的排气量比 Q_{31}更大是不可能的。解决的办法只

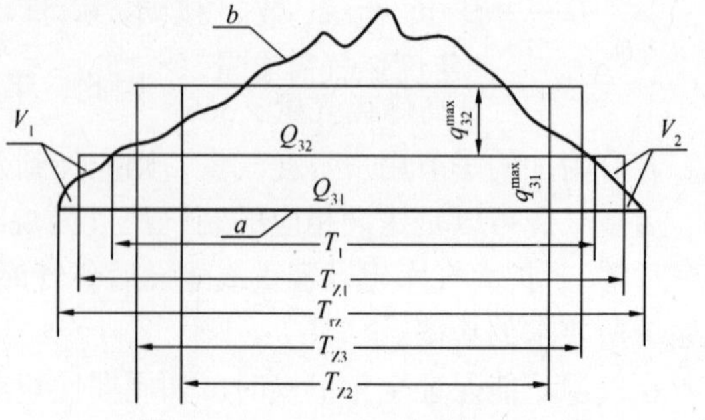

图 2-27　贮库有效容积的选择示例

有再建气库，或者在这个贮库的 $q_{31}^{\max}$之上再增加 $q_{32}^{\max}$值（采用增加排气井数等方法），则燃气输配系统便可利用这个贮库的容积增加到$Q_{31}+Q_{32}$。

(3) 如果采用新建贮库的办法，则这一新贮库的参数要受到地质构造特点和上部地层形状的控制。要想得到上述 Q_{32}的气量，这个贮库的最大排出能力不能小于 $q_{32}^{\max}$，而相应的排出时间不能大于 T_{Z2}。

(4) 从上述分析可知，新建贮库与现有贮库的工作参数是完全不同的。一般粗略的估计，当曲线 a 越往上抬高，$q_{3n}^{\max}/Q_{3n}$的比值也越来越大。当抬高到顶部时，$q^{\max}/Q$ 值也达到最大。类似的规律在功率过剩期向气库注气时也存在。

上述分析说明，气库的设计不能仅考虑有效容积一个因素，还必须考虑到功率因素，要解决“有气注不进”和“有气排不出”的问题。对某些地下气库且不是多建注气井或排气井所能解决的，特别是多孔构造的贮库比盐穴贮库要考虑更多的问题。因此，许多国家在人口密集的地区和工业区常建设若干个贮库，根据不同的贮库地质构造，制定合理的运行程序。至于针对功率不足期和功率过剩期的气量应设置什么类型的贮气库，还必须根据经济分析、燃气输配系统与贮库的运行制度以及安全和自然环境等因素来确定。

三、贮气的工作燃气容积（WGV）计算

根据不同供需平衡要求的负荷图，可以算出不同的贮气工作燃气容积。如根据月-年负荷图，可以算出平衡年用气的地下气库的工作燃气容积；根据小时-周负荷图或小时-日负荷图可算出平衡周或日用气的工作燃气容积。作为计算依据的负荷图应是采用了各种调节方法之后的负荷图。以地下气库的工作燃气的计算为例，就是在采用各种调节方法之后的负荷图中根据功率过剩区算出需要的贮气量 Q_1，或算出输配系统燃气短缺时所需的总气量 Q_3。根据平衡的要求，计算中假设 $Q_1=Q_3$，计算的目标很明确，计算的方法也很多。以下通过不同的示例，说明贮气工作燃气容积的计算原理。

（一）地下气库贮气的工作燃气容积计算

以前苏联某工业协作区的年负荷图作为示例[3]，见图 2-28。图中，工业和电站是最大的用气户，其中：工业炉耗气占 22.1%，生产性锅炉耗气占 29.8%，电站与热电站耗气占 14.6%，共计占 66.5%；耗气最小的为生活与商业用户，占 2.5%，采暖耗气占 31%，是造成年负荷波动的主要因素，因此，必须建设地下气库。图中的用气工况以各月的平均值计。

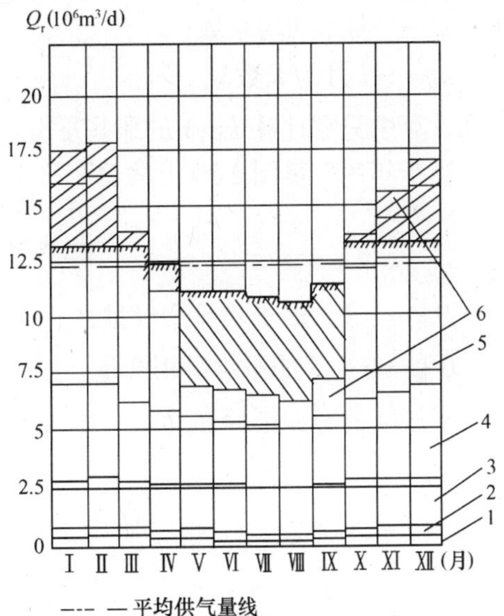

图 2-28　工业协作区的年负荷图

1—生活与商业用气量；2—熔炉的用气量；3—工业炉用气量；4—生产性锅炉用气量；5—采暖锅炉用气量；6—火电站和热电站用气量

如不考虑地下气库的平衡作用，则用不均匀系数表示的负荷图可见图 2-29[4]。图中，各月不均匀系数的计算结果列于表 2-24 中。

由前所述，不均匀系数的概念来自前苏

联，其他国家类似的概念称为无量纲流量（Dimensionless flow），在计算贮气容积时可能用到。

用气量的月不均匀系数　　表 2-24

不均匀系数	月份											
	一	二	三	四	五	六	七	八	九	十	十一	十二
k_i	1.509	1.545	1.185	0.952	0.592	0.575	0.536	0.525	0.618	1.185	1.336	1.495

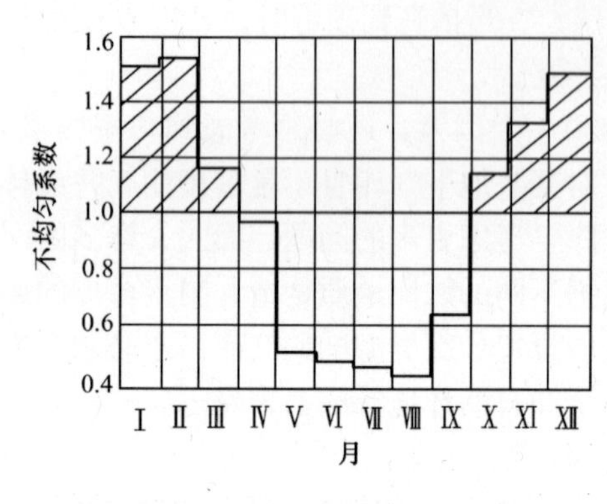

图 2-29　年用气量的不均匀性平衡图

由表可知，月不均匀系数的最大值 $k_m^{max}=1.545$，最小值为 $k_m^{min}=0.525$，相差约 3 倍。北京实施燃气供热后，由于工业等用气量较小，已相差 5~6 倍，且尚在扩大中。

由图 2-29 可知，图上的纵坐标为月不均匀系数值，$k=1$ 对应于年供气量的月平均值，用气波动的容积指标相应于平均供气线以上画有斜线的功率不足区需要补充燃气的面积或等于平均供气线以下功率富裕区的面积。

功率不足区的面积等于：

$$\sum_{k_i>1} k_i n_i - \sum_{k>1} n_i \tag{2-47}$$

式中　k_i——月不均匀系数；

n_i——i 月的天数。

在计算中只需计算 $k>1$ 的那些月份。

相当于年用气量图 2-29 上的总面积为：

$$\sum_{1}^{12} k_i n_i = \sum_{1}^{12} \frac{\overline{Q}_{id}}{\overline{Q}_{yd}} n_i \tag{2-48}$$

式中　$\overline{Q}_{id}$——i 月的平均日用气量；

$\overline{Q}_{yd}$——全年的平均日用气量。

用气波动的容积指标 α_y 可由下式求得：

$$\alpha_y = \frac{\sum_{k>1} k_i n_i - \sum_{k>1} n_i}{\sum_{1}^{12} k_i n_i} 100\% \tag{2-49}$$

计算中如假设各月的天数相同，则计算公式可写为（精确度已够）：

$$\alpha_y = \frac{\sum_{k>1} k_i - N}{12} 100\% \tag{2-50}$$

如按近似公式（2-55）和表 2-24 中的数据计算 α_y 值，可得：

$$\alpha_y = \frac{(1.509+1.545+1.185+1.185+1.336+1.495)-6}{12}\times 100\% = 18.5\%$$

也可按平均供气线以下的面积计算容积指标 α_y 值，即：

$$\alpha_y = \frac{N - \sum_{k<1} k_i}{12} 100\%$$

$$= \frac{6-(0.952+0.592+0.575+0.536+0.525+0.618)}{12}$$

$$= 18.5\%$$

前苏联的经验表明[3,4]，用气波动的容积指标一般为12%~15%，它与采暖负荷占总用气量的比重有关。计算表明，对于包括莫斯科在内的中部地区，当采暖负荷占2%时，$\alpha_y=7.5\%$；采暖负荷占15%时，$\alpha_y=13.8\%$；采暖负荷占50%时，$\alpha_y=25\%$。

值得注意的是图2-28并没有表示出用气波动的功率指标。由于采暖负荷在一个月内不是一个常量（见图2-30），而是随室外温度和各温度区间内日数不同而不同的一个变量，因此，必须作出一年内考虑日用气波动的平衡图。作图的原理可见本章的表2-4和图2-7。由图2-30可知，考虑功率指标后，冬季用气的日波动是增大的。在冬季，要平衡采暖负荷的日高峰值，即解决图2-26中的 q_3^{max} 或 q_1^{max} 也是一个十分复杂的问题，并不是有了贮气量，燃气的供需平衡问题也都解决了。

图2-28和图2-30也表示，地下气库工作燃气的容积应考虑了其他调节方法后才能最终确定（注入地下气库的燃气量或从地下气库排出的燃气量）。实际的供气曲线也并不是平均的供气量线，这与长输管线的输气能力有关。长输管线的输气能力可按下式计算：[4]

$$Q_d = \frac{Q_y}{365 \cdot L_{d,y}} \tag{2-51}$$

式中 Q_d——长输管线的日输气能力，m^3/d 或 $10^6m^3/d$；

Q_y——长输管线的年输气量，m^3/年或 10^6m^3/年；

$L_{d,y}$——长输管线的平均日-年负荷系数。

在俄罗斯[4]，对于向一个城市或大型用户供气而无地下气库的长输管线取 $L_{d,y}=0.85$；对于长输管线的支管取 $L_{d,y}=0.75$。

计算长输管线时取 $L_{d,y}=0.85$，即设计的输气量是其最大可能输气量的85%，留有15%的富裕能力，这一富裕能力可作为调峰使用。

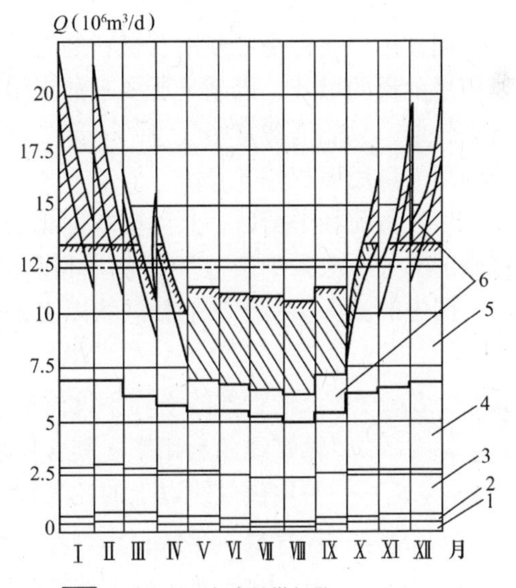

图2-30 考虑采暖日用气波动的年平衡图[3]

实际上，在长输管线投产时，通常要经过数年才能达到设计值，这一阶段的富裕能力更大，用来作为调峰的作用也更大[14]。运行中，在功率不足区，供气量比平均供气量可增大15%；在功率富裕区可比平均供气量减少15%。充分发挥了气源和长输管线的调节作用后，可取得最佳的经济效益，长输管线的支管也不例外。调节的示例可见图2-31[3]。

由图2-31可知，借助地下气库和调节用户来平衡城市或工业区的年用气量负荷图之

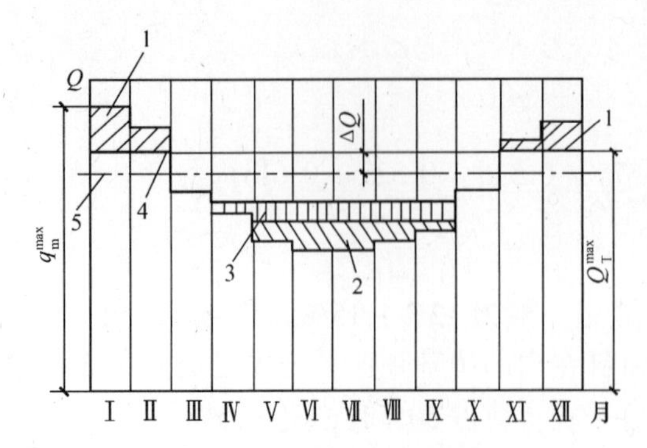

图 2-31　利用地下气库和用户调节后的年负荷平衡图

1—地下气库的排出气量；2—注入地下气库的气量；3—调节用户的用气量；4—长输管线的实际供气曲线；5—利用地下气库和用户调节后的年平均供气线；ΔQ—平均供气线上的最大供气量；q_m^{max}—最大月耗气量；Q_T^{max}—长输管线的输气能力

后，在负荷图上填满的程度（比率）应不小于0.85。如最大供气量是其总面积，则图上未填满的部分应不大于15%。将最大供气量线提高到年用气量平均线以上，提高值等于长输管线输气能力的 $(1-L_{d,y})\%$。在采用了包括长输管线贮气能力在内的一切手段之后，年用气量图就能完全得到调节。

在由地下气库和调节用户平衡用气波动之前，最大的月耗气量为 q_m^{max}。由于冬季从地下气库补充了燃气量，冬季的最大值就削平了，削平后的最大耗气量应等于长输管线的输气能力，因为长输管线是按 Q_T^{max} 计算的。图中，由地下气库补充的燃气量用面积1表示；夏季，富裕的燃气注入地下气库，注入量用面积2表示，且面积1等于面积2。

调节用户通常是可使用双燃料的电站或热电站，且只在夏季使用。有些电站在冬季也要使用少量的燃气，以满足所要求的火焰特性或加热环境。调节用户不能用来消费所有的富裕气量，只能消费富裕气量的一部分。调节用户的用气量也有自身的负荷特性。调节用户的用气量用面积数3表示。

用气负荷经平衡后，其轮廓线即长输管线的供气曲线，在图中以折线4表示。图中未填满的部分不应大于按 Q_T^{max} 计算所得总面积的15%。平衡图中的平均耗气量用线5表示。

图中的 ΔQ 相当于平均耗气线以上长输管线通过能力提高的部分，此值等于：

$$\Delta Q = (1 - L_{d,y}) Q_T^{max} \tag{2-52}$$

式中　$L_{d,y}$——长输管线的平均年负荷系数，也可称为年负荷图的充满系数，它反映了长输管线的利用率。其含义也可用图 2-32 来说明[3]。

$S_1 + S_3$——平均供气线以上的耗气量增加部分；

S_4——耗气量不足区；

$S_2 + S_4$——对 q^{max}线而言的未充满部分。

图 2-32 中的充满系数可写成：

$$L_{d,y} = \frac{Q^{max} \cdot T - (S_2 + S_4)}{Q^{max} \cdot T} \tag{2-53}$$

而 $(1 - L_{d,y}) Q^{max} \cdot T = S_2 + S_4 = S_2 + (S_1 + S_3) = \Delta Q^{max} \cdot T$

因此，式（2-52）可得到证明。

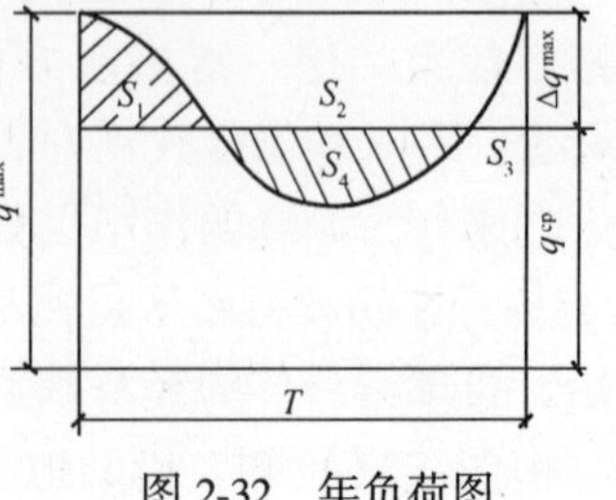

图 2-32　年负荷图

在建立年用气量的调节图时，上述关系式十分有用，因为根据平均耗气线以上最大耗气量的提高线可很快得出 $(1-L_{d,y})\ Q^{max}$值，并由此确定负荷图的充满系数 $L_{d,y}$以及判明长输管线的计算取值是否恰当。如充满系数小于计算值，则应继续寻找可填补图上空白处的方案，使负荷图得到平衡。

图 2-28 和图 2-30 中地下气库的贮气量是在考虑了气源和长输管线的调节能力后的值，因此，平衡后的供气量曲线是一条折线，而不是平均供气量线。意大利地下气库的负荷图可见图 2-33[15]（1991 年 5 月～1992 年 4 月）。

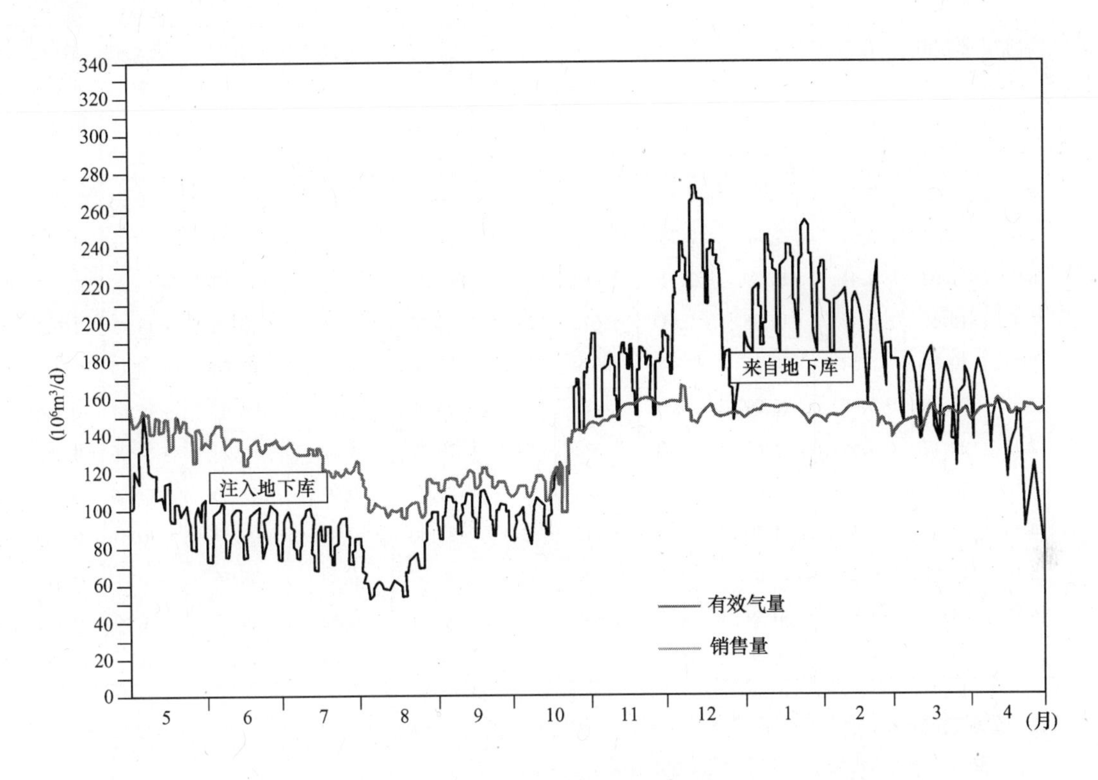

图 2-33 意大利地下气库的负荷图

由图可知，高峰日用气量与低峰日用气量的比值约为 5 倍。为了保证供气的可靠性，还必须考虑高峰负荷的功率指标。

（二）平衡日负荷波动的工作燃气容积计算

日用气量平衡图和年用气量平衡图相类似，其负荷图也可用两个指标表示，即容积指标和功率指标。容积指标即用作贮气的工作燃气容积，也是在一定的供气制度下必需的贮气容积。供气制度是指均匀供气还是可变供气，如气源的供气在一日内可以有一定的变化，则贮气容积可以减小。容积指标或贮气容积可以最高日用气量的百分数表示；但常以年平均日用气量的百分数表示，以年平均日用气量作为比较的参照值，有利于对不同城市做比较分析。功率指标指最大小时或 1/2 小时的排气量。

如仅为计算贮气的容积指标，在所依据的负荷图中，可先不考虑无小时-日波动的用气量部分，但在计算贮气容积占日用量的百分数时，必须以日用量作参照值。无小时-日波动的用气量部分越大，贮气容积所占日用气量的百分数越小。

贮气容积的计算方法很多，可按累计差法计算，也可按计算地下气库工作燃气容积（WGV）时采用的不均匀系数法求得。计算方法可见下例。表中为 1984～1985 年香港的高峰日用气数据，计算中假设小时供气量是均匀的，为日用气量的 1/24，即 4.17%。

平衡日负荷波动的工作燃气容积计算表

（从早6时至第二日的早6时为一天） **表 2-25**

小时	供气量累计值（%）	用气量（%）		多余量或欠缺量（%）	小时不均匀系数（小时平均值为1）	小时	供气量累计值	用气量（%）		多余量或欠缺量	小时不均匀系数（小时平均值为1）
		该小时内	累计值					该小时内	累计值		
1	2	3	4	5	6	1	2	3	4	5	6
6-7	4.17	2.07	2.07	2.10	0.496	18-19	54.17	7.21	63.47	－9.3	1.729
7-8	8.34	3.91	5.98	2.36	0.938	19-20	58.34	7.87	71.34	－13.0	1.887
8-9	12.50	4.41	10.39	2.11	1.060	20-21	62.50	6.99	78.33	－15.83	1.676
9-10	16.67	4.47	14.86	1.81	1.072	21-22	66.67	6.76	85.09	－18.42	1.621
10-11	20.84	5.54	20.40	0.44	1.329	22-23	70.84	5.91	91.00	－20.16	1.417
11-12	25.00	5.89	26.29	－1.29	1.413	23-24	75.00	3.61	94.61	－19.61	0.866
12-13	29.17	5.58	31.87	－2.70	1.338	24-1	79.17	1.62	96.23	－17.06	0.388
13-14	33.34	5.18	37.05	－3.71	1.242	1-2	83.34	0.97	97.20	－13.86	0.233
14-15	37.50	4.65	41.70	－4.20	1.115	2-3	87.50	0.87	98.07	－10.57	0.209
15-16	41.67	4.32	46.02	－4.35	1.036	3-4	91.67	0.49	98.56	－6.89	0.118
16-17	45.84	4.57	50.59	－4.75	1.096	4-5	95.84	0.62	99.18	－3.34	0.149
17-18	50.00	5.67	56.26	－6.26	1.360	5-6	100.00	0.82	100	0	0.197

按累计差法：贮气容积为：

$2.36-(-20.16)=22.52\approx22.5\%$

按不均匀系数法：

不均匀系数小于1.0的共9小时，即贮气共9小时。

$$0.496+0.938+0.866+0.383+0.233+0.209+0.118+0.149+0.197=3.594$$

功率富裕区的面积为：$9-3.594=5.406$，贮气的容积指标：$\alpha_d=\dfrac{5.406}{24}=22.5\%$

也可按功率不足区的面积计算：

$$(1.060+1.072+1.329+1.413+1.338+1.242+1.115+1.036+1.096+1.360+1.729+1.887+1.676+1.621+1.417)-15=20.391-15=5.391$$

贮气的容积指标：$\alpha_d=\dfrac{5.391}{24}=22.5\%$

图2-34为高峰日的小时用气量曲线和所需贮气容积的变化曲线。供气量是均匀的，为水平线（4.17%）。供气量大于用气量期间，如晚23时至早8时，贮气量增加，最大值出现在供气量等于用气量的时刻。在用气量大于供气量期间，如8时至23时，贮气量减少，最小值出现在供气量与用气量相等的时刻。

表2-25中的第5栏中之所以出现负值，是与选择累计值的起始时间有关。如列表时，时间从23时开始，就不会出现负值。从上例的计算结果可知，贮气的工作燃气容积应为高峰日用气量的22.5%。

必须注意的是，在计算示例中假设日供气量是均匀的，但在实际的运行中，在一定的时段内如适当改变供气量曲线和利用储备气源补充供气就可减少贮气的工作燃气容积。图2-35为2003年11月4日实际运行中的香港负荷曲线和供气曲线。贮气量减少后，在3.5MPa压力下贮存于管道中就解决了用气的平衡问题。

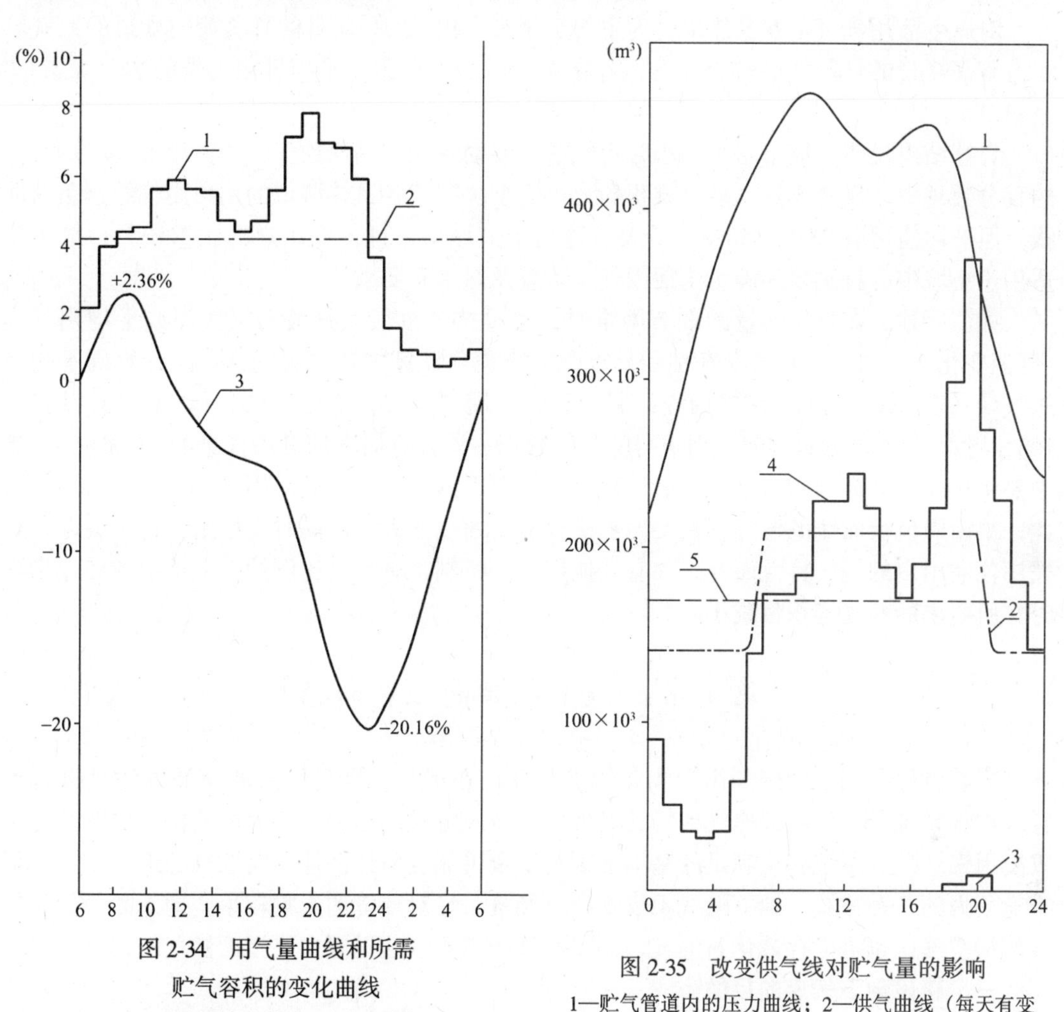

图2-34　用气量曲线和所需贮气容积的变化曲线

1—用气量负荷曲线；2—日平均供气曲线；3—贮气容积变化曲线

图2-35　改变供气线对贮气量的影响

1—贮气管道内的压力曲线；2—供气曲线（每天有变化）；3—补充气源（马头角厂）的供气曲线；4—用气的负荷曲线；5—日平均供气曲线

图中，最高时用气量约占日用气量的8%。

不论是计算地下气库或是为平衡日负荷波动的工作燃气容积，都必须在考虑了其他调节方法之后进行，实际的供气曲线都不是均匀的。各种调节方法的综合考虑，目的是为了取得最佳的经济效益。

贮气问题是燃气供应链中不可缺少的环节，各国在采用多种调节方法上都积累了许多经验。就平衡日负荷波动的工作燃气容积而言，在俄罗斯[7]，常用贮气的工作燃气容积占年平均日用气量的百分数指标表示。若月-年不均匀系数 $k_{m,y}$ 为1.1～1.3；日-月不均匀系数 $k_{d,m}$ 为1.05～1.2，则日-年不均匀系数为：

$k_{d,y}$ =（1.1～1.3）×（1.05～1.2）=1.155～1.56。在上例中，若取 $k_{d,y}=1.5$，则贮

气容量占年平均日用气量的百分数为 22.5% × 1.5 = 33.8%。

在前苏联的文献中[7]，对大城市按 12 月 31 日的日负荷图求得的贮气容积占该高峰日用气量的 15%，若取 $k_{d,y}=1.6$，则占年平均日用气量的 15% × 1.6 = 24%。

对以生活用气（备餐及热水）为主的小城市，按 12 月 31 日的日负荷图求得的贮气容积占该高峰日的日用气量的 25.5%，若取 $k_{d,y}=1.7$，则占年平均日用气量的 25.5% × 1.7 = 43.3%。

计算结果说明，城市越小，小时耗气量的波动越大，因而贮气容积占年平均日用气量的百分数越大，反之亦然。贮气容积的大小完全决定于各具体城市的用户用气综合负荷曲线。但平均值可取 25% ~ 50%。最大值适用于大城市，且工业用户的比重较大；最小值适用于小城市，且主要为满足生活用气（备餐及热水）要求。

如前所述，在日供气量的调节困难时，也可按冬季最大月最大用气周或平均用气周（气温变化不大时）的用气负荷曲线计算贮气容积。计算中若日用气量占该计算周平均日用气量（以 100 计）的数据为[7]：周一：91，周二：92，周三：93，周四：94，周五：108，周六：126，周日：96，则求得的贮气容积占该计算周平均日用气量的 61.2%。一周中要将从周日到周四的富裕气量累计贮存起来用以满足周五和周六用气量增大的需要，因此，平衡周负荷曲线的贮气容积要比平衡日负荷曲线的大，但同时也指出，这一关系仅对民用住宅用户的耗气特性而言，如有其他用户，特别是有较大比例的工业用户和商业用户时，所要求的贮气容积将减小。

第七节　地下气库的工艺特性

当前世界各国，天然气作为能源的重要性正在增长，满足用量波动的方法是进行贮存。贮气系统的建设在天然气市场的发展中起着决定性的作用且成为影响供气成本的一个重要因素。贮气系统必须满足的基本准则是安全可靠性与经济性。而燃气的地下贮存是最有竞争力的一种方式。地下贮气不仅安全、经济，且对环境的影响较小。地下贮气始于贮存压缩空气，也可贮存液化石油气、人工燃气和氦等。这里则主要指天然气的地下贮存。

一、建设地下气库的目的[2]

各国建设地下气库（UGS）有不同的目的，总的来看，有以下几种：

（一）由于居民的采暖负荷季节波动性最大，如意大利[15]，冬、夏耗气量之比为 3:1，在高峰日的时段内，甚至可达 4:1；特别对保证 20 年一遇的严寒供气，则波动更大。采用地下气库是调节采暖用气波动的一个最经济方法。

（二）从技术、经济和运行方面看；不论是进口天然气的管理部门，还是国家输气干线的管理部门，都要求保持等值的供气量，因此，不论进口燃气或国内气源购气的双方的合同条件所能提供的供气灵活性均很小。有地下气库后，燃气既可供用户，也可注入地下气库，从而改善了输气干线的负荷系数。

（三）设置地下气库后，可合理地安排高压气田和低压气田的产气量。燃气可按需分配，并取得最佳的经济效益。

（四）靠近用气市场的地下气库，在输气干线失效时，可提供一定的安全贮气量。

（五）有可能利用非高峰期（如夏季）燃气的优惠价格，将低价燃气贮存起来，在高峰用气时再高价卖出，经济上获得更大的收益。

（六）对进口天然气的国家，地下气库还具有战略意义。随着进口气量的不断增加，地下气库可用来补偿由于技术或经济原因所产生的进口气减量。

一个健全的地下气库必须具备以下功能：

1. 在正常的回供期、冬季严寒时特大的高峰期和高峰日前后的用气周期内，均能保证供气。

2. 在正常的冬季耗气量周期内，能保证提供季节用气的总量。为满足这一要求，气库应尽可能的靠近用气市场、加压站和长输管线。虽然能完全满足这些要求的地下气库很少，但世界上许多地下气库至今仍满意地工作着。

二、要了解地下气库的工艺特性，必须熟知常用的术语。这些术语包括[2]

1. 总供气量（Current Gas），即工作燃气总量。指不包括垫层气在内的注入气库的外来气总量。也即在任一注入和回供周期内，有效的最大可回供气量。

2. 垫层气（Cushion Gas）。指不可回收的（死库容）和经济上可回收的原有气和外来气总量。垫层气是为了能使气库得有一定的压力（表压）。压力可从零表压开始，直到在一定的回供周期内，仍能保持气库最小回供量时的压力。

3. 可利用的或外来垫层气（Cushion gas，capitalized or foreign）。进入气库的外来气作为垫层气使用的量。

4. 原有的垫层气（Cushion gas，native）。垫层气中，在气库中原有的那部分气量。

5. 日回供量或排出量（Deliverability）。指一定的气库和井口压力下，气库中燃气的回供或排出总量，常用 $10^4m^3/24h$ 表示，为一功率指标。

6. 外来气（Foreign gas）。注入气库的燃气量，使气库能保持一定的表压力。此表压力必须高于气库开始工作时的表压值。

7. 气库构造（或贮气区）（Formation，storage or storage zone）。气库所在位置地层的地质名称。

8. 注入能力（Injectability）。向地下气库的注气能力。指一定气库和井口压力下，已知总库容的日注入燃气量，常用 $10^4m^3/24h$ 表示，为一功率指标。

9. 总注入量（Input total），即总入力，指一定的时间周期内，注入气库的外来燃气总量，为一容积指标。

10. 气库中的最大燃气量（Maximum gas in storage）。指气库中燃气的最大气量余额。用总入力和总出力的比值表示。

11. 原有燃气量（Native gas）。气库中原有的燃气量，包括不可回收的燃气总量和经济上可回收的燃气量。可回收的燃气量指气库内的压力从零表压开始，到气库开始工作时表压值的这部分气量。

12. 总排出量（Output，total），即总出力。指在一定的时间周期内，可从气库中回供的燃气总量。为一容积指标。

13. 气库的最终压力（Pressure，ultimate reservior）。气库终止贮气时，库内的最大表压力（井口及井底）。

14. 贮气库（Reservior，storage）。指贮气构造或贮气区。该构造有一定的孔隙率，并能有效地保持气库内的最终压力。

15. 气库的总贮气能力（Ultimate reservior capacity），即库容。指气库中燃气的总体积量，相应的压力为零表压至气库内的最终压力，包括全部原有燃气，可回收的和不可回收的垫层气和总供气量。

16. 气库井（Well，gas storage）。自地表面延至气库内部的钻井。用来注入或排出燃气，测压，或气库建设时抽取或注入液体。

三、对地下气库的工艺要求[2]

地下气库有四种类型，即枯竭的油、气、田、含水层、盐穴和废矿井。有的国家，如意大利[15]，将利用枯竭气田或半枯竭气田进行贮气看作是常规的方法（Conventional），而利用枯竭的油田或含水层等，则看作是半常规性的（Semi-conventional）。世界上多数气库是常规性的；非常规性的约占 1/4。20 世纪 70 年代以来，欧洲贮库的发展达到了惊人的速度。世界天然气地下贮库的最大有效贮气能力（10^9m^3）的增长情况可见表2-26[16]。

世界天然气地下贮库的最大有效贮气能力（10^9m^3）　　表 2-26

地　区	1970	1980	1989	1992	贮库数量
北　美	80.0	122.0	124.0	124.0	427
西　欧	3.6	12.9	29.2	35.4	61
东　欧	6.2	28.1	83.9	94.1	61

总贮量可满足当时世界 40 ~ 45 日的用量。

一个地下气库必须有能力排出日燃气需求量（功率指标）和整个冬季的燃气需求量（容积指标），且无须过多地动用垫层气。所谓“过多”地动用，是出于考虑整个系统的经济性。实际上，垫层气用来直接满足高峰负荷或季节负荷的只是其中很小的数量，但对贮气量的周转却十分重要。当由于某种原因，气库将停止运行时，垫层气才能回收。

枯竭气田或含水层的地下气库有很高的有效贮气量，但生产效率相对较低（回供率较低），这种贮气方式最适于季节性负荷的平衡或作战略贮气使用；而利用盐穴或开凿的坑道贮气，虽有效容积相对较小，但回供能力高，甚至可以满足小时-日调峰的需要。

贮气库的主要工艺要求包括：[2]

1. 气库应具有不渗透的石质顶盖，以防漏气和压力损失。

2. 贮气的石质结构应具有很好的孔隙率和渗透性。

3. 贮库构造的深度应能承受所要求的安全压力。

4. 贮库中或是无水，或是甚易控制水的状态。

5. 宁可采用厚实的直立式贮库构造，而不采用薄的水平式构造。

6. 无油的构造或枯竭的油田也可作为贮库使用，最好是不含影响运行的其他液体。但有些情况下，气库构造中含有少量的水分反而有利于气库的运行。水不仅有利于气库的密封，还可使排气缓慢进行，起到一个活塞的作用，使压力保持在一定的范围之内。

从气库的有效运行角度看，许多枯竭气田的容积太大，为提高气库的压力以达到满意的程度，就需要过多的外来气以增加垫层气量。但加大注入压力会使燃气进入孔隙率较小的构造层，回供时速度相对较慢。在有些枯竭气田贮库中，压力的升高已比初始值高很多，往往忽略了燃气的转移和损失。而另一些气田，构造的初始压力又往往高于按深度所得的静压值，因而在确定气库压力时要用一个系数来修正。在枯竭油田的气库带水运行时，压力常高于同一深度的常规气库。

如贮库有致密的岩石结构，这种岩石结构在深度每进尺 0.3m 时，压力可升高 6.895kPa，已超过静压值的 2 倍，岩石结构也不会破坏。这种岩石构造的气库可提高回供气量。

贮库的最大压力无法用公式计算，在确定计算原则之前，要附加做一些研究工作，且每一气田有自己的模式。

四、地下气库气田的选定[2]

已选定的枯竭气田能否适合作气库使用时，必须考虑以下因素：

1. 总的地质特点，包括作为贮库的范围、构造的厚度和地质结构。

2. 弄清气、油、水之间的关系及其接触的位置。

3. 根据上述研究结果确定气库的范围和周边，它涉及地表土地的所有权和全部运行钻井的确切位置。

4. 根据气田过去的产量和压力数据，初步估算气库中的燃气量。

5. 根据过去的产气量记录，近似地算出回供率。

上述问题解决后，还需通过法律程序，以确认将气田转换为气库使用。因为最初的土地使用面积是为了生产油、气，而不是为了贮气，因此，将气田转为气库使用时，还必须签订新的合同。

五、枯竭气田作气库使用的前期工作及处理。[2]

在上述初步研究中，只能说明将气田作为气库使用是合适的，随后，应对气库进行详细的工程地质测量，对所有的地质构造图进行再校核，以形成最新的资料。如果可能，还要作出构造层的厚度或等厚度，并确定贮库的总厚度和贮库岩石中心供气部分的位置。透气率的相对功效（Relative merits）、地区的贮气能力（Local capacity）和井的工况等也可根据上述研究工作由不同的方法得出。

在气库的处理中，首先要确认气库已不存在任何会导致漏气的物理性缺陷。其次，对工作的气井，通常应将原有管子拔出，加设套管，清理井管的贯通能力。用射击、加酸或水力挫伤构造的办法提高回供率。最后再安装新管和套管，用水泥封住，使井口能承受设计压力。对已废弃的气井，可清理后或是作为注气井使用，或是再次封堵，以防漏气。

确知气库构造中多孔部分的有效位置也十分重要。在老气田常采用 γ 射线法，也可采用温度测量的方法。

1. 压力和流量的关系。对一个密闭的气库，通常易于得出气库在运行过程中注入气量和库内压力之间的关系，但这一关系不能常保持常值，它受有多种因素的影响，如：渗透率、孔隙率、原始水（Connate water）和构造层厚度等。此外，和计量方法也有关，如在每一井上通常装有压力表而不是装燃气表，压力的测量是取平均值，从而得出总容积。

2. 库内气量和回供率的关系。若已知气库中的燃气量，则回供率随井的大小、数量和注入压力而变化。当气田的井、管线、站和其他设备安装完毕后，就有可能得出气田在不同贮量时的日回供率。这一关系有多种表示方法，最简单的方法是用回供率与贮气量的关系图表示。图 2-36[2]为一回供率与气库贮气量关系的示例。图 2-36 说明，对渗透率较小的气库，也能保证正常的运行条件，例如，若气井一直连续高压管线供应，一旦需要向低压管线供气，图中的曲线位置仍能适用于新的运行条件。如果正常连续使用中的气田，要

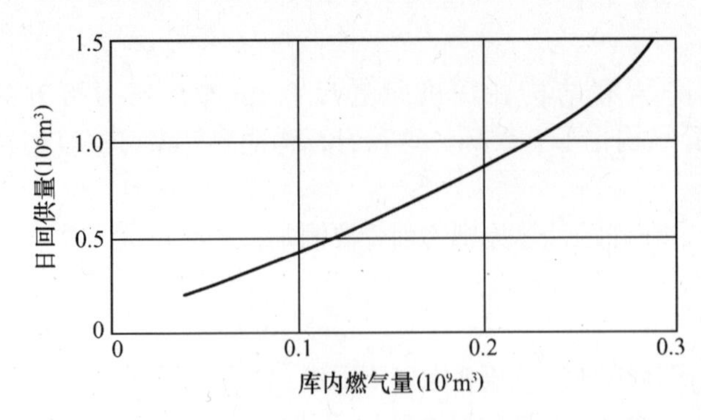

图 2-36 回供率与气库贮量关系示例

改变成仅在高峰条件下使用，或由于某种原因，在已知气库贮量条件下，需要提高回供量，则也可应用图中的曲线。但是，在确定已知气库贮气量条件下回供率的准确值时，必须确知具体的运行条件。

3. 通过库区的库内燃气量[2]（Flow of storage gas thru-the storage area）。从气库的注入井流至气库区边缘井或休眠井（Dormant）的流量，可由不同方法确定，如：

（1）注气前和注气过程中记录井口压力的变化。

（2）在注入燃气中加入氦气或其他示踪物质，然后在边缘井中，测定这些示踪物质的量。

（3）如注入气体与库内原有燃气的性质不同，则在注入气体的一定时间段内，可对边缘井的气体进行分析，测定其热值和密度。

根据美国燃气公司采用最后一种方法 9 年的实践经验，在 400 个井中测得的数据表明，增加库内的压力并不表示气体有移动，不增加压力，库内的气体倒是有移动。通常，当注气压力达 100 巴（1400psia）时，库内气体的流动范围不超过 1.6km，极个别的情况也有到 2.5km 的。

第三章　燃气流量的计算

第一节　流体的运动原理

带压的燃气流经内径相同的管道时，其压力在流动方向上将逐渐降落。压力的减小或压降决定于：1. 流量；2. 管径和管内壁的粗糙度；3. 燃气的温度、平均压力和物理性质。压降的计算通常用来确定埋设的管道能否将燃气送向用户，或在高峰耗气时段内能否保证用户得到所需的燃气压力。

管道设计的第一步是运用第二章中所提出的方法，计算系统必须满足所要求的设计负荷值及其分配位置。第二步就是进行流量的计算。对新系统是确定在高峰耗气时段内所选用的管径能否保持所需的压力；对已有系统，则是确定其保持正常压力的能力。

流量的计算是根据流量方程式，即一种压降与流量变数之间的代数关系式。自从燃气作商业性的输送和分配后，在燃气工业中就有了许多不同的流量计算公式。多数流量计算的通式都是根据伯努里（Bernoulli）能量平衡的原理推导得出，它包含一个通过流体运动实验求得的摩擦能量损失项，因而在不同的流体运动范围内出现了不同的实用流量计算方程式。不同的实用流量计算公式由于实验结果的不同而适用于流量条件的不同范围、不同的管内表面粗糙度和有不同的精度，因而这些计算公式不能得出相同的结果，多数公式只适用于流量的一个有限范围和管的内表面条件。

近三十年来出版的流体力学参考书中均有流动状态的介绍，在此作一简单的回顾。

一、摩擦力效应

流体通过导管时，流量因管壁摩擦力和流体质点之间的内摩擦力而受阻。由于管壁摩擦力的作用，在流体运动的方向上，管壁的平均流速为零，随着离管壁的距离而增大，在管中心达到最大值，如图 3-1 所示。

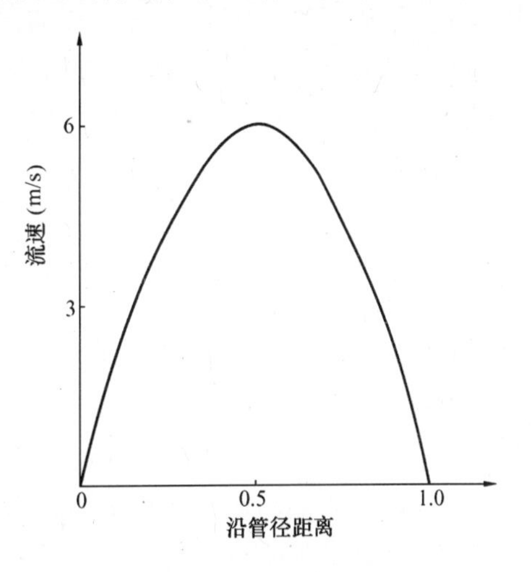

图 3-1　通过管道的流体作层流运动时的流速断面

气体特性之一的黏度（Viscosity）决定其阻力的大小和流速断面的形状。室温和配气系统压力状态下气体的黏度比一般的流体要小得多。例如，室温下水的黏度约为同温度和压力小于 689kPa（100psia）时天然气的 100 倍。

在城市配气系统的压力范围内（0～689kPa）气体的黏度与压力无关，因此，对多数配气系统的流量计算是有效的。

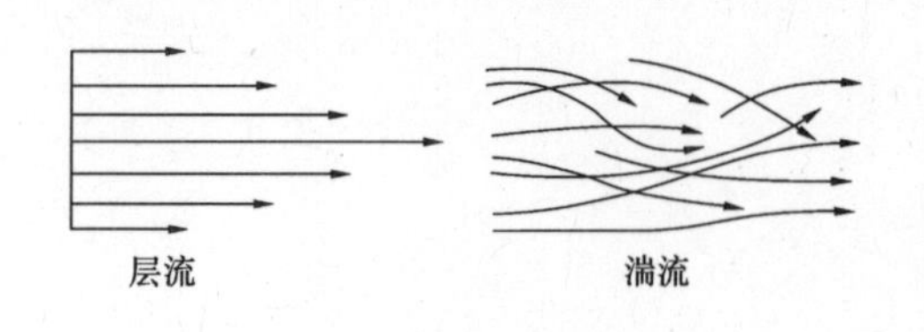

图 3-2　层流与湍流

二、流态的类型

雷诺（Osborne Reynoeds）首先研究了管内流动的各种流态。他将颜料吸入管内的流动水中，以观察颜料从吸入点到下游的状态。雷诺发现，在较低的速度下，流体质点的运动方向平行于管轴，这一状态定义为层流（Laminar flow）。在较大的速度下，流体质点的运动途径变得紊乱，且以涡流形态横穿过流动断面，这一流态称为湍流或紊流。配气管道在高峰耗气的时段内常发生这种流态。两种流态可见图 3-2。

上述实验结果发表于 1883 年，建立了流态判别的雷诺数。在管内流动的条件下，雷诺数为：

$$Re = \frac{DU\rho}{\mu} \tag{3-1}$$

式中　Re——雷诺数；

D——管内径，m；

U——流体的平均流速，m/s；

ρ——流体密度，kg/m^3；

μ——流体的动力黏度，kg/（m·s）。

雷诺数为一无量纲值。

当 $Re < 2000$，流体通过圆柱形管道的流态通常为层流；当 $Re > 2000$，流态变得不稳定。在 Re 从 2000～13000，通常在接近 13000 时，流态成为湍流。但是，如果小心的消除流体中的干扰，防止振动，则层流区的 Re 数可达 26000[1]。也有的研究表明，在特殊的条件下，如管道的入口为纯圆形，且系统安全不受振动的影响，层流区的 Re 数可达 50000（Schlichting，1968）。[17]

1900～1930 年，普朗特（Prandtl）及其合作者研究了湍流状态，开发了通用理论，至今一直用来解决湍流运动的问题。根据这一理论，从层流向湍流的过渡不是突变的或全部的，在管壁处保留一个层流层，在管中间才是湍流运动，这种流态称之谓部分湍流（Partially turbulent），如图 3-3 所示。

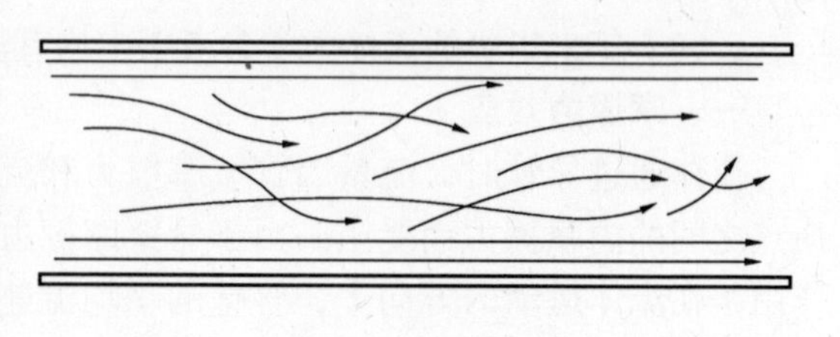

图 3-3　部分湍流

随着流速和 Re 数的增加，层流层越来越薄，而湍流中心则越来越厚。如管壁比较粗糙，如商品管材，层流层的厚薄相当于管壁的突出部分，如图 3-4 所示。达到这一点，湍流发展很快，这一流态称为全湍流（Fully turbulent）。

上述假设不能确切地代表实际的流态，但不论在实验室或现场进行的众多实验，均已证明湍流存在两种明显的类型，实验数据也与普朗特导出的流量关系相接近。[1,45,178]

三、摩擦能量损失的计算

当气体在稳定的层流状态下流往管道时，其流速在管子断面上的分布不是常数，而是

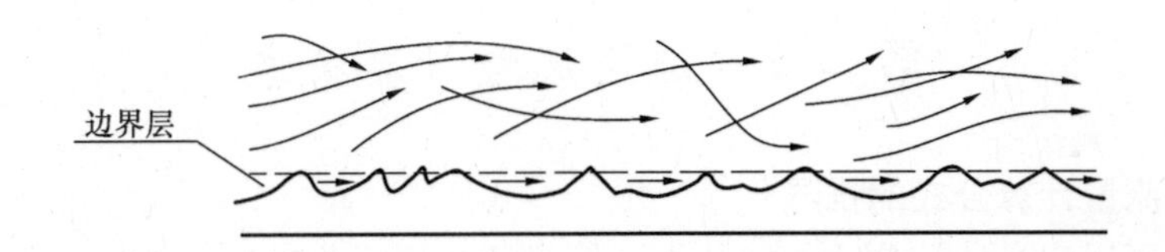

图 3-4 全湍流

如图 3-1 所示的经典抛物线速度分布图。流体速度自管壁至管中心逐渐的变化是由于流动气体相邻层之间的摩擦力引起的。

当气流通过管道时，管壁及流体层之间摩擦力的综合效应表现在压力能首先转换为动能，其次转换为热能，热能由气流通过管壁损失于周围的土壤中。流体摩擦力的大小决定于流体的黏度。

流量公式表示流量变数的压降与摩擦能量损失有关的气体和管道特性之间的关系。由早期流量试验所得的直觉逻辑概念说明，稳定状态下这一能量损失正比于流动流体的动能和管子的湿周面积（Wetted perimeter surface area），反比于管子的断面积。数学表达式为：

$$F \propto \frac{U^2 A_w}{2g_c A} \tag{3-2}$$

式中 F——流体单位质量的摩擦能量损失；

$\frac{U^2}{2g_c}$——流体的平均动能；

A_w——管子的湿周面积；

A——管子的断面积。

对圆柱形的管子，如管道，则：

$$A_w = \pi DL, A = \frac{\pi D^2}{4}$$

可得：

$$F\alpha = \frac{2LU^2}{g_c D} \tag{3-3}$$

将比例式改写成等式，比例常数即摩擦系数 f，则：

$$F = \frac{2fLU^2}{g_c D} \tag{3-4}$$

式中 f——范宁（Fanning）摩擦系数。

应用广泛的摩擦系数有两种，即范宁摩擦系数和达西-威斯巴赫摩擦系数（Darcy-Weisbach friction factor）。我国规定[18]，摩擦系数用符号 μ 或 f 表示，多数国家用 f 表示范宁摩擦系数，f_D 表示达西-威斯巴赫摩擦系数，我国燃气书刊中因沿用 λ 表示达西-威斯巴赫摩擦系数，则 $\lambda = 4f$[43]，必须加以注意。摩擦系数是一项工程系数，其值应根据流态调整后才能使计算公式有效。摩擦系数不是常数，应根据实验室或现场的实验数据通过相关分析后获得。

第二节　通用流量计算公式

一、通用流量计算公式的推导

管道计算所用流量计算公式的推导中，假设质量流量为常数。严格地讲，在燃气输配系统中这一假设并不合理，负荷和流量是连续不断变化的；但是，由于管径计算是仅对最大流量或设计负荷而言，在典型的配气系统中，这一负荷有明显的有效期（Sufficient durafion），因此，在假设的基础上所得的流量计算结果与实际的工况有很好的一致性。

有了稳定流量的假设后，就可建立简单的微分方程式，以表示各种流量变数之间的关系。为使这一微分方程式能简单求解，再作以下的假定：(1) 燃气的温度为常数；(2) 管道入口及出口处动能的变化忽略不计；(3) 管道无高程变化；(4) 燃气不经过压缩机或膨胀机；(5) 与理想气体的偏离情况在管长范围内不变。除高程项外，其他各项假设均适用于配气系统的流量计算，高程差的校正在以后的章节中将有专门介绍。

通用流量计算公式的推导以热力学第一定律为基础：

$$\Delta E = q - W \tag{3-5}$$

式中　ΔE——物体内能的变化；

q——物体从环境吸收的热量；

W——物体对环境所作的功。

在物理概念中，物体的内能可看作是分子转移、旋转、振动所具备的能量，它使分子处于具备能量的状态中。在上式中，物体从环境所吸收的热量取正号，向环境散失的热量取负号。同样，物体对环境所作的功取正号（如活塞对气体所作的膨胀功），环境对物体所作的功取负号（如活塞对气体所作的压缩功）。

除内能外，物体在空间转移而具有动能，动能的大小可写成：

$$K \cdot E = \frac{mU^2}{2g_c} \tag{3-6}$$

式中　$K \cdot E$——物体的动能，kgf·m；

m——物体的质量，kg；

U——物体的速度，m/s；

g_c——单位转换系数（Units Conversion factor），9.81kg·m（kgf·s^2）。

物体的质量根据其在力场（force field）中的位置，也具有位能。在地球的引力场（Earth's gravitational field）中，当一个物体离开地球表面升高时，它就获得位能，位能的大小为：

$$P \cdot E = \frac{mgh}{g_c} \tag{3-7}$$

式中　$P \cdot E$——物体的位能，kgf·m；

g——重力加速度，m/s^2；

h——离地球表面或某一参照线的高度，m。

气体在管内流动的常见情况见图 3-5。管内流体的元体气体分析图见图 3-6。

如图 3-6 所示，管子的微段包含两个无限小的流体薄盘（Thin disks of fluid），两个这

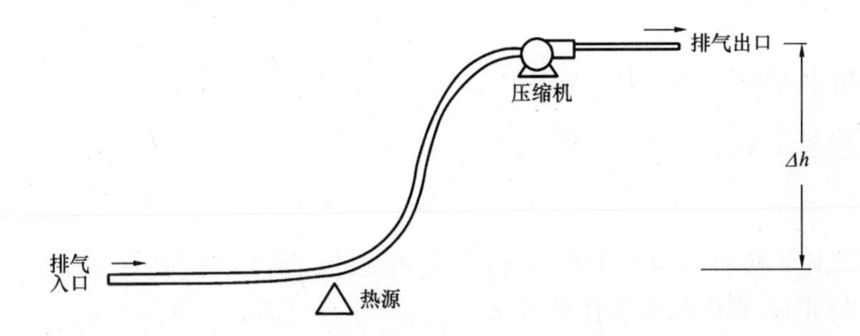

图 3-5 燃气管道的综合管段状况

样的流体薄盘完全充满着管道的断面，质量为 m (kg)。如上游元体的气体压力为 P，体积为 V，则下游元体的气体压力和体积为 $P+\mathrm{d}P$ 和 $V+\mathrm{d}V$。元体气体中心的间距为 $\mathrm{d}L$，高程差为 $\mathrm{d}h$。如图中实线部分的元体气体移动到图中的虚线位置，则可写出以下的能量平衡方程式[1]：

$$\underset{m\mathrm{d}E}{\underline{\text{内能的变化}}} + \underset{m\frac{\mathrm{d}U^2}{\alpha g_c}}{\underline{\text{动能的变化}}} + \underset{\frac{mg\mathrm{d}h}{g_e}}{\underline{\text{位能的变化}}} = mq - mW$$

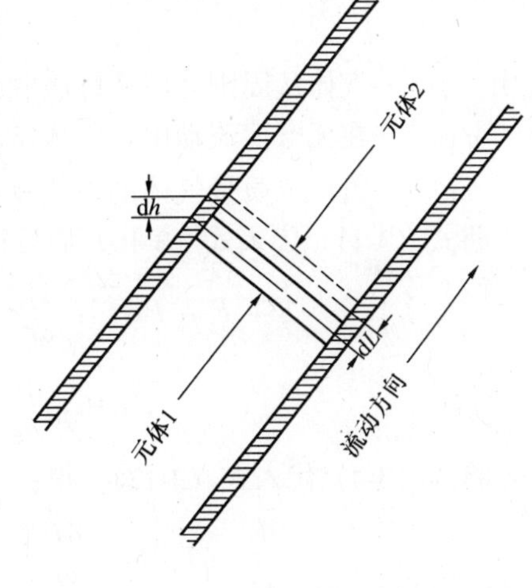

图 3-6 管段中两个流体薄盘元件

式中 $\mathrm{d}E$——每公斤气体的内能变化，kgf·m；

q——每公斤气体所吸收的热量，kgf·m/kg；

W——每公斤气体所作的功，kgf·m/kg；

U——气体通过断面的平均流速，m/s；

α——按速度在管断面分配关系积分而求得的动能与按管断面平均流速求得的平均动能之间的校正系数。对层流运动 $\alpha=1$，湍流运动 $\alpha=2$。

将方程式两边除以 m，可得：

$$\mathrm{d}E + \frac{\mathrm{d}U^2}{\alpha g_e} + \frac{g\mathrm{d}h}{g_c} = q - W \tag{3-8}$$

作功项由三部分组成：(1) 元体气体 1 的前方气体对元体 1 所作的功；(2) 元体气体 1 对后方气体所作的功；(3) 气体压缩或膨胀所作的功，即轴上功（Shaft work）W_s。

前两项可写成：

在元体 1 中气体所作的功 = $(P+\mathrm{d}P)(\overline{V}+\mathrm{d}\overline{V})$

在元体 1 中对气体所作的功 = $P\overline{V}$

$$\text{净功} = \text{气体所作的功} - \text{对气体所作的功}$$

$$= \overline{V}\,\mathrm{d}P + P\mathrm{d}\overline{V} + \mathrm{d}P\cdot\mathrm{d}\overline{V}$$

式中　$\overline{V}$——比容，$\frac{m^3}{kg}$。

因 dP 和 $d\overline{V}$ 的量很小，因此 $dP \cdot d\overline{V} \approx 0$

于是，净功 = $\overline{V}dP + Pd\overline{V}$，代入式（3-8）后可得：

$$dE + \frac{dU^2}{\alpha g_c} + \frac{g dh}{g_c} = q - \overline{V}dP - Pd\overline{V} - W_s \tag{3-9}$$

如元体气体 1 移动至元体气体 2 的位置是可逆的、或无摩擦力的（即无位能或动能转换成内能或热能），则内能的变化可写成：

$$dE = q_{rev} - Pd\overline{V} \tag{3-10}$$

在实际的过程中，有摩擦力的存在，自周围环境所吸收的热量使内能发生变化，变化量由压力、位能和动能转换为内能所引起，这一状态可用数学式表示为：

$$q = q_{rev} - F \tag{3-11}$$

式中　q——气体从周围环境实际吸收的热量；

q_{rev}——在无摩擦流动中，气体从环境所吸收的热量；

F——每单位质量气体的位能及动能转变为分子能的量。

将式（3-11）代入式（3-10）后可得：

$$q + F - Pd\overline{V} + \frac{dU^2}{\alpha g_c} + \frac{g dh}{g_c} = q - \overline{V}dP - Pd\overline{V} - W_s$$

或

$$\overline{V}dP + \frac{dU^2}{\alpha g_c} + \frac{g}{g_c}dh + F + W_s = 0 \tag{3-12}$$

将式（3-4）代入式（3-12），得：

$$\overline{V}dP + \frac{dU^2}{\alpha g_c} + \frac{g}{g_c}dh + \frac{2fU^2 dL}{g_c D} + W_s = 0 \tag{3-13}$$

如假设：

1. 对气体无轴功（管道中无压缩机或膨胀机）。
2. 在整个管长范围内，气体的动能变化忽略不计。
3. 管道是水平的。

则式（3-13）可写成：

$$\overline{V}dP + \frac{2fU^2}{g_c D}dL = 0$$

由于：

$$\overline{V} = \frac{1}{\rho}$$

则：

$$\frac{d\rho}{\rho} + \frac{2fU^2}{g_c D}dL = 0 \tag{3-14}$$

上式中，因功的单位为$\frac{m \cdot kgf}{kg}$，因此，相应的单位为：$\overline{V}$，m^3/kg；U，m/s；ρ，kgf/m^3；g_c，$\frac{m \cdot kg}{kgf \cdot s^2}$；$L$，m；$D$，m。

由定义，知

$$U = \frac{Q}{A} \tag{3-15}$$

式中　Q——流动条件下的体积流量，m^3/s；

A——管道的截面积，m^2。

根据稳定流动的连续性方程，知：

$$QA\rho = Q_0 A\rho_0$$

$$Q = Q_0 \frac{\rho_0}{\rho} \tag{3-16}$$

式中　Q_0——标准状态 T_0 和 P_0 下的体积流量，m^3/s；

ρ_0——标准状态下气体的密度，kg/m^3；

ρ——流动状态下气体的密度，kg/m^3。

用压缩系数表示实际气体定律：

$$P\overline{V} = ZnRT = Z\left(\frac{1}{M}\right)RT$$

$$\frac{1}{\overline{V}} = \rho = \frac{MP}{ZRT} \tag{3-17}$$

因 $Z_0 = 1$，$\rho_0 = \dfrac{MP_0}{RT_0}$

式中　n——1kg 气体中的 kg·mol 数；

M——气体的分子量，kg/（kg·mol）；

R——理想气体常数，848 $\dfrac{(\text{m}\cdot\text{kgf})}{(\text{kg}\cdot\text{mol}\cdot\text{K})}$；

T——气体温度，K；

Z——压缩系数；

P_0——标准大气压，kgf/m^2；

T_0——标准温度，K。

因此：

$$\frac{\rho_0}{\rho} = \left(\frac{MP_0}{RT_0}\right)\left(\frac{ZRT}{MP}\right) = \frac{ZP_0 T}{T_0 P} \tag{3-18}$$

将式（3-18）代入式（3-16），得：

$$Q = \left(\frac{Q_0}{T_0}\right)\frac{ZP_0 T}{P} \tag{3-19}$$

将式（3-19）代入式（3-15）后可得 U，然后将 U 和式（3-17）中的 ρ 代入式（3-14），得：

$$ZRT\frac{\mathrm{d}P}{MP} + \frac{3f}{g_c DA^2}\left(\frac{Q_0 ZP_0 T}{T_0 P}\right)^2 \mathrm{d}L = 0 \tag{3-20}$$

由于 $A = \dfrac{\pi D^2}{4}$，因此：

$$ZRT\left(\frac{\delta P}{MP}\right) + \frac{2f(16)}{g_c D\pi^2 D^4}\left(\frac{Q_0 ZP_0 T}{T_0 P}\right)^2 \mathrm{d}L = 0 \tag{3-21}$$

将上式乘以$\dfrac{MP^2}{ZRT}$，得：

$$p\mathrm{d}P + \frac{32MfTZ}{Rg_c\pi^2 D^5}\left(\frac{Q_0 P_0}{T_0}\right)^2 \mathrm{d}L = 0 \tag{3-22}$$

假设流动燃气的温度和压缩系数在整个管长范围内为常数。按压力由 P_1 至 P_2，管长由 O 至 L 积分后可得：

$$\frac{(P_1^2 - P_2^2)}{2} + \frac{32MfT_fZ_{av}}{Rg_c\pi^2D^5}\left(\frac{Q_0P_0}{T_0}\right)^2L = 0$$

式中 P_1——管道入口的燃气压力，kgf/m²；

P_2——管道出口的燃气压力，kgf/m²；

L——管道总长，m；

T_f——整个管长范围内燃气的平均温度，K；

Z_{av}——整个管长范围内燃气的平均压缩系数，无量纲。

上式用 Q_0 表达时为：

$$Q_0 = \sqrt{\frac{g_c\pi^2R}{64}}\frac{T_0}{P_0}\sqrt{\frac{(P_1^2 - P_2^2)D^5}{MfLT_fZ_{av}}} \tag{3-23}$$

通常以相对密度表示气体的分子量，它是在同温度和同压力下，燃气密度与空气密度之比。

由式 3-17 知：

$$\rho_g = \frac{M_gP}{Z_gRT}, \quad \rho_a = \frac{M_aP}{Z_aRT}$$

角码 g 表示燃气，a 表示空气。于是：

$$\frac{\rho_g}{\rho_a} = \left(\frac{\mu_gP}{Z_gRT}\right)\left(\frac{Z_aRT}{M_aP}\right) = \left(\frac{M_g}{M_a}\right)\left(\frac{Z_a}{Z_g}\right)$$

在燃气管道范围内：$Z_a/Z_g \approx 1$，于是：

$$\frac{\rho_g}{\rho_a} = S = \frac{M_g}{29}; M_g = 29S \tag{3-24}$$

式中 S——燃气的相对密度。

将式（3-24）代入式（3-23），得：

$$Q_0 = \sqrt{\frac{g_c\pi^2R}{64 \times 29}}\frac{T_0}{P_0}\sqrt{\frac{(P_1^2 - P_2^2)D^5}{SfLT_fZ_{av}}} \tag{3-25}$$

式中，$\sqrt{\frac{g_c\pi^2R}{64 \times 29}} = 3.14\sqrt{\frac{9.81 \times 848}{64 \times 29}} = 6.65$

若单位取：Q_0：m³/h；P_0：kgf/cm²；P_1、P_2：kgf/cm²；D，cm。则：

$$Q_0 = 6.65 \times 3600\frac{T_0}{100^2P_0}\sqrt{\frac{(100^2)^2(P_1^2 - P_2^2)D^5}{(100)^5SfLT_fZ_{av}}}$$

$$= \frac{6.65 \times 3600}{100^2\sqrt{100}}\frac{T_0}{P_0}\sqrt{\frac{(P_1^2 - P_2^2)D^5}{SfLT_fZ_{av}}}$$

$$= 0.2394\frac{T_0}{P_0}\sqrt{\frac{(P_1^2 - P_2^2)D^5}{SfLT_fZ_{av}}} \tag{3-26}$$

式中的范宁摩擦系数若以达西-威斯巴赫摩擦系数 λ 代替，因 $\lambda=4f$，于是：

$$Q_0 = 0.4788\frac{T_0}{P_0}\sqrt{\frac{(P_1^2-P_2^2)D^5}{S\lambda LT_fZ_{av}}} \tag{3-27}$$

流量公式中不同单位的常数项值见表 3-1[1,43]。

流量公式中不同单位的常数项值　　表 3-1

采用单位					范宁摩擦系数	达西-威斯巴赫摩擦系数
压力	温度	管径	管长	流量		
psia	°R	in	mile	ft^3/d	38.77	77.54
psia	°R	in	mile	ft^3/h	1.590	3.180
psia	°R	in	ft	ft^3/d	2817	5634
psia	°R	in	ft	ft^3/h	117.3	234.8
kPa	K	m	m	m^3/d	574.7×10^3	114.9×10^4
kPa	K	m	m	m^3/h	239.4×10^2	478.8×10^2
kPa	K	cm	m	m^3/h	0.2394	0.4788

若将式（3-27）换算成我国城镇燃气设计规范中所表达的流量计算通式，且管径以毫米表示，则：

$$\frac{P_1^2-P_2^2}{L} = \left(\frac{1}{0.4788}\right)^2\left(\frac{P_0}{T_0}\right)^2\frac{1}{1.293}\times10^5\cdot\lambda\frac{\rho Q_0^2}{D^5}\frac{T_f}{T_0}Z_{av}$$

以 $P_0=101.3\text{kPa}$，$T_0=273\text{K}$ 代入，得：

$$\frac{P_1^2-P_2^2}{L} = \left(\frac{1}{0.4788}\right)^2\left(\frac{101.3}{273}\right)^2\frac{1}{1.293}\times10^5\lambda\frac{\rho Q_0^2}{D^5}\frac{T_f}{T_0}Z_{av}$$

$$= 1.268\times10^7\lambda\frac{\rho Q_0^2}{D^5}\frac{T_f}{T_0}Z_{av} \tag{3-28}$$

若 L 的单位以千米计，则式（3-28）可写成：

$$\frac{P_1^2-P_2^2}{L} = 1.27\times10^{10}\lambda\frac{\rho Q_0^2}{D^5}\frac{T_f}{T_0}Z_{av} \tag{3-29}$$

在计算有高程差的长输管道时，如以式（3-27）的流量计算公式所采用的单位为基础，则公式可写为[2]：

$$Q_0 = A\left[\frac{P_1^2-e^RP_2^2}{Le}\right]^{0.5} \tag{3-30}$$

式（3-30）的推导，可参考文献[19]。

式中　A——$0.4788\dfrac{T_0}{P_0}\sqrt{\dfrac{1}{\lambda}}\left[\dfrac{1}{ST_fLZ_{av}}\right]^{0.5}D^{2.5}$；　(3-31)

e——自然对数的底，$e=2.718$；

R——$0.06835\dfrac{S\Delta H}{T_fZ_{av}}$；　(3-32)

ΔH——出口高程与进口高程之差，m。

当管道的坡度相同时，式（3-30）中的当量长度 L_e 与式（3-31）中的 L 有如下关系[2]：

$$L_e = \frac{(e^R - 1)L}{R} \tag{3-33}$$

当管道由几段坡度不同的管段组成时，则：

$$L_e = \frac{(e^{R_1} - 1)L_1}{R_1} + e^{R_1}(e^{R_2} - 1)\frac{L_2}{R_2} + e^{(R_1+R_2)}(e^{R_3} - 1)\frac{L_3}{R_3} + \cdots\cdots e^{\sum_1^n (R_{n-1}}(e^{R_n} - 1)\frac{L_n}{R_n} \tag{3-34}$$

式中　$R_1 = 0.06835\dfrac{S\Delta H_1}{T_f Z_{av}}$

$R_2 = 0.06835\dfrac{S\Delta H_2}{T_f Z_{av}}$

$R_3 = 0.06835\dfrac{S\Delta H_3}{T_f Z_{av}}$

值得注意的是，$R = R_1 + R_2 + R_3 + \cdots + R_n$，数字角码对应于整个管道在压差为 $P_1 - P_2$ 条件下运行时，各个管段的情况。如，管道若分成4段，则 $n = 4$，角码2相当于第2管段，便于算出 L_e 值。

式（3-27）中的压缩系数 Z_{av}决定于压力状况，如管段的进口压力或出口压力为未知值，则可用以下方法确定 Z 值[2]：

$$\frac{1}{Z} = 1 + JP \tag{3-35}$$

式中　Z——压缩系数，无量纲值；

J——与燃气组成和温度有关的系数，可根据燃气在压力和温度降低时与压缩性的相关关系或实验数据求定。J 通常用单位压力下的压缩性表示。

采用式（3-35）的压缩系数关系后，式（3-27）可写为：

$$Q_0 = 0.4788\frac{T_0}{P_0}\left(\frac{1}{\lambda}\right)^{0.5}\left\{\frac{P_1^2\left[1 + \left(\frac{2}{3}\right)JP_1\right] - P_2^2\left[1 + \left(\frac{2}{3}\right)JP_2\right]}{ST_f L}\right\}^{0.5} D^{2.5} \tag{3-36}$$

若天然气的高热值为38MJ/m³（9000kcal/m³），相对密度 $S = 0.67$，并忽略 CO_2 的影响，则式（3-36）中的 $P^2\left[1 + \left(\frac{2}{3}\right)JP\right]$值，可取表3-2中的数据，而无须已知 Z 的值。

天然气 $P^2\left[1+\left(\frac{2}{3}\right)JP\right]$与 P 的对比值［适用于式（3-36）］[2]　　表3-2

$P^2\left[1+\left(\frac{2}{3}\right)JP\right]$	P（kPa）	$P^2\left[1+\left(\frac{2}{3}\right)JP\right]$	P（kPa）
490000	700	18568419	4200
1960000	1400	25610665	4900
4410000	2100	33841723	5600
8213333	2800	42847156	6300
12766282	3500	53656107	7000

在应用上述流量计算公式时，必须首先确定摩擦系数 f 值。摩擦系数在通式中出现的形式为$\sqrt{\frac{1}{f}}$或$\sqrt{\frac{1}{\lambda}}$，常称为“传输系数”（Transmission factor）。对某一规定的气体、管段

和运行条件，流量的大小正比于传输系数。在燃气工业中有形形色色的实用流量计算公式，除将标准状态下的压力 P_0、温度 T_0 和流动气体的温度 T_f 并入常数项外，最大的区别就在于摩擦系数或传输系数的计算，因此，必须对摩擦系数或传输系数进行研究和分析，并对其研究过程有一个了解。

二、对摩擦系数或传输系数$\frac{1}{\sqrt{f}}\left(\frac{1}{\sqrt{\lambda}}\right)$的评价

（一）摩擦系数研究的几个阶段

由上述可知，流量计算公式中的关键项是确定摩擦系数或传输系数$\frac{1}{\sqrt{f}}\left(\frac{1}{\sqrt{\lambda}}\right)$的计算方法。从 19 世纪末到 20 世纪初，燃气工业中出现了一些早期的经验公式，都是在一定条件下通过对管道中流体运动的试验结果得出，有的以传输系数的形式表示。或将传输系数作为常数，或作为管径的函数。这类公式很多，如波尔（Pole）式、史匹兹格拉斯（Spitzglass）式和维莫斯（Weymouth）式等[1]。彼此的差别也很大，在特定的范围内，有些公式至今还在应用。

对管内流体层流运动的研究，在 19 世纪末已取得了进展[17]。例如 1913 年，布拉修斯（Blasius）最早提出了用摩擦系数表示压力梯度的公式，建立了摩擦系数与雷诺数 Re 之间的估算关系，即 $f=0.079Re^{-0.25}$（适用于 $3000<Re<10000$）。之后，出现了适用于雷诺数在不同范围的经验公式。这些经验公式虽均以实验数据为依据，但比上述早期的公式已推进了一步。

最早奠定管内湍流运动理论基础的是普朗特（1927）[17]，他研究了速度断面的关系（Velocity profile relation），提出了速度分布的幂次定律（Power law velocity distribution）。为使湍流中心速度断面的关系更为有用，又最早提出了混合长度的理论（Concept of mixing length）。混合长度理论的作用在于把速度断面上的不同脉动速度表示的切应力转化成用平均流速表示的切应力 τ_w，积分后最后得出了断面上的流速分布，即流速分布的对数规律。在混合长度的分析中忽略了流体的黏度，即假设切力为常量，且等于壁面处的切力值。由于在假设中的简化，速度的断面分布还需要通过实验来证实。

冯·卡门（Von karman 1930）采用了混合长度的理论和普朗特速度断面的关系[17]，开发了雷诺数以最大速度和管半径为基础的摩擦系数表达式，但并没有评价公式中为数众多的常数值。之后，这个工作由尼古拉瑞根据自己的实验结果和其他来源于摩擦系数-平均流速的数据解决了。尼古拉瑞（Nikuradse）并将冯·卡门 Re 数的表达式改成了常用的形式。

尼古拉瑞实验的目的在于完善和补充普朗特理论[17]，实验证明了普朗特流速分布的对数规律是符合实验结果的，得出了光滑区和粗糙区的流速分布公式，再由摩擦系数和流速分布的关系，导出这两个区的摩擦系数半经验公式，至今被各国认为是经典性的公式。

尼古拉瑞的公式是从人工粗糙管的实验得来，不能表明是否适用于商品管道。英国皇家工程学院的柯立勃洛克（Colebrook，1939）对 8in 自然粗糙的商品管道进行了大量试验后提出了对湍流过渡区计算摩擦系数的经验公式[17]。

（二）莫迪图[17,44]（Moody diagram）

综上所述，现将各流态分区的计算公式汇总于表 3-3 中。表中的摩擦系数以达西-威

斯巴赫摩擦系数表示。

各流态区的摩擦系数计算式　**表 3-3**

流态类型	λ 的计算式	备注
层流	$\lambda = \frac{64}{Re}$	
光滑管或光滑壁湍流（S_W）	$\frac{1}{\sqrt{\lambda}} = 2\log(Re\sqrt{\lambda}) - 0.8$ 或 $\frac{1}{\sqrt{\lambda}} = -2\log\frac{2.51}{Re\sqrt{\lambda}}$	尼古拉瑞式
过渡区或部分粗糙壁湍流（*PRW*）	$\frac{1}{\sqrt{\lambda}} = 1.14 - 2\log\left(\frac{K}{D} + \frac{9.35}{Re\sqrt{\lambda}}\right)$ 或 $\frac{1}{\sqrt{\lambda}} = -2\log\left(\frac{K}{3.715D} + \frac{2.51}{Re\sqrt{\lambda}}\right)$	柯立勃洛克式
全粗糙区或全粗糙壁湍流（*FRW*）	$\frac{1}{\sqrt{\lambda}} = -2\log\left(\frac{K}{3.715D}\right)$	尼古拉瑞式

将表 3-3 中摩擦系数的计算式绘于图上，可得莫迪图（图 3-7)。莫迪图是各国流体力学书籍中引用最广泛的流体管内运动分区图。图中纵坐标以达西摩擦系数或范宁摩擦系数表示；横坐标以 *Re* 数表示。莫迪图中的柯氏公式是以尼古拉瑞光滑区斜线和粗糙区水平线作为渐近线。图左侧短线段左边代表层流区。曲线的阴影（光滑管）部分代表部分湍流的摩擦系数，该区的流量较小，管壁的粗糙度尚未起作用，且在管中无任何焊缝或弯曲等其他产生湍流的诱导因素，它表示摩擦系数对应于每一 *Re* 数的下限值。图中虚线右侧的水平线段代表全湍流时的摩擦系数，与 *Re* 数无关，只和管壁的相对粗糙度有关。即：

$$\varepsilon = \frac{K}{D} \tag{3-37}$$

式中　ε——相对粗糙度（无量纲)；

　　　K——管壁的有效粗糙度；

　　　D——管内径。

有效粗糙度可看作是管内表面的低谷深度（Depth of surface depressions）或管壁面的平均投影高度。实际的管段有不同的粗糙度，只有在相对粗糙度相同时，才能有相同的流态。*K* 和 *D* 应采用同一单位。直接测量管内表面的粗糙度十分困难，因为用仪器测量的样品只能代表一个很小的表面积。

图 3-7 中，直线段虚线左侧向上延伸的曲线代表柯立勃洛克-怀特（Colebrook-White，1937）摩擦系数公式。公式力图用一个简单的表达式代表湍流全范围的摩擦系数：对应于每一管径，*Re* 数相对较低时，公式接近于光滑管流量定律，*Re* 数高时，又靠近代表粗糙管的流量定律。如表 3-3 中柯立勃洛克式括号内的第一项为零，即尼古拉瑞光滑管流量定律；若第二项为零，即尼古拉瑞粗糙管流量定律。实际上，不论是光滑管还是粗糙管定律均受流量测试数据的限制，而柯立勃洛克-怀特曲线从表达的数学形式看却十分简单。摩擦流量在过渡区的流态可见图 3-7，它并没有固定的形式，也不能确切的界定，因为从层流向湍流过渡并不常发生在相同的 *Re* 数值上。

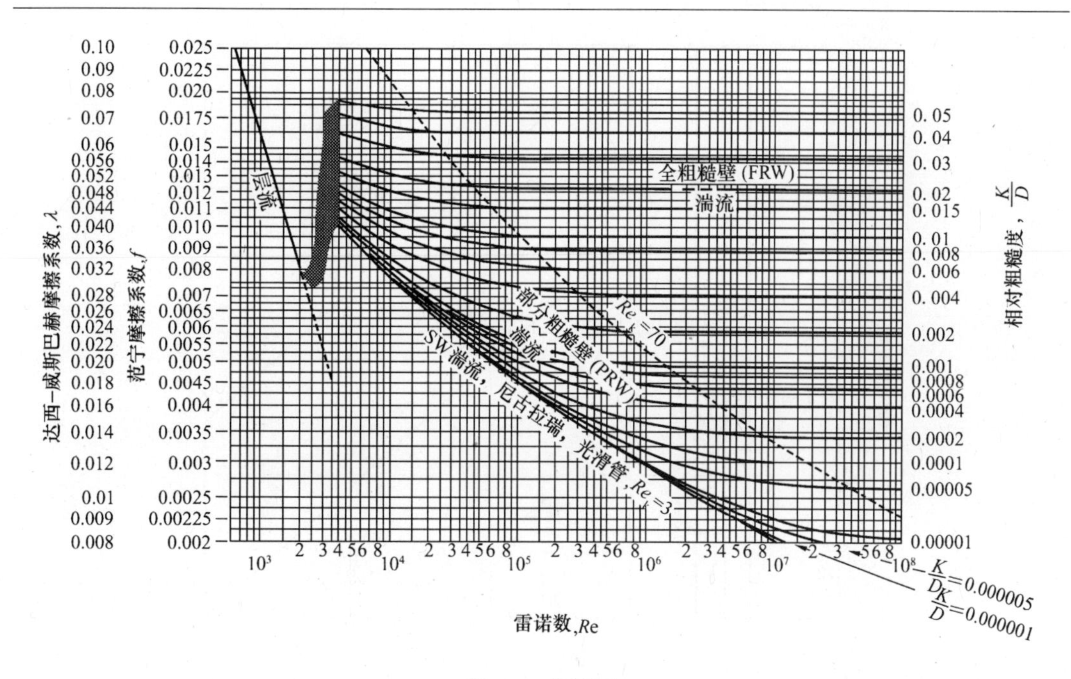

图 3-7　莫迪图

图3-7上，标出了光滑区与全粗糙管区的两条临界曲线，它采用了粗糙度雷诺数（Roughness Renolds number）Re_k 的概念[17]。所谓粗糙度 Re_k，其实质即在湍流的分区中，由于层流边界层的存在，粗糙度实际起作用时的 Re 数。基础研究发现[17]（薛莱思廷 Schlichting，1968），当 $3<Re_k\leqslant 70$，摩擦系数既与 $\frac{K}{D}$ 有关，也与 Re 数有关。当 $Re_k>70$ 时，则不论尼古拉瑞或其他最新的研究数据均表明，摩擦系数仅与相对粗糙度有关，于是 $Re_k=3$ 成为光滑管区和过渡区的判定边界条件；而 $Re_k=70$，则成为过渡区和全粗糙区的判定边界条件。根据这一原理，层流与湍流的分区可见图 3-8[17]。

用粗糙度雷诺数 Re_k 作为判别湍流的分区标准是完全合理的。然而工程上直接用 Re_k 来判别仍不方便，经变换后可得以下算式[17]：

$$Re_k = \frac{K}{D}Re\sqrt{\frac{f}{2}} \tag{3-38}$$

或：

$$Re_k = \frac{K}{D}Re\sqrt{\frac{\lambda}{8}} \tag{3-39}$$

由莫迪图（图 3-7）可知，当 $\frac{K}{D}=0.000001$ 时，雷诺数小于 10^7 时仍属光滑管区。有些长输管线的经验计算公式，如潘亨得尔 A、B，其摩擦系数仅与 Re 数有关而与 $\frac{K}{D}$ 无关就是这个原因。根据这一原理，在工程计算中开发一定条件下的经验计算公式就十分必要。燃气工作者也必须熟知莫迪图的原理。

在燃气工程中，经常介绍图 3-9 中传输系数与 Re 数的函数关系[1]。在半对数纸上绘出传输系数与 Re 数的关系时，图刚好反转过来。光滑管流量定律为一条直线（虚线）。图中没有特别表明柯立勃洛克-怀特曲线，代替它的是一组代表全湍流流量定律的水平线，简单的延伸并与光滑管流量定律相交。图 3-9 成为美国燃气工业流量计算公式

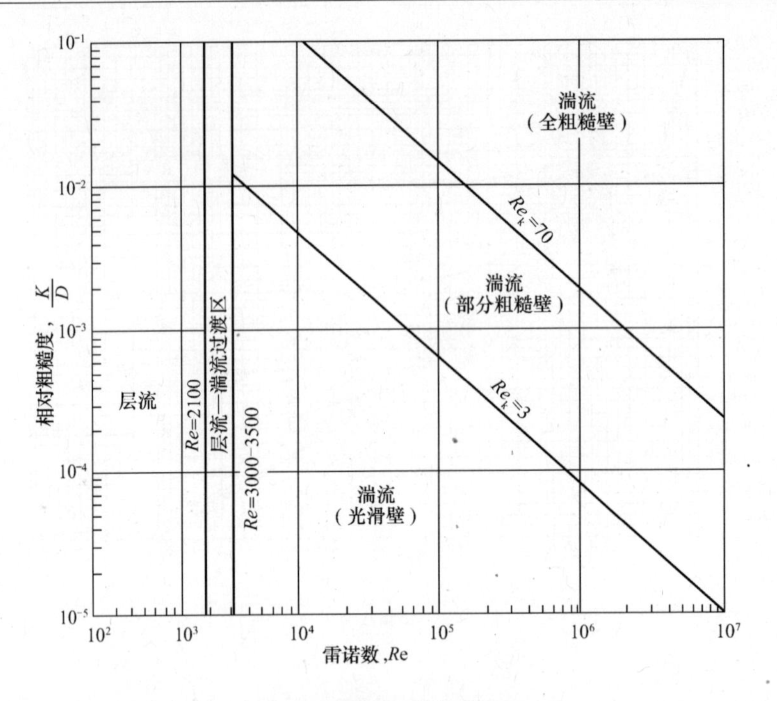

图 3-8　层流与湍流的分区

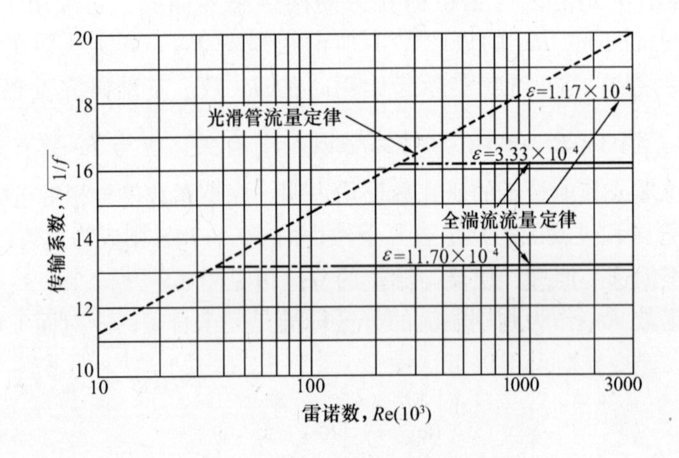

图 3-9　传输系数与雷诺数的关系图

的理论基础。

（三）美国的修正公式[1][45]

修正公式主要对燃气工业而言。美国矿务局（U.S.Bureau of Mines）根据大量试验数据确定以下流量定律的表达式：

对部分湍流运动（光滑管流量定律）：

$$\sqrt{\frac{1}{f}} = 4\lg Re\sqrt{f} - 0.6 \tag{3-40}$$

或

$$\sqrt{\frac{1}{f}} = 4\lg\left(\frac{Re\sqrt{f}}{1.414}\right) \tag{3-41}$$

对全湍流运动（粗糙管流量定律）：

$$\sqrt{\frac{1}{f}} = 4\lg\left(\frac{3.7D}{K}\right) \tag{3-42}$$

他们认为，上述光滑管和粗糙管的摩擦系数计算公式非常接近于燃气管道系统在整个计算范围内的流态状况。1946～1954年间，美国矿务局对2～8in（51～203mm）的商品管道和3in（76mm）的磨光管（Smooth-honed pipe）做了大量试验，说明当焊缝为地面级时，这些定律对直管段十分有效，它与现场所得的12～36in（305～914mm）输气干管的试验数据也相符合。现场数据是1954～1960年间由美国燃气工艺研究院（IGT）根据其研究计划获得[46]。试验中，计算的和实际的光滑管流态偏差约5%，原因是在弯头、接口及焊缝处产生了意外的湍流。因此，光滑管流量定律对管内的湍流运动是一个有限制的定律，它给出的是对应每一 *Re* 数时传输系数的最大可能值。由于在多数配气系统的管道中有接口和焊缝存在，部分湍流运动的实际传输系数要比按光滑管流量定律所得的数值小若干个百分点。

在流量很大或 *Re* 数很大时，粗糙管中的流态非常接近于粗糙管流量定律，无须进行修正，可直接用于计算。

图3-9也可用来进一步说明粗糙管和光滑管流量定律之间的关系。

若管道的相对粗糙度为 $\varepsilon = 1.17 \times 10^{-4}$，此值相当于管内径为10in（254mm），平均管内壁的粗糙度为1.17密耳（0.03mm），或管内径为4in（102mm），平均管内壁的粗糙度为0.47密耳（0.012mm），或其他任何的管内径和管内壁粗糙度，只要其相对粗糙度值为 1.17×10^{-4}。当 *Re* 数从4000～800000时（*Re* 数为4000，相当光滑管线与表示 *Re* 数的横坐标线相交于图外，该处的 *Re* 数为4000），光滑管定律与粗糙管定律均相交于同一点，管内的流态也近似地接近于光滑管定律。当 *Re* 数高于800000，相对粗糙度为 1.17×10^{-4} 时，管内流态服从于粗糙管流量定律，且传输系数为定值，即18.0。

根据以上原理，形成了一整套的实用流量计算公式，广泛地用于美国的燃气工程中，不仅用来计算长输管线，也用来计算配气管网。

（四）现场测量

现场测量的结果是判断计算是否符合实际的主要依据，因此，应创造条件，不断积累燃气管道流量计算中各变量的实测数据。

对单根燃气管道，如公用输气干线和较长的供气干管，只要设有输入或输出的计量装置，在流动条件下的实际摩擦系数可根据其他流量变数的实测值计算并不断积累数据。为得到准确的结果，计量装置和压力计的标定，传感器的使用是十分必要的。对在稳定状态下的高压降，小流量的支线常易于得到理想的结果。

配气系统因难以将流量值较长时间控制在一个常数等级上，从实测值也难以获得准确的结果。

第三节 实用流量计算公式

一、常用的实用流量计算公式

在19世纪前期，燃气工业刚开始发展时，燃气工程师就开发了形形色色的实用流量计算公式以表明流量变数和管径之间的关系。早期的流量计算公式是在有限的流量试验基础上建立的，其应用范围有一定的局限性，其中多数公式现已不再使用了。

表 3-4 中列出了美国当今常用的实用流量计算公式[1]，在世界上广为采用。公式保留了通用流量计算公式的形式。我国燃气工作者长期使用公制单位和国际单位，对英制单位甚不熟悉，而当今世界的书刊中用英制单位的仍不少，为了阅读和比较方便，表 3-4 中列出了英制单位和国际单位两种公式，并适当说明如下：

将表 3-4 中第 4 栏内的传输系数代入通用流量计算公式后，即可得表 3-4 中所列的实用流量计算式。

由表 3-1 可知，若采用的英制单位为：压力 P_1、P_2、P_0：Psia；温度 T_0、T_f：K；管径 D：in；管长：ft；流量 Q_0：ft^3/h 时，以范宁摩阻系数表达的通式常数项为 117.3，为求得全湍流（粗糙区）实用流量计算公式，由前述可知，全湍流区范宁摩擦系数的经典公式为$\frac{1}{\sqrt{f}}=4\lg\left(\frac{3.7D}{K}\right)$或$\frac{1}{\sqrt{f}}=-4\lg\left(\frac{K}{3.7D}\right)$或$\frac{1}{\sqrt{\lambda}}=-2\lg\left(\frac{K}{3.7D}\right)$，代入通式后常数项成为 $117.3\times4=469.2$，但表 3-4 中英制的流量单位取 $1000ft^3/h$，因此，常数项成为 0.4692。若取国际单位，由表 3-1 可知，若通式中单位为压力 P_1、P_2、P_0：kPa，温度：K，管径 D：cm；管长：m；流量 Q_0：m^3/h；则常数项为 0.2394，乘以范宁摩擦系数$\frac{1}{\sqrt{f}}=4\lg\left(\frac{3.7D}{K}\right)$中的 4 后可得 $0.2394\times4=0.9576$。但表 3-4 中实用公式中的管径用毫米表示，单位换算后：

$$\frac{0.9576}{D^{2.5}}=\frac{0.9576}{316.227}=3.021\times10^{-3}$$

二、低压流量计算公式

在低压流量计算公式中，压降常用 h_w（in 水柱）或 ΔP（毫米水柱）表示 0 为得到低压流量计算公式，$(P_1^2-P_2^2)$ 项可变换成以下形式：

$$\begin{aligned}P_1^2-P_2^2&=(P_1+P_2)(P_1-P_2)=\left[2\left(\frac{P_1+P_2}{2}\right)(P_1-P_2)\right]\\&=2P_{av}(P_1-P_2)\end{aligned}\tag{3-43}$$

如 P_1-P_2 项用水柱表示，则：

$$P_1^2-P_2^2=2P_{av}\rho_wH_w=2P_{av}\rho_w\frac{H_w}{12}=2P_{av}\rho_wh_w\tag{3-43a}$$

式中　P_{av}——管道内燃气的平均压力，psia；

ρ_w——水的密度，$1b/ft^3$；

H_w——水柱高，ft；

h_w——水柱高，in。

如配气系统的压差较小，为 10in 水柱（254mm 水柱），则燃气的平均压力 P_{av} 可取 14.7psia（101.3kPa），将水的密度为 $62.4lb/ft^3$ 代入后可得：

$$P_1^2 - P_2^2 = \frac{2 \times 14.7 \times 62.4}{12 \times 144} = 1.062 h_w \tag{3-43b}$$

因此，表 3-4 的高压公式中，只要将 $1.062h_w$ 代替 $P_1^2 - P_2^2$ 即可得低压公式。如表 3-3 中史匹兹格拉斯低压公式可从高压计算公式转换而得：

表 3-4 中，史氏高压公式为：

$$Q_0 = 3.415\left[\frac{(P_1^2 - P_2^2)D^5}{SL\left(1 + \frac{3.6}{D} + 0.03D\right)}\right]^{0.5}$$

$$= 3.415\left[\frac{1.062 h_w D^5}{SL\left(1 + \frac{3.6}{D} + 0.03D\right)}\right]^{0.5}$$

$$= 3.550\left[\frac{h_w D^5}{SL\left(1 + \frac{3.6}{D} + 0.03D\right)}\right]^{0.5} \tag{3-44}$$

式（3-44）为低压实用流量计算公式。

在国际单位中，P_1、P_2、P_0 的单位为 kPa，同上例，设 $P_{av} = 101.3$kPa，则：

$$P_1^2 - P_2^2 = 2P_{av}(P_1 - P_2) = 2P_{av} \cdot \Delta P$$

$$= 2 \times 101.3 \cdot \Delta P = 202.6\Delta P \tag{3-45}$$

若 ΔP 的单位取 Pa，则式（3-44）可写成：

$$P_1^2 - P_2^2 = \frac{202.6}{1000} = 0.2026\Delta P \tag{3-46}$$

我国城镇燃气设计规范中习惯使用的式（3-27）若换算成低压计算公式，则为：

$$\frac{P_1^2 - P_2^2}{L} = 1.27 \times 10^7 \lambda \times \frac{\rho Q_0^2}{D^5}\frac{T_f}{T_0} Z_{av}$$

$$\frac{\Delta P}{L} = \frac{1.27}{0.2026} \times 10^7 \lambda \times \frac{\rho Q_0^2}{D^5}\frac{T_f}{T_0}$$

$$= 6.26 \times 10^7 \times \lambda \frac{\rho Q_0^2}{D^5}\frac{T_f}{T_0} \tag{3-47}$$

式 3-47 即低压计算式，式中 $Z_{av} = 1$。

三、流量计算公式的选择

（一）全湍流（粗糙区）公式

将粗糙区的传输系数代入通用流量计算公式后，即可得全湍流区的实用流量计算公式。如表 3-3 中的 1 式。美国对天然气管道测量的结果表明，洁净商品钢管的有效粗糙度为 0.5 ~ 0.75 密耳（0.013 ~ 0.019mm），平均值可取 0.7 密耳（0.018mm），且与管径无关[46]。贮存两年后钢管的粗糙度为 2.0 密耳（0.051mm）[46]。美国燃气协会（A.G.A）建议，塑料管的有效粗糙度为 0.06 密耳（0.0015mm）[40]，铸铁管则取 10 密耳（0.25mm）。在全湍流公式中，传输系数不是流量或 *Re* 数的函数，对每一管径和有效粗糙度来说，传输系数可看作常量。在表 3-4 中，全湍流流量计算公式除 1 式外，尚有史匹兹格拉斯式和维莫斯式。

燃气工程中常用的实用流量计算公式[1] 表 3-4

	英制单位	国际单位	范宁传输系数$\left(\frac{1}{\sqrt{f}}\right)$
1	2	3	4
1. 全湍流式	$Q_0=\left(0.4692\frac{T_0}{P_0}\right)\left[\frac{(P_1^2-P_2^2)D^5}{ST_fZ_{av}L}\right]^{0.5}\times\lg\left(\frac{3.7D}{K}\right)$	$Q_0=\left(3.021\times10^{-3}\frac{T_0}{P_0}\right)\times\left[\frac{(P_1^2-P_2^2)D^5}{ST_fZ_{av}L}\right]^{0.5}\lg\left(\frac{3.7D}{K}\right)$	$4\lg\left(\frac{3.7D}{K}\right)$
2. IGT 式	$Q_0=\left(0.6643\frac{T_0}{P_0}\right)\left[\frac{(P_1^2-P_2^2)}{T_fL}\right]^{\frac{5}{9}}\times\left(\frac{D^{\frac{8}{3}}}{S^{\frac{4}{9}}\mu^{\frac{1}{9}}}\right)$	$Q_0=\left(4.108\times10^{-3}\frac{T_0}{P_0}\right)\times\left[\frac{(P_1^2-P_2^2)}{T_fL}\right]^{\frac{5}{9}}\left(\frac{D^{\frac{8}{3}}}{S^{\frac{4}{9}}\mu^{\frac{1}{9}}}\right)$	$4.619Re^{0.1}$
3. 米勒式 (Mueller)	$Q_0=\left(0.04937\frac{T_0}{P_0}\right)\left[\frac{(P_1^2-P_2^2)}{T_fL}\right]^{0.575}\times\left(\frac{D^{2.725}}{S^{0.425}\mu^{0.150}}\right)$	$Q_0=\left(3.028\times10^{-3}\frac{T_0}{P_0}\right)\times\left[\frac{(P_1^2-P_2^2)}{T_fL}\right]^{0.575}\left(\frac{D^{2.725}}{S^{0.425}\mu^{0.150}}\right)$	$3.35Re^{0.130}$
4. 潘亨得尔式[b] (panhandle)	$Q_0=\left(2.450\frac{T_0}{P_0}\right)\left[\frac{(P_1^2-P_2^2)}{T_fL}\right]^{0.539}\times\left(\frac{D^{2.618}}{S^{0.461}}\right)$	$Q_0=\left(8.644\times10^{-3}\frac{T_0}{P_0}\right)\times\left[\frac{(P_1^2-P_2^2)}{T_fL}\right]^{0.539}\left(\frac{D^{2.618}}{S^{0.461}}\right)$	$6.872Re^{0.073}$①
5. 史匹兹格拉[c]斯式（高压）(Spitzglass)	$Q_0=3.415\left[\frac{(P_1^2-P_2^2)D^5}{SL\left(1+\frac{3.6D}{D}+0.03D\right)}\right]^{0.5}$	$Q_0=(2.381\times10^{-3})\times\left[\frac{(P_1^2-P_2^2)D^5}{SL\left(1+\frac{91.44}{D}+0.001181D\right)}\right]^{0.5}$	E $\frac{354}{1+\frac{3.6}{D}+0.03D}$ D $\frac{354}{1+\frac{91.44}{D}+0.001181D}$
6. 史匹兹格拉斯[c]式（低压）(Spitzglass)	$Q_0=3.550\left[\frac{h_wD^5}{SL\left(1+\frac{3.6}{D}+0.03D\right)}\right]^{0.5}$	$Q_0=(3.387\times10^{-3})\times\left[\frac{\Delta P\cdot D^5}{SL\left(1+\frac{91.44}{D}+0.001181D\right)}\right]^{0.5}$	E $\frac{354}{1+\frac{3.6}{D}+0.03D}$ D $\frac{354}{1+\frac{91.44}{D}+0.001181D}$
7. 维莫斯式 (Weymouth)	$Q_0=\left(1.3124\frac{T_0}{P_0}\right)\left[\frac{(P_1^2-P_2^2)D^{\frac{16}{3}}}{ST_fL}\right]^{0.5}$	$Q_0=\left(4.928\times10^{-3}\frac{T_0}{P_0}\right)\times\left[\frac{(P_1^2-P_2^2)D^{\frac{16}{3}}}{ST_fL}\right]^{0.5}$	E $11.19^{\frac{1}{6}}$ D $6.527D^{\frac{1}{6}}$

续表

	英制单位		国际单位		范宁传输系数$\left(\frac{1}{\sqrt{f}}\right)$
1	2		3		4
7. 维莫斯式（Weymouth）	单位： D = in h_w = in 水柱 L = ft P_1，P_2，P_0 = Psia $Q_0 = 1000ft^3/h$ $\mu = \frac{lbm}{ft \cdot s}$ T_f，T_0 = °R S = 相对密度（空气 = 1） Z = 压缩系数	说明： b. 常数项 2.450 中已包括 $\mu = 7.0 \times 10^{-6} \frac{lbm}{ft \cdot s}$ c. 常数项 3.415 和 3.550 中已包括 P_0 = 14.7psia τ_0 = 520°R T_f = 522.6°R 相当 62.6℉ E，D 为 in	单位： D = mm ΔP = mm 水柱 L = m P_1，P_2，P_0 = kPa $Q_0 = m^3/h$ μ = CP（厘泊） T_f，T_0 = K	说明： b，常数项 8.644×10^{-3} 中已包括 μ = 0.0104CP c. 常数项 2.381×10^{-3} 和 3.387×10^{-3} 中已包括 P_0 = 101.325kPa τ_0 = 288.8K T_f = 290.3K 相当 17℃ $1CP = 0.001 \frac{kg}{m \cdot s}$ 或 $1 \frac{kg}{m \cdot sec} = 1000CP$ $\mu = 10.5 \times 10^{-6} \frac{kg}{m \cdot s}$ 相当 0.010SCP D，D 为 mm	

注：①$6.872Re^{0.073}$为潘亨得尔 A 式，其 B 式为 $16.5Re^{0.0196}$[2]。

史式的传输系数发表于 1912 年，是由大口径铸铁管在英寸级水柱和一定的流量条件下经试验获得的，实际上属于部分湍流流态，不能用于全湍流流态的计算中。最初，它也只被用于铸铁管配气系统的流量计算中。

维式已广泛地用于全湍流流态的计算[2]，但必须附加一个实验校正系数后才符合实际。校正系数常用有效系数（Efficiency factor）E 表示，它是一个流量的乘数，即 $Q_C = EQ$。对 36″的管子（914mm），$E = 1$，它表示用维式计算的结果符合实际情况，不必再加有效系数。对 30″（762mm）或较小的管子，E 的范围为 1.10 ~ 2.00。这说明，未加有效系数的维式十分保守，用维式计算所得的流量比实际测定的流量要小。如用摩擦系数表示，则维式所示的摩擦系数偏大或传输系数偏小，根据流量与摩擦系数的关系可得：

$$f_C = \frac{f}{E^2} \tag{3-48}$$

或

$$\sqrt{\frac{1}{f_C}} = E\sqrt{\frac{1}{f}} \tag{3-49}$$

式中　f_C——实测的摩擦系数；

f——公式（维式）中的摩擦系数；

$\sqrt{\frac{1}{f_C}}$，$\sqrt{\frac{1}{f}}$——相应的传输系数。

E 值可能大于 1（如维式），也可能小于 1。$E > 1$ 表示公式中的摩擦系数偏大，$E < 1$ 表示公式中的摩擦系数偏小。由于流量公式中通常以流量与传输系数的关系表示，校正值通常附加在传输系数上，如式 3-49 所示。美国对维式的有效系数取 1.10[2]，并说明，当 D = 10in，K = 0.05mm 时，与粗糙管定律十分接近。当管内径大于 24in 时，可作为常数。

美国对潘亨得尔A式的有效系数取0.92[2]，对潘氏B式的有效系数取0.90，且仅适用于大管径，Re数在（5~20）×10^6时。其他各式均不加有效系数。

维式最初用于计算大管径的高压管道，有效系数从现场试验中得出，它不适用于湍流的部分粗糙壁流态。由于维式对2~6in的管子要取1.1~1.2的有效系数，在实际计算中也不习惯使用它，因此在配气管网的计算中不推荐使用维式。

当粗糙度为0.018mm时，表3-4中1式全粗糙管的传输系数值可见表3-5[2]。

粗糙管的传输系数（$K=0.018$mm）①，$\frac{1}{\sqrt{f}}=4\lg\left(\frac{3.70}{K}\right)$[2]　　表3-5

管内径 D（in）	$\left(\frac{1}{f}\right)^{0.5}$	管内径 D（in）	$\left(\frac{1}{f}\right)^{0.5}$
10.00	18.9	23.25	20.4
13.50	19.4	25.31	20.5
15.44	19.7	29.25	20.8
19.38	20.0		

① $K=0.018$mm为洁净钢管的有效粗糙度。对商品钢管，K值在0.012~0.053的范围内，几乎与管径（2~36in）无关。

（二）湍流的光滑管公式

在部分湍流流量计算公式中，流态遵循光滑管流量定律，美国矿务局的修正式为$\sqrt{\frac{1}{f}}=4\lg(Re\sqrt{f})-0.6$[45]或$\sqrt{\frac{1}{\lambda}}=2\lg(Re\sqrt{\lambda})-0.3$，在公式的两边均出现摩擦系数，为一隐函数形式，其计算结果可见表3-6。

光滑管的传输系数$\left(\frac{1}{f}\right)^{0.5}=4\lg(Re\sqrt{f})-0.6$[2]　　表3-6

Re数10^6	$\frac{1}{\sqrt{f}}$	Re数10^6	$\frac{1}{\sqrt{f}}$
0.0327	13.0	1.51	19.0
0.0625	14.0	2.83	20.0
0.119	15.0	5.28	21.0
0.226	16.0	9.83	22.0
0.427	17.0	18.3	23.0
0.804	18.0	33.9	24.0

由于公式的隐函数形式，不能代入通用流量计算公式以求得便于计算的实用流量计算公式，为此，光滑管流量定律的表达式常取[1]

$$\sqrt{\frac{1}{f}}=a\times Re^{b} \tag{3-50}$$

式中　a及b——由经验决定的常数，在Re数的一定范围内符合光滑管流量定律。

在表3-4中有三个公式采用式3-50的形式，即式2，IGT配气计算式；式3，米勒式和式4，潘亨得尔A式。由图3-10可知[1]，当Re数在3000~50000000的范围内，适应光滑管流量定律的传输系数误差在±1%以内，已覆盖了大部分配气管网的计算状况。

因此，上述三个公式的应用范围可见表3-7。

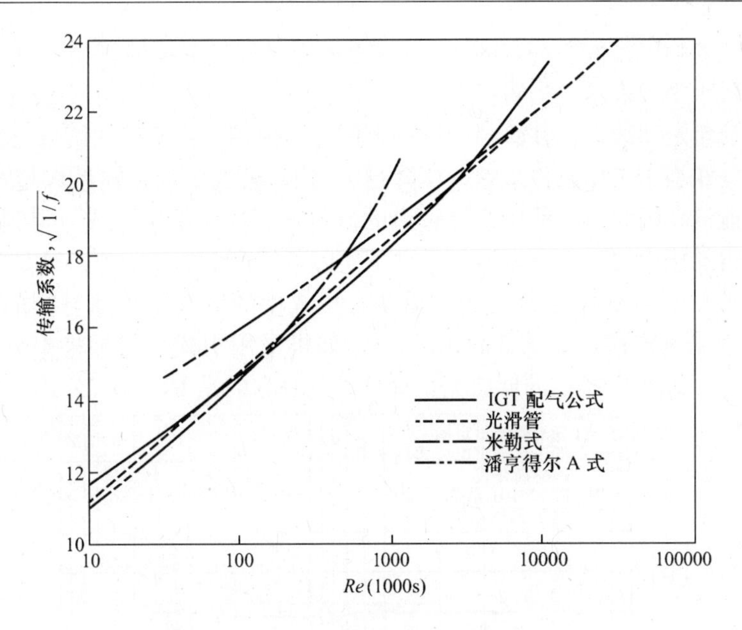

图 3-10　米勒、IGT 配气式与潘亨得尔 A 式与光滑管流量式传输系数的比较

米勒、IGT、潘亨得尔 A 式在流量计算时的应用范围[1]　　**表 3-7**

公式	*Re* 数（单位 1000）适应范围的误差		部分湍流（光滑管）流量计算的应用范围	
			管　径（in）	压力（表压）
米勒	±1%	3～80	$\frac{3}{8}$～6	in 水柱（mm 水柱级）
	±2%	2～125	$\frac{3}{8}$～2	2～20psia（13.8～138kPa）
			$\frac{3}{8}$～$1\frac{1}{2}$	20～100psia（138～690kPa）
IGT	±1%	25～1600	3～30	in 水柱（mm 水柱级）
	±2%	16～3000	$1\frac{1}{2}$～20	2～20psia（13.8～138kPa）
			$\frac{3}{4}$～20	20～100psia（138～690kPa）
潘亨得尔	±1%	3300～50000	>16	>20psia（138kPa）
	±2%	1300～75000		

上表所示的应用范围适用于所有的塑料管、洁净的铸铁管和平均粗糙度为 0.018mm 的钢管，与光滑管流量定律相比的误差均在 ±2% 以内。更为准确的结果需根据现状的实测结果对输气系数进行修正。

史匹兹格拉斯低压公式在低压铸铁管系统的流量计算中用得很广，虽然其输气系数仅用管径来表示，但计算结果说明，它与实际情况十分相符。史匹兹格拉斯和维莫斯公式中的输气系数和光滑管流量定律的比较可见图 3-11[47]。图 3-11 说明了公式所以能得到良好结果的根据。史式的输气系数在一定的 *Re* 数（根据低压配气系统的管径求得）范围内，对每一管径用一段水平线表示。当管径为 2～12in（51～305mm）时，水平线的高 *Re* 数端正好落在光滑管流量定律线上，在管径的这一范围内，使用史式所得的结果与光滑管流量定律就十分接近（相当于工作条件最差，压降最大时），公式中的传输系数超过光滑管流量定律的最大可能值，因此，在低压系统管道的流量计算中，采用史式可得到理想的结果，由公式计算所得的压力略高于一定流量条件下实际可能产生的压力值，这是公式突出的优点。但是，对于 16in（406mm）或更大的管子，史式中的输气系数随直径的增大而减小，逐渐离开光滑管流量定律，如图 3-11 所示[1]，如再采用史式，结果将十分保守，因此，史式不适用于 16in 或更大管径的低层流量计算，代替它的是 IGT 配气公式[1]。

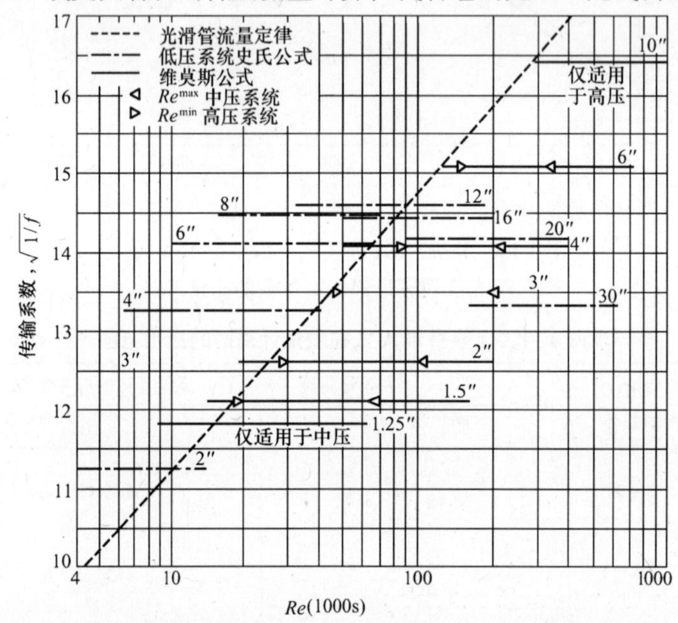

图 3-11　史匹兹格拉斯和维莫斯式传输系数与光滑管流量定律的比较[1]

（三）湍流流态分区的判定

流量计算公式的选择主要决定于一定流量条件下湍流流态的类型。相关的数据是管壁的粗糙度、配气管道分析中的 *Re* 数以及实测压力和计算所得压力的关系等。根据使用不同实用流量计算公式的经验，可得出以下的指导性意见：

1. 在配气流量的全部范围内，塑料管均处于湍流的光滑管区。

2. 在低压配气系统中，比压降$\frac{\Delta P}{L}$较小时，洁净的铸铁管也处于湍流的光滑管区。

3. 只要配气系统的源点压力小于 207kPa（30psia），管壁的平均粗糙度小于 0.018mm，洁净钢管的配气系统，也主要处于湍流的光滑管区。

4. 在采用钢管的配气系统中，只要源点的运行压力大于 207kPa，比压降较高、流量较大或粗糙度大于常规值时均可能发生湍流的部分粗糙壁或全粗糙区流态。全湍流发生在工作条件差，即$\frac{\Delta P^2}{L}$超过平均值或相对压降 ΔP^2 较高时。

5. 对不洁的钢管或铸铁管，在配气系统中需要根据经验对流量计算公式进行修正。

为建立不同湍流流态的流量计算公式，必须首先确定湍流流态的类型。最实用的方法是采用临界 Re 数作为判定流态的准则。在燃气管道的计算中，美国采用最简单的方法[1]，即按图 3-9 所示，以粗糙管和光滑管流量定律相交处的 Re 数作为临界雷诺数 Re_k。图 3-12 中临界 Re_k 数以管内壁粗糙度和公称管径的函数表示。

对平均管壁粗糙度为 0.018mm 的常用管径的钢管，或最大管壁粗糙度为 0.051mm 的少数商品钢管，其临界 Re_k 值可查表 3-8 和表 3-9。

使用这一临界 Re_k 数准则忽略了从光滑管流量定律向湍流的部分粗糙壁流态（过渡区）传输系数过渡的起始点范围，它用粗糙管定律代表了过渡区流态。由于适用于过渡区传输系数的柯氏公式不能直接代入通用流量计算公式而得到实用流量计算公式，因而表

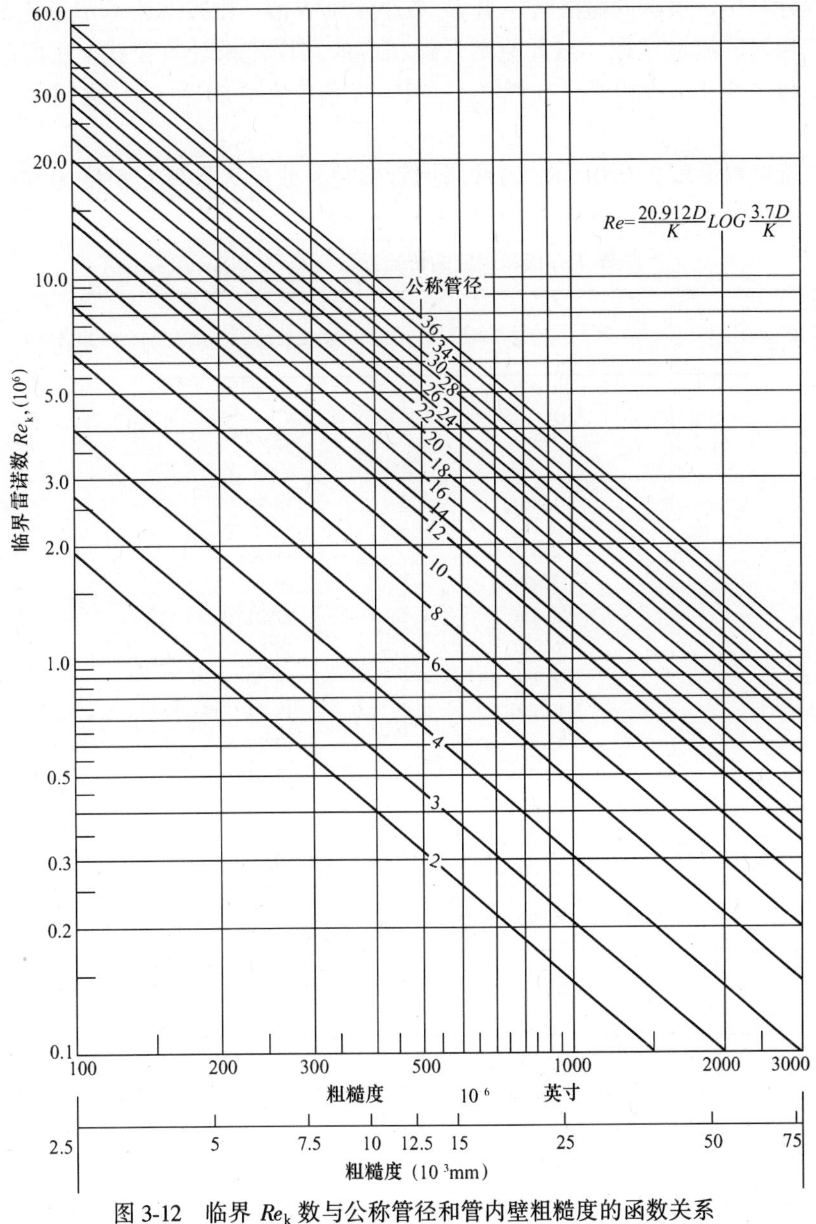

图 3-12　临界 Re_k 数与公称管径和管内壁粗糙度的函数关系

3-4中介绍的常用流量计算公式尽量回避使用柯氏公式。美国认为[1]，由于粗糙管定律传输系数的起始点较小，这一假设在实际计算中是允许的。实际上，简单和实用的临界 Re_k 数判定准则对湍流运动已有足够的准确性，无须再作修正。对美国的上述假设，也可从莫迪图上得到进一步的理解。从莫迪图来看，常用燃气管道的相对粗糙度均较小，如 4in 的管子，内径为 102.26mm，粗糙度 $K=0.018$mm 时，$\frac{K}{D}=0.000176$，管内径越大，$\frac{K}{D}$越小，柯氏公式的起始段在 Re 数很大的范围内均贴近其渐近线，即光滑管流量定律。在实际应用中，图 3-12 中临界 Re 数的判定公式取 $Re=\frac{20.912D}{K}\lg\left(\frac{3.7D}{K}\right)$[1]，相当于式（3-30）或式（3-31）中 Re_k 的值为 3.697，略大于莫迪图中 $Re_k=3$ 的值，增大了光滑管区的覆盖范围。

在工程计算中，美国的做法是，当 Re 数小于临界值，则按光滑管流量定律，大于临界值，则按粗糙管流量定律，按此原则选择相应的实用流量计算公式。法国的经验则认为，摩擦系数的变化范围很小，在燃气工程中，λ 值常在 0.01 和 0.03 之间[34]（可参见图 3-7 莫迪图）。

对平均管壁粗糙度为 0.018mm 的常用钢管管径，或最大管壁粗糙度为 0.051mm 的少数钢管，其临界 Re_k 数值可查表 3-8 和表 3-9。[1]

临界 Re_k 值和相应的传输系数（$K=0.018$mm）　　**表 3-8**

公称管径（in）	实际管内径（in）	相交处的$\sqrt{\frac{1}{f}}$	相交处的 Re（1000）
1	1.049	14.98	117
$1\frac{1}{4}$	1.380	15.45	159
$1\frac{1}{2}$	1.610	15.77	189
2	2.067	16.15	249
3	3.068	16.84	385
4	4.026	17.31	520
6	6.065	18.02	816
8	7.981	18.50	1100
10	10.250	18.94	1450
12	12.250	19.25	1760
16	15.376	19.64	2250
20	19.250	20.03	2880
24	23.250	20.36	3530
30	29.000	20.76	4490

临界 Re_k 数值和相应的输气系数[1]（$K=0.051$mm）　　**表 3-9**

公称管径（in）	实际管内径（in）	相交处的$\sqrt{\frac{1}{f}}$	相交处的 Re 数（1000）
1	1.049	13.15	36.1
$1\frac{1}{4}$	1.380	13.63	49.1
$1\frac{1}{2}$	1.610	13.90	58.5
2	2.067	14.33	77.4

续表

公称管径（in）	实际管内径（in）	相交处的$\sqrt{\frac{1}{f}}$	相交处的 *Re* 数（1000）
3	3.068	15.02	120.4
4	4.026	15.49	163
6	6.065	16.20	257
8	7.981	16.68	348
10	10.028	17.07	447
12	12.250	17.42	557
16	15.376	17.80	708
20	19.250	18.21	914
24	23.250	18.53	1127
30	29.000	18.92	1430

对流态的类型应用临界 *Re* 数判别时，应先算出 *Re* 数值。根据 3-1 式雷诺数的定义，若使用英制单位：P_0：psia；Q_0：ft^3/h；D：in；T_0:°R；μ：（ft·s），则以流量变数表达的 *Re* 数为[1]：

$$Re = \frac{0.011459Q_0SP_0}{\mu DT_0} \tag{3-51}$$

若使用国际单位：P_0：kPa；Q_0：m^3/h；D：mm；T_0：K；μ：kg/（m·s）；则 *Re* 数为：

$$Re = \frac{1.233Q_0SP_0}{\mu DT_0} \tag{3-52}$$

【例 3-1】　一段公称管径为 6in（152mm）的钢管用来输送天然气，输气距离为 1mile（1.6km），由输气干管接至某一小城市。管径根据 5 年中社会所需的最大耗气量确定。设计人员算出负荷 $Q_0=250000ft^3/h$（$7075m^3/h$）。6in 干管入口处的压力为 50psia（345kPa），求选择什么流量公式来计算压降？其他参数为：管内径 $D=6.125$in（155.58mm）；$P_0=14.73$psia（101.3kPa）；$T_0=520$°R（288.7K）；$T_f=490$°R（272.1K），天然气的相对密度 $S=0.671$；动力黏度 $\mu=7.23\times10^{-6}$lb/（ft·s）（10.758×10^{-6}kg/（m·s））。

设干管为洁净的商品钢管，管壁粗糙度为 0.7 密耳（0.018mm）。根据图 3-12，在管壁粗糙度 0.7 密耳向上找对应于 6in 管的相交点，再水平向左找到临界 Re_k 数的值为 750000。

雷诺数的计算值（英制）为：

$$Re = \frac{0.011459Q_0SP_0}{\mu DT_0} = \frac{0.011459\times250000\times0.671\times14.73}{7.23\times10^{-6}\times6.125\times520} = 1230000$$

或国际单位

$$Re = \frac{1.233Q_0SP_0}{\mu DT_0} = \frac{1.233\times7075\times0.671\times101.3}{10.758\times10^{-6}\times155.58\times288.7} = 1230000$$

由于计算所得的 *Re* 值大于临界 Re_k 值，应选用表 3-3 中的全湍流流量计算公式。

在管网分析中，对同类燃气要进行反复、大量的流量运算，这时，对选用管道的每一管径，可按例 3-1 的方法先立表查出其临界 Re_k 值备用（参见例 3-2）。在流量计算中，美国的工程师习惯以流量作为比较标准，因此，按查得的临界 Re_k 值先算出临界流量值 Q_k，

若临界流量 Q_k 值大于计算流量，则采用光滑管流量计算公式，小于时则采用全湍流流量计算公式。试以例 3-2 说明[1]。

【例 3-2】　若用 1.6km 的管道输气，计算流量与燃气的基本状态和物性参数如下，求下列条件下洁净钢管的流态类型。

已知 $P_0 = 14.73$psia（101.56kPa），$T_0 = 520°$R（288.8K），$S = 0.6$，$\mu = 7.056 \times 10^{-6}$ lbm/（ft·s）（10.47×10^{-6}kg/（m·s））

选 择 的 管 径

公称管径	管内径（in）/（mm）	计算流量（1000ft³/h）/（m³/h）
4	（4.124）/（104.75）	（65）/（1839）
6	（6.125）/（155.58）	（200）/（5660）
8	（8.125）/（206.38）	（350）/（9900）

解： 1. 求用流量和管内径表达的 Re 数式。

按式（3-51）

$$Re = \frac{0.011459 Q_0 S P_0}{\mu D T_0} = \frac{(0.011459 \times 0.6 \times 14.73) Q_0}{(7.23 \times 10^{-6})(520) D} = \frac{26.934 Q_0}{D}$$

在判断流态范围时，若 Re 数的计算不必十分精确，则可近似地将 $Re = \frac{24 Q_0}{D}$，$24 Q_0$ 为日计算流量 Q_d，因此 $Re = \frac{Q_d}{D}$。

按式（3-52）

$$Re = \frac{1.233 Q_0 S P_0}{\mu D T_0} = \frac{(1.233 \times 0.6 \times 101.56) Q_0}{(10.47 \times 10^{-6} \times 288.8) D} = 24848 \frac{Q_0}{D}。$$

同样，在近似计算中，可将 $Re \approx 24 \times 1000 \frac{Q_0}{D}$

用式 $Re \approx 1000 \frac{Q_d}{D}$ 表示，比上一近似式精确度高。

法国的文献中[34]采用的公式与此式相同。

2. 查表 3-7，可知：

公称管径（in）	Re_k	公称管径（in）	Re_k
4	520000	8	1100000
6	816000		

3. 用 Re 数表示的流量公式可写为：

$$Q_0 = \frac{DRe}{26.934}(\text{英制})\text{或}$$

$$Q_0 = \frac{DRe}{24848}(\text{国际单位}) \approx \frac{DRe}{25000}$$ [34]

计算结果如下表：

公称管径（in）	临界流量（1000ft³/h）/（m³/h）	公称管径（in）	临界流量（1000ft³/h）/（m³/h）
4	（79.62）/（2192）	8	（331.83）/（9136）
6	（185.56）/（5019）		

比较计算流量与临界流量后可知，4in管为光滑管区，6in和8in管为全湍流区。

（四）柯立勃洛克-怀特湍流过渡区公式

在燃气工程流量计算中，对湍流流态要尽量避免采用柯立勃洛克-怀特的公式。柯氏的公式可见表3-3。如前所述，在莫迪图（图3-7）上，光滑管流量定律以上的曲线就是以柯氏公式为基础绘出。公式中传输系数的表达式反映在 *Re* 数从较低到适中时接近于光滑管流量定律，*Re* 数高时，接近于粗糙管流量定律。与光滑管流量定律相同，它是传输系数的隐函数式，不能代入通用流量计算公式后得出易于应用的显函数流量公式。用试算法对手工计算太复杂必须采用计算机。现在已有稳定流动状态管网分析的计算程序。在使用柯氏公式时，假设曲线与光滑管流量定律和粗糙管流量定律相连，以此代表湍流两个基本区之间过渡区的摩擦系数状态。

为了便于计算，至今仍有许多研究工作者提出与柯氏公式相接近的显函数式，著名的有：

1. 伍特式（Wood，1966）[17]

$$f = a + bRe^{-c} \tag{3-53}$$

式中　$a = 0.026\left(\frac{K}{D}\right)^{0.225} + 0.133\left(\frac{K}{D}\right)$

$b = 22\left(\frac{K}{D}\right)^{0.44}$

$c = 1.62\left(\frac{K}{D}\right)^{0.134}$

在极端情况下，上式与柯氏公式尚有4%的偏差，但与柯氏公式已十分接近。

2. 陈宁新公式（Chen equation，1979）[1,49]

$$\frac{1}{\sqrt{f}} = -4\lg\left[\frac{K}{3.7065D} - \frac{5.0452}{Re}\log A_4\right] \tag{3-54}$$

式中　$A_4 = \frac{\left(\frac{K}{D}\right)^{1.1098}}{2.8257} + \left(\frac{7.149}{Re}\right)^{0.8961}$。

3. 索盖姆（Shocam）式[1,50]

$$\frac{1}{\sqrt{f}} = 4\lg\left(\frac{K}{3.7D}\right) - \left(\frac{5.02}{Re}\right)\lg\left(\frac{K}{3.7D}\right) + \frac{15.5}{Re} \tag{3-55}$$

以上诸式虽然繁复，但却是显函数式，可省略在使用柯氏公式时的试算过程。美国的经验表示，在管网分析中应用上述显函数式，计算机的工作量至少可节省1/3。

4. 前苏联的阿里特苏里式（А.Д.Альтщуль，1950）[4]

$$\lambda = 0.11\left(\frac{K}{D} + \frac{68}{Re}\right)^{0.25} \tag{3-56}$$

公式的特点是，如忽略粗糙度的作用，则式（3-56）接近于布拉修斯式 $\lambda = 0.316Re^{-0.25}$；如忽略 *Re* 数的作用，则接近于希弗林逊式 $\lambda = 0.11\left(\frac{K}{D}\right)^{0.25}$。公式不是以经典的光滑管流量定律式与粗糙管流量定律式作基础，在世界上未见其他国家采用，在长输管线计算中也未采用过此式。前苏联长输管线计算中采用的公式比美国潘亨得尔式求得的流量值要偏小 15%～20%[48]。

我国城市燃气设计规范中曾推荐采用此式，在我国流传甚广。现将此式与柯氏式作一比较，在莫迪图上可看出其差别。

若按$\frac{K}{D}=0.0002$和$\frac{K}{D}=0.00005$两种情况对不同的 Re 数值计算 λ 值，其结果可列表 3-10。

不同$\frac{K}{D}$和不同 Re 数时的 λ 值　　表 3-10

Re 数	λ 值$\left(\frac{K}{D}=0.0002\text{时}\right)$	λ 值$\left(\frac{K}{D}=0.00005\text{时}\right)$
10^4	0.03182	0.03165
10^5	0.01894	0.01808
10^6	0.01407	0.01462
10^7	0.01319	0.00955
10^8	0.01309	0.00927

与莫迪图比较后可知，当 $Re<10^5$ 时，λ 值接近于柯氏式，$Re>10^5$ 时偏离越来越大。

第四节　流量计算示例

流量计算是指将已知的流量变数和燃气的物性值代入相应的流量计算公式后，甚易求得流量变数的未知值-流量或下游压力。计算工作通常用特定的流量计算尺、程序包计算器或数字计算机完成。但不论使用的计算工具何等先进，任何一个工程师必须熟练的掌握手算法，建立各种变数之间关系的明确概念。

一、流量的手算法（Manual Flow Calculations）

研究流量计算通式［式（3-26）或式（3-27）］后可知，公式中的多项为常数或稳定值，如：

（一）标准温度 $T_0=273.2$K（460°R），$T_0=293.2$K（即 20℃）或 $T_0=288.89$°K（520°R，60°F即 15.69℃）。标准压力 $P_0=101.56$kPa（14.73psia）等。

（二）燃气的物性参数：S、μ 和 Z_{av}，它与燃气的组成有关，而与配气系统中的输气情况无关。美国配气系统压力的上限值为 689kPa（100psia）。当压力等于或小于此值时 Z_{av} 可取等于 1.0。

（三）流动燃气的温度 T_f，可取等于土壤温度。它随季节而变。

因此，在配气系统中流量计算公式的基本流量变量仅为管道的物理量：D，L，燃气流量：Q_0，压降：ΔP、h_w 或绝对压力的平方差：$\Delta P^2=P_1^2-P_2^2$。

1. 摩阻系数（Resistance Factors）

在流量的手算法中，所有的常数项、燃气的性质、燃气的流动温度和流量公式中的管径项可归纳在一起称作管段单位长度的摩阻系数或比摩阻系数 R，因而流量计算式也可用较简单的形式表示，我国常称为水力计算公式，如：

$$\Delta P^2 \text{或} \Delta P = RLQ_0^n = kQ_0^n \tag{3-57}$$

式中 K——管段的摩阻系数（Pipe section resistance factor）；

R——管段单位管长的摩阻系数（比摩阻）$\frac{K}{L}$；

n——指数。通常在 1.74～2 之间，取决于所采用的实用流量计算公式。

摩阻系数的指数值可见表 3-11。表 3-11 为根据表 3-4 中的公式整理而得。

常用流量公式中的比摩阻系数[a] **表 3-11**

流量公式	比摩阻[b]	常数项 C 值		流量指数
		国际单位	英制单位	
1. 全湍流式	$CT_fSZ_{av}/\left(\log\frac{3.7D}{K}\right)^2D^5$	$C=1.349\times10^4$	$C=3.645\times10^{-3}$	2.0
2. IGT 式	$CT_fS^{0.8}\mu^{0.2}/D^{4.8}$	$C=3.0\times10^3$	$C=3.418\times10^{-3}$	1.8
3. 米勒式	$CT_fS^{0.739}\mu^{0.261}/D^{4.739}$	$C=3.903\times10^3$	$C=6.922\times10^{-3}$	1.74
4. 潘亨得尔式[c] A	$CT_fS^{0.855}/D^{4.856}$	$C=9.628\times10^2$	$C=2.552\times10^{-4}$	1.855
5. 史匹兹格拉斯式（高压）[d]	CS/D^5	$C=1.7633\times10^5$ $\left(1+\frac{91.44}{D}+0.001181D\right)$	$C=8.575\times10^{-2}$ $\left(1+\frac{3.6}{D}+0.03D\right)$	2.0
6. 史匹兹格拉斯式（低压）[e]	CS/D^5	$C=8.718\times10^4$ $\left(1+\frac{91.44}{D}+0.001181D\right)$	$C=7.935\times10^{-2}$ $\left(1+\frac{3.6}{D}+0.03D\right)$	2.0
7. 维莫斯式	$CT_fS/D^{\frac{16}{3}}$	$C=5.069\times10^3$	$C=4.659\times10^{-4}$	2.0

a. 项	英制单位	国际单位
D	in	mm
L	ft	m
P	psia	kPa（绝）
Q_0	$1000ft^3/h$	m^3/h
T_f	°R	K
ΔP，h_w	in 水柱	mm 水柱
μ	lb/（ft·s）	厘泊（CP）

b. 标准状态为：$P_0=101.56$kPa（14.73psia）

$T_0=288.89$K（520°R）

比摩阻：英制单位：每英寸，国际单位：每米

c. 常数中包括：$\mu=7.0\times10^{-6}$lb/（ft·s）

$\mu=0.0104$CP

d. 常数中包括：$P_0=101.56$kPa（14.73psia）

$T_0=288.89$K（520°R）

$T_f=290$K（522.6°R）

即 17℃或 62.6℉

e. 低压式为：ΔP 或 $h_w=RLQ_0^2$

表 3-11 中的比摩阻值 R 应根据每一配气系统的实际情况确定，决定于所选用的流量公式和管道内径。对多数配气系统，输送燃气的物理性质是不变的，因此，可以列表作出某一流量计算公式在不同管径时的比摩阻值 R。在计算中，为求得某一管段的摩阻系数 K 值，只需将比摩阻值 R 乘上管段的长度。比摩阻系数 R 的计算值可见表 3-12。表 3-12 按史匹兹格拉斯高压和低压公式作出，相应的相对密度 S 值分两档，即 0.65 与 0.60。当燃气的相对密度为另一值时，可按表 3-13 进行换算。例如，计算史氏高压公式在燃气相对

密度为 0.68 的比摩阻系数值时，可先查表 3-12：当 $S=0.60$ 时，$R=1.7551\times10^{-5}$；再按表 3-13，查得当 S 为 0.68 时的修正系数为 1.133，因此：

$$R_{0.68}=1.133\times1.7551\times10^{-5}=1.9885\times10^{-5}$$

表 3-12 只说明比摩阻系数表的编制方法及其用途，它是根据史氏公式编制的，但并不说明史氏公式可用在多数或任何配气系统的流量计算中。之所以选择史氏公式作为制表的依据主要是因为它简单且应用广泛。

史匹兹格拉斯高压及低压计算公式中的比摩阻系数值　　**表 3-12**

公称管径 (in)	壁厚 δ (mm)	管外径 OD (mm)	管内径 ID (mm)	比摩阻系数 R（高压公式）燃气的相对密度 S		比摩阻系数 R（低压公式）燃气的相对密度 S	
				0.65	0.60	0.65	0.60
1	3.25	33.5	27	3.5296×10^{-2}	3.258×10^{-2}	1.7451×10^{-2}	1.6108×10^{-2}
2	3.5	60.0	53	7.6399×10^{-4}	7.0522×10^{-4}	3.7772×10^{-4}	3.4867×10^{-4}
3	4.0	88.5	80.5	7.5643×10^{-5}	6.9824×10^{-5}	3.7399×10^{-5}	3.4523×10^{-5}
4	5.0	114	104	1.8858×10^{-5}	1.7551×10^{-5}	9.3236×10^{-6}	8.6064×10^{-6}
6	5.5	165	154	2.3499×10^{-6}	2.1691×10^{-6}	1.1618×10^{-6}	1.0725×10^{-6}
8	6.0	219	207	5.0859×10^{-7}	4.6947×10^{-7}	2.5145×10^{-7}	2.3211×10^{-7}
10	6.0	273	261	1.5692×10^{-7}	1.4484×10^{-7}	7.7583×10^{-8}	7.1615×10^{-8}
12	6.0	325	313	6.3398×10^{-8}	5.8521×10^{-8}	3.1344×10^{-8}	2.8933×10^{-8}
16	6.0	426	414	1.6114×10^{-8}	1.4874×10^{-8}	7.9670×10^{-9}	7.3542×10^{-9}
20	6.0	530	518	5.4973×10^{-9}	5.0745×10^{-9}	2.7179×10^{-9}	2.5089×10^{-9}
24	6.0	630	618	2.3876×10^{-9}	2.2039×10^{-9}	1.1805×10^{-9}	1.0897×10^{-9}
24	8.0	630	614	2.4614×10^{-9}	2.2721×10^{-9}	1.2169×10^{-9}	1.2133×10^{-9}

相对密度换算系数（以 $S=0.6$ 为 1.000 计）　　**表 3-13**

相对密度 S	0.00	0.01	0.02	0.03	0.04	0.05	0.06	0.07	0.08	0.09
0.50	0.833	0.850	0.867	0.883	0.900	0.917	0.933	0.950	0.967	0.983
0.60	1.000	1.017	1.033	1.050	1.067	1.083	1.100	1.117	1.133	1.150
0.70	1.167	1.183	1.200	1.217	1.233	1.250	1.267	1.283	1.300	1.317
0.80	1.333	1.350	1.367	1.383	1.400	1.417	1.433	1.450	1.467	1.483
0.90	1.500	1.517	1.533	1.550	1.567	1.583	1.600	1.617	1.633	1.650
1.00	1.667	1.683	1.700	1.717	1.733	1.750	1.767	1.783	1.800	1.817

美国在许多配气系统中[1]，常用液化石油气-空气混合体作为调峰气补充冬季用气的不足。这一方法既改变了燃气的组分，也改变了燃气的密度、相对密度和热值。特别是液化石油气-空气混合体的密度大大高于天然气，在天然气中混合这种气体后，提高了燃气的密度值，因而在流量计算中应反映燃气密度的变化。但是，液化石油气-空气混合体的热值也高于天然气，计算中系统的负荷值也相应减小，因此，能量的总输入率仍为常量。

2. 当量长度（Equivalent Length）

管段的相对输气能力也可用一定管径的当量长度表示。当量长度表示不同管径的已知管长与某一管径和某一管长有相同的摩阻系数 K 值。其表达式为：

$$ReL_e = K_p \tag{3-58}$$

或

$$L_e = \frac{K_p}{Re} \tag{3-59}$$

式中　K_p——任一管段的摩阻系数；

Re——管道某一管径的比摩阻值；

L_e——管道某一参照管径的当量长度。

应用上式时，计算 K_p 和 Re 中各项的单位应统一。

根据表 3-12，也可将史匹兹格拉斯公式的比摩阻系数值用来计算当量长度，以低压计算公式为例，计算值可见表 3-14。

以史匹兹格拉斯低压公式的比摩阻系数值计算当量长度　　表 3-14

公称管径 (in)	管内径 (mm)	当量长度（$S=0.65$）			当量长度（$S=0.60$）		
		R	6in	16in	R	6in	16in
1	27	1.7451×10^{-2}	$1.50211\times10^{+4}$	0.2190×10^{7}	1.6108×10^{-2}	1.5019×10^{4}	0.2190×10^{7}
2	53	3.7772×10^{-4}	3.2512×10^{2}	0.4741×10^{5}	3.4867×10^{-4}	3.7395×10^{2}	0.4741×10^{5}
3	80.5	3.7399×10^{-5}	4.3450×10^{1}	0.4694×10^{4}	3.4523×10^{-5}	3.2189×10	0.4694×10^{4}
4	104	9.3236×10^{-6}	8.02513	1.1703×10^{3}	8.6064×10^{-6}	8.0246	11.7027×10^{3}
6	154	1.1618×10^{-6}	1	0.1458×10^{3}	1.0725×10^{-6}	1	0.1458×10^{3}
8	207	2.5145×10^{-7}	2.1643×10^{-1}	0.3156×10^{2}	2.3211×10^{-7}	2.1642×10^{-1}	0.3156×10^{2}
10	261	7.7583×10^{-8}	6.6778×10^{-2}	0.9738×10^{1}	7.1615×10^{-8}	6.6774×10^{-2}	0.9738×10
12	313	3.1344×10^{-8}	2.6979×10^{-2}	0.3934×10^{1}	2.8933×10^{-8}	2.6977×10^{-2}	0.3934×10
16	414	7.9670×10^{-9}	6.6251×10^{-3}	1	7.3542×10^{-9}	6.8571×10^{-3}	1
20	518	2.7179×10^{-9}	2.3394×10^{-3}	0.3411	2.5089×10^{-9}	2.3393×10^{-3}	0.3412
24	618	1.1805×10^{-9}	1.0161×10^{-3}	0.1482	1.0897×10^{-9}	1.0160×10^{-3}	0.1482
24	614	1.2169×10^{-9}	1.0474×10^{-3}	0.1527	1.2133×10^{-9}	1.1313×10^{-3}	0.1650

用同样方法可得使用其他公式的比摩阻系数值计算当量长度的算表。由表 3-11 可知，由于 IGT 式，米勒式，潘亨得尔式和维莫斯式中，比摩阻系数仅与燃气的物性和管内径有关，对相同物性的燃气可按下式进行当量长度的换算：

$$L_E = \left(\frac{D_S}{D}\right)^A L \tag{3-60}$$

式中　L_E——所选管径的当量长度，m；

D_S——所选管子的管内径，mm；

D——实际管子的管内径，mm；

A——指数，见表 3-15。

式（3-60）中的指数值　**表 3-15**

	IGT 式	米勒式	潘亨得尔式	维莫斯式
A	4.8	4.739	4.856	5.333

【例 3-3】[1]　由若干根管串联成一个管组，用史匹兹格拉斯低压流量计算公式计算时，摩阻系数 $K_P=0.93\times10^{-3}$，计算相当于这一管道摩阻系数的 6in 钢管的当量长度。若 6in 管的管内径为 154.0mm，$S=0.65$。

由表 3-11 知，史式比摩阻值为：

$$R=\frac{CS}{D^5}$$

式中

$$\begin{aligned}C&=8.718\times10^4\left(1+\frac{91.44}{D}+0.001181D\right)\\&=8.718\times10^4\left(1+\frac{91.44}{154.0}+0.001181\times154.0\right)\\&=15.4823\times10^4\end{aligned}$$

$$R=\frac{CS}{D^5}=\frac{15.4823\times10^4\times0.65}{154^5}=\frac{10.063495\times10^4}{8.661\times10^{10}}=1.1618\times10^{-6}$$

亦可直接查表 3-14，得 $R=1.1618\times10^{-6}$

于是：

$$L_e=\frac{0.93\times10^{-3}}{1.1618\times10^{-6}}=800\text{m}$$

在管网流量的手工试算法（Mannual trial-and-error solution）中，经常应用当量长度的概念，即对管网中的所有管段均采用某一参照管径的当量长度表示，称为一定流量下相对阻力的常规指数（Convenient index），这在估算管网中通过某一管段的流量时十分有用。此外，当量长度的概念也用于将接口等局部阻力换算成同管径管道的长度阻力损失。包括接口在内的管段有效长度应是直管段的长度和接口等当量长度之和。管接口以及如过流阀等特殊接口的当量长度值的计算用表通常由生产厂家提供，生产厂家也必须说明换算时所采用的摩阻系数公式。

3. 当量摩阻系数（Equivalent Resistance Factor）[1]

当管段串联或并联时，也可用一当量摩阻系数代表其综合的摩阻值。计算方法如下：

将式 3-57 改写成：

$$P_1^2-P_2^2=K_eQ_t^n \tag{3-61}$$

式中　P_1——管组入口处的上游压力；

P_2——管组出口处的下游压力；

K_e——连接管段的当量摩阻系数；

Q_t——通过连接管段的总流量；

n——指数，在 1.74～2.0 之间，取决于所采用的流量计算公式。

对如图 3-13 的管段串联情况，各分管段的压降为：

$$\begin{cases} P_i^2 - P_1^2 = K_1 Q_t^n \\ P_1^2 - P_2^2 = K_2 Q_t^n \\ P_2^2 - P_0^2 = K_3 Q_t^n \end{cases}$$

将以上三式相加，得：

$$P_i^2 - P_0^2 = (K_1 + K_2 + K_3) Q_t^n = K_e Q_t^n$$

因此，$K_e = K_1 + K_2 + K_3$　　(3-62)

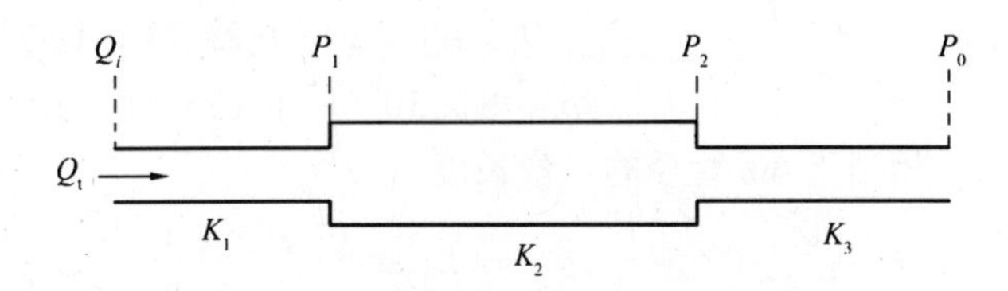

图 3-13　串联的管段

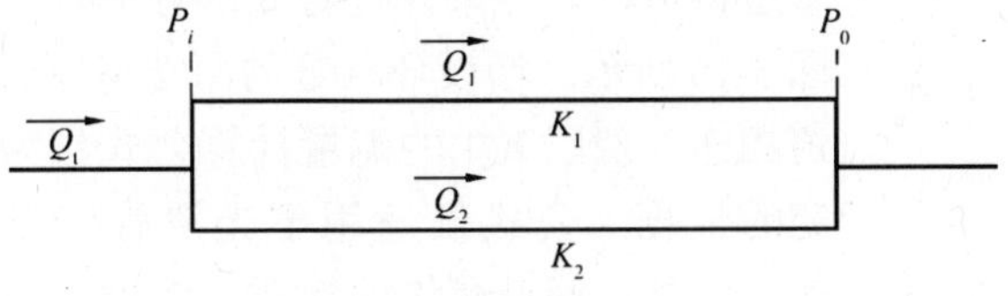

图 3-14　并联的管段

对图 3-14 的管段并联情况，则

$$Q_t = Q_1 + Q_2$$

$$\left(\frac{1}{K_e}\right)^{\frac{1}{n}} = \left(\frac{1}{K_1}\right)^{\frac{1}{n}} + \left(\frac{1}{K_2}\right)^{\frac{1}{n}}$$

因此，
$$K_e = \frac{K_1 K_2}{\left(\frac{1}{K_1}^{\frac{1}{n}} + \frac{1}{K_2}^{\frac{1}{n}}\right)^n} \tag{3-63}$$

【例 3-4】　按史匹兹格拉斯低压公式，对图 3-15 中所示的 A、B 两种铸铁管布置方案算出当量摩阻系数和当量长度。以 6in 管为基准，燃气的相对密度为 $S = 0.65$。

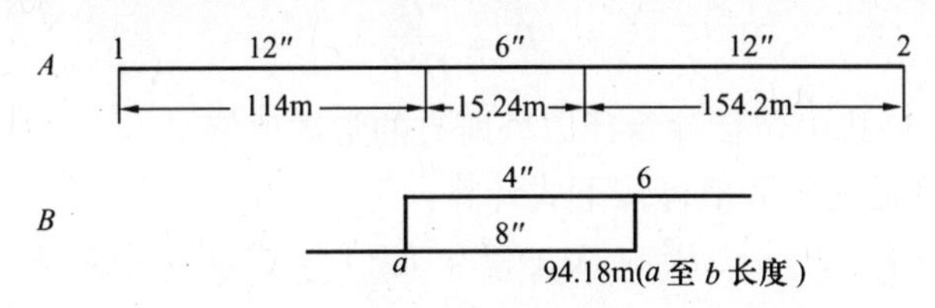

图 3-15　铸铁管的两种布置方案

计算当量摩阻系数时，需先算出每一管段的摩阻系数，如表 3-16。

当量长度算表　　**表 3-16**

管径 (in)	管内径 (mm)	比摩阻值 R（每 m）	管长 L (m)	K
4	101.6	$8.718 \times 10^4 \left(1 + \frac{91.44}{101.6} + 0.001181 \times 101.6\right) \frac{0.65}{101.6^5} = 10.57 \times 10^{-6}$	94.18	995.48×10^{-6}
6	153.2	1.185×10^{-6}	15.24	18.059×10^{-6}
8	207.01	0.252×10^{-6}	94.18	23.73×10^{-6}
12	307.85	0.034×10^{-6}	114	3.876×10^{-6}
12			152.4	5.182×10^{-6}

对串联布置方案：

$$K_e = 3.876 \times 10^{-6} + 18.059 \times 10^{-6} + 5.182 \times 10^{-6} = 27.108 \times 10^{-6}$$

相当于 6in 管径的当量长度

$$L_e = \frac{27.108 \times 10^{-6}}{1.185 \times 10^{-6}} = 22.876\text{m}$$

对并联布置方案：

$$K_e = \frac{(995.48 \times 10^{-6})(23.73 \times 10^{-6})}{[(995.48 \times 10^{-6})^{\frac{1}{2}} + (23.73 \times 10^{-6})^{\frac{1}{2}}]^2} = 17.805 \times 10^{-6}$$

相当于 6in 管径的当量长度

$$L_e = \frac{17.805 \times 10^{-6}}{1.185 \times 10^{-6}} = 15.025\text{m}$$

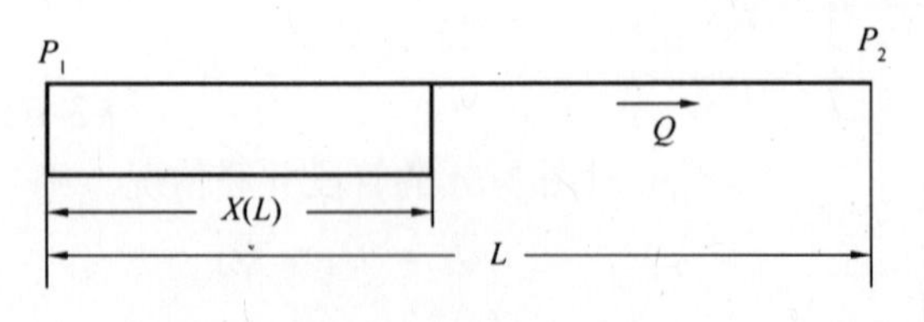

图 3-16 部分成环管道

4. 部分成环管道（Partial looping）[1]

在管道需要增加通过量时，常将部分管道再增设另一条并行管或部分成环，如图 3-16 所示。增设环状管的两端与原始管道相连。现以 IGT 的流量计算公式作为研究的依据。公式仅适用于光滑管流量定律。此外，假设燃气的性质、温度、管道入口及出口处的压力与增设并行管道前是相同的。

图 3-16 中，x 为原管长中成环部分的长度。由表 3-11 可知，IGT 的表达式可简化为：

$$\Delta P^2 = RLQ^{1.8} \tag{3-64}$$

当比摩阻值 R 用管径的函数表示时，可写为：

$$R = \frac{C}{D^{4.8}} \tag{3-65}$$

式中 C——在 IGT 公式中包括除管径以外所有的常数项值。

通过部分环状管道的压降值可按下式计算：

$$\begin{aligned} P_1^2 - P_2^2 = \Delta P^2 &= K_e Q_l^{1.8} + K_0(1-x)Q_l^{1.8} = K_l Q^{1.8} \\ &= ReL \cdot xQ_l^{1.8} + R_0 L(1-x)Q_l^{1.8} = R_l L Q^{1.8} \end{aligned} \tag{3-66}$$

式中 K_e——成环管道部分的当量摩阻系数；

K_l——包括成环管道部分在内的整个管道系统的当量摩阻系数；

K_0——原始管道的摩阻系数；

Q——成环前通过管道的燃气流量，m^3/h；

Q_l——通过环状系统的燃气流量，m^3/h；

R_e——成环管道部分的比摩阻值；

R_0——原始管道的比摩阻值；

R_l——包括成环管道部分在内整个管道系统的比摩阻值。

管道成环部分的当量摩阻系数可按式（3-63）求得：

$$k_e = \frac{k_0 k_p}{(k_0^{\frac{1}{n}} + k_p^{\frac{1}{n}})^n} \tag{3-67}$$

式中 k_0——成环部分原有管道的摩阻系数；

k_p——成环部分增设管道的摩阻系数。

由式（3-65）可得：

$$k_0 = R_0 Lx = \left(\frac{C}{D^{4.8}}\right) Lx \tag{3-68}$$

$$k_{\mathrm{p}} = R_{\mathrm{p}} LX = \left(\frac{C}{D_{\mathrm{p}}^{4.8}}\right) LX \tag{3-69}$$

将式（3-68）和式（3-69）代入式（3-67）得：

$$\begin{aligned} k_{\mathrm{e}} &= \frac{\left(\frac{C}{D^{4.8}}\right)\left(\frac{C}{D_{\mathrm{p}}^{4.8}}\right)(LX)^2}{\left[\left(\frac{CLX}{D^{4.8}}\right)^{\frac{1}{1.8}} + \left(\frac{CLX}{D_{\mathrm{p}}^{4.8}}\right)^{\frac{1}{1.8}}\right]^{1.8}} \\ &= \frac{CLX}{(D \cdot D_{\mathrm{p}})^{4.8}\left[\left(\frac{1}{D^{4.8}}\right)^{\frac{1}{1.8}} + \left(\frac{1}{D_{\mathrm{p}}^{4.8}}\right)^{\frac{1}{1.8}}\right]^{1.8}} \\ &= \frac{CLX}{(D_{\mathrm{p}}^{2.667} + D^{2.667})^{1.8}} \end{aligned} \tag{3-70}$$

整个部分成环管道的摩阻系数应为成环部分当量摩阻系数与不成环部分摩阻系数之和，即：

$$\begin{aligned} k_l &= k_{\mathrm{e}} + R_0(L - XL) \\ &= \frac{CLX}{(D_{\mathrm{p}}^{2.667} + D^{2.667})^{1.8}} + \left(\frac{C}{D^{4.8}}\right)(L - XL) \end{aligned} \tag{3-71}$$

对采用部分成环管道提高管道输气能力的方法应求出三个主要数据，即（1）成环系统的通过能力；（2）成环管道的长度；（3）加设成环管道的管径。其相应的计算公式为：

（1）成环系统的通过能力（Capacity of looped system）

成环系统通过能力的提高是对相同的压降 ΔP^2 和对原始未成环时系统的通过能力而言，如原始系统的通过能力为 Q，则与通过能力提高量之间有下述数学关系：

$$k_l Q_l^{1.8} = K_0 Q^{1.8} = R_0 L Q^{1.8} \tag{3-72}$$

将式（3-71）中的 K_l 及 R_0 与管径的函数式代入，可得：

$$Q_l^{1.8}\left[\frac{CLX}{(D_{\mathrm{p}}^{2.667} + D^{2.667})^{1.8}} + \frac{C(L - XL)}{D^{4.8}}\right] = \frac{CL}{D^{4.8}} Q^{1.8} \tag{3-73}$$

公式的两边乘以$\frac{D^{4.8}}{CL}$，则式（3-73）可写成：

$$Q_l^{1.8}\left\{\frac{XD^{4.8}}{(D_{\mathrm{p}}^{2.667} + D^{2.667})^{1.8}} + (1 - X)\right\} = Q^{1.8}$$

$$Q_l^{1.8}\left\{\frac{X}{\frac{(D_{\mathrm{p}}^{2.667} + D^{2.667})^{1.8}}{D^{4.8}}} + (1 - X)\right\} = Q^{1.8}$$

$$Q_l^{1.8}\left\{\frac{X}{\left(\frac{D_{\mathrm{p}}^{2.667} + D^{2.667})}{D^{2.667}}\right)^{1.8}} + (1 - X)\right\} = Q^{1.8}$$

$$Q_l^{1.8}\left\{\frac{X}{\left[\left(\frac{D_p}{D}\right)^{2.667}+1\right]^{1.8}}+(1-X)\right\}=Q^{1.8}$$

$$Q_l^{1.8}=\frac{Q^{1.8}}{\left\{\frac{X}{\left[\left(\frac{D_p}{D}\right)^{2.667}+1\right]^{1.8}}+(1-X)\right\}} \tag{3-74}$$

$$Q_l=\frac{Q}{\left\{\frac{X}{\left[\left(\frac{D_p}{D}\right)^{2.667}+1\right]^{1.8}}+(1-X)\right\}^{0.555}} \tag{3-75}$$

若成环管道的管长与原始管道的管长相等，即 $x=1$，则：

$$Q_l=\frac{Q}{\left\{\frac{1}{\left[\left(\frac{D_p}{D}\right)^{2.667}+1\right]^{1.8}}\right\}^{0.555}}=Q\left\{\left(\frac{D_p}{D}\right)^{2.667}+1\right\} \tag{3-76}$$

(2) 成环管道的长度（Extent of looping required）

为满足一定增加流量的要求，求所需成环管道的长度，则式（3-74）可写成：

$$\frac{X}{\left[\left(\frac{D_p}{D}\right)^{2.667}+1\right]^{1.8}}+(1-X)=\left(\frac{Q}{Q_l}\right)^{1.8}$$

为求得 X，上式可写成：

$$X\left\{\frac{1}{\left[\left(\frac{D_p}{D}\right)^{2.667}+1\right]^{1.8}}-1\right\}=\left(\frac{Q}{Q_l}\right)^{1.8}-1 \tag{3-77}$$

$$\therefore X=\frac{\left(\frac{Q}{Q_l}\right)^{1.8}-1}{\frac{1}{\left[\left(\frac{D_p}{D}\right)^{2.667}+1\right]^{1.8}}-1} \tag{3-78}$$

若 $D_p=D$，则：

$$X=\frac{\left(\frac{Q}{Q_l}\right)^{1.8}-1}{\frac{1}{3.48}-1}=1.403\left[1-\left(\frac{Q}{Q_l}\right)^{1.8}\right] \tag{3-79}$$

(3) 成环管道的管径（Required diameter of looped main）

根据式（3-77）求 D_p：

$$\frac{X}{\left[\left(\frac{D_{\mathrm{p}}}{D}\right)^{2.667}+1\right]^{1.8}}=\left(\frac{Q}{Q_{l}}\right)^{1.8}-1+X$$

$$\left[\left(\frac{D_{\mathrm{p}}}{D}\right)^{2.667}+1\right]^{1.8}=\frac{X}{\left[\left(\frac{Q}{Q_{l}}\right)^{1.8}-1+X\right]}$$

$$\left(\frac{D_{\mathrm{p}}}{D}\right)^{2.667}+1=\left\{\frac{X}{\left[\left(\frac{Q}{Q_{l}}\right)^{1.8}-1+X\right]}\right\}^{0.555}$$

$$D_{\mathrm{p}}=D\left\{\left[\frac{X}{\left(\frac{Q}{Q_{l}}\right)^{1.8}-1+X}\right]^{0.555}-1\right\}^{0.375} \tag{3-80}$$

若整个管道均成环，即 $x=1$，则式 3-80 可写为：

$$D_{\mathrm{p}}=\frac{D}{\left[\frac{Q}{Q_{l}}-1\right]^{0.375}} \tag{3-81}$$

【例 3-5】　一段内径为 158.75mm 的 6in 钢管与另一内径为 207.95mm 的 8in 钢管并联使用。管道始、末端的运行压力不变，通过能力为 5667.32m³/h，试求：

（1）当$\frac{1}{4}$的管道成环时，管道系统的通过量；

（2）当流量提高到 8051m³/h 时，成环管道的长度；

（3）当成环管长为整个管长的$\frac{1}{2}$，通过量为 7084.2m³/h 时的最小管径。

解：（1）代入式（3-75）得：

$$Q_{l}=\frac{5667.32}{\left\{\frac{0.25}{\left[\left(\frac{207.95}{158.75}\right)^{2.667}+1\right]^{1.8}}+(1-0.25)\right\}^{0.555}}=6251.66\mathrm{m^3/h}$$

（2）代入式（3-78）得：

$$X=\frac{\left(\frac{5667.32}{8501}\right)^{1.8}-1}{\frac{1}{\left[\left(\frac{207.95}{158.75}\right)^{2.667}+1\right]^{1.8}}-1}=0.581$$

（3）代入式（3-80）得：

$$D_{\mathrm{p}}=158.75\left\{\left[\frac{0.5}{\left(\frac{5667.32}{7084.2}\right)^{1.8}-1+0.5}\right]^{0.555}-1\right\}^{0.375}=204.41\mathrm{mm}$$

即采用 8in 管。

不同管径在不同比压降情况下的管道通过能力数据对设计人员十分有用。为便于计算，可作出燃气流量与不同比压降$\frac{\Delta P^2}{m}$和不同管内径的函数关系图表备用。

图 3-17 为管径和压力条件相同时，管道通过能力比与管内径比之间的关系图。此图按维莫斯公式求出，假设压降相同，每种管径的管长相同。当双管敷设的管内径比增加 1 倍，即$\frac{D_p}{D}=2$时，通过能力可增加 6.35 倍。但对管网中的某一短管段加大管径，不会对整个系统通过能力的增加产生重要的作用。

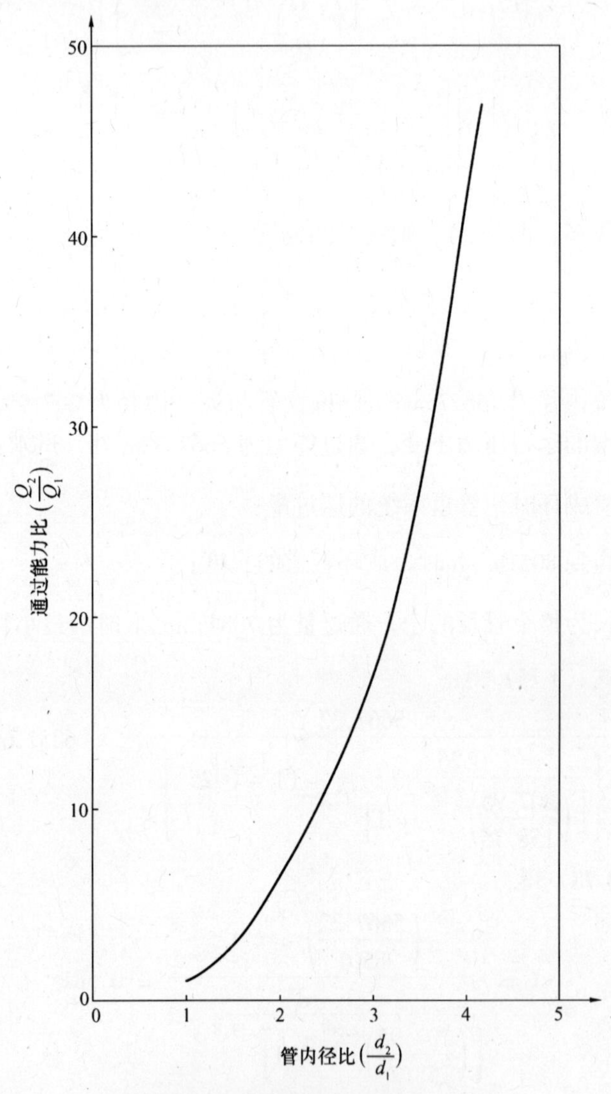

图 3-17　管径对通过能力的影响[127]

二、流量计算的修正和有效系数[1]

在实际的管道系统中，由于存在焊缝、弯头、接口等，除管壁的粗糙度外，将产生附加的湍动。这将引起光滑管流量定律以外，部分湍流运动的摩擦能量损失，因此，在流量计算中引进经验校正系数（Empirical correction factors）使流量计算的结果更符合管道的实际状态是十分必要的。最常用的经验校正系数为采用一个乘数，附加在流量计算公式的右侧，并称之为有效系数 E（Efficiency factor）。如前所述，对大管径的输气钢管，已有有效系数 E 的研究成果。

在上世纪 50 年代初期，美国[1]燃气工艺研究院（IGT）在燃气管道施工频繁的现场做了大量的测试工作，按湍流流态求得的传输系数值接近于光滑管流量定律的约占 97.5%，小于光滑管流量定律的约占 2.5%，这说明湍流流态的传输系数与弯头、接口和每隔 12m 设有一个焊口的状况无关。但在配气系统中的部分湍流流态则与光滑管流量定律有较大的偏差，因为接口、阀门、支管连接接口等会诱发更大的湍流运动。

在配气系统中比较测试值与计算值后可知，配气系统的传输系数要比按光滑管流量定律求得的低 3% ~ 6%，相当于流量计算通式中的有效系数为 0.94 ~ 0.97。但是，美国按经过修正的光滑管流量定律建立的实用流量计算公式已含有它与光滑管流量定律的偏差值，且采用了较低的有效系数值。对米勒和 IGT 配气公式，建议采用表 3-17 中的有效系数值。

对米勒和 IGT 配气公式建议采用的有效系数和修正系数值　　**表 3-17**

低于光滑管流量定律的最大偏差值（%）	有效系数 E	修正系数 M	低于光滑管流量定律的最大偏差值（%）	有效系数 E	修正系数 M
3	0.980	1.042	7	0.939	1.133
4	0.970	1.064	8	0.929	1.158
5	0.960	1.086	9	0.919	1.184
6	0.950	1.109	10	0.909	1.210

在配气系统的流量计算中，通常采用一个修正系数作为摩阻系数的乘数。修正系数用 M 表示，即 $M=\left(\frac{1}{E}\right)^2$。$M$ 值也列于表 3-17 中。

【例 3-6】　在配气系统的计算中，为使流态更符合实际情况，需对 IGT 公式进行修正。若与光滑管流量定律的偏差为 4%，求比摩阻系数值。

查表 3-17，偏差为 4%时的修正系数为 1.064。由表 3-11 知，IGT 公式的比摩阻值（按国际单位）R 为：

$$R = CT_f S^{0.8}\mu^{0.2}/D^{4.8} = 3.0\times10^3 T_f S^{0.8}\mu^{0.2}/D^{4.8}$$

乘以修正系数 1.064 后为：

$$R = 1.064\times3\times10^3 T_f S^{0.8}\mu^{0.2}/D^{4.8} = 3.192\times10^3 T_f S^{0.8}\mu^{0.2}/D^{4.8}$$

于是，IGT 公式可写为：

$$\Delta P^2 = RLQ^{1.8}$$

除上述接口、弯头等对流态的影响需要修正外，在实际工作中，还可能遇到粗糙度大于正常钢管的非正常粗糙度钢管（Rougher-than-normal pipe）；或由于脏物的积聚，增加了管内壁的粗糙度，或因此减小了管径的情况。非正常粗糙度管由于生产中降低了标准，钢管或铸铁管在贮存中产生的腐蚀或脏物积聚等原因造成。使用非正常粗糙度管子时，当雷诺数 R_e 值或流量低于平均管壁粗糙度为 0.018mm（0.7 密耳）的正常管子时就会产生全湍流流态。要确定非正常粗糙度管子对流态的影响，惟一的方法是比较计算值与流量变数如流量及压力的实测值之间的关系。对配气系统来说，这是难以做到的，因为计量工作仅限于在门站内，其他的流量数据都是根据计费账单的负荷数据换算过来（在第二章中已介绍过）。压力数据则可选择合适的临时测压点。测压点应沿供气管道设立或选择系统压力的最低点。如系统的估算负荷准确，按本章所述压力的计算值大于该位置压力的量测值6.9～13kPa（1～2psia）时，该段管道就是非正常粗糙度管，在雷诺数或流量低于临界值时，这类管段可能发生全湍流流态，流量与压降就必须重复采用全湍流的流量公式计算。总之，管网中各管段的流量应符合其实际值，而不是采用原始计算中流量分配的方案。

考虑供气干管压力实测值的流量计算可用来确定管段摩阻系数的修正值，以便使计算压降与实测压降互相等同。也可算出非正常粗糙度管子与脏管的实际管壁粗糙度。试看下例：

【例 3-7】 对管长为 1610m，管径为 6in 的管段，若燃气的流量为 4247.5m³/h，测得管入口的压力为 344.75kPa，出口压力为 275.8kPa。若为全湍流流态，求该管段的当量摩阻系数 k_e 和管壁的有效粗糙度 k。

已知的原始数据为：$Q_0 = 4274.5\text{m}^3/\text{h}$；$P_0 = 101.56\text{kPa}$；$T_0 = 288.89\text{K}$；$T_f = 290\text{K}$；$S = 0.671$；管内径 = 155.58mm。

解：

$$\Delta P^2 = P_i^2 - P_0^2$$

$$P_i^2 = (344.75 + 101.56)^2 = 446.31^2 = 199192.61$$

$$P_0^2 = (275.8 + 101.56)^2 = 377.36^2 = 142400.56$$

$$\Delta P^2 = 199192.61 - 142400.56 = 56792.05$$

对全湍流流态：

$$\Delta P^2 = k_e Q^2$$

该管段的当量摩阻系数 k_e 为：

$$k_e = \frac{\Delta P^2}{Q^2} = \frac{56792.05}{18041256} = 0.003148$$

由表 3-11 知，全湍流流态的摩阻系数为：

$$k = RL$$

$$k_e = 1.349 \times 10^4 LT_f SZ_{av}/D^5 \cdot \log\left(3.7\frac{D}{K}\right)$$

本例中：

$$0.003148 = \frac{1.349 \times 10^4 \times 1610 \times 290 \times 0.671 \times 1}{\left(155.58)^5(\log 3.7\frac{D}{k}\right)^2}$$

$$= \frac{422628.07 \times 10^4}{9.1152 \times 10^{10}\left(\log 7\frac{D}{k}\right)^2} = \frac{0.046365}{\left(\log 3.7\frac{D}{k}\right)^2}$$

$$\log\left(3.7\frac{D}{k}\right)^2 = 14.728，\log\left(3.7\frac{D}{k}\right) = 3.838$$

$$\log\frac{3.7 \times 155.58}{k} = 3.838，\log 575.65 - \log k = 3.838$$

$$\log k = 2.76 - 3.838 = -1.078$$

$k = 0.084\text{mm}$　已超过正常粗糙管

【例 3-8】　原始数据同上例，若采用部分湍流流态，计算供气管的有效管径，已知 $\mu = 107.53 \times 10^{-4}\text{cp}$。

$$\Delta P^2 = k_e Q^{1.8}$$

$$56792.05 = k_e \cdot 3393439.4$$

$$k_e = 0.01674$$

IGT 公式的比摩阻值 R 可由表 3-11 中查得，即：

$$k = RL = [3.0 \times 10^3 T_f S^{0.8} \mu^{0.2} / D^{4.8}] \times L$$

$$= \frac{3.0 \times 10^3 \times 1610 \times 290 \times 0.671^{0.8} \times (107.53 \times 10^{-4})^{0.2}}{155.58^{4.8}}$$

$$= \frac{3.0 \times 10^3 \times 1610 \times 290 \times 0.727 \times 0.4039}{3.3218 \times 10^{10}}$$

$$= 0.01238$$

$$0.01674 = 0.01238 \frac{155.58^{4.8}}{D^{4.8}}$$

$$D^{4.8} = 155.58^{4.8} \frac{0.01238}{0.01674}, D = 155.58(0.7395)^{0.208}$$

$D = 155.58 \times 0.939 = 146\text{mm}$，说明管径已减小。

在维修工作中，有时发现沉积物已大大减小了管径，即使流态仍为部分湍流，管道也会发生非正常的摩阻。如能测得通过管道的流量和压降，则管道的有效摩阻和管径可直接从经过修正的 IGT 流量计算公式求得。

如堵塞的管道仅是管网的局部，流量就不能直接量测，必须用试算法（Trial-and-error procedure）计算。首先，假设脏管是洁净的，用接近光滑管的流态公式计算，将计算所得的流量重复计算部分脏管道的有效摩阻系数，直到洁净管道的摩阻系数已被计算所得的有效摩阻系数替代，使计算所得的流量符合获得的有效摩阻系数值为止。

有时，管道中的沉积物不仅减小了管道的断面，还增加了管壁的粗糙度，这时，为排除这两种影响，需根据施工维修现场管道断面的实际情况计算管道的有效管径。

在同一管网中有若干段管道积有脏物而影响其流态时，管道的摩阻系数也同样要用试算法进行调整，如同上述部分受阻管道。但摩阻系数的调整应在对整个管网进行研究的基础上做了大量评价工作后才能实现。

三、流量计算的应用及辅助工具[1]

（一）流量计算的应用

配气管网设计中，流量计算主要应用在以下场合：

1. 配气管道系统能力的设计。设计应用的原理将在第五章中讨论，管网分析将在第六章中讨论。

2. 管道改造研究（Reinforcement studies）。改造设计的考虑将在第五章中讨论。

3. 气候条件严重性的论证、此外，在管道维修、更换或排水、公路等设施施工时是否需要停止供气的分析。

4. 支管管径的计算。将在第四章中讨论。

5. 室内导管（Fnel runs）的管径计算。

6. 临时性较长的旁通管管径计算。

在有些情况下，稳定流动的流量计算公式并不适用，本章在推导通用流量计算公式时曾采用了一些假定，其中：燃气的温度为常量、无压缩机或膨胀机存在以及与理想气体无偏差三项在配气系统中通常是适用的。高程差的影响将在本章中讨论，但在管道入口或出口燃气的动能有很大变化时，如应用流量计算公式来编制标准的流量计算程序就不合适，特别在以下几种流量计算的场合：

1. 短的旁通管；

2. 安全放散管；

3. 调压站的出口管道；

4. 计量设施与调压器的配管。

（二）流量计算的辅助工具

除手算法外，现在已有许多工具可用来进行管道的流量计算。最常用的是专用流量计算尺和流量计算机程序。

1. 流量计算尺（Flow slide rules）

流量计算最古老的机械辅助工具是专用流量计算尺，其原理是乘除可用对数加减表示。计算尺上的标度为流量公式中的各个变数。计算尺上有些标度是可以移动的。解流量问题时只要在变数之间移动或转动有关的标度即可。不同的流量计算公式均有相应的专用流量计算尺，表 3-4 中所列的不同流量计算公式在美国均可购得相应的计算尺（英制）。其他国家也有相应的计算尺，现场工程师、监控人员等现在还广泛的使用着计算尺。

2. 流量计算机程序（Flow computer programs）

程序包计算器（Programmable pocket calculators）和各种类型的数字计算机，如主框架（Main frame）或通过终端和微电脑的袖珍计算机现在均广泛用来作流量计算。程序的设计可用来计算基本流量参数中的任何一个量，如：Q_0、P_1、P_2、D 或 L，只要输入其他流量变数和 μ、S 和 T_f 即可。数字计算机程序化后，可从相应的公式菜单中选择所用的公式。程序可编成用户友好的形式（User-friendly fashion），以便用户能简单地随着说明书回答输入的有关提问。程序也允许某些变数在一定范围内变化，以便确定相关的特殊变数在变化后的影响。使用流态的临界雷诺数或临界流量后还可指导用户选择相应的两个流量公式，即一个代表部分湍流流态（光滑管流量定律），另一个代表全湍流流态（粗糙管流量定律）。在程序中也可联合使用。

第五节　高程的校正（Elevation corrections）[1]

上述所有的流量计算公式均假设管道是水平的。若管线的路由有较大的高程变化，则应选择不同的流量计算公式。

一、高压系统（High-pressure systems）

在中、高压配气系统中，高程变化对压降的影响常小于摩擦损失的 5%，但每公里的高程变化超过 100m 时例外。由于在配气系统中高程差的变化极少出现这种情况，因此常不考虑高程的校正。在更高的压力系统中，如公用的供气干管和长输管线，则可能出现高差变化很大的情况，在流量计算中，应采用带有高程校正项的公式，如式（3-30）、式（3-32）和式（3-34）。

二、低压系统（Low-pressure systems）

在低压配气系统中，管内燃气的表压应保证克服管道的摩阻损失和满足燃具所需的压力。由于表压是管内压力与管周围大气压力之差，因此，它与不同高程的大气压力和不同高程燃气压力的变化有关。又由于天然气较轻于空气，在引力场的作用下，燃气干管外部大气压的变化将大于管内燃气总压力的变化。因此，在管道摩阻损失较小时，倾斜管段顶部的表压将大于管底的表压，如图3-18所示。图的上部表示一条向山上敷设的管道以及下游的高程、上游的高程和高程差 ΔH。图的下部为沿管道不同距离的燃气与大气的绝对压力值。图中：

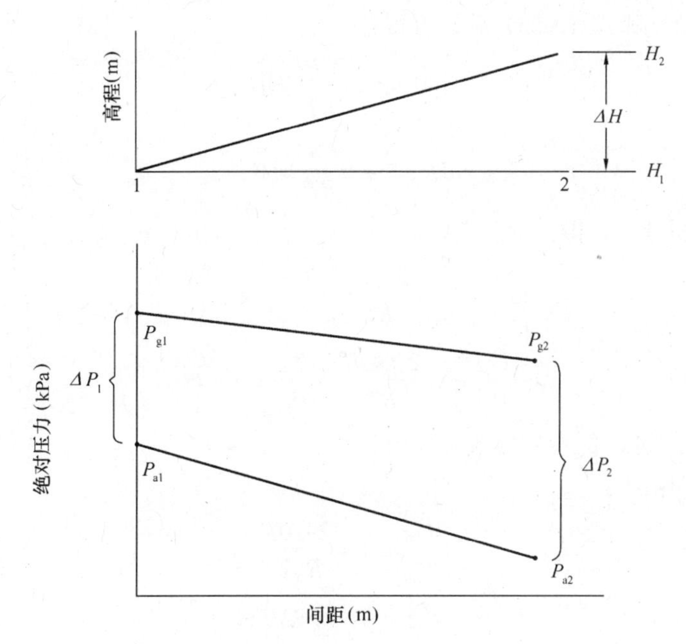

图 3-18 上山低压管道沿途压力的变化

P_{a1}——若流动方向向上，则 P_{a1} 为上游最低点大气的绝对压力，以 mm 水柱表示；

P_{a2}——下游最高点大气的绝对压力，以 mm 水柱表示；

P_{g1}——上游燃气的绝对压力，mm 水柱；

P_{g2}——下游燃气的绝对压力，mm 水柱；

$\Delta P_1 = P_{g1} - P_{a1}$ 上游燃气的表压，mm 水柱；

$\Delta P_2 = P_{g2} - P_{a2}$ 下游燃气的表压，mm 水柱；

且，$\Delta P_2 > \Delta P_1$。

由图 3-18 可知，向山上输气时，虽然在较高位置处下游燃气的绝对压力低于上游位置处燃气的绝对压力，但在较高下游位置（2）处燃气的表压力值却略大于上游最低处

(1) 燃气的表压力值。

压力随高程变化的计算公式推导如下：

在无限小的高程 ΔH 变化段内，可得：

$$\mathrm{d}P_a = \rho_a \Delta H \tag{3-82}$$

$$\mathrm{d}P_g = \rho_g \Delta H \tag{3-83}$$

若 $Z \approx 1$，则由式（3-17）和式（3-24）可知：

$$\rho_a = \frac{M_a P_a}{RT} = \frac{29 P_a}{RT} \tag{3-84}$$

$$\rho_g = \frac{M_g P_g}{RT} = \frac{29 S P_g}{RT} \tag{3-85}$$

式中，M_a、M_g 分别为空气、燃气的分子量，且 $\rho_g/\rho_a = S = \frac{M_g}{29}$（29 为空气分子量）。

代入式（3-82）和式（3-83）后，可得：

$$\mathrm{d}P_a = -\frac{29 P_a}{RT}\mathrm{d}H \tag{3-86}$$

$$\mathrm{d}P_g = -\frac{29 S P_g}{RT}\mathrm{d}H \tag{3-87}$$

对高程 ΔH 积分后，得：

$$\ln\frac{P_{a2}}{P_{a1}} = -\frac{29\Delta H}{RT},\ \frac{P_{a2}}{P_{a1}} = \mathrm{e}^{-\frac{29\Delta H}{RT}} \tag{3-88}$$

$$\ln\frac{P_{g2}}{P_{g1}} = -\frac{29 S\Delta H}{RT},\ \frac{P_{g2}}{P_{g1}} = \mathrm{e}^{-\frac{29 S\Delta H}{RT}} \tag{3-89}$$

如 y 值很小，则 e^y 的泰勒级数可写为：

$\mathrm{e}^y = 1 + y$，即：

$$\frac{P_{a2}}{P_{a1}} = 1 - \frac{29\Delta H}{R_a T} \tag{3-90}$$

$$\frac{P_{g2}}{P_{g1}} = 1 - \frac{29 S\Delta H}{R_g T} \tag{3-91}$$

令 P_1 为上游最低点表压，P_2 为下游最高点表压，则：

$$\begin{aligned} P_2 &= P_{g2} - P_{a2} = P_{g1}\left(1 - \frac{29 S\Delta H}{RT}\right) - P_{a1}\left(1 - \frac{29\Delta H}{RT}\right) \\ &= P_1 + \frac{29\Delta H}{RT}(P_{a1} - S P_{g1}) \end{aligned} \tag{3-92}$$

将括号内的项加、减 SP_{a1} 值，得：

$$(P_{a1} - SP_{a1} + SP_{a1} - SP_{g1}) = P_{a1}(1 - S) - SP_1 \tag{3-93}$$

将式（3-93）代入式（3-92）得：

$$P_2 = P_1 + \frac{29\Delta H}{RT}P_{a1}(1 - S) - \frac{29\Delta H}{RT}SP_1$$

$$= P_1\left(1 - \frac{29S\Delta H}{RT}\right) + \frac{29\Delta H}{RT}P_{a1}(1 - S)^{(1)} \tag{3-94}$$

上式的各项中均有压力项，因此，任何一致的压力单位均可应用。如以 mm 水柱为压力单位，燃气的温度为 15.5℃（60℉），即 288.8K（520°R），若 P_{a1} 为 10332mm 水柱（407.2in 水柱），则上式可写为：

$$P_2 = P_1（1 - 1.184 \times 10^{-4} S\Delta H）^* + 1.223（1 - S）\Delta H \tag{3-95}$$

使用英制单位时：

$$P_2 = P_1（1 - 3.61 \times 10^{-5} S\Delta H）^* + 0.0146（1 - S）\Delta H^{(1)} \tag{3-96}$$

式中　P_1、P_2——mm 水柱（in 水柱）；

ΔH——m（ft）。

在城市燃气的范围内，燃气的相对密度常小于 1，若高程差 ΔH 为 305m（1000ft），则 $1.184 \times 10^{-4} S\Delta H$ 项将小于 0.036（即小于 3.6%），因此，在计算中可忽略不计，式（3-95）也可写为：

$$P_2 = P_1 + 1.223（1 - S）\Delta H \tag{3-97}$$

【例 3-9】[2]　求天然气（$S = 0.6$），丙烷（$S = 1.56$），丁烷（$S = 2.07$）的 P_2 值，若 2 点与 1 点的高程差为 30.5m（100ft），$P_1 = 178$mm 水柱（7in 水柱）。

代入式（3-95）得：

天然气：

$$\begin{aligned} P_2 &= P_1（1 + 1.184 \times 10^{-4} S\Delta H）+ 1.223（1 - S）\Delta H \\ &= 178 - 178 \times 1.184 \times 10^{-4} \times 0.6 \times 30.5 + 1.223（1 - 0.6）\times 30.5 \\ &= 178 - 0.386 + 14.92 = 192.53\text{mm 水柱} \end{aligned}$$

丙烷：

$$\begin{aligned} P_2 &= 178 - 178 \times 1.184 \times 10^{-4} \times 1.56 \times 30.5 + 1.223（1 - 1.56）\times 30.5 \\ &= 178 - 1.0 - 20.88 = 156.12\text{mm 水柱} \end{aligned}$$

丁烷：

$$\begin{aligned} P_2 &= 178 - 178 \times 1.184 \times 10^{-4} \times 2.07 + 1.223（1 - 2.07）\times 30.5 \\ &= 178 - 1.33 - 39.91 = 136.76\text{mm 水柱} \end{aligned}$$

从计算中也可说明，中间一项可忽略不计。

计算天然气管道的压力时，如在立管计算中，由于高程所得到的压力应该可以用来减小立管的管径，但管径减小后，当负荷较小时，最高点处的压力波动会非常强烈，因此，通常不利用所得到的压力。较高处燃气有较高的压力时，燃具应按此压力进行调节（或用燃具调压器使压力降至正常值），保证由于负荷的波动而引起压力的波动为最小。

【例 3-10】　一段管径为 102mm（4in）的低压燃气干管，管长 305m（1000ft），沿山敷设，高程差为 91.5m（300ft），输送燃气的相对密度为 0.65，流量为 28.34m³/h。用史匹兹格拉斯低压流量公式，计算燃气在干管中的表压差。

按表 3-11，史匹兹格拉斯低压公式的比摩阻值 $R = \frac{CS}{DS}$，其中 C 为：

---

*　注：文献［2］中括号内的负号成为正号，与推导过程不符，有误。

$$C=8.718\times10^4\left(1+\frac{91.44}{102}+0.001181\times102\right)$$
$$=17.58\times10^4$$

$\Delta P=KQ^2$，其中 $K=RL$

$$K=RL=\frac{CSL}{D^5}=\frac{17.58\times10^4\times0.65\times305}{102^5}=0.0031566$$

$$\Delta P=KQ^2=0.0031566\times28.34^2=0.0031566\times803.78=2.54\text{mm 水柱}$$

按式 3-97：

$$P_1-P_2=1.223\ (1-S)\ \Delta H=1.223\ (1-0.65)\ \times91.5=39.17\text{mm 水柱}$$

山顶与山底之间的表压差为：

$$39.17-2.54=36.63\text{mm 水柱}$$

即山顶的表压比山底的表压大 36.63mm 水柱，如燃气从山顶流向山底，则高程校正值为负值，即 -39.17mm 水柱，山底的表压比山顶的表压小 41.71mm 水柱。

高程的影响较大时，调压器出口压力的设定十分重要。如调压器位于山底，为满足高峰耗气量的需要，如设定压力选择最大允许运行压力，则在低耗气量时段内，山顶的燃气压力会超过允许值。与山类似，在一些高层建筑的立管设计中，也存在高程差的影响，立管大约向上延升每 6.1m（20ft），可获得 2.5mm 水柱（0.1in 水柱）的压力以补偿立管的阻力损失，设计人员对位于建筑物低部的调压器出口压力的设定应取较小值，避免在耗气量较小的时段内，建筑物高端的压力超过允许值。

第六节 有均匀分布负荷（途泄流量）的独立干管计算

一、独立干管（stub mains）[1]

独立干管（Stub mains）是指不属于闭合环路管网任意管长的独立支管。在图 3-19 的管网图中，即管段 1-2，12-13 和 12-14。独立干管仅向与之相连接的支管供气，因此，独立干管的流量不是常数，而随沿途支管的取气量逐渐减少的变数。与支管连接时，干管上的阀门或配件的阻力可用相同管径直管段的当量长度表示。

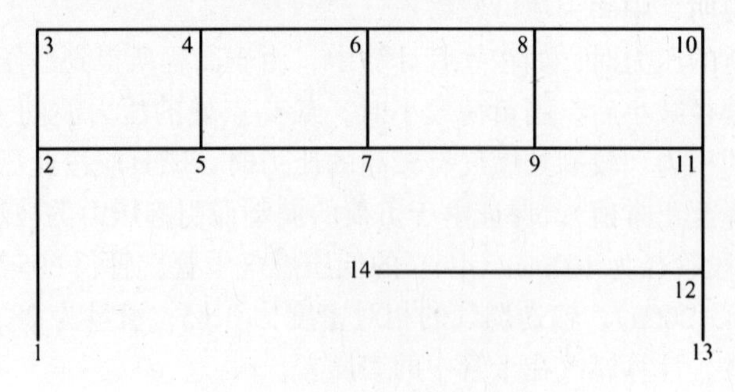

图 3-19 有独立干管的管网

独立干管压降计算最简单的方法是把他看作支管间串联起来的短管段，然后分段按流量公式进行计算。也可把独立管段的负荷集中起来而不影响计算精度。若支管的流量相等，即属于有均匀分布负荷（Uniformly distributed load）或途泄流量的独立干管，如图3-20，其计算方法如下[1]：

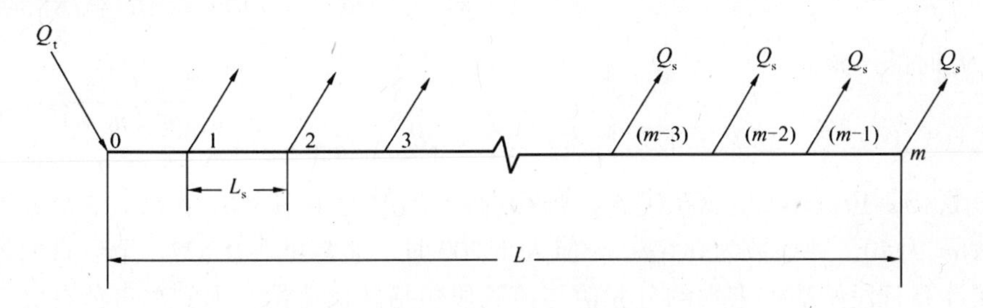

图 3-20　有均匀分布负荷的独立干管

若管道的总长为 L，总负荷为 Q_t，有 m 个分支负荷 Q_s，各分支负荷的间距为 L_s，由图 3-20 可知：

$$Q_t = m \cdot Q_s \tag{3-98}$$

$$L = mL_s \tag{3-99}$$

若流量公式的形式取 $\Delta P^2 = RLQ^n$，则

$$(P_i^2 - P_{i+1}^2) = RL_s[Q_t - (i)Q_s]^n$$

式中　P_i——第 i 个燃气支管处的燃气压力，kPa；

P_{i+1}——第 $i+1$ 个支管处的燃气压力，kPa；

R——一定管径的比摩阻值。

于是：$$P_0^2 - P_m^2 = \sum_{i=0}^{i=m-1}(P_i^2 - P_{i+1}^2) = \sum_{i=0}^{i=m-1} RL_s[Q_t - (i)Q_s]^n \tag{3-100}$$

若 Q_t 以 Q_s 表示，则：

$$\begin{aligned} P_0^2 - P_m^2 &= RL_s(mQ_s)^n + RL_s(m-1)^n Q_s^n + \cdots + RL_s(2Q_s)^n + RL_s(Q_s)^n \\ &= RL_s Q_s^n[m^n + (m-1)^n + \cdots + 2^n + 1] \end{aligned}$$

将 $Q_s = \dfrac{Q_t}{m}$，$L_s = \dfrac{L}{m}$代入，则：

$$P_0^2 - P_m^2 = R\frac{LQ_t^n}{m^{n+1}}[m^n + (m-1)^n + \cdots + 2^n + 1] \tag{3-101}$$

若取 $n=2$，则式（3-101）中括号内各项为：

$$\sum_{i=1}^{m}(i)^2 = m^2 + (m-1)^2 + \cdots + 2^2 + 1 = \frac{m(m+1)(2m+1)}{6} \tag{3-102}$$

代入式（3-101）后，可得：

$$(P_0^2 - P_m^2) = \frac{RLQ_t^2}{m^3}\frac{m(m+1)(2m+1)}{6}$$

若 m 值很大，则 $m+1$，$2m+1$ 可视为 m 和 $2m$。

即：$$P_0^2 - P_m^2 = RLQ_t^2\frac{2m^3}{6m^3} = R\cdot\frac{L}{3}Q_t^2 \tag{3-103}$$

或：$$P_0^2 - P_m^2 = RL\left(\frac{1}{\sqrt{3}}Q_t\right)^2 = RL(0.577Q_t)^2 \tag{3-104}$$

式（3-103）或式（3-104）表示，若管道的分支负荷相同，间距相同，则独立干管的总压降等于离供气点$\frac{L}{3}$处有一分支负荷为总负荷 Q_t 时的压降，或管道的总压降等于负荷为 $0.577Q_t$ 时的压降。

在式（3-104）中，总流量的系数为：$\Delta P^2 = RL\ (kQ_t)^2$，$k=\sqrt{\frac{m\ (m+1)\ (2m+1)}{6m^3}}$，若令 $m=1$，5，10，100 和 200 代入，则相应的 K 值为 1，0.66，0.62，0.581 和 0.579。若分支数 m 为 10，则系数为 0.62，m 值大于 200 时，通常可取 0.577。至于管网计算中途泄流量在计算管段始端和末端的分配值与该管段包括转输流量在内的总负荷有关，在第五章的第四节中将进一步讨论。

【例 3-11】　低压配气系统的一段独立干管向 20 个用户供气，管径为 102mm（4in），管长 152m。若高峰负荷时每一用户的负荷为 2.83m³/h，按史匹兹格拉斯低压流量公式计算该管段的压降。

由上例可知，管径为 102mm 时，史式中的比摩阻值 $R = 10.35\times10^{-6}$。总负荷 $Q_t = 20\times2.83 = 56.6\text{m}^3/\text{h}$。

按式 3-103：

$$K = R\frac{L}{3} = 10.35\times10^{-6}\times\frac{152}{3} = 524.4\times10^{-6}$$

$$\Delta P = 524.4\times10^{-6}\times\ (56.6)^2 = 1.68\text{mm 水柱。}$$

也可按式（3-104）计算：

$$\begin{aligned}\Delta P &= RL\ (0.577Q_t)^2\\ &= 10.35\times10^6\times152\times\ (0.577\times56.6)^2 = 1.68\text{mm 水柱。}\end{aligned}$$

二、管网中管径偏小的干管[1]

如配气系统中干管的管径偏小，因而压降偏大，则可采用两端供气或在管中间另设供气点的办法解决。如图3-21所示。

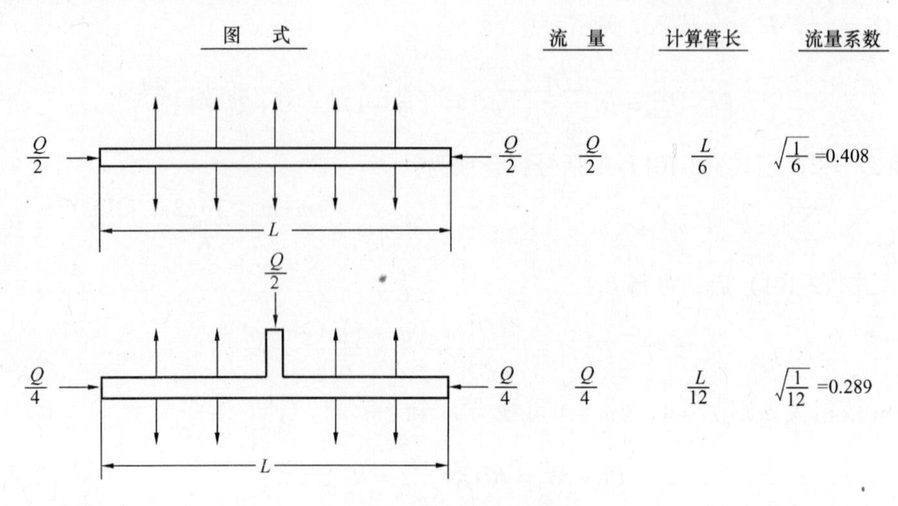

图 3-21　两种供气图式

【例 3-12】　一根 4in（102mm）的低压管道，管长 36518m，均匀分布的居民负荷为 $170m^3/h$，由管道的两端供气，计算该管道的压降，设燃气的相对密度为 0.65，用史式计算。

$$K = 10.35 \times 10^{-6}\frac{365.8}{6} = 631 \times 10^{-6}$$

$$\Delta P = 631 \times 10^{-6}\left(\frac{170}{2}\right)^2 = 4.56\text{mm 水柱}$$

或 $\Delta P = 10.35 \times 10^{-6} \times 365.8 \times \left(0.408 \times \frac{170}{2}\right)^2 = 4.55\text{mm 水柱}$。

【例 3-13】　同上例，除从管两端供气外，在管道中间亦设供气点，求压降。

$$K = 10.35 \times 10^{-6}\frac{365.8}{12} = 315.5 \times 10^{-6}$$

$$\Delta P = 315.5 \times 10^{-6}\left(\frac{170}{4}\right)^2 = 0.5699\text{mm 水柱}$$

或 $\Delta P = 10.35 \times 10^{-6} \times 365.8\left(0.289 \times \frac{170}{4}\right)^2 = 0.571\text{mm 水柱}$。

三、合理性检验的经验法则（Rule-of-thumb test of adequacy）

在工程上，当流量计算中不需要很高的精确度时，可采用经验法则（Rule-of-thumb）解决日常计算中所遇到的许多问题。

如管内的流态用平方定律流量公式表示，则对任何流量均有：

$$(P_1^2 - P_2^2) = kQ^2 \tag{3-105}$$

当管道在通过能力（Capacity）运行时，

$$(P_1^2 - P_c^2) = kQ_c^2 \tag{3-106}$$

式中　P_c——按通过能力运行时管道下游末端的燃气压力，kPa（绝对压力）；

Q_c——入口压力为 P_1 时，管道的通过能力，m^3/h。

将式（3-105）除以式（3-106）后，得：

$$\frac{(P_1^2 - P_2^2)}{(P_1^2 - P_c^2)} = \frac{kQ^2}{kQ_c^2} = \frac{Q_2}{Q_c^2}$$

公式左边的分子和分母均除以 P_1^2，则：

$$\frac{\frac{P_1^2}{P_1^2} - \frac{P_2^2}{P_1^2}}{\frac{P_1^2}{P_1^2} - \frac{P_c^2}{P_1^2}} = \frac{\left[1 - \left(\frac{P_2}{P_1}\right)^2\right]}{\left[1 - \left(\frac{P_c}{P_1}\right)^2\right]} = \frac{Q^2}{Q_c^2}$$

$$\frac{Q}{Q_c} = \sqrt{\frac{\left[1 - \left(\frac{P_2}{P_1}\right)^2\right]}{\left[1 - \left(\frac{P_c}{P_1}\right)^2\right]}} \tag{3-107}$$

假设 $\left(\frac{P_c}{P_1}\right)^2 \approx 0$，则式 3-107 可简化为：

$$\frac{Q}{Q_c}=\sqrt{1-\left(\frac{P_2}{P_1}\right)^2} \tag{3-108}$$

由式（3-108）可得合理性检验的经验法则。

若下游压力为上游压力的60%，即：

$P_2=0.6P_1$，代入式3-108后可得：

$$\frac{Q}{Q_c}=\sqrt{1-(0.6)^2}=0.8,\ Q=0.8Q_c$$

上式表示，当下游压力为上游压力的60%时，流量为通过能力的80%。

经验法则为一个近似值，因为假设了$\left(\frac{P_c}{P_1}\right)^2\approx0$，只能是大致的真实。表3-18为高压配气系统中常用压力范围内的$\left(\frac{P_c}{P_1}\right)^2$值。下游压力通常取14kPa（表压），约相当于2psia，这一压力为与高压管网相连时，所有运行压力为最低值，相应的流量即管道的通过能力。经验法则不适用于管道入口压力低于90kPa（表压）的状况，因为相应的下游压力已低于14kPa（表压）。即：

$P_2=0.6P_1=0.6（a_0+101.325）=114.795$kPa（绝压）

P_2（表压）$=114.792-101.325=13.47<14$kPa（表压）。

表中的$\left(\frac{P_c}{P_1}\right)^2$表示，在管入口压力为300kPa（表压）以上时，$\left(\frac{P_c}{P_1}\right)^2$接近于零；小于300kPa，则又大于零，因此，经验法则适用于较高的进口压力。在较高的进口压力范围内，只要$P_2=0.6P_1$，则Q恒为$0.8Q_c$。但在中等程度的进口压力条件下，当下游压力为上游压力的60%时，通过管道的流量将大于80%。这可由式（3-106）根据表3-18中的数据进行推算。

$\left(\frac{P_c}{P_1}\right)^2$的选择值，$P_c$为14kPa（表）[115.325Pa（绝）] **表3-18**

P_1		$\frac{P_c}{P_1}$	$\left(\frac{P_c}{P_1}\right)^2$
表压（kPa）	绝对压力（kPa）		
100	201.325	0.573	0.328
200	301.325	0.383	0.147
300	401.325	0.287	0.082
400	501.325	0.230	0.053

由表3-18可知，在较高的P_1范围内，由于压力与流量的变化有一定的守恒性，因而经验法则可作为合理性检验的手段。

图3-22为对任一高压配气系统的管段，以上游压力A%表示的压降与以管道通过能力A%表示的流量之间的关系。

图3-22系根据$\Delta P^2=kQ_0^2$公式作出。当$P_2=0.6P_1$时，$Q=0.8Q_c$；当$P_2=0.866P_1$时，$Q=0.5Q_c$。

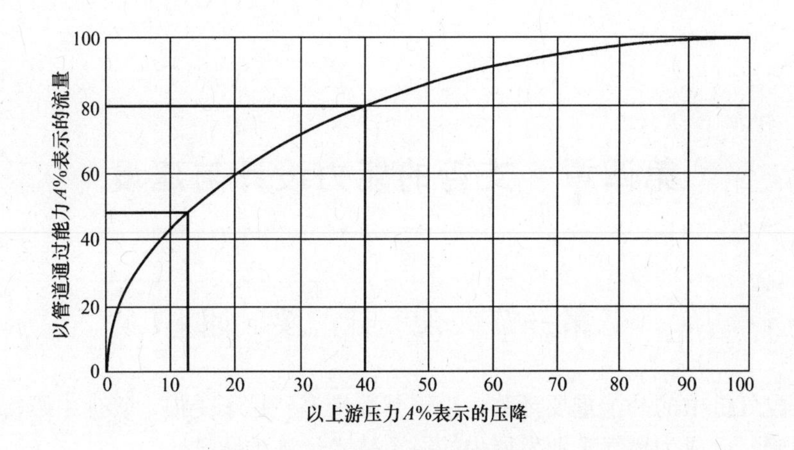

图 3-22　高压下干管流量与压降的关系[129]

经验法则不适用于所有的配气系统，但作为一种指南，可以很快的得出系统的流量和管径计算中各种数据的定量答案。

第四章　支管的能力设计与建设

第一节　设　计　要　求

支管是配气链中的一个重要环节，由于其数量多、易于受损、管理中燃气公司与用户的责职不明确，已成为燃气工业发展中的一个技术经济难题[20]。

支管（Service）与导管（Fual run）的区分（见图 1-1）各国有所不同，它与建筑物的形式有关。从配气干管至用户燃气表之间的管道称为支管，燃气表之后的管道称为导管。实际上，支管定义的范围很广，因为配气干管有不同的压力等级，对低压配气管网，通常可不设用户调压器（Service regulator）而直接向民用燃具供气，中压和高压配气管网，则常通过调压器向用户供气，调压器设于用户处。自建筑物引入口（The pipe entrance to the building）至同一建筑物较远燃气表之间的管道，美国定义为支管的延长段（Service extention）或建筑物支管（Building service）。通常，支管常向一户或多户的单独建筑供气，有的国家也允许一根支管向不同建筑物的两个或更多的燃气表供气，这类支管常称为枝状支管（Branch Service），枝状支管也包括地下支管在内。美国的有些燃气公司，基于特殊条件的限制，出于安全考虑，不提倡这样做。有的国家，将支管的地下部分称为庭院管道（对民用户）。对公寓式或多层建筑，支管也包括立管（Vertical risers）在内，由枝状支管与各用户的燃气表相连。也可将支管与导管分为户外管与户内管。不论支管或导管均很少连成环状。

近年来，在许多国家中，由于连接用户（特别是民用户）的成本高，影响了这类用户的发展，主要原因在于[20]：

1. 支管上所用设备的成本较高。

2. 燃气的销售量与价格难以偿还相应的投资成本。

3. 一些工业国家的劳动力成本较高。

4. 受安全与环境规程的限制，有些措施的成本高。许多国家的事故统计表明：支管在安全项目中是一个特殊的危机项。因此，降低连接成本与提高安全性是设计的主要目标。

一、支管的设计

（一）设计方案

支管的设计有多种方式，有表前不设调压器的，也有表前设调压器的。表前不设调压器的支管压力较低，通常供民用用户；设调压器的支管压力较高，各国有不同的规定。

2000 年在法国举行的 21 届世界燃气会议上，配气委员会对 22 个国家的 42 家燃气公司进行了燃气支管的调查，进行了深入并全面的分析提出了许多有意义的建议[20]。

在采用表前调压器时，支管的设计有两种典型的方式，即调压器与气表置于室内或室外。如图 4-1 和图 4-2 所示[20]。

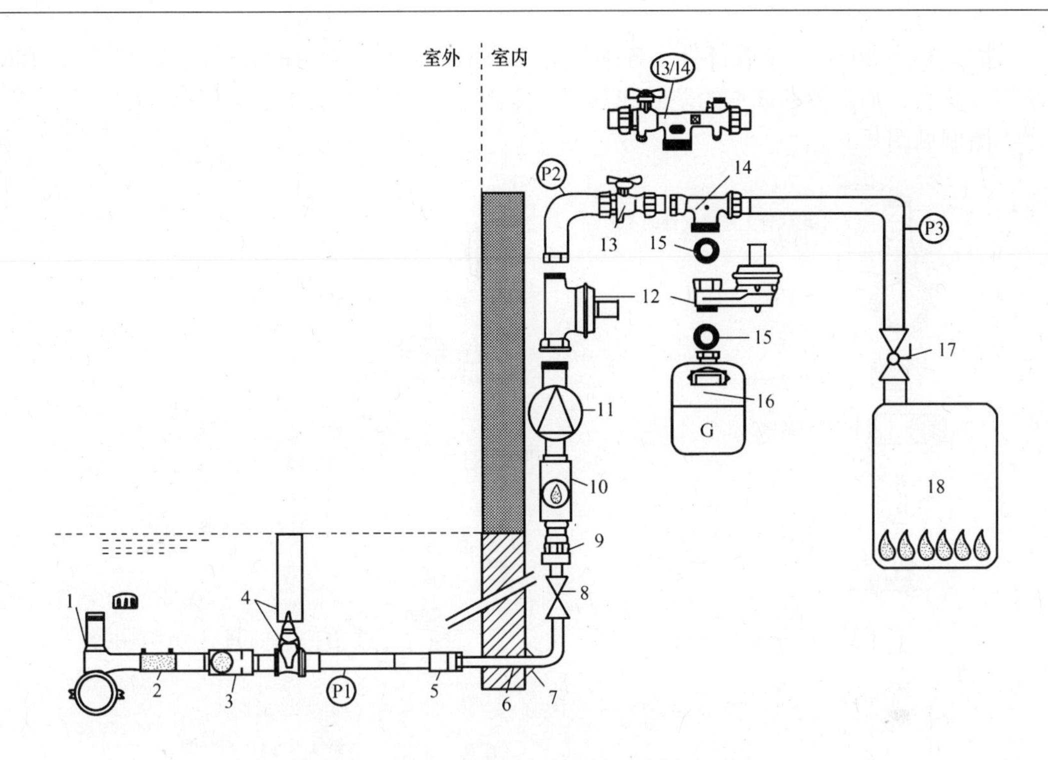

图 4-1　布置 1　调压器与燃气表安装于室内

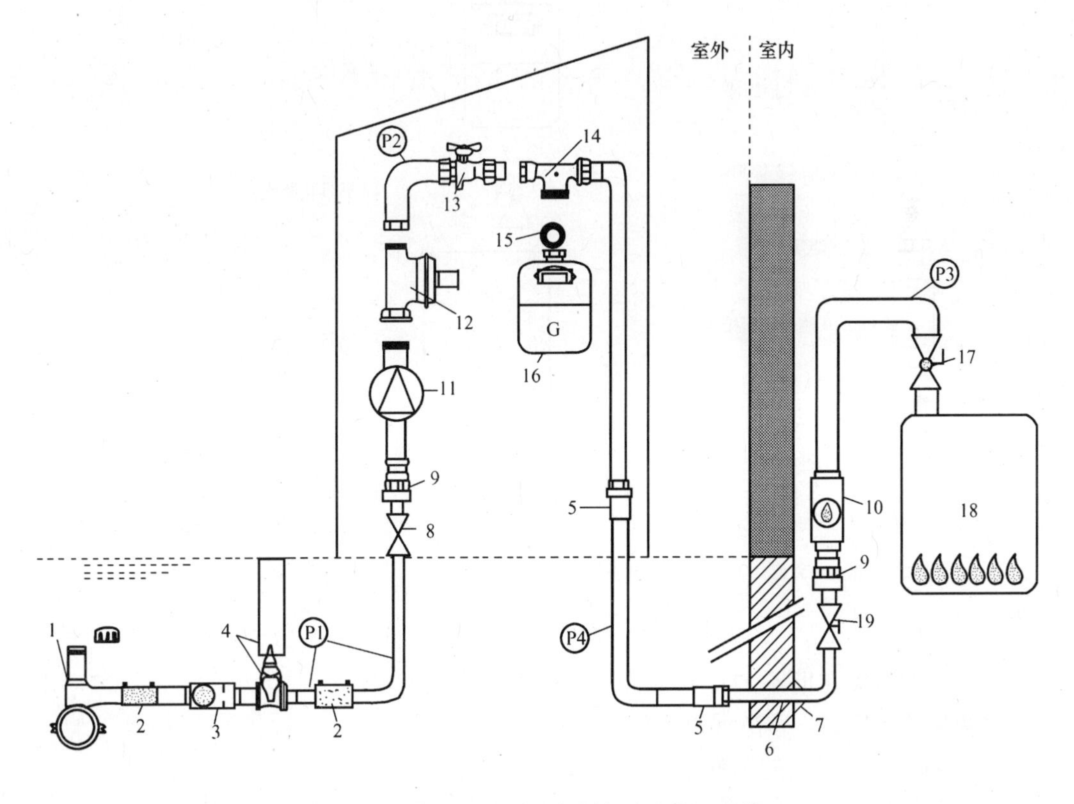

图 4-2　布置 2　调压器与燃气表安装于室外

图 4-3 所列的各项支管部件，各国均普遍采用，区别在于有的属燃气公司安装，有的属用户安装，加上劳动成本的差异和其他安全因素，各国支管的成本差别甚大。

图例见图 4-3。

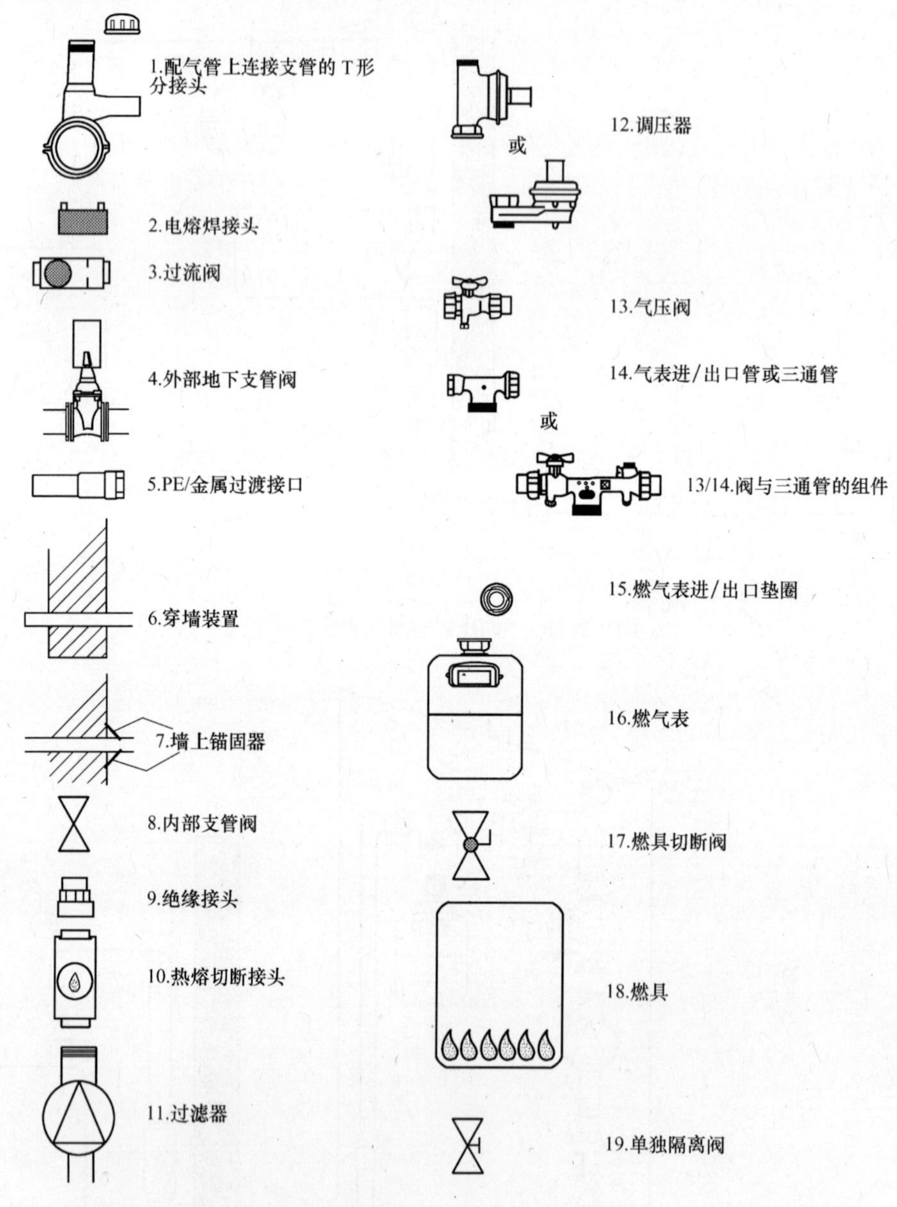

图 4-3 图 4-1 和图 4-2 的图例

两种布置方案在世界 22 个国家中的使用情况可见表 4-1。

选择布置方案时，常考虑以下几个方面：

1. 设备安装于室内的布置方案：

(1) 选择材料的技术经济因素（如对防腐的限制要求）较少。

采用两种不同布置方案的国家数　　表 4-1

调压器前的燃气最大运行压力（MOP）	布置方案 1	布置方案 2
MOP≤100mbar（10^4Pa）	4	10
0.1bar（0.1×10^5Pa）＜MOP≤2bar（2×10^5Pa）	1	1
2bar（2×10^5Pa）＜MOP≤5bar（5×10^5Pa）	—	6

（2）防止野蛮行为的安全要求易于满足。

（3）对气表、调压器和地上部件易于做防腐保护。

（4）易于和其他公用设施配合安装（如水、电、通信等）。

（5）易于考虑用户的审美要求和燃气公司以往的安装经验。

2. 设备安装于室外的布置方案（装于独立的箱内或设于墙内的箱中）

（1）调压器与气表易于维修；抄表容易。

（2）运行压力超过 100mbar（10kPa）时，应考虑漏气的安全性。

（3）对某些部件无需考虑抗高温的要求（如气表、调压器、切断阀的防火要求等）。

（4）气表下游的部件安装有的国家由用户负责，无需燃气公司投资。

（5）施工的成本较低。

（二）涉及安全与维修的主要部件。

各国燃气公司对涉及安全与维修的主要部件均有法规规定[20]，对支管的成本也有影响，如：

1. 抗高温的能力（High temperature resistance）

对室内失火或室外热源，在一定的时间段内，主要部件应有抗温度的能力。各国抗温度的等级有 5 种类型：

（1）60℃，24h；

（2）130℃，60min——抗环境的热量（阿根廷）；

（3）200℃，2h；

（4）650℃，30min——失火时的抗高温能力（德国、比利时）；

（5）820℃，30min——失火时的抗高温能力（英国）。

主要部件指：绝缘接口、调压器、气表、穿墙扣件、内部支管阀、管材和连接方法（对铜管）等。

2. 过流阀（Excess flow valve）

当下游的安装件受损或被破坏时，可以切断管路，以避免逸入周围大气的燃气超过一定的极限。安装件受损的原因包括：第三方破坏、地震的影响、野蛮行为、管子断裂和失火时燃气量增加等。

美国对钢支管过流阀的要求如表 4-2[2]。

美国对过流阀的要求　　表 4-2

过流阀关闭前的压力（kPa）	支管内流量（m^3/h）		关闭流量
	$\frac{3}{4}$in	1in	
68.95	82	152.8	9.34
344.75	257.5	481	16.4
689.5	481	906	25.2

对关闭的过流阀要作漏气试验，压力为717kPa时漏气量为0.14~0.8m^3/h。

3. 外部地下支管阀

常采用球阀或油密封旋塞阀（Lubricated cook），在地面有覆盖井板，维修或有漏气危险时，可切断向下游的供气。

美国的规范规定，当支管内的燃气压力大于68.95kPa时，对2in或大于2in的支管应在室外安装阀门，对剧院、教堂、学校、工厂或集合人多的场所，则不论压力和管径如何均应设阀。

有的专家认为：设外部地下支管阀时，对第1种布置方案，若上游的压力很低时，不能保证过流阀的作用；在布置方案2中，因箱内已有支管阀，可不必再设地下阀。

4. 支管与配气干管的连接方式有两种，即装于管顶（见图4-1和图4-2）或管侧。但最好利用T形接头装于管顶，以防在施工时掉进脏物或水，然后配以弯头，以最短的距离与用户连接。管顶的T形接头已发展成带气连接的接口系列，包括塑料管在内，都有成套装置。

5. 墙壁锚固件

墙壁锚固件通常与穿墙部件组合在一起（one-hole-units），为防止因第三方损坏（如开挖）室外支管而造成室内管的脱位（Dislocation）而设。经验表明，这种脱位会造成室内的大量漏气，而锚固是防止这类事故的重要措施。在刚性支管直接由室外通入室内时，尤其需要锚固。

第二节 支管的能力设计

支管的管径可根据第三章中的流量公式确定，但必须保证燃具前有一定的运行压力。在确定管径前，需已知三个条件，即设计负荷、支管的布置（Configuration）和允许压降[1]。

一、设计负荷

设计负荷在第二章中已介绍过。为计算设计负荷，需首先研究在一个独立的或多个用户的住宅中燃气设备的设置情况。对某些设备需由燃煤或燃油改烧燃气时，则应做好换算工作。

当一个独立的住宅由一根支管与配气管网相连时，则设计负荷通常是每一燃具的热流量之和除以所供燃气的热值。例如，美国在以天然气供应独立住宅时，常用燃具的热流量可见表4-3。

美国常用燃具的热流量值[1] **表4-3**

燃具类型	额定热流量（MJ/h）	燃具类型	额定热流量（MJ/h）
采暖机组	153	燃气灶	58
热水器	69		

若燃气的热值为37MJ/m^3，则一个独立住宅的设计负荷为：

$$Q_{\mathrm{d}} = \frac{153 + 69 + 58}{37} = 7.57\mathrm{m}^3/\mathrm{h}$$

由上例可知，美国热水器及燃气灶的热流量均大于我国。燃气灶包括四个火眼和一个烤箱。

如支管向多个用户的住宅（Multiple dwelling units）供气，则设计负荷通常取供全部用户的采暖用气量和独立用户燃气灶等同时用气量之和。同时用气量应根据耗气系数求得，它从研究不同种类和数量燃具的负荷工况后获得。由第二章的表 2-6 可知，最大耗气量除以连接负荷即耗气系数。表 2-6 为美国燃气工艺研究院所得的耗气系数[51]，其中采暖负荷是使用时钟恒温器以前的数据；在使用时钟恒温器之后，耗气系数应增大，因为同时出现使用高峰的概率增大了。

【例 4-1】[1]　燃气支管向公寓式住宅的 25 个用户供气，每个用户装有燃气灶，公共房屋内装有 5 台衣服烘干机，合用一台采暖用燃气锅炉，制造厂提供的燃具额定负荷为：

燃气灶	57MJ/h
衣服烘干机	21MJ/h
燃气锅炉	2120MJ/h

若燃气的热值为 37MJ/h，5 台衣服烘干机的耗气系数为 0.6，燃气灶的耗气系数由表 2-6 查得，则：燃气灶的设计负荷 $= \frac{25 \times 57 \times 0.4}{37} = 15.4\text{m}^3/\text{h}$

$$烘干机的设计负荷 = \frac{5 \times 21 \times 0.6}{37} = 1.7\text{m}^3/\text{h}$$

$$燃气锅炉的设计负荷 = \frac{2120}{37} = 57.3\text{m}^3/\text{h}$$

总设计负荷 $= 15.4 + 1.7 + 57.3 = 74.4\text{m}^3/\text{h}$。

当采暖锅炉原先使用其他燃料，在改装烧气时需进行换算。若已知锅炉的功率（马力），则乘以 35.3142 可得 MJ/h，再除以燃气的热值可得燃气量。若已知锅炉的年耗油量，则可按以下关系换算：

对 2 号油，$9.696\text{L} = 10\text{m}^3$ 天然气

对 6 号油，$9.613\text{L} = 10\text{m}^3$ 天然气

在以烧煤锅炉改烧气时，要根据锅炉的实际情况，考虑烧气后效率的提高，将燃煤量折算成烧气量。

计算设计负荷时，由第二章可知，也可将年耗气量除以小时-年负荷系数，小时-年负荷系数表示配气系统的平均设施利用率，因此，也可称为年使用系数（Annual use factor），即

$$年使用系数 = \frac{年耗气量（\text{m}^3/年）}{设计时负荷（\text{m}^3/\text{h}）\times 365 \times 24} \tag{4-1}$$

若已知年耗气量和现有用户的设计时负荷，则可得不同类型用户的年平均使用系数。如缺乏实际的耗气数据，则采暖负荷的年使用系数也可按下式求得：

$$年使用系数 = \frac{20\left(\frac{\text{h}}{\text{d}}\right) \times 年度日数}{设计日的度日数/\text{d}} \tag{4-2}$$

上式中的 20 为一日中的工作小时数

【例 4-2】　某用户需将燃油锅炉改成烧气。前一年在整个度日数 2934℃·d 期间，共用 2 号油 285390L。若设计日的度日数为 36℃·d，求设计负荷？

与 285390L 2 号油相当的燃气量为：

$$\frac{285390 \times 10}{9.696} = 294338 \text{m}^3/\text{年}$$

年使用系数 $= \frac{20 \times 2934}{36} = 1629 \text{h}/\text{年}$。

于是可得设计负荷为：

$$Q_d = \frac{294338 \text{m}^3/\text{年}}{1629 \text{h}/\text{年}} = 180.7 \text{m}^3/\text{h}$$

影响燃气支管通过能力的主要物理因素有：支管的选线、管材、接口附件和阀门等。管线的选择（Route layout）也称路由，支管的路由在配气管网和用户之间应取最短的路线，不可能时，则要增加管长和增设接口。选线时，还应考虑一根支管可能再分支供应两个或更多的用户，以留有余地，避免影响未来支管的通过能力。支管的布局和长度确定后才能计算管径。

国际上支管常用的管材有：铜管、钢管和聚乙烯（PE）塑料管。铜管已逐渐少用而代之以价格较低的塑料管。设计人员甚至更喜用塑料管而不用钢管。塑料管轻、易于安装且防腐性好。此外，有些设计人员误认为塑料管有较高的通过能力，因为它的相对粗糙度比钢管要小十倍。这一假设对全湍流流态是正确的，因为流量与管壁的有效粗糙度有关。在配气系统中，管内燃气的流动常为部分湍流流态，且遵循光滑管流量定律，该定律与管壁的有效粗糙度无关。

美国布鲁克林联合公司（Brooklyn union）1960年根据其经验指出[52,1]，燃气支管的通过能力系其内径的函数，而与管子的光滑程度无关。同时，设计人员也应牢记，塑料管的内径根据其标准直径比（SDR）的规定有很大的差别，在多数情况下，对同样的公称管径，塑料管的流量比钢管要小，原因是其内径比钢管小。

确定支管（包括导管）的管径时，必须考虑其所附设的接口与阀门数。典型的支管附件包括T形分接头（Tapping tee），旋塞阀（Curb valve），L形接头，支管总阀（Service head valve）以及支管进气点（Point of entry）的接头等。塑料管使用钢接口和阀门时，还应包括过渡接口（Transition fitting）。

由接口所产生的压降在支管的计算中是很重要的部分，有时甚至超过直管段。接口与阀门的压降可用同管径管道的当量长度表示，设计时将它加到管道上去，这也是各阀的通用方法。

支管接口和阀门的当量长度[52,1,2]（连接铸铁配气管道的钢制或铜制支管）　**表 4-4**

连接件	当量长度			
	铜管		钢管	
	1in	$1\frac{1}{4}$in	$1\frac{1}{4}$in	$1\frac{1}{2}$in
街道T形分接头	1.68①	2.90②	3.2	4.57**
街道L形接头	1.52①	1.22③	2.29	2.29
旋塞阀	1.07	1.07	4.1	3.66
出口接口（T形接口和支管旋塞阀）	1.83	1.37	2.44	6.71

①接口为 $1\frac{1}{4}$in；

②$1\frac{1}{2}$inT形管用套管连接，或干管有 $1\frac{1}{4}$in 的连接孔口；

③$1\frac{1}{2}$in 的弯头。

表 4-4 为近似的管接口和阀门的当量长度，在支管与铸铁配气干管连接时使用。也有更为详细的计算当量长度的表格可查，见表 4-5。

【例 4-3】[1]　一段 $1\frac{1}{4}$in 的钢质支管，连接铸铁干管与室外燃气表。埋设距离为 12.2m。与干管连接时用街道 T 形分接头及街道 L 形接头。支管出口接一个 T 形管和支管旋塞阀；用计算来确定管径的支管当量长度及计算管长。

计算结果列于下表，由表 4-4 可知：

连接件	当量长度（m）	连接件	当量长度（m）
出口接口	2.44	接口总当量长度	7.93
街道 T 形分接头	3.20	支管长度	12.2
街道 L 形接头	2.29	计算管径时支管总长	20.13

燃气支管连接件的当量长度[1]（m）　　**表 4-5**

连接件	公称管径（in）									
	$\frac{1}{2}$	$\frac{3}{4}$	1	$1\frac{1}{4}$	$1\frac{1}{2}$	2	3	4	6	8
阀门										
$1in\times\frac{3}{4}in$			186							
1in × 1in			4.9							
支管阀	0.61	0.91	1.22	1.5	1.8	2.44	3.35	4.57	18.29	27.4
旋塞阀	0.61	0.91	1.22	1.5	1.8	2.44	3.35	4.57	18.29	27.4
弯头										
45°	0.30	0.30	0.30	0.61	0.61	0.91	1.22	1.50	2.44	3.35
90°	0.30	0.30	0.61	0.91	1.22	1.50	2.44	3.00	4.57	6.10
T 形接口										
侧向	0.30	0.91	1.50	2.13	2.44	3.0	4.57	6.10	9.1	12.2
直通	0.30	0.30	0.61	0.61	0.91	0.91	1.50	2.13	3.0	3.96
用户调压器的连接 0.6m 管和两个 90°弯头	1.22	1.22	1.8	2.44	3.0	3.66	5.49	6.71	9.75	12.8
与干管和立管的 T 形连接开口与管径相同	1.5	2.44	3.35	4.27	4.88	6.40	10.36	13.41	21.95	33.5
干管上开 $\frac{1}{4}$in 孔口	13.4									
干管上开 $\frac{1}{2}$in 孔口			34.44							
干管上开 $\frac{5}{8}$in 孔口			13.4	88.39	185.93	156.84				
1in T 形阀			13.1	82.30	183.2	643.74				
干管上开 1in 孔口				7.01	7.92	27.4				
干管上开 $1\frac{1}{4}$in 孔口					7.62	12.8				

续表

连接件	公称管径(in)									
	$\frac{1}{2}$	$\frac{3}{4}$	1	$1\frac{1}{4}$	$1\frac{1}{2}$	2	3	4	6	8
干管上开 $1\frac{1}{2}$in 孔口						8.53				
干管上开 2in 孔口							20.72			
干管上开 $2\frac{1}{4}$in 孔口							19.20			
干管上开 $2\frac{1}{2}$in 孔口							12.8	36.27		
干管上开 3in 孔口								20.42		
干管上开 $3\frac{1}{4}$in 孔口								19.8		
干管上开 $5\frac{1}{4}$in 孔口									30.48	
干管上开 $7\frac{1}{4}$in 孔口										41.15
<u>管子</u>										
0.3m $\frac{1}{2}$in 管	0.30	3.44	18.29	113.69						
0.3m $\frac{3}{4}$in 管	0.03	0.30	1.62	10.06	24.69	100.89				
0.3m1in 管	0.006	0.058	0.30	1.89	4.11	14.33	103.63			
0.3m $\frac{1}{4}$in 管			0.048	0.30	0.67	2.29	16.46	119.17		
0.3m $\frac{1}{2}$in 管			0.021	0.125	0.30	1.067	7.62	48.46		
0.3m2in 管			0.006	0.040	0.088	0.30	2.19	8.53	66.14	
0.3m $2\frac{1}{2}$in 管				0.018	0.037	0.125	0.91	3.66	36.27	
0.3m 3in 管				0.006	0.012	0.04	0.30	1.19	9.45	48.46
0.3m 4in 管						0.012	0.079	0.30	2.35	10.97
0.3m 6in 管							0.009	0.040	0.30	1.25
0.3m 8in 管								0.0091	0.073	0.30
<u>低压支管允许连接件</u>										
干管上的分支管尺寸	1	1	1	$1\frac{1}{2}$	2	$3\frac{1}{4}$	$5\frac{1}{4}$	$7\frac{1}{4}$		
干管上按分支管	3.35	7.01	7.92	12.8	20.73	19.81	30.48	41.15		
旋塞阀—旋塞型	1.22	1.50	1.80	2.44	3.35	4.57	18.29	27.4		
支管三通	1.50	2.13	2.44	3.05	4.57	6.10	9.10	12.2		
支管阀—旋塞型	1.22	1.50	1.80	2.44	3.35	4.57	18.29	27.40		
45°弯管	0.30	0.61	0.61	0.91	1.22	1.50	2.44	3.35		
总计	7.59	12.75	14.57	21.64	33.22	36.55	78.6	111.85		

续表

连接件	公称管径（in）									
	$\frac{1}{2}$	$\frac{3}{4}$	1	$1\frac{1}{4}$	$1\frac{1}{2}$	2	3	4	6	8
中压支管允许连接件										
干管上的分支管尺寸	$\frac{5}{8}$		$1\frac{1}{4}$	$1\frac{1}{4}$	2	$3\frac{1}{4}$	$5\frac{1}{4}$			
干管上接分支管	13.4		7.62	12.8	20.73	19.81	30.48			
旋塞阀—旋塞型	1.22		1.80	2.44	3.35	4.57	18.29			
支管三通	1.50		2.44	3.05	4.57	6.10	9.14			
支管阀—旋塞型	4.88		1.80	2.44	3.35	4.57	18.29			
45°弯管	0.30		0.61	0.91	1.22	1.50	2.44			
调压器连接	1.8		3.05	3.66	5.49	6.71	9.75			
总　计	23.1		17.32	25.3	38.71	43.36	88.39			
高压支管允许连接件										
干管上的分支管尺寸	$\frac{1}{4}$	$\frac{5}{8}$	$\frac{5}{8}$		$1\frac{1}{4}$	$1\frac{1}{4}$	2	$3\frac{1}{4}$		
干管上接分支管	13.4	12.20	13.4		7.62	12.8	20.73	19.81		
旋塞阀—旋塞型	0.61	0.91	1.22		1.80	2.44	3.35	4.57		
支管三通	0.30	0.91	1.50		2.44	3.05	4.57	6.20		
支管阀—旋塞型	0.61	0.91	4.88		1.80	2.44	3.35	4.57		
45°弯头	0.30	0.30	0.30		0.61	0.91	1.22	1.50		
调压器连接	1.22	1.22	1.80		3.05	3.66	5.49	6.71		
总　计	16.44	16.45	23.1		17.32	25.3	38.71	43.36		

计算管径时，当支管的设计负荷及管长确定后，还应选择好允许压降值。

由于支管的数量较多，从压降优化分配的角度看，支管的比压降$\left(\frac{\Delta P}{L}\text{或}\frac{\Delta P^2}{L}\right)$通常大于配气干管的比压降。例如，在低压系统中，支管的比压降为8.3mm水柱/m时，则在配气干管中比压降为0.83mm水柱/m。在美国，低压系统的供气压力取200mm水柱。支管末端用户处的压力应保证100mm水柱。支管的压降取12.5mm水柱，相当于低压系统允许压降的12.5%。总之，支管的压降值应尽可能取较大值。为了安全应保持供气压力处于合理状态，使用户的燃具能有效地运行并避免过早地改造配气系统。

根据经验，美国燃气公司采用的压降值见表4-6[1]。

压降值的常用范围 **表4-6**

	系统的运行压力（表压）	支管中允许最大压降值
低压系统	1~3kPa	62.5~125kPa
低中压系统①	3~13.8kPa	125~500kPa
中压系统	13.8~103.4kPa	1.72~13.8kPa
高压系统	103.4~861.9kPa	13.8~137.9kPa

注：①低中压系统常用来提高低压系统管道的通过能力。在前苏联称为低压系统中的较高压系统，规定为5kPa，设用户调压器。我国《城镇燃气设计规范》修订后定为<0.01MPa。这一系统美国也常称为磅压系统（Pounds-pressure system），在用户表前设调压器。

在中、高压支管中，压降宜采用干管中可能出现最低压力值的10%。如采用更大的压降值，则用户调压器的入口压力应能保证在设计负荷下用户处有足够的运行压力。

在低压支管中，也可根据下述原则确定压降值：

（一）预定干管上支管连接处的压力，然后根据应保证的用户最低运行压力确定采用压降的最大值（即全压降法）。

（二）确定干管上需连接支管的最低压力点，然后对所有的低压支管选定一个通用的标准压降值（即等压降法）。

第一种方法可使设计人员选择较小的管径，在压力较高时有更好的经济性，也便于支管因漏气需更换或敷设新管。第二种方法则对一个或一个以上的调压站不工作、退役或需要变更位置时有利，也便于今后的发展。如用户的耗气负荷增加，且配气系统在该地区的干管压力高于最小值，则支管的管径有一定的富裕，可避免过早的换管。

在上述参数选定后，即可进行支管的流量计算以确定管径。在第三章中对实用流量计算公式已有介绍，选用时应考虑现场数据的流态范围。如米勒式和IGT式（表3-4）适用范围很广，特别是支管中的小管径管道。公式的应用范围可见表3-7，通常米勒式适用于民用或商业用户的流量计算；对2in或管径更大的商业或工业用户支管，则可采用IGT式。IGT式仅适用于部分湍流流态。当压降等于或大于68.95kPa时，则应按全湍流流态选择相应的公式。流态的区分可根据临界 *Re* 数或相应的流量准数判定。

在流量计算中，可利用计算表或专用的计算尺。程序计算器和流量计算的软件包也可使用。在美国，现场流行的计算工具是专用计算尺。

【例4-4】　某用户拟安装一台为两个家庭服务的采暖机组。现有的负荷为二台燃气灶、一台自动热水器、一台衣服烘干机，总负荷为6.24m³/h。采暖机组的负荷为6.94m³/h，共计负荷为13.2m³/h。现用支管为$1\frac{1}{4}$in的铜管，管长15.24m，管件的当量长度为12.2m计算管长为27.4m。支管由低压管网供气，供气点离区域调压站274.3m，高峰负荷时该处的供气压力为170.2mm水柱。校核此支管是否需要更换？

如有专用计算尺，则根据 $Q=13.2\text{m}^3/\text{h}$，$L=27.4\text{m}$，$D=1\frac{1}{4}$in（铜管）可得压降为20.5mm水柱（0.81in水柱）如无专用计算尺，则可按米勒式计算，其低压式为：

$$\frac{\Delta P}{L}=\frac{3.903\times10^3}{2.026}\frac{T_f S^{0.739}\cdot\mu^{0.261}}{D^{4.739}}Q^{1.74}$$

若　$T_f=290.2\text{K}$，$S=0.6$，$\mu=0.0104\text{CP}$（厘泊）

则：

$$R=1.9265\times10^3\times290.2\times0.6^{0.739},\ 0.0104^{0.261}/D^{4.739}$$

$$=\frac{116.2\times10^3}{D^{4.739}}$$

$1\frac{1}{4}$in铜管（L型）外径为1.375in，壁厚为0.055in，则内径为1.265in即32.131mm。

因：

$$32.131^{4.739}=13.85\times10^6$$

故：

$$R=\frac{116.2\times10^3}{13.85\times10^6}=8.39\times10^{-3}$$

$$\Delta P=8.39\times10^{-3}\times27.4\times13.2^{1.74}=20.65\text{mm 水柱（0.81in 水柱）}$$

因离区域调压站 274.3m 处供气点的压力为 170.2mm 水柱，用户期望的供气压力为：170.2 − 20.65 = 149.55mm 水柱（5.89in 水柱），能满足要求，现有支管不需更换。

【例 4-5】　一台大型工业锅炉需要改装使用燃气，设计负荷为 510.2m³/h，由一低压系统供气，支管长 15.24m，若支管的最大压降为 12.7mm 水柱，计算支管的管径。

支管管径计算中的已知量为：设计负荷、压降及管长。由于支管的计算管长需包括接口等的当量长度，由当量长度又决定于管径，而管径又是未知值，因此要采用试算法。在第一次试算时可采用不同管径接口的平均当量长度。在本例中，设接口的平均当量长度为 61m，在第一次试算中支管的计算管长为 76.24m。

由上例知，$\Delta P = RLQ^{1.74}$

式中　$R = \dfrac{116.2 \times 10^3}{D^{4.739}}$，因此，

$$12.7 = \frac{116.2 \times 10^3}{D^{4.739}} \times 76.24 \times 510.2^{1.74}$$

$$D = 168.7\text{mm}\ (6.64\text{in})$$

由于 7in 管（175mm）不常用，应在 6in 管（150mm）和 8in 管（200mm）中选取。在选择时应先算出 6in 管和 8in 管的当量长度。当量长度可按表 4-4 查取，其计算结果见下表：

接　　口	当量长度	
	6in 管	8in 管
干管上的 T 形接口	9.10	12.2
截上旋塞阀	18.29	27.4
支管上的 T 形接口	9.10	12.2
支管上的 45°L 形接口	2.44	3.35
支管阀	18.29	27.4
总　　计	57.22	82.55
实际管长	15.24	15.24
计算管长	72.46	97.79

从计算可知，6in 管的内径为 6.065in（154.05mm），与计算要求值 6.64in（168.7mm）相差甚大，因而取 8in 管较合适（内径为 7.981in 即 202.72mm）。但当量长度的算表表明 6in 管的当量管长为 57.22m，小于假设值 61m，8in 管的当量管长 82.55m，大于假设值 61m，在缺乏选管经验时，应按表中的计算管长再次计算管径值。

计算管长为 72.46m 时的管径值为：

$$D^{4.739} = \frac{116.2 \times 10^3}{12.7} \times 72.46 \times 510.2^{1.74}$$

$$D = 166.90\text{mm 仍大于 6in 管的 } 154.05\text{mm}$$

按 8in 管的计算长度求得的管径为：

$$D^{4.739} = \frac{116.2 \times 10^3}{12.7} \times 97.79 \times 510.2^{1.74}$$

$D = 177.8\text{mm}$，小于 202.72mm，因而采用 8in 管较合适。采用 8in 管时的压降值为：

$$\Delta P = \frac{116.2 \times 10^3}{202.72^{4.739}} \times 97.79 \times 510.2^{1.74}$$

$$\Delta P = 6.83\text{mm 水柱}$$

【例 4-6】[1]　两座轻工业工厂，互相紧挨，申请安装燃气，见图 4-4。图中的支管长度已包括接口等的当量长度在内，计算 *AB*，*BC* 和 *BD* 管段的管径。设 *AC* 及 *AD* 管段的压降均为 12.7mm 水柱（0.12kPa）。

这类例子的计算方法很多，以下介绍另一种计算方法。首先，支管可分解为图下部所示的两个部分。

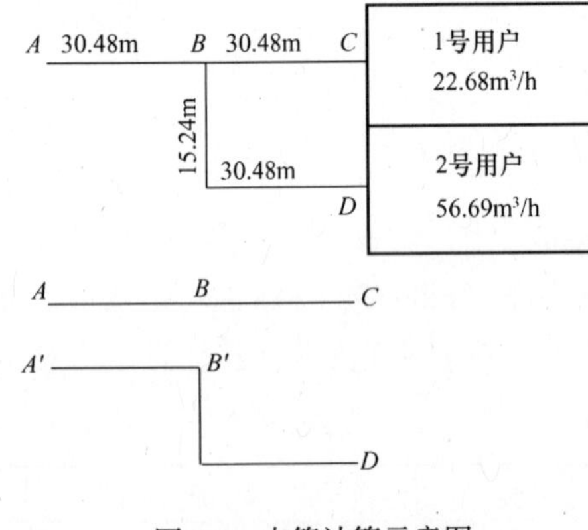

图 4-4　支管计算示意图

由 *A* 至 *C*，根据 $L = 60.96\text{m}$，$Q = 22.68\text{m}^3/\text{h}$，$\Delta P = 12.7\text{mm}$ 水柱，可求得管径为 2in。

由 *A′*至 *D*，根据 $L = 76.2\text{m}$，$Q = 56.69\text{m}^3/\text{h}$，$\Delta P = 12.7\text{mm}$ 水柱，可求得管径为 2.93in。

为求 *A-B* 和 *A′-B′*两根并行管道合成一根管道的当量管径，计算流量相当于两根管道通过能力之和时，可采用以下的计算方法：

选择任意管长的管道，在任意的压降下，如 $L = 304.8\text{m}$，$\Delta P = 25.4\text{mm}$ 水柱的 2in 管子，求得其通过能力为 $13.32\text{m}^3/\text{h}$。再根据同样的 L 和 ΔP 值，可求得 2.93in 管子的通过能力为 $38.27\text{m}^3/\text{h}$。两根管子的总通过能力为 $51.59\text{m}^3/\text{h}$。然后根据同样的 L 和 ΔP 值，求得流量为 $51.59\text{m}^3/\text{h}$ 时的管径为 3.28in。将计算的结果汇总于下表中：

示例中管径的计算值与选定值

	需要的最小管径	选定的有效管径
A-B 段	3.28in	$3\frac{1}{2}$或 4in
B-C 段	2.0in	2in
B-D 段	2.93in	3in

最后，*A-B* 段采用 4in 管，再重复计算，可得压降值如下：*A-B* 段，$L = 60.96\text{m}$，$Q = 79.37\text{m}^3/\text{h}$，压降 ΔP 为 0.508mm 水柱。支管余下的允许压降为 $12.7 - 0.508 = 12.19\text{mm}$ 水柱。于是，对 *B-C* 段，$L = 30.48\text{m}$，$Q = 22.68\text{m}^3/\text{h}$及 $\Delta P = 12.19\text{mm}$ 水柱时，可得管径为 1.75in，取 2in。对 *B-D* 段，$L = 45.72\text{m}$，$Q = 56.69\text{m}^3/\text{h}$ 及 $\Delta P = 12.19\text{mm}$ 水柱时，可得管径为 2.65in 取 3in。

第三节　室内导管的设计

室内导管的管径需根据燃具或燃烧设备的应用压力（Utilization pressure）确定。商业及工业设备的应用压力则属于另一类型。因此，在计算导管的管径时，必须先规定设备的入口压力并遵守国家标准和防火规范。

计算室内导管管径时所需的主要参数与计算支管和配气管网大致相同，即：自供气点至设备的允许压降，燃气的最大现实耗量和远景耗量，室内导管的长度和管上接口、阀门等的当量长度，燃气的密度、黏度以及所采用的流量公式。

压降的选择应保证在最大流量时，用气设备的进口压力大于该设备的最小允许运行压力。室内导管的压降值由设计人员根据其对设备负荷应用的知识、连接设备的变动性和设备进口设计压力的选定等经验确定。压降值的变化范围很大，对民用户，常采用 0.5kPa (2in 水柱)，对工业用户则为气表出口压力的 10%。常用的室内导管允许压降值可见表 4-7。

室内导管的允许压降值[1] **表 4-7**

管内压力	用户类型	最大允许压降值
应用压力	全　部	5.04mm 水柱（0.2in 水柱）
应用压力	独立的家庭用户	5.04mm 水柱
应用压力	两个或两个以上家庭的住户，公寓楼、商业或工业用户	12.7mm 水柱（0.5in 水柱）
大于 177.8mm 水柱	同上	10%的气表出口压力

注：高于气表出口标高 6.1m 时，每 3.05m 应有 1.5mm 水柱的高程压降附加。

室内导管的设计负荷应根据安装的燃气设备种类确定，也可根据制造厂提供的燃气设备铭牌额定流量确定。全部燃具的连接负荷可作为确定管径的依据。对单独的或多个家庭的住宅，计算中采用的耗气系数可参见表 2-6，或根据各地燃具的使用情况研究确定。工业与商业用户的耗气系数通常为未知量，它决定于燃气设备的使用特性，可根据燃气设备的差异性估算出耗气系数，如第二章所述。缺乏耗气系数可靠的依据时，一般将直接应用连接负荷值。

与支管的设计计算相类似，压降除与管段长度有关外，还与接口、阀门等设施有关，因其数量较多是影响压降的主要因素。压降值通常也用同管径的当量长度表示。常用管接口等的当量长度可见表 4-8，表 4-9。

标准接口的当量长度[1]（m） **表 4-8**

公称管径 (in)	90°弯头	T 形管		旋塞	闸阀
		直通	侧向		
$\frac{1}{2}$	0.61	0.30	0.91	0.61	—
$\frac{3}{4}$	0.61	0.30	1.22	0.91	—
1	0.91	0.61	1.50	0.91	—
$1\frac{1}{4}$	0.91	0.61	2.13	1.80	—
$1\frac{1}{2}$	1.22	0.91	2.44	1.80	—

续表

公称管径（in）	90°弯头	T形管		旋塞	闸阀
		直通	侧向		
2	1.50	0.91	3.05	2.74	0.30
$2\frac{1}{2}$	1.80	1.22	3.66	3.05	0.30
3	2.44	1.50	4.57	3.66	0.61
4	3.05	2.13	6.10	6.71	0.61
6	4.57	3.05	9.10	18.29	1.22
8	6.10	3.96	12.2	30.50	1.22
10	7.62	5.18	15.0	42.70	1.50
12	9.10	6.10	18.0	44.20	2.13

变径接口的当量长度[1]（相当于小管径的直管段长度 mm）　　**表 4-9**

小管径端的公称管径 d（in）	大管径端的公称管径 D（in）											
	3/4	1	$1\frac{1}{4}$	$1\frac{1}{2}$	2	$2\frac{1}{2}$	3	4	6	8	10	12
90°弯头												
$\frac{1}{2}$	0.61	0.61	0.61	0.61								
$\frac{3}{4}$		0.61	0.91	0.91	0.91							
1			0.91	0.91	0.91	1.22						
$1\frac{1}{4}$				1.22	1.22	1.22	1.50					
$1\frac{1}{2}$					1.50	1.50	1.50	1.80				
2						1.80	1.80	2.13	2.13			
$2\frac{1}{2}$							2.13	2.44	2.74	2.74		
3								2.74	3.05	3.35	3.35	
4									3.66	3.96	4.27	4.57
6										5.49	5.79	6.10
8											7.01	7.32
10												8.53
T形管（直通）												
$\frac{1}{2}$	0.30	0.30	0.61	0.61								
$\frac{3}{4}$		0.61	0.61	0.61	0.61							
1			0.61	0.61	0.91	0.91						
$1\frac{1}{4}$				0.91	0.91	0.91	1.22					
$1\frac{1}{2}$					0.41	1.22	1.22	1.22				
2						1.22	1.50	1.50	1.80			
$2\frac{1}{2}$							1.50	1.80	1.80	2.13		
3								1.80	2.44	2.44	2.74	
4									2.74	3.05	3.35	3.35

续表

小管径端的公称管径 d (in)	大管径端的公称管径 D (in)											
	3/4	1	$1\frac{1}{4}$	$1\frac{1}{2}$	2	$2\frac{1}{2}$	3	4	6	8	10	12
T形管（直通）												
6										3.66	4.27	4.57
8											4.88	5.49
10												5.79
T形管（侧向）												
$\frac{1}{2}$	0.91	1.22	1.22	1.22								
$\frac{3}{4}$		1.22	1.50	1.50	1.50							
1			1.80	1.80	1.80	1.80						
$1\frac{1}{4}$				2.13	2.44	2.44	2.44					
$1\frac{1}{2}$					2.74	2.74	2.74	3.05				
2						3.35	3.35	3.66	3.96			
$2\frac{1}{2}$							3.96	4.27	4.57	4.57		
3								4.88	5.49	5.49	5.79	
4									7.01	7.32	7.32	7.62
6										10.06	10.36	10.67
8											13.11	13.41
10												16.15

注：对45°的弯头，取90°弯头当量长度之半。

例：一个6in×4in的变径90°弯头，相当于4in管的当量长度3.66m。

美国国家防火协会（NFPA）对室内管系统的最大设计运行压力有一定的限制。除由领导部门批准或符合下列条件外，规定不能超过34kPa（5psia）（ANSI Z223.1）。

1. 管道系统的接口采用焊接。

2. 管道设置于通风良好处，或有封闭保护设施以防燃气积聚而引起的事故。

3. 管道虽设置于建筑物或建筑物的隔离区内，但其用途仅限于：

（1）工业的加工工艺或加热。

（2）科研目的。

（3）仓库。

（4）放置锅炉或机械设备。

4. 施工中临时安装的管道。

室内导管的设计应能满足用户的最大耗气量，且在表出口至燃具间不超过规定的压降值。管径应根据最大小时设计负荷计算并应考虑未来发展的需要。在已有管道上连接新燃具或新设备时，应进行校核计算。设计时应先画出管道示意图，标出每一燃具的燃气入口、管长及系统不同管段的接口类型等。

流量计算公式的选择与支管设计相同。对多数室内导管的计算采用IGT配气公式较合适，米勒式用得很广，史匹兹格拉斯低压式也常用。对2in或2in以上商业及工业用户的导管计算，则宜选择IGT配气公式。与支管的设计相同，全湍流流态只是偶然发生（在压降等于或大于68.95kPa时）。如计算中遇到全湍流流态，为得到准确的压降值，则应选择全湍流的流量计算公式。

垂直立管（Vertical risers）的设计方法基本与水平导管相同，只是低压系统的立管要加上高程校正。如第三章中所述，立管高程大约每3.05m有1.27mm水柱的附加压头。更准确的高程附加计算方法可见第三章中的式（3-95）或式（3-96）。导管中的立管运行压力较大时，高程附加可忽略不计。

如第三章中所述，高程效应对高层建筑低压系统的导管设计有较大的影响，在高峰耗气时，立管比水平导管允许有较大的压降；但在低峰耗气时，高层处燃具前的压力可能超过规定的导管入口压力，就需要对燃具进行调节或使用燃具调压器。

对典型的公寓式住宅的立管，美国有最小管径的规定，见表4-10，但仅适用于24层以内的建筑物。标准立管设计“A”相当于每层设一台灶具；标准立管设计“B”相当于每层设两台灶具。若每层设两台以上的灶具，则应另作计算。由表4-10可知，美国灶具的负荷远大于我国常用的数值，在计算中进行比较是有意义的。

美国公寓住宅立管设计中的最小管径[1] **表4-10**

供气的层数	标准立管设计“A”		标准立管设计“B”	
	流量（m^3/h）	管径（in）	流量（m^3/h）	管径（in）
2	1.42	$\frac{3}{4}$	2.41	1
4	2.38	$\frac{3}{4}$	3.94	1
6	3.20	1	5.16	$1\frac{1}{4}$
8	3.94	1	6.20	$1\frac{1}{4}$
10	4.62	1	7.11	$1\frac{1}{4}$
12	5.16	1	7.96	$1\frac{1}{4}$
14	5.73	$1\frac{1}{4}$	8.67	$1\frac{1}{4}$
16	6.20	$1\frac{1}{4}$	9.33	$1\frac{1}{4}$
18	6.69	$1\frac{1}{4}$	9.98	$1\frac{1}{4}$
20	7.11	$1\frac{1}{4}$	10.57	$1\frac{1}{4}$
22	7.48	$1\frac{1}{4}$	11.22	$1\frac{1}{2}$
24	7.96	$1\frac{1}{4}$	11.65	$1\frac{1}{2}$

注：楼层高度2.6m，包括接口的阻力，设计负荷下的压降考虑了高程附加值。

【例 4-7】　如图 4-5，为计算每一管段的压降值，需求出每一管段的设计管长。

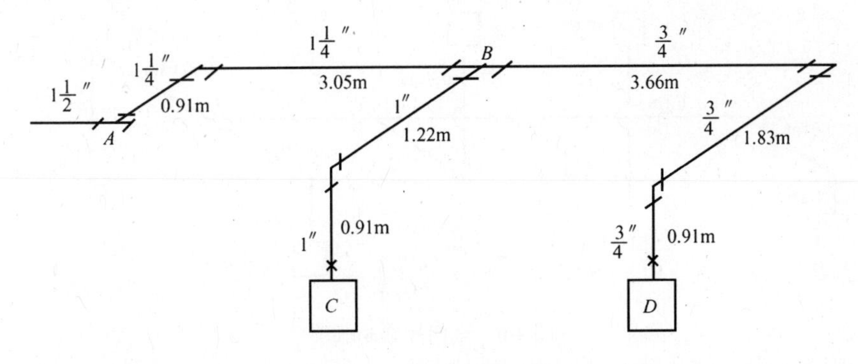

图 4-5　计算管道系统图

查表 4-8，表 4-9

A-B 管段

管长	$3.05+0.91=3.96$
T 形管侧向流 $1\frac{1}{2}\text{in}\times1\frac{1}{2}\text{in}\times1\frac{1}{4}\text{in}$	2.13
$1\frac{1}{4}$in 弯头	0.91
$1\frac{1}{4}$ in 管的设计管长（当量管长）	7.0m

B-C 管段

管长	$1.22+0.91=2.13$
T 形管侧向流 $1\frac{1}{4}\text{in}\times\frac{3}{4}\text{in}\times1\text{in}$	1.80
1 in 弯头	0.91
1 in 旋塞	0.91
1in 管的设计管长（当量管长）	5.75m

B-D 管段

管长	$3.66+1.83+0.91=6.4$
T 形管直通 $1\frac{1}{4}\text{in}\times\frac{3}{4}\text{in}\times1\text{in}$	0.61
$\frac{3}{4}$in 弯头（2 个）	$2\times0.61=1.22$
$\frac{3}{4}$in 旋塞	0.91
$\frac{3}{4}$in 管的设计管长（当量管长）	9.14m

【例 4-8】　按图 4-6，求室内导管的管径。

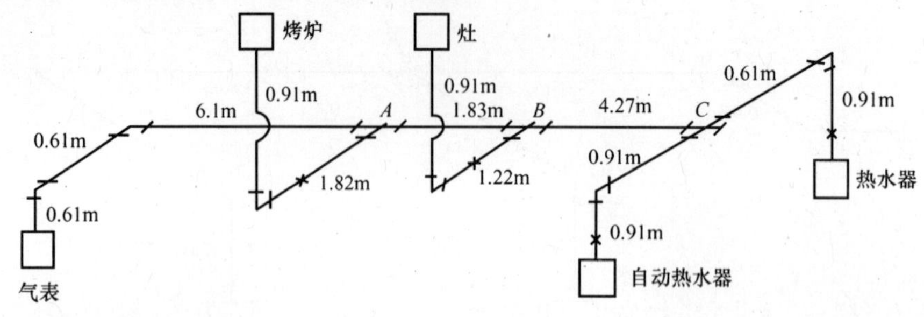

图 4-6　室内导管系统图

计算结果列于下表中，管件的当量长度可查表 4-8 和表 4-9。

管　段	流量 (m^3/h)	管径* (in)	当量管长 (m)						压降 (mm 水柱)
			直管	T 形管 (侧)	T 形管 (直)	L 形管	旋塞	总计	
热水器至 C	3.24	$\frac{3}{4}$	1.52	1.22	—	0.61	0.91	4.26	2.29
自动热水器至 C	1.09	$\frac{1}{2}$	1.82	1.22	—	0.61	0.61	4.26	1.02
灶具至 B	0.41	$\frac{1}{2}$	2.13	1.22	—	0.61	0.61	4.57	0.025
烤炉至 A	0.41	$\frac{1}{2}$	2.73	1.22	—	0.61	0.61	5.17	0.025
C 至 B	4.33	1	4.27	—	0.61	—	—	4.88	1.52
B 至 A	4.74	$1\frac{1}{4}$	1.83	—	0.61	—	—	2.44	0.025
A 至气表	5.15	$1\frac{1}{4}$	7.32	—	—	1.82	—	9.14	1.02

压降总和：

从热水器至气表：(表 − A) + (A − B) + (B − C) + (C − 热) = 1.02 + 0.0025 + 1.52 + 2.29 = 4.855mm 水柱

自动热水器至气表 = 1.02 + 0.025 + 1.52 + 1.02 = 3.582mm 水柱

燃气灶至气表 = 1.02 + 0.025 + 0.025 = 1.07mm 水柱

烤炉至气表 = 1.02 + 0.025 = 1.045mm 水柱

最大允许压降为 5.08mm 水柱 (0.2in 水柱)

* 管径由试算法确定，顺序为先支管后干管。

【例 4-9】　工业用户的导管布置如图 4-7。气表的最小出口压力为 13.79kPa (表压)，求各管段的管径。

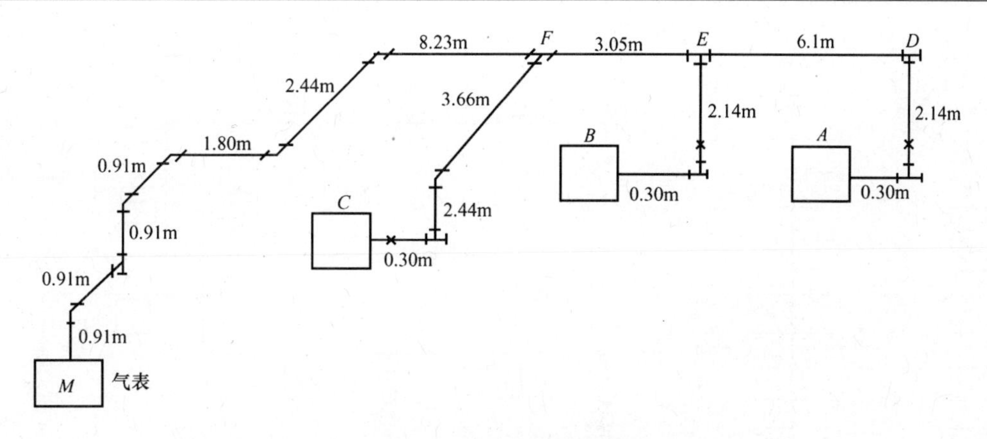

图 4-7　工业用户导管系统图

计算结果如下表：

管段	流量 (m^3/h)	管径 (in)	当量管长 (m)						压降 (kPa)
			直管	T形管（侧）	T形管（直）	L形	旋塞	总计	
D-A	53.85	$1\frac{1}{2}$	2.44	2×2.44 =4.88	—	—	1.80	9.12	0.345
E-B	64.91	$1\frac{1}{2}$	2.44	2.74+2.44 =5.18	—	—	1.80	9.42	0.517
F-C	81.10	2	6.40	3.35+3.05 =6.40	—	1.50	2.74	17.04	0.359
E-D	53.85	$1\frac{1}{2}$	6.10	—	0.91	—	—	7.01	0.262
F-E	118.76	2	3.05	—	1.50	—	—	4.55	0.207
M-F	199.86	3	16.11	2×4.57 =9.14	—	4×2.44 =9.76	—	35.01	0.503

压降总和：

C 至气表 = MF + FC　　　　= 0.503 + 0.359 = 0.862kPa

B 至气表 = MF + FE + EB　　= 0.503 + 0.207 + 0.517 = 1.227kPa

A 至气表 = MF + FE + ED + DA　= 0.503 + 0.207 + 0.262 + 0.345 = 1.317kPa

最大允许压降为 1.379kPa（即气表出口压力 13.79kPa 的 10%）

【例 4-10】[1]　计算图 4-8 所示公寓式住宅供气管道的管径。建筑物由低压支管供气。立管 A、B、E 和 F 所供 12 层的用户，每户设一台灶具；立管 C 和 D 所供 12 层的用户，每户设两台灶具。J 至 J′的距离为 3.05m。

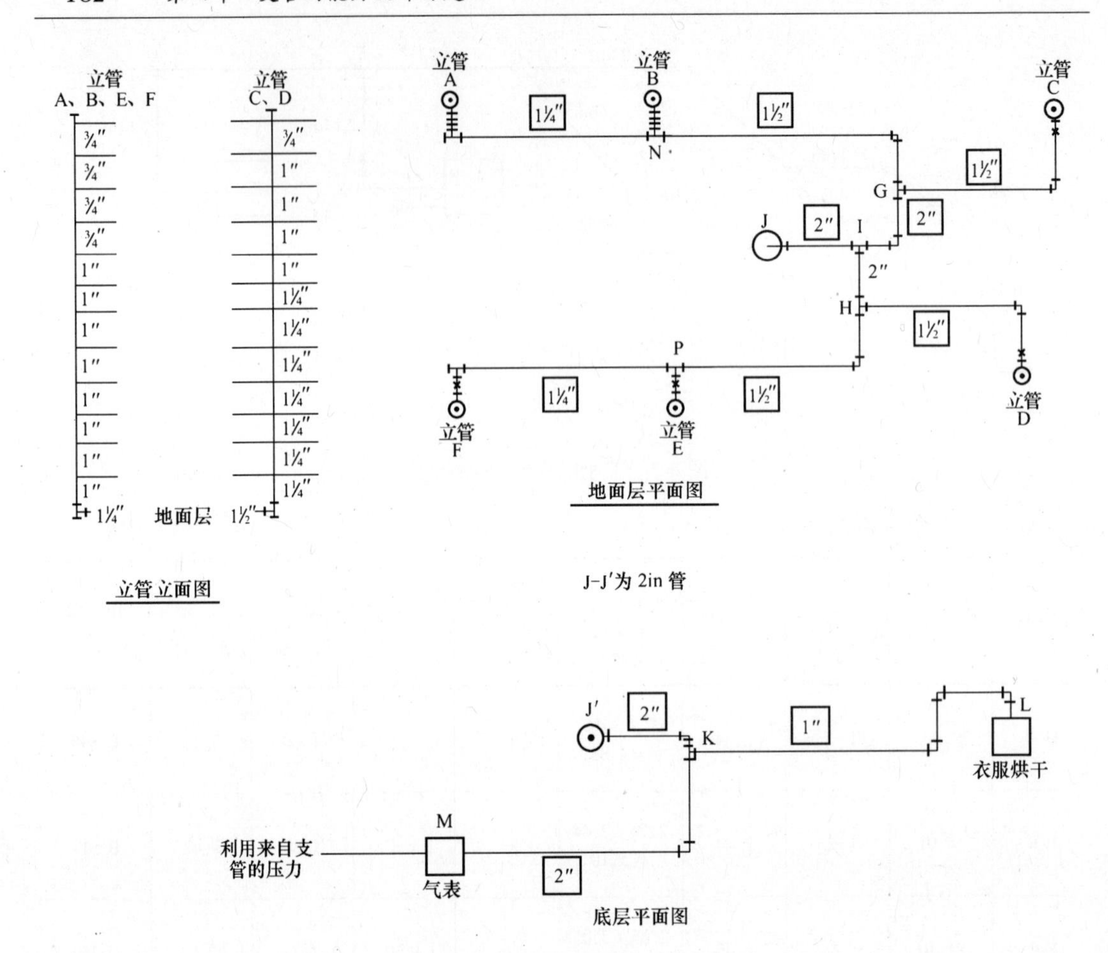

图 4-8　公寓式住宅供气管道平面图

求立管 A、B、E、F 的设计负荷：设每层燃气灶的负荷为 $0.811m^3/h$，共 12 层。查表 2-6，用内插法求得耗气系数为 0.53，则设计负荷为：$0.811\times12\times0.53=5.16m^3/h$。按表 4-10，可查得立管入口的管径为 1m。

求立管 C 和 D 的设计负荷：设每层燃气灶的负荷为 $2\times0.811m^3/h$，共 12 层。查表 2-6，耗气系数为 0.41，则设计负荷为 $0.811\times2\times12\times0.41=7.98m^3/h$。按表 4-10，可查得立管入口的管径为 $1\frac{1}{4}$in。

各管段的流量及计算流量汇总如下表

管　段	耗气量 (m^3/h)	灶具数	耗气系数 (查表 2-6)	计算流量 (m^3/h)	备　注
A-N	0.811	12	0.53	5.16	
B-G	0.811	24	0.41	7.98	
C-G	0.811	24	0.41	7.98	
D-H	0.811	24	0.41	7.98	
F-P	0.811	12	0.53	5.16	

续表

管 段	耗气量 (m^3/h)	灶具数	耗气系数 (查表 2-6)	计算流量 (m^3/h)	备 注
E-H	0.811	24	0.41	7.98	
H-I	0.811	48	0.30	11.68	
G-I	0.811	48	0.30	11.68	
I-J	0.811	96	0.21	16.35	
J-J′	0.811	96	0.21	16.35	
J′-K	0.811	96	0.21	16.35	烘干机
K-L	4.866	—	1.0	4.866	烘干机
K-M	—	—	—	21.166	(J′-K) + (K-L)

各管段的压降如下表

管 段	计算流量 (m^3/h)	管 径 (in)	当 量 管 长 (m)						压 降 (mm 水柱)
			直 管	T 形 (侧)	T形 (直)	L 形	旋 塞	总 计	
A-N	5.16	$1\frac{1}{4}$	4.88	2.13	0.91	—	1.80	9.72	1.02
B-G	7.98	$1\frac{1}{2}$	6.71	—	0.91	1.22	—	8.84	0.76
C-G	7.98	$1\frac{1}{2}$	3.66	2.74	—	1.22	1.8	9.42	1.02
D-H	7.98	$1\frac{1}{2}$	4.88	2.74	—	1.22	1.8	10.64	1.02
F-P	5.16	$1\frac{1}{4}$	5.18	2.13	0.91	—	1.8	10.02	1.02
E-H	7.98	$1\frac{1}{2}$	6.10	—	0.91	1.22	—	8.23	0.76
H-I	11.68	2	2.74	3.05	—	—	—	5.79	0.25
G-I	11.68	2	3.66	—	0.91	1.50	—	6.07	0.25
I-J	16.35	2	1.80	3.05	—	—	—	4.85	0.51
J-J′	16.35	2	3.05	3.05	—	—	—	6.10	0.51
J′-K	16.35	2	2.44	—	0.91	1.50	—	4.85	0.51
K-M	21.166	2	6.10	—	—	1.50	—	7.60	1.27
L-K	4.866	1	4.57	1.80	—	3×0.91 $=2.73$	—	9.10	3.56

压降总和：

立管 A-气表 = AN + BG + GI + IJ + JJ′ + J′K + KM

= 1.02 + 0.16 + 0.25 + 0.51 + 0.51 + 0.51 + 1.27 = 4.83mm 水柱

立管 C-气表 = CG + GI + IJ + JJ′ + J′K + KM

= 1.02 + 0.25 + 0.51 + 0.51 + 0.51 + 1.27 = 4.07mm 水柱

立管 F-气表 = FP + EH + HI + IJ + JJ′ + J′K + KM

= 1.02 + 0.76 + 0.25 + 0.51 + 0.51 + 0.51 + 1.27 = 4.83mm 水柱

烘干机-L = LK + KM = 3.56 + 1.27 = 4.83mm 水柱

最大允许压降 = 5.08mm 水柱（0.2in 水柱）

计算中采用史匹兹格拉斯低压公式。

第四节 支管建设与危机管理

如前所述，支管是配气链的重要环节，由于其数量多，易受第三方的损坏，又是联系燃气公司管网和用户燃气设备的关键部位，因而也是燃气工业发展中的一个重要技术经济环节。国际燃气联盟的“配气委员会”曾对 22 个国家的 42 家公司所服务的用户中，最大流量为 $10m^3/h$ 以下的民用户进行了调查[21]，分别对支管的布置、设计、材料、施工技术、运行与维修政策和复原技术等进行了研究，提出了改进的方向，并为危机管理系统（Risk management System）的建立做了一定的基础资料准备工作。在 22 个国家中选择了 10 个国家（地区），其支管和配气管道的基本情况列于表 4-11 中。

10 个国家（地区）支管和配气管道的基本状况[20] 表 4-11

	澳大利亚（二家公司）	加拿大（一家公司）	法 国（三家公司）	德 国（一家公司）	中国香港（一家公司）	意大利（二家公司）	日 本（三家公司）	马来西亚（一家公司）	美 国（一家公司）	英 国（一家公司）
占全国用户数的百分数（%）	29%	31%	100%	100%	85%	35%	67%		8%	95%
民用户总数	1006700	1400000	9920000	13654000	1137264	4890499	13500000	30	4830106	19000000
燃气总销售量（GWh/年）		98.5	408	917	6.64	85.4	208.3	6.1	253	
向民用户的燃气销售量（GWh/年）			160	311	3.46	43.1	66.1		67.5	361
配气管道的总长度（km）	16454	26000	143520	251960	2134	43449	147174	308	70746	270000
不同压力等级配气管道的长度（km）										
$< 10^4$Pa	5352	1700	23174		1463	26364	101336	0.8	0	252000
$(0.1\sim2)\times10^5$Pa	1903	95	42	218470 < 4bar	596	6276	41326	0		

续表

	澳大利亚（二家公司）	加拿大（一家公司）	法　国（三家公司）	德　国（一家公司）	中国香港（一家公司）	意大利（二家公司）	日　本（三家公司）	马来西亚（一家公司）	美　国（一家公司）	英　国（一家公司）
$(2\sim5)\times10^5$Pa	8850	20800	113877		20	10320	0	84	48771 < 5bar	
$>5\times10^5$Pa	354	3500	6426	33490 > 4bar	82	491.5	4512	224	1974	18000
支管总数		1400000	5685500	7596000	30679	1448747	6464000	30	3754801	18000000
典型的支管平均长度（m）	17 - 19	18	6 - 12	11	10	34.5	7.1	10	18.3	11
年新敷设支管数	17470	62000	162400	350000	1600	50535	172771	18	26690	254000
年更换支管数	16000	14000	72400		150	905	49722		5 ~ 10000	165000
比值（用户数/支管数）	不清楚	1.0	1.7	1.8	37.1	3.4	2.1	1	1.3	1.1
比值（用户数/配气管长）	61.2	53.8	69.1	54.2	532.9	112.6	91.7	0.5	68.3	70.4
比值（新干管上连接的支管数/年敷设支管数）	不清楚	60%	16%	不清楚	90%	无意义	21%	78%	80%	60%
比值（旧干管上连接的支管数（年敷设支管数）	不清楚	40%	84%	不清楚	10%	无意义	79%	22%	20%	40%

由表 4-11 可知，不同国家由于用户建筑群的情况不同，管道设施基本状况的差别很大。我国至今尚缺乏这类数据，可以预计，不同城市之间的差别也会很大。统计资料的不完整是我国城市燃气发展中的薄弱环节，影响到对经济与安全的评估，是与国际接轨最困难的部分。

一、支管的施工[20]

从各国所提供的资料看，劳动力成本是施工成本中最重要的部分，因而各国的施工总成本差别很大，不少国家的劳动力成本比金属材料的成本高 2 ~ 3 倍。在新敷设干管上连接支管与在旧干管上连接支管的成本也不同，前者可以若干根支管同时安装，工作效率高、开挖较简单，路面修复可以在施工完成后进行，费用较低。如以图 4-1 和图 4-2 所示的两种布置方案作为比较的依据，则图 4-1 布置方案的施工成本最低为 282 美元（荷兰），最高为中国香港地区 1943 美元（因多为高层建筑）。图 4-2 布置方案的施工成本最低为 110 美元（阿根廷），最高为 1615 美元（日本），日本施工成本高是考虑地震设防的关系。英国两种方案均有采用，施工成本相同，均为 595 美元。从技术上看，图 4-1 布置方案，似不宜与中压管连接，与中压管连接时，对室内管安全设施的要求较高，成本明显提高，特别是对抗高温能力要求较高的国家。而图 4-2 布置方案，则既可接中压管，也可接低压管，施工总成本的变化不大，但应尽量减小室外管道部分所占的面积，并考虑向燃具供气的净成本。从用户的安全条件看，图 4-1 布置对用户更合适。不论采用何种布置方案，发展价低与易于安装的技术均十分重要。许多国家的经验表明，采用以下方法后，施工成本有可能降低 15%：

1. 与其他公用管道使用同一穿墙孔口（One-hole-units）。

2. 安全条件许可时，适当减小埋深。

3. 采用无沟技术埋管。

4. 与施工承包单位按支管数签约而不按管长签约。

对无沟埋管技术，在调查的国家中反应不一，大约60%的国家拟采用无沟埋管技术，认为无沟技术可平均节省20%；而40%的国家认为无沟技术与管长有关，支管短时，成本降低有限，至今各国仍是各行其是。

影响采用无沟技术的主要原因是：在缺乏对地下设施和土壤条件的全面了解时，往往要花更多的时间进行地下设施和土壤条件的勘察后才能进行工作。

施工中的开挖工作大约占支管施工成本的一半。许多大型燃气公司常以年支管的敷设量作为工作指标，这就特别关注开挖和回填的工作量。特别在城市的居住区，密集的地下管网和人员的频繁活动常影响使用开挖法，因此，减少开挖量、回填量和路面的修复量对经济、技术和环境又有很大的吸引力。

二、试压要求

任何国家均十分关心支管的试压要求，希望简化试压方法以降低成本，其趋势是采用联合试压方法和缩短试压时间，采用更准确的试压设备（如电子试压仪）及适用于不同管径支管试压的通用工具等。试压程序中10个国家（地区）的主要参数可见表4-12。

试压程序中的主要参数[20]　　表4-12

国家（地区）	干管压力①	试压类型	比值 试验压力/MOP②	时间（min）	试压气体	进行试压方	试压报告保存期
意大利	LP/MP	联合法③	MOP < 0.5巴为2 MOP > 0.5巴为1.5	60min或2h	空气或惰性气体	承包人	同支管寿命期
英国	LP	气密性	1.33	5	空气	公司职工和承包人	6年
中国香港	LP	气密性	4.7	24h	空气	承包人	2年
日本	LP	气密性	4.1	60	空气	承包人	2年
德国	MP	联合法	3	15	空气	公司职工和承包人	同支管寿命期
美国	MP	联合法	1.5	5	天然气、空气或惰性气体	公司职工	同支管寿命期
马来西亚	MP	联合法	1.6	90	空气或惰性气体	公司职工和承包人	同支管寿命期
加拿大	MP	气密性	1.6	10	空气	公司职工和承包人	同支管寿命期
法国	MP	强度与气密性分开	1.5	15	空气	公司职工和承包人	同支管寿命期
澳大利亚	MP	气密性	2.2	10	空气	承包人	同支管寿命期

① LP—低压，MP—中压。

② MOP—最大运行压力。

③ 联合法—强度试验与气密性试验合一。

三、运行与维修

(一) 文件的提出与跟踪能力 (Documentation and Traceability)

支管建设中的文件应包括以下内容：地理位置描述，管网位置图，材料清单，每一管件的材料证书，焊接或电熔焊 (PE 管) 的记录，操作人员的姓名和操作人员的上岗证书等。文件可随时提供涉及支管系统位置的第三方使用。

燃气公司对施工质量应采用跟踪系统 (Traceability system) 进行跟踪。跟踪系统的功能包括：每一部件的原始资料，鉴别每一部件的位置，每一操作人员完成的工作状况，操作人员的质量鉴定，和施工中的变更情况等。跟踪系统对燃气公司是有益的，从长期看，可据此通过集中维修以提高可靠性和对未来的投资方向做出决策；从近期看，可发现具体部件的失效状况。

(二) 维修工作

维修工作的基础是发现漏气。各国对燃气支管均有周期性检漏频率的要求，不同压力范围支管的检漏频率可见表 4-13。

不同压力范围的检漏频率[20]　　表 4-13

压力范围 (10^5Pa)	最少/最多	平均检漏频率
MOP < 0.1	一年一次/每 6 年一次	每 3 年一次
0.1 < MOP < 2	一年一次/每 6 年一次	每 2.8 年一次
2 < MOP < 5	一年一次/每 6 年一次	每 2.5 年一次

由表 4-13 可知，各国漏气检查的频率范围差别很大，因为管网建成的时间不同。个别燃气公司根据支管突发漏气事件的上升量进行检漏或依靠公众举报。

根据各国的统计，支管中发生漏气的百分数可见表 4-14。

支管上漏气的百分数[20]　　表 4-14

	平均值 (%)
支管漏气的百分数/配气系统漏气的总数	44
由检测发现的支管漏气数	49

有的燃气公司漏气的发现来源于公众举报或由第三方在靠近支管处作业时发现。

检漏政策的制定应考虑到支管漏气的历史和危机性分析评估 (Risk analysis assessment) 资料。

常用的检漏方法有：地面跟踪法、地下跟踪法和植物检漏。

调查中 90% 的燃气公司采用携带检漏仪的步行法，有的用装于汽车上的检漏仪。检查重点为支管与配气管网的连接处或在公共道路上搜索。

由于检漏的运行成本很高，需要采用新的检测设备，如激光系统 (Laser based system) 等，要设计成适用于支管检漏的地面检测装置。装置应使用简单，价格低廉，有通用性，也适用于用户设备的安装检验。许多燃气公司的检漏都是地面与地下相结合，有的公司还与抄表和室内装置的检查相结合。

对支管上安装的地上或地下阀门，则应平均每 4 年检查一次。在调查中约半数的燃气公司认为，支管的平均维修成本大约为 9 美元/支管/年，包括运行中的漏气检查、目测检查和其他检查项目，如调压器的性能测试和支管阀的维修等 (气表校验不在内)。

对支管的调研表明，虽然支管的工作压力大部分为低压，且低于1000Pa，但多数燃气公司认为维修成本很高，只有两家燃气公司认为，在采用聚乙烯管后，毋需再作特别的检测而成本较低。

为了避免漏气，通常采用的方法有：采用防腐材料预制的组合件（如阀门、调压器和T形管一体的组合件，见图4-1)，采用焊好的聚乙烯组合件，并将机械接口的数量减至最小。

（三）安全与寿命期（Life time）

从对各国燃气支管的调研可知，支管的成本和安全是紧密相连的，降低安全等级以换取降低成本的情况已经出现，因而不同国家有不同的平衡点。开展安全问题的研究十分重要，涉及的方面也很多，不能盲目抄袭哪一个国家的规程或规范，综合研究是确保安全的重要途径。有关的问题简述如下：

1.用户的停气（Customers disconnection）

用户的停气常由于对配气管网的破坏，如由第三方在支管附近开挖、野蛮施工（许多国家野蛮施工事故在不断增加）和人为的错误所造成。另一类是在检查燃气表、调压器和阀门的计划维修工作中出现的停气现象。各国的调查表明，每用户的平均停气频率在每3年一次或每35年一次的大范围内变化，停气的主要原因是正常检查和更换燃气表。

2.第三方的损坏

支管失效的主要危机来源于第三方的损坏。所有国家的燃气公司都有义务提供地下燃气管道的位置，且是免费的。实行“开挖前先通知”（Dial before you dig）的制度，开挖前承包商必须获得足够的信息后才能进行地下作业。为了易于获得地下管道的信息，应采用更为先进的信息技术，如互联网，数字制图（Digital mapping）等。

1997年，有85%的被调查国家提供了由第三方损坏的统计数，其平均值为每年每10000根支管中有6.3根被第三方损坏（即每年6.3‰），不同国家之间数据的差别很大，与数据收集的质量有关，因此，要收集由第三方损坏的数据是十分困难的，因为甚难判断确实是由第三方造成的损坏而找不到数据，或是因各公用部门之间的通信不畅所引起。

在许多国家中，政府指令燃气公司必须建立配气管网（包括支管）的信息服务机构以防止由第三方开挖时的损坏，降低每年的维修费用。信息服务的内容包括：预防性信息，传递图纸和开挖指令的信息，对项目提出意见，管道的现场信息和开挖接管时的监控信息。

3.阴极保护

钢质支管的寿命与阴极保护有关。在被调查的国家中，大约75%的燃气公司对钢质支管采用阴极保护，运行压力大于1000Pa的支管优先采用，但由于阴极保护对地下管道相互作用引起的损害缺乏报导资料，对钢质支管的保护效率还难以做出结论。

4.与其他公用设施的相互影响

除第三方损坏外，与其他公用设施的相互影响（如由短路、高温、漏水冲刷土壤造成沉陷损坏），相邻结构阴极保护造成的负面影响和建筑物的接地系统（Earthing system）等也是影响支管寿命的重要因素。由于燃气公司很少与电力、给排水或区域供热部门签有互通损坏信息的合同，相互影响造成损坏的数据也难以收集。

第五章　配气系统能力的设计原理

第一节　系统设计问题的结构

管道系统的通过能力决定于对用户当前负荷与未来负荷的计算。许多系统设计人员往往面临着新用户要求扩大供气范围，旧用户要求增大供气量而旧有系统又不能满足的问题。在系统通过能力设计（常称能力设计（Capacity Design））过程中，系统的设计人员往往可以有许多选择。新供气区的规模越大，旧供气区的规模越小，则可选择的方案越多。在能力设计过程中，开发多种可选择的方案是系统设计人员首要的创造性活动（Primary Creative Activity）。

设计人员的基本目标是开发一种经济的系统，且能满足系统所要求的全部功能，即系统在保证各类燃气设备所要求的运行压力条件下能安全并可靠地供气。设计人员的水平就表现在既不会使系统的能力过小——忽略未来增容的成本，又不会使系统的能力过大，造成经济上的损失，影响系统的经济效益。

在20世纪的40年代，虽然世界上已有少数燃气公司采用了哈代·克罗斯（Hardy Cross）法对大型配气管网进行手工的数学分析计算，但往往仍是技巧大于科学[1]（More art than science）。到50年代，当第一代模拟计算机和随后的数字计算机出现后，才使管网的分析更为可行。在此之前，设计人员对设计负荷与系统的压力状况并不十分重视，不愿进行深入细微的工作，也就很难对最佳方案进行评定。

当数字计算机承担了负荷集中和管网分析中的许多繁琐运算工作后，设计人员就可集中精力研究设计优化的创新方法。美国燃气协会配气设计和发展委员会曾做了大量工作（1966~1972年），在有经验的燃气系统设计师之间进行了信息交流和讨论。本章将介绍其中的许多重要概念[1]。

系统设计问题的结构包括三个部分，即：约束条件、能力设计的变数和可靠性与安全系数（Reliability and safety factors）

一、管道系统能力设计的约束条件[1]

影响管道系统能力设计的因素有：管道及系统的其他附件，如燃气表、调压器、阀门和已安装管道接口的运行限制条件；向用户承诺的最低供气压力（由合同或规范规定）；向系统供气的源点有效压力；自然障碍物，如河流、沟壑、铁路干线和高速公路状况；供气的安全性与可靠性；管道的标准和设计方针等。

（一）运行的限制条件

旧有燃气管道的运行限制条件中首要的是管道最薄弱环节的最大允许运行压力（MAOP-Maximum Allowable Operating Pressure）。薄弱环节通常指旧有的低强度薄壁管、塑料管的新管段，阀门和易于漏气的螺纹接口、法兰和铸铁系统的承插接口等。最大允许运行压力由规范规定。

（二）供气压力的承诺[1]

向居民和小用气量商业用户供气的最低供气压力由政策和规范规定，通常应高于用户满意的燃具最小运行压力。美国的燃具安全规程中规定：燃具的最小入口压力为89mm水柱（3.5in水柱）即0.87kPa，相应的气表入口压力应为109mm水柱（4.3in水柱），即1.07kPa。从1985年起，燃具规范允许燃具制造厂根据额定流量来确定燃具压力，压力可以在0.87kPa（3.5in水柱）~1.4kPa（5.5in水柱）的范围内变化。由于根据户内管的标准设计，采用的压降为7.62mm水柱（0.3in水柱）即0.07kPa，燃气表的额定压降为12.7mm水柱（0.5in水柱）即0.12kPa，因此，在燃具入口和气表入口之间的最大压降为7.62+12.7=20.32mm水柱（0.19kPa），燃具要求气表入口（或表前调压器出口）的压力至少应有1.4+0.19=1.59kPa（161.02mm水柱）。

允许的最小供气压力与管网的压力等级有关，美国的典型值为[1]：

对低压系统　　0.99~1.7kPa（4~7in水柱）

对34~103kPa（1~15psia）的中压系统　3.4~34kPa（0.5~5psia）

对103~414kPa（15~60psia）的高压系统 34~138kPa（5~20psia）

大型商业和工业用户的供气压力应高于和用户商定的压力，一般供气压力为6.9~69kPa（1~10psia），对特大的用户甚至可达或超过1034kPa（150psia）。工业用户采用更高的供气压力后，可使厂内的导管采用较小的管径（有时厂内导管的造价很高）和避免再设置压缩机。

在旧有的配气系统中，源点调压器的设定压力可小于系统的最大允许运行压力，但应略高于在设计负荷下不同用户提出的供气压力要求值。在众多用户对供气压力的不同要求值中，总可以找到一个所需供气压力的最高值，且这一用户也可作为系统的控制点，一旦系统的耗气量超过曾发生过的高峰负荷值，则该用户就会首先提出对供气压力不满意的信息。控制点常设在具有高供气压力要求的大用户的支管上或调压器的入口。这里也是长期记录表压变化的最佳位置。

（三）有效的燃气源点压力[1]

系统的运行状况决定于管道系统的源点压力，不论高压配气系统的供气管道还是长输管线均是如此，当从未有过的高峰耗气量出现时，就会发生流量或压力不足的工况。长输管线中压力的变化也可能由管道的贮气引起，在贮气阶段，即高峰耗气量来到之前，燃气贮于管内，压力升高；高峰耗气量来到后，管内的贮气量排出过大，压力降低，这种不稳定的流量变化也会影响系统的运行。

（四）管线的位置

多数的配气管道系统都是沿街道敷设，但是也要考虑到未来土地利用的变化情况，如在郊区，要考虑公路的拓宽，在市区要考虑地铁、下水道、输水干管的建设，尽量避免管道可能的移位或改建。

（五）自然障碍物

河流、沟壑、高速路等自然障碍物严重地影响管道系统的路由选择。有些障碍物难以穿越或穿越后维修费用很高，应尽量避免。

（六）安全的考虑[1]

安全要求不仅是设计的基础，也是法律的需要。以美国为例，其联邦运输部制定的联邦安全规程（Title 49 Code of Federal Regulations）中，就有“天然气及其他气体管道运输的最低要求安全标准”（第192部分，简称49CFR192），共分十三章[189]，常为各国所应用，涉及系统能力设计的系统运行压力的安全规程就包括以下内容：

1. 加倍安全要求的规定。两个调压器串联时，其间应设安全阀或切断阀，也可用用户调压器和监控调压器；作为安全设施，可以用内部设有安全阀的用户调压器；当配气系统的运行压力大于414kPa（60psia）时，所有的支管上均应设自动切断装置（49CFR192.197）。加倍安全要求还规定，与运行压力大于862kPa（125psia）的配气系统相连接的所有支管上均应设串联的调压器或监控调压器。

2. 在配气系统的调压站中，当调压器的出口压力可能大于系统的最大允许运行压力（MAOP）时，必须设有超压保护装置。

3. 旧有系统能否使用较高的运行压力？应根据安全规定对旧有系统作出鉴定（依据49CFR192第K章－〈提级〉的要求）。

4. 配气系统使用塑料管或铜管时，最大运行压力不能超过690kPa（依据49CFR192.123和192.125）。

受安全规定的限制，当两级调压装置和监控调压器中必须设有超压保护装置时，通过调压站或用户调压器的压降将增加，减小了干管和支管在满负荷时的允许压降值，因而要采用更大的管径或使更多的管道成环。此外，安全规定还要求在选择配气干管和调压站的位置时，应尽量减少来自第三方的损坏。还有其他安全要求，但主要是涉及管道系统的机械设计，与能力设计的关系较少。

（七）供气的可靠性[1]

配气系统的可靠性是指供气的连续性。理想的情况是，任何时候均不能对任何用户中断供气；而实际上，在施工和维修中以及因第三方损坏发生漏气而需要切断部分燃气系统的情况却时有发生。中断供气对用户的影响决定于系统的规划和系统中阀门的设置。在耗气高峰的时间段中，供气的中断也影响到系统的供气能力。

出于对可靠性的考虑，配气系统应设有一个以上的供气源点。若只有一个源点，就必须设并联的两个调压器而不能仅设一个。连接用户支管的连续供气更为重要，一旦供气中断，必须由熟练工作人员到现场两次，一次是排除事故，另一次是修复后的恢复运行工作。

（八）管径的标准化

为了减少管材及附件的贮存与管理的工作量，常减少管材与附件的品类，使设计人员在能力设计时选管受到限制。此外，美国的许多燃气公司都有自己规定的设计政策和设计原理。

二、能力设计的参变数

能力设计的参变数是指设计人员可以控制的变数，可分为六项，即：系统的运行压力等级；最小允许压力；源点压力的常值控制或远程控制；源点之间的距离；比压降（供气干管、配气干管、支管及户内管）的配置和燃气的管内流速。

（一）运行压力的等级[1]

设计一个新的配气系统时，首先应确定系统运行的压力等级。压力等级是最主要的能力因素（Capacity factor），它对成本有决定性的影响，因为较高的源点压力可采用较大的压降和较小的管径。

早先，人工燃气的制气压力常接近于大气压，系统的运行压力决定于压缩燃气的成本。当时，供气系统常靠近制气厂，根据出厂压力选择配气系统的压力被认为是最经济的。有些低压系统至今仍在运行着，但新建的系统已不再设计成在低压下运行。

当今，制气工艺的压力一般均大于414kPa（60psia），向多个用气点供气的输气干线的压力通常也大于1034kPa（150psia）。管道连接件、调压器以及其他附件已能满足任何运行压力的要求，已建成的配气系统也能适应变化范围较大的源点压力。最现代化的配气系统的运行压力通常已达到或略低于862kPa（125psia）。历史上多数系统的最大源点压力也已按414kPa（60psia）设计。

对直接由长输管线供气的系统，压力的上限是管道系统可能获得的最低供气压力，但这一等级的压力通常是作为城市燃气公司的公用输气管线（Utility transmission lines），而不是作为配气系统的基础压力。在配气系统中，运行压力的选择还要考虑安全性、经济性和运行条件，因而变化范围很大。如美国某些大城市商业区的配气系统可以采用几百毫米水柱，而在新建的市郊，则甚至可达689kPa（100psia）。对最大运行压力安全性的评估，在美国按49CFR192.619，192.621和192.623等规程进行[1]。

较高的系统运行压力因采用的压降大、管径小而比较经济。20世纪60年代后期，美国燃气协会曾对运行压力的经济性作过研究。压力对系统成本影响的主要因素为：用户的密度；供气区域的范围；土壤的类型（肥泥、黏土、沙土、石土等）；每户的设计负荷；劳动力成本；管材的特性与成本；管道安装所采用的设备与技术以及安全要求和实践经验等。研究工作考虑了乡村地区、市郊地区、小城镇和城市发展区等不同的情况。针对上述每种情况，配气系统包括支管在内设计时采用不同的运行压力，其范围为69~1034kPa，典型系统的成本价与压力等级的关系（1968年）可见图5-1[1,53]。

图中的虚线表示满足近期负荷需要的初始系统，实线表示满足远期负荷需要的最终系统。由图可知，在压力低于414kPa时，增大运行压力，系统的成本很快降低；而当压力大于414kPa时，成本的变化很小；当运行压力为862kPa时，系统的成本又重新回升，原因是安全规定要求支线按加倍安全规定设计（49CFR192.197），使成本提高。

乡村、市郊、小城镇和城市发展区四种情况的管网相对成本与源点压力的关系可见图5-2[1,53]。每一情况均以系统压力为414kPa作比较基础，即任一源点压力下系统的相对成本均以压力为414kPa时系统成本的比值表示。取414kPa压力下系统的相对成本为1，以便不同情况下的成本曲线可以合在一起进行比较。

由图5-2可知，实线可粗略地表示所有情况下的相对成本-压力曲线，虚线则为数据的限值。限值曲线中最平坦的一条是城市发展区的相对成本曲线，源点运行压力的等级对系统成本的影响最小，原因是管道的安装成本很高，而材料成本（管、阀等）仅为3in管（76mm）或3in管以下管道安装成本的5%。

另一限值曲线为典型居住区（常见的情况）的相对成本曲线，在安装总成本中，材料成本占主要部分，因而源点运行压力的等级对系统总成本的影响最大。市郊的情况有两点位于限值之外，但这两点并不代表真实情况。总的来看，图5-2中的相对成本-压力曲线可以代表压力对管道系统成本的影响。对高人口密度的地区，如大城市，运行压力等级对系统成本的影响趋向于最低限值曲线；对人口稀少的乡村地区则趋向于最高限

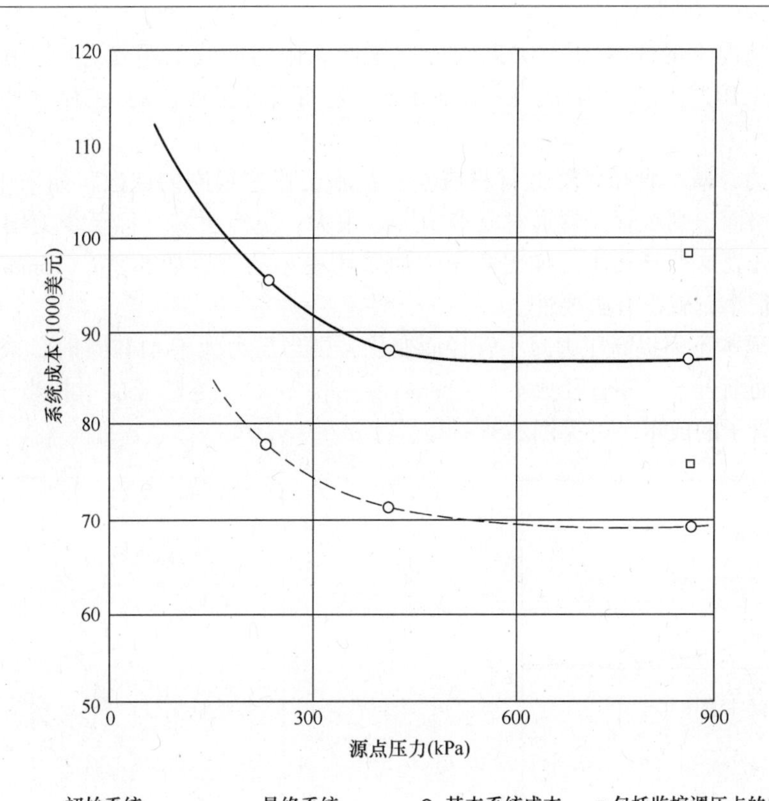

图 5-1 小城镇系统成本与压力等级的关系

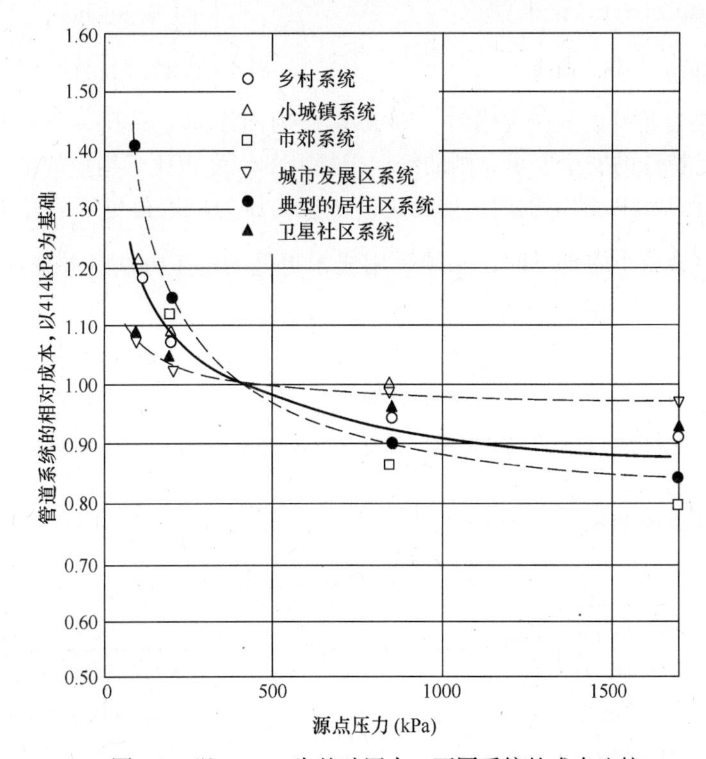

图 5-2 以 414kPa 为基础压力，不同系统的成本比较

值曲线，其他情况下的成本-压力关系则处在这两条限值曲线的范围之内。虽然美国燃气协会的研究工作并不能指出在某一压力等级下进行设计是最佳的，但从中也可得出若干结论：

1. 提高压力、减小管径可降低材料成本。在施工成本很高的地区，如采用低成本的安装技术修复路面，则小管径管道对成本的影响很大，优点更多。但至今美国尚未对 2in 或更小的管道开发这种新技术。如提高压力而采用更小的管道如 5/8in（16mm），则对降低成本的影响很小，就没有必要性。

2. 如安装成本不因提高压力减小管径而变化，则当压力大于 414kPa 时，成本-压力曲线就十分平坦而渐近于“零管径成本”（Zero sige pipe cost）。零管径成本相当于开挖最小的管沟而不埋管子的成本，可见图 5-3[1,53]。

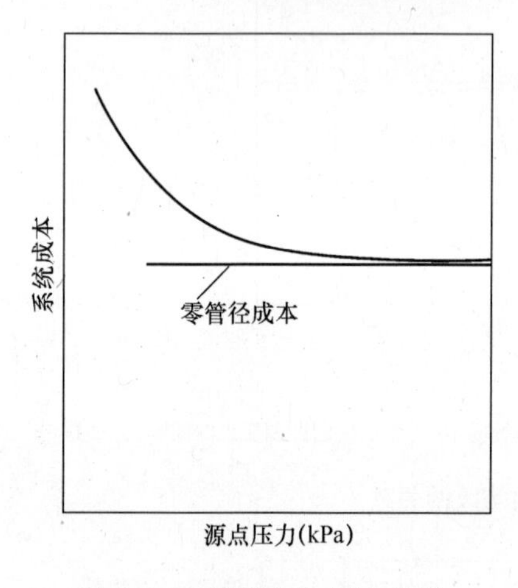

图 5-3　一般的成本-压力曲线

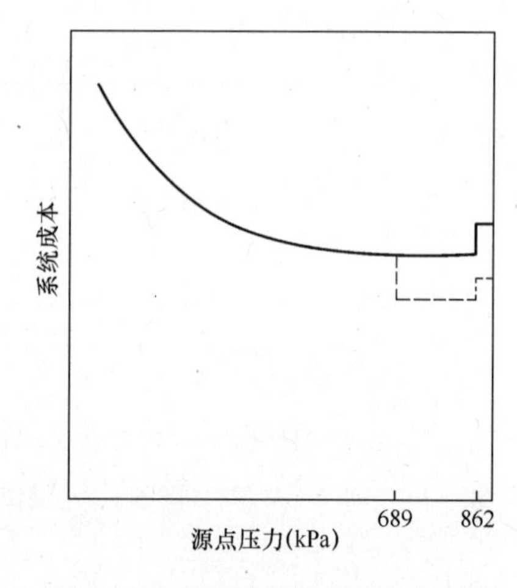

图 5-4　配气系统新技术的成本目标

3. 对管道安装有特殊的安全要求时，则成本-压力曲线向上提升一个等级。如所有用户的支管均应满足特殊的安全要求，则曲线向上提升的程度正比于用户的密度。

4. 在压力大于 414kPa 的范围内，如需进一步提高压力以取得更好的经济效益，则使用 $1\frac{1}{4}$in（32mm）或更小的管子时，必须采用成本更低的施工方法，并使成本-压力曲线下降一个等级（图 5-4[1,53]中虚线所示）。

由于上述原因，美国至今配气系统的运行压力很少有大于 414kPa 的。这也是压力分级中，世界各国以 400kPa 作为一个等级的依据。虽然，美国已有少量的燃气公司在设计市郊系统时，最大允许运行压力（MAOP）已达到 689kPa（100psia）。但美国市郊的建筑十分分散，与此类似的国家不多。

美国配气干管常用的管径见表 5-1[1]。

配气干管的常用管径　　**表 5-1**

运　行　压　力	配气干管所需的管径
低压 1～3.2kPa（4～13in 水柱）	102 或 152mm（4in 或 6in）
中压 6.9～103kPa（1～15psia）	51～102mm（2～4in）
高压 103～689kPa（15～100psia）	19～51mm（$\frac{3}{4}$～2in）

我国配气干管的管径常大于表 5-1 中的值，值得进一步研究。

（二）最小允许压力[1]

配气系统中的最小允许压力（Minimum allowable pressure）即民用户支管与配气管道连接处的压力，即零速点的压力或支管的入口压力。在此压力下，燃气流过支管、用户调压器（如采用我国城镇燃气设计规范中 0.01MPa 以上的配气系统时）、燃气表、户内导管后仍能满足所有燃具的运行要求。在美国，除不设用户调压器的低压系统外，还有两种向用户供气的系统，一种是如上所述的 0.01MPa 的低压系统，也即美国的低中压系统或磅压系统，户内管的运行压力为 178mm 水柱或 1.7kPa，此压力由所设的用户调压器来保证。另一种为户内管和燃具调压器的运行压力达 14 ~ 34kPa（2 ~ 5psia），提高了户内管的运行压力，但设有燃具调压器。

对不设用户调压器的低压系统，包括支管在内最大总压降的设计标准为 0.5kPa（2in 水柱），以防民用户产生不能接受的压力波动。这一设计标准较我国规范的要求严格。支管和户内导管的管径设计必须满足用户的最低压力要求，即 1 ~ 1.1kPa（4 ~ 4.5in 水柱）。

对户内管运行压力为 1.7kPa 的系统，用户调压器入口的最小压力以 14kPa（2psia）为佳；对运行压力为 14 ~ 34kPa 的户内管系统，调压器的入口压力需满足 34 ~ 69kPa（5 ~ 10psia）的要求。

最小的设计压力常比最小的允许压力值略大，使管道的能力有一定的裕量。

对 1.7kPa 的用户调压器系统，在选择最小设计终端压力时，还必须考虑到用户调压器放散阀的能力。如果最小设计终端压力取得稍低，虽可以选择较大的调压器阀孔来满足能力的要求，但却不利于放散阀的放散，因为在低负荷时，调压器的入口压力升高，阀孔又过大，放散阀的能力就不能满足要求。例如，在源点压力为 414kPa 的配气系统中，燃气公司通常选择用户调压器的阀孔直径为 3.2mm，最小设计终端压力为 103kPa；如果最小设计终端压力选择 69kPa，虽可选择阀孔直径为 4.8mm 的用户调压器来满足能力需要，但在用气量的非高峰期，调压器的通过能力已超过了放散阀的放散能力。因此，对源点压力为 414kPa 的系统，设计的终端压力范围通常为 69 ~ 138kPa，使支管的压降保证在 34 ~ 69kPa 的范围之内。

为工业负荷服务的系统，最低压力应为 414 ~ 689kPa（60 ~ 100psia），决定于用户的要求。

（三）源点压力的控制

多数向配气系统供气的调压器常保持系统的入口压力为常值。实际上，压力的设定应随季节而变化。温暖季节的设定压力较低；寒冷的冬季，设定的压力应较高。改变调压器的设定压力是为了保持一年中各个季度的运行压力均为高峰负荷时用户所允许的最低值，这可减少系统的漏气率和运行的工作量。

使调压器的出口压力随燃气耗量而变化有多种方法，其中之一是采用升压式调压器（Pressure-boosting regulator），这种调压器随着通过量的增减，其出口压力也自动地升降（详见第十一章）。

向配气系统供气时，如混合使用升压式和常压式调压器，则升压式调压器对常压式调压器可起到补偿的作用，在耗气非高峰的时段内可以调低负荷。但如在配气系统中所有的调压器均采用升压式，则在运行中会产生相互干扰的现象。

另一种改变调压器出口压力随负荷变化的方法是采用环街坊控制法（Round-the-block control）。在此方法中，调压器的控压管（Control lines）环绕街坊延伸至下一个街道口与配气干管相连，而不是通常的直接与调压器的出口相连。在耗气高峰时段，调压器出口和控压管连接点之间配气管的压降将大于耗气低峰时段的压降。由于调压器保持了控压管连接点的压力为常值，在耗气高峰时段调压器的出口压力将增大，才能使更多的燃气供应系统。这一方法的工作情况良好，但是延长的控压管比与调压器出口直接相连的控压管易损坏。如控压管受损，则超压保护装置将启动而投入运行，随后就必须完成维修与再设定工作。此外，环街坊法在高峰时段内，由于调压器有较高的出口压力，通过能力将大大减小，在选择调压器时应考虑到这点。

类似的方法还有在调压器的出口安装孔板和用24h转一周的时钟带动凸轮的独立转盘控制法（Free vane Control with rotating cam and diaphragm operator），在美国均有应用[2]。

源点压力控制的第三种方法是用仪表控制调压器，使出口压力与设定压力的变化可以远程控制。压力的设定可以设计成按钮式手动的，也可由计算机自动设定。设定压力根据末端压力或系统压力控制点的信息反馈值确立。[193]

用计算机再设定的装置虽然现在还少，但应用日广，美国已有一些系统运行多年。计算机控制系统的主要设计标准如下[1,56]：

1. 系统故障时应有失效安全装置；
2. 系统必须是信得过的，可靠的；
3. 系统可以取代计算机控制的动作不能太多；
4. 工作中系统的控制设备应有兼容性；
5. 系统应易于维修；
6. 操作方便；
7. 可不断地更新与扩容；
8. 可改变操作程序；
9. 与工业设备的标准应是配套的；
10. 系统的各个部分和工程的备用措施应是通用的。

美国的实践表明[1]，这类控制系统的最大问题是必须获得运行人员的信任。为使运行人员乐于采用，必须做到如不用计算机就无法从控制盘上得到副本，也没有其他取代方法。

远端手动或自动控制调压器的设定压力可使配气系统的运行压力保持在最小的等级上就能满足耗气量的需要，又减少了系统的漏气量。

近年来，以减少管网漏气量为目标函数，达到可以远程操作调压器出口压力的模型研究已日益增多，在第十三章中将有所介绍。我国至今还是空白。美国的经验表明[1]，远程系统的建设只有在取得明显的效益时才能得到较快的发展，其中软件的发展是关键。

（四）源点的间距

如上所述，调压器通常是向配气系统供气的源点。调压器的入口端与高压供气系统相连，也包括通过更高一级压力的供气系统向城市的主要源点供气，如向城市门站和调峰厂供气。城市的输配系统类似电网，提高压力输气经济，降低压力用气安全，综合经济与安全两方面的技术要求，便出现了调压器这一设施和满足不同压力等级需要的调压器。调压站的间距越小，则供气源点增多，系统的干管可用较小的管径，但这一节约要由额外建设的调压站和增设供气干管的密度所多花的费用来补偿。为使总费用最小，就存在一个调压站的最佳间距或调压站的最佳作用半径问题。关于这一课题的系统研究，已有大量论文和书籍可供参考。前苏联的研究成果在我国也有介绍[3,4]，大都是根据理想的管网布置采用数学的分析方法。实际上根据具体城市的调压站布置方案进行研究更好。在美国，用户力能公司（Consumer's power company）曾进行过实践研究[1,57]。研究中，高压配气系统的最大运行压力等级由 276kPa 提高到 414kPa，计算了两个方案（原来方案调压站的间距为 3.2km，系统最大的运行压力为 276kPa）。比较的方案中调压站的间距取 3.2km 和 4.8km，系统最大的运行压力取 414kPa，计算结果可见表 5-2。

调压站不同间距的研究结果[1,57] **表 5-2**

方案	调压站间距（km）	设计压力（kPa（表压））	配气系统的管径（in）	系统成本①（美元/人）
1	3.2	345	6-4-2	109.97
2	4.8	345	8-6-4-2	110.46
3	3.2	345	$6-4-1\frac{1}{4}$	100.34
4	4.8	345	$8-6-4-1\frac{1}{4}$	100.84
5	3.2	345	$6-2-1\frac{1}{4}$	94.75
6	4.8	345	$8-6-2-1\frac{1}{4}$	95.24

负荷特性：用户为有采暖系统的民用户，设计负荷为 $2.83m^3$/（h·人），平均每户占地面积约 $1000m^2$（25m×40m）。

注：①调压站的成本已包括在系统成本内，3.2km 间距时为 28000 美元/站；4.8km 间距时为 48000 美元/站，但未包括供气管系统的成本。

表 5-2 中列出了每一方案的管径，管径包括干管、供气干管和配气干管。在采用 4.8km 的间距时，需在调压站出口的每一方向将干管的前半段（约 0.8km）的管径由 6in 提高到 8in。方案 5 的系统成本最低。一般来看，间距为 3.2km 的方案要比间距为 4.8km 方案的成本略小；但在计算中未包括向不同调压站的供气干管成本。对典型的供气系统，3.2km 间距供气干管的成本要高出 4.8km 间距供气干管成本约 1.46 美元/人，如将此值加进 3.2km 的方案，则 4.8km 间距方案的成本将降低 1 美元/人或低 1%。由此看来，调压站间距相差 1.6km，对系统成本的影响不大。

总的来看，对理想的配气系统，美国源点的供气范围（仅供民用户）为[1]：低压系统取 $2.6km^2$；最大运行压力为 21～172kPa 时取 $5.2km^2$；最大运行压力为 276kPa 时取 $10km^2$。对压力更高的系统，则供气范围更大，甚至可达 $23km^2$ 或更大。美国的经验认为[1]，每一运行压力等级下的最佳供气范围甚难确定，对理想的系统亦是如此。上述分析只说明，间距的变化对系统成本的影响不大。由于实际的系统均是不规则的，我国的居住建筑与美国也大不相同，设计人员应根据实际情况确定源点的合理间距。值得注意的是，当前我国设计中调压站的服务半径值还是沿用 20 世纪 50 年代的值，没有再重新计算。

（五）比压降

配气系统中，源点压力和用户所需的供气压力确定后，就可确定允许的最大压降或压力的平方差值 ΔP^2。问题是如何合理地分配这一压降值。一种方法是按输气距离均匀地分配（等比压降法），即单位长度的压降相等。另一种方法是设计人员对主干管、供气干管、配气干管和支管采用不同的比压降。不同的比压降如果采用得当，对系统的成本有很大的影响，但影响大小的定量数据至今尚未进行过系统的研究。例如，对支管的压降分配可用拉格朗日乘子法[3]，对环状配气管网可用等压线的分区法等，至今还停留在理论阶段，因为可选的管径种类不多，比较正确的结论，应来自对具体方案的计算。早在20世纪初就已发现，配气干管应取比其他干管更大的压降，配气干管较长，如管径能小一号，成本节省一点，加起来的节省量就很大。配气管网可分成两类，转输流量大的称供气干管，转输流量小的称配气干管，其分界在历史上均由设计人员的经验确定；连接用户的管道则称为支管。这一概念在美国的许多燃气公司至今仍起作用。

美国明尼阿波利斯燃气公司（Minneapolis Gas Company）对一个 $2.6km^2$ 的民用户小区用变比压降法进行了管道计算（1961年）[1,58]。小区的负荷状况为：供全部采暖用气，耗气量为每人 $2.8m^3/h$，每平方公里的耗气量为 $1743m^3/h$，人口稀少。调压站出口有一条1.6km的供气主干管，其上连接16条配气干管，管长为26km，有1536根支管与配气干管相连，支管长40km。

调压站的出口压力为414kPa（表压），1.6km供气主干管的压降取103kPa，末端压力为311kPa，主干管的比压降为 $\frac{(414+101.3)^2-(311+101.3)^2}{1.6}=59881kPa^2/km$。

供气干管向两侧的配气干管供气，每侧管长0.8km，配气干管的末端压力为103kPa（表压），以保证在计算支管时可取较大的压降，便于采用管径较小的铜管。配气干管的压降取 206kPa，即入口压力为 311kPa，配气干管的比压降为：$\frac{(311+101.3)^2-(103+101.3)^2}{0.8}=159391kPa^2/km$。大于主干管的比压降。

计算的结果为：供气干管1.6km，管径152mm；配气干管26km，管径25mm；支管40km（1536条），管径 $\frac{3}{8}$ in（9.5mm）。结果表明，在一个用户密度很低的地区，虽然采用25mm（1in）的配气干管不是不可能，但如采用32mm（$1\frac{1}{4}$ in）的管道，其通过能力约为25mm管子的1.64倍，技术上更为合理。至于支管，美国目前采用的最小管径为13～16mm，尚未用过9.5mm管径的支管，因此，难以采用这一变比压降的方案。

美国南加利福尼亚州燃气公司的经验认为[1,59]，不论供气干管还是配气干管，如采用等比压降法，可使配气系统得到最低的成本，没有必要采用变比压降法，但支管的情况除外。脱离工程实际研究理论问题也会变得没有意义。

（六）燃气的流速

美国的经验认为，在所有的干管计算中限制流速的最大值其结果类似于采用等比压降法。但合理的流速限制值应随源点压力、源点至负荷点的最大距离和末端的最小允许压力而变。当源点的压力为103kPa时，美国的经验认为燃气流速取12～18m/s较合适[1,60]。

值得说明的是，流速的限制是起源于避免管道中灰尘或其他沉积物在配气系统中移动，这在人工气时代是必要的。美国的研究结果表明，在大气压下，灰尘移动的速度为4.6m/s，向上浮动的速度为9.1～12m/s或更大。[1,61]

法国的经验认为[34]，管内燃气的流速实际上不会超过20m/s，如超过20m/s，就会产生噪声、灰尘流动和影响压降。管内燃气的流速均是对管内气体状态条件下而言。如100mm管径的管道，在低压条件下，当流速小于或等于20m/s时，相当于 $Q_0 \leqslant 540m^3/h$；600mm管径的管子，压力为50巴（$50 \times 10^5 Pa$）时，相当于 $Q_0 \approx 900000m^3/h$（年输气量约 $8 \times 10^9 m^3$）。我国西气东输长输管线当前的流速为18km/h，相当5m/s。

三、系统的可靠性和安全性

涉及系统可靠性和安全性的因素很多，一个系统的设计人员应不断地总结经验，重点考虑以下几个方面：采用环状还是枝状系统、系统的布置和阀门的位置、支管的布置和调压站的设计，其中的前三项还直接与管道系统的能力设计有关。

（一）环状或枝状系统

全部成环或成网的配气系统，其干管的全部或几乎全部埋设在街道上并在多数道路的交叉口相连，如图5-5所示[1,62]。

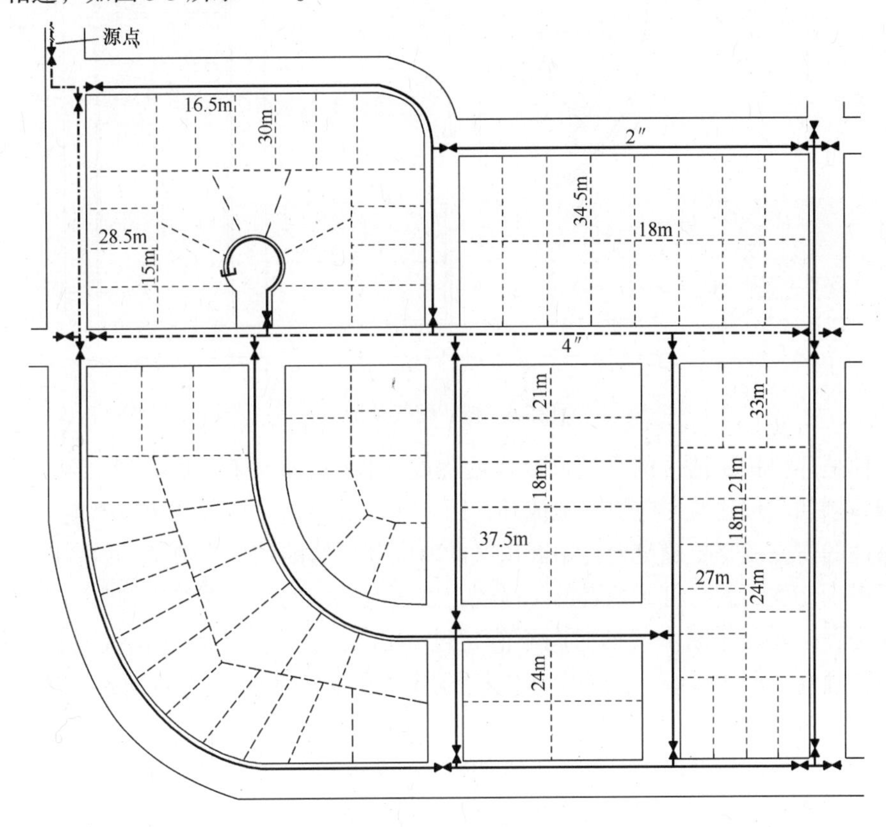

图5-5　环状配气系统

另一种是辐射状或树枝状的系统，无任何闭合的环路，如图5-6所示[1,62]。

在历史上应用人工燃气的时期，多数低压系统几乎都是设计成环状系统。因为枝状系统经常容易堵塞，为了排除管内的冷凝液，管道有一定的坡度，排水器的布置也很分散；人工气中的焦油和萘更是造成堵塞的主要原因，管道成环后，向用户的供气可以有多种替代路线，减少了向用户中断供气的可能性。

枝状配气系统的成本比环状系统低，但枝状的布置与树木类似，“树干损坏，则机体死亡”。究竟采用环状还是枝状系统，是综合考虑经济性与可靠性的结果。

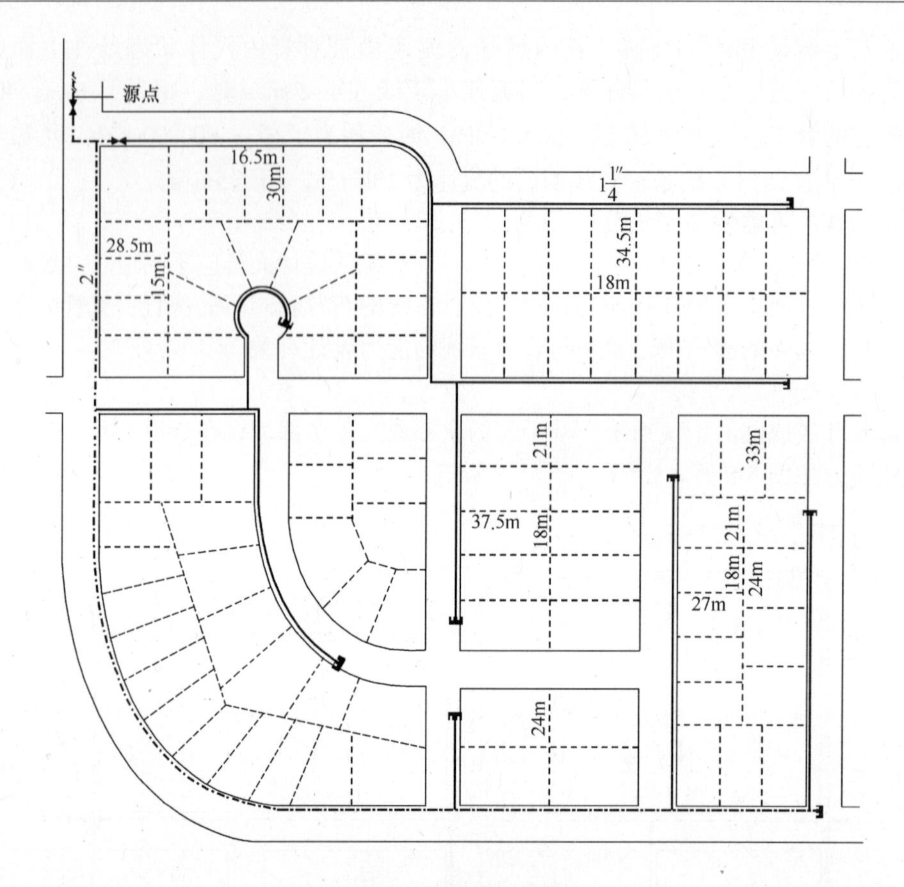

图 5-6　枝状配气系统

再一种是环枝状相结合的系统，成环的程度（The degree of looping）决定于用气点负荷的类型，例如高层建筑区应更多地成环，因一旦供气中断，后果就比较严重。

可靠性的研究就是要确定允许中断供气的时间和所影响的用户数量。前者属于强度因素，后者属于广度因素，有了两者的定量规定就可对系统的可靠性作出判断。美国一些专家的建议是[1]，允许中断供气的时间不能超过 24h，这已为广大配气系统运行人员所接受；对小型独立的配气系统，允许中断供气的用户数最多为 50 户，对国家级的大型燃气系统，不能超过 30000 户。

燃气干管失效的主要原因是受第三方的损坏，特别是采用电动工具开挖路面时，燃气管甚易受损。美国北方严寒地区曾发生过这类事故，后果也很严重。

当今美国新设计的配气系统常采用环状与枝状相结合的混合系统。靠近供气源点的配气总管采用环状，末端部分采用枝状。由许多调压站供气的大型环状系统现在美国已很少再建[1]。

值得注意的是，纯枝状、全环状或环枝混合型系统的选择也并不是完全出于可靠性的考虑。多数配气系统有四种运行模式：分配地区所要求的耗气量和向将建的系统输气。虽然枝状系统的功能在理论上比较经济，但它的扩容能力较差，因此，枝状系统的建设很大程度上决定于对未来发展情况掌握的确切程度。许多国家的经验表明，不论是居民或工业的发展区，常缺乏清晰和完整的街道图，在城市郊区，除主干道外，也缺少连续的街道图，而沿主干道敷设燃气干管往往又不是最经济的位置，甚至在发展过程中，道路还会发生较大的变化。枝状系统只有在设计参数十分清晰的情况下才能使敷设的干管管径不致偏大。以图5-6的枝状系统为例，向供气区外的扩容能力较小，但图5-5的环状系统，就有能力向各个方向扩容。如扩容要求的耗气量很大，还可将部分管道从系统中分离出来，用提高运行压力的方法满足负荷增大的需要。

总而言之[1]，枝状系统的特点是"静态配气"（Static distribution situation）而环状系统或逐步成环的枝状系统则是"动态发展"（Dynamic development situation）的系统。

如果供气区有多个源点供气，则也有多条供气干线，这种情况下，一条供气干管最好连接两个供气点，一旦一个供气点失效，至少还可保证有50%的设计负荷。

（二）系统的布置和阀门的设置

配气系统中阀门的设置是为了发生管道漏气事故时，可将漏气管段与系统切断。美国的配气研究工作者曾对管道的布置和阀门的设置作过研究，根据图5-5和图5-6的用户小区做了13个管道布置方案[1,62]，该小区共95个用户点（图中用虚线表示），图5-5和图5-6是其中的2个布置方案。设计中的源点压力最高为862kPa（125psia），2个方案源点压力大于414kPa（60psia），平均源点压力为276kPa（40psia）。最低压力有6个方案为21～34kPa（3～5psia），5个方案为69～103kPa（10～15psia），1个方案为138kPa（20psia）。

计算结果，配气干管的管径范围为19～102mm，其中102mm的管道还是为将来需要所设，以32mm（$1\frac{1}{4}$in）和51mm（2in）的管道居多数。支管的管径多数为$\frac{1}{2}$in或$\frac{3}{4}$in。这说明，现代化的配气系统，由于压力提高管径均很小。

有6个方案有环状管，余下的均为枝状系统。有7个方案的平面布置中设置了阀门，仅4个布置方案阀门数超过1个，阀门用得很少，但满足安全规定的要求。

最具有创新意义的布置方案可见图5-7[1,62]。采用的双干管设计可以减短支管长度并将管道铺设在人行道的内侧，可使管道受第三方损坏减小到最小的程度。这一设计方案中源点压力为414kPa，最小压力为34kPa，多数干管的管径为$\frac{3}{4}$in，支管的管径为$\frac{1}{2}$in，是最佳的方案。

（三）支管的布置

每一用户通常应安装一根单独的支管。如果将每根支管再分枝，为两个以上的用户服务，对用户已饱和的地区虽可大大减少支管的数量，但却降低了支管的可靠性。一旦支管被损坏，就有一个以上的用户受到停气的威胁。如果采用双倍支管（Dual Service），气表的位置又受到限制，并使工作人员在现场分配与支管有关的作业时发生混淆，如气表的拆迁、事故时支管的切断和修理工作等。这些弊端使双倍支管法的应用受到限制，但美国也有一些燃气公司在应用中没有发生过问题[1,61]。

（四）调压站的设计

调压站设计与其所服务配气管的能力、安全性和可靠性有密切的关系，如所采用调压器的规格和类型（常规阀或流线型阀），站内配管的管径和布置均对高峰负荷时通过调压站的压降有很大的影响。必须弄清，上游供气系统的压力通过调压器后，究竟有多少可为配气系统所利用，设计不当时甚至会影响到高峰负荷条件下系统运行压力的等级。

通常，在"关键压力路线"（Critical pressure path）上的调压站，从门站到用户，均应

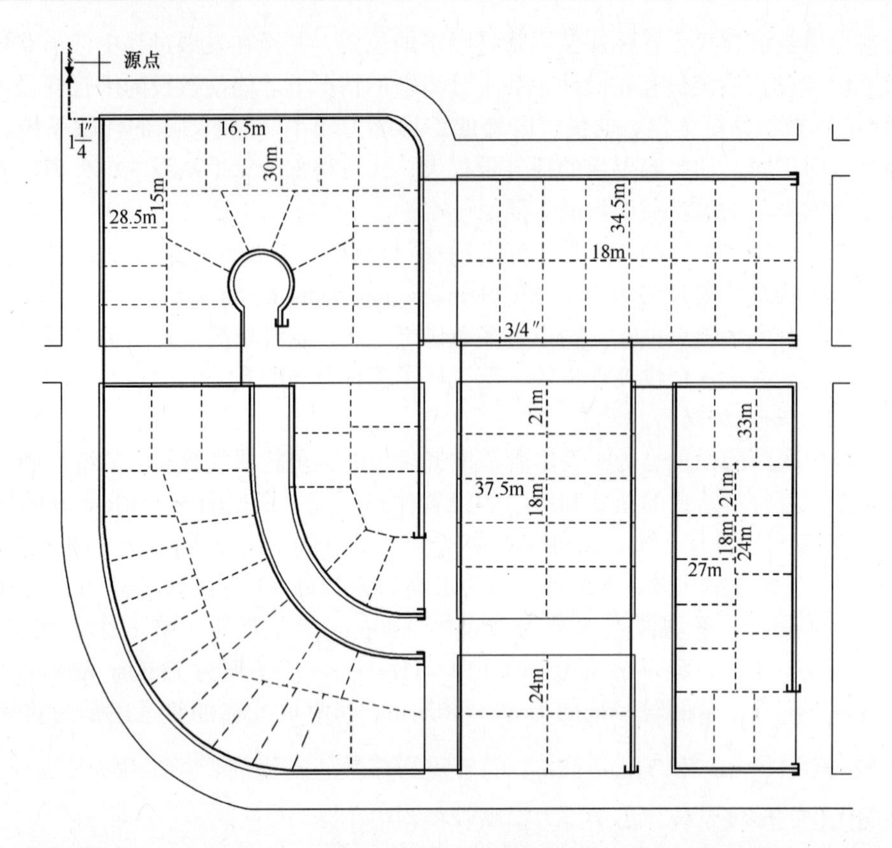

图 5-7 双干管系统

采用在设计流量条件下低压降的调压器。低压降调压站的成本要比用其他方法，如并行设管、更换干管或增加供气点的接管法（Tie-ins）改造管网的成本低得多。美国的经验是，若通过调压站的压力为 172 ~ 69kPa，采用低压降调压器的成本支出为 15000 美元，可比下游管网的改造节省 180000 美元。为适应未来发展而选择较大规格的调压器时，如前述可将控压管与街道的干管相连，并依此确定压降。站内配管的管径和布置，如只能满足初始条件的要求，就会降低管网中压力的有效性。

调压站设计的很多方面均影响到系统的安全性与可靠性，如并联的调压器，超压保护装置和设备的选型等。这些问题在后面还将作深入的讨论。

第二节 新建系统的布置

理论上，新建系统有很多布置方案，应既考虑当前，又考虑到未来的需要，然后根据实际情况选择最佳的布置方案。

一、布置的指导原则

（一）布置的约束条件

实际上，在布置方案时，有许多约束条件。这些约束条件和系统布置的逻辑要求可减少实际的方案数，并使方案达到可操作的水平。主要的约束条件有：

1. 旧有系统源点的位置、能力以及供气系统对新建系统中选择新的源点位置有很大的影响。

2. 旧有供气系统的使用压力限制着新设计系统的运行压力等级。

3. 如系统中有已安装好的管道，则布置新管和改造旧管时，应尽可能减少管道占地和管径的规格。

4. 新建管线和调压站时，常受旧有管线和调压站位置的限制。

5. 一些自然障碍物，如河流、沟壑、铁路干线和高速公路等也限制着管线的布置。

美国燃气公司的设计规定[1]中还有其他的约束条件，如使用源点压力的遥控设施、比压降值、阀门位置和调压站设计的有关规定等。政策性规定往往是可变的，只要理由充分。

（二）干管的位置

在美国，燃气干管通常敷设在宽阔街道的两侧，如图 5-7[1,62]所示，以避免支管过多地穿过街道。常避过小巷、离开灌木林、篱笆、花圃、花园和各种属于用户的建筑物。理想的位置是设在人行道和街道路缘石之间的草地底下或人行道与建筑红线之间的路面下[194]。

（三）设计的逻辑原理

遵循设计的逻辑原理旨在减少可选择的方案数。如流量随离源点距离的增加而减小，因而管径也应随离源点的距离而由大至小；以及负荷至源点的距离应遵循最短距离的原则等。上述两原则中，第一项可以有例外，如源点之间的干管并不是考虑其间是否有用户，而只是考虑当一个源点不工作时，可保证由另一源点供气。第二项则是一般通则，可使系统更紧凑有效，成本降低。根据这一原则，可制定系统效率的定量指标。定量指标通常用 m^3-km 或 m^3-m 表示，它是系统中每一管段的长度乘以该管段流量值的总和。对一个已布置好的系统，如这一指标值越低，则表示第二个原则贯彻得越好。如将这一指标除以系统总的耗气量，则可得由负荷至源点输送每立方米或每千立方米燃气的平均管道长度。这一指标可以提醒设计人员“你不应该这么做，而不是你应该这么做”。这个指标太高，则管道布置的效果很差，必须重新考虑。

在设计配气系统时，要留有 5%～10%的储备能力（Reserve Capacity），即设计负荷可能被超过的一个很小的概率值。从第二章中可知，在设计负荷中风险系数（Risk factor）增加 10%，相当于一年中设计负荷可能被超过一次以上。储备能力的应用可使实际负荷超过系统能力的概率降低。

储备能力也可用选择终端压力或终端压力高于最小允许终端压力值的方法表示，如图 5-8[1,59]所示，允许的最小终端压力为 35kPa。

根据规定的系统入口压力，最小允许终端压力和储备能力或超负荷能力的百分数从图 5-8 中可求得设计时

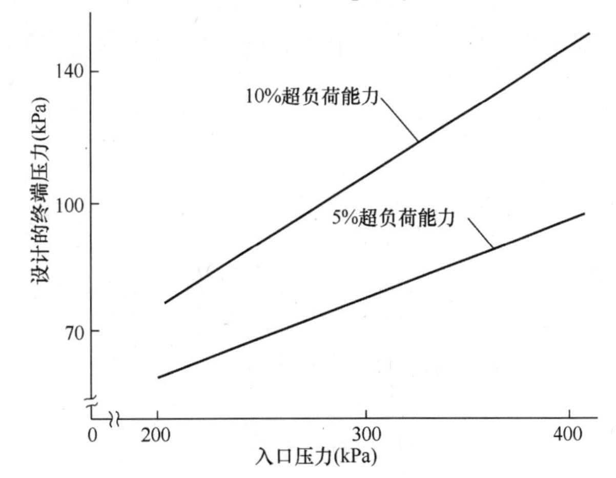

图 5-8　不同超负荷能力下，设计终端压力与入口压力的关系

采用的终端压力值。与此类似，也可用有关变数中压降与流量的关系求得设计时采用的终端压力。压力低于我国规范中规定的0.4MPa中压燃气管道为例，每一管段的压降值可写成：

$$\Delta P^2 = K_{ij}(Q_{ij})^n$$

式中　K_{ij}——节点 i 和 j 之间管段的摩阻系数；

Q_{ij}——节点 i 和 j 之间管段的燃气设计流量。

系统最高源点压力与最低压力点之间所有管段的 ΔP^2 值与设计负荷之间的关系可用下式表示：

$$P_1^2 - P_d^2 = \Sigma\Delta(P_d^2) = \Sigma K_{ij}(Q_{ij})^n \tag{5-1}$$

式中　P_1——系统最高的源点压力，kPa；

P_d——具体的管道布置中设计的终端压力，kPa。

如系统中所有管段的负荷均增加相同的比例 r，则系统的总负荷为 Q_c，相应的最低压力就成为最小允许设计压力，上式可写成：

$$P_1^2 - P_m^2 = \Sigma\Delta(P^2)_c = \Sigma K_{ij}(rQ_{ij})^n$$

式中　P_m——最小允许终端压力值。

因每一管段的流量均增加相同的比值 r，r 项可以括出，因此：

$$P_1^2 - P_m^2 = (r)^n \Sigma K_{ij}(Q_{ij})^n \tag{5-2}$$

将式（5-1）除以式（5-2），得：

$$\frac{P_1^2 - P_d^2}{P_1^2 - P_m^2} = \frac{\Sigma K_{ij}(Q_{ij})^n}{(r)^n \Sigma K_{ij}(Q_{ij})^n} = \frac{1}{r^n}$$

式中　$r = \frac{Q_c}{Q_D}$；

Q_C——管道系统的能力，m^3/h；

Q_D——管道系统的设计负荷，m^3/h。

因此，

$$\frac{P_1^2 - P_d^2}{P_1^2 - P_m^2} = \left(\frac{Q_D}{Q_C}\right)^n, 或\left[\frac{P_1^2 - P_d^2}{P_1^2 - P_m^2}\right]^{\frac{1}{n}} = \frac{Q_D}{Q_C} \tag{5-3}$$

如欲求 P_d，则式（5-3）可写成：

$$P_d = \left[P_1^2 - \frac{(P_1^2 - P_m^2)}{r^n}\right]^{\frac{1}{n}} \tag{5-4}$$

如负荷达到设计负荷，则终端压力接近于设计压力。如耗气量超过设计负荷达到某一超负荷值，则终端压力降至最小允许终端压力值，仍是允许的。这一设计原理是基于偶然系数（Contingency factoy）的概念，即通常在严寒季节需要为系统的能力留有一定的储备量。

对于设计的逻辑原理，美国的专家还有另一种看法[1]：设计一个系统仅是满足耗气量可能发生的频率（一年一次或三年一次）是不妥当的，也难以评价管道成本的降低条件，同样，设备规格的确定依据从未发生过的条件也是不谨慎的，会使投资者增加成本。管理的决策与风险等级相同，其基础应该是对设计耗气量的预测（如采暖耗气量预测应考虑风力效应、燃气供销差的影响等，对平均温度的（℃·d）要研究事件发生的概率 x 和置信范围 y 等）。应根据耗气量的预测值和经济因素进行设计，不能再有运行中的水分（No redundancy）附加进去，这在第二章中已讨论过。

二、布置的程序

布置管道时，设计人员应以城市规划图为依据。规划图应包括土地的位置和大小，使用区，土地使用的类型和街道系统。

布置管道的第一步通常是确定供气点的位置或燃气压力自长输管线降至配气系统源点（门站）压力的位置。燃气可直接由长输管线通过调压站送入配气管网，对较大的配气系统，也可再设一高压公用输气系统，将燃气输往不同的负荷中心，形成城市的多个供气源点，且应首先建设高压公用输气系统，并充分利用其储气能力。对特大的系统，还可将供气干管连成环状，形成一个环状供气系统。供气系统的运行压力应介于长输系统与配气系统所采用的压力之间。美国常取这一等级的压力为等于或小于 1724kPa (250psia)[1]（相当于我国规范中的 1.6MPa 系统）。供气系统环路的大小可根据调压站的供气范围确定。

公共输气系统或供气系统调压站的合理供气点位置均应靠近大负荷用户。设计人员往往难以预测这类用户负荷的大小和大型工业、商业用户的准确位置。在城市规划中，虽然也规定了商业区和工业区，但因工业区可以用其他替代燃料，所以耗气量的预测也比较困难。

预测系统将来延伸的程度也是一个关键因素。地形、地貌和房地产的开发均影响着用气增长的潜力，这对设计高压供气系统十分重要。设计公用输气干管和供气干管时，宜采用较大的管径，在多数情况下成本不会增加很多，因在安装成本中，材料成本所占的比例很小。对特别大的未来负荷，如大型工业联合企业、电厂等，应根据其对燃气压力的要求，直接由长输管线或高压供气系统供气，不会造成配气系统过大的负担和影响管道的储气能力。

一旦源点位置确定，下一步就是选择连接源点和所有用气部门的管线位置，选线时应根据上述设计约束条件所规定的原则进行。在管道布置中，工作量最大的是选择小管径的配气管道。如对 0.01MPa 的低压系统（低中压系统或磅压系统），管径通常为 1in、$1\frac{1}{4}$in 或 2in（25、32 或 52mm）。大口径的管道，即位于源点附近或直接与源点相近的管道，对磅压系统，管径通常为 2in、4in 或 6in（52、102 或 152mm）。

区域调压站出口与配气管网相连的干管常取单线，在分枝与配气管网连接之前应有一定的长度。这段干管的管径通常较大，以便负荷增大时，该管段的管径无需提级或改用双管平行敷设。环形干管的数量限制在发生单独事故时，切断用户的数量达到可接受的程度。

管网布置完成后，其模型可根据下一章中将介绍的管网模拟分析技术进行计算，以确定系统的能力是否能满足预测负荷的要求。根据管网分析的结果，应对初始布置中管道的管径作增大或减小的调整，或加环，并对系统反复进行研究，直到满足设计人员所设定的工况为止。

对大型系统，则不同的源点位置和供气干管不同的选线，要作出若干个布置方案。最佳方案的选择方法也将在下一章中讨论。

有时，供气区负荷的增长速度很慢，其周期超过8～10年，这种情况下，一个好的设计战略是仅将多数配气干管和少量的供气干管与需供气的用户相连即可。在负荷增加到计算所得的最终耗气量前，供气干管不宜再增加。

三、系统的特性指标（Performance Criteria）

如管道布置严格按照约束条件所规定的要求进行，则可选择的方案数不会很多。在选择最佳方案的决策时，应首先定出每一方案相对优点的权重。优点的指标之一是已讨论过的m^3-m指标。另一指标有时用不同方案为满足最低压力点或压力控制点的压力要求时，源点压力或调压站的设定压力表示。如源点所需的压力大于源点可利用的压力值，则计算所得的系统能力是不可靠的。因此，源点压力是广泛用以评价系统合理性的一个指标。通常，源点的较低压力值应相当于系统较高能力时的压力值。

再一个指标是每一系统中节点压力的分配。将系统的最高源点压力与最小允许终端压力之差等分成十个压力范围，然后列表将每一节点的压力置于每一压力范围之内，就可看出系统节点压力的分配状况。一个系统多数节点的压力接近于源点压力要比多数节点压力接近于最小允许终端压力的系统有更大的储备能力。但这一结论的前提是，所有负荷增加量的比例均相同。这是判别系统能力的一个最重要指标。节点压力的分配还可提供当耗气量超过系统能力时，系统的压力将会发生多大的问题。例如，如多数节点的压力接近于终端压力，则一旦压力不足，情况就十分严重。

上述指标可用来作为不同系统设计中相对优点的评价。至于经济因素，如安装、运行和维修费用以及系统使用的期望寿命等也是设计方案选择中的重要方面，且有些重要的因素难以用货币来表示。这些不可忽视的因素在研究可靠性与安全性时已讨论过。不可忽视因素的裁定是决策者的责任。经济因素与不可忽视因素之间权重的分配取决于决策者的要求。

第三节　旧有系统的改造与重新设计

从初始的配气系统建成的一天起，设计人员往往就面临局部改造（Reinforcement）与重新设计（Redesign）（全面改造）的问题。改造与重新设计的特点是约束条件较多，可选择的范围较小。此外，在已建成区管道的安装成本要比初始安装成本高。

一、需要改造和重新设计的原因

系统需要改造与重新设计的主要原因有：配气系统的负荷发生变化，旧有管道系统的腐蚀破坏以及公用设施的变化等。

（一）配气系统负荷的变化

配气系统中负荷的变化包括燃气采暖用户的增加、供应燃气热值的变化、系统扩大的部分远离源点、原企业所属部门的扩建，特别是街道系统发生变化，工、商业负荷的大量增减，民用及商业机构的撤消以及新的燃气应用设施，如燃料电池或联合循环电厂的建设等。

负荷变化对系统工况的影响可用两种方法进行核实，即压力测量和根据负荷的变化数据重新计算系统的压力。

压力测量时，在配气系统干管的主要位置上设一定数量的测压点，用手提式时钟测压计在高峰耗气的时段内进行量测。记录笔由弹簧式石英钟带动，在分度纸上可连续记录24h或7d的压力数据。

在多数的配气系统中，有一定数量的压力记录仪是永久设置的，可在一定的测压点上连续记录压力值，并提供系统运行不正常的原始数据。远传装置可将系统主要位置的压力读数传至中心站，便于中心站进行连续监测。测压可通过引至地面的小管进行。有时也对耗气量较小的用户支管测压，测压点设在低压系统的表前或中、高压系统用户调压器的入口。根据测压值可得系统低压点和沿主要供气干线的压降值数据。

压力测量可用来确认计算负荷，校核系统数据库的实用性，确定配气系统对当前用户的适用程度和提出管道急需改造的地区面积，但不能直接提出满足未来负荷适用能力的信息数据，如下一个冬天的高峰负荷情况等。这只能根据系统的工况计算进行预测，但未来负荷与压力变化的关系则可用计算方法求得。

（二）旧有管道系统的腐蚀

在某些土壤中，铸铁干管的腐蚀可能达到全部或大部需更换的程度。裸露钢管的腐蚀也会达到再增加阴极保护和维修也不经济的程度。用乙炔-氧焊接的管道系统也可能达到多数管道需更换的程度。但多数经过包覆绝缘的阴极保护钢管和材质合适的塑料管则很少会因腐蚀而达到需要全部更换的程度。

（三）公共设施的变迁

公共设施的变迁，如街道等级的变化，新的给水与排水系统、高速公路、快速输送系统的建设和街道排列的变化等均会影响旧有管道的搬迁和改造。

二、系统的改造方法

美国的配气工程师经过多年的实践[1]，已开发了多种低成本的提高系统能力的方法。常用的方法有：

（1）在系统的主要位置上增设新的源点，如图5-9[1]所示。为对系统进行彻底的改造，可延长供气干线，增设调压站，向配气系统供气。这是最经济的选择。

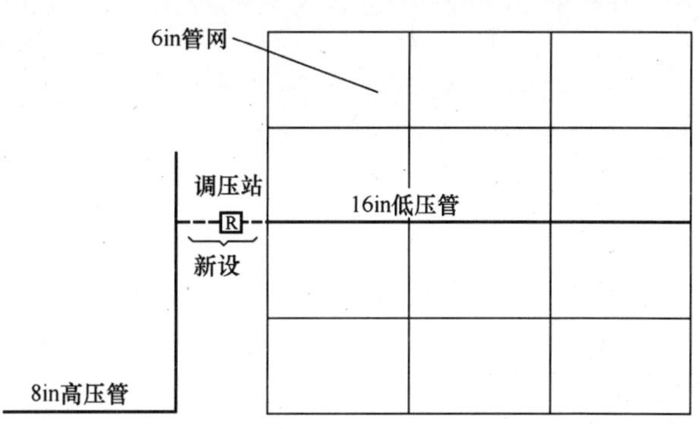

图5-9　低压系统的改造

（二）在高峰负荷时段提高源点的压力。如前所述，可采用升压式调压器，当耗气量增加时，自动提高源点的压力；或源点压力可由中心站进行遥控。对低压系统，压力的增加量限制在0.5~0.75kPa（2~3in水柱）的范围之内，以保证源点附近用户的燃具能正常运行，否则，用户支管上应装设用户调压器。

（三）将部分或全部低压系统转换成中压系统。在转换之前，必须将系统需要转换的部分与系统不转换的部分切断或用阀门隔开，且在转换部分的每一支管上安装用户调压器和切断阀。这是最简单的方法。但对许多陈旧的低压系统，提高压力会增加漏气量，又要

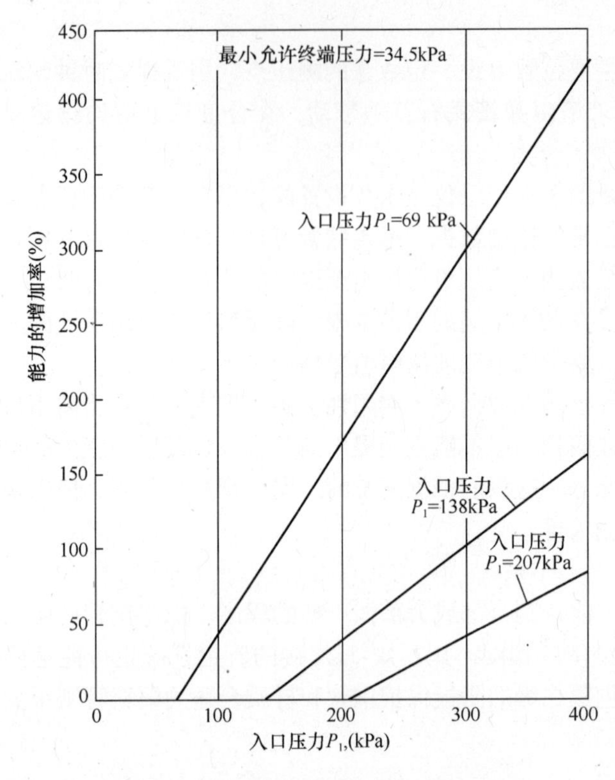

图 5-10　系统设计能力与源点压力的关系

改造管道接口，增加成本，只有在按 49CFR192 规定[41,42,189]，提高压力又无须更换很多旧管时才可行。近年来，已有许多不换管而提高管压力的办法，如在旧管中插入新管。

（四）在旧有的中、高压配气系统中采用更高的运行压力。图 5-10[1,59]中的曲线表示提高源点压力对系统能力的影响。三条曲线代表三种源点压力。显然，适当的提高源点压力相当于增设许多管道。但提高源点压力应在系统的限制范围之内，如供气压力是否允许是首要的条件。其次，还应考虑旧有系统设施的最大允许运行压力（MAOP）、运行的编码、安全要求和漏气率等。这一改造方法必须符合安全运行规程，否则不能采用。

（五）在系统的主要位置增设连接管（Tie-ins）。连接管的定义是配气系统中相交的干管或靠近的干管原来未连接，则在改造时可以连接起来，如图 5-11[1]所示。

（六）更换管径较小的干管。在有采暖负荷的配气系统中，若中压系统干管的管径小于 2in（51mm），低压系统干管的管径小于 4 ~ 6in（102 ~ 152mm），则难以提供有效的能力。

（七）在旧有干管上增设并行干管。这一方法的费用相对较高，但在确无低成本的方法时用得较多。

（八）将枝状系统成环，或半成环的系统改造成全成环系统。如成环的管路较短，则花费较少就能提高管网的能力。

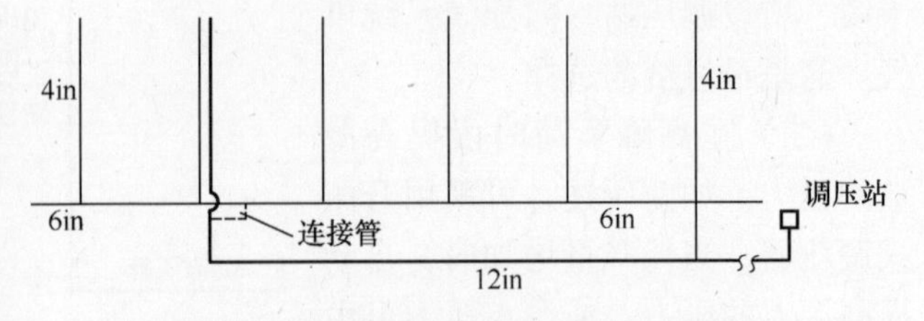

图 5-11　应用连接管提高配气系统的能力

研究一个具体系统的改造方法时，应根据旧有管道的布置和条件进行，与改造的成本有很大的关系。每种改造方法的采用没有一定的硬性规律。对两种或两种以上适用的改造方法要进行核实，经成本比较后得出最经济的方法。

三、系统的重新设计

管道系统需要全面改造或重新设计时，则应考虑更多的问题。

（一）低压系统

低压系统全面改造或重新设计中惟一可用的方法是提高旧有系统或系统某一部分的运行压力。扩大运行压力的使用范围可有效地提高管道系统的能力，使供气量达到允许的较高程度，但需在供气范围的每一支管上安装用户调压器，增加了用户调压器的投资并要做好压力提级后的测试工作。由于低压干管的管径较大，常可插入管径较小的管子，使之适用于较高的运行压力并避免开挖。但应考虑下列因素：

1. 与干管相连支管之间的间距。若支管之间的间距很小，如再敷设新管，必须采用连续的管沟，可能不如插管法经济。

2. 低压干管上的弯头与接口数。如直管段较长、接口少，则可用插管法，否则附加费用很高，特别是管道的交叉连接处。在插管的过程中，交叉处应先设旁通管，增加了附加费用，使整个提压方案不经济。

3. 可在较高压力下运行而无须改造的管道所占的比例。

选择插管法时，对向低压系统供气的区域调压站应重新评估。有时，向调压站供气的压力很低，低压系统虽插管后可以升高压力，但获得的收益不能补偿向调压站供气系统的改造费用。

（二）高压系统

高压配气系统因在建设时就包括了用户调压器的投资，因而适当提高运行压力的等级是可行的。全面改造或重新设计的常用方法是在离旧有供气点一定距离处增设新的源点，增设的源点可与输气干线相连。此外，成环也是一种方法，可增加燃气的通路；压降过大处可并行敷设新管等。当系统的运行压力提高后，现有用户调压器内部安全阀的能力及其排气管必须有充分的保证。

（三）总的设计思路

配气系统设计的历史经验表明，系统的主要部分应留有一定的裕量，以减少某一管段供气中断后造成的影响程度。多年来应用钢管和塑料管的实践经验也表明，管线发生中断的概率很小，几十年才出现一次，这样高的可靠度使设计工作者仍可以在系统全面改造或重新设计中从源点至负荷的管线采用枝状系统，更少的连成环状，所留的裕量也不宜过大。枝状系统的限制条件在本章中已讨论过，主要受用户数的限制。

（四）大型负荷的处理

对大型工业用户或居民区应分别处理。一般的工业用户受外力的影响而中断供气是允许的，可采用替代能源。而对居民用户，中断供气的后果就比较严重，特别是有燃气采暖的地区，在严寒季节甚至有生命危险。

如有新的大型工业用户需要供气，利用旧有管道又不能满足要求，则另建高压供气干管是经济的，新建管线可并行于原有运行压力较低的管线。也可用“卸载”的办法，废除旧管，将支管直接与新建的高压管线连接，同时换成适于高压运行要求的用户调压器。如果旧有配气系统的干管在设计时已考虑到将来的新系统可能向该处供气而预先选用了较大的管径，则新选择的供气管线应首先利用这个条件，向这些大管径干管的交叉点供气，避免增设附加干管。如源点至大用户间的配气干管可以从配气系统中独立出来，并可转换成较高的压力，则可直接利用该管段作为向大用户的供气干管。而原有配气系统因部分管段的独立而失去的供气能力，可从供气线上增设调压器的办法来解决。

（五）城市的发展

城市的发展往往会改变街道系统，并形成规模大于常规街坊的所谓“超大街坊”，使得某些街道不能敷设配气干管，为了提高供气能力，从其他街道挖沟敷设配气干管的成本又很高。设计人员应预先在该地区选择较大管径的管道，留有裕量。在未来的20年，城市发展区的街道系统将有很大的变化，这些地区的新干管应更为可靠，供气点也将减少。

（六）规划的履行

系统的全面改造或重新设计不可能在一个施工季节中完成，通常要延续数年。在全面改造阶段，设计人员必须应用管网模拟技术做好施工中每一阶段的计划，确定实施的可行性。由于需要重新设计的主要原因是负荷的变化，而对负荷的变化又往往不可能知之甚详。设计人员应在计划实施的过程中不断校正负荷计算中的错误以及新负荷的位置，但某些错误又不能作为拖延改造和执行计划的借口。

第四节　能力设计中燃气管网的计算任务

一、枝状管网与环状管网的区别和特点

枝状管网在以前的各章节中已介绍过，它是依次相连的管道系统，其特点是任一管段只有一个入口，却可能有一个以上的出口。如每一管段的终端只连有一根支管，则形成简单的枝状管道；如连有一根以上的管道，则形成分枝状管网。当任一管段仅有一侧供气时，就缺乏后备的供气路线。因此，只要管网的任一管段发生事故，与该管段相连的全部用户就将停止供气。枝状管网的可靠性决定于其所属设施的可靠性，它没有任何可补充的后备设施。

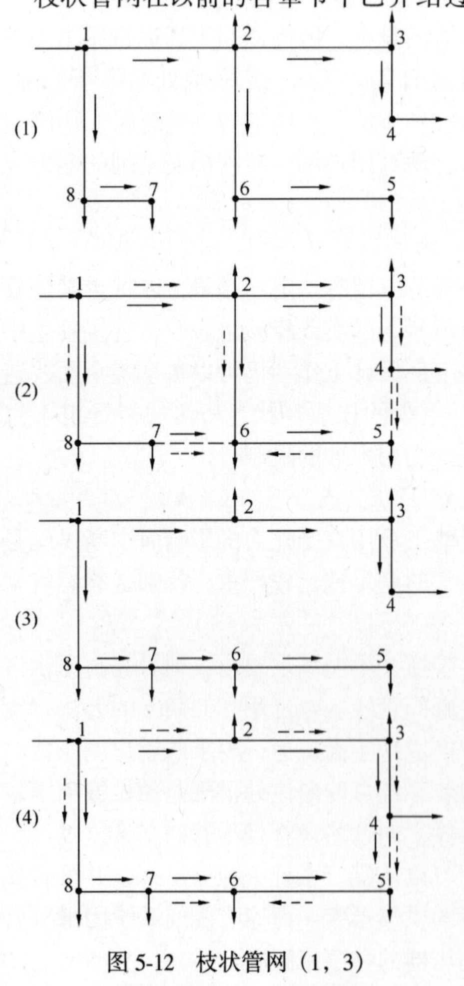

图5-12　枝状管网（1，3）和环状管网（2，4）简图

对连接用户较少的小型管网系统，如在可靠性分析所允许的范围之内，则可采用枝状系统。但对大型系统，则必须有一定的后备设施。后备设施可以是并联的燃气管道，但增加管道就意味着增加投资，它只适用于特殊的枝状管道，在向大型用户或居民点供气时才能采用。对配气管网如将枝状系统增加一些闭合管段，就可转变成环状系统。环状系统有较高的可靠性。

在图5-12中，1为供气源点，2、3……8为用户。（1）、（3）方案为枝状供气，无后备设施，整个系统的可靠性决定于各管段设施的可靠性。

如方案（1）中在7—6和4—5节点之间，方案（3）中在4—5节点之间连成闭合环路，

则系统就形成两个闭合环路（方案 1）和一个闭合环路（方案 3）。

闭合环路的形成是环状系统与枝状系统的根本区别。闭合管段成为后备系统，可保证每一管段双向或多向供气。当任一管段断开（或因维修关闭）时，向用户的供气不会停止，只是供气路线不是按设计时的路线，而是来自相反的方向。如与节点 3 相连的用户就可得到双向供气，即使 1—2 管段断开，也可经 4—3 管段向节点 3 供气。

环状管网向用户供气的可靠性比枝状管网高，管网的可靠性也高于组成管网各设施的可靠性。

枝状与环状管网的另一区别是，从枝状管网各管段流过的转输流量是单一的，而对环状管网可假设无数个流量分配方案，如图 5-12 中的（1）方案，管段 2—6 的转输流量等于节点 5 和 6 的负荷之和，且这是惟一的解。一般情况下，任一管段的转输流量等于该管段之后各管段节点流量之和。

对环状管网（方案 2），除供气点外，任一节点均可成为燃气的汇流点，这就可以得到一定数量的方案，其次，流向汇流点的各管段之间流量的分配可以有无数个方案，但这并不是说，环状管网可以任意分配转输流量，而应遵循一定的原则。由于环状管网设计的惟一目的是保证管网可靠地工作，转输流量的分配应遵循保证管网最大可靠性的原则，因此，最好的解是个别管段允许有互换性，即将断开管段的负荷分配在相邻的管段上，使管网供气受干扰的程度达到最小。

环状与枝状管网的第三个区别是，枝状管网中任一管段管径的改变不影响其他管段流量的分配，而只引起管网起点压力的改变。但在环状管网中任一管段管径的改变，会引起所有其他管段流量的再分配，此外，供气点的压力也要改变。

在枝状管网的计算中，如上所述，转输流量都是单一的，因此所有管段的计算流量是已知值。每一管段有两个未知值，即管径 D_i 和管段压降 ΔP_i^2。如枝状管网的管段数为 p，则未知值总量为 $2p$。问题是，建立哪些方程式可以求得 $2p$ 个未知值?

式（3-57）表示，每一管段的压降计算公式为：

$$\Delta P_i^2 \text{ 或 } \Delta P_i = RLQ_i^{\mathrm{n}} = KQ_i^{\mathrm{h}}$$

如将管径分离出来，则可写为：

$$\Delta P_i^2 \text{ 或 } \Delta P_i = A\frac{Q_i^{\mathrm{n}}}{D_i^{\mathrm{m}}} \cdot L_i \tag{5-5}$$

式中　ΔP_i^2 或 ΔP_i——管段的压降；

A——与燃气物性有关的系数，可见表 3-11 中的比摩阻值（将管径 D_i 分离出来）；

D_i——管段内径；

L_i——管段长度；

n——指数。通常在 1.74~2 之间，取决于不同流态下的实用流量计算公式；

m——指数。取决于不同流态下的实用流量计算公式。

这样可得 p 个方程式，余下的未知量还有 p 个。

配气管网的计算压降 ΔP_{d}^2（ΔP_{d}）为定值，根据这一原则，可写出补充方程式为：

$$\sum_1^k \Delta P_i^2(\Delta P_i) - \Delta P_{\mathrm{d}}^2(\Delta P_{\mathrm{d}}) = 0 \tag{5-6}$$

式中，k 为枝状管网的终端数。图 5-12 中（1），终端数 $k=3$；（3），终端数为 $k=2$。余下的未知量还有

$$f = p - k \tag{5-7}$$

由于枝状管网的每一节点只有一个入口，除去一个供气节点外，余下的节点数即管段数：

$$p = m - 1 \tag{5-8}$$

式中　m——节点数。

将式（5-8）代入式（5-7）得：

$$f = m - 1 - k = m - (1 + k) \tag{5-9}$$

由式（5-9）可求得其余未知量的个数。对式（5-9）可以这样理解：总节点数为 m，已知压力的节点数，即供气点和枝状管网的所有终端数（$1+k$），因此，其余未知量的个数等于未知压力值的节点数。

为了求解其余的未知量，应给定补充条件。补充条件通常为经济条件，即所耗费用的最小值条件，以枝状管网造价的最小值或金属耗量的最小值表示。

文献［4］中，有利用补充条件按拉格朗日乘数法求解经济管径的方法。该方法在前苏联常用于给水管网的技术经济计算。公式推导中假设管道的造价与其管径成正比，计算结果表明，这一算法可比按等比压降法计算求得的管网造价低 3%～6%[4]。

在枝状管网计算的实际应用中，压降的分配有：等比压降、经济压降和按同管径要求的变压降三种方式。在燃气管网的计算中，管径的可选择规格较少，不希望规格种类太多。等比压降法相当于阶梯形管径变小的方案；同管径法为管径不变的方案；而经济压降法则相当于上述两个方案之间的一个中间方案，即起始管段的管径略小于等比压降法，末尾管段的管径略大于等比压降法，体现了管道的造价正比于管径的原则。实际上，一个管网的设计还必须考虑可靠性的要求，枝状管网的主管段常取较小的压降，分枝管段常取较大的压降，因为分枝管段失效的影响面较小。

式（5-5）和式（5-6）是影响管道经济性的两个主要公式，如流量计算公式本身不能反映燃气在管内的真实流动状况而留有很大的余地，或允许的压降不能充分的利用，则经济计算的目的就难以达到。美国的燃气公司要经常进行管道流量和压降的现场测量，就是为了要把好这一关口。管道计算的裕量只集中在一个流量因素上，因此负荷的预测十分重要，如果处处留有裕量，则管道的能力就难以定量。

对环状管网，如上所述，计算时可设想无数个气流分配方案。但这无数个气流分配方案只能在一个有限的范围内起作用，环状管网的每一管段都有其自身的配气任务，这是必须满足的首要条件。它与并联的管道也不同，并联管道主要是考虑安全，如果不是出于安全，则理论证明，当全部流量通过其中一根管道时为最佳流量分配方案，由此也可推论，环状管网中经济性最佳的流量分配出现在闭合管段的流量为零（见图 5-12），并改变为枝状管网的时候。因此，一般说来对于环状管网经济上的最佳方案是不存在的。

环状管网中每一管段的未知量为管径 d_i、管段压降 ΔP_i^2（ΔP_i）和计算流量 Q_i，即三个未知量，管网未知量的总数等于 $3p$。与枝状管网类似，对每一管段可写出压降的计算公式（式 5-5），可得 p 个方程式。

与电路计算中的克希荷夫（Kirchhoff）定律相似，环状管网也有两个定律，并可列出

一些方程式：

（一）节点处所有燃气流量的代数和等于零。流向节点的流量取正号，流离节点的流量取负号。这一定律的数学表达式为：

$$\Sigma Q_i = 0 \tag{5-10}$$

对环状管网，这一类的方程数等于节点数减一，因为最后一个节点的方程式，各流量均为已知值，它不是一个独立的方程式，所以由第一定律可得（$m-1$）个方程式。

（二）如封闭的环状管网中没有加压设备，则环状管网中所有压降的代数和等于零。燃气按顺时针方向流动的管段，其压降定为正值；逆时针方向流动的管段，其压降定为负值。第二定律的表达式可写为：

$$\Sigma \Delta P_i^2(\Delta P_i) = 0 \tag{5-11}$$

按这一条件所得的方程数等于环数 n。由上述两个定律可得（$m+n-1$）个方程式。

城市燃气管网是根据规定的压降值计算的。这一条件可给出与式（5-6）相类似的补充方程式。对于环状管网这类方程式的数量等于管网终端最小允许压力点 k 的个数。最小允许压力点在前苏联称为零点，在美国则称为无流（No flow）点或零速点，因为连接无流点的线称为无流线（No flow line），或等压线（Equal pressure line），既是等压就不可能有流量通过，这就是无流或零速的含义。在计算管网时，为了充分利用压降，零速点的压力必须等于管网的最小允许压力，否则就应重新选择管径。由于零速点的压力是已知的，已知方程式的总数就等于（$2p+k$）个，而未知量为 $3p$ 个，则剩余的未知量等于（$p-k$）个。因此环状管网的计算为不定解。

如前所述，环状管网与并联管道不同，每一管段均有其自身的配气任务，需对管网的各管段合理地分配流量，在求计算流量时应利用管网的可靠性原则。如能合理地确定流量，则环状管网的计算与枝状管网相同，剩余未知量的个数也等于未知压力值的节点数，可以补充经济方程式求得定解，这是有些文献中环状管网经济计算的基础。

在实际的运算中，环状管网的计算方法是：第一步，按第二章中所介绍的负荷集中原则，确定每一管段的配气负荷；再按第三章第五节的原理，将负荷分配在节点上，并求出每一管段的初始计算流量。第二步，根据供气点的最大允许运行压力（Maximum allowable operating pressure）和终端的最小允许压力（Minimum allowable tail-end pressure）得出允许压降，再根据不同的管长求得等比压降，参照本章第二节中系统的特性指标原则和等比压降原理初选管径。第三步，根据初始流量和初选管径，对管网进行平差计算。所谓平差计算，即不断修正各管段的流量和压降，使之符合克希荷夫两个定律的要求。第四步，将由源点至终端各管段的压降相加，检验所允许的总压降是否已充分利用。如允许的总压降未能充分利用，则再次重选管径，进行平差计算，直到终端压力等于设定值为止。终端压力是后续管道设计的基础。对高、中压管网，终端压力更是选择调压器的依据。第五步，根据本章系统特性的指导原则，对各节点的压力进行分布检验，如不能满足要求，应再次选择管径。

平差计算的目的是合理地选择管径，但计算方法有多种，不论采用何种方法，管道的压降计算公式是主要的基础，对下章介绍的管网建模和管网模拟，更要求压降计算公式符合实际的管内燃气流动状况。

二、环状管网手工计算示例

管网的平差计算美国称为哈代·克罗斯法（Hardy Cross analysis）（1936）。该方法的实质就是在克希荷夫电路计算两定律的基础上求解各环校正流量值的方法。根据各环的校正流量值，可求得各管段的校正流量。在手工计算中，通过多次迭代运算，不断修正管段的流量和压降，使管网满足克希荷夫两定律的要求。但该方法并不能直接求出合理的管径，只能对已有管网求得其输气能力。

早在哈代·克罗斯法出现以前，实际上已有环状管网的计算，当时是把环状管网分成主要管段和次要管段两类，主要管段按枝状管网计算，求得各管段节点的压力后，再计算次要管段，即闭合管段，这一方法延续了很长时期。哈代·克罗斯法出现后，由于其计算的复杂性，仍是采用经验和科学相结合的方法，直到利用计算机求解矩阵成为可能后，情况才逐渐变化，但常仍以枝状管网加上闭合管段作为环状管网求解的基础。选择管径的经验以及管网对可靠性的要求仍不能用计算机代替。计算机只是一个运算工具，即使在已有管网的模拟与仿真中，也只能起到快速运算的作用。美国对工程师的培养特别强调手工计算的训练，本书以前的各章中已列有许多手工计算的示例，通过手工计算可获得许多重要的概念和经验，环状管网的计算也不例外。

用哈代·克罗斯法计算环状管网各管段压降所依据的原则是将电力网络计算中克希荷夫（Kirchhoff）定律的两个基本概念引用到燃气管网中以形成一个系统模型。

（一）克希荷夫第一定律表明管网中流入节点和流离节点质量流量的代数和应等于零。与节点 j 有关的元件（Node-Connecting element）用 NCE 表示，根据式（5-10）计算公式可写为：

$$F_j = \sum_{i=1}^{\text{与节点有关的NCES}} Q_i + QN_j \qquad j = 1\cdots\cdots NN \tag{5-12}$$

F 表示总和值，为满足第一定律，总和值应等于零。j 代表管网的每一节点，NN 是管网中的节点总数。总和值 F 是对与节点 j 有关的全部 NCES 而言，因此，从克希荷夫第一定律可建立整个系统的节点连续关系（A node continuity relationship）。第一定律也可称为节点流量的连续方程。

（二）克希荷夫第二定律是一个基本原理，即在系统上的任一节点只能有一个压力或一个位能。据此，对管网任一闭合环路的代数和应等于零，根据式（5-11）其表达式可写为：

$$F_{\mathrm{L}} = \sum_{i=1}^{\text{每环中的NCE数}} \Delta P_i \qquad L = 1\cdots\cdots \text{管网中的环数} \tag{5-13}$$

F_{L} 表示和值，为满足第二定律，和值必须等于零。和值包括整个环路中每一元件（NCE）的压降和。L 表示系统的每一闭合环路。第二定律也可称为环能量方程。

式（5-12）和式（5-13）是形成管网计算的基础。

（三）流量计算的表达形式取管道的压降计算公式（见表 3-11），即 $\Delta P = RLQ^{\mathrm{n}}$（$\Delta P$ 为压降）或 $\Delta(P^2) = RLQ^{\mathrm{n}}$（$\Delta(P^2)$ 为管段始端和终端绝对压力的平方差）；R 为比摩阻系数［式（3-57）］。国外文献[34]介绍，达西摩擦系数在燃气工程上应用时，其变化范围很窄，约在 0.01～0.03 之间（见图 3-7 莫迪图），且随管径 D 变化的程度并不大，因而完全可从表 3-11 所列的公式中选择。值得说明的是，对表 3-11 中所列的实用公式前不必再加任何系数，各国在应用中均是如此。

（四）任一环路中单位流量变化引起环路各管段阻力损失的变化值可近似等于：

$$\frac{d(\Delta P)}{dQ} 或 \frac{d(\Delta P^2)}{dQ} = nRLQ^{n-1} \tag{5-14}$$

其原理是用线性逼近法求解。

也可用以下代数方法求得环路中各管段流量的校正值。以简单的环状管网为例（图 5-13）。图上的箭头表示燃气流动的方向。

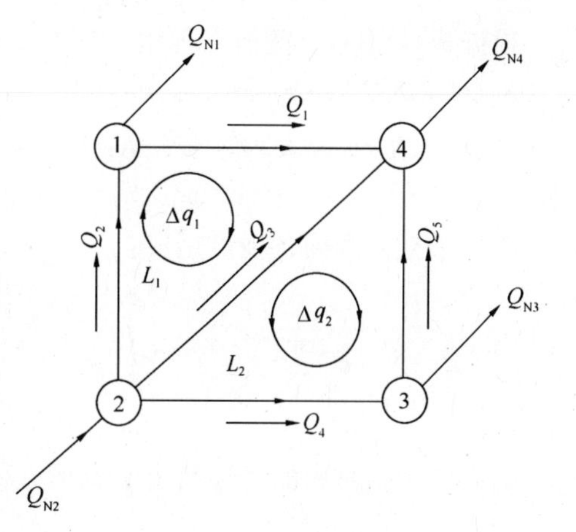

图 5-13 环状管网简图

在多数情况下，计算可分两个阶段进行。第一阶段：初步计算；第二阶段：最终计算。初步计算包括流量的预分配和初选各管段的管径。流量预分配应遵循克希荷夫第一定律。初选管径后对大多数环来说，不能满足克希荷夫第二定律，原因是管径是分档的，且要考虑到供气管网的可靠性要求，如靠近源点的管路留有较大的储备能力等因素，因此，各环的压力损失通常是不平衡的。在最终计算中，目的是求解初选管径后的真实流量分配，以满足克希荷夫第二定律的要求。最后以允许压降是否已充分被利用和各管段压降分配的合理性来判定是否需要重选管径或改变若干管段的管径后再次进行计算。选择管径是目的，平差计算是方法。

初选管径后，对图 5-13 所示的环状管网简图可写出下列方程组：

$$\left.\begin{aligned} L_1 &= K_1Q_1^n + K_2Q_2^n - K_3Q_3^n = \Delta_1 \\ L_2 &= K_3Q_3^n - K_4Q_4^n - K_5Q_5^n = \Delta_2 \end{aligned}\right\} \tag{5-15}$$

对各环引入校正流量 ΔQ_k，进行转输流量的再分配，使按经校正后的流量算出的压降值能满足克希荷夫第二定律的要求。每环的校正流量假设均取正号，并规定顺时针方向为正。

可写出下列方程组：

$$\left.\begin{aligned} K_1(Q_1+\Delta Q_1)^n + K_2(Q_2+\Delta Q_1)^n - K_3(Q_3-\Delta Q_1+\Delta Q_2)^n = 0 \\ K_3(Q_3-\Delta Q_1+\Delta Q_2)^n + K_4(Q_4+\Delta Q_2)^n - K_5(Q_5+\Delta Q_2)^n = 0 \end{aligned}\right\} \tag{5-16}$$

引入校正流量后，方程组（5-16）的普遍形式为：

$$\left.\begin{aligned} &\sum_{\mathrm{I}} K_i[Q_i \pm (\Delta Q_1 - \Delta Q_j)]^n = 0 \\ &\sum_{\mathrm{II}} K_i[Q_i \pm (\Delta Q_2 - \Delta Q_j)]^n = 0 \\ &\cdots\cdots\cdots\cdots \\ &\sum_{n} K_i[Q_i \pm (\Delta Q_n - \Delta Q_j)]^n = 0 \end{aligned}\right\} \tag{5-17}$$

式中　ΔQ_1，$\Delta Q_2 \cdots \Delta Q_n$——各独立环 1，2，…，$n$ 的校正流量；

ΔQ_j——管段相邻环的校正流量，如该管段无相邻环，则 $\Delta Q_i = 0$。

展开幂式 $(Q \pm \Delta Q)^n$ 为泰勒级数，因为 ΔQ 很小，可以仅取前两项，即：

$$(Q \pm \Delta Q)^n = Q^n \pm nQ^{n-1}\Delta Q \tag{5-18}$$

根据式（5-18），变换方程组（5-16），得：

$$\left.\begin{aligned}(K_1Q_1^n + K_2Q_2^n - K_3Q_3^n) + (nK_1Q_1^{n-1} + nK_2Q_2^{n-1} - nK_3Q_3^{n-1})\Delta Q_1 - nK_3Q_3^{n-1}\Delta Q_2 = 0\\(K_3Q_3^n + K_4Q_4^n - K_5Q_5^n) + (nK_3Q_3^{n-1} + nK_4Q_4^{n-1} - nK_5Q_5^{n-1})\Delta Q_2 - nK_3Q_3^{n-1}\Delta Q_1 = 0\end{aligned}\right\} \tag{5-19}$$

第一个括号内的各项可写成：

$$\Sigma\delta P = \Sigma(P_1^2 - P_2^2) = \Sigma KQ^n$$

由于：

$$nKQ^{n-1} = \frac{n\delta P}{Q} \tag{5-20}$$

则第二个括号内的各项具有下列形式：

$$\Sigma\frac{n\delta P}{Q} = \Sigma nKQ^{n-1} \tag{5-21}$$

上式即 $\frac{d(\delta P)}{dQ} = nKQ^{n-1}$，表示单位流量变化引起的压降值变化，也即压降-流量曲线的斜率。

根据以上所述可得：

$$\left.\begin{aligned}\Sigma\delta P_{\text{I}} + \Sigma\frac{n\delta P}{Q}\Delta Q_{\text{I}} - n_{2\text{-}4}\frac{\delta P_{2\text{-}4}}{Q_{2\text{-}4}}\Delta Q_{\text{II}} = 0\\\Sigma\delta P_{\text{II}} + \Sigma\frac{n\delta P}{Q}\Delta Q_{\text{II}} - n_{2\text{-}4}\frac{\delta P_{2\text{-}4}}{Q_{2\text{-}4}}\Delta Q_{\text{I}} = 0\end{aligned}\right\} \tag{5-22}$$

（角码表示环号或管段号）

式（5-22）是一线性联立方程组。从其中可解出校正流量 ΔQ；方程式的数目等于未知数的个数。为了解这个方程组，最方便的是利用逐次渐近法。

求解时可采用以下顺序：

$$\left.\begin{aligned}\Delta Q_{\text{I}} = -\frac{\sum\limits_{\text{I}}\delta P}{\sum\limits_{(\text{I})}\frac{n\delta P}{Q}} + \frac{n_{2\text{-}4}\frac{\delta P_{2\text{-}4}}{Q_{2\text{-}4}}}{\sum\limits_{(\text{I})}\frac{n\delta P}{Q}}\Delta Q_{\text{II}}\\\Delta Q_{\text{II}} = -\frac{\sum\limits_{\text{II}}\delta P}{\sum\limits_{(\text{II})}\frac{n\delta P}{Q}} + \frac{n_{2\text{-}4}\frac{\delta P_{2\text{-}4}}{Q_{2\text{-}4}}}{\sum\limits_{(\text{II})}\frac{n\delta P}{Q}}\Delta Q_{\text{I}}\end{aligned}\right\} \tag{5-23}$$

式（5-23）的第一项为不考虑邻环校正时得到的校正值，而第二项是考虑了邻环的校正流量时计算环的影响。显然，方程式的第一项是 ΔQ 的第一个近似值。

对任何环，这一近似值等于：

$$\Delta Q' = \frac{\Sigma\delta P}{\Sigma\frac{n\delta P}{Q}} = \frac{\Sigma KQ^n}{n\Sigma KQ^{n-1}} \tag{5-24}$$

第二个近似值是以第一近似值加上使结果准确的附加项。考虑到任何环都有一些管段和邻环共有，故一般可写成：

$$\Delta Q'' = \frac{\Sigma \Delta Q'_{ad} n \dfrac{\delta P}{Q}}{\Sigma \dfrac{n\delta P}{Q}} \tag{5-25}$$

式中　$\Delta Q'_{ad}$——邻环的第一个近似值。

为了计算方便，在计算中仅取第一个近似值 $\Delta Q'$，对有邻环的管段，则取邻环的第一个近似值和本环的第一近似值相加而成为有邻环管段的校正流量，这就是有名的求环校正流量值的哈代·克罗斯公式。

用哈代·克罗斯法求解管网问题所需的数据为：

（一）干管的管径和长度，干管的连接位置和供气源点的位置。

（二）每一源点流入管网的燃气量和计算的配气负荷，即所有供气节点的燃气流量。

（三）管网的最大允许压降以及最小和最大允许压力。

（四）最适合于配气系统类型的流量计算公式。

求解环状管网的第一步是绘制管网的简图，图中，标出每一干管的管径和管长、干管的连接点和供气源点。

为了干管的定位方便，对每一环和每一干管应标上编码。需要注意的是，环网周边的干管通常属于一个环号，而环内部的干管却往往属于两个环号（有本环和邻环之分）。当两条干管在图上相交但并不相联时，某些干管还可能属于三个或更多的环号，这样的配气管网就成为“三维”的（Three-dimensional），而不是“二维”的（two-dimensional）。

图 5-14 为一用哈代·克罗斯法分析低压配气管网的示例，该管网是三维的，因为干管

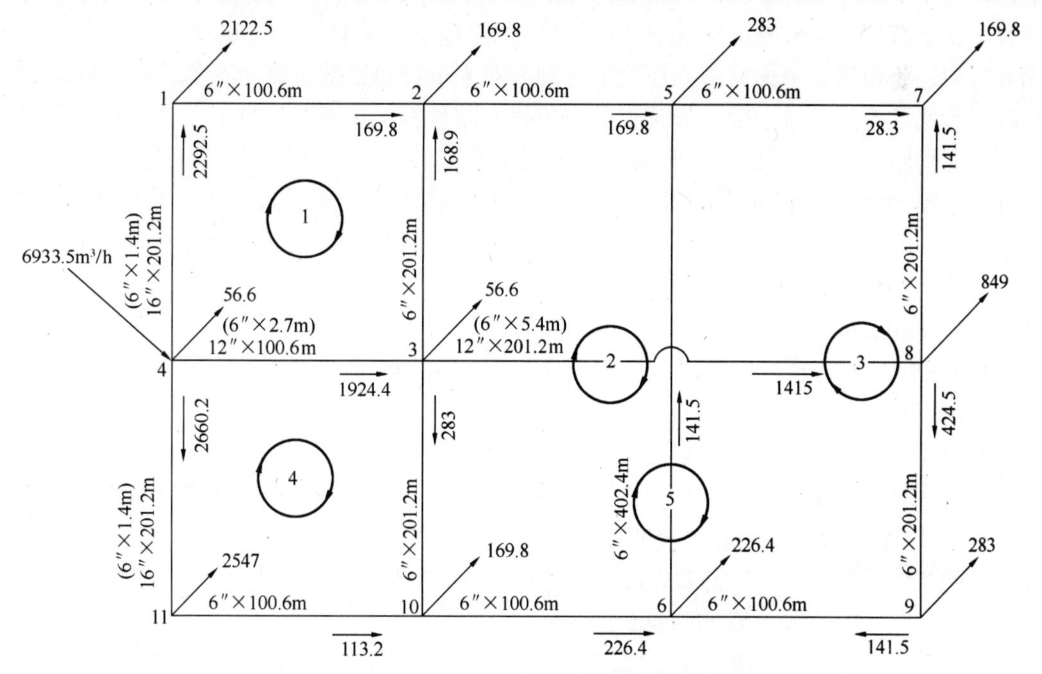

图 5-14　用哈代·克罗斯法分析低压配气管网

(3-8) 与干管 (5-6) 在图上相交但并不相联。管网有4个环路是二维的，但环路包括干管(3-8)、(8-9)、(9-6)、(6-10) 和管 (10-3)，其中管 (8-9)，(9-6) 和管 (6-10) 属于两个环路，(相应的环路为环5和环3，环5和环2)，但干管 (10-3) 却属于三个环路，即环2、环4和环5。环5也可选择其他的路线而成为二维的，例如，从管 (8-3) 的右端开始，经过管 (8-7) ……再经过管 (6-12) 或管 (4-3) 再回到管 (8-3) 的左端就是一例。

求解管网的第二步是在图上标出燃气负荷的分配量。最简单的方法是将管段途泄流量之半 ($0.5Q_D$) 当作集中负荷分配在该管段两端的两个节点上，正如第三章第五节所述，这样的负荷分配方法对计算的结果会产生一定的误差：即计算所得的压降常小于实际的压降值。前苏联的文献[4]中也注意到负荷分配所引起的计算误差。计算的误差产生于途泄负荷与总负荷的比值和实际设计中支管的数量，因此建议途泄负荷按0.45和0.55的比例分配，从计算的公式可知，这样的分配方法并没有真正解决计算中的误差问题，反倒使负荷的分配增加了复杂性。根据美国的经验[2]，误差的大小与途泄负荷和管道总计算负荷之比有关，公式的推导可见文献［38］，途泄负荷对半分配作为集中负荷的计算误差可见表5-3[2]。

途泄负荷 (Q_D) 对半分配 ($0.5Q_D$) 作为集中负荷的计算误差 **表 5-3**

途泄负荷/总负荷	0.3	0.4	0.6	0.8	1.0
误 差 (%)	1.0	2.0	6.0	13.0	25.0

由表可知，当途泄负荷/总负荷为0.3~0.4时，误差值为1%~2%，完全可采用途泄负荷对半分配 ($0.5Q_D$) 的方法。实际上离零速点最近的第二根管段途泄负荷/总负荷之值已接近于0.3，只有离零速点最近的管段，采用等于或大于 $0.6Q_D$ 的数值（如62%的负荷分配在下游端，38%的负荷分配在上游端），就能满足对计算误差的要求。这在第六章第五节中还将说明，考虑从节点压力的合理分布来选择管道的计算负荷值。原始数据的可靠性对管网的模拟尤其重要，设计人员应积累实测数据，不断进行修正。

在应用哈代·克罗斯法时，常希望通过当量长度的关系，将不同管径的管段长度换算成一个简单的参照管径和当量长度，这可使计算工作大大简化，在手工计算中尤有必要。在图5-14的示例中，燃气的相对密度为 $S=0.6$，大部分管径为6in，因此，可将6in定为参照管径。其他管径和管长只有三种，即：

16in－201.2m［管 (1-4) 和管 (4-11)］

12in－100.6m［管 (4-3)］

12in－201.2m［管 (3-8)］

应将上述三种管径和管长换算成6in管的当量长度。

计算示例为一低压管网，应采用史匹兹格拉斯低压公式的比摩阻系数计算当量长度。

查表3-12，当燃气的相对密度 $S=0.6$ 时，6in管的比摩阻系数 $R=1.0725\times10^{-6}$；16in管的比摩阻系数 $R=7.3542\times10^{-9}$；12in管的比摩阻系数 $R=2.8933\times10^{-8}$。

因此，201.2m，16in管的当量长度为：

$$\frac{7.3542\times10^{-9}}{1.0725\times10^{-6}}\times201.2=6.857\times10^{-3}\times201.2=1.38\text{m}\approx1.4\text{m}$$

100.6m，12in 管的当量长度为：

$$\frac{2.8933\times10^{-8}}{1.0725\times10^{-6}}\times100.6=0.0269771\times100.6=2.72\approx2.7\text{m}$$

201.2m，12in 管的当量长度为：

$$0.0269771\times201.2\text{m}=5.3864\approx5.4\text{m}$$

将管（1-4）、管（4-11）、管（4-3）和管（3-8）的当量管径和当量长度标于图上，在计算中就成为单一管径的管网计算。管段压降计算中涉及的相关值可汇总为：

R	L	RL
1.0725×10^{-6}	100.6	107.894×10^{-6}
	201.2	215.787×10^{-6}
	402.4	431.574×10^{-6}
	2.7	2.896×10^{-6}
	1.4	1.502×10^{-6}
	5.4	5.792×10^{-6}

图 5-14 中，圆圈内为环编号，环网左侧为供气源点，供气总量为 6933.5m³/h，供气点位于干管交点处，方向用流入节点箭头表示，节点流量则用流出节点箭头表示。图中的管段上标出了各管段所采用的管径和管段长度，管段（4-1）、（4-11）、（4-3）和（3-8）则在括号内标出其当量管径和当量管长。管段的右侧则用箭头表示第一次试算中各管段的计算流量。流入节点的流量应等于流出节点的流量。包括源点在内的各节点应计算无误。

表 5-2 为按图 5-14 的低压配气管网用哈代·克罗斯法的五次试算表。源点的压力取 152.4mm 水柱（6in 水柱），节点 9 为最低压力点（管段（8-9）和管段（6-9）的交点），压力值约为 124.46mm 水柱（4.9in 水柱）。

表中第一栏和第二栏为各管段相应的环路编号和管段编号。以 6in 管表示的管段当量长度列于第三栏中。第四栏则表示第一次试算中各相应管段的计算流量。流量前的正、负号表示一定环路中流量的方向，正号表示环路内的顺时针方向，负号则表示环路内的逆时针方向。

在第一次试算中，每一管段单位流量摩阻的变化值 RLQ 列于第五栏中，指数 n 在史氏公式中等于 2，在此先不算，随后再统一计算。第六栏中每一管段摩阻值 RLQ^2 所带的正、负号与流量前的正、负号相同。第五栏中每一环路的 RLQ 值用算术方法相加，第六栏中每一环路的 RLQ^2 则用代数方法相加。当 $n=2$ 时，每环路的流量校正值为 $\Delta=\Sigma\pm RLQ^2/2\Sigma RLQ$，正号表示顺时针方向，负号表示逆时针方向。这一流量校正值必须用代数减法校正第四栏中假设的初算流量。如果某一管段为两个环路所共有，则考虑邻环的影响要作两次校正，如为三个或三个以上环路所共有，则应作三次或三次以上的校正。在表 5-2中，校正流量分成三栏，1 表示本环的校正值，2 表示邻环（第 2 环）的校正值，3 表示邻环（第 3 环）的校正值。

在第二次试算中，考虑校正流量后的流量汇总方法应遵循以下原则：

1. 由于采用的是代数减法，对校正值 1 栏要取相反的方向。如校正值为负号，则汇总时用加号。

2. 对校正值 2 和 3 栏，要看管段在邻环与本环的方向是否相同，如方向相同，则取邻环值，然后用代数减法汇总；如方向不同，则改变邻环校正值的符号，然后用代数减法汇总。

根据代数减法的原则，在第一次试算校正流量的基础上，可得表 5-2 中第二次试算时的计算流量，举例如下：

1）对环 1 的管段（1-2）：

原流量为 + 169.8，本环的校正流量为 - 46.5。

汇总的流量为 + 169.8 - （ - 46.5） = + 216.3

2）对环 1 的管段（2-3）：

原流量为 - 169.8，本环的校正流量为 - 46.5，邻环（2 环）管段（2-3）与本环管段（2-3）的方向相反，校正值应改变符号，2 环为 - 54.9，应改为 + 54.9，汇总的流量为：

$$-169.8-(-46.5)-54.9=-178.2$$

3）对环 2 的管段（3-10）

原流量为 - 283。本环校正流量为 - 54.9 邻环有 2 个，一个是环 4，另一个为环 5。环 4 管段（3-10）与环 2 管段（3-10）的方向相反，应为 - 96.5；环 5 管段（3-10）与环 2 管段（3-10）的方向相同，应为 + 74.4。

汇总的流量为：

$$-283-(-54.9)-(-96.5)-(+74.4)=-206$$

4）对环 4 的管段（3-10）

原流量为 + 283，本环的校正流量为 + 96.5，邻环有 2 个，一个是环 2，另一个是环 5。环 2 管段（3-10）与环 4 管段（3-10）的方向相反，应为 + 54.9；环 5 管段（3-10）也与环 4 管段（3-10）的方向相反，应为 - 74.4。

汇总的流量为：

$$+283-(+96.5)-(+54.9)-(-74.4)=+206$$

5）对环 5 的管段（3-10）

原流量为 - 283，本环的校正流量为 + 74.4，邻环有 2 个，一个为环 2，另一个为环 4。环 2 管段（3-10）与环 5 管段（3-10）的方向相同，应为 - 54.9，环 4 管段（3-10）与环 5 管段（3-10）的方向相反，应为 - 96.5，汇总的流量为：$-283-(+74.4)-(-54.9)-(-96.5)=-206$

从上述校正流量的汇总计算可知，对一个复杂的管网，特别是当一段管段同属若干个邻环时，判别校正值的正、负号十分困难，如何采用简单而又机械的方法进行校正流量正、负号的识别，也是一个重要的研究内容，在应用计算机计算时也不例外。

从第二次试算起，计算程序应重复进行，直至每一环路的净压降值 $\Sigma \pm ALQ^2$ 接近于零，计算精度计算达到要求。

图 5-14 所示的例题在表 5-4 中重复试算了五次，只能说已接近要求。最终的流量值和方向标于图 5-14 中，各管段的压降值可查表 5-4。

计算工作是否完成应根据最低压力节点来判定。在环状管网中，自最低压力节点至供气源点有不同的通路，可以算出不同通路的总压降值。如干管中的流量方向与通路两节点的编号方向相同，则有压力损失（Pressure loss），反之，则为压力获得（Pressure gain）。由于管网已接近平衡，可以算出若干条通路的总压降值，平均后可得较佳的数值。

如总压降值小于计算允许的压降值，则表示允许压降未能充分利用，应改选管径重新计算。最后标出各节点的平均压力值作为管网审核和评估的依据。

低压配气管网用哈代·克罗斯法的五次试算表 **表 5-4**

环路编号	管段序号	管段长度(m)	第一次试算 流量 Q (m^3/h)	RLQ	RLQ^2	校正值 1	校正值 2	校正值 3
1	1-2	100.6	+169.8	0.0183204	+3.1108039	-46.5	—	—
1	2-3	201.2	-169.8	0.0366406	-6.2215738	-46.5	+54.9	—
1	3-4	2.7	-1924.4	0.005573	-10.724681	-46.5	-96.5	—
1	1-4	1.4	+2292.3	0.003443	+7.8923889	-46.5	—	—
				0.063977	-5.943062			
			Δ = -5.943062/2 (0.063977) = -46.446863≈-46.5					
2	2-5	100.6	+169.8	0.0183204	+3.1108039	-54.9	—	—
2	5-6	402.4	-141.5	0.0610677	-8.6410795	-54.9	-112.8	—
2	6-10	100.6	-226.4	0.0244272	-5.530318	-54.9	+74.4	—
2	3-10	201.2	-283	0.0610677	-17.282159	-54.9	-96.5	+74.4
2	2-3	201.2	+169.8	0.0366406	+6.221538	-54.9	+46.5	—
				0.2015236	-22.1212146			
			Δ = -22.1212146/2 (0.2015236) = -54.884921≈-54.9					
3	5-7	100.6	+28.3	0.0030534	+0.0864112	+112.8	—	—
3	7-8	201.2	-141.5	0.0305338	-4.3205327	+112.8	—	—
3	8-9	201.2	+424.5	0.0916015	+38.884836	+112.8	+74.4	—
3	6-9	100.6	+141.5	0.015267	+2.1602805	+112.8	+74.4	—
3	5-6	402.4	+141.5	0.0610677	+8.6410795	+112.8	+54.9	—
				0.2015284	+45.452075			
			Δ = +45.452075/2 (0.2015284) = +112.76784≈+112.8					
4	3-4	2.7	+1924.4	0.005573	+10.724681	+96.5	+46.5	—
4	3-10	201.2	+283.0	0.0610667	+17.282159	+96.5	+54.9	-74.4
4	10-11	100.6	-113.2	0.0122136	-1.3825795	+96.5	—	—
4	4-11	1.4	-2660.2	0.0039956	-10.629095	+96.5	—	—
				0.0828489	+15.9951655			
			Δ = +15.9951655/2 (0.0828489) = +96.532156≈+96.5					
5	3-8	5.4	+1415	0.0081956	+11.596774	+74.4	—	—
5	8-9	201.2	+424.5	0.0916015	+38.884836	+74.4	+112.8	—
5	6-9	100.6	+141.5	0.015267	+2.1602805	+74.4	+112.8	—
5	6-10	100.6	-226.4	0.0244272	-5.530318	+74.4	-54.9	—
5	3-10	201.2	-283.0	0.0610677	-17.282159	+74.4	-54.9	-96.5
				0.200559	+29.8294135			
			Δ = +29.8294135/2 (0.200559) = +74.3665677≈+74.4					

续表

环路编号	管段序号	管段长度 (m)	第二次试算					
			Q (m^3/h)	RLQ	RLQ^2	校正值		
						1	2	3
1	1-2	100.6	+216.3	0.0233374	+5.0478796	−19.7	—	—
1	2-3	201.2	−178.2	0.0384532	−6.8523602	−19.7	+10.6	—
1	3-4	2.7	−1781.4	0.0051589	−9.1900644	−19.7	−14.3	—
1	1-4	1.4	+2338.8	0.0035128	+8.2157366	−19.7	—	—
				0.0704623	−2.7788084			
			Δ = −2.7788084/2 (0.0704623) = −19.718405 ≈ −19.7					
2	2-5	100.6	+224.7	0.02422437	+5.4475593	−10.6	—	—
2	5-6	402.4	+26.2	0.0113072	+0.2962486	−10.6	+11.8	—
2	6-10	100.6	−245.9	0.0265311	−6.5239974	−10.6	+24.7	—
2	3-10	201.2	−206	0.0444521	−9.1571326	−10.6	−14.3	+24.7
2	2-3	201.2	+178.2	0.0384532	+6.8523602	−10.6	+19.7	—
				0.14496797	−3.0849619			
			Δ = −3.0849619/2 (0.14496797) = −10.640154 ≈ −10.6					
3	5-7	100.6	−84.5	0.009117	−0.7703865	−11.8	—	—
3	7-8	201.2	−254.3	0.0548746	−13.95461	−11.8	—	—
3	8-9	201.2	+237.3	0.0512062	+12.151231	−11.8	+24.7	—
3	6-9	100.6	−45.7	0.0049307	−0.2253329	−11.8	+24.7	—
3	5-6	402.4	−26.2	0.0113072	−0.2962486	−11.8	+10.6	—
				0.1314357	−3.095347			
			Δ = −3.095347/2 (0.1314357) = −11.775137 ≈ −11.8					
4	3-4	2.7	+1781.4	0.0051589	+9.1900644	+14.3	+19.7	—
4	3-10	201.2	+206.0	0.0444521	+9.1571326	+14.3	+10.6	−24.7
4	10-11	100.6	−209.7	0.0226253	−4.7445254	+14.3	—	—
4	4-11	1.4	−2756.7	0.0041405	−11.414116	+14.3	—	—
				0.0763768	+2.1885556			
			Δ = +2.1885556/2 (0.0763768) = +14.327361 ≈ +14.3					
5	3-8	5.4	+1340.6	0.0077647	+10.409356	+24.7	—	—
5	8-9	201.2	+237.3	0.0512062	+12.151231	+24.7	−11.8	—
5	6-9	100.6	−45.7	0.0049307	−0.2253329	+24.7	−11.8	—
5	6-10	100.6	−245.9	0.0265311	−6.5239974	+24.7	−10.6	—
5	3-10	201.2	−206	0.0444521	−9.1571326	+24.7	−14.3	−10.6
				0.1348848	+6.6542141			
			Δ = +6.6542141/2 (0.1348848) = +24.666285 ≈ +24.7					

续表

环路编号	管段序号	管段长度 (m)	第三次试算					
			Q (m^3/h)	RLQ	RLQ^2	校正值		
						1	2	3
1	1-2	100.6	+236.0	0.0254629	+6.0092444	-4.6	—	—
1	2-3	201.2	-169.1	0.0364895	-6.1703744	-4.6	+15.3	—
1	3-4	2.7	-1747.4	0.0050604	-8.8425429	-4.6	-6.7	—
1	1-4	1.4	+2358.5	0.0035424	+8.3547504	-4.6	—	—
				0.0705552	-0.6489225			
			Δ = -0.6489225/2 (0.0705552) = -4.5986858≈-4.6					
2	2-5	100.6	+235.3	0.0253874	+5.9736552	-15.3	—	—
2	5-6	402.4	+25.0	0.0107893	+0.2697325	-15.3	+12.1	—
2	6-10	100.6	-260	0.0280524	-7.293624	-15.3	+15.2	—
2	3-10	201.2	-205.8	0.0444089	-9.1393516	-15.3	-6.7	+15.2
2	2-3	201.2	+169.1	0.0364895	+6.1703744	-15.3	+4.6	—
				0.1451275	-4.44197275			
			Δ = -4.44197275/2 (0.1451275) = -15.30369≈-15.3					
3	5-7	100.6	-72.7	0.0078438	-0.5702442	-12.1	—	—
3	7-8	201.2	-242.5	0.0523283	-12.689612	-12.1	—	—
3	8-9	201.2	+224.4	0.0484226	+10.866031	-12.1	+15.2	—
3	6-9	100.6	-58.6	0.0063225	-0.3704985	-12.1	+15.2	—
3	5-6	402.4	-25.0	0.0107893	-0.2697325	-12.1	+15.2	—
				0.1257065	-3.0340562			
			Δ = -3.0340562/2 (0.1257065) = -12.068016≈-12.1					
4	3-4	2.7	+1747.4	0.0050604	+8.8425429	+6.7	+4.6	—
4	3-10	201.2	+205.8	0.0444089	+9.1393516	+6.7	+15.3	-15.2
4	10-11	100.6	-224.0	0.0241682	-5.4136768	+6.7	—	—
4	4-11	1.4	-2771.0	0.004162	-11.532902	+6.7	—	—
				0.0777995	+1.0353157			
			Δ = +1.0353157/2 (0.0777995) = +6.6537419≈+6.7					
5	3-8	5.4	+1315.9	0.0076216	+10.029263	+15.2	—	—
5	8-9	201.2	+224.4	0.0484226	+10.866031	+15.2	-12.1	—
5	6-9	100.6	-58.6	0.0063225	-0.3704985	+15.2	-12.1	—
5	6-10	100.6	-260.0	0.0280524	-7.293624	+15.2	-15.3	—
5	3-10	201.2	-205.8	0.0444089	-9.1393516	+15.2	-6.7	-15.3
				0.134828	+4.0918199			
			Δ = +4.0918199/2 (0.134828) = +15.174221≈+15.2					

续表

环路编号	管段序号	管段长度 (m)	第四次试算					
			Q (m^3/h)	RLQ	RLQ^2	校正值		
						1	2	3
1	1-2	100.6	+240.6	0.0259592	+6.2457835	−7.3	—	—
1	2-3	201.2	−179.8	0.0387985	−6.9759703	−7.3	+5.8	—
1	3-4	2.7	−1736.1	0.0050277	−8.7285899	−7.3	+0.4	—
1	1-4	1.4	+2363.1	0.0035493	+8.3873508	−7.3	—	—
				0.0733347	−1.0714259			
			$\Delta = -1.0714259/2\ (0.0733347)$ $= -7.3038147 \approx -7.3$					
2	2-5	100.6	+250.6	0.0270382	+6.7757729	−5.8	—	—
2	5-6	402.4	+28.2	0.0121703	+0.3432024	−5.8	+8.3	—
2	6-10	100.6	−259.9	0.0280416	−7.2880118	−5.8	+15.5	—
2	3-10	201.2	−199.0	0.0429436	−8.5457764	−5.8	+0.4	+15.5
2	2-3	201.2	+179.8	0.0387985	+6.9759703	−5.8	+7.3	—
				0.1489922	−1.7388426			
			$\Delta = -1.7388426/2\ (0.1489922)$ $= -5.8353477 \approx -5.8$					
3	5-7	100.6	−60.6	0.0065383	−0.3962209	−8.3	—	—
3	7-8	201.2	−230.4	0.0497173	−11.454865	−8.3	—	—
3	8-9	201.2	+221.3	0.0477536	+10.567871	−8.3	+15.5	—
3	6-9	100.6	−61.7	0.006657	−0.4107369	−8.3	+15.5	—
3	5-6	402.4	−28.2	0.0121703	−0.3432024	−8.3	+5.8	—
				0.1228365	−2.0371524			
			$\Delta = -2.0371524/2\ (0.1228365)$ $= -8.2921297 \approx -8.3$					
4	3-4	2.7	+1736.1	0.0050277	+8.7285899	−0.4	+7.3	—
4	3-10	201.2	+199.0	0.0429416	+8.5453784	−0.4	+5.8	−15.5
4	10-11	100.6	−230.7	0.0248911	−5.7423767	−0.4	—	—
4	4-11	1.4	−2777.7	0.0041721	−11.588842	−0.4	—	—
				0.0770325	−0.0572504			
			$\Delta = -0.0572504/2\ (0.0770325)$ $= -0.37 \approx -0.4$					
5	3-8	5.4	+1300.7	0.0075336	+9.7989535	+15.5	—	—
5	8-9	201.2	+221.3	0.0477536	+10.567871	+15.5	−8.3	—
5	6-9	100.6	−61.7	0.006657	−0.4107369	+15.5	−8.3	—
5	6-10	100.6	−259.9	0.0280416	−7.2880118	+15.5	−5.8	—
5	3-10	201.2	−199.0	0.0429416	−8.5453784	+15.5	+0.4	−5.8
				0.1329274	+4.1226974			
			$\Delta = +4.1226974/2\ (0.1329274)$ $= +15.507327 \approx +15.5$					

续表

环路编号	管段序号	管段长度(m)	第五次试算		
			Q (m³/h)	RLQ	RLQ^2
1	1-2	100.6	+247.9	0.0267469	+6.6305565
1	2-3	201.2	-178.3	0.0384748	-6.8600568
1	3-4	2.7	-1729.2	0.0050077	-8.6593148
1	1-4	1.4	+2370.4	0.0035603	+8.4393351
					-0.44948
2	2-5	100.6	+256.4	0.027664	+7.0930496
2	5-6	402.4	+25.7	0.0110914	+0.2850489
2	6-10	100.6	-269.6	0.0290882	-7.8421787
2	3-10	201.2	-209.1	0.045121	-9.4348011
2	2-3	201.2	+178.3	0.0384748	+6.8600568
					-3.0388245
3	5-7	100.6	-52.3	0.0056428	-0.2951184
3	7-8	201.2	-222.1	0.0479262	-10.644409
3	8-9	201.2	+214.1	0.0461999	+9.8913985
3	6-9	100.6	-68.9	0.0074338	-0.5121888
3	5-6	402.4	-25.7	0.0110914	-0.2850489
					-1.8453666
4	3-4	2.7	+1729.2	0.0050077	+8.6593148
4	3-10	201.2	+209.1	0.045121	+9.4348011
4	10-11	100.6	-230.3	0.0248479	-5.7224713
4	4-11	1.4	-2777.3	0.0041715	-11.585506
					+0.7861386
5	3-8	5.4	+1285.2	0.0074438	+9.5667717
5	8-9	201.2	+214.1	0.0461999	+9.8913985
5	6-9	100.6	-68.9	0.0074338	-0.5121888
5	6-10	100.6	-269.6	0.0290882	-7.8421787
5	3-10	201.2	-209.1	0.045121	-9.4348011
					+1.6690016

第六章 管网的模拟

管网的建模（Network modeling）还有其他熟知的名称[1]，如管网模拟（Network simulation），管网分析（Network analysis），管网平差（Network balancing），哈代·克罗斯分析（Hardy Cross analysis），麦克依洛分析（McIlroy analysis）和压力研究（Pressure studies）等。名词虽然不同，实际上都是指通过真实系统（Real system）的模型进行实际系统（Actual system）的分析和处理，其目的在于了解真实系统在不同条件下的运行情况以及增加或删去一些条件后系统可能发生的变化。

压力-流量模型是应用一个真实管道系统的复制系统（Facsimile system）来反映不同压力、负荷和不同布置方法之间的关系。压力-流量模型可用来评价实际系统中可能产生的不同运行条件，为运行决策提供可靠的基础。经过对实际系统的测试，或从按比例物理模型中获得的数据以及使用电路模拟和数学模型等的相似性来完成验证工作。

燃气管网的建模工艺对配气工程师在预测管道系统中压力-流量关系发生的变化十分有用。本章将讨论燃气管网建模的重要性和已经使用的各种模型。其中，管网平差中压力-流量模型的数学关系为研究的重点，因为数学模型是当今用得最广泛的程序。本章还将讨论建设模型数据库的各个不同方面以及从模型结果中获得不同信息的方法、配气公司建立运行模型的指导性意见和配气系统中不稳定流动模型的使用等内容。

第一节 建模的重要性

燃气管网的建模工艺可提供不同条件下燃气管网工况变化的许多有价值的信息，它是设计、系统运行和管理工程师最重要的决策工具之一。模型所提供的信息不可能从其他途径获得。模型的经济效益虽然难以定量，但美国的经验表示[1,63]，在管网模拟中投入1元，可得3元的收益，投入与收益之比为1∶3。模型的种类很多，有设计模型、运行模型和部门（如燃气公司）的效益模型等。

一、设计模型

在设计环境中，设计工作比施工要超前一段时间（规划期），超前的时间通常为1～5年。有时，为了得到系统预期效益趋势的感性知识，超前的时间还可能更长。为了满足预期的负荷需要，设计人员往往面临着新设施位置确定中情况的变化。在负荷增长的缓慢时期，设计人员的经常工作是确定哪些管道和调压器可以退役，而在另一段时间内，又要集中研究管网中需要增添的新设备等。

二、运行模型

与设计模型相比，运行模型的规划期较短，系统状态的模拟往往在几小时内就有变化。典型的规划期通常为几天或一周。对特殊的环境，系统的模型常要求实时地反映当时参数的变化。在运行模型中，已有的设备都是模化了的，重点在于获得气候变化的趋势和它对设备的短期影响。

在设计和运行模型之间有一个“灰色区”（Grey area）或“模糊区”，因此，弄清两者之间的差别是十分必要的。燃气管网设计和运行模型功能的差别可见表 6-1。

燃气管网设计和运行模型的不同功能[1]　　**表 6-1**

	设 计 模 型	运 行 模 型
规划期	较长。范围为：从几个月到 1 年、5 年，甚至 10 年	较短。范围为：数分钟到数小时、数天、数周、数月或到下一个季度
建模的依据	旧有系统使用新、旧设施的现状及未来状况	旧有系统在不同近期运行条件下的状况
应用范围	确定新设施、确定应更换的设施。审核增供不同热值燃气后的效果。长期可能发生状况的规划。确定系统的能力	审核短期气候因素对负荷的影响。设备维修或更换时的停气状况。对系统控制管理人员反应能力的培训。确定下周的调峰需要量。确定开启或关闭阀门的效应。确定调压器的压力设定值
建模的责任者	通常是设计工程师或系统功能的规划工程师	工程集体；或由运行工程师独立完成；或与设计工程师相配合

三、部门（燃气公司）的效益模型

燃气公司的所有部门应能从管网模型的应用中获得效益。虽然，直接受益者是工程部门和运行部门，但市场、销售、计费、供气规划、用户服务和财务计划等部门也可在从模型中获得的数据应用于决策中而获得效益。

（一）工程部门

工程部通常负责管网的原型设计和能力研究。工程的功能直接影响到模型的多种应用和效益。模型的首要任务是提高选择新设施合理规格的经济性，如管道和调压站、系统中需增设的连接短管（Tie-ins）和审核加压站的应用等。管网模型可使配气工程中存在的问题形成若干个可替代的方案，并从中择优选择。如缺少模型这个工具，设计人员就会以过大的系统来满足目前和未来的需要，造成浪费。

一个简单的模型往往就可使燃气公司获得很大的效益。以下就是明显的例子：

1. 如在管网模拟中发现压力并非调压站所引起而是受系统其他条件的影响，则可避免安装高价调压器。

2. 若系统的模型证明，旧有管道可保证合适的压力和可靠性，就可避免更换某些管段，减少施工的工作量。

3. 可以鉴定低压管网的真实通过能力，避免管网向较高压力等级转换而增加的投资。

（二）运行部门

运行部门最常遇到的问题是必须依靠管网模型处理高峰日的成本-效益关系以及制定非高峰日的运行时间表。不同环境温度下管网模拟的结果有助于制定运行时间表，确定设备因维修而需暂停工作的最佳时间，以避免负荷的不足和作出在异常情况下用人力协助的系统运行方案。在培训中通过模型模拟系统的运行、事故和严寒时的条件，可提高配气人员的反应能力，以便出现风险时能沉着地处理问题。模型可在短期内提供过去需要长期经验积累才能获得的知识。

(三) 市场和销售部门

市场和销售部门可用来制定市场销售计划，从模拟结果中可获知系统哪些位置的管道有富裕的能力，便于发展新的民用、商业和工业用户，以及算出增加负荷时所需的费用。模型显示的结果也可用来确定在某一地区不论是稳定负荷还是调节负荷新用户的发展规模以及适宜于连接用户的压力等级位置。管网模拟的研究结果还可提供与大用气户签订供气合同的重要依据。在市场经济中经常要回答“假如……那结果会怎样?”的命题，例如，假如所有的非燃气采暖用户转换成燃气采暖用户，那结果会怎样？利用管网模型就可获知一个配气系统具备的最终能力，以解决这类问题。

(四) 计费部门

计费部门的用户账单有时需按热量计量（如采暖用户），管网模型可帮助确定在配气系统的哪些地区需要安装热计量器和在燃气账单中标出燃气的热值数量。模型还能帮助算出不同服务区中各类用户的服务费用。

(五) 用户服务部门

用户服务部门经常需要注意的是：燃具的设计仅在燃气的热值和密度的变化在一个有限的范围内才能获得较高的效率。模型可用来预测整个系统的燃气互换性。华白数或热流量指标甚易从通过燃具喷嘴的量测值中算出。如华白数的范围过大，就会产生燃烧不良的问题。由于调峰用气经常采用另一种燃气，如丙烷-空气混合气和液化天然气等，因此，应对不同调峰期和负荷条件下的华白数进行比较。模型可区分出系统哪些范围内的用户会因常发生的燃气质量变化而产生抱怨情绪。

(六) 供气的规划部门

供气的规划部门如能将传统的供气模型与非线性管网模型相连接，则可大大提高供气规划的水平和效益。高峰日和高峰小时管网模拟的结果可用来制定调度计划，确定高峰负荷时对丙烷和液化天然气的需要量，确定必要的贮气能力和平衡其他需补充的供气量。供气规划部门的职工若能有效地利用模型的输出数据，就可根据供气合同和旧有管道的输气能力给公司带来更大的效益。如当模型显示出输配系统有较大的潜力时，第二章中所介绍的非采暖季的季节用气负荷可延长到冬季，从而大大提高公司的效益。

第二节 管网模型的类型

可以代表燃气管网系统模型的种类很多，归纳起来，不外三种：即量测值的外推法模型，这是一种最原始的模型，系根据真实系统的记录数据进行外推求值；物理相似模型，按相似准则的原理可缩小系统的比例；以及当量模型，当量模型是利用更为抽象的当量系统，如电路当量系统或数学公式当量系统模拟而成的模型。

一、量测值的外推模型

即直接量测模型。这种模型是收集压力和气象条件的数据，然后外推成需要求定的另一温度条件下的压力数据。图 6-1 中所示的曲线即这类量测法外推模型的实例。

根据图 6-1 的压降和温度曲线，将欲求的温度值代入后，即可得该温度下某量测点的期望压降值。虽然，系统上的量测点均经过选择并具有代表性，但不能形成一个综合性的

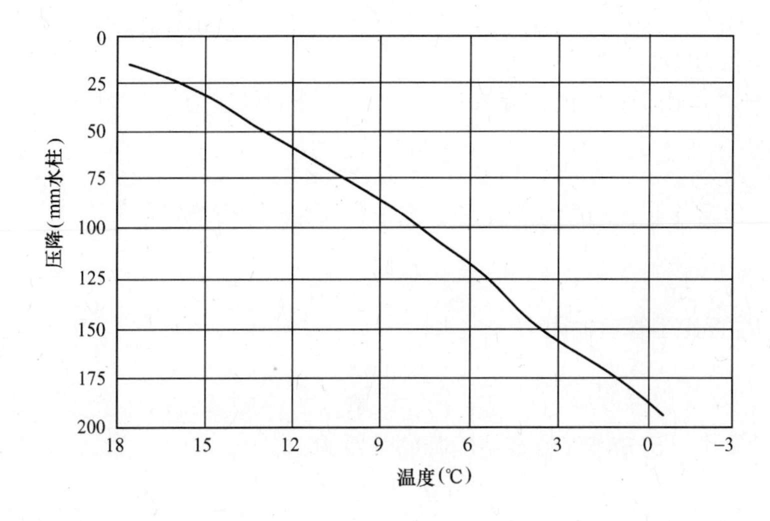

图 6-1　温度与压降曲线

模型，即曲线只能表示某量测点的压降值，而不能应用到任何其他的量测点上去。历史上这种方法被广泛地用于燃气作为照明和炊事使用的时期。在燃气用作照明的时期，每晚的负荷均接近于最大设计负荷；而在燃气作为炊事负荷的时期，高峰负荷条件在西方一些国家常出现在一年一度的感恩节或圣诞节，在我国则常出现在春节。在高峰负荷期的压力量测值可提醒设计人员注意地区性的用气增长量，以便及早采取措施。

当燃气广泛作为采暖负荷后，配气系统的高峰负荷常出现在严寒的气象条件下，但这一情况并不经常发生，通常每隔十多年才可能出现一次。因此，直接量测模型面临的困难是过去从未发生过的外推负荷条件，压力（或压降）与负荷之间的非线性关系，则是难以应用这一模型的另一因素。

大型工业负荷与长输系统达到设计条件的情况相对较多，使用直接量测模型可作为指导或校核用，但对其他情况，则容易使应用者迷失方向。这一方法只决定于量测时的“实际负荷”，它难以确定未来年份负荷的增加量、减少量或量测后又增加的新用户负荷。对调节用户和非高峰期季节用户的影响也难以量测。系统的量测条件往往只能在某点及时地量测一次。这种模型虽有上述的许多不足之处，但至少对管网的现状可提供一定的数据。

二、物理相似模型

在某些工程中，物理相似模型常用来预测研究条件下系统的反应。如果压降与雷诺数之间的关系已完全清楚，则可按管网布置用小管径的管道制成物理相似模型，以空气或水作试验流体，但其结果只能作为参考，不能成为工具。对当今天然气的配气系统，这种方法已无多大意义。

三、电当量模型（Electrical Equivalence）

配气系统中燃气压力与流量的关系可直接用电路中的电压和电流关系的相似性来模拟。在美国，用电当量模型解配气系统的流量问题肇始于 1950 年斯塔尔（STARR）分析器的应用[1,64,65]。在这个方法中，用可调线性电阻代表管道的摩阻，用可调电负荷装置代表燃气的集中负荷，电流由系统排入土壤以模拟管网负荷。直接相似于电路的模拟工作未能彻底完成，因为燃气管道中的压降正比于管道流量的一定方次（接近于平方），而电阻则是更接近于线性，因此，用斯塔尔分析器时，代表管道的阻力要调整到当量阻力降时才能应用。当量阻力降的计算方法如下[2]。

若令电压 E 正比于管道的压降 ΔP，则单位压降的电压为：

$$B = \frac{E}{\Delta P} \tag{6-1}$$

同理，令电流 I 正比于燃气流量 Q，则单位流量的安培数为：

$$G = \frac{I}{Q} \tag{6-2}$$

令电阻 R_e 正比于管道的阻力 R_p，则：

$$C = \frac{R_e}{R_p} \tag{6-3}$$

在流量计算中，已知燃气流量与压降的关系为：

$$\Delta P = R_p Q^n \tag{6-4}$$

将式（6-1），式（6-2）代入式（6-4），可得：

$$E = R_p B I^n / G^n \tag{6-5}$$

由于电路中：$E = IR_e$，因此，在线性电阻计算中电阻值应为：

$$R_e = R_p B I^{n-1} / G^n \tag{6-6}$$

之后，美国又开发了一种“麦克伊洛（Mc Ilroy）分析器”（1952）[1,2,66]，即非线性电阻分析器，它与斯塔尔分析器的主要区别是应用了非线性电阻（称为 Fluistor），通过该电阻时，电压降与电流的 1.85 次方成正比。但从上世纪 50 年代中期起，这种装置在美国就被数字计算机的数学模型所代替，今日只在个别地区还有应用。

四、用数字计算机求解的数学模型

穿孔卡设备的广泛应用和早期的电子计算机使管网模型的机械数字计算（Mechanical digital calculation）成为可行。1954 年西卡福斯（Sickafoose）在美国芝加哥的《人民燃气灯和焦炭公司》（Peoples Gas Light and Coke Company）按哈代·克罗斯法用穿孔卡程序计算配气管网的流量压力问题[67]。1955 年 4 月论文发表后，有几个燃气公司开始将这一技术应用于低压管网计算。不久，哈代·克罗斯法在美国燃气工艺研究院（IGT）的早期鼓式计算机（Drum computers）和一些配气公司得到应用。上世纪 50 年代后期，由维斯脱威尔（Westervelt）提出的自动确定环路程序由海曼（Hyman）在布鲁克林联合燃气公司（Brooklyn Union Gas）和由琼斯（Jones）在加拿大多伦多的用户燃气公司（Consumers Gas Company）应用于低压系统的计算。关于早期用数字计算机解管网的问题，在威尔逊（Wilson G. G）等人的论文中有介绍（1957）[68]。

一旦用纯机械的方法求解流量模拟的工艺实现后，注意力就集中在确定负荷、减少数据编码和显示输出结果等问题的研究上。

数学建模工艺和不同的求解程序下面还将讨论。明确了模型的类别后，必须研究管网的建模结构。

第三节　管网模型的结构

管道系统的建模程序要分成若干个阶段。第一阶段是收集描绘管道系统的信息，包括对这些信息的核实和修正工作，以保证模型接近于真实系统。第二阶段是确定负荷值和系统的供气点。在管网的建模过程中，负荷通常是指节点负荷量，供气点即向管道系统供气的源点。第三阶段是用计算机编码求解流量和一系列的公式，使结果接近于代表系统条件的流量和压力状况。第四阶段是将输出量组织成为对使用者有意义的结果。

一、信息的状态[1]

完整的燃气管网建模程序可用图 6-2 表示。

图中用数字表示的方框代表信息的状态，用字母表示的圆圈代表信息由一种状态转移至下一状态的程序。

（一）状态 1，代表实际存在的系统。根据原型系统获得并准确地收集了系统已有设施（如管道、阀门、调压器和压缩机等）的参数，作为建模的一个组成部分。这一方框实际上就是详细的地图，在图上燃气公司可标出各种设施。地图本身是实际配气系统的一个“信息模型”。

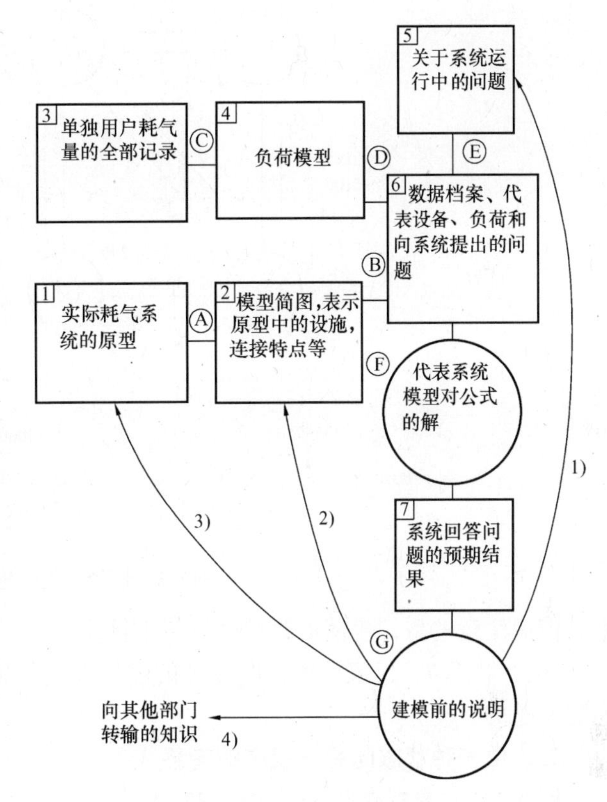

图 6-2　燃气管网的建模流程

（二）状态 2，为模型的简图。表示设施及其连接方式和原型系统的其他特点。图形代表整个系统，可作为管网求解的程序。简图是建模者对系统的总览，是理解原型系统的主要依据。简图上应标出每一设施的特性和单独用户的负荷在管网节点上的分配状况。建模过程的主要难处在于分辨主次，新手往往做得太简单，遗漏了某些设施，通常压降也易于忽略。图 6-3 中的线路代表设施，圆圈代表节点。节点所代表的点表示设施（如管道）的起点和终点。设施可看作是连接线（Link）或节点连接元件（Node-connecting element），常用 NCE 表示；也可理解为节点控制元件（Node-controlling element）或简称元件。

（三）状态 3，单独用户燃气耗量的全部记录。提供历史上某一时期单独用户的燃气耗量作为建模的负荷。对工业用户等的大负荷，则应是每一温度条件下的设计负荷。

（四）状态 4，将用户耗气信息的综合值作为系统的负荷。以用户群体的负荷值在管网节点上的分配代表信息状态。利用这些信息甚至可预测不同条件下的负荷值以满足建模的需要。

（五）状态 5，表示系统运行中可能提出的问题。如在所有调压器出口压力的设定值为 413.7kPa 时，若日高峰度日数为 33（℃·d），则高峰小时的系统最小压力值如何？

（六）状态 6，表示数据档案。包括设施、需要分析的负荷以及向系统提出问题的状

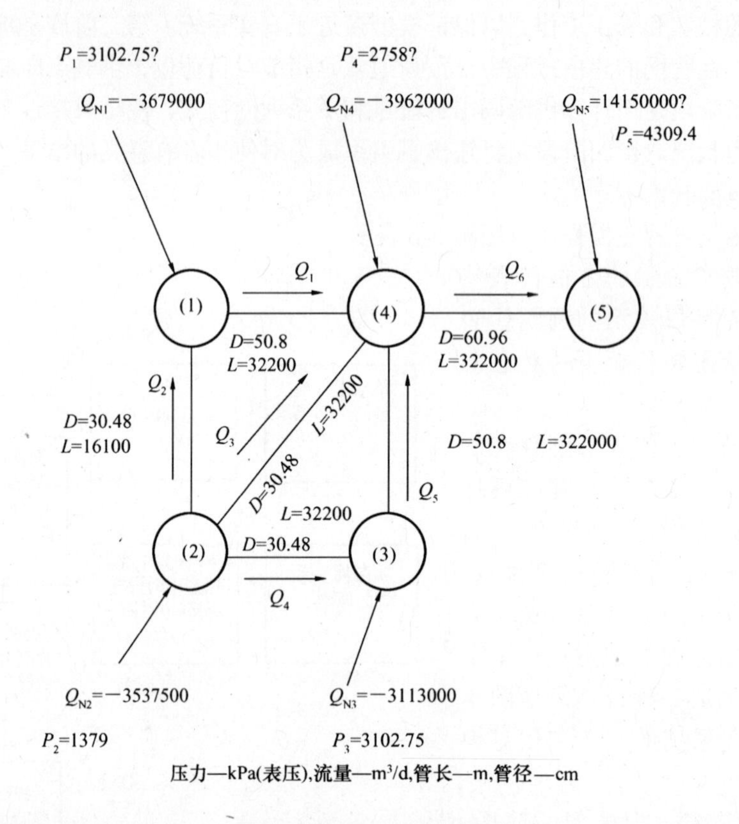

图 6-3　模型公式的构图

态。值得注意的是，建模求解程序应便于操作。

（七）状态 7，代表求解，即模型的输出。根据输出数据可以作出决策并提供对系统所提问题的答复。

二、由一种状态向另一状态的转移

图 6-2 中信息状态转移程序的内容为：

（一）A 步，将实际系统的详细信息简化，形成一个系统方案，用建模工艺所需的术语表达。

（二）B 步，将所有系统设施的信息转换成建模程序可接受的机器读数形式。如手绘简图，则这一步相当于数据的编码和建立设施的数据档案。B 步也应完成从计算机的数据库中可任意提取设施的数据。

（三）C 步，是负荷分析和配置的步骤。每一单独用户的耗气信息要经过分析并确定相应的负荷参数（基本因素和温度敏感因素）。然后将信息综合，配置在管网节点上，形成一个负荷模型以便操作。

（四）D 步，建模人员对特殊的建模状况应先制定一个负荷条件。如对所有温度敏感的用户制定一个 33（℃·d）的负荷，以及消除可中断供气用户的某些等级；再如，在研究夏季的运行条件时，负荷应包括民用、空调、商业、工业和可中断供气用户。与负荷变化有关的问题还包括必须查明有多少调压器在夏季可停止使用。

（五）E 步，对已知的参数和需要求解的变数在建模过程中要作出规定。例如，若要求出所有调压器的设定压力为417kPa，负荷条件为 - 15℃（33℃·d）时系统中的节点压力，则模型中代表调压器的所有节点压力均应设定为417kPa，然后根据这一设定要求求解系统所有节点的压力。另一种情况则是模型根据调压站出口的实际压力设定，然后求出系统各节点的压力。将两种情况的计算结果与实测值比较，最后确定有效的记录。

（六）F步，进行管网线路的求解。即求解代表设施和规定负荷之间关系的方程式。

（七）G步，建模人员研究系统回答提问的答案和意见，并得出结论：1. 系统在运行中是否还有新问题；2. 类似的问题已询问过，但设施和负荷又发生了某些变化；3. 系统的原型已发生了变化；4. 从建模中获得经验的推广和应用。

第四节　稳定状态模型的公式和求解——处理部分

上节中介绍的建模程序是一种输入—处理—输出模型。虽然输入的决策工作十分重要，但在本节中首先研究处理部分，然后再讨论输入和输出部分。处理部分包括构图和用数字计算机求解模型方程式的各种有效程序。

一、构图

图6-3[1]中所示的简图为一虚构的管道系统，用以演示求解的程序。简图包括两种类型的元件：节点和节点控制元件（Node-controlling elements-NCEs）。图中的节点控制元件也就是线路，用它连接节点并代表设施。节点代表系统上的一个点，它有一个或多个NCE终端（即可以有一条或多条连接线路）。节点上要表明系统流量 Q_N 的流进和流出的方向、高程 Z 和规定的压力值 P。节点有不同的表达方式，有时用数字表示其位置的信息；有时用 X、Y 的坐标值表示其更为精确的位置；有时也可用简写的站名表示。对一个大型系统最好设计一种综合性的节点命名程序，且辅之以地理位置的信息作为节点名称的编码。

简图代表一个管道系统，燃气在设施（如管道）中流动，通过节点而流入其他设施。节点流量指某一特定节点上流入或流出封闭系统的流量，这要与节点的终端，即NCE的流量进行区别。每一NCE要辅之以箭头，表示流量的正方向，并以流离节点和流入节点的名称表示。为简化符号，也可用字母符号加数字符号作角码表示，如 Q_2 等。

二、系统的组成

流经设施燃气的流量特性可用一些公式表示。公式既要反映一些特殊设施的参数，也要反映流离节点和流入节点的压力状况。设施的种类很多，在第三章中曾介绍了管道计算中的燃气流量计算公式，在以后的章节中还将介绍调压器的类似计算公式。本章中讨论的模型求解能力（Model-solution capacity），不限于管道，可以求解包含任何元件的系统，只要公式能有效地代表元件的特性。为了简单说明系统的模型，图6-3的简图中假设设施只有管道元件，管道公式假设采用流量计算的通式，摩阻系数为常数，且所有的节点均有相同的高程。流量公式可写成下列形式：

$$Q = D^{2.5}C(P_1^2 - P_2^2)^{0.5} \tag{6-7}$$

式中的 C 值可从表3-1中查得。

若压力的单位为kPa，温度的单位为K，管径的单位为cm，管长的单位为m，流量的单位为 m^3/d，则相应的达西威斯巴赫摩阻系数为 24×0.47888（使用0.47888时流量单位为 m^3/h，在此流量单位为 m^3/d，故应乘以24）。因此：

$$C = 24 \times 0.47888 \frac{T_0}{P_0} \times \frac{1}{(ST_f LZ\lambda)^{0.5}} \tag{6-8}$$

当 $L = 32200$m 时，

$$C_1 = 24 \times 0.47888 \frac{288.8}{101.3} \times \frac{1}{(0.6 \times 277.6 \times 32200 \times 1 \times 0.01)^{0.5}} = 0.14144$$

当 $L = 16100$m 时，

$$C_2 = 24 \times 0.47888 \frac{288.8}{101.3} \times \frac{1}{(0.6 \times 277.6 \times 16100 \times 1 \times 0.01)^{0.5}} = 0.20003$$

本例中，式（6-7）和式（6-8）的单位为：

Q——燃气流量，m^3/d；

D——管内径，cm；

T_0——基准温度 15.6℃，即 288.8K；

P_0——基准压力 101.325kPa；

S——燃气的相对密度（空气 = 1）取 0.6；

T_f——流动燃气的温度 4.44℃即 277.60K；

L——管长，m；

Z——压缩系数，本例中 $Z = 1$；

λ——摩擦系数（无量纲），本例中取 0.01；

P_1——上游压力，kPa（绝）；

P_2——下游压力，kPa（绝）。

实际上，在管网模拟中的一些参数，如燃气的相对密度、摩擦系数、流动燃气的温度和压缩系数等均为变数，这些参数在求解的收敛过程中可以进行修正，不会产生求解中的稳定问题[25]。

已知燃气性质和管道长度后，可取 C 为常数。在管道计算中尚有四个变数，即流量 Q、管径 D、流入节点处的压力 P_1 和流离节点处的压力 P_2。如确定了任意三个变数，就可算出第四个变数。特别是如已知两个压力值，流量也已确定，则理想的管径就可求得。

三、系统的模型

由前所述（第五章），将电力网络中克希荷夫的两个基本概念引用到燃气管网系统中来就可形成一个系统模型。求解的方法可分成两种类型，即节点法和环路法，现分述如下：

（一）节点法（The nodal approach）

以图 6-3 所示的模型为例，根据克希荷夫第一定律可写出以下的节点连续方程：

$$\left.\begin{aligned}
F_1 &= -Q_1 + Q_2 + Q_{N1} \\
F_2 &= -Q_2 - Q_3 - Q_4 + Q_{N2} \\
F_3 &= +Q_4 - Q_5 + Q_{N3} \\
F_4 &= +Q_1 + Q_3 + Q_5 - Q_6 + Q_{N4} \\
F_5 &= +Q_6 + Q_{N5}
\end{aligned}\right\} \tag{6-9}$$

上述公式描述了管网流量之间的关系。流入管网节点的流量为正号，流离管网节点的流量为负号。流量即负荷或耗气量。

如已知所有元件的计算公式可以式（6-7）表示，则代入式（6-9）后可得以下一组公式：

$$\left.\begin{aligned}
F_1 &= -\check{D}_1^{2.5}C_1(\check{P}_1^2-\check{P}_4^2)^{0.5}+D_2^{2.5}C_2(P_2^2-\check{P}_1^2)^{0.5} &&+Q_{N1}\\
F_2 &= f(D_2,D_3,D_4,C_2,C_3,C_4,P_2,\check{P}_1,\check{P}_3,\check{P}_4) &&+Q_{N2}\\
F_3 &= D_4^{2.5}C_4(P_2^2-\check{P}_3^2)^{0.5}-D_5^{2.5}C_5(\check{P}_3^2-\check{P}_4^2)^{0.5} &&+Q_{N3}\\
F_4 &= f(\check{D}_1,D_3,D_5,D_6,C_1,C_3,C_5,C_6,\check{P}_1,P_2,\check{P}_3,\check{P}_4,P_5) &&+Q_{N4}\\
F_5 &= D_6^{2.5}C_6(\check{P}_4^2-P_5^2)^{0.5} &&+Q_{N5}
\end{aligned}\right\}\quad(6\text{-}10)$$

为节省地方，F_2 和 F_4 写成函数的形式。符号“∨”表示示例中的未知数。必须注意的是，公式中的一些重要变数（管径、节点压力）是非线性关系。对上述方程的求解方法已有很多参考资料。[25,26,27,28,29]

从这一模型可以看出，对一个有 NN 个节点的系统，可以建立 NN 个节点连续方程，其形式为 $F=f$ [NCE 参数（如本例中的 C，D），P，Q_N]。为了求得惟一的解，则 NN 个未知数应有 NN 个方程式，如未知数大于 NN 个，则应与优化程序作为目标函数一起应用。为使求解达到预定的目标，对多数的建模问题，通常要建立许多未知值的公式，以便得到惟一的解。因此，对有 NN 个节点的系统，应有 NN 个方程，包含 NN 个未知数。这些未知数可以与节点压力、节点流量和 NCE 参数之间建立任何的数学关系式，只要公式的系统是独立的和可解的。

为使方程式可解，应按以下原则确定未知数族：

1. 在一个有 NN 个节点的系统中，有 NN 个未知数。如未知数少于 NN 个，则求解方程式中的已知数太多。这种模型称为超确定值模型（Over-determined model）。

2. 节点流量至少应有一个为未知数，以使整个系统的连续性可用模型方程式求解。如所有节点的流量已经确定，则方程式是不独立的。

3. 至少应定出一个节点的压力。方程式系统可在这一参照压力值附近得到平衡。

4. 任何 NCE 参数的未知值应在两个固定压力值之间的线路上，且 NCE 参数未知值的任何串联组合，必定有一个可插入的固定压力值。

5. 在系统的每一节点上至少应有一个附加的未知值。对每一个节点至少应有一个下列值为未知数：节点流量、节点压力、可调节点的压力和与此节点元件有关的一个 NCE 参数。

至于对图 6-3 所示的情况，必须已知下列数据信息：表明所有管路的管径和管长，用耗气变数 Q_N 表示的系统全部耗气量，供气源点，即节点 5 的压力 4309.4kPa（表压）和管网的最小允许压力（Minimum allowable pressure）值 1379kPa（表压）（节点 2）。

判断系统合理性的方法之一是将已知的耗气量和未知数族 X（$X=P_1$，P_2，P_3，

P_4，Q_{N5}）的关系公式化。如果这就是设计条件，且管道 1 的管径尚未选定，则可规定节点 2 的压力并求解所需的管径。在这一前提下，未知数族 X 就成为：D_1，P_1，P_3，P_4 和 Q_{N5}。这一未知数族的确定也满足了上述形成未知数族的原则。在节点连续方程族中（式 6-10），未知数为变数上带有校核符号“√”的。未知数的原始值（假设值）在图 6-3 上则标以问号“?”由于 NCE 的流量值是可以确定的，因而每一节点上的节点连续方程是可以求解的。根据已知的常数值和未知数的原始值可将计算结果列于表 6-2 中。表 6-2 中列出了 C 值、NCE 的流量值 Q 和节点连续方程 F 的计算值。有时也以节点的残值表示。

管道常数、管道流量和用节点法求得的节点残值 **表 6-2**

与 NCE 相关的值		与节点相关的值
$C_1=0.14144$	$Q_1=+3761318.6\text{m}^3/\text{d}$	$F_1=-10355669.1$
$C_2=0.20003$	$Q_2=-2915350.5\text{m}^3/\text{d}$	$F_2=+3213913.4$
$C_3=0.14144$	$Q_3=-1774643.5\text{m}^3/\text{d}$	$F_3=-8935738$
$C_4=0.14144$	$Q_4=-2061419.4\text{m}^3/\text{d}$	$F_4=+16388770.6$
$C_5=0.14144$	$Q_5=+3761318.6\text{m}^3/\text{d}$	$F_5=-452776.9$
$C_6=0.14144$	$Q_6=-14602776.9\text{m}^3/\text{d}$	

表 6-2 中：

$$Q_1=0.14144\times50.8^{2.5}\left[(3102.75+101.325)^2-(2758+101.325)^2\right]^{0.5}$$

$$Q_2=0.20003\times30.48^{2.5}\left[(3102.75+101.325)^2-(1379+101.325)^2\right]^{0.5}$$

$$Q_3=0.14144\times30.48^{2.5}\left[(2758+101.325)^2-(1379+101.325)^2\right]^{0.5}$$

$$Q_4=0.14144\times30.48^{2.5}\left[(3102.75+101.325)^2-(1379+101.325)^2\right]^{0.5}$$

$$Q_5=0.14144\times50.8^{2.5}\left[(3102.75+101.325)^2-(2758+101.325)^2\right]^{0.5}$$

$$Q_6=0.14144\times60.96^{2.5}\left[(4309.4+101.325)^2-(2758+101.325)^2\right]^{0.5}$$

将 Q 值代入式（6-9）后即得 F 值。

对一组平衡的方程式，F 值应等于零。但表中的 F 值不等于零，显然，未知数的原始值（假设值）是不合理的，因而在节点连续方程式中有较大的误差。牛顿-拉夫森（Newton-Raphson）求解程序用确定未知数的校正方法后，可使节点连续方程式达到平衡。计算程序要用数字分析法防止收敛问题以保证合理的求解进程[25]。本例题的最后解为：$D_1=46.76\text{cm}$，$P_1=1566.5\text{kPa}$，$P_3=2043\text{kPa}$，$P_4=2593.9\text{kPa}$ 和 $Q_{N5}=14291500\text{m}^3/\text{d}$。

另一个可以用来求解的程序是牛顿法（Newton's method）。应用牛顿法可以一次解一个方程，即在每个方程式中选择一个变数进行求解。例如，可从下列变数与方程式的关系中求解：从 F_1 求 D_1，从 F_2 求 P_1，从 F_3 求 P_3，从 F_4 求 P_4，从 F_5 求 Q_{N5}。之后通过所有 5 个方程式的迭代，F_1 经重新整理后可根据 P_1 和 P_4 求解 D_1。求得的 D_1 新值在求出 P_4 后再求解 F_4。在反复的迭代中如未知数的新值变化不大，则可认为求解完成。这种方法易于编程，但收敛较慢。

（二）环路法（The Loop Approach）

如前所述，克希荷夫第二定律也可作为建模方程式，但通过管内流量的假设必须先满足第一定律的要求。NCE 的流量计算通式 6-7 也可写成：

$$\Delta P_i^2 = R_i Q_i^n \tag{6-11}$$

式中

$$n = 2.0$$

$$R = \left(\frac{1}{D^{2.5} \cdot C}\right)^2 \tag{6-12}$$

图 6-4 所示为一有两个自然环的系统，节点 5 的压力已定，所有的管段管径均为已知数（$D_1 = 50.8$cm），未知值为 P_1，P_2，P_3 和 P_4。

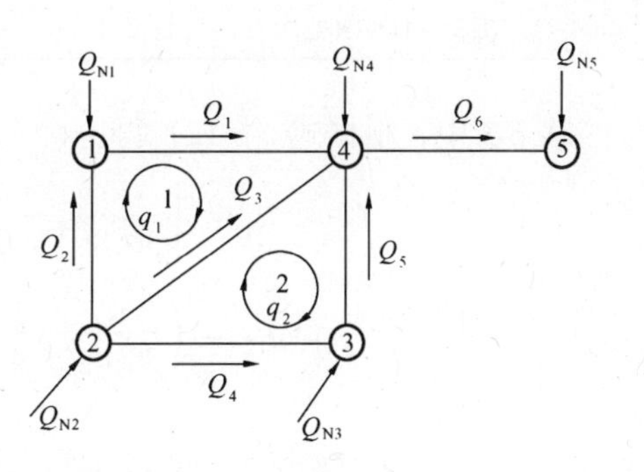

图 6-4　环路法示意图

环 1 由管段 1、3 和 2 的压降构成；环 2 由管段 4、5 和 3 的压降构成。可建立以下的方程族：

$$L_1 = \Delta P_1^2 - \Delta P_3^2 + \Delta P_2^2 \tag{6-13a}$$

$$L_2 = \Delta P_5^2 - \Delta P_4^2 + \Delta P_3^2 \tag{6-13b}$$

在本例中，环的自然组成已选定。在求解时，两个环中的一个也可选择由管段 1、2、4 和 5 所组成的环。对有一个固定压力点构成的简单系统，环数应等于管路数减节点数加一。环组的选择也规定了平衡的过程。如果环路由管段组成，而各管段的摩阻值差别很大，就会发生收敛问题，但有一些算法可用来帮助收敛。

需要平衡的环路选定后，求解程序可从假设所有管道的流量值以满足节点连续方程式的要求开始。例如，对图 6-3 中的节点流量（耗气量）状况，下述极端的管道流量假设值（数学中称为特解，管网已由环状转变为枝状）也能满足每一节点的克希荷夫第一定律。

$$Q_1 = -3679000\text{m}^3/\text{d}$$

$$Q_2 = 0$$

$$Q_3 = -3537500\text{m}^3/\text{d}$$

$$Q_4 = 0$$

$$Q_5 = -3113000\text{m}^3/\text{d}$$

$$Q_6 = -14291500\text{m}^3/\text{d}$$

对小型系统，计算工作可以用手工完成，满足系统连续方程的流量分配也并不难。对大型系统就要用数字计算机求解，程序也必须处理好流量的分配问题。一个简单的方法是程序从源点开始，先描出最小树（Minimum spanning tree）的位置，在最小树的位置上，保留大管径的管道，删去高摩阻的管道。流量可以从树的最远端开始累计，再返回到源点以确定整个系统的连续方程式。在累计流量时，对树的每一分枝依次做好记号，已经从树上脱离的管段（闭合管段），其流量可记作为零。这样的程序可满足系统的连续性方程并对管段的流量给出一个适当的原始值。

根据上述任意假设的管段流量原始值，可以算出每一管段的 ΔP^2 和 L_1，L_2 的值（见表 6-3）。

根据流量原始值计算的结果　　表 6-3

流量的原始值（m³/d）	管道摩阻系数	管道的 ΔP^2
$Q_1=-3679000$	$R_1=1.4775\times10^{-7}$	$\Delta P_1^2=-1999802.3$
$Q_2=0$	$R_2=9.5005\times10^{-7}$	$\Delta P_2^2=0$
$Q_3=-3537500$	$R_3=1.9002\times10^{-6}$	$\Delta P_3^2=-23778924.7$
$Q_4=0$	$R_4=1.9002\times10^{-6}$	$\Delta P_4^2=0$
$Q_5=-3113000$	$R_5=1.4775\times10^{-7}$	$\Delta P_5^2=-1431840.2$
$Q_6=-14291500$		

表 6-3 中，根据式（6-12）得：

$$R_1=\left(\frac{1}{50.8^{2.5}\times0.14144}\right)^2=1.4775\times10^{-7}$$

$$R_2=\left(\frac{1}{30.48^{2.5}\times0.20003}\right)^2=9.5005\times10^{-7}$$

$$R_3=\left(\frac{1}{30.48^{2.5}\times0.14144}\right)^2=1.9002\times10^{-6}$$

$$R_4=\left(\frac{1}{30.48^{2.5}\times0.14144}\right)^2=1.9002\times10^{-6}$$

$$R_5=\left(\frac{1}{50.8^{2.5}\times0.14144}\right)^2=1.4775\times10^{-7}$$

已知 Q 和 R 后，根据式 6-11 可得 ΔP^2 值。

$$L_1=\Delta P_1^2-\Delta P_3^2+\Delta P_2^2=(-1999802.3)-(-23778924.7)+(0)=+21779122.4$$

$$L_2=\Delta P_3^2-\Delta P_5^2-\Delta P_4^2=(-23778924.7)-(-1431840.2)-(0)=-22347084.5$$

为了满足克希荷夫第二定律的要求，环方程求解程序的基础是规定一个环流量的校正值作为未知数以调整包含于每一环内每一管段的流量。只要环内每一管段均采用相同的流量校正值，则节点的连续方程始终是满足的。环流量的校正值是一个虚拟的变数，它只是用来平衡方程式，即调整原始的假设流量达到正确值，一旦满足方程式 $L=0$ 的要求，这一环流量校正值就失去意义。环流量校正值的计算方法如前所述由哈代·克罗斯提出，已沿用了数十年。

一旦环方程式得到平衡，对管网每一元件（NCE）经流量校正后的压降值 ΔP^2 也已知，每一节点的压力就可根据原始节点（如源点，压力最低量）的压力求得，将原始节点的压力增加或减去一定的 ΔP^2 值即可，直到标出所有节点的压力值为止。以图 6-3 为例，节点 4 的压力可从节点 5 的压力减去元件 6 的 ΔP^2 值而得到；节点 1、2 和 3 的压力也可类似地用下式求得：

$$\left.\begin{aligned}P_4&=\sqrt{P_5^2-\Delta P_6^2}\\P_1&=\sqrt{P_4^2-\Delta P_1^2}\\P_2&=\sqrt{P_4^2-\Delta P_3^2}\\P_3&=\sqrt{P_4^2-\Delta P_5^2}\end{aligned}\right\}\tag{6-14}$$

根据计算所得的节点压力值，可对计算结果的合理性进行评价。

如前所述，牛顿-拉夫森求解程序可有效地用来求解节点方程组，实际上，对环方程亦是如此。用牛顿-拉夫森法解环方程时，不须选择解环的调整值就可促进收敛[37,1]。如在上述简单的示例中（图 6-4），两个环方程式有两个未知数 q_1 和 q_2，根据牛顿-拉夫森法可写出下列矩阵方程：

$$\begin{bmatrix} \dfrac{\partial L_1}{\partial q_1} & \dfrac{\partial L_1}{\partial q_2} \\ \dfrac{\partial L_2}{\partial q_1} & \dfrac{\partial L_2}{\partial q_2} \end{bmatrix} \begin{Bmatrix} \Delta q_1 \\ \Delta q_2 \end{Bmatrix} = \begin{Bmatrix} -L_1 \\ -L_2 \end{Bmatrix} \tag{6-15}$$

上述联合方程甚易求解。即使环方程组很大，收敛也很快，且比哈代-克罗斯法更有保证。

总的说来，有两种方法可用来建立方程和解方程组。两种方法都是以克希荷夫质量守恒和能量守恒的概念作基础。在每一个方法中，都是用一个概念来建立方程组，另一个概念用原始的假设来满足。值得注意的是，用牛顿-拉夫森法解程序时，两种方法均应有详细的程序设计。对一个有几百个节点的系统而言，在解方程中，两种方法的合成矩阵系数需要利用稀疏矩阵（Sparse matrix）程序设计，否则，求解程序无效。

四、燃气管网的矩阵算法

从上述可知，燃气管网的计算方法很多。在应用电子计算机求解时，首先要清楚矩阵算法，因为利用电子计算机编程求解矩阵方程已十分成熟[36]。值得注意的是，对燃气管网，当燃气在一定的压力下流过管段时，压降和流量的关系是非线性的，但矩阵的算法却仍以线性网络的解法为基础，分成环路法（用环路摩阻矩阵）和节点法（用导纳矩阵）等解法，因此，必须将非线性问题化为线性问题，然后用迭代法求解[35]。

矩阵在图论（Theory of graphs）这个数学分支中是个很有用的工具，反过来，图的一些理论在矩阵的某些研究中也起着重要的作用。因此，管网的分析均从管网的拓扑学研究（Topological study of a network）开始，用简捷的数学语言把管网的构成表示为计算机能识别的信息，是计算机编程计算的关键。以下首先介绍线性图、连接矩阵与回路矩阵。

（一）线性图、连接矩阵与回路矩阵[36]

1. 线性图（Linear graphy）

所有的网络，其示意图都可以抽象成一些点和线构成的图，如图 6-5（a）和（b）。图中①，②……⑥表示节点，相邻两节点间的 NCE 叫做线（线的方向表示燃气的流向）。这样的图形叫做有向线性图。在线性图中，把两个节点连接起来的一条或几条支线称作这两节点间的一条通路，如图 6-5（a）中，线 e_1, e_2, e_3 构成节点①与⑤间的一条通路（线 e_1, e_5, e_6 也

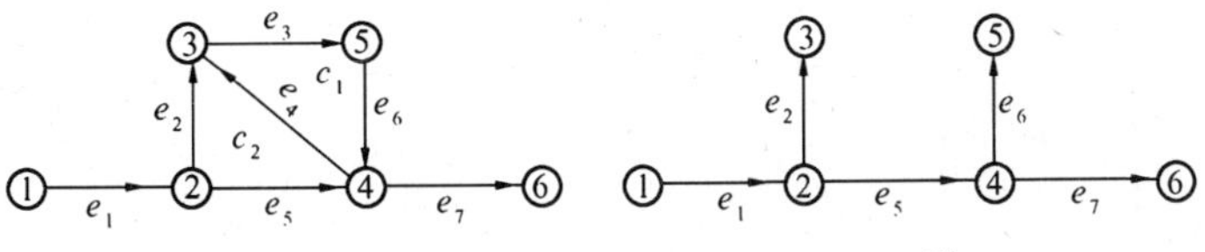

图 6-5　有向线性图

是这两节点间的一条通路)。而如 e_2, e_4, e_5 把节点②和它自身连接起来的一条通路称做回路。图 6-5（a）中的 e_3, e_4, e_6 也是一条回路。任何两个节点都有通路的线性图称做连通的线性图。连通的线性图如不含任何回路，则称为一个树（tree)。图 6-5（a）是一个连通的线性图，但不是树。如把图 6-5（a）中的 e_3, e_4 这两条支线截断如图 6-5（b)，它仍是连通的，但已不含任何回路，因而是一个树。在一个树中，任何两节点间的通路都是惟一的。回路与树的区别在于 e_3, e_4 两条线的是否截断，这样的线称为连接线（Links)。回路中连接线的燃气流量等于零时（成为树后)，可看作是这一回路的一个特解。

2. 连接矩阵（Incidence matrix）

线性图中每一条支线都恰与两个节点连接，而一个节点则可以有一条或几条支线与它连接。线性图的这种连接关系可以用一个矩阵（Matrix）$A = (a_{ij})$ 表示，节点编号 i 代表行，支线（管段）编号 j 代表列。A 的第 i 行表示节点 i 与支线 j 的连接情况：若支线 e_j 与节点 i 不相连接，则 $a_{ij} = 0$；若支线 e_j 与节点 i 相连接且 e_j 的方向指向 i，则令 $a_{ij} = 1$；反之，则 $a_{ij} = -1$。这样得到的矩阵 $\boldsymbol{A}$ 称为节点连接矩阵或连接矩阵。图 6-5（a）中有 6 个节点，7 条支线，它的连接矩阵是一个 6×7 阶矩阵：

j / i	e_1	e_2	e_3	e_4	e_5	e_6	e_7
①	-1	0	0	0	0	0	0
②	1	-1	0	0	-1	0	0
③	0	1	-1	1	0	0	0
④	0	0	0	-1	1	1	-1
⑤	0	0	1	0	0	-1	0
⑥	0	0	0	0	0	0	1

连接矩阵的每一列恰有一个 1 和一个 -1，这是因为每一支线都恰与两个节点相连接而支线方向则指向其中的一个节点。容易看出，图 6-5（a）的连接矩阵的秩是 5。一般，有 n 个节点的连通线性图的连接矩阵的秩是 $n-1$。

由一个线性图可以写出其连接矩阵，反过来，也可以根据一个连接矩阵把线性图画出来，这就是图论在矩阵的某些研究中的作用。在全矩阵图中任意删去一行，根据每个支线必有两个端点的状况，仍可画出同样的图。这说明有一行是多余的，在 n 个节点方程中，其中一个可由其余的 $n-1$ 个方程计算得到。被删去的一行所代表的节点称作“基准点或参照点”。为了适应编程的需要。常将“基准点”的节点编号列在最后。在上例中，删去第一行，于是：

$$\boldsymbol{A} = \begin{bmatrix} 1 & -1 & 0 & 0 & -1 & 0 & 0 \\ 0 & 1 & -1 & 1 & 0 & 0 & 0 \\ 0 & 0 & 0 & -1 & 1 & 1 & -1 \\ 0 & 0 & 1 & 0 & 0 & -1 & 0 \\ 0 & 0 & 0 & 0 & 0 & 0 & 1 \end{bmatrix}$$

3. 回路矩阵（Meshed matrix）

在一个线性图中，给每一回路任意规定一个方向（常规定顺时针方向为正)，则线性图的回路也可以用一个矩阵 $\boldsymbol{B} = b_{ij}$ 表示：若支线 e_j 不在第 i 个回路中，令 $b_{ij} = 0$；若支线 e_j 在第 i 个回路中，且支线方向与回路方向一致，则令 $b_{ij} = 1$；反之为 $b_{ij} = -1$。这个矩阵 $\boldsymbol{B}$ 称做线性图的回路矩阵。如在图 6-5（a）中，把支线 e_2, e_4, e_5 所形成的回路 C_2 和由支线 e_3，e_4、e_6 所形成的回路 C_1 这两个回路都以顺时针方向作为回路的方向，则其回路矩阵是：

$$\boldsymbol{B}=\begin{bmatrix}0 & 1 & 0 & -1 & -1 & 0 & 0\\ 0 & 0 & 1 & 1 & 0 & 1 & 0\end{bmatrix}$$

值得说明的是，在图 6-5(a) 中，支线 e_2、e_3、e_5、e_6 也构成一个回路 C_3，如仍取顺时针方向为回路方向且在回路矩阵中列出，则 $\boldsymbol{B}$ 还有一个第三行是：[0，1，1，0，－1，＋1，0]、容易看出，它是 $\boldsymbol{B}$ 中第一、二两行相加（减）的结果。这样的情况称为回路 C_3 可由回路 C_1 和 C_2 生成，不必在回路矩阵中写出。

如将 $\boldsymbol{B}^{\mathrm{T}}$ 表示 $\boldsymbol{B}$ 矩阵转置，则一个线性图的连接矩阵 $\boldsymbol{A}$ 与回路矩阵 $\boldsymbol{B}$ 之间总存在式 (6-16) 的关系。

$$\boldsymbol{AB}^{\mathrm{T}}=\boldsymbol{O} \tag{6-16}$$

（二）几个基本关系式

支线上有流量的线性图叫做网络。在网络中，取流向节点的流量 q_i 为正，流离节点的流量 q_i 为负；各节点有压力 P_i，相邻两节点的压差 ΔP^2（ΔP）即该支线 e_i 的压降。各节点的压力分布及各支线的流量都是系统设计和运行时需要知道的，这就是要解管道网络的目的。

网络的各种量之间的关系，也可以用连接矩阵和回路矩阵来描述。以下是几个在求解网络问题中要用到的基本公式：

1. 节点流量的连续性方程

由图 6-6（a）可知，对每一个节点 i 来说，流入这个节点和流离这个节点的那些节点流量和支线流量的代数和应等于零（克希荷夫第一定律）。如果用 Q 表示由支线流量

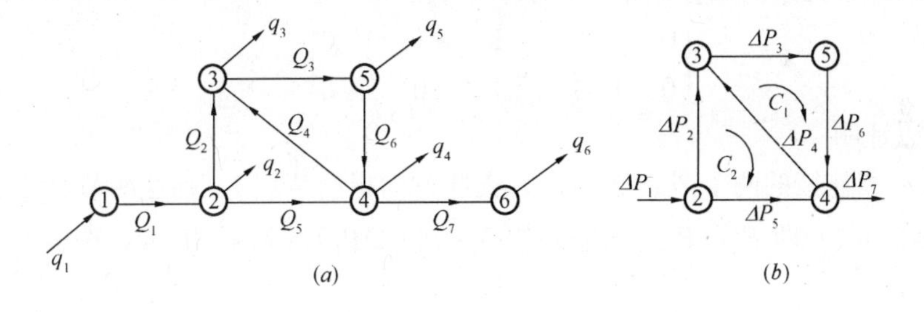

图 6-6　网络示意图

Q_1，$Q_2 \cdots Q_n$ 所成的列，那么连接矩阵 $\boldsymbol{A}$ 的第 i 行与 Q 的对应元素乘积之和正是那些流入节点 i 和从 i 流离的支线流量的代数和，因此，可得：

$$\boldsymbol{AQ}=\boldsymbol{q} \tag{6-17}$$

式中　A——连接矩阵（Incidence Matrix）；

Q——管段流量列向量（The column of sections）；

q——节点流量列向量（The column of flow rates）。

式（6-17）也称作流量平衡方程，可证明如下。由图 6-6（a）知：

① $-Q_1 \qquad = q_1$

② $Q_1 - Q_2 \qquad - Q_5 \qquad = q_2$

$$
\begin{array}{lllr}
③ & Q_2 - Q_3 + Q_4 & & = q_3 \\
④ & \quad - Q_4 \quad Q_5 + Q_6 - Q_7 & & = q_4 \\
⑤ & \quad Q_3 \quad - Q_6 & & = q_5 \\
⑥ & & & Q_7 = q_6
\end{array}
$$

$$
\begin{bmatrix}
-1 & 0 & 0 & 0 & 0 & 0 & 0 \\
1 & -1 & 0 & 0 & -1 & 0 & 0 \\
0 & 1 & -1 & 1 & 0 & 0 & 0 \\
0 & 0 & 0 & -1 & 1 & 1 & -1 \\
0 & 0 & 1 & 0 & 0 & -1 & 0 \\
0 & 0 & 0 & 0 & 0 & 0 & 1
\end{bmatrix} = \boldsymbol{A}
$$

第一行为“基准点”方程，可以删去，这与 $\boldsymbol{A}$ 矩阵完全相同，可从式(6-17)得到证明。

2. 环能量方程

由图 6-6（b）可知，由于一个回路所有各支线压降的代数和应等于零（克希荷夫第二定律），因此，可得：

$$
\boldsymbol{B}\Delta P = 0 \tag{6-18}
$$

式中　$\boldsymbol{B}$——回路矩阵；

ΔP——管段压降列向量。

式（6-18）可证明如下。由图 6-6（b）知：

$$
\left.
\begin{array}{ll}
\text{对 } C_2 \text{ 环：} & \Delta P_2 - \quad - \Delta P_4 - \Delta P_5 = 0 \\
\text{对 } C_1 \text{ 环：} & \Delta P_3 + \Delta P_4 + \quad + \Delta P_6 = 0
\end{array}
\right\}
$$

将上方程组各元素的系数用矩阵表示，可得：

$$
\begin{bmatrix}
0 & 1 & 0 & -1 & -1 & 0 & 0 \\
0 & 0 & 1 & 1 & 0 & 1 & 0
\end{bmatrix} = \boldsymbol{B}
$$

上式得以证明。

设支线 e_i 相连接的两个节点是 i 和 j，支线方向指向节点 j，则这两节点压力之差就是该支线的压降 ΔP_{k}^2，即 $P_i^2 - P_j^2 = \Delta P_{\mathrm{k}}^2$（或 $P_i - P_j = \Delta P_{\mathrm{k}}$），对 $k = 1, 2, \cdots m$；这些公式可写成矩阵形式：

$$
\boldsymbol{A}^{\mathrm{T}}\boldsymbol{P} = \boldsymbol{\Delta p} \tag{6-19}
$$

式中　$\boldsymbol{A}^{\mathrm{T}}$——连接矩阵转置；

P——节点压力 $P_1 \cdots P_n$ 所成的列向量，也即对应于基准点的节点压差或压力平方差；

ΔP——支线（管段）压降列向量。

将式（6-19）两边均乘以 $\boldsymbol{B}$

$$
\boldsymbol{B}\boldsymbol{A}^{\mathrm{T}}\boldsymbol{P} = \boldsymbol{B}\boldsymbol{\Delta p}
$$

可得

$$
\boldsymbol{B}\boldsymbol{A}^{\mathrm{T}}\boldsymbol{P} = \boldsymbol{B}\boldsymbol{\Delta p} = 0
$$

可见，满足式（6-19），也必定满足式（6-18），故式（6-19）可代替式（6-18）。

再来看回路中各支线的流量情况。先考虑各节点流入或流离的流量等于零的特殊情况。这时，在单独考虑一个回路时，显然这回路中各条支线的流量都应该一致，若把这个共同的流量叫做该回路的回路流量，如图 6-6（b）中的回路 C_2，设其回路流量为 H_1，则支线流量就是：

$$Q_2^{(1)} = H_1，\ Q_4^{(1)} = -H_1，\ Q_6^{(1)} = -H_1$$

（后两式右端取负号是因为支线方向与回路方向相反。）设回路 C_1 的回路流量为 H_2，则有：

$$Q_3^{(2)} = H_2，\ Q_4^{(2)} = H_2，\ Q_6^{(2)} = H_2$$

这样，当两个回路合起来考虑时，其公共支线 e_4 的流量则为：

$$Q_4 = Q_4^{(1)} + Q_4^{(2)} = -H_1 + H_2$$

如果用 H 表示由各回路流量 $H_1 \cdots H_e$ 所成的列，则有：

$$\boldsymbol{Q} = \boldsymbol{B}^{\mathrm{T}}\boldsymbol{H} \tag{6-20}$$

上式是在各节点的流入、流离量都等于零的假设下得到的，因此，它只在 $q=0$ 时适用。在 $q \neq 0$ 时，式（6-17）可看作是关于 $Q_1 \cdots Q_m$ 的非齐次线性方程组，而非齐次线性方程组的解可由它的任意一个特解加上对应的齐次方程组 $\boldsymbol{AQ}=0$ 的解得到。现在把式（6-20）代入齐次方程组 $\boldsymbol{AQ}=0$，因 $\boldsymbol{AB}^{\mathrm{T}}=0$（式 6-16），得 $\boldsymbol{A}(\boldsymbol{B}^{\mathrm{T}}H) = (\boldsymbol{AB}^{\mathrm{T}})\boldsymbol{H} = 0$。这说明式（6-20）是这个齐次方程组的解。因此，在 $q \neq 0$ 时，式（6-20）应改为

$$\boldsymbol{Q} = \boldsymbol{B}^{\mathrm{T}}\boldsymbol{H} + \boldsymbol{Q}^{(0)} \tag{6-21}$$

式中 $Q^{(0)}$ 是式（6-17）即 $\boldsymbol{AQ} = \boldsymbol{q}$ 的任意一个特解。式（6-21）对利用树求解回路十分有用。

上述式（6-17）、式（6-18）、式（6-19）和式（6-21）是网络各种量应满足的基本关系式。除了这四式以外，网络还有一个重要的关系式，即支线压降与支线流量之间的关系式。

支线压降与支线流量之间的关系为线性时，则有：

$$\Delta P_{\mathrm{k}} = S_{\mathrm{k}} Q_{\mathrm{k}} \tag{6-22}$$

满足关系式（6-22）的网络叫做线性网络，对于线性网络（6-22）可写成矩阵形式：

$$\Delta P = SQ \tag{6-23}$$

式中 S 是对角线上元素是阻抗 $S_1 \cdots$，S_{m}，而其余元素全为零的对角矩阵。

在燃气管网中，管段压降与流量的关系是非线性的，其表达式为：

$$\Delta P_{\mathrm{k}} = S_{\mathrm{k}} Q_{\mathrm{k}}^{\mathrm{n}} \tag{6-24a}$$

式中　ΔP_{k}——管段压降（低压：$\Delta P = P_1 - P_2$；中、高压：$\Delta P^2 = P_1^2 - P_2^2$）；

S_{k}——管段阻抗（数学演算中以 S 表示管段阻抗，它相当于比摩阻系数 K）；

对一元非线性方程 $f(x)=0$，牛顿格式可用 $f'(x)$ 表示其切线的斜率，用迭代法求解，因此，牛顿法又称为切线法。在上式中 $n \neq 1$，对这一非线性关系可改写为：

$\Delta P_{\mathrm{k}} = S_{\mathrm{k}} Q_{\mathrm{k}}^{\mathrm{n}-1} \cdot Q_{\mathrm{k}}$，令 $S'_{\mathrm{k}} = S_{\mathrm{k}} Q_{\mathrm{k}}^{\mathrm{n}-1}$，则

$$\Delta P_{\mathrm{k}} = S'_{\mathrm{k}} Q_{\mathrm{k}} \tag{6-24b}$$

则式（6-24）就与式（6-22）相同，可用线性方程组迭代法求解。S'_k 称为管道的线性化阻抗。

因而
$$Q_k = \frac{1}{S'_k}\Delta P_k \tag{6-25}$$

在线性方程中，支线阻抗 S_k 的倒数 $\frac{1}{S_k}$ 称为该支线的导纳。在此 $\frac{1}{S'_k}$（S'^{-1}_k）称为该管段的导纳。

（三）网络的矩阵解法

网络的矩阵解法也可分为节点法和回路法两类。

1. 网络的回路解法

回路法主要应用式（6-18）、式（6-21）和式（6-24a）。

将式（6-24b）代入式（6-18），再将式（6-21）代入，得：

$$\boldsymbol{B\Delta p} = \boldsymbol{BS'Q} = \boldsymbol{BS'}(\boldsymbol{B}^{\mathrm{T}}\boldsymbol{H} + \boldsymbol{Q}^{(0)}) = \boldsymbol{0}$$

即
$$\boldsymbol{BS'B}^{\mathrm{T}}\boldsymbol{H} + \boldsymbol{BS'Q}^{(0)} = 0 \tag{6-26}$$

或记 $\boldsymbol{Z} = \boldsymbol{BS'B}^{\mathrm{T}}$ 则式(6-26)可写成

$$\boldsymbol{ZH} + \boldsymbol{BS'Q}^{(0)} = 0 \tag{6-27}$$

这是一个以回路流量 H_k 为未知量的线性方程组，由此解出 $\boldsymbol{H}$ 后，便可由式（6-21）求得 Q，再由式（6-24）求得 ΔP，从而由式（6-19）甚易得出节点压力 $\boldsymbol{P}$。

式（6-27）中的系数矩阵 $\boldsymbol{Z} = \boldsymbol{BS'B}^{\mathrm{T}}$ 称作网络的回路阻抗矩阵。它是一个对称矩阵（满足 $Z^{\mathrm{T}} = Z$），若记 $\boldsymbol{Z} = (Z_{ij})$，则不难看出它的对角线元素 Z_{ii}是：

Z_{ii} = 第 i 个回路中各支线阻抗之和；

它的非对角线元素 $Z_{ij}(j \neq i)$ 则是：

$Z_{ij} = Z_{ji}$ = 第 i 回路与第 j 回路公共支线的阻抗之和（若两回路在公共支线上的方向相反，则其阻抗取负值）。

因此，根据网络的图形便可直接把其回路阻抗矩阵 Z 写出来。以图 6-6（b）的示意图为例，若各管路的阻抗为 S'_2，S'_3，S'_4，S'_5，S'_6（$S'_k = S_k Q_k^{n-1}$），

则
$$Z = \begin{bmatrix} S'_2 + S'_4 + S'_5 & -S'_4 \\ -S'_4 & S'_3 + S'_4 + S'_6 \end{bmatrix}$$

值得注意的是，由求得的支线压降 ΔP，根据式（6-19）很容易求出节点压力 P。但连接矩阵 A 的秩是 $n-1$ 且 A 中任何一行都可以由其余 $n-1$ 行线性表示，因此在式（6-19）中，任何一个 P_i 都可作为自由未知量。这个 P_i 所对应的节点 i 叫作基准点式参照点。任意给这个 P_i 以一个数值（通常取值为零），这样求出其余各节点的压力当然都是相对于这个基准点来说的。通常源点常作为基准点。

2. 求特解 $\boldsymbol{Q}^{(0)}$

在上述用回路法解网络时，要先求出流量平衡方程 $\boldsymbol{AQ} = \boldsymbol{q}$ 的一个特解 $\boldsymbol{Q}^{(0)}$。这个特解不仅可用通常的代数方法来求，而且可以利用网络的图形方便地写出来。

在图 6-6（a）所示的网络中，$AQ = q$ 即式（6-17）的系数矩阵 $\boldsymbol{A}$ 的秩是 5，因而 Q_1

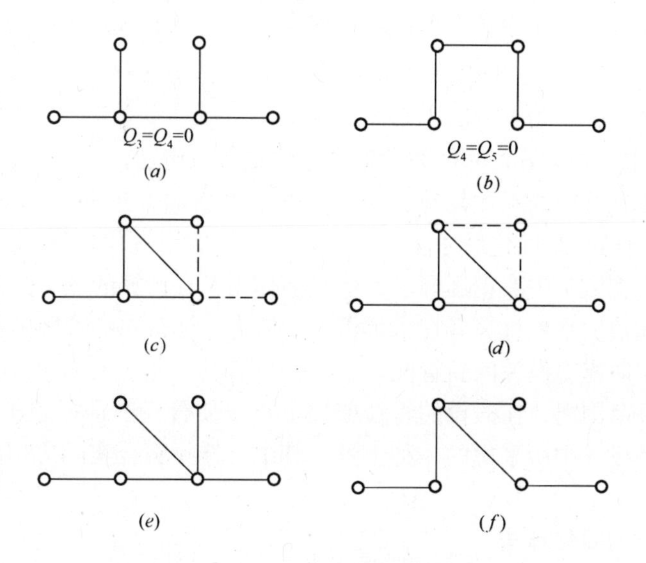

图 6-7　树状网络

$\cdots Q_7$ 中有两个可以作为自由未知量。两个自由未知量都可以取值为零（也就是令网络中相应二支线的流量为零），这相当于在网络图中把这两条支线“截断”。例如，取 $Q_3^{(0)}=Q_4^{(0)}=0$，相当于把支线 e_3、e_4 都“截断”，这时网络成为图 6-7（a）的树；如取 $Q_4^{(0)}=Q_5^{(0)}=0$，则网络成为图 6-7（b）的树。一个树的各支线流量是很容易求出的。

但是，Q_1，…，Q_7 中不是任意两个都可以作为自由未知量的。因为把自由未知量移到等号右端后，A 的留下的 5 列必须线性无关。如在上例中，不能令 $Q_6^{(0)}$，$Q_7^{(0)}$ 作为自由未知量而取值为零，也不能令 $Q_3^{(0)}=Q_6^{(0)}=0$，反映在图上如图 6-7（c），（d）所示，线性图仍含有回路，而且已是不连通的了。事实上，令两个自由未知量取值为零后应使留下的五个 Q_k 有惟一解，这时图形必须是连通的且不含任何回路，即是一个树。图 6-7（e），（f）是分别取 $Q_2^{(0)}=Q_3^{(0)}=0$ 和 $Q_5^{(0)}=Q_6^{(0)}=0$ 的情形，由这两种取法都可以得出一个特解。

综上所述，可知线性图和连接矩阵的密切关系。也说明了矩阵在解网络问题中的应用。将网络的几个基本关系式写成矩阵形式后，经过简单的推导，就得出了回路解法的主要方程（6-27）。同时也看到，式（6-27）中的特解 $Q^{(0)}$和回路阻抗矩阵 $\boldsymbol{Z}$ 又可根据图形方便地求出。实际上，式（6-27）中的 $\boldsymbol{BS'Q}^{(0)}$项也可以根据图形的各个回路进行计算。由此可看到图形与矩阵的相互联系为问题的求解提供了方便。

3. 网络的节点解法

线性网络的回路解法是由式（6-18）、式（6-21）、式（6-24b）导出式（6-27）的。类似地，由式（6-17）、式（6-19）、式（6-24b）三式也容易导出下面的式子：

$$(\boldsymbol{AS}'^{-1}\boldsymbol{A}^{\mathrm{T}})\boldsymbol{P}=-\boldsymbol{q} \tag{6-28}$$

这是一个以 P_1，…，P_n 为未知量的线性方程组，可改写成：

$$\boldsymbol{YP}=-\boldsymbol{q} \tag{6-29}$$

其系数矩阵 $\boldsymbol{Y}=\boldsymbol{AS}'^{-1}\boldsymbol{A}$ 称为节点导纳矩阵，它也是一个对称矩阵，对角线上元素 y_{ii}是

y_{ii} = 与节点 i 相连的各支线导纳之和；非对角线元素 y_{ij}（$j \neq i$）是：

$y_{ij} = y_{ji}$ = 连接节点 i 与 j 的支线导纳的（-1）倍（如这两节点是不相邻的，即 i 与 j 不是某一条支线的两个“端点”时，则 $y_{ij} = y_{ji} = 0$）。

用式（6-29）代替式（6-27）的解法叫做网络的节点解法。

综上所述，燃气管网的平差计算完全可用线性网络的方法求解，关键是式（6-24b），将非线性公式（6-24a）线性化后才能求解，因此，只能用迭代法逐次逼近才能获得最后的结果。逐次逼近在数学中有精度要求，但只能作为工程计算的参考。在工程中，对已有管网，管径为已知值，平差计算者在求解管网的能力；运行中的管网则在制定维修计划时计算影响的程度；对需要设计的新管网，管径为未知值，平差计算并不能用来选择管径，只能在限定的压降范围内，在假设的管径前提下逐步使管径的选择趋于合理。无论如何，网络的计算只能是设计中所采用的一种工具，其中，选择符合实际应用的式（6-24）是一个关键。

五、燃气管网的简化算法

过去，研究的燃气管网常少于 100 根管段，因此，只需区分枝状管网还是环状管网，对环状管网再区分成环管段和分支管段。计算的成本通常随管段数的平方值增加，管网的计算规模就成为一个重要的限制条件。管网的设计人员遇到这类情况时，为了达到更为精确的管网分析和计算的目的，牢牢把握住燃气管网各参变数之间的合理关系，使计算工作不至坠入五里雾中，造成概念不清、为计算而计算或成为计算软件的工具。因而设计人员常采用“分而治之”的规则（Divide to rule），将复杂管网分解为简单管网，将总体管网分解成若干个子管网，将环状管网复原为枝状管网，将管网用等压线分区等方法求解。但是，如前所述，这种分解应符合图论的原理，在计算压力和流量之前，将管网看成是由若干管段相连的点或节点集（A set of points or node），从而像一个图形。如前所述，拓扑学分析针对的是由各管段形成的节点之间的联系，通过拓扑学分析可以检查管网的连通性（数据控制）、反映管网的性质（环状、枝状）以及可以分解管网，使图论与燃气管网的分析建立紧密的联系。

法国的燃气工作者在管网的分析中积累了丰富的经验，形成了专著[38]。他们认为，假设一个有 300 个节点的管网，如分解成每个为 100 个节点的 3 个子管网，其计算成本约为未分解时的$\frac{1}{3}$，如：

$$\frac{100^2 + 100^2 + 100^2}{300^2} = \frac{1}{3}$$

说明了计算中管网分解的重要性。

这里重点介绍管网拓扑学元素的定义、子管网的分解、求解方法以及等压线分区等。

（一）管网拓扑学元素的定义[34,32]

1. 管段 $i-j$（A section of line）是指管径相同且与水平面比有相同坡度的管道的一部分。它有两个端点 i 和 j，但燃气只能从其中的一个端点流出。计算管段的压降时，管长 L_{ij} 和管径 D_{ij} 为基本的几何数据。管段可由不同的材料制成，且可不呈直线。在编号中通常规定 i 的编号小于 j，燃气由 i 流向 j，即 $i \rightarrow j$。

2. 节点（A node）为管段的一个端点。例如若干根管段的交汇点，管道管径的改变点或耗气量变化对计算结果的精度有明显影响的点。节点也包括供气点；供气点通常称为源节点（Source node）。节点的等级数（Level）代表汇集于该节点的管段数。

3. 耗气量（Consumption）代表某一时间段内用户对燃气的需求量，也可用负荷表示，如图 6-4 中的 Q_N 和图 6-6（a）中的 q。耗气量代表在标准状态下管网在节点 i 流入或流出的代数流量值，以便与在管段 $i-j$ 中流动的管段流量 Q_{ij} 相区别。两个流量的单位均取 $m^3(n)/h$。负的耗气量通常定义为有规定流量值的源节点。由于其流量值已规定，也可看作是在饱和状态下运行的节点，该节点的压力也不需要进行监控。适应耗气量等级的变化只能用不饱和的节点来调整。

4. 已知压力的节点 P_i（P_i 节点）。为计算压力值，管网中至少应有一个节点的压力是已知的，该规定压力的节点就称为 P_i 节点（Pi node）。因此，无 P_i 节点的管网也就无法计算。P_i 节点通常为源点或必须保持其最小压力的用气节点（最低压力节点或最弱节点）。在试算法计算中，也可假设在 P_i 节点上耗气量是一个未知值，它可以为任意值，相当于节点的上游有用不尽的气量或难以满足的气量，一旦算出结果后，再审查这个结果在实际上是否可行或满足需要，如果不能，则再次计算，直到该节点的流量相同于饱和值，即规定流量值的节点，计算工作也就完成。

5. 管网（Networks）为至少有一个 P_i 节点的管段连通集（A set of connected sections with at least one pi node）。连通性是指由任一节点开始，沿着首尾相接的管段选择适当的线路后可以达到管网的各个节点。图 6-8 中，带箭头的“⊙”为源节点，“⊙”为有规定压力的 P_i 节点。图中左侧所示的图像称“狗”，右侧所示的图像称“人”，[34,38] 两者是分开的，燃气流量不可能从图像“人”流向图像“狗”，因而管网是不连通的。如欲使图 6-8 中的管网连通，则

(1) 必须预先补上缺少的管段，即一条牵“狗”的绳索（如放在 13-3 之间）。

(2) 设计要求两个管网必须依次连在一起时，则至少应使节点 1 和 10 合二为一（即节点 1 和 10 处于相同的标高和在相同的压力下工作）。

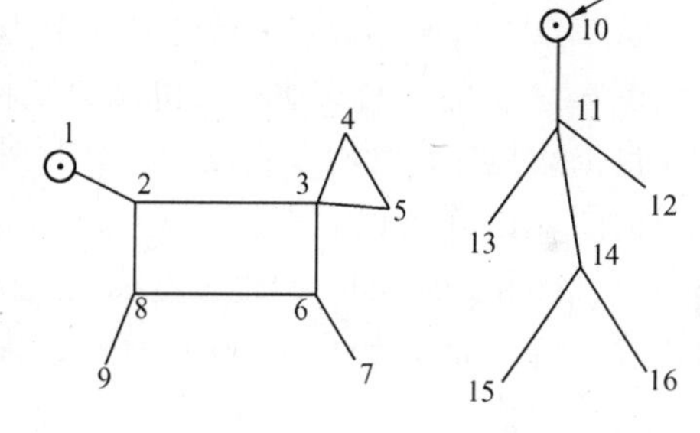

图 6-8　管网的连通性

6. 枝状管网（树状管网 Tree network）

一个管网在下列条件下可称为枝状管网：

(1) 管网只有一个 P_i 节点。

(2) 任一节点通过一根管段或一个管段链（Chain of sections）与 P_i 节点相连。如图 6-9（a）和图 6-9（b）是两个枝状管网。从图论看，图 6-9（a）中的倒立人像也可看作是乔木状树。而图 6-9（b）有两个 P_i 节点，其中另一个是站节 6。站点 6 是饱和点，有规定的末端流量，不能再改变其耗气量的数值。但是如将站点 6 的功能再扩大，将图 6-9（a）和图 6-9（b）的节点 6 相连通，则站点 6 的耗气等级就不再饱和，这两个枝状管网连在一起时，管网也就不再是枝状管网。

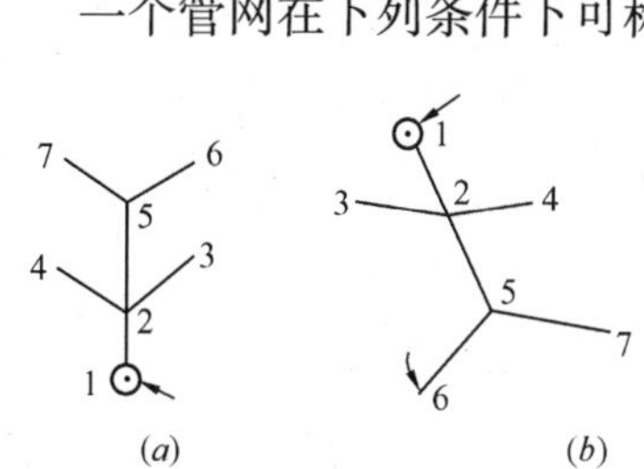

图 6-9　枝状管网

树状管网也可以看成是一个分成父母子女有主次之分的家系树（Family tree），每个节

点可以有主、次之分。实际上管网每一管段的节点 j 均由节点 i 供气，P_i 节点可假设为源点（如图中的节点 i），由一单独管段将燃气送至称为母节点（主节点）j 的节点 i 相连；反之，也可将燃气送至源节点（No node）或送至一个或多个节点。图中的节点 2 既可看作母节点，也可看作子节点，对源点 1 而言，它是母（主）节点 j，对后续的节点而言，它又是子（次）节点 i。因此，枝状管网节点的功能可描述为：

次节点（2）向节点 3、4、5 供气，表达为次（2）=3、4、5

次节点（6）向 0 节点供气，表达为次（6）=0

主节点（2）由源点（1）供气，表达为主（2）=1

主节点（1）为源节点，表达为主（1）=0

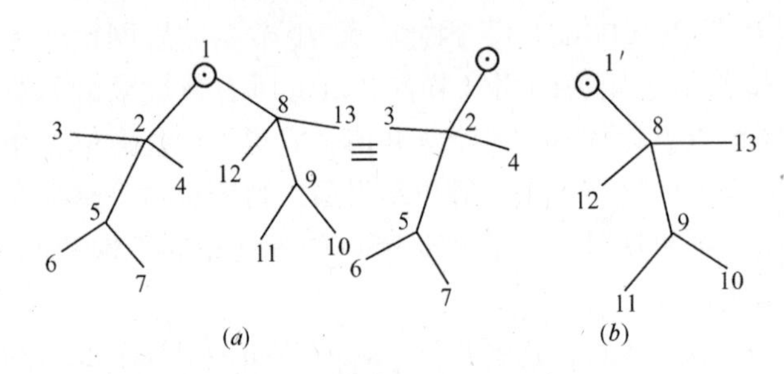

图 6-10 单源点的两个枝状管网

不失枝状管网定义的原义，也还有另一种情况，如图 6-10 所示的单脑双体（Siamese twins）图像代表了 2 个树状管网，P_i 节点（源点）的特征是一个枝状管网的用气量发生变化时，不会影响到另一个枝状管网，前提是源点的流量不能达到饱和值，否则应修正用气量。

7. 环状管网（Meshed network）

不属于枝状的管网即环状管网，如图 6-11。图 6-11 中的"狗"像代表一个环状管网，燃气从节点 2 可通过节点 3 或 8 到达节点 6，这是一个典型的环状管网。

图 6-11 中的"两头动物"也代表环状管网，因为它有二个 P_i 节点，即使由一个源点供气也仍然是环状管网，它反映了环状管网的广义概念，是图论中一种十分重要的情况。这可由图 6-12 作为代表来进行说明：如增加一个以 0 为代表的 P_i 节点，它实际上是一个虚节点（Ficticious node），通过虚线段与两个实际的 P_i 节点相连。这两段虚线段就构成了可以称为链环的闭合环路。在计算中，虚管段的管径可保证两个原始的 P_i 节点达到准确的压力等级值。

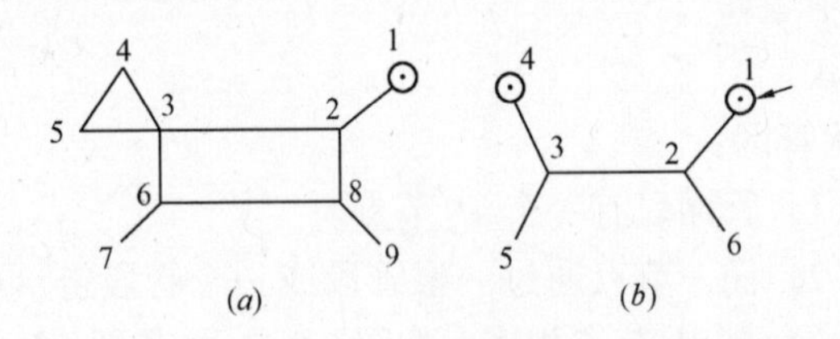

图 6-11 环状管网

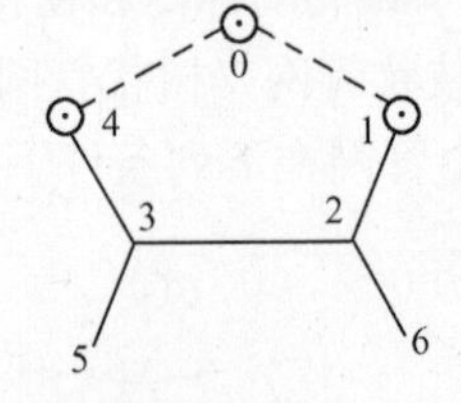

图 6-12 以虚源点为代表的环状管网

了解环状管网的广义概念对管网的分析十分重要。

从对图 6-7 的分析可知，环状管网拆去链接管段可以成为枝状管网，枝状管网加上链接管段也可成为环状管网，这对复杂管网拆成若干个简单的子管网或将环状管网复原成枝状管网进行分析计算也有重要的意义。

（二）子管网（Sub-networks）的形成[34,38]

将管网分解成铰接的子管网可以节省设计成本，其理论基础是可以轻而易举地算出某些节点管段的流量而无需先计算这些节点的压力。

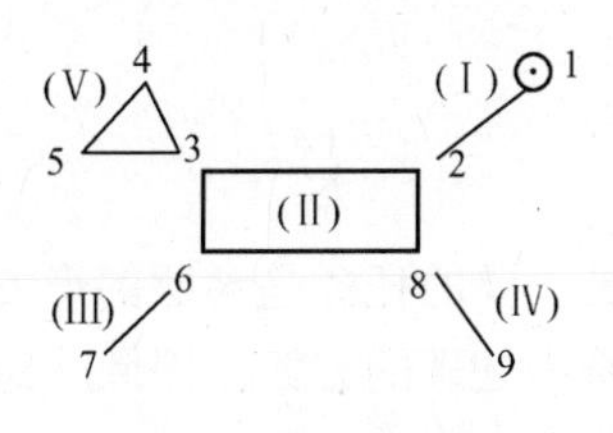

图 6-13　管网的分解

1. 铰接子管网

以图 6-13 中的“狗”像为例，管网的总流量通过节点 2，可以轻易地算出节点 2 的压力，然后假设图像 6-13 中的“狗”没有尾巴，节点 2 就成为 P_i 节点（已知压力点），同样的方法也可算出环路 2-3-6-8 中各节点的压力，因为节点 3、6、8 的流量相应为 $q'_3 = q_3 + q_4 + q_5$；$q'_6 = q_6 + q_7$；$q'_8 = q_8 + q_9$。依此类推，可按图 6-13 中拆开的以罗马数字表达的子管网顺序逐个地进行计算。

从上例可知，为什么图论将连通节点（Connected nodes）称为铰节点（Hinge node），因为通过这些节点可将管网分解成数个通过铰接点的子管网。图 6-13 中，节点 3 为铰节点，它连接子管网（Ⅴ）。通常，除规定流量的源点外，所有的 P_i 节点也可看成是源节点；因为铰节点代表了燃气必须强制通过的节点，它也是子管网的源点，但也是管网上的薄弱点，该节点发生故障时就不可能向其下游的所有用户供气，所以这类节点的危机性要用下游用户的总耗气量作为评估值。

铰节点也可理解为枢纽点。实际上，天然障碍物，如河流、铁路线或管网向新区供气的延伸线等均可成为设置铰节点的位置。

2. 多路连通的子管网

设计中将管网分解成多路连通的子管网是为了便于操作，容易读懂反映在配气管网图上所得的计算结果。分解后的连通子管网虽然都是独立的，但如果不增加管段和站点，子管网不能单独运行和具有一定的稳定性。分解的方法是用直观或计算机辅助，切开一定数量的管段以形成独立的子管网，可参见图 6-14 所示的“水边狗像”（Poodle by the water）的例子。在两个不同的子管网之间用一条分界线可将连通管段分割为二，从而产生两个节点，每一子管网有一个，这样的节点称为连通节点（Connected node）。分割后易于处理计算的结果和数据。分界线也可以是天然障碍物，如河流、铁路线或供气的分区线。

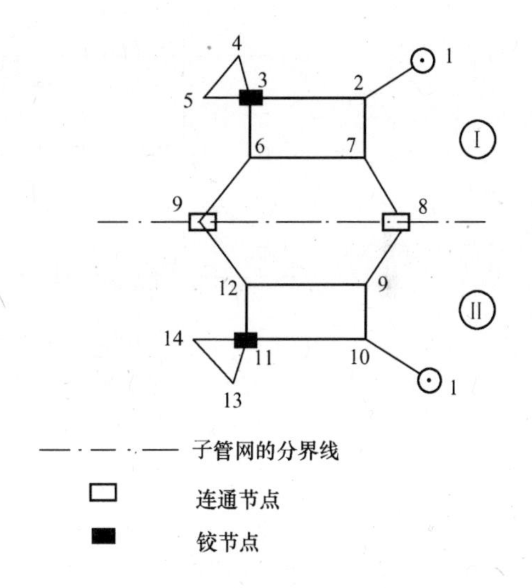

图 6-14　多路连通的子管网

子管网可通过若干个连通节点与其相邻的管网连接，因此称为多路连通的子管网。每个多路连通的子管网有一个编号，但对子管网内部的节点则可以任意编号，两个不同子管网内相同编号的节点可用子管网的编号加以区别。例如在图 6-14 中子管网①有一个节点编号 9，子管网Ⅱ也有一个节点编号 9，它们是分属两个子管网的。用子管网号和节点号共同构成该节点的编号就不会在计算中发生混淆。

设计时可以就整个管网进行计算，这时“连通”节点就成为同一管网的普通节点；也可以就一个子管网或一组子管网分开进行计算，这时就必须尽可能地确定与实际情况相接近的连通节点的压力和流量值。最好是绘出所有子管网的简图，以模拟连通节点与外部管网相互的变化状况。

（三）管网的矩阵表达法[34,38]

1. 节点的重新编号

管网节点的编号与管网的数据采集程序有关，管网操作人员首要的任务是参照图形安排好编号程序，同时考虑到将来增加新节点或减去无用节点时易于处理的方案。因此，编号程序是用数学方法解释管网的基础。

管网的重新编号是一个渐进的过程。较好的方法是将环状管网简化成一个虚拟的枝状管网进行编号，虚拟的枝状管网应能代表实际管网的管段，能覆盖 P_i 节点后的所有节点。由图 6-7 可知，将环状管网改变成枝状管网有多个方案，改变时必须提出一个计算较方便的虚拟枝状管网方案，这个虚拟的枝状管网可称为复原的枝状管网（法国称为RRR）。图像“狗”环状管网的复原枝状管网可见图 6-15。如一个管网有 m 个节点和 P 根管段，管网的操作人员首先要确定第一个节点的编号，然后根据这个节点依次对其他节点重新编号。节点的重新编号应达到以下目的：

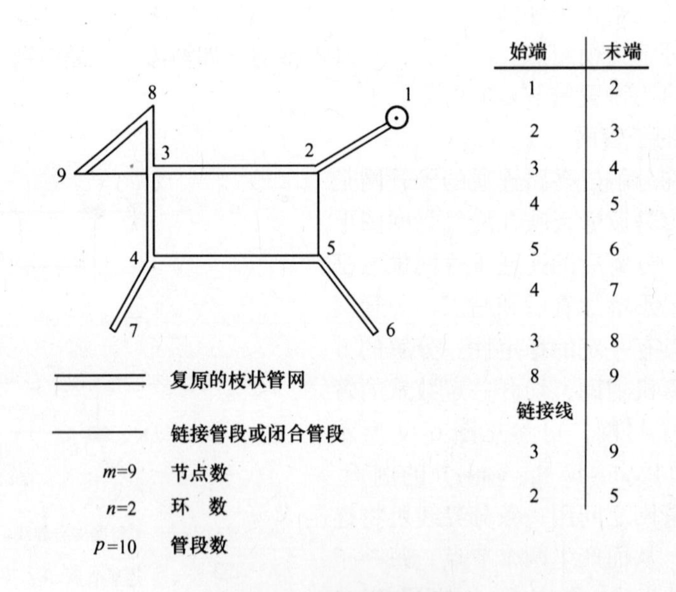

始端	末端
1	2
2	3
3	4
4	5
5	6
4	7
3	8
8	9
链接线	
3	9
2	5

图 6-15　复原的枝状管网

始端	末端
1	2
2	3
3	4
3	5
2	6
2	7

图 6-16　枝状管网

（1）校核复原枝状管网的连通性可否接受。

（2）确定管网的性质。用阿拉伯数字编号校核时，如所有管段均有编号，则这个管网称为复原的枝状管网，它符合 $p = m - 1$ 的关系，如有些管段尚没有编号，则这些管段称为链接管段或闭合管段。一个环状管网复原后无编号的管段数应等于其环数，即 $m = p - m + 1$。在图 6-15 中 $p - m + 1 = 10 - 9 + 1 = 2$。

（3）确定铰节点的位置。

2. 管网的矩阵表达

(1) 枝状管网

以图6-16中的枝状管网（人像）为例

$A=$

i \ j	1	2	3	4	5	6	7
1		1					
2			1			1	1
3				1	1		
4							
5							
6							
7							

$A_{ij}=1$ 表示 i-j 之间为1根管段；4、5、6、7为管段末端的节点，其后无管段

$A^2=$

i \ j	1	2	3	4	5	6	7
1			1			1	1
2				1	1		
3							
4							
5							
6							
7							

$A_{ij}^2=1$ 表示从 i-j 连接2根管段，如 $A_{2\text{-}4}=1$

$A^3=$

i \ j	1	2	3	4	5	6	7
1				1	1		
2							
3							
4							
5							
6							
7							

$A_{ij}^3=1$ 表示 i-j 之间有3根管段，仅1-4和1-5通过三根管段

$A^4=0$

连接矩阵 B 可表达为：

$B=$

i \ i–j	1–2	2–3	3–4	3–5	2–6	2–7
1	–1					
2	1	–1			–1	–1
3		1	–1	–1		
4			1			
5				1		
6					1	
7						1

$B_{ij}=1$ 表示节点 i 在支线末端

$B_{ij}=-1$ 表示节点 i 在支线首端

$B_{ij}=0$ 表示其他情况

以上各列中均有一个管段末端1，一个管段始端 -1 和 $m-2$ 个零。且矩阵 $B=-A$

（有 1 的对角矩阵）。

（2）环状管网

以图 6-15 中复原的枝状管网加上链接管段后的环状管网为例：

$A=$

i \ j	1	2	3	4	5	6	7	8	9
1		1							
2			1						
3				1				1	
4					1		1		
5		1				1			
6									
7									
8									1
9			1						

上部的三角形由复原枝状管网矩阵构成，三角形以下构成环状，其编号由最大节点编号至最小节点编号。

$A^2=$

i \ j	1	2	3	4	5	6	7	8	9
1			1						
2				1				1	
3					1		1		1
4		1				1			
5			1						
6									
7									
8			1						
9				1				1	

$A^3=$

i \ j	1	2	3	4	5	6	7	8	9
1				1				1	
2					1		1		
3		1	①			1			
4			1						
5				1				1	
6									
7									
8				1				①	
9					1		1		①

由管段形成的连接矩阵如下：

$B=$

i \ $i \to j$	1–2	2–3	3–4	4–5	5–6	4–7	3–8	8–9	3–9	2–5
1	–1									
2	1	–1								–1
3		1	–1				–1		–1	
4			1	–1		–1				
5				1	–1					1
6					1					
7						1				
8							1	–1		
9								1	1	

P_1 节点通常编号为 1 且与节点 2 连通，如前所述，第一行为“基准点”，可以删去，因而以后在矩阵 A 和矩阵 B 中均无第一行。对树状管网可认为 $B=1-A$，其中 1 为 1 的对角矩阵值。

对环状管网，B 可分为 B_1 和 B_2 两部分，B_1 相当于枝状管网，B_2 为代表环状管网的连接矩阵。B_1 的逆矩阵，$B_1^{-1}=(1-A)^{-1}=1+A+A^2+A^3+\cdots\cdots$。

A^k 代表枝状管网路线中具有 K 根管段。$1+A+\cdots+A^k$ 代表两个节点间所有可能的通路。若在环状管网两个节点间有一条通过主要枝状管网的通路，则 $(B_1^{-1}B_2)_{ij}$ 等于 1，因此 $B_1^{-1}B_2$ 中包括的若干个 1 是管段的函数，它由第 j 个小环构成了闭合环路。$B_1^{-1}B_2$ 称为管网有 n 个环的环网矩阵 M。以图 6-15 所示的“狗”像环状管网为例：

$M=B_1^{-1}B_2=$

i \ j	2	3	4	5	6	7	8	9
2	1	1	1	1	1	1	1	1
3		1	1	1	1	1	1	1
4			1	1	1	1		
5				1	1			
6					1			
7						1		
8							1	1
9								1

$\times$

3→9	2→5
0	–1
–1	0
0	0
0	1
0	0
0	0
1	0
1	0

$=$

0	0	1→2
0	1	2→3
0	1	3→4
0	1	4→5
0	0	5→6
0	0	4→7
1	0	3→8
1	0	8→9

将管网分解为子管网后，也可对子管网单独地进行计算，不必考虑铰接的情况，其典型示例可见图 6-17 所示的“教堂”图像。

$B=$

i \ $i \to j$	1→2	2→3	3→4	4→5	4→6	6→7	6→5	3→6	4→7
2	1	–1							
3		1	–1					–1	
4			1	–1	–1				–1
5				1			1		
6					1	–1		1	
7						1			1

用上述类似的方法可从连接矩阵求得环网矩阵 M：

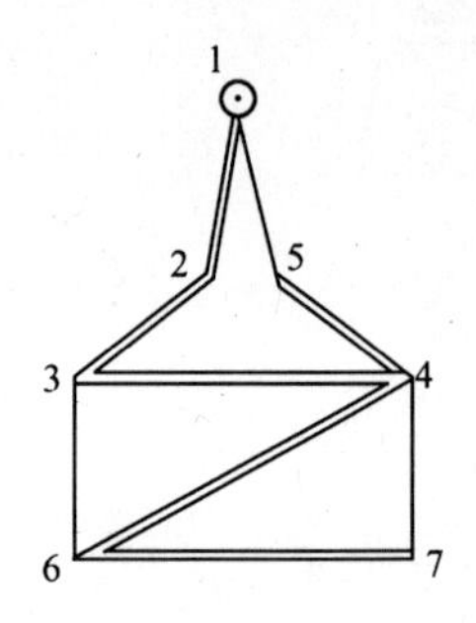

图 6-17　“教堂”图像管网

$M=$

	1→5	3→6	4→7
1–2	1	0	0
2–3	1	0	0
3–4	1	1	0
4–5	1	0	0
4–6	0	1	1
6–7	0	0	1

对环网矩阵的管路可说明如下，如主要枝状管网各管段的相应元素为列内闭合环路的一部分，就有若干个 1 值。在与管网不连接的情况下，如主要枝状管网的部分管段已经切断，同时也切断若干成环管段，则编号数较小的节点为管网的薄弱点。但在分解成多通路连通子管网时，管网的源点不必用虚管段彼此连在一起。作为示例，可见“狗”像的矩阵。

	3→9	2→5	
1→2	0	0	
2→3	0	1	
3→4	0	1	←当切断管段 3-4 和闭合管段 2-5 时，管网的上部和下部也隔断
4→5	0	1	
5→6	0	0	
4→7	0	0	←管路中无 1 值：管段 4-7 非闭合管段，仅是一个端点
3→8	1	0	
8→9	1	0	

再看“教堂”环网的矩阵，它没有不是 1 的管段（无端点效应），当切断管段 2-3 和 1-5 时，1 和 2 就隔断。但要隔断 6 和 7，则管段 4-6 与闭合管段 3-6 和 4-7 也需切断。

以上说明，没有惟一的复原枝状管网，不能提供所有的或是最佳的切割路线，但可以理解到要在一张小的管网图上掌握整个复杂的管网是很困难的。

（四）管网中流量与压降的分析

1. 枝状管网的分析

（1）流量的计算

枝状管网的流量特性可根据其定义说明，对 i-j 管段而言，所有的流量由其上游的节点 i 供应，即流出节点 j 的流量包括 j 节点的流量 q_j 和后续管段的流量 ΣQ_{jk} 均由流入节点 i 供应（节点 j 的流入流量应等于流离节点的流量），可写成：

$$Q_{ij}=q_j+\Sigma Q_{jk} \tag{6-30}$$

式中　Q_{ij}——管段 i-j 的流量；

q_j——j 节点的节点流量；

ΣQ_{jk}——j 节点后续 k 管段的流量之和。

由式（6-17）得：

$$BQ=q \tag{6-31}$$

式中　B——连接矩阵（式 6-17 中以 A 表示）；

Q——管段流量列向量；

q——节点流量列向量。

由式（6-31）可得：

$$Q = B^{-1}q \tag{6-32}$$

式中　B^{-1}——逆连接矩阵。

以图 6-16 所示的枝状管网“人”图像为例：

$B^{-1}=1+A+A^2=$

i \ j	2	3	4	5	6	7
2	1	1	1	1	1	1
3		1	1	1		
4			1			
5				1		
6					1	
7						1

$$Q = \begin{bmatrix} Q_{12} \\ Q_{23} \\ Q_{34} \\ Q_{35} \\ Q_{26} \\ Q_{27} \end{bmatrix} = B^{-1} \times \begin{bmatrix} q_2 \\ q_3 \\ q_4 \\ q_5 \\ q_6 \\ q_7 \end{bmatrix} = \begin{bmatrix} q_2 + q_3 + q_4 + q_5 + q_6 + q_7 \\ q_3 + q_4 + q_5 \\ q_4 \\ q_5 \\ q_6 \\ q_7 \end{bmatrix}$$

（2）压降的计算

已知各管段的流量后，可选择合适的流量计算公式求出各管段的压降。

完整的流量计算公式可表达为：

$$P_i^2 - P_j^2 = KQ_{i\text{-}j}^{\mathrm{n}} + Z \tag{6-33}$$

式中　Z——代表管段的位能（高程）变化值；

K——代表管段的摩阻系数；

n——流量的指数值，随所选计算公式而不同。

如 K 为燃气摩阻系数 K_{ij} 的对角平方矩阵，h 为每一管段压降的列向量，Z 为位能变化的列向量，则：

$$h = KQ^{\mathrm{n}} + Z = K(B^{-1}q)^{\mathrm{n}} + Z \tag{6-34}$$

如以 H 表示在 P_i 节点和每一节点间的全压降向量，则：

$$H = (B^{-1})^{\mathrm{t}} \cdot h \tag{6-35}$$

以图 6-16 中的“人”像为例：

$$\begin{bmatrix} H_{12} \\ H_{13} \\ H_{14} \\ H_{15} \\ H_{16} \\ H_{17} \end{bmatrix} = \begin{bmatrix} 1 & & & & & \\ 1 & 1 & & & & \\ 1 & 1 & 1 & & & \\ 1 & 1 & & 1 & & \\ 1 & & & & 1 & \\ 1 & & & & & 1 \end{bmatrix} \begin{bmatrix} h_{12} \\ h_{23} \\ h_{34} \\ h_{35} \\ h_{26} \\ h_{27} \end{bmatrix} = \begin{bmatrix} h_{12} \\ h_{12} + h_{23} \\ h_{12} + h_{23} + h_{34} \\ h_{12} + h_{23} + h_{35} \\ h_{12} + h_{26} \\ h_{12} + h_{27} \end{bmatrix}$$

在 P_1 节点上 h 和 H 的压力值是独立的。

2. 环状管网的分析

(1) 环状管网流量值的分析

环状管网的环相当于一个环状管网中的子管网。用手工计算管网各管段的流量十分不易，因为 $m-1$ 个节点中，每一节点的压力值均为未知量，只能根据节点流量的连续性方程建立矩阵的关系，如：

$$B \cdot Q = q$$

B 为连接矩阵（即式 6-17 中的 A），若以 Q_R 表示枝状管网各管段的流量向量，Q_m 表示环状管网闭合管段的流量向量，则 $B \cdot Q = q$ 的关系可改写成：

$$[B_1 | B_2] \left[\frac{Q_R}{Q_M} \right] = B_1 Q_R + B_2 Q_M = q \tag{6-36}$$

因此：

$$Q_R = -B_1^{-1} B_2 Q_M + B_1^{-1} q \tag{6-37}$$

$$Q_R = -M Q_M + B_1^{-1} q \tag{6-38}$$

再以图 6-17 中的“教堂”图像为例。

$$\left[\begin{array}{cccccc:ccc} 1 & -1 & & & & & & & \\ & 1 & -1 & & & & & -1 & \\ & & 1 & -1 & -1 & & & & -1 \\ & & & 1 & & & 1 & & \\ & & & & 1 & & & 1 & \\ & & & & & 1 & & & 1 \end{array}\right] \begin{bmatrix} Q_{12} \\ Q_{23} \\ Q_{34} \\ Q_{45} \\ Q_{46} \\ Q_{67} \\ Q_{15} \\ Q_{36} \\ Q_{47} \end{bmatrix} = \begin{bmatrix} q_1 \\ q_2 \\ q_3 \\ q_4 \\ q_5 \\ q_6 \end{bmatrix} \begin{cases} Q_{12} - Q_{23} = q_2 \\ Q_{23} - Q_{34} - Q_{36} = q_3 \end{cases}$$

根据式 (6-38)：

$$\begin{bmatrix} Q_{12} \\ Q_{23} \\ Q_{34} \\ Q_{45} \\ Q_{46} \\ Q_{67} \end{bmatrix} = - \begin{bmatrix} 1 & 0 & 0 \\ 1 & 0 & 0 \\ 1 & 1 & 0 \\ 1 & 0 & 0 \\ 0 & 1 & 1 \\ 0 & 0 & 1 \end{bmatrix} \begin{bmatrix} Q_{15} \\ Q_{36} \\ Q_{47} \end{bmatrix} + \begin{bmatrix} 1 & 1 & 1 & 1 & 1 & 1 \\ & 1 & 1 & 1 & 1 & 1 \\ & & 1 & 1 & 1 & 1 \\ & & & 1 & & \\ & & & & 1 & 1 \\ & & & & & 1 \end{bmatrix} \begin{bmatrix} q_2 \\ q_3 \\ q_4 \\ q_5 \\ q_6 \\ q_7 \end{bmatrix}$$

$$Q_{12} = -Q_{15} + q_2 + q_3 + q_4 + q_5 + q_6 + q_7$$

$$Q_{34} = -Q_{15} - Q_{36} + q_4 + q_5 + q_6 + q_7$$

注意：$B_1^{-1}q$ 代表枝状管网的流量向量。

以下再注意 $n = p - m + 1$ 的关系。按环能量方程的原理，一个环路所有各支线压降的代数和应等于零（或等于一个预定值，等于两个节点间预定压力的差值，这些差值常集中在一个虚拟的 P_i 节点上）。DH1 就是压力向量的差值（闭合差），它决定于一个环路上游节点和初始节点的压力差，在通常情况下，这一压力向量值应等于零。对复原的树状管网，根据式（6-38）管段 R 的压降值可按下式计算：

$$K_R Q_R^n = K_R(-MQ_M + B_1^{-1}q)^n + Z_k \tag{6-39}$$

在复原的树状管网中包括构成环路的管段在内，其压降的总值为：

$$(K_R Q_R^n + Z_R)^t \cdot M \tag{6-40}$$

对环路，压降值应等于：

$$K_M Q_M^n + Z_M \tag{6-41}$$

在同一环路中位能的变化明显地应等于零，即：

$$Z_M = Z_R^t M \tag{6-42}$$

在 $p - m + 1$ 个环路中的流量值最终应为 Q_R 向量的元素，求解环路系统的非线性方程式为：

$$K_M Q_M^n = M^t K_R(B_1^{-1}q - MQ_M)^n + DH1 \tag{6-43}$$

因此，“教堂”示例中，闭合环路（1-5）的压降值可写成：

$$\begin{aligned} K_{15}Q_{15}^n = K_{12}&(-Q_{15} + q_2 + q_3 + q_4 + q_5 + q_6 + q_7)^n \\ + K_{23}&(-Q_{15} + q_3 + q_4 + q_5 + q_6 + q_7)^n \\ + K_{34}&(-Q_{15} - Q_{36} + q_4 + q_5 + q_6 + q_7)^n \\ + K_{45}&(-Q_{15} + q_5)^n + DH1_1 \end{aligned}$$

在用图 6-18 表示上述“教堂”图像时，第一环的闭合差 $DH1_1 = 50$mm 水柱。环路流量的计算公式表示，环状管网各管段的流量与节点的高程无关。在计算压力时，可从任一已知压力的节点开始计算其它 $m - 1$ 个节点的压力。在此也可以看出所以要规定 P_i 节点的意义，P_i 节点实际上是所有未预定耗气量节点的总代表。公式也可用来判定管网分析中流量和压降值是否符合实际情况。

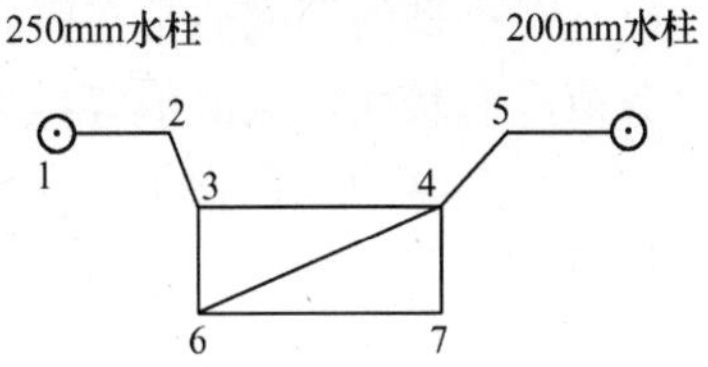

250mm水柱　200mm水柱

1　2　3　4　5　6　7

图 6-18　闭合差值示意图

（2）压力的计算

压力的计算有两种方法，即如前述的回路解法和节点解法。如按回路解法已求出各管段的流量，则可按流量计算公式求出节点的压力和管段的压降。在采用节点解法时，管段的流量为未知值，它与压降的关系可用下式表示：

$$Q_{ij} = \frac{1}{K_{ij}^{\frac{1}{n}}}(P_i^2 - P_j^2)^{\frac{1}{n}} \tag{6-44}$$

令：

$$K'_{ij} = \frac{1}{K_{ij}^{\frac{1}{n}}},\quad n' = \frac{1}{n}$$

则：$$Q_{ij} = K'_{ij}\ (P_i^2 - P_j^2)^{n'} \tag{6-45}$$

根据节点流量的连续性方程，除一个节点的压力已知外，其他 P_2^2，$P_3^2 \cdots P_n^2$ 均为未知值，因此可列出 $m-1$ 个非线性方程式。以“教堂”的图像为例，节点 2 的连续性方程为：

$$K'_{12}\ (P_1^2 - P_2^2)^{n'} - K'_{23}\ (P_2^2 - P_3^2)^{n'} = q_2$$

节点 3 为：

$$K'_{23}\ (P_2^2 - P_3^2)^{n'} - K'_{34}\ (P_3^2 - P_4^2)^{n'} - K'_{36}\ (P_3^2 - P_6^2)^{n'} = q_3$$

通过数学方法可求出各节点的压力值。

（五）计算结果的决策评估[32,33,34]

计算所得的结果应有明确的报告，决策评估是报告的最后一个部分。计算分析的理论方面和实际情况应协调一致，特别应以现场的压力量测数据作为评估的基础，但现场的量测数据并不是用来说明计算结果的准确性，而是用来比较数据大小所形成的序列是否得当，因此需要综合分析计算的结果，了解数据的结构和产生的环境。计算结果的评估应包括以下内容。

1. 研究管网中的特殊点

（1）铰节点。机械概念中的铰接点相当于燃气管网结构中的关键节点。铰节点是燃气向下游连接子管网供气时必须通过的一点。当下游的子管网没有固定的供气源点时，铰节点也是管网的一个薄弱点。铰节点的存在与自然障碍物如：河流、铁路线…和建设新供气区的延伸管网有关。

（2）源节点。校核调压站中调压器的选型与来自源节点的输气量是否匹配。

（3）最薄弱的节点。校核其压力是否与最小允许压力值相一致，允许的压降是否已充分地利用。

2. 研究管网的总体状况

涉及到节点上压力和各管段流量的分配。要评估管网向支管的供气量是否已达到期望值，也就是在各种限制条件下用气量是否已达到饱和值。

（1）对小型的管网通常在管网图上应标出主要的计算结果，绘出若干条等压线，源点的服务范围和较大的压降值等以便了解管网的全貌。

（2）对大型的复杂管网要在管网图上标出上述内容往往比较困难，通常可将整个管网图分解成若干张子管网图，再标上上述数据。

（3）在分解的子管网图上，要选择适当的连通节点位置。连通节点的数量要少，约相当于一个子管网设一个连通节点为宜。

图 6-19 为各类典型节点的示例。图中，25 和 26 为连通节点，用□表示，子管网（1）和（2）之间有两条连通线，一条在管段 12-16 处切开，另一条在 22-25 处切开，使源节点 1 和 23 也分开。节点 7 和 15 为铰节点，各处在分支部分 8-9-10-11 和 16-17-18-19 的始端。节点 2 不是铰节点，因有虚管段存在。

实际分析一个多通路子管网时，应尽可能准确地弄清进入子管网或流出连通节点的负荷值，通常它与源点的固定负荷值有关，其数据要在初步分析中确定。当负荷值发生变化时，额外的耗气量或对管网的拓扑学修正不会对连通节点的压力和流量有太大的影响，因为负荷的这种变化通常不会发生在连通节点的附近。如果一旦发生在附近，则在子管网连

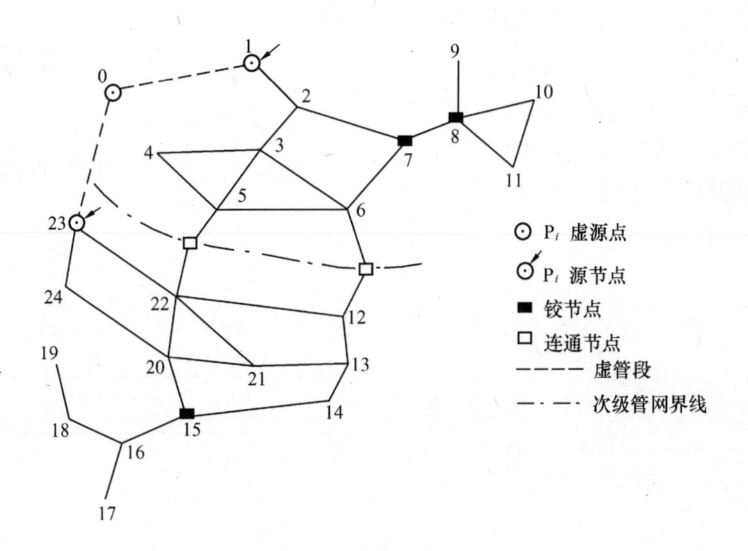

图 6-19　各类典型节点示例

通节点的附近应增加一些无关大局的措施以确保连通节点的压力不再发生变化。值得注意的是，将一个管网分解为多通路子管网时，跨越两个子管网之间的连通线数量应尽可能少，因为这样的连通线是管网的最薄弱环节，如前所述，希望一个连通子管网仅设有一个连通节点。

有了上述的研究基础后，再来看管网的总体状况，则在管网图上绘出等压线（Iso-pressure curves）或无流线（No-flow lines）是发现计算中出现错误的最好方法（如管径的选择）。等压线的绘制提供了一个准确的相互校验方法（An accurate cross-checking method）。

等压线表示产生压降的范围，并可按压力降落值的增加量进行分类，它表示在高峰（最大负荷）和低谷（非常低的负荷）小时之间压力变化的增加量。低谷时，管网所有节点的压力趋向于等于源点压力，达到压力的最高值。

因此，压降并不是压力，在设计一个管网时是必须考虑的。换言之，如在一个管网内，一旦压力上升，但压力的增加量在所有的节点上均相等，则压降就保持不变。

在中压管网中，等压线相应于相同的压降（$\Delta H = \text{const}$），而不是将压力划分成相同的坡度。

3．高程的实际概念

高程引起的压力变化与负荷无关，不论是负荷非常小的用气低谷或负荷最大时的用气高峰，它永为一个常值（$\Delta h = \text{const}$）。高程对实际压力的变化要进行校正，这是绘制等压线的基础。图 6-20 所示为低压状态下高程对压力的影响图，计算压力是一个相对值，与支管设计的安全性有关，图中的输入数据为：由源点 S 至 A 点的压降 $\Delta H = 30$mm 水柱，每 m 高程压降的变化为 0.4mm 水柱/m，高程“0”为参照面，源点“S”的高程为 +25m，A 点的高程为 125m。图 6-21 为高峰与低谷时压力的变化图。

在耗气低谷时，由 S 至 A 的负荷接近于零，A 点的实际压力为 210 + 40 = 250mm 水柱，在计算平面上 A_0 的计算压力为 250 –（10 + 40）= 200mm 水柱。即 A_0 点压力与 S_0 点的计算压力相等。在耗气高峰时，S 至 A' 的负荷接近于最大值，A' 点的实际压力为 250 – 30 = 220mm 水柱或 210 – 30 + 40 = 220mm 水柱。由图可知，在低压管网中，用气低谷时的实际压力即源点压力，与参照面相比较它是压力的最高点；在高峰用气时，与参照面相比较，A'点为压力的最低点。作为一个原则，可接受的压力变化范围应在最高和最低压力之间，若令：

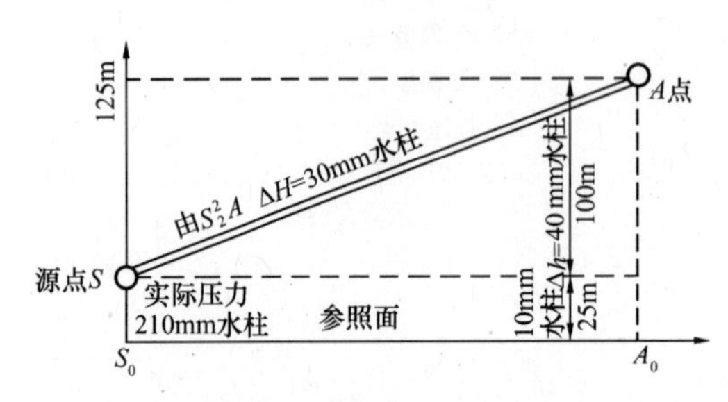

图 6-20　高程对压力的影响

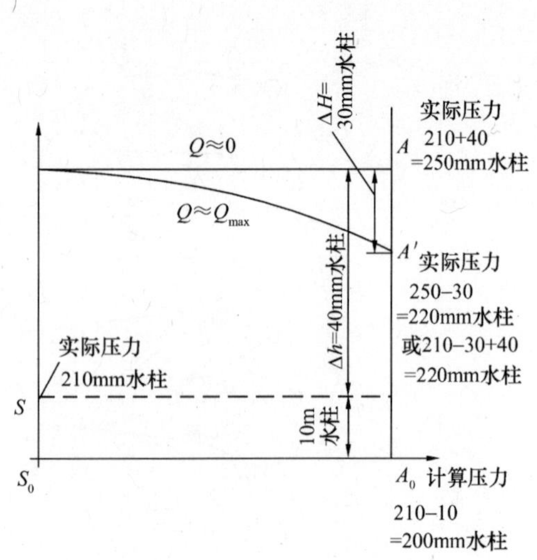

图 6-21　压力的变化图

H_S为允许的最高压力值，H_i为允许的最低压力值，H_0为与参照面相比的最高压力值，Δh为高程的变化范围，则在管网图上，等压线为正值时的条件为$H_0+\Delta h=H_s$，对$H_0+\Delta h>H_s$的压力情况应受到限制。以参照面为基准，在压降范围内可绘制等压线。

4. 等压线

在研究中也发现，如果所有各节点的流量和管内的摩阻值在相同的比例下变化，并允许有一定的误差时，等压线的图像可不作修正，仅仅是等压线所代表的数值有变化。因此，在等压线之间、源点与上游等压线之间或下游等压线与薄弱点之间范围内的管段可以用一根当量管段的压降值（ΔP或ΔP^2）来表示。

在图 6-22 所示环状管网的Ⅰ区内，节点 10 可假设为最薄弱点，各区当量管段的摩阻系数可按图中右侧的公式计算。

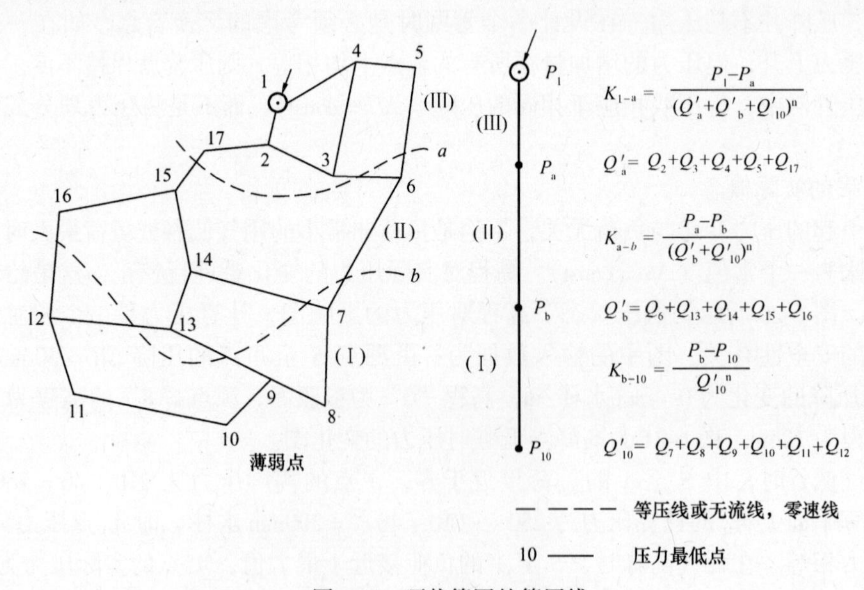

图 6-22　环状管网的等压线

图 6-23 中节点 16 为管网的弱点，节点 13 为 a，b 两区间的弱点。带箭头的两个源点可用虚源点表示。各区的计算流量可见图右侧的公式。

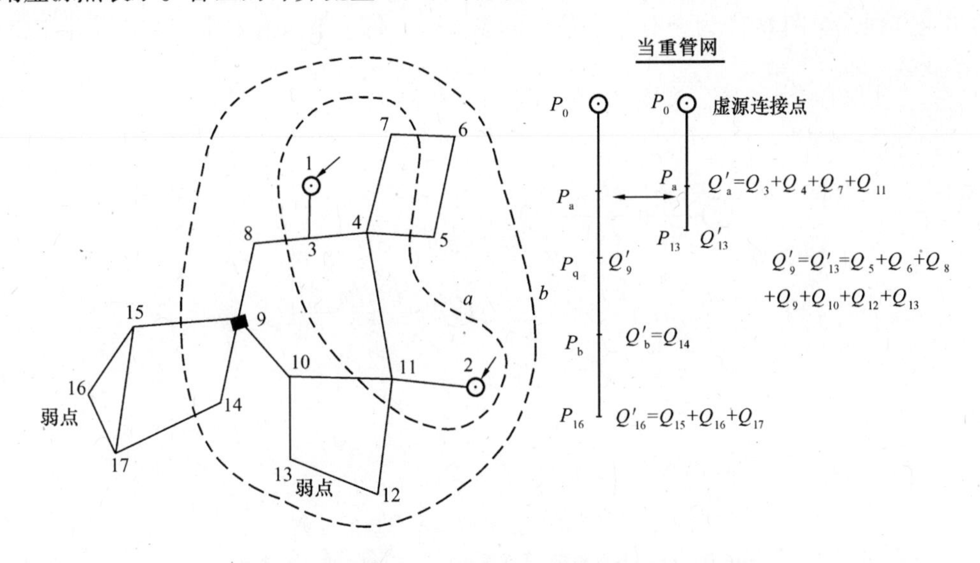

图 6-23　两个源点的网状管网

等压线之间的压降（低压为 ΔP，中压为 ΔP^2）可用当量管网每区管段的摩阻系数表示，在算出等压线之间相应管段的总长和转输流量值后，即可求得该区内的当量管径。按照这样的方法，如某一管段的管径小于其上游和下游管段的管径，则该管段将对下游区起到阻塞的作用，管径的选择就不合理。

如用 L 代表所有管段的总长，Q 代表所有耗气量的总和，则比较比值 Q_{ij}/Q 和 L_{ij}/L 后就可按降低管网适用性的程度对压降进行分类。

如 L_{ij}/L 明显地小于 Q_{ij}/Q，则应正视现有管网的改造工作；

如 L_{ij}/L 明显地大于 Q_{ij}/Q，则应增加供气源点。

以上是绘制等压线对正确决策所起的作用。

六、不同燃气热值的管网模型

由图 1-1 可知，为满足调峰的需要，供气系统除建设地下气库外，还经常采用丙烷-空气混合气和液化天然气（LNG）作为补充气源。当补充的燃气达到一定的数量后，与原先输送燃气的物性就有很大的差别。如若允许液化天然气在储罐内分层，则气化后燃气的相对密度可达 0.7，热值的变化范围在 39.12～44.71MJ/m³ 之间。而丙烷-空气混合气的相对密度均大于 1.0，热值可高达 63.34MJ/m³。这类富气的混合物将大大影响配气系统的压力-流量关系。

在配气管网的模型中，如每一源点燃气的物性互不相同，则应认真分析不同燃气的密度和热值所造成的影响，且在建模时应考虑到密度和热值作为变数的关系。流量计算的通式表明，在已知压降时，燃气的密度增加，则管内流量或管道的通过能力将降低；反之，热值增加，则燃气的体积将减小。两个变数的工作效果相反，但热值变化的影响更大。

对热值有变化的燃气系统进行分析后可知，燃气公司在售气时主要应按热量计算而不必考虑燃气的体积。但如燃气的负荷以体积表示，则应辅之以表明燃气的热值。如负荷以单位时间的热流量表示，则实际的供气体积应是热流量除以所供燃气的热值。

从管网建模的角度看，如将变化的密度和热值加到公式的变量中去，则将形成一定数量的相应方程式。图 6-24 为一有 5 个节点的系统[1]，每个节点有 5 个变数，每个 NCE 则有 3 个变数。

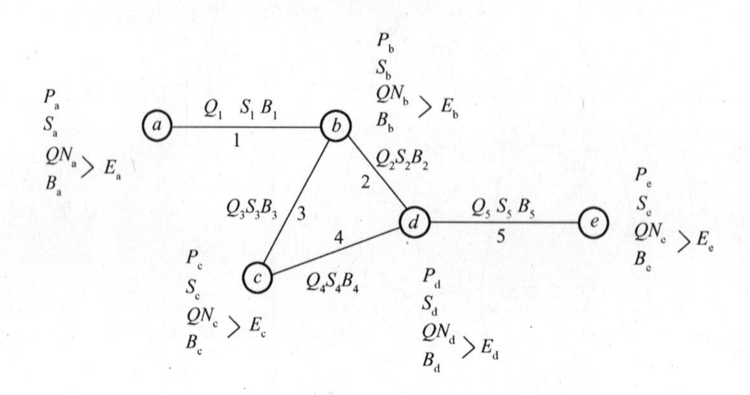

图 6-24　变化的密度和热值所形成的变数

P—压力；Q_N—节点流量 m^3/d 或 m^3/h；S—燃气的相对密度；

B—燃气的热值 MJ/m^3；E—节点的能耗量 $= B \times Q_N$；Q—NCE 的流量

在每个耗气节点上所需的热流量为已知值。根据流入该节点燃气的热值可求得燃气的体积流量。在源节点上，燃气的密度和热值是已知的（已规定了供气质量），根据系统的压力-流量关系也可算出体积流量。

燃气体积的混合，如图 6-25 所示[1]。假设流入节点的燃气质量是已知的，且在节点处已安全混合，对这种情况，只需求出流离节点时燃气的密度和热值。

在管网分析中，应注意管道的连接方式。如图 6-26 中所示的一个四通接头，就有简单的四通连接和越过式连接两种。不同的连接方式混合的结果也不同。理论上，对简单的四通接头，混合气体将从与节点相连的管 3 和管 4 流出；而在越过式的接头中，混合的结果则决定于越过时燃气的流动方向。对图 6-26 中所示的燃气流动方向，仅管 4 可获得混合气体。

$$Q_T = Q_1 + Q_2$$

$$B' = \frac{Q_1B_1 + Q_2B_2}{Q_T}$$

$$S' = \frac{Q_1S_1 + Q_2S_2}{Q_T}$$

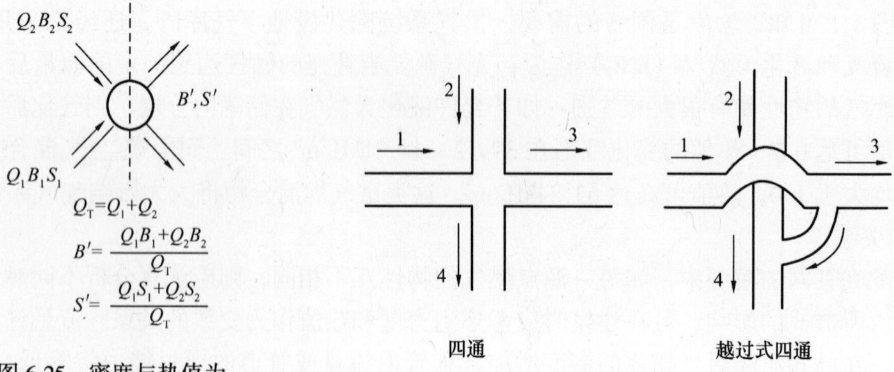

图 6-25　密度与热值为变量的管网模型中体积混合的定义

图 6-26　简单四通和越过式四通简图

在压力-流量关系的建模过程中，若包括燃气的质量问题，则将大大增加由处理过程反馈的信息量。分析工作必须考虑到以下几种情况：

1. 哪些用户是从某个气源获得燃气的。

2. 每一用户所用燃气的有效热值，应通过账单进行分析。

3. 在系统的每一节点上，根据燃气热值所规定的变化范围，确定潜在的燃气互换性问题。

七、高程变化较大时的管网模型

对低压配气系统，管内的压力是根据所在位置的大气压确定的。大气压的静压校正值可用来校正管网每一节点的总压力。如模型中所用的管道计算公式已包括了静压高程的校正项，则每一节点的表压可由模型节点的绝对压力和节点所在地点的大气压确定。高程校正值的准确计算方法可见第三章第四节，国外的文献中也有介绍[38]。

第五节　建立管网模型的数据库——输入部分[1]

上节介绍的程序提供了解管网方程组的方法。如果要使计算的结果符合实际的运行条件，则方程式中的参数必须根据已有管网的信息确定。模型信息的建立应注意下列三个基本方面：

1. 反映设施的详细情况；

2. 建模工作者应算出用户的负荷值，并将求得的负荷值合理地分配在管网上；

3. 收集其他所需要的信息，以便在管网上可以模拟不同的状态。如供气合同的范围；合同规定的压力范围；管道的最大允许运行压力；调压器的正常设定压力以及其他的运行限制条件和应用规定等。模型信息的建立过程也包括系统的简图在内。

一、设施情况的说明

总图上应标出管道的位置、管道的连接方式、支管的情况和原型系统中调压站的初始位置等。实际上，总图本身就是配气系统的模型。构图过程应不断地简化，形成一个简图，且能反映出为压力-流量建模目的服务的配气系统的本质。模型中的下列设施应有详细的说明：

1. 管道系统的规划应表明管道系统的地理位置以及设施与设施的连接状况。

2. 构成管网的设施参数。对管道而言，应包括管径、管长和摩阻的信息。摩阻信息又应包括管材、管道的粗糙度和反映摩阻的其他信息（管径应是管内径，而不是公称管径。不同材料，如铸铁、钢、铜、塑料管的标准均规定有不同的管内径）。

3. 调压器的位置和设定压力，包括最大调压器常数（Maximum regulator constant）和调压器的运行参数。

4. 压缩机的位置和压缩机的运行特性。

5. 系统中涉及压力-流量关系的其他设备的参数值。

二、用户负荷信息的处理和在模型上的分配

负荷计算是模型输入量的一个主要内容，也是反映建模条件下向用户的售气特性。负荷分析有两层含义，即分析单独用户的耗气量及其预测值，并将负荷的预测值合理地分配在管网的简图上。

对大用户应根据工艺要求确定其有效负荷值，但用户运行图的确定过程应尽可能的简单。

负荷值确定后应分配在管网的合理位置上。在分配中首先应标出大用户的位置。大用户一般均标在节点上。在美国，如单独用户高峰小时的负荷值大于 $30m^3/h$[1]（随规定的建模条件和负荷计算的准确程度而变）则应有自己的节点，以保证负荷分配所产生的误差达到最小值。在一般的配气系统中，这类工、商业大用户通常较少，应特别注意将它标在管网的一定位置上。

通常，城市系统中的小型负荷常集中起来置于街道交叉处的节点上（即管道交叉连接处），每一节点可集中 10～100 个用户，在较偏僻的郊区，用户数可减少。至于大型居民住宅大楼和大型商业的负荷，则如前述，应标在其自身的节点上。用户在管网节点上的标定有三种方法：

1. 最常用的方法是在节点上标上用户的地址，多数用户将自动标于最近的节点上。这是最简单的方法，但只有在住房的编码系统十分有规则时才可靠。根据住房的编码应能推断出街道的交叉处，在许多城市中，住房的编码并不十分规则，这时，在节点上除住房的地址外，还应标上街坊的编码。实际上每一用户的编码号还应加上节点的编号。节点的编号应协调好工业大负荷及其他特殊类型负荷的分数节点。

2. 如果配气的设施图上能画出用户建筑物的轮廓，这就可以算出集中于管网每一节点上的用户数，因而计算中所需的负荷系数就可以从地区性的或整个系统用户的基础负荷和负荷系数关系的分析中获得。但这样得到的结果还不十分准确，因为它是通过全部的抄表线路将负荷做了平均的分配。

3. 如果节点负荷能根据基础负荷和负荷系数得出，而负荷系数又从简图中画出的抄表路线信息中得到，虽然复杂，但却是较好的解决办法。

对管网中途泄流量与总通过流量相比较小的管段，将用户标在这一节点或另一个节点上影响均不大：但如将用户标在末端管段上时，就应慎重对待，因为节点负荷量的分配将影响模型的准确性。在末端管段上 62% 的负荷应分配在下游端，38% 的负荷分配在上游端[66]。

三、用户负荷分配的其他注意事项

大型配气系统用户负荷处理的本身就是一个数据的集中过程。最好有分立的程序管理不同的负荷信息。负荷可根据使用条件，如工业、调节负荷、商业、居民等分别处理，根据所需的要求形成独立的数据库。

建模过程中还应补充其他的信息数据，如流动燃气的温度、最大和最小允许运行压力、燃气的流速、燃气的组成和密度。在建模时使用与黏度有关的流量公式时，还应包括燃气的黏度。

配气管道中燃气的流动温度即土壤温度，要有一年中土壤温度的变化数据。不同管道的最大允许运行压力也应进行分析，如运行压力高于管道运行的限值，则模型所示的结果就无效。在低压和高压系统中，为满足用户调压器和用户燃烧设备的安全运行要求，还规定了压力的高限和低限值。对最小允许压力也有规定，特别是大用户，供气压力有合同规定的范围；低压系统的压力也有法定的规定。对旧有配气系统的限制条件还包括最大流速，特别是一些老式系统，管道中常有沉积物。保持流速低于某一等级可防止沉积物的运动而影响燃具的使用。所有这样或那样的限制条件在模型程序上甚易校正。

第六节　模型结果的说明——输出部分

一旦模型已经建立，负荷亦已标上，相应的未知量也就明确了。但对某一问题的回答要通过模型结果的说明才能取得效果。模型工作者的任务就成为一个输入已知参数后所得结果的说明者。十分重要的是模型工作者应清楚地知道模型中有哪些假设和简化量，从而能清楚地说明所获得的结果。

一、决策用模型的结果

数字分析程序的结果通常采用表格的形式，包括压力、负荷、供气量、管内径和其他的信息值。其他的打印结果也有助于对模拟结果作出解释，如管径表、每一管段内的流速和比压降平方值等。比压降平方值的重要性在于从中可看出系统的“瓶颈”位置。在系统分析中如还包括热值和密度的变化，则在节点上还应标出热值和密度的数值以及配气公司所需的其他互换性数据，例如，算出到达每一节点的燃气华白数（热流量系数）等。这些信息对运行部门十分有用，是供应不同质量燃气的城市所必须解决的问题。模型结果有两种表达方法：

（一）打印的表格

整个系统的打印结果对小型系统十分重要。但对超过100个节点的大型系统，要阅读数量很大的输出量就很乏味和无意义，因而需要采用其他的输出工具，如应用一些新的概念来限制打印的输出量，如：

1. 用一种专门的报告格式将信息分类。如打印出节点的名称和所规定每一参数的最高值与最低值，以便模型工作者能迅速找出系统中出现异常情况的位置。例如，根据比压降值可找出系统中机械能（压力）消耗最大的地方。

2. 根据需要查阅部分的输出信息。当模拟工作的信息互有影响时，模型工作者应能自由地查询管网一定范围内的数据，或根据输出指令输出规定地区范围内的数据，获得管网规定范围内的特殊报告。这对模型工作者在操作多级管网且重点需了解某一次级系统的结果时十分有用，也有利于在地图上确定节点的位置和根据该地区的元件范围考察有关的信息。涉及管网压力-流量关系各种指标的打印结果也十分有用，它与确定管网的能力有关。

（二）图像显示

对管网模型的说明，图像往往比文字更清楚。由于简图是模型工作者对系统的窗口，将模拟的结果直接用简图表示比较方便，也有利于进行专项的研究。计算机的打印结果用图像表示时，应将数字结果放在适当的位置上。

如果节点用 $X—Y$ 坐标表示，则可得高清晰度的图像。也可画出二维简图，各种主要的变数可用不同的颜色表示，也可用线条的粗细代替颜色表示不同压力的管道。

三维图也常采用，可显示出压力面或负荷面，用以说明系统的灵敏度。对连续的三维面要仔细观察，当系统的流量路线看不清楚时，常会产生不正确的结果说明。

二、模型的校核

如模型用来作为运行和设计决策的有效工具，则对模型的合理性需进行检验和校核。

如果不能证实模型确能完全代表原型系统，则模型输出的结果是不可靠的。通常由于管道系统中有用的压力和流量信息很少，常易于误认为模型已能完全代表系统。甚至对已知的信息，校核过程也能在模型中证明这些信息是完全正确的。

校核程序应连续贯穿在系统的整个寿命期内。因为管道内部情况可能发生的变化往往所知甚少，特别在实际运行中管道"临时性"的切断和连接，模型工作者不能及时掌握，因此要利用每一个机会来校核模型的真实性。最可信赖的是由燃气公司提供的系统简图，但这些简图必须以现场记录如草图和工序报告作基础。如将现场报告的副本编入简图，也会产生很大的误差。

如果数据的收集工作做得很好，管道的连接记录也很正确，则预期可得满意的模型结果。确定模型质量的最好方法是其压降值。对长输系统，模型的匹配误差若不超过数十个kPa［数磅（a few pounds)］，则可认为是好的系统；对414kPa的高压配气系统则应在十几个千帕斯卡之内（a few psia）；对与区域调压站相连的103kPa的供气系统，匹配误差应小于7kPa（1psia）；对低压系统，如缺少表压值，则应知源点（调压站）的压力，由模型算出的最低压力与实际值之差应在12.5mm水柱内，模型系统才算合格。

校验过程的主要功能之一是能判明当原型系统转换成系统的数字模型时发生的错误。产生匹配误差的主要原因是：

1. 错误的判断了阀门的状态：是关闭，还是开启？或是根本没有记录。

2. 管内残存液体或其他障碍物造成不正常的较大压降。

3. 文件记录中的管径有错误。

4. 管道连接状况的记录失实，如管道在街道的交叉处没有连接好。

5. 大负荷在系统中标错了位置。

6. 将全部负荷分配在末端管段的下游节点上，而不是按比例地分配在上游和下游的节点上。

7. 管长有错误。

8. 未经允许安装的弯头、分支管和零配件。

9. 管道有部分堵塞。

10. 用错了燃气的流动温度、黏度和密度。

11. 使用了不变的容积流量，而实际上燃气热值的变化又很大。

12. 使用了稳定状态的模型，而实际条件却属于不稳定状态。

通常，未考虑到的或上述未列出的引起比模型中产生更大压降值的原因也应指出。

在个别情况下，当计算所得的压降值大于现场所得的观测值时，模型工作者就面临各种各样的问题。在配气系统中出现这类问题时，多数是由于所采用的流量公式太保守，或算错或标错了负荷，少数是由于未编码的连接点所造成。

如能用心做好规划、组织好简图；在组织简图的过程中采用有效的手工和自动校核程序，则上述中的许多问题是可以避免的。

如果主要的校核工作已经完成，则进一步的微调工作可使模型更接近规定。微调工作包括：

1. 在量测点附近调节整个系统的负荷，使其与高峰小时负荷相匹配。

2. 应用更符合实际的燃气密度、流动燃气的温度和黏度值。

3. 调节管道的内径。

4. 调节弯管和零配件的长度。

5. 调节负荷系数。

6. 调节管道的粗糙度（雷诺数较大时）。

7. 调节个别的负荷。

模型的校核工作完成后，应继续考虑原型系统的变化、负荷的分配及其数量的变化，以保持系统的先进性。不应过分看重管道系统布置和安装计划中负荷之间的明显差别，比较哪些是规划中有的，哪些是经过可行性检验过的等，除非这些差别极易产生混淆的结果。

第七节　模型功能的管理[1]

与燃气公司内部的其他功能相同，建模工作能否成功的关键在于管理。作为一个长期的项目，管网模型应包括在目标管理的范围之内。公司的所有部门均应确认它是公司的一个重要机构。建模机构应有自己的人员编制和预算。建模机构也应最大限度地提高管网模型的潜在效益和尽量减少建模的成本。

一、与建模过程有关的部门

管网建模所需的数据来自公司的许多部门，主要的责任者是管道系统的设计和规划人员。需要公司各部门提供的输入信息如下：

1. 供气部门。提供哪些属于有效供气量，哪些是向系统供气的预测值。

2. 用户记录。提供用户的身份和耗气量信息。

3. 简图和记录。提供管网系统的自然和连接状况。

4. 配管和维修。提供关于计划取消和管道连接状况的信息。

5. 信息系统。提供数据库、计算机硬件、终端和通信系统的支持。

6. 销售和市场。提供因发展新用户而产生负荷的变化、大用户的负荷特性以及哪些地区的建筑物要拆除，负荷也将消失。

7. 安全部门。提供偷气和未经计量而流失的燃气信息。

8. 燃气管理。提供管道实际运行状况的图表和记录。通过连线数据采集系统提供记录的信息。

二、建模是一个连续的过程

管网模型过去的传统功能是观察冬季最近的一个高峰日，而后按用户的耗气记录计算负荷，再根据历史的数据调整模型的结果以确定下一年模型求解的条件。但现在一致认为，建模过程必须能反映系统连续变化的真实性。如系统自然状态的变化、用户负荷的增加和减少、市场与销售计划的变化以及类似的模型输入量等均应作为建模的数据。分散用户负荷的计算通常每年进行一次，时间在采暖高峰季过去之后。至于大用户的负荷计算，次数应更多一些。

三、模型功能与自动设施信息系统（Automated facilities information system）的关系

一个大型管网模型可以简化并进行人工编码，但这种方法因易于出错而不再采用。另一种有自动输入和更新程序的非图示设施的数据库是这一方法的改进。但更好的是一种图表数据管理法，考虑到管网连通性的自动绘图系统可提供管网所需的说明，特别是可以删掉不必要的繁琐和建立适于模拟管网各管道元件的连接位置。

有完善数据库的管网建模集成过程中，如管网模型常需用来操作管网系统未来的变化和负荷，担负起过多数据的模型自动信息系统的工作，就常会发生混淆，从而使模型系统常需与数据库相连，而不能成为信息系统的一个部分。

四、管网模型成功的关键

燃气公司要使模型成为有价值的工具，必须做到以下几点：

1. 不断地更新、校核和协调

根据现场的压力和供气记录对模型的结果应不断地进行校核，如模型能确实反映系统在运行和施工维修中的真实情况，模型的作用就会得到公认，使用量也会稳步上升，模型系统的管理人员也会更有信心。有经验的工程师应经常向用户通报模型的结果。此外，通过参加建模的过程对一般工程师和管理人员进行培训也有助于保证模型的结果得到广泛的应用。

2. 支持管网的建模工作

要坚信建模工作是公司的一个目标，对建模这一特殊任务给以人员编制和资金上的支持。

3. 优秀的工作人员

若要模型的功能获得成功，至少应有一名具有丰富经验的燃气工程和编程工程师，再配备2~3名助手。在完成了建模工作、建立了用户账单信息和管网工作之间的关系、扩大了管网系统的服务范围后，人员编制还应有所扩大。在美国的许多燃气公司中，当配气部门的设计工程师和技术人员需经常使用模型时，工程部往往还专设一个小组帮助模型的维护和改进工作。

4. 及时通报模型的结果

在燃气公司中，及时通报模型的结果是建模工作成败的关键。管网建模专家应使模型的结果对用户和其他部门简明易懂。对长输系统，模型的结果最好做成简图的形式。对配气系统，则以部门工作手册中每一部门的综合表格形式表示。压力的表格与节点的名称对模型工程师尤为重要。

第八节 配气系统中的不稳定流动模型

一、与设计有关的不稳定流动

所谓不稳定流动是指管道的任一断面上，其流量和压力值随时间而变的一种状态，即 $Q(x,t) \neq$ 常数，$P(x,t) \neq$ 常数。式中 x 表示断面的位置，t 表示时间，即负荷图中耗气量随时间变化的规律。配气管网和长输管线末端管段是典型的不稳定流动，但是，设计配气管网时，常认为燃气的压力和流量随时间的变化不是重要的因素。通常，一个系统按高峰耗气条件设计时，用的是最大体积耗气量，且假设在高峰耗气15~60min的时间段内，系统是稳定的。管道越长、系统的压力等级越高，管道系统内部的储气能力就越大，满足高峰耗气的“机会”也愈多。对一个典型的高峰日负荷图，若配气系统的长度为32km，压力为689.5kPa，管道的大部分反应很快，可采用稳定流动的假设。但对更长和压力更高的管道的系统，这一假设就不再成立，如仍用稳定流动的概念，系统就将成为“保守的设计”(Over designed)，这可用以下的例子来说明。

若以不稳定流动的分析为基础，则控制系统的建模将成为另一个重要的领域。例如，若调压器或压缩机要对系统远端部位的设定点作出反应时，系统反应的滞后时间在确定控制参数时就十分重要。一种瞬变模型（Transient model）可用来查明系统的反应速度和确定达到反应要求的控制参数。

美国燃气管网研究著名专家史通纳（Stoner，M.A)等[39]指出了在设计配气系统时不稳定流动分析的重要性。以图 6-27 所示的干线系统为例，最大耗气量为 580000m³/d。稳定

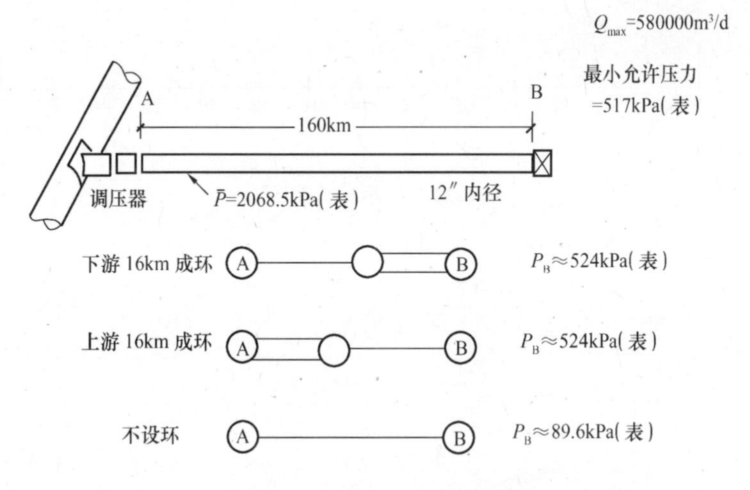

图 6-27　瞬变分析的简图示例

状态分析的结果表明，下游节点的压力为 89.6kPa，它低于规定的最小允许压力值 517kPa。如果仍按稳定状态选择替代方案，为提高系统的通过能力，必须有一段干管形成环状。只有在干线的上游或下游增设一条 16000m，管径为 305mm（12in）的环状管后才能使末端的压力达到 517kPa（表压）。虽然高峰耗气量所延续的时间很短，且与日负荷图有很大关系，但通过对系统的瞬变分析（Transient analysis），可得出一些有意义的结果。如管道末端的负荷曲线如图 6-28 所示，则瞬变分析结果表明，上述下游成环、上游成环或无环的三种方案均可得图 6-29 所示的结果。最小压力出现的时间滞后于最大耗气量出现的时间约 1～2h，且最小压力值均大大高于稳定状态分析所得的值 89.6kPa。

二、运行分析中的不稳定流动

瞬变分析法的另一用途是可帮助调度人员做出日运行规划，瞬变分析模型也可向培训中心的运行人员演示系统的反应和事故损失燃气量的计算。当管道断裂并向大气排放燃气时，系统将出现非常不稳定的流动状态。瞬变分析模型可用来准确地算出燃气的排放量；对多数管道断裂的情况，计量设施量得的燃气量将超过计量图的范围（即计量设施不能记录不稳定流量），因此，利用压力信息反倒可用瞬变模型转换成通过断裂处的流量预期值。

图 6-30 所示为长输管道设施的一部分，运行压力约 5516kPa。在管道系统中燃气来自上游管道系统的源点（标以“源”）和气田（标以“田”），通过 24in 的管道和开启的逆止阀（Check value）输送至负荷点（标以“荷”）之后的各类用户市场。图中也标出了两个切断阀 *A* 和 *B* 的位置，先测定“源”点的有效压力、“田”点的有效流量和“荷”点逆止

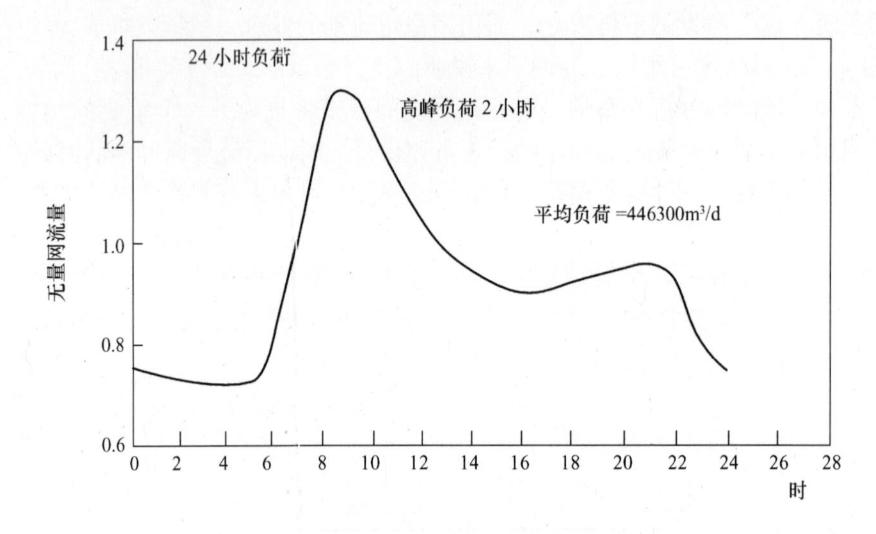

图 6-28　24 小时负荷图

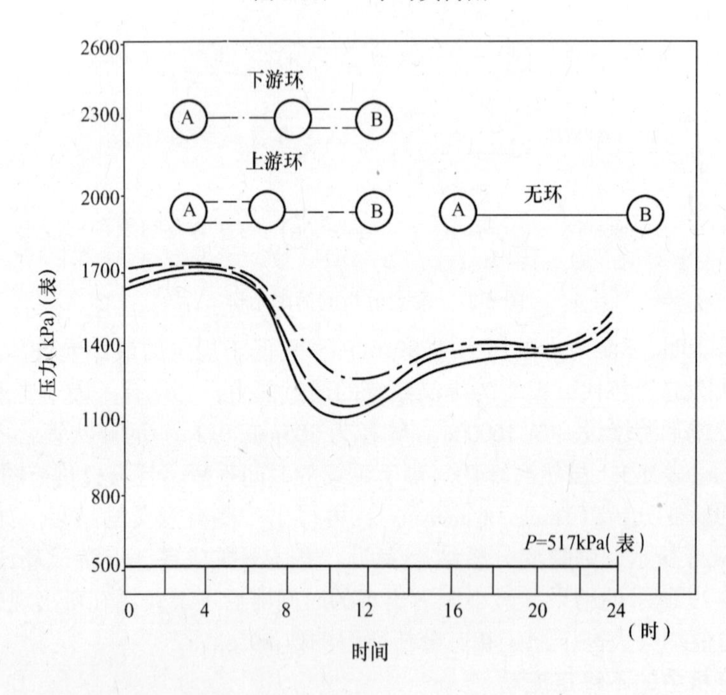

图 6-29　三个方案在 B 点的压力

阀上游的有效压力，1:45 在预设的凝水罐位置 C 处放气以表示该处的管道断裂。图 6-32 则表示管道断裂后的燃气流动状态和不同阀门的运行时间。断裂发生后，24in 干管中的燃气通过预先和凝水罐相连的 10in 短管排向大气。研究工作的目的是试求用不稳定流动分析法确定通过管道断裂处向大气排放的燃气量。从严格的流量量测角度看，系统的连续性已不再存在，只能按不稳定状态模型根据原先有效的量测流量和压力值计算事故损失的燃气量。如图 6-31 所示，在管道发生断裂后 6 分钟，即 1:51 后，在“荷”点的逆止阀关闭(决定于模拟逆止阀感觉到流量反向流动的时间)。调度员发现压力迅速变化后，派出现场维修组去切断漏气段。阀门 B 于 4:00 关闭，阀门 A 于 4:45 关闭。

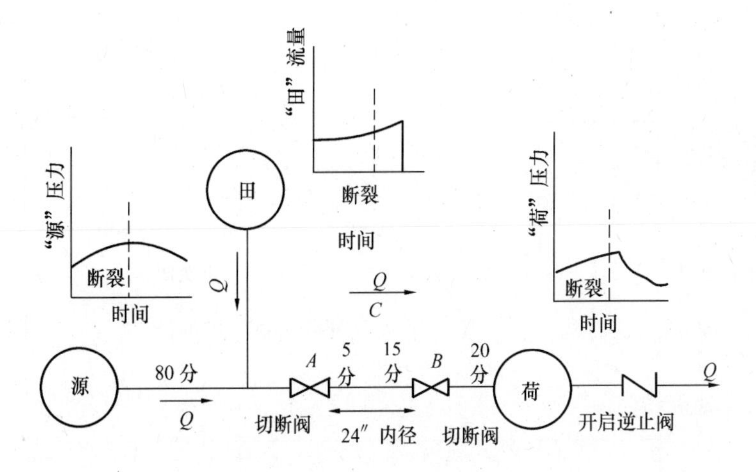

图 6-30 损失燃气计算简图—断裂前

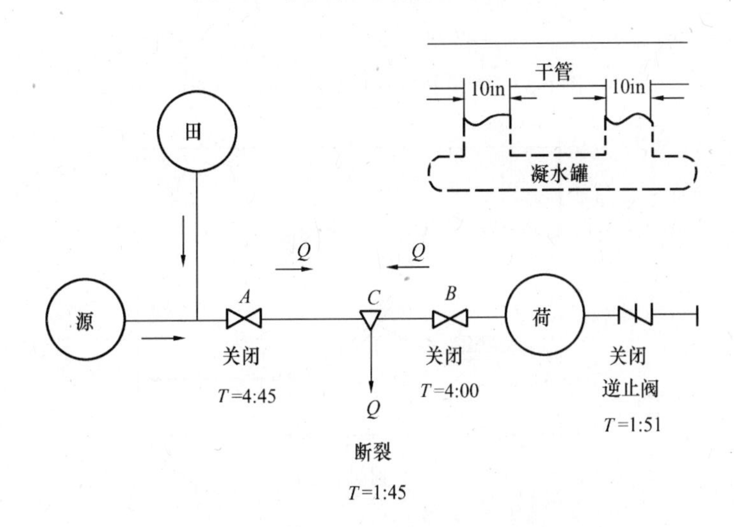

图 6-31 损失燃气计算简图—断裂后

当这一系统不稳定流动的模型准备就绪后，测量"源"点的压力、"田"点的流量和"荷"点的压力（直至逆止阀关闭，流量为零）就可以用来表现模拟情况。模型也包括上述各种阀门的关闭时间。模拟中，漏气以一定大小的孔口表示，孔口的下游为大气压。模拟工作从零时零分开始，对准断裂发生的时间 1:45。

图 6-32 所示为管道断裂处损失燃气量的预测结果。有意思的是在图中看不出 *B* 点阀门关闭后所产生的影响，而 *A* 点阀门关闭后的影响则十分明显。曲线所包含的面积相当 1820000m^3，这就是事故中向大气排放的损失燃气量。

当"荷"点的边界条件由带压切换成所规定的零流量状态后，"荷"点的压力就可以算出。

图 6-33 表示"荷"点处压力的记录值和预期值的关系。由图 6-32 可知，损失气量的预期值有很高的置信度。但对管道断裂分析的多数情况而言，演示比较结果所需的附加信息较多，往往难以做到。分析和计算事故中燃气的损失量并准确预期燃气系统的反应有很好的社会公共关系效益。

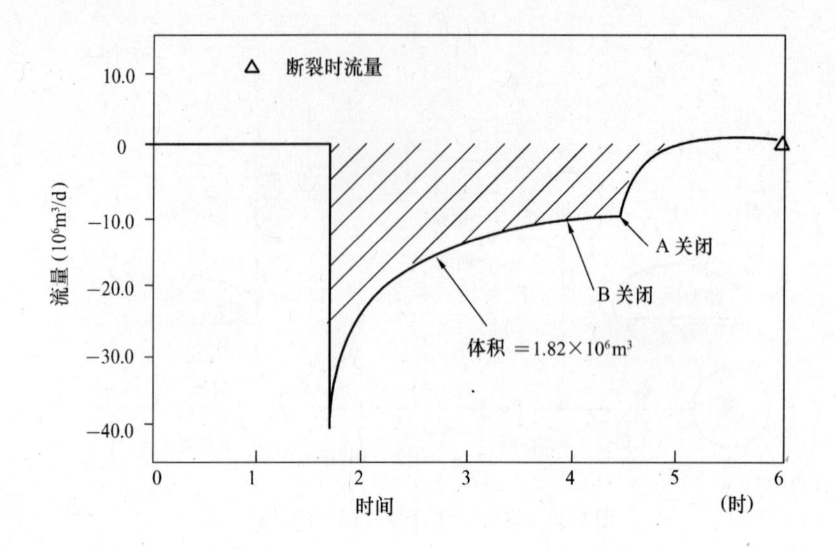

图 6-32　管道断裂处系统损失的燃气量

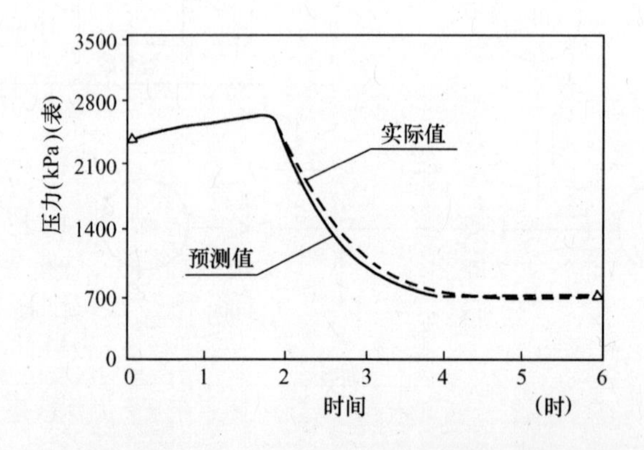

图 6-33　“荷”点处压力的实际值和预测值

第七章　能力设计经济学

一个工程师必须具备一定的经济学知识，因为在完成一项工程目标时，一定要做若干个方案进行比较，其中经济因素是选择方案的必备条件。本章介绍发达国家的燃气工程师必须掌握的国际上通用的经济理论，与国际接轨，并在此基础上重点讨论燃气工程能力规划决策中常遇到的两个问题，即管理和规模的关系。

第一节　经济分析的基础理论

一、成本（Costs）

在燃气工程中，需对参与比较的每一方案进行年收入（Revenues）和成本（Costs）的评价。年收入是指某一方案收入的增加量；而成本，则可分为两类：经营成本（Operating costs）和固定成本（Fixed costs）。

我国国内的成本组成与国外的成本组成不完全一致。我国规定的经营成本是项目经济评价中所使用的特定概念[69]，作为项目运营期的主要现金流出，其构成和估算可采用下式表达：

经营成本 = 外购原材料、燃料和动力费 + 工资及福利费 + 修理费 + 其他费用

式中　其他费用是指从制造费用、管理费用和营业费用中扣除了折旧费、摊销费、修理费、工资及福利费以后的其余部分。

总成本费用可按下列方法估算：[69]

1）生产成本加期间费用估算法：

总成本费用 = 生产成本 + 期间费用

式中　生产成本 = 直接材料费 + 直接燃料和动力费 + 直接工资 + 其他直接支出 + 制造费用
期间费用 = 管理费用 + 营业费用 + 财务费用

2）生产要素估算法：

总成本费用 = 外购原材料、燃料和动力费 + 工资及福利费 + 折旧费
+ 摊销费 + 修理费 + 财务费用（利息支出） + 其他费用

式中　其他费用同经营成本中的其他费用。

成本费用的估算应遵循国家现行的企业财务会计制度规定的成本和费用核算方法，同时应遵循有关税收制度中准予在所得税前列支科目的规定。当两者有矛盾时，一般应按从税的原则处理。

各行业成本费用的构成各不相同，燃气行业成本费用的估算应根据行业规定或结合行业特点处理。

总成本费用也可分解为固定成本和可变成本。固定成本一般包括折旧费、摊销费、修

理费、工资及福利费（计件工资除外）和其他费用等，通常把运营期发生的全部利息也作为固定成本。可变成本主要包括外购原材料、燃料及动力费和计件工资等。

有些成本费用属于半固定半可变成本，必要时可进一步分解为固定成本和可变成本。总之，项目评价中可根据行业的特点进行简化处理。

不论项目如何繁多，从本质上看，经营成本是企业日复一日运行中的循环成本(Recurring costs)，其增大或减小与生产产品的数量和所提供的服务有关，通常包括原材料成本、劳动力成本和维修成本。按国外的私营企业来说[70]，工程项目建成投产后，主要的现金流入是销售收入，主要的现金流出是经营成本、利息支付和所得税。如果还有建设投资，或流动资金需要增加，则当年建设投资和当年流动资金增加额也是现金流出。生产时期各年的收支情况如下：

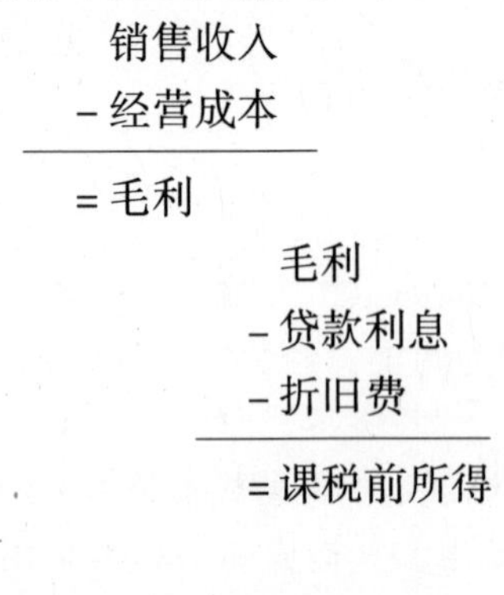

　销售收入
－经营成本
————
＝毛利

　毛利
－贷款利息
－折旧费
————
＝课税前所得

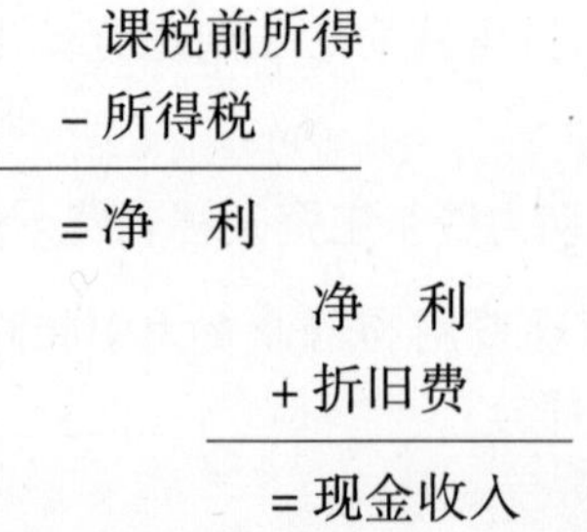

　课税前所得
－所得税
————
＝净　利

　净　利
＋折旧费
————
＝现金收入

　现金收入
－当年建设投资
－当年流动资金增加额
————
＝年净现金流通

上式中，毛利、折旧费、课税前所得、净利、现金收入等项，都不是现金流入，它们都只是销售收入这一项现金流入在工程项目内部的转移。由上式还可以看出，折旧费由毛利中分离出来，待纳税以后，又与净利合并，实际上是不纳税的所得。

折旧费既不是现金流入，也不是现金流出，但它却能影响现金流出。因为，如果从毛利中减去的折旧费多，应纳税的所得就会减少，应缴纳的所得税也会随之减少；反之，减去的折旧费少，应当缴纳的所得税就会增加。而缴纳所得税是现金流出。

我国在社会主义市场经济改革过程中，国有企业为全民所有，但又是独立的核算单位，在工程项目评价中，既要从国家的角度出发，又要从企业的角度出发。在投产后的各个年份，什么是现金流入和现金流出，也会由于出发点的不同而有差异。例如：

销售收入
- 经营成本（工厂成本 + 销售费用 - 折旧费）
- 工商税
- 固定资金占用费 } 税金
- 流动资金占用费
- 折旧费

= 企业利润

企业利润
- 贷款利息
+ 折旧费

= 企业收益

企业收益
+ 工商税
+ 固定资金占用费 } 税金
+ 流动资金占用费

= 国家收益

国家收益
- 当年建设投资
- 流动资金增加额

= 年净现金流动

如果从企业的角度出发，除经营成本是现金流出之外，工商税、固定资金占用费、流动资金占用费（这三项可统称为税金）和利息支付都是现金流出。如果从国家的角度出发，则税金与企业利润一样，都是国家的收益，那么税金就不再作为现金流出了；于是，从销售收入减去经营成本，再减去利息，就是国家收益。

我国城市燃气建设工程中，还有用户交纳的“初装费”一项，并未经国家立法，它类似于家用电站的“初装费”（已取消），且至今仍是燃气企业赖以生存和发展的重要基础，这是别的国家所没有的，情况就更为复杂。因此，不论用什么方法进行经济分析，首先应弄清国家在经济改革中不同阶段的规定和企业的收支情况。

资金成本（Capital costs）是服务期超过一年的各种设施的支出，它包括工具、机械、汽车、建筑物等。资金成本可根据供货人提供的供货成本和现行施工安装成本进行计算。这一支出即投资，它不是靠当时的年收入（Current revenue）支付，而是由国家或投资者(股东或债券持有者一次付出的资本投资（Investment capital)。

固定成本（Fixed costs）与工厂设施的资本投资有关，它与企业的生产活动水平无关，即不论企业开工不足或满负荷生产，固定成本是不变的。固定成本的组成为：资金的偿还（Capital repayment）或折旧（Depreciation)；资金回收率（Return on capital)；收入税（Income taxes）和从价税（Ad valorem taxes)。

（一）折旧

企业的设施在用旧和报废之前有一个服务寿命年限（土地不在此内）。有些设施在服务寿命期满后，还有一个残值（Salvage value），它是原始投资的一部分。实际上，所谓残值就是土地、旧建筑物、废旧设备和材料的价值加上回收的全部流动资金再减去拆除清理费。它是项目服务寿命终了时的一笔现金收入。项目初始投资和残值之差为商务成本（Costs of doing business），是折旧计算的依据。

折旧在成本估算和经济分析中占有很重要的位置。在国内，“折旧”这个概念与国外工程项目研究中折旧的概念不完全一致，因此，是一个待探讨的问题。在国外，对企业来说，折旧费是企业不纳税的所得。企业的毛利和净利之间存在这样一个关系：

毛利 - 折旧费 = 可课税所得

可课税所得 - 税款 = 净利

即折旧是不纳税的。而折旧在现金流通中又以下列形式表现出来，即：

净利 + 折旧费 = 年度净现金流通。这样做的目的，是为了鼓励投资。按国外习惯，折旧主要是服务年限问题，是指一个设备或一个工厂能够经济适用的“时间”，即年数，是通过统计和计算由国家立法颁布的。折旧的计算方法有很多种，但在公用事业中最常用的有两种方法，即：直线法（Straight-line method）和递减法（Deuble rate declining balance method）。如图 7-1 所示，若设施的投资（总固定资金）P 为 10000 元，估计的残值（预计服务寿命终了时的残值）L 为 1000 元，有效服务寿命为 9 年，则上述两种方法的计算原理如下：

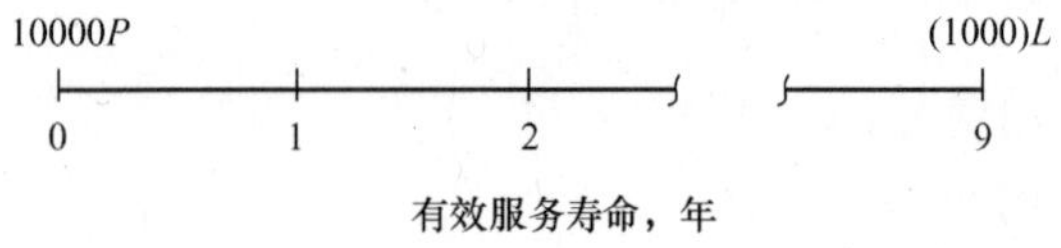

10000P　　(1000)L

0　1　2　9

有效服务寿命，年

图 7-1　时间排列图

1. 直线法

在设施的寿命期内，年折旧成本是均匀分配的。每元工厂折旧费（P-L）的折旧率为：

$$d = \frac{1}{n} \tag{7-1}$$

式中　d——年折旧率，以分数表示；

n——设施的有效寿命，以年表示。

在图 7-1 所示的例中

$$d = \frac{1}{n} = \frac{1}{9}$$

年折旧费 D 为：

$$D = \frac{(P - L)}{n} = \frac{(10000 - 1000)}{9} = 1000\text{ 元／年}$$

美国公用事业的企业常用这种方法计算折旧率和在年收入中计算折旧成本。[1]

2. 递减法

由于新建厂中设备的效率高，与老厂相比，维修的时间也少，可提供更高的生产率，因此，在有效寿命期的开始几年中年收入也较高。根据会计学中的匹配原理（Matching principle），设备寿命期的早期应比后期有较大的折旧成本才比较合理，这就导致产生一种不均匀的分配法，称为加速法（Accelerated methods），即在设备的有效寿命期内，初期的年折旧费用比直线法要高；而后期，又比直线法要低。

折旧的递减法是常用的一种加速法。在这一折旧方法中，折旧率是对保有设备

(Remaining plant）而不是对折旧设备（Depreciable plant）而言。通常，等折旧率也可用于递减法，其折旧率通常为直线法的1.5~2倍。因而递减法折旧率（DRDB）对图7-1所示的例题为：

$$d=\frac{2}{n}=\frac{2}{9} \tag{7-2}$$

递减折旧中不可能将保有设备的值减少到零，因此，递减法折旧费用的总和应等于折旧设备的 P-L 值。在期望的保有寿命期内转用保有设备的直线法也是可以的。通常，年折旧费可按下式计算：

$$D=\frac{(P_x-L)}{n-x} \tag{7-3}$$

式中　x——改用直线法前一年的时间，年；

P_x——x 年末设备的保有值。

在上例中，设从第8年的年底转为使用直线法，则第9年的折旧费可计算如下：

$$D=\frac{(P_8-L)}{(n-x)}=\frac{1339-1000}{9-8}=339\text{ 元}$$

上例中，用递减法求得的年末设备保有值和年折旧费用可见表7-1。

递减法折旧计算举例[1]　　**表7-1**

年	年末设备的保有值 P_x（元）	年折旧费（元）
0	10000	—
1	10000 − 2222 = 7778	$\frac{2}{9}\times 10000=2222$
2	7778 − 1730 = 6048	$\frac{2}{9}\times 7778=1730$
3	6048 − 1343 = 4705	$\frac{2}{9}\times 6048=1343$
4	4705 − 1046 = 3659	$\frac{2}{9}\times 4705=1046$
5	3659 − 813 = 2846	$\frac{2}{9}\times 3659=813$
6	2846 − 631 = 2215	$\frac{2}{9}\times 2846=631$
7	2215 − 494 = 1721	$\frac{2}{9}\times 2215=494$
8	1721 − 382 = 1339	$\frac{2}{9}\times 1721=382$
9	1000	339
总　计		9000

在计算年折旧费时，设备的有效寿命并不是它的实际寿命即报废寿命或限制的服务寿命（Limited service life），如：气田集气系统的有效寿命为气田的产气寿命。与此类似，安装于建筑物内各种设施的有效寿命应受建筑物有效寿命的限制。计算中的残值也不是净残值，而是小于搬迁成本的市场价值。

有效寿命和残值都是估计的一个数字，因为在经济分析时，无法知道设备寿命期末设备的实际价值，但又必须尽可能地算出年折旧费。如经济分析人员不进行计算，就要研究是否需要做一些调整，以使总折旧费用与实际上曾使用过的设备折旧相等。

如前所述，在燃气工程中一般可采用直线法计算折旧。过去习惯于先定折旧率，后据以确定服务寿命年限，这样得出的服务寿命年限显然常常不是整数。合理的方法应是先确定服务寿命年限，再确定残值和清理费，然后再计算折旧率和折旧费。

此外，国外对折旧费和维护修理费两者在概念上是有严格区别的。前者是生产过程中对固定资金的提成。投资者所花的资金最后通过折旧费和残值又一起回到投资者手中；而后者，则是维持固定资金使之处于完好状态所支付的费用。国内过去习惯于把维护检修费称为大修折旧，连同基本折旧一起叫做综合折旧，这就容易在经济分析中造成混乱。因此，应把折旧费独立出来，列成一个项目。

（二）资金的回收（Return on capital）

在国外，“资金规划”（Financial planning）通常包括在“资金筹集”（Financing）这个题目之内，是一个投资者需要考虑的主要问题。投资者也应利用别人的资金，通过一定的方式，如贷款、股票、债券等为自己服务。

在我国，长期以来是国家根据国民经济发展的实际水平，规定一定的积累率，每年把一笔资金用于扩大再生产，分部门、按项目拨款去搞基本建设。这一做法使我国的城市建设长期处于“严重不足，相当落后”的局面。在基本建设中实行贷款制度后，并没有改变资金的来源和性质，而只是改变了管理方法。银行代表国家对计划内的企业发放贷款，并对资金的使用实行监督。银行既有国家金融管理机构的职能，又是办理信用业务的经济组织。因此，不论这种贷款的弊端如何，银行贷款也可以认为是一种资金来源。在国外，金融也是一种企业。从我国改革开放后利用外资的情况看，大体上有三种渠道，即：国际金融机构及政府间贷款、出口信贷及经济合作、金融市场和自由外汇。在市场经济条件下，不论来自何方的资金，均应考虑资金的回收。

在美国[1]，多数燃气工程项目的资金成本（Capital costs）来自长期的债券资金（Debt capital）和股票资金（Equity capital）两者。

债券资金为借入的基金（Borrowed funds），通常通过债券（Bonds）的销售计划在证券市场（Securities market）上获得。债券有规定的面值，且有以面值某一百分数表示的固定年利息，在一个规定的时间内按面值偿还（一般为 5 ~ 15 年）。债券是一种低风险的安全投资。

股票资金也称所有权资金（Ownership capital），是在证券市场上销售股票时获得。普通股最流行，它代表所有权的一个份额。对一个正组建的有限公司，普通股的股值代表在证券市场上投资者愿意付出的金额。持股者有权选举董事会的董事，董事会再选出法人代表和确定公司经营的方针政策。有限公司在所有的支出后获得的盈利，包括债券利息均为普通股持有人所创造。盈利直接以年金的红利或结余的形式分给持股人。盈利的余额继续投资于企业以扩大生产。持股者的投资也包括盈利结余的再投入和原始股票。普通股是企业投资风险中最大的一种。持股人发生财务困难时，只能通过证券市场出售。但普通股的持有者也是一个成功的有限公司的首先得益者。

优先股（Preferred stock）是股票的另一形式，一般公用事业的发行量较少，通常它有一定的票面金额（Face or par value），且可按票面金额某一固定的百分数回收。持股人不一定有选举的权利。优先股的优点是可以调节投资者的保有量，是在债券和股票之间属于中等风险的一种投资。在美国多数公用事业的财务购成中，优先股所占的份额很少，因此，资金的成本受普通股和债券的限制。

必须偿付的债券利息和普通股的投资回收率即企业成本或资金成本（Costs of money）。过去和现在关于债券利率的信息可从金融机构如银行、经纪人公司或公用事业财务部门的工作人员处获得。美国的某些金融服务机构可估算出债务的风险程度。一般来说，高利率总是伴随着高风险。

股票资金的成本即投资回收率（Rate of return on investment，简称 ROI），回收率的大小应能促使持股者愿意继续投资，因此，这一回收率也可称为可接受的最小回收率（Minimum acceptable rate of return，简称 MARR）。这个概念既公正又明确。一个具体的公司应由信息灵通的财务人员或经济分析师来确定股票的 MARR 值。

一个企业项目每元投资的最小回收率即债券资金成本的加权平均值和股票资金加权平均值之和。如一个企业的财务结构中，50%为债券，利率为 8%，另 50%为股票，MARR 为 12%，则每元投资的加权平均成本为 10%，算法如下：

$$债券部分 = 0.5 \times 0.08 = 0.04$$

$$股票部分 = 0.5 \times 0.12 = 0.06$$

$$总投资的\ MARR = 0.10$$

总投资的 MARR 可用 i^* 表示。

年折旧成本应由每年的年收入补偿。因此，年折旧成本为初始成本或投资部分需要偿还的成本。企业中经常需要对其他设施进行再投资，这种情况下，年折旧成本也代表转移中的投资资金，即从已有设施转移到新设施。

投资于设施的资金额因每年的折旧支出而降低，总投资金额应在设施的有效寿命期内回收，其值为年折旧费用之和加残值，即：

$$P = \sum_{i=1}^{n} D_i + L \tag{7-4}$$

对前述的折旧例子，即

$$P = 9 \times 1000 + 1000 = 10000\ 元$$

通常，企业经营活动中的回收额指的是净效益，是扣除所有的经营支出、折旧和税金后年毛收入的余额。资金的回收额是净效益与总投资之比。这一比值常以百分数乘以 100 表示，即

$$资金回收额 = \frac{净效益}{总投资} \times 100$$

每年设备投资的余额即账面值（Book value），它等于初始成本减去折旧的累计值。如果投资者要求最小的回收率为 10%，则 10000 元设备投资，按直线折旧法计算的常年回收需求值可见表 7-2。

回收值计算举例 **表 7-2**

年	年初设备投资净值（元）	直线法折旧值（元）	回收率为 10%时需要回收的年值（元）	资金成本（元）
1	10000	1000	1000	2000
2	9000	1000	900	1900
3	8000	1000	800	1800
4	7000	1000	700	1700
5	6000	1000	600	1600
6	5000	1000	500	1500
7	4000	1000	400	1400
8	3000	1000	300	1300
9	2000	1000	200	1200
总计		9000		

需要回收的年值是以年初设备投资的净值乘以需要回收率10%求得。最后一栏中的资金成本为需要回收的年值与折旧之和。从表7-2亦可知，资金成本的现值等于初始成本减去残值的现值。不论折旧用什么方法计算，结果都是一样的。

因此，折旧设备的初始成本和残值合在一起需要考虑成本的两个基本因素，即折旧和投资资金的需要回收额。这两个因素也可用资金成本的另一种方法，即初始成本和残值表示。

（三）税金

不研究税金而讨论固定成本是不可能的。当前，我国的税金是指产品销售税金及附加、所得税等。产品销售税金及附加包括产品税、增值税、营业税、资源税、城市维护建设税及教育费附加等。在美国[1]，工程经济分析中主要涉及以下三种税金，即：收入税（Income taxes）、从价税（Ad valorem taxes）和毛收入税（Gross receipts taxes）。

1. 收入税

属于国家的有联邦收入税，属于企业股票盈利的为企业收入税。计算联邦收入税的通用公式为：

$$收入税 = t_f（税金年收入净值 - 扣除税额） \tag{7-5}$$

式中　t_f——联邦收入税税率。

税金年收入净值减去扣除税额常称为税金收入（Taxable income）。

联邦税率 t_f 在很长的时期内通常是稳定的。1986年有了很大的变化，“86税改法令”（Tax Reform Act of 1986）规定，1988年1月1日后，税金收入为50000美元时，税率为15%；50000～75000之间为25%；100000～335000之间为39%；税金收入大于335000时为34%。因此，对多数大型公用事业企业的项目，这一法令规定的增值税率（Incremental tax rate）为34%。

基本扣除额包括现行的经营支出、税金、折旧和借入的债券利息。若税率为34%，则每元的扣除税额可减少收入税的支付34分。

折旧税的扣除额不同于折旧成本。对公用事业企业，折旧成本常按有效寿命期内的直线折旧法计算。税法中规定了计算折旧税的方法和税务寿命。“86税改法令”对财产的不同等级规定了8个税务寿命，其范围为3～31.5年，且用递减法计算的税务寿命为3～10年。税务寿命为15～25年时，递减法的折旧率取为直线法的1.5倍。税务寿命在27.5～31.5年期间用直线法。多数配气设施的税务寿命为20年。税务寿命通常要比有效使用寿命短很多。

应用比有效使用寿命期短的税务寿命和年税折旧扣除额（Annual tax depreciation deduction）分配的加速法，可减少设备寿命早期的税率（Tax bill）和增加其后期的税率。因此，税务折旧的加速可将部分税率从设备寿命的早期推迟到后期。结果可使纳税人从加速折旧法中获得一定数量资金的时间效益值。这在以后将作进一步的解释。

从以上分析可知，纳税人总是希望设备的折旧越快越好，因此，如采用递减法，则“86税改法令”规定，当直线法折旧大于递减法折旧的第一年时，由递减法改为直线法是最佳点。

在表7-1所示的例子中，如7年后转为直线法，则结果为：

$$D = \frac{P_7 - L}{n - x} = \frac{1721 - 1000}{9 - 7} = 360.5 < 382$$

此值小于递减法折旧第 8 年的值 382 元，因此，转为直线法的最佳点应推迟到第 8 年的年末。

总的说来，美国的税法十分复杂，除上述外，还有许多补充规定。复杂性主要是涉及扣除额的问题。在经济分析中应考虑到特殊的情况，应经常向会计部门咨询，是否又有新的税务规程颁布。

当今世界各国均设有企业收入税（Corporate income taxes），计算方法相同于联邦收入税，各国规定的税率不同。州的收入税要从联邦收入税中扣除，但在计算州的收入税时，联邦收入税可以扣除，也可以不扣除。

如果州和联邦收入税的扣除额相同，则州和联邦的税率可合在一起成为一个税率 t。有两个公式可用来计算合成税率。

在计算州税时，如未扣除联邦税，则：

$$t = t_s + t_f(1 - t_s) \tag{7-6}$$

若计算州税时，已扣除联邦税，则：

$$t = t_s + \frac{t_f(1 - t_s)^2}{(1 - t_f t_s)} \tag{7-7}$$

式中　t——合成税率；

t_f——联邦收入税；

t_s——州收入税。

在基本税收公式中也可根据合成税率分别算出州税和联邦税。

2. 从价税（Ad valorem taxes）

从价税是一种地方税。计算时，用税率乘上资产的评估值。资产是指：建筑物、燃气干管和调压站等。财产税就是这类税中最普通的一种。

财产税可根据学校区、县属或州属的范围进行评估。税率通常相当于初始设备成本的 3%～7%。在计算联邦或州的收入税时，也要扣除这一地方税。

当财产税作为一种税率时，决定于对收税财产的评估值，此值通常为原始成本的一个当量比率。例如，项目的财产成本为 1000 元，评估值为 500 元，如从价税率为评估值的 6%，则相当于财产的税率为：

$$t_a \times 1000 = 0.06 \times 500 = 30$$

$$t_a = 0.03 \text{ 或 } 3\%$$

3. 毛收入税（Gross receipts tax）

毛收入税也称销售税（Sales tax）。它通常为毛年收入的 3%～7%。在计算联邦收入税时也已经扣除，不属于涉及固定成本的设备投资部分。

（四）固定成本的组成

投资固定成本的总图可见图 7-2。它反映了设施投资年固定成本的细目。图中，设施的有效寿命为 25 年。资金的回收值和收入税在设备的寿命期内逐年降低，因为在寿命期内资金按直线法折旧回收，设备每年的保有投资（Remaining investment）也不断降低。由于保有投资在寿命期末将降至零，回收值、收入税和折旧支出在这一点上也将停止。固定

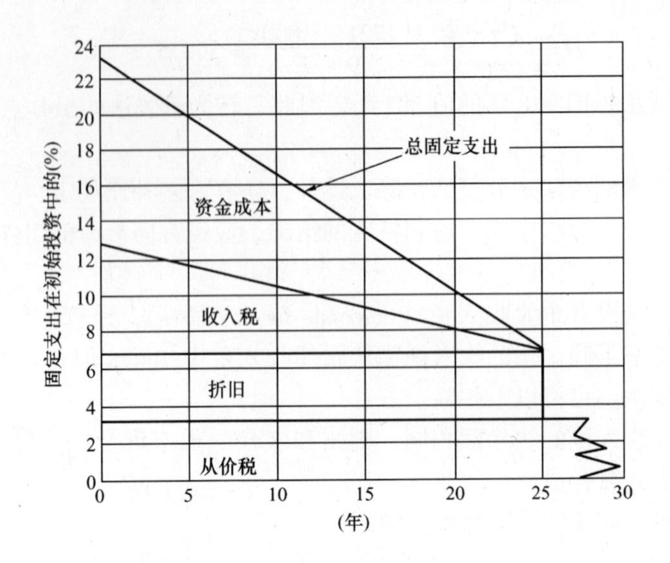

图 7-2　年固定支出与时间的关系

成本中的从价税部分则是不确定的，因为只要设施仍在服务中，从价税将继续延长。

图 7-2 中假设：从价税为初始投资的 3%；折旧（直线法）为初始投资的 4%；收入税为折旧投资的 6%；资金成本或回收值，相当折旧投资的 10%；其中 50%为债券，利息 8%；50%为股票，利息 12%。

（五）增值成本（Incremental costs）

一个项目的增值成本是项目实施后才有的，如项目未实施，则无增值成本可言。增值成本仅作为项目的经济计算用。

二、资金的时间价值

当货币借出后，在通常的商业实践中，应定期向借贷人支付利息。利息补偿借贷人对货币的使用，因为它影响了借贷人的消费或作别的投资。如果借贷人到时不支付利息，则下次支付利息时，应包括未支付利息的利息在内。因此，未来的利息已不是按初始的借出值计算，还应加上积累的利息，即所谓“利滚利”。对以前利息的付息称为复利(Compound interest)。计算利息时，应对时间的间隔作出规定。通常的时间间隔有 1/4 年、1/2 年或 1 年。

由于利息的关系，现在手中一元钱的价值比将来任何时候付还的一元钱价值要高，高出的程度即复利，它表示一元钱的投资可以得到的盈利。复利所得的货币值决定于利率或投资其他有效替代方案的回收率（Rate of return）。

货币的复利效应可见图 7-3。货币拥有者随着时间的推移，因为“利滚利”的关系，对货币的拥有量也不断增加。货币的未来拥有量称货币的时间价值。图 7-3 中，曲线的增长率决定于利率的大小，利率越大，曲线上升越快。

（一）时间排列图

由于利息的效应，时间也成为一种成本值，对年收入也应该规定其价值的定义。这可用时间排列图来说明。时间排列图是一个线性标尺，标尺上标有年份，该年份的年收入和成本，如图 7-4 所示。

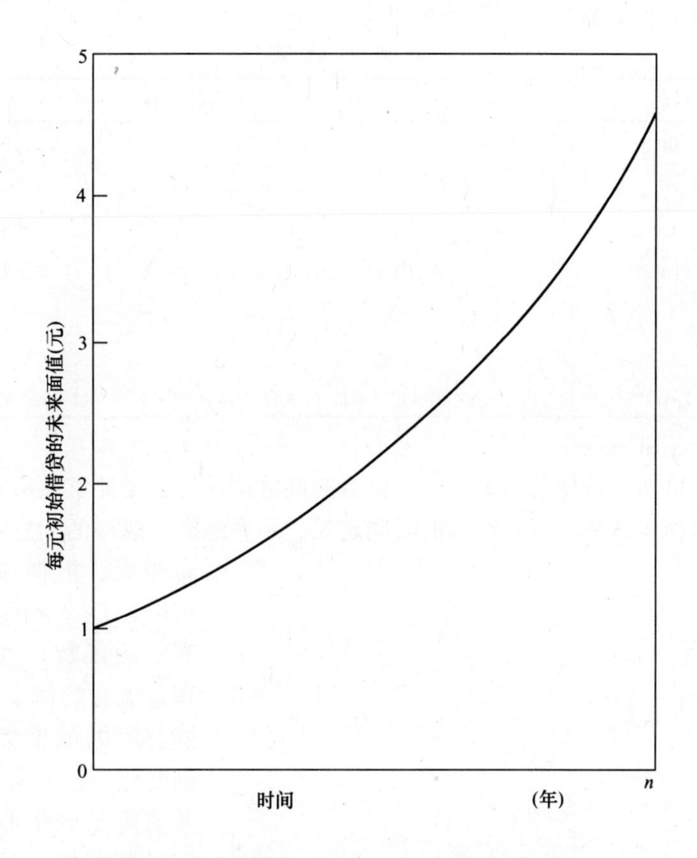

图 7-3　货币的时间价值——元投资的未来面值

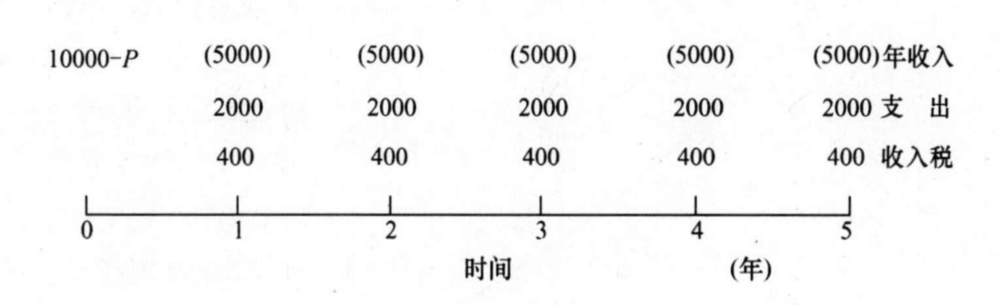

图 7-4　时间排列图

对年收入和支出有不同的表示方法，如：用加、减或箭头向上或向下的指向表示。在图 7-4 中，成本用加号，年收入用减号表示；也可用括号表示，以示区别。10000 元成本后的 P 表示 0 时的设备投资值，有效寿命为 5 年。根据图 7-4，可获得许多重要的关系。

（二）复利因子（Compound-interest factors）

图 7-3 中，复利的数学表达式为：

$$F = P(1 + i)^n \tag{7-8}$$

式中　F——流动现金在 n 年后的时值（Future value）；

P——流动现金，在图 7-3 中为 1 元；

i——利率，%；

n——计算未来时值的时间，年。

初始金额为 P 时，各年复利的计算可见表 7-3。

复利的计算　　表 7-3

年	利息	年末的时值
0	0	p
1	ip	$p+ip=p(1+i)$
2	$ip(1+i)$	$p(1+i)+ip(1+i)=p(1+i)(1+i)=p(1+i)^2$
3	$ip(1+i)^2$	$p(1+i)^2+ip(1+i)^2=p(1+i)^2(1+i)=p(1+i)^3$
⋮	⋮	……
⋮	⋮	……
n	$ip(1+i)^{n-1}$	$p(1+i)^{n-1}+ip(1+i)^{n-1}=p(1+i)^{n-1}(1+i)=p(1+i)^n$

1. 现值（Present value）

由复利计算可知，借贷中的本金 P，随着时间的推移，必定能够取得利息，从而成为比原先本金更多的本利和。而且经过的时间越长、利率越高，取得的利息就越多，本利和也越大。根据这一事实，我们可以把现金流通看成是时间和利率的函数。也就是说，一笔现金流通的值不是固定不变的，随着时间的推移，其值也在不断变化。但在某一特定的时刻，其值则是固定的。它在某一特定时刻的值，就叫做这一笔现金流通在某一特定时刻的时值。

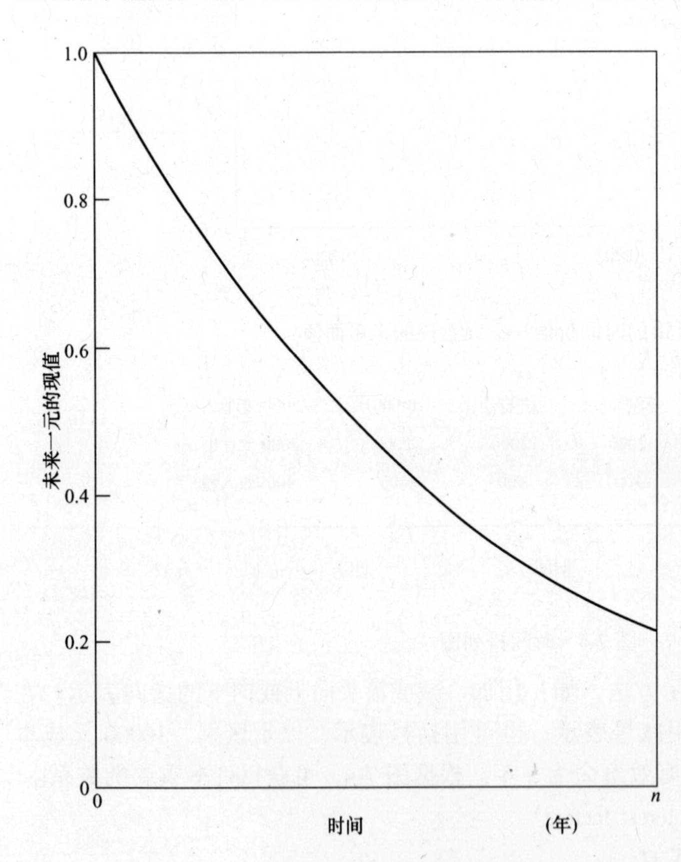

图 7-5　一元现值未来的时间价值效应

例如，一次现金流通为 95.24 元，若年利率为 5%，则其一年后的时值为 $95.24\times(1+0.05)=100$ 元，反过来说，一年后的 100 元，现在的时值为 $\frac{100}{1+0.05}=95.24$ 元。如以现在的时值表示，则称为现值，即指当前资金的需要量。

在进行工程项目经济评价时，如不考虑现金流通的时值，把现在的现金流通看成与将来的现金流通一样，则求得的结果就会含义不清。

在一定的时间周期内，某年的时值与现值的关系可见图 7-5。曲线的下降率决定于利率。利率越高，曲线降低越快。现值曲线可由以下公式求得：

$$P = F\left[\frac{1}{(1+i)^n}\right] \tag{7-9}$$

式（7-8）和式（7-9）中的利息因子为复利因子，它可用来计算由现在到未来，或由未来到现在的资金变化，即既可根据现值计算几年后的时值，也可根据几年后的时值计算现值。在相同的利率下，这两个值是相当的。

【例 7-1】 求 2000 元投资在 25 年后的时值，若利率为 10%。

代入式（7-8）后可得：

$$F = P(1+i)^n = 2000 \times 1.1^{25} = 2000 \times 10.835 = 21670 \text{元}$$

式中 $(1+i)^n$ 称为利息因子，可用财务袖珍计算器计算，或按 10%的复利因子表查取。现值 2000 元，相当年利率为 10%时，25 年末时的 21670 元，或 25 年末时的 21670 元，相当于现在的 2000 元。

复利因子 $(1+i)^n$ 标准的术语表达法为 $\left(\frac{F}{P}, i\%, n\right)$；$\frac{1}{(1+i)^n}$ 的表达法为 $\left(\frac{P}{F}, i\%, n\right)$。将现金 P（Present sum）乘以因子 $\left(\frac{F}{P}\right)$ 后，可得几年后在规定利率 i 条件下的时值。同样，将几年后的时值 F 乘上因子 $\left(\frac{P}{F}\right)$ 可得在规定利率 i 条件下当今的现值。

由于计算中利息因子的方次很高，应用的次数又多，因此，准备了复利计算表，如利率为 10%时，可查表 7-4。表中的第一栏为时间段；第二栏为未来金额因子 $\left(\frac{P}{F}\right)$ 的现值，可用以作出图 7-5；第三栏为现值因子 $\left(\frac{F}{P}\right)$ 的未来值，以每元的现值计，可用来作出图 7-3。表中给出的这两个因子可用来求得任何未来金额的时值换算成当量现在金额的现值。反之亦然。在上例中，与第一栏 25 年相应的 $\left(\frac{F}{P}, 10\%, 25\right)$ 可在第三栏中查得，其值为 10.835。

其他利率的复利表可在工程经济的手册或数学手册的附表中查得。

复利因子表——年利率为 10%　　**表 7-4**

n	简单值		等年费用（年值）			
	未来值的现值	现值的未来值	现值的年金	未来值的年金	年金的现值	年金的未来值
	P/F	F/P	A/P	A/F	P/A	F/A
	$\frac{1}{(1+i)^n}$	$(1+i)^n$	$\frac{i(1+i)^n}{(1+i)^n-1}$	$\frac{i}{(1+i)^n-1}$	$\frac{(1+i)^n-1}{i(1+i)^n}$	$\frac{(1+i)^n-1}{i}$
一	二	三	四	五	六	七
1	0.9091	1.100	1.10000	1.00000	0.909	1.000
2	0.8264	1.210	0.57619	0.47619	1.736	2.100
3	0.7513	1.331	0.40211	0.30211	2.487	3.310
4	0.6830	1.464	0.31547	0.21547	3.170	4.641
5	0.6209	1.611	0.26380	0.16380	3.791	6.105
6	0.5645	1.772	0.22961	0.12961	4.355	7.716
7	0.5132	1.949	0.20541	0.10541	4.868	9.487
8	0.4665	2.144	0.18744	0.08744	5.335	11.436

续表

n	简　单　值		等年费用（年值）			
	未来值的现值	现值的未来值	现值的年金	未来值的年金	年金的现值	年金的未来值
	P/F	F/P	A/P	A/F	P/A	F/A
	$\frac{1}{(1+i)^n}$	$(1+i)^n$	$\frac{i(1+i)^n}{(1+i)^n-1}$	$\frac{i}{(1+i)^n-1}$	$\frac{(1+i)^n-1}{i(1+i)^n}$	$\frac{(1+i)^n-1}{i}$
9	0.4241	2.358	0.17364	0.07364	5.759	13.579
10	0.3855	2.594	0.16275	0.06275	6.145	15.937
11	0.3505	2.853	0.15396	0.05396	6.495	18.531
12	0.3186	3.138	0.14676	0.04676	6.814	21.384
13	0.2897	3.452	0.14078	0.04078	7.103	24.523
14	0.2633	3.797	0.13575	0.03575	7.367	27.975
15	0.2394	4.177	0.13147	0.03147	7.606	31.772
16	0.2176	4.595	0.12782	0.02782	7.824	35.950
17	0.1978	5.054	0.12466	0.02466	8.022	40.545
18	0.1799	5.560	0.12193	0.02193	8.201	45.599
19	0.1635	6.116	0.11955	0.01955	8.365	51.159
20	0.1486	6.727	0.11746	0.01746	8.514	57.275
21	0.1351	7.400	0.11562	0.01562	8.649	64.002
22	0.1228	8.140	0.11401	0.01401	8.772	71.403
23	0.1117	8.945	0.11257	0.01257	8.883	79.543
24	0.1015	9.850	0.11130	0.01130	8.985	88.497
25	0.0923	10.835	0.11017	0.01017	9.077	98.347
26	0.0839	11.918	0.10916	0.00916	9.161	109.182
27	0.0763	13.110	0.10826	0.00826	9.237	121.100
28	0.0693	14.421	0.10745	0.00745	9.307	134.210
29	0.0630	15.863	0.10673	0.00673	9.370	148.631
30	0.0573	17.449	0.10608	0.00608	9.427	164.494
31	0.0521	19.194	0.10550	0.00550	9.479	181.943
32	0.0474	21.114	0.10497	0.00497	9.526	201.138
33	0.0431	23.225	0.10450	0.00450	9.569	222.252
34	0.0391	25.548	0.10407	0.00407	9.609	245.477
35	0.0356	28.102	0.10369	0.00369	9.644	271.024
40	0.0221	45.259	0.10226	0.00226	9.779	442.593
45	0.0137	72.890	0.10139	0.00139	9.863	718.905
50	0.0085	117.391	0.10086	0.00086	9.915	1163.909
55	0.0053	189.059	0.10053	0.00053	9.947	1880.591
60	0.0033	304.482	0.10033	0.00033	9.967	3034.816
65	0.0020	490.371	0.10020	0.00020	9.980	4893.707
70	0.0013	789.747	0.10013	0.00013	9.987	7887.470
75	0.0008	1271.895	0.10008	0.00008	9.992	12708.954
∞	0.0000	∞	0.10000	0.00000	10.000	∞

2. 年金（Annuity）及其应用

在比较项目的年收入和成本的关系时（或比较项目的两个或两个以上的方案时），在时间排列上，年收入和成本处在不同的位置上，因此不能采用简单的代数相加的方法。由于利息的效应，所有的成本必须用一个相同的基础表示，这可将复利因子换算成下列两种统一的情况，即：换算成同一时间位置的当量未来值，或当量现值。

年金 A 为第三个可以用来比较的基础，可将所有的年收入和成本换算成相同的年系列（Uniform annual series 即等年系列）的方法来实现。系列的每一项发生在年末。因此，相同年系列的时间排列可见图 7-6（与图 7-4 相对比）。

图 7-6 中 A 为年末的年金。所谓年金就是每隔相等的时间段的一系列等额现金的支出或收入。由于时间段一般都是年，所以称为年金。

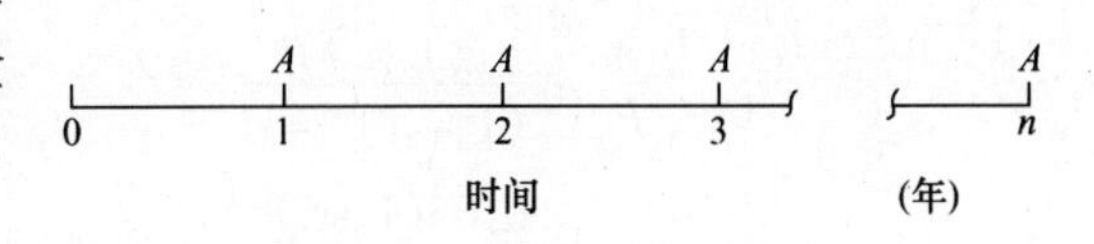

图 7-6　将年收入，支出和收入税用等年系列中的年金表示

如果时间段为年，以 A 作为每一年年末等额现金的支出（或收入），经过几年共支出几次，年利率为 i，则年总金额 F 为各次支付额在几个年末的本利和的总和，其数学表达式为：

$$F = A(1+i)^{n-1} + A(1+i)^{n-2} + \cdots + A(1+i) + A \tag{7-10}$$

上式的右侧为等比级数，可以求和。在等式两边各项乘以（$1+i$），可得：

$$F(1+i) = A(1+i)^{n} + A(1+i)^{n-1} + \cdots\cdots + A(1+i)^{2} + A(1+i) \tag{7-11}$$

将式（7-11）减去式（7-10），得

$$F[(1+i)-1] = A(1+i)^{n} - A$$

$$F \cdot i = A[(1+i)^{n} - 1]$$

因此，$F = A\left[\frac{(1+i)^{n}-1}{i}\right]$　(7-12)

这就是年金总额的公式，也就是年金在几年年末的时值。

由于，$F = P(1+i)^{n}$

因此，现金总额的现值 P 为：

$$P = \frac{F}{(1+i)^{n}} = A\left[\frac{(1+i)^{n}-1}{i(1+i)^{n}}\right] \tag{7-13}$$

或

$$\frac{A}{P} = \frac{i(1+i)^{n}}{(1+i)^{n}-1} \tag{7-14}$$

$$\frac{A}{F} = \frac{i}{(1+i)^{n}-1} \tag{7-15}$$

A/P，A/F 和 F/A 的值可查表 7-4。

年金计算可用于零存整取和整存零取的债务计算，也可用于分期付款计算，这在工程项目的资金筹划中很有用处。为加深对年金的理解，可参见以下示例。

【例 7-2】 为购买某项设备，现在需向银行贷款 10000 元，若年利率为 8%，一年后开始分 10 年还清，每年付还的数目相等，每年应付还多少元？

设每年付还 A 元，由式（7-14）：

$$A = P\left[\frac{i(1+i)^n}{(1+i)^n - 1}\right] = 10000 \times \frac{0.08 \times (1.08)^{10}}{(1.08)^{10} - 1} = 1490 \text{元}$$

10 年共付 $1490 \times 10 = 14900$ 元

如不是分期付款，而是 10 年后一次付清，则总付额为：

$$F = P(1+i)^n = 10000(1+0.08)^{10} = 21590 \text{元}$$

【例 7-3】 为购买住宅，若一次付款为 350000 元，如分期付款，在成交时先付 150000 元，余款在一年后分 20 年还清，若年利率为 5%，求每年应还若干元?

还款现值为 $P = 350000 - 150000 = 200000$ 元

由式（7-14）：

$$\frac{A}{P} = \frac{i(1+i)^n}{(1+i)^n - 1}$$

$$= \frac{0.05(1.05)^{20}}{(1.05)^{20} - 1} = 0.08024$$

$$A = P \times 0.08024 = 200000 \times 0.08024 = 16048 \text{元}$$

20 年共付　　$20 \times 16048 = 320968$ 元

其中利息为　　$320968 - 200000 = 120968$ 元

表 7-4 中已给出了年利率为 10%时，按等年系列计算 $A/P, A/F, P/A, F/A$ 的复利因子。根据表中的复利因子，只要已知 P、F 和 A 中的任一值，即可换算成另两值，换算中根据的法则为：

$$\text{未知量} = \text{已知量}\left(\frac{\text{未知量}}{\text{已知量}}\right)$$

【例 7-4】 如 10000 元投资，回收率为 10%，使 10 年后年末的投资基金减为零，按等年系列方法计算，每年年末可回收多少元?

$A = P\left(\frac{A}{P}, 10\%, 10\right)$ 查表 7-4 得 $\frac{A}{P} = 0.16275$

$A = 10000 \times 0.16275 = 1627.5$ 元。

三、方案比较的经典方法

如前所述，比较一个项目的年收入和成本的关系时，对为同一目的服务的每一替代方案均应将其年收入和成本换算成同一个可比的基础才能进行。我国也规定[69]，按照不同方案所含的全部因素（包括效益和费用两个方面）进行方案比较，可视不同情况和具体条件分别选用差额投资内部收益率法、净现值法、年值法或净现值率法。现对图 7-4 所示的例子用上述几种方案比较的方法进行计算和讨论。年利率为 10%，有效税率为 40%。例题用来说明收入税的具体情况，只是作为已知数据说明上述几种方案比较方法的计算过程。

（一）现值法（Present worth method）

工程项目逐年现金流通的现值的代数和，叫做这个工程项目的净现值（Net present value）或现值（Present worth），简写为 NPV 或 PW。

图 7-4 中，年收入为每年 5000 元，它的现值为

$$PW\text{年收入} = 5000\left(\frac{P}{A}, 10\%, 5\right)$$

$$= 5000 \times 3.791 = 18955 \text{元}$$

成本的现值计算列于表 7-5 中。

成本的现值计算表　　表 7-5

成　本　组　成	现　　值
资金成本	= 10000
支出 $= 2000\left(\frac{P}{A}, 10\%, 5\right) = 2000 \times 3.791$	= 7582
收入税 $= 400\left(\frac{P}{A}, 10\%, 5\right) = 400 \times 3.791$	= 1516.4
总计现值成本	= 19098.4

由于成本的现值（19098.4 元）略大于年收入的现值 18955 元，说明资金成本为 10%时，项目缺乏经济上的吸引力。

（二）等年当量成本法（Uniform-Annual-Equivalent-Cost Method）（UAE 法）

等年当量成本法即年值法。

由图 7-4 知，在等年系列中的年收入为 5000 元。等年当量成本的计算结果见表 7-6。

等年当量成本的计算表　　表 7-6

成　本　组　成	年值（UAE）
资金成本 $= 10000\left(\frac{A}{P}, 10\%, 5\right) = 10000 \times 0.2638$	= 2638
支出	= 2000
收入税	= 400
总计年当量成本	= 5038

表 7-6 的结果再次表明，总计年当量成本略大于年收入（5038 > 5000），这说明，当资金成本为 10%时，项目缺少经济上的吸引力。

需要注意的是本例中与表 7-2 所示的数值有一定的差别。在本例中，10000 元投资的残值为零，因此，用 10000 元乘上因子$\frac{A}{P}$后，可得用等年系列表示的资金成本，实际上也就是用等年系列表达的回收值和折旧之和。但表 7-2 中按年排列的回收值和折旧值之和是不等的，虽然年成本的总和也是 10000 元（相当于初始投资）。

（三）回收率法（Rate-of-return method）

在现值法和等年当量成本法中，输入量为年收入和成本，且包括资金的成本（即利息）在内。而在回收率法中，则假设利率为未知数而进行求解。在项目的经济分析中，求得的利率应为年收入和成本相当于现值或等年当量成本时的利率。

回收率分析中，用得最广的是贴现现金流通（DCF）法，即贴现现金流通回收率（Discounted cash flow rate of return），简写为 DCFRR，还有许多别名，如内部回收率（Internal rate of return，简写为 IRR，又译内部利润率或内部收益率），利息回收率（Interest rate of return，又译利润率），真正回收率（True rate of return，又译真正利润率），获利性指标（Profitability index）等，我国常用财务内部收益率（Financial internal rate of return，简称 FIRR）的名称。其定义是可使工程项目净现值等于零的贴现率。

即
$$NPV = \sum_{n=0}^{n} \frac{Fn}{(1+I)^n} = 0 \tag{7-16}$$

式中　I——表示 DCFRR 或 IRR，即内部收益率。

一般采用的贴现率，实际上就是贷款或存款的利率，也就是资金在一般情况下的增长速度。工程项目经济分析中的 IRR 与一般采用的贴现率（即实际贷款利率）相比较，也就是以投资的资金在这一工程项目中的增长速度与资金在一般情况下的增长速度相比较，DCFRR（或 IRR）超过实际贷款的利率越多，投资于这一工程项目的好处就越大。

净现值是工程项目经济活动初期中各年净现金流通现值的代数和。各年净现金流通现值有正，也有负，我们可以把正值加在一起，把负值也加在一起。净现值等于零，就是上述正值之和的绝对值等于上述负值之和的绝对值。年净现金流通为正，其现值仍为正；年净现金流通为负，其现值亦仍为负。年净现金流通负值一般出现在建设初期和投产初期；年净现金流通正值一般出现在获利性生产的初期以后。在把各项年净现金流通折算为现值时，离最初开始投资的时间越远，则受到贴现率的折扣作用越大。因此，在工程项目的利润较大时，亦即年净现金流通的项数较多或其值较大时，要使净现值等于零，必须而且能够采用较大的贴现率去压低其现值，使之能与各项负现值相抵消。而且利润越大，使正负现值互相抵消的折现率也越大。因此，这个能使工程项目净现值等于零的贴现率 IRR（DCFRR），能充分地体现工程项目利润水平的高低。

在上例中：

现金流通 = 年收入 − 经营支出 − 收入税

$= 5000 - 2000 - 400 = 2600$ 元

税后的现金流通必须是能抵消资金成本的资金。从前述分析可知，回收率即用现值表示的相当于税后现金流通值的资金成本的利率。

即　　$\Sigma PW(\text{税后现金流通}) = PW(\text{资金成本})$

由于工程项目的经济寿命一般都在 5 年以上，就是说 n 值一般大于 5，因此，求解的方程一般为 5 次以上的高次方程，不能用普通的代数方法求解，而应采用试差法，即以假设的 i 值代入式中，以检验其是否成立。

在上例中：

$$2600\left(\frac{P}{A}, i\%, 5\right) = 10000$$

$$\left(\frac{P}{A}, i\%, 5\right) = \frac{10000}{2600} = 3.846$$

由表 7-4 知，$i = 10\%$ 时

$$\left(\frac{P}{A}, 10\%, 5\right) = 3.791$$

同样，在假设利率为 9% 时，查 $i = 9\%$ 的复利表，可得 $\left(\frac{P}{A}, 9\%, 5\right) = 3.890$

因此，计算值应在 9% 和 10% 之间，用内插法求解如下：

$$DCFRR \quad I = 9 + \frac{3.890 - 3.846}{3.890 - 3.791} = 9 + \frac{0.044}{0.099} = 9.44\%$$

之后，可将内部收益率与资金成本（10%）相比，以确定项目在经济上是否有吸引力。因 $9.44\% < 10\%$，说明项目在经济上无吸引力，除非资金成本的利率降到 9.44% 以下。

以上三种方法的决策结果是相同的。

在实际的项目分析中，年经营支出和税金通常是不等的，要用相关的复利因子将所有的成本换算成现值或等年当量值。这种情况下，回收率分析法就是一个试算的过程。在试算中首先要求出两个调节利率（如上例中的9%和10%），相当于这两个调节利率的资金成本一现金流通的代数和有不同的正、负号，然后再用内插法计算回收率。

在经济分析中，多数投资决策者喜欢采用回收率法。因这一方法比现值法或等年当量法更明显易懂。

我国在工程项目的方案比较中[69]，在采用差额投资内部收益率法（两个方案各年净现金流量差额的现值之和等于零时的折现率）时，将求得的差额投资内部收益率 $\Delta FIRR$ 与财务基准收益率 i_c 相比较，当 $\Delta FIRR \geqslant i_c$ 时，以投资大的方案为优；反之，投资小的方案为优。

在进行多方案比较时，要先按投资大小由小到大排序，再依次就相邻方案两两比较，从中选出最优方案。用净现值法时，以净现值较大的方案为优。用年值法时，以年值较大的方案为优。也可用净现值率法进行比较，净现值率（*NPVR*）是净现值与投资现值之比，以净现值率较大的方案为优。

用上述方法进行方案比较时，须注意其使用条件。在不受资金约束的情况下，一般可采用差额投资内部收益率法、净现值法或年值法。当有明显的资金限制时，一般宜采用净现值率法。

（四）财务盈利能力分析

我国在财务评价的盈利能力分析时[69]，要计算财务内部收益率、投资回收期等主要评价指标。根据项目的特点及实际需要，也可计算财务净现值、投资利润率、投资利税率、资本金利润率等指标。清偿能力分析要计算资产负债率、借款偿还期、流动比率、速动比率等指标。此外，还可计算其他价值指标或实物指标（如单位生产能力投资），进行辅助分析。

财务盈利能力分析主要是考察投资的盈利水平，用以下指标表示：

1. 财务内部收益率（*FIRR*）。财务内部收益率是指项目在整个计算期内各年净现金流量现值累计等于零时的折现率，它反映项目所占用资金的盈利率，是考察项目盈利能力的主要动态评价指标。

财务内部收益率可根据财务现金流量表中净现金流量用试差法计算求得。在财务评价中，将求出的全部投资或自有资金（投资者的实际出资）的财务内部收益率（*FIRR*）与行业的基准收益率或设定的折现率（i_c）比较，当 $FIRR \geqslant i_c$ 时，即认为其盈利能力已满足最低要求，在财务上是可以考虑接受的。

2. 投资回收期（P_t）。投资回收期是指以项目的净收益抵偿全部投资（固定资产投资、投资方向调节税和流动资金）所需要的时间。它是考察项目在财务上的投资回收能力的主要静态评价指标。投资回收期（以年表示）一般从建设开始年算起，如果从投产年算起时，应予注明。

投资回收期可根据财务现金流量表（全部投资）中累计净现金流量计算求得。详细计算公式为：

$$投资回收期(P_t)=\left[\begin{matrix}累计净现金流量开始\\出现正值年份数\end{matrix}\right]-1+\left[\frac{上年累计净现金流量的绝对值}{当年净现金流量}\right] \tag{7-17}$$

在财务评价中，求出的投资回收期（P_t）与行业的基准投资回收期（P_c）比较，当$P_t \leqslant P_c$时，表明项目投资能在规定的时间内收回。

3. 财务净现值（*FNPV*）。财务净现值是指按行业的基准收益率或设定的折现率，将项目计算期内各年净现金流量折现到建设初期的现值之和。它是考察项目在计算期内盈利能力的动态评价指标。

财务净现值可根据财务现金流量表计算求得。财务净现值大于或等于零的项目是可以考虑接受的。

4. 投资利润率。投资利润率是指项目达到设计生产能力后的一个正常生产年份的年利润总额与项目总投资的比率，它是考虑项目单位投资盈利能力的静态指标。对生产期内各年的利润总额变化幅度较大的项目，应计算生产期年平均利润总额与项目总投资的比率。其计算公式为：

$$投资利润率=\frac{年利润总额或年平均利润总额}{项目总投资}\times 100\% \tag{7-18}$$

年利润总额 = 年产品销售（营业）收入 − 年产品销售税金及附加 − 年总成本费用

年销售税金及附加 = 年产品税 + 年增值税 + 年营业税 + 年资源税 + 年城市维护建设税 + 年教育费附加

项目总投资 = 固定资产投资 + 投资方向调节税 + 建设期利息 + 流动资金

投资利润率可根据损益表中的有关数据计算求得。在财务评价中，将投资利润率与行业平均投资利润率对比，以判别项目单位投资盈利能力是否达到本行业的平均水平。

5. 投资利税率。投资利税率是指项目达到设计生产能力后的一个正常生产年份的年利税总额或项目生产期内的年平均利税总额与项目总投资的比率。其计算公式为：

$$投资利税率=\frac{年利税总额或年平均利税总额}{项目总投资}\times 100\% \tag{7-19}$$

年利税总额 = 年销售收入 − 年总成本费用

或：年利税总额 = 年利润总额 + 年销售税金及附加

投资利税率可根据损益表中有关数据计算求得。在财务评价中，将投资利税率与行业平均投资利税率对比，以判别单位投资对国家积累的贡献水平是否达到本行业的平均水平。

6. 资本金利润率。资本金利润率是指项目达到设计生产能力后的一个正常生产年份的年利润总额或项目生产期内的年平均利润总额与资本金的比率，它反映投入项目的资本金的盈利能力。其计算公式为：

$$资本金利润率=\frac{年利润总额或年平均利润总额}{资本金}\times 100\%$$

上述只是简单的介绍一些我国当前的评价方法，随着改革的不断深入，必然会有很多的变化。从我国燃气行业来说，各地区资本金盈利能力的差别甚大，还没有完全进入市场经济的轨道，在深化改革过程中，研究国际上的评价方法，逐步做到与国际接轨是十分必要的。

第二节　经济分析中的年收入需求法

年收入需求法（Revenue-Requirements Approach）并不是经济分析中现值法、年值法和回收率法之外的第四种方法，而是与经典方法并列的另一种方法。上述三种方法中的任一种既适用于经典法，也适用于年收入需求法。区别在于经典法是通过最大限度地降低成本以获得税后的最大净回收值，而年收入需求法则是以改进服务（To provide service）将年收入需求量减至最小值。

年收入需求法旨在调整公用事业企业的环境，用各种规程限制年收入的水平，目的是使年收入能抵消公用事业服务的所有成本（包括借入资金的利息和业主可接受的最小回收率）。这一方法的本质是，项目的总成本与年收入需求相同，年收入只是为了抵消所有的成本。在方案比较时，虽然也对年收入需求量进行比较，但从经济学角度看，年收入需求最低的方案为最佳方案。

经济分析中的年收入需求法由美国公用事业经济师简纳斯（Paul H. Jeynes）于1940年提出[1]，他在新泽西州的电力与燃气公司公共服务部做过多年的工程经济师。年收入需求法对正规的工业或不正规的工业（Regulated industry or nonregulated industry）均适用。如应用得当，可获得与经典法相同的决策信号。

一、年收入需求法对固定成本的计算

一个项目年收入需求的定义为：

年收入需求 = 与设备投资有关的固定成本 + 经营和维修成本 + 项目增加的行政费用成本

年收入需求行政费用成本和经营维修成本的计算完全与以前的方法相同。这些成本即所有常规税金的扣除额，其年收入需求值也就甚为简单，因为用年收入需求抵消全部应扣除的支出时，已无任何税金需要支付。显然，获得的年收入应能抵消支出，其数量也简单地等于支出量。包含在年收入需求中的设备投资固定成本是最难计算的，本节将着重讨论这些成本。关于固定成本 - 投资的时间排列图可见图 7-2。这也是与设备投资有关的，固定成本四个组成部分的逐年年收入需求值。

固定成本的四个组成部分即：投资的回收需求值（资金成本）、折旧、收入税和从价税。

图 7-2 中的基本假设是，账本和税金折旧是相同的，都是根据有效寿命期的直线折旧法计算。如不是用直线法，则收入税曲线的上部边界不是直线，而应是曲线，且在税务寿命终了时是不连续的（Discontinuity）。固定成本的年收入需求图也是采用图 7-2 中的图形。

关于设备投资固定成本四个组成部分计算的基本方法可见 AT&T（美国电话和电报）[1,71]手册中的经济分析部分“工程经济”一章，其要点为：

1. 资金成本（回收与折旧）的计算与项目经济分析中的经典方法相同。

2. 用资金成本计算收入税时要用税金因子（Tax factor）。可将折旧从资金成本中提出来，以得到总的回收值，然后将获得的总回收值乘以与税后收入有关的收入税的税金因子。

3. 根据初始成本或净设备成本乘以当量税率以得到从价税。

（一）收入税因子（The Income-Tax factor）

在计算收入税的年收入需求时，首先要建立年收入需求与总回收需求之间的关系，这就产生了一个可接受的最小回收率 MARR（i^*）值（亦即可接受的最小资金成本）和年初

的投资值（Beginning-of-year investment）这两个概念。首先，收入税关系到股票的回收需求值；而后，股票的回收需求又关系到总回收需求。

根据收入税的定义可得第一个关系，即：

$$\text{收入税的年收入需求} = t \times \text{税收收入} \tag{7-20}$$

式中：t = 有效收入税率。

年收入需求的税收收入部分可用税后股票回收需求的总和加收入税表示，而收入税的支付是为了得到税后股票的回收需求值，即：

$$\text{税收收入} = \text{税后股票回收值} + \text{收入税的年收入需求值}$$

将此税收收入的表达式代入式（7-20），并将收入税的年收入需求简写为收入税，则：

$$\text{收入税} = t \times（\text{收入税} + \text{股票回收}）$$

式中　t——称为有效税率。

$$\text{收入税} - t \times（\text{收入税}）= t \times（\text{股票回收}）$$

$$\text{收入税} \times (1 - t) = t \times（\text{股票回收}）$$

$$\text{收入税} = \left[\frac{t}{1 - t}\right] \times（\text{股票回收}） \tag{7-21}$$

式（7-21）用以表示收入税的年收入需求和股票回收需求之间的关系。

而总的回收需求又包括股票回收需求和需付的债券利息两部分，因此，股票回收需求可从总回收需求中提出债券利息后得到，即

$$\text{股票回收} = (MAR - \text{债券利息})$$

式中　MAR——可接受的最小回收值（元）。

上式可用来求得股票回收需求值与总回收需求值的比值，即：

$$\frac{\text{股票回收需求}}{\text{总回收需求}} = \frac{(MARR - Bb)}{MARR} = \frac{(i^* - Bb)}{i^*} \tag{7-22}$$

式中　$MARR = i^*$——可接受的最小回收率（Minimum acceptable rate of return）或每元投资的资金成本（Cost of money per yuan of investment）;

B——债券的份额;

b——债券的利率;

Bb——每元投资的债券利息。

由式（7-22）可得：

$$\text{股票回收需求} = \left(\frac{i^* - Bb}{i^*}\right) \times \text{总回收需求} \tag{7-23}$$

将式（7-23）代入式（7-21），可得：

$$\text{收入税的年回收需求} = \left[\frac{t}{(1 - t)}\right]\left[\frac{(i^* - Bb)}{i^*}\right] \times \text{总回收需求}$$

$$= \phi \times \text{总回收需求} \tag{7-24}$$

$$\phi = \left[\frac{t}{(1 - t)}\right]\left[\frac{(i^* - Bb)}{i^*}\right] \tag{7-25}$$

用希腊字母 ϕ 表示的因子说明了收入税与总回收值之间的关系，其特点是用 Bb 值包括了债务利息税的扣除额。由于这一因子非常稳定，因而在计算收入税的年收入需求值时很有用。

由前述可知，从资金成本中提出折旧支出后可得总回收值，这也是计算固定成本的第一步。用这一方法计算收入税时，则采用了以下的假设：

1. 税额和账本折旧是相同的；
2. 在项目的寿命期内，$\frac{债券}{股票}$之比为常数；
3. 应用的税法无特殊的规定。

（二）计算举例

用购买汽车作为这一方法的应用示例，研究其固定成本的计算方法。购车的时间排列图如下：

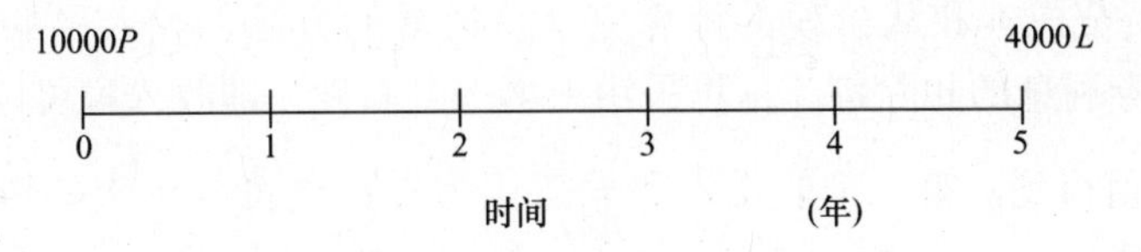

4000元后的 L 表示汽车使用5年后的残值。购车时使用50%的债券，债券利率为12%，加权平均资金成本为15%。有效税率为50%，账本和税金均用直线法折旧。从价税率为初始成本的4%，用以计算固定成本，虽然汽车通常是不付财产税的，而仅付牌照费、泊位费等。

第一步，计算税收因子

$$\phi = \left[\frac{t}{(1-t)}\right]\left[\frac{(i^* - Bb)}{i^*}\right]$$

$$= \left(\frac{0.50}{0.50}\right)\left[\frac{0.15 - 0.5 \times 0.12}{0.15}\right]$$

$$= \frac{0.09}{0.15} = 0.60$$

第二步，按本章前述的等年当量法（年值法）计算固定成本。表7-7中列有5年寿命期的等年当量成本计算结果。由于资金成本包括了回收需求和折旧两部分，因此，将资金成本的等年当量值（*UAECC*）减去直线折旧费用的等年当量值（*UAED*）即回收需求的等年当量值。将此值乘以因子 ϕ，可得收入税的年回收需求值。

固定成本计算（购车例中的等年当量值）　　**表7-7**

组　成		*UAE*（元）
资金成本	$= P\left(\frac{A}{P},15\%,5\right) - L\left(\frac{A}{F},15\%,5\right)$	
	= 10000（0.2983）−4000（0.1483）	
	= 2983 − 593	= 2389.8
收入税 D	$= \phi(UAECC - UAED)$	
	$= 0.60\left(2389.8 - \frac{10000-4000}{5}\right)$	
	= 0.6（2389.8 − 1200）	= 713.9
从价税	$= t_a \cdot p = 0.04(10000)$	= 400
固定成本的 *UAE* 值		= 3503.7

用同样格式的表可求出购买汽车示例中固定成本年收入需求的现值。计算结果的现值

为 11745.1 元，计算过程可见表 7-8。

固定成本现值（*PW*）计算 表 7-8

组 成		*PW*（元）
资金成本	$=2389.8\left(\frac{P}{A},15\%,5\right)=2389.8\times3.3522$	=8011.1
收入税 *D*	$=713.9\left(\frac{P}{A},15\%,5\right)=713.9\times3.3522$	=2393.1
从价税	$=400\left(\frac{P}{A},15\%,5\right)=400\times3.3522$	=1340.9
固定成本的现值		=11745.1

表 7-7 中，资金成本和从价税的计算完全是通常的方法。收入税的计算是一次渐近的，其中包括债券利息的扣除额，这里采用了第一个假设，即收入税可以简单地以税收因子 ϕ 乘上总回收值得到。第二个假设，即$\frac{\text{债券}}{\text{股票}}$比为常数也符合正常的情况。但是账本和税折旧（Book and tax depreciations）却从不相同。有时税收的复杂性不能用年支出、税折旧和债券利息的扣除额来表示。最常见的复杂性在于账本折旧和税折旧值不等，以及如采用投资信用税（Investment tax credit），则对每一项要增加一个校正值。在计算基本收入税时也要加上这一校正值，如同将税因子乘以回收需求值以得到净收入税一样。

（三）资金成本计算的另一公式

关于资金成本计算还有另一公式可采用。若利用两种复利因子$\left(\frac{A}{P}\right)$和$\left(\frac{A}{F}\right)$之间的关系作为资金成本的计算公式则更为有利，如：

$$\left(\frac{A}{P},i\%,n\right)=\left(\frac{A}{F},i\%,n\right)+i$$

则资金成本计算的另一公式可写为：

$$UAECC=(P-L)\left(\frac{A}{P},i^{*}\%,n\right)+Li^{*} \tag{7-26}$$

式中 *UAECC*——资金成本的等年当量值。

在以后的经济分析中，均采用式（7-26）计算资金成本。计算固定成本年收入需求值每一步骤所用的公式可见表 7-9。关于附加税的复杂性，可用前述增加一个校正值的方法解决。

固定成本年收入需求的基本公式 表 7-9

组 成	等年当量法（*UAE* 法）	现值法（*PW* 法）
资金成本	$=(P-L)\left(\frac{A}{P},i^{*}\%,n\right)+Li^{*}$	$P-L\left(\frac{P}{F},i^{*}\%,n\right)$
收入税	$=\phi[UAECC-UAED]$	$\phi[PWCC-PWD]$
	$=\phi\left[UAECC-\frac{(P-L)}{n}\right]$	$\phi\left[PWCE-\frac{(P-L)\left(\frac{P}{A},i^{*}\%,n\right)}{n}\right]$
从价税	$=t_{a}p$	$t_{a}p\left(\frac{P}{A},i^{*}\%,n\right)$
总固定成本	$UAEFC=\Sigma UAES$	$\Sigma PWFC=\Sigma PW_{S}$

二、每元的固定成本因子

如将设备投资的所有成本除以初始成本 *P*，则可得 1 元投资的时间排列图：

P (L) $\div P =$ 1 $S=\frac{L}{P}$

o n o n

时间（年） 时间（年）

图中：$S = \frac{L}{P}$ = 以初始成本某一份额表示的残值。

如按每元的时间排列图计算等年当量的固定成本（$UAEFC$），则可得每元投资的 $UAEFC$ 值。这一因子常称为固定税率（Fixed-charge rate）。这一每元固定成本（Fixed-cost-per-yuan）因子可用来计算任何投资值 P 的固定成本，只要残值份额 S 和服务寿命期的数值与计算每元固定成本因子时相同，即：

$$UAEFC = P(UAEFC/\text{元})$$

在美国的燃气工业中[1]，此因子值的范围通常在 0.15～0.25 之间。

将表 7-9 中的各式除以 P 可得计算每元固定成本的基本算式，其结果列于表 7-10 中。表中在收入税计算公式中的 d 表示每元投资的折旧（折旧率）。表 7-10 中同时也列出了每元固定成本的现值因子，可用来计算固定成本的现值：

$$PWFC = P\left(\frac{PWFC}{\text{元}}\right)$$

计算每元固定成本的基本公式 **表 7-10**

组　成	UAE/元	PW/元
资金成本	$= (1 - S)\left(\frac{A}{P}, i^*\%, n\right) + Si^*$	$1 - S\left(\frac{P}{F}, i^*\%, n\right)$
收入税	$= \phi(UAECC/\text{元} - UAE \cdot d)$	$\phi(PWCC/\text{元} - PW \cdot d)$
	$= \phi\left[UAECC/\text{元} - \frac{(1 - S)}{n}\right]$	$\phi\left[\frac{PWCC}{\text{元}} - \frac{(1 - S)\left(\frac{P}{A}, i^*\%, n\right)}{n}\right]$
从价税	$= t_a$	$t_a\left(\frac{P}{A}, i^*\%, n\right)$
总固定成本	$UAEFC/\text{元} = \Sigma UAES/\text{元}$	$PWFC/\text{元} = \Sigma PWS/\text{元}$

现在回到购买汽车的示例，用每元固定成本法进行计算。计算结果见表 7-11。在所示的情况下　$S = \frac{L}{P} = \frac{4000}{10000} = 0.4$。

如前所述，每元投资的 $UAEFC$ 值称为固定税率，每元固定税率因子（Fixed-charge-per-yuan factors）在应用时，其功能与复利因子相类似，可将设备投资换算成与固定成本有关的设备投资的 UAE 值或 PW 值，对附加税也是一样。熟练的经济分析师在运用这些因子时，还可简化经济分析工作。

购买汽车示例中每元固定成本因子的应用 **表 7-11**

组　　成		UAE/元
资金成本	$= (1-0.4)\left(\frac{A}{P}, 15\%, 5\right) + 0.4\ (0.15)$	
	$= 0.6\ (0.2983) + 0.06 = 0.17898 + 0.06$	$= 0.23898$

续表

组成		UAE/元
收入税	$=0.6\left[0.23898-\frac{1-0.4}{5}\right]$	
	$=0.6\ (0.23898-0.12)$	$=0.07139$
从价税		$=0.04$
	UAEFC/元	$=0.35037$

$UAEFC = P\ (UAEFC/元) = 10000\ (0.35037) = 3503.7$ 元

组成		PW/元
资金成本	$=(1-0.4)\left(\frac{P}{F},15\%,5\right)$	
	$=1-0.4\ (0.4972) = 1-0.1989$	$=0.8011$
收入税	$=\phi\left[0.8011-\frac{1-0.4}{5}\left(\frac{P}{A},15\%,5\right)\right]$	
	$=0.6\left[0.8011-0.6\frac{3.352}{5}\right]$	
	$=0.6\ [0.8011-0.4022]$	$=0.2393$
从价税	$=0.04\left(\frac{P}{A},15\%,5\right)=0.04\ (3.352)$	$=0.1341$
	PWFC/元	$=1.1745$

$PWFC = P\ (PWFC/元) = 10000\ (1.1745) = 11745$ 元

在一个公司中，在任何的时间排列点上，对所有的项目，其与固定成本因子有关的多数变数值都是采用同一数值。如有变化，则主要原因在于有效服务寿命和残值份额发生变化。在比较若干个方案的投资时，这些变数，包括设备安装均采用相同的服务寿命和残值份额。在这种情况下，固定成本因子的采用值只需计算一次就可用来计算相同服务寿命和相同残值寿命的所有设备的固定成本。在一个配气公司中，只要有一页这些因子的数据就能满足多数设施和设备的计算。如果在这一页的因子数据中，包括相应的复杂税收情况已由熟练的经济分析师提供，则其他工作人员也可既快又易地进行经济分析工作。因此，因子数据表是熟练的经济分析师和需要进行经济分析的其他人员（如工程师等）重要的交流工具。

三、年收入需求的评价标准

配气系统能力设计的项目有两类内容需要进行决策评价，即：可行性研究和各种方案的比较。

（一）可行性研究

燃气输配系统的项目投资建议评估，包括新建系统和扩大供气范围，常称为可行性研究。我国对城市基础设施建设项目的可行性研究，几乎是没有不可行的，原因是资金来源的概念不清，所谓“初装费”就是其中的一例。而国外，资金来源都是靠债务和股票，情况就完全不同，如预期的投资在经济上没有吸引力，则项目就不会进行下去。这种类型的经济决策程序，通常是在现值或年值（等年当量）的基础上比较其年收入和年收入需求的关系。如年收入大于年收入需求，则项目在经济上就有吸引力。年收入与年收入需求的差额属于持股者的效益。此差额的税后值称为增产鼓励效益（Profitincentive）。差额应付的统称增产鼓励效益税（Profit-incentive tax）。因此，年收入与年收入需求的差额应等于增产鼓励效益和增产鼓励效益税之和。如年收入需求值大于年收入值，则项目在经济上就缺乏吸引力，因增产鼓励效益为负值。如果相互独立的若干个项目，每一项目均有不同的年收入与成本，则从经济观点出发，资金应投向年收入与年收入需求差额最大的项目。

如在可行性研究中采用经济分析的回收率法，则项目的回收率要用试算的方法求得，即按现值或等年当量求出年收入等于年收入需求时的利率，然后将求得的利率与资金的加数平均成本值，即最小可接受的回收率 $i^* = MARR$ 比较，如项目的回收率大于 i^*，则项目在经济上有吸引力。

（二）举例

如以图 7-4 所示的时间排列图代表一个可行性研究的状况，用年收入需求法进行分析，若有效税率为 40%，资金结构中有 40%为债券，债券利率为 8%，资金的加权平均成本值为 10%，则：

首先计算税收因子

$$\phi = [\frac{t}{(1-t)}][\frac{(i^* - B \cdot b)}{i^*}]$$

$$= \left(\frac{0.4}{0.6}\right)[\frac{0.1 - 0.4(0.08)}{0.1}]$$

$$= 0.6667\left(\frac{0.10 - 0.032}{0.10}\right) = 0.6667(0.68) = 0.453$$

其次，按表 7-10 的格式计算固定成本的年收入需求值。

组　　成	UAE
资金成本　$= (10000)\left(\frac{A}{P}, 10\%, 5\right)$ $= 10000\ (0.2638)$	= 2638
收入税　$= \phi\left[UAECC - \frac{(P-L)}{n}\right]$ $= 0.453\ (2638 - \frac{10000}{5})$ $= 0.453\ (638)$	= 289
UAE 固定成本	= 2927
支　出	= 2000
总年收入需求	= 4927

由于年收入的等年当量（UAE）值为 5000 元，而总年收入需求的计算表示，项目有较小的经济吸引力（差额为 73 元）。这一经济信息的变化并不是由不同的经济分析方法造成，而是由假设的债券资金所引起（在前述经典分析法中假设 100%为股票资金）。由于债券利息扣除额小，反映在税收因子中，使年收入需求降低而改变了决策信息。

年收入和年收入需求的差额为 73 元，其中，增产鼓励效益税为 $0.4 \times 73 = 29.2$ 元，余额 $73 - 29.2 = 43.8$ 元即增产鼓励效益。总回收值即资金成本减去折旧再加增产鼓励效益，即：$638 + 43.8 = 681.8$ 元，总收入税应是收入税的年收入需求总和加增产鼓励效益税，即 289 + 29.2 = 318.2 元。

（三）方案的比较

配气管网的能力设计人员可制定出多个管道设计方案，且均能提供相应的输气能力。在选择方案时，经济性是主要考虑的因素。由于这些方案服务的用户数量相等，因而年收入值也相同，因此，最经济的方案应该是年收入需求值最小的方案，系统设计人员的任务就应尽量减少方案的年收入需求值。

在比较方案的年收入需求值时，应满足下列两个条件：

1. 设计所提供服务的质和量相同，劳动力也相同；

2. 设计必须在相同的时间周期内提供服务。如方案的服务水平不同，则应减少费用或增加额外服务的费用。

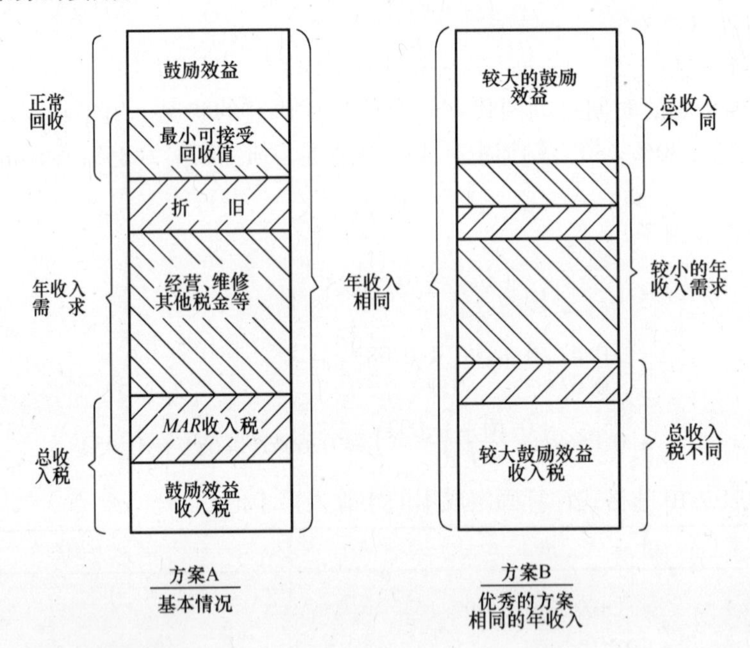

方案 A：基本情况

方案 B：减少年收入需求的所有效益都给了投资者

图 7-7　意向图

方案评价的经济标准可见图 7-7 表示的意向图。由图 7-7 可知，如年收入不影响方案的选择，则应选择最小年收入需求的方案使鼓励效益达到最大值，也就是增大回收值两个组成部分中的一个。这与经典方法中选择最大的税后回收值是一致的（正确的应用经典方法或年收入需求法所得的经济决策信息应该是一致的）。意向图同时也说明了年收入需求分析中不同的数量关系。每栏的总高度与年收入有一定的比例，有阴影面积的栏表示每一方案的年收入需求组成。无阴影的顶端一栏表示鼓励效益，底部的一栏则表示鼓励效益的税金。

最后，从意向图中也可看出经典法和年收入需求法之间的差别。在后一方法中，回收值和收入税再分成两个部分：第一部分包括必须回收值（最小可接受回收值）和鼓励效益，而第二部分则包括收入税的年回收需求值和鼓励效益的税金。

四、敏感性和平衡点分析（Sensitivity and Break-even analysis）

对经济分析师来说，最困难的是考虑时间排列图寿命期内未预见事件（Future events）对项目成本的影响。实际的经验也说明，未预见事件的成本和年收入都存在一定的不确定性（Uncertainty）。在经济决策中研究成本可能发生变化的影响称为敏感性分析。

在敏感性分析中，分析师要根据自己的经验，在一定的范围内改变不确定变数的数值，看它对经济决策有多大的影响。分析工作通常在一定时间内改变一个变数，然后重点研究这变数的变化所产生的不确定性。有图示能力的微机最适宜于进行敏感性分析，分析结果可用图形、饼图（Pie charts）或栏目图 Bar charts）表示。图 7-8 为这类图示的一个示例。

平衡点分析是敏感性分析的一种具体方法。事实证明，它既有用，又有参考价值。因为在研究应用中，总发现有一两个变数具有下列特性：

1. 其值相对较大；
2. 对决策十分重要；
3. 其值有很大的不确定性。

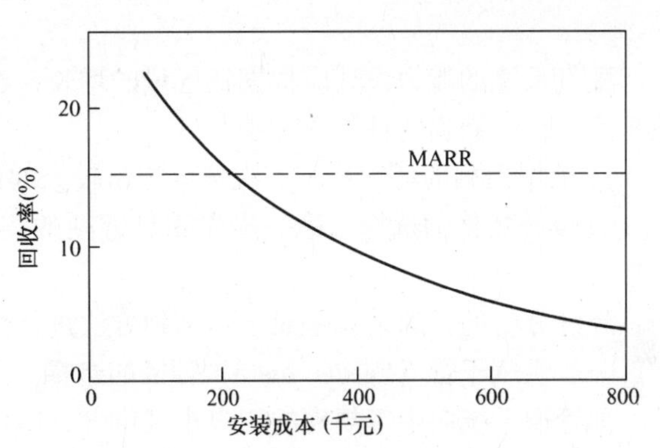

图 7-8　敏感性分析结果示例

对决策者来说："什么最重要?"，它决定于所担负的责任和与其他部门的关系。如对机械设备的经营工程师，他最关心的是经营和维修成本；而对建筑开发商，则最关心的是收尾资金。

要了解关键变数中利息值的变化对经济决策所产生的影响，就要知道这一变数的平衡点值是多少？变数的平衡点值是年收入和年收入需求或两个比较的方案，在规定的资金成本和利率的条件下年收入需求相等时的值。在平衡点值上，从经济观点看，它对决策没有区别。在求解平衡点值时，通常都是只确定一个变数，而将其他变数先固定下来进行计算。平衡点的方程式根据年收入等于年收入需求，或两个方案的年收入需求值相等得出。求解这个方程，就可得到关键变数中未知值的平衡点值。

【例 7-5】　在前述可行性研究年收入需求的例子中，求解收支平衡点。平衡方程为：

$$UAE\text{ 年收入} = UAE\text{ 年收入需求}$$

$$= UAE\text{ 固定成本} + UAE\text{ 支出}$$

$$5000 = 2927 + x$$

$$x = 2073\text{ 元}$$

如需求出初始成本的平衡点值，则平衡方程应写为：

$$5000 = x\left(\frac{UAEFC}{\text{元}}\right) + 2000$$

$$\text{而}\quad \frac{UAEFC}{\text{元}} = \frac{2927}{10000} = 0.2927$$

$$\text{则}\quad 5000 = 0.2927x + 2000$$

$$0.2927x = 3000$$

$$x = 10249\text{ 元}$$

决策者的裁决主要是分析变数的平衡点值是否相等或偏离。应由有经验的决策者进行，因为仅从经济观点看，可能发觉不了有多大的差别。

平衡点的支出值为 2073 元，告诉决策者，项目在经济上没有太大的吸引力，因为经营与维修成本甚易达到 73 元或每年超过 2000 元的估计值。

从另一方面看，初始成本的变化可能减小 249 元，因为这是对现行成本的估算，是十分稳定的，因此，任何关于初始成本的不确定性不会影响对投资经济吸引力的决策。

第三节　燃气设施选择中的经济性

配气系统的能力设计应根据耗气量的增长，经济、合理地选择系统设施的规格。从决策角度看，常面临两种选择方法：

1. 根据预测的耗气量，一次选定规格较大的设施。

2. 设施规格的选择，第一步先满足近期的需要，第二步再选择较大的规格，满足预测耗气量的要求。

经济分析的目的，就是对上述两种方法进行决策。

一、供气干管（Feeder main）管径的选择

如管道系统向中等规模的用户小区供气，则供气能力的大小可归结为供气干管规格的选择。这类问题的技术经济分析可用下例来说明。向用户小区供气有两个方案：

方案 A：安装 4in 的干管，若每 m 的成本为 20 元，有效服务寿命为 40 年，残值为零。

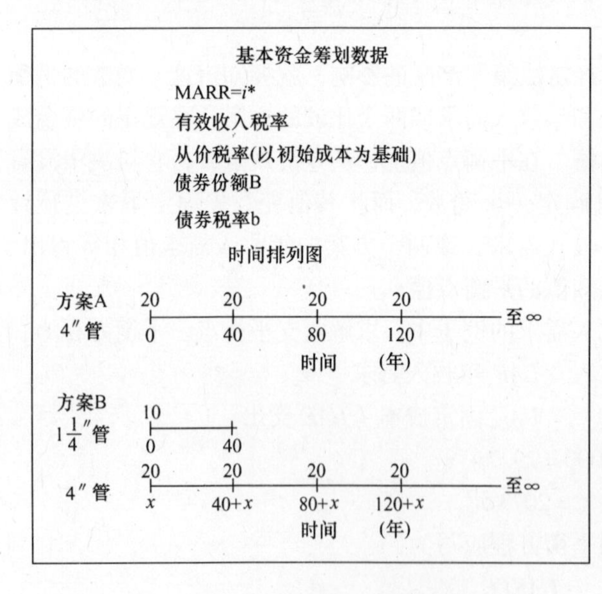

图 7-9　供气干管管径的经济分析举例

方案 B：先敷设一条 $1\frac{1}{4}$in 的干管，每 m 的成本为 10 元；相隔一段时间后，并行于这条管线再敷设一条 4in 干管，每 m 仍为 20 元。这两条干管的寿命期均为 40 年，无残值。两个方案的维修成本均很小，可以忽略或相差无几。

在图 7-9 中，给出了基本资金筹划数据，同时假设，技术进步抵消了价格的通胀，求在 B 方案中，4in 管何时建设可使方案更为经济?

在图 7-9 的时间排列图中，对两根 4in 的干管采用了永久服务的假设（Perpetual-service assumption），即每次 4in 管的更换均在当服务寿命期终了时的 40 年年末进行，每次更换的费用相当于初始成本，这种每次更换相当于初始成本的假设称为重复设备建设假设（Repeated-plant assumption），即永久服务的假设是重复设备建设假设的重复次数达到无限次数的一种特殊情况。永久服务的假设是为了在两个方案的比

较中可采用相同的时间周期（均为∞），因而在经济分析中，只要比较年收入需求，可使问题简化。

重复设备建设假设的主要缺点是忽略了通货的膨胀。但是，如从较长的一个时间段来看设施的安装成本，则这种假设又是合理的，是可以接受的。这可用图 7-10[1]来说明，图中上升的曲线代表一定时期的不同年的通货膨胀率；而下降程度则代表由于科技进步的原因所造成的生产率的提高和成本的降低。在一个较长的时间段中，这一现象总是反复出现的。从时间的长河来看，当技术发生变化后，任何替代更新的设施由于新技术的采用，已与初始的情况完全不同，以塑料管替代铸铁管就是一例。虽然，无法预计由于技术进步所得到的准确效益和时间的长短，但是，从长远的观点看，可以认为，技术发展初期设施成本的上涨与随后因科技进步而促使成本的降低是相当的，甚至对比较保守的工业，如燃气工业也不例外。而重复设备建设的假设正是在通货膨胀引起成本的增加将会由技术进步引起的成本降低相抵消这一事实的基础上提出来的。当然，也还会有一些其他因素影响到地下设施，如燃气干管的安装成本，其通货膨胀与初始成本不同，如随着时间的推移，管道的位置会显得紧张，与初始管道的埋设条件发生了不同的变化，如由于已增加了许多车道、树木和其他的地下构筑物，管位的拥挤增加了安装成本。如果由于管位拥挤而成本的不断增加被视作通货膨胀，就不能再采用重复设备建设的假设。但是，这仅是考虑的一个方面。从另一方面看，成本在未来很长时间内的变化对现行经济分析的影响很小，这可从下表中当利率为 10%时 1 元现值的利息效应来说明。这一说明也有利于燃气干管采用永久服务的假设。

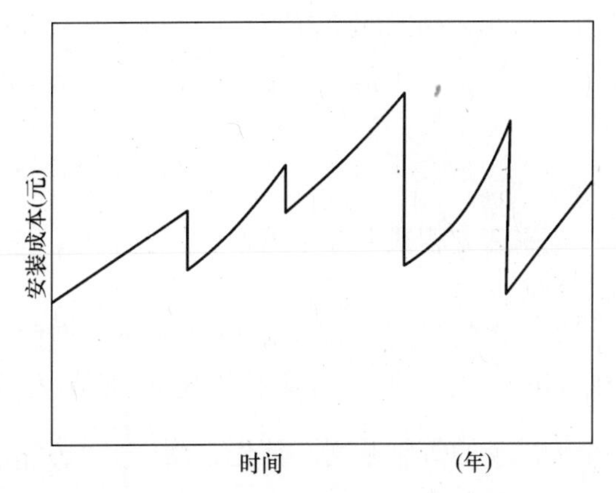

图 7-10　设施安装成本与时间的关系

未来的年份 x	$(P/F,\ 10\%,\ x)$	未来的年份 x	$(P/F,\ 10\%,\ x)$
20	0.1486	40	0.0221
30	0.0573	50	0.0085

上表说明，在未来的 30 年或更长的时间内，成本不会有太大的变化，这有利于采用永久服务的假设而使经济分析简化。应用这一假设时，也并非一定要在时间排列图中取无限长的时间，仅是在处理这类问题时，应安排好时间排列图，使两个方案有相同的服务周期，满足方案比较的假设要求。

（一）平衡点分析

推迟建设未来环状干管的时间可从平衡点分析中获知，由于处理这类问题的时间排列结构通常以等年当量法为基础，因此，平衡方程式可写为：

$$UAERR_A = UAERR_B$$

即方案 A 和方案 B 的年收入需求等年当量值应相等。对方案 A，年收入需求是指直接安装 4in 干管时与固定成本有关的设备投资。对方案 B，则是现在先安装 $1\frac{1}{4}$in 的干管，在今后不远的适当时候再安装 4in 的干管。由于所有干管的有效寿命期均为 40 年，且无残值，因此，相同的 *UAEFC*/元值可用来计算在永久服务假设下的固定成本：

$$20(UAEFC/元) = 10(UAEFC/元)\left(\frac{P}{A},10\%,40\right)(i^*)$$

$$+ 20(UAEFC/元)\left(\frac{P}{F},10\%,x\right)$$

当平衡方程式以等年当量系列表示时，应有相同的时间跨度。在本例中，时间跨度取从 $0\to\infty$。

上式中等号的左侧表示 40 年一个周期的无限个等年系列。可用 *UAEFC*/元因子连续乘以 40 年一个周期开始时干管 20 元/m 的安装费用获得。公式等号右侧的第一项，也是一个无限个的等年系列。首先，用$\left(\frac{P}{A}, 10\%, 40\right)$因子将 40 年周期系列换算成现值，再乘$\left(\frac{A}{P}, i^*\%, \infty\right)$因子，将现值换算成等年当量无限系列。由表 7-4 可知，$\left(\frac{A}{P}, i^*\%, \infty\right)$因子的值为 i^*，因而在公式中只取 i^* 值。公式等号右侧的第二项，无限等年系列开始于 x 年，可将每次替代更新的 20 元/m 安装成本乘以 *UAEFC*/元，再将其中的每一项乘以$\left(\frac{P}{F}, 10\%, x\right)$因子，以换算成从 0 开始的无限系列。这种处理方法可将 x 年后的值回推到现值。在将任何未来的资金量回推到现值时，由于利息已经取出，因而数值很小。

将平衡式除以 *UAEFC*/元，并将已知因子的值代入，则可写成：

$$20 = 10\times 9.779\times 0.10 + 20\left(\frac{P}{F},10\%,x\right)$$

$$20 = 9.779 + 20\left(\frac{P}{F},10\%,x\right)$$

$$\left(\frac{P}{F},10\%,x\right) = 0.51105$$

为求得 x 值，可在复利因子表中，查利率为 10% 的表（表 7-4），查出略小于和略大于 0.51105 的年份 x 值，然后用内插法计算：

$$\left(\frac{P}{F},10\%,7\right) = 0.5132;\left(\frac{P}{F},10\%,8\right) = 0.4665$$

$$x = 7 + \frac{0.5132 - 0.51105}{0.5132 - 0.4665} = 7 + \frac{0.00215}{0.0467} = 7.05\text{年}$$

在对两个方案进行选择时，决策者首先应根据耗气量的增长情况，弄清 $1\frac{1}{4}$in 管的适用年限，它究竟是大于 7 年还是小于 7 年。如小于 7 年，则 A 方案较经济；若大于 7 年，则应选择 B 方案。也就是方案的选择不能仅从经济角度考虑，决策者还应充分运用其供气区设计负荷的知识，因为在分析中，实际的平衡变数是干管供气区用户的设计负荷，平衡值指的是 7 年来 $1\frac{1}{4}$in 干管的通过能力。由于设计负荷是确定供气管管径的主要变数，因此，平衡点推迟的时间使设计人员应侧重研究 $1\frac{1}{4}$in 干管在 7 年末的耗气量是否会超过管道的通过能力。在多数情况下，这类问题的答案十分明确，因为在安装 $1\frac{1}{4}$in 干管的当时，如设计负荷已相当于设计能力，则 B 方案就不存在，决策者就不必多此一举。

如果近期的通货膨胀效应使推迟安装干管的成本与现在安装干管成本相同的假设已与实际不符，则在计算中应考虑通货膨胀的因素。在上例中，若通货膨胀率为 5%，则应重新计算。

由于通货膨胀率是资金成本的一个组成部分，在经济分析中就没有必要再设一个通货膨胀率，简单的将其并入资金成本中的利率项即可。在分析中，可将 i^* 由 10% 提高到 15%。这样，在平衡方程式中惟一需要改变的量为 $\frac{P}{A}$ 因子和 4in 干管推迟建设的成本这两项，要用通货膨胀率进行调整，调整的幅度为 $20\ (1+0.05)^x$。在平衡方程式中用 $\left(\frac{P}{F},\ 15\%,\ x\right)$ 来代替，具体数值为 $\frac{1}{(1+0.15)^x}$，于是，平衡方程式可写为：

$$20 = 10\left(\frac{P}{A},15\%,40\right)(0.15) + 20(1.05)^x\left(\frac{1}{1.15}\right)^x$$

$$20 = 10 \times 6.642 \times 0.15 + 20\left(\frac{1.05}{1.15}\right)^x$$

$$20 = (9.963) + 20(0.9130)^x$$

$$10.037 = 20(0.9130)^x$$

$$0.50185 = (0.9130)^x$$

公式的两边取对数：

$$\log(0.50185) = x\log(0.9130) - 0.29942 = -0.03953x$$

$$x = 7.57\ 年$$

计算结果表示，如考虑 5% 的通货膨胀率，平衡点推迟的时间仅增加 0.5 年。

（二）选择管径的诺模图[1,73]（Pipe sizing Nomograph）

对较小的投资决策，在确定供气干管的管径时，可用一些辅助的决策方法而无须做经济分析工作。图 7-11 中选管径的诺模图就是一例。从图中可直接查出小管径的管道敷设后，大管径管道推迟敷设的时间。

仍以上例为例，可用图 7-11 求出平衡点推迟的时间。图中，标尺 A 为后建管道的成本，在本例中，即方案 B 中推迟安装的 4in 管的成本 20 元。标尺 B 为初始大管径与小管径管道的成本差，在上例中，即 $20-10=10$ 元。将标尺 A 和标尺 B 上查得的点用直线相连再延长，并与标尺 C 相交。标尺 C 为利息标尺，得读数为 0.5。标尺 C 的右边部分为各种不同的利率线，利率值的范围为 3%～15%。通过标尺 C 上的交点引水平线，与已知的利息线相交。在上例中，利率为 10%。通过与利息线的交点向下作垂直线，与横坐标相交的点，即平衡点推迟的时间读数。在上例中，可读得推迟的时间为 6.7 年，与计算值 7.05 年十分接近。标尺 C 右边不同利率的复利因子 $\left(\frac{P}{F},\ i^*\%,\ n\right)$ 在半对数纸上可用直线表示。

诺模图是一种平衡方程的图解法。如果成本值很大，标尺 A 和标尺 B 上的成本值不能覆盖，则可将标尺 A 和标尺 B 上的值乘以 10 的某次方因子，如 $10^1=10$，$10^2=100$……，使成本值可落在标尺的范围内。如成本为 500 元，已在标尺之外，则标尺 A 的 50 元乘以 10 即 500 元；如成本为 5000 元，则标尺 A 的 50 元乘以 100 即 5000 元。以上说明，

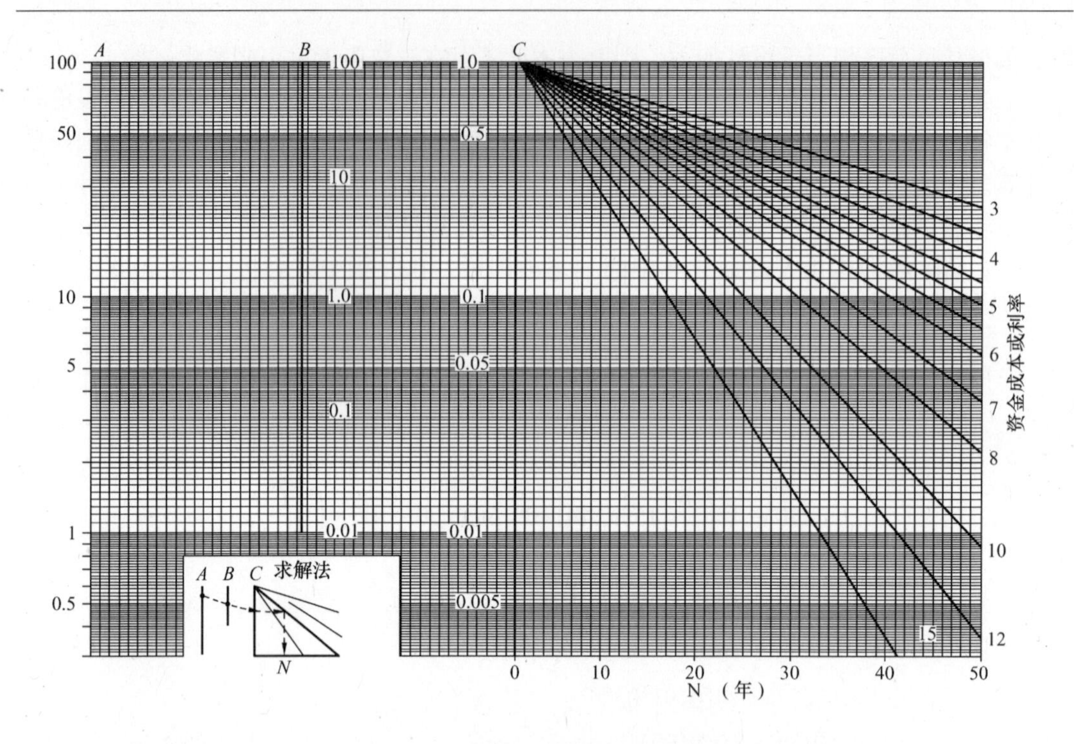

图 7-11　管径选择的效益诺模图

注：A—后建干管的成本；

B—大管径与小管径管道的成本差；

C—现值因子；

D—使用小管径管道时，达到平衡点的运行时间。

标尺 A、B 上的读数可代表 10^1，10^2，10^3……的等值。

诺模图建立时采用的假设为：

1. 所有安装的及随后替代更新的干管均有相同的寿命期。

2. 按永久服务的假设，每一干管均在其寿命期终了时进行替代更新。

3. 由于通货膨胀和管位拥挤造成的成本上升均被因技术进步所造成的成本降低所抵消。

上述假设中的第二项不大适合于小管径的干管，如上例中，小管径的干管在 7 年后更新而不是在寿命期末的 40 年。对寿命期很长的设备，如燃气管道，这一假设对所得结果的影响不大。上例中的诺模图结果也可说明这一点。

如在计算中要考虑通货膨胀的影响，则在应用诺模图时要采用试算方法。首先，按资金成本中通货膨胀为零的假设求出零通货膨胀时的近似解。然后，根据这一近似的平衡值计算推迟建设干管的未来成本，再根据这一成本在利率中考虑通货膨胀的方法算出平衡点推迟时间的第二个数值。如此值与第一次求得的数值相差不大，则可认为计算已完成。如果相差甚大，则应通过诺模图第三次算出未来干管的成本。通常经过三次计算，所得因通货膨胀引起平衡点推迟的时间已有足够的准确性，这可用下述计算结果来说明：

当通货膨胀率为 5%时，7 年后安装大管径干管的成本 C 为：

$$C = 20\left(\frac{F}{P}, 5\%, 7\right) = 20 \times 1.407 = 28.14 \text{ 元}$$

在诺模图的标尺 A 上查得此值，再根据15%的利息率查得平衡点推迟的时间为7.1年，此值略低于计算所得的值（7.57年）。

诺模图的应用十分广泛，由于在最后应用的公式中剔除了每元的固定成本因子，因此与各燃气公司的具体参数无关而可直接应用。诺模图不仅应用于管道的选径，也适用于其他设施规格的选择。

二、新建配气系统管径的选择

当供气系统延伸到一个大型用气区时，需要建设一根以上的供气干管，形成一个新建的配气系统，不能再采用前述的经济分析方法，应代之以采用系统设计的经济分析方法（Economics of system design）。通常，管道系统方案经济比较的最简单方法是比较其初始的安装成本，但这一方法又不适用于比较有不同储备能力（Reserve capacity）的方案。由于管道受管径规格种类的限制，一个经合理设计的管道输气能力，几乎不能完全等同于供气用户的设计负荷。系统输气能力与设计负荷的差额即管道的储备能力，它是系统设计负荷以外的一个输气能力增加值。

（一）有效性指标（Effectiveness lndex）

美国燃气工程专家H.M.波义尔（Boyer）[1,74]提出了一个配气系统有效性指标的概念，其数学表达式为：

$$E = \left[\frac{(P_1^2 - P_d^2)}{(P_1^2 - P_m^2)}\right]^{\frac{1}{n}} \frac{S}{Q_D} \tag{7-27}$$

式中　E——配气系统的有效性指标。指标值越小，系统就越有效；

P_1——源点压力，kPa；

P_m——管道最小允许末端压力，kPa；

P_d——设计的末端压力，kPa；

n——流量计算公式 $\Delta P^2 = kQ^n$ 中的指数；

$S = L_1 D_1 + L_2 D_2 + \cdots\cdots + L_m D_m$；

Q_D——管道系统的总设计负荷，m^3/h；

D——管内径，mm或cm；

L——管段长度，m；

m——系统中的管段数。

式（7-27）可由式（5-3）求得。由式（5-3）知

$$\frac{Q_D}{Q_C} = r = \left[\frac{P_1^2 - P_d^2)}{(P_1^2 - P_m^2)}\right]^{\frac{1}{n}},$$

等式两边乘以 S，则

$$\frac{S}{Q_c} = E = \left[\frac{(P_1^2 - P_d^2)}{(P_1^2 - P_m^2)}\right]^{\frac{1}{n}} \frac{S}{Q_D} \tag{7-28}$$

式中　Q_c——系统的总通过能力，即当管道末端的压力为最小允许压力时的流量。

这一关系可用来计算系统的有效性指标，因为未来负荷实际的增长情况是未知的。波义尔认为：S 值，即每一管段的管径与管长的乘积约正比于管道的安装成本，其根据是：

1. 乘积 DL 与管表面积 πDL 成正比；

2. 管道的材料体积约等于管表面积乘以管壁厚度；

3. 管道的重量等于管道材料的体积乘以管材密度；

4. 管道的成本约与其重量成正比；

5. 管道的安装成本也可取与其重量成正比。

因此，管道重量最小的系统也就是成本最低的系统，这在地下管道的管位非拥挤区大致是正确的，但不适用于管位的拥挤区，因在管位的拥挤区，安装费用中的管道成本所占的比例甚小。

如将上述两种近似的假设反映在有效性指标 E 中，根据式（7-28），E 可写为：

$$E = \frac{\text{管道成本}}{Q_c} \tag{7-29}$$

有效性指标的单位可用正比于元/m³/h 的管道能力$\frac{\text{cm-m}}{\text{m}^3/\text{h}}$或$\frac{\text{mm-m}}{\text{m}^3/\text{h}}$表示。这一比值具有成本/效益的特性。对每一配气系统均可求得相应的 E 值，显然，E 值越小，则每元的系统成本可提供更大的输气能力。

为了反映系统的真实成本，公式中的 5 项可用新建管道和替代更新方案中系统的安装成本和来表示。一般来说，指标 E 可用来反映新系统方案的相对经济性。在比较中，由于假设所有的成本均发生在系统的安装时，也就不必考虑因资金的时间价值所需的补偿。

（二）其他指标

除上述有效性指标之外，也可采用第五章中介绍过的以下指标来选择设计方案，如：

1. 系统有效性的 m^3-m 或 m^3-km 指标；

2. 节点压力的分配评价等。

我国在配气管网设计中至今还未采用有效性指标的评价方法，从未对管网计算的结果产生怀疑，已影响了设计水平的提高。实际上，有效性指标不仅在设计中，在运行管理方面也在普遍地应用着，这在第十三章中将讨论到。这里仅举一例来说明，在若干个指标中，系统的有效性指标可用系统的利用效率来表示：

$$\text{系统的利用效率} = \frac{\text{总燃气销售量}}{\text{系统总长度}}\left(\frac{10^6\text{m}^3/\text{年}}{\text{km}}\right)$$

如果以我国的上述指标与发达国家相比，就可明显地看出两者之间的差距，这一指标同样也反映了科技水平之间的差距，但是我们在工程中却从未这样比较过或研究过。一个利用效率低的系统决不可能有较好的经济效益。从目前的情况来看，也不可能先定下一个指标作为评估的依据，它有点类似于“能源利用率”指标，是技术、经济和体制等各种因素的综合反映，只能在深化改革过程中逐步解决。

（三）用经济分析法进行方案比较

有时，一个配气系统的建设需在若干年内逐步完成，输气能力也逐步增加，但达到系统最大耗气量的时间又不长，这就使每一方案安装燃气设施的时间处在不同的时间段上，决定这类方案在经济上的优劣，也不能简单地采用有效性指标，而应考虑资金的时间价值。

如果方案所服务的用户范围相同，则应比较其年收入需求以确定其相对的经济性。经济分析的第一步是作出方案的时间排列图；对每年安装的设施要分开排列，如同前述确定干管管径的例子中，$1\frac{1}{4}$in 管和 4in 管的排列图那样。然后，用永久服务假设，认为方案的服务期相同，按年收入需求的方法比较其经济性。在计算年收入需求中，要用固定费用因子（Fixed-Charge-factor）的概念，即考虑所有相关的税率后，还应考虑到设备逐步退役的情况。最后，年收入需求最低的方案为最佳方案。

三、其他的非经济因素（Irreducible seducibles）

在任何一项工程投资中，均有一些因素不能简单地用货币来表示，但在选择方案时又不得不考虑，这些因素可称为非经济因素。在配气系统设计中，通常是指与安全性和可靠性有关的因素。安全性与工业项目的性质有关，其要求常反映在规范和规程中，但规范中所反映的均属强制性的或正常条件下的安全要求。配气系统安全要求的范围还应包括附加的安全内容，如对环境有重大影响的因素。对可靠性的要求也是一样。国际上关于可靠性的要求也已在相关专业的最新规范中有反映，形成了方案选择时的一个重要判别领域。如设计一个新的配气系统时，最经济的方案应是采用枝状系统，但从安全性和可靠性考虑，又常采用环状系统，这在第五章中已讨论过。

在新设计的配气系统中，阀门的数量和位置对经济性也有影响，阀门的设置增加了安装和维修费用，但又不能仅从经济上考虑，通常已包括在安全性与可靠性的政策要求中，在第五章中也已讨论过。在供气系统和配气系统之间的调压站设计中，也应综合考虑安全性与可靠性两者之间的关系。

值得注意的是，当前我国配气管网的管径往往选择偏大，使用天然气后与使用煤制气时的管径相类似，还常美其名曰“留有余地，偏于安全”，实际上是属于闲置浪费。如果允许这类问题存在，则经济比较就没有意义，粗放的做法将使经济研究工作成为无用，与国际的差距拉大。另一方面，对有燃气采暖的配气系统，在严寒的季节，耗气量又有可能超过配气系统的能力，产生压力不足的问题，这是由于风险系数选择不当，为了省钱而得到的惩罚。这些问题通常称为不可忽略的心理学因素（Psychological irreducible），对其认识的程度决定于管理部门的水平。

四、旧有系统的改造

通常，工作状态良好的旧有配气系统也需要提高通过能力。美国的文献指出[1,59]，若将旧有系统彻底翻修在经济上是不可行的，翻修决非理想方案。正确的方案应该是综合考虑新、旧系统，使之互补，达到最大利用的目的。在第五章中，曾介绍过旧有管道的各种改造方法，如提高管道的运行压力，增加新的供气源点、采用连接管（Tie-ins）、并行敷设新管和加大旧有干管的管径等。

对中、高压系统，只要系统的限制条件允许，应首先采用提高入口压力的方法以提高通过能力。如提高运行压力不可能或不可行，则另一种改造方案是增设调压站，并将增设的调压站放在关键的位置上。

加大管径和并行旧管另设新管的办法成本较高，但当预测的负荷增加很大时也可能采用这种方法。通常在旧有低压系统上增加分布式采暖负荷时，常会有这种要求。加大管径而成本又增加不大则往往决定于更新管道的条件，如城市和街道的状况等。

（一）效益指标

在采用连接管和加大管径的方案时，波义尔[1,59]提出了一个有效的数学制定方法。在制定前须已知下列数据：

需要加大管径的管道管径表、不同管径的管道安装成本公式、相应的节点表、指明可以采用连接管的管道以及连接管的管径等。管道不同管径的安装成本公式可用下式表示：

$$T = UL + C \tag{7-30}$$

式中 T——某一管径管道的总安装成本，元；

U——某一管径管道的单位长度成本，元/m；

L——待安装的燃气干管长度，m；

C——与管道安装长度无关的成本组成，如管道的搬运成本等。

在大型管道系统中，如有10根管段需要加大管径，或在小型管道系统中有10%的管段要提径，它们的比压降均最大，则需要提径的方案可用下述表示提径管段相对效益的指标表示：

$$B = (P_1^2 - P_c^2)\left[1 - \left(\frac{D_1}{D_2}\right)^{nm}\right] \Big/ (UL + C) \tag{7-31}$$

式中 B——由管道提径所得的效益指标；

P_1——管段上游的压力，kPa；

P_c——管段提径前求得的下游压力，kPa；

D_1——提径前管径，mm；

D_2——提径后管径，mm；

n——流量计算公式 $\Delta(P^2) = kQ^n$ 中流量的方次；

m——流量计算公式 $Q_6 = C[\Delta(P^2)]^{\frac{1}{n}}D^m$ 中管径的方次。在 *IGT* 流量公式中：$n = 1.8$，$m = \frac{8}{3} = 2.667$。

式（7-31）可根据以下原理推导而得：

$$Q_b = C[(P_1^2 - P_2^2)]^{\frac{1}{n}}D^m \tag{7-32}$$

式中 C——除流量、压力和管径外，流量公式中常数和变数的综合值。

上式用 $(P_1^2 - P_2^2)$ 表示时，则

$$(P_1^2 - P_2^2) = \frac{Q_b^n}{C^n D^{mn}} \tag{7-33}$$

如管段中流量为常数而管径为变数，则 $(P_1^2 - P_2^2)$ 对提径前后的管段可得两个结果，即：

$$(P_1^2 - P_c^2) = \frac{Q_b^n}{C^n D_1^{mn}} \tag{7-34}$$

$$(P_1^2 - P_e^2) = \frac{Q_b^n}{C^n D_2^{mn}} \tag{7-35}$$

式中 D_1——提径前管内径，mm；

D_2——提径后管内径，mm；

P_c'——提径前算得的管段下游压力，kPa；

P_e——提径后算得的管段下游压力，kPa；

如式（7-34）用 Q_b^n/C^n 表示，则

$$\frac{Q_b^n}{C^n}=(P_1^2-P_c^2)(D_1^{mn}) \tag{7-36}$$

将式（7-36）代入式（7-35），可得：

$$(P_1^2-P_e^2)=(P_1^2-P_c^2)\left(\frac{D_1}{D_2}\right)^{mn} \tag{7-37}$$

提径管段相对效益指标公式（7-31）中的分子部分可写为：

$$(P_1^2-P_c^2)\left[1-\left(\frac{D_1}{D_2}\right)^{mn}\right]=(P_1^2-P_c^2)-(P_1^2-P_c^2)\left(\frac{D_1}{D_2}\right)^{mn} \tag{7-38}$$

将式（7-37）代入式（7-38），则：

$$(P_1^2-P_c^2)\left[1-\left(\frac{D_1}{D_2}\right)^{mn}\right]=(P_1^2-P_c^2)-(P_1^2-P_e^2)=\Delta[\Delta(P^2)] \tag{7-39}$$

由式（7-39）可知，相对效益公式中的分子，可用流量不变而管径改变后，管段 $\Delta(P^2)$ 的变化，即 $\Delta[\Delta(P^2)]$ 表示。

严格地说，管段的管径改变后流量不变的假设甚难实现，但却导出了一个有用的指标。为得到提径后真实的 $\Delta(P^2)$ 值，需在选择最佳方案前，对每一改造的方案通过管网分析对整个系统再次进行计算，无其他方法可代替。将式（7-39）代入式（7-31）后可知：

$$B=\frac{\Delta[\Delta(P^2)]}{\text{提径的成本}} \tag{7-40}$$

B 表示提径后，每元成本的 $\Delta(P^2)$ 减少值，因此，指标值越大，提径的效益就越好。由式（5-3）知：

$$Q_c=Q_D\left[\frac{(P_1^2-P_d^2)}{(P_1^2-P_c^2)}\right]^{\frac{1}{n}}$$

因此，可用流量的变化代替压降的变化值，即

$$B=\frac{\Delta Q_c}{(LU+C)} \tag{7-41}$$

式中　ΔQ——管道提径后，系统能力的增加量。

对式（7-41）再进一步推敲已无必要。

当提径的最佳方案选定后，从需要提径的干管表中，可得到一个最大的比压降 $\left[\frac{\Delta(P^2)}{L}\right]$ 值。式中的 $\Delta(P^2)$ 值为使用连接管前，连接管两节点之间的压降值，以此与最佳提径方案的比压降值相比较，而最佳提径方案的比压降 $\Delta(P^2)$ 为根据提径前干管两

端的压力再次算出的值。比压降最大的方案为中选方案。一经采用连接管的方案，其管径应选规格中的最小管径。

方案的选择应不断地重复，直至最后的分析表明，系统经改造后能充分满足负荷预期增长的要求为止。方案的选择分析可由计算机编程来完成。在干管中，只要有一根加大了管径或增设了连接管，就可在相对低的成本下再次提径。在这种情况下，效益公式中的分母成为现行管径成本与下一个较大管径成本之差。这可用下列示例说明。

若管道的基本成本方程式为：

对 4in 管：$T=5.035L+154.38$

对 6in 管：$T=6.216L+214.99$

第一次提径至 4in 时，成本为：

$$T=5.035L+154.38$$

第二次提径至 6in 时，增加的成本为：

$$\Delta T=(6.216-5.035)L+(214.99-154.38)$$

$$=1.181L+60.61$$

上述方法除用来确定最佳的连接管和提径方案的计算外，对新设源点以提高供气能力的方案也可应用。

效益指标对新设计的系统也有很好的应用价值。设计人员可根据规定的气源点、输气干管和供给干管的位置，使所有的用户和源点连接起来形成多个管道规划方案，然后重复变换管径，进行管网分析，直到系统的能力与设计负荷相匹配为止。如一个方案中输气干管和供给干管的管径相对较小，而配气干管又采用了最小管径，则某些管道往往就必须提径，以使方案所提高的输气能力可满足设计负荷的需要。以上是针对改造工程而言，且波义尔改造工程数学方程的解可用计算机来完成，因而甚易对每一个布置方案的管径进行优化选择。

（二）调压站设置方案的经济性

波义尔制作了一个安装区域调压站的经济比较图，以研究用增设区域调压站的方式提高系统的通过能力，代替用连接管、并行敷设管道和干管提径的方法（图 7-12）。图 7-12 中的经济变数为调压站的安装费用（横坐标），调压站的年运行和维修成本，参变数和干管的安装成本（纵坐标）。如调压站的安装是为了延伸或改造调压站前的供气系统，或改造调压站（新源点）后配气系统的供气能力，则这些干管的安装成本需要加到图 7-12 中查得的当量安装成本上去。如为提高输气能力而采用连接管、并行敷设新管或提径方案的计算成本大于由图中查得的当量安装成本和因新设调压站而需要追加的干管成本之和时，则采用新设调压站的方案为最经济。现举例说明如下：若调压站的安装成本为 45000 元，年运行和维修费用为 350 元/年，为提高输气能力，需追加的干管安装费用为 6500 元，求哪个方案经济？

由图 7-12 中的虚线可知，调压站方案所需的干管当量投资额为 7300 元，由于增设干管的安装成本 6500 元小于图中读得的 7300 元，因而增设调压站的方案比较经济。

图 7-12 并不是一个通用图，因调压站和燃气干管投资的固定费用率（Fixed charge rates）由各燃气公司自行规定，且不同时期也有变化。

（三）长期的改造计划

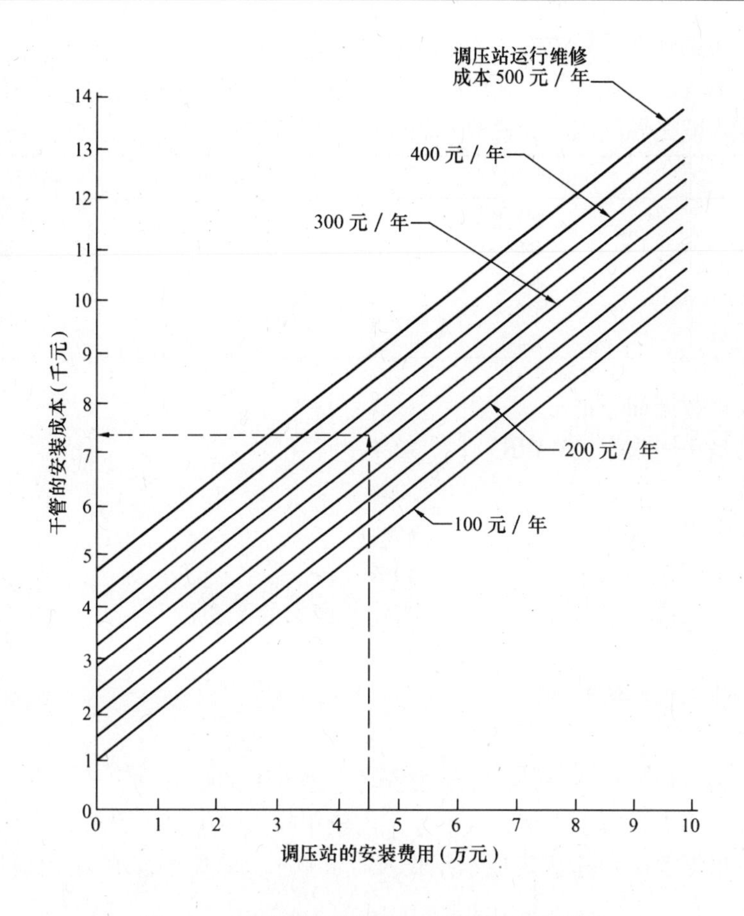

图 7-12　区域调压站与配气干管投资的经济性

在长期的改造计划中，为了使系统有足够的能力以满足负荷增长的需要，有时要定期安装一些新的设施。这类情况的方案与新设计的系统相同，经济比较需采用项目的经济分析方法。方案的相对经济性用年收入需求表示。在计算年收入需求时，通常应用永久服务的假设，并有安装设施每年分列的时间排列图。在选择方案时，除考虑经济因素外，还应考虑非经济的因素。

第四节　新区管道设施的可行性研究

当管道系统的能力设计向尚无燃气供应地区延伸时，这类项目的经济分析属于可行性研究的范围。应采用现值法或等年当量法（年值法）比较预期的年收入和计算所得年收入需求的关系。如比较结果表明，项目在经济上无吸引力，则决策者就会放弃这个项目。以下用现值法说明可行性研究中常用的经济分析示例，然后讨论燃气工程中确定管道系统是否需要延伸的程序。

一、延伸新系统的经济分析示例

某公用燃气公司已获得许可，管道系统可向未供气的新区延伸。根据该地区负荷增长的预期值，应采用 16in 的管道，成本为 2785000 元，其有效能力可满足管道 25 年期望寿命期的需要。年经营和维修成本为42000元/年。

年收入、燃气的产地成本、输气费用、税收和经营维修费用经详细研究后，可得出以净盈利（年收入减去燃气成本和税收）表示的下列数据：

年	净盈利（千元）	年	净盈利（千元）
1	345	6	799
2	456	7	855
3	528	8	869
4	636	9	892
5	754	10～25	900

财务和会计数据如下：

可接受的最小回收率（MARR）　12%

债券份额　50%

债券平均利率　8%

所得税率　40%

财产税率（从价税率）　为初始成本的1.5%

管道期望使用寿命　25年

支出和税收用直线折旧法

无投资税信用

试求应采用何种鼓励方法，才能使投资具有经济上的吸引力。

在开始的十年中，由于净年收入不等，比较年收入与年收入需求的关系时用现值法最简单。首先，根据表7-10中固定成本年收入需求基本公式中的现值法计算税率因子：

$$\phi=\left[\frac{t}{1-t}\right]\frac{(i^{*}-Bb)}{i^{*}}$$

$$=\frac{0.4}{0.6}\times\frac{0.12-0.5\times0.08}{0.12}=0.445$$

年收入需求现值的计算如下：

组　　成	现值（千元）
1. 资金成本	2758
2. 所得税 $=\phi(PWCC-PWD)$	
$=0.445\left[2785-\frac{2785}{25}\left(\frac{P}{A},12\%,25\right)\right]$	
$=0.445\times[2785-111.4\times(7.843)]$	850.5
3. 财产税 $=0.015\times(2785)$	41.8
固定成本现值	
经营与维修成本现值 $=42\left(\frac{P}{A},12\%,25\right)=42(7.843)$	329.4
总年收入需求现值	3996.7

其次，年收入现值的计算如下：

年，x	$\left(\frac{P}{F},12\%,x\right)$	盈利现值(千元)	年，x	$\left(\frac{P}{F},12\%,x\right)$	盈利现值(千元)
1	0.893	$x345 = 308.1$	7	0.452	$x855 = 386.5$
2	0.797	$x456 = 363.4$	8	0.404	$x869 = 351.1$
3	0.712	$x528 = 375.9$	9	0.361	$x892 = 322.0$
4	0.636	$x636 = 404.5$	10 ~ 25		2263.3
5	0.567	$x754 = 427.5$	净盈利现值		5607.4
6	0.507	$x799 = 405.1$			

表中，11~25年的年净盈利等同于第10年的值，即900000元/年，其年收入的现值为：

$$PW = 900\left(\frac{P_9}{A},12\%,16\right)\left(\frac{P}{F},12\%,9\right)$$

$$= 900 \times 6.974 \times 0.3606 = 2263.3$$

上式中$\left(\frac{P}{A},12\%,16\right)$为求得第9年的现值，即$P_9$（第9年的终值），而$\left(\frac{P}{F},12\%,9\right)$为按第9年的终值换算成真正的现值。

由于净盈利的现值大于与管道成本有关的现值，因此，当资金成本为12%时，项目在经济上有吸引力。

二、逐年分析（year by year analysis）

上例为在设施有效寿命期内的分析结果，可表明项目最后在经济上是否有吸引力。但当管道设施向未供气区延伸时，年收入要在若干年后才能提高，而设施安装的年收入需求在初期又最大，在设施的有效寿命期内才逐步的减小，类似于图7-2中所示的年固定成本。因此，项目最初年份中的逐年情况对决策者十分重要，如果项目的短期效果不好，企业就难以在长期的经营中取得效益。

上例中年收入需求的逐年值可见表7-12。逐年的计算可由微机完成。第12栏为年收入减年收入需求的逐年值。第13栏为鼓励效益，它说明从第4年起，年收入已超过3年收入需求值，从这时起，项目就会以净盈利值对企业做出贡献。

新建项目的逐年年收入需求分析　　**表7-12**

年	净投资	折　旧	回收需求 (0.12)(2)	资金成本 3+4	收入税（所得税） ϕ (4)	财产税（从价税） (0.015) 2785
1	2	3	4	5	6	7
1	2785.0	111.4	334.2	445.6	148.7	41.8
2	2673.6		320.8	432.2	142.8	
3	2562.2		307.5	418.9	136.8	
4	2450.8		294.1	405.5	130.9	
5	2339.4		280.7	392.1	124.9	
6	2228.8		267.4	378.8	119.0	
7	2116.6		254.0	365.4	113.0	
8	2005.2		240.6	352.0	107.1	

续表

年	净投资	折　旧	回收需求 (0.12)(2)	资金成本 3+4	收入税（所得税） ϕ (4)	财产税（从价税） (0.015) 2785
9	1893.8		227.3	338.7	101.1	
10	1782.4		213.9	325.3	95.2	
11	1671.0		200.5	311.9	89.2	
12	1559.6		187.2	298.6	83.3	
13	1448.2		173.8	285.2	77.3	
14	1336.8		160.4	271.8	71.4	
15	1225.4		147.0	258.4	65.4	
16	1114.0		133.7	245.1	59.5	
17	1002.6		120.3	231.7	53.5	
18	891.2		106.9	218.3	47.6	
19	779.8		93.6	205.0	41.7	
20	668.4		80.2	191.6	35.7	
21	557.0		66.8	178.2	29.7	
22	445.6		53.5	164.9	23.8	
23	334.2		40.1	151.5	17.8	
24	222.8		26.7	138.1	11.9	
25	111.4		13.4	124.8	6.0	

总固定成本 5+6+7	经营与维修	总年收入需求 8+9	年收入	年收入－年收入 需求	鼓励效益 (1－t)(12)
8	9	10	11	12	13
636.1	42.0	687.1	345	-333.1	-199.9
616.8		658.8	456	-202.8	-121.7
597.5		639.5	528	-111.5	-66.9
518.2		620.2	636	15.8	9.5
558.8		600.8	754	153.2	91.9
539.6		581.6	799	217.4	130.4
520.2		562.2	855	292.8	175.7
500.9		542.9	869	326.1	195.7
481.6		523.6	892	368.4	221.0
462.3		504.3	900	395.7	237.4
442.9		484.9		415.1	249.1
423.7		465.7		434.3	260.6
404.3		446.3		453.7	272.2
385.0		427.0		473.0	283.8
365.6		407.6		492.4	295.4

续表

总固定成本 5+6+7	经营与维修	总年收入需求 8+9	年收入	年收入－年收入需求	鼓励效益 (1－t)(12)
346.4		388.4		511.6	307.0
327.0		369.0		531.0	318.6
307.7		349.7		550.3	330.2
288.5		330.5		569.5	341.7
269.1		311.1		588.9	353.3
249.7		291.7		608.3	365.0
230.5		272.5		627.5	376.5
211.1		253.1		646.9	388.1
191.8		233.8		666.2	399.7
172.6		214.6		685.4	411.2

图 7-13 为企业高层集团的决策图。例如，若项目的投资建议书中已规定年收入在 H 年内必须超过年收入需求，即使项目的最终结果具有经济上的吸引力，对 H 年的规定仍不动摇。根据这一标准，图 7-13 所示的项目就不会采纳。时间周期的 H 值称为决策者的规划范围（planning horizon）。

美国的一些燃气公司还编制了资金需求和可行性研究的经济决策用表[1]，其目的是检验干管延伸项目的财务可行性和对所有的资金支出制定控制文件，作为行为准则。

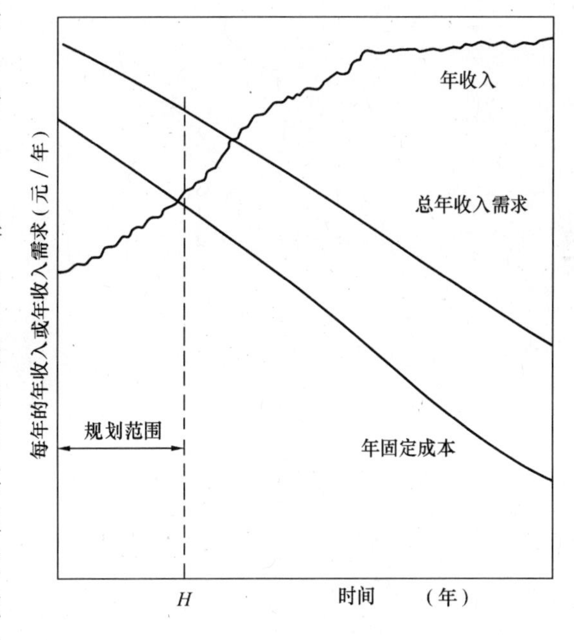

图 7-13　处理项目的决策结构

在美国也看到这样一种情况[1]，如果用户过少，向未供气区延伸管道不经济，则通常应给用户一个自由选择的机会，由申请安装的用户向燃气公司提供一笔定金，使管道的延伸工程得以进行。这笔定金（Deposit）称为协助建设的费用（A Contribution in aid of construction），其数量决定于管道延伸的规模、成本和服务的用户数。燃气公司应根据单位长度不收费干管所服务的用户数制定政策或根据延伸管道的经济分析数据确定。这一措施的实施应由国家有关部门批准。如果 5～10 年内有相当多的用户与延伸的管道相连接，则协助建设的费用应退还给用户。

三、延伸管道中的其他问题

延伸管道的经济计算如仅用常规的经济分析方法计算往往容易产生误导。多数大城市中的配气管网设施往往是多年前安装的，且已完成了折旧，即这些设施的账本值或残余投资值以及年固定成本很小。旧有设施的低年收入需求常反映在不同类别用户的结构比例中，经过多年的实践和调整，这一结构比例往往已产生了合理的年收入并抵消了整个系统的年收入需求。在编制延伸管道项目的可行性研究时，这一用户结构比例可反映设施的平均年收入需求，且可用于计算从用户收费所得的年收入。但是，向新用户延伸管道的每户平均成本将大大高于现有用户按合理比例结构的平均成本。因此，常规的经济分析方法经常会由于增加的年收入需求值大于项目预测的年收入增加值而使管道延伸项目缺乏经济上的吸引力。如果所有的这类项目均遭排斥，燃气管道就不能向许多新区延伸，长此下去，燃气公司的业务范围就不能扩大，产生严重的后果。

如果燃气公司在延伸管道时，协助建设费用不能抵消年收入需求大于年收入的值，则其差值就要采取提高气价的方法解决。现有用户将付出较高的燃气费以补贴新用户，如果补贴额不大，则这种方法是可以接受的，且最后可以达到同一类别的用户采用相同的收费标准。这种处理方法的经济限度决定于燃气与其他能源之间的竞争能力，例如，在贸易市场上，燃气与油、电和煤的比价关系。因此，在决策时决不能仅比较增加的年收入和年收入需求之间的关系，而应综合考虑各个方面做出决策。

第八章　管材的力学特性与金属管材

第一节　管材变迁的历史回顾[1]

从19世纪早期起，已开始安装使用配气管道。当时就存在两种技术：英国人工燃气的配气系统采用很低的压力，管径相对较大；美国则因天然气的压力较高，开发了另一种技术。其中，经济性是主要推动力，因为天然气的成本比人工燃气要低很多。

当时配气系统的设计工程师已积累了埋设地下水管的近百年工程经验。在发展水管的同时，在卫生工程和雨水工程中，采用了石材管道，这种技术延续了很长时间。这也是管道工程投资最大的一个时期。

在整个19世纪内，地下管道系统有两种完全不同的设计方法，即一种是采用柔性管，另一种是采用刚性管。排水工程师设计管道基础、管床和确定管道的埋设深度时，均考虑到在管道的长度方向上禁止发生相对的移动，常用水泥或灰浆作为密封材料。但是，在埋设配气管道时，常假设土壤温度在全年是基本不变的，且不适当地忽略了动荷载的重要性，管道不经过试压，燃气公司也缺乏资金将管道埋设一定的深度以防止管道的热应力和车辆的动荷载。

经过几十年的经验积累，对铸铁管，用柔性铅麻接口（Flexible lead-caulked joints）代替了最早的法兰接口。有趣的是，最早的天然气管道也曾用过木制管，用锥形接口（Tapered joints）连接。相对说，木制管是一种柔性管材，可随土壤有一定的移动。

早期，一致认为铸铁管不能承受拉力，在埋设时特别要使管床平坦，避免受弯，且要保持一定的埋设深度以化解车辆的动荷载。当时，铸铁燃气干管是惟一埋设于城市范围内土壤中的管道，未经特殊处理就支撑道路和供气建筑物的基础。

1860年后，开始使用小管径的钢管，作为城市配气支管和天然气的长输管线。钢管用螺纹接口，但很快就发现，螺纹接口会产生压力集中、断裂和腐蚀。早期埋设钢管时，也极为注意管床的平整度，防止在接口处产生弯应力。

螺纹连接的钢管实际上已成为一根连续梁。当时对热胀和冷缩也无条文规定，钢材是一种延性材料，受力很大时才达到屈服值，最大的困难是如何保证钢管的延性而不是刚性。由于对腐蚀的机理也不清楚，工程师在实际应用中，在钢管的需要厚度上再加一定的裕量，称之谓防腐厚度（A corrosion allowance）。厚度的增加也减少了沉陷和支管连接中因弯曲而产生的单位压力。防腐厚度在阳螺纹的根部强度临界点之外增加了一定的安全区。

在钢管作为燃气支管和长输管线材料的同时，钢管还广泛用于电厂和高压水管，于是就有了钢管管壁厚度的标准，满足了蒸汽管和水管的市场。对特殊规格的材料，只有在批量大时才经济，而配气公司很少大批量定购钢管，便只能接受已有标准的现实。

铸铁管和螺纹钢管的主要漏气点常发生在接口上，进入20世纪后，氧-乙炔焊接技术广泛用于钢管，使钢管成为一根连续梁；焊接的接口，其机械强度与管材相同，并可用来防止漏气。在1880年后期，另一种广泛使用的接口是所罗门·德立梭（Soloman Dresser）的加压接口（Compression coupling）。

在19世纪的后半叶，已有许多低压和高压配气干管使用裸露的钢管。在埋地管线中由于埋管线的土壤性质的不同，许多埋地管线取得了良好的效果，在电阻率很高的土壤中，发生腐蚀的现象很少，有的埋地管线甚至现在还在使用中。壁厚从根本上防止了钢管的损坏和支持施工中所产生的应力。由于配气管道的成本当时还不到整个安装成本的50%，因此，工程上，选用管材时，选用壁较厚的管子。设计时也考虑了管道的应力。

开始时，天然气配气系统的运行压力只是2、3或4个大气压。如将燃气升至高压，需要消耗能量，只有在燃气作远距离输送时才使用。当时，工业上主要开发低压技术，即大管径、输气距离短，输气压力接近于大气压。

1920~1930年间，天然气的远距离输送成为可行，高压成为一个公认的输气原则，可以降低管道的总成本。配气公司在设计配气系统时，很快利用了高压、小管径的优点。最小输气压力已远高于配气系统的经济压力。但配气系统的压力并未跟着提高，至今仍按414kPa来设计。

二次世界大战后，钢材涨价，企图进一步提高配气系统的设计压力以降低配气系统的成本。由于钢管成本已成为配气系统总成本中的一个较大部分，因此，应根据管子所承受的管内压力和管外荷载减少壁厚，技术进步也不会因减少壁厚而对安全产生负面影响，于是，以壁厚保安全的观点开始动摇。

现在，由于成本低，塑料管已被配气公司广泛采用。但是，塑料管又必须考虑时间对管道系统承受应力的影响。

塑料管的应用表明，如提高应力的等级，则等级越高，达到失效的时间就越短，因此，设计时环应力的等级应取得非常保守，才能保证配气系统的安全性和有较长的使用寿命。

塑料管有两种连接方式：焊接与机械连接。前者是燃气工业的新技术，接口不需再有其他填充材料，是目前最普遍的使用方法。良好的焊接接口决定于塑料管的安装过程，必须有质量管理程序来保证。

多数配气工程的施工人员对机械接口比焊接接口要熟悉，但机械接口在配气系统中要达到一定的可靠性，其制造费用很高，因此，配气公司只有在焊接接口的安装价格很高时才采用机械接口。

塑料管与钢管相比还有其他问题：它对紫外线辐射敏感，有较大的热膨胀系数和最大运行温度的限制，易于产生静电。在设计塑料管系统时，所有这些特性均应考虑到。

第二节 应力与应变的基本概念[1]

一、常用术语的解释[1]

根据图8-1中不同材料的应力-应变曲线，对一些常用的术语解释如下：

（一）弹性模量（E）

弹性模量（E）是度量材料固有刚度或硬度的量。一定材料的E值为一常数。对相同

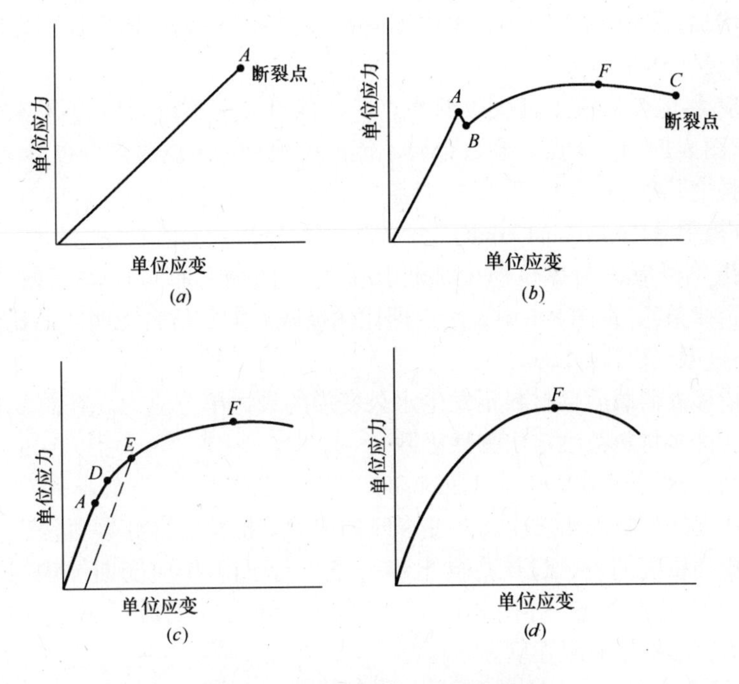

图 8-1 不同材料的应力-应变曲线

几何形状的材料，施以相同的压力，则 E 值大的材料比 E 值小的材料变形（Deform）要小。它可以图 8-1（a）、（b）、（c）中曲线直线段的斜率表示。弹性模量的公式可写成：

$$E = \frac{f}{S} \tag{8-1}$$

式中 E——杨氏弹性模量，kPa；

f——单位应力，kPa；

S——单位应变，mm/mm。

（二）弹性剪力模量（刚性模量）

弹性剪力模量可写成：

$$G = \frac{f_{\mathrm{v}}}{S_{\mathrm{v}}} \tag{8-2}$$

式中 G——弹性剪力模量，kPa；

f_{v}——单位剪应力，kPa；

S_{v}——单位剪应变，mm/mm。

也可写成下式：

$$G = \frac{E}{2(1+\mu)} \tag{8-3}$$

式中 G——弹性剪力模量，kPa；

E——弹性模量，kPa；

μ——泊松比（无量纲）。

（三）泊松比（Poisson's Ratio）

当一种材料受压或受拉时，在荷载的方向和荷载的法向方向将会发生变形。受压时杆件的截面积将增加，受拉时将减小。单位侧向变形与单位纵向变形之比称为泊松比。

（四）屈服点（Yield Point）

屈服点指应力-应变曲线中直线段的终点。在该点应变不再因应力的增加而增加（或略有减少），即图 8-1 中的 *A* 点。多数金属不能明确地显示出屈服点（可参见“弹性极限”和“抵偿屈服强度”条）。

（五）比例极限（Proportional Limit）

比例极限指单位应力与单位应变成正比关系时的最大单位应力（见“线性弹性变形”——虎克定律条）。在图 8-1 中，*A* 点即比例极限。多数材料无明显的比例极限。

（六）弹性极限（Elastic Limit）

弹性极限指移去荷载后，材料不发生永久变形的最大单位应力。在图 8-1（c）中，*D* 点即弹性极限。许多材料甚难定出弹性极限。

（七）抵偿屈服强度（Offset Yield Strength）

抵偿屈服强度指材料开始发生永久变形时的应力。抵偿的百分数通常为 1% 或 0.2%，可在横坐标上找到相应的点，过该点向上作一条平行于应力-应变曲线中线性部分的线，此线与应力-应变曲线相交处，在图 8-1（c）中以 *E* 点表示，对应于 *E* 点在应力坐标（纵坐标）上的读值，即抵偿屈服强度。

（八）最终拉伸强度（Ultimate Tensile Strength）

最终拉伸强度是发生“颈缩”（Necking down）（截面积减小）或负荷不稳定时的最大拉应力。此值可用材料拉伸试验中的最大轴向荷载除以试件的原始截面积求得。在图 8-1（*b*）、（*c*）、（*d*）中以 *F* 点表示。

二、应变的类型

材料强度通常用单位面积的单位应力（或力）表示，也就是作用在材料上的荷载未使材料破坏时的应力（或力）值。

材料受力后在不同的方向均会发生变形。在已知方向上单位长度的总变形，即该方向上的应变，它可用总应变（变形）与原始长度之比来表示。

各种材料，如金属、木材、塑料等，在外力的作用下有不同的形态，即不同材料有不同的应变。通常，应变的类型有：

（一）线性弹性应变（虎克定律）（Hook′s law）

对多数材料，在比例极限内，单位应力正比于单位应变，也就是应力与应变呈线性关系。这一应力与应变的关系可用虎克定律表示。写成：

$$F = ES \tag{8-4}$$

对已知材料，*E* 值为一常数。

对线性弹性应变，在弹性极限之内的变形是非永久性的，当荷载移开后，材料将恢复原始状态。

（二）非线性弹性应变（Nonlinear Elastic Strain）

对某些材料，单位应变并不正比于单位应力，这就是非线性弹性形态。它不能用一个简单的常数，类似于虎克定律中的 *E* 来表示。但与具有线性弹性形态的材料相同，在弹性极限内，不具有非线性弹性形态，荷载移开后，会产生永久变形。

（三）黏性弹性应变（Viscoelastic Strain）

在许多塑料材料（聚合物）中，存在黏性弹性形态，它与时间有关，即荷载为常量时，应变也会增加；荷载移开后，会产生永久变形。

（四）塑性应变（Plastic Strain）

当荷载作用于材料时，有塑性应力的形态；永久变形并不正比于发生的应力。变形与时间无关，它不随时间而增加。

三、应力-应变曲线

材料的物理和机械特性可在应力作用下从材料试验中得到。最常用的试验是拉伸试验。试验中材料的试样在其轴向受拉，荷载和变形可以量测，应力和应变可以计算。如对不同材料作出应力-应变曲线，其结果可见图 8-1。

图 8-1（*a*）中的曲线代表一种脆性材料（Briltle material），在 *A* 点之前完全遵循虎克定律。

（*b*）中曲线代表线性弹性材料（低碳钢），在 *A* 点前遵循比例极限；一到 *A* 点，应力突然降落，随后应力缓慢增加，产生非线性应变，直至在 *C* 点断裂。

（*c*）中曲线代表一种材料，其线性弹性只维持一个大体的范围；其非线性形态没有明显的比例极限。

（*d*）中曲线代表一种材料，其应力-应变关系从未有过线性阶段。每一附加的单位应力均会产生较大的单位应变。

四、等荷载下材料的形态

等荷载下材料的形态有以下几种类型，如图 8-2 所示。

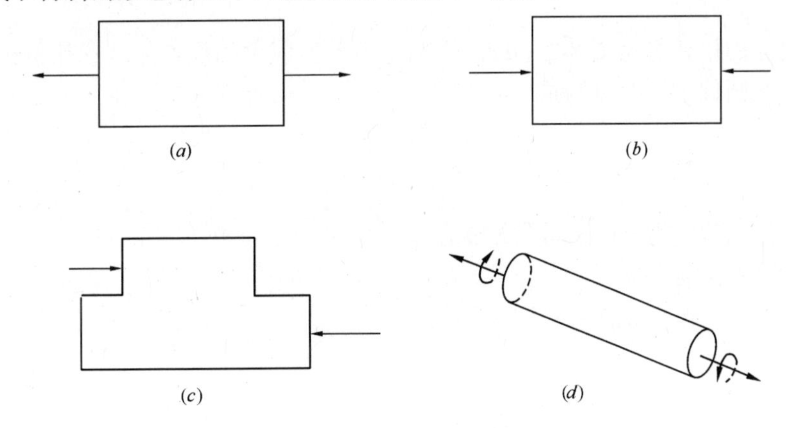

图 8-2　等荷载下材料的形态

（*a*）受拉杆件；（*b*）受压杆件；（*c*）受剪托架；（*d*）受扭薄壁圆筒

（一）拉应力、压应力和应变

图 8-2（*a*）、（*b*）、（*c*）中，荷载 *P* 可写成：

$$P = Af \tag{8-5}$$

式中　P——荷载，kg；

A——受拉或受压杆件的截面积，或在剪力状态下的滑动面积，mm^2；

f——应力（拉力、压力或剪力），kgf/mm^2 或 kPa。

轴向受拉或受压时，杆件的单位应变可用下式表示：

$$S = \frac{e}{L} \tag{8-6}$$

式中　S——单位应变，mm/mm；

e——杆件长度方向上的变化（增长或缩短），mm；

L——杆件的原始长度，mm。

将虎克定律的式（8-4）代入式（8-5）和式（8-6），可求得变形的公式：

$$e = \frac{PL}{AE} \tag{8-7}$$

式中　e——变形，mm；

P——荷载，kg；

E——弹性模量，kgf/mm^2 或 kPa；

L——杆件的原始长度，mm；

A——截面积，mm^2。

（二）剪应力和应变

因 8-2（c）中，托架的单位剪力应变可定义为扭曲是由小的角旋转所引起，荷载 P 使托架矩形的顶端发生变形而形成平行四边形。矩形右上角与形成平行四边形后对应角位置之差即为用弧度表示的剪应变。因此，剪应变实际上是角度差的正切值。对小的剪应变，实际上常用角度差表示。

（三）扭应力和应变

薄壁圆柱体的扭转可见图 8-2（d），扭矩是内部剪应力的反作用。在比例极限内，最大剪应力发生在圆周上，并可写成：

$$f_m = \frac{Mr}{I} \tag{8-8}$$

式中　f_m——最大剪应力，kgf/mm^2 或 kPa；

M——扭矩，mm·kgf；

r——截面半径（mm）；

I——极惯性矩 $= \frac{(D^4 - d^4)}{32}$（mm^4）；　　(8-9)

D——外径，mm，d = 内径，mm。

在比例极限内，薄壁圆柱体的总扭转角度可写成：

$$\theta = \frac{ML}{GI} \tag{8-10}$$

式中　θ——扭转角度，弧度；

M——扭矩，mm·kgf；

L——杆件长度，mm；

I——极惯性矩，mm^4；

G——剪力弹性模量，kgf/mm^2 或 kPa。

（四）热应力和应变

温度的变化影响材料的膨胀与收缩。材料内部的应力导致应变。由温度变化产生的单位应变可用下列表示：

$$S_T = \alpha(T - T_0) \tag{8-11}$$

式中　S_T——由温度变化产生的单位应变，mm/mm；

$T - T_0$——温度的变化，℃；

α——线膨胀系数，1/℃。

材料因热变化所产生的应力：

$$f_T = ES_T \tag{8-12}$$

式中　f_T——温度变化导致的单位应力，kgf/mm^2 或 kPa；

E——弹性模量，kgf/mm^2 或 kPa；

S_T——热应变，mm/mm。

第三节　钢管上的应力[1]

管道的管壁需支持管内燃气的压力以及埋管环境条件下外部的动荷载和静荷载。设计工程师必须选择有一定强度和壁厚的管道材料，并在经济的安装成本下满足工程需要。为完成这一任务，工程师们必须熟知作用在管上的力的大小和类型，以及由这些力所产生的管壁环应力。

作用在管道上的力并不都作用在一个相同的平面上，因此，工程师们必须算出产生于管壁上的合应力，并用代数和或矢量和表示。

在美国，规范 ANSI/ASME B31.8“燃气输配管道系统”（Gas Transmission and Distribution Piping System）和 Title 49 CFR Part 192 “管道输送天然气和其他气体的最低联邦安全标准”（Transportation of Natural and Other Gas by Pipeline：Minimum Federal Safety Standards）中有简单计算内部环应力的方法并定出极限值。规范表明，配气管道的应力应控制在管材屈服强度的某一范围内。作用在管壁上的内部和外部应力有若干种计算方法，我国规范中对计算内部应力已有所介绍，这里主要介绍上述两种规范中的方法。

一、环应力的计算公式

埋地钢管的环应力是管内燃气运行压力和外部荷载所造成环应力的代数和。外部荷载包括：管道自重、回填土重量、管上的车辆动荷载和温度变化等，可用下式表示：

$$S_T = S_I + S_E \tag{8-13}$$

式中　S_T——计算所得的总合应力，kPa；

S_I——由管内压力产生的环应力，kPa；

S_E——由管外压力产生的环应力，kPa。

规范 49 CFR § 192 中采用巴洛（Barlow）公式计算由管内压力所产生的环应力：

$$S_I = \frac{PD}{2t} \tag{8-14}$$

式中 S_I——由管内压力产生的环应力，kPa；

P——管内压力，kPa；

D——管道的公称外径，mm；

t——管道的公称壁厚，mm。

根据规范 49 CFR § 192 的要求，式（8-14）中的 P 按 § 192.11 的环应力不能超过设计应力，并相应使用下列系数：根据 § 192.11 确定设计的安全系数；根据 § 192.113 确定纵向连接的安全系数 E 和根据 § 192.115 确定温度分配系数 T。

式（8-14）稍保守一些，按管内压力求得的环应力略高于实际应力，因为计算中假设管内压力投影在管外径的平面上，而实际上管内压力只是作用在管内径的平面上。对输配天然气用的薄壁钢管，这一误差很小。

管外荷载所产生的应力可按以下程序计算。

当今各种管道的设计方法已吸取了 150 年的经验，所用的技术和设计标准是有效的、经济的和实用的。工程师们必须熟知已有的强制性规范，包括规定、公式、计算外部受力的值和作用在管上的压力等。

根据外部荷载计算管道应力的一种基本方法由史本勒（Dr. Merlin G. Spangler）所开发。研究工作是受美国土木工程师学会的委托在艾奥瓦（Iowa）州立大学完成、史本勒的论文于 1964 年 6 月 3 日在美国水厂协会（AWWA）上宣读，因此，史本勒的方法常称为“艾奥瓦”公式而被各国广泛采用，且被美国石油研究所（API）在标准 RP 1102（Recommended Practice for Liquid Petroleum Pipeline Crossing Railroads and Highways）中采用。

史本勒的基本公式如下：

$$S_E = \frac{3K_b W^* EDt}{Et^3 + 3K_z PD^3} \tag{8-15}$$

式中 S_E——外部荷载所产生的环应力，kPa；

K_b——弯矩系数(见表 8-1),来自美国机械工程师学会[42]:“Guide for Gas Transmission and Distribution Piping Seystems—附录 G-15 1986”；

W^*——外部总荷载 kgf/m（延），静荷载与动荷载之和。在上述规范中以 W 表示；

E——钢的弹性模量，kPa（207×10^6kPa）；

t——管道的公称壁厚，mm；

K_z——挠度参数（见表 8-1）；

P——管内压力，kPa；

D——管道的公称外径，mm。

弯矩与挠度参数 K_b 及 K_z 来自史本勒的研究结果，它决定于管道上半部分荷载和管底反作用力的分布。分布于管道上半部分的荷载可认为是均匀的（见表 8-1）。

管底的反作用力在很大程度上决定于管子的固定状况以及沟底或钻孔中土壤的支持程度。钻孔安装时，孔口比管径至少大 5cm，底部的反作用力可认为发生于大于 90°的弧度内。开槽安装时，沟漕宽度一般比管径至少大 30cm，底部的反作用力通常假设发生在 30°的弧度内。

安装在坚实的石块上，不论钻孔或开挖，或当有很多石块存在于沟底或钻孔的底部时，都应看作是一个点荷载和相应的 0°弧度底部[1,109]。

挠度与弯矩参数①（管周的上部为180°均匀分配荷载，管底与沟底宽度有关[1]）　**表 8-1**

管底均匀支撑的宽度（弧度）	穿越条件	参数	
		挠度 K_z	弯矩 K_b
0	坚硬石块	0.110	0.294
30	全开挖管沟	0.108	0.235
60	全开挖管沟	0.103	0.189
90	钻　孔	0.096	0.157
120	钻　孔	0.089	0.138
150	钻　孔	0.085	0.128
180	钻　孔	0.083	0.125

注：①对不同土壤条件的建议参数是偏保守的。如管底的支撑情况与表中所列不同，则应另行选择合理的参数。表中坚硬石块是指石块与土的混合土壤，但以石块为主。

二、作用在管道上的外力（荷载）[1,110]

作用在管道上的外力（荷载）有以下几种应力：拉力、压力、弯力、扭力、振动力和剪力，设计人员必须详察。

（一）外力（荷载）的类型

1. 管道自重所产生的力

均匀埋设于管沟底部的管道在长轴方向无弯曲应力，但如管道无均匀支撑，则应考虑弯应力。

如埋设管道的底部有石块，形成一个管道的支撑点，则邻近管段的土壤荷载将使支撑点两侧的管道下沉，在支撑点形成弯矩，管顶受拉应力，管底受压应力。

如管下的支持基础受到破坏，则弯矩的作用将使管底受拉，管顶受压。

如连接支管上装有大型阀门，则阀门的自重将对干管产生弯矩，除非阀门设有专门的支撑。

如由于非正常安装，连接的支管下陷，则法兰连接或焊接的构件会产生扭矩。对大口径的支管，这一扭力可能很大。

2. 温度变化所产生的力

管道温度的变化会产生管长的变化，它受到管道周围的土壤或锚固点的抵抗。如锚固点完全不能移动，则应力可能超过管子的强度而产生灾难性的后果。引起管道温度变化的原因有：土壤温度的变化；燃气通过调压器压力的变化引起的燃气温度的变化（节流降温）；从其他地下设施如蒸气管线、热水管线和电缆等传来热量的变化；以及埋管条件和埋设支管的条件不同而引起的温度变化等。

3. 由回填土或雪、冰（对地上管线）等静荷载所产生的力。

4. 在特殊地区条件下因动荷载而产生的力。如普通道路及铁路的交通量，飞机着陆起飞或停放；风力（地上管线）；管道水压试验时的水重；重新铺管地区施工机械完工后转移时，经过旧有管道地区而对该区管道产生的力；高层建筑施工过程中大型起重机及其装备以及特大型混凝土搅拌车和运土车所产生的力。

5. 附属物和支管连接时所产生的力。如支管上大质量阀门所产生的弯应力和剪应力，支管安装中将上述各种力传给干管的侧向力以及螺纹连接和标准锥形螺纹连接时所产生的挤力。

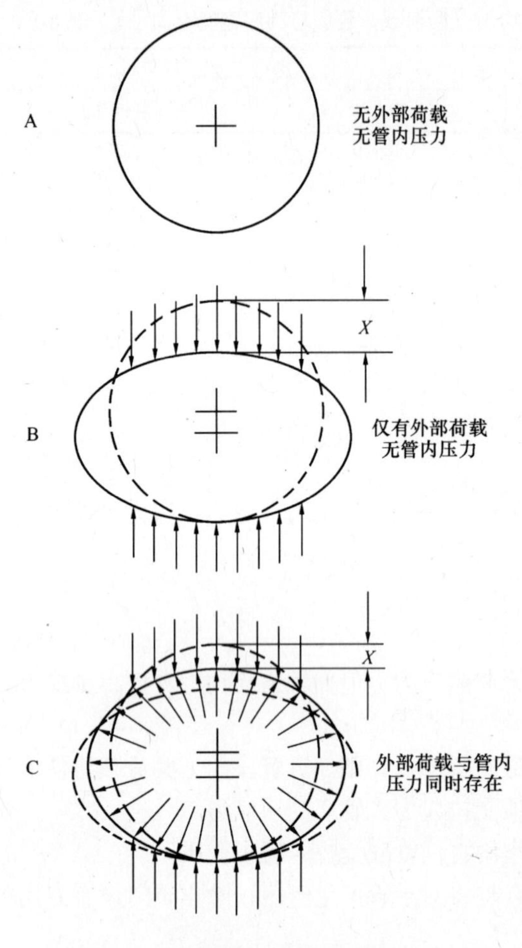

图 8-3 外部荷载和管内压力作用下管道的变形[1,111]

6. 其他不可预见及偶然事故所产生的力。如地震；供水及随之而来的浮力；配电线路中的故障电流（Fault current）；其他地下设施的施工，如燃气管道下另埋其他管道；桥上的连续振动对管道产生的周期性荷载以及管道附近发生爆炸事故等。在这方面，美国有许多专门的研究报告，值得借鉴。[186]

（二）埋地管道的外部荷载

埋地配气干管和其他燃气管道需适应范围较大的环境条件，这些条件将影响沟槽中管道上覆盖层的荷载值（如式 8-15 中的 W^* 值）。荷载通常来自两个方面：

1. 管道上土壤棱柱体（Prism）的重量，以及纵向不均匀移动，或由于棱柱体的下沉而产生的纵向剪力。荷载值随覆土厚度的增加而增加。这一荷载可称为“土壤荷载”（Earth load）。

2. 未铺路面时道路上的静止或移动物体，以及柔性路面或刚性路面所产生的荷载。移动物体（车辆）将产生荷载的附加影响增量，此增量值正比于车辆的速度和路面的粗糙度。荷载值随土壤厚度的增加而减小。这一荷载可称为“附加荷载”（Super load）。

土壤荷载和附加荷载对埋管的影响可见图 8-3。纵向的沟槽荷载使管道的周边发生挠曲而形成椭圆体，其水平轴将增大而纵向轴将减小，如图 8-3 所示。在图 8-4 中，管沟内的管子可划分为四个 90°的部分。两个部分位于椭圆体的长轴，另两个位于短轴。回填土时，水平方向两个部分所产生的荷载可以忽略，而纵轴的顶部将承受 100%的荷载。如果基础的处理情况良好，形成如图 8-4 中所示的面积，则重量将通过这一部分均匀分配。现场试验表明，在管道和管沟边缘之间将形成一个荷载的支撑“拱”，其范围决定于回填土的条件。作用在管道上荷载的大小决定于管沟的宽度 B_d 而不是管径。当回填土密实后，回填土的初始荷载将会减小，因此，用专门的密实方法可以减小荷载值，使部分荷载作用于沟壁，而沟壁处则有下沉和黏力（Settlement and Cohesion）所产生的摩擦力。

三、作用在埋地管道上外部荷载的计算方法[1]

美国艾奥瓦州立大学对埋地管道土壤荷载的大量研究成果形成了马斯登（Marston）理论，它广泛用于下水道、雨水管、给水及燃气管道的设计中，其基本原理可见图 8-5。

自由体的分析图表明，作用在管沟中管道上的力，其单元体的受力分析可见图 8-5 中截面的阴影部分，现定义：

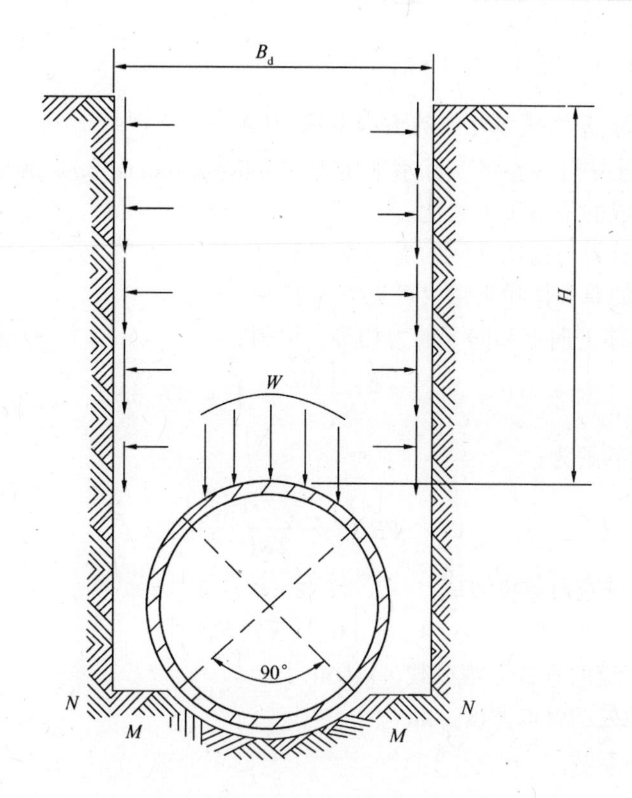

图 8-4　沟内管道的管床和荷载的典型条件[1,112]

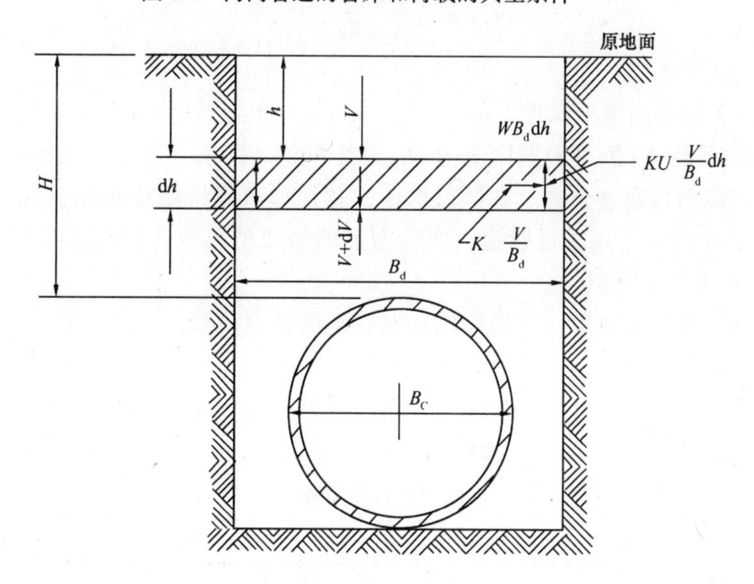

图 8-5　沟内管道的自由体分析图[1,113]

V——作用于单元体顶部的垂直压力，kgf/m；

$V+dV$——作用于单元体底部的垂直压力，kgf/m；

$K\dfrac{V}{B_d}$——单元体每边的侧向压力，kgf/m²；

$KU'\frac{V\mathrm{d}h}{B_d}$——向上的剪力，kgf/m²；

$WB_d\mathrm{d}h$——每 m 沟槽单元体的土壤重量，kgf。

式中　K——回填土中任一点的实际水平压力（Active horizontal pressure）与由实际水平压力造成的垂直压力之比。

U'——回填材料与沟壁之间的滑动摩擦系数。

W——土壤的单位体积重量（可见表 8-2）。

使作用在单元体上向上和向下的力相等，可得：

$$V + \mathrm{d}V + \frac{2KU'V\mathrm{d}h}{B_d} = V + WB_d\mathrm{d}h$$

上述线性方程的解为：

$$V = WB_d^2\left(\frac{1 - e^{-2KU'\left(\frac{h}{B_d}\right)}}{2KU'}\right)$$

当 $h = H$ 时，垂直荷载可写成：

$$W_c = (C_d)(W)(B_d^2) \tag{8-16}$$

式中　W_c——对管道的垂直土壤荷载，kgf/m；

B_d——管顶处的管沟宽度，m；

C_d——荷载系数。

$$C_d = \frac{1 - e^{-2KU'\left(\frac{H}{B_d}\right)}}{2KU'} \tag{8-17}$$

式中　e——2.171828；

H——至管顶的回填土深度，m。

通常，荷载系数 C_d 值可根据比值 H/B_d 和不同的 KU' 值（表 8-3）由表 8-4 查得。

式（8-16）称为马斯登公式。即经过修正，其计算荷载将随管外径 B_c 与管沟宽度 B_d 之比而减小，其条件为：用柔性管道，或管道上的回填材料至管顶的部分都经充分夯实，其坚实程度基本与管本身相同。

将式（8-16）乘以 B_c/B_d，可得作用在软管上的垂直荷载：

$$W_c = (C_d)(W)(B_d)(B_c) \tag{8-18}$$

在钻孔埋管时，管沟的宽度可取等于管道的外径，式（8-16）也可写成：

$$W_c = (C_d)(W)(B_c^2) \tag{8-19}$$

回填土的体积重量[1]　　**表 8-2**

回填土类型	W（kgf/m³）	回填土类型	W（kgf/m³）
肥泥、砂质肥泥	1762	黏土（最大值）	1922
砂土	1842	砂土或砂质黏土	1922
砾石	2002	所有黏土（饱和）	1922

计算分布于管顶的静荷载时，还应考虑管沟中管道的安装条件。由于多数配气管道埋设于窄沟中，管沟约比管径大 15～30cm，因此，计算时常采用式（8-16），但配气工程师应考虑管沟中管道的不同安装条件，见图 8-6。

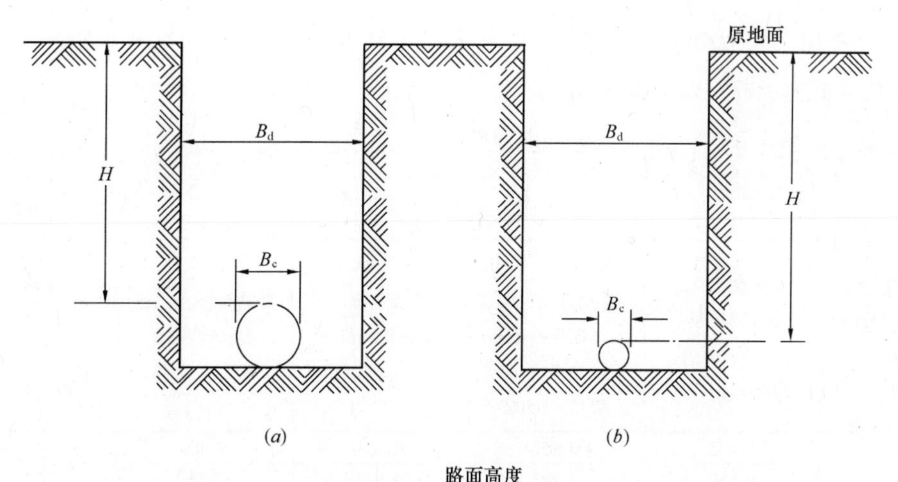

图 8-6　土壤荷载计算中管道的安装条件[1,112]

1. 配气管道的标准垂直管沟，图 8-6（a）。

2. 埋管后覆土高度高于原地面标高，图 8-6（d）。

3. 图 8-6（c）所示的正面投影图条件。

4. 宽沟埋管，图 8-6（b）。

【例 8-1】　计算作用在配气管道上土壤的垂直荷载，已知管径 $B_c=0.509\text{m}$（20in），管沟宽度 $B_d=0.762\text{m}$，埋深 1.524m，由黏土回填，$W=1992\text{kgf/m}^3$。

(1) 求荷载系数 C_d

由表 8-3 中查得：$KU'=0.130$

式（8-17）中的 KU' 值[1]　　**表 8-3**

土　壤　类　型	KU'值	土　壤　类　型	KU'值
无黏性粒状材料	0.1924	黏土（最大值）	0.130
砂质土、砂砾	0.165	饱和黏土（最大值）	0.110
管顶土壤饱和	0.150		

由表 8-4 知，当 $H/B_d = \dfrac{1.524}{0.762} = 2$，及 $KU' = 0.130$ 时，可查得 $C_d = 1.560$；或将 $KU' = 0.130$ 代入式（8-17）以求得 C_d：

$$C_d = \frac{1 - 2.71828^{-2\times0.130\times2}}{2\times0.130} = 1.560$$

荷载系数 C_d[1,113]　　　　**表 8-4**

回填土深度与管沟宽度之比 $\frac{H}{B_d}$	土壤的黏性最小。夯实前，土壤呈颗粒状 $KU' = 0.1924$	普通砂土。对常用砂土，回填时已有安全考虑 $KU' = 0.165$	管顶土壤已完全饱和 $KU' = 0.150$	普通湿黏土。已有安全考虑 $KU' = 0.13$	完全饱和的黏土。万不得已时才采用 $KU' = 0.110$
0.5	0.455	0.461	0.464	0.469	0.474
1.0	0.830	0.852	0.864	0.881	0.898
1.5	1.140	1.183	1.208	1.242	1.278
2.0	1.395	1.464	1.504	1.560	1.618
2.5	1.606	1.702	1.764	1.838	1.923
3.0	1.780	1.904	1.978	2.083	2.196
3.5	1.923	2.075	2.167	2.298	2.441
4.0	2.041	2.221	2.329	2.487	2.660
4.5	2.136	2.344	2.469	2.650	2.856
5.0	2.219	2.448	2.590	2.798	3.032
5.5	2.286	2.537	2.693	2.926	3.190
6.0	2.340	2.612	2.782	3.038	3.331
6.5	2.386	2.675	2.859	3.137	3.458
7.0	2.423	2.729	2.925	3.223	3.571
7.5	2.454	2.775	2.982	3.299	3.763
8.0	2.479	2.814	3.031	3.366	3.764
8.5	2.500	2.847	3.073	3.424	3.845
9.0	2.518	2.875	3.109	3.476	3.918
9.5	2.532	2.898	3.141	3.521	3.983
10.0	2.543	2.918	3.167	3.560	4.042
11.0	2.561	2.950	3.210	3.626	4.141
12.0	2.573	2.972	3.242	3.676	4.221
13.0	2.581	2.989	3.266	3.715	4.285
14.0	2.587	3.000	3.283	3.745	4.336
15.0	2.591	3.009	3.296	3.768	4.378
非常大	2.599	3.030	3.333	3.846	4.545

（2）求每延米的土壤垂直荷载

代入式（8-16），可得：

$$W_c = 1.560 \times 1922 \times 0.762^2 = 1741\text{kgf/m(延)}$$

（3）计算每米管道断面上每平方米土壤的垂直荷载，

$$\frac{W_c}{B_c} = \frac{1741}{0.509} = 3421\text{kgf/m}^2$$

对图 8-6（d）的安装条件，即在沟内埋管后，过一定时间再增加覆土量，则管道上的最大荷载可按下式计算：

$$W_c = C_n W B_d^2 \tag{8-20}$$

式中　C_n——再覆土条件的荷载系数［图 8-6（d）］，可根据 P' 和 $\frac{H}{B_d}$ 值从图 8-7 中查得。

$$P' = h/B_d$$

h——再覆土前的埋管深度，即管顶至原管沟表面的高度，m；

H——埋管的总高度，即管顶至地面的最终高度，m；

B_c——原始管沟宽度，假设等于管外径加 15～30cm。

实际的荷载值应为按式（8-16）和式（8-20）求得结果之间的某一值，它决定于原始沟槽中土壤的相对密度以及后覆土的状况。最后选定的荷载值还应考虑不同安装条件下的独特系数（Unique factors）。

【例 8-2】　原始数据与例 1 相同，但在 5 年后又增加了 3.048m 的黏土覆盖层。计算此时的土壤垂直荷载。已知 $B_c = 0.509$m，$B_d = 0.762$m，$W = 1922$kg/m^3，$H = 4.572$m，$h = 1.524$m，下沉比 $r'_c = -0.5$

（1）求荷载系数 C_n

$$\frac{H}{B_d} = \frac{4.572}{0.762} = 6,\quad P' = \frac{h}{B_d} = 2$$

由图 8-7 可查得荷载系数 $C_n = 3.1$

或由图 8-7 中下部所介绍的公式算得，当 $P' = 2$ 时，$C_n = 0.36\frac{H}{B} + 0.92 = 0.36 \times 6 + 0.92 = 3.1$

（2）计算每延米土壤的垂直荷载：

$$W_c = 3.1 \times 1922 \times 0.762^2 = 3460 \text{kgf/m}$$

（3）计算每延米管道断面上每平方米的垂直土壤荷载

$$\frac{W_c}{B_c} = \frac{3460}{0.509} = 6798 \text{kgf/m}^2$$

3.048m 后覆土所增加的垂直荷载为：

$$6798 - 3421 = 3337 \text{kgf/m}^2$$

四、作用于管顶动荷载的计算方法

如埋设在街道或道路下的管线无保护装置，则将承受车辆引起的动荷载。对管壁，动荷载将产生二次应力，与静荷载所产生的应力相同，最后均将用代数法加到由管内压力所产生的环应力上去。

传递到管道上的动荷载值是轮荷载、轮荷载的分布、路面状况、管道埋深和反映车辆速度和道路表面质量的效果系数（Impact factors）的函数。已经查明，传递到管道上实际荷载的变化范围很大，因为事先对由管内应力所产生环应力的综合条件不能准确地获知。

动荷载有多种计算方法，每种方法略有不同，但计算结果是一致的。

不同条件下车辆的平均荷载在美国有许多规范可参考，我国则时有发生严重超载的现象，不仅破坏路面，对地下管线也有严重的影响。美国的标准主要有[1]：ANSI-A21.1《铸铁管壁厚设计中美国的国家标准（American National Standard for Thickness Design of Cast Iron Pipe）和公路桥设计中的标准规定（Standard Specification for Highway Bridges）等。1961 年，美国州际公路运输协会对轮荷载值进行过综合，毛重为 10t 的载重车，轮荷载为 3636kg；

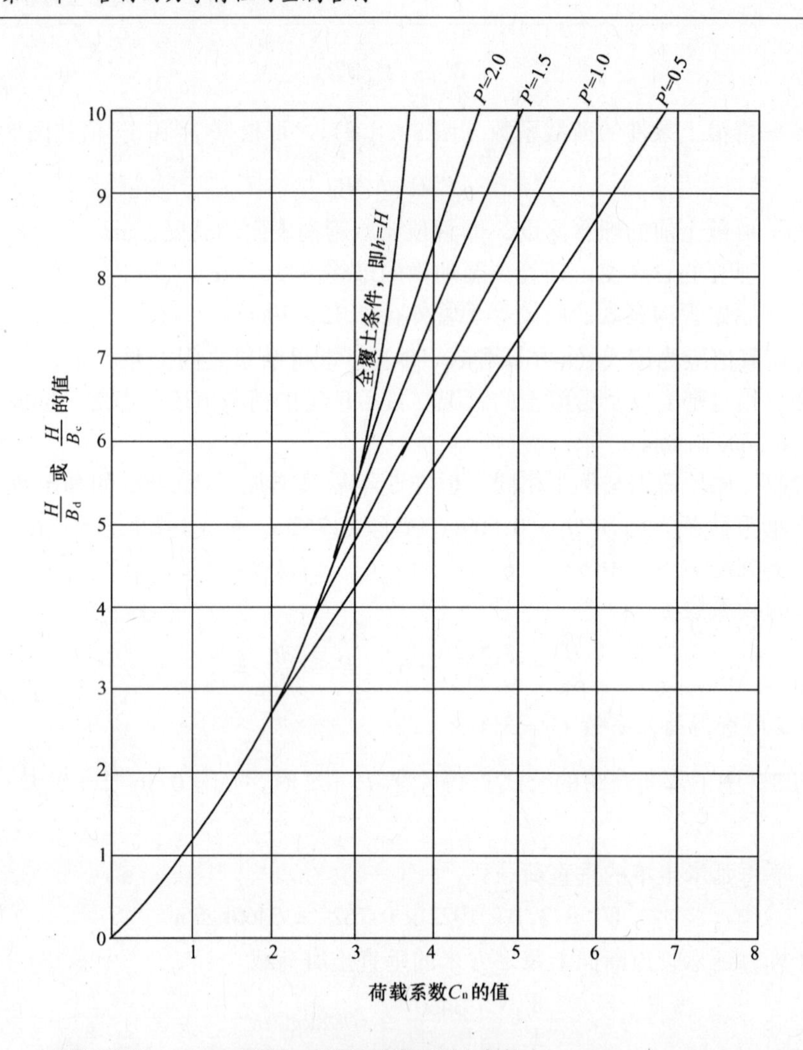

上图按下沉比 $r'_c = -0.5$ 得出，适用于多数再覆土条件

按 $\frac{H}{B_d}$ 或 $\frac{H}{B_c}$ 求得的 C_n 值

P'	公　式
0.5	$C_n = 0.67H/B + 0.17$
1.0	$C_n = 0.53H/B + 0.41$
1.5	$C_n = 0.44H/B + 0.66$
2.0	$C_n = 0.36H/B + 0.92$

图 8-7　荷载系数 C_n[1,111]

15t 为 5455kg；20t 为 7273kg。

美国通过刚性路面传至管顶的垂直动荷载有两种计算方法：

波特兰水泥协会法和用纽马克（Newmark）积分的史本勒法[1,114]。

对柔性路面则有三种计算方法：

M·G·史本勒的艾奥瓦公式；铁摩森科（Stephen Timoshenho）的"圆周面积上的等荷载法"（Uniform-load-on-circular-area method）和布依新纳斯克（Boussinesq）的点荷载法。

以下主要介绍计算刚性路面用的波特兰水泥协会法和柔性路面用的史本勒艾奥瓦公

式[1]。

（一）刚性路面下动荷载计算的波特兰水泥协会法

刚性路面即钢筋混凝土路面或混凝土基础材料加碎石的路面。刚性路面可将一个点的动荷载均匀地分布于埋管的土壤上。由于路面的“保护效应”，刚性路面下作用在沟内管道上的垂直荷载值很小。垂直荷载是根据轮荷载通过路面板块典型分配的假设得出，可见图 8-8。垂直荷载的大小决定于板块的性质，如板块的长、宽、厚以及管道的直径。

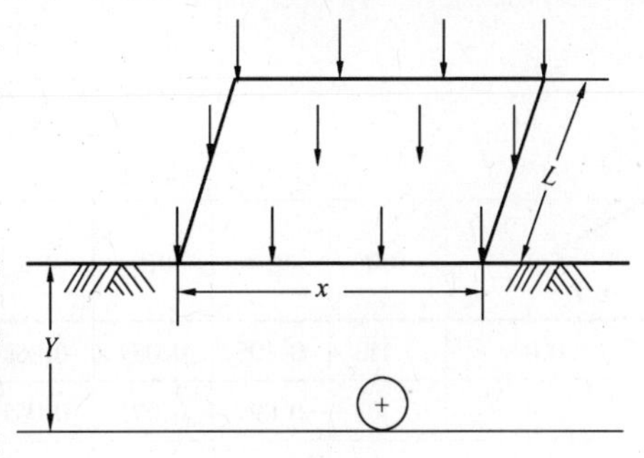

图 8-8　刚性路面荷载的分配[1,113]

美国波特兰水泥协会方法假设，荷载影响混凝土板块的面积可用参数“板块刚性半径”（Radius of stiffness of the slab）L 表示，并与板块的性质和等级有关。点荷载离管道的水平位置 X 和埋设深度 Y 时的影响系数（The influcnce coefficient）C_p 是已知的，可根据表 8-5 查得。单位荷载 W_t 决定于每延米管道所承受的重量。在计算作用在已知管径的管道上的垂直荷载（kgf/m²）后，W_t 除以管道的外径。

波特兰水泥协会推荐的公式为：

$$W_t = (K)(B_c)(P)(F) \tag{8-21}$$

式中　W_t——车辆荷载，kg/m（管道）；

K——刚性路面的表面荷载系数

$$K = \frac{C_p}{L^2} \tag{8-22}$$

B_c——管外径，m；

P——轮荷载，kg；

F——效果因素（Impact factor）；

C_p——荷载的影响系数（Influence coefficient），根据 X/L 和 Y/L 之值，从表 8-5 查取。

X——以管中心线为基准的荷载水平位移，m；

Y——路面下管道的埋深，m；

L——混凝土板块的刚性半径。

$$L = \sqrt[4]{\frac{Eh^3}{12(1 - V^2)Z}} \tag{8-23}$$

式中　E——混凝土的弹性模量，kPa；

h——混凝土板块的厚度，mm；

Y——混凝土的泊松比（0.15）；

Z——路面模量，kgf/cm³。

对单轮荷载在水平路面所产生的压力下，荷载的影响系数 C_p[1,114]　表 8-5

$$P(Xq)=\frac{C_p}{L^2}$$

P—轮荷载，kg

L—路面板块的刚性半径，m

Y/L \ X/L	0.0	0.4	0.8	1.2	1.6	2.0	2.4	2.8	3.2	3.6	4.0
0.0	0.113	0.105	0.089	0.068	0.048	0.032	0.020	0.011	0.006	0.002	0.000
0.4	0.101	0.095	0.082	0.065	0.047	0.033	0.021	0.011	0.004	0.001	0.000
0.8	0.089	0.084	0.074	0.061	0.045	0.033	0.022	0.012	0.005	0.002	0.001
1.2	0.076	0.072	0.065	0.054	0.043	0.032	0.022	0.014	0.008	0.005	0.003
1.6	0.062	0.059	0.054	0.047	0.039	0.030	0.022	0.016	0.011	0.007	0.005
2.0	0.051	0.049	0.046	0.042	0.035	0.028	0.022	0.016	0.011	0.008	0.006
2.4	0.043	0.041	0.039	0.036	0.030	0.026	0.021	0.016	0.011	0.008	0.006
2.8	0.037	0.036	0.033	0.031	0.027	0.023	0.019	0.015	0.011	0.009	0.006
3.2	0.032	0.030	0.029	0.026	0.024	0.021	0.018	0.014	0.011	0.009	0.007
3.4	0.027	0.026	0.025	0.023	0.021	0.019	0.016	0.014	0.011	0.009	0.007
4.0	0.024	0.023	0.022	0.020	0.019	0.018	0.015	0.013	0.011	0.009	0.007
4.4	0.020	0.020	0.019	0.018	0.017	0.015	0.014	0.012	0.010	0.009	0.007
4.8	0.018	0.017	0.017	0.016	0.015	0.013	0.012	0.011	0.009	0.008	0.007
5.2	0.015	0.015	0.014	0.014	0.013	0.012	0.011	0.010	0.008	0.007	0.006
5.6	0.014	0.013	0.013	0.012	0.011	0.010	0.010	0.009	0.008	0.007	0.006
6.0	0.012	0.012	0.011	0.011	0.010	0.009	0.009	0.008	0.007	0.007	0.006
6.4	0.011	0.010	0.010	0.010	0.009	0.008	0.008	0.007	0.007	0.006	0.005
6.8	0.010	0.009	0.009	0.009	0.008	0.008	0.007	0.007	0.006	0.006	0.005
7.2	0.009	0.008	0.008	0.008	0.008	0.007	0.007	0.006	0.006	0.006	0.005
7.6	0.008	0.008	0.008	0.007	0.007	0.007	0.006	0.006	0.006	0.005	0.005
8.0	0.007	0.007	0.007	0.007	0.006	0.006	0.006	0.006	0.005	0.005	0.005

【例 8-3】　用波特兰水泥协会公式计算例 1 中作用在管道上的动荷载，荷载来自载重车车轮，混凝土板块厚 0.178m（7in），位于管道的中心线之上。假设对重载道路的单轴荷载（Single-axle Loading）为 6136kg，光滑路面的效果因素为 1.0。计算在上述动荷载条件下，作用在管上的静荷载和动荷载总值。

已知条件为：$P=6136$kg，$F=1.0$，$B_c=0.509$m（20in）

$Y=H=1.524$m，$x=0$，$h=0.178$m（7in）

$Z=8.3\times10^6$kgf/m^3（300lbf/m^3），

$$E = 2.81 \times 10^9 \text{kgf/m}^2 \ (4 \times 10^6 \text{psia})$$
$$= 27.58 \times 10^9 \text{kPa}$$

(1) 用公式（8-23）求刚性半径 L

$$L = \sqrt[4]{\frac{Eh^3}{12(1-V^2)Z}} = \sqrt[4]{\frac{2.81 \times 10^9 \times 0.178^3}{12(1-0.15^2) \times 8.3 \times 10^6}} = \sqrt[4]{0.1628} = 0.634\text{m}$$

(2) 用公式（8-22）求表面荷载系数

$$\frac{X}{L} = \frac{0}{0.634} = 0$$
$$\frac{Y}{L} = \frac{(1.524 - 0.178)}{0.634} = \frac{1.346}{0.634} = 2.12$$

查表 8-5，得 $C_p = 0.049$

$$K = \frac{C_p}{L^2} = \frac{0.049}{0.634^2} = \frac{0.049}{0.402} = 0.122$$

(3) 用式（8-21）计算每延米的动荷载

$W_t = K \cdot B_c \cdot P \cdot F = 0.122 \times 0.509 \times 6136 \times 1.0 = 381.03\text{kgf/m}$。

(4) 计算每延米静荷载与动荷载的总值：

$$W^* = W_c + W_t = 1741 + 381 = 2122\text{kgf/m}$$

(5) 计算管道每平方米的总荷载：

$$\frac{W^*}{B_c} = \frac{2122}{0.509} = 4168\text{kgf/m}^2$$

（二）柔性路面下动荷载计算的史本勒艾奥瓦法

柔性路面的车辆荷载不能均匀分布在埋管土壤的较大面积上。它与刚性路面不同，无刚性路面的保护效应，因此，已知车辆荷载下对柔性路面的垂直动荷载要大于刚性路面，且应作为点荷载考虑，如图 8-9，并随土壤厚度的增加而减小。与刚性路面相同，这一动荷载与回填土的静荷载相加，即管道每平方米的总荷载。

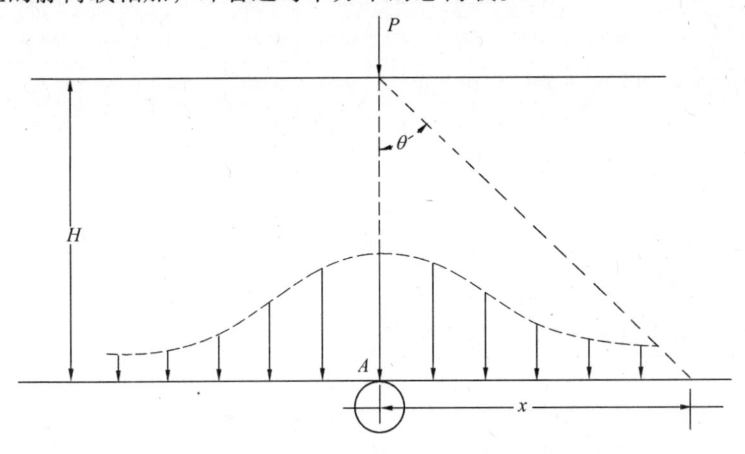

图 8-9　柔性路面的点荷载[1,112]

效果因素应该换成作用在柔性路面上的轮荷载。实验表明，荷载影响的增加量与埋设深度无关。埋深 60cm 的效果因素与埋深 2m 时相同，轮荷载本身在埋深较大时，传递到管道上的荷载百分数很小。在标准计算中，管道穿越公路时，效果因素取 1.5，穿越铁路时取 1.75。

根据史本勒早期提出的作用在柔性路面或未改造的砾石和土路面上垂直荷载的概念，可得出史本勒艾奥瓦公式，其通式为：

$$W_t = \frac{(C_t)(P)(F)}{L} \tag{8-24}$$

式中　W_t——车辆荷载，kg/m（管道）；

C_t——荷载的影响系数，它决定于管径、管道的有效长度 L，以及荷载离管顶的高度，根据比值 $\frac{B_c}{2H}$ 和 $\frac{L}{2H}$ 查表 8-6 可得系数 C_t 值；

P——车辆的轮荷载，kg；

F——效果因素，在标准设计中取 1.5；

L——管道的有效长度，在标准设计中取 $L = 1$m。有效长度是指在该长度的范围内，平均荷载在管道上所产生的应力与实际荷载产生的应力相同，且在管道的长度方向上，各点应力的强度是变化的；

B_c——管道外径，m；

H——覆土深度，m。

荷载的影响系数 C_t，管径为 B，管长为 L，埋深为 H 时，作用在管中心的压力[1,112]　　表 8-6

$B_c/2H$	$L/2H$												
	0.1	0.2	0.3	0.4	0.5	0.6	0.7	0.8	0.9	1.2	1.4	1.5	2.0
0.1	0.019	0.037	0.053	0.067	0.079	0.089	0.097	0.103	0.108	0.112	0.117	0.121	0.124
0.2	0.037	0.072	0.103	0.131	0.155	0.174	0.189	0.202	0.211	0.219	0.229	0.238	0.244
0.3	0.053	0.103	0.149	0.190	0.224	0.252	0.274	0.292	0.306	0.318	0.333	0.345	0.355
0.4	0.067	0.131	0.190	0.241	0.284	0.320	0.349	0.373	0.391	0.405	0.425	0.440	0.454
0.5	0.079	0.155	0.224	0.284	0.336	0.379	0.414	0.441	0.463	0.481	0.505	0.525	0.540
0.6	0.089	0.174	0.252	0.320	0.379	0.428	0.467	0.499	0.524	0.544	0.572	0.596	0.613
0.7	0.097	0.189	0.274	0.349	0.414	0.467	0.511	0.546	0.574	0.597	0.628	0.650	0.674
0.8	0.103	0.202	0.292	0.373	0.441	0.499	0.546	0.584	0.615	0.639	0.674	0.703	0.725
0.9	0.108	0.211	0.306	0.391	0.463	0.524	0.574	0.615	0.647	0.673	0.711	0.742	0.766
1.0	0.112	0.219	0.318	0.405	0.481	0.544	0.597	0.639	0.673	0.701	0.740	0.774	0.800
1.2	0.117	0.229	0.333	0.425	0.505	0.572	0.628	0.674	0.711	0.740	0.781	0.820	0.819
1.4	0.121	0.238	0.345	0.440	0.525	0.596	0.650	0.703	0.742	0.774	0.820	0.861	0.894
2.0	0.124	0.244	0.335	0.454	0.540	0.613	0.674	0.725	0.766	0.800	0.849	0.894	0.930

【例 8-4】　用史本勒艾奥瓦公式计算例 1 中 0.509m 管（20in）的垂直静荷载和动荷载值。如管道埋设于碎石路面的基础下，设每轮的单轴荷载为 6136kg，由于路面较粗糙，效果因素取 1.5。

已知：$B_c = 0.509$m，$P = 6136$kg，$F = 1.5$，$L = 0.914$m，$H = 1.524$m。

（1）计算调整后的轮荷载

$$P = 6136 \times 1.5 = 9205\text{kg}$$

（2）计算 $B_c/2H$ 和 $L/2H$ 值

$$\frac{B_c}{2H} = \frac{0.509}{2 \times 1.524} = 0.167, \frac{L}{2H} = \frac{0.914}{2 \times 1.524} = 0.30$$

（3）计算荷载的影响系数 C_t

查表 8-6，当 $B_c/2H = 0.167, L/2H = 0.30$ 时，用插入法可得 $C_t = 0.085$

（4）用公式（8-24），计算每延米的动荷载 W_t

$$W_t = \frac{0.085 \times 9205}{0.914} = 856\text{kg/m}$$

（5）计算每延米的静荷载与动荷载总值

$$W^* = W_c + W_t = 1741 + 856 = 2597\text{kg/m}$$

（6）求每平方米管道的垂直总荷载

$$\frac{W^*}{B_c} = \frac{2597}{0.509} = 5102\text{kg/m}^2$$

五、埋地钢管的应力研究[1]

从 1981 年 12 月至 1984 年 8 月，由美国燃气研究院（GR1）主办，由燃气工艺研究院（IGT）进行了埋地钢管的应力试验。试验时用 16in（406mm）的燃气干管，标准为 API SL B 级，壁厚 0.25in（6.35mm）。最大允许运行压力为 2096kPa。试验在美国威斯康星州拉辛（Racine）城新拓宽的道路上进行。选择了不同覆盖深度的三个试验管位：自管顶至刚性路面表面的覆盖层厚度为≤0.508m；0.508－0.914m 和≥1.83m。

试验时，管沟内管道的每端均装有应变仪（Strain gauge rosettes），在管道的中心装有加速仪（Accelerometers），在每一试位的管沟面积范围内也装有加速仪。温度传感器、应力和应变仪也装设在回填土的范围内以监控土壤的状况。此外，每一试位内还装有监控器，以记录静态及动态的其他数据。

试验用来监控土壤和管道的以下四种具体活动状况：

1. 维修与施工活动。数据记录着回填过程和回填中夯实的情况。通过分级（Grading）、就位（Placing）、夯实基础（Compacting the base）和放置混凝土路面（Placing the concrete pavement layer）监控管道和回填的情况。

2. 减压-增压试验（Depressurization-Repressurization test）。管线先减压至 0kPa，然后再加压至 1930.6kPa 后，观察在管道应变仪上的反应。

3. 长期的环境影响。进行长期季节温度和湿度的变化、土壤的塌陷以及在环境影响下的冷冻和解冻试验，量测和比较管应力的变化，以确定相关的范围。

4. 车辆研究。已知荷载和速度的车辆驶过管线以测试管应力的变化。试验中也包括将车辆停止在干管上或在干管上突然转变方向和急刹车的项目。试验结果可总结为：

（1）土壤静荷载产生的应力。拉辛城的研究结果表明，没有一个工业模型能预测埋地受压管线中主要应力的大小和方向，此外，埋地配气系统的轴向应力通常是忽略不计的。但试验表明，配气系统在运行压力和正常温度条件下平均轴向压力是管中的主要应力。工业设计模型现在还不能记录出轴向应力，因此假设，在配气系统运行的整个范围内，平均环应力是管中的主要应力。

回填过程的研究结果表明，最大的杆件弯应力，不论是垂直方向上的还是水平方向上的均发生在埋深最大处。当管壁温度为21℃时，合成弯矩会产生一个附加应力，其值可达到材料所规定的最小屈服强度的46%，这说明，改进回填和夯实技术对大型维修用管沟是必要的，且可用一个管壁轴向应力模型来预测这一应力的大小。随着温度的变化，管壁的应力等级也在很大的范围内变化。浅埋试验的记录表明在埋管工作完成时，环应力的变化可达117215kPa，管壁温度的最大变化范围为32～3℃。研究中所积累的大量冷冻-解冻试验数据表明，它对管道的应力一般无影响，应力通常正比于大气温度，而不是土壤的冷冻温度。

（2）车辆的动荷载应力。浅埋试验的结果表明，如果管道一旦扭曲成椭圆形，已有的分析模型表示，其主轴成90°。显然，现有的土壤-管道相互作用的模型忽略了接近土地表面处因土壤的多向异性特性（Anisotropic soil behavior）所产生的应力，因此，在配气系统中，管径大小和覆盖深度之间所产生的应力值一直是有争议的。此外，由车辆引起的附加应力值很小，已有模型所表示的管壁动荷载应力已大大超过拉辛城现场试验的记录数据，原因是路面结构上荷载的分布大于模型中的假设值，在某一试验位置上由于路面和路面下一层之间没有完全接触，与路面上的力没有传递下去也有关系。

（3）结论。拉辛城的试验表明，现有的荷载和应力公式比较保守，设计上有一定的安全性。如使模型更为完善并进一步研究，可得到更切合实际的荷载和应力的预测值，使设计更为经济和安全，这对一定的管道配气压力和埋深，可大大减少钢管材料。但如用减少管壁厚度的方法以降低材料的强度，则处理和运输成本又将提高一个等级，抵消了材料上的节约。从试验结果所产生的这一分歧还应进一步研究。

第四节 过桥钢管的应力分析[1,115]

燃气管道跨越公路、铁路和河流时，燃气部门常希望利用已有的或新建的桥梁。虽然，与埋地管道相比，跨越管道因环境所引起的热应力问题十分突出，但多数安装于桥上的配气管道并不需要有专门的规程或进行特殊的设计。各国都有相应的规范可参考，美国的规范放在49CFR § 192即《燃气管线最低联邦安全标准》中，涉及的条文有§ 192.111，§ 192.159及§ 192.161，§ 192.243，§ 192.317，§ 192.707及§ 192.721。这一标准在国际上广为采用。此外，设计还必须经国家、城市和政府的其他部门审查。

跨越和埋地管道的内部荷载（即运行压力）相同，但外部荷载所产生的应力，如车辆、振动、土地、风力、管重、地震和温度变化则有很大的区别。

过桥管道的最大问题是温度变化的影响和关于合理支座的规定。其他需要考虑的是暴露管道的防腐和桥端的阴极保护。运行压力也将影响锚固点的设计。而桥梁的类型，是已有桥梁还是新建桥梁也将影响所采用方案的本质和范围。

一、热应力

设计中必须合理考虑由温度所引起的膨胀与收缩，接口处产生的异常荷载和力，以及锚固点所受的弯矩。在美国，设计必须参照以下标准：ASME（美国机械工程师学会）B.31.3，ASME B31.8，ASME B31.1和《长输及配气管道系统指南》（即美国联邦规程规范CFR）。

（一）温度对管长和强度的影响

自由运动的管道将发生热胀与冷缩现象。如由于回填或锚固，管道的两端固定，则随温度的变化就会产生应力的变化。在自由运动的管道中，伸长和缩短的量与管径和壁厚无关，对端点固定的管道，其单位管应力的变化也与管长或管径无关。管长和强度与温度之间的关系可用以下两式表示：

$$\Delta L = e\Delta Tl \tag{8-25}$$

式中 ΔL——自由运动管段的长度变化量，m；

e——钢管的线膨胀系数 $12.06\times10^{-6}/℃$；

ΔT——温度的变量，℃；

l——原始管长，m。

$$\Delta\phi = Ee\Delta T \tag{8-26}$$

式中 $\Delta\phi$——两端固定的管道中，单位应力的变化，kPa；

E——弹性模量，20.7×10^{7}kPa；

e——线膨胀系数；

ΔT——温度的变量，℃。

因此，由温度变化而产生的力为：

$$F = AEe\Delta T \tag{8-27}$$

式中 A——管道的截面积，mm^2。

【例 8-5】 有一管段，在 15.6℃时管长为 12.2m，求管端自由运动时管长的变化量，和管端锚固时管内单位应力的变化值。

代入式（8-25），得：

$$\Delta L = 12.06\times10^{-6}(32.2-15.6)\times12.2 = 0.00244\text{m}$$

代入式（8-26），得：

$$\Delta\phi = Ee\Delta T = 20.7\times10^{7}\times12.06\times10^{-6}\times16.6 = 41440\text{kPa}$$

根据美国机械工程师学会规范 ASME B31.8 或美国联邦规程规范指南，最大计算膨胀应力不得超过规定的最小屈服强度的 72%，例如，对 API 5L A 级管，最小屈服强度为 206850kPa，则最大计算膨胀应力为 $0.72\times206850=148932$kPa，从式（8-26）可得最大允许温度的变化值为：

$$\Delta T = \frac{\Delta\phi}{Ee} = \frac{148932}{20.7\times10^{7}\times12.06\times10^{-6}} = 59.6℃$$

对其他钢号的管材，若无补偿且两端固定时，可用同样的方法计算最大允许温度的变化值。如对 API 5L B 级管，最大允许膨胀应力为 173754kPa，则最大允许温度变化值为 69.6℃。对热胀与冷缩是否需要有特殊的规定决定于可能发生的温度变化范围、跨距，管道型号、连接方法、运行压力、桥梁类型以及管道在桥梁上的位置等。

设计的温度范围应根据过去曾出现过的冬季最低温度和夏季最高温度之差来确定。如管道安装时正好处于温度限值范围的中间值上，则膨胀与收缩的量也可以此温度为基础。一般来说，燃气温度对管道温度的影响甚大，土壤温度比大气环境温度的影响要大。

（二）处理热应力的设计方法

管道中所产生的热胀和冷缩有三种调节方法：即应力被管道系统所吸收；用设环的方

法改变管道的柔性，使管道在可能发生的运动中不发生超过的应力；以及安装膨胀接头以吸收管道因温度引起的移动量。但以上三种方法只适用于钢管。

设计中常采用的是热应力吸收法而不是消除法。这种方法简单、成本低。例如，一段焊接牢固的钢管可以在规范限制的范围内设计得很好，不发生膨胀和收缩。桥上设置膨胀环的难点在于环的尺寸太大，受空间的限制。尺寸不适当的环反而会比直管段产生更大的应力。专门设计的膨胀接头可以吸收管道的膨胀和缩短量而使管道本身不产生任何应力，这种接头的主要缺点是无抗拉和抗弯的能力，特别是暴露管段的末端需要锚住时；另一缺点是膨胀接头所用的填料包需要定期维修。

二、管道的支撑系统

设计桥上管道的支柱和确定支柱的间距时，美国需参考的标准有：ASME B31.1 或 B31.3 以及阀和连接件工业制造厂标准化学会 MSS（Manufacturers Standardization Society of The Valves and Fittings Industry）标准 SP-58，SP-69 和 SP-89。

现代化的桥梁常设计成柔性的，车辆通过时允许有一定的活动量（Motion），活动量也将传至管道及其支撑系统。管道感应的应力，必须用效果因素表示，在具体资料不充分时，效果因素可取 1.5。

支柱设计时必须考虑到，当一个管道支柱遭到破坏时，会引起其他支柱的破坏。支柱不能与管道相连接，但可将管道完全圈住以利于荷载的分配和避免过大的应力。桥梁结构上惟一需要设管道锚固点的位置应是在两个膨胀接头或桥梁两端环状膨胀接头之间，使管道的活动量均等。

第五节 系统设计中的金属材料

配气系统所用的管道和连接件材料主要有钢、铸铁、铜和塑料四种，本节主要讨论前三种，即金属材料。塑性材料则在下一章讨论。

一、钢材系统

输送天然气的钢管系统应符合有关的规范和规程。在一定的温度和环境条件下，管材应能保证系统结构的完整性和对输送燃气的化学稳定性。钢材的使用范围较宽，较易满足各种运行要求。

（一）技术规定

各国都有本国的技术规定，但世界上最为详细的规定是美国的联邦规程规范，即 49CFR § 192。所有钢管及其附件的生产必须符合该规范，即《天然气管道输送的联邦安全最低标准》（Transportation of Natural Gas by pipeline：Minimum Federal Satety Standards）。根据不同的用途，钢管及其附件的生产也有不同的规程。设计人员必须熟知这些规程，以便在设计中能作出合理的选择。美国常用的钢管（Steel pipe）、小管径钢管*（Steel tubing）和钢制连接件（Steel Fittings）的标准有：

---

* 在配气系统中，美国有钢管（pipe）和小管径钢管两个专业名称[1]。其主要区别是在制造过程中采用了不同的规格标准。钢管（pipe）在配气系统中用得较广，小管径钢管（Tubing）用得较少，主要在支管和调压站中使用。

1. 钢管规程 ASTM API-5L

世界上绝大多数国家输气和配气用钢管均遵循 API-5L 标准。我国的 GB 9711 也是等同采用 API-5L 标准[101]。

API 于 1926 年发布 API-5L 标准，其中只包括 A25、A、B 三种钢级，最小屈服极限值分别为 172、207 和 251MPa。

API 于 1947 年发布 API-5LX 标准，该标准中增加 X42、X46 和 X52 三种钢级，其最小屈服极限值分别为 289、317 和 358MPa。

API 于 1964 年将螺旋钢管标准称为 API-5LS 标准，但钢级仍包括以上的六种[86]。

1996 年起，钢管开始大量应用高强度钢，先后发布了 X56、X60、X65 和 X70 四种钢级，其最小屈服极限值分别为 386、413、448 和 482MPa。

1972 年 API 还发布 API 5LU 标准，包括 U80 和 U100 两种，其屈服极限值分别为 551 和 691MPa。

最新的 API 5L 标准是 1995 年 4 月 1 日发布的，系 41 版，将以上各标准的钢级均归并到此标准中，并取消 U100，但把 U80 改为 X80。我国已具备了 X70 级钢管的制造能力，大的管厂均取得了 API-5L 和 ISO 9000 的双重认证。

本标准覆盖了输送天然气、水和油料的无缝管和焊接管，其内容包括不同管径和不同壁厚管材的重量和强度、化学性质和物理性质。在制造工艺栏目中还附有试验方法，相应的组分和制造工艺。从表格中甚易查到不同管径的有关数据。

2. 小管径钢管规程 ASTM-539

本标准覆盖了电阻焊卷焊钢管（Electric-resistence-welded-coiled-steel tubing）$2\frac{3}{8}$in（60.3mm）的一个等级，以及外径较小的输气管和输油管。在生产制造中进行严格的化学控制，规定壁厚的误差只能在 10%以内。

3. 钢制连接件规程[1]。有三个：即 ANSI-B16.9、ANSI-B16.11 和 ANSI-B16.5。其中：

ANSI-B16.9 覆盖了所有的规格（Dimensions）、公差、等级、试验和工厂生产的低碳钢和合金钢对焊连接件的型号，范围为公称管径（NPS）$\frac{1}{2}$-NPS48。

ANSI-B16.11 内容包括规格（Dimensions）、光洁度、公差、试验、标记、材料以及套焊（Socket welded）、螺纹锻碳钢（Threaded forged-carbon）和合金钢连接件的最低性能要求。连接件的尺寸以公称管径（NPS）表示。

ANSI-B16.5 内容包括压力、温度、材料、规格（Dimensions）、标记、试验和相应于 ANSI-B36.1 中所规定的铸铁或锻管法兰（Forged pipe flanges）和法兰规格为 NPS $\frac{1}{2}$-NPS24 的型谱。盲板（Blind flanges）和无衬管的变径法兰（Reducing flanges without hubs）也可用板材制成。

燃气工程中我国常用的国家标准有[101]：《石油天然气工业输送钢管交货技术条件第 1 部分：A 级钢管》（GB/T 9711.1—1997）（Petroleum and natural gas industries-Steel pipe for pipelines-Technical delivery conditions-Part 1：Pipes of requirement class A）第 2 部分：B 级钢管（GB/T 9711.2—1999）和第 3 部分：C 级钢管；《输送流体用无缝钢管（GB 8163—87）（Seamless steel pipes for liquid service）和《低压流体输送用焊接钢管（GB/T 3091—2001）（Welded steel pipe for low pressure liquid delivery）等。

GB/T 9711.1—1997 标准根据国际标准 ISO 3183—1 编写[101]，由于国际标准是根据 ANSI/API Spec 5L（第 40 版）制订的，1995 年出版的 ANSI/API Spec 5L（第 41 版）相对前一版内容有少量修改，因此，标准也采用了第 41 版中合理的修改内容。

标准以基本的质量和试验要求（A 级）规定了石油天然气工业中用于输送可燃流体和非可燃流体（包括水）的非合金钢（不包括不锈钢）无缝钢管和焊接钢管的交货技术条件。

标准包括带螺纹和特重重量级带螺纹钢管：无螺纹、特轻重量级无螺纹、普通重量级无螺纹、特重重量级（XS）无螺纹和特加重重量级（XXS）无螺纹钢管；以及承口和插口钢管。

标准包括的钢级为 L175，L210，L245，L290，L320，L360，L390，L415，L450，L485 和 L555 以及介于 L290 和较高钢级之间的中间钢级。

标准 GB/T 9711.2—1999 规定了非合金钢及合金钢（不包括不锈钢）无缝钢管和焊接钢管的交货技术条件[102]。标准包括的质量和试验要求总体上高于 GB/T 9711.1 的规定。适用于可燃流体输送用钢管，不适用于铸管。

标准 GB/T 3091—2001 非等效采用了国际标准 ISO 559：1991《下水道用碳素钢钢管》[88]，与以前的标准相比，增加了直缝埋弧焊钢管内容。标准与 ISO 559：1991 在外径系列、外径和壁厚的允许偏差等技术内容上存在差异。适用于水、污水、燃气、空气、采暖蒸汽等低压流体输送和其他结构用的直缝焊接钢管。

标准 GB 8163—87 为适用于输送流体的一般无缝钢管。[89]

标准 GB/T 9711.1—1997 中，L175，L210，L245，L290，L320，L360，L390，L415，L450，L485 和 L555 级钢的拉伸性能应符合表 8-7 的规定。介于表列 L290 和 L550 之间的其他中间钢级应符合购方与制造厂双方协议的拉伸性能要求，并应与表 8-7 的规定协调一致。对冷扩径钢管，管体规定总伸长应力与管体抗拉强度的比值不得超过 0.93。规定总伸长应力应为试样标距长度上产生 0.5% 的总伸长时所需的拉应力，并用引伸计测定变形。

标准 GB/T 9711.1—1997 规定的拉伸性能要求[101] **表 8-7**

钢 级	规定总拉伸应力 $R_{t0.5}$（min）（MPa）	抗拉强度 R_m min（MPa）	抗拉强度 R_m max（MPa）	伸长率（min）（%）
L175	175	315		27
L210	210	335		25
L245	245	415		21
L290	290	415		21
L320	320	435		20
L360	360	460		19
L390	390	490		18
L415	415	520		17
L450	450	535		17
L485	485	570		16
L550	555	625	825	15

注：伸长率适用于从管体上截取的横向试样。当采用纵向试样试验时，伸长率值应比这些值高 2 个单位。

标准 GB/T 9711.2—1999 中对壁厚≤25mm 的钢管的拉伸试验，弯曲试验及静水压试验的要求见表 8-8。

壁厚≤25mm1)钢管的拉伸试验、弯曲试验和静水压试验要求[102]　　**表 8-8**

钢级	管体（无缝钢管和焊接钢管）				焊缝		整根钢管
					HFW SAW，COW	SAW COW	
	0.5%总伸长下的应力 $R_{t0.5}$ (MPa)①	抗拉强度 $R_{m,min}$ (MPa)1)	$(R_{t0.5}/R_m)_{max}$②	伸长率③ $A_{m,min}$ (%)	抗拉强度 $R_{m,min}$ (MPa)	弯曲试验④弯轴直径 (mm)	静水压试验
L245NB L245MB	245～440	415	0.80 0.85	22	抗拉强度值与管体相同	3T	每根钢管都应进行静水压试验，且不得出现泄漏或可见的变形
L290NB L290MB	290～440	415	0.80 0.85	21		3T	
L415NB L360QB L360MB	360～510	460	0.85 0.88 0.85	20		4T	
L415NB L415QB L415MB	415～565	520	0.85 0.88 0.85	18		5T	
L450QB L450MB	450～575	535	0.90 0.87	18		6T	
L480QB L485MB	485～605	570	0.90 0.90	18		6T	
L555QB L555MB	555～675	625	0.90 0.90	18		6T	

注：①40mm 以下较大壁厚的钢管，力学性能应协议。
②$R_{t0.5}/R_m$ 适用于钢管产品。对原材料不要求。
③表中的值适用于管体上截取的横向试样，纵向试样伸长率值应增加 2%。
④T 为钢管的规定壁厚。

表 8-9 通过比较规定总伸长应力最小值，列出了 GB/T 9711.2 确定的钢级所对应的 ANSI/API5L（第 41 版）确定的类似钢级。但是所列的可比钢级在其他方面可能不同。

与 API 钢级对照表　　**表 8-9**

钢级（按 GB/T 9711.2）	钢级（按 ANSI/API5L）	钢级（按 GB/T 9711.2）	钢级（按 ANSI/API5L）
L245…	B	L450…	X65
L290…	X42	L485…	X70
L360…	X52	L555…	X80
L415…	X60		

标准 GB/T 3091—2001《低压流体输送用焊接钢管》中钢管的力学性能可见表 8-10[88]。

GB/T 3091—2001 规定的钢管力学性能[88]　　**表 8-10**

牌　号	抗拉强度 $\sigma_{b,min}$ (MPa)	屈服强度 $\sigma_{s,min}$ (MPa)	断后伸长率 $\delta_{s,min}$ (%)	
			$D \leqslant 168.3$	$D > 168.3$
Q215A、Q215B	335	215	15	20
Q235A、Q235B	375	235		
Q295A、Q295B	390	295	13	18
Q345A、Q345B	510	345		

注：1. 公称外径不大于 114.3mm 的钢管，不测定屈服强度。

2. 公称外径大于 114.3mm 的钢管，测定屈服强度做参考，不作交货条件。

标准规定，钢管应逐根进行液压试验，试验压力应符合表 8-11 的规定。公称外径小于 508mm 的钢管，稳压时间应不少于 5s；公称外径不小于 508mm 的钢管，稳压时间应不少于 10s，在试验压力下，钢管应不渗漏。

液压试验的压力值　　**表 8-11**

钢管公称外径 D（mm）	试验压力值（MPa）	钢管公称外径 D（mm）	试验压力值（MPa）
$\leqslant 168.3$	3	$323.9 < D \leqslant 508$	3
$168.3 < D \leqslant 323.9$	5	$D > 508$	2.5

标准 GB/T 3091—2001 中，对公称外径不大于 168.3mm 的钢管，其公称口径、公称壁厚及理论重量应符合表 8-12 的规定[88]。

钢管的公称口径、公称外径、公称壁厚及理论重量　　**表 8-12**

公称口径 (mm)	公称外径 (mm)	普通钢管		加厚钢管	
		公称壁厚 (mm)	理论重量 (kg/m)	公称壁厚 (mm)	理论重量 (kg/m)
6	10.2	2.0	0.40	2.5	0.47
8	13.5	2.5	0.68	2.8	0.74
10	17.2	2.5	0.91	2.8	0.99
15	21.3	2.8	1.28	3.5	1.54
20	26.9	2.8	1.66	3.5	2.02
25	33.7	3.2	2.41	4.0	2.93
32	42.4	3.5	3.36	4.0	3.79
40	48.3	3.5	3.87	4.5	4.86
50	60.3	3.8	5.29	4.5	6.19
65	76.1	4.0	7.11	4.5	7.95
80	88.9	4.0	8.38	5.0	10.35
100	114.3	4.0	10.88	5.0	13.48
125	139.7	4.0	13.39	5.5	18.20
150	168.3	4.5	18.18	6.0	24.02

注：1. 表中的公称口径系近似内径的名义尺寸，不表示公称外径减去两个公称壁厚所得的内径。

2. 根据需方要求，经供需双方协议，并在合同中注明，可供表中规定以外尺寸的钢管。

对公称外径大于 168.3mm 的钢管，其公称外径、公称壁厚及理论重量应符合表 8-13 的规定。

钢管的公称外径、公称壁厚及理论重量　　表 8-13

公称外径 mm	公称壁厚（mm）														
	4.0	4.5	5.0	5.5	6.0	6.5	7.0	8.0	9.0	10.0	11.0	12.5	14.0	15.0	16.0
	理论重量（kg/m）														
177.8	17.14	19.23	21.31	23.37	25.42										
193.7	18.71	21.00	23.27	25.33	27.77										
219.1	21.22	23.82	26.40	28.97	31.53	34.08	36.61	41.65	46.63	51.57					
244.5	23.72	26.63	29.53	32.42	35.29	38.15	41.00	46.66	52.27	57.83					
273.0			33.05	36.28	39.51	42.72	45.92	52.28	58.60	64.86					
323.9			39.32	43.19	47.04	50.88	54.71	62.32	69.89	77.41	84.88	95.99			
355.6				47.49	51.73	55.96	60.18	68.58	76.93	85.23	93.48	105.77			
406.4				54.38	59.25	64.10	68.95	78.60	88.20	97.76	107.26	121.43			
457.2				61.27	66.76	72.25	77.72	88.62	99.48	110.29	121.04	137.09			
508				68.16	74.28	80.39	86.49	98.65	110.75	122.81	134.82	152.75			
559				75.08	81.83	88.57	95.29	108.71	122.07	135.39	148.66	168.47	188.17	201.24	214.26
610				81.99	89.37	96.74	104.10	118.77	133.39	147.97	162.49	184.19	205.78	220.10	234.38

注：1. 公称外径为 660～1626mm 时的公称壁厚及理论重量可查阅标准 GB/T 3091—2001。

2. 根据需方要求，经供需双方协议，并在合同中注明，可供表中规定以外尺寸的钢管。

标准中的标记示例为：用 Q235B 沸腾钢制造的公称外径为 323.9mm，公称壁厚为 7.0mm，长度为 12000mm 的电阻焊钢管，其标记为：

Q235B·F 323.9×7.0×12000ERW GB/T 3091—2001

用 Q345B 钢制造的公称外径为 1016mm，公称壁厚为 9.0mm，长度为 12000mm 的埋弧焊钢管，其标记为：

Q345B 1016×9.0×12000 SAW GB/T 3091—2001

用 Q345B 钢制造的公称外径为 88.9mm，公称壁厚为 4.0mm，长度为 12000mm 的镀锌电阻焊钢管，其标记为：

Q345B·Zn88.9×4.0×12000ERW GB/T 3091—2001。

国家标准《输送流体用无缝钢管》（GB 8163—87）中的技术要求说明[89]，钢管由 10、20、09MnV 和 16Mn 钢制造。根据需方要求，经供需双方协商，也可用其他牌号制造钢管。交货钢管的力学性能应符合表 8-14 的规定。

GB 8163—87 规定的钢管力学性能[89]　　表 8-14

牌号	抗拉强度 σ_b （N/mm^2 或 MPa）	屈服点 σ_s（N/mm^2 或 MPa）		伸长率 σ_s （%）
		$s \leqslant 15mm$	$s > 15mm$	
		不小于		
10	335～475	205	195	24
20	390～530	245	235	20
09MnV	430～610	295	285	22
16Mn	490～665	325	315	21

随着科学技术的进步，钢管在不断发展，标准也在不断修订，燃气工程师应密切注意各国标准的修订情况。

（二）制造方法与特性[1]

随着科学技术的进步，钢管的制造工艺也在不断发展，这里主要介绍下列四种。钢管的规格和相应的特性可参看相应的标准或向生产厂家索取。以上介绍我国钢管标准的一些规定，也只是标准所规定内容的极少部分。

1．电熔焊管（Electric fusion welding）

电熔焊工艺是先在电炉中加热一定尺寸的平板钢带（Flat steel plate），称之谓胎件(Skelp)，之后，将加热的胎件通过一个漏斗状的冲模逐次将板材卷成一根管道，其边缘受力后合在一起并焊定，然后通过一系列的滚筒，使管子轧成最终的尺寸。

2．电阻焊管（Electric resistance welding）

在电阻焊工艺中，板材（Flat stock）通过水平和垂直设置的滚筒形成管子，在焊缝处用焊接电极焊成管子。

3．埋弧电焊管（Submerged-arc electric welding）

埋弧电焊工艺主要适于生产大口径管（24～36in，即600～914mm）。将平板钢带先压成U形，再压成O形，然后进入自动焊接机，用水冷铜导轨支持。两根接近的电极将焊条熔化，使铁水填没焊缝的外部；用同样的工艺在管内将铁水填没焊缝的内部而成为管子。

另有一种为螺旋埋弧焊管，我国应用较多，但它与直缝埋弧焊管在质量上相比有以下不足之处[85]：

（1）螺旋管的制造工艺决定其残余应力较大。据国外资料记载，有些甚至接近屈服极限，直缝埋弧焊管因采用扩管工艺，残余应力接近于零。

（2）螺旋焊缝焊接跟踪及超声波在线检验跟踪均较困难，因而焊缝缺陷超标概率高于直缝埋弧焊管。

（3）经多年统计，螺旋焊缝错边量多数在1.1～1.2mm范围内，按国际惯例，错边量要小于厚度的10%，如厚度较小时，错边量难以满足要求，而直缝埋弧焊管无此问题。

（4）与直缝埋弧焊管相比，螺旋焊缝流线较差，应力集中现象严重。

（5）螺旋埋弧焊管热影响区大于直缝埋弧焊管的热影响区。而热影响区是焊管质量的薄弱环节。

（6）螺旋埋弧焊管几何尺寸的精度差，给现场施工，如对口、焊接带来一定困难。

（7）同样直径，螺旋焊管可能达到的厚度远小于直缝埋弧焊管。

螺旋埋弧焊管也有优点，这是其早期能得到发展并控制市场的原因：

（1）螺旋焊管的焊缝避开了主应力方向。钢管受内压后，主应力为环向应力，而螺旋焊缝大约与轴线成45°角，避开了主应力，而直缝焊管主应力正好垂直于焊缝。

（2）钢板顺轧制方向的冲击韧性最高，而垂直轧制方向冲击韧性最低，二者能相差数倍。螺旋焊管韧性薄弱环节避开了主应力，但直缝管的韧性薄弱环节正好是主应力作用的部位。

近年来由于焊接技术及冶金技术的进步，上述状况已有很大改变。

大量的爆破试验表明，爆破点大多数不在焊缝区，因而螺旋管的第一个优势已失去意义。

在钢厂钢板采取顺轧与钢板旋转90°轧制交替进行的工艺，使钢板沿长度方向与垂直方向取得的冲击值差距越来越小，也使螺旋管的第二个优势大为减弱。

国内的焊管专家认为，螺旋焊管按世界发展的趋势将被直缝埋弧焊管所替代[85,86,87]。

4. 无缝钢管（Seamless pipe）

为制作无缝钢管，加热的位置（Billet）设在旋转的滚筒之间，坯料被穿孔机（Piercing mandrel）牵引而成为一根厚壁无缝空心管，再经过滚轧，使壁厚达到规定的要求。对上述小管径钢管（Tubing）用同样的方法生产，主要的区别在壁厚上。

（三）适用钢管的选择[1]

在选择配气系统所用的管材时，设计人员首先应考虑其应用条件。如加压站中的管道，就规定要用B级无缝钢管，即使高屈服强度的薄壁管同样也能满足规范要求也不能采用，因为B级管的延性较好，能承受加压站中所产生的振动荷载。其他应用条件的管道，则主要考虑经济性，成本低，又能满足运行压力的等级即可。选择管材时，必须考虑的因素有：运行压力的需要；荷载的特性，如连续的、周期的还是间歇的；外部荷载的条件；管内流体的状况以及安装位置的等级等。此外，还应考虑影响管材本身特性的内在因素，如热处理性、化学组分、冷态工作性能、制造工艺等。管道制造的标准还规定了使用方法、管道化学组成和热处理的允许范围以及必须达到的试验值，用以检查产品是否已满足有关规定的要求。工厂的质检人员也应保证出厂的管子符合规定。以下是选择管材时必须考虑的一些重要特性。

1. 延性（Ductility）

延性是度量材料在发生大的塑性变形时不发生断裂的一种能力。延性的名称仅用于受拉的材料中；如材料受压，则相应的性质可定义为材料的可锻性（Malleability）。材料的延性和可锻性很少有相同的值。延性的度量通常用规定尺寸和形状的试样的拉伸百分数表示。美国材料试验学会（ASTM）相应的试验标准中有试件附加变形和试验方法的规定[1]。有时，延性也用试样断面的减小来度量。延性材料与脆性材料不同，它只能被拉断而不会被粉碎。在确定材料的冷态工作特性，或材料在工作中需要承受振动负荷时，材料的延性十分重要。用夏比V型缺口延性试验（Charpy notch ductility test）可得出管道的延性指标。

对等于或大于20in的管子，其规定的最小屈服强度SMYS（Specified minimum yield strength）等于或大于358540kPa时，应注意其设计因素（Design factors），即这种管材作为长输管线使用时，若运行压力大于SMYS的40%（143416kPa）和温度低于15.6℃时，管子必须经过夏比延性试验，API-5LX要求的等级为5或6。夏比延性试验必须在管线的运行温度下进行。

输送的燃气中含有H_2S和水分时，会影响管道的延性。化学作用将使管道产生强烈的腐蚀和增加钢材的脆性（Brittleness of the steel），导致产生一种所谓应力腐蚀破坏（SCC-Stress corrosion cracking）。我国四川石油管理局对20年间（1971～1990）在四川1300km天然气输送管线上所发生的108次爆炸事故分析表明[86]，由于不适当地采用了在焊后没有进行消除应力退火的焊管所引起的硫化氢应力腐蚀破坏成为发生事故的主要因素。加拿大管道公司的统计结果也表明，应力腐蚀SCC也主要发生在输气管线上。总的来说，硫化氢对钢的腐蚀破坏是以水的存在为前提的，如果能将水含量保持在0.00005%以下，硫化氢对钢管的影响就很小，否则就应脱除 H_2S。国际上规定，若输送气体介质中 H_2S 的分压大于 0.035MPa，就称为酸气。如实在无法脱除 H_2S，则管内应设内防腐层。一般管道接口处的内防腐层难于处理好，所以缺乏好的内防腐层常是发生事故的主要原因。详情可参考有关文献[85,86]。

2. 热处理（Heat treating）

热处理常用来改进材料的颗粒结构和减少制造过程某些阶段中所产生的应力。退火（Annealing）、正火（Normalizing）和回火（Tempering）是热处理的主要方法，用以减少管道多余的应力和增加延性。

工程师手册中有消除应力具体工艺的详细资料。无内应力的材料有较低的过渡温度（Transition temperature），在过渡温度范围内，材料呈现出延性而不是脆性的增加。

3. 抗冲击性（Impact resistance）

抗冲击性表示材料在遭到突然的荷载时不致被破坏的能力。通常具有延性的管材在冲击荷载条件下也会变成脆性材料。夏比试验是度量材料抗冲击性的常用方法。所有的管道制造标准均规定了在夏比试验中所必须达到的等级。设计人员在工作中应熟知不同材料的等级值，但应注意，材料的抗冲击性与抗平稳的连续荷载能力是完全不同的。

4. 焊接性能（Weldability）

材料的焊接性能会影响管道的安装效率和焊接成品的适用性（Suitability）。不同等级的钢材应采用不同的焊接工艺。材料焊接性能的优劣决定于焊接的难易、附加成本和焊口的强度是否与母材相同。焊接性能与管道的化学特性和机械性质有关。管道的化学特性与材料中的 C 含量、Mn 含量、P 含量和 Si 含量有关。上述元素的含量越高，则脆性越高且越难焊接。为便于焊接，上述元素的组成不能超过下列指标，即：C—0.25%；Mn—0.8%；P—0.03%和 Si—0.1%。

在试件试验中可得到用管道屈服强度表示的机械性能。材料的屈服强度越高，就应采用更为严格的焊接工艺。若管材的屈服强度等于或大于 386120kPa（56000psia），就应采用特殊的焊接工艺。

化学工程师手册和相应的管道制造厂的规定，如 API-5LX 可进一步提供配气系统中所用管材的化学性质和屈服强度的详细资料。

5. 管壁厚度和运行压力

巴洛（Barlow）公式是确定设计和运行压力的标准式，其表达式为：

$$P = \frac{2st}{D} \times F \times E \times T \tag{8-28}$$

式中　P——设计压力，kPa（表）；

s——屈服强度，kPa；

t——公称壁厚，mm；

D——公称外径，mm；

E——由制造方法决定的纵向连接因素（Longitudinal joint factor）；

F——等级因素（Factor associated with class），地区等级的分类可参看规范[103]；

T——温度减率因素（Temperature derating factor）。

在配气系统中常用的值为[1]：$F = 0.5$（3 级）；$E = 1.0$（电阻焊）；$T = 1.0$（低于

121℃）。

设计人员应根据管道的具体安装位置选择管道的等级。若管道安装时取 2 级，而社会发展的结果，该地区又需要采用 3 级。3 级的允许运行压力，对成本系统就应修正，这类情况在管道安装前就应考虑到。

【例 8-6】　假设管道的运行压力为 3450kPa（表），安装于市郊的 3 级地区。计算需采用 16in 管（406.4mm），采用 API-5L 标准中的电阻焊管，求最小壁厚。B 级管的屈服强度为 241325kPa。

已知数据为：$P = 3450$kPa（表），$S = 241325$kPa，$D = 406.4$mm，$F = 0.5$（3 级），$E = 1.0$，$T = 1.0$。

代入式（8-28）：

$$3450 = \frac{2 \times 241325 \times t}{406.4} \times 0.5 \times 1.0 \times 1.0$$

$$1401064 = 241325t \quad t = 5.8\text{mm}$$

若由于该地区的人口密度增加很快，应按 4 级位置重新计算，如设计系数取 $F = 0.4$，则：

$$t = \frac{1401064}{241325 \times 0.4 \times 2} = 7.257\text{mm}$$

一般情况下，管子的壁厚应取大于计算所需的最小值，在上例中，对 3 级地区取 6.35mm。但由于壁厚为 6.35mm 的管材不能满足发生变化后的 4 级地区需要，则壁厚应取 7.92mm 或采用屈服强度较高的管材，如 X-42。

6. 弯曲应力（Bending stress）

在管径和壁厚确定后，弯曲应力是需要考虑的另一个重要因素。如管道需要承受较大的侧向力或管道的跨度间无支撑时，设计人员必须考虑弯曲应力超过管道屈服强度的可能性。有两个公式可用来判定所选管材的应力是否超过允许的等级。首先是计算管道的弯应力：

$$S = \frac{(0.5WL^2 + 0.75L^*)D}{I} \tag{8-29}$$

式中　S——弯应力，kPa；

W——单位管长的管重，kg/m；

L——跨距，m；

D——管外径，mm；

I——惯性矩，mm^4；近似可取 $I = 0.05$（外径^4 − 内径^4）。

L^* 表示当有其他集中荷载作用于跨距中心时对 L 应乘的系数。

由管重和外力所产生的挠度可按下式计算：

$$Y = \frac{4.5WL^4 + 9L^{3*}}{EI} \tag{8-30}$$

式中　Y——挠度，mm；

E——弹性模量。

上述公式适用的条件是：作用在管上的力是纵向的，垂直于水平轴，且假设管道在自由空间无支撑。对力作几何图解后可知，上式也可用于其他条件。如已知管道的挠度，也可计算弯曲应力。

管道设计工程师还应考虑管内环应力和外部荷载产生应力的综合影响。综合应力不应超过规定的管材强度特性。因此，钢管的环应力不应超过材料最小屈服强度的20%。

（四）工厂检测（Mill inspection）

管道设计和安装中必须保证所用的材料能满足规范的要求。在美国[1]，保证管道质量的既简单又有效的方法是管道生产过程中有燃气公司的代表在场。如果用户的定货单已经签定，则工厂通常不限制用户进入工厂的任何地区。此外，工厂应向用户的检验员提供检测条件和检测数据。有关管材的化学特性、拉伸强度、夏比延性和其他试验的规定标准（如API-5L标准）等也包括在内。

如管子的生产批量很大，则可用样本的统计技术对每批产品的样本进行抽样试验。一炉粗原料可视为一批，由同一炉原料生产的管子可认为质量相同。每批管接口应按照加工条件有区别的标记、标准的等级和相关的数据予以证明。

水压和工厂的规格试验需符合标准的要求，以证明最终产品的物理整体性。

生产过程的就地试验需由通晓标准的熟练人员负责。这些检测专家的有效工作可为公司节省时间和资金，也能协助处理装货中发生的特殊问题。对检测人员也要做好管理工作，定期对他们进行考核，进行继续教育和观摩检测人员正在工作的其他工厂。

（五）管材的运输

管材的运输有规范的限制，对长输管线，规定运行压力大于最小屈服强度的20%，配气系统的管道也在这一范围内运行。规范的这一规定是为了使管外径与壁厚之比有一最大值70:1以防止在铁路运输中遭到破坏。关于管材运输的其他要求也可详见各种规定，如APIRPSL1。

（六）管道方向的改变

管道方向的改变可用斜接管（Mitering）、预制弯头和现场冷弯等方法实现。对每种方法均有其限制和要求。

1. 斜接管（Mitering）

如管道方向的改变较小，则可采用一种斜接接口（Miter joint）。斜接接口是由焊接端做成斜口的管子制成，焊好后即改变了管道的方向。斜接接口应符合下列规定：

如环应力等于或大于规定最小屈服强度的30%，则不应大于30°。

如环应力大于规定最小屈服强度的10%或小于最小屈服强度的30%，则不应大于12.5°。

如环应力小于规定最小屈服强度的10%，则不应大于90°。

2. 预制的弯头（Manufactured Bends）

在许多场合下，预制弯头可用来改变管道的方向，但连接件和管材之间必须有很好的兼容性（Compatibility）。通常，购得的连接件应由与管道相同的钢材制成。锻加工的接口有时也用屈服强度较高的材料制成。这些连接件的失效特性和失效频率与管道本身有很大的不同，因此，必须尽量减小连接处的集中应力。如弯头用法兰连接和不同材料的焊接时，还会产生许多特殊的问题。

3. 冷弯或现场弯管（Cold or Field Bends）

现场弯管是改变管道方向的常用方法。长输管线通常比配气管道用得更多。现场弯管应由装备完善的施工部门完成，设计人员则应熟悉现场弯管所必须具备的设备和规范所规定的限制条件。弯曲某一种类或一定数量的钢管时，需有内部心轴（Interal mandrels）。如管段不是无缝管，则长焊缝应位于弯头的中轴线上。

（七）管道的连接

在配气管道中有多种连接方法。最常用的方法是：焊接、压力连接（Compression couplings）、螺纹和法兰连接。每种连接方法均各有优缺点，在材料标准以及相应的设计和运行要求中有说明。

1. 焊接（Welding）[1]

美国的规范要求应用已批准的焊接程序和按 § 192.277 要求经过考核的焊接人员。在严寒气候下进行焊接操作时应有保护装置以保证焊接的质量。焊接某些高碳钢时，须要预热和消除应力。在进行非破坏性试验时，现场的检验人员需检验所有的焊口，但又不妨碍施工人员的工作。现场检验可带来最好的效益和改进焊接质量。如焊工弄虚作假，就会很快被查出。

2. 压力连接（Compression couplings）

有许多类型的接口可用压力连接法。管道连接的这种方法用得既广且很有效。在选择采用压力连接法之前，设计人员必须充分考虑管道的运行条件。压力连接的优点是成本低、安装方便，但由于运行压力和强度的限制，不能在全部接口上采用，且在某些安装位置，压力接口需要加固。美国的多数燃气公司认为[1]，在离弯头或管端一定距离处（经验法则规定为 15m）的压力接口均应加固。由于土壤产生的自然牵引阻力，除周围地形不稳定的情况外，在通常的运行压力范围内，一般不需再有附加的防拉措施。

3. 焊纹连接（Screw connections）

近年来，螺纹连接在逐步减少，但如螺纹连接的条件许可，许多美国的燃气公司仍在应用，特别是应用在小于或等于 2in 的支管上[1]。不用的主要原因是接口易于漏气。美国有一种复合接口（Joint compounds）可防止漏气。螺纹连接的优点是在相同管径的接口中易于安装，初始成本低。

4. 法兰连接（Flanged connections）

法兰连接是常用的，但在使用法兰连接时必须减少应力，与螺杆的要求相匹配和处理好电绝缘问题。法兰连接应能承受最大的管内压力和保证运行条件下结构的完整性。

螺栓应根据满足多数接口要求的标准图制造。标准规定了螺栓的尺寸和法兰安装的额定压力。螺栓的尺寸和强度应能保证接口的整体性。

当钢制法兰与其他材料如铸铁或球铁连接时，法兰的扁平部分需防止在螺栓太紧时因应力集中而破坏。

由不同材料制成的法兰垫圈可保证接口的气密性，密封材料应有对管内输送介质的化学稳定性。石棉垫圈的化学稳定性和地上设备使用中的防火性能好，因而用得较广，但现在已为新的合成材料所代替。合成材料具有与石棉相同的化学稳定性和防火性能。

垫圈材料通常有不同的硬度，与运行条件匹配后可提供一个满意的接口。

接口的防腐处理十分重要。绝缘法兰可作为管道的电绝缘点。在法兰与螺栓间的绝缘垫片由非导电性材料制成，以防止法兰与接触螺栓形成电力通路。当法兰安装在不歪斜的设备上和热力较小时，这种绝缘接头十分有效。

5. 支管的连接（Branch connections）

支管的连接通常指在管道的顶部或侧面连接管道。在配气系统中，常需要将管道向另一些街道延伸，从干管上引出支线，或在干管上连接控制管和测压管。支管连接的常规方法包括使用预制的T形管（三通管），全环绕鞍座（Full encirclement saddles），焊接鞍座（Welding saddles），焊接小管（Weldolets），套接小管（Sockolets），螺纹接小管（Threadolets）和机械接口等，此外，还有许多带气连接支管的方法和设施。因此，在设计支管时，设计人员有很大的选择余地，但在任一情况下，均必须保持连接件本身的整体性和进一步加固管道的可能性。图8-10为三种金属管道连接支管的方法。

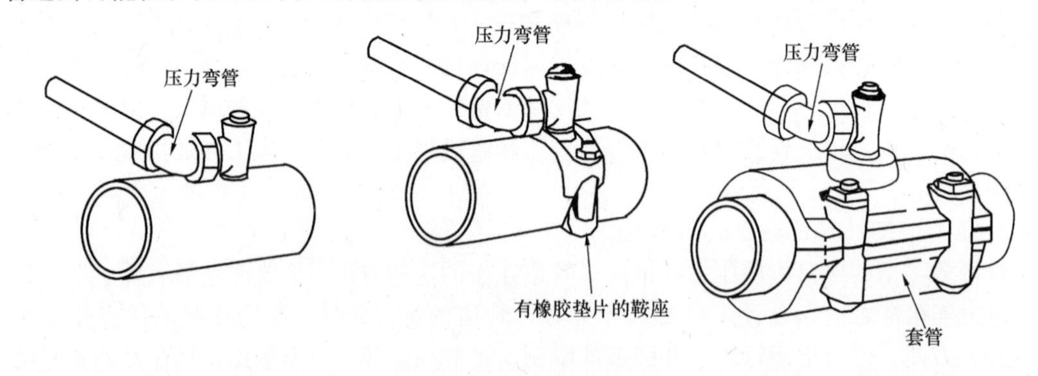

图8-10 三种支管的连接方法

设计附设在管道上的连接件时，应考虑到管内可能出现的最大压力。在美国[1]，某些焊接件、预制构件在施工时要符合美国机械工程师学会（ASME）锅炉和压力容器规范的要求。在焊接构件时也应参考CFR § 192.153的规定。每一焊接支管的连接件应能保证管线的强度、考虑到开洞时的残余应力、剪应力和外部荷载。设计人员还应参考ASME《天然气长输和配气系统指南》中关于管道加固的要求和规范的说明。

6. 钢与其他材料的连接（Joining Steel to Other Materials）

在钢管需要与非钢材料的接口连接时，特别需要注意减少应力，以免损坏另一种材料。压力接口和过渡连接件是典型的不同材料连接方法。有些接口需要有电绝缘（如使用铜管时），有些接口的管内要加硬性材料以防止脱落（如使用塑料管时），在设计人员准备材料清单时就应清楚地列出。钢管与塑料管相连时，塑料管的易破坏点应保持完整，并应保证两边尺寸的统一。钢管与塑料管的接口通常按铸铁管的尺寸制造。小管径的塑料管和铜管的接口通常按铜管的尺寸制造。过渡件通常融焊在塑料管的端部，另一端为钢制，以便与钢管连接。焊接这种连接件时应特别小心，要防止热量传递到过渡件的塑料部分。导致接口失去稳定性。

（八）埋深的要求（Cover Requirement）

对长输管线的埋深要求比配气管道要严格。本章已介绍了根据荷载计算埋深的方法。配气管道的埋深通常为0.76~0.92m，也有小于0.76m的。在有冰冻和外部破坏物时，埋深应加大。

在特别严寒的地区，干管和支管应有足够的埋深，以防止冰霜不断对绝缘层的破坏。

在温暖地区，埋深可小于0.76m，但如有外部破坏物，则埋深也应加大。设计工程师必须综合运行条件、维修因素、安装成本和潜在的破坏原因来选择最佳的埋深量，做到既能保护管道，又使成本最低。

通常，埋管越深，安装与维修成本越高，因此，在选择以增加埋深作为保护措施时应慎重对待。美国的规范没有向设计人员提供选择小于最小埋深的方法[1]，而只是提供一些措施以减小管道的危险性。

（九）锚固与支撑（Anchors and Supports）

锚固通常用来消除、减少或控制传给管道接口的应力。最常用的锚固法是采用带凸耳（Lugging）的压力接口以防引拔。凸耳或钢耳（Steel “ears”）焊在压力接口两侧的钢管上或用安装螺栓穿过凸耳，将凸耳紧固的方法。这种焊上的或机械式的锚固法加固了压力接口，防止管道中的力或管道周围的力造成对接口的拉力。锚固法在使用中应能支持可能产生的荷载。

凸耳的数量和螺栓的尺寸决定于管径。对小管径的管子（2～3in），只要在接口的两侧各设两个凸耳就能提供足够的强度。但对20in的管子就要设8个或更多的凸耳。裸露的接口、安装于地下干管末端的接口或接近于弯头处，也需要安装凸耳以增加强度，满足正常运行压力的需要。

管道支撑通常用于桥梁上的裸露管道或其他地上安装的管道上（在场站中）。支撑应有规定的尺寸和间距，使结构具有刚性，且不受由于温度变化导致热胀冷缩和荷载的限制。支撑应有足够的强度以支持在所有运行条件下的管重、其他材料重量和作用于管上的外力。典型的支撑是在管下设有铸铁的滚子，管上有倒U形的管夹，并用螺栓固定以防侧向位移。另一种支撑是悬挂式或混凝土衬垫（Pads），后者常用于场站中。如有振动发生，则应装设弹簧吸振机构以吸收某些振动荷载。

所有的锚固和支撑杆件均不得妨碍任何防腐措施的进行。通常混凝土柱的管支架上应使用不导电的材料将管道和支柱隔开，如塑料板或衬垫。对架设于桥上或其他地上安装的管道，则应有高质量的防腐层，并每年进行维修检测。

支撑的间距与管径大小、外部荷载和支管连接的位置有关。式（8-29）和式（8-30）可用来计算跨距。在阀门、连接件处以及管道的转向处均应设置附加支撑。为防止管内液体的积聚和产生的应力，管子的挠度应受到限制。美国管道设计中的规范规定，运行时允许超过50%的最小屈服应力。

（十）地上安装（Above-ground Installations）

对地上管道，应特别注意绝缘层、接口和支撑的设计。设计人员应牢记，地上安装的管道应承受更为严重的温度影响，其膨胀与收缩力也大大高于埋地管道。管道本身所产生的力必须要有补偿，使管道不产生温度应力。接口对附加的荷载也应有一定的补偿能力，使接口能有一定的位移量而不发生漏气。

当地上管道的长度超过管径和管重等所允许的跨度时，必须考虑在中间设支撑。此外，设计人员还必须设置柱墙、土堤或构筑物等，以防止来自汽车和其他原因对管道系统的损伤。

管道安装时要有足够的柔性，以承受非正常的膨胀与收缩。弯管是防止膨胀与收缩的一种常用的方法，使用预制的膨胀接口则是另一种方法。膨胀接口常用于地上的裸露管，但有时也用在地下管道中。膨胀接口的大小和数量应按管道因温度变化而产生的膨胀与收缩量计算。钢管的平均膨胀量为每 30m 约 20mm（20mm/30m），温差为 38℃，因此，对 300m 的管道，若温度变化为 38℃，则总的膨胀与收缩量约为 200mm。

设计人员必须按照膨胀接头的型号和受运行压力限制的安装方式小心地安装膨胀接头，同时考虑到耐用、防火和维修费用最小等因素。

（十一）套管（Casing）

当前，套管只在穿越道路和铁路时使用。用套管时更换管道较方便，价格低，且可防止传至管道外部的荷载。但套管末端的防水密封和实现阴极保护较困难，因而在使用套管时要慎重。

在美国[1]，现在一致的意见是应尽可能地避免使用套管，其安装成本和保护效果也难以评价。在跨越公路与铁路时，套管还应装有防震装置，以防止在换管时由于频繁的交通而使管道断裂。规范还应规定某些套管的强度试验条件、排气和密封端防止进水的要求。我国规范已注意到了国外不设套管的做法，因仍有一些国家采用，目前还保留了穿越时使用套管的规定。

（十二）穿越河流（River Crossings）

穿越河流和其他水体有多种方法。成本最低和最常用的方法是利用已有的桥梁，如需要自建管桥，若跨距较小，且不影响航运时可用吊桥方法，但对可航行航道则要经过批准。

水下穿越是另一种常用方法，如常规施工方法影响航道通行，则应采用钻孔方法。

水下穿越还应考虑其他条件，如水流所产生的侧向力。为延长管道的使用寿命，要用特殊的绝缘层和防腐方法。此外，还应考虑浮力以防管道飘浮等。

1. 水的流动

为抵抗水流所产生的力，一种方法是将面向上游来水方向的管道弯曲成弧形，从而产生防止管道移动的强大水流阻力。另一种简单的方法是增大管壁的强度，使其能承受水流所产生的力。这一方法的优点是可采用直线穿越法，但增加壁厚的附加成本将高于弧形管方案。第三种方法是将管道在水中深埋，防止水力冲刷，在某些条件下，这一方案是可行的。总之，成本是决定的因素。当前，水下钻孔埋管法，虽然成本高些，但却是最佳的方法。

2. 绝缘保护和防腐

绝缘层的质量与防腐技术在穿越河流时应比埋地管道的要求更严。在含盐的水中安装管道是设计人员最头痛的。水下防腐要比一般埋地管道提高 2～3 个等级，通常为 44～108mA/m^2。绝缘技术应确保无裸露的管道，特别在接口和支管连接处，这些地方包覆绝缘层往往最为困难。整流器、锌和锰等牺牲阳极以及用锌和锰制成的绕着管道的镯套（Bracelet）是各种保护方法中常选用的。为达到防腐的目的，阴极保护的连接线应绝缘和保护好。在施工中，美国还有各种资料和标准可供参考[1]。

3. 浮力

为克服浮力的外加重量可用增加壁厚、管道上配置混凝土块或增加一个外部的水压重量（即深埋）等方法，目的都是增加一个反向浮力以防止管道漂浮。当管道埋设在沼泽地带时，应特别注意管道的漂浮问题。不论管道安装在任何位置，只要自然环境不稳定或地下水位可能升高，均应采用增加反向浮力的方法。

浮力的计算是为了确定需要多大的配重。配重通常是浮力的1.5~2倍，当比重达到1.4~1.7时才能保证安装的稳定性。

（十三）积液的去除（Fluid Removal）

配气系统的一个重要功能是向用户供应洁净的干天然气。在正常压力下运行的管线，若偶然需要提高压力，在燃气中析出的液体就会影响工作。为解决这类问题，就需要安装洁净设备（Cleaning equipment）和排水装置（Fluid traps）。

许多历史记载表明，如管道存在积液的问题，则洁净设备通常应安置在向配气系统供气的场、站或独立的区域调压站中。洁净设备可采用撞击式，当燃气流过串联的障板时，可将液体从燃气中分离出来；也可采用离心式，通过燃气的加速旋转将液体分离出来；第三种类型的洁净设备是采用联合装置（Coalescing unit），通过突然膨胀，使燃气的流速变缓，然后通过网状设备捕获液体；第四种洁净设备是用过滤器去除液体，这种方法在区域调压站中用得较多，因该处的流量较小，含液量也较少，同时还能去除尘埃和管道的剥落物。

洁净器应能承受管内可能出现的压力，应符合压力容器的标准。适用于液量较少的过滤型洁净器在一旦液量增多时就会失效，使过滤器堵塞，因此，设计人员必须根据确实的含液量选择洁净设备，使之不仅能有效地除去积液和尘埃，又不影响燃气的通过。

燃气通过区域调压站中的洁净设备后还留有少量的液体。由于燃气流速的减缓，少量液体将从燃气中分离出来并积聚在管道的较低位置。当液体积聚到一定量后就会形成“液塞”（Slugs of fluid）。一旦燃气流速增大，“液塞”就会沿管道移动，如不及时排除，甚至会转移到用户处，以液体或雾状出现，不仅会弄脏设备，在寒冷的冬季还会冻坏户外的管道。因此，美国常由燃气公司安装自己设计的排水设备。“自制”的排水设备应能满足管道系统的要求。美国ASME压力容器标准第八章中有这方面的内容。商用设备应是通过鉴定的，且满足规范和运行压力的要求。

（十四）防腐（Corrosion control）

腐蚀是金属在周围介质的化学、电化学和细菌作用下引起的一种破坏。腐蚀和防腐的研究是一个专门的学科。燃气管道的防腐也有许多专著介绍。要做好燃气管道的防腐还需有规范和标准来保证。燃气管道的防腐影响到输配系统的安全性、可靠性和寿命期，也是燃气输配系统危机管理系统的主要内容。

1. 埋地燃气管道的腐蚀原因

埋地钢管的腐蚀与土壤的特性有关。按土壤的特性，腐蚀可分为电化学、细菌、杂散电流和化学腐蚀四类。

（1）电化学腐蚀（Electro-Chemical Corrosion）

即原电池现象引起的腐蚀。埋地管道由于各部位的金相组织结构、表面粗糙度不同以及作为电解质的土壤，其物理化学性质不均匀等原因，使部分区域的金属容易电离形成阳极区，另一部分金属不易电离，其相对电位较正的部位成为阴极区。电子由电位较低的阳极区沿管道流向电位较高的阴极区，再经电解质（土壤）流向阳极区。而腐蚀电流从高电位流向低电位，即从阴极区沿钢管流向阳极区，再经电解质（土壤）流向阴极区。在典型土壤中，金属电位的排列可见表8-15。

在典型土壤中金属的电位排列（对应 $CH/CuSO_4$ 标准电极的电位）　**表 8-15**

金属或合金	电　位	金属或合金	电　位
阴　极		铸　铁	-0.5
炭，焦炭，石墨	+0.3	低碳钢（生锈）	-0.2～-0.5
铜（无光泽）	-0.06	低碳钢（无锈）	-0.5～-0.5
不锈钢	-0.1	铝	-0.8
轧　钢	-0.2	锌	-1.1
铜，黄铜，青铜（未失光泽）	-0.2	镁合金（6%Al，3%Zn）	-1.55
水泥中的低碳钢	-0.2	镁	-1.75
铅	-0.5	阳　极	

表 8-15 为一些普通金属腐蚀性的电位排列，表明每种金属均有阳极倾向。锌和镁位于电流反应排列的负电位（阳极）的末端，通常用在钢铁的阴极保护上，作为牺牲反应，可以形成一个钢铁之外的阴极和其本身的阳极。铁金属电化学腐蚀的原理可用以下反应式表示：

阳极反应：$Fe \longrightarrow Fe^{2+} + 2e^-$

阴极反应：$O_2 + 2H_2O + 4e^- \longrightarrow 2OH^-$（中性，碱性介质）

或 $2H^+ + 2e^- \longrightarrow H_2\uparrow$（酸性介质）

$Fe^{2+} + 2OH^- \longrightarrow Fe(OH)_2$

当阳极与阴极反应等速进行时，腐蚀也不断地进行，直至管道穿孔。

两个电极间的电位差相同时，电流的大小决定于土壤的电阻率，电解质（土壤）的化学组成，阳极和阴极间的几何间距，阳极和阴极的极化强度（Polarization）以及阳极和阴极的相对表面积。土壤的温度、湿度和离子盐的浓度（Concentrations of ionized salts）对土壤的电阻率和腐蚀电流的影响很大，电阻率越小，腐蚀性越大。腐蚀质的特性主要决定于土壤中含盐的类型。金属上不溶解的沉积物和难以处理的生成物往往可以阻止腐蚀电流的产生，如富氧土壤中铸铁表面形成的氧化铁；但在缺氧土壤中，腐蚀生成物会形成铁的氢氧化物，反而会降低保护能力，使腐蚀电流增大。

在配气系统中，原电池腐蚀有以下几种情况（表 8-16）

配气系统中的原电池腐蚀[2]　**表 8-16**

阳　极	阴　极	阳　极	阴　极
钢干管	铸铁干管	钢支管	灰铸铁干管
钢干管	腐蚀的钢干管	钢支管	铜支管
钢干管	铜支管	钢支管	黄铜阀
钢干管	用混凝土绝缘的钢管	电镀钢管	黑铁管
钢干管	煤　渣		

不同类型金属管道相连时，必须采用绝缘接头并外加绝缘层。如外加绝缘层受到条件限制，则绝缘层宁可放在阴极管道上，以免因事故绝缘层被破坏时造成的腐蚀加速。

（2）微生物腐蚀（Microbiological Corrosion）

水和土壤中的细菌会影响腐蚀的过程，直接引起物理的、化学的和电生化反应（Electro-biochemical reaction），在金属表面形成一个更易腐蚀的环境。主要的微生物是硫和铁细菌（Iron bacteria）。

在厌氧微生物腐蚀（Anaerobie Microbiological Corrosion）中，厌氧硫酸盐还原菌（Anaerobic sulfate-reducing bacteria）常存在于地势低露、潮湿和缺氧的土壤中，它能将可溶性硫酸盐转化为硫化氢以及利用埋地钢管在阴极表面上因极化作用所形成的氢离子加快管道的腐蚀过程并形成硫化铁。对钢管的腐蚀作用是形成麻斑，对铸铁则是使金属转移，碳还原成石墨，形成石墨化（Graphitization）的腐蚀过程。

硫酸盐还原菌在接近中性条件下繁殖最快时的 pH 值约为 5.5～8.5，在纤维素和污水的刺激下甚易生长。

在管位深处测定 pH 值和氧化还原电位（Oxidation-reduction intensity）E_h（mV）的试验中可知，厌氧菌的腐蚀程度可用表 8-17 来说明。

氧化还原电位与腐蚀程度的关系（pH = 7）[2] **表 8-17**

土壤氧化还原电位 E_h 的范围（mV）	腐蚀程度	土壤氧化还原电位 E_h 的范围（mV）	腐蚀程度
低于 100	严重	200～400	轻微
100～200	中等	高于 400	无细菌腐蚀

在好氧微生物腐蚀（Aerobic Microbiological Corrosion）中，好氧微生物主要有硫细菌（Sulfur bacteria）和铁细菌（Iron bacteria），在酸性介质中易于生存并生成酸性更强的产物，当介质的 pH 值≤2.0 时细菌甚易生长，硫酸是其代谢产物，土壤的酸性增加了腐蚀能力。铁细菌生长的能量从铁离子氧化中获得，常发生在铁金属的表面，腐蚀的结果形成麻斑。

（3）杂散电流（Stray current elactrolysis）

有些金属地下构筑物的腐蚀由杂散直流电所引起，进入土壤的杂散电流从地下金属管道回到其源点时就造成腐蚀。

常见的杂散电流源有[2]：电气化铁路和有轨电车的钢轨，直流电焊机，电镀系统，整流器外壳接地和阴极保护站的接地阳极等。交流电可忽略不计，约为同样大小直流电的 1%。按法拉第定律，96500 库伦或 26.8mA·h 的电流，可转移 1g 当量的金属。实际腐蚀的金属量与理论腐蚀量之比称为腐蚀效益（Corrosion efficiency），用百分数表示，对铁金属，其范围为 20%～140%。

（4）化学腐蚀（Chemical Corrosion）

单纯由化学作用引起。金属直接和周围介质如氧、硫化氢、二氧化硫等接触发生化学反应，在金属表面上产生相应的化合物而造成腐蚀。此外，加压站出口温度为 65～115℃ 的气体会使地下钢管加速氧化，使金属成片破坏，管线附近漏泄的蒸汽也会产生同样的腐蚀，过河管道如长期受水力冲刷，管表面直接与氧接触也会造成化学腐蚀。

2. 对土壤腐蚀评价的标准

许多国家都有对土壤腐蚀评价的标准，涉及的评价项目主要有：

（1）土壤的电阻率，用以显示土壤对埋地金属的腐蚀情况。土壤的电阻率可在实验室测定，如土壤盒（Box of soil）或实地测量（Wenner 四电极法等）。

（2）pH 值，用来显示土壤的酸碱性能。强酸性土壤阻碍不溶性物质的形成，强碱性土壤能促进保护层的形成。在碱性土壤中（pH>7），土壤的电阻率不受pH值的影响，在酸性土壤中，pH值和电阻率对腐蚀产生很大的影响。

(3) 水位和含水量。水位是特定深度土壤中水存在的情况。水可溶解矿物或其他物质，在土壤中形成饱和物，并导致土壤电阻率减小。

(4) 土壤类型。土壤是由一个矿物质颗粒和有机体构成的层面。根据土壤颗粒的大小和性质可对土壤分类。美国ASTM标准D2488将土壤的类型分为：黏土、砂砾、有机黏土、有机黏土砂、淤泥、砂和黏土砂。土壤颗粒的大小和性质，可直接改变水和空气对土壤的渗透性，与土壤的腐蚀有关。

(5) 土壤的污染。污染物有化学的、农业的和电子的。化学污染包括S^{2-}、SO_4^{2-}、碳和石墨以及具有高腐蚀性的矿物质；农业污染导致微生物污染，细菌主要是硫酸盐还原菌、硫细菌和铁细菌；电污染指土壤中电流引起的腐蚀，电流来自其他电器设备的运行（如杂散电流）或自然现象。

(6) 氧化还原电位。反映土壤的透气性，与土壤中的含氧量有关。常用含有铂电极和标准的氯化亚汞电极的探测器测量。由表8-17可知，氧化还原电位越小，微生物腐蚀程度越严重。

腐蚀评价体系包括三个主要部分：总体评价、现场调查和土壤抽样。总体评价主要鉴定土壤条件的现状，表8-18简要提供易引起土壤高腐蚀的条件。现场调查是测量管道沿线土壤的电阻率。土壤电阻率测量结果结合总体评价可以得出一个初步结论：

引起高度腐蚀的土壤条件（裸露的钢材） **表8-18**

类别	特性	描述
土壤类型	天然土壤	土壤有泥煤、褐煤和煤的存在
		沼泽地带
		潮汐区
		厌氧性土壤（可能引起微生物腐蚀）
	人工土壤	土壤含有灰、矿渣、工业副产品和生活垃圾
		工业副产品回填区域（任何类型）
		不能控制的循环材料
电流影响	使用直流电的装置	靠近电流电的铁路，电车轨道的地下区域
		阴极保护区或阳极附近区域
	使用交流电的装置	交流电线附近、交流电铁路附近
		交流电接地电极附近
生活污染	污染的土壤	有冰盐、肥料、泄漏污水和工业污染的地区
水位和其他	水文地形	管线的低处，穿越河流
	地名	从地方名称可显示的土壤特征
	三相边界	变动水层

高腐蚀区。如土壤电阻率小于3000Ω·cm，则不论土壤是否在表8-18的范围内，均为高腐蚀区。

低腐蚀区。如土壤电阻率大于10000Ω·cm，土壤由砂或砂砾构成，则不论土壤是否在

表 8-18 的范围内，均为低腐蚀区。

若土壤的电阻率在 3000 至 10000Ω·cm 之间，则不论土壤是否在表 8-18 的范围内都必须做深度的土壤抽样研究。土壤样本应在现场各个位置抽取，并考虑土壤的特性、异质和湿度。当实验结果发生下列情况时，中度腐蚀将会变成高度腐蚀：(1) 有水层存在，淹没了部分的金属构筑物；(2) 电阻率的变化范围大（$\rho_{max}/\rho_{min}>3$）；(3) pH 值的变化范围大（$pH_{max}-pH_{min}>1.5$）。

由各种评价方法得出土壤腐蚀程度的等级后，可根据相应的规范标准进行防腐设计。我国对外防腐绝缘层有《钢质管道及贮罐腐蚀控制工程设计规范》(SY0007)。对市区外埋地敷设的燃气干管，当采用阴极保护时，宜采用强制电流方式，有《埋地钢质管道强制电流阴极保护设计规范》(SY/T 0036)。对市区内埋地的燃气干管，当采用阴极保护时，宜采用牺牲阳极法，有《埋地钢质管道牺牲阳极阴极保护设计规范》(SY/T 0019)。[103]

3. 绝缘层（Coating）

绝缘层是防腐的第一道防线，这是延长配气系统使用寿命的一种经济方法。美国规范要求新钢管在安装前就应加绝缘层，外加其他防腐方法。但是，在有些地区，保护电流是不起作用的（如邻近矿区），于是，只剩下绝缘层才能防止管道过早地漏气。

对同样的使用条件，绝缘材料也有多种选择。如管道用钻孔法敷设，则绝缘层应有很好的耐磨性，如管道埋设于石质砂土中，则要防止石块对绝缘层的破坏。

适合于现场使用的绝缘材料有：蜡、石油浸渍产品（Petroleum-impregnated products）、热收缩产品和塑料。适于工厂使用的绝缘材料有：沥青玛琋脂（Coal-tar enamal）、挤出型聚乙烯（Extruded-polyethylene）、可焊环氧膜片（Thin-film fusion-bonded epoxies）和防腐带等。许多工厂提供的绝缘层也可在现场使用，是否经济决定于使用中工作量的大小。连接件绝缘层材料与管道相同，在进货时已由工厂包制好绝缘层。

如管内输送含有腐蚀性的物质，则管内应作内防腐。内防腐层还可改善流量特性和提高通过能力，但在配气系统中通常不用。

4. 防腐系统（Corrosion Control systems）

最新的管道安装实际中还包括防腐技术，其目的均是为了防止管道因损伤而引起的漏气和产生的安全问题。美国的规范中还包括防腐系统在应用和维修中的具体要求。美国腐蚀工程协会（NACE）的出版物中（RP-01-69）有详细的资料[187]，美国燃气协会大样图（XY0186）中也有防腐和系统保护的内容。[188]

有效的防腐方法有多种，在燃气工业中阴极保护法用得最广。提供保护电流的方法也有多种，但不论用什么方法，其目的均是为了提供有效的电流以防止钢管的自然腐蚀或使腐蚀降低到一个很少的数量。

阴极保护是由周围环境向管道外加电流，如管道在所有位置上均能获得有效电流，管道的腐蚀活动就会停止。实际上，虽然有效电流可达到保护的等级，但难以做到管上的所有位置均能获得有效电流，因此，只能将腐蚀活动控制在较小的范围之内。管道周围环境的变化也很大，所需的电流密度也完全不同。通常，对裸露的钢管，保护电流的密度达到 5.4～54mA/m^2 时，才能阻止腐蚀过程。美国的规范规定，防腐人员要经过培训，经过考核或具有足够的经验后才能上岗。

管子长期在室外贮存时，也必须进行防腐，美国有一家公司曾有过教训。内防腐的材料也很多。只有经过长期气候和紫外线考验的绝缘层才能使用。

（十五）高压交、直流电（HVDC/HVAC）

在设计管道系统时，设计人员必须考虑到附近是否有交、直流电设施，如有这些设施，则必须安装特殊的设备去处理感应电流，并将电流从管道排除。

高压交、直流电设施将破坏阴极保护系统，对在该地区工作的工人身体健康也有损害。

（十六）共用管沟（Joint trenching）

美国规范对同一管沟的长输管线有最小间距的规定，但对配气系统的间距要求无规定。通常，在设计中燃气管道和邻近管道设施之间的最小净距至少应有 0.3m，作为工人自由操作和对设施维修的距离。

在同一管沟中安装公用管道设施的位置有标准平面图可参考，有的标准图对各种管道设施还安排了不同的深度以及考虑安全所需的侧向间距。如需考虑经济性，则还应做出若干个比较方案。

（十七）试验（Testing）

规范已提出了试验要求的规定，因此，设计人员只需确定管道安装位置的等级和所需的最大允许运行压力，并定出试验压力和试验时间的长短。如管道的运行压力大于 689.5kPa，则应按 90%的规定最小屈服强度进行试验。如管道在安装时就进行过 90%的试验，则在需要再鉴定和提高管线的流量时就比较方便。

由于在水（静）压试验中，管重因充水而增加，因此，应特别注意支撑和管道的锚固状况。在管道有高程差时，水的静压差可能会很大，如试验中没有考虑到这一静压差值，管道可能会产生超高的压力，甚至部分管道需要重新安装，造成很大的浪费。即使确定的试验压力完全正确，也会产生比正常运行条件下更高的管道应力。

设计人员必须熟知对 3 级场站规范规定的试验要求，因为不论场站的实际位置如何，均常取 3 级标准。

在试压管段中有阀门时应特别谨慎，只有在阀门全开时才能进行试压，除非制造商所规定的阀门运行压力已超过了试验压力。试压时还应注意到，即使阀门已打开，也不能超过阀门壳体的试验压力。如对阀门通过试验的能力有怀疑，则在管道试压前，应先将阀门卸下。

设计人员必须熟知试压对环境保护的影响。对现场的试压工作人员应有充分的支持。特别应注意维修与再贮存时的用水质量，试验完成后要采取一定的措施使氧再回到水中。水中的污染物应清除，不能再回到环境中去。

二、灰铸铁管系统（Cast-Iron Systems）

在燃气工业的历史上，很长的一段时间里，配气干管的主要材料是采用灰铸铁管。至今，在许多大型配气系统中仍有一大部分低压及中压系统使用灰铸铁管（≤172kPa）。二次世界大战后，虽然已有相当部分的管道为钢管和塑料管所代替，但灰铸铁管仍证明是一种寿命最长的配气管。

制管用的灰铸铁是一种石墨（碳）[Graphite（carbon）] 薄片均匀地分布于金属中的材料。在地下环境中，其耐久性归因于一个由内腐蚀产生的原始石墨层。石墨质点形成一个惰性网状结构，它能捕捉初始锈层，使其紧密依附在未受影响的铸铁表面，使石墨层成为一个不溶解的物体，成为一个保护绝缘体而停止进一步的腐蚀作用。在某些腐蚀性的土壤中（不能是浸渍在盐水中的土壤），石墨化过程还将继续并保持金属的完整性。从使用情况看，铸铁是地下管道中非常出色的防腐材料。

在美国[1]，配气系统所用的灰铸铁管用离心铸造法生产。该法中，模子成轴向旋转，在高速旋转中加入一定量的熔融金属，离心力的作用使熔融的金属附着在模子的内壁，旋转不断地进行，直至金属冷却。成型的管子最后从机械中移至一个密闭的可调热处理炉。

现有的灰铸铁系统主要存在两方面的问题：

1. 安装的管线是刚性的，用承插方式连接。在承插口的环形空间内，填以黄麻丝，然后灌铅或水泥，使之成为一个气密性的接口。在土地移动或通过干燃气时，会造成接头的漏气，补救的方法是外加防漏夹（clamps），并填以必要的密封材料。

2. 灰铸铁系统的柔性很小，土壤因交替的霜冻造成的移动会使管道断裂。

多年来，美国国家标准所（ANSI）及其前身组织对灰铸铁管制定了标准规范[1]。其中，主要有：

ANSI A21.1《灰铸铁管的壁厚设计》；A21.3《燃气灰铸铁管的规定》；A21.7《燃气使用的离心铸造灰铸铁管》；A21.9《燃气使用的沙模灰铸铁管》；A21.11《燃气使用的灰铸铁、球墨铸铁管及连接件的橡胶密封接口；B16.1《铸铁管法兰及法兰连接件》。此外，美国材料试验学会（ASTM）的规定 A377《炭铸铁和球铁压力管标准规定》也可参考。

我国的相应标准有《灰口铸铁管件》（GB 3421—82）[97]；《砂型离心铸铁管》（GB 3421—82）；《连续铸铁管》（GB 3422—82）；《柔性机械接口灰铸铁管》（GB 6483—86）[99]；《柔性机械接口铸铁管件》（GB/T 8715—88）等。

以下根据相关的标准阐明主要的内容。

（一）材料的特性

制管的灰铸铁材料应具有下列特性：

1. 在可能遇到的温度和环境条件下，管道需保持结构的完整性。

2. 对所有输送的燃气类别以及和管道接触的任何其他材料应具有化学兼容能力。

3. 质量应符合有关规范的要求。

新灰铸铁管使用时必须进行鉴定，审查其制造过程是否符合规范的规定。旧灰铸铁管在使用时也要进行鉴定，从检测结果审查管道是否完整，接口能否严密。旧管应是从同样运行压力或较高运行压力的系统中事先拆卸下来的，而不能是还在使用中的。制造过程也应符合规范的规定。

（二）灰铸铁管道系统的设计

在美国，灰铸铁管道系统的设计需符合 ANSI A21.1 的要求[1]，见表 8-19。表中 S 表示突然断裂时的拉伸强度，R 表示设计公式中的断裂模量（Modulus of Rupture）。

灰铸铁管道设计中的 S 和 R 值[1]　　**表 8-19**

规　定	管　型	S，kPa	R，kPa
ANSI A21.3	地坑铸（pit cast）	75834	213714
ANSI A21.7	离心铸造（金属模）（Metol Mold）	124092	275760
ANSI A21.9	离心铸造（砂模）（Sand-lined mold）	124092	275760

（三）灰铸铁干管的分接（Tapping of Cast-Iron mains）

作为连接管的每种机械连接件，必须至少按管线的运行压力设计。如在灰铸铁干管上用螺纹连接支管，支管孔口的直径不能大于干管公称管径的25%，除非将管子加固。允许的例外情况有二：

1.利用旧有的孔口更换支管时，只要无断裂处和有良好的螺纹接口。

2.在管径为102mm的灰铸铁管子上，孔口直径仅为32mm时，也无须加固。

但是，在有些地方，如气候、土壤和工作条件可能对灰铸铁管产生异常的外部应力，则不经加固的接口只能用在152mm或更大的管子上。

（四）灰铸铁管的接口

管道的设计与安装必须使每一接口能承受由管道的收缩或膨胀以及内外荷载所引起的纵向引拔力或推力。每一接口均需按规定的程序制作，要经过试验，确实证明接口是严密的。每一接口经质量检验后，应满足下列要求：

1.灰铸铁管的每一填麻承插接口必须用机械防漏夹（Mechanical Clamps）密封。

2.灰铸铁管的每一机械接口应由具有弹性的材料作为密封垫。每一密封垫应有合理的位置和用来承压的分离填函（Separate gland）或从动环圈（Follower ring）。

3.灰铸铁管不能用螺纹连接。

4.灰铸铁管不能用黄铜连接。

5.灰铸铁管法兰连接中的每一法兰，其钻孔与尺寸必须符合ANSI的标准，且法兰与管、阀及接口应铸合在一起形成一个整体。未经加固的灰铸铁管承插口，在中压系统中，压力不能超过173kPa（表）。

（五）支管

管径小于152mm（6in）的灰铸铁管不能作为支管使用。当作支管使用的铸铁管，在通过建筑物的墙体部分时应改成钢管。灰铸铁支管不能埋设在不稳定的土壤中或建筑物下。

（六）试压要求

管线的新管段不能立即投入运行。移位和更换的管子也不能立即投入工作，直至经过试验，证明它能承受最大允许运行压力以及每一潜在的漏气地点已经消除为止。

试验介质可用液体、空气、天然气或惰性气体，且与已施工的管道材料是可兼容的。试验介质应无沉淀物。除天然气外，应是不可燃的。对运行压力小于或等于690kPa的管段，应按下列规定进行漏气试验：

1.试验程序应保证能查出试验管段的全部潜在漏气点。

2.运行压力小于6.9kPa的每一干管，试验压力不应低于69kPa，而高于6.9kPa时，则不应低于620kPa。

（七）维修

每一灰铸铁管的油麻承插口需能承受173kPa或更高的压力，且应用机械防漏夹密封。材料和装置应满足以下特性：

1.不能降低接口的柔性；

2.化学的与机械的永久性填料与承插口的金属表面和邻近管道的金属表面应很好的结合；

3. 在任何可能发生的环境条件下，密封和垫料应能保持管道的整体性，与所输送的燃气类别以及和管道接触的任何其他材料应具有化学兼容能力。

如灰铸铁的麻丝承插口所能承受的压力小于 173kPa，或由于某种原因，管道需要裸露，则应采用其他密封材料。

三、球墨铸铁系统（Ductile-Iron Systems）

球铁管自 1948 年问世以来，已用来输送自然水、处理水、天然气、生活污水、工业化学制品和废弃物以及其他液态、气态甚至固态的物质。灰铸铁中的碳用锰改造后即可制成球铁。球铁材料大大提高了强度而又未改变铁的性质。在熔融的铁中加入少量的锰后，可使自由碳（石墨）成为球状，增加了铁粒子的表面能力，使材料具有不寻常的强度、好的机械性能、高的冲击能力和大的抗弯强度。与灰铁管相比，球铁管的破坏强度增加两倍，抗弯强度增加两倍，承受冲击荷载的能力增加 6~8 倍。球铁管的强度接近标准壁厚的钢管，且在连接和切割时有更好的工作性能。在同样的腐蚀环境条件下，球铁管的抗腐蚀能力要大于灰铁管。美国球铁管研究协会（Ductile-Iron Pipe Research Association）的研究工作表明，球铁管的抗腐能力要比灰铸铁高 35%[1]。

美国国家标准研究院（ANSI）球铁管标准的内容包括：设计、量纲、材料、绝缘、内衬、接口、附件和检测方法。我国也有相应的标准《离心铸造球墨铸铁管》（GB 13295—1991）[100]和《水及燃气管道用球墨铸铁管、管件和附件》(GB/T 63295—2002)。

（一）材料

美国联邦规程规范（CFR）§192.57 表明，按规程制造的球铁管在使用时要经过鉴定，旧球铁管重复使用时也要经过鉴定，如管道是否完整、接口能否紧密、是否已从旧有管道系统上拆卸下来并可在同样的或更高的压力下运行，此外，还应检验这批球铁管是否是按规程生产的等。

（二）连接件

美国球铁管所用的球铁连接件必须满足 70-50-05 的等级和 ANSI A21.4《3in 至 24in 燃气球铁管连接件的美国国家标准》的要求[1]。球铁 70-50-05 等级的机械特性如下[1]：

最小拉伸强度　482580kPa（即 70×10^3psia）

最小屈服强度　344700kPa（即 50×10^3psia）

最小延伸率　　5%

(按三个特性的英制要求即 70-50-05)

从动填函（Follower glands）也应采用球铁材料。螺杆、螺母必须用低合金高强度钢，并符合 ANSI A21.11 标准《灰铸铁和球铁压力管道及连接件橡胶垫片接口的美国国家标准》。

（三）设计[1]

球铁管的设计必须符合美国联邦规程规范（CFR）第三章 §192.119 和 ASME B318《燃气输配管道系统》的要求。壁厚必须符合 ANSI A21.50《球铁管壁厚设计的美国国家标准》的要求。

在 ANSI A21.50 的公式中，管底的 S 值（设计环应力）和 f 值（设计弯曲应力）如下：

$$S = 115819 \quad \text{kPa}$$

$$f = 248184 \quad kPa$$

球铁管必须满足60-42-10等级和ANSI A21.52《燃气用球铁管，金属模或砂列模离心铸造》的要求。球铁60-42-10等级的机械特性如下：

最小拉伸强度 413640 kPa（60×10^3psia）

最小屈服强度 248184 kPa（42×10^3psia）

最小延伸率 10%

按上述三个特性的英制要求即60-42-10。

不同公称管径球铁管的最小壁厚可见标准ANSI A21.52。最大工作压力为1723kPa时的标准壁厚和埋管状态的关系可见表8-20。

球铁管的标准壁厚值[1] **表8-20**

管径 in	埋管条件①	不同埋深（m）的壁厚值②（mm）							
		0.762	1.067	1.524	2.44	3.66	4.88	6.1	7.32
3	1	7.1	7.1	7.1	7.1	7.1	7.1	7.1	7.1
	2	7.1	7.1	7.1	7.1	7.1	7.1	7.1	7.1
4	1	7.4	7.4	7.4	7.4	7.4	7.4	7.4	7.4
	2	7.4	7.4	7.4	7.4	7.4	7.4	7.4	7.4
6	1	7.9	7.9	7.9	7.9	7.9	7.9	7.9	7.9
	2	7.9	7.9	7.9	7.9	7.9	7.9	7.9	7.9
8	1	8.4	8.4	8.4	8.4	8.4	8.4	8.4	8.4
	2	8.4	8.4	8.4	8.4	8.4	8.4	8.4	8.4
10	1	8.9	8.9	8.9	8.9	8.9	8.9	8.9	8.9
	2	8.9	8.9	8.9	8.9	8.9	8.9	8.9	8.9
12	1	9.4	9.4	9.4	9.4	9.4	9.4	10.2	11.4
	2	9.4	9.4	9.4	9.4	9.4	9.4	10.2	10.2
14	1	9.1	9.1	9.1	9.1	9.9	10.7	11.4	10.9
	2	9.1	9.1	9.1	9.1	9.1	10.7	10.7	11.4
16	1	9.4	9.4	9.4	9.4	10.2	10.9	11.7	12.4
	2	9.4	9.4	9.4	9.4	10.2	10.9	11.7	12.4
18	1	10.4	9.7	9.7	9.7	10.4	11.9	12.7	13.5
	2	9.7	9.7	9.7	9.7	10.4	11.2	11.9	13.5
20	1	10.7	9.9	9.9	9.9	11.4	12.2	13.7	
	2	9.9	9.9	9.9	9.9	10.7	12.2	13.0	
24	1	11.9	10.4	10.4	11.2	12.7	14.2		
	2	10.4	10.4	10.4	10.4	11.9	13.5	14.2	

注：①埋管条件1—平沟底；松散的回填土。

2—平沟底；管中心线轻度密实的回填土。

②表中的壁厚值能承受≥1723kPa的工作压力。它与管沟荷载，包括卡车的超载相适应。设计的基础为ANSI A21.50。弯曲压力f为248184kPa，内部压力的安全系数为2.5，对燃气管道不设波动范围。螺纹连接支管和开孔时需按ANSI A21.50选择壁厚。

(四) 常用接口

在美国[1]，球铁管接口的设计必须满足联邦规程规范（CFR）第六章《非焊接法的材料连接》中§192.277和ASME B31.8《燃气输配管道系统》的要求。设计和安装的球铁管接口必须能承受试压、膨胀和收缩以及内部或外部荷载所引起的纵向引拔和推力。每一接口必须通过试验或由经验证明能保证接口严密性的程序制造，且应通过检测以确保接口的质量。

1. 机械接口

球铁管采用机械接口时，必须满足ANSI A21.52和ANSI A21.11《球铁和灰铸铁压力管和连接件橡胶垫圈美国国家标准》的要求[1]。机械接口的组装必须按照ANSI A21.11中所规定的机械接口安装注意事项进行。

2. 其他接口

球铁管也可用其他形式的接口，如机械压力接口等。但也需按上述相应的规程进行鉴定。接口的组装也可按制造商推荐的应用标准进行，但不允许螺纹连接和黄铜焊接。

(五) 安装设计

1. 埋设[1]

球铁管的敷设必须符合ANSI A21.50中所规定的现场条件。地下球铁管的安装必须至少有610mm的覆土，除非有其他构筑物的保护。如覆土深度不能满足对外部荷载的保护要求，管道的设计又不能承受这样大的外部荷载，则管道就必须用套管或采用架空的方式加以保护。

2. 接口的加强

凡直线段和推力容易使干管产生偏离的地方，应有加强套（Harnessing）或支撑物(Buttressing)。如没有这些加强措施，接口就容易分离。

(六) 试压要求

球铁管必须根据运行压力按美国联邦规程规范（CFR49）第十章§192.507《管道的运行压力在环应力小于规定最小屈服强度的30%和大于690kPa时的试压要求》或§192.509《管道运行压力低于690kPa时的试压要求》进行试压[1]。

新敷管段不能立即投入运行，移位或更换的管道也不能立即投入服务，直至按规范经过试压，确认它能承受最大允许运行压力，且每一潜在的危险漏气点已查清并清除为止。

试压介质可以用液体、空气、天然气或惰性气体，与管道施工时所用的材料具有兼容性、无沉淀物，且除天然气外均是不可燃的。

§192.507要求每一管段运行时的环应力应小于规定最小屈服强度的30%，运行压力高于690kPa时，应按下述要求试压：

1. 管道运行人员所采用的试压程序需能保证发现在试验管段上所有有潜在危险的漏气点。

2. 在试压过程中，管段的压力为大于或等于规定最小屈服强度的20%。以天然气、惰性气体或空气作试压介质。且应在690kPa和产生的环应力在20%规定最小屈服强度时的压力之间进行试压。当环应力接近20%所规定的最小屈服强度时，必须用步测法(Walked)进行漏气点的检验。

3. 压力必须维持高于试验压力至少1小时。

§192.509 规定在管段运行压力低于 690kPa 时，漏气试验应满足以下要求：

1. 所用的试验程序必须能保证在试验管段上发现所有潜在危险的漏气点。

2. 运行压力小于 6.9kPa 的每一管段，其试验压力不应低于 69kPa，而高于 6.9kPa 时，则不应低于 620kPa。

（七）防腐要求

在相同的土壤腐蚀条件下，灰铸铁管与球铁管的腐蚀量低于钢管，但在高腐蚀性的土壤中，腐蚀也仍会发生，必须采用相应的防腐措施。球墨铸铁管、高级铸铁管和钢管在海水中的浸泡试验结果见表 8-21[96]。

海水中浸泡试验结果（浸入海水中，用机械搅拌） **表 8-21**

管子种类	不同浸泡时间的腐蚀量					
	mg/（dm^2·日）			mm/年		
浸泡时间	90 日	180 日	360 日	90 日	180 日	360 日
球墨铸铁管	24.0	16.1	13.2	0.122	0.081	0.066
高级铸铁管	24.9	16.4	14.5	0.127	0.083	0.073
钢 管	30.2	20.7	27.3	0.140	0.097	0.130

注：随着时间的增长，由于腐蚀生成物的影响，腐蚀量相应减少，但钢管几乎不受此影响。来源：Michel Paris d B. de la Bruniere “Corrosion” May，1957。

埋设在海滩潮湿地带的试验结果见表 8-22[96]。

埋设在海滩潮湿地带的试验结果（埋管地区由于受潮水涨落的影响，土壤具有很大的腐蚀性） **表 8-22**

试 验 地 点	腐蚀浸入速度（mm/年）	
	球 铁	灰铸铁
勒·都蓋（Le Touquet）	1.19	1.75
圣·米歇尔（Mont. st.Michel）	1.14	1.09

来源 F.L.LaQue “Corrosion” Oct 1958。

球铁管的防腐层有：喷锌、锌加聚乙烯、聚乙烯、聚氨酯、纤维水泥和耐蚀胶带等。对管件，则有：沥青、环氧树脂漆和环氧树脂粉末等。喷锌是球铁管的基本防腐方法，锌保护有三个特点，即电保护；锌转化成一个稳定的物质（保护层）以及锌层能自动愈合等。锌保护外涂层的厚度为 Zn200g/m^2 + 沥青 70μm。球铁管一般在出厂前都进行喷锌处理。

锌防腐也有限制性地区，如在海滨、盐碱地、沼泽地、腐植土、含硫炉渣、垃圾、酸性工业废水等土壤里以及变电所、高压线附近、某些化工厂内有较强的腐蚀地段，球铁管容易遭到腐蚀。其限制条件是：土壤的电阻率 $< 1500\Omega\cdot cm$；pH 值$\leqslant 5.5$ 的酸性土壤和有强烈直流电影响的地区、在高腐蚀土壤中埋设任何金属管材均应认真做好防腐处理。

在美国，每一运行人员必须建立一种程序以履行联邦规程规范（CFR49）第九章（第Ⅰ章）[189]《腐蚀控制要求》中所提出的规定。程序内容包括：阴极保护、设计、安装、运行和维修，且应由有经验的或在经过防腐方法培训的人员的指导下完成。

管道必须有外部保护绝缘层，以满足 § 192.461《外部防腐控制：保护绝缘层》规定的要求。

根据 § 192.463《外部防腐控制：阴极保护》的规定，在安装与埋管的施工完成后一年内，必须采用阴极保护系统全面保护管道。第九章的内容还进一步指出，如果运行人员能通过试验、考察或应用地区经验，包括诸如：土壤电阻率和细菌加速腐蚀试验的最小值等证明并不存在腐蚀的环境，则运行人员可不遵守外部防腐的要求。但在安装工作完成后的 6 个月内，运行人员必须进行试验，内容包括用连续参照电极或小间距电极（间距不超过 6.1m）测量，也可根据高峰位置电位图上表明的土壤电阻率求出整个管线长度上的电位图。如试验表明，确实存在着腐蚀的条件，则必须采用阴极保护法。

如运行人员根据试验、考察或敷设管线的经验，在安装完成后的 5 年服务期内确实不存在构成任何影响公共安全的腐蚀量，则按第九章的规定，也可不设计防腐绝缘层。

四、铜管系统（Copper Systems）

铜管在各国的燃气系统中均有采用，我国也有了国家标准《无缝铜水管和铜气管》（GB/T 18033—2000）（Seamless Copper tubes for water and gas）[95]，《铜管接头》（GB/T 11618—1999）（Copper tube joint）[94]等。主要参照欧共体标准 EN1057：1996《铜及铜合金——用于卫生和供热装置的无缝圆形铜水管和铜气管》、ASTM B88M：1996《无缝铜水管》等，均根据国情制定的。美国联邦规程规范（CFR49）的 192 部分中也有燃气支管和干管使用铜材的规定[189]，在使用铜管时应参考并研究有关规范中的相应章节，了解其来龙去脉。

（一）材料—规格和试验

铜管（Copper pipe）和小管径铜管（Copper tubing）是两个概念，其主要区别与钢管相同，主要在量纲上。铜管（Copper pipe）的壁厚常做成与钢管的壁厚相同，但这类铜管在配气管道上很少采用，因为铜管比钢管要贵得多，但小管径铜管（Copper tubes）则在燃气系统的下述领域内用得很广：

1. 插入裸露的腐蚀钢管内作更新钢管使用。

2. 直接埋地作支管使用。

3. 作户内燃气管使用。

欧共体标准 EN1057：1996 直接指明是用于卫生和供热装置的无缝圆形铜水管和铜气管，它是属于 Tube 类而不是 Pipe 类，为与钢管统一，本书中对 Tube 类管子前面冠上“小管径”作为区别。

我国标准（GB/T 18033—2000）中管材的牌号、状态和规格见表 8-23。

管材的牌号、状态和规格 **表 8-23**

牌 号	状 态	种 类	规 格 (mm)		
			外 径	壁 厚	长 度
T_2，TP_2	硬（Y）	直管	6～219	0.6～6	3000
	半硬（Y_2）		6～54		5800
	软（M）		6～35		
	软（M）	盘管	≤19		≥15000

注：需方有其他规格要求时，应在合同中注明其规格及相应的偏差要求。

标记方法可用下列示例说明：

用 T_2 制造的半硬状态、外径为 ϕ22mm，壁厚为 1.2mm，长度为 5800mm 的直管标记为：

直管 $T_2Y_2\phi22\times1.2\times5800$GB/T 18033—2000

用 TP_2 制造的软态、外径为 ϕ18mm，壁厚为 1.0mm 的盘管标记为：

盘管 $TP_2M\phi18\times1.0$ GB/T 18033—2000

美国作为燃气支管使用的小管径铜管有三种壁厚规格[189.1]：K—重型，L—中型，M—轻型。三种规格的区别在于规格，化学组分完全相同。在规范 CFR49 § 192.125《铜管的设计》中对壁厚的限制仅适用于支管中的 K 型和 L 型。表 8-24 中列出了两种类型的规格，并可与我国标准相比较。需要注意的是，美国小管径铜管的管径以公称管径表示，外径常比公称管径大 3.2mm（$\frac{1}{8}$in）。对 19 ~ 32mm$\left(\frac{3}{4}\sim1\frac{1}{4}\text{in}\right)$的 K 型铜管，其壁厚为 1.7mm（0.065in），因此，管内径刚好与公称管径相等。而 L 型铜管的壁厚则比 K 型的要小，因而内径略大于公称管径，见表 8-24。

小管径铜管的规格　　**表 8-24**

公称外径 [in (mm)]	管内径 (mm)	ASTM B88 标准				GB/T 18033—2000 标准					
		壁厚 (mm)		理论重量 (kg/m)		壁厚 (mm)			理论重量 (kg/m)		
		K 型	L 型	K 型	L 型	类型			A	B	C
						A	B	C			
3/4 (22)①	22	1.7	1.1	0.954	0.677	1.5	1.2	0.9	0.860	0.698	0.531
1 (28)	32	1.7	1.3	1.248	0.975	1.5	1.2	0.9	1.111	0.899	0.682
$1\frac{1}{4}$ (35)	35	1.7	1.4	1.550	1.315	2.0	1.5	1.2	1.845	1.405	1.134
$1\frac{1}{2}$ (42)	41	1.8	1.5	2.024	1.696	2.0	1.5	1.2	2.237	1.699	1.369
2 (54)	54	2.1	1.8	3.065	2.604	2.5	2.0	1.2	3.600	2.908	1.772

①括号内为 GB/T 18033—2000 标准的公称外径。

重型 K 和中型 L 小管径铜管有软质和硬质两种。相应的最小抗拉强度为 206820kPa 和 248184kPa，与我国标准（GB/T 18033—2000）中状态 Y_2 和 M 相同，可见表 8-25。

管材的力学性能　　**表 8-25**

牌　号	状　态	公称外径 (mm)	抗拉强度 σ_b (MPa)	伸长率（不小于）	
			不小于	δ_5 (%)	δ_{10} (%)
T_2，TP_2	Y	≤100	315	—	—
		>100	295		
	Y_2	≤54	250	30	25
	M	≤35	205	40	35

美国两种类型（K 和 L 型）铜管的化学组成见表 8-26。

K 型和 L 型小管径铜管的化学组成 **表 8-26**

铜材 UNS 编号	铜（含银）的最小含量（%）	最小磷含量（%）
C10200	99.95	—
C10300	99.95	0.001～0.005
C10800	99.95	0.005～0.012
C12000	99.90	0.004～0.012
C12200	99.90	0.015～0.040

资料来源：ASTM B88

我国铜管化学组成将 ASTM B88M 中 C12200 一个牌号分成 T_2 和 TP_2 两个牌号。含铜量（含银）相同均为≥99.90，但磷含量 T_2 牌号为零，TP_2 牌号为 0.015～0.040。

小管径铜管的强度试验按 ASTM B88"无缝铜水管"标准进行。在无漏气状态下，水压试验中，管道应能承受 41MPa 的纵向应力，薄壁管在拉力下的应力可按式（8-31）计算：

$$P = \frac{2\sigma \cdot t}{D - 0.8t} \tag{8-31}$$

我国标准（GB/T 18033—2000）中认为试验压力应为

$$P_t = nP \tag{8-32}$$

式中 P——最大工作压力，MPa；

P_t——试验压力，MPa；

t——壁厚，mm；

D——管外径，mm；

σ——材料的允许应力，硬态管 σ = 63MPa，半硬态管 σ = 50MPa，软态管 σ = 41.2MPa；

n——系数（推荐值 n = 1～1.5），推荐值 n = 1 时与 ASTM B88 相同。

美国标准认为，对小管径退火软筒管的直管段，壁厚为 2.11mm（0.83in）时，应在选择的厂家进行水压试验。对硬拔的软铜管应比退火的先做试验。

对小管径铜管的直管段，不论是退火的或是硬拔的，只要其外径小于 12.7mm$\left(\frac{1}{2}\text{in}\right)$，壁厚小于 1.52mm（0.06in），就应在选择的厂家进行试验。气压试验的压力应不小于 415kPa。

对卷管，则在选择的厂家按以下方法试验：

1. 水静压试验与上述要求相同；

2. 气压试验时，在退火后用 415kPa 压力的空气进行试验。

（二）软质铜管的优缺点

用于燃气管道的小管径退火铜管，柔性是其主要的优点。在使用时开挖较小，设备作较小的调节后就能得到良好的安装效果。弯管时无须弯管机，常用于插入腐蚀的钢支管内作更新管道用。长期的施工实践也证明，使用 18m 或 30m 的卷铜管时，可以减少接口的数量。

软性退火铜管也有某些缺点，在将它弄直时要避免纠缠，运输和碰撞时容易压扁和扭曲。在管子使用前，管端必须用量规测量，以保证接口的紧密。使用压入式接口时，如管端末插入硬质支撑材料也易于裂开。

硬拔铜管的直管段受到石块或其他原因的压力时，抵抗变形的能力比软管要好，易于插入腐蚀的钢管内。管端不易变形，适于使用压入式接口和焊接。

（三）铜管的应用

在配气系统中，如在钢管、铜管或塑料管之间进行选择，则铜管的选择适用于以下条件：

1. 靠近热源，如蒸汽管线。
2. 存在有机溶剂，它影响塑料，但不影响铜材。
3. 作腐蚀后钢管的插入管使用。因温度和化学性质不适于插入塑料管。

当铜管式小管径铜管在配气系统中使用时，必须注意下述限制条件：

1. 当燃气支管的压力大于 690kPa 时不能使用。
2. 如燃气中硫化氢的含量超过 0.02g/m^3（用铅醋酸盐测定法的当量）时，不能采用铜管或小管径铜管。
3. 干管采用铜管时，则壁厚不应小于 1.7mm（0.065in），且应采用硬拔铜管而不是小管径铜管。
4. 用于燃气支管的铜管，其壁厚不应小于 ASTM B88 铜水管标准的壁厚。
5. 当应变和外部荷载可能破坏管道时，不能采用铜管和小管径铜管。
6. 在金属温度高于 38℃处，不能采用铜或黄铜材料。

小管径铜管和不同焊接接口类型的额定管内工作压力可见表 8-27。

小管径铜管和焊接接口的额定管内工作压力（kPa）　　**表 8-27**

公称外径（in）	管型		50/50 锡-铅焊条连接	95/5 锡-锑或铅-锡焊条连接	黄铜合金
	K	L			
$\frac{1}{4}$	6068	3448	1379	3448	2069
1	4689	3516	1379	3448	2069
$1\frac{1}{4}$	3792	3172	1207	2758	1448
$1\frac{1}{2}$	3585	2965	1207	2758	1448
2	3103	2551	1207	2758	1448

注：1. 小管径铜管和焊条的工作温度不应超过 38℃。
2. 黄铜合金焊条的温度不应超过 122℃。

（四）通过能力的设计

由于小管径铜管的内壁异常光滑，用来输送天然气时优于其他材料，计算时采用光滑管定律。当压力大于 6.9kPa 时，常采用第三章中表 3-4 和表 3-11 中的米勒（Mueller）式。在压降计算中应在公式中代入铜管的实际内径。

（五）接口

铜管等径三通接头、铜管异径三通接头、铜管 45°弯头、90°弯头、180°弯头、异径接头、套管接头、管帽的基本参数、结构尺寸、技术要求、试验方法和检测方法等，可见国家标准《铜管接头》（Copper tube joint）。GB/T 11618—1999 标准中，铜管接头的结构型式非等效采用日本工业标准 JIS H3401：1987《铜及铜合金接头》，承插口长度尺寸非等效采用了国际标准 ISO 2016：1981《铜管毛细焊封接头、装配尺寸和试验方法》和澳大利亚标准 AS3688：1994《供水　铜及铜合金压合、紧隙配件及螺纹端接头》，铜管外径等效采用了国际标准 ISO 274：1975《圆形截面铜管尺寸》。

铜管接头型式及代号见表 8-28。

铜管接头的形式及代号　　**表 8-28**

品　种		形　式①	代　号
45°弯头		A 型	A45E
		B 型	B45E
90°弯头		A 型	A90E
		B 型	B90E
180°弯头		A 型	A180E
		B 型	B180E
等　径		—	T（S）
异　径		—	T（R）
异径接头		—	R
套管接头		—	S
管　帽		—	C

注：①A 型接口两端均为承口；B 型接口一端为承口，另一端为插口。

铜管接头的基本参数见表 8-29。

铜管接头的基本参数　　**表 8-29**

代　　号	公称通径 *DN*（mm）	公称压力 *PN*（MPa）	适　用　介　质
A45E、B45E、A90E、B90E、T（S）、T（R）、R、S	6～200	1.0	海水、蒸汽
		1.0、1.6	冷热水、饮用水、油、燃气、医用气体等
A180E、B180E、C	6～50	1.6	

铜管的技术要求、试验方法、检验规则等可详见标准 GB/T 11618—1999。

在美国，铜管用于燃气支管时，需要使用少量的特殊焊接材料。铜管的连接可以用压入接口，也可用焊接或黄铜焊。铜管和钢管的连接因为规格的不同需要配合好。在地下铜管和钢管之间需要绝缘以防产生原电池腐蚀。接头（Adapter）和绝缘装置（Insulator）可组合在一个简单的接口中。

小管径铜管不能用螺纹连接，但铜管的壁厚满足 ANSI B36.10 标准壁厚的要求时，可用螺纹连接各种连接件和阀门。

黄铜焊或搭接焊的接口也可使用。黄铜焊的填料应采用铜磷合金（Copper-phosphorous alloy）或银基合金（Silver based alloy）。铜管（Copper pipe）或小管径铜管（Tubing）连接时，不允许采用对接黄铜焊。

银焊的许多方法均可采用，熔点通常为 593～871℃。银和铜是主要组分，有时，也可采用锌、镉和其他合金。

小管径铜管的连接不推荐使用软焊接口。在使用压入式机械接口时，橡胶垫圈材料在接口中应与铜材密合。对L型小管径铜管，在压入式接口的连接处，内部应设硬质衬管。硬质衬管可用来加固管端，且延伸到安装的压力接口的外端。硬质衬管应光滑和无凸缘，不费力就能装在管道中。带有裂缝的硬质衬管不能使用。接口的设计与安装应能承受由于温度变化和外部荷载所产生的纵向引拔力。

（六）安装

直埋的用户支管在安装时应有一定的埋深，以保护可能发生的外部或地区性变动，如地区性园艺工作等。在私有土地上的最小埋深为305mm（12in），在街道和道路上的最小埋深为457mm（18in），且不能有任何的地上建筑物。荷载大而又需要减少埋深时，则必需用套管、架空式相应的加强措施。

支管的所有部位均应支撑在稳定的土壤上，以免在回填土时承受过大的外部荷载。回填土中不应有石块、建筑废料等，以免损坏管子。

在低压支管中，如有一定量的冷凝液，则会影响向用户的供气，为此，支管中的冷凝液应排向干管或在支管的最低点设排水设施。

铜管与干管的连接处应特别小心，防止损坏。应预防由于外部荷载、回填土和管道膨胀或收缩发生断裂和产生的剪力。

铜管的末端可以露出地面，与气表相连，但不能承受气表或其他连接管所产生的外部荷载。

铜支管可安装在室内，但不能暗设，并需防止可能发生的外部损伤。

在铜支管通过建筑物外墙的基础时，应设套管或采用其他措施以防腐蚀。铜管与套管的间隙应密封，以防漏气可能进入建筑物。如套管的两端密封，则在套管上应设放散管，将气体引至无害处。放散管的末端应防止被昆虫或其他气候原因造成的堵塞。

同样，埋地铜支管安装在建筑物下时，必须设在套管中，防止支管的任何漏气进入建筑物。支管和套管应延伸到一个合适的位置，以便进行检查。

铜管安装时可用常规的施工方法。新的支管可埋在窄沟内，或根据具体条件插入接口的插座或钻孔中。

街道和地下室中铜支管的工况相同。应尽可能使用连续的管道以减少接口。钢管与铜管在地下连接时可用压入式接口。接口的铜管或钢管部分应有绝缘层保护。如用铜管插入旧有的钢管时，应注意以下几点：

1. 旧钢管必须用工具清刷干净，以保证该处无毛刺或其他物体可能损伤插入的铜管。

2. 如插入经退火的软铜管，则牵引法比推入法要好。

3. 如将铜管插入旧有钢支管，则一种软衬套（Soft bushing）或轴环（Collar）可用来保护铜管，以免在进入旧钢管时被损伤。

（七）存放

作支管用的铜管表面的损伤是发生质量问题的潜在源，如存放得好，则可避免损伤和变形。对等于或大于$\frac{3}{4}$in的管子不能在管架上拖拉，材料本身的重量就足以损伤管子的外表面。管子也不能在水泥、石棉、砂砾以及其他可能损伤管子的表面上拖拉。

管子的切割器或锯子应十分锋利。切割器旋转一周就应割得很深。锯子来回拉动一次也应锯得很深。

管子的末端应无毛刺，以利于管子插入安装孔，并保证管子以不同的方法穿过连接件时，不致破坏密封材料。

（八）腐蚀

防腐工程师最感兴趣的是铜管的抗地下腐蚀能力。一般来说，与钢管相比，铜管的地下腐蚀量小得多，其影响程度决定于土壤的特性。地下铜支管露出地面的一段和连接气表的一段常会发生大气和农作物化学物质的腐蚀。道路上用盐融化冰雪时，也会渗透到铜管上而产生腐蚀。应避免用煤渣回填，煤渣中的硫和水会形成酸性腐蚀质。表 8-30 为美国标准局对铜管和裸露钢管在不同土壤中的腐蚀率。

从腐蚀的角度看，铜管不同于含铁管道，因此，对埋地铜管应采用不同的防腐措施。如燃气中含硫，则铜管应有内壁涂层以防腐蚀。

埋地的管件，如三通管、压力控制元件等，凡由青铜、铜、黄铜制造的，均应特别注意在含铁管道和铜管之间的电绝缘，以防止原电池腐蚀。

不同土壤中铜管和裸露钢管的腐蚀率　　**表 8-30**

地　区	土　壤	9 年的失重（g/m^2）	
		铜　管	裸露钢管
巴尔的摩（Baltimore MD）	肥　泥	6.1	1165.7
卡拉马祖（Kalamazoo MI）	腐植土	36.6	1434.2
新奥尔良（New Orleans LA）	黏　土	100.7	1763.8
查里斯敦（Char les ton SC）	沼泽地	1631.7	2755.5
威灵敦（Wilming ton CO）	盐碱地	79.34	3924.3
密尔沃基（Milwan kee WI）	煤　渣	3002.7	17817.8

第九章　系统设计中的塑性材料

二次大战后，塑料管开始替代金属管。从那时起，塑料管在燃气工业中的使用量继续不断地增加。当前在配气系统中，塑料管已占主要地位。1989 年，美国燃气协会的《燃气现状》(Gas Fact) 统计报告中指出[1]：1988 年度配气管网建设中钢管为 8078km，塑料管为 19734km（当年配气干管总长 1289291km)，而 1983 年度钢管为 6587km，塑料管为 11878km（当年配气干管总长 1174087km)。增长如此迅速的原因在于：1. 它不需要阴极保护；2. 易于存放和安装；3. 价格只是略高于金属管道。

我国在上世纪 80 年代初，已开始注意国外塑料管在燃气工业中的发展动向，经过试点准备，到 90 年代中期，已具备了生产和应用塑料管的条件，燃气管道应用塑料管开始得到迅速发展。

第一节　塑性材料应用总论[1]

配气管道所用的塑料管材料有两种类型，即热塑型（Thermo plastic）和热固型（Thermosetting）材料。热塑型材料在受热时会变软，而热固型材料不会。配气管道中常用的为热塑型材料，因为可用热熔接头。热塑型材料有：丙烯腈-丁二烯-苯乙烯（ABS-Acrylonitrile-Butadiene-styrene)、醋酸-丁酸纤维素（CAB-Cellulose-Acetate-Buyrate)、聚氯乙烯（PVC-Polyvinyl Chloride）和聚乙烯（PE-Polyethylene)。这些材料中的聚乙烯管（PE 管）在配气系统中用得最广泛。

不同的塑料管材料，其性质有很大的差别，甚至美国材料试验学会标准 ASTM D2513 中规定的同类型塑料管也有很大的差别。实验室的数据可作为初步筛选的参考，但实际应用时还应做最终的试验。塑料管的新用户需要听取制造厂的介绍和演示以及访问旧用户的使用情况后再作出最后的评估。其中，管材的存贮情况，连接的要求、安装的特点和必需的注意事项等是需要评估的基本因素。在配气系统中使用时，还必须考虑到：1. 使用规程；2. 强度；3. 规格；4. 温度效应；5. 各种应力状况；6. 连接件；7. 接口；8. 渗透性(Permeability)；9. 环境的影响；10. 设计压力的计算；11. 流量的计算等。现分述如下：

一、使用规程

在美国，都是使用运输部（DOT）的规程。美国运输部 1968 年批准了在美国输送燃料气的规程，即天然气管道安全运作规定（Natural Gas Pipeline Safety Act)。DOT 的规定也包括在前述的 49 CFR 192 部分《管道输送天然气和其他气体的联邦最低安全标准》(Transportation of Natural and Other Gas by Pipeline：Minimum Federal Safcty Standards）中[189]。在设计配气系统时，工程师们必须熟知这些规程。

我国的有关标准体系与美国不同，编纂方法也不同，常用的规范有：《城镇燃气设计规范》(GB 50028—2006)[103]；《燃气用埋地聚乙烯管材（GB 15558.1—1995)[90]；《燃气用埋地聚乙烯管件》（GB 15558.2—1995）[92]和行业标准《聚乙烯燃气管道工程技术规程》（CJJ 63—1995）[91]等。

二、强度的度量

塑料的工程设计不同于钢材等的设计。金属材料在等于或接近环境温度时，规定的最小屈服强度可作为设计强度应用；但对于塑料，则主要受应力作用时间的长短和相对较小的温度变化影响。因此，塑料管设计应力的等级主要决定于长期静液压强度，它由失效时间和不同温度下的实际应力所决定。

确定塑料管材料长期静液压强度（LTHS-Long-Term Hydrostatic Strength）标准的方法是在一定的温度范围内，经过 10^4h 的受力持续期，画出环应力和失效时间关系的曲线，如图 9-1 所示[1,40]。曲线的直线段为每一已知温度下的数据，然后再外推到 10^5h 的环应力状况。材料的环应力即预测能承受 10^5h 这种试验的能力，这就是已知温度下的长期静液压强度（LTHS）。

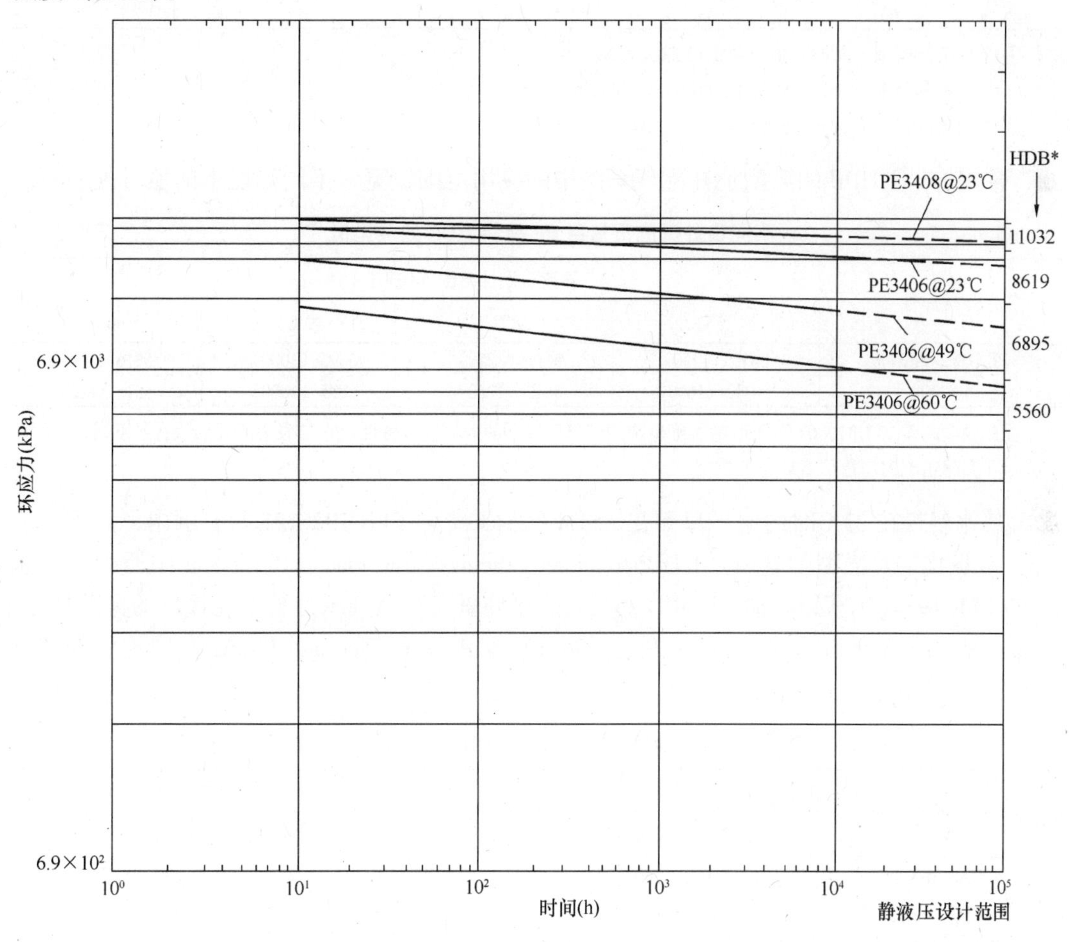

图 9-1 聚乙烯管材应力破坏时间与温度的关系

天然气或类似于天然气的气体可作为试验介质，除非先期的试验已表明，对特殊类型的塑料，用水作试验介质可得到与用天然气作试验时得到相同的结果。

从图 9-1[1,40]可见，右侧的纵坐标列出了静液压的设计值范围（HDB-Hydrostatic Design

Basis），可根据 ASTM D2837 所建立的应力值系列，从规定试验温度下的长期静液压强度值换算得到。例如，在图 9-1 中，对 PE3406 在 23℃（73℉）时，外推的应力-失效时间曲线与 10^5h 垂直线相交之处的应力约为 9996kPa（1450psia）。所有的塑料管与 10^5h 垂线相交处的应力在 23℃时处于 8273（1200psia）和 10479（1520psia）之间。在这一温度下，静液压的设计值范围 HDB 为 8618kPa（1250psia）。这一试验结果保证了塑料管的壁厚和连接件因具有类似的应力-失效时间特性而可以实现标准化。图 9-1 中也表示了在 49℃（120℉）和 60℃（140℉）温度下 PE3406 特性的数据。与 10^5h 垂线相交处的应力和相应的静液压设计值范围（HDB）可见表 9-1。

三种温度下的 LTHS 和 HDB 值[40] **表 9-1**

温度（℃）	LTHS［kPa（psia）］	HDB［kPa（psia）］
23	9998（1450）	8619（1250）①
49	7654（1110）	6895（1000）②
60	6275（910）	5560（800）③

①LTHS 值的范围为 8273～10479kPa（1200～1520psia）

②LTHS 值的范围为 6618～8204kPa（960～1190psia）

③LTHS 值的范围为 5239～7239kPa（760～1050psia）

常用 PE 管 HDB 的典型值在配气系统中的应用范围较宽，不同温度下的值可见表 9-2。

不同设计温度下常用 PE 材料 HDB 的典型值[40] **表 9-2**

管材标号	静液压设计范围（HDB）［kPa（psia）］			
	23℃	38℃	49℃	60℃
PE2036，PE3406	8619（1250）	8619（1250）	6895（1000）	5516（800）
PE3408	11032（1600）	8619（1250）	6895（1000）	5516（800）

注：温度高于 23℃时，管子 HDB 的实际值决定于该温度下的破坏应力特性，它与表中所列的值有所不同，应根据实际情况向制造厂索取相关数据。

其他塑料在 23℃时的值，只要在 ASTM D2513 或 49 CFR 192.121 的范围内，均可查表 9-3。对强化的热固型塑料管（RTRP-Reinforced thermosetting Plastic Pipe），表中所列的值系从 49 CFR 192.121 获得，而 ASTM D 2517《强化环氧树脂燃气压力管和连接件的标准规定》（Standard Specification for Reinforced Epoxy Resin Gas Pressure Pipe and Fittings）中规定的值略高，为 103410kPa（15000psia）。

其他塑料管在 23℃的 HDB 值[40] **表 9-3**

管材标号	静液压的设计值［kPa（psia）］	管材标号	静液压的设计值［kPa（psia）］
ABS 1210	13790（2000）	PVC 1120，1220	27580（4000）
CAB MH08	11032（1600）	PVC 2110	13790（2000）
CAB 5004	5516（800）	PVC 2116	21719（3150）
PB（聚丁烯）2110	13790（2000）	RTRP（强化热固型塑料）	75849（11000）
PE 3306	8619（1250）		

注：除 RTRP 外，上述额定值均由美国塑料管研究所静液应力委员会根据 ASTM D2837 方法推荐。RTRP 的额定值则是按 ASTM D2992 方法《强化热固型树脂管和管件的通行 HDB 值》（Obtaining Hydrostatic Design Basis for Reinforced Thermosetting Resin Pipe and Fitting）获得。实际数据应向制造厂索取。

需要注意的是：图 9-1 只是代表一种常用 PE 管材的应力-失效时间图，其他的 PE 管材不能得到相同的曲线。实际上，在温度为 49℃和 60℃时，即使相同 ASTM 标号的 PE 材料也有很大的差别。用户在使用塑料管时，必须有所用材料的应力-失效时间曲线图。

其他国家，如法国、德国和芬兰等国有关 PE 管的技术报告和标准也值得研究。

三、基本规格[1]

塑料管的规格是以长期使用的铸铁管和铜管为基础。塑料管（Plastic Pipe）的规格可称作“铸铁管尺寸型”（IPS-Iron pipe size）[1]，而小管径塑料管（Plastic tubing dimensions）的规格可称作“小管径铜管尺寸型”（CTS-Copper tubing size）[1]两类。

（一）管子（Pipe）

表 9-4 是以铸铁管尺寸型（IPS）的量纲为基础，对塑料管以最小壁厚表示。SDK 值（标准尺寸比-Standard Dimension Ratio）为管外径与壁厚的比值，在美国的标准中是根据表 9-5 中不同长期静液压强度（LTHS）下的最大允许运行压力求得[1]。

如在干管上需要连接支管，而支管的连接又是在带压下的连接接口（Hot taps），为避免发生危险，对 2in 或大于 2in 的 PE 管，壁厚不能小于 5.49mm（0.216in），或与管道制造厂协商，根据安装条件确定其最小壁厚。

热塑型管的壁厚和标准尺寸比[40]　　**表 9-4**

公称直径（in）	外径（in）	最小壁厚					
		标准尺寸比 SDR					
		32.5	26	21	17	13.5	11
$\frac{1}{2}$	0.840			0.062	0.062	0.062	0.076
$\frac{3}{4}$	1.050			0.090	0.090	0.090	0.095
1	1.315			0.090	0.090	0.097	0.119
$1\frac{1}{4}$	1.660			0.090	0.098	0.123	0.151
$1\frac{1}{2}$	1.900			0.090	0.112	0.141	0.173
2	2.375			0.113	0.140	0.176	0.216
3	3.500			0.167	0.206	0.259	0.318
4	4.500			0.214	0.264	0.333	0.409
6	6.625	0.204	0.255	0.316	0.390	0.491	0.603
8	8.625	0.652	0.332	0.410	0.508	0.639	0.785
10	10.750	0.331	0.413	0.511	0.633	0.797	0.978
12	12.750	0.392	0.490	0.608	0.750	0.945	1.160

采用这种标准尺寸比（SDK）系统可使用户对管道系统选择不同的管径且有相同的设计压力。粗线上的壁厚值是美国联邦规程规范 49CFR § 192.321 中规定的最小壁厚值[189]，通常不使用，它与标准尺寸比也不呈函数关系。

我国《燃气用埋地聚乙烯管材》标准（GB 15558.1—1995）的适用范围为工作温度在 -20～40℃；最大工作压力不大于 0.4MPa 的管材。由表 9-5 可知，若 SDR = 11，则 LTHS = 5516 的管材就不能采用，因为 MAOP = 0.3516MPa < 0.4MPa，所以表 9-5 很有用。

已知长期静液压强度时，SDR 规格热塑型管道系统的最大允许运行压力 kPa (psia)[40]

表 9-5

SDR	相当于每栏顶端所示 LTHS 值下的最大允许运行压力（MAOP）					
	LTHS					
	27580（4000）	21719（3150）	13790（2000）	11032（1600）	8619（1250）	5516（800）
32.5	558.5（81）	441.3（64）	275.8（40）	220.6（32）	172.4（25）	110.3（16）
26	703.3（102）	558.5（81）	351.6（51）	282.7（41）	220.6（32）	137.9（20）
21	882.6（128）	689.5（100）	441.3（64）	344.8（50）	275.8（40）	172.4（25）
17	1103.2（160）	861.9（125）	551.6（80）	441.3（64）	344.8（50）	220.6（32）
13.5	1406.6（204）	1103.2（160）	703.3（102）	551.6（80）	441.3（64）	275.8（40）
11	1765.1（256）	1379（200）	882.6（128）	703.3（102）	551.6（80）	351.6（51）

注：在配气系统的 3 类和 4 类地区，美国 49CFR § 192.123 限制最大允许运行压力不能超过 689.5kPa（100psia）。

（二）小管径管（Tubing）

小管径热塑型管许多国家广泛用于支管的内插和更新。大部分小管径新管直埋时，规定 6.35～44.5mm$\left(\frac{1}{4} \sim 1\frac{3}{4}\text{in}\right)$管子的最小壁厚为 1.57mm（0.062in），且进一步规定，$\frac{3}{4}$in 管（外径为 22.2mm）的壁厚为 1.57mm 时才能直埋。如直埋 1in 管或 1in 以上的管，管壁厚度需由 1.57mm 增大到 2.29mm（0.09in）。表 9-6 以 CTS 量纲为基础，列出了美国的管径、壁厚和公差值。

小管径塑料管的管径、壁厚和公差[40]　　**表 9-6**

公称直径（in）	管径（in）			最小壁厚（in）	壁厚公差（in）
	外 径	内 径	公 差		
1/4	0.375	0.250	±0.004	0.062	-0.006
3/8	0.500	0.375	±0.004	0.062	-0.006
1/2	0.625	0.500	±0.004	0.062	-0.006
3/4	0.875	0.750	±0.004	0.062	-0.006
1	1.125	0.945	±0.005	0.090	-0.012
$1\frac{1}{4}$	1.375	1.195	±0.005	0.090	-0.012
$1\frac{3}{4}$	1.875	1.695	±0.006	0.090	-0.014

注：1in = 25.4mm。

我国标准《燃气用埋地聚乙烯（PE）管道系统》第 1 部分：管材（GB 15558.1—2003）中，对管材的平均外径、不圆度及其公差以及壁厚和公差均作了规定。对常用管材系列 SDR17.6 和 SDR11 的最小壁厚应符合表 9-7 的规定。且指出，允许使用根据 GB/T 10798—2001 和 GB/T 4217—2001 中规定的管系列推算出其他标准尺寸比。

直径＜40mm，SDR17.6 和直径＜32mm，SDR11 的管材以壁厚表征。

直径≥40mm，SDR17.6 和直径≥32mm，SDR11 的管材以 SDR 表征。

常用 SDR17.6 和 SDR11 管材最小壁厚（单位为 mm）　**表 9-7**

公称外径 d_n	最小壁厚 $e_{y,min}$	
	SDR17.6	SDR11
16	2.3	3.0
20	2.3	3.0
25	2.3	3.0
32	2.3	3.0
40	2.3	3.7
50	2.9	4.6
63	3.6	5.8
75	4.3	6.8
90	5.2	8.2
110	6.3	10.0
125	7.1	11.4
140	8.0	12.7
160	9.1	14.6
180	10.3	16.4
200	11.4	18.2
225	12.8	20.5
250	14.2	22.7
280	15.9	25.4
315	17.9	28.6
355	20.2	32.3
400	22.8	36.4
450	25.6	40.9
500	28.4	45.5
560	31.9	50.9
630	35.8	57.3

关于平均外径和不圆度及任一点壁厚公差可见同一标准。

四、温度的影响

(一) 管道的强度

温度对塑料的影响范围比其他材料如木材、金属和陶瓷要大。温度越高，塑料管的承压能力越低，因此，在选择管壁厚度和安装技术时，温度是需要考虑的首要因素。如管道的运行温度高于试验的标准温度（23℃），则必须增加壁厚或降低运行压力。燃气工程师应切实在设计中考虑温度对静液压设计值（HDB）的影响后，选择合理的运行压力和壁厚。

(二) 尺寸的变化和合应力

系统的结构形状（转向与连接件），与相邻管段的连接方式和土壤的摩擦阻力限制着埋地塑料管段的移动。管段的伸长或收缩量正比于日或季的温度变化和材料的热膨胀系数。不受限制的 PE 管，若单位温降为 5.5℃（10℉），则 30.5m（100ft）的管道将收缩 27.4mm（1.08in）(插入的更新管道可基本上认为是不受限制的)。如管道受到限制，则快速温降为 5.5℃（10℉）时所产生的力相当于已收缩的管道又拉回原始长度所用的力。此力也是管壁轴向内应力的反作用力。对任何受限制的管段，管道的应力及其反作用力均可按式（9-1）和式（9-2）计算：

$$S = E \cdot C \cdot \Delta T \tag{9-1}$$

式中 S——管道的应力，kPa；

E——弹性模量，kPa；

C——膨胀系数，对 PE 管，C 值为 24.7mm/30.5m/5.5℃或 0.000147m/（m·℃）；

ΔT——温差，℃。

$$F = S \cdot A \tag{9-2}$$

式中 F——力，kgf；

S——应力，kPa；

A——管道的截面积，mm^2。

从上式可明显地看出：力或所需的限制强度是随温度的增加而增加，或随管道的截面积或壁厚的增加而增加。

由热变化所实际量得的力要小于按上式求得的值，这是由塑性材料应力的释放现象（Phenomenon of stress relaxation）所引起。所谓释放现象，即应变为常量时，应力随时间而减小。释放现象所产生的有效模量（Effective modulus）低于快速温度变化下的模量。如温度的变化不是快速的而是渐进的，则管中的实际应力和合力大约是按公式求得值的 1/2。

表 9-8 和表 9-9 列出了美国常用 PE 管和与温度有关的性质和弹性模量值。表 9-9 则对同样材料提供了补充的常用数据。[1,104]

表 9-8 和表 9-9 列出了常用 PE 管与温度有关的性质和弹性模量值。表 9-10 则对同样材料提供补充的常用数据。如从 18.35～1.67℃（65～35℉），快速温降为 16.18℃（30℉）时，补充了不同规格管道的收缩力数据。需要注意的是，这些因温度变化所产生的力，大约比温度渐进变化时正常情况下的实际值要高两倍。

Aldyl “A” 型 PE 管的特性[1,104]　　表 9-8

温　度	-29℃(-20℉)	-18℃(0℉)	0℃(32℉)	23℃(73℉)	38℃(100℉)
短期数据					
屈服强度（拉伸）[kPa（psia）]	33096 (4800)	30338 (4400)	25512 (3700)	19306 (2800)	15169 (2200)
屈服点的伸长率（%）	10	11	11	12	13
最终拉伸强度 [kPa（psia）]				34475 (5000)	
最终伸长率（%）				>800	
弹性模量 [kPa（psia）]	1447950 (210000)	1241100 (180000)	999775 (145000)	689500 (100000)	551600 (80000)
热膨胀系数 [mm/（30.5m·5.5℃）] [mm/（m·℃）] [m/（m·℃）]				27.4 0.1635 0.0001635	

Aldyl “A” 型 PE 管的近似模量[104]　　表 9-9

时　　间		模量（为原始快速温降模量的%）
6分	0.1小时	100
—	1.0	80
—	10	67
4日	100	51
1.5月	1000	39
6个月	4000	35
1.1年	10000	30
11年①	100000	24
50年①	438000	21

①为设计值

需要注意的是：近似模量为有效浮动模量，考虑了塑料在使用温度下，当应力为常量时，应变随时间不断增加和当应变为常量时，应力随时间而减小（应力释放）等情况。

Aldyl “A” 型 PE 管的规格和荷载数据[104]　　表 9-10

公称管径（in）	SDR	外径（in）	壁厚（in）（mm^2）	总端截面积(以外径计)①（mm)^2	最大截面积（mm^2）	最小截面积（mm^2）	1.67℃时管道屈服应力②(kg)		414kPa时端点推力③（kg）	温差为16.18℃（18.35℃-1.67℃）时收缩力④（kgf）
							最大截面(kg)	最小截面(kg)		
IPS 规格										
1/2	9.3	0.840±0.004	0.090 +0.020 -0.000	357.42	163.23	136.13	416.4	347.0	15.08	43.8
3/4	11.0	1.050±0.004	0.095 +0.020 -0.000	558.06	220.64	183.23	562.92	467.21	23.54	59.23
3/4	9.3	1.050±0.004	0.113 +0.021 -0.000	558.06	249.68	213.55	636.85	544.77	23.54	67.03
1	11.0	1.315±0.005	0.119 +0.026 -0.000	875.48	345.16	287.10	880.89	732.56	36.93	92.66
1	9.3	1.315±0.005	0.144 +0.026 -0.000	875.48	390.32	334.19	996.11	852.77	36.93	104.78

续表

公称管径(in)	SDR	外径(in)	壁厚(in)(mm²)	总端截面积(以外径计)①(mm)²	最大截面积(mm²)	最小截面积(mm²)	1.67℃时管道屈服应力②(kg)		414kPa时端点推力③(kg)	温差为16.18℃(18.35℃－1.67℃)时收缩力④(kgf)
							最大截面(kg)	最小截面(kg)		
$1\frac{1}{4}$	10.0	1.660±0.005	$0.166^{+0.026}_{-0.000}$	1395.48	572.26	500.64	1460.14	1277.34	58.86	153.62
$1\frac{1}{4}$	9.3	1.660±0.005	$0.178^{+0.026}_{-0.000}$	1395.48	603.87	532.90	1540.88	1359.89	58.86	162.11
$1\frac{1}{2}$	11.0	1.900±0.006	$0.173^{+0.026}_{-0.000}$	1831.22	688.39	603.22	1756.79	1539.52	77.24	184.80
2	11.0	2.375±0.006	$0.216^{+0.026}_{-0.000}$	2861.20	1048.39	941.93	2675.33	2403.63	120.68	281.44
2	9.3	2.375±0.006	$0.255^{+0.030}_{-0.000}$	2861.20	1210.32	1092.26	3088.56	2787.37	120.68	324.91
3	11.5	3.500±0.008	$0.307^{+0.036}_{-0.000}$	6203.86	2192.90	1980.64	5596.52	5054.92	261.68	588.68
3	9.3	3.500±0.008	$0.376^{+0.044}_{-0.000}$	6203.86	2627.09	2373.54	8704.66	6057.37	261.68	705.24
4	11.5	4.500±0.009	$0.395^{+0.040}_{-0.000}$	10255.46	3590.32	3277.41	9162.72	8364.38	432.58	963.82
4	9.3	4.500±0.009	$0.483^{+0.057}_{-0.000}$	10255.46	4341.28	3921.93	11079.63	10009.14	432.58	1165.42
6	21.0	6.625±0.011	$0.316^{+0.038}_{-0.000}$	22228.34	4504.51	4031.60	11496.04	10289.00	937.59	1209.24
6	11.5	6.625±0.011	$0.576^{+0.069}_{-0.000}$	22228.84	7827.73	7045.15	19977.45	17980.25	937.59	2101.35
6	9.3	6.625±0.011	$0.713^{+0.086}_{-0.000}$	22228.84	9447.72	8523.21	24112.02	21752.39	937.59	2536.24
8	21.0	8.625±0.013	$0.410^{+0.049}_{-0.000}$	37675.40	2605.15	6812.24	19409.50	17386.03	1589.15	2041.60
8	11.0	8.625±0.013	$0.785^{+0.094}_{-0.000}$	37675.40	13813.96	12447.07	35261.05	31266.97	1589.15	3708.36
CTS 规格										
$\frac{1}{2}$	7.0	0.625±0.004	$0.090^{+0.006}_{-0.000}$	197.42	103.87	96.77	264.90	246.76	8.13 8.16	27.88
1	11.5	1.125±0.005	$0.099^{+0.008}_{-0.000}$	641.29	221.94	204.52	566.09	521.64	27.05 27.22	59.58
1	9.3	1.125±0.005	$0.121^{+0.008}_{-0.000}$	641.29	261.29	244.52	666.80	623.70	27.05 27.22	70.14

注：①为$\frac{\pi}{4}$（外径）^{2}·即管道内压的作用面积；

②1.67℃（35℉）时的屈服应力为25028.85kPa（3630psia）；

③将注①中的值乘以作用在自由伸缩管道上的力414kPa（60psia）即$\frac{414}{9806.65}=0.04218\left(\frac{kgf}{mm^2}\right)$；

温度为1.67℃时的$E=965300$kPa，膨胀系数$C=0.0001635$，因此$S=965300\times0.0001635\times16.18=2632.55$kPa $\frac{2632.55}{9806.65}=0.26845\left(\frac{kgf}{mm^2}\right)$，以此值乘以表中的最大截面积，可得④栏的收缩力值kgf。

④计算温降为16.18℃时的收缩力。

（三）热收缩力的计算举例

关于温度变化的两个条件和作用在 PE 管上的纵向合力有两点需要说明：

1. 根据快速温降计算所得的力不能代表正常的现场工况。

2. 只有根据逐渐温降计算所得的力才能代表正常的现场工况，该处最高和最低土壤温度的变化常需要 5～6 个月的时间（假设对管道是相同的值）。除温度变化的速度不同外，其他计算条件相同。

【例 9-1】 计算由于 PE 管管壁温度的变化，求作用在接口处的纵向应力。

计算条件为：1. 以 4in，SDR 为 11.5 的 PE 管插入 6in 的金属管内；2. 管长为 30.5m（100ft）；3. 安装日的空气温度为 37.8℃（100℉）；4. 插入时的管壁温度为 37.8℃（100℉）；5. 在连接短管（Tie-in）处的管壁温度为 18.35℃（65℉），假设经 1～2h 后，管道的温度已降至土壤温度；6. 以后 12 个月的管壁温度变化可见图 9-2[104]。由图可知，3 月初土壤的最低温度为 2.22℃（36℉），并假设管壁温度等于土壤温度；7. 管子进入 6in 金属套管时不须推力，直线进入；在连接短管（Tie-in）的终端，管道停止进入，成为一直管段；8. 管道只有一个固定端。

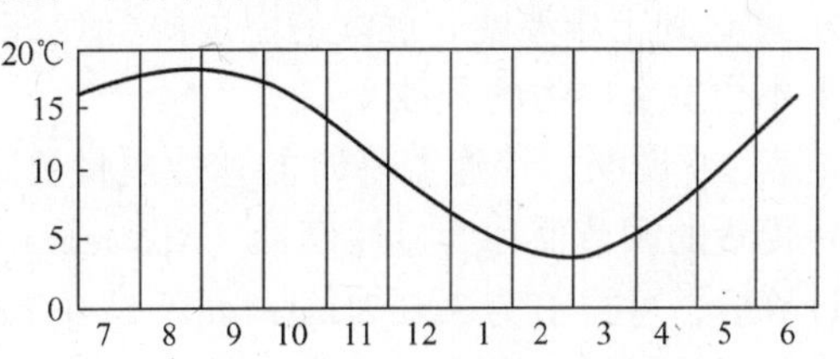

图 9-2 月平均土壤温度

威尔明顿，特拉华州（Wilmingfon，Delawave）

计算中所用的变数值如下：

$$\Delta T = 37.80 - 18.35 = 19.45℃(\text{插入连接短管时的温差})$$

$$\Delta T = 18.35 - 2.22 = 16.13℃(\text{连接短管在冬季最低温度时的温差})$$

$$\Delta T = 37.80 - 2.22 = 35.58℃(\text{插入时冬季最低温度时的温差})$$

$$E = \begin{cases} 758450 \quad \text{kPa} \quad 18.35℃\text{时} \\ 965300 \quad \text{kPa} \quad 2.22℃\text{时,可由表 9-8 用内插法求得。} \end{cases}$$

$$C = 0.0001635\text{m/m/℃}(\text{由表 9-8 查得})$$

$$A = 3590.32\text{mm}^2(\text{最大})(\text{由表 9-10 查得})$$

1. 求快速温降下的力和应力值。

根据理论快速温降 ΔT 的三个不同值，按式（9-1），式（9-2），可求出三种现场状况的管道应力值 S 和合力值 F。

（1）插入连接短管的温降为 19.45℃时：

$$S = 258450 \times 0.0001635 \times 19.45 = 2411.93\text{kPa}$$

$$F = \frac{2411.93}{9806.65}\left(\frac{\text{kgf}}{\text{mm}^2}\right) \times 3590.32(\text{mm}^2) = 883.03\text{kgf}$$

式中：$1\text{kgf/mm}^2 = 9.8065 \times 10^6\text{Pa} = 9806.65\text{kPa}$。

（2）连接短管在冬季最低温度时温降为 16.13℃的状况：

$$S = 965300 \times 0.0001635 \times 16.13 = 2545.74\text{kPa}$$

$$F = \frac{2545.74}{9806.65} \times 3590.32 = 932.02\text{kgf}$$

（3）插入冬季最低温度时温降为 35.58℃的状况：

$$S = 965300 \times 0.000165 \times 35.58 = 5666.99\text{kPa}$$

$$F = \frac{5666.99}{9806.65} \times 3590.32 = 2074.75\text{kgf}$$

2. 求实际逐渐温降下的应力值。

上述计算中求得的力为不同温降下的最大潜在力，它是假设管道插入后 1~2h（或埋设于管沟中），在管两端固定前，管子的温度即达到土壤的温度［18℃（65℉）］。而实际的温度变化是从 7、8、9 月土壤温度最高时开始，逐渐在 6 个月以后，约在 3 月初（见图 9-2）才达到土壤温度。逐渐的温度降低允许在管中产生应力的释放现象（钢管在这一温度下不会发生应力的释放）。

表 9-9 说明，快速温降时的弹性模量要减少到 35% 才是 6 个月后逐渐温降时的模量。这一模量的调节值称为显性模量（Apparent modulus）。用显性模量对上述第（2）个算例重新计算后，可得 F 为 326.21kgf，而不是 932.02kgf（932.02 × 0.35 = 326.21kgf）。但此值本身有偏低的错误，它没有反映出冷却时的应力和产生释放过程中复杂的动力性质。为提高精度，计算应在一定周期的时间间隔内连续进行。不同时间附加温度变化和现实温度所产生的应力应与残余的应力（释放后的应力）加在一起，从前一个月开始累积而产生时间周期内的实际力值。

用这一方法按月计算后所得的应力曲线可见图 9-3。对 4in 管子所得相应月的热作用力的曲线也表示在图 9-3 上[1,104]。

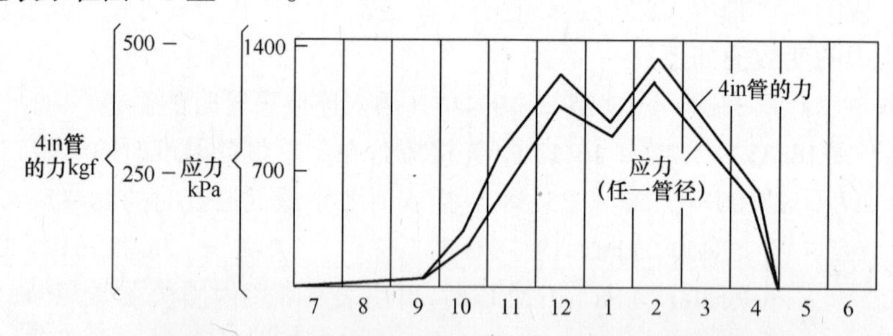

图 9-3　逐渐降温时的应力和 4in 管的热作用力曲线

五、其他应力

除上述热应力外，配气系统中的应力还有：安装时因弯曲所产生的力、土壤荷载、下沉力（Subsidence）和第三方施工活动所产生的力等。如能采用先进的施工技术，这些力可减至最小。

六、连接件（Fittings）

美国 ASTM 对塑料管连接件的规定有两个文件：一为套接式连接件（Socket-type fitting），另一为对接式连接件（Butt-type fitting），如：

（一）ASTM D 2683《以外径控制 PE 管的套接式 PE 连接件》（Socket-type Polyethylene Fitting for Outside-Diameter-Controlled Polyethylene Pipe）。

（二）ASTM D 3261《PE 塑料管和小管径管的对接热熔 PE 塑料连接件》（Butt Heat Fusion Polyethylene（PE）Plastie Fittings for Polyethtlene（PE）Plastic Pipe and Tubing）。

此外，ASTM D 2513 还列出了配气管网对连接件的一般要求。

七、接口(Joints)[1]

管段之间接口的熔接（Joint fusion）或管与连接件之间的熔接应形成一个整体，成为配气系统的一个组成部分。在美国，塑料系统的接口技术应满足 49 CER192F 章中规定《非焊接材料的接口》的要求[189]。

49 CFR 192F 章规定的要求如下：

（一）规范的总要求

1. § 192·273 总论

（1）管线的设计与安装应使每一接口能承受由管道胀、缩，或由外部或内部荷载所产生的纵向拉力或推力。

（2）每一接口的完成应按规程进行，经过试验或由实践证明有足够的强度和气密性。

（3）每一接口应进行检测并保证满足：

§ 192·281 规定中关于塑料接口的要求；§ 192·283 中关于接口鉴定程序的要求；§ 192·285 中关于施工人员考核的要求和 § 192·287 中关于接口检测的要求等。

2. § 192·283 塑料管接口的鉴定程序

（1）热熔焊、溶剂胶粘剂（Solvent Cement）和胶合剂接口（Adhesive joints）：

按照 § 192·273（6）的要求，在对热熔焊、溶剂胶粘剂和胶合剂接口的鉴定程序编制之前，必须对接口试样按程序草案进行下述试验：

—对接口的样品进行断裂试验。对热塑型管，按 ASTM D 2513 8.6 章《承受压力试验》（Sustained Pressure Test）或 8.7 章《最小液静爆破压力》（Minimum Hydrostatic Burst Pressure）进行。对热固型管，按 ASTM D 2517 8.5 章《最小液静爆破压力》（Minimum Hydrostatic Burst Pressure）或 8.9 章《承受静压试验》(Sustained Static Pressure Test）进行。

—对需要侧向连接管道的程序，取一连接成直角状的管段接口试件，按程序在侧向管道上施加一个力，直至试件破坏。如破坏开始发生在接口范围的外侧，则鉴定程序可用。

—对非侧向连接管道的程序，除按 ASTMD683 要求进行拉伸试验外，试验应在一定的环境温度和湿度下进行。如试样的延伸率不小于 25%，或破坏出现在接口的外部，则鉴定程序可用。

（2）机械接口（Mechanical Joints）

在机械接口的鉴定程序编制之前，按照 § 192·273（6）的要求生产的塑料管机械接口应能承受拉力。鉴定程序中应规定采用 5 种接口试样进行下述的拉伸试验：

—采用 ASTM D 683-86 中规定的试验装置（除另有规定）。

—试件的长度应保证在设备的紧箍端和硬端之间的距离不会影响到接口的强度。

—试验的速度为 5mm/min（0.2in/min）±25%。

—试样管的管径等于或大于 102mm（4in），在拉伸试验中应使管子所承受的拉应力等于或大于最大热应力。最大热应力相当于温度变化为 55℃（100℉）或相当于管子从连接件中拔出时的应力。将 5 种试验中，拔出时应力的最小值与制造厂所规定的额定值相比，其中的较小值可用来作为应力的设计计算。

—如试件在紧箍处破坏，则应更换新管再作试验。

—所得的结果仅适合于规定的管外径及所试验的管材，除非先用较重壁厚的管进行试验，然后对相同材料但壁厚较小的管进行鉴定。

(3) 编制完成的各个程序也适用于塑料管接口的生产人员和接口的检验人员。

(4) 凡十年前生产的管子或连接件，生产厂必须按上述程序重复进行试验，以证明接口的强度确实与管子的强度相同。

如连接方法限制着材料、管径、运行环境和安装条件的选择，则应推荐使用更为合理的鉴定程序。

所有的接口必须能承受 49 CFR § 192·273 (a) 中所规定的纵向力，这些力包括由土壤荷载、土壤沉陷和第三方破坏所产生的力。在塑料管用机械接口时，接口的设计包括连接件的组合和补充的限制（如需要），必须保证符合 49CFR § 192·273 (a) 的规定。

美国 ASTM D 1513 中同样也规定了在配气支管系统中热熔焊、机械接口和溶剂加固接口的性能要求。工程师们必须熟知所有的规范要求和规定的运行限制条件。

(二) 拉力（引拔力）[1] (Pull-out Forces)

塑料管系统中有以下几种力综合作用在接口上：热收缩或热膨胀力、内部压力所产生的力和外部荷载所产生的力等，现分述如下：

1. 由温度变化所产生的热收缩或热膨胀力，已在“温度影响”中讨论过。

2. 内压产生的力

在不受限制的管道中作用于接口的力为内压力，它决定于管截面的大小和燃气的压力。例如，管径为 51mm (2in) 的管，若运行压力为 414kPa (60psia)，对自由伸缩的管子，在连接件接口的管端外径上将产生 120kg 的力，这个力与其他力加在一起作用在连接件上形成拉力。在表 9-10 中附注 (3) 已有不同管径的 PE 管在 414kPa 压力下作用在连接件上（以外径计）的端点力（推力）。

压力试验中，在管线的末端可能发生这种情况，即按 1.5 倍额定压力 (620kPa) 进行试验时，表 9-10 中所给出的力值常高出 50%，满足了安全试验的要求。

3. 外部构件所产生的力

要评估出由于土地运动或与第三方机械设备的接触所产生的力作用在管子上所产生的影响。这些力可能通过管子传递到系统的接口上，其最大的潜在力甚至可能等于管子的屈服强度。不同管径 PE 管在 1.67℃时的屈服力可见表 9-10 中的附注 (2)。

八、渗透率 (Permeability)[1,40]

所有类型的塑料管在不同程度上对气体均有渗透性。PE 管对天然气也有某些渗透性，但在配气系统中不会产生任何明显的有害影响 (Detrimental effect)。甲烷是天然气中的主要成分，参考文献 [1, 40] 中介绍，PE2306 管子的渗透率为 $0.3347\times10^{-3}cm^3\cdot cm/(cm^2\cdot d\cdot atm)$，按此，即 SDR-11 的管子（壁厚为 0.5486cm），在 414kPa 的压力下，对 100% 的甲烷气，1.61km 管子的渗透量为 $7.64\times10^{-3}m^3/d$，其计算可见例 9-2。

对天然气中的其他组分，除 H_2 外，渗透量约等于或小于 CH_4 的值。H_2 的渗透率很高，但在天然气中的含量很低，其渗透量无意义。渗透系数 K 可由下式计算：

$$K=\frac{Vt}{AP\theta} \tag{9-3}$$

式中　V——在 23℃ (73°F) 和大气压 101kPa (14.7psiaa) 下燃气的渗透量，cm^3；

t——管壁厚度，cm；

A——$\frac{\pi DL}{100}$，即管外壁面积除 100，$\frac{cm^2}{100}$；

P——管内压力，以大气压计；

θ——时间间隔，d。

对 PE2306 和其他所有的 PE 管，若式（9-3）的单位如上所述（管壁面积以 $100cm^2$ 表示），则 K 值为：

甲烷—0.03347；一氧化碳—0.03150；氢—0.1674。

【例 9-2】 2in PE 2306 管（实际管径为 6.0325cm，壁厚为 0.5486cm），在压力为 414kPa（4.1 大气压），温度为 23℃条件下，1.61km 管子，求一日甲烷气的渗透量。

将式（9-3）写成：

$$V = \frac{KAP\theta}{t}$$

已知：$K = 0.03347$，$A = \frac{\pi \times 6.035 \times 161000}{100} = 30524.9cm^2$

$P = 414kPa = 4.1$ 大气压，$\theta = 1d$

$t = 0.5486cm$　代入上式，得

$$V = \frac{0.03347 \times 30524.9 \times 4.1 \times 1}{0.5486} = 7635.5cm^3/d \text{ 即 } 7.635 \times 10^{-3}m^3/d$$

九、环境的影响（Environmental exposure）

1. 抗化学能力

燃气系统中所用的 PE 管必须满足 ASTM D 2513 中关于抗化学能力的要求。已经证明，对在天然气和人工气配气支管中所遇到的溶剂和化学物质，PE 管均有良好的抵抗能力。例如遇到加臭剂（乙二醇）、油雾、防冻剂（Glycols and other alcohols）和天然气以及合成气中的许多组分，包括配气支管中经常所遇到的气态烃类等对 PE 管的强度均无任何数量上的影响。试验证明，在配气支管中，PE 管径 20 余年均无任何物理性质的变化。

试验与现场的经验也证明，在配气环境中通常遇到的液态化学物质不会使 PE 管降级使用，但有些液体可能使 PE 管塑化（Plasticize），即增加可塑性。这说明某些芳香烃（Aromatic）和脂肪烃（Aliphatic）进入或吸附于管道的材料中后，会使 PE 管变软和导致强度降低。但这一效应反过来又会使液体气化而使管道得以干燥。因为变软是暂时的，强度的变化也很轻微且有可逆性。接触到这样的化学物质后，尚未证明在配气管道的长期使用中对 PE 管有害。

2. 抗气候的能力

许多 PE 管的制造厂提供了防紫外线的系统，以免因 PE 管暴露于阳光下而降级使用。为避免阳光的长期照射，制造厂常规定一个极限的贮存时间（Storage-time limits）。

十、设计压力的计算

在美国，对 3 类或 4 类地区（城市近郊或城市市区）的配气系统在使用 PE 管时，压力应限制在 689kPa（100psia）之内或小于 49CFR § 192·123 中的规定；若用于 1 类或 2 类地区（乡村或小城镇），也应在规范通常的限制范围之内。塑料管系统的某些运行限制可见规范或表 9-11[1,105]。最新的技术发展表明，对允许温度变化范围的规定，还应有补充说明。

在3类或4类地区，最大运行压力为689kPa时，PE管的运行限制条件　表9-11

最高运行温度	热塑型管	60℃（140℉）	最低运行温度	-29℃（-20℉）
	热固型管	66℃（150℉）	最小壁厚	1.57mm（0.062in）

如流体静力学试验所规定的值对温度有要求，则热塑型管的使用温度应低于60℃（140℉），热固型管的使用温度应低于66℃（150℉），在地上连接燃气表的立管可能遇到这样高的温度。

用压力—失效时间试验的要求对塑料管的连接件进行试验时，若温度高于38℃（100℉），则与相同组成的管道相比，特殊几何（Peculiar geometry）尺寸连接件的性能要变差，因此，系统的运行温度不能超过38℃，除非能证明各个部件对温度和压力有足够的安全性。

对已知管径的塑料管，用于天然气支管时，其设计压力 P，规定的最小壁厚 t 可按下式计算：

$$P = \frac{2S}{R-1} \times F \tag{9-4}$$

式中　P——设计压力，kPa；

S——长期液静压强度。对热塑型管按23℃、38℃、49℃和60℃分别选取(表9-1)；对强化的热固型管，则为75834kPa；

R——尺寸比$\frac{D}{t}$，即标准尺寸比 SDR；

F——设计系数，49CFR § 192·121中规定为0.32；

t——规定的最小壁厚，mm；

D——规定的外径，mm。

将 $R=\frac{D}{t}$代入式（9-4），可得：

$$P = \frac{2St}{D-t} \times F \tag{9-5}$$

或写成：

$$t = \frac{PD}{P+2SF} \tag{9-6}$$

公式中的设计系数代表非内压力所产生的管中应力，在一般情况下均可能产生这类应力，如安装时管子的弯曲、土壤的荷载、沉陷、温度的变化以及安装使用压入式连接件等。

需要注意的是：设计系数并不包括特大的外部弯曲应力，如：不按正规程序安装、不正规的回填、连接管（Tie-in）处插入管的裸露等所产生的力。现场经验已经证明，外部超荷载所产生的应力，可以是独立作用的，也可以是和内部压力合在一起共同作用的，最后导致超过材料的强度而造成失效。这些应力也可由挠度（弯曲）、冲击或负荷点的凹入所引起。由于PE管在超应力下是属于渐变性破坏（Creep rupture），因此，可能在事故发生若干年之后才会失效。上述失效的原因可由完善的安装程序来减少，如采用保护套管等，在美国的许多标准和指南中均讨论过，如ASME《燃气输配系统指南》，AGA《塑料管手册》和ASTM《热塑压力管的地下安装》等。

【例 9-3】 计算 23℃，2in 管（外径为 60.325mm），壁厚为 5.486mm 的 PE2306 管的设计压力。

按表 9-1 查得 S 为 8619kPa（液静设计压力值 - HDB）。

由式（9-5）知：

$$P = \frac{2St}{D - t} \times F = \frac{2 \times 8619 \times 5.486 \times 0.32}{60.325 - 5.486} = 551.86\text{kPa}$$

十一、塑料管中输送天然气时的流量计算

塑料管的表面很光滑，它的摩擦阻力比钢管小很多，通常认为塑料管比钢管有更大的通过能力，这一假设在全湍流状态下是完全正确的，如供水支管就属于这种类型，但在天然气配气系统中的流量，则通常在部分湍流的范围之内，可见表 9-12 所示的数值[1.40]

在钢管或塑料管的天然气配气系统中，414kPa 压力下，最大流量的典型值（AGA 塑料管手册）[1.40]　　**表 9-12**

公称管径（in）	流量（$10^6m^3/h$）	公称管径（in）	流量（$10^6m^3/h$）
2	0.492	6	4.61
3	1.231	10	15.72
4	2.295		

在表 9-12 的范围内，光滑管流量定律既适用于塑料管，也适用于钢管，因为管壁的粗糙度并不是一个重要的因素。适用于一定管径钢支管的天然气流量计算公式，同样也适用于塑料管的流量计算，但应考虑管内径的差别。对大口径的管子，塑料管的管壁厚度常大于钢管的值。管壁厚度较大时，管内径就较小，流量也较小。

在具体情况下，如流量很大，不在表 9-12 的范围内而属于全湍流状态，则在塑料管、钢管和铸铁管之间进行比较是有意义的。表 9-13 所示为全湍流流态下使用铸铁管、钢管和塑料管时燃气流量和管径的函数关系。表中的数据按表 3-4 中 IGT 配气公式和全湍流式求得，已知数据为：铸铁管 $K=0.254$mm，钢管 $K=0.018$mm，塑料管 $K=0.0015$mm，$S=0.6$，$\mu=0.0105$CP（厘泊）

全湍流流态下燃气流量和管径的函数关系　　**表 9-13**

管内径（in）	流　量（$10^6m^3/h$）		
	塑料管	钢管	铸铁管
4	26	2.26	0.11
5	56.6	3.96	0.18
6	79.2	5.66	0.28
7	105	7.36	0.42
8	142	9.62	0.54
9	170	12.2	0.62
10	215	15.6	0.85

由表 9-13 可知，对全湍流流态，采用塑料管具有优越性，但也决定于相对管壁厚度。

将表 9-13 中的数据在半对数纸上绘出后，可更清楚地看出燃气流量和管径的函数关

系[1.40]。

对部分湍流流态（光滑管流量定律）在计算小管径钢管时可按表 3-4 或表 3-11 选择米勒式（Mueller）或 IGT 配气式中的光滑管流量定律公式计算塑料管的通过能力。公式所得的结果对钢管比较保守，对塑料管也相同[1,105]。IGT 配气公式在配气管网的设计中具有代表性。

对全湍流流态（粗糙管流量定律），可选择表 3-4 或表 3-11 中的全湍流流态计算公式。

十二、抗拉脱的力（Resistance to pull-out forces）[1,105]

（一）土壤的摩擦力（Earth Friction）

土壤对管表面的压力可产生对管道运动的阻力。阻力的定量很难，它与管道的安装条件有关。密实的土壤比松软的土壤有更大的摩擦力。此外，土壤与管道接触时，其原始的握箍力由于管道的收缩（温降引起的管径减小或土壤的阻力脱离管道）可能减小。估计土壤摩擦力的实用方法是在当地的条件下，按标准埋设一定长度的管段，然后测量管道产生移动时所需的拉力。为获得保守的设计数据，试验可在埋管的条件下进行，但在实际的安装条件下，公用部门往往难以做到。

（二）土壤的支持力（Earth Interference）

燃气管线方向的变化（90°或逐步弯曲）和侧向的凸起物（如接口、T 形管和支管鞍座等）将限制管道的运动。一旦管道发生运动，土壤将受剪力或与凸起物密合而受力，从而可使弯曲的管道拉直。虽然这些支持物可用来提供比土壤对管表面更大的摩擦力，但支持力的大小甚难定量。公用部门只能用现场试验的方法获得相关的数据。

（三）连接件强度与拉力的关系（Fitting strength VS. Pull-out Forces）

实践中，为确定拉力对接口的影响，最好对接口的强度与管道的强度进行比较，因为管道的强度常常限制向接口传输的力。

与 PE 管做成整体的接口和连接件常用下述轴向强度的比较关系表示（表 9-14）。

接口强度与管道强度的比较[1] **表 9-14**

接口类型	接口强度与管道强度的比较	接口类型	接口强度与管道强度的比较
套焊	等于或大于	压入式连接件	
对接焊	等于或大于	$\frac{1}{2}$ ~ 1in	等于或大于*
过渡连接件	等于或大于	大于 1in	小于*

*压入式接口的工业试验报告指出，在燃气支管上专门安装的压入式连接件，其抗拉能力常等于或大于管道强度，但对大管径管道，其抗拉能力常小于管道强度，因此，制造厂应提出单个压入式连接件的拉伸强度值，推荐安装的程序和连接件的使用方法。

（四）压入式连接件应特别注意之处[1]

按制造厂推荐的程序安装的压入式连接件不论对铸铁管、钢管或塑料管均必须具备良好的性能。实际上，对任何材料制成的压入式连接件均未按工业上规定的抗拉强度设计，因此，美国规范 49CFR § 192·367 指出“支管与干管连接的每一压入式接口，其设计与安装应能承受由管道的热胀冷缩和预期的外部或内部荷载所产生的拉力或推力”。对塑料管系统，公用部门必须估计以下数值：拉伸力、抗拉伸力和从连接件制造厂获得的压入式连接件的抗拉伸力。

工业试验的结果表明，不论是直埋还是更新管道插入的连接件，只要管长不超过30.5m，在支管上经专门安装后均有良好的性能。但在干管中，抗拉伸强度可能小于管道强度，因此在埋地系统中，即便土壤的紧箍可提供一定的抗拉伸强度，但干管系统中因拉伸而从连接件中脱离的现象也时有发生。对插入式连接件，若无外部的抗拉伸能力，安装时又不注意，脱离的情况就更多。

如拉伸力的估算值大于制造厂提供的压入式接口抗拉的额定值，则应采用以下措施：

1. 更换连接件，使其抗拉伸能力等于或大于管道的强度，如采用过渡连接件等。

2. 锚住管道，以保证消除压入式接口的轴向荷载。必须注意的是，除管长小于或等于30.5m和支管上经专门安装的连接件外，均应采用上述措施。

（五）锚固（Anchoring）[1]

在管道与压入式连接件接合点处的拉力大于接合点环境的限制力时，应采用锚固的方法使接口不受轴向荷载的影响。锚固件可以做成以下形式：1. 用金属抓手放置在凸起物之前，熔焊在管线上，以保证将管道的端点固定住（套管式鞍状连接件）。2. 用带子套住压入式连接件后再连接。3. 与终端的钢管焊在一起。再一种方法是，混凝土底座应放置在未松动的土壤中，并与管线上的凸起物（套管或鞍状连接件）浇铸成一体。如鞍状连接件直接作为锚固的凸起物，则至少应有两处熔焊在管子上，并在锚固点尽量减少弯应力。所有的凸起连接件均应具有抗拉的能力。采用鞍状连接件时，在锚固的管道上，鞍座的熔焊面积至少应有管壁截面积的3倍以上。

（六）旧有系统

对已埋地的压入式连接件接口（Compression-fitting Joints），其拉伸力可能超过抗拉伸力。公用部门必须做好以下工作：

1. 审查代表部分系统的连接件接口，该处的拉伸力较高而限制的能力又较低。

2. 如已发现旧有管道有移动现象，则应采取措施，锚固邻近的压入式连接件。

十三、土壤荷载下的管道特性

PE管是一种柔性导管，尚未破坏就会变形，或在一定范围内土壤提供的支撑使管道进一步发生变形而导致失效。对刚性管道，可认为管本身就是主要支撑物，但柔性管-土壤系统的强度和稳定性是靠经验和实验室的试验结果来确定的，不仅是PE管，其他柔性管道亦是如此。

由于柔性管和周围土壤的相互作用，管床材料的状况和放置的质量是管道-土壤系统中的主要关键。由于管道的挠度是自然形成的，是对整个管道周围土壤支撑情况的一个基本反应。因此，为保持管道的输气能力，安装时必须考虑到管道最初和最终产生的挠度不能超过管壁的应力，造成通过能力的降低、结构稳定性的破坏和影响接口的使用性能。

设计人员必须熟知，弯曲和超荷载时，管道安装的合适安全范围（连续受压下的安全应力可保守地假设为等于最终使用条件下的液静设计应力）。安装实践表明，最大允许挠度是设计中需要注意的惟一标准，因此，在选择和安装埋地PE管时，主要的目标和首要考虑的问题是挠度的控制。实际上做到挠度的控制也并不难。

PE管的韧性和柔性的特点，是使用在地下管道中的理想材料，它甚易适应曲折的埋管条件，且方向改变时所需连接件的数量也最少。

美国塑料研究所的技术报告TR-31中对地下安装的PE管，不论是压力管或非压力管均提供了总的要求和指导数据。

对压力管的安装应遵守 ASTM D-2744《热塑型压力管的地下安装》(Underground Installation of Thermoplastic Pressure Piping)，对非压力埋地管，则应遵循 ASTM D-2321《柔性热塑型排水管的地下安装》(Underground Installation of Flexible Thermoplastic Sewer Pipe) 标准，以保证土壤的支持力和不发生过多的变形。批准的安装或安装推荐条例与常规材料相比，在技术上并无特殊的区别，但安装方法可使 PE 管埋于多数土壤中并能承受交通荷载。

第二节　作用于管道的外部荷载

作用于埋地管道上的外部总荷载为管床荷载与叠加 (Superimposed) 荷载之和，每延米的管床荷载可根据回填土的类型、管沟的尺寸和管径求出。近似的荷载值可见图 9-4。图中假设采用潮湿的管顶土或砂土。对非黏性的粒状材料，荷载将降低 10%，对于黏土

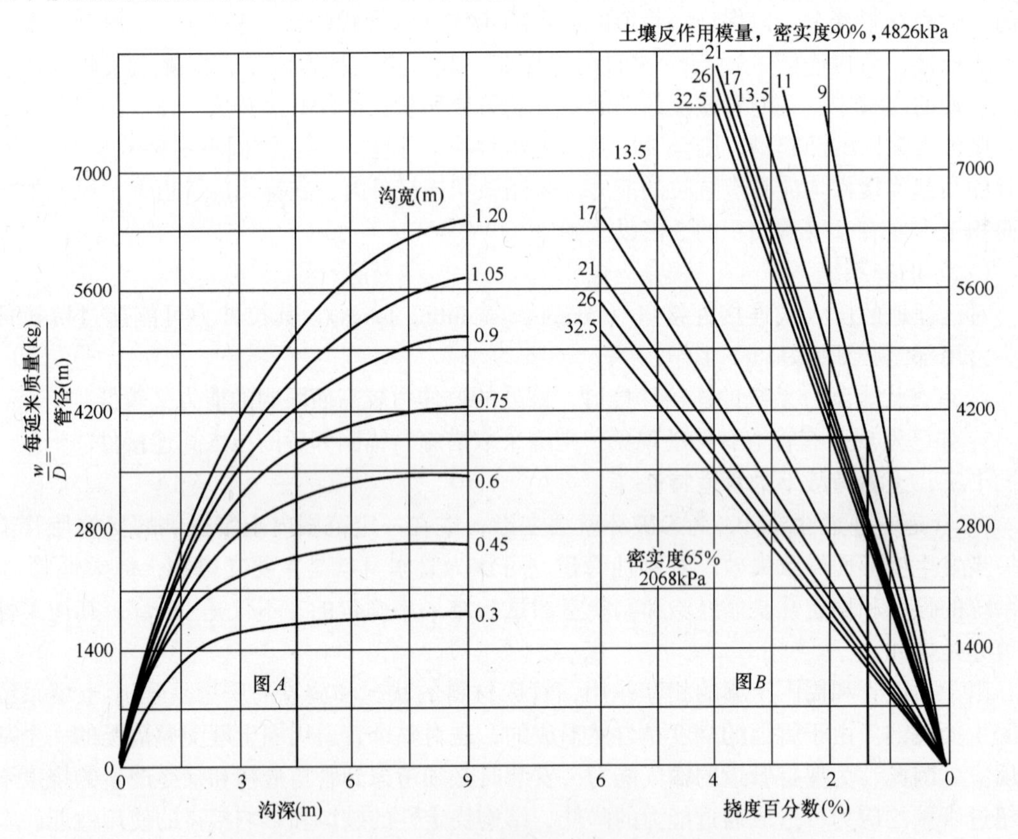

图 9-4　管道的挠度百分数与荷载、沟宽和沟深的关系图[1,108]

增加 30%，湿黏土增加 40%。

在水床层 (Water table) 的沙土下埋设管道时，作用在管上的实际荷载由于水的浮力效应，理论上荷载值应减小，但这一减小量从未在管道设计中使用过。因为水层的高度也可能降低到管道的标高之下。即便水位的高度无变化，按作用在管上的高荷载设计也是偏于安全的。

叠加的荷载，如汽车运输所产生的荷载，在埋地管道总荷载的计算中必须考虑。标准的荷载值已考虑了公路和铁路的运输荷载。将这一荷载值加在土壤荷载上，即可得总荷

载值。

一、挠度荷载（Deflection Loads）

图 9-4 中的图 *B* 有两簇 *SDR* 曲线，分别对应于土壤反作用模量（Soil reaction modulus）为 4826kPa（土壤的密实度为 90%）和 2068kPa（土壤的密实度为 65%）。用图 *A* 和图 *B* 合在一起可确定管道的挠度百分数。应用时，可按沟深和沟宽值在图 *A* 上找到相交点，由相交点向左，可在纵坐标上查得作用在管道上的荷载；向右，平移到图 *B* 上，可找到已知密实度 *SDR* 簇曲线的交点，并在横坐标上可查得挠度%、PE 管的设计允许挠度值可见表 9-15[1,107]。

PE 管的允许挠度　　**表 9-15**

SDR	以管径%表示的挠度	SDR	以管径%表示的挠度
32.5	8.5	17	5.0
26	7.0	11	3.0
21	6.0	9	2.5

【例 9-4】　设埋地的 PE 管为 *SDR*-11，管沟的沟深为 4.5m，沟宽为 0.76m，回填土的密实度为 90%，土壤模量为 4826kPa，求作用在管上的土壤荷载值和挠度值%。

在图 9-4 图 *A* 的横坐标上找到沟深值 4.5m，向上投影到 0.76m 的沟宽曲线上得交点，从交点向左，在纵坐标上可读到土壤的荷载值为 3860kPa/m²。从交点再水平向右平移，在图 *B* 中，与密实度为 90% 的 *SDR*-11 线相交，从交点的横坐标可查得挠度为 1.5%。此值小于表 9-15 中 *SDR*-11 管的允许挠度值 3%。

二、水力荷载——负向压力（Negative Pressure）

在某些应用中，PE 管可能要承受使管道发生破坏的“负向压力”。当管道的外部荷载大于管内压力时，常出现这类情况。

产生负向压力的情况包括：

1. 土壤荷载下的重力流管道。
2. 湖泊等水源地中的吸水管。如引水管的浸没深度为 7m，外部荷载为 68.9kPa，运行压力在部分真空下为 34.5kPa，则负向压力为 68.9 + 34.5 = 103.4kPa。
3. 越山的水管，当从山上下落的水速超过上升的水速时，常会产生负向压力。

三、管道的弯曲（Buckling）条件

有外部压力作用在 PE 管上时，管壁所承受的最大荷载不仅决定于管材的强度，也决定于管材的硬度（Stiffness）。一旦产生轻微的挠度，由荷载产生的弯矩大于管道的抗弯能力时，管道就会弯曲。

发生弯曲的负向临界压力值可按下式计算：

$$P_{cr} = \frac{2E}{(1-\mu)}\left(\frac{1}{SDR-1}\right)^3 \tag{9-7}$$

式中　P_{cr}——临界弯曲压力；

E——弹性模量；

μ——泊松比。

允许材料的最大应变值为 2% 时，对不同管径、温度和荷载持续时间的临界弯曲压力

值（Critical Buckling Pressure）可见表9-16。表中的数据较保守，设计人员需结合系统的安全系数来考虑，特别在出现反复应力（Repetitive stresses）时。

临界弯曲压力[1,107] 表9-16

温度（℃）	SDR	压力（kPa）					
		50年	10年	1年	1000h	100h	10h
20	7.3	634	717	855	986	1158	1296
	9.0	531	600	717	821	965	1083
	11.0	448	503	600	690	807	214
	13.5	262	283	317	365	421	503
	17.0	124	131	152	172	200	241
	21.0	62	70	76	83	97	117
	26.0	34	34	41	48	55	70
	32.5	14	14	14	21	21	28
40	7.3	393	476	524	621	717	800
	9.0	331	393	434	517	600	669
	11.0	276	331	365	434	503	588
	13.5	172	186	193	214	234	212
	17.0	83	90	90	97	110	124
	21.0	41	41	48	48	55	62
	26.0	21	21	28	28	28	34
	32.5	7	7	7	14	14	14
140	7.3	241	276	303	352	393	441
	9.0	200	228	248	290	324	325
	11.0	172	193	207	241	276	310
	13.5	110	110	117	124	131	138
	17.0	48	55	55	62	62	70
	21.0	28	28	28	28	28	34
	26.0	14	14	14	14	14	21
	32.5	7	7	7	7	7	7

（一）管道的变形效应

管道成为椭圆形后将减弱管壁结构和降低临界弯曲压力。对已知的椭圆形管，其调整的临界弯曲压力可按下式计算：

$$P = f_o P_{cr} \tag{9-8}$$

式中 P——椭圆形管的调整临界弯曲压力；

f_o——由图9-5查得的压力降低系数；[1,107]

P_{cr}——非椭圆形管的临界弯曲压力。

图9-5中，D_{ave}和D_{min}为椭圆形管的平均外径和最小外径。

（二）土壤的支撑效应

埋地的管道需有土壤对管道结构的支撑并减小管道的弯曲。对薄壁管，土壤的支撑效应尤其重要。图9-6为支撑系数与 *SDR* 的函数关系。对松散的或密实的土壤均可查图，但泥浆地或沼泽地为无支撑（$f_s = 1$）。

如已知 *SDR* 和土壤的情况，则调整的临界弯曲压力可按下式计算：

$$P = f_s P_{cr} \tag{9-9}$$

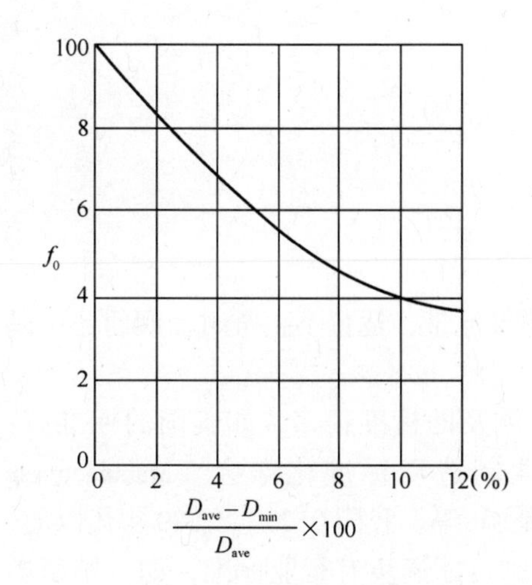

图 9-5　压力减小系数 f_0 与椭圆形管管径的函数关系[107]

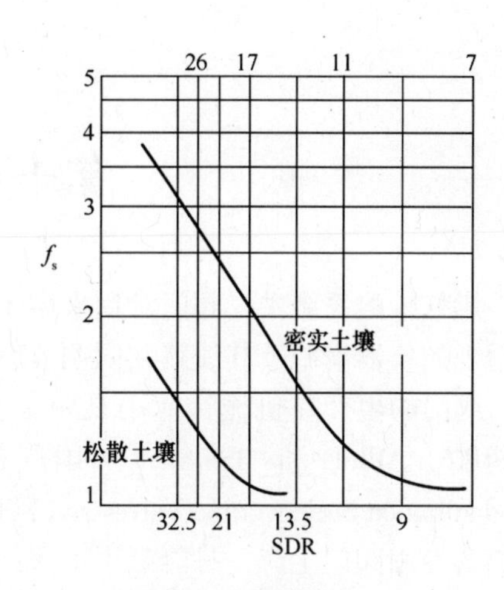

图 9-6　支撑系数 f_s 与 *SDR* 的函数关系[107]

式中　P——支撑管道的调整临界弯曲压力；

f_s——由图 9-6 查得的支撑系数[1,107]；

P_{cr}——无支撑管的临界弯曲压力。

【例 9-5】　有一 *SDR*-17 的 PE 管埋设于 4.3m 深的密实土壤中，沟宽 1m。由图 9-4 可知，在这种土壤荷载中管道的挠度为 2%。由图 9-5 可知，挠度为 2%时，减小系数为 $f_o=0.83$。再从图 9-6 中查得，密实土壤的支撑系数为 $f_s=2$。从表 9-16 查得，对无变形的，无椭圆度的管道，10 年的临界弯曲压力为 131kPa（开始弯曲前的允许使用寿命为 10 年），则

$$\begin{aligned}P&=f_o f_s P_{cr}\\&=0.83\times2\times131=217.46\text{kPa}\end{aligned}$$

因此，由于土壤荷载、水床下的水压力和真空运行等原因所产生的负向压力值，不能超过按 10 年服务期求得的 217.46kPa。

第十章 阀　　门

燃气输配系统中，阀门常用来启闭管路或控制燃气流量，运行不正常时，阀门还可以与附加的仪器设施及其线路共同调节燃气量。

阀门的生产在机械行业中是一个重要的部门，涉及的标准很多，如美国的标准有：ANSIB16，API6D 和 MSS-SP（美国阀门和附件工业制造厂标准化学会（Manufacturers standardization Society of the Valves and Fittings Industry-MSS）等。我国在 20 世纪 80 年代以前，无燃气专用阀门生产，只能沿用水阀门，近 20 余年来，才逐步有行业标准，如《城镇燃气用灰铸铁阀门的通用技术要求》（CJ 3005—1992），《城镇燃气用阀门的试验与检验》（CJ 3055—1995），《城镇燃气用球墨铸铁和铸钢制阀门的通用技术条件》（CJ 3056—1995）等，对我国城市燃气的发展起到了良好的作用。近年来由于液化天然气（LNG）的发展，又产生了对 LNG 低温阀门的要求。当前，许多外国公司也在中国推销它们制造的阀门，国内也有部门在研制自己的产品。

国际上的统计表明，在燃气系统中，在相同条件下阀门的寿命只有管道寿命的 50%～40%，运行因素对阀门的可靠性也有影响，如周期性的负荷波动占 31%，机械损伤占 21%，疲劳损伤占 19%，衰退（Erosion）占 17%，腐蚀占 12%。在系统的可靠性分析中，常将阀门作为薄弱环节看待。因此，不同种类阀门的质量至关重要，使用单位在采购时，必须研究制造厂所提供的资料和数据。

第一节 输配系统中常用的阀门

在燃气输配系统中常用的阀门有干管、支管、调压器和燃气表的切断阀；电动或气动运行的自动阀；止回阀（Check valves）和压力放散阀（Pressure relief valves）等。

一、干管的启闭用阀

（一）闸阀（Gate valves）[2]

这类阀门多数适用于经常需要全开或全闭的管路，但往往难以达到“气泡级严密”（Bubble tight）的程度，因为密封性能决定于匹配件表面的变形程度；温度变化和外部管道的应力也会影响到密封性能。

美国闸阀的通径可达 36in（914mm）[2]，需要时可做到 48in（1219mm）。有铸铁、铸钢和青铜阀体。阀杆有不升降的和可升降的两种（图 10-1）。座环和闸板用黄铜制成。连接方式有法兰、压入式（Compression joints）、螺纹式焊接。地下干管上的闸阀应有阀箱，内部则有不升降的青铜或不锈钢阀杆。阀体为铸铁或铸钢，体内闸板上有黄铜座环。铸铁或铸钢阀体的闸阀常设有导管系统（Duct system），以便润滑密封油能送达阀座表面。地上闸阀通常设于小室或建筑物内，阀杆采用可升降式。为防止阀门中可能产生沉积物，阀门通常安装在垂直管道上。闸阀可用手动转轮操作，也可电动或气动操作。

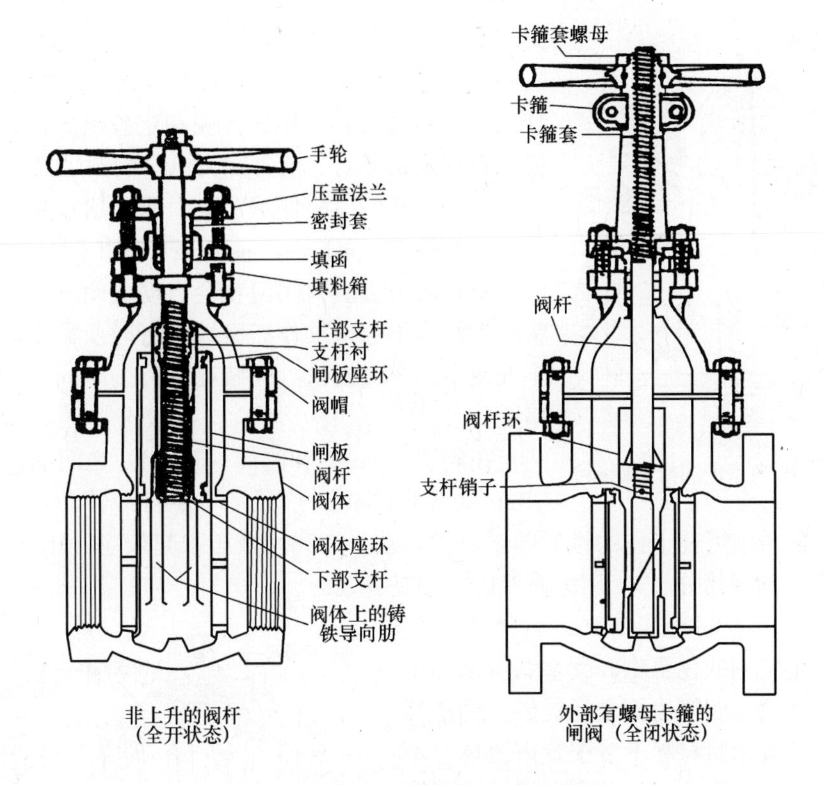

图 10-1　两种铸铁阀体的双闸板闸阀

定期检查和维修闸阀使之保持良好的运行状态十分必要。闸阀长期处于常开状态时，在阀杆的螺纹或闸板与阀座间常会积聚焦油、胶或其他沉积物使阀杆卡住，为使阀杆松开就要注油、吹蒸汽或在阀内使用溶剂。常关的闸阀又难以收集阀底的灰尘、铁锈和焦油等，有时需要半开阀门增加流速或反复做启闭动作才能除去沉积物。

（二）润滑旋塞阀（Lubricated plug valves）[2]

这类阀门的优点是可以达到“气泡级严密”的程度。它的种类很多，旋塞的结构也有多种，可以与管道同径开启或作矩形文丘里式或多孔状开启，但塞的基本形状是锥形，保留了锥形关闭机制的优点。典型的这类旋塞阀可见图 10-2。连接方法有螺纹、法兰、对焊或平端机械连接。在阀门的限制转动范围内可以用板钳，也可以用齿轮转动启闭。塞阀最

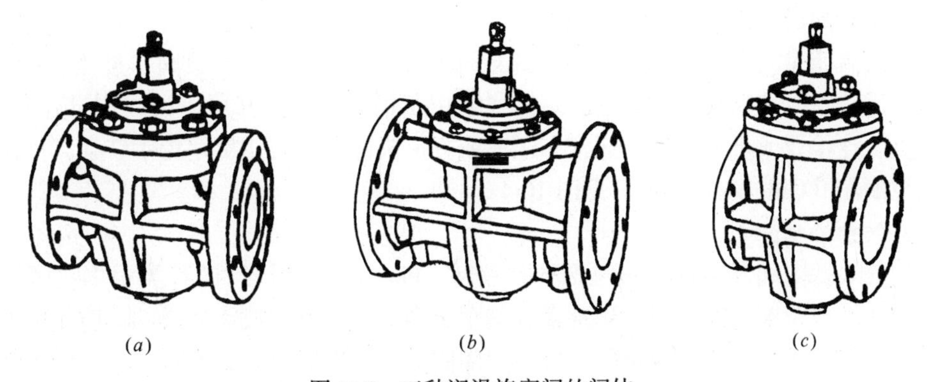

图 10-2　三种润滑旋塞阀的阀体

(*a*) 正常型；(*b*) 文丘里型；(*c*) 闸阀替代型（短型）

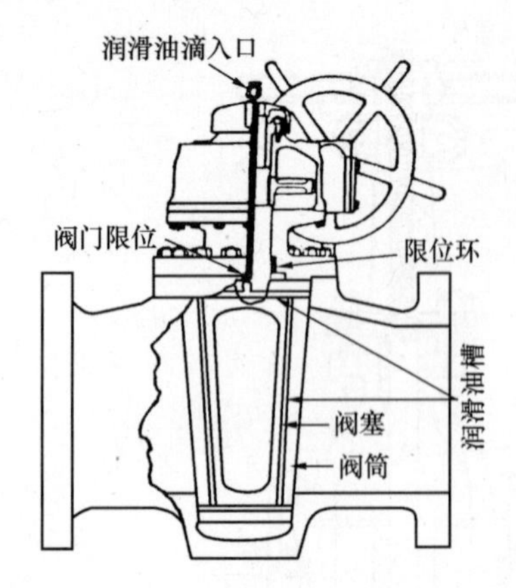

图 10-3 一种典型的润滑旋塞阀

大与最小的流量比值可达到 100:1。

阀门的装备包括电动机、减速齿轮、离合器（Declutching device）、限定开关和定位限定件以及远端或就地管理的指示灯，通常在大流量的调压器上使用。

作为管道的事故保护，应对阀门增设自动气瓶操作装置（Automatie cylinder operators），阀门上设置这一设备后，一旦管道破裂，阀门就会自动关闭，但在正常运行状态下阀门不会误操作。事故运行时所需的动力由贮存于气瓶中的燃气提供。气瓶在所有的时间内均附设在管路上。

在阀塞（plug）和阀筒（Barrel）之间的润滑油薄膜（Thin film of lubricant）可使阀塞容易转动（见图 10-3）。不断地注入润滑油可使卡住的锥形阀塞自由转动（即利用液压顶起效应（Hydraulic jecking effect）使阀塞和阀筒分离）。用圆筒形阀塞也是有效的。

润滑油决定着润滑旋塞阀运行的难易程度，它是一种特别的化合物。旋塞润滑油的主要功能是在阀塞与阀筒表面之间提供一种塑性密封材料，这种密封材料不溶于管内流体，不受阀门运行温度的影响，且具有良好的液压顶起阀塞的作用。润滑油应能适用于不同燃气、温度和压力。硅润滑油（Silicone grease）[130]可在 260℃以下工作，偶尔也有些润滑油可能沉积在阀门的下游。

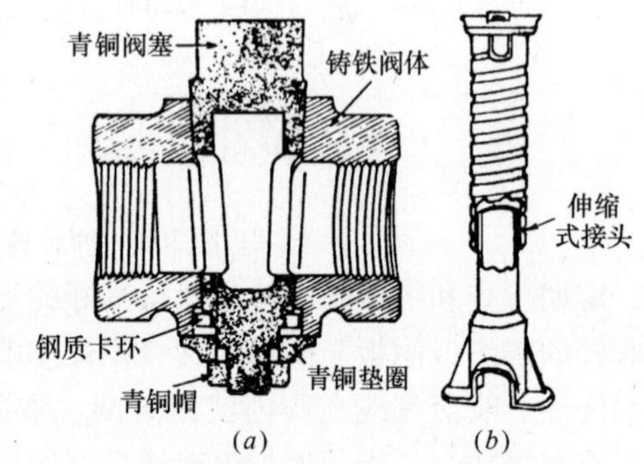

图 10-4 控制旋塞（考克）
（*a*）一种类型的控制旋塞；（*b*）一种类型的控制箱

美国润滑型旋塞阀（4、12 和 24in）用 862kPa、379kPa 和 103.4kPa（125、55 和 15psia）的流动气体做试验。阀门所造成的压降约为管网压力的 0.25% ~ 5%；减少的输气量约为 0.13% ~ 2%。润滑型旋塞阀应在全开或全闭状态下加油并按一定时间周期作部分开启和关闭动作，以保证在发生事故时能迅速启动。

二、支管的启闭用阀

支管的启闭常用控制旋塞（Curb cocks—也称考克）以代替塞型阀，见图 10-4（*a*）。多数旋塞用铸铁或黄铜阀体、青铜的塞体或全用黄铜制成。旋塞可以设或不设弹簧荷载。常用螺纹、连接管或机械连接，通常有矩形或方形头部，以便用旋塞扳手转动。控制旋塞通常用控制箱（Carb box）保护，见图 10-4（*b*）。

三、气表的关闭[2]

常用气表关闭阀（Meter stop）或塞形考克（Plug cock），设计的种类很多，区别在于阀体可用铸铁或黄铜；阀塞通常用黄铜；阀顶可做成有润滑的或无润滑的；防止卡塞的方法和将阀塞置于适当位置的规定等。气表关闭阀通常与考克分开，但可与气表的刚性杆相连系。气表关闭阀如图 10-5 所示，通常尺寸为$\frac{1}{2}$ ~ 2in，最大试验压力为 414kPa。

四、止回阀与燃气自动切断阀[2]

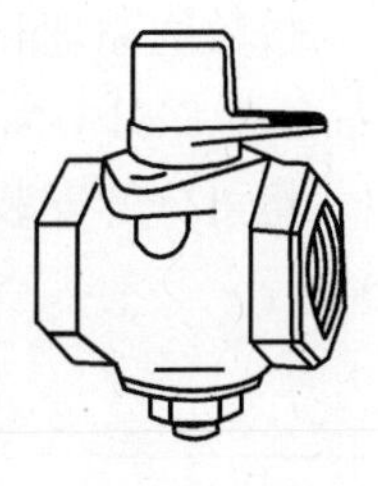

图 10-5 一种气表关闭阀

(一) 止回阀 (Check valves)

在供气系统中,有些燃气应用设备可能产生反向压力,导致空气或氧进入管路。为避免对气表、调压器或邻近地区支管的破坏,在气表的下游应设安全装置。止回阀(图 10-6)可防止在管路中产生反向压力和反向流,它有不同的尺寸规格。常见的型式有上升式(Lift type)、摆式(swing type)和薄膜式(Diaphragm type)。当反向压力大于 345kPa 时,不推荐使用薄膜式。

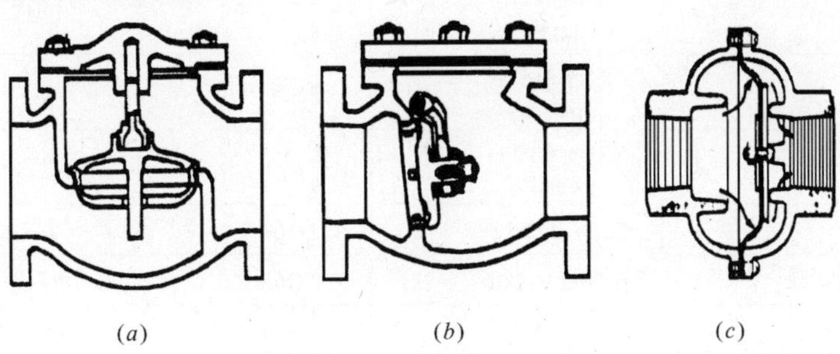

图 10-6 三种类型的止回阀

(a) 上升型;(b) 摆式;(c) 薄膜式

(二) 自动切断阀 (Automatic shutoff valves)

当调压器的控制失效,管路内的压力不正常时,自动切断阀常用来关闭管路。这类阀必须用手工复位,也常与用户调压器组装在一起。失火时,自动切断阀可用来自动切断燃气管路。

五、压力放散阀和其他放散装置[2]

放散阀(Relief valves)可以自动向大气放散干管与支管中的多余压力和防止管道中过高的燃气压力,其内容包括:自动切断阀,将燃气放散到较低压力的管线中去和作为与控制调压器相串联的监控调压器使用等,三种放散阀见图 10-7。

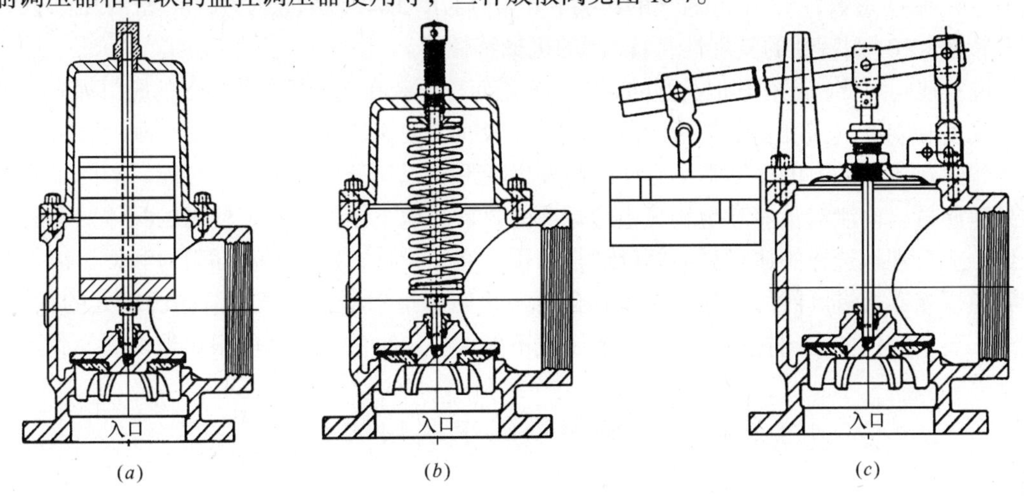

图 10-7 三种类型的放散阀

(a) 载重荷载型;(b) 弹簧荷载型;(c) 杠杆和载重荷载型

放散的原理和放散阀的种类很多。有载重荷载阀（Weight loaded valves）、弹簧荷载阀（Spring-loaded valves）、两者联合应用的阀和各种液封阀等。小型的可与用户调压器联合使用，也可分开安装在所需的管线上。美国不同放散阀和放散装置的典型放散能力可见表10-1。

不同放散阀和放散装置的放散能力[2] 表 10-1

类 型	公称压力放散范围	阀门尺寸（in）	向大气的排放量（燃气的相对密度为 0.6）（m^3/h）
载重荷载式，小型	118mmH_2O ~ 14kPa	$\frac{3}{8}$ ~ 1	31 ~ 71
大型	356mmH_2O ~ 52kPa	2 ~ 6	83 ~ 3481
弹簧荷载式，小型	216mmH_2O ~ 1034kPa	$\frac{3}{8}$ ~ 1	由厂家提供
大型	6.9 ~ 172kPa	2 ~ 6	78 ~ 8348
载重与弹簧联合荷载	6.9 ~ 103.4kPa	2 ~ 6	由厂家提供
杠杆与载重荷载式	34.5 ~ 862kPa	$\frac{3}{4}$ ~ 6	422 ~ 12650
薄膜弹簧或薄膜载重荷载	178mmH_2O ~ 6.9kPa	$\frac{3}{4}$ ~ 3	由厂家提供
薄膜弹簧荷载式（高能力）	279mmH_2O ~ 14kPa	4 ~ 8	4471 ~ 35658
水银封式	229mmH_2O ~ 533mmH_2O	$\frac{3}{4}$ ~ 2	由厂家提供
突开阀（pop value）	690 ~ 1724kPa	1	2292 ~ 4670
液封罐	229mmH_2O ~ 762mmH_2O 或更大	—	—
4in 的入口和出口管	457mmH_2O	—	1698（含油时）3396（不含油时）
6in 的入口和出口管	457mmH_2O	—	3396
扩张管		2	6895kPa 压力下为 28300

放散阀的测试包括以下特性：1. 放散压力；2. 放散压力下的放散能力；3. 理论放散能力；4. 流量系数；5. 开始漏气的压力；6. 开启压力；7. 关闭压力；8. 密封压力；9. 换气特性；10. 阀特性的复现性；11. 阀的机械特性等。

除上述阀门外，还有其他类别的阀门。不论何种安装在地下燃气管道上的阀门都应有足够的强度和刚度，强度要求是指阀门应能承受管线内输送的最高燃气压力；刚度要求是指地下管道在各种外力的作用下不会使阀门发生变形，以保证阀门的密封性能。阀门不允许有外泄漏量，内泄漏量应满足相关检验标准的要求。地下燃气管网上使用的阀体要有耐腐蚀性，应合理地选择阀体材料。阀门通常采用全通径设计，以降低流动阻力和便于清扫器或管道探测器通过。阀门的顶部应设有全封闭状态的指示器，便于看清阀门所处的状态。此外，要求阀门的启闭扭矩小，全程转圈数不能太多，事故发生时能很快地切断气源。

第二节 输配系统中阀门的应用

输配系统中阀门常设置在调压站和气表装置中，用以切断燃气流量，以便对设备检修。长输管线、输气干管和支管上安装的阀门用来规划施工与维修，也用于事故或建筑物内短期无人居住时关断燃气。

一、长输管线上阀门的设置[2]

长输管线通常指压力大于1.6MPa的输气干线，各国的规范有不同的规定。城市输配系统中门站后的公用输气干线也可能采用大于1.6MPa的输气压力，但与长输管线相比，敷设在城市周围的高压管道应更多地考虑城市的规划和发展特点。美国对长输管线的敷设位置常根据人口密度指数（Population Density Indexes）进行分类。通常用两个人口密度指数对管道设计的位置和测试要求确定分级的标准，即按一英里（1.6km）密度指数（The one-mile density index）和十英里（16km）密度指数（The ten-mile density index）将管位分成四级（可参看各国规范）。不同等级地区长输管线的分段阀门有不同的间距：1级地区为32km，2级地区为24km，3级地区为13km，4级地区为8km。我国城镇燃气设计规范中也对1.6MPa以上，4.0MPa以下的输气管道进行了类似的分级，分段阀门的间距也与长输管线相同。

二、调压站中的阀门[1]

多系列并联安装的调压器（Multiple paralleled regulator trains），其上、下游均需安装阀门，也即每系列的调压器均有其自身的阀门。在一个系列的调压器需要维修时，可不影响其他调压器的工作。经验表明，多系列并联调压站的上游应设有总阀门，当调压站发生事故时，可用一个总阀门将调压站切断。在调压站的下游也应同样安装阀门。

调压站上、下游阀门的安装位置应有一定的距离，当发生爆炸、破坏或调压站受到其他损害时不会影响到阀门，工作人员操作阀门时也不致受伤或不受事故（如火灾等）的影响。但阀门的位置又不能离得太远，因清洗调压站时置换的燃气量太大。

对设置放散阀的单系列调压站，旁通管上应设阀门，作为系列的节流设备使用。这种阀门通常装有锁定装置，以防运行中可能发生的疏忽或破坏。对多系列的调压站，每一系列不需设旁通管，但整个调压站应设有旁通管，以保证超压保护能连续运行。

在调压站中，通常在进口阀的下游和出口阀的上游需安装小管径的接管作为清洗时燃气的进出口和干管的测压用，测压管通过安装的考克阀与干管相连。如干管埋地，则在连接管引向地面处再装一考克阀并用丝堵塞住。当上部的考克漏气时，可用下部的考克关闭。

地面站、人孔或闸井中的阀门应有锁定装置以防误操作。锁定装置在冰冻时应能继续运行。

三、干管上的阀门[1]

干管上的阀门用来在发生事故，如构筑物的破坏、地震和其他巨大灾难时切断燃气，也为安排维修、连接新支管、更新旧干管和管网分区运行的需要设置。

干管上的阀门很少使用，因此，应有严格的检验和维修程序，保证在需要时可以接近和易于操作。低压系统中很少安装阀门，可用停气囊（Bags and stoppers）等切断燃气。发生严重的事故时，还可在邻近的支管连接处通水，用水压封住，或通过特殊的连接点或支管吸入油脂（Grease）密封。

在高压系统中，采用上述堵塞方法就不可行，除非对大于或等于52mm（2in）的钢管或152mm（6in）的塑料管采用挤入装置（Squeezing devices）。在高压系统中通常按一定的间距设置分段阀门，间距的大小决定于管中的燃气量和所服务的用户数。阀门的标准间距在不同的规范中均有规定，主要考虑事故发生时降压所需的时间。根据所处的地区等级，间距最大值的变化范围很大，有达1.6km的。对小管径的配气管线，阀门的间距主要考虑用户数，即干管需要切断时对用户的影响面。这与土地的使用类型、建筑物的类型和估计需要切断的次数有关。

虽然配气干管上的阀门很少使用，但需要时检测和维修的成本很高，且难以选择合适的阀门。阀门长期不用时容易被卡住，而解决卡住问题不容易。

四、支管上的阀门[1]

支管上安装阀门是为了在建筑物发生失火事故或因维修需要而切断用户时使用。

在并联安装的气表系统中，每一燃气表的入口均应设置阀门。在安装大流量燃气表和调压器的地方，阀门还可在现场检测时使用。

大型工、商业用户一般均设有专用调压站。其阀门的设置类似于网路上的调压站。

对管径≤2in的支管，常采用注油旋塞阀。由于阀门不常使用而易于为积灰所卡塞，为解决这个问题，美国曾使用过不同类型的密封阀门箱（Sealed valve-box），但美国最新的规程中，因经常检测的需要又取消了密封装置的使用。

当气表和调压器安装于室外时，在支管地上管段的入口处应设置阀门，且应有锁定装置以免误操作。

五、阀门安装的总体要求[1]

在铸铁管和薄壁钢管上安装的阀门必须有独立的支撑基础，以免阀门的重量对管子产生弯应力。在塑料或其他软性材料的管道上安装阀门时，应防止运行中阀门对管道产生的扭力和剪力。

阀门通常安装在地下，在地面上设有井盖。闸井的井盖基础应使动荷载能直接传至阀门底下的土壤而不是传至管道。

选择阀门的位置时，设计人员应弄清交通状况和阀门的运行条件。工作人员不可能在整个街道的交叉处经常发生堵塞的情况下去操作阀门。在设计阀井的井盖时，车轮和轴向荷载应超过公路上采用的标准值，因为卡车的超载情况时有发生。

在安装大口径的高压阀门时，设计人员要考虑阀门在关闭位置所产生的推力。推力可能很大，特别在施工完成后的试压中。但对铸铁管系统、钢制的压入式接口或塑料管系统，若采用合理布置的混凝土止推座（Concrete thrust blocks），则可将推力转移到土壤中去。

第十一章　燃气的调压与超压保护

第一节　燃气压力调节的基本原理和元件

一、燃气压力调节的基本任务

在19世纪中叶，发明了世界上第一个实用的燃气减压装置，并开始称作调压器（Governor）。早期的燃气压力调节是一个由人工调节阀门、管道的节流阀（Line chokes）、放散阀和气罐组成的综合体。设备运行时需要工作人员整天守在旁边，不仅不经济，燃气的燃烧效率不高，而且很不安全。

今日的燃气工程师对调压的设备已有了很大的选择余地，应用范围日益宽广。燃气调压器已成为常见的设备，在工厂、公共建筑、路边、甚至在自己的住宅里都可以见到它。燃气工作者可能每天都要处理调压器，这已成为他本职工作的一个部分，在他看来，调压器只是一种安装在管道上作为调节压力的硬件，它无须调节，就能成年累月准确地工作，但往往在出了问题以后，或在新的应用场合要另选调压器时，才感到需要深入地去钻研调压器的工作原理。实际上调压器所包含的知识量很大，调压器中需要研究的课题很多。世界上有少数几个发达国家，有完备的调压器生产厂家，达到了很高的水平，并建立了完整的理论体系。

任何调压器的主要功能都是为了使通过调压器的流量与系统所规定的燃气消费量相匹配，并保持系统所需的压力在一个可接受的范围内。典型的燃气压力调节系统可见图11-1。[132]

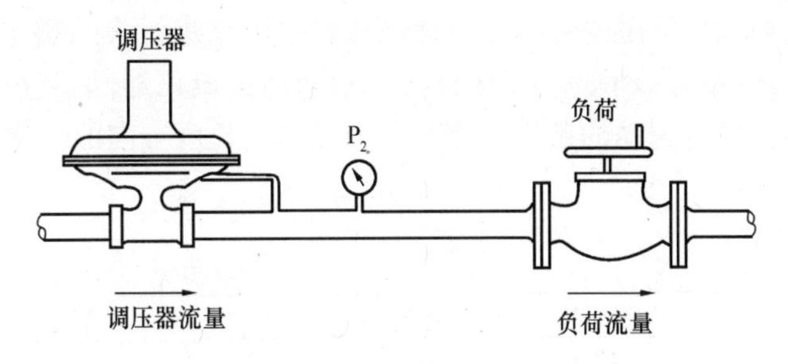

图 11-1　典型的调压器系统

图中的调压器位于一个阀或其他设备的上游，这些设备要求调压器提供可以变化的燃气消费量。如果负荷流量（Load flow）减少，通过调压器的流量应随之而减小，否则调压器将向系统供应过多的燃气，且压力 P_2 有升高的趋势。反之，如负荷流量增加，通过调压器的流量也需相应地增加，以补充压力系统中燃气的短缺量，并保持 P_2 为常量。

从这一简单的系统可以看出，调压器的首要任务是准确地向管道系统按负荷量的变化输出燃气量，并保持压力 P_2 为常量。

如果要求调压器的流量能够迅速地与负荷流量的变化相匹配，即使负荷流量的变化很快，而压力 P_2 仍不会发生很大的瞬时变化（Major transient variation）。根据经验，这是一种不可能发生的情况。在实际应用中，当负荷流量发生突然变化时，压力 P_2 总会发生一些波动。在这样的动态条件下，调压器的适应能力究竟如何，是我们在应用中选择调压器时应该首先解决的问题。为此，需要研究构成调压器基本元件的功能。

二、调压器的基本元件[132]

（一）节流元件（Restricting element）

由于调压器的任务是调节进入系统的燃气量，因此，节流元件是任何调压器的基本元件之一，它安装在调压器的流线（Flow stream）上，提供一个可变的节流量，以调节通过调压器的流量。

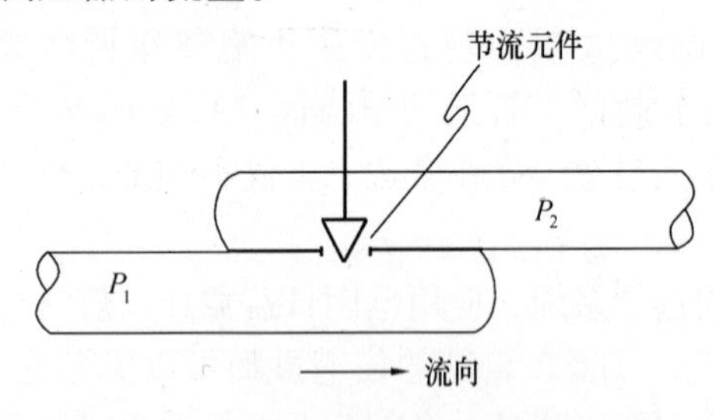

图 11-2　典型的节流元件[132]

图 11-2 所示为调压器典型的节流元件。节流元件可提供不同的节流量以调节通过调压器的燃气量。节流元件可以采用单孔阀（Single-port valve）、双孔阀（Double-port valve）、笼形阀（Cage-style valve）、套筒形弹性阀（Elastomeric sleeve valve）（常用于曲流式调压器中）、蝶阀（Butterfly valve）、球形节流阀（Globe valve）、球形阀（Ball valve）或运行时具有不同节流能力的其他阀[1,132]。阀的种类很多，其节流的性能也各异，因此，节流阀本身就是一个值得研究的重大课题。但是，不论所用阀的类型如何，其基本目的是造成“节流”，即形成一个“瓶颈”（Bottleneck），可使高压系统转换成另一个较低压力的系统。

由于阀口（瓶颈）的流通面积比连接管的流通面积要小很多，该处的燃气流速很大。流线最大节流点处的流速也就是最大流速。这一点常称为缩脉点（Vena contracta），也就是流线的最小收缩断面，该点通常在节流孔口下游不远的位置上。

速度的增加表示动能的增加，它导致以压降表示的位能的减小，因此，缩脉点处的压力最小。当燃气在节流孔下游的管道中流速减缓时，可以重新获得部分失去的压力，这可称为压力的恢复（Pressure recovery）。图 11-3 所示为通过调压器阀口这一节流元件时的压力变化图，它表示在稳定流动的条件下燃气压力沿阀门长度方向的变化规律。

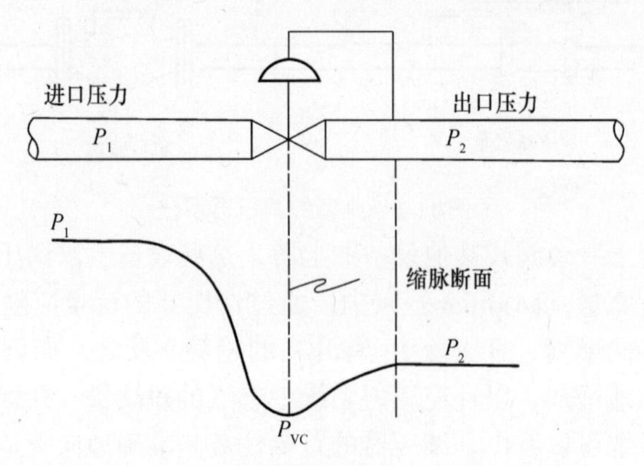

图 11-3　通过阀门的压力变化图[1,132]

通过调压器阀口的燃气流量可以增加到相当于在缩脉点处的流速达到声速值。由于燃气的流速受声速的限制，出口压力再降低也不会使通过阀口的燃气量再增加。相应于阀口流速 为声速时的流量称为临界流量（Critical flow），相当于临界流量时通过阀口的压降是已知的，常称为临界压降（Critical pressure drop）。临界压降实际值的变化范围很大，决定于阀口的类型和流体的几何形状。总之，临界流量决定于入口压力 P_1 与达到声速时缩脉点处的压差值，也即图 11-3 中的 P_1-P_{VC}值。缩脉点处的压力要低于下游管道中的压力 P_2。

值得注意的是，虽然降低下游的压力值来增大压降时，可能会达到临界状态，而流量也不再增加，因为临界流量相当于缩脉处已达到的声速的限值。但即使已达到了临界流量状态（The critical flow condition），仍有可能增加通过阀口的流量，其方法是增大阀入口压力 P_1 值，尽管缩脉处仍是声速，通过同一面积也仍是临界流量值，但提高了 P_1 值[132]，也即提高了进入阀的燃气的密度（Density），也就是通过调压器每立方米的实际燃气体积中包含了更多标准立方米的燃气。实际上，我们并没有改变每小时多少立方米的流量，而是增加了每小时标准立方米的流量值，因为 1 个标准立方米是指在 15℃或 20℃和 101.325kPa 时 $1m^3$ 的体积。在一个压力系统中的流量一定要联系压力系统的状态来讨论。

当燃气通过阀口时，也会有一定的湍动发生，产生一定的能量损失，即部分燃气的动能转变为热能和噪声。

（二）荷载元件（感应元件）[132]［The loading（responsive）element］

为使节流元件能产生节流量的变化，即改变节流元件的位置，需要有一个荷载力（Loading force），因此，调压器的第二个基本元件是荷载元件或反应元件。常见的荷载元件可以是一定重量的物质，如重量（Weight）、手动的加重器（Handjack）、弹簧（Spring）、薄膜执行机构（A diaphragm actuator）或活塞执行机构（A piston actuator）等。现分述如下：

1. 重量荷载（Weight loading）

重量荷载型调压器（Weight-loaded regulator）是一种老式的调压器，它又可分为“固定重量式”（Dead weight）和“杠杆重量”式（Weight-and-lever）调压器两种。

固定重量式调压器的重量直接加在薄膜或薄膜杆上。出口压力的增加或减少可用相应增加或减少重量的方法来调节，压力的变化可按需增减，决定于所用重块的大小。

图 11-4 所示为一种杠杆和重量式调压器，出口压力的增加或减少决定于杠杆上重量的位置，最后作用在薄膜上的荷载力决定于重量和力臂的长度，因此，出口压力可用连续的标尺调节。

固定重量式易于密封，水难以进入壳体，可避免进水增加荷载的重量。为了调节重量荷载（Stack of weights），这种调压器的体积要做得很大。而杠杆重量式的体积则相对较小，但又难以密封，易于产生安全问题，因裸露的重量荷载可能被非操作人员移位或产生偶然的荷载。上述两种重量荷载式调压器已经过时，已被弹簧荷载自力式调压器（Spring-loaded self－operated regalators）所替代。

2. 弹簧荷载（Spring loading）

弹簧是调压器中最常用来平衡薄膜上部或下部压力的荷载方法，并用以控制节流元件的位置。图 11-5 为一种典型的弹簧荷载。调压器使用弹簧荷载后可以非常紧凑，对流量变化的反应也很快，整个弹簧的伸缩范围均可起到调节作用。为了有效地满足较大的压力调节范围，还可变换使用若干个弹簧。弹簧荷载式调压器易于密封，可防止干扰和环境的

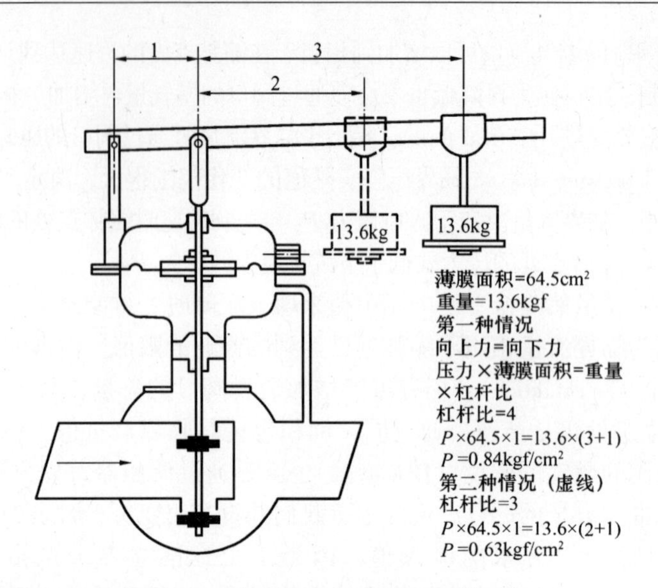

图 11-4　杠杆和重量荷载式调压器[1,135]

影响。运行和维护十分简单，类似于重量荷载式调压器。

3. 压力荷载（Pressure loading）

当调压器的功能发展到一定水平后，还有一种压力荷载，即用一个相对较小的辅助荷载式调压器（Auxiliary ‘loading’ regulater）可在薄膜的一侧以常压或变化的燃气压力来平衡薄膜相反一侧的管道压力。

压力-荷载系统的最简单形式可见图 11-6，常称之为常压荷载式调压器（Constant-pressure loading regulator）。当压力荷载作用在薄膜上时，出口压力的增加量与压力荷载的增加量应相等。小型的辅助荷载调压器常用针形阀（Needle valve）设定已知的流量，只要稍稍打开针形阀，保持排气量为常量即可。

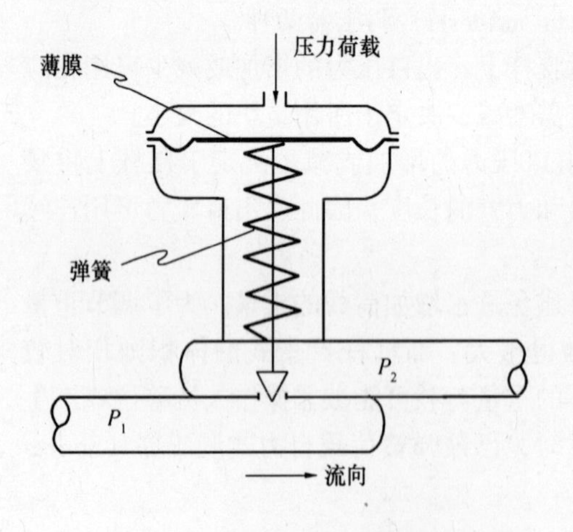

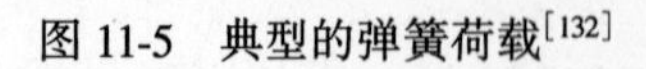
图 11-5　典型的弹簧荷载[132]

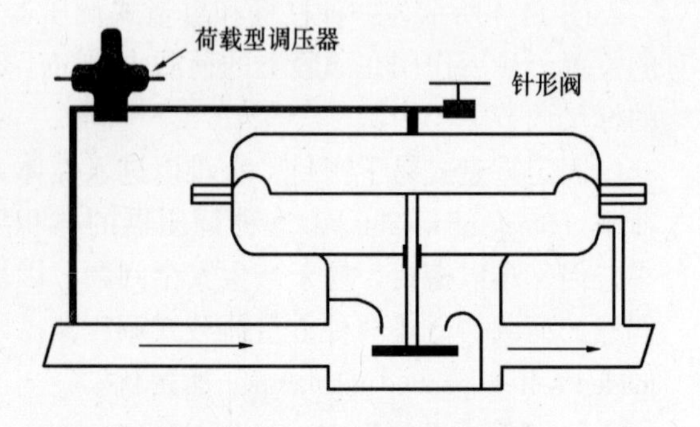

图 11-6　常压荷载式调压器[1,135]

这种类型的调压器异常灵敏，但易于产生不稳定性。荷载压力可以排向大气，也可以排向下游的管道中。如排向下游管道，则在主调压器的薄膜位置必须装有弹簧，以便在需要锁定时关闭阀门。调压器的工作原理可见图 11-7。图中，辅助调压器根据控制压力的要

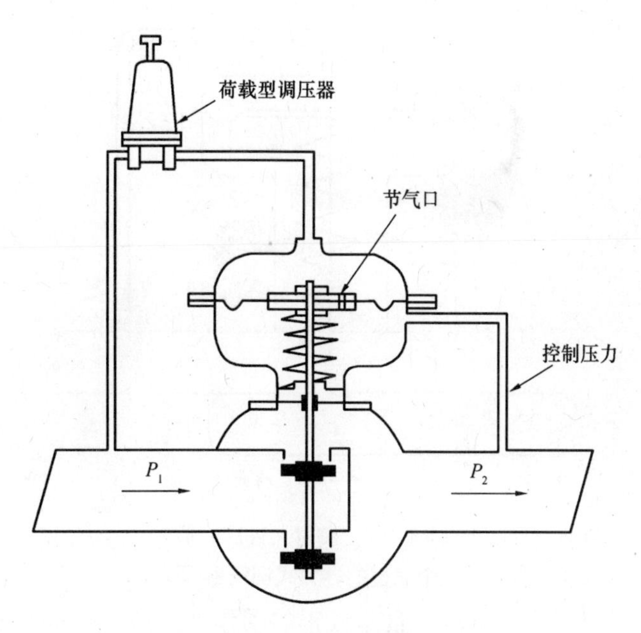

图 11-7　有向下游排气孔的自力式常压（弹簧）荷载型调压器[1,135]

求来设定，再加上足够的附加力以克服锁定弹簧所产生的力。

对于这类调压器，由于其用途很广，以后还将详细讨论。

（三）测量元件（Measuring element）或敏感元件（Sensing elemeat）

到目前为止，我们有了节流元件可以调节通过调压器的流量，也有了荷载元件以提供操作节流元件所需要的力。但是怎能知道被调节的燃气流量是准确的呢？又怎能知道通过调压器的流量与荷载流量已相互匹配了呢？我们还需要有测量元件，由它告诉我们这两个流量已得到了完全的匹配。

在讨论图 11-1 时已知，系统的压力 P_2 直接关系到两个流量的匹配问题。如果节流元件允许更多的燃气进入系统，P_2 就会升高；如果节流元件减少进入系统的燃气量，P_2 就会降低。我们可以根据这种常见的现象提供一种简单的方法以量测调压器是否提供了所要求的流量。

压力表（Manometers）、布尔登管（Bourdon tubes）即弹性金属曲管式压力计、波纹管压力表（Bellows pressure gauges）和薄膜等是一些可以利用的测量元件。根据我们所要完成的测量任务，可以选择一些优点更多的测量元件。例如薄膜，它不仅可作为测量元件，也可感应测量压力的变化，同时起到荷载元件的作用，因而它所形成的操作节流元件的力也反映了量测压力的变化。

如果将这些典型的测量元件加到图 11-5 所示的荷载元件和节流元件上去，就可以得到一个如图 11-8 所示的完整的自力式调压器。

由图 11-8 可说明调压器的操作过程，如节流元件企图向系统送入更多的燃气，压力 P_2 将会上升，作为测量元件的薄膜感应到这一增加的压力，作为荷载元件，它又产生了一个使弹簧受压的力，限制了进入系统的燃气量；反之，如调压器未能向系统输入足够的燃气量，则压力 P_2 下降，薄膜感应到的力减小，弹簧就会克服减小的薄膜力而开启阀

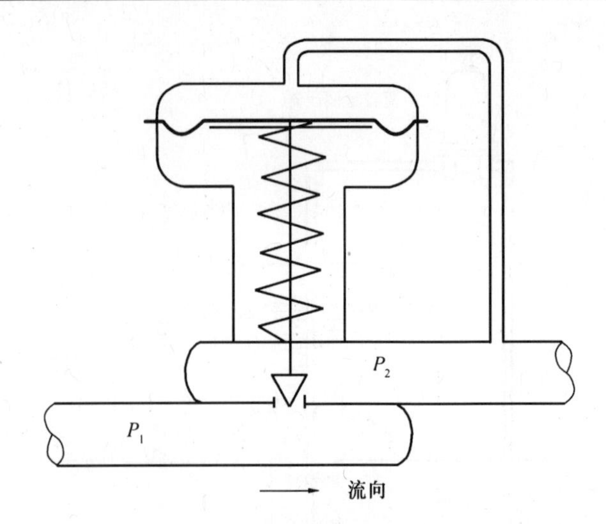

图 11-8　加上测量元件后，形成一个完整的自力式调压器[132]

门，使更多的燃气供应给系统。这一自身校正的动作（Self-correcting action），常称为负反馈（Negative feedback）。

由上述可知，任何调压器均必须具备三个基本元件，即节流元件、荷载元件和测量元件，不论调压器是如何的先进，均离不开上述三个基本元件，三个基本元件的工作特性影响到调压器的工作质量，因此必须深入地进行研究。

第二节　调压器的性能特征（Performance Characteristics）

理想的调压器在流量从零到调压器通过能力的范围内均能保持出口压力为常值。但调压器的实际特性与理想特性相比差距甚大，它决定于调压器的设计和所用控制系统的类型。以下是调压器的实际特性偏离理想调压器的主要原因：

一、薄膜效应（Diaphragm Effect）

如上所述，至今，薄膜是用得最广的压力测量元件。薄膜是一种织物和橡胶材料覆盖物的制品，织物用以受力，覆盖物用以保证密封性能，美国常用的覆盖物材料有：天然橡胶、聚氯丁橡胶（Neoprene）、丁腈橡胶（Nitrile）、聚氨酯橡胶（Polyurethane）、海帕纶（Hypalon）（氯磺酰化聚乙烯合成橡胶）、丁基橡胶（Butyl）、乙烯-丙烯橡胶（Ethylene Propylene（EPT））、氟橡胶（Viton）和硅树脂橡胶（Silicone）等[134]。上述橡胶材料的工作温度范围可见表 11-1。在使用时应考虑到随着温度的增加，抗拉强度和其他物理性质会迅速降低。

各种薄膜材料的工作温度范围[134]　　**表 11-1**

材　料	温度低限（℃）	温度高限（℃）	材　料	温度低限（℃）	温度高限（℃）
天然橡胶	-51	71	丁基橡胶	-29	149
聚氯丁橡胶	-40	29	乙烯一丙烯橡胶（EPT）	-40	149
丁腈橡胶	-29	93	氟橡胶*	-18	204
聚氨脂橡胶	-40	93	硅树脂橡胶	-54	204
海帕纶*	-18	107	*为美国杜邦公司的牌号		

薄膜简单、经济、通用和易于保养，无须其他附加设备帮助就可完成它的动作，也即同一薄膜在作为测量元件和荷载元件使用时，不必再设中间硬件。燃气工作者最关心的是确定压力作用于薄膜的面积大小，即薄膜的有效面积。

由图 11-9 可知，压力荷载 P_L 作用在整个裸露薄膜的表面上，受压力作用的裸露薄膜表面的直径相当于上部壳体的内径。

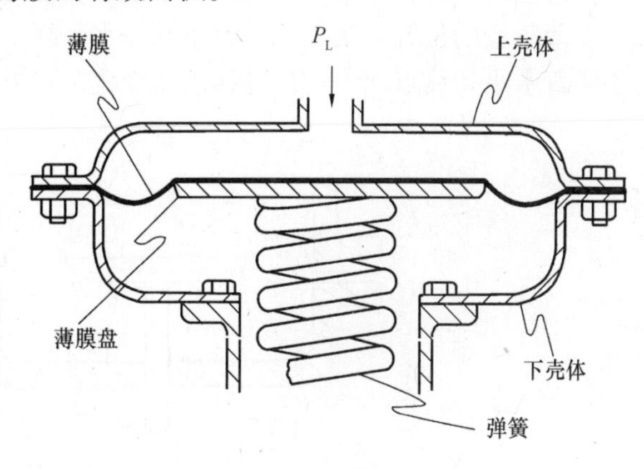

图 11-9　薄膜的组装[132]

如果不作仔细分析，就会在这一点上陷入误区，因为作用在薄膜整个裸露面积上的压力，并不是整个薄膜面积都能传递的。一旦提出这个问题后，又会产生另一种错误，即只有薄膜盘的面积才是有效面积，能真正地向下把荷载力传递到弹簧上去。如果作出这样的结论，则又进入了另一个误区。正确的回答是：薄膜的有效面积或有效直径，应在这两个极端位置中间的某个位置上。但这个位置又在何处？为了回答这个问题，需要研究薄膜盘和外壳体法兰边际之间薄膜不起支撑作用的部分。由于薄膜没有支撑，也就是薄膜是松弛的，其形状是卷绕的（Convolution）。

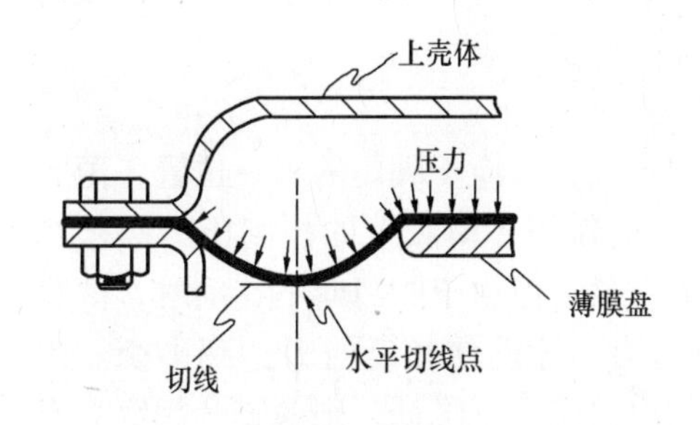

图 11-10　薄膜卷绕部分放大图[132]

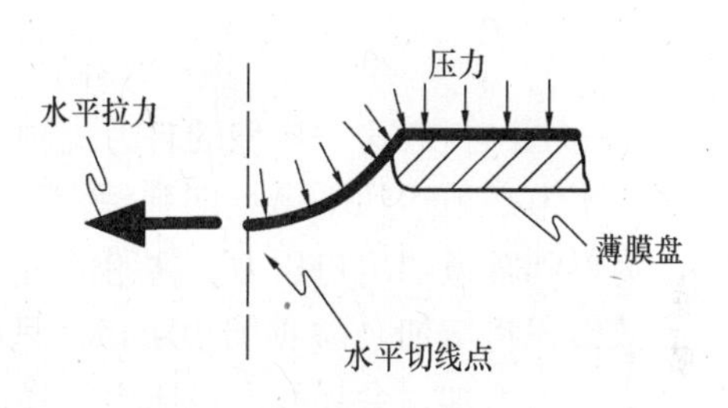

图 11-11　薄膜所受的拉力[132]

图 11-10 为薄膜卷绕部分的放大图（Close-up of diaphragm Convolution section）。由图可知，虽然荷载压力也是垂直作用在薄膜表面的各点上，但荷载压力在薄膜卷绕部分上的分配是不均匀的。

如果在薄膜卷绕部分的各点上作一切线，则只有一点，其切线是水平的，该点可称为水平切线点（Point of horigontal tangency），通过切点作一垂线（图 11-10 中的虚线），可将卷绕的薄膜分成两个部分。

由于薄膜通常是一种织物覆盖橡胶的制品，非常柔软，既不能承受剪力，也不能承受压力，任何柔软性材料惟一能承受的力是张力（拉力）。这一拉力常直接作用在薄膜各点的平行线上。如果进一步研究图 11-11，则可以获知，有一个水平张力存在于薄膜的水平切点上。作用在水平切线点左边的压力可通过薄膜材料的受拉传递到薄膜盘上去。在水平切线点上，这一拉力是水平的，如图 11-11 所示。薄膜向上或向下的动作就产生传递给执行机构的力。换言之，水平切线点以外的薄膜面积并不是有效面积（Effective area）。因此，如用公式 $F = P_L A$ 计算压力 P_L 作用在薄膜面积上所产生的力时，公式中的 A 应采用有效面积值。如前所述，有效面积的计算应采用卷绕薄膜水平切线点之间的直径作依据。

值得注意的是，我们必须避免另一个误区，即把水平切线点假设在卷绕薄膜的中心，这只有在薄膜盘的位置与法兰位置处于同一水平线上时才是正确的。在其他的位置上，有效面积随着水平切线点向内和向外移动而变化，可见图 11-12 所示薄膜的有效直径。

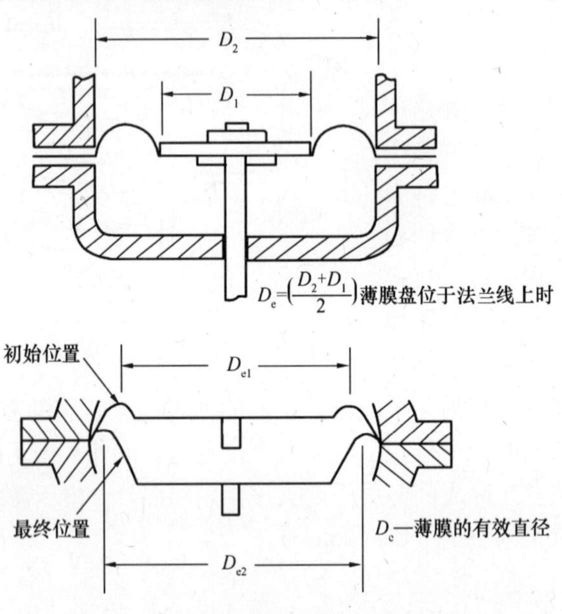

图 11-12　薄膜的有效直径[1,135]

如以图 11-13 这一典型的自力式调压器作为研究示例，对应于阀门的每一位置，薄膜两边的压力必须达到平衡：即弹簧向下的作用力与向上作用在薄膜上的控制压力必须相等。为得到常量的出口压力，薄膜的有效面积也应为常量，但由于阀门向下移动时，薄膜的有效面积将增加（参看图 10-11），只有降低出口压力，才能使相反的力达到平衡。因此，流量的增加，会导致出口压力的降低；反之，如出口压力不降低，则薄膜和阀塞只有向上移动才能达到平衡，也就是只能降低流量。这一薄膜效应可用图 11-14 表示。

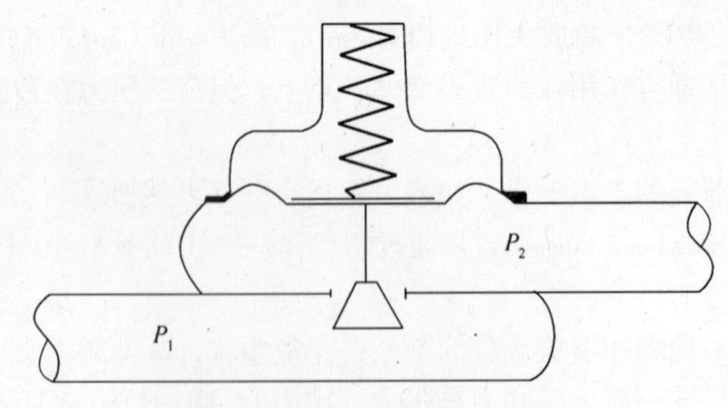

图 11-13　典型的自力式调压器[132]

由图 11-14 可知，通过调压器的流量越大，由于薄膜效应的关系，实际的出口压力与常量的出口压力之间的偏差也越大。

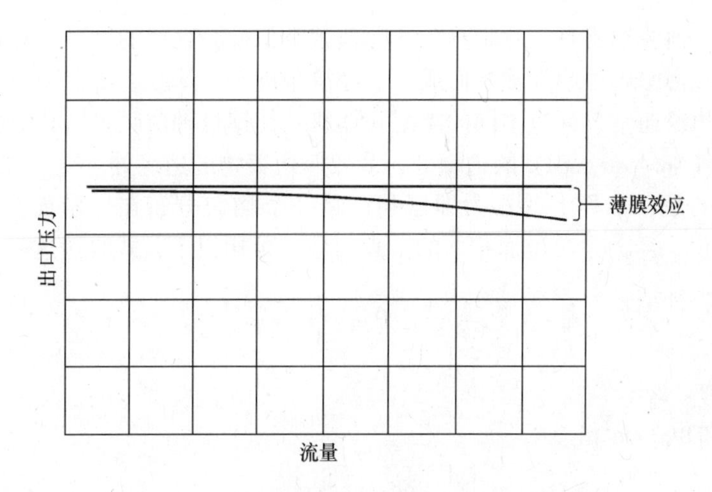

图 11-14 用薄膜效应表示的调压器性能[1,135]

二、弹簧效应（Spring effeet）

如前所述，除老式的重量荷载装置外，几乎所有的调压器都有弹簧，事实上，弹簧和薄膜是现代化调压器用得最广的荷载元件。弹簧和薄膜的效应也可合在一起研究，称为弹簧和薄膜效应（Spring and diaphragm effect）。

从设计的观点看，有一些弹簧的因素十分重要，如弹簧的材料、弹簧丝的直径、弹簧的直径、自由长度和弹簧的圈数等。但是，从燃气工作者的运行角度来看，只有一个因素最具有现实意义，这个因素就是弹簧率（Spring rate）。

弹簧率（K）定义为多少千克力（F）可使弹簧压缩 1cm。如果某一弹簧需要 27.2kgf 才能压缩 2.54cm，则该弹簧的弹簧率为 10.7kgf/cm。由于在一定的运行范围内，弹簧率呈线性关系，因此，同一弹簧，40.8kgf，可以压缩 3.8cm，压缩量与弹簧力成正比关系。如果有另一个弹簧，压缩 5.08cm 需要 45.4kgf，则该弹簧的弹簧率为$\frac{45.4}{5.08}=8.94$kgf/cm。

这一例子可用以下的简单关系式来表示：

$$K = \frac{F}{x} \tag{11-1}$$

式中 F——力，kgf；

x——压缩量，cm；

K——弹簧率，kgf/cm，即弹簧刚度，常用 N/mm 的单位表示。$\left(\frac{\text{kgf}}{\text{cm}}=0.981\frac{\text{N}}{\text{mm}}\approx\frac{\text{N}}{\text{mm}}\right)$。

将式（11-1）写成以下形式：

$$F = Kx \tag{11-2}$$

就可根据任何已知的压缩量求出所需要的力。这一简单的公式在研究调压器时非常有用。

弹簧的用途在于，它所提供的荷载力仅是一个方向，但压缩弹簧的能量还可能来自其他方向，这一能量就是作用在薄膜上的力。因此，弹簧效应常与薄膜效应合在一起来研究。

如前所述，薄膜通常是一片织物，其上覆盖类似橡胶材料的制品。有些薄膜模压成一定的形状，有些薄膜则由膜片裁制而成。从经济角度看，薄膜的覆盖物在边缘处应该越薄越好。较薄的边缘通常设计成不同的类型和形状。使用这种薄膜时，其安装方法应使压力作用在不成型（Non-patterned）的边缘处，或较厚覆盖物的边缘处。

值得注意的是，工程上的压力即压强，是一个均匀分布在一定面积（cm^2）上的力（kgf）。正确地说，压力是单位面积上的千克力数，可用以下公式表达这一关系，即：

$$P = \frac{F}{A} \tag{11-3}$$

式中 F——力，kgf；

A——面积，cm^2；

P——压力，$\frac{kgf}{cm^2}$或 kPa，$1\frac{kgf}{cm^2} = 98.0665kPa$。

上式也可写成以下通式：

$$F = PA \tag{11-4}$$

根据作用于薄膜有效面积上的力，可求出作用力的大小。在研究调压器时，这一公式也十分有用。

由上述可知，如用弹簧作为调压器的荷载，则弹簧所产生的力直接随其压缩性而变化。如弹簧受压较大，则需要大的力才能支持弹簧的压缩状态，反之亦然。再研究图 11-13 所示的自力式调压器：对应每一阀的位置，薄膜的反向力总是处于平衡状态。弹簧向下的作用力和向上作用在薄膜上的燃气控制压力总是相等的。

因此，为使出口压力为常量，弹簧力也应保持为常量才能平衡压力。但由于阀门向下移动时，弹簧力将减小；为使反向力得到平衡，出口压力必须降低；也就是为满足流量增加的需要而改变阀的位置增大开度时，阀杆和薄膜需向下移动，弹簧也有所放松。为了维持阀的新位置，出口压力应有所降低，而不能保持常量的要求。弹簧效应可见图 11-15。由图可知，随着流量的增加，弹簧效应将使出口压力与常量要求的偏离值也增加。

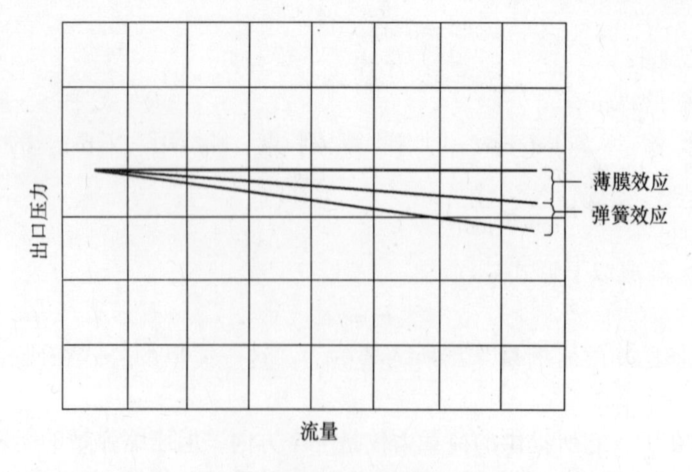

图 11-15 用弹簧效应表示的调压器性能[1,135]

三、冲击效应（Impingement effect）

回顾图 11-13 所示的自力式调压器，该调压器中出口控制压力作用于薄膜的下侧。在这样的设计中，通过阀的燃气量将冲击薄膜，形成一个作用在薄膜上的冲击力，使阀产生关闭的倾向并导致出口压力的降低。

四、进口压力效应(Inlet-pressure effeet)

在稳定状态下，调压器中所有的力均应平衡。当进口压力变化时，作用在阀塞上的力也发生变化。为了建立新的平衡，出口压力也随之而变化，以补偿进口压力产生的压力效应。如图 11-13 中，阀座的位置处在进口孔的一侧，它趋向于将阀门关闭并降低出口压力，对应于这一阀口状态的调压器进口压力效应可见图 11-16。由图可知，进口压力越高，压力效应也越大。

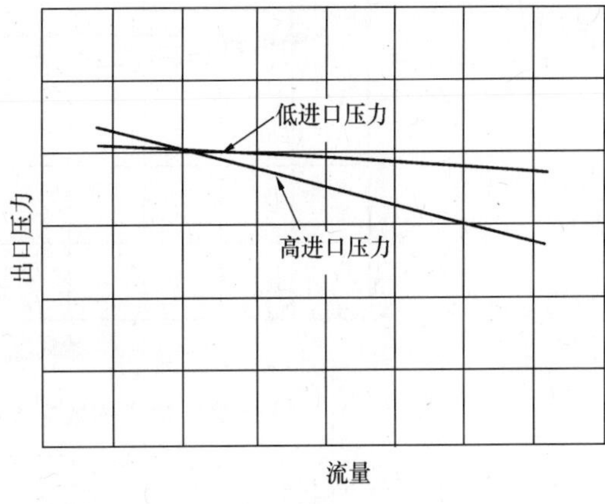

图 11-16 阀塞处在进口孔一侧时，以单座阀表示的调压器性能[1,135]

如阀塞的位置处在出口孔的一侧，则进口压力效应值相反，即增加进口压力趋向于开启阀门，在所有的流量下将增大出口压力。图 11-4 中所示的平衡阀，由于是双阀塞，阀塞本身具有相反的两种进口压力的受力状况，进口压力变化的效应就不起作用。也可用杠杆原理减少进口压力效应的影响。

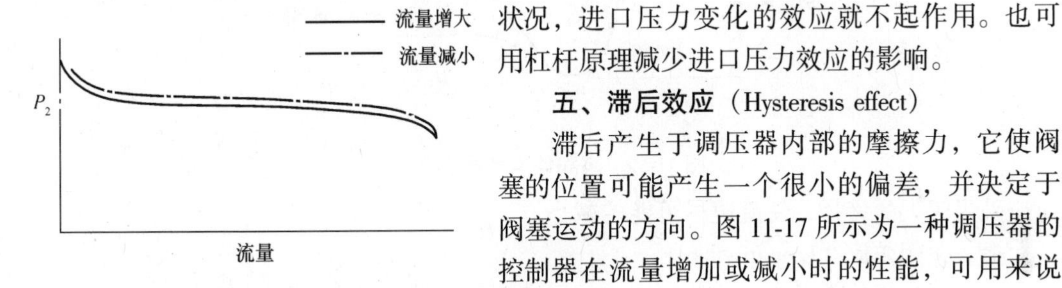

图 11-17 滞后效应[1]

五、滞后效应（Hysteresis effect）

滞后产生于调压器内部的摩擦力，它使阀塞的位置可能产生一个很小的偏差，并决定于阀塞运动的方向。图 11-17 所示为一种调压器的控制器在流量增加或减小时的性能，可用来说明滞后效应。

六、壳体结构效应（Body Configuration effect）

调压器壳体结构对通过调压器压降的影响可见图 11-18。图中综合了薄膜效应、弹簧效应和壳体效应的影响，这三种效应起着相同的作用，即在流量增加时，被控制的出口压力 P_2 都有下降的趋势。产生这一效应的原因有两个，其一是当流量高速流过阀孔后，在下游的管道中最后将减速，由于摩擦力的作用产生了压力损失。如通过调压器的燃气发生湍流，还将产生热能或噪声的附加动能损失。其二是能量损失与阀塞的结构有关，如球阀型阀孔（Ball valve type），因它具有流线型的形状，可减少能量损失，并使下游的压力得到高的恢复量，因此可称为高恢复量的调压器（阀）（High-recovery regulator/valve），又如双阀孔球形阀塞的调压器（Double-Ported globe-valve regulator），阀塞易于产生湍流，能量损失较大，因而称为低恢复量的调压器（阀）[Low-recovery regulator（valve）]。高和低恢复量阀的性能可见图 11-19。假设图 11-19 中所描述的两种阀具有相同的流通断面。由于流量决定于压降（即进口压力减缩脉点的压力，$\Delta P = P_1 - P_{vc}$），因此，两种阀门应有相同的流量。通过阀的实际压降决定于阀的型式（Style）。为使压力得到充分的恢复，下游的管

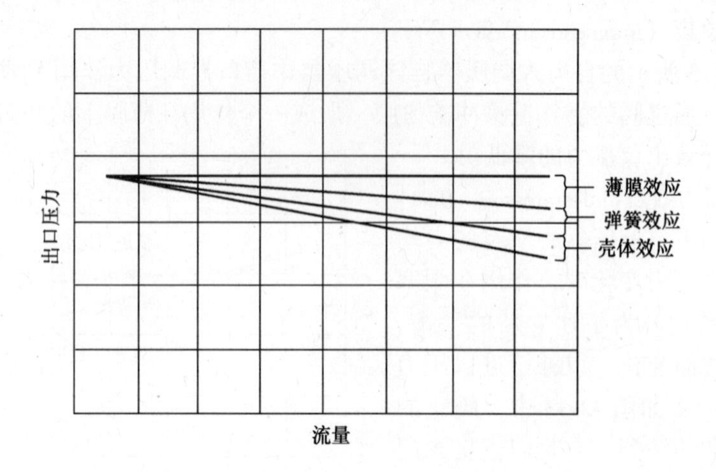

图 11-18　用壳体效应表示的调压器性能[1,135]

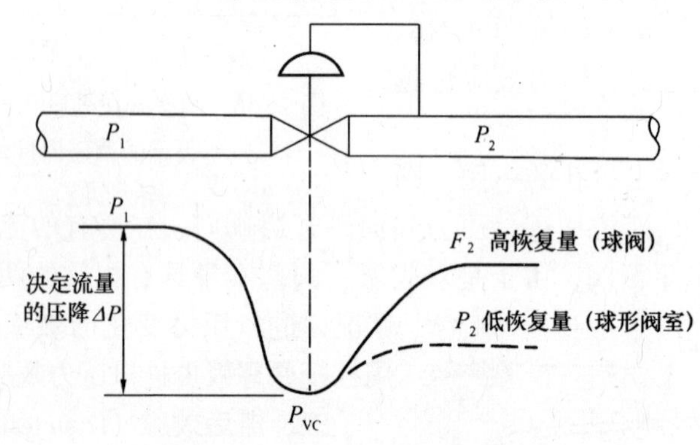

图 11-19　高和低恢复量的阀[1820,1]

道应采用较大的管径，使流速尽可能的减小。

七、关闭效应（Lockup effect）

对需要快速并紧密关闭的调压器（如用户调压器等），则流量为零的状态应是调压器的临界工况。图 11-20 为调压器软座阀和硬座阀的关闭特性。通常软座阀常做成凹槽以求关闭严密。在关闭时，出口压力会继续升高，直至有足够的力使阀座紧密关闭。

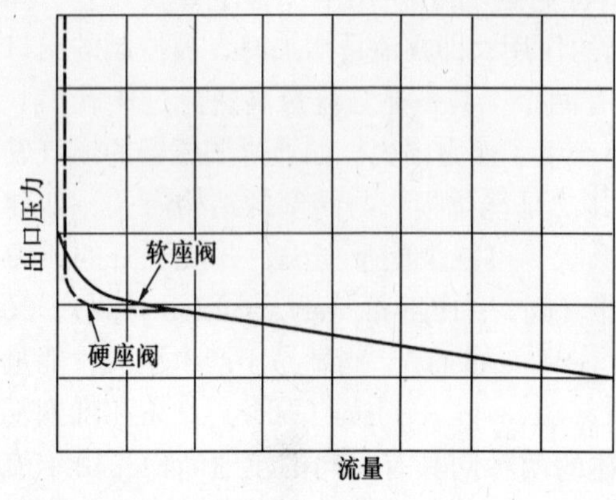

图 11-20　调压器的关闭特性[1,135]

八、比例带（Proportional band - PB）

由于上述的各种效应，调压器不可能在其全部流量的范围内保持常量的出口压力。调压器运行中设定压力的变化范围称为比例带，常以设定压力的百分数表示。比例带即是从无负荷流量（No-load flow）（阀门的关闭状态）到全负荷流量（Full-load flow），即阀门的全开状态，控制压力与设定压力值相比的上升量（Boost）和下降量（Droop）。

比例带的概念也可用粗略的定量计算

来说明。研究图 11-13 所示的自力式调压器可知，调压器在稳定状态下运行时，受压的力由感应 P_2 后产生，作用在薄膜的面积上；弹簧受压缩面产生的弹簧力，则来自弹簧本身，这两个力应该平衡。因此，根据式（11-2）和式（11-4）可写出：

$$PA = KX \tag{11-5}$$

在此，即

$$P_2A = KX \tag{11-6}$$

或

$$P_2 = \frac{KX}{A} \tag{11-7}$$

用这一简单的公式对图 11-13 所示的调压器可作一些有趣的观察。假设该调压器的有关参数如下：

$K = 28.6\text{kgf/cm}$（弹簧率）

$A = 516.13\text{cm}^2$（薄膜的有效面积）

$T = 5.08\text{cm}$（从全开到全闭阀的总行程）

若图 11-13 中阀塞处于全开状态下弹簧所受的原始压缩量为 2.54cm，又已知当阀塞从全开至全阀的总行程为 5.08cm，则阀塞全闭时弹簧的总压缩量为 $2.54 + 5.08 = 7.62\text{cm}$。这时，阀孔下游作用在薄膜上的控制压力 P_2 为：

$$P_2 = \frac{28.6 \times 7.62}{516.13} = 0.422 \frac{\text{kgf}}{\text{cm}^2}$$

即

$$0.422 \times 98.0665 = 41.4\text{kPa}$$

如果系统中的耗气量发生变化，要求按最大流量供气，阀塞将向下移动至全开状态。为使阀塞开启，P_2 必须降低，于是可求得一个新的、阀口全开时的 P_2 值，这时，弹簧的压缩量为 2.54cm。于是：

$$P_2 = \frac{28.6 \times 2.54}{516.13} = 0.141 \frac{\text{kgf}}{\text{cm}^2}$$

即

$$0.141 \times 98.0665 = 13.8\text{kPa}$$

由计算结果可知，为使阀塞有效的开启并通过全部的负荷流量，控制压力 P_2 必须从 41.4kPa 降至 13.8kPa，即下降量为 27.6kPa。

进一步的研究说明，13.8kPa 只是使阀塞处于全开状态下的控制压力，此压力在最大负荷流量条件下一直维持着，只有当耗气负荷流量回到原始的关闭状态时，才能恢复到原始的 41.4kPa 的控制压力。

如果改变全开状态下弹簧原始压缩量的数值，用相同的计算方法核对，则 P_2 值会有所变化，但 P_2 值的降低量总是 27.6kPa。控制压力 P_2 降低的实际值范围是已知调压器设计参数的函数，由需要改变的弹簧压缩量所引起，因此应特别注意弹簧效应。

调节弹簧原始压缩量的值，将改变在任何已知负荷流量条件下的运行压力值。这是必须准确调节调压器设定点的原因。但弹簧的压缩量不会改变弹簧效应的数值。

负荷流量的增加导致控制压力的降低常称为控制压力 P_2 的下降量（Droop）。如上所述，在燃气工业中，从低负荷至全负荷条件下，控制压力 P_2 所产生的下降量定义为比例带，并用符号 PB 表示。

在上述计算示例中，只说明由弹簧效应产生的比例带的大小，计算中假设薄膜的有效面积为常数，这一假设是不正确的。只有在阀塞关闭，弹簧承受最大压缩量时，薄膜的有效面积才是 516.13cm²。当弹簧非常放松，阀塞处于全开的状态下，薄膜的有效面积将略大于 516.13cm²，上例中比较典型的值为 645.16cm²。因此，根据薄膜有效面积的变化可算出对比例带的影响。

$$PB = \text{低负荷时的 } P_2 - \text{高负荷时的 } P_2$$

$$= \text{低负荷时的}\frac{KX}{A} - \text{高负荷时的}\frac{KX}{A}$$

$$= \frac{28.6 \times 7.62}{516.13} - \frac{28.6 \times 2.54}{645.16}$$

$$= 0.4222 - 0.1126 = 0.3096\ \frac{\text{kgf}}{\text{cm}^2}$$

即

$$0.3096 \times 98.0665 = 30.36\text{kPa}$$

由于薄膜有效面积的变化，调压器的比例带增加了 30.36 - 27.6 = 2.76kPa

因弹簧和薄膜效应引起 P_2 下降的情况可见图 11-21（与图 11-15 相类似）。

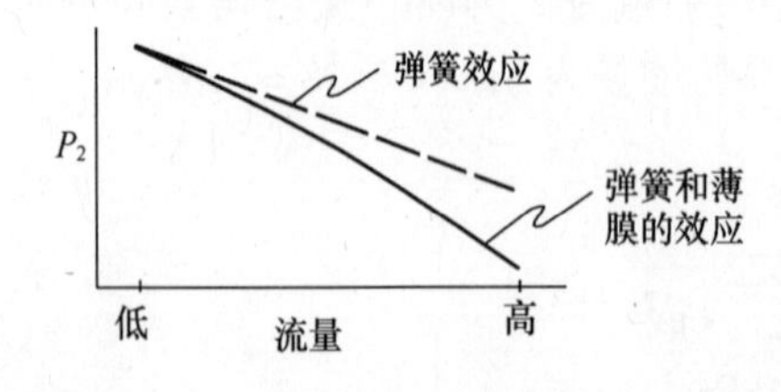

图 11-21　因弹簧和薄膜效应引起的 P_2 下降量[132]

研究一个自力式弹簧荷载式调压器的下降量（Droops）可知，当进口压力 P_1 为常量时，控制压力 P_2 的下降量若从低流量时的 414kPa 至高流量时的 372.6kPa，即下降量为 41.4kPa，比例带为 $\frac{41.4}{414} = 10\%$；对阀门开闭的全冲程来说，41.4kPa 的下降量是必要的。在弹簧的整个工作范围内，调压器也有相同的比例带，如弹簧受压后，在低流量时可维持出口压力为 552kPa，则在高流量时，控制压力的下降量为 55.2kPa，也就是阀门全冲程的压降为 55.2kPa，调压器的比例带为 $\frac{55.2}{552} = 10\%$。

由于流量决定于入口和缩脉点处的压力差，在每一设定控制压力下的流量曲线是不同的。如设定的控制压力相同，则不同入口压力下的流量曲线也是不同的。

从调压器工作的性能曲线来看，比例带越窄或越小越好。先进的调压器设计应减小甚至消除影响调压器工作的负面特性。

从上述调压器的性能特征研究来看，减小比例带可以有多种方法，一种方法是减小薄膜效应，采用深卷绕的模压薄膜（A molded diaphragm with deep convolutions），也称为卷曲型薄膜（Roll-out type diaphragm）。这种薄膜在上下移动时，卷曲部分水平切线点的位置变化甚小，也就是有效面积的变化量很小，缺点是模压薄膜的成本较高。

也可采用低弹簧率的弹簧来减小比例带，但由于弹簧的低刚度（stiffness），阀塞工作时会嗒嗒作响。再一种方法是安装一个尺寸大的阀塞，使阀塞的行程减小。也可采用薄膜有效面积较大的另类调压器等。这些方法从理论上说都可以减小比例带，但却超过了弹簧的行程能力和原始压缩量的范围；最后两种方法的缺点是硬件必须要有大的变化。

九、控制动作（Control actions）

调压器的基本控制动作为：开关（On-off），比例控制和比例控制加再设定。

零比例带代表开关动作。调压器阀门的全开代表完全感应了出口压力的降低量，全闭代表完全感应了出口压力的增加量。这种“突开突闭”（Slam open-slam shut）的动作是不希望发生的。过高的灵敏度会使调压器产生脉冲，并使设备失效。

100%的比例带是指敏感元件的全部范围都得到利用，即阀全开时，出口为零压（Zero pressure），全闭时，出口达到设定的控制压力。这种调压器的动作非常缓慢，不能起到良好的调节效果。

一个优质的调压器应具有较窄的比例带而又没有过高的灵敏度，却能一直维持需要的出口设定压力。为达到这一要求，可在仪器操作调压器（Instrument-operated regulator）中用比例控制加再设定的动作来完成。阀的初始变化是比例控制，但是，阀可以再定位，使敏感元件重新达到所需要的等级，即阀门可以通过再设定以维持所需的出口压力。

第三节　调压器的控制方法（Regulatar control methods）

调压器有三种基本的控制方法：即自力式（self-operated），控制器操作式（Pilot-operated）和仪器操作式（Instrument-operated）。现分述如下。

一、自力式调压器

自力式调压器也称为直接作用式调压器，在这类调压器中，操作所需的三种元件全部设置在调压器的壳体内。控制压力直接作用于敏感薄膜（主薄膜）上，并产生移动阀门的力。在调压器的壳体内，敏感元件可直接量测和感应控制压力，也可通过调压器下游管道上安装的控压管将控制压力传至敏感薄膜。自力式调压器有两种类型，即重量荷载式和弹簧荷载式，其中弹簧荷载式用得最广。

一般来说，自力式调压器的设计和制造简单，易于运行和维护，工作稳定，由于控制压力直接作用在主薄膜上，因而反应灵敏。在燃具和用户调压器中用得很广。

自力式调压器的主要缺点是难以保持出口压力为常量。由于调压器的性能特征，如弹簧和薄膜效应，会导致控制压力（出口压力）的降低。但这一降低量可通过一些先进的设计来改进。如前所述，可用一种特殊模压的深卷绕型（Deep convolution）薄膜，即卷曲型薄膜（Roll-out type diaphragm），在弹簧压紧或放松的行程内可以增大弹簧压缩时薄膜的有效面积（如图11-22）。这一特殊的设计改变了阀门移动行程内，薄膜有效面积发生较大变化的状况。但卷曲型薄膜设计通常只用在大型区域调压器中。

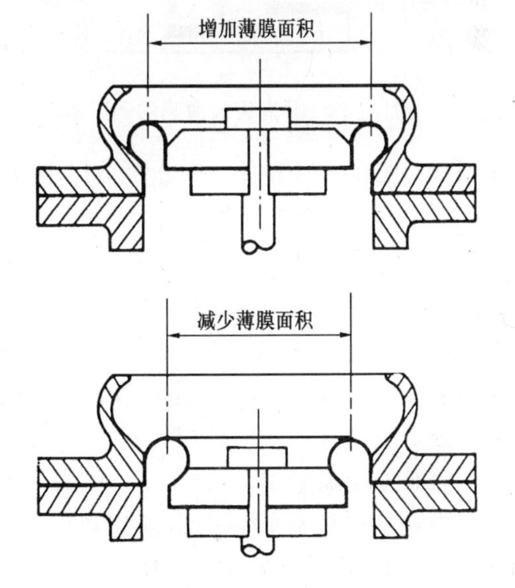

图11-22　卷曲型薄膜[1.135]

如前所述，调压器在运行中，入口压力效应的变化很大。在燃具调压器中，入口压力通常较低，由于薄膜尺寸和阀门尺寸的比例很大，入口压力的效应很小。对用户调压器，虽然入口压力的变化范围很大，由于控制压力与入口压力相比甚小，可用杠杆原理提供的机械效能来减小入口压力效应。通常取杠杆臂的比为3:1，则薄膜的力将增加三倍，进口压力的影响就能很好地抵消。图11-23为杠杆型用户调压器。

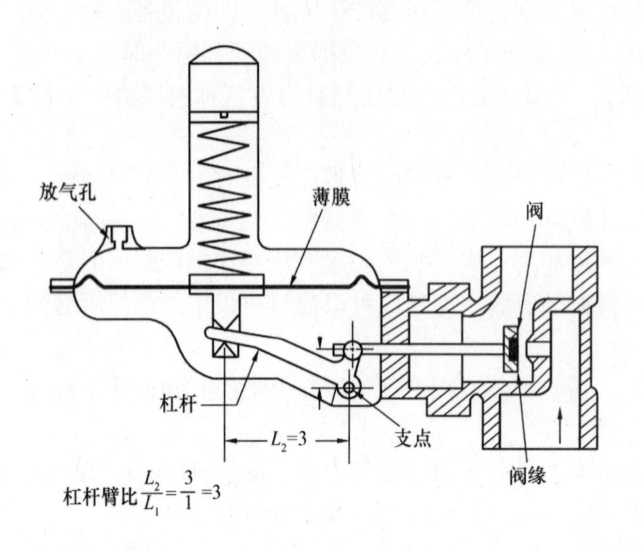

图 11-23　杠杆型用户调压器[1,135]

大型自力式调压器通常有两种不同的技术可减少因入口压力效应对控制压力的补偿。一种技术是进口压力一方面直接作用在阀上将阀门打开，另一方面又作用在密封的薄膜上将阀门关闭，如图 11-24 所示。另一种技术是采用双座阀（见图 11-25），由通过阀门的压差，使上部的阀门受有向上移动的力，而下部的阀门又因同样的压差产生向下移动的力。在上述两种技术中，进口压力的变化不会影响作用在控制薄膜上的力。

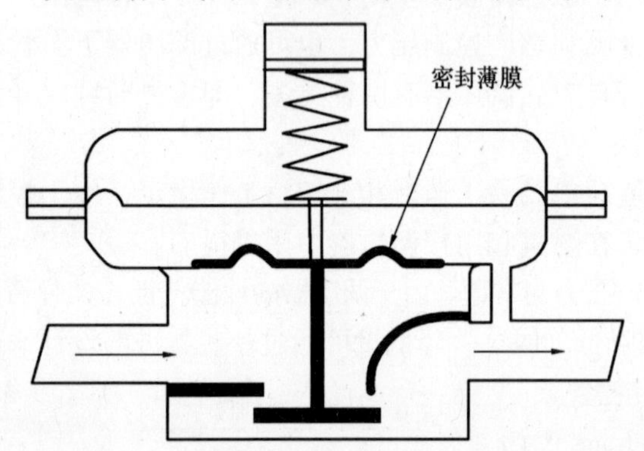

图 11-24　具有密封薄膜的调压器[1,135]

双座阀（也称为平衡型阀 Balanced-valve）的设计，由于其固有的优点，与密封薄膜型的设计相比，可在进口压力变化范围很大时应用，但双座阀动作的关闭位置必须相等，准确地保证无流量关闭时的气密性。为做到这一点，通常要做大量的调整工作。

控制点（Control point），即控压管或外部控制管连接点的选择对控制壳体结构效应十分重要。减小这一效应的最简单方法，是将控压管移至下游管道，这样，调压器所控制的压力也就是下游管道引出连接点的压力，即设定点的压力，这在第五章中已讨论过。

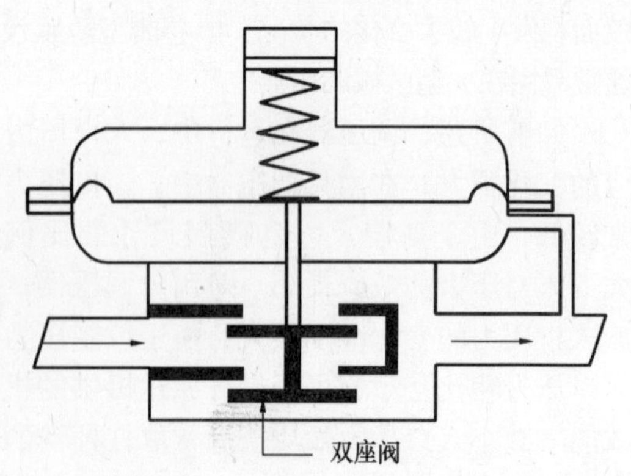

图 11-25　有双座阀的调压器[1,135]

二、自力提速式调压器（Self-operated, Velocity-boosting regulators）

如果不希望安装外部控制管（控压管），则另一种称为提速（Velocity boosting）的技术可用来抵消控制压力（出口压力）的下降量，甚至在流量增加时可增大出口压力。这就是在第五章中已讨论过的升压式调压器（Pressure-boosting Regulator）。

回顾图 11-3 所示的典型调压器的压力图，缩脉点仅在阀孔下游的不远处，该点的速度最大而压力最低，随后，在下游的管道中压力又恢复到 P_2 值，这就是通常作用在薄膜上的控制压力。

速度增大型调压器的设计是使 P_2 不再作用在薄膜上，代替它的是用一个毕托管(Pitot tube)(也称空速管)将接近于缩脉点处的低压 P_{vc} 直接引至作用在薄膜上，如图 11-26 所示。

当负荷流量开始增大，在毕托管处感应到的压力开始下降，如 P_2 的作用相同。由于感受的压力是靠近缩脉点处的压力，该点燃气的流速较大，压力比 P_2 更低，用这一压力作用在薄膜上后，阀塞就会轻轻开启，开启的程度比 P_2 作用在薄膜上时要大，并有保持 P_2 相对更接近于常值的功能，防止在高负荷流量时 P_2 发生更大的下降量。

图 11-27 表示有提速效应调压器的特性曲线（图中虚线表示无提速调压器的特性曲线），由图可知，弹簧与薄膜效应仍会与无提速的调压器一样，在感应点上产生一个压力的下降量，但这一下降量将被随后下游压力的恢复所抵消。

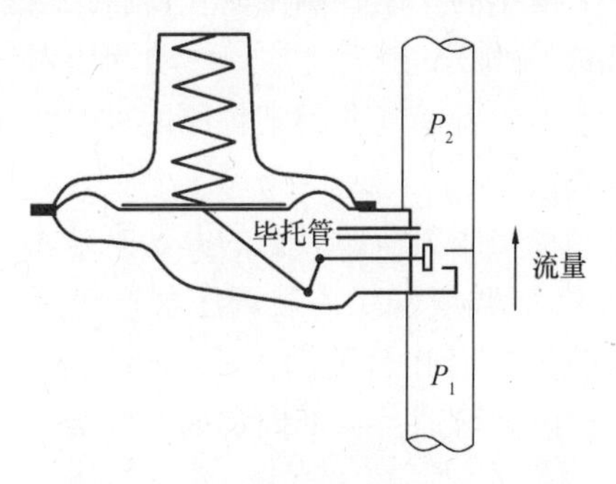

图 11-26　有毕托管的提速式调压器[132]

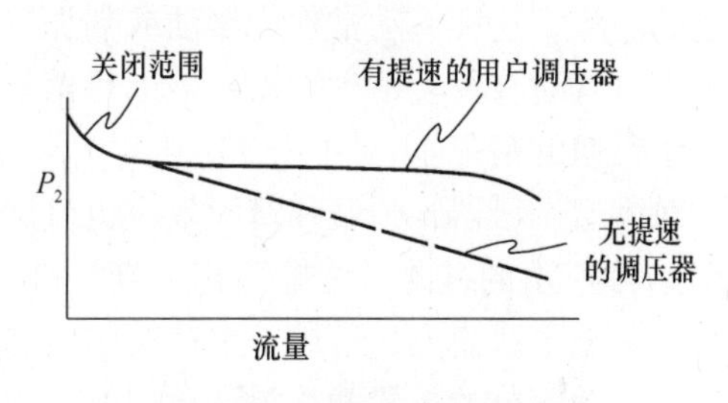

图 11-27　表示有提速效应的调压器特性曲线[132,135]

对任何类型的用户调压器，均可能遇到关闭所有燃气用具（包括引火燃烧器在内）的情况，因而零流量时的关闭效应十分重要。如图 11-23 所示，应采用软阀塞。P_2 必须升高到一定程度才能在零流量时将阀门关严。在图 11-27 上可以清楚的看出关闭压力区的特性曲线。在关闭压力区内压力的升高直接决定于阀塞上弹性材料的刚度。

出于经济原因，用户调压器通常采用图 11-23 所示的单孔阀。当进口压力 P_1 增加时，作用于阀上的不平衡力也增加，甚至用杠杆系统也解决不了阀的不平衡问题，仍然需要增加 P_2 以平衡阀口面积和 P_1 的增加所带来的不平衡。

图 11-28 为对一定阀口尺寸在 P_1 发生变化时获得的一组用户调压器的特性曲线，曲线说明，在典型的用户调压器上，对应于每一进口压力，可以有不同的出口压力曲线。

调压器的特性曲线是合理选择调压器的依据，特性曲线的每一数值必须与管网系统中可能发生的动态数据相匹配。

多数用户调压器的控制压力不超过几百毫米水柱，且各个燃气公司的设定值并不完全相同，还需要有设定值的调节装置。通常，用改变弹簧初始压缩量的方法，在弹簧负荷极

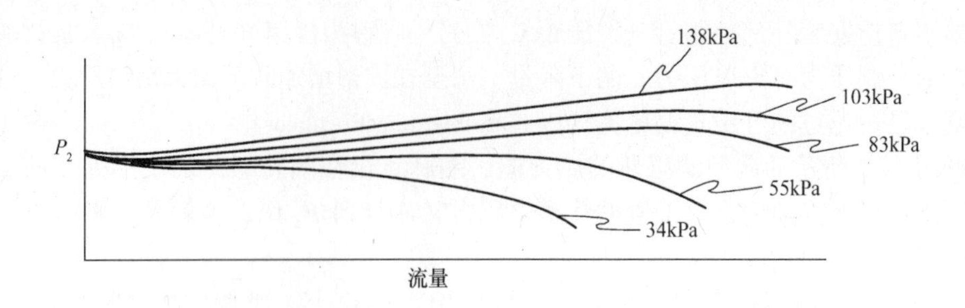

图 11-28 典型调压器上不同入口压力下控制压力的变化[132]

限的一定范围内调节设定值 P_2。

在调节设定值 P_2 时还应考虑到弹簧与薄膜活动部分的组合件重量，组合件产生一个向下的附加力，必须用 P_2 的附加增加量或减少量来平衡。

调压器的上盖既要能抓住弹簧，还要保护调压器中可能受气候、灰尘影响的裸露部分。薄膜的上部还应保持一个空气垫层，当薄膜组合件向上或向下移动时，上壳体中的空气可通过放气孔随意进出，否则，压缩量和上壳体中空气所产生的膨胀波（Rarefaction）会干扰薄膜的运动。

如果限制上壳体中空气的进出量，能保持一个很小的正压，则可防止薄膜组合件产生振动的趋势，这种振动常称为摆动或喘振（Hunting or buzzing）。通常，移动调压器封帽调节弹簧时有时会发生这种喘振，盖上封帽就会停止，或者通气孔因某种原因被扩大了，也会发生类似的情况。

对大型调压器，弹簧和薄膜效应也可用弹簧荷载与压力荷载联合的办法来减小，可参看图 11-7 所示的有向下游排气孔（节气口）的荷载型调压器。荷载调压器产生一个压力荷载作用于主薄膜上，形成一个使阀门开启的荷载力，而弹簧则提供一个相反的荷载力，以克服移动部分的重量并关闭调压器的主阀。荷载压力可通过一个固定的节气装置（节气孔）向下游的管道系统释放。

如作为荷载的燃气流向大气（图 11-6），则调压器也可由荷载压力开启。作为荷载的燃气如流向下游（图 11-7），则需另设一个使阀门关闭的弹簧。流向大气型调压器具有很大的振动特性（Excellent shock characteristics），在工业上应用时，常用快速关闭荷载阀（Fast-closing load valve）来解决振动问题。但燃气的臭味（可洗掉）和流出燃气的潜在危险必须认真处理和及时排除。对流向下游型调压器，则应严格限制其通过量，因为流过节气孔的多余燃气可能会长期产生。

三、控制器操作（压力荷载）式调压器（Pilot-operated（Pressure Loading）Regulators）

如自力式调压器的比例带或能力不能满足特殊应用的需要，最合乎逻辑的方法是在控压管上设置一个压力放大器。压力的放大可用一个小型控制调压器来完成，通常称为控制器（Pilot）或仪器控制器（Instrument controllers）（以后将讨论）。

控制器（也称作替续器）（Relay）或增值器（Multiplier）的用途是感应控制压力的变化，放大后使薄膜的荷载压力有较大的变化。放大量称为控制器的获得量（Gain of the Pilot）。获得量为 20 的控制器，在出口压力发生 6.9kPa 的变化时，在主薄膜上的荷载压力将发生 138kPa 的变化。这样，比例带也减少 20，减少量等于控制器的获得量。

一个典型的控制放大器是有两个薄膜的组合件，且刚性地组合在一起，如图 11-29 所示。

这一完整的薄膜组合件在弹簧的作用下可以上下移动。荷载压力（P_L）和控制压力（P_2）在薄膜组合件移动时可通过按 P_2 的变化调节流经供气压力喷嘴（The supply pressure nozzle）的流量。这一可变孔口的最大开度应比设于上部薄膜上的固定节流孔口要大。

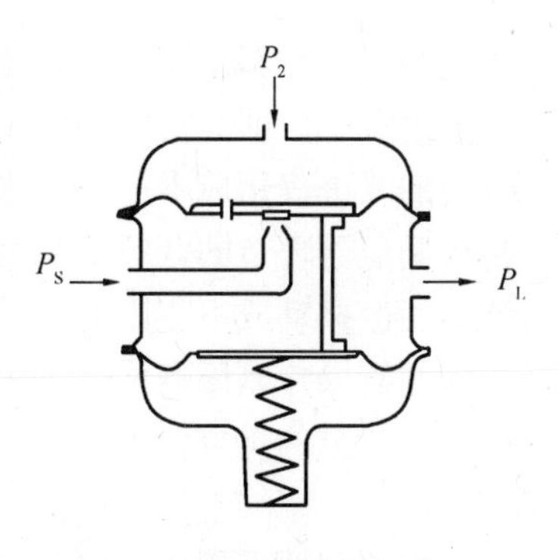

图 11-29　控制放大器[132]

如果引入一个供气源点的压力 P_s（通常即调压器上游的压力 P_1），当源点燃气通过喷嘴或可变孔口时，由于流过薄膜上固定节气孔的速度不可能太大，在两个薄膜之间就产生了荷载压力。如果 P_2 升高使喷嘴关闭，因为通过固定节气孔的流量比通过喷嘴的要大，则 P_2 就会降低，这说明荷载压力 P_L 反比于 P_2，即 P_2 减小时，P_L 反而增加或 P_2 增加，P_L 减小。

根据上述原理，一个控制放大器甚易设计成当 P_2 稍有变化就可以使双薄膜组件产生的移动量使可变喷嘴全开或全闭。也就是 P_2 非常小的变化会产生 P_L 非常大的变化，控制放大器得到了很大的获得量（Gain）。一个典型的控制放大器的获得量可以达到 20。

如果在图 11-8 这样典型的自力式调压器的控压管上安装一个图 11-29 所示的控制放大器，就成为图 11-30 所示的控制器操作调压器。值得特别注意的是，因为控制器的 P_2 和 P_L 是反比关系，为了仍旧保持增加 P_2 形成阀塞的关闭动作，阀塞的作用方向就必须改变。比较图 11-30 和图 11-8 后可知，安装控制器后阀塞的作用方向也改变了，由图 11-8 中向下为关闭成为图 11-30 中向上为关闭。

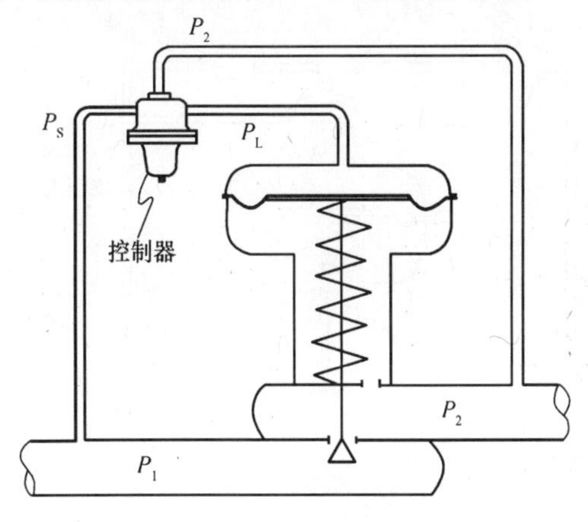

图 11-30　控制器操作调压器[132]

图 11-29 中控制放大器有三条连接管线，与图 11-30 的安装位置相对应，第一条为控制压力线 P_2，第二条为上游的供气压力线 P_1（P_s），第三条为控制器的出口作为荷载压力 P_L 使用的连线，它直接作用在调压器的薄膜上。

与自力式调压器的原理相同，当系统的负荷流量增加时，阀塞应该开启，它由降低作用在薄膜上的压力来完成，并认为这一薄膜压力的变化量直接用控制压力的下降量来表示。按照这样的定义，如果控制放大器的获得量为 20，为了得到薄膜上相同的压力变化，控制压力的下降量只需$\frac{1}{20}$，也就是比例带的减小量相当于指挥器的获得量。

在讨论比例带时，曾有示例研究过自力式调压器因弹簧和薄膜效应产生的比例带值为 30.36kPa，如在同样的调压器上安装获得量为 20 的控制器，则比例带值仅 1.52kPa，两者的差别很大。

控制器操作调压器对改进比例带做出了很大的贡献，但并不是所有调压器都需要这样做，原因有二，即经济性和稳定性。控制器操作调压器比简单的自力式调压器贵很多，而比例带的改进仅用成本的增加来评价也并不全面。另一方面，控制放大器的获得量也增加了整个调压器环节的获得量和敏感性，如果这一环节的获得量过大，就会变得不稳定，调压器会发生振动或不规则的摆动。

控制器操作调压器常用于大型工业用户和大型配气系统上的区域调压站。这类调压器有比例带较窄的优点，与同样规格的自力式调压器相比，结构更为紧凑，且有更大的通过能力。

选择控制器操作调压器时，应考虑以下几点：

（一）控制器的获得量必须与系统相匹配，以防产生不稳定性。如上所述，获得量太高，系统将不稳定，调压器将发生振动或不规则的摆动。控制器的获得量可用设在控制器中不同规格的固定式或可变式节气器来调节。制造厂应提供不同节气器的资料。

（二）即使调节了控制器操作调压器的节气器，在工业应用中，常难以与某些快速关闭的荷载阀相配合，这种情况下自力式调压器仍是首选方案。

（三）由于控制器操作调压器增加了一些复杂的装置，包括微小的节气孔和弹簧动作导向执行机构，因此，可能发生的所有失效状态均应考虑到，因为不论开启或关闭，调压器均可能失效。

控制器操作调压器有两种基本类型：双通路控制（荷载）系统［Two-path control (loading) system］和卸载系统（Unloading system）。分述如下：

（一）双通路控制（荷载）系统

在双通路控制系统中，下游压力的变化直接作用在主薄膜和控制器的薄膜上，如图 11-31 所示。当下游压力降低，控制器打开，荷载压力增加，主阀打开。当下游压力升高，控制器关闭，通过节气器的固定流出量降低了荷载压力。由于气体的流出，主调压器薄膜的上下已无压差存在，因此，控制器关闭时，阀门靠弹簧力关闭。

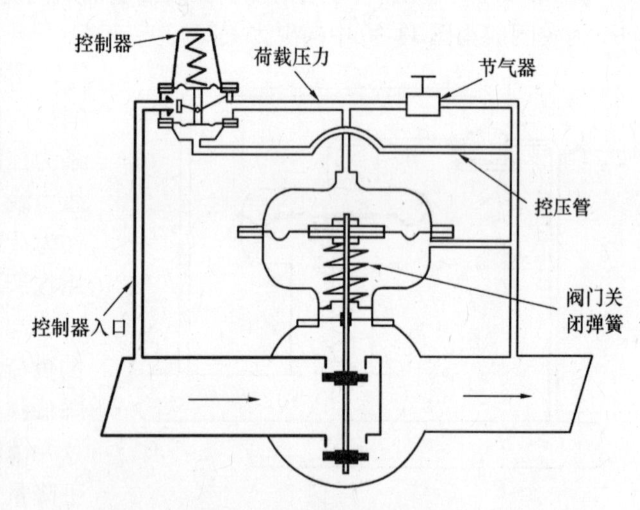

图 11-31　变压荷载系统[1,135]

主调压器薄膜对下游压力的变化反应很快，主阀可在所需的方向移动，这一动作且可由控制器的动作来补充。只要控制器感受到下游压力的变化，补充的动作就立刻发生。这种快速的调节作用来源于主薄膜和高获得量控制器的联合工作，但控制器工作的准确性和稳定性只能缓慢地进行调节。

概括地说，这种调压器的特点是，低获得量的一级通路调压器（即自力式）可提供迅速和稳定的反应，但控制压力（出口压力）的下降量比所需的值大。但稍后，二级通路可从控制器得到高获得量的反应，用以补充一次通路的反应。

控制器系统通常有一个固定孔（节气孔）和一个可变孔（喷嘴），荷载压力就在其中间产生。节气器常设在控制器的下游，由于下游压力作用在主薄膜的下侧，荷载压力常常较高，便于燃气流向下游管道。

由于主薄膜上下的压差很小，可采用较薄的薄膜，但在荷载压力很高或出口压力发生很大的波动时仍应特别注意保护好主薄膜和执行机构的壳套。在压差过大时，薄膜常用一个小型安全阀来保护。

（二）卸载系统

图 11-32 所示的卸载系统仅有一个控制通道。控制器的动作参与全部调节过程，且可根据下游流量负荷的要求开启或关闭。卸载系统通常与薄膜套筒型（Diaphragm-sleeve）弹性节气元件控制阀调压器联用。这种调压器也称为曲流式调压器，可应用卸载系统。

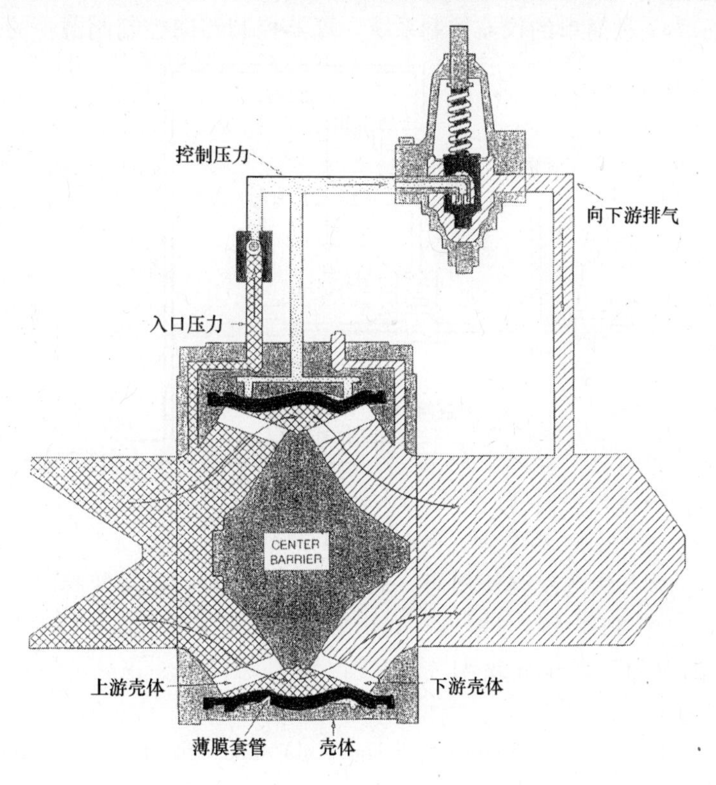

图 11-32　薄膜套筒式调压器的卸载控制系统[1]

控制器的压力调节功能：调压时，控制器应感应下游的压力。当增加的耗气量逐渐使下游的压力降低到关闭压力以下时，控制阀便打开。控制压力通过开启的控制阀释放、控制阀的有效开启度由感受到的下游压力变化调节。排出的燃气可进入大气或下游管道。

当较高的出口压力将控制器关闭时，控制器上游的节气器可将进口压力全部作用在薄膜套筒上并关闭阀门。安装紧密的薄膜套筒也可协助入口压力紧密关闭上游壳体。当下游压力降低时，控制器打开，作用在薄膜套筒上的卸载压力比通过上游节气器的压力要消失得快，并使进口压力推开薄膜套筒。当下游压力升高时，控制器关闭，荷载压力升高，薄膜套筒便重新关闭比例带决定于薄膜套筒、上游节气器和控制器的特性。上游节气器通常是一个可变节流孔口式针形阀。一个很小的节气流量就可以使设备非常敏感，而一个更大的节气流量却反而使调压器呆滞。如节气器被灰尘堵塞，则主阀将开得更大，因此，在节气器之前应安装过滤器。虽然，卸载系统的稳定性比双通路控制系统差，但节气器可通过手动调节以达到所需的稳定性。

(三) 仪器操作式调压器（控制阀）[Instrument-operated regulators (control valves)]

与自力式和控制器式调压器不同，仪器操作式调压器的荷载元件不能直接感受下游的压力，而必须用一个感受下游压力的压力控制器代替，并可根据与设定点压力的偏差按比例产生一个输出信号。这一输出信号可使控制阀重新定位，回到原设定的控制压力。

图 11-33 所示为一种简单的仪器控制系统。仪器控制器向控制阀薄膜的一侧作用一个

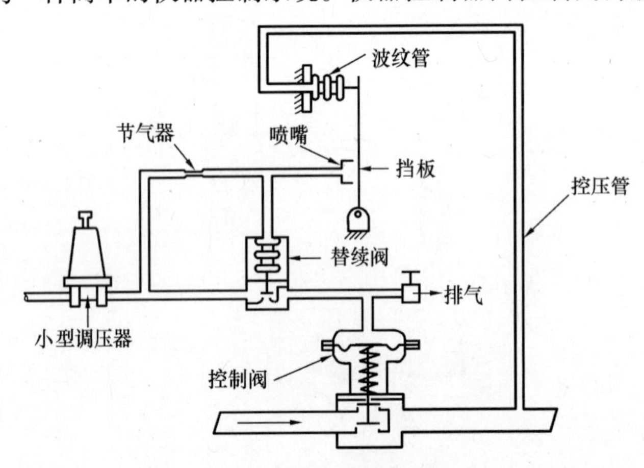

图 11-33　简单的仪器控制系统[1,135]

压力,薄膜的另一侧则与大气和弹簧相通。采用这种结构时，弹簧使阀门打开，而控制压力则使阀门关闭。如控制器无信号输出，则阀门将开大。主弹簧通常按控制器输出量的全冲程设计，其范围为 21 ~ 103kPa 或 41 ~ 207kPa。应注意的是，主阀的薄膜不需用来感受下游的压力。

一个波纹管（压力盘管）(Bellows (pressure coil) tube) 或布尔登管（Bourdon tube）安装在一个动作短臂上形成一个挡板（缓冲器）(Flapper (baffle)) 以控制喷嘴。当下游压力升高时，压力盘管将挡板移离喷嘴。再用一个小型调压器向替续器阀门（Relay valve）和固定节气器（Fixed restriction）提供一个常压。喷嘴的尺寸应比节气孔大若干倍。当挡板移离喷嘴，喷嘴的流量增加，喷嘴和节气器之间的压力就降低；然后，替续器阀轻轻地打开，向薄膜上部和排向空气的气量增加。薄膜上的荷载力增加后，阀门向关闭位置移动。

当挡板关闭时，替续器阀也关闭，荷载压力等于零，阀门全开。如全开的挡板使替续器阀打开，荷载压力将增至小型调压器的设定点压力并关闭阀门。通过选择合适的弹簧和小型调压器的设定压力值，可使主阀关闭时的压力为 103kPa 或 207kPa，阀门全开时的压力为 21kPa 或 41kPa。

如用波纹管的全部范围改变自 103 ~ 21kPa 的荷载压力，则控制阀具有 100% 的比例

带。当下游压力为零时，控制阀将全开，但在波纹管的全范围内则全闭。

一个完善的控制器应再附加两个调节元件。第一个元件如图 11-34 所示，即设定点的调节元件。调节弹簧与波纹管的移动方向相反：在波纹管前的可移动挡板，产生足以克服设定点弹簧的力，这一调节元件确定了控制器的设定点。只要下游压力低于这一设定点，挡板就关闭，替续器阀也关闭，控制阀则全开。另一个调节元件在喷嘴上，如图 11-35 所示。当喷嘴的位置向挡板移动$\frac{1}{2}$，波纹管则向挡板移动 1。在出口压力全部的变化范围内 (21 ~ 103kPa)，波纹管可利用所产生压力变化的 50%。这种喷嘴的调节方法可改变控制器的比例带。

控制器可分为直接作用式（Direct-acting）和反作用式（Reverse-acting）。直接作用式控制器的出口压力随下游压力的增加而增加，反作用式控制器则反之。图 11-35 所示为直接作用式控制器。

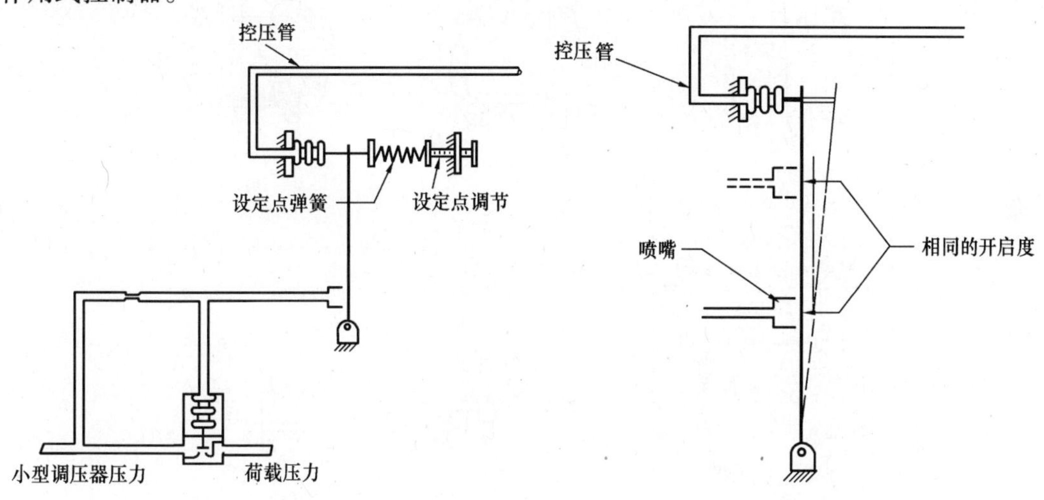

图 11-34　设定点的调节[1,135]

图 11-35　比例带的调节[1,135]

控制器还可用有再设定功能的设备加以改进，如图 11-36 所示。如在喷嘴管线上加一波纹管，若规格选择得当，则波纹管可用来改变喷嘴和挡板之间的距离。距离小时，喷嘴管线中的压力升高，距离大时压力降低。如下游的压力升高，波纹管将挡板移离喷嘴，喷嘴管线的压力降低，替续器阀打开，荷载压力增加，控制阀关闭。如燃气从再设定波纹管的节气孔流出，波纹管紧缩，喷嘴离开挡板，喷嘴管线的压力继续降低，替续器阀的输出量则增加很多。输出量将大于比例动作的需要量。虽然挡板的位置代表着设定点，但在这种情况下，喷嘴和挡板还存在

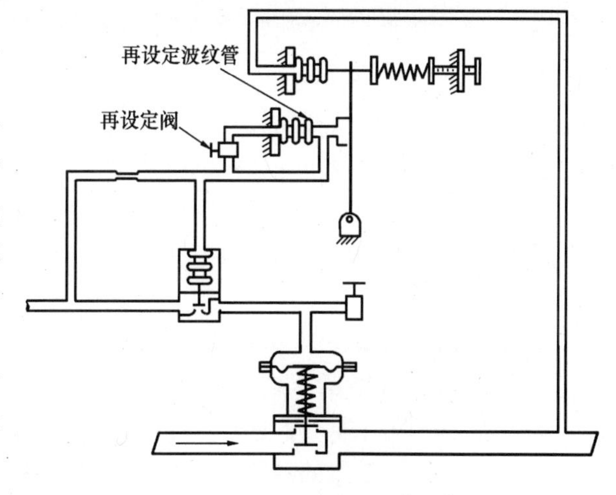

图 11-36　再设定装置[1,135]

一种新的关系。

仪器操作式调压器的主要缺点是有一定的燃气流向大气，虽然，最新的低释放控制器已改进了这一缺点。

从上述对调压器的介绍可知，调压器的性能涉及许多重要的基础知识，各参数之间的定量关系需由数学方法求解，目前已形成了完整的理论体系。少数发达国家均有完善的制造厂，各有其自己的专利和实验条件。在以上的讨论中，已做了大量的简化和假设，目的是帮助燃气工作者在设计、选择、应用和评估中提供一些主要的基础知识。

四、调压器阀的特性

调压器内部阀的不同类型可见图 11-37。

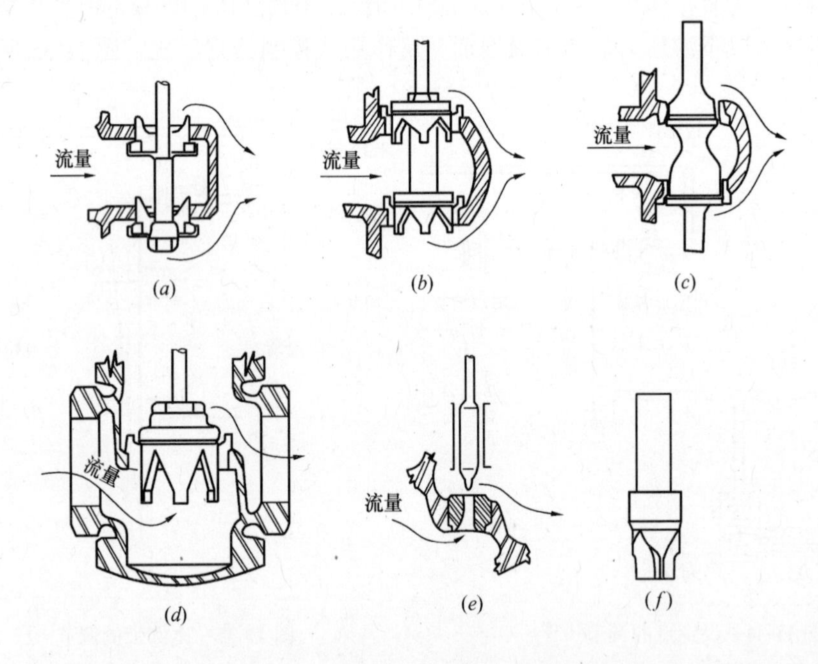

图 11-37　不同类型调压器的内部阀塞[2]

（*a*）圆盘型；（*b*）V 型孔口侧缘导向塞；（*c*）节流型阀塞；（*d*）单孔 V 型侧缘导向塞；（*e*）有球形阀座的小型阀塞；（*f*）小槽阀塞，阴影部分为壳体和阀座，无阴影部分为阀塞

阀的工作特性可分为快速开启（Quick-opening）、线性（Linear）和等百分比（Equal-percentage）几种。当阀门开始打开时，快速开启阀开启度的变化很小，流量的变化就可达到最大值。线性阀的流量正比于阀的开启度。等百分比阀则是在开启度等量增加时，流量也按均匀的等百分比变化。图 11-38 为上述三种阀的特性曲线。

自力式调压器所用的阀通常具有快速开启特性。控制器式和仪器控制式阀则三种类型都有。

五、常用调压器系统

总结起来看，常用调压器有图 11-39 所示的四种基本系统。弹簧荷载式（图 11-39（*a*））常用于用户调压器，小型工、商业用户和与控制器联合应用。（*b*）和（*c*）为两种重量荷载式调压器，较厚的薄膜和重量的惯性限制着这种调压器的应用，调压器的能力通常按出口压力下降量为 20%选择。图中的压力荷载式（*d*）为与控制器联合应用的系统，下游压力等于荷载压力加上相当于调压器的阀杆、阀和薄膜重量所形成的压力。

小型调压器的控压管常设于壳体内部。双阀塞常用于 2in 的调压器，为减小阀的尺寸，也有用于 3/4in 的。

如前所述，为了改进调压器的性能和可靠性，常采用辅助控制器操作方式。以前，不论是自力式或替续器操作式，下游的压力均作用于薄膜的一侧（如图 11-39 中的（*a*），（*b*），（*c*））。而有辅助控制器操作的调压器，下游压力可由上游压力进行补充和放大，同时，常用于避免因大流量需用大阀塞和提高控压精度，克服较大摩擦力的条件。

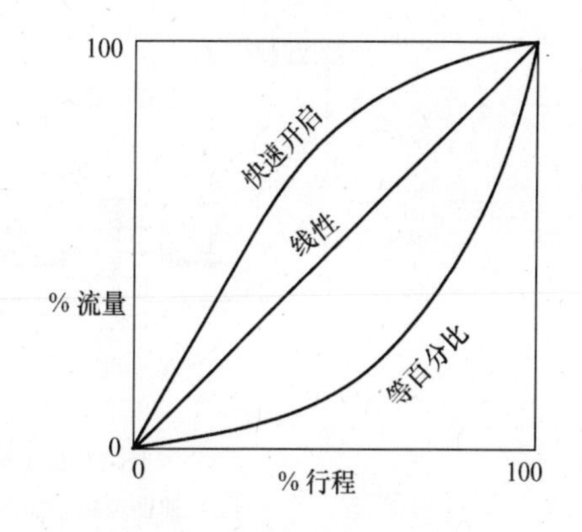

图 11-38　阀的特性曲线[1,137]

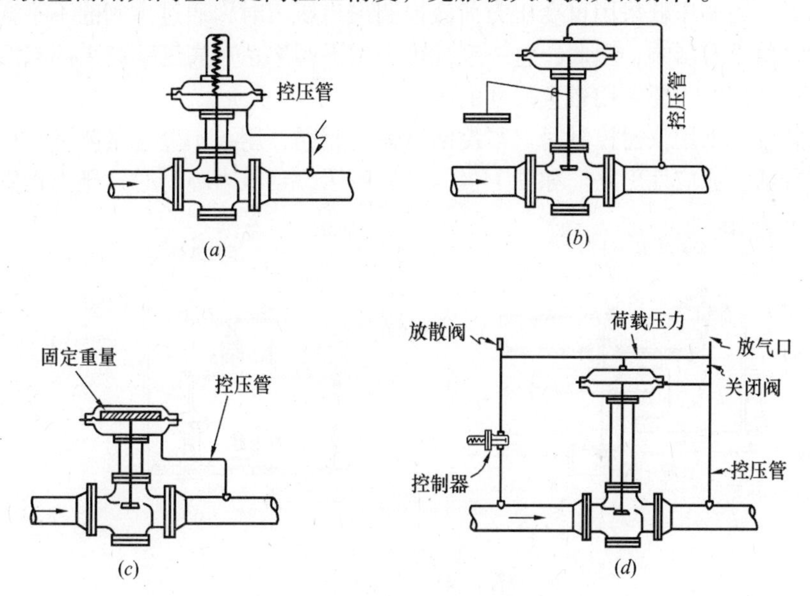

图 11-39　四种类型的调压器系统[2]

（*a*）弹簧荷载式；（*b*）杠杆和重量荷载式；

（*c*）固定重量荷载式；（*d*）压力荷载式-自力式

辅助控制器操作系统可见图 11-40。图 11-40（*a*）中的辅助控制器操作系统采用一个小型控制调压器，其设定压力可略高于出口压力，供给燃气通过一个节气器进入主调压器，其压力应能有效地关闭主调压器。如控制压力低于所要求的值，则主调压器仍保持开启状态，因为控制器能将主调压器薄膜下的燃气迅速排出。这种调压器不适用于高压的控制压力，因燃气的压力只作用于薄膜的一侧，薄膜需要加厚，影响调压器的灵敏度。图 11-40（*b*）为机械控制器操作系统，如出口压力降低，控制器开启，作用在调压器主薄膜上的压力增加，使主阀的开启度增大，出口压力也就增大。这一类型的系统可提供操作调压器的一个附加力，荷载压力无须保持为常值，可随耗气量大小所要求的压力而变化。可采用较薄和柔软的主薄膜，可感应非常小的压差。

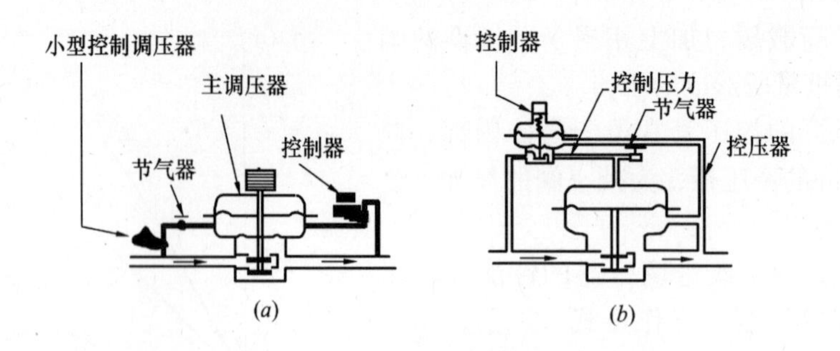

图 11-40　辅助控制器操作系统[2]
（*a*）辅助控制器操作系统；（*b*）机械控制器操作系统

图 11-41（*a*）中的机械控制器操作系统常采用等面积、双薄膜的控制器（参看图 11-29)。两个薄膜之间的荷载压力作用在主调压器的薄膜上，且控制压力同时作用在控制器的底部薄膜下。当调压器采用可变压力荷载控制出口压力时，通过主阀的不平衡力就对出口压力的设定值没有影响，因此，这一系统可采用平阀塞；对高压系统采用双阀塞时，为避免不平衡力的产生，要采用较大尺寸的阀。

压力荷载系统采用仪器控制时，与控制器完全相同，用布尔登管量测下游压力要比采用薄膜更为灵活，适应性更好。如图 11-41（*b*）所示，当压力降低时，压力盘管移动挡板

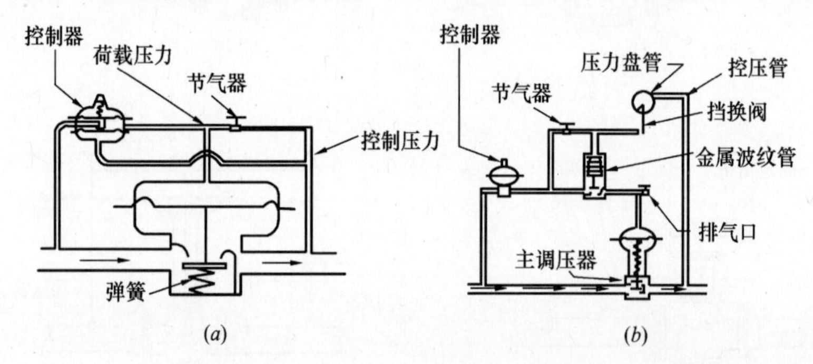

图 11-41　控制系统
（*a*）双薄膜控制器的机械控制器操作系统；（*b*）仪器控制的压力荷载系统[2]

阀,关闭流量喷嘴，使管内压力增高；增高的压力作用在波纹管上，使供气管线上的阀关闭，减小了作用在主调压器阀上的力，主阀开启，使出口压力得以保持。

第四节　调 压 器 的 应 用

燃气工程师所用调压器的范围很广，种类繁多，各制造厂常有产品样本，性能图表或特性曲线以供选用。小的如手掌，流量小于 $1m^3/h$；大的可选 610mm（24in），每小时流量可达数万或数十万立方米，美国调压器的一般特性可见表 11-2。但不论其规格如何，按应用范围，调压器可分为：燃具、用户、工业和配气及输气系统所用的调压器。

一、燃具调压器（Appliance Regulators）

多数燃气用具均按运行压力为低压的条件设计，美国的压力通常为 127 ~ $356mmH_2O$

（5~14inH$_2$O）。批量生产的燃气用具，在保证合理的燃具效率前提下，容许燃烧器喷嘴处的压力有小量的变化。如为达到最高效率，使燃气与空气有准确的混合比，则燃烧器前的压力应保持为常量。安装于燃具上的小型调压器就是根据变化的入口压力，保持常量的出口压力。例如，保持燃烧器前的压力为89mmH$_2$O（3.5inH$_2$O）。燃具调压器应构造简单、无须维修、比较经济，因此，常采用单座阀和弹簧荷载式的设计。调压器通常和燃具的控制阀组合在一起，在外形上有时甚至还难以分辨。

美国调压器的一般特性[2]　　**表 11-2**

序号	调压器类型	连接尺寸（in）	压力范围（kPa）		$s=0.6$时的通过能力范围（m^3/h）
			入口压力	出口压力	
1	用户调压器	$\frac{3}{4}$~2	3.45~862	76~380mm水柱~69	0.014~226
2	工业用调压器	2	3.45~862	76mm水柱~345	141.5~1415
3	低压调压站（也可用于商业和工业）	2~20	3.45~689.5	50.8mm水柱~34.5	28.3~141500
	辅助式控制器控制系统	2~16	3.45~862	50.8mm水柱~20.7	28.3~141500
	控制器控制系统	2~12	3.45~862	76mm水柱~68.9	28.3~141500
4	区域和市郊站用低压调压站杠杆重量式	2~12	345~8274	13.8~689.5	148.6~113200
	卷曲薄膜式	2~6	345~4654	13.8~517	3736~650900
	控制器控制	2~12	345~8274	13.8~2068	148.6~952800
	仪器控制器控制系统	2~12	345~8274	13.8~6895	148.6~933900

二、用户调压器（Service Regulators）

用户调压器通过能力的范围很大，大至向连接在支管上的所有用户供气，小至向单个用户或小型商业用户供气。用户调压器的控压管设于体内，增速型用户调压器的毕托管也设于体内。可从城市高压配气管网降至通常压力为152~203mmH$_2$O（6~8inH$_2$O）的低压。和燃具调压器相同，均为单座阀、弹簧荷载式的调压器。通常应用杠杆原理以增大阀门的移动力，如图11-23，这是一种典型的用户调压器。

用户调压器设计中常取范围很大的阀孔规格，因此，当调压器内部的安全阀工作时，调压器的通过能力能与用户负荷的各种需要相匹配，能处理好最大的进口压力效应并提供规定的控制压力。进口压力越高，阀孔越小。

有些用户调压器已考虑了安全阀的通过能力。排气管的管径应与调压器内安全阀的额定通过能力相匹配。有的用户调压器可包括内部安全装置的全部通过能力，而有的只能提供安全阀的部分通过能力。制造厂制定的安全阀特性曲线或表格，可用来作为确定出口压力与阀孔大小的关系和进口压力使调压器失效的依据。这类调压器通常均设有自动关闭装置。

美国常用用户调压器的通过能力可见表11-3。

美国用户调压器的通过能力（m^3/h）①~② 表11-3

阀孔直径（in）	出口压力（mm水柱）	进口压力（kPa）				
		14	34.5	69	140	345
3/8	76~356	14	25.5	28.3	—	—
3/8	76~356	—	17	28.3	34	—
3/16	76~356	—	—	18.4②	19.8③	34③
1/2	76~170	25.5	31	34	34	—
1/2	76~356	25.5	31	34	34	—
3/16	76~170	—	—	—	28.3	34
3/16	140~216	—	—	—	31	35.4
3/16	76~356	—	—	—	25.5	34
3/16	160	—	—	—	22.6	31
3/8	76~356	19.8	28	31	34	—
3/8	152~711	8.5	17	25.5	34	—
3/8	26~356	24	31	34	—	—

①表中所列为当燃气相对密度=0.6，基准压力=101.012kPa时的流量（m^3/h）。连接管为$\frac{3}{4}$，1，和$1\frac{1}{4}$in。

②高提速值。

③低提速值。

调压器的特性曲线是指在控制压力设定值条件下，不同进口压力时的实际出口压力值与通过量的关系曲线，如图11-27所示，对合理的选择调压器十分有用。调压器的标准还应包括：材料、强度、运行特性和制造厂的试验数据等。

三、工业调压器（Industrial Regulators）

工业调压器通常是一种控压管设于壳体内的大型用户调压器，向用户提供的燃气压力较高。阀孔的规格通常应满足不同通过能力的需要。为提供超压保护，规范规定必须设有一个监控调压器，一个安全阀和一个自动关闭阀。由于许多工业用户经常出现零流量的周期，必须考虑燃气的紧密关闭特性。为防止难以紧密关闭时产生的压力，可用一个小型突开放散阀（“pop” relief）安装在调压器和燃具之间。如使用放散阀或自动关闭阀，则设定压力应在控制压力和超压保护装置全部通过能力的压力设定点之间。如使用监控调压器，则小型放散阀压力的设定值应略高于监控器的关闭压力。

四、配气及输气系统用调压器[1]（Distribution/Transmission system Regulators）

大容量的站应采用控制器操作式或仪器控制式调压器，以准确地控制压力和流量。种类繁多的调压器常采用人造橡胶制成的弹性套筒和成型薄膜，通过放大中等容量站中常用的槽孔通道（Slotted paths）来控制流量。区域调压站最好采用有卷曲薄膜（Roll-out diaphragm）的弹簧荷载式调压器。弹簧荷载式调压器采用卷曲薄膜时可抵消出口压力的下降量，使之在应用中更为安全可靠。这类调压器有时也采用放大装置以满足下列要求：

1. 处理流量的范围；
2. 减少调压器的尺寸和成本；
3. 提供一定程度的低压保护；
4. 在维修和检测时，减少旁通管的人工节气工作量。

五、调压器的噪声 (Regulator noise)[1]

调压站的噪声会使工作人员耳聋，引起群众不满和调压器失效。因此工程师们应根据规程和规范的要求设法降低噪声。

调压站的多数噪声具有气体动力学特性，是由高速燃气通过阀口所引起。而机械振动产生的高频噪声会使金属疲劳，导致调压器的失效。

不仅是调压器本身，还包括整个调压站中的管道均应作为声源来考虑。一般来说，由于调压器的质量较大，难以发生振动，因而声源不是由调压器的壳体和法兰传出，而是经下游的管道传出。为控制噪声，工程师应根据以下原理采取相应的措施：

1. 降低声源的等级；
2. 与声源和声源辐射表面隔离；
3. 减少声源的辐射表面积。

具体措施是：

1. 安装低噪声调压器，改用弹性套筒和薄膜，采用将通路分离的设计；
2. 在下游管道上安装消声器；
3. 将站内管道和调压器埋在地下；
4. 隔声或加固站内管道；
5. 将调压站放在隔声室内。

工程师可用缓慢降低压力，降低管道流速和建设小型站等方法设计低噪声等级的调压站。

六、调压器的结冻[1]

通过调压器的压降大约每 689kPa，温度将降低 3～4℃，如燃气中含有过量的水，就会形成冰或水合物，堵塞调压器或管道，即使是干气，在管道出口将形成霜，能隆起管道、基础、支柱和道路。

燃气的脱水是消除潜在的水和水合物。长输管线中的燃气必须经过脱水，使之在每 30000m^3 的燃气中含水量小于 3kg（即 6984kPa 压力下的露点为 0℃）。如结冻发生在局部地区或时间很短，就应该加热燃气或吸入防冻剂。在控制器系统内，有少量的燃气结冻时，可采用电加热法。在门站，因流量和压降较大，应全年或季节性给以加热，以防止管道内部和外部形成霜和冰。值得注意的是，水合物也可能在高于水的冰冻点时形成。

七、国产调压器的规格

我国已有多年生产调压器的历史，在供应人工燃气时期已基本上能满足工程需要，但尚未形成大规模、多品种的生产厂家，与先进国家的调压器制造厂差距较大。在天然气到来之后，引进国外的调压器品类较多，但国产化的能力较低，必须投入较大的力量，才能有所发展。

（一）用户调压器系列尺寸与性能

表 11-4 为单作用式调压器系列尺寸及性能，一般用于小型工业、商业及居民用户。

用户调压器系列尺寸与性能　　**表 11-4**

型号	调压范围(MPa)		规格(mm)	法兰公称压力(MPa)	备注
	进口压力	出口压力			
RT2-21/50-D	0.01～0.2	0.001～0.00475	DN50	0.6	流量可在产品样本中查得
RT2-22/50-D	0.01～0.2	0.005～0.15			
RT2-31/50-D	0.2～0.4	0.001～0.00475			
RT2-32/50-D	0.2～0.4	0.005～0.15			
RT2-41/50-D	0.4～0.8	0.001～0.00475			
RT2-42/50-D	0.4～0.8	0.005～0.2			

（二）配气系统用调压器

1. 雷诺式调压器

雷诺式调压器在中低压配气系统中应用较广，且有多年的历史。调压器占地面积较大，但通过流量大，调节性能好，有较好的关闭性能和较高的稳压精度，但操作技术要求高，维修保养工作量大。雷诺式调压器的规格及技术性能可见表 11-5。

RTJ-21 型雷诺式调压器规格及技术性能　　**表 11-5**

型号	调压范围（MPa）		额定流量（m^3/h）	稳压精度（%）	关闭压力 P_b（MPa）	公称直径（mm）
	进口压力	出口压力				
RTJ-212	0.01～0.2	0.001～0.005	500	±15	$1.25P_{2n}$	50
RTJ-214	0.01～0.2	0.001～0.005	1200	±15	$1.25P_{2n}$	100
RTJ-314	0.01～0.4	0.001～0.005	800	±15	$1.25P_{2n}$	100
RTJ-316	0.01～0.4	0.001～0.005	3000	±15	$1.25P_{2n}$	150

2. 设有控制器的自力式调压器

我国流量较大的 RTJ-型 FK 调压器规格及技术性能可见表 11-6。为缩小比例带可采用控制器，其流程可参看图 11-31。

RTJ-型 FK 调压器规格及技术性能　　**表 11-6**

型　号	调压范围（MPa）		额定流量（m^3/h）	稳压精度（%）	关闭压力 P_b（MPa）	公称直径（mm）
	进口压力	出口压力				
RTJ-212	0.02～0.2	0.001～0.005	650	±15	$1.25P_{2n}$	50
RTJ-213	0.02～0.2	0.001～0.005	1500	±15	$1.25P_{2n}$	80
RTJ-214	0.02～0.2	0.001～0.005	2000	±15	$1.25P_{2n}$	100
RTJ-312	0.02～0.4	0.001～0.005	1000	±15	$1.25P_{2n}$	50
RTJ-313	0.05～0.4	0.001～0.005	2000	±15	$1.25P_{2n}$	80
RTJ-314	0.05～0.4	0.001～0.005	3700	±15	$1.25P_{2n}$	100
RTJ-322	0.05～0.4	0.005～0.15	1400	±10	$1.25P_{2n}$	50
RTJ-323	0.05～0.4	0.005～0.15	2200	±10	$1.25P_{2n}$	80
RTJ-324	0.05～0.4	0.005～0.15	4000	±10	$1.25P_{2n}$	100

3. 曲流式调压器

曲流式调压器即类似于图 11-32 所示的薄膜套筒式调压器。其主要尺寸与性能可见表 11-7。

曲流式调压器主要尺寸与性能　　**表 11-7**

型号	调压范围（MPa）		关闭压力 P_b	稳压精度（%）	流量（m^3/h）	工作温度（℃）	长×宽×高（mm）	接管尺寸（mm）
	进口压力	出口压力						
TMJ-434	0.3～0.8	0.5～0.3	$1.2P_2$	±10	13000～30000	（-15）～60	490×340×615	法兰 D100
TMJ-314	0.05～0.6	0.03～0.01	$1.25P_2$	±15	1200	—	—	法兰 D100

第五节　调压器的能力计算及选择

一、调压器通过能力的计算

调压器的通过能力有两个等级规定，即最大通过能力（最大流量）和额定通过能力（额定流量），分述如下：

（一）最大能力（Maximum capacity）[1]

调压器的最大能力决定于流量通路的自然节流状况。流量可按阀门全开时调压器进出口的压差测定。

如采用安全放散阀作为超压保护的方法，则在选择安全放散阀的规格时，必须已知阀门全开时未经控制的燃气流量，即调压器的最大能力值。从流体力学的观点看，气流通过节流机构时要克服阻力，压力损失由摩擦阻力和通过节流阀门时气流不断改变流动方向造成的。如通过节流阀时压降较小，则燃气密度的变化可忽略不计；如压降较大，则应考虑燃气密度的变化。燃气在压力降低时，体积要增大，在通过节流阀时还要损失附加的能量，燃气的温度也要改变，引起气流与周围壁面之间的热交换，所以燃气流经节流机构是一个复杂的物理过程。

计算最大能力时，燃气的压力参数应和调压器上游的压力工况统一考虑。当上游管道中燃气的流量最小时（相当于耗气量最小的时刻），则调压器的入口压力 P_1 最大，而调压器的出口压力 P_2（即控制压力）期望为常量，这时的压差 P_1-P_2 为最大值，在这一工况下，通过全开节流阀时的流量即最大流量。值得注意的是，由图 11-3 可知，压差不应为 P_1-P_2，而应是 P_1-P_{vc}，由于 P_{vc}难以量测，而常以易于量得的值 P_2 代表 P_{vc}，这就有一定的误差存在。

由流体力学可知，当出、进口压力比大于临界压力比时，即 $\frac{P_2}{P_1}>\left(\frac{P_2}{P_1}\right)_{cr}$ 时，调压器的能力或通过流量与压降或压力比成函数关系。对天然气而言，由于绝热指数 k 相等于天然气定压比热与定容比热的比值，即 $k=\frac{C_p}{c_v}=1.3$，因而临界压力比 $\left(\frac{P_2}{P_1}\right)_{cr}=\left(\frac{2}{K+1}\right)^{\frac{k}{k-1}}=0.55$，在当 $\frac{P_2}{P_1}\leqslant 0.55$ 时，为音速和超音速状况，在一定的 P_1 条件下，通过节流阀的流量不变。这里所说的流量不变是指该工况下的流量，并不是标准状态下的流量。由于压力越高，燃气的密度越大，虽然流速不变，但换算成标准状态后，流量也迅速增大，P_2 也增大，因此必须采用超压保护装置。调压器最大能力的计算是为选择超压保护装置服务的，它不涉及调压器的性能。

（二）额定能力（Reted capacity）[2]

调压器的额定能力即额定流量也是一个流量等级，它相当于出口压力下降量满足规定要求时的流量，这一流量决定于对调压器的性能要求。调压器的标准中通常规定，当进口压力 P_1 为最小时（相当于上游管道中耗气量最大时的工况），出口压力的下降量又能满足稳压精度要求时的流量。例如，美国的标准规定，对用户调压器，额定流量是指设定压力下降量的限值为 25.4mm 水柱时的流量。额定能力也称为控制能力（Controlled capacity）。

额定能力比最大能力要小得多，但却是选择调压器的依据，且已考虑了最不利的压力工况。由图 11-28 调压器的特性曲线可知，当调压器的设定压力 P_2 确定后，如果 P_1 增加，流量也增加，P_2 也增加，直至达到 P_2 规定的允许上升量为止。如果再提高 P_1、P_2 超过规定，就必须设超压保护装置，所以掌握所选调压器的特性曲线至关重要。如果在额定流量值上留有裕量，只能表示调压器能满足更低的 P_1 要求，说明设计人员所选的 P_1 值有错误，也就是耗气量的计算没有把握。

（三）调压器能力的计算[1,4,131]

燃气工程师常根据制造厂所提供的调压器能力表或特性曲线选择调压器，也可利用制造厂提供的流量公式或软件计算。通过能力表中应列出规定的进、出口压力和设定压力下降量限值时的流量。特性曲线比能力表提供的信息更多，如特性曲线还常附有内部阀不同百分比的开启度与相应额定流量百分比的关系。工程师必须掌握调压器的最小流量和所要求的最大流量值，因为阀的运行应在最小流量超过 5% 的开启度，最大流量小于 90% 的开启度时，才能避免阀门的开闭处于极端位置所产生的运行不稳定性。如阀门的开启度经常小于 5% 就甚易发生磨损。

常用的调压器流量计算公式如下：

1. 文献[1]中的公式：

$$Q_0 = C\sqrt{(P_{av})(P_1 - P_2)/ST_f} \tag{11-8}$$

式中　Q_0——标准状态下的燃气流量，m^3/h；

C——调压器的特性常数，随所采用的单位而不同；

P_1——进口压力，kPa（绝）；

P_2——出口压力，kPa（绝）；

P_{av}——调压器进、出口压力的算术平均值$\left(\frac{P_1+P_2}{2}\right)$，kPa（绝）；

S——燃气的相对密度，空气 = 1.0；

T_f——流动燃气的温度，K。

制造厂通常将常数项 C 与相对密度和温度项合并，并对每一规格和每一型号的调压器用能力系数或流量系数（Capacity factor）K 来表示：

$$K = \frac{C}{\sqrt{ST}} \tag{11-9}$$

将式（11-9）代入式（11-8），可得简化的流量公式为：

$$Q_0 = K\sqrt{P_{av}(P_1 - P_2)} \tag{11-10}$$

计算中采用不同的计量单位则有不同的 K 值。如在英制单位（压力为 Psia（1bf/in^2），流量为 ft^3/h）的参考资料中查得的 K 值在换算成国际单位（压力为 kPa，流量为 m^3/h）时，应乘以 $\frac{6.895}{0.0283} = 244$ 的换算系数。

美国文献中的流量系数值通常是按燃气相对密度为 0.6，流动燃气温度为 15.5℃（60℉）制定，对相对密度和流动温度不同的其他燃气，流量系数值应乘以 $\left(\frac{0.6 \times 288.8}{ST_f}\right)^{0.5}$。

如试验数据是由空气所得，也应按同样方法进行换算。

当 $\frac{P_2}{P_1} \leqslant 0.55$ 时，调压器的流量公式可简化为：

$$Q_0 = 0.6P_1 \tag{11-11}$$

2. 文献[2]中的公式：

$$Q = K\sqrt{\Delta P \times P_2} \tag{11-12}$$

式中　Q——出口状态下的燃气流量，m^3/h。

当 $\frac{P_2}{P_1} \leqslant 0.55$ 时

$$Q = 0.5KP_1 \tag{11-13}$$

当燃气的相对密度值不等于 0.6 时，则乘以校正系数 $\left(\frac{0.6}{S}\right)^{0.5}$。

3. 文献[4]中的公式：

如产品样本中给出的调压器试验时的气体参数为：流量 Q_0'（m^3/h），压降 $\Delta P'$（kPa），出口压力 P_2'（kPa（绝）），气体密度 ρ_0'（kg/m^3），则对实际燃气可用以下公式换算：

当 $\frac{P_2}{P_1} > 0.55$ 时

$$Q_0 = Q_0'\sqrt{\frac{\Delta P \cdot P_2 \cdot \rho_0'}{\Delta P' \cdot P_2' \cdot \rho_0}} \tag{11-14}$$

当 $\frac{P_2}{P_1} \leqslant 0.55$ 时

$$Q_0 = 0.5Q_0'P_1\sqrt{\frac{\rho_0'}{\rho_0 \Delta P' P_2'}} \tag{11-15}$$

4. 文献[131]中的公式，即英国燃气工程标准 BGC/PS/E26 中的公式：

$$Q = 416K\sqrt{\frac{(P_1 - P_2)P_1}{ST}} \tag{11-16}$$

式中　Q——15℃，1013.25mbar 时的燃气流量；

　　S——燃气的相对密度；

　　T——入口燃气的温度，K；

　　P_1——入口压力，bar；

　　P_2——出口压力，bar。

比较上述流量计算公式后可知，不同国家的制造厂采用不同的公式，所有的试验数据，单位均与公式相配套使用。对大于临界压力比的状态多数以设定压力 P_2 为基准，对小于临界压力比的状态则以 P_1 为基准。在熟知调压器的性能要求后，不难对计算公式做出判断和评价。

【例 11-1】　求杠杆和重量荷载式调压器的流量系数 K 值，已知进口压力为 172.4kPa（表），出口压力为 68.95kPa（表）时的流量为 2615m³/h，标准状态的压力取 101.325kPa。

1. 求 $\frac{P_2}{P_1}$

$$\frac{P_2}{P_1}=\frac{101.325+68.95}{101.325+172.4}=\frac{170.275}{273.725}=0.622>0.55$$

应采用亚音速式计算

2.
$$K=\frac{Q}{\sqrt{\Delta P\times P_2}}=\frac{2615}{\sqrt{(172.4-68.95)\times(170.275)}}=19.70$$

K 值与所用单位有关，如采用英制单位，流量为 ft³/h，压力为 psia（1bf/in²），则流量系数

$$K=244\times19.70=4807$$

【例 11-2】　用户调压器能力的计算

在美国的规范中，用户调压器应有能力使调节压力满足一个点火燃烧器的需要（一般为 0.00566m³/h，微型的甚至小到 0.00142m³/h）和所有燃具同时使用的需要（一个单独的民用户可达 7m³/h，商业和工业用户的用气量更大）。调压器的出口压力应满足用户燃具的要求规定。如燃具前的额定压力为 178mmH₂O，则出口压力的调节精度为 ±17.8mmH₂O，相当于铭牌供热量的 5%以内。可参看表 11-2 选择。

二、影响选择调压器的因素

（一）流量（Flow rate）

调压器应根据最大进口压力时的最小流量和最小进口压力时的最大流量选择。调压器的设计应在其整个工作范围内保证出口压力的下降量在允许的范围之内。如果选择较大的调压器，其内部阀的运行在小流量时常处于关闭状态，易于产生颤振、脉振和错误的流量控制。理想的调压器，其运行流量不能小于最大能力的 10%。例如，用户调压器常在零流量下运行，阀座易于损坏；调压器的灵敏度较大时更易产生振动。

（二）燃气的类型（Type of gas）

对天然气，常用合成橡胶制成的软阀座，皮革也可以用。对液化石油气，则应采用经过特殊处理的薄膜，因为液化石油气常会将处理皮革时的油料带走。

（三）进口和出口压力（Inlet and outlet pressure）

进口压力对调压器型号和规格的选择有很大的影响，设备应能承受最大压力和减少燃气在高速流动中产生的磨损动作。出口压力所要求的范围常用来确定自力式弹簧型和扁平薄膜重量型调压器的薄膜尺寸。薄膜越大，越易感受压力的变化。单一尺寸的薄膜只适用于控制器荷载式调压器。

通过调压器的压降大小常用来确定是否需要选择串联的调压器。如进口压力为 8.3MPa（1200 psia），一般要用两级；但不希望大于两级，除非出口压力是毫米级的。第

二级调压器应能承受第一级调压器失效时的最大压力。

（四）控压精度（Accuracy of control）

对大型调压器，采用荷载型薄膜是合理的，应采用最简单的、又能保证必要精度的加强型设计。例如，重量荷载型高压平衡阀式调压器就是一种简单型，适用于流量变化不大，出口压力变化在5%～10%时使用。如果对控制的要求更为严格，则可采用机械控制器操作系统，可以在较大的流量范围内获得常量的出口压力，可用调压器阀门从关闭到开启或从开启到关闭的比例带表示，也可用宽度百分数表示。一般来说，调压器的比例带越宽越适用。如比例带的宽度用仪器控制式调压器来保证，则因计量（如孔板）造成的调压器摆动可利用再设定功能校正设定点的方法来减轻，使设施的压力保持稳定。

（五）阀座的类型（Type of valve seat）

关闭与压差成函数关系。如流量需要安全关闭，则宜采用软座阀；对高压状态，则选用硬座阀较好，可防止高速气流质点的磨损。

（六）接管尺寸

调压器的接管尺寸应按标准螺纹或法兰制定，也可以焊接，调压器通常均规定有连接的公称尺寸，如2in的阀采用2in的标准接管。

第六节 超压保护原理

调压器的出口压力超过规定值时，燃气工程师必须有相应的措施保护好下游的管道系统，这就是超压保护（Overpressure protection）。超压保护有三种方法[1]：

1. 采用安全放散阀，将多余的燃气向大气排放。
2. 应用自动关闭装置（Automatic-shutoff devices），切断燃气的供应。
3. 应用监控调压器（Monitoring regulators），在初级控制调压器失效时调节压力。

一、安全放散阀（Relief valves）

通过安全放散阀将燃气排向大气是最古老和最普遍的超压保护方法。最早的天然气管线在运行中就是用这种安全放散阀来控制压力。但向大气排放燃气会产生危险的环境条件，特别是在人口稠密的地区，因此，这不是理想的超压保护方法。

为减少燃气的损失，当压力重新达到正常值后，安全放散阀应设计成自动关闭型的。封闭膜因压力升高而破裂是一种拙劣的超压保护形式，不能满足自动关闭的要求。当今的安全放散阀可分为两类：液封式和机械密封式。分述如下：

（一）液封阀（Liquid-seal valves）

图11-42为一种典型的液封式安全放散阀，在4in（102mm）管中的液位应低于在12in（305mm）管中的液位。其差值等于以mm水柱表示的管中压力除以密封液体的密度，如油、乙二醇与水的混合物等。液体贮罐应设计成使液体不能与燃气一起流出，虽然液体有时也可能成为蒸气状。当管内压力等于 h 值（见图11-42）乘以密封液体的密度时，液封将失效。在该点，气体泡沫或气泡将通过液体从排气柱排出。

液体密封安全阀已不常用，如使用则限于在低压系统中。

（二）机械密封阀（Mechanical-seal valves）

一种固定重量荷载（Dead-weight-loaded）式安全阀可见图10-7（a）。升高的压力作用

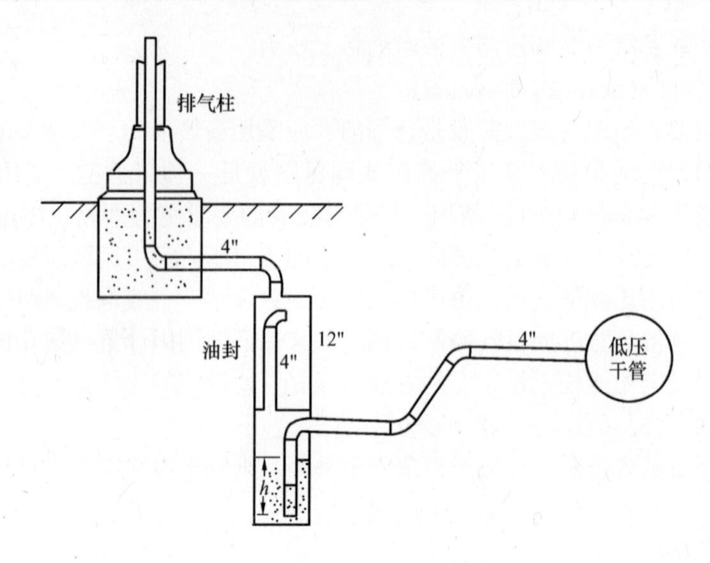

图 11-42　典型的油封阀[1]

在阀的面积上，阀面积既是感应元件又是限制元件。这种阀门通常设计成软阀。在压力上升很高时，阀门才能完全开启，因此许多厂家认为这是一种过时的方法，除非在固定荷载下安装一个薄膜或其他荷载元件，在阀门开启后，能提供最大的升力。类似的其他安全放散阀可见图 10-7 中的（*b*）和（*c*）。

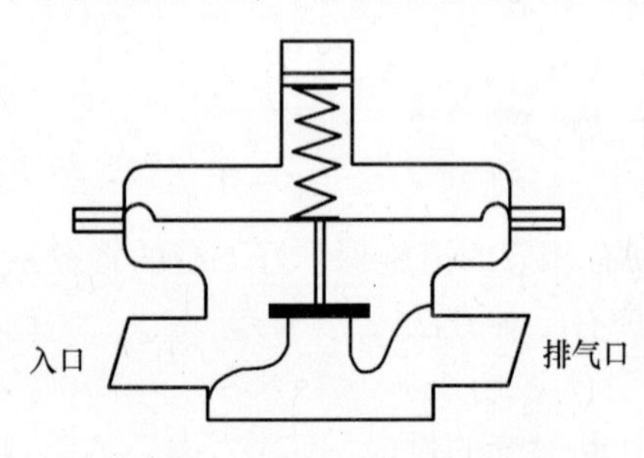

图 11-43　弹簧荷载式安全放散阀[1,135]

图 11-43 为弹簧荷载式安全放散阀。上升的压力作用在薄膜的入口侧，这种设计也可称作背压式（Back-pressure）调压器，它可用重量荷载，也可用压力荷载。当进口压力超过设定点一个很小值时，阀门即完全开启。

有内部安全阀的用户调压器可见图 11-44，升高的压力作用在整个薄膜面积上，而不是仅仅作用在安全放散阀的面积上。放散阀有其自身的专用弹簧。在设定点以下，它可提供一个保持阀门关闭的力。如调压器的设定点提高，则安全放散阀的设定点也随之而自动提高。

工程师从制造厂的产品资料中至少应获得下列数据：

1. 调压器的内部放散阀是具有全部的放散能力还是只有部分的放散能力？

2. 如初始调压器在预计的最大入口压力条件下不能开启，则出口压力值将升高；如采用较小的阀孔，虽可限制压力的升高，但会影响调压器的最大通过能力值。

二、自动关闭装置（Automatic Shutoff Device）

图 11-45 所示为最常用的自动关闭装置。如压力超过设定值，装置就自动关闭。在运行中，控压管中产生一个作用于薄膜上的力，当弹簧压力达到设定点时，向上移动的薄膜使锁定装置失效，阀门关闭。在用手工重新将锁定装置定位前，阀门一直保持关闭状态。

图 11-46 为自动关闭阀常用的两种安装方式。一种在一级调压器的上游，一种在一级调压器的下游。关闭装置适用于支管或配气管网，因为常有多个供气源点，可允许有一个

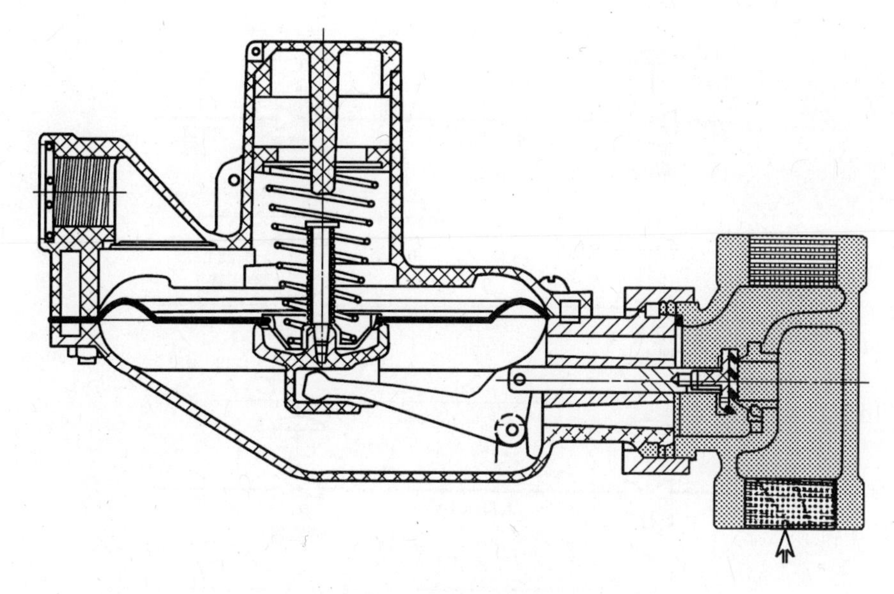

图 11-44　有内部放散阀的用户调压器[1]

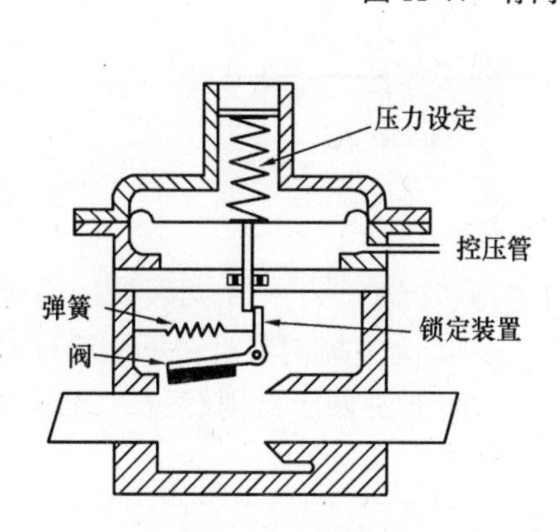

图 11-45　自动关闭阀[1,135]

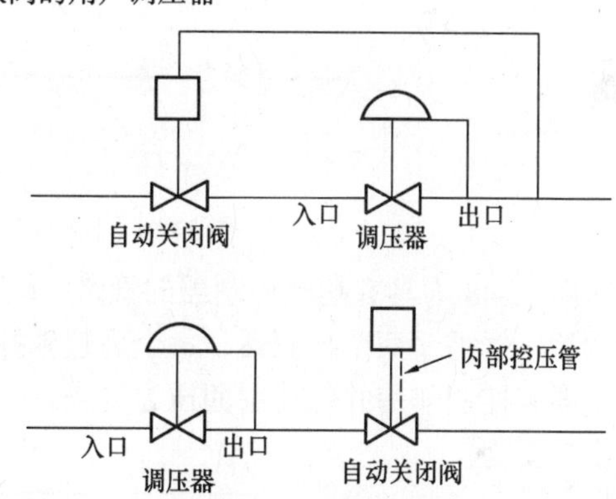

图 11-46　自动关闭阀装置的安装方式[1]

源点停供燃气。

三、监控调压器(Monitor Regulator)

许多燃气公司采用串联的两个调压器以满足超压保护的需要。在选择第二个监控调压器时，有两个方案：

1. 采用具有能控制和感应下游压力的非工作全开型监控调压器。

2. 采用具有超驰（越权）控制（Override controls）感应下游压力的工作型监控器。

不论选择何种方案，工程师在计算调压器的通过能力和选择失效开启式调压器时，均必须考虑通过监控器的压降。分述如下：

（一）非工作型监控器（Nonworking Monitor）

图 11-47 为四种使用非工作型监控器的安装方案。上游的调压器应有一根控压管用来感受出口压力；下游的调压器也有一根控压管或内部控压管用来感受出口压力。调压器的位置不论处在上游或下游，失效时阀门均能全开。

（二）工作型监控器（Working Monitor）

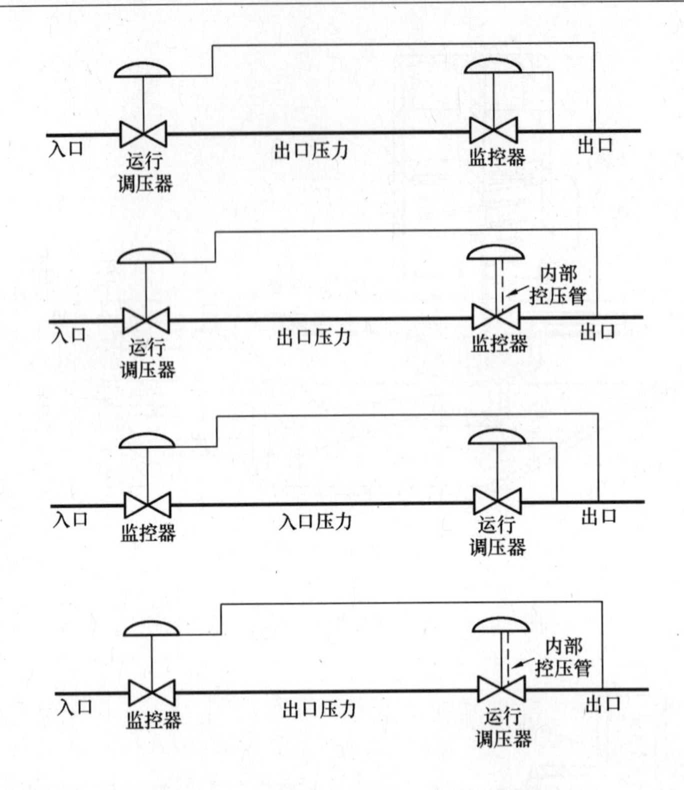

图 11-47　监控调压器的四种安装方案[1]

图 11-48 为具有超驰控制器的管路系统，它的运行状况类似于一个两级调压系统。上游的调压器需设两个控制器，一个为超驰控制器，另一个为主控制器。在正常运行时，主控制器起控制作用并保持中间压力（绕过一级压力），而下游调压器则绕过二级压力并保持出口压力。

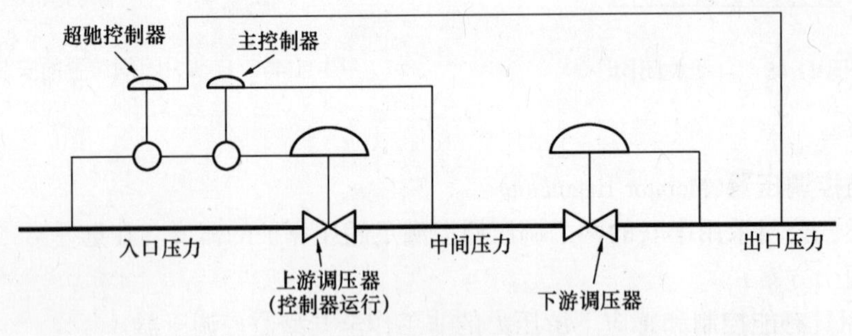

图 11-48　工作型监控器的安装系统[1]

如下游调压器因失效而全开，则超驰控制器就开始对上游调压器起控制作用，并使出口压力达到较高的设定值。如上游调压器因失效而全开，则下游调压器需按系统的最大入口压力确定额定值。

简单的两级调压系统可作为监控的一种方式，并能满足以下两个条件：

1. 二级调压器下游系统中所包括的调压器应能安全地处理一级调压器的压力设定点。

2. 当一级调压器的进口压力达到最大值时，二级调压器需要有一个工作压力的额定值，且一级调压器的薄膜必须能承受这一进口压力。

第七节　商业和工业应用中的调压与超压保护

如配气系统的压力高于用户所需要的压力，则在用户的气表前应安装调压器，经减压和稳压后再使用。例如，配气系统的压力一般为 6.9 ~ 414kPa（1 ~ 60psia），而多数用户所需的压力通常为 152 ~ 178mmH_2O（6 ~ 7inH_2O）。有时，商业和工业用户要求将压力提高到 3.4 ~ 34kPa（0.5 ~ 5psia），且压力应采用固定压力校正因素（Fixed-pressure correction factor）来度量。有一些特殊的工业，甚至要求将压力提高到 69 ~ 2758kPa（10 ~ 400psia），这样高的压力只有在特殊的运行条件下才能提供，且还应考虑可能性。

所有与配气系统相连接的用户调压器（工业、民用与商业）均需设超压保护装置。特别是用户的气表、导管、燃气控制阀（Gas Controls）、压力表和阀门等没有按配气系统的压力设计和调节时，更应设有超压保护装置。

与低压配气系统相连接的用户，不需设单独的超压保护，因为运行压力只有 152 ~ 178mm 水柱，在调压站内已有超压保护。

一、安装位置

如有可能，许多燃气公司常将调压器和安全放散阀装于室外，但必须防止发生车辆交通和刹车设备的破坏和可能发生的水、雪和冰的侵害。

如安装于室内，则调压器应设在支管的入口处，有良好的通风和采光面积，且不会受到破坏。在调压室的高处和低处应设有通风道，有足够的排风量，以便将少量未觉察到的漏气量从上部排走。通风道的大小至少应采用 305mm（12in）的管子（或不小于 650cm^2），并掩蔽起来。调压器薄膜、控制器和放散阀的排气必须用管道通向室外，可自由向大气逸散并远离建筑物的入口。在洪水区，所有的排气管均应高出洪水线。

安装好的燃气调压器应易于接近，便于从内外进行检测，并留有适当的空间进行修理，维护和抄表。

根据流量和压力状况，调压器可安装在气表的上游或下游。有固定压力校正度量装置时，调压器可安装在气表的上游；但如为了充分利用较高压力可用小型气表的优点，则调压器又宜安装在气表的下游。不论调压器安装于何处，气表必须有一个压力校正装置以补偿燃气压力的变化，除非在上游再设一个调压器。

二、设计要求

设计商业和工业用气表和调压器装置时，必须已知：

（一）准确的资料

1. 燃气的负荷特性：即燃气设备的型号及其运行特性，如最大额定容积流量，允许的压力波动和速动控制阀（Snap-acting controls）的使用要求等。

2. 配气系统的特性，如最大和最小压力，燃气干管和支管的规格和类型，承受最大输气压力和流量的能力和潜在的未来负荷等。

3. 用户的位置：如室内和室外的面积，体积和外形状况等。

4. 安全和规范要求等。

（二）现场踏勘以确定有效间距。如有效间距不够，需与用户进一步磋商。

(三) 画出支管的路由。调压器、监控器（如采用）、安全放散阀、过滤器、燃气表、旁通管以及所取的量纲和尺寸等简图。

(四) 燃气公司代表和用户设计部门签订协议，确定何处为支管的终端，何处应装气表和调压器，何处可连接用户导管等。

调压器和阀口的尺寸有两种选择方法：一是按用户的最大负荷和调压器入口处燃气系统的最小压力，另一种是按燃气系统在正常运行压力下，用户的最大负荷相当于调压器能力的 50%进行选择。

入口管的大小通常取等于或大于调压器壳体的入口管。调压器的出口管则应稍大，与气表的入口管相同，且距离越短越好。如运行时通过调压器的流量可能接近其最大能力，则调压器上游和下游直管段的最小长度至少应有 8 倍管径的距离。

阀与调压器应有垂直方向的支撑，避免产生振动、疲劳、翻倒和来自分离压缩机组的推力。调压器需移动作内部检修时，也应有有效的支撑。安全放散阀安装后，排气管的末端应装有防雨帽，其位置应使燃气能安全地排向大气并便于检查。失去防雨帽就表示安全放散阀已经活动，雨水已进入了排气管，安全阀就必须进行内部检查。

如管道上采用压力式气表（Line-pressure metering），则可考虑它是否能代替一个调压器使用，但必须由负荷的大小，设备、工艺要求和经济与安全需要来保证。在安装过程中，用户的管道和设备必须按系统的设计压力合理地进行设计和施工。

三、运行

下游调压器的外部控压管应使调压器能准确的感受被控制的压力。控压管的接口应尽可能地远离调压器。如遇到三通、弯头或可能产生湍流的高速气流阀门时，则控压管的接口至少应远离 5 倍直径的距离。如使用回转式气表（Rotary meters），且调压器设于气表的上游，则调压器控压管的接口应设在气表的下游，这可加快调压器对用户流量变化的反应和防止控制器的停机。设于调压器上游和下游的测压接口应便于压力读数和寻找压力故障。如装有监控装置，则压力接口应设于两个调压器之间。

重要的是，必须已知调压器后所供应燃气设备的类型。许多燃气燃烧器要求燃气压力和流量的变化控制在狭小的范围之内。设于表前的用户调压器能在 2～5 秒内感应压力的变化。但如果燃烧器的速动控制阀安装时紧靠着调压器，则调压器常不能迅速反应，并防止燃烧器开启时因压力太低不出火焰和关闭时发生的超压，需要调节或部分调节燃烧器后才能使用户调压器发挥作用。解决燃烧器速动控制阀存在问题的另一方法是安装一个 100%的超大尺寸的自力式调压器并附有快速开启阀（Quick-opening valve）。

常明火点火燃烧器（Constant-burning pilots）在燃烧时的少量燃气可能从不能 100%关闭的调压器中漏出。同样，电子点火器也要求用户调压器能 100%的紧密关闭。紧密关闭将产生较高的压力，压力的升高又要求安全放散阀或限位关闭阀压力的设定不能太接近于运行压力，且调压器更有必要采用软座阀。如调压器或导管受到日照或加热，则由于温度升高的原因也会引起压力的升高。

四、超压保护

所有的商业和工业装置均应设超压保护，调压器与超压保护装置联合应用的方式可分述如下：

(一) 设有安全放散阀的控制调压器

图 11-49 为设有安全放散阀的控制调压器简图。安全放散阀与控制调压器联合应用时，多余燃气通过放散阀直接排向大气以维持调压器的下游压力在一个最大安全值的范围之内。这种类型的超压保护装置至今仍应用很广，特别是工业中的大量用户调压器，此外，在城市门站、农场接口和加压站中也有应用。

燃气工业中常用的安全放散阀类型有：

1. 突开型（Pop types）；
2. 弹簧和薄膜型背压调压器；
3. 控制器操作型背压调压器。

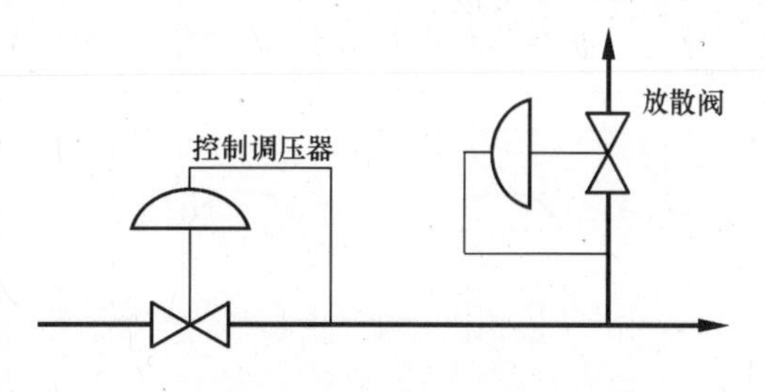

图 11-49 设有安全放散阀的控制调压器[1,133]

需要说明的是，上述三种分类只是反映燃气工业中的状况，不能与美国 ASME《锅炉和压力容器》规范中的“安全阀”、“放散阀”和“安全放散阀”相混淆。

突开型放散阀在压力超过其设定点的一个很小范围内就能全开，但再设定需要经过培训的工作人员才能进行。

弹簧和薄膜型背压调压器是一个简单的装置，但它限于用在出口压力小于 1034kPa（150psia）处。

控制器操作型背压调压器作安全放散阀使用时其比例带很窄，因为在控制系统中它与替续器（Relay）联用，当被保护的压力很小时就会影响到阀的全开与全闭。

另一类型的放散装置（非阀型）为超压破裂型封闭薄膜。当压力达到设定点时，薄膜破裂而全开。显然，这种放散阀的性能难以检测，但与其他放散型超压保护装置相比，可提供更大的放散量。这种装置在运行后很难复位，其他装置，如水银封、油封和水封型则用得很少。

放散型超压保护装置的优点是：超压保护的可靠性好，在正常运行中管线上没有其他堵塞物，不会因超压保护减小调压器的能力，易于设置放散报警装置，价格合理以及减压阀误操作时不会影响用户的使用。缺点是在放散阀工作时，在排出燃气的周围会形成一个危险区，排气、噪声等在人口密集区会产生一些公共关系问题。

安全放散阀的尺寸应保证控制调压器在全开位置和最大设计压力下安全地排出燃气。安全放散阀的设定压力应该按调压器的通过量需要全部放散来考虑，如控制调压器的设定压力小于 83kPa（12psia），则放散阀的设定压力不能大于其 150%，即小于 $1.5\times83=124.5$kPa；如用户可短期接受大于调压器的 83kPa 的设定压力，则放散阀的设定压力也可大于 124.5kPa。

（二）设有监控调压器的控制调压器

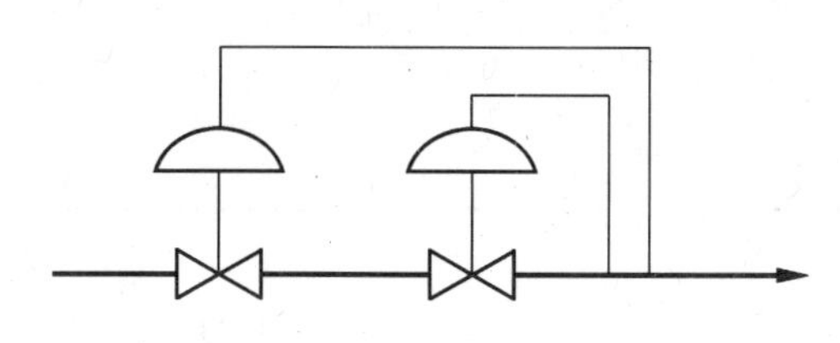
图 11-50 设有监控调压器的控制调压器[1,133]

图 11-50 为设有监控调压器（Monitoring Regulators）的控制调压器简图。监控是一种保护性的超压控制方法。当工作调压器失去压力控制能力时，与它串联的第二个调压器感受到下游压力变化后便投入运行以保持下游的压力稍高于正常压力。监控调压器的设定压力应略高于控制调压器，但在管道压力小于 83kPa 时，设定压力值不大于控制调压器正常设定值的 150%，即小于 124.5kPa；如用户可短期承受大于 83kPa 的压力，监控调压器的设定值

可略高，但也应在124.5kPa以内。监控调压器可装在控制调压器的上游或下游。但两个调压器之间直管段的长度至少应有8倍直径的距离或相当的容积。监控调压器保护装置常用在不允许采用放散阀排气或排气量过大的地方，当控制调压器工作失灵时，它同样能为用户提供正常的服务。

（三）设有工作监控调压器的控制调压器

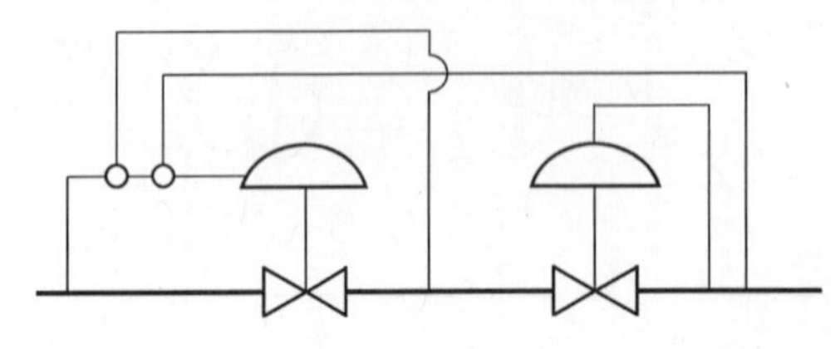

图11-51　设有工作监控调压器的控制调压器[1,133]

图11-51为设有工作监控调压器（Working-monitor regulator）的控制调压器。工作监控超压保护是一种可调的监控保护装置。工作监控调压器设于控制调压器的上游，在两个调压器之间的直管段距离至少应有8倍直径的长度。两个调压器均投入运行，并可对运行状况进行校核。当控制调压器因失效而全开时，工作监控器感受到下游的压力，可使控制压力稍高于正常值并保证用户正常工作。这种调压器的联合工作可提供更多的调节功能，甚至可调节控制调压器的进口压力和控制向用户的供气压力。如监控器设在对噪声敏感的地区，则应在两个调压器之间合理地分配压降量，用以解决噪声问题。

（四）串联调压保护

如图11-52所示，在同一管道上设串联的两个调压器也有超压保护作用。前一个调压器可控制第二个调压器的入口压力，使下游系统在最大允许运行压力的范围之内。当一个调压器失效，则下游压力由另一个调压器来控制并保证其不超过最大安全值。当配气系统的压力常低于最大允许运行压力时可采用这一系统。

（五）设有关闭阀的控制调压器

图11-53为设有关闭阀（Shutoff valve）的控制调压器系统，在控制调压器失灵时可完全切断用户，直到失灵情况已经消除，并已由手动方式完成重新设定为止。关闭阀可设在控制调压器的上游或下游，但必须设有下游的感压控制管。也可用有内部关闭装置的调压器，当达到预先设定的压力高限值时，自动关闭阀启动，切断用户，下游系统的安全就有了保证。许多燃气公司对一些公共建筑如学校、医院和购物中心等地常配置一些额外的计量和保护装置。关闭阀的安装常作为一种额外的超压保护装置来使用，在锅炉的燃烧系统中也常应用。

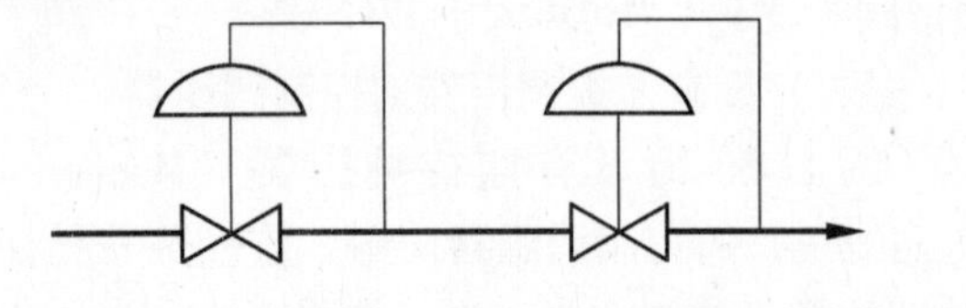

图11-52　串联调压器的超压保护[133]

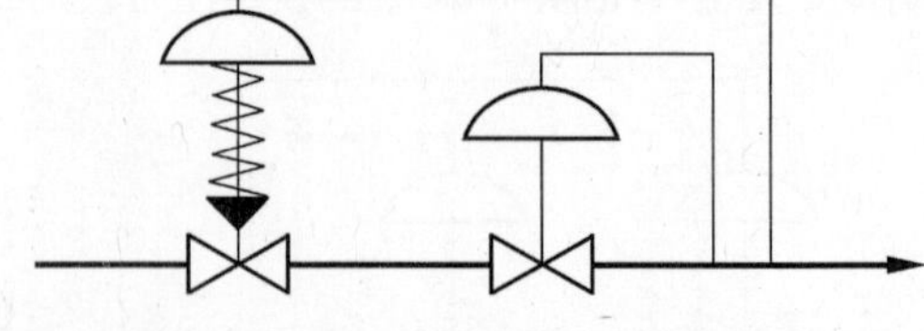

图11-53　设有关闭阀的控制调压器[1,133]

使用关闭阀时，只要控制调压器的阀座下有一些碎屑或颗粒物就可能切断用户，这一特征也产生了与小型安全放散阀相比较的问题。在单气源点的配气系统中，关闭阀要求每个用户有两步的思想准备，第一步是关闭支管阀，第二步是当系统的压力重新恢复后，用户处的燃烧装置必须重新启动，因此，如果要求在控制调压器失效时系统仍能正常工作就不能采用关闭阀作超压保护。在城市的高层建筑区，放散阀向大气排放燃气被视为不安全时，则采用有内部关闭装置的调压器较好，且比监控调压器价低。

在零负荷时如果燃气的温度升高，则使用关闭阀也会出现新的问题，例如，若调压器的关闭压力为 178mmH_2O，温度每升高 1℃，压力可能增加 36mmH_2O，由温度变化的压力增加量足以使设备在正常条件下关闭阀启动。

(六) 放散与监控的联合装置

图 11-54 为放散与监控的联合装置（A Combination of Relief and Monitoring）。对负荷小于 283m^3/h 的商业和工业企业常采用内部放散阀和监控器的联合装置。在这一装置中，燃气的放散量受到限制并使监控器迅速投入运行，从而使下游的压力受到保护，保护的压力范围在 6.9kPa 以内，最大入口压力下燃气的放散量不会超过民用放散阀型用户调压器的放散量。

根据这一新的概念，调压器制造厂对入口压力的限制，可以不靠改变阀孔的尺寸解决，在非正常的较高入口压力条件下下游的压力也可受到保护，由于放散量的减小，公共关系中发生的问题也少，且机组无须人工设定就能自动投入运行。

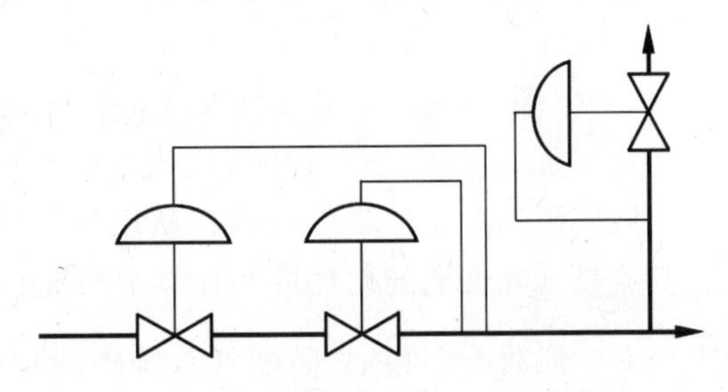

图 11-54　放散与监控的联合装置[133]

五、附属设备

如调压器和气表进行检测和更换时不允许短期向用户停止供气，则并行于调压器的管道应安装带有关闭阀的旁通管。有时调压器进、出口管上的阀门很少应用，而旁通管倒很起作用。

过滤器、除污器或分离器应安装在调压器和气表的上游，以清除燃气干管中所带的灰尘、砂砾、液体或其他的外来物质。新敷设的干管和旧有管道中的脏物是损坏阀座和转翼式气表翼片、减缓或停止回转式气表的工作和进入皮膜式气表的主要物质。用除污器可除去较大的脏物（>1.6mm），而清除小颗粒脏物则用过滤器，它可除去小至 10μm 的颗粒物质。过滤器和排污器应设旁通管，用来检测和清除所收集到的物质。分离器则用来收集液体。

为保证过滤器不致堵塞和产生过大的压差，在过滤器投入运行和达到最大流量时，就应开始用压差计进行检测。开始时每日检查，之后每周检查，然后按需检查。在冬季系统出现高峰负荷时，或管道的结构发生了变化，或因阀门的运行产生了不同的流态，就更应对过滤器进行校核。在上述变化中所产生的碎屑必须预先清除。由于不能预计到碎屑的性质，在下游应设有可以放散的捕集器旁通管，以防止短期使用未经过滤的燃气时用户发生停气。

第十二章 调 压 站 的 设 计

在配气系统中常用两种类型的调压站，即城市门站和区域调压站。这两类的调压站均是从配气系统的运行安全要求出发，从较高的供气压力降至较低的安全运行压力。城市门站（City gate station）或市郊调压站（Town border station）接受高压的来气后开始降压，再通过一定数量的区域调压站降低到符合用户所需的压力。可供参考的各国调压站的大样图很多，也有可遵循的设计规范，本章主要介绍调压站的设计要点。

第一节 区域调压站[1]（District regulator stations）

区域调压站是一种降压设施，从供气干管接受来气，降至预定压力后向配气系统输气；其流量（除管道的贮气量外）等于系统的耗气量。供气管线的压力范围变化很大，由数十个 kPa 到数千个 kPa；而配气系统中的控制压力通常在数个 kPa 至数百个 kPa（$\frac{1}{4}$ ~ 100psia）的范围内变化。配气系统也可由一个以上的区域调压站供气。由于调压站的条件和需要变化很大，没有一种标准设计能满足所有的条件和需要，但不同的设计均应满足以下的基本要求：

一、性能

区域调压站的设计应使其性能必须满足所有可预见的运行条件。影响性能的因素有：合理的规格、设备的选择、管线的布置和位置的选定。

二、安全性

设计应对于因设备受损或失效而造成的超压以及向配气系统的供气可能中断提供各种保护。

三、环境

调压站的设计应考虑美观，与周围建筑物相协调，无令人厌恶的噪声和臭味，并应遵守有关的标准和规程。

四、经济

满足上述各项要求的成本应最小，初装费与长期维修费也最低。

第二节 城市门站[1]（City gate station）

城市门站或市郊站，包括压力的调节在内，是一个多功能的站。它是供气干管与配气系统之间的过渡点。通常，调压器仅是这些站的一个部分。因为供气系统干管的运行压力比公用燃气公司系统的压力要高很多，除调压外，站内还应有计量设施、燃气压力和温度以及燃气密度和热值的测量装置等，加臭装置通常也包括在站内。多数门站由供气方管理。

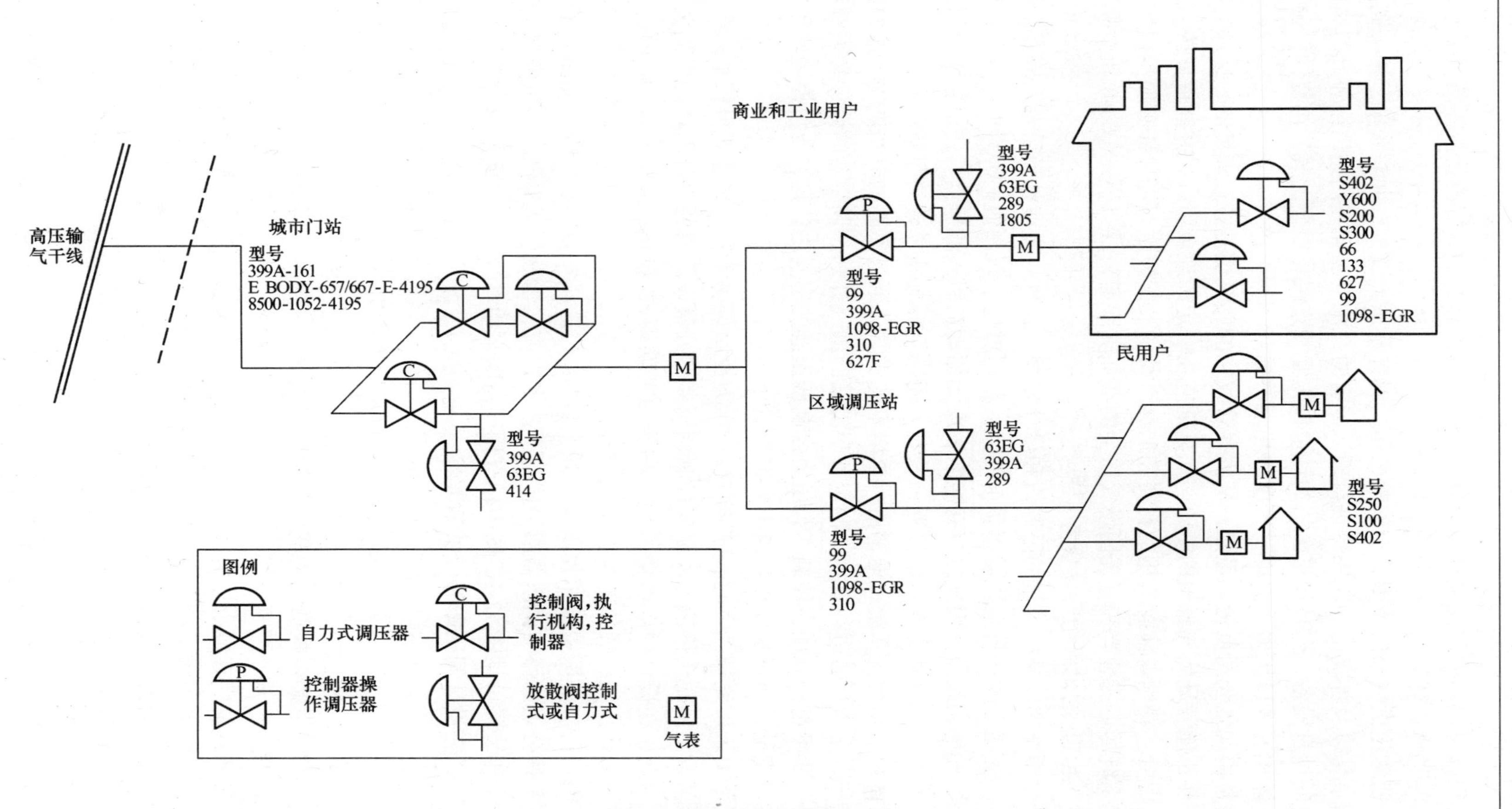

图 12-1 配气系统的调压装置

设计工程师对门站中的流量计和加臭装置应特别加以注意，因为配气系统所要求的设备不同，站的类型也各异。

流量计通常由供气部门负责，但配气公司应对计量进行监控，并对账单、按合同的日供气量和结余量以及加臭剂的吸入量进行确认。有时，配气公司在门站内或邻近门站的地方设有自己的计量设备，但与供气公司的计量设施互相连接，以便配气公司与供气公司有相同的燃气体积、入口压力、温度、密度和热值数据。

加臭通常由配气公司负责。虽然，从供气管线来的燃气也是经过加臭的，但加臭的等级或类型往往不能满足配气公司的需要。加臭剂应在一定的地点引入，并能保证按一定的比例与燃气混合。特别要注意所用的材料和加臭系统的装配方法，以保证和加臭剂特性的统一，并使系统尽可能地严密（美国燃气协会的《加臭手册》：编目号 X00683 和美国燃气工艺研究院（IGT）的出版物可供参考）[139,140]。

工程师必须熟知门站处流量的限制值和设计依据。供气一方在计量设备上应有最大流量的限制值，受气方的运行系统需使系统的负荷不超过这一限制值，因为供气方不可能测量用气方的燃气量，此外，用气方应有能力发现无加臭剂引入的地点。公用燃气公司采用连续监控的方法后可以确定地点的位置，及时关闭这个加臭站，直到问题解决。

对大型城市公用配气系统，通常由一个以上的供气方通过不同的门站供气。这种情况下用气方应与各个供气方进行磋商，制定各个门站的供气计划。调压器的设计必须有流量的控制功能，而不是仅有压力控制。与压力控制调压器的不同之处是，流量控制调压器还负责检测燃气流量，而不是仅仅记录下游的出口压力。

当配气系统采用流量控制时，应同时设有压力控制调压装置，以便获得整个系统中耗气量高于流量设定值的变化情况。流量控制调压器的流量设定值通常可以略高于整个系统的耗气量，为此，在设计中应考虑采用一种压力补偿模式（Pressure override mode），用流量控制调压器来防止超压现象的发生。

1993 年 9 月曾应美国费歇尔控制阀公司（Fisher Controls Company. Marshalltown, Iowa）之邀，考察了该公司的燃气调压器部并进行了技术交流，承该公司提供了大量资料，其中配气系统的调压装置可见图 12-1。图中标有调压器的常用型号，均为该公司的产品，其性能有手册可查，在设计调压站时可供参考。

第三节　设 计 标 准[1]

调压站的设计者必须根据性能和设备的要求确定安装规格。应考虑的因素有：

1. 流量的最大和最小要求

最大流量通常发生在最小入口压力时；最小流量则可能发生在不同的进口压力。最大负荷的确定应考虑以下因素：

（1）实际用户的最大时负荷，包括大型工业和商业负荷。

（2）计算的管网模型。

（3）出口干管的能力。

（4）家庭和家用热水器和其他的燃气设备数。

（5）可换算成最大时负荷的月销售量数据。

2. 未来流量的需求量。初始设备是根据多大的流量设计的?

3. 供气管路中的最大和最小有效压力。

4. 压力降低的级数。如超过一级，则安装时采用分级还是采用监控设计? 在两级之间应保持多大距离?

5. 调压器用并联的还是串联的? 配气管网是否还有其他的供气点? 设施能否满足系统的要求? 如采用并联的调压器，则是否每一调压器均按最大流量设计? 如采用串联的调压器，则是否需要再设旁通管?

6. 整个调压站是否要设旁通管? 通常串联的调压站应设旁通管。

7. 燃气是否需要加热? 如燃气中含有水蒸气，压降又大，且需要很大的调节量，则温降效应可能使燃气温度降到露点温度之下，并有可能形成水化物。较低的燃气温度将使出口管周围的含水土壤结冻，造成基础和路面的隆起。

8. 供给的燃气是否需要加臭? 通常，加臭应在市郊站内完成。如需在区域调压站内加臭，则必须有相应的设备和贮存装置。

9. 设计中是否需要控制噪声? 居住区对噪声等级的限制将影响设备的选择。

10. 工作空间的要求。为安全、有效运行和维修方便，应设几个工作室?

第四节 位置的选择

当总的设计要求明确后，就要选择合适的调压站位置。对新建系统，位置的选择较易，对旧有系统则较难。调压站的位置应靠近供气干管，且配气系统能获得所需的燃气量。

在郊区或待开发区，地价较低，站址易于选择。在市区，地价较高，除小型调压站外，选址较难。在地价较低处，易于安装大型设备或建地面房屋设施。

需要加臭和加热的设备常安装在地价较低的土地上，便于在地上建站、围墙或围栏。在地价较高处，就要建地下或半地下设施。美国 35 个州的 80 家燃气公司的调压站选址为[1]：停车场附近占 40%，街道附近占 24%，路边空地占 18%，私人土地占 18%；80%为地下，地上调压站多数设在工厂里。地下设施应有地下围护结构，有可以进入的人孔、铁门和可移动的护盖。护盖不能因事故而掉入地下室或损坏调压设备。护盖的设计应估计到车辆可能的动荷载。

如地下水位与排水条件许可，公路边的调压站可设在地下井中，也可设在地上并不设围墙，只要不受交通和其他人为损害且地方当局允许。从美观考虑可以有一些遮挡物或作一些必要的装饰。地上的围墙也应与周围的建筑物相协调。

如公路边的交通拥挤和停车较多，难以接近，则地下站的建设就得另行选址。公路下的地下调压站应采用混凝土或钢板制成。在多雪地区，常用洒盐的办法去除冰雪，则设备与管道要特别注意防腐。地下室不应设在标高较低的地方，以防洪水的侵袭，除非设备能安全地在水下运行。如人行道的标高较高且较干燥，则也可设地下调压站。如调压装置中需应用电子元件，则还应考虑电源问题。地下室的通风应符合规范要求。

地上设施的优点是容易接近、造价低、易于维修；缺点是可能受交通或野蛮行为的破坏，且极可能产生噪声问题。图 12-2 为典型的地下和地上调压站装置。

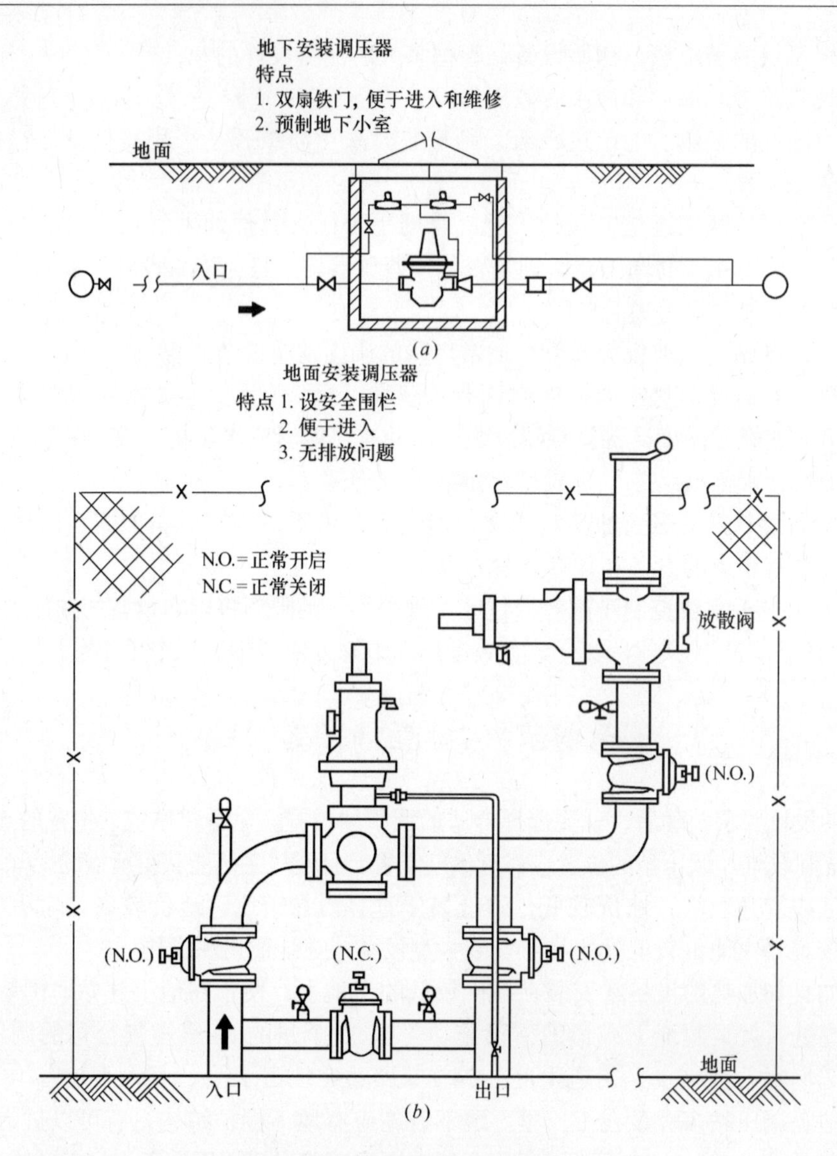

图 12-2　调压器的典型安装方式

（a）地下安装；（b）地面安装

第五节　调压器的选择

调压器是调压站的心脏，应从行之有效的诸多调压器中进行选择。调压器的基本结构包括控制流量的控制阀、感应元件和荷载元件（可参看上章所述的各种类型的调压器）。选择调压器时应考虑以下因素，即：1. 出口压力的下降量特性和感应能力；2. 设备的最大与最小压差额定值；3. 运行的可靠性；4. 易于维修（在线维修最好）；5. 设备的成本较低；6. 能满足调压站的空间要求；7. 噪声特性已得到处理。

一、调压器的尺寸

调压器尺寸的选择是调压器能否达到正常的运行、出口压力的最小下降量、无噪声和最小的维修量的关键因素。调压器的尺寸根据可能发生的最大负荷值和最小进口压力值进行选择。如负荷的变化范围很大，则宜采用并联的机组，第二套机组在预先设定的压降值时启动，以避免在使用非并联的大型单列调压器时，遇到较小的负荷会使节气阀处于接近关闭的状态。并联机组的另一优点是，安全放散阀只须装在通过能力最大的一个调压器上就可保护其中的一个调压器失效。在最大流量时，应避免出口压力的下降量超过规定值。

二、噪声的控制

在区域调压站的设计中，应认真进行噪声的分析。调压器是主要的，但并不是惟一的声源。噪声主要来自高速气流、过大的压降和气流方向突变时产生的湍流。一种直通流量设计（Straight-through flow design）的控制阀，如可膨胀的套筒阀（用于曲流式调压器）与高湍流的阀相比，噪声就小很多。调压器制造厂对不同流量条件下的噪声等级应提供设计数据。

调压器阀体的设计对噪声的控制也十分重要。如阀体设计成缝隙或小的开孔，当燃气通过时可将声源驱散。余下的噪声可用消音器或在调压器的下游设扩压管的方法消除。其他的噪声控制方法还包括用厚壁管，方向改变时用镰刀形弯管、全部开启关闭阀、管道埋地和用铅-乙烯树脂（Lead-vinyl）等吸声材料包缠裸露的管道等。在调压站土建设计中将设施封闭也是控制噪声的有效措施，但运行与维修人员在室内工作时应有防噪声的设施。优秀的设计应该首先控制声源，而不是在噪声发生后再设法处理。

第六节 超 压 保 护

近代的燃气调压器是一种可靠性很高的装置。失效主要发生在：自然损伤、设备失效和在燃气流中有外来的物质。

燃气中可能含有水分、尘埃、石块、焊渣、切割金属的碎屑以及其他的沉积物等。向区域调压站供气的干管在施工过程中留有某些外来物质是一个普遍的问题。小型控制器式调压器和其他节气阀孔的堵塞问题，要靠在上游安装的小型燃气过滤器来防止。主调压器对微小颗粒物并不敏感，但应保护不受较大碎屑的影响，因此，在调压器的上游应安装粗滤器（Strainers）。粗滤器与过滤器应进行监控并严格遵守维修规程。

有薄膜执行机构的调压器，因失去荷载压力发生失效时，阀门是处于关闭还是开启位置主要取决于主弹簧是按开启还是关闭来设计的。区域调压站的设计人员必须根据配气系统的性质进行选择。多数的实践经验认为：主调压器应采用失效-开启，而监控调压器则采用失效-关闭方案为宜。如采用两个并联的失效-关闭型调压器，当其中的一个因事故而失效时，另一个可继续提供服务，以减少超压的可能性。但必须牢记，这里所指的失效与失去感受下游压力能力的失效不同，当失去感受下游压力的能力时，不论调压器标着“失效-开启”或“失效-关闭”，调压器在失效时均处于开启状态。

调压器失效时，为对配气系统实施超压保护，要通过采用若干个装置来完成。最常用的是：安全放散阀、串联的调压器和监控调压器，有时也使用自动关闭阀。这些装置在第十一章中已有详细的介绍。图 12-3 所示，为一种采用安全放散阀作超压保护的地上调压站。这种调压站不能用于市区，除非燃气能安全排放且不能进入邻近的建筑物。虽然在图 12-2 上并未表示清楚，但超压保护的某些条文将用来指导调压站的设计。图 12-3 为一典型的有监控保护的地下站规划。图 12-4 为一典型的有安全放散阀保护的地面站规划[1]。

必须说明的是，监控保护调压器也可设在地面站的合适位置上，而安全放散阀保护也可设在地下站中，只是放散阀的排气道应安装在地面上。

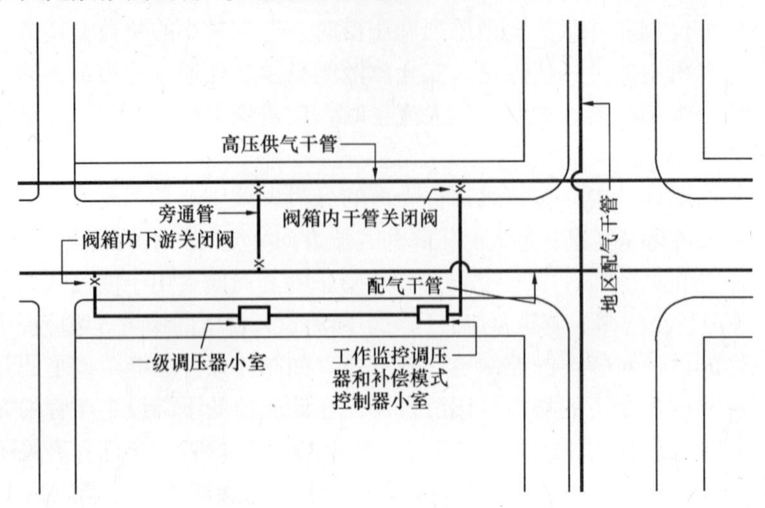

图 12-3　典型的地下调压站布置

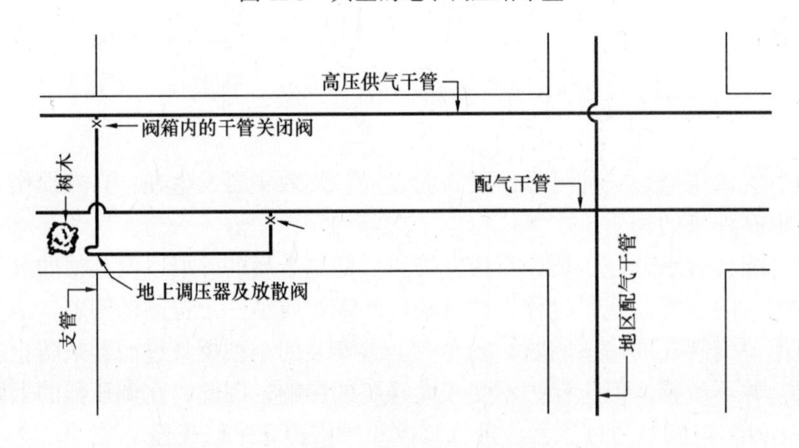

图 12-4　典型的地面调压站布置

超压保护装置的运行和型号的选择必须考虑一些条件。表 12-1 为使用不同类型的超压保护装置时，可能发生的情况。

重要的是，调压器的失效应有信号及时通知运行人员。靠近调压器出口的遥测压力数据可作为失效的信号。区域调压站的记录图不能作为传送信号，更换成按时间的记录图后才有用。在人口密集地区放散阀的放气情况通常靠公众举报。

超压保护装置的比较[1,133]　　　　**表 12-1**

装置启动的条件	安全放散阀	工作监控器	监控器	串联调压器	关闭	安全监控
保证用户的使用	√	√	√	√	×	√
向大气排放的公共关系问题	√	×	×	×	×	少量
运行后需人工再设定	×	×	×	×	√	×
减小调压器的通过能力	×	√	√	√	×	×

续表

装置启动的条件	安全放散阀	工作监控器	监控器	串联调压器	关闭	安全监控
燃气公司可直接采用事故动作	✓	×	×	×	✓	可能
压力图表示部分失去超压保护能力	×	✓	可能	✓	×	✓
压力图表示调压器已失效，超压保护正在起作用	✓	✓	✓	✓	✓	✓
正常运行的条件						
常态工作	×	✓	×	✓	×	✓

第七节　管道与阀门

通常，各设计部门和燃气公司内部都保存着一些地下和地面调压站的安装标准图，但调压站进、出口管的安装要根据具体条件进行，且变化多端。图 12-3 和图 12-4 为调压站进、出口管道的配置示例。低压系统采用典型的总系统，常设于市区内，管道和设备较大，区域调压站所需的空间较大。高压系统通常是新建的，常设于新区内，与同样的流量相比，管道和设备相对较小，调压站可更为紧凑，所需的空间也较小。

区域调压站需设站的入口阀与站的出口阀。出口阀可防止事故关闭时燃气的倒流，也可在维修时起作用。两种阀离调压站均应有一定的距离，在发生火灾等事故时可将调压站隔离。阀离站的距离一般为 7.6 ~ 15m，能远一些则更好。如配气系统需要从区域调压站接出新管道，则调压站必须设有站的旁通管，除非有一对调压器是并联安装的。旁通管上的阀通常应锁住，使之处于关闭状态，以防止发生偶然性的开启。如阀门设在地下的阀箱中，则必须保证不会因误开启而发生下游的超压。如旁通管需作为临时性由人工启动的供气管，则必须有下游压力的监控设备。

关闭阀的选择在区域调压站的设计中非常重要。在事故条件下，阀门应是可接近和可操作的。常用的阀门类型有：旋塞阀（Plug valve）（有润滑剂和无润滑剂的）、闸阀（Gate valves）（上升阀杆或非上升阀杆式）、球阀和蝶阀。旋塞阀通常有限位开度装置，在低压大流量时用得很广。润滑型旋塞在使用前应加润滑剂，保证能在运行中关闭紧密，但应避免过多的润滑剂流入气流。闸阀通常有全开的孔径，关闭时用金属对金属的阀座。在地下安装时，应采用非上升阀杆式，以避免弄脏裸露的阀杆和在开启位置时潮气的侵入。闸阀运行简单，毋须经常维修，但有的闸阀甚易在阀杆的填函处漏气，并在阀座底部沉积外来的杂质。球阀对全开或限位开度均适用，易于运行，如用特殊的阀座材料，则关闭可以很紧密，但相对比较贵，常作为特殊用途使用。蝶阀较便宜，流量较大和压降较小，但气密性较差，常用于下游的低压系统中。较短的阀体也是蝶阀的一大优点。

对地下安装的区域调压站，设计人员必须考虑到某一专项事故，如爆炸等所产生的影响。这种情况下，调压器和超压保护可能因同时失效而引起超压，为避免发生这类事件，调压器与超压保护装置应分开安装。

地下调压站中的控压管最好采用钢管，其管径应能提供足够的强度，承受各种可预见的荷载，其位置应尽可能减少事故的破坏并设有阴极保护。地下调压站中的管道应防止大气腐蚀，采用不锈钢管材。

第八节　进口、出口、旁通管和控压管的设计

专用管道的管径选择、管道与配件的配置和控压管线的位置是保证区域调压装置获得最佳工况的重要因素。进口和出口管的管径按最大流量选择并考虑到未来负荷，其流速则应考虑到噪声的控制，渐扩管和大曲率半径弯管可用来减少湍流、噪声、振动和压降。

旁通管的管径应根据调压站所需的通过能力选定。手动节气门和出口压力表的安装应在同一视线之内。

感压控制管（控压管）应位于下游大管径的出口管上，感压位置应离阀门、T形管、弯管或其他安装件有一定的间距，以减少气流的湍动。间距至少应是管径的8～10倍。

一、设计举例[141,1]

以下为选择区域调压站各部件尺寸的简单示例。已知参数为：

调压器的负荷量　2830m³/h；

供气管的最大允许运行压力（MAOP）　414kPa；

供气管的最小压力　206.85kPa；

配气系统的最大允许运行压力（MAOP）　68.9kPa。

如采用图12-2中所示的地面调压站和安全放散阀配置方案，且调压站的布置如图12-4所示。计算简图如图12-5。计算中的初始假设值为：

入口管3in，出口管4in，调压器2in，安全放散阀3in，旁通管2in。

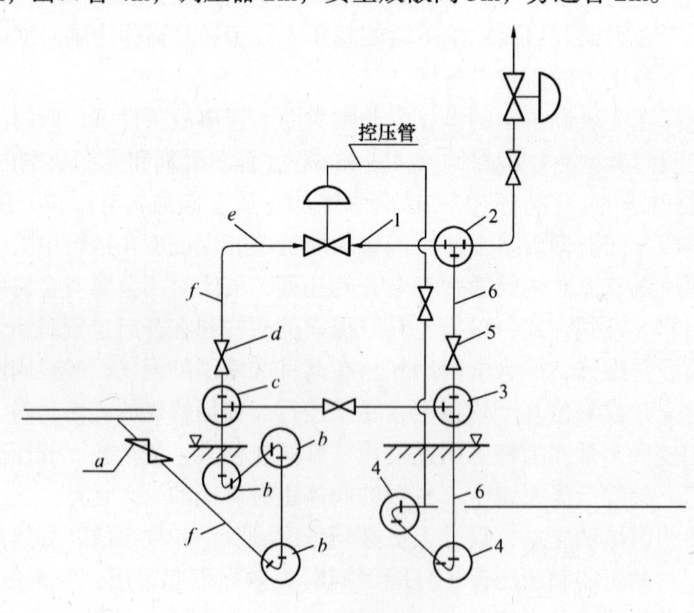

图12-5　计算简图

（一）校核计算时，首先计算从供气管至调压器的管道与配件相当于3in管的当量长度，见表12-2。

表 12-2

编　号	配件及管道	相当 3in 管的当量长度（m）
a	1 个 3in 闸阀	0.61
b	3 个 3in90°大曲率半径的焊接弯头	3.66
c	1 个 3in + 2in 的焊接 T 形管（直通）	1.52
d	1 个 3in 旋塞阀	3.66
e	1 个 3in + 2in 的焊接收缩管	1.52
f	3in 管长度	19.8
	3in 管总当量长度	30.79

（二）调压器的通过能力可从制造厂的公式、表格、特性曲线或诺模图等方式所提供的文件中获得。

已知调压器的流量为 2830m^3/h，供气管的最小压力为 206.85kPa，由高压管至调压器入口的当量长度为 30.79m 的（3in 管）。按高压管道计算公式可得这段管子的压降为 30.34kPa，调压器入口的最小压力为：206.85 - 30.34 = 176.51kPa。

从制造厂提供的调压器资料中得知，对所选定的 2in 调压器，入口压力为 172.4kPa 时，额定流量为 2943m^3/h，因此所选的调压器是合适的。对 2in 的旁通管，用类似的方法求得的压降值也表明选型是合适的。

（三）安全放散阀的尺寸应按最大压力下调压器失效时的流量确定。本例中，配气系统的最大允许运行压力为 68.95kPa。调压器失效时，允许压力的上升为 1.5 倍的最大允许运行压力，即 1.5 × 68.95 = 103.4kPa。即上升量为：103.4 - 68.95 = 34.5kPa。

已知 3in 的安全放散阀，设定压力为 82.7kPa，压力上升量为 20.7kPa，即入口压力为：82.7 + 20.7 = 103.4kPa 时，通过量为 3679m^3/h。

而 3in 的入口管当通过 3679m^3/h 的流量时，入口管的压降为 29.65kPa，调压器失效时的入口压力成为：414 - 29.65 = 384.35kPa。

在这一入口压力下，调压器失效时应通过 5377m^3/h 的燃气量，因 5377 > 3679，显然，采用 3in 的安全放散阀不合适，而应另选 4in 的放散阀。

4in 的放散阀在同样的安全设定条件下通过量可达 6650m^3/h，可以满足要求。

由于调压器的出口为 2in 而放散阀为 4in，因此在调压器的出口应安装一个 2in × 4in 的扩压管，同时在 4in 的放散阀之前装设一个 4in 的全开闸阀（锁定在开启状态）。

（四）出口管的校核计算。根据上述要求，出口管的当量长度，见表 12-3。

表 12-3

编　号	配 件 及 管 道	相当 4in 管的当量长度（m）
1	1 个 2in × 4in 的焊接扩压管	2.45
2	1 个 4in × 4in 的焊接三通（分支）	6.09
3	1 个 4in × 2in 的焊接三通（直通）	2.13
4	2 个 4in 的焊接弯头	6.09
5	1 个 4in 的闸阀	0.61
6	4in 管	16.2
	4in 管总当量长度	33.57

对当量长度为33.57m的出口管，其入口压力为68.95kPa，流量为2830m³/h时计算求得的压降为11.72kPa。这表明，进入配气干管的供气压力为68.95－11.72＝57.23kPa。在本例的条件下，为消除出口管的压力效应，调压器下游的控压管应直接与配气干管相连接。

二、求管内的流速

在确定燃气在管内的流速时，首先应按压力-体积的关系 $V_2=\frac{P_1V_1}{P_2}$ 计算 V_2 值。式中的压力为绝对压力，然后将体积换算成每秒的体积流量 Q。按公式 $U=\frac{Q}{A}$ 可求得速度值 U（m/s）。式中 Q（m^3/s），A 为按管内径计算的截面积（m^2）。对3in管，在207kPa压力下的速度约为52m/s。此值随管壁的厚度略有变化。

第十三章　配气管网的施工、维修和运行

自20世纪80年代末开始，发达国家在配气管网的施工、维修和运行方面做了大量的技术开发工作，机械化水平不断提高，创新的产品层出不穷，到本世纪初已形成了一个比较完整的体系，成为燃气工程技术发展的亮点。本章主要介绍发达国家的先进技术，当今达到的最高水平和今后的发展方向。

第一节　现代的埋管和道路开挖技术[180]

1988年，17届世界燃气大会上已对各国开发的施工机械做了总结和介绍，但由于埋管成本的不断增加，促使公用工程发展窄沟或无沟安装技术。公众的舆论和城市区域内交通堵塞的不断升级也增加了对路面破坏性施工方法的压力，在我国，对所谓的“拉锁路面”就有强烈的反应。当今，在一些地区的施工操作中，虽然人工开挖管沟仍在继续进行，但在多数情况下已逐渐成为不受欢迎的选择。

在澳大利亚、欧洲和北美，由于上述的原因，对干管和支管的敷设已广泛采用定向钻孔和窄沟技术，只有在受到成本-效益的限制或必要时才采用开挖方式。在日本，多数管道仍采用管沟开挖方式，无沟敷设则常用于穿越河流、铁路和公路时，因为这些地方甚难贴近。在澳大利亚则采用与其他公用管道同沟敷设的方法。

由于塑料管，特别是聚乙烯管（PE管）应用的不断增加已成为世界的趋势，在美国和欧洲的多数国家，配气管网中聚乙烯管的采用已超过90%。由于聚乙烯干管和支管的柔性好，可采用窄沟和无沟安装技术，是一种成本-效益较好的方法。

澳大利亚西部在中、低压管网中还采用了聚氯乙烯（PVC）管道，管径为50～195mm，到20世纪90年代初已埋设了5500km这样的管道，管道的连接用溶剂，与其他材料相比，安装成本较低。澳大利亚在干管和支管的更换中还采用了一种尼龙管。我国也做过尼龙管的试点工作，但成本较高。

一、穿孔（Molling）和钻孔（Boring）设备[180]

公用燃气工业已不断采用先进的穿孔和钻孔技术来降低开挖和管道复原维修的成本，以期对行人和交通的影响减至最小，控制城区内的施工噪声。但在采用这种技术时，应先打试验孔，以免影响其他地下公用管道和电缆。打孔的方法包括：撞击、顶管、水射喷头和旋转推进或上述几种方法的联合使用。发射坑（Launch pit）的大小决定于埋管的管径和放置设备的要求，典型的尺寸为1m×1m×0.5m至2m×1m×0.5m。以下主要介绍四种方式，即土壤的钻孔、导向穿孔和钻孔机、顶管和水平钻孔机和水射式导向钻孔机等，上述技术并在不断地发展中。英国要求地下穿行排土设备（Earfh displacement equipment）和相邻的埋地设施保持一定的安全距离并考虑钻孔的直径和土壤的条件。在埋设支管时，如采用穿孔或导向钻孔机时应先做可行性研究，做好竖向洞穴（Keyhole）位置的调研工作。

（一）土壤穿孔机

气动的土壤钻孔机可见图13-1。在澳大利亚、欧洲和北美常用于安装新管，更换干管和支管。探测仪可作为运行中管道的定位用。根据地面上管道定位仪发出的信号可确定钻孔的位置和离地面的深度。

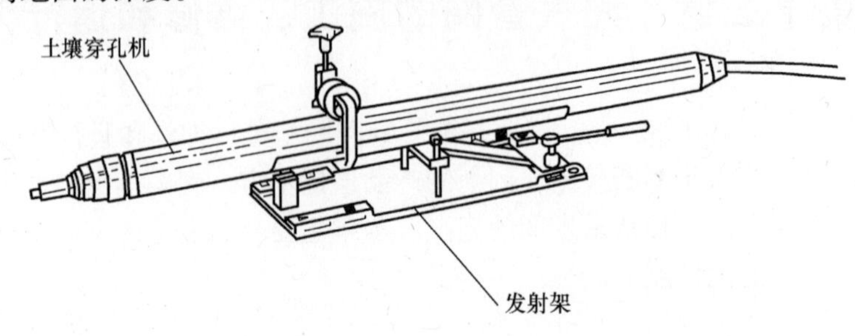

图13-1　土壤穿孔机[180]

在欧洲，地下穿孔的路线主要是为了安装聚乙烯管，管径小于180mm，发射坑和接收坑的间距为20~30m。在德国和瑞典等国，这一技术主要用于城市郊区，其他地下管道设施的位置已完全掌握的情况下。在瑞典，穿孔埋设的支管位置和沿线的其他公用设施在埋管后均有图纸保存。在德国，穿孔法主要用于埋设支管，穿过街道时则采用钻孔技术。

在聚乙烯管被拖过穿孔时，应特别注意作用在管上的附加力。荷兰已开发出一种确定拉力的方法，以保证拉力限制在可接受的范围内，但现在穿孔和钻孔方法在荷兰已受到限制。在澳大利亚港口的布里斯班（Brisbane），穿孔法已成功地用于埋设管径小于75mm的管孔，埋管长度在20m内较合适，但必须有熟练的操作人员，土壤条件较合适时才能有成效。

在日本，穿孔法受到限制，仅在埋设管径为25~40mm，管长小于10m的塑料支管时使用。在意大利，穿孔设备也不常用，因为地下设施十分拥挤，且缺乏合适的土壤条件。

（二）导向穿孔和钻孔机（Steerable Moling and Boring Machines）

最近的进展表明，导向穿孔和钻孔机的使用效果很好，适用的管径范围也较大。应用偏斜头（Angled noses）和导向板（Fins）导向后，可越过障碍物和道路的弯曲处。穿孔的位置由装于偏斜头中的信号发送器控制，其位置则由地面接收器进行检测。

在英国有一种转动式穿孔机（The Rotamole）（见图13-2）。包括一个导向控制头和一个反向扩孔系统（Backreaming system），与常规的穿孔机结合在一起后，可以扩大孔径以满足埋管管径的要求。导向控制头设有一个45mm或65mm直径的偏斜头钻孔机，附在钻机（Drill rig）的带子上，其工作范围为135m。转动穿孔机运用冲击、推进和转动等多种功能的联合装置可改变前进的方向和提供快速的土壤穿透能力。

穿孔的走向和定位靠一个转动导向的检测系统。通过计算机可控制导向的动作和提供深度和位置的详细情况。反向扩孔装置通过穿孔与绞车相连，穿孔的扩孔尺寸为100~150mm，适合于安装管径为63~125mm的聚乙烯管。转动穿孔机在美国已成功地进行了现场试验。

美国开发了一种跟踪机械（The trace machine），是一个范围为183m的导向系统，且包含一个向下钻孔的工具，并有电子跟踪装置。向下钻孔的工具有两种，一种是有偏斜头的气动穿孔机，在致密的土壤中穿孔直径可达150mm，另一种是气动的钻孔机械，在

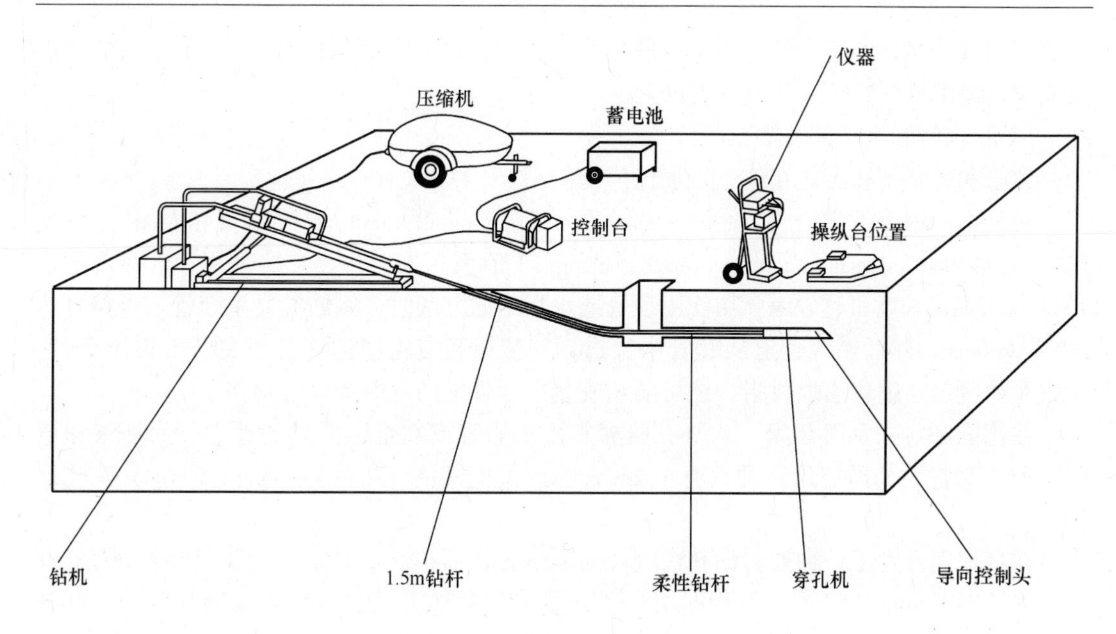

图 13-2 转动穿孔机[180]

石质或硬质的土壤中钻孔的直径可达 200mm。上述两种工具的跟踪方法均使用管子定位仪，安装于向下钻孔工具之上，且有一个发送器的操纵台。受钻孔带的限制，导向半径为 75m，在急转弯处，导向半径将缩短。美国公用燃气工业用这种装置安装 2 ~ 4in 的聚乙烯管，长度在 25 ~ 80m 之间。装置的精度相当于在 120m 的范围内击中一个直径为 600mm 的目标。

美国还开发了一种导向穿孔机（Guided hole hog）（见图 13-3），包含一个偏斜头穿孔机，由锁定的或未锁定的一对水力运行的导向板导向，安装在穿孔机的尾部。头部由敏感的线卷跟踪，数据经处理后可指示出状态、深度和钻孔的距离。管子可通过一个 100mm 的穿孔回拉。导向半径为 15m，设备的精度相当于在 46m 内可击中一个直径为 300mm 的目标。

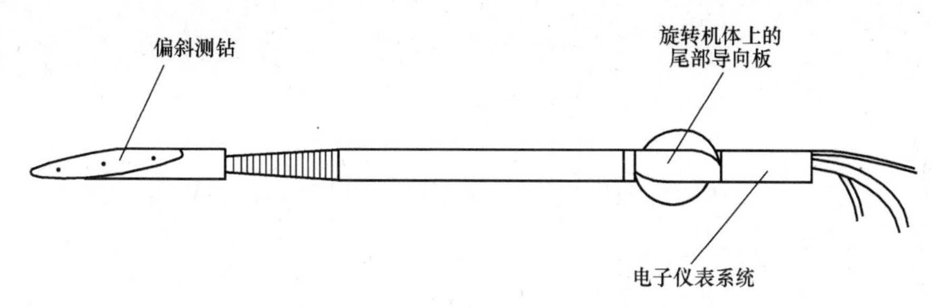

图 13-3 导向钻孔工具简图[180]

在日本，开发了一种导向水力钻孔机（Steerable hydrulic boring machine），钻孔直径为 75 ~ 100mm，距离可达 50m。偏斜头用转动和推进相结合的方法导向。钻头用定位仪定位，其倾斜度则由控制装置操纵。

日本对拥挤的市区难以使用常规的水平钻孔技术时，开发了一种半环形钻孔法（Semicircular boring method）。用一根钢管弯成半环形，前端装有钻锥，可在障碍物底下的土壤中通过。半环的直径约400mm，服务半径3~5.5m（长度为6~11m）。本方法的优点是安全、成本低，且可缩短施工时间。

（三）顶管和水平钻孔机

顶管和水平钻孔工艺在施工现场已广为应用。

在日本，钢筋混凝土管顶推（Hume concrete pipe jacking）和树脂覆盖层钢管顶推（Jacking method for resin concrete covered steel pipes）在管道安装中已广为采用，管径范围为100~600mm，长度可达60m。在使用顶管或水平钻的方法时，钢筋混凝土套管的直径可达300~1000mm，然后燃气管道从套管中穿过。安装树脂覆盖层钢管时现在已不再用套管。如钢管的覆盖层用聚乙烯树脂，还可防止安装中因管道的弯曲造成的损伤。

在德国和意大利等国家，水平钻机械常用于插管或在难以开挖的地方，如铁路和道路下插入套管。德国还用一种只有1.2m长的短顶杆机械（Short ramming machine）安装钢管。

在日本还开发了一种袖珍钻孔法（Compact boring method），适合于埋设管径在80mm以内，管长小于80m的管道，常用在工作空间受限制的地方，如楼梯下和涵洞等处，且可作45°的变向钻进。

在日本，钻孔技术常与钻竖向洞穴的技术结合在一起。现场试验表明，一种水力无导向水平螺旋钻机（Hydraulic non-steerable horizontal auger boring machine）适用于埋设25~80mm的管子，开挖的竖向洞穴直径为0.7m，钻孔发射设备可达10m长的距离。

图13-4为一种自动钻方法（Auto-boring method），在日本用于埋设管径为25mm，管长为10m的新支管。首先用路面切割锯和土壤钻孔机共同作业，在干管上开挖一个竖向洞穴，直径约为500mm，为防止洞穴坍塌，随即插入一个套管，然后用长臂工具一直开挖到干管暴露为止。再用水力穿孔机器人开挖水平钻孔，速度约为0.4m/min。螺旋钻的长度可分段连接，直至接近房屋的开挖坑，然后将聚乙烯支管反拉进入通道，在竖向洞穴内与干管连接。用这种施工方法日本已安装了数千根支管。

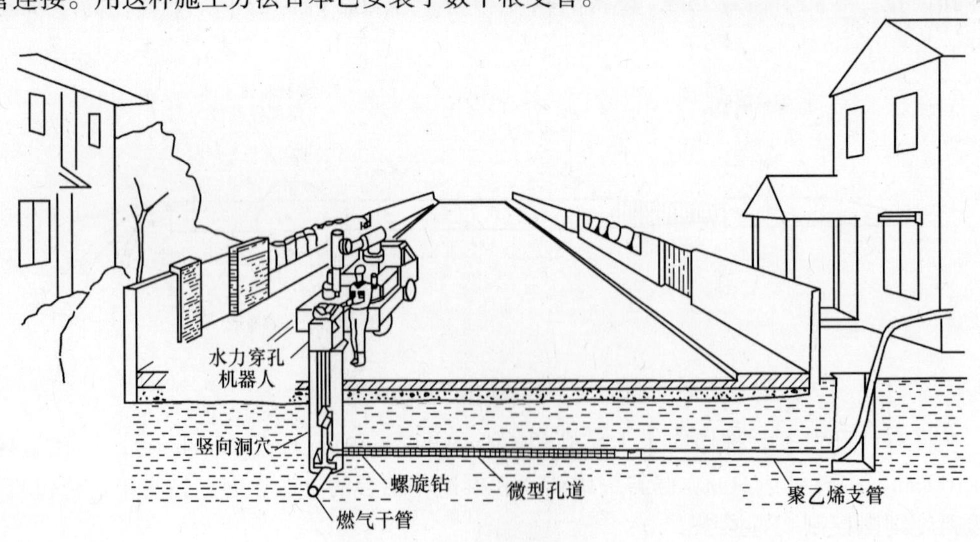

图13-4　自动钻方法[180]

图 13-5 为一种 P80 钻孔机（P80 boring machine）。在偏斜钻头上装有集成发送机，钻孔可长达 150m，根据要求，最大孔径可达 325mm。利用一个具有推动、旋转和定向的头部导向。机械的精度为 ± 300mm，工作半径为 70m。这一工具在北美用得很广，英国还用来埋设小管径的干管。

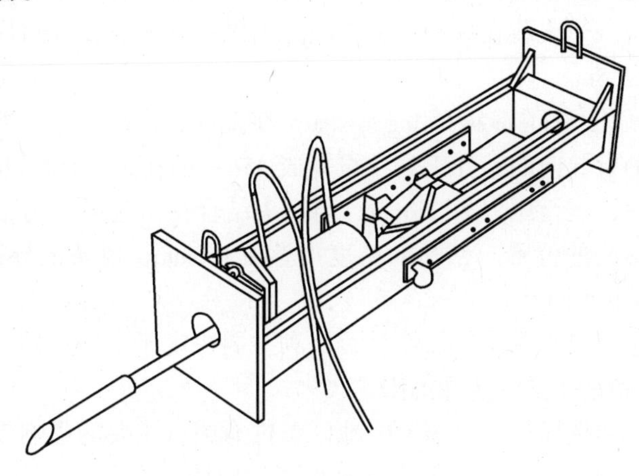

图 13-5　P80 钻孔机[180]

澳大利亚在安装聚氯乙烯干管和支管时也采用多种钻孔方法。有一种称为魔力旋转的机械（Rotowitch machine）可用来得到直径达 100mm 的精确钻孔。在硬质黏土中长度可达 12m，孔径也可达 100mm。钻头由一根空心杆推动，通过空心杆用水冲刷土壤，使聚氯乙烯（PVC）管可插入钻孔。另一种水力冲压机（Hydra-ram machine）可在坚硬的土壤中钻孔长度达到 30m，可安装 25mm 的支管，如再安装扩孔器则可达到 100mm，水力也可帮助将孔口扩大。

（四）水射式导向钻孔机

水射式钻孔系统（Waterjet tunnelling systems）可延长钻孔距离并对公路的破坏最小。水射喷头的原理可见图 13-6。工作流体为高压水，通过吸入水量的多少可以调节水力冲刷的速度，类似于一个水射水泵。钻孔机将水射喷头与感应设备联合在一起，发送器则位于钻头上，工作时就可绕过障碍物和道路的弯曲处。形成的泥浆有利于钻孔的操作，可以加固钻孔和减少回拉或推入管道的力。比利时还开发了一种“盘管喷头”系统（“Coil jet”

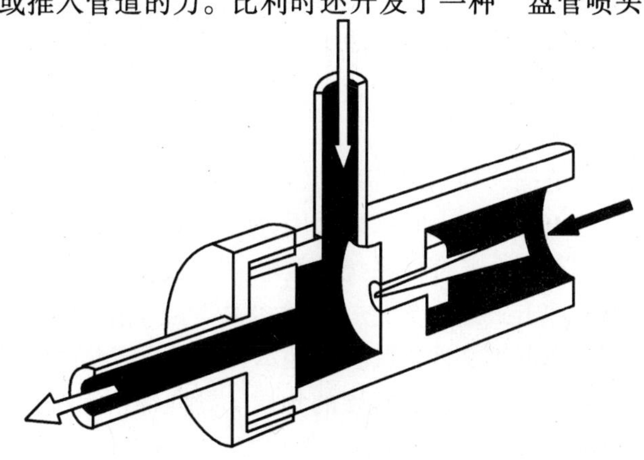

图 13-6　水射喷头的原理图[181]

system），可安装管径为 90～160mm 的管道，管长可达 30～120m。用手提计算机控制钻孔的偏差，精度可在 ±20mm 以内。

比利时还开发了一种导向钻机（Steerable drilling unit），适用于长度在 40m 以内的短矩离钻孔。水通过喷头喷射在偏斜钻的头部，在运行中可起到导向的作用。25mm 的盘钢管可直接推入土壤，由一个安装在拖车上有 2 吨能力的夹紧装置使管道恢复直度。精度可达 ±25mm，埋深可达 2.5m。

一种流动钻孔系统（Flowmole boring system）在美国已广泛应用，但在欧洲的应用范围受到限制。这是一种有导向的钻孔工具，可穿成 45mm 的孔道，长度达 120m，深度达 3m。系统用水射喷头定向，运行压力为 250bar，与钻头结合在一起可控制钻孔的方向，地面上的操作仪表可确定钻头的位置。钻孔的精度可达 ±150mm，设备的导向半径为 9m。当管子推入时，孔径可扩大到 175mm。

水射式系统的应用能否成功，操作是否顺利主要决定于土壤条件。

（五）影响穿孔和钻孔技术选择的因素[180]

穿孔和钻孔技术的选择与一个国家的地区条件有关，主要的影响因素有：

1. 劳动力的需要量是减少了，但需要有更多的熟练工作人员。

2. 通常对公共交通的干扰和破坏较小。

3. 穿孔和钻孔技术通常比常规的开挖方式安全，但用于埋设金属管材时要考虑采用电保护措施。

4. 穿孔和钻孔技术通常噪声较小。

5. 资金成本的变化范围很大。用于埋设支管的冲击式穿孔系统成本较低（常在 1000 美元以内），更为先进的导向系统则成本较高，可达 10 万美元或更高。

如地下有密集的其他基础设施时，一般应避免采用穿孔和钻孔技术。

如采用穿孔法，其基本原则是应首先选择最简单并行之有效的方法。对于支管，在穿越道路或其他类似地区但穿越长度较短时，常采用冲击式穿孔法。设备适用于天然基础和较松软的土壤，不适用于石质或类似的硬质土壤，对一些砂质土壤的使用效果也不好。

这些设备也不宜有导向设施，由于存在的硬物质或土壤的变化常容易偏离目标。因此，只有在其他地下公用设施的情况已十分清楚和单程穿孔长度最大不超过 20～25m 时才能采用。

用非导向的穿孔法埋设较长的管道时应采用步步推进法，即通过接收坑和发射坑逐步前进，但道路上坑的开挖量较大，是一大缺点。步步推进法的有效性决定于在通常条件下可能达到的精度要求。

顶管法有较大的使用范围，导向顶管系统，如 P80 钻孔机施工较简单，成本也比其他系统低。如穿越的距离达 100～150m 时，要采用分段控制法，应有坚固的发射坑和土壤的电保护装置，防止电缆和其他金属杆件系统的放电。

导向系统采用水射和冲击式最为先进，价格也高。但用在初次供气的地区时成本-效益较好。较高的设备利用率可用来评价其资金成本，但需要有熟练的专家。水射系统在砂质土壤中的使用效果较好，但不能遇到坚硬的物质。导向冲击系统适用于多种天然土壤，但也不能忽略有硬质材料的地层。

二、沟槽开挖（Trenching）

沟槽开挖作业是应用施工机械最大的领域，不将现有的土石移开就不能敷设新的管道，一般在大规模的作业区常采用机械开挖设备，而在较小区域或管道稠密区，则由人工开挖。自 1980 ~ 1990 年，十年中发达国家配气干管和用户支管沟槽开挖方式的状况可见表 13-1。

沟槽开挖的方式（%）[181]　　表 13-1

挖沟方式	配气干管			用户支管		
	1980	1985	1990	1980	1985	1990
不开挖	4	12	19	11	24	32
人工开挖	38	30	25	60	47	34
机械开挖	58	58	56	29	29	34

由表 13-1 可知，无论是干管还是支管，人工开挖都呈下降趋势，并主要由不开挖法取代；机械开挖仍然占重要地位。

高效能的沟槽开挖设备需求量仍不断增长，进一步开发侧重于以下几个领域：

1. 开发更为紧凑、功率更大的设备。

2. 开发集成的废弃物处理系统，如运输和路面复原材料堆放系统相结合，使处理技术更为有效。

3. 提高机械设备的管理经验，保持设备处于正常的运行状态。

由于对环境噪声的管理日益严格，在市区内采用破路面机和压缩机将受到限制，也包括允许的时间段在内，因此，开发低噪声的设备十分重要。

当今效果较好的沟槽开挖机械，包括链式挖沟机（Chain trencher）和轮式挖沟机（Rockwheel excavator）在公路上开挖窄沟的能力已达到每天 200 ~ 300m。链式挖沟机如图 13-7 所示。轮式挖沟机与此类似，只是挖沟机械改成滚轮。滚轮的半径决定开挖的深度，宽度决定沟槽的宽度。这些机械可以很利索的开挖沟槽而无需再用破路面机或混凝土路面切割锯。一种混凝土路面切割锯可见图 13-8。在欧洲和北美，开挖机的使用范围根据土壤和路面的条件、开挖的宽度和深度而定，常用于城镇和郊区。在需要暴露和发现其他地下设施和支管时则仍然采用人工开挖方式。

图 13-7　链式挖沟机[181]

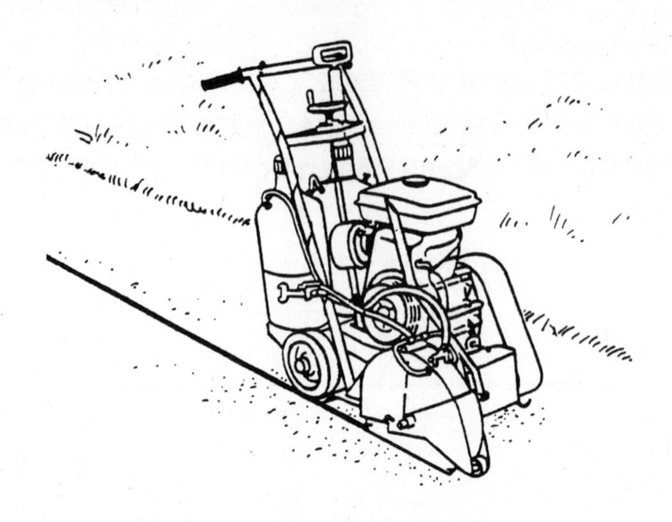

图 13-8　混凝土路面切割锯[181]

在城市和村镇采用链式挖沟机和轮式挖沟机时，应特别注意减少对施工现场的破坏，行人和交通的保护，减少噪声和人力，做好沟槽的临时性覆盖和快速的路面复原等。如在路面复原中采用泡沫混凝土作一次性修复和迅速连接好支管等。特别重要的是，操作人员必须做好规划，搞好与用户的关系。由于机械和切割、开挖工具的磨损较大，设备应很好地维护以保持有良好的工作性能。进一步的发展还应包括提高可靠性和机组的效率。

反铲挖沟机现在也可以开挖窄沟，其沟槽的宽度可降至 100mm 以内。与之配合的埋管机械可用来埋设盘绕的聚乙烯管道，直径可达 355mm，埋管速度可每天达到 1km。反铲挖沟机（Backhoe）可见图 13-9。

图 13-9　一种反铲挖沟机[181]

三、竖向洞穴和真空开挖

真空开挖或真空吸土机（Vacuum excavator）可见图 13-10。用作在合适的土壤上挖掘竖向洞穴，在北美，作为接口的修理，支管的运行和埋设，防腐用阳极时使用。在美国，汽车带动的吸土机在吸土软管内的真空度为 0.5bar 时，流速可达 51m/s，但对重质黏土仍

图 13-10　真空吸土机[181]

难以运转。真空吸土机在欧洲和日本的使用受到限制，但在挖掘小型竖向洞穴中取得了进展。

在德国，真空吸土机用于开挖竖向洞穴，安装于 25t 的卡车上，有隔音装置。在直径为 200mm 的吸土软管中流速可达 50m/s，挖出的土壤贮存于 $6m^3$ 的料斗中，轻质土壤的开挖速度为 $8min/m^3$，湿土为 $13min/m^3$。真空开挖在意大利也使用，用于接口的修理，一致的意见是需要开发更为有效的设备。

开发准确的管道定位设备时也需要开挖小型洞穴，但如用来作为无沟埋管和插管技术的发射坑和接收坑时，则洞径又不能减小。美国正在开发快速的开挖设备。

有一种机器人的设备系统，包括一个小型真空吸土机，运行时与两个旋转的空气切刀相连，可用来切割土壤，形成洞穴；但在公路上使用时，则首先应用破路面机将路面的表层去掉。这一机械可开挖直径为 325mm 的洞穴，洞深 1.3m。

另一种系统适合于城镇环境条件下管道的维修，它拥有一个直径为 450mm 的水力驱动的麻花钻头，其上装有一个特制的敏感臂，当钻头刀片接近其他地下公共设施时会发出报警信号。用挖洞工具开挖时与一个小型真空装置联合工作的设备，已于 1990 年投入生产，可节约 10% ~ 60%。以下将进一步介绍。

(一) 挖洞的小型工具

用麻花钻（Auger borer）或真空挖掘方法开挖竖向洞穴时需要用到可以遥控的运行工具。空气切刀（Air knife）的使用可见图 13-11。它包括一个金属圆筒，利用压缩空气可使埋地金属、塑料管和电缆暴露。当切刀放置于粒状土壤上时，空气流可达到两倍音速，使土壤粉碎，剥离公用设备。但经验表明，它只适用于黏土和高密度颗粒材料。空气切刀可与手挖工具或真空吸土机联合应用。北美和欧洲不少国家目前用得较少，但意大利广泛用于减少对设备的损害。

图 13-11　高速空气切刀[181]

在美国应用的另一类工具是气动旋转工具（Pneumatic rotating tool），带有一个集成的空气喷枪，先把土壤粉碎，再用真空机吸走。这一机械不能靠近电缆，但可暴露 1.8m 深处的燃气管道，也可使聚乙烯管从小孔中挤出。

日本开发了一种在竖向洞穴中的接口进行密封技术（Joint encapsulation in keyholes）的设备，用小型挖洞工具与真空吸土机联合工作，用一个磁性接口定位仪首先通过干管上的钻孔插入以准确的确定接口的位置。一个小型的孔口密封工具在北美的公用事业中已使用，接口的修理可在 1.6bar 的压力下在沟槽上进行。

（二）挖洞的水射喷头混凝土切割机

美国水射切割机（Waterjet cutter）原型的运行压力为 2380bar，用来切割洞口的钢筋混凝土路面，厚度可达 0.4m。喷头包含有打磨工具，可使切口光洁，甚易使路面复原。这种方法的优点是成本低、切割快；与路面锯相比，减少了噪声、灰尘和振动，切割下来的路面块可在操作前从原地移开。设备可附设在运货车或拖车上，但车上应备有 545L 的水箱。切割产生的碎屑应用真空系统吸走，以防堵塞出水口；水和碎屑的处理对设备的运行十分重要。设备的资金成本较高，美国 9 家燃气公司试用的情况十分成功。

相类似的方法在美国还有成穴水射喷头（Cavitating waterjet），但无研磨功能，运行压力为 680bar，但用水量较大；货车带动的设备可挖出直径为 0.5～1.2m 的洞穴，混凝土路面的厚度可达 150mm。运行成本低于研磨式水射系统，但后者更为有效。

上述技术虽然都有应用的实例，但对运行的成本-效益必须小心评估。设备工作时应谨慎，保证运行人员的安全和防止破坏其他的地下设施。

四、地下设施位置的确定

在道路上更换和敷设新干管以及连接支管时采用上述施工机械和技术的情况已日益增多，在公路下所有管道、电缆和其他地下设施的位置对制定施工方案和有效的运行十分重要。

做好燃气和其他地下设施的数字化记录对有效的修理、更换和公路上新设备的运行也很重要。

从地下设施的位置和数字化记录系统中直接获得数据是一个重大的进展，许多国家已取得了成功。

第二节　路面的复原[180]

各国采用管顶覆土深度的标准有明显的不同。城市道路下的干管覆土深度为 600～1200mm，支管为 375～600mm。多数国家规定，沟槽应用“同质”土回填，即原土占 80%，外来土占 20%，但也有少数国家与此不同。

临时性的路面复原（1～3 年），有的国家规定是燃气公司的责任，而永久性路面的复原则可以是燃气公司的责任，也可以是市政当局的责任。

对路面的修复公众往往十分敏感，常称为“拉锁路面”而遭到反对；有的城市规定了 5 年内不允许开挖路面，也有的国家甚至影响到管道燃气的发展，为此，各国也开发了许多新的技术，采取了许多新的应对措施。

一、“一次成功”或直接永久性复原

一次成功性路面复原有许多优点，配气运行可迅速和有效地完成，可改进公众心目中的形象，实际上，临时性的路面复原并不意味着今后还需再开挖，继续破坏人行道或道路的交通。

在日本，配合使用新型自动钻孔方法，一个小型洞穴的永久性复原工作可在同一天内完成，其方法是在洞穴中填埋一种特别的冷沥青达到道路表面，然后再用聚丙烯树脂加固，在20min后道路的交通就可恢复。

在荷兰，城市和某些郊区道路的复原仅靠铺设小型的钢板。在德国，沥青路面的直接永久性复原，只能在少数几个城市靠其自身的力量，由公用事业或其承包商按规定的标准完成。但在道路的交叉处则常用永久性的复原代替临时性的措施。

在瑞典，路面的复原只需1~2min，还是用砂土回填的常规方法。但在意大利，一次性成功的复原价格很高，可靠性较差，只有在行政部门提出要求时才采用。一些澳大利亚的公用事业要求修改法律，使他们能够完成永久性的复原工作，为了降低成本，回填管沟用少量混凝土混合物的永久性基础。

英国未来法律的变化将与国家路面复原规定和性能保证的要求一起考虑，标准的修订在今后若干年内才能完成。公用事业将全面负责路面的复原工作，地方行政部门起咨询和性能质量的监督作用。英国当前采用的路面复原技术是：路面的所有复原等级除路面磨损外，均采用直接永久性复原法或永久性的基础外加临时性的表面处理；干管的敷设和少量支管和接口修理开挖后也采用永久性复原技术。工作进行得十分顺利，但需要提高运行效率和高质量的材料以及有头等手艺的工作人员。

英国未来将致力于改进标准。一次成功的永久性复原技术是最佳的选择。为落实这一发展要求，需要全面培训人员，改进材料的选择和处理方法。

采用高速干管敷设技术后，也要求同时实行快速路面复原技术，使管沟的恢复与埋管具有相类似的速度。道路的切割锯、平整机和清理机仍然需要。各种类型的机械夯实设备以及监控夯实性能的试验检测仪表也将列入路面复原的标准中。

改进永久性复原中作为路基使用的冷埋沥青材料的广泛采用的加热车，用以输送和贮存加热的沥青路面材料等也很重要。以下介绍英国当今所采用的方法。

（一）热埋路面材料的运输和贮存

使用一个安装在卡车上的“加热箱”可保证热沥青和沥青碎石材料在工作温度下保持1~2天。在工作日，加热箱由箱底的燃气燃烧器加热；夜晚，则在库内用电加热。现场试验表明，利用加热箱可保证热埋复原达到可接受的标准。

（二）泡沫混凝土

对公用事业，一个较新的方法是采用泡沫混凝土，它是由精细骨料、水泥和水在一定比例下形成的灰浆，混以空吹（Air blown）的高稳定性泡沫所产生的轻质固化材料。将这种灰浆材料打入开挖沟槽，全面积的厚度在100mm以内，路面的复原在随后的一天内即可完成，并达到永久性的标准。有多辆拖车装上泡沫混凝土的发生器后，每小时可提供8m^{3}的灰浆。英国一个提供泡沫混凝土的机器每小时可供应规定密度的混凝土0.1~6m^3，用以回填沟槽和窄沟，该机器并能按需要控制混合比。

英国还开发了一种小型泡沫混凝土混合器（Small batch foam concrete mixer），用以回填小洞和竖向洞穴，在10min内可生产0.2m^{3}的材料，比混合型灰浆的价格低，且可考虑使用淤泥（Silts）和燃料的灰分。

（三）窄沟的夯实

图 13-12　机器上安装的振动压路机[180]

随着高效能窄沟挖沟机的出现，就必须开发一种回填夯实设备，它能与挖沟机配合，且夯实的程度能达到标准的要求。在英国这一目标已经实现，一种自身推进的振动压路机（Self-propelled vibrating roller）可以压实深度达 720mm 的窄沟。机器的主要优点已为运行人员所接受，它的可靠性好，能迅速达到永久性路面复原所要求的密实标准。相类似的设备可安装在标准的开挖机上，也有很好的效果。图 13-12 所示即机器上安装的振动压路机。

二、土壤和沥青的重复利用

挖出材料的化学稳定性可用石灰或水泥来保持，回填时可减少添加的颗粒材料和降低废土的处理成本。开挖废弃物的重复利用首先在日本实现，在英国和德国进一步发展了。在英国，只要材料和废弃物的处理成本没有明显的上涨，则沥青材料的重复利用方法与当前的做法会完全有所不同。英国正在研究用聚氨酯或乳化沥青胶粘剂（Polyurethane/tar emulsion binder）作为回填物的稳定剂来快速修复路面。但是，开挖出的沥青和其他材料的贮存，以及随后向独立的重复利用公司的销售应有一个可行的方案。在德国一些道路的建设公司常同时经营沥青的重复利用厂。此外，有些城市还收集建筑废料和路面的开挖材料作为砂和压碎石块的代替物而重复利用，但必须保证质量。材料重复利用的主要发展状况如下：

（一）日本土壤和沥青的重复利用系统

有一家公司为了降低购进回填和复原材料的成本，而建立了开挖土壤和沥青材料的重复利用系统，重复利用厂已发展起来并取得了经营效益。为改进开挖的材料，已开发了三种技术：

1. 从开挖土壤中先分离出有用的土壤，再用一种特殊的筛分技术进行试验。现场简单的材料试验方法是确定含水量和细颗粒材料的成分。在回填中用掉 20%～25%的细颗粒材料就已达到满意的程度。用这种方法一年可用掉 2×10^5t 的开挖土壤。

2. 一个能力为 80t/h 的重复利用工厂已经建立，用以改进不适宜作回填土的土壤。开挖的土壤经过筛分、压碎，并混以生石灰后，成为满意的回填和基础材料，并达到规定的强度。改进后的土壤强度应相当于用振动法夯实的基础；重复利用的基础材料则相当于压碎的石块。用这种方法可利用开挖土壤的 60%～70%。如图 13-13 所示的一种移动式重复利用材料加工器械，能力达 40t/h，可在市郊地区使用。

图 13-13　移动式重复利用材料加工器械[181]

3. 沥青的重复利用已得到开发，但材料的成本也有所提高。沥青废料在移走脏土和砾石后，在一个能力为 40t/h 的设备中分离和破碎成颗粒状。骨料应进行干燥，在加热至 170℃以前加进碎石，调节好颗粒的大小。加热的沥青混合物再加一种增塑剂，然后贮存于电加热箱中备用。

日本也常用砂土作回填材料，有一家公司为降低回填成本还重复利用了部分黏土。已有的重复利用设备不适宜于湿黏土，因而要采用新的工艺。新工艺采用脉冲混合法，用黏土甩向设备壁面的方法使之粉碎，设备的能力已达 100t/h。在运行中，土壤先经过破碎和筛分，再加进生石灰；在脉冲混合器中这种材料再与重复利用的碎石混合。使用的效果表明，如能保持重复利用的土壤 3 天，强度就可提高并减少生石灰的使用量。一个城市的行政部门已批准这一重复利用材料的工艺并做了进一步发展的计划。

（二）其他重复利用和合成的回填材料

美国一家公司开发了一种称为层压塑料-土壤（Perma-soil）的添加物，它可在挖出的材料中保持自由湿度而产生一种稳定的回填材料，能在回填后 30 ~ 60min 内承受交通荷载。这种材料可以保有强度而与含水等级和温度无关，在修复后还可以重新开挖。一袋 23kg 的这种材料可以处理约 1m^3 的脏土。由于减少了路面的复查和再次的维修，稳定剂可以节约 24%的回填和路面复原的成本。

英国一家公司调查了减少购进高成本回填材料的可行性，其方法是重复利用压碎的硬物质和混凝土作为基础材料。加工的机械主要是压碎机。在伦敦的船坞区已成功试用。

在荷兰则采用轻质泡沫聚苯乙烯（Lightweight Polystyrene foam backfill）回填材料，以防止软土地基和高含水层新建道路发生塌陷。这种泡沫块已用作道路基础和沟槽回填材料，可在交通荷载下使沉陷量减至最小。一个用聚苯乙烯回填的道路，包括埋地管道的维修和性能的计算机设计软件包已得到开发。

第三节 配气系统的修理和复原

由于开挖和路面复原的成本不断增加，加上减少城市路面破坏的压力增大，公用事业必须开发系统更新和降低成本的新技术，考虑到采用以下几种方案：

1. 用内衬或插管法复原管道系统；
2. 漏气接口的内部或外部密封法；
3. 用管道系统燃气的调整处理法减少漏气量。

多年来，发达国家的燃气工业在配气系统的修理、更新和复原方面已开发了多项新技术，改变了废旧换新的简单方法。

调查表明，只有聚氯乙烯塑料管需要进行系统更换，无迹象表明聚乙烯管也需要进行更换。系统更换的方法主要是插入法和爆管法，不带气插入法似乎比带气插入法的应用更广泛。

现有配气干管的复原有外部修理法、内部修理法和内部加衬法三种。内部修理技术用得不普遍，只有西部电气公司密封法（Wecoseal）被认为在某些特定条件下有效。内部加衬法除翻转法外，应用范围也有限；翻转法很有效，其应用在不断扩大。外部修理法也用得很广，主要有厌氧喷注法、止漏夹法、热收缩套法和胶囊密封法。

为了减少管道的漏气量，有些国家也采用燃气的调整处理方法，如加湿法、热板蒸发器、喷油雾法、乙二醇冷板蒸发器和乙二醇/二甘醇喷雾法等。

一、管道系统的复原[180]

(一) 软管内衬 (Hose linings)

软管内衬可用于铸铁燃气干管的更新，只要用一个薄薄的套管就能防止管道在接口、破裂和腐蚀斑处的漏气。软管用聚酯丝（Polyester yarn）材料制成，用树酯粘结在管壁上。软管系统的主要优点是在城市区域内所需的发射坑和接收坑的开挖量较少，也容易通过小于90°的弯头。在做衬管前，干管必须用刮刀或清管器清理干净，并用电视摄影机检测，弄清凸出的安装位置和管径的改变处。日本已开发了两种干管的内衬系统。

一种软管内衬系统（Hose lining system）适用于管径为100～1000mm，管长为500m的干管。衬管的内壁先覆盖一层树脂，将衬管套在管子上，用带压的空气吹向软衬外部和管壁之间，使软管覆盖树脂的一面牢牢地粘贴在旧管上，然后用热压缩空气和110℃的蒸汽混合物养护树脂几个小时使之固化。

另一种软管内衬系统可见图13-14，表明了内衬的安装过程。适用于管径为150～750mm，管长为400m的干管。使用的设备和方法与上述相同，但这种方法在内衬管内增加了一个平坦的合成橡胶弹性胶带；胶带与牵引设备相连后有利于引导翻转的内衬通过弯头等处。冷冻方法可防止内衬树脂在汽车运输过程中的过早固化。软管也是利用压缩空气翻转，但在远端牵引的弹性胶带也起到协助和导向的作用。内衬最后在环境温度下受压48h，使树脂固化。这种方法在日本已广泛的应用。内衬法的原理可见图13-15。

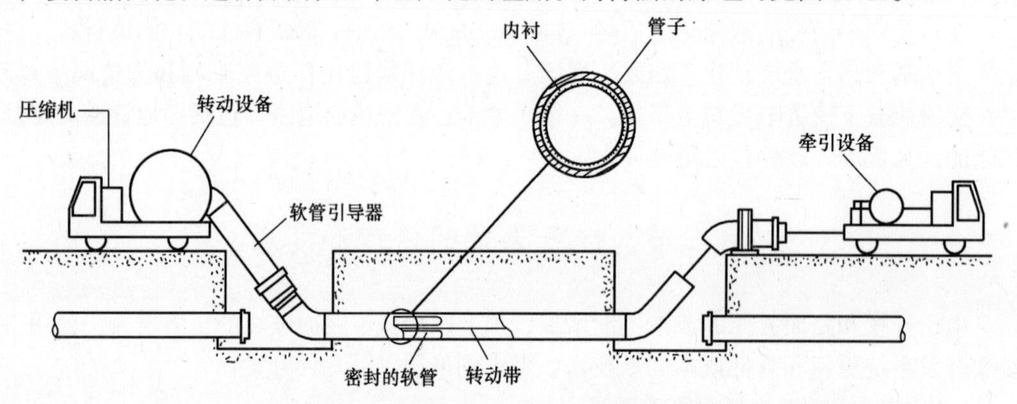

图13-14　软管内衬-软管的安装[180]

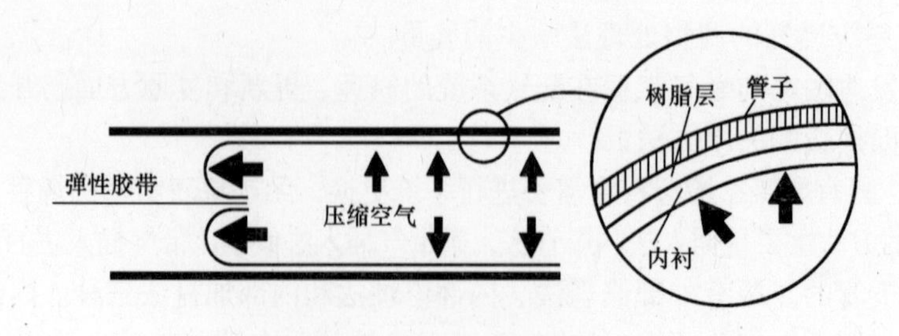

图13-15　内衬法的原理图[181]

英国这类系统的运行经验也表明，软管内衬法提供了一种成本-效益较好的漏气修理方法，它可以防止管道破裂，又不降低干管的通过能力。软管内衬法在德国的许多公用企业中都在采用，并开发了一种在工作着的软管内衬干管上连接支管的技术。在内衬完成后的检测中，一种专用的电视摄影拖车可用来防止内衬固化时受到破坏。

在软管内衬的干管上连接支管已有了许多成功的技术。一种内部钻孔系统（Internal boring system）可用来在内衬干管上安装支管或T形管，只要在T形管上先做好衬管。其方法是在干管做内衬前，对需要安装的T形管先定位、钻孔，但不安装T形管而先插入一个特制的塞子，以防止在干管做内衬时树脂流入T形管内。在干管的内衬做好后，再装上需要连接的T形管，由于T形管上已做好衬管，利用一个提升的加热器在550℃下将衬管穿孔，并将干管内衬和T形管的衬管熔合在一起。T形管的管径为13～50mm时可与直径为400mm有内衬的干管相连。另一种连接件是在T形管上再安装一个膨胀的橡胶垫圈，作为内衬的密封件。

在英国，一种特殊的连接件可使支管在带压情况下与有内衬的干管连接。这种连接件在德国和法国也已广为采用。连接件可插入有内衬的干管，用密封设备可使带槽的管口膨胀从而紧固在钻孔上。连接件的设计应保证燃气不会在内衬和铸铁干管之间的空隙中漏出。有一种软管内衬系统可用于直径小于20mm的卸开支管，利用支管与气表的连接位置作为衬管的发射口。

日本也开发了一种适用于管径为32mm低压支管的翻转内衬法（Reverse lining method)，用以有计划地更换支管。在聚氨酯弹性小管的内壁先涂上环氧树脂，以支管与气表的连接处作为发射口，压缩空气吹进衬管外壁和管内壁之间，一条引导带可帮助衬管通过管道的弯曲处，内衬完成后用65～70℃的热水使胶粘剂固化。这种方法比更换管段更为经济，且甚易通过有14个弯曲处的管道。

翻转内衬法在我国燃气管道的更新中已广为采用，但多数为大口径管，其内壁较易清理，在换管的外部条件不具备时使用；小口径管的更新用得较少。

（二）紧贴安装内衬法

紧贴安装内衬法是一种在燃气干管中直接插入聚乙烯管的方法。在英国用的很广，可在开挖量最小的前提下更新旧管而不干扰公共交通。这种方法的主要优点是聚乙烯管插入后可以膨胀，与旧管紧密地贴合，通过能力可达到原旧管的90%～100%。薄壁的聚乙烯管（SDR26）常用于插入工作压力为2bar的旧管。在安装运行之前，铸铁管的内壁层先清理并检测合格，干管与支管的连接件应拆除。常用的有两种方法：一种称为钢模内衬法(见图13-16)，可在3～48in的干管中插入聚乙烯管。这种方法适用于铸铁管、钢管、石棉

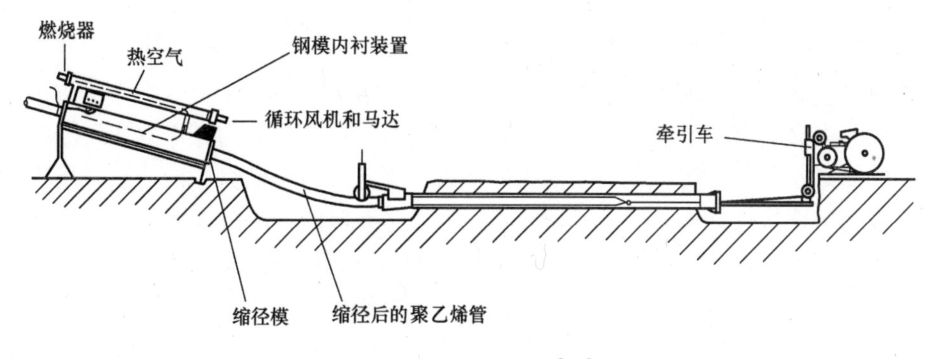

图13-16 钢模内衬法[180]

管甚至缸瓦管（Salt glazed clay pipes）。聚乙烯管的外径应稍大于插入旧干管的孔径，用循环的热空气加热至40℃，受拉通过一个缩径模，管径缩小后的聚乙烯管由牵引车拉过旧干管，插入后的聚乙烯管自然膨胀后紧贴在铸铁干管的内壁上并释放牵引车所产生的拉应力。插入的速度通常为2.5m/min，一次插入的长度可达1km。

进一步的开发可用中密度或高密度的聚乙烯管，规格为SDR11和SDR17。方法使用简单，成本-效益好，需要培训的人员也少。1989年的夏天英国作为管内衬就完成了260km。澳大利亚、丹麦、美国和德国插入的孔径达到100～500mm。

另一种称为滚轧贴合内衬法（Rolldown close fit lining），为了缩小聚乙烯管的直径，采用一个便携式的滚轧机使聚乙烯管的外径小于插入铸铁管的孔径。聚乙烯管插入后，用10bar的水压作用24h，使聚乙烯管膨胀紧贴在管壁上。管子在滚轧前可预先焊上一根牵引绳，也可将单根管段先滚轧后再焊在一起。这一系统适用的插入管径为50～450mm，长度可达1km，未来希望能适用于600mm的管子上。

插管法看似简单，实际应用中要解决的问题很多，其中主要的问题是缩径的方法，旧管的内表面处理和一次的插入长度等，因为插入的聚乙烯管越长摩擦力也越大，插管很有可能被拉断或受到破坏。我国在聚乙烯管的插管技术方面也取得了进展，有许多创新之处。

由上述可知，插管技术中旧管内壁的清理十分重要，光洁的旧管内壁可减少摩擦力。在德国，有两种方法可用来去除损坏内衬的凸出处。一种是水力转动刮刀（Hydraulic rotating Cutter），它用桌面电视控制，在刮刀通过干管时，凸出处就被磨削掉。此法常用于紧贴法或软管内衬法。

第二种方法只适用于紧贴内衬法，一个张开状态的卷筒（Expanding mandrel）安装在检测器上用电视摄影机控制进入支管的连接处。水力卷筒可以遥控以“爆破”支管的连接件和磨削掉干管中的凸出处。然后使插管通过形成的孔道。

（三）干管和支管的插入

在欧洲和美国，聚乙烯干管和支管的插入是一种标准的方法，但在日本的应用受到限制，因为管道系统中的弯曲处较多，用这种技术的成本、效益较差。在澳大利亚，聚乙烯管、尼龙管和聚氯乙烯管也用作插管。

在英国，最近的进展是在运行中的中压干管上插入聚乙烯管的管径可达180mm。聚乙烯管通过一个密封填料箱插入，在中压运行时用一个特殊设计的推力机。用相同的方法，在低压管道上带气插入时，管径可达315mm。

在英国，开发了一种在卸开的1in和$1\frac{1}{4}$in钢支管中插入20mm和25mm的聚乙烯管技术。将支管与气表连接处的控制阀卸开作为插入口，可直接插到干管处。为了防止建筑物内长达半小时失火的影响，在插入聚乙烯管和总支管之间的环套内充以泡沫；泡沫也起着聚乙烯管的支撑作用，可防止地板下弯头的干扰。聚乙烯管与老钢管的连接采用机械连接的支管头部适配连接件（Service head adaptor fitting）。类似的方法在钢管上也广泛应用。

英国还开发了一种从气表控制阀处对工作着的钢支管插入聚乙烯管的方法。为防止建筑物内长达半小时失火的影响，在环套内采用一种特殊的密封剂。一个特殊设计的连接件装在聚乙烯支管的前端后可使环套达到永久性的密封。新支管的插入可以远端控制，对私人财产和公路无需开挖，可首先用在埋设更换的支管上。

澳大利亚用聚酰氨（尼龙）（Polyamide（nylon））管和连接件采用插管的方法复原配气系统。复原的规模很大，包括7000km的干管和340000根支管。主要的技术特色是用盘起的尼龙管以减少接口，用胶粘剂连接接口，系统的压力为2bar，可增加系统的能力300%，减少了运行成本和未来的延伸成本，改进了供气的安全性等。

（四）相同管径的爆管法

英国开发了一种铸铁干管的爆管法，采用一种气动的爆管机械。另一种功率较大的水力爆管器（Powerful hydraulic bursters）既轻又小，只要少量的开挖就可插入套管或聚乙烯管。对6in的铸铁管采用水力爆管器后可扩大并插入管径为250mm的聚乙烯管。

（五）树脂内衬系统

干管和支管的树脂内衬系统在日本已广泛应用。英国对干管的修理已采用一种快速旋转密封技术。对这些方法介绍如下：

1. 日本已开发了一种单向涂覆内衬工艺（One-way lining process），见图13-17，用于修理管径为25mm和32mm的支管，长度可达10m。用一根长的弹簧线穿过树脂供给软管在气表处进入，直插到干管和支管的连接处。弹簧线上还带有涂覆器、抹光用的涂覆器和导引器。当环氧树脂通过软管的小孔均匀漏出时，回拉弹簧线，树脂就被涂覆器均匀涂抹在管壁上，并由抹光用的涂覆器修理光滑，在管壁上形成一个树脂层。运行在压力下完成。压力由设在气表附近的水封来保证。

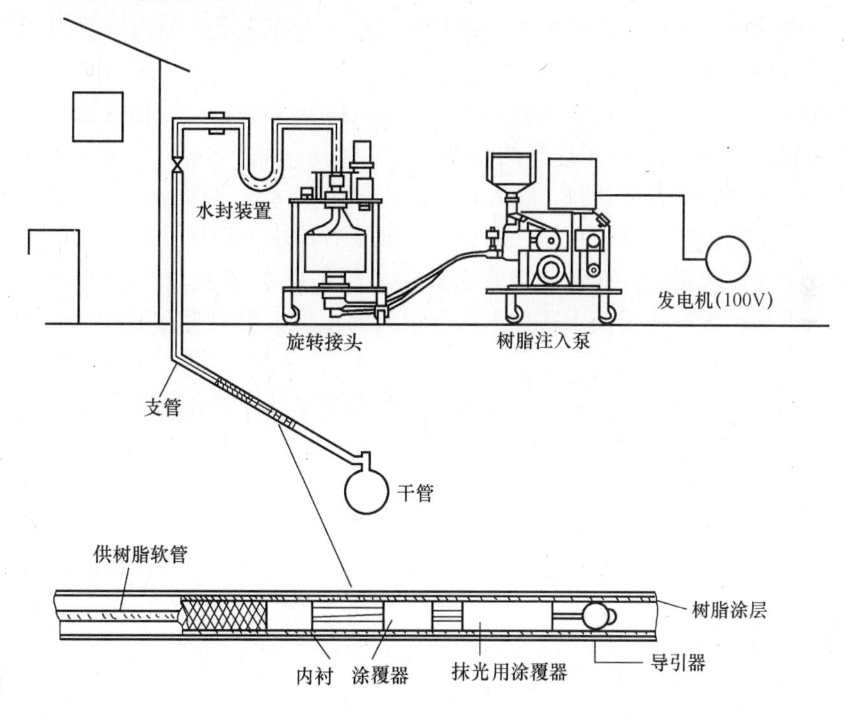

图13-17　单通道内衬工艺[180]

在日本，还用空气流动内衬工艺（Air flow lining process）对卸开的支管进行现场修理。用快干的树脂进行修理，同时吹入维尼纶纤维（聚乙烯醇缩醛纤维），空气速度为20m/s，连续的工作就在管壁上形成了1.5mm厚的树脂层。这一方法适用于管径为15~80mm的低压管道且有较多的弯头和变径时。

日本的内部树脂密封法（Internal resin sealing method）可用来密封不工作的低压干管接口，也可同时内衬与干管相连的支管。树脂和清管球一起，在压力下可使树脂进入接口裂缝。对管径为100~200mm的干管，处理长度可达150m；与其相连的支管，管径为20~50mm时，长度可达30m。用这种方法每年可内衬10km的管道。

环氧树脂内衬工艺（The epoxy resin lining process）在日本应用的管径可达80mm。环氧树脂用加料器带入管道，根据需要可以形成一个厚度为1~5mm的内衬。内衬用的涂覆器可以是一个或两个，用压缩空气吹入。管道上有三通、弯头和支管时应用都是成功的。自1983年以来，已有180km的管子做了这样的内衬，每年的维修量可达40km的管道。

燃气树脂内衬法（Gas resin lining method）在日本西部用以处理不工作的管道，管径为100~400mm。当树脂压入后，内衬涂覆器的转动可形成一个连续的内衬，运行过程可用电视摄影机监控。一种往复内衬法（Shuttle lining process）在日本也用来处理卸开的低压支管，管径为25~50mm，用树脂作内衬，厚度为1~3mm，内衬涂覆器由压缩空气吹入。固化材料可在土壤和地下水荷载的作用下保持内衬的形状。已处理了500根支管。

2. 快速旋转密封技术（Spinseal technique）是一种聚氨酯树脂系统，在英国作为管径为450~900mm不工作干管的内部处理。位于干管内的快速旋转器头部混有两种树脂，根据厚度要求喷向管壁。这一方法可由内部密封接口或完全作为干管的内衬使用。补偿器的接口、变径接口和有缺陷的表面均可使用。树脂有很长的工作寿命，有足够的结构强度、耐磨性和坚韧性。今后的开发目标是适用于400~1800mm的管径，采用自推式电力机组。

（六）影响插入式和内衬技术选择的因素

铸铁管是一种过时的管道材料，除大管径的干管外（大于300mm）有许多缺点。铸铁管的更换常意味着要做根本性的大修，但更换的成本各国由于地区性环境的不同而差别很大。与开挖或穿孔技术相比，插管或衬管法提供了一种成本-效益较好的选择；但众多支管的连接和干管的埋深对是否使用这种方法有很大的影响，因为所有支管与干管的连接处仍需要开挖。

如果干管可以暂停不用，则不带气插入是一种最简单的方法；如不可能，则带气内衬是仅有的一种选择，但要损失一些通过能力。

插管和内衬法通常预先要做好规划、检测和组织工作，在运行操作中亦是如此，但有经验的公用企业表明，许多复杂的问题是可以解决的，目标是可以达到的。

如果允许管径可以有所减小，则用不带气插入法作为滑脱或松开接口的内衬是一种最简单的方法。有些国家用这一方法全面更换旧系统时，常采用提高压力的办法弥补减小的管径损失。任何国家在实施大规模的更换计划时都要慎重地考虑到这些问题。

如果管径和燃气的通过能力已达到极限值，则爆管穿孔或紧贴插入法是有效的选择，但只能用在不工作的干管上。

爆管穿孔法不宜在可能损坏邻近公用设施的地区实施。为防止损坏路面，干管的埋深至少应有600mm。

钢模内衬和滚轧贴合技术的优点是可用常规的聚乙烯管，更换干管可以单独进行。钢模法可用简单的设备（成本相对较低），管道插入既快又简单。滚轧法设备较贵（由专门的承包商操作)，滚轧的时间较长，进入管子也较复杂，但滚轧可不在现场进行，必要时可分段焊在一起，总的来说，滚轧的时间不是主要缺点，如是直管段，则一次可插入较长的管段，上述两种技术的成本相类似。

树脂内衬法不像钢模法和滚轧法那样在运行时需要较大的空间来拉动管段，可在繁忙地区进行，但成本较高。一旦内衬完成且固化后，其强度要高于原来的管段，其成本类似于紧贴内衬法。所用的设备较贵，需要熟练的操作人员，因此通常由承包商来完成。

二、接口的修理[180]

（一）厌氧密封（Anaerobic sealing）

厌氧密封剂的喷注开发于英国，如图 13-18，用来修理直径达 1200mm 的管接口，可减少开挖成本，运行简单，修理可一次成功。在英国 85% 的铸铁管承插接口用此法修理。澳大利亚虽使用不多，但也非常成功。

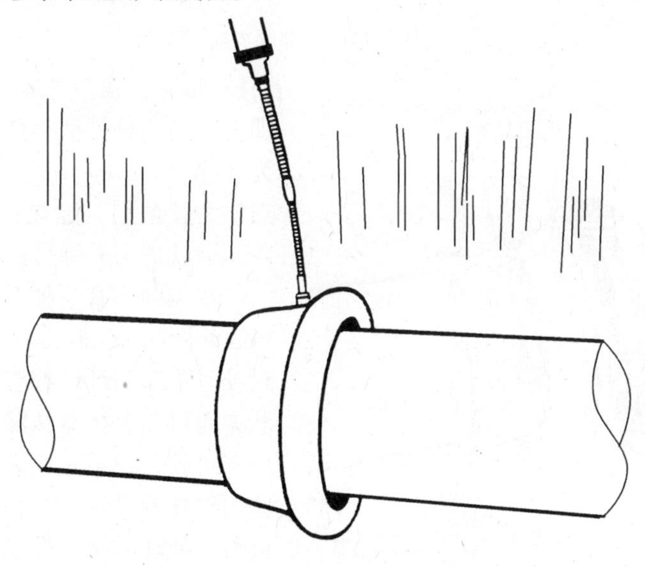

图 13-18　厌氧密封喷注法[181]

厌氧密封在英国又有了进一步的发展，一种内部喷注技术的成本-效益较好，可见图 13-19。漏气接口可以在一根长达 140m 的低压或中压在用干管上，可通过干管上的一根管径为 50mm 的接管进行漏气处理。一个特殊设计的电子定位仪装在喷头上，厌氧密封剂可喷注在定位的接口上。管径在 100～600mm 的铅麻或机械接口都可使用，现在已发展到利用带有湿性的密封剂、利用毛细管登爬原理修理直径为 900mm 的管接口。厌氧喷注修理的成本-效益较好，尤其在漏气接口较多时，在接口漏气进入埋地通信电缆的导管和道路枢纽站下面的其他管道时也可采用。

螺纹连接的立管或侧向分支管在英国也用这种方法，可以用雾状或充满泡沫的树脂吹入管道起到厌氧密封的作用。

（二）胶囊密封（Encapsalation）[180]

胶囊密封如图 13-20 所示，即在漏气的承插接口上套上一个纤维织品袋（或防漏夹），两端用金属条紧箍在管道上，开口处有一漏斗状的小袋用以灌入密封胶，借助于一个金属夹的转动将密封胶填实于纤维织品袋中，达到密封的目的。在德国，密封胶采用硫代塑料

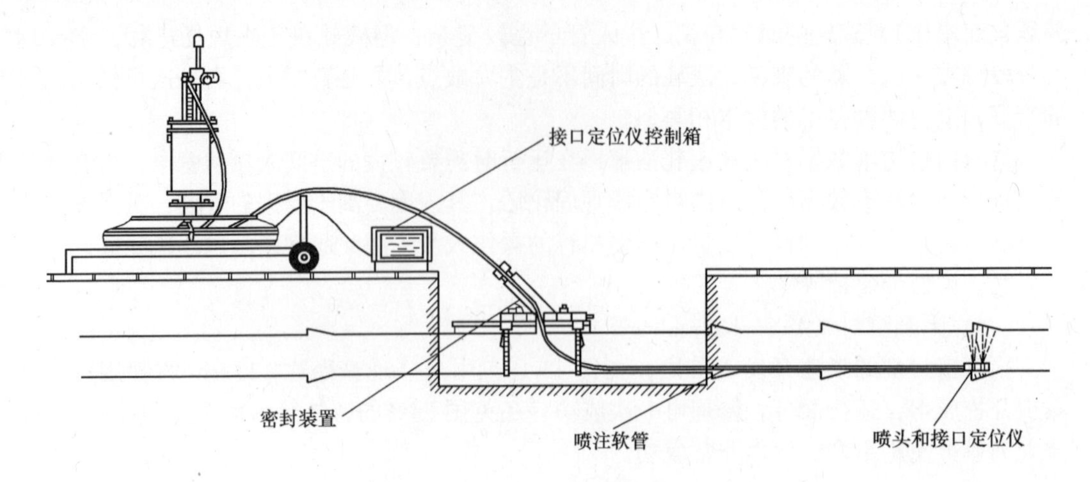

图 13-19　接口的内部厌氧喷注法[180]

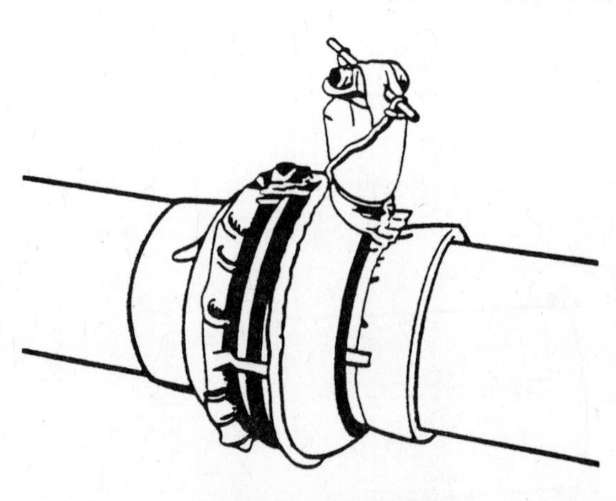

图 13-20　胶囊密封[181]

(Thioplast)，在应用前只要粗略清净接口即可。另一种方法是用乙酸乙烯树脂，称为 EVA（Ethylne vinyl acetate)，这是一种热塑型胶粘剂，加热后成为黏稠的液态，冷却后就成为有弹性的密封材料。

在英国还有一种无需用套筒的密封胶(Muffless encapsulation)，也就是在使用密封胶时不需用纤维编织袋或塑料制成的防漏夹而可以直接涂抹漏气点。这是一种优质密封胶，而不是通常的厌氧密封剂。在应用密封胶时将一个小的排气管放置在经过喷丸处理的接口漏气处以利于气体的逸出，当聚氨酯（Polyurethane resin）混以凝胶（Gels）后，迅速成为一种油灰状的黏性材料(Putty)，用以涂抹漏气点，在密封胶固化后将排气管塞住，修理工作就完成了。修理时间和成本比常规的密封胶法低，因为密封胶的用量既减少，又不需采用价高的套筒，适用于所有管径规格干管的接口修理。

国外还常用一种热收缩套（Heat shrink sleeves）修理漏气接口，其方法是用一块热收缩型树脂，套在漏气口上后用拉锁锁住，用喷灯加热树脂套，树脂套即迅速收缩而紧固在漏气接口上完成修理工作。我国已有这种修理方法。

（三）管内密封法（Internal sealing）

管内密封技术用得较少，快速旋转密封技术（Spinseal）是较合适的一种，在德国，当人可进入管道时才用内部密封法，在 4～6bar 的压力下将硫代塑料挤入接口的漏气间隙。如前所述，密封剂也可作为内衬材料使用。另一种是西部电气公司密封法（Weco-seal internal joint repair)，在人可进入管道时，也可作为管内修理用。

在德国铸铁干管用充排技术（Fill and drain technique）将乳胶乳化密封剂（Latex emulsion sealants）做内部衬，或用一种内部连续涂覆技术（Internal coating train technique）作钢管的内衬，管径为 100～150mm。干管与支管连接处的漏气点也可修复，在密封剂未固化时可从漏气点排出，固化后就不会再漏气。英国用一种橡胶基的乳化沥青（Rubber based bitumen emulation）作为立管漏气的修理用。

三、燃气的调整（Gas conditioning）

为了减少管道的漏气量，有些国家也采用燃气的调整处理方法，因涉及到改变气源的含湿量，现在使用的国家已不多。

液态或气态的乙二醇（MEG）和二甘醇成雾法（DEG）已成功地用于公用企业。在英国，采用比例控制的方法改进了气态乙二醇的有效性，可以提高处理等级而不会产生液体失落的问题。改进乙二醇的喷雾设备也可提高系统的处理量。在英国，采用一种低成本的小型喷雾器可在配气系统的范围内提高饱和的等级，在燃气温度为10℃时，处理能力为850m^3/h，可维持三个星期。

蒸气浓度的监控方法不断在发展，英国的生物传感器（Biosensor）和乙二醇定量技术分析器（Quantitech MEG analyser）利用乙二醇的氧化特性量测浓度的精度时，前者可达±10%，后者可达±5%。

日本开发了一种二甘醇喷雾技术，用以处理漏气的接口而不需在干管上开挖，方法是用一条弹簧管带着软管内插于工作的支管，从气表阀门处插入，直至干管，将二甘醇喷向需处理的接口。

四、其他技术[180]

（一）支管的临时隔离

英国开发了一种临时隔离带气支管的方法。在管道的远端从气表的控制位置装进一个橡胶密封件，在支管中，密封件可以越过连接件，并在多数情况下可以起到气密塞的作用。如果支管需要修理，则利用真空技术可将密封件移动到所需要的地方。

（二）带气接线的分段阀

美国南加利福尼亚州燃气公司开发了一种在钢管中隔离燃气流的阀门，可以在发生紧急事故时，迅速、安全和有效地进行区域性的隔离。旧有带气接线阀的安装成本高，耗时长，而新型的分段阀（管径为50~100mm）利用现有的带气接线设备和程序可安装在带气的管段上。阀门和阻断装置联合在一起，经压缩和膨胀后可完全阻塞干管。良好的设计可将开挖量和设备安装量减至最小。经验表明，在支管工作的25年中，年维修需求量最小。

（三）配气干管的阻气囊和阻断器

在这一领域内近年来取得了一些进展。聚氯乙烯管受到自然冲击后甚易损坏，修理时需利用阻气囊将干管隔断。西澳大利亚开发了一种新的程序，用一种新型接管弯头可以在干管上钻孔并放入阻气囊。当第二个阻气囊放入后，第一个便进入损坏的管段，同时第二个囊开始转动一个方向，以减少阻气囊颈部所受的压力，因为这里是阻气囊最易失效的地方。

在英国，这一方法也用于低压聚乙烯管，管径为180~315mm；金属干管上也采用标准的阻气囊设备。工作完成后，钻孔可用特殊设计的螺纹塑料塞塞住，然后再套上热焊聚乙烯帽。

英国还有一种膜片或气流阻断系统（Iris stop flow stopping system），用以阻断金属干管，管径为100~1200mm，阻断压力可达2bar。

另一种是杯状密封流量阻断系统（Cup seal flow stop system），用以阻断金属干管，管径为100~300mm，阻断压力可达4bar。其成本略低于膜片式。

（四）断裂干管用的管道修理夹钳

英国设计了一种新规格的修理夹钳（Repair clamps），对所有的埋地管道，任何公称管径的管道均可作密封用，概率可达95%，寿命可达50年。

连接件的成本较高，但可用减少的修理工作量来补偿。夹钳适用于600mm的管道和更大的连接件。

第四节 机器人的应用

一、机器人检测系统[180]

（一）对腐蚀和缺陷的机器人检测系统（Robot inspection systems for corrosion and defects）

日本开发了一种机器人检测器（Robot pig），用于检测管内径为52.9mm的钢管，包括T形管、弯头和弯曲处的缺陷和腐蚀处。机器人包括一整套的机组（发动机、驱动装置和感应器车等），约1m长，可用来检测50m长的管子。检测工作是由装于机器人头部的电视摄影机和检测管外腐蚀斑的涡流感应器（Eddy current sensor）共同完成。

英国当今开发了一种以磁力线检漏（Magnetic flux leakage）为原理的系统，以检测管径为150~600mm的铸铁干管。它包括检测系统、进入带气干管的发射和接收系统等。显然，这样的检测系统需要机器人协助，以便沿着干管的孔口移动，越过干管的连接处和进行测量工作。预计检测的距离超过100m，但整个运行系统尚在开发中。

北美开发了一种称为“耗子”的管内爬行机器人（Pipe crawling robot called the “mouse”），见图13-21，对管内的腐蚀和缺陷可以检测和定位，用以延长干管的工作寿命。它必须具有三个性能：检测缺陷的感应器；与机器人相联系的控制系统和动力装置系统。机器的原理包括两个模件，每个都有独立的动力源和驱动轮。在每一模件上安置的三个转轮可以提高工作的稳定性并紧贴管道的内壁，并使机器人能在垂直的和水平的管内工作，包括发生90°的转弯动作。这种全功能的自推式“耗子”可在100~150mm的带气干管中工作，速度为1.5m/min。

在日本开发了一种腐蚀诊断方法（Corrosion diagnostic process），用一种检测器校验管径为50~300mm钢管的完整性。一种远端控制的涡流感应检测器可用来鉴别管径为50~80mm带气钢管的外部腐蚀坑斑，从发射坑处算起，检测长度可达50m，可查出管壁厚度上50%以上的腐蚀坑斑。另一种对不工作的中压钢管，可用磁力线检漏方法，管径为100~300mm时，管长可达350m，现场试验证明，效果是满意的，在管壁厚度上的腐蚀坑斑可查出70%以上。

（二）钢管的自动焊“机器人”（Automatic Welding ‘Robots’ for steel pipelines）

日本开发了一种管内焊接机器人系统（Internal welding robot system），用以在维修时焊接管径为600mm，管长为100m，且有90°转弯处的钢管。加强焊在管道内壁原有的焊接接口处进行，成本-效益较好，它可替代开挖后的修理焊或更换管段。试验表明，焊接质量能满足焊接规定的要求。机器人也可用来焊接新管线和处理管外的腐蚀坑斑。现在已有200mm大小的这类机器人。

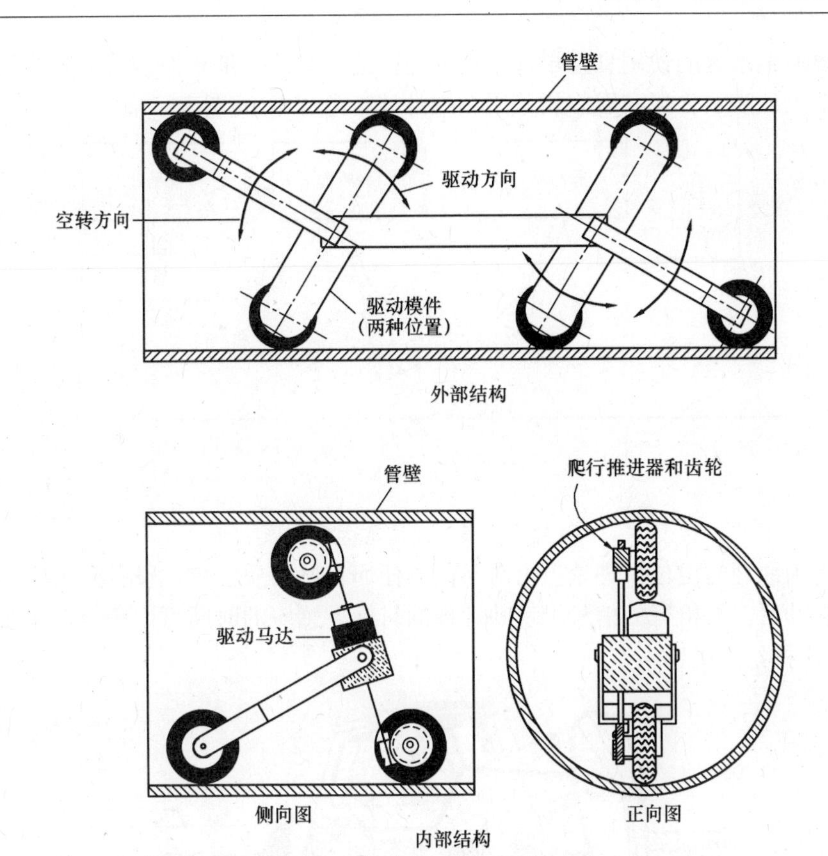

图 13-21　管内爬行机器人[180]

在德国，一种惰性气体自动转焊机械可用来进行远程控制的钢管管内焊接。管径为200～600mm，焊接速度为80mm/min。

二、燃气干管的电视检测

在日本，一种电视系统可用来检测管径为50mm，管长为50m，钢管的腐蚀坑斑。摄影机通过一根密封的连接支管放入。这种系统可广泛用于各种管道，改进后也可用于更小的管道。

在英国，现已用同样的系统作为铸铁干管的内部检测用；管径为150～600mm，在机器人的帮助下进行。部分的检测系统也可用商用的电视摄影机。可爬行的电视系统适用于管径为150mm以上的管道，用于检测带气配气干管的清洗情况。

荷兰用电视检测难以接近干管的完整性，长度可达150m，通常是穿越河流和道路的交叉口等处，这些地方难以接近，又甚易遭到破坏和腐蚀。将来也可用作重要管段或复杂地区施工完成后的检测工作。在瑞典，电视检测已用于新管线和管道的修理。意大利用电视摄影机在清洗后的铸铁干管内部确定接口的准确位置。

三、常用的机器人配气设备

（一）穿孔定位/导向系统

在英国，连续检测埋地管道的位置、深度和方位已经实现，用地面发射的细查雷达可以发现地下的障碍物，可灵活地控制钻孔机械的方向。其检测原理可见图13-22。由于塑料管和光缆通信系统的使用日益增加，地面的雷达检测法发展很快。为清晰起见，图中天线用喇叭形天线表示，但实践中均采用二维设计，电压-时间图表示输入天线的脉冲信号。

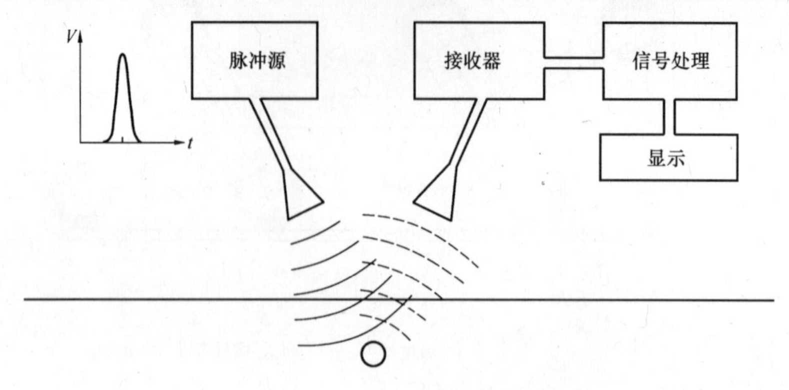

图 13-22　管道定位雷达系统[182]

以雷达为原理的定位仪理论上可对不同的任何自然物质定位。设备向土壤发出一个电磁能的短脉冲后，从检得的信号可反映埋地的目标，感应的时间可用来确定埋地深度。

（二）遥控挖沟机器人

图 13-23　遥控挖沟机器人[181]

图 13-23 为一种遥控挖沟机器人。在英国，一种输入程序/挖沟机可使运行人员在沟槽边缘对挖沟机的运行情况进行遥控。在驾驶室内设有控制系统的控制台，可以控制挖沟铲和伸缩臂的动作。现场试验表明，遥控挖沟机器人有许多优点，解决了常规的控制方法中运行人员难以看到开挖的实际情况这一个大问题。

第五节　燃气的加臭和漏气检测

在配气系统运行中涉及安全性和可靠性的问题通常包括：燃气的加臭、检漏、管位测量、事故处理、压力控制和管网提级等，涉及面非常广泛，尤其是旧有管网。管网的工作时间越长，遇到的问题越多。以天然气的加臭为例，现已成为世界燃气工业中涉及安全的一个共同问题，但方法和设备的选择各国有所不同，大约 45% 的国家由配气公司负责，

55%的国家由输气公司负责。本节主要介绍燃气的加臭和漏气检测两个部分。

一、燃气的加臭[182]（Odorization of gases）

（一）加臭设施

与其他的燃气设施相同，加臭装置本身和随后设备的安全运行是十分重要的，但燃气的加臭对鉴别燃气的泄漏并不是一个惟一的可靠参数，需要有其他的方法才能确定漏气的位置。

多数国家燃气的加臭主要用加臭剂量泵（Dosing pumps）。搭接式加臭器（Lap odorizers）只有在少数国家使用。但奥地利现在虽多用加臭泵，在总设备中还在继续使用搭接式加臭器。

搭接式加臭的原理可见图 13-24。

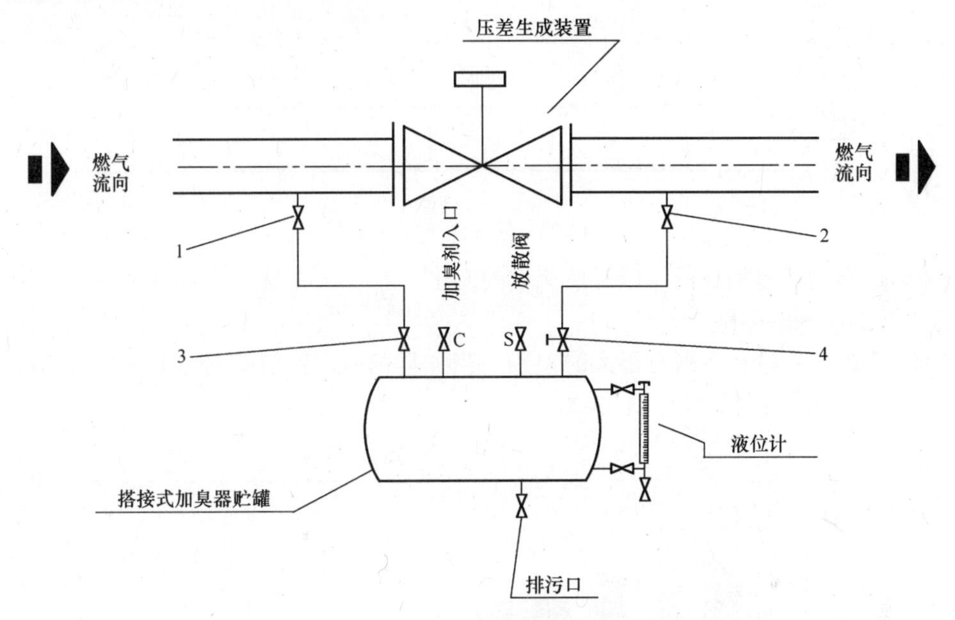

图 13-24　搭接式加臭装置[182]

1、2、3、4 为阀门

利用压差生成装置所产生的压差，有部分燃气通过加臭剂贮罐，携带加臭剂流向压差生成装置的下游。

在日本，燃气的加臭有 50%用人工系统，如图 13-25 所示的为液滴注入加臭器（Drip odorizer for liquid injection）。

利用燃气管道中加设的孔板产生压差，加臭剂高位箱导入孔板上游的燃气压力，加上液箱的高度，促使加臭剂滴入孔板下游的燃气管道。

如不采用压差法而直接采用加臭泵，则可将加臭剂直接注入燃气管道。

任何一种加臭装置加臭剂的注入量均可用人工控制，在加臭装置无人看管或短期内燃气流量的变化不大时可采用自动装置；但许多自动控制装置又不能补偿极端的流量变化，只能在规定的流量范围内调节加臭剂的注入量。

手工操作加臭装置的初始成本低，如果装置安装在流量和压力稳定的地方则尤其简单和容易，但要达到稳定的注入量也需要有校核注入量的方法。

这就需要另有一些设备可以查明燃气流量和单位时间内使用的加臭剂量。现在已有许

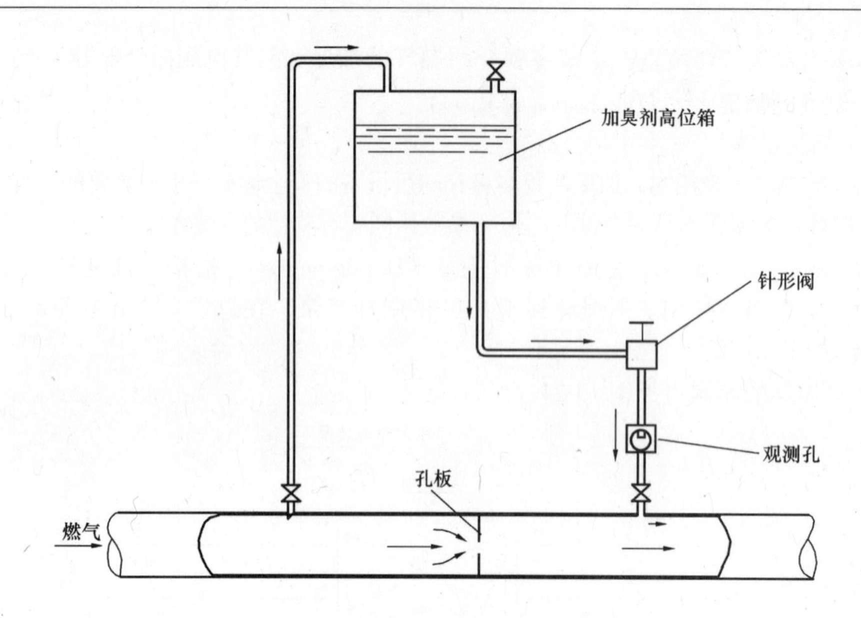

图 13-25　液滴注入加臭器[182]

多设备可以自动调节加臭器，以补偿流量的变化。

（二）加臭剂的类别

加臭剂的使用量在各国有很大的差别。当加臭剂使用四氢噻吩（Tetrahydrothiophene THT）时，各国的使用量可见图 13-26。

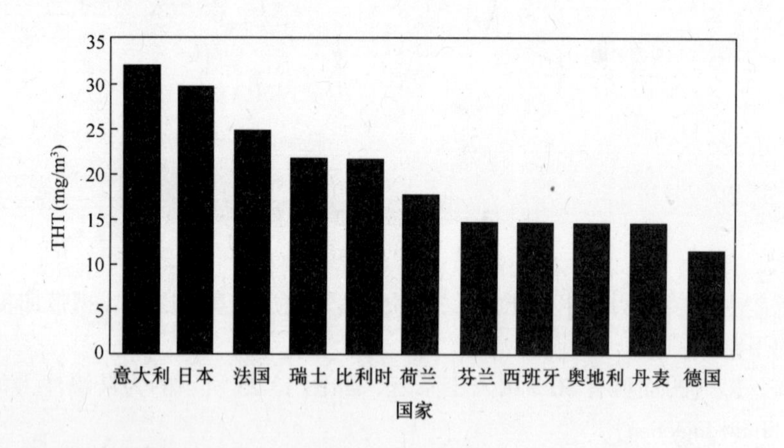

图 13-26　各国 THT 的使用量[182]

加臭剂的剂量与许多参数有关，图 13-26 只是说明各国的应用剂量。

图 13-27 说明未加臭的荷兰格罗宁根天然气和加入加臭剂（THT）后与相应臭味等级的关系。显然，应考虑到天然气自身的臭味等级，这又与燃气的类型有关。

由图可知，当空气中含有 1%的燃气时，对荷兰格罗宁根气田而言，臭味等级为 1.8，尚未达到安全的加臭量，但如加入 $18mg/m^3$ 的四氢噻吩，则臭味等级达到 2.5，由此可看出加臭的作用。

除四氢噻吩外，乙硫醇和环状硫化物也常作为加臭剂。各种加臭剂的名称和化学式可

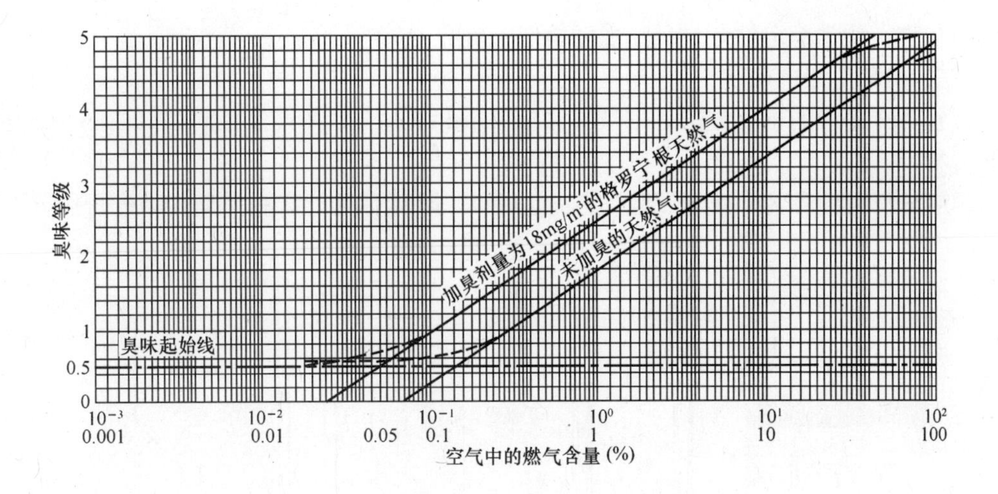

臭味等级

0—无臭味

0.5—非常弱的臭味（检测下限值）

1—弱臭味

2—中等臭味（应提防的量）

3—强臭

4—特臭

5—最大臭味（感臭上限）

图 13-27　加臭量与臭味等级的关系[182]

见表 13-2。

各种加臭剂的名称和化学式　　表 13-2

代　号	名　称	组　成
THT	四氢噻吩　Tetrahydrothiophene	C_4H_8S
TBT	叔丁基硫醇　Tertiary Butye Mercaptan	(C_4H_9SH) $C_4H_{10}S$
NPM	正丙基硫醇　Normal Propyl Mercaptan	(C_3H_7SH) C_3H_8S
IPM	异丙基硫醇　Isopropyl Mercaptan	(C_3H_7SH) C_3H_8S
EM	乙基硫醇　Ethyl Mercaptan	(C_2H_5SH) C_2H_6S
DES	二乙基硫化物　Oi-ethyl sulfide	$C_4H_{10}S$
MES	甲乙基硫化物　Methy Ethyl sulfide	C_3H_8S
DMS	二甲基硫化物　Di-methyl sulfide	C_2H_6S
BE	72%（重量比）二乙基硫化物 22%（重量比）叔丁基硫醇 6%（重量比）乙基硫醇	

各种加臭剂的基本区别在于：

硫醇：与硫化物相比化学稳定性较差，臭味强度大于 THT，

THT：化学稳定性好，

硫化物：化学稳定性好，臭味强度稍低于硫醇。

（三）臭味等级的确定

确定臭味等级的主要方法是用鼻嗅法（Rhinal analysis）和气体色谱法（Gas chromatography）。

鼻嗅分析可简称为“嗅觉试验”（Smell test），即对有臭气味和无臭气味进行区分。不论是比较的方法或是绝对的方法都是主观的，只是用带臭的气体与标准的臭味气体相比是一种最简单的方法。标准气体中的臭味等级也只能是经验性的，它决定于有代表性人群的嗅觉。鼻嗅分析试验装置可见图13-28。

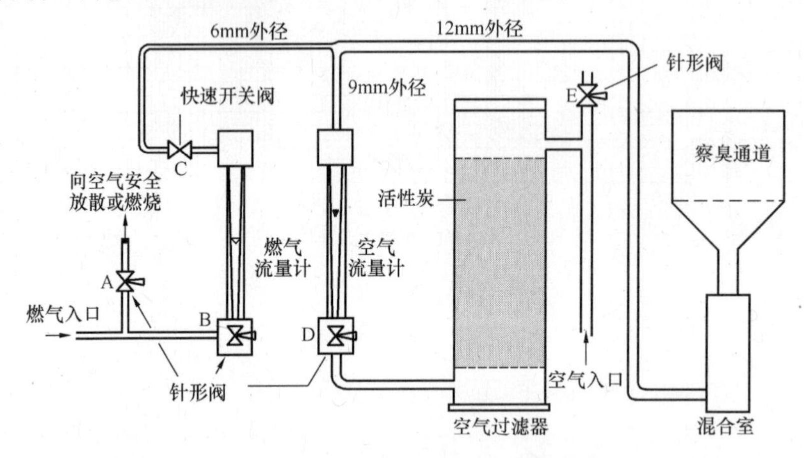

图13-28　鼻嗅分析装置[182]

有两种类型的气体色谱法可用来确定天然气中的臭味等级，两种类型的区别在于其检测方法的不同，一种称为火焰色谱测定法（Flame-photometry detection），另一种为电-化学测定法（Electro-chemical detection）。

燃气臭味检测的火焰色谱分析法原理是先在天然气中分出部分气体，在色谱分析仪中进行分离，然后输入试验气体，硫化物就可优先测出。这种能优先测出硫化物的色谱测定仪可见图13-29。

（四）今后的发展

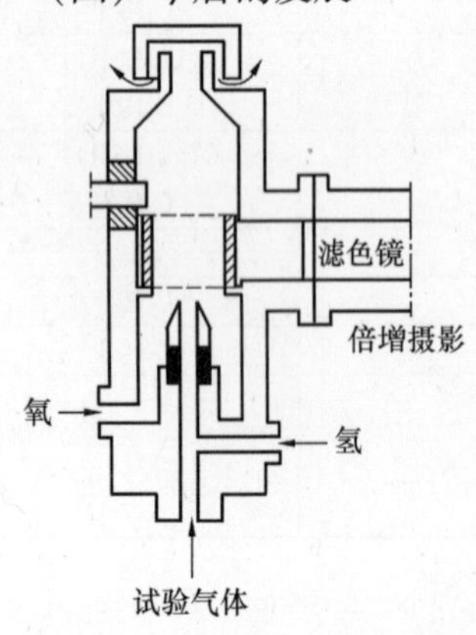

图13-29　优先测出硫化物的色谱测定仪[182]

除增加使用气体色谱仪外，许多国家并无进一步的发展计划。但也提出了与加臭有关的一些问题，如：管材对加臭剂的吸收问题（新系统、从未使用加臭剂的系统或加臭剂发生变化的系统等）、土壤的吸收和选择具有代表性的试样位置等。虽然有这些问题存在，但尚未计划去解决。已有的标准、规范和指南近期内也不会修订。

二、燃气的检漏[182]（Leak detection）

从安全的角度看，所有的燃气公司都十分重视燃气的泄漏问题。可以说，燃气的检漏工作相当于燃气管理部门的眼睛、耳朵和鼻子。漏气的检测设备用来检测燃气管道上大气中的燃气浓度，借以确定漏气点的准确位置。

多数燃气公司的检漏工作用步行法，有时用汽车。

（一）当今常用的检漏方法

几乎每一个国家均采用以火焰离子化原理（Flame ionization principle）制造的检漏仪（见图 13-30）。

火焰离子化原理是根据天然气中氢-碳组成可以离子化得出，检测的元件是一个与直流电源相连接的两个电极间燃烧的氢火焰。只要有氢-碳存在就会在火焰中烧掉。在燃烧过程中碳原子形成正、负离子；在火焰的电场中，离子被吸引而流向电极，以此作为指示信号。

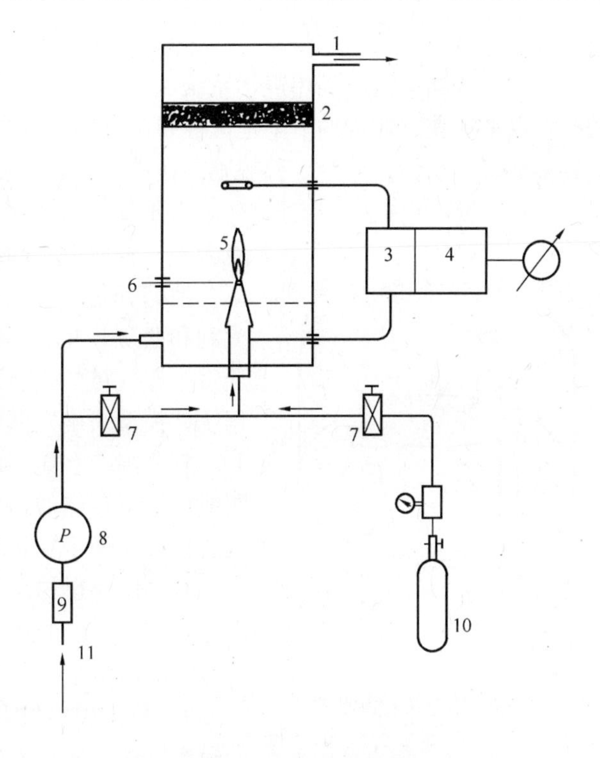

图 13-30 火焰离子化检漏法[182]

1—出口；2—火焰行程限定器；3—高压电源；4—放大器；5—离子化火焰；6—点火器；7—调节阀；8—泵；9—除尘器；10—氢源；11—试样入口

第二种值得注意的系统是催化燃烧原理（Catalytic Combustion），见图 13-31。

催化燃烧的原理是根据在试样中如有可燃气体的组分，则电加热丝会因燃气组分燃烧的火焰而温度升高。

第三种是半导体原理（Semi-conductors），见图 13-32。半导体原理是根据试样的组分变化时，对气体十分敏感的半导体丝的电阻也随着变化。

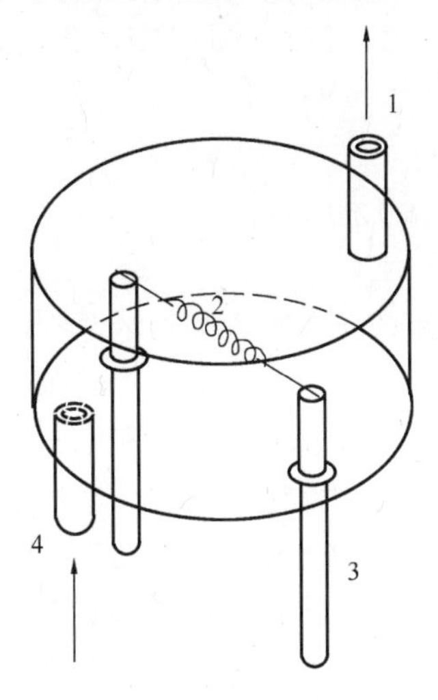

图 13-31 催化燃烧检漏法[182]

1—出口；2—催化金属丝；3—连接线；4—试样入口

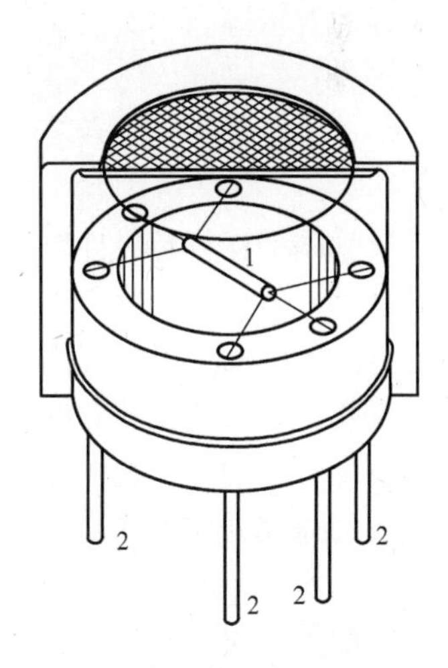

图 13-32 半导体检漏法[182]

1—半导体丝；2—连接柱

第四种是利用热导体的原理（Thermal conductors），见图 13-33。热导体原理是：如果试样中有燃气，则有燃气试样的热导性能与空气相比将发生变化。天然气的热导性能大于空气。

也有少数国家提出利用声学系统（Acoustical system）来检漏，逸出燃气的声音用敏感的扩音器来捕获，建成的一个地区性系统已用来检出一个大头针大小的漏气口。

多数国家认为，作为一种规则，还没有一种检测方法能测出配气系统的实际漏气率。

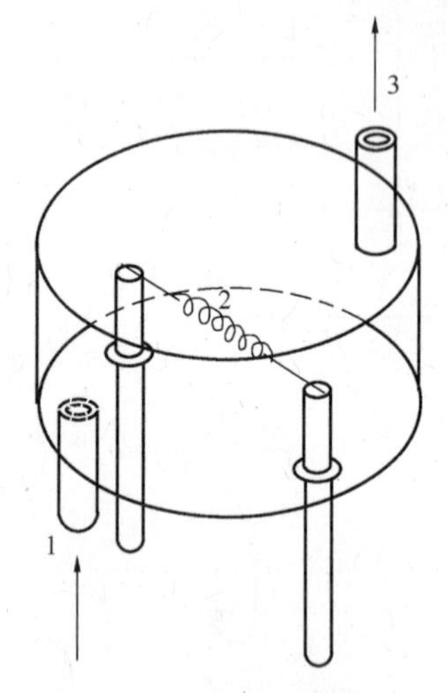

图 13-33 热导体检漏法[182]
1—试样入口；2—热导体丝；3—出口

由于漏气检测受到的干扰因素很多，英国、澳大利亚、意大利、新西兰、西班牙和芬兰等国提出，在特殊的情况下，他们都是在晚间进行试验，试验区也需要隔离；但意大利和西班牙也认为，这样的程序不能作为常规的法则。通常，漏气量的检测应在变化的压力下进行，然后利用数据统计模型来确定漏气量。

有些国家有他们的漏气统计数据，且漏气的位置在地图或计算机存储的地图上可表达出来，以此作为确定隔离区的根据，便于在集中力量维修管道时减少漏气量。

有些国家也提出，即使准确的检漏方法也常受到道路的超载和工业区的影响，使有效的检漏仪器不能优先测出天然气的泄漏量。

大约有 80%的国家提出，在漏气检测方面需要有国家的标准、规范或指南来推动。

（二）未来的发展

从各国的反映来看，在不久的将来，对现有的检漏程序和方法不会有太大的变化。只有荷兰提出了一种新的方法可以使之检出低浓度的天然气，计划中将在现有的设备上引入更为先进的方法。

需要注意的是，旧有的标准在 30%的国家中已有了变化，包括试验要求、仪器的标定和保养的要求等。

第六节 配气管网运行系统的构成

配气管网的运行是一件繁重的工作：大量的设备，分布在一个很大的地区范围内，相距又很遥远，需要由少数工作人员来监控，同时，系统又需要在最小运行成本的条件下工作，且有最大的安全保障。因此，运行中的故障、耗费于维修工作上的时间和维修工作量应该越少越好。为了在有效的时间内能迅速地解决所有的运行中发生的问题，增加一些特殊的设备是必要的。增加的设备应能向运行指挥中心传送所需的信息，并帮助工作人员能以最经济的途径处理好遇到的问题。将控制和通信设施整合在一起是提高运行效率的主要因素。为了实现不断改进后的运行目标，保证服务的质量与安全，使之处于一个最佳的工作状态，配气公司通常采用计算机系统不断整合管理能力和提高经济效益。

国际标准化组织（ISO）提出[183]，现代化的控制和管理系统应以五个层次的通用模型为基础，每一个等级所具有的特性为：

等级 1—现场接口，

等级 2—地区性控制，

等级 3—整体控制，

等级 4—应用，

等级 5—管理。

在现代化的系统中有强烈的要求和趋势将等级 1 和等级 2 整合在一起成为地区性的现场远端站（RTUS）。等级 3 是系统的核心，是更高的等级与过程等级（等级 1、2）的分界线。

在配气系统的范围内，过程的控制和监控沿管道采集和传送的信息，包括辅助阀门和调压器等在内需要频繁使用的复杂的远端站。因此，这些远端站需具有整合管理能力和配置与安全有关的软硬件。

若要成功地将等级 1、2 和等级 3 整合在一起，必须以可靠并有效的通信网为基础，包括电话线、铜缆、无线电、光导纤维、微波和卫星在内。

应用的等级（等级 4）包括所有的模拟软件包、优化、预测和不断进步的模拟仿真技术以及地理信息（GIS）系统。管理等级（等级 5）是远程系统中要达到的最终目标，可反映出配气系统的整体技术经济水平。

本节主要介绍对系统（硬件和软件）的要求和应达到的目标。

一、系统总论[183]

配气管网的主要作用是向用户供气，需要明确的是，运行人员在保证质量、安全和供气的连续性方面，究竟应该做些什么？

从用户终端来看，燃气管网的运行主要包括两个方面：其一，向用户供气的同时也意味着燃气已被消费了，也付过款了。从这方面看，以账单为目的的耗气量计算系统就应该讨论。最低级的是已有的现场耗气量计算技术，最高级的是耗气数据以用户信息系统（CIS = Customer Information System）的数据作账单的依据。这在以下还将讨论。其二，配气管网的管理责任应考虑到安全性、准确性和供气的成本效益。为此，就必须获得更多的管网信息和研究更好的控制管理方法，涉及到监控与数据采集系统（SCADA 即 Supervisory Control And Data Acquisition）的建立。

在天然气的集输系统中，SCADA 系统是优化运行的最重要部分，它将收集现场的所有数据，使操作人员能用最经济的方法开展工作；更为复杂的系统甚至可在遇到不正常的运行条件时准备好求解和选择替代方案。

燃气管网传统的 SCADA 系统集中在监控管道沿线设备包括各种场站在内的远端项目。从地区性的，属于等级 1、2 的远端站（RTUS 即 Remote Terminal Units）通过各种可能利用的通信媒体将信息集中到等级 3 的中央计算机系统（Central Computer System）作为运行的基本依据。通常，系统也允许远端控制设备对所收到的信息作出回应。

当今先进的管网运行系统是将传统的 SCADA 系统和应用软件（等级 4）联系在一起，向管理系统（等级 5）提供长期的信息。

典型的应用等级内容包括：

1. 气量平衡的软件；

2. 模拟软件包；

3. 预测软件包；

4. 优化软件包；

5. 实现模拟技术；

6. 地理信息系统（GIS）等。

管理等级系统的内容包括：

1. 长期的数据档案；

2. 与不同数据库相连接的开放系统，如用户信息系统（CIS），气象信息系统等；

3. 对各类报告的编制、安全程序、用工时间表、多种现场服务的协调等，达到可用不同的整体管理支撑系统的软件包；

4. 文件控制系统；

5. 财务软件包等。

以后将详细讨论一个完善的管网 SCADA 系统的特点以及应用和管理系统的软件。

二、耗气量的计量[183]

（一）方法概述

所有的燃气用户可分成三类：即民用、商业和工业。

到目前为止，大部分公用燃气公司对耗气量的计量均是直接抄表并汇总得到总量，然后根据抄表数据开出收费账单。这些繁复的步骤使工作人员的成本增高且常常出错。为此，在这一领域引进了计算机技术，产生了耗气数据的自动收集系统。

对不同的用户类别有不同的技术。工业过程的燃气耗量很大，成本也高，这类用户必须有流量计算机，准确的流量还有各种算法。所有的耗气数据（分布图）或按不同时间（日、月）的自动传送量均可被远端的运行人员读到。商业用户通常是流量校正器和计数器联用（两种设备可以分开也可以整合在一起），此外，还应有压力、温度和流量的存储，作为制定账单用。民用户则用常规的气表计量。

耗气量传输的自动系统已使用多年，也就是各国常用的自动抄表系统（AMR = Automatic Meter Reading System）。最早的系统是采用电话通信，经过评估后现已采用无线电系统。所有的无线电机输出功率均不大于 10MW，这是世界无线电系统的通用性，不需要再经过批准。

使用 AMR 的优点是：

1. 提高了效率和降低了成本（经济因素）；

2. 改进了用户服务（人力因素）。

自动抄表系统在耗气量和账单之间可从几步到一步完成，防止了可能发生的错误，可得到最新的读数，提高了数据库的有效性和用户账单的公正性。

（二）自动抄表系统（AMR）[183]

从现场的耗气量数据传送到做账单的计算机系统有三种方法。实现自动抄表系统可采用三种方法中间的一种，即：

1. 非现场抄表系统（OMR-Off-site Meter Reading System）；2. 移动网络自动抄表系统（M-AMR）；3. 固定网络自动抄表系统（FN-AMR）。

现分述如下：

1. 非现场的抄表系统（OMR）

非现场抄表系统是 AMR 系统中一个最简单的等级，它只是自动抄表系统的一个部分，用无线电的频率作为通信，在抄表过程中仍需要人力的帮助。燃气的流量用直接装设在气表上的脉冲转发器（Transponder）自动传输。抄表者可接收远端的数据而无需入户。

抄表者只要装备一个小型数据采集装置就可从气表的脉冲转发器获得读数。袖珍型的数据采集器是一个手握式的具有计算机终端性能的无线电装置。远端数据（用户耗气量）可从基本的系统元件（气表接口扣/脉冲转发器）中接收到，无线电的读表模块直接安装在每一气表上，且有脉冲输出的能力。紧跟着气表的读数次序，信息也反映在中央计算机上和提问的终端上。这种装置也就促使抄表员使用无线的远端读数方法。气表中获得的信息（气表的编号、耗气量和相关的信息）可显示在终端的屏幕上并自动储存于数据库中。关于抄表次序的统计信息（每表能读出准确数据的次数、读不出准确数据的次数等）也记录在记忆文件上。

抄表的次序完成后，信息就传输到专用计算机上做出账单。数据管理装置可与终端的应用元件和中央计算机的通信软件一起管理好这一信息的传输过程。在众多的计算机用户文档上也可读到最新的管理要求和用户账单的文档。在最后阶段，用户信息系统和账单系统就合并在一起了。

2. 移动网络自动抄表系统（M-AMR）[183]

移动网络系统与非现场抄表系统十分类似。其区别在于用一个效率高十倍以上的数据控制装置（DCU-Data Command Unit）代替了手抄读数法。DCU 可安装在汽车上，其特色是更为灵巧，具有双向的通信功能，还设了一个简单的天线，可利用汽车的电源，按照汽车的抄表路线获得读数。最新的用汽车抄表的移动系统还可和全球定位系统（GPS-Global Positioning System）合在一起使用。

3. 固定网络自动抄表系统（FN-AMR）[183]

全部远端耗气数据的传输是数据传输中最先进的技术，也是固定网络自动抄表系统的基本出发点。从安全方面看，这一系统的优点是数据来得非常快，不需更多的人力因素。如果计量位置与中央计算机站相距甚远，且数据的使用频率很高（以小时计）时，系统非常有效。

气表的脉冲转发器是系统的主要部分，与所有的自动抄表系统相同，只是脉冲和抄表读数的汇总时间常以小时计。数据传送的通道可以是单向的、也可以是双向的，可根据要求和经济条件来确定。脉冲转发器和数据集中器之间的距离可以达到 50 ~ 250m，决定于无线电的传播条件。

这样的次级网络系统通常采用无线电，可安装于靠近用户的区域内，如住宅区、工业区等。如果以固定通信网络为基础向中央数据库传送的信息，其目的是为了作进一步处理用，则常用通信电缆网络。

所有上述的自动抄表系统均可附设在计量装置上。如将来采用超声流量计，则包括无线电脉冲转发器在内具有标准的整合特性。

总的来看，从燃气系统的运行人员和燃气用户这两个方面，均可从使用 AMR 后降低的成本中受益，至少可以减少与流量无关的成本，如行政费用等。

三、数据采集与监控系统[183]（SCADA）

（一）概述

当今的企业在面对类似配气管网这样在运行中包括大量设施的系统时，面临着经济决策中的困难。例如，如何经济地运行日益复杂的配气设施，充分利用设施的能力和基础设施的条件就是一个问题，答案似乎很简单，而实际却刚好相反，因为经济效益决定于配气管网的运行效率。

运行效率的提高应反映在以下三个方面：

1. 从系统取得信息；
2. 反馈运行的情况；
3. 管理工作的总结报告。

当前，我国的各大燃气公司均已建立了数据采集与监控系统（Supervisory Control And Data Acquisition SCADA），并已运行了多年。但是，最先进的SCADA系统应包括上述三个方面，且满足以下条件：

1. 开放系统的结构应能整合第三方（即燃气公司各个部门）提出的软件和硬件；
2. 有不断整合管理系统的能力；
3. 有整合模型和过程分析软件包的能力；
4. 有整合已有控制中心和遥测次级系统的能力。

如所周知，SCADA系统的组成一般包括：

1. 控制中心（Control Center）；
2. 通信网络（Communication Network）；
3. 远端站（Remote Terminal Units）。

（二）现场的接口和地区控制

如不能取得现场的信息数据，燃气系统的运行是不可能的。对远端运行系统必须考虑下述两个主要因素：

1. 远端装置与现场仪表的接口；
2. 通信网络。

远端装置从简单的外部站（Outstation）到远端站（RTUS）有不同的种类，有的远端站（RTU）仅作为收集信息以备进一步传送，控制中心得到信息后，可以通过智能远端站（Intelligent RTUS）实行地区的控制。

简单的外部站无附加的智能控制能力（即无程序控制能力），通常只能处理有限数量的过程（Process）数据，如展示阀门的位置、阀门的指令、压力、温度以及一些阴极保护的数据。典型的应用通常设在阀门站中。对这类远端站应提供如下接口：

1. 可直接从现场计量仪表中获得的数据；
2. 从第三方的设备（如流量计算机）中获得的数据；
3. 程序逻辑控制器（Programmable Logic Controllers PLCs）历史上常用来作为地区控制；
4. 其他的遥测站（Telemetry stations）。

这些都是遥测装置的特色。智能远端站是和遥测远端站以及程序逻辑控制器联合在一起的。智能外部站的范围很广，种类很多，也有最简单的。最简单的可以做一些输入数据的计算或处理独立程序的顺序（如计量和减压站）。最复杂的一种可以控制整个的燃气站；这就需要有一个自动控制的过程，它可以执行启动和关闭顺序，监控相应的次级站并可作过程的优化控制（如电耗）以及作出必要的指令。

虽然目前燃气系统并没有装设许多可以实行远端控制的现场仪表，但这是燃气系统运行的方向。

以下将讨论对智能远端站的要求。

为了满足不同现场过程技术特点的要求，RTU 应有模块结构（Modular architecture），模块可从配置最简单的数据采集装置开始，直到能管理复杂现场的大功率 RTU。模块用一个最小为 32bit 的高速内部数据母线，通过一个简单的插头与安装框架相连接。所有 RTU 的基本配置应包括以下模块：

1. 电源供应；

2. 中央处理机 CPU（Central Processor Unit）；

3. 通信装置模块；

4. I/O 装置接口，用光学或机械方法与装置隔离；

5. 与第三方装置的协议模拟模块（Protocol Emulation Module）。

电源供应模块应包括更换电池时避免系统被破坏，且缺电时应给中央控制中心发信号。

中央处理模块应包括：

1. 微处理机；

2. 储存系统软件的可编程序只读存储器 EPROM；

3. 对数据和系统参数的随机存取存储器 RAM（通常用锂电池）；

4. 为应用和配置软件用的 FLASH 存储器；

5. 至少应有两个系列的插孔：RS232 或 RS485；

6. 有实时钟、监视器和 LED 显示。

CPU 模块控制可指挥所有的 RTU 元件。如需要，系列插孔可作为特殊显示、模拟盘和打印机的接口，也可用于第三方的协议。

在中央处理模块中使用系列插孔可允许广泛地选择适合通信媒体的通信模块。模块的选择应考虑以下的通信方式：

1. 拨号线路；

2. 租用线路；

3. 私人线路；

4. 无线电，常规的或长途的。

近年来，无线电的通信联系已十分普遍，与其他通信媒体相比有许多优点，如：即使不能直接，也可利用信息转接性能达到任何位置；安装容易；可利用已有的无线电网络；短期可修复；系统易于扩大或再配置；价格也可以接受等。

最后究竟选择何种方式决定于地方通信媒体的效率和经济因素。但影响整个燃气系统运行的现场至少应有两个系列的插孔保证能畅通无阻。

I/O 模块的设置在配置 RTU 时应有一定的灵活性以满足一些特殊的要求，如：

1. 监控模块应包括：模拟输入、数字输入和脉冲记数；

2. 输出模块应包括：模拟输出和模拟设定点、数字输出；

3. I/O 混合模块在 I/O 的应用需求较低时应有较好的成本效益。

RTU 的功能应具有以下特性：

1. 外部站的现场输入量扫描；

2. 根据地区的和从中央站所获得的数据发出事故信号；

3. 向存储器提供实时的地区数据并转输给中央站；

4. 接纳来自其他 RTU 的实时数据并转输给中央站（即具有信息转接性能）；

5. 数据的传送有两类：

(1) 根据预定的时间表，运行人员的要求和发生的事件将来自中央站的所有数据或变化的状况进行分类编排；

(2) 论点、自然传送计划中产生的有意义的事件和突发性的传送。

6. 对地区存储器中的数据建档，在通信失效时，至少应能保存 48h；

7. 带有时间性的历史数据的传送；

8. 接受来自中央站的动作和控制要求；

9. 根据地区和收到的信息，独立作出地区性控制方案。

为了达到上述的功能要求，必须做到：

1. 配置整个遥测网络；

2. 合理配置现场的 RTU；

3. 配置地区性的数据库；

4. 编制地区性的处理程序。

上述步骤需要通过一个强有力的程序工具包（Tool kit）来完成，工具包用一个小型 PC 计算机操作。准备好的软件（配置和应用）应下载到 RTU 的存储器中，通过地区性的或远程通信网络与控制中心连接。同样的程序工具包应具有可以诊断、监控和排除干扰的能力。

网络的配置规定了拓扑遥测系统，可随时用来作数据的修正，它包括系统中所有节点的信息（控制中心和信息转接的重复运用），每个节点且均有通信传送能力（无线、有线等）。RTU 的现场配置中可确定每一特殊 RTU 的自然配置状况，它包括 CPU 插口的类型和数量以及 I/O 模块的类型。网络与现场配置状况均储存于 CPU FLASH 存储器中。

RTU 的应用规定了 RTU 究竟要做些什么，也反映了 RTU 的功能。RTU 的应用建立在以下的基础上：

1. 数据库——存储于 CPU 的随机存取存储器 RAM 中；

2. 应用程序——存储于 CPU FLASH 的存储器中。

应用程序所包含的内容有：

1. 规定 RTU 数据库的结构及其内容，如一些变数。有效的数据类型应与有效的 I/O 模块类型相适应；

2. 连接方法决定于变数。这些变数与 RTU 自然的 I/O 通过连接 RTU 的 I/O 模块和现场的配置有关；

3. 在应用程序中应描述地区性的过程。

应用程序的准备有多种方法，如：功能的组合、阶梯逻辑和观察方法等。所有应用程序编制原理均应使应用者不必有熟练的软件程序知识，且与现场操作工程师的经验相一致。其方法是将全部的过程分解成许多次一级的子过程（阶梯逻辑），之后，再将次一级的子过程做成单独的程序。在前四个方法中，次一级的子程序可按阶梯顺序执行，并可反复实现过程的功能。在观察方法上，应与单独的次一级子程序相一致。

组合逻辑的功能非常适用，且可根据 PLC 程序裁定。在阶梯逻辑中，主程序应按次序连续的分解，以便分步地执行次级子程序。分步的程序可用简单的图形，即“如……那么就……”表示。次一级的子过程可用不同的观察方法，可由性能图像（已完成了什么）和功能图像（它是如何完成的）来描述。

要确定方法的范围十分困难，它既要满足不同群体的使用者，又要满足应用要求。此外，上述三种方法均不能进行复杂的计算，因此这些方法有可能组合成一个应用部件，用一个表格表示，并与组合的规范和更高级的语言（如 C 语言）编纂在一起。这种组合件应有可能与主程序交换数据并容易进入 RTU 的数据库。所有的方法在 20 多年以前已有介绍，至今改动不多，尚在应用。

工具包通过下载器、软件诊断和硬件的试验，还可获得一些附加的功能（如诊断）。

（三）中央计算机监控的控制系统

控制中心是 SCADA 系统最主要的部分，该处集中了整个燃气系统的全部信息，并可作出决策。

计算机控制系统的范围从简单的计算机到全部网络化的多重处理机结构是完全不同的。典型的现代化系统已转向利用 LAN，如以太网（Ethernet）和 TCP/IP 协议的多服务器和多顾主结构。对一个多重任务的控制系统，可保证切实地分配多重处理功能，使系统的运行速度加快。计算机的运行系统应提供实时的运行功能，即：

1. 多重任务；
2. 多重处理；
3. 网络化。

著名的 Windows NT 和 UNIX 系统可提供上述功能。

当计算机控制系统已成为燃气管网运行系统（等级 5）的核心，且其主要任务是从现场收集信息以行使管理功能，则系统的配置需能提供：

1. 以多余的结构保证高效率；
2. 有多余的服务器用作数据收集和由 SQL 接口标准（主要的 SCADA 服务器）支撑的实时数据库；
3. 有关历史数据库的服务器（由 SQL 接口标准支撑）。

当燃气管网运行系统的应用和管理等级工作时高于 SCADA 系统所用的数据，则在原来的配置上应加上应用服务器。

SCADA 模块的软件装置应能提供下列运行功能：

1. 数据可共同使用（实时的和历史的）；
2. 数据的存储和取出；
3. 报警和事故处理；
4. 控制处理：准备，有效和执行；
5. 通信的管理；
6. 发展趋势和建档；
7. 安全性与处理。

以及工程的功能有：

1. 数据库的配置；
2. 图形的编制；
3. 诊断。

对系统的运行和工程人员应提供一定数量的工作站。由于系统越来越复杂，涉及的数据量又越来越多，系统必须能随时提供实时的数据，数据又易于取出和观察。总之，应能向运行人员提供整个系统当前活动的所有信息。数据以及数据的变化可直接在工作站的屏幕上观察到，并可同时作记录，以便运行人员能迅速作出反应，人、机接口也就成为非常重要的部分。图像接口应合理，能既快又易地向系统的图像存储器提供全部数据和信息的状态，便于进行运行操作。根据图像，X-Windows 或 OSF MOTIF 可完成工业标准的统一。在工程师的工作站中，类似的 MMI 可帮助管理全部的配置工作，如图像的形成，整合相应的现场数据等。

与第三方现场设备有关的多种协议模拟程序应易于联合在一起以形成一个开放系统；同样，软件模块也应易于装入种类繁多的有效商业硬件和软件平台。

多余的结构和服务器可保证系统的允许失效率。当一个服务器或通信通道失效，多余的一个就成为后备的保险，防止数据在系统中的失落。

两种数据库均应支撑开放数据库的连接标准，用 SQL 可取出所有现场和系统的数据。实时数据库应具有联结相关模块程序结构的灵活性，且具有层次结构的效率。这一数据库的最主要部分是现场数据库，它规定所有的目标输入、输出、名称、工程价值、换算比例、状态和信息报警和偶发事故的触发控制等，同样也规定了与 MMI 的特殊联结方式。

讨论数据库时应考虑到数据的准确性，当 SCADA 系统要整合较高等级的燃气管网时这一问题尤其重要。在来自 SCADA 的所有现场数据均有效和准确时，等级系统的软件模型（Level systern software models）才能很好地应用。因此，所有现场设备的计量数据均应有数据质量的指示器，如通信中的问题（缺乏最新数据）或数据值在有效的范围以外等。在应用中，应向模型提供最佳的数据，数据的有效过程且可在每一现场的屏幕上显示（如预期值的计算等）。这说明，标准 SCADA 软件模块装置应包括软件的有效性在内。

在系统内部，实时数据库控制着数据的传递。在最新的系统中，实时软件模块还有事故排除机制。一旦数据库中发生任何的变化，相应的这些模块可由实时数据库负责通知，对新数据进行分类编排汇总的数据库就节省了模块处理的时间。储存于实时数据库中的数据包括来自现场设备和衍生于应用等级的数据（如模型中的数据）。为了保证系统的允许失效率，实时数据库应该可以隐藏和复现数据，并具有再储存的能力，即使主要 SCADA 的服务器已不再多余，仍具有热备用的工作能力。

历史数据库可处理两种类型的数据：

1. 静态数据；

2. 循环数据。

数据库静态部分的内部结构可提供现场项目的完整状态（技术参数）及其相应的联系，包括报告，图像框架以及用户信息系统（CIS）中的常规信息，如账单、合同等。循环部分包括来自实时数据库中的数据，它的储存以不同的时间（小时、日等）作基础。上述历史数据库的两种类型由于其相关的结构而互连在一起。实时数据库结构的变化随历史数据库的循环部分而变；常规部分则根据供气的环境或新用户的耗气量进行修正。

由于以 SQL 为基础的数据已修正了实时和历史数据，就易于提供运行人员观察、报告和作进一步的计算。

四、应用软件[183]

这是现代化控制和运行系统中的高等级部分，利用现代化的技术解决燃气输配系统中的深层次问题，国外的开发速度很快，各种类型的应用和管理软件不断出现，需要燃气工作者不断的努力和创新，才能使我国的燃气输配系统达到一个新的水平。

（一）燃气管网稳定状态的模拟软件包

燃气供应和配气管网的规划和设计需要有合适的管网分析工具。管网分析的主要目的是确定配气系统的能力，以便建立一个健全的和可靠的数据基础，可以回答长期规划和设计中不断提出的新问题。对已有的系统，数据涉及到系统的流量特性，涉及到表明系统状态的数据，需要有符合实际的、有一定准确性的耗气负荷数据。在此基础上，就可求得高峰负荷和所需的管网能力，并作为日运行和规划、设计工作的依据。

传统的管网分析是在调查的某一时间恰好相当于规定的耗气条件下管网的工作状况。管网模拟则是管网分析的延伸，可以在一个模拟时间段内描述管网的运行状况，因此，管网的模拟实质上是在一定的模拟时间段内管网分析的一个系列。它考虑了耗气效应和相对应的设施状况（管道、调压器和阀门等）。管网模拟可以演示管网分析的所有功能，只要确定一个模拟时段即可。总之，管网模拟是一项完善的技术，可以帮助燃气工程师理解燃气管网的特性。它是供气和配气管理的十分重要的部分，其主要用途有：

1. 新建系统的设计和旧有管网的增强；

2. 评估管网的能力；

3. 地区性计量方案的设计，用作漏气控制；

4. 压力控制方案的设计；

5. 为调查燃气的流动轨迹、用户的耗气量和管道的变化状况等提供信息。

为了实现管网的模拟，工程师必须将实际的管网（或建议的管网）建立一个数字模型。管网的模型包括节点、支线和相应的数据，可参看管网的模拟一章的建模原理。稳定状态的模拟程序应实现三个基本功能：

1. 数据的输入和一致性校核；

2. 模拟计算；

3. 结果检验。

相互影响的程序可使应用者执行一个完整的数据输入次序、分析和检验结果，或分析和检验这一次序的某一部分。例如，管网的数据可在某一状态下输入和分析，随后可对结果进行检验。相互影响的图像文本，可由应用者在图像屏幕上引入一个管网方案图（Network schematic diagram），以及输入相应的数据，以准备好的形式显示在屏幕上。非图示的程序需要建立包括管网数据的文档。文档可按一行一行的格式为基础，每一行在读数时均是有效的。如在某一行中发现有错误，则应提供改正错误的机会。在输入阶段之后，对所有的改正错误应有报告，以便给数据文档的编辑有相应的修正机会。

数据库的具体编辑者包括在任一配置好的燃气管网稳定状态的软件包里，编辑者有一个简单的、相关的数据库管理系统。编辑者可以建立、更新和使用数据库，包括对附有各种参数的管网结构描述，形成中压、低压管网模拟程序中所需的全部参数。

对编辑者要求的模拟任务，在数据结构中应被模拟模块所接受。编辑者也可从模拟模块中取得结果，经过初步分析后，在相应数据结构的数据库中记录下来。

经每一级修正后，正式的和逻辑的检验就算完成，防止使用者割裂数据的完整性，而能合乎逻辑地准备好模拟任务和进行正常的检验。

最后，编辑者甚易从数据库中取得数据与结果，易于修正和在屏幕上显示或打印出报告文档。然后，编辑者根据压降计算的一系列公式、阻力因素和压缩系数等可使使用者选择一个与管网压力等级、燃气的流量特性和其他特殊要求相适应的公式。在一个已知的管网中，每一个部分均有限定的使用范围，对特殊的情况可与编辑者共同研究。因为常用的节点压力值和平均流速限制范围在一些地方的规定中也常有突破。

（二）地理信息系统（GIS）

GIS通常用于设有数据库的计算机系统中，包括在地图上作图像信息的显示和特性数据的补充，便于实行综合分析，有效地维修管理和优化设计，在燃气管道的安装中可以提高服务质量和安全水平。

在燃气业务的规划和运行中，需要从各方面进行分析和了解在市场范围内的地理特性。这类定性分析的常规方法需要化费很多的劳动力，需要用手工制出许多地图和简图，然后通过专家的眼睛仔细审查后才能区别出具体的特征。

一个集成数据库的实现，允许分享的不仅是设施的数据，也包括用户的已有信息和燃具的情况等。这些在地图上积累起来的不同数据通过屏幕上的图像显示还可以使人们了解销售特性、分析潜在的耗气量和对市场的范围进行全面的分析，进而根据搜索到的数据对运行作出全面的规划。上述结果和GIS应用的发展使从事管理的工作人员和需要地图信息资料的规划部门可对销售活动做出有效的战略决策，提高规划运行的先进性和增大总效率。

GIS的功能特性如下：

1. 用任一比例尺的地图显示时，可以深入地理解多个目标的信息，进而对目标的分配，相互关系和其他的地理信息就甚易理解。

2. 以地图和信息特性作钥匙，使用者可任意地显示条件的变更，了解目标中的实质性问题。

3. 可获得统计数据。对应于变更的目标实现属性数据的表格化。

4. 根据使用者的设定条件，目标可用不同的颜色显示，使肉眼易于鉴别。

5. 可以通过连线，对每一目标提供详细的数字信息，并在地图上展示。

（三）预测

为了保证在所有的时间内均能向用户供气，准确地预测燃气的耗气量是十分必要的。预测工作包括三个不同的时间段：小时预测用来保证供气和耗气的匹配和系统的监控；日预测是为了使燃气设施，如液化天然气贮罐和低压贮罐可以经济地运行并保证安全地供气；今后还将出现周预测的问题，在供气合同将到达的年份，需要考虑到合同和输气的限制条件，即从每一气源的供气时间表。

燃气主要用作采暖时，气候条件对用户耗气量的影响很大。从配气区域耗气量的日负荷图上可以看到，在早晨来到之前有一个特大的高峰出现，在使用贮气罐时，这一日负荷图就不可能平滑，但长输系统卸掉了重要的包袱倒有一个满意的负荷图。在每一供气日的开始，地区耗气量的调节要考虑到次一日的耗气量，这可看作是输气系统耗气等级的变化。耗气量在一周内也有变化，一些欧洲国家通常是周末较小，高峰出现在1周的中期，与一个地区的生活方式有关。周负荷图有时甚难观察清楚，因为气候对耗气量的影响甚大。在年负荷图中，通常8月为最低点，12月和1月为最高点，为获得准确的耗气量预测值，首先需要有这个国家每一地区气候条件的准确预测数据。耗气量的变化完全是一个随机事件，预测的方法很多，正如气象预测一样，但要做到准确则很难，尤其是在燃气的发展时期。

（四）优化

燃气管网的优化有许多方面，对配气管网而言，近年来许多国家认为，运行成本的最小化来自节点压力的优化[23]，其目标是使漏气量减至最小，因此各国都在研究压力与漏气的统计关系。

中压和低压系统通常由一个地区性的中心进行遥控，使一些特殊调压器的设定点可以变化以满足管网当时负荷的需要；也可以个别地设定，以满足一定时间周期内的负荷要求。在后一种情况，配气工程的经验是基于保证供气量能满足需要而又不违反管网的限制条件。通常，这意味着设定点的确定常按高峰耗气量来考虑，我国当前就是采用的这一方法，这样做的结果是使管网常在高漏气率的条件下工作。主要的防止方法是用时钟或自动控制的办法在低耗气量时段内降低节点的供气压力。如前所述，先进的调压器设计也具有这样的功能。

管网分析程序可看作是配气工程的一个工具，用以计算一个管网在已知耗气负荷、气源条件（调压器）和调压器设定值条件下稳定状态的压力和流量。设定值通常根据经验和管网的负荷特性图选择，在一定的范围内可以是随机的，但必须保证，在任何时间内管网的压力不能低于规定的最小值。在考虑建立漏气模型时，计算方法的研究不仅是为了达到上述目的，同时还应减少漏气率和推荐新的气源（调压器）设定值。

为了计算不同负荷等级下的漏气率和调压器的设定值，需要建立一些简单的漏气模型。

在一些特定管道连接处的漏气率取决于和管道有关的许多因素，如：

1. 管道节点处燃气的压力；
2. 管径；
3. 节口的使用年限；
4. 接口的类型；
5. 管材。

在大型配气管网的建模中，相应一根管道节点的漏气量应根据统计数据确定，也有些国家做一些假设。但漏气量与节点的压力和管道的长度（以节点编号为序）有关，漏气模型通常还假设通过管道的为一均匀的漏气率，这对由同一材料制成的管道、有相同的使用年限、相同的管径和相同的接口类型是适用的。总之，利用模型确定总漏气量时，应根据实际情况进行修正。

根据漏气模型，就能以减小漏气量为目标，根据耗气量的变化优化供气量（调压站）的设定压力。许多国家对此已做了大量工作。

（五）管理软件[23]

在管理等级中，配气公司需要经常注意安全、质量、经济和财务等方面的平衡，以满足用户的需要。远程系统是达到这一目标的主要工具。

1. 配气系统远程运行的主要优点有：

经济上：

(1) 减少处理的时间（不设发生延误）；

(2) 有效地处理供需之间的平衡；

(3) 发生故障时改进供气的安全性；

(4) 更好地管理卖方和买方的合同（远程计量）；

(5) 容易编制工业和大用户的账单；

(6) 收集必要的耗气数据以利做好进一步的发展规划；

(7) 减少不必要的运行工作。

财产和人员安全：

(1) 防止和管理好易发事故；

(2) 改进检测和处理速度；

(3) 作出迅速和正确的诊断；

(4) 防止易发事故的进一步升级；

(5) 远程监控燃气管网；

(6) 保证实时监控和故障处理；

(7) 易于取得管网运行中的可靠信息。

服务质量：

(1) 保证更为可靠的用户服务；

(2) 对用户提供事故服务的管理。

2. 远程系统当前的战略目标[23]

在管理等级中，远程系统当前的战略目标要考虑到四种因素和五个效率。

四个因素是指：经济因素、安全因素、监控因素（Monitor Factor）和控制因素（Control Factor）。

监控因素包括：压力、流量、温度、热值（尤对大用户）、加臭、设备状态、阴极保护系统和现场安全等。

控制因素包括：压力的变化（最大、最小和设定点）、流量的变化、加臭的等级、设备的变动，如阀门的位置和加热器的开、关等，此外，还应注意：软件、硬件和通信的发展趋势。

五个效率是指：

(1) 系统的利用率

$$\text{系统的利用率} = \frac{\text{总销售量}}{\text{系统管道总长度}}\left[\frac{10^6\text{m}^3}{\text{km}}\right]$$

(2) 系统的管理效率

$$\text{系统的管理效率} = \frac{\text{直接参加管理的人数}}{\text{系统管道总长度}}\left[\frac{\text{人}}{\text{km}}\right]$$

(3) 系统工作人员效率

$$\text{系统工作人员效率} = \frac{\text{工作人员数}}{\text{系统管道总长度}}\left[\frac{\text{人}}{\text{km}}\right]$$

(4) 每一职工的销售量比率

$$\text{职工人数与销售量之比} = \left[\frac{\text{人}}{10^6\text{m}^3}\right]$$

(5) 向每用户的销售量比率

$$\text{用户数与销售量之比} = \left[\frac{\text{人}}{10^6\text{m}^3}\right]$$

科技的进步和远程系统的建设应在上述诸方面有明显的提高。

如将我国的上述指标与发达国家相比，就不难看出我国燃气公司的总体差距。管理等级最能说明问题。

3. 提高包括附加值在内的经济性[23]

远程系统建设的经济性可反映在以下的各个方面：

(1) 减少运行费用、劳动力及输气费用；

(2) 改进安全供气，安全就是效益；

(3) 改进系统的利用和能力；

(4) 减少失效危险，增加财富；

(5) 改进用户服务；

(6) 减少不必要的运行工作；

(7) 技术投资，以增加财富；

(8) 支持第三方的参加；

(9) 其他。

为了降低成本和提高效益，远程系统应在以下各方面下功夫：

(1) 压力和流量的远程监控；

(2) 远程计量；

(3) 用户用气图的远程记录；

(4) 远程连接和拆卸支管；

(5) 用户燃具的控制等。

4. 安全性[23]

远程系统建设的经济性可反映在以下的各个方面：

(1) 改进检测和作出反应的速度；

(2) 减少现场工作人员潜在的操作错误；

(3) 增进管网特性包括其限制范围的知识；

(4) 改进危机评估的数据质量；

(5) 改进公众和用户对有安全意识的燃气公司的形象；

(6) 执行和满足地方规程和行政部门的要求；

(7) 加强对系统的质量检查；

(8) 系统漏气和其他因素（如公众的安全）的管理；

(9) 与改进整体的经济状况相链接；

(10) 其他。

为了提高安全性，远程系统应在以下几方面下功夫：

(1) 监控用户的安全性；远程监控压力、流量和漏气的检测；

(2) 为了保证用户的安全，可以远程切断供气（确认安全后再继续供气）；

(3) 远程收集耗气量数据并记录。

为了达到上述功能，在气表上应装有压力、流量传感器和远程控制切断阀。如在气表和燃气公司之间有通信联系，则中央监控和控制系统可更为有效。

如果用户不在家而发现有不正常的情况，燃气公司应有能力在发展成偶发事故前采取果断的措施，有漏气发生时，远程控制的功能可以切断供气。

系统应能测出准确的负荷值。应用测得的负荷值可使管网分析更为准确。

5. 技术问题

当今发达国家大约80%的燃气公司其软件系统已采用国际标准，包括通信协议和数据库，大约有50%采用公共的无线电远程通信。

值得注意的是[183]，当今这一领域的软件、硬件以及通信系统发展异常迅速，即使是取得了一些进步，也可能很快就落后。但上述所指应达到的效益和燃气管网运行系统的结构却是今后很长时期内一直存在的。

第十四章　事故的调查研究

第一节　事 故 的 类 别

随着燃气工业的发展，供气范围的不断扩大，用户的增加，安全问题日益突出，事故屡有发生。事故的发生率和影响的严重程度已成为检验安全程度和技术管理水平的一个标志。虽然世界各国经常有燃气爆炸、中毒等伤亡事故的报导，但程度上有很大的差异。1999～2003年日本的燃气事故可见表14-1。

1999～2003年日本的燃气事故[142]　　**表14-1**

		1999	2000	2001	2002	2003
中毒	事故件数（件）	4	3	1	1	2
	死　亡（人）	1	2	1	1	
	中　毒（人）	3	1		1	2
爆炸与火灾	事故件数（件）	4	7	5	20	30
	死　亡（人）		1	1	1	
	中　毒（人）					
	受　伤（人）	1	7	2	14	8
烟气中毒	事故件数（件）	14	8	13	13	18
	死　亡（人）	5	1	2	4	4
	中　毒（人）	50	19	29	22	39
合　计	总件数（件）	22	18	19	34	50
	死　亡（人）	6	4	4	6	4
	中　毒（人）	53	20	29	23	41
	受　伤（人）	1	7	2	14	8

我国的燃气事故是较多的，事故的不断发生，使我们必须重视燃气的安全问题，事故造成的安全亏损将使公司和企业难以承担。

事故通常有两类[143]，即偶发事故（Accidents）和易发事故（Incidents）。偶发事故有不同的定义，如“偶发事故包括损失大量财产的危机，有大量的人员受到严重的或致命的伤害或两者兼有，发生在从最初的不正常事件到最终产生损失事件的全过程中”，“偶发性事故是一种非计划中的事件，产生了伤害或财产损失或两者兼有”，“由一种或多种不安全的动作（人为的）或不安全的条件（自然的）或两者兼有的，使正常工作受到破坏的事件，这些事件可能或并未造成人员伤害，财产损失或两者兼有，但它是一种有造成损失潜力的事件（即未遂事件）”。

易发事件（Incidents）定义为：与偶发事故不同的其他事件，在收到公众或公司职工的报告后，要求公司职工介入的事件。在定期检漏中发现的泄漏情况也属此类。

国际燃气联盟（IGO）的配气委员会（D委员会）为了得出易发事故/偶然事故的统计数据，曾对40个成员国发出问卷，进行了根据管网结构和长度（按不同材料和不同压力的管道总长）的咨询，目的是使各公司的易发事故/偶发事故信息更有可比性。共收到了19个不同国家的21家公司的反馈。

在事故分析资料中注意到以下两点：

1. 每一失误原因所起的作用。

2. 通过比较年度事故报告可判断不同配气管网的性能和可靠性。

但由于调查内容的重要性和保密性，反馈的信息不可能提供所需的全部材料，因此所得结论只能供参考。从连续5年的调查资料看，可得以下几点结论：

1. 易发事故数和偶发事故数显示出明显的两极分化。公司报告的比例为$\frac{99.9}{0.10}$（易发事故/偶发事故），这说明，只有$\frac{1}{1000}$的易发事故可能转变为偶发事故，造成人员的伤亡和财产的损失。

2. 低比例说明燃气泄漏一般不会或很少转化为偶发事故。偶发事故都有偶发的诱因，再加上燃气泄漏而导致的。

3. 事故的原因分析可见表14-2。

事 故 的 原 因[143]　　表 14-2

事 件 原 因	易发事故（%）	偶发事故（%）
第三方作业	9	47
钢管的腐蚀	17	6
机械接口	18	3
灰铁管（断裂和青铅麻丝接口）	36	10*
螺纹连接	4	3
焊接接口	1	2
施工活动	1	18
地层移动	2	5
其　他	12	6
总　计	100	100

* 主要因灰铁管的断裂。

由表可知，多数的易发事故是由灰铁管的机械接口和青铅麻丝接口（54%）以及钢管的腐蚀（17%）所引起的。而多数偶发事故由第三方作业（47%），施工活动（18%）和灰铁管断裂（10%）所造成的。

分析同时也说明：

1. 非焊接接口由易发事故转变成偶发事故的可能性很小，仅3%。

2. 靠近管线的第三方作业带来的破坏情况，虽在易发事故统计中不占重要地位，但却是各公司反馈信息中的普遍现象，不论管网的结构和所用材料、压力范围如何都是如此。这表明燃气公司协调各方面的关系以保证燃气系统的安全十分重要。

表14-2中的统计数字不一定完全正确，因为对易发事故/偶发事故的影响还有许多其他重要的因素，如事故的报告、分类和记录，第三方工作的组织机构和技术管理政策（检漏活动，防腐政策等）。

但研究被调查各公司所反馈的信息后可得以下的量化数据：

1. 配气干管易发事故的范围为：0.02～0.4 次/km，平均值为 0.14 次/km（见图 14-1）。显然，低指标值是指已广泛使用聚乙烯管和钢管的系统，或对灰铁管的更新已达到先进水平的系统。

2. 配气干管偶发事故的范围为：0.04～0.8 次/1000km，平均值为 0.15 次/1000km（见图 14-1）。图 14-1 中有三家公司的数据特别突出，这与它们配气管网的发展较慢有关。

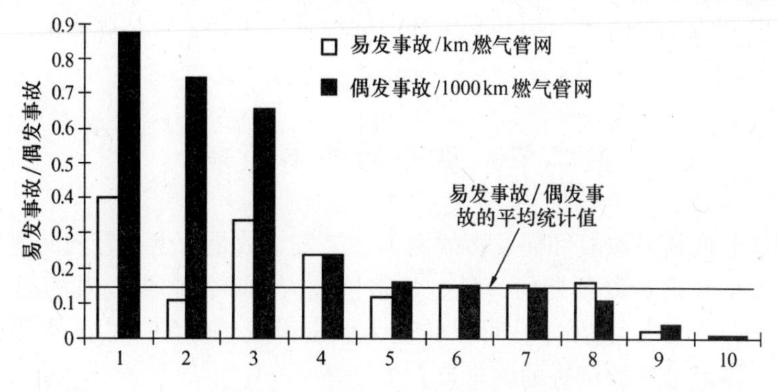

图 14-1　易发事故/偶发事故统计

3. 由第三方作业引起的易发事故范围为 0.06～0.7 次/10km，平均值为 0.1 次/10km（见图 14-2）。

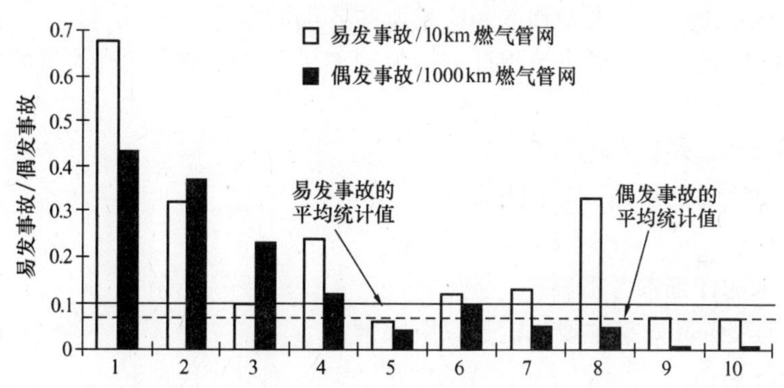

图 14-2　对第三方破坏的易发事故/偶发事故统计

4. 由第三方作业引起的偶发事故范围为 0.01～0.4 次/1000km，平均值为 0.07 次/1000km（见图 14-2）。

5. 钢管腐蚀引起的易发事故范围为 0.01～0.3 次/km，平均值为 0.04 次/km。指数值不一定与中间值一致，这与钢管使用年限，防腐的质量及阴极保护系统的有效性有关。

6. 灰铁管按长度分析引起的易发事故范围为 0.03～3 次/km，平均值为 1.19 次/km。显然，数据的分散性与系统的调整和更新情况有关。接口的状况决定于加固、修复和路面的交通情况。

7. 对工作压力影响的调查表明，低压系统的易发事故/偶发事故值较大，因为低压系统常置于拥挤的地区，第三方作业会产生很高的危险性，在有些地方，与灰铁管和裸露的旧钢管较多也有关系。

根据对易发事故/偶发事故的分析，燃气公司就可制定相应的对策和运行程序，例如：

1. 尽可能的减小易发事故，特别重视管理政策，如：

(1) 对钢质管网积极实施阴极保护；

(2) 对灰铁管系统的接口进行调整和改造；

(3) 更换灰铁管和防腐差的旧钢管系统。

2. 减少第三方作业造成的危险性偶发事故，协调各方的关系，在实施开挖前做好计划。

对事故的调查研究是燃气公司和安全部门的经常性工作，发达国家的燃气工业均有完善的安全体系和统计数据。

第二节 调查的基本原理[1]

上节将事故分成易发事故和偶发事故两类，易发事故是发生在管网的薄弱环节，是可以预期的，偶发事故是难以预期的，且是危害性较大的事故。易发事故类似于“量变”，偶发事故类似于“质变”，易发事故可以转变为偶发事故。偶发事故虽然数量较少，但由于它的严重性，因而是事故调查的侧重点。

燃气管道发生火灾或爆炸的偶发事故后，燃气公司最初得到的信息通常是电话报告。正常的反应是立即派遣工作人员进入现场，切断事故地点的供气，同时检查是否还有其他漏气地点需要即刻维修。随后是恢复受到影响的其他用户的供气。这些工作完成后，就要调查研究发生事故的原因、影响程度和应采取的各项措施。

本章侧重讨论偶发事故调查组织计划的编制方法和各类事故调查人员的工作指南。内容包括：

1. 调查程序的组织；
2. 调查人员所需的培训、知识和装备；
3. 调查指南；
4. 调查技术的详细参考资料。

调查程序的质量和效率主要决定于以下因素：

1. 周密的计划；
2. 选择需要详细调查的偶发事故；
3. 对偶发事故的发生建立一个快速反应系统；
4. 调查过程中所需装备和供给品的实用性；
5. 调查人员的培训和实用性；
6. 特需领域的预先设置，如金相分析；
7. 对调查程序的全面后勤支持。

上述因素对改进燃气系统的安全等级而作的调查程序效果有很大的影响。

用简单的术语表达，调查工作应解决三个问题，即：

1. 发生了什么（What happened）
2. 怎样发生的（How it happened）
3. 为什么会发生（Why it happened）

偶发事故原因的调查和补救措施必须能防止类似的事故再重新单独出现。例如，机械设备的失效可能是由于制造厂或燃气公司的工作人员在检测工作中的疏忽；同样，人为错误也可能是发生事故的原因，对造成错误的各个因素要进行审查。设计、施工或运行程序能否成为事故的原因，对工作人员的培训是否达到了安全操作的要求等，均应进行审查。确定为什么会产生错误和这些错误影响事故的范围有多大往往很难，但寻找答案时应采用谨慎的、专业化的调查技术来说明，绝不能主观臆断。

第三节　管道偶发事故的类型[1]

管道的偶然事故常伴随有三个主要的环境因素：即材料的失效，人为的错误以及施工缺陷和开挖的破坏。

许多事故的产生往往不仅是上述一个因素所造成的。因此，对事故的原因应想得更广泛一些，特别在调查过程中。

一、材料的失效

在确定管道系统某一构件的失效原因时，调查人员必须考虑：失效是否是制造的缺陷，安装的非专业化，或由腐蚀造成？

鉴别制造厂存在的问题十分重要。应收集失效部件中的关键证据，在以往的事故和失效报告中是否有同样的部件发生失效的历史性记载？根据查找的结果可建议进行检测，或将部件拆除，安装在管道系统中相同的设备上进行观测。

调查人员需要鉴定所用的材料，核定其用得是否得当。如在主要支管的连接上，螺纹镀锌钢管的连接件如用得不当，螺纹会迅速腐蚀，土壤移动产生压力时就会被破坏。调查工作就应判定：虽然在事故发生前，镀锌接口已用了多年，但在管子安装的当时就是有缺陷的。

二、人为的错误

偶发事故也包括燃气公司的工作人员操作不当和一些其他难以调查的原因。在事件发生时，调查人员首先应确定调查程序和类型，事件是否发生于施工、维修和验收过程中，或由危险作业产生，然后，再确定是否有人采用了不适当的动作。如是这样，就应研究为什么会发生这样的动作。这就需要重新审核已经建立的运行程序、监控活动，以及培训的类型、质量和次数。

调查人员应特别注意公司代表在收到漏气报告和到达现场后所采取的行动，但对审查这些行动是否得当时应持谨慎的态度。对这类特殊的工作，公司是否有规定的程序(Procedure)、企标或规定？如有，则效果如何？如无规定的操作程序，则燃气公司的工作人员是如何运作和进行培训的？

经过以上的分析后，调查人员应审查工作人员的素质。例如，工作人员有多少经验，在事故前已工作了多长时间？工作人员是否有正常的班次，在发生事故前的24h内有多少睡眠时间，最后一顿饭是何时吃的，上一次考核的时间？在对工作人员的自然状况进行考核中还应测定在当时是否喝过酒或服过药。

三、施工缺陷和开挖损伤

开挖损伤是形成管道偶然事故的主要原因。作为事故分析，不仅要考虑当前的施工质量，还应考虑事故发生前数月或数年的施工质量。开挖人员是否刮伤了钢管上的保护层，造成了腐蚀，是否弄弯了干管或支管，造成了薄弱点和应力集中点？开挖时，是否挖掘了管段的基础，又没有回填好，管段因失去支持而损坏等。有时，管道受挖掘设备冲击后并没有损坏，但接口已脱离，或是离冲击点以外的远处发生了破坏。在美国[1]，曾有这样的事故示例：在更换雨水管时，损坏了2in的高压燃气管道，在7m的远处接口脱离，造成爆炸和火灾，损坏了3座房屋和造成3人死亡。

当调查中的事故包括开挖损伤时，调查人员应仔细观察和注意出事地点土壤的类别和稳定性。要弄清土壤是否受到挖掘机的破坏，最近有无维修过路面。如开挖设备仍在现场，检查工作就比较容易，但调查人员也不要轻易作结论。美国曾发生过这样的情况[1]，在靠近燃气管线安装电缆和人孔时，该处的燃气管发生裂开，十分简单地可判定电缆工破坏了燃气管道，但进一步的调查表明，是由另一处铺路时，冲击了管道造成了这次事故。

对上述问题作出回答时还应弄清：开挖人员在开挖时是否已照会燃气公司？燃气公司是否已作出了管线的记号或标识？这可以从开挖记录作出核定。对机械操作人员的经验和培训情况也应了解清楚。

第四节 事故调查的管理

事故调查的首要任务是发现“因果”关系，以便作为一种方法防止类似事件的发生，改进燃气系统的安全性和可靠性。补救的行动包括改进公司的政策和标准，材料试验、运行和维修程序；人员的培训过程以及与外单位的协调等。调查工作的目的不是为了指责，而是为了澄清事实，以提高工作人员对防止不安全状态的责任心。

一项偶发事故的调查效果与效率，和早先的计划和组织水平有关，与管理部门对事故调查纲要的支持也有关。例如，即使明确了“发生了什么和今后应该怎样去做”，如果没有高层管理部门的全力支持，则调查的努力有可能不被公司工作人员和监督人员所理会。管理部门除全面支持调查程序外，还应做到：确定被调查事故的内容；确定谁去调查；提供有能力的权威调查部门；提供一个对事故早期注意事项的系统；对调查人员提供培训；提供对特殊调查的支持和对调查人员提供必要的装备。

一、确定偶发事故的调查内容

本章开始时就介绍了偶发事故的不同定义，比较一致的意见是：偶发事故是未预料到和不愿发生的事件，它发生于设计和运行参数的内部或外部，其结果会造成某种形式的损失，如生命、健康、财产或时间的损失等。不论怎样的定义，事故都有一定的前因和后果，且通过专门的调查后是可以确定的。

虽然，用各种方法对所有的事故都是可以调查清楚的，但是燃气公司往往缺少必要的资金，因此，管理的仲裁部门只能选择合适的项目进行调查，以确保燃气系统的可靠性和安全性达到规定的等级。但是，对发生重大损失或对公众和居民可能留有隐患的事故则必须调查。此外，还必须调查设备的失灵、材料的失效或在不同状态下因程序的错误所造成的损失。管理部门在调查纲要中应包括对新程序、新材料和新设备的调查，要察觉到可能遇到的各种问题。

二、选拔调查人员

履行事故调查的工作人员，必须有丰富的燃气系统知识，对公司的程序和实践非常熟悉，有分析能力，有实际工作能力；对看到什么，听到什么，能作清楚的记录；充分了解工作完成后对公众、对公司的工作人员和领导会产生多大的影响。

三、授权有能力的调查部门

事故发生后有许多工作要做，包括保证公众的安全，恢复用户服务，调查和清理现场。显然，保证公众安全是首要的任务，但在初步修复和清理现场的过程中，必须保存好主要的证据。

例如在断裂的铸铁干管上修复支管时，很容易简单地在断裂处安装一个防漏夹就算了事，但是，只有通过断裂的管段才能分析断裂的真正原因，在这种情况下，管理部门要有一个固定的原则，使调查人员有依据和有权更换失效的管段和部件，并对失效的项目要求作出金相分析判断。

四、事故的早期注意事项

关于事故的速成读物，包括燃气系统和事故调查的快速反应机构可大大提高调查人员处理实际事故的能力。多数燃气系统有24h的事故值班电话号，接受用户打来的报警事故电话。这些电话号码在电话薄中也可查到。在给用户的收费账单中也常附有处理事故的注意事项。有些事故的注意事项也可从事故电话中获知。但第一个电话同样也应打给消防和公安部门，相关部门在收到电话后应相互联络。燃气公司应向这些部门通报事故的调查程序，保护好重要的调查资料和燃气系统的情况。燃气公司的代表在接到事故电话后，应迅速与各部门联系并作出反应。

五、事故调查的培训

事故的调查培训课程在美国的许多大专院校都有[1]，短期课程则由咨询部门分阶段提供。课程由联邦运输部的运输安全研究所（U.S Department of Transportation's Safety Institute）负责（在俄克拉何马市附近），设有燃气工业事故调查原理的有关课程和适用技术。

六、提供特殊调查的支持

在美国[1]，没有一家燃气公司在经济上能提供可能发生偶发事故的所有专项调查工作。因而调查程序规定，可通过与外单位签订一些合同以求得协助，如金相分析和漏气量分析等。特殊服务项目应不断修订，许多实验室、顾问和合作者都可请来帮助以求得广泛的支持。但在订立合同前，最好与合作单位个别接触，以获得这个单位的服务能力、工作效率和服务成本等有关信息。

七、调查人员的装备

收集事故调查的有用材料时，类似的事故类型也要调查。如潜在事故的位置（市区或郊区）、设备的类型等。需要其他部门协助调查的内容以及对消防和公安部门的要求也应考虑在内。美国[1]规定所需的装备包括：

1. 委托证书；2. 电话薄；3. 地区与城市地图；4. 透明绘图纸（硫酸纸）；5. 方格纸；6. 15～30m的卷尺；7. 录音磁带；8. 磁带盒；9. 永久性标记；10. 报告本；11. 调查核对表；12. 信号装置；13. 燃气燃烧指示器；14. 筛子和铁锹；15. 工具箱；16. 初步证言表；17. 塑料封皮的纸夹；18. 铅笔与钢笔；19. 指南针；20. 照相机、闪光灯和胶卷；21. 手电筒；22. 证据袋、标签；23. 密封塑料袋；24. 小瓶、小箱；25. 周围标志带；26. 危险和注意带；27. 现金；28. 公司购货定单；29. 专家名单；30. 放大镜。

第五节 事故调查的方式和内容[1]

一、调查方式

事故调查有多种方式，如：一人调查、组队调查、多类型调查、调查委员会、特别调查委员会及听证等。仅前三种事故的调查方式可由燃气公司独立进行。概述如下：

（一）一人调查

一人调查适于简单事故，无需用特殊技术来判断事件的原因。

（二）组队调查

由两个或两个以上的调查人员或专家组成。通常来自同一单位，但完成任务的使命不同。对有关事件的整体和事故发生的环境要共同签署。比单人调查的成本高，但更综合、更令人信服，且调查结果的偏见较少。

（三）多类型调查

多类型调查是从不同的部门选择两个或两个以上的代表，也可包括发生事故时在场的人员。代表们熟悉事故的调查技术，是一批专家或其中有专家。每人都有需完成的不同任务。分工时要确定完成事故调查的目标。调查成本约等于组队调查的人均费用之和。调查成果决定于队员个人的能力、负责人的管理经验和对专家的选择。这种调查方法的偏见最小。

二、调查内容

（一）现场的最初举措

首先到达事故现场的可能是消防和公安人员。随后，参加部门要进行协调，列出需要保存的重要证据，尽可能保持现场的完整，不受围观者、被疏散人员和救援工作的破坏。在救援工作前，应对现场做好摄影记录，且常需要有勇敢精神。公安和消防人员对事故的证据有很高的价值。

公安和消防人员到现场后首先要救人，最早到达的公司人员也应受过救人的训练，同时切断气源。调查人员到场后，首先应保持现场，用索带隔离，防止围观者进入。接着进行以下工作：财产保护、防止破坏和干扰设施。只允许负责人进入现场区，保存好任何暂短的证据。事故的现场保护工作一直要继续到调查人员已将必要的现场证据收集完毕并形成文件为止。

在所有的取证工作完成后，工作人员要防止现场发生过多的破坏。证据文件可以是照片、录音带、记录卡和用无线电通信与中心站间传送信息的记录卡等。

（二）采集事故数据的原则

事故应看作是一个迷惑不解的难题，它不是一个单一的事件，而是一个有后果、有环节和有关联的事件。每一个自然物体、每个人都在事件中起有作用。看到事故任一部分发生的人员都应作为求解这个难题的组成部分进行调查。所提供的具体情况可作为准确判断的素材：确定是何种事件，何时发生的事件，和怎样发生的事件。

第一个采用的原则可以根据获得的资料做一个事件的全面回忆，从事故中看到的、听到的和相互有关的事实中得到帮助。调查人员要将在事故中起重要作用的人和事进行分类排队，去除无关紧要的问题。

调查者对信息的价值要做一个初步的估计，该得到的证据是否都已得到，以便确定面谈的次序。因为随着时间的推移，事故发生后重新收集到的数据可能已不那么确切，因此首先要安排对目击者进行面谈，同时也为了防止随着时间的推移，人们的议论或事故的新闻报导对已采集到的证据发生影响。

调查者有必要建立一个综合信息的模型，使调查的材料具有连续性和符合逻辑。这类模型可按时间的顺序排列，如事故前，事故中和事故后可排列在一个轴上；而相关的人员、设施、车辆和周围的环境条件等可排列在另一个轴上。调查者还应做一种“事件卡”(Event Cards)，将一个特殊事故的全部有用数据，按单独事件分类，归纳在一张卡片上。事故卡可帮助确定在事故中哪些需要先处理，哪些可稍后处理，以及促使事件变化的原因。原始的事件卡还可帮助调查者了解事故的发展过程。

另一个原则是审定自然证据，确定事实。不同形式的超大应力往往是多数管道事件发生的根本原因。产生应力的原因，不同压力的内容和两者的关系必须区分清楚。应力产生于外部的荷载，管内燃气的压力，极端的温度和电荷等。在工作中不论何种发生事故的力，均应以物理学的基本定律和动力学作为分析、指导的基础。在现场，也可能发现许多有矛盾的线索。

调查者应考虑应力产生的大小和正常工作时管道设施吸收应力的能力等。如在应力发生的原因中，附加能量太大，超过了管道设施的吸收能力，事故就会发生。最简单和典型的超载例子是压在埋地管道上的推土机。

调查者应特别注意发生的多次损伤事故。如果类似的事件在同一事故中发生在不同的时间，则“因果”分析的结果可能完全不同。对事故中遗留的残骸需要有一个测试计划，保证在测试中没有数据丢失。对今后需继续试验的残片，则应保护好，使之不受破坏和弄脏，因为有些残骸如暴露于大气中可能溶解化学残留物或被氧化，与油、尘埃、化学物质和其他材料接触时可能被污染，使证据失去价值。

漏气地点周围的土壤条件也应仔细审查。非常干燥的土壤如被潮湿土壤所包围，则表示在事故发生之前，漏气已延续了相当长的时间。土样也应收集，从中可分析出燃气和加臭剂的成分。在美国[1]，有些土样中含有2~3种黏土，会从燃气中去除加臭的化学物质，致使漏气检测仪中反映的数据为零。如燃气公司不能预先得到怀疑漏气地点的报告，这将是一个重大的隐患。作为线索，植物的生长情况也应细心审查。燃烧过的草地，枯死或正在枯死的灌木林，枯萎的树木等，常是发生漏气的标志，它可指示漏气的时间和散布的方向。美国首都华盛顿[1]附近曾发生过一次事故，是由漏气对植物的影响查知的。

（三）面谈的证言

从与目击者面谈的证言（Witness）中获得证据（Evidence）是一件主要的工作，从中可发现新的自然证据或补充已经在手的证据。调查者应该记住，证言也和提供者的个人利害有关，如果被调查者感到与发生的事故有一定的关系，他是不会主动提供情况的，因为怕揭露情况而卷进去。有许多原因可以说明，为什么有些证言的文本会被扭曲，调查者必须提防不真实的信息。

从证言到鉴定报告的编制过程中，调查者应采用面谈而不是审讯的方法。用这种方法得到证言较易，可以让目击者自由地进行叙说。在事故发生后，应尽快获取编制鉴定报告的信息，因为对证言的记忆会随时间而减弱。对证言的讨论应在私下进行，以免其他证言的潜在影响。未经面谈的证言不能作为讨论的证据。面谈最好在现场进行，可以帮助作出回忆。对不重要的情节不要深究。

鉴定报告的编制要分两个阶段。首先记述当事人用自己的语言回忆的每一件事情，是不受干扰，只是观察到的事件。然后，再开始提问，以澄清疑点，但这要在听取初始的叙述后才能进行。面谈时应有两人参加，以确定鉴定证言的有效性。也可用录音机，可以复述，可以研究和修改，最后再签字。

每一证言的鉴定文本应标在地图上，说明事故发生时取得证言的位置。

（四）对残骸的审查

如前所述，在事故现场的第一个动作是确保人们的安全和场地的保卫工作。首先，要评估事故位置是否可能对邻近人员发生进一步的危险。场地上不应再有任何漏气和其他的危险物；不安全的建筑物、损坏的压力容器等要作为凶兆清除。调查人员应有能力进行鉴别和保证安全。救援工作和保安措施应在消除各种凶兆后进行。受伤人员要移走，不留任何尸体。尸体的位置应标明，有记录。尽快完成受伤人员的登记工作。受伤人员可为事故后对损失的调查提供线索。

调查人员应环绕事故区步行一周，对全部环境建立一个综合的概念。在这一阶段不要作详细的审查工作，但要注意残骸的总体情况、特征和伤情以及失火的证据和其他不正常事件。管道事故包括建筑物的火灾与爆炸。建筑物的破坏或毁坏的部分并不一定发生在事故的最初源点，但应弄清是否确实有燃气存在。要注意建筑物的房顶是否已经吹掉或倒塌，墙壁是向外斜还是向内斜，仔细审查燃烧的状况可得到火灾强度的概念，失火从何处发生，方向如何，靠近顶棚还是靠近地板的火灾强度更大。

事故发生后应尽快照相并将残骸移开。当调查人员尚未到场而将残骸移开时，应与当地的照相人员联系，拍出总的情况和详细的照片并尽可能地抢救证据。照片应从残骸每90°的四个方向拍摄。对伤员的受伤部位应近摄，用尺子量出受伤部位的大小和做好标识。摄影人员的位置和每张照片的视线方向需记录在表格上。现在，调查部门已广泛采用摄像机，可以更有效地摄下证据；但如只是照相，则应仔细记录拍摄的位置：主要物体和摄影人的位置。照片应有连贯性（避免东一张，西一张），以免将来记忆发生错误而自己也说不清楚。

要准备好残骸的分布图：主要部分和次要部分的位置和标记；死亡的、残疾的、骨折的以及重要的地形特征等均应正确地画出。证据的分析应从残骸移开事故现场后开始，而伤疤、标识和其他的证据片断则作进一步研究分析时使用。证据的现场收集、保存和运输以作为实验室评估的程序也应准备好。

在对残骸状态的审查中，如尚缺少材料或尚需查找某些证据的位置，则可再作现场专访。

（五）数据的总体分析

当所有的证据已收集完毕并形成文件后，各种分散的信息便可联系在一起，形成一个总体的概念，即发生了什么和为什么会发生的图像。从这时开始，便可进行深入的研究。

研究中所有获得的图像均应考虑到，以便得出正确的答案。实际上，无论用什么方法，或信息的数量有多大，最普遍的线索也就是最有意义的线索。有一种事件和因果因素图（Events-and-causal-factors diagram）对分析工作很有用。这种图是通过各种事件来描述整个事故，用以评价所收集的数据。评价过程并没有严格的规则，因此每个事故有其本身的图像结构。图 14-3 所示是一个示例，描述了美国[1]衣阿华州伯灵顿所发生的管道事故[1]。

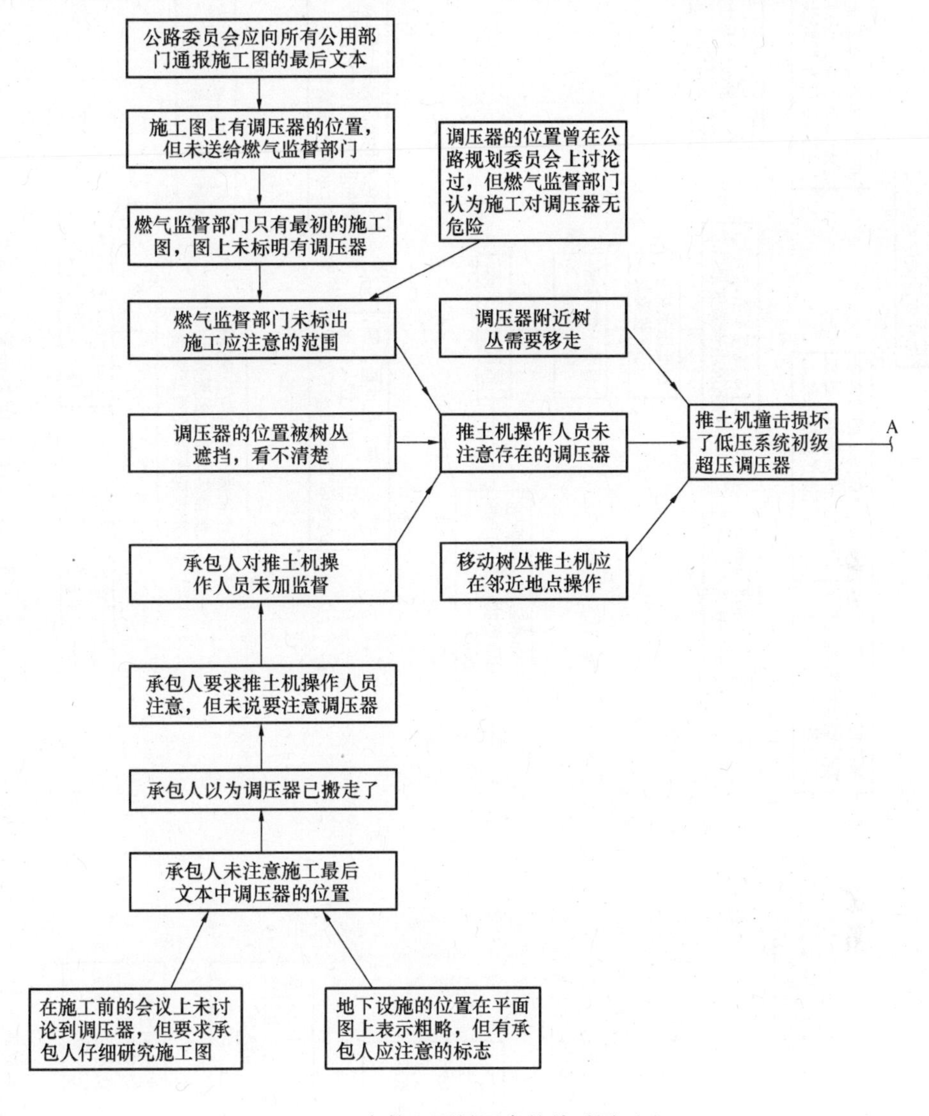

图 14-3　事件和因果因素的关系图（1）

为帮助调查者总结发生事故的各个事件，事件和因果因素关系图也可用来防止类似事件的发生。如前所述，一个事故是由相互联系的各个事件所组成，破坏了一个联结点，就会造成事故。小心谨慎地审定事件说明对一个事件必须从多方面进行判断。图 14-3 ~ 图 14-5 明显地说明了需要作出判断的各个方面的内容。

图 14-3 ~ 图 14-5 说明，这起居民火灾事故涉及的面很广。最后虽查出的初始原因是公路边地下调压站在清除附近植物树丛时，被推土机损坏了低压系统的初级超压保护调压器，涉及的人员有公路规划部门、施工承包人、推土机操作人、燃气监督部门等，但事故的发生不仅与管理人员有关，也与设计有关，甚至和规范标准和通信联系不畅有关。图 14-3 ~ 图 14-5 说明，任一环节的失误均可能发生事故。这一示例值得我们认真研究。

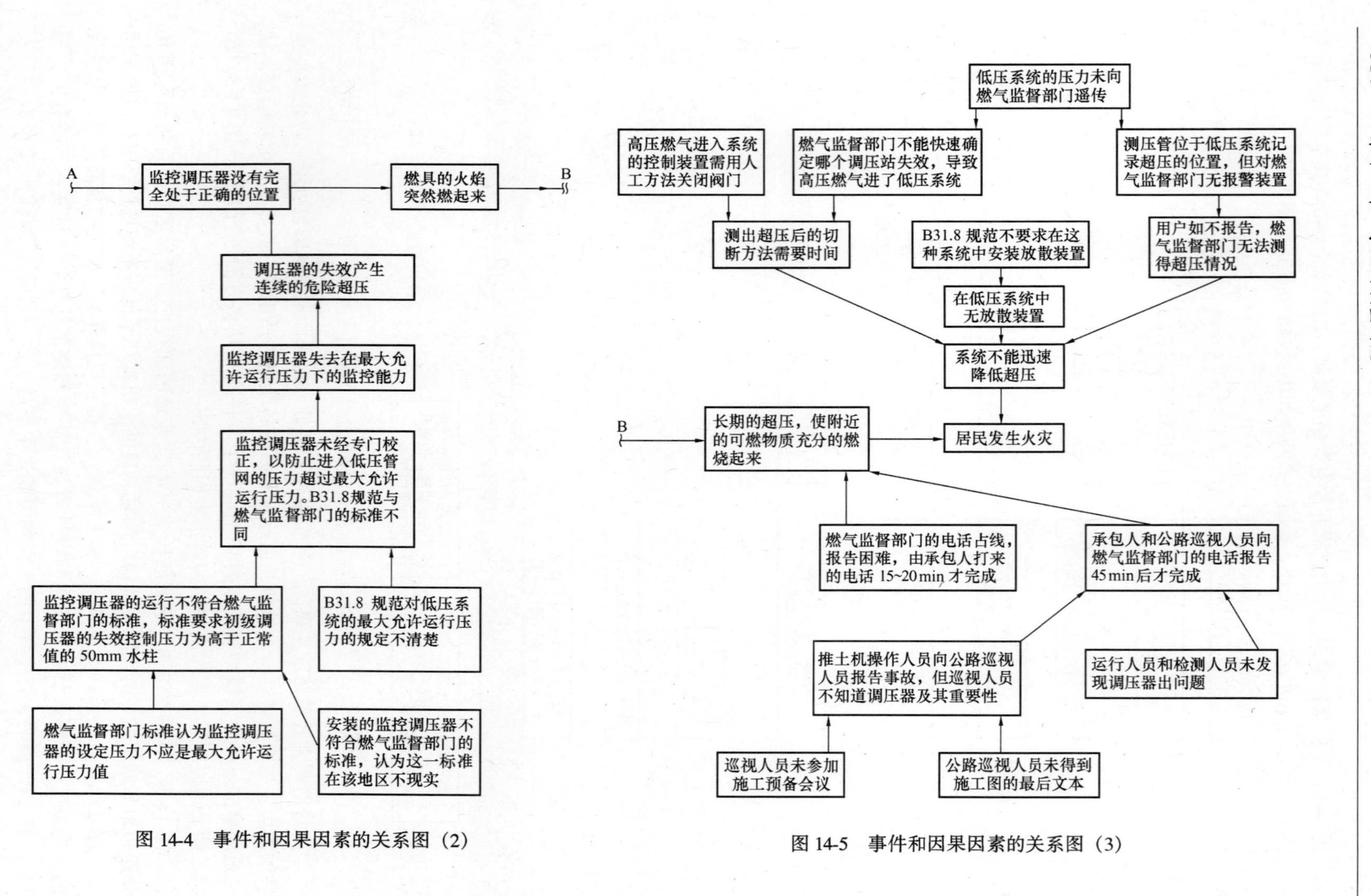

图 14-4 事件和因果因素的关系图（2）

图 14-5 事件和因果因素的关系图（3）

第六节　金属管道的失效分析

有关金属管道失效分析的参考书和文献很多，特别对长输管线等高压管道的研究，至今仍不断地在进行中。本节主要讨论金属管道的金相判定分析。至于对金属管道的保护与包装以及环境和运行条件等的要求，则与其他管材相同。

一、脆性破裂（Brittle fracture）

脆性破裂的表面通常显示出一个连续的和均匀的V形标记，可看出破裂的原点和破裂的发展方向。如有弯曲应力，V形裂痕将从管壁厚度的中间点向外裂开。脆性破裂裂口的延伸呈波动状，沿弯曲管轴向前发展，通常形成多个裂口。其产生是由于钢管只能吸收部分能量，因此裂口的发展很快。如有塑性变形，则裂口表面呈现光亮的颗粒，这是裸露晶体受光反射的结果。脆性破裂常发生在应力小于材料的屈服强度时。破裂源通常是原来就有的破裂、裂痕或应力增长点（Stress riser）。裂口的断面呈方形，与壁厚有关。

二、延性破裂（Ductile fracture）

延性破裂是通过管壁的角形破裂（Angular break），其裂口表面呈钝性（Dull）或纤维形（Fibrous）。强裂塑性变形的发生是由于管壁太薄，大量能量的消耗最后形成快速传播的裂缝。由于塑性变形的这一特点，延性破裂通常在源点不远处就停止。在管上的延性破裂裂口通常只有一条，呈直线发展的形状。

鉴别延性破裂的主要因素是考虑由于腐蚀（Corrosion）、侵蚀（Erosion）或蠕变(Creep)所引起的管壁变薄，直至材料无法承受管内压力而发生的破裂。

三、主要的失效原因

（一）机械损伤

最常见的管道失效是由机械损伤造成。其形式有凿孔（Gouges）、槽沟（Groose）、齿形（Dent）、皱纹（Wrinkles）和变弯（Buckles），上述损伤均由于开挖时受冲击而造成。另一类损伤的原因是在运输、存放和施工过程中造成。一次或多次发生上述的机械冲击，就会使管道形成槽齿状的痕迹。当造成这类缺陷的力消失后，管内燃气的压力会促使管道恢复原来的状态。如钢材在冷加工中常会产生这种裂口。这些裂口如承受反复荷载或在裂口顶端逐步侵磨就会发生失效。

（二）焊接的缺陷

在管道的制造或接口的焊接过程中如存在某些缺陷，则将在试压和以后的运行中引起失效。如：

1. 焊口的冷却速度没有控制好，焊接完成后就会产生裂口；

2. 如焊工不熟练或非专业性，则在焊接区会产生气泡、杂质包埋和虚焊；

3. 材料的金相结构在热作用区内反复变化而又未经过预热或应力释放。

在美国[1]，焊接缺陷的类型和允许缺陷的大小，在API 1104标准中有规定。

（三）腐蚀

电流从一种金属的表面通过电解质导向另一种金属的表面时会产生腐蚀。这种原电池现象会产生于不同金属在电接触时的金属表面或同种金属在不同电解质浓度的地区。腐蚀是否会形成漏气或裂缝，决定于腐蚀区的大小和深度、管内的压力和金属的性质。对低压管道，钢管的腐蚀破坏只会产生漏气；对高压管道，则可能产生延性裂口。

如管材为灰铸铁，则腐蚀表现为从管表面移去金属，即所谓石墨化的过程。当土壤的力或车辆的荷载作用在管上时，管壁会发生脆性失效。灰铁管的失效，必须由金相技术作鉴定。

（四）应力腐蚀和氢腐蚀

应力腐蚀破裂（Stress Corrosion Cracking-SCC）和氢脆（Hydrogen Embrittlement）通常难以区分。应力腐蚀破裂的原因是，燃气中所含不纯的腐蚀物质与管壁的应力合在一起会产生很高的支链现象，在管壁上形成横断颗粒开裂（Transgranular cracks）。应力源由内部压力、焊接或制造中的残余应力或外部荷载如振动等所形成。

对裸露的新钢管所产生的应力破坏主要由输送不纯物质所引起，这种腐蚀会使管壁减薄，促使因应力原因产生的裂缝进一步发展，反复作用以至最后失效。

当腐蚀反应在金属的表面产生氢时会发生氢脆。产生的氢部分被金属所吸收，降低了钢的延性，即使管壁并未减薄，最后会导致材料的破坏。

高压输送天然气管道的腐蚀破坏主要有四种形式：一种是应力腐蚀破裂（SCC）；一种是硫化氢腐蚀，表现为管壁的迅速减薄；一种是硫化氢脆（SSC），这种腐蚀发展比较快，在输气管线完工后数小时到几天内就会发展得很严重；还有一种是氢诱发裂纹（HIC），发展比较慢，一般要经过一段时间甚至几十年时间。一般硫化氢对钢的腐蚀破坏是以水的存在为前提的，正如第八章中所提及的，如果能将水含量保持在0.0005%以下，则硫化氢对钢管的影响就微不足道。

第一种应力腐蚀破裂（SCC）是除硫化氢破裂以外，由各种因素引起应力腐蚀破裂的总称。目前在国外输气管线上是一种主要的应力腐蚀破裂事故原因，现在已经发现的主要是从土壤腐蚀引起的应力腐蚀破裂，在酸性、中性、甚至碱性环境中也可以发展，所以缓蚀剂不起作用。国外认为防止这种应力腐蚀破裂的主要措施是提高管外防腐保护层的质量和降低焊管的残余应力[86]。

对硫化氢腐蚀一般是采用缓蚀剂。对硫化氢脆（SSC），目前解决办法是控制管道钢板和焊接接头的硬度。但这一原则并非绝对有效，特别是在有焊接应力存在时。所以输气管线的焊接工艺应比输油管线严格[86]。

氢诱发裂纹（HIC）在软钢中也可以发生，从输气管线钢的角度看是我国尚没有解决的一种氢破坏[86]。

（五）试样[1]（Sample for testing）

金相专家必须清楚地了解采集试样的管道系统情况以及管道运行所处的环境条件。调查人员应提供所知的范围、应用的规定、功能要求、正常运行条件和土壤特性，诸如含湿量、电阻率等资料。根据这些资料和实验室的分析结果才能正确判明失效的原因。

送达实验室检验的试样应保护好因机械和腐蚀损伤的裂口表面。如必须在现场清洗裂口的表面，则首先要弄清裂口是否有盐类或氧化物存在，如确实存在，则应小心地将去除的沉积物存放在证据袋中一起送检。裂口表面清洗完毕后，要用干空气或软刷吹扫，不允许用金属刷、水、溶剂、酸或碱性溶液洗净。此外，要避免再次接触裂口的表面和将裂口试样自然对接后放置在一起。如在运输中可能再次发生类似的腐蚀，则在裂口表面要涂一层清漆（Lacquer）。小的试样碎片应放置在塑料容器中，保持干燥，防止水蒸气侵入，大件材料切割成试样时不得改变金属的性质。如用气割方法，则应远离失效面积，防止热量和气割工艺的其他方面改变材料的微结构，使残片的价值降低或弄脏。

试样在运输中应包装好，避免机械损伤，包装箱上不应加荷载。包装箱内的试样应固定好，与箱边不接触，且用软垫减少振动。

第七节　研究结果的最终报告和建议[1]

研究结果的最终报告和建议至少应包括以下内容：事实状况；对事实的分析；结论或新的发现；防止发生类似事故的建设性意见和提要。

一、事实部分

报告的事实部分应按统一的格式和逻辑顺序说明调查的主要范围。这部分只是说明事实，使读者清楚地了解发生了什么事，着重讨论事故中需要分析的部分和建议研究的范围。无关的事实可以删去。

二、分析部分

在分析部分，调查者将介绍和解释可以说明事实、环境和与作出结论的有关信息资料。不再介绍新出现的事实。在本部分，需要有事故和因果因素图（如图 14-3 ~ 图 14-5），并作出说明。调查人员应该讨论所发现的有意义的各个方面，但都应该是事实，且不能脱离查询的领域，不能离题，更不能节外生枝、捕风捉影。如确实出现新的有关领域，则必须讨论和解释与事故发生的原因究竟是有关的还是无关的。

三、研究结果和结论部分

在研究结果和结论部分，对主要事实要有摘要和清楚的分析，能写成连续的篇章更好。结论的条目不要太多，对可能发生原因的陈述应包括在这一部分。陈述应以一定数量的直接事件为基础，列出发生事件的原因和与事故有关的因素。陈述部分不限制对人员伤亡的详细叙述，但应列出与事故有关的系统和设计中的不妥之处。

四、建议部分

建议部分应包括调查人员对重复发生类似事故的预防意见。在提出意见之前，首先要考虑建议是否符合实际，即必须是技术经济可行的，如成本太高或难以实现的则不宜推荐。写出建议意见时，调查人员应再次回顾所研究的事件和因果因素图。通常，如事件之间的联系中断或受到干扰，则事故就可以避免。实际上因素图本身就是有价值的推荐意见。在调查过程中，调查人员还应研究影响事故发生原因的潜在问题，如不加改正就会引发别的事故，因此提出改进之处是完全值得的。

第十五章　环境、健康与危机的评估

本章涉及的是燃气工业中当今世界热门的研究课题，内容包括环境，职业安全与健康，以及危机评估等方面。

第一节　天然气的环境影响

一、天然气的环境成本[150]

能源在生产、处理、转换、分配和使用过程中对环境均有影响，这些影响的成本称为“外部成本”（External costs）或外在性成本（Externalities），它往往不反映在能源的市场价格中。传统的经济评价往往忽略这一外在性成本，但今日已有很多国家要求采用包括环境影响在内的更为精细和先进的方法对不同的能源进行评价，其原因是：

1. 有对能源进行更为准确的经济评价要求。
2. 在不同燃料和能源技术的选择中常涉及整体的环境评价问题。
3. 用经济概念处理环境政策已日益得到重视。
4. 更为严格的环境标准要求评价其成本和效益。

能源环境成本的研究成果在国际上有很多已经发表，但彼此的出入很大，根据已发表的研究成果，进行比较后甚难得出外部成本的绝对数值，因为排放系数、环境影响和附加的经济值在不同的方法中有不同的值。

在分析的每一阶段还有附加的计量误差（如排放数据，污染的传播模型，信息的来源，投药的反应功能以及对健康与环境有影响的许多不确定因素等），不同的能源技术对环境的影响在研究成果中也有差异，因此只能以一个范围值来表示损失成本的大小。

国际燃气联盟（IGU）根据联合国气候变化框架公约的精神，组织各国专家对天然气的环境问题进行了评估，关于能源的环境成本，以参考文献［148］和［149］为依据，前者称为佩斯大学（Pace-University）数据，后者称为欧盟的能源外在成本数据（ExternE）。

关于货物的真实成本概念，可见图 15-1[150]。

图 15-1 表示，外部成本由环境成本和非环境成本组成。非环境成本包括运输成本等，这里主要讨论环境成本。

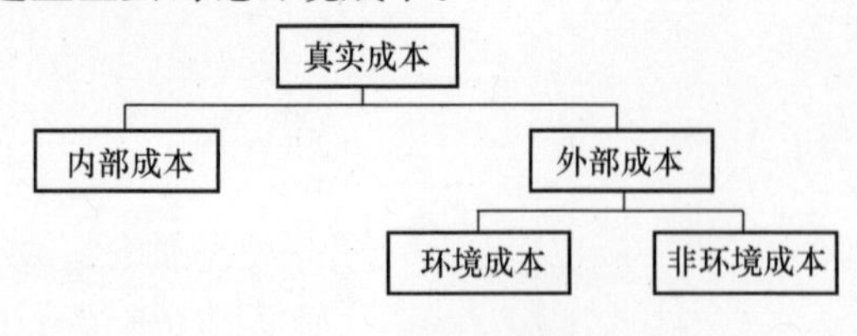

图 15-1　货物的真实成本

美国佩斯大学研究电力部门的环境成本后得出的数据可见表 15-1。

表中为佩斯大学的建议值。

欧盟的能源外在成本数据（ExternE）主要研究欧洲国家的大气污染后得出的，它只能确定一个污染损失的范围，其值可见表 15-2。

向大气排放的污染物外部成本（美元/kg—1989 年美元值）[148]　　**表 15-1**

污 染 物	成　本	污 染 物	成　本
SO_2	4.475	颗粒物	2.624
NO_x	1.808	CO_2	0.015

大气污染物造成的外部成本范围[149]（欧元/t）　　**表 15-2**

国　家	SO_2	NO_x	颗 粒 物
奥地利	9000	9000 ~ 16800	16800
比利时	11388 ~ 12141	11536 ~ 12296	24536 ~ 24537
丹　麦	2990 ~ 4216	3280 ~ 4728	3390 ~ 6666
芬　兰	1027 ~ 1486	852 ~ 1388	1340 ~ 2611
法　国	7500 ~ 15300	10800 ~ 18000	6100 ~ 57000
德　国	1800 ~ 13688	10945 ~ 15100	19500 ~ 23415
希　腊	1978 ~ 7832	1240 ~ 7798	2014 ~ 8278
爱尔兰	2800 ~ 5300	2750 ~ 3000	2800 ~ 5415
意大利	5700 ~ 12000	4600 ~ 13567	5700 ~ 20700
荷　兰	6205 ~ 7581	5480 ~ 6080	15006 ~ 16830
葡萄牙	4960 ~ 5424	5975 ~ 6562	5565 ~ 6955
西班牙	4219 ~ 9583	4651 ~ 12056	4418 ~ 20250
瑞　典	2357 ~ 2810	1957 ~ 2340	2732 ~ 3840
英　国	6027 ~ 51002	5736 ~ 9612	8000 ~ 22917

欧洲数据中没有推荐最佳的估计值，因为所采用的方法中有许多不确定性，需要进一步作研究。如将欧洲数据与美国佩斯大学数据进行比较，则结果可见表 15-3。

大气污染物和二氧化碳的损失成本[150]（欧元/t）　　**表 15-3**

污染物	欧洲数据	美国数据
SO_2	1027 ~ 51002	4749
NO_x	852 ~ 18000	1926
颗粒物	1340 ~ 57000	2783
CO_2	18 ~ 46	15.4

在表 15-3 中，相同污染物的成本值范围很大，不仅决定于所处的地点，与理论计算中所用的方法也有关。

二、化石燃料的环境成本[150]

各种化石燃料的环境成本也可以进行比较，决策者可以根据环境可持续发展的实践制定政策，例如决定燃料税或对电力税加价等。污染物主要来源于电厂。在比较中上游的影响可忽略不计，对英国化石燃料的操作过程，损失成本可见表 15-4。

英国化石燃料的操作成本[149,150]（10^{-3}欧元/kW·h）　　表 15-4

项　目	煤	油	气
公众健康	23.5	19.8	3.3
职工健康	0.85	0.26	0.1
谷物收成	0.79	0.28	0.16
材　料	0.65	0.41	0.03
噪　声	0.15	0.15	0.03
全球变暖	28.7	20.9	12.9
其　他	—	—	—
合　计	54.6	41.8	16.5

由表 15-4 可知，公众健康和全球变暖是外部成本的主要组成。天然气影响全球变暖的损失值达到 12.9×10^{-3}欧元/（kW·h），油为 20.9×10^{-3}欧元/（kW·h），而煤为 28.7×10^{-3}欧元/（kW·h）。在有些国家，发电的污染损失约占 GDP 的 1%，这就足以影响到能源政策，如提倡采用清洁燃料技术，新能源、燃气、核能或减污技术。从社会观点看应是有效益的，虽然其全部的环境效益至今尚未评价过。

三、环境税及燃料的选择

天然气从生产到终端使用可获得一定的附加值，但从井口到燃烧器顶端这条燃气链中附加值也不同，有些附加值已包含了燃气的生产、处理、输送和分配的成本中，有些附加值代表着燃气所有部门的利益，另一些则将部分附加值转变为税收。

在不同的国家，甚至同一国家的不同地区这些税收的结构也各不相同。地区性的能源资源通常可以得到减税或免税，煤和水能就是属于这类的例子。作为化工原料通常是免税，汽车燃料，如汽油、液化石油气和压缩天然气通常是应税。有些国家对气体污染物的排放收税，如 SO_2、NO_x 和氯化物。

当今税的组成中应讨论的是碳税（Carbon Tax），碳税常称为 CO_2 税或生态税（Eco Tax），其目的是以减少能源的消费量来减少温室气体的排放量。这是一个值得研究，但又是一个十分复杂的问题，各国有不同的观点。表 15-5 所示为欧洲一些国家的燃料环境税和燃料税对鼓励用燃料的影响。

燃料的环境税和对整体税收系统的影响[150,151]　　表 15-5

国　家	燃料的环境税	燃料税对鼓励用燃料的影响
奥地利	无	鼓励用油和煤超过天然气
比利时	无	鼓励用煤，对天然气有附加税
丹　麦	有能源税，CO_2 税和 SO_2 税	鼓励用天然气超过煤和油
芬　兰	有环境税	鼓励用天然气超过煤和油
法　国	有 SO_2 税，HCl 税和 NO_x 税	鼓励用煤，油和液化石油气小范围使用
德　国	有生态税	鼓励用煤、褐煤和核能
爱尔兰	无	鼓励用天然气超过油和液化石油气
意大利	燃料消费税考虑碳含量，NO_x 税，SO_2 税	鼓励用天然气超过其他燃料
荷　兰	环境税和生态税	国家电力鼓励用天然气
西班牙	无	鼓励用煤超过其他燃料
瑞　典	能源税，CO_2 税，SO_2 税和 NO_x 税	鼓励用天然气超过其他燃料
瑞　士	SO_2 税，不久将有生态税	鼓励用天然气超过其他燃料
英　国	无	税收系统对选择燃料采用平等政策

四、电力生产中天然气和其他燃料的环境影响

化石燃料燃烧后产生的主要污染物有氧化硫（SO_x）、氧化氮（NO_x）、一氧化碳（CO）、颗粒物（PM）和挥发性有机化合物（VOC）等，其排放量决定于燃料的特性和燃烧工艺。

为减少来自燃烧装置的污染物排放量，改善大气质量，常采用低排放和高效的燃烧技术，污染物减排装置以及清洁燃料。

（一）SO_2 的排放

SO_2 的排放量取决于燃料中的 S 含量。天然气的 S 含量很低，可以忽略不计。油制品和煤的含 S 量决定于精炼和洗净工艺。不同燃料燃烧后的 SO_2 排放系数可见图 15-2[152]。

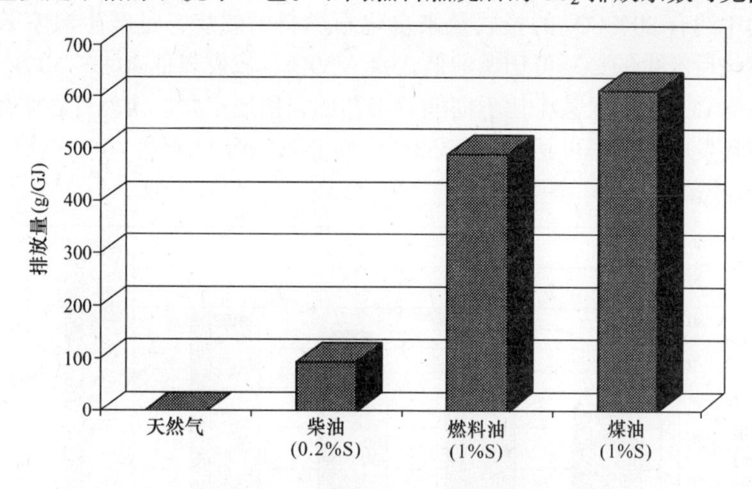

图 15-2　不同燃料的 SO_2 排放量

（二）NO_x 的排放

NO_x 的排放量取决于燃料的性质和燃烧工艺。其形成取决于氮分子在高温下的氧化程度和燃料中的含氮量。不同燃料在加热装置中 NO_x 的排放因素可见图 15-3[152,153]。

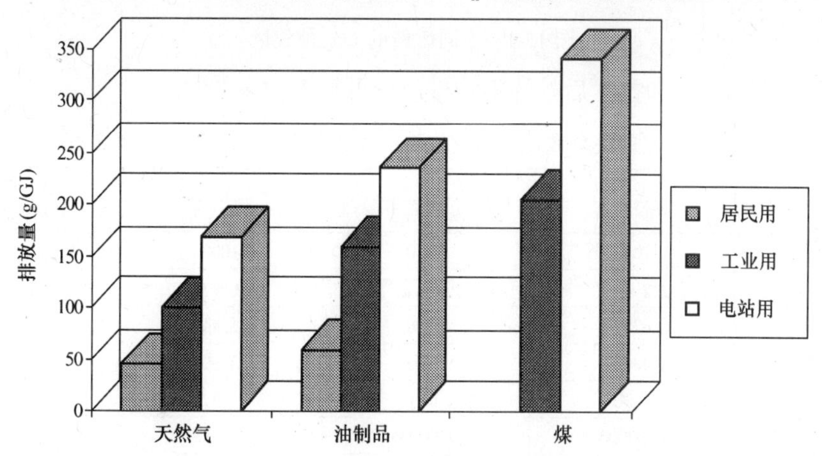

图 15-3　加热装置使用不同燃料时，未控制的 NO_x 排放量

由图可知，对相同的用途，NO_x 的排放因素随天然气、油制品和煤的次序而增加。为减少其排放量，应采用低 NO_x 燃烧技术或 NO_x 减排装置。对不同的用途，NO_x 的排放量则随民用、工业和发电的次序而增加。天然气采用低 NO_x 排放技术后与不采用相比甚至可减少 90% 的 NO_x 排放量。

（三）尘埃的排放

尘埃的排放与 SO_2 的排放相同，主要取决于燃烧的特性和燃烧后的残余量。天然气的燃烧由于其物理化学特性可以忽略尘埃的排放量。为减少油制品和煤燃烧后尘埃的排放量应采用过滤器和静电除尘器。

（四）CO_2 的排放[154]

人类活动中约有 80% CO_2 的排放量来自化石燃料的燃烧，是产生温室效应的主要原因。天然气燃烧后产生的 CO_2 可比燃油低 25% ~ 30%，比燃煤低 40% ~ 50%（见图 15-4）。不同燃料的不同 CO_2 排放量甚至比不同能效工艺的采用还重要。天然气在采用高能效技术后，如联合循环发电，效率可达 56% ~ 58%，而蒸汽循环只能达 40%，实际上也减少了 CO_2 的排放量。

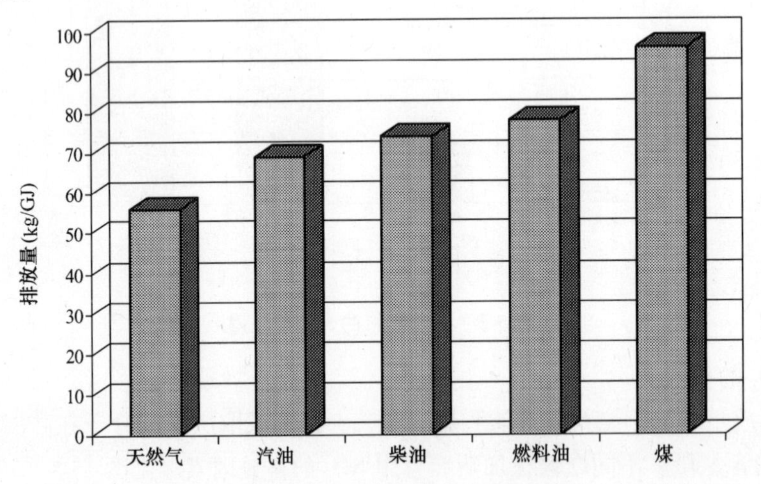

图 15-4　不同燃料的 CO_2 排放量

电厂采用不同燃料和技术后的污染物排放量可见表 15-6[150]。

电厂采用不同燃料和工艺的环境效益（单位除天然气为标准 m^3/年外其他均为 t/年）　**表 15-6**

	电厂类型			
	煤制蒸汽	燃料油制蒸汽	天然气制蒸汽	天然气联合循环
装机容量（MW）	1000	1000	1000	1000
燃料消费量	2.2×10^6	1.4×10^6	1.6×10^9	1.1×10^9
排放量 SO_2	8750	6580	忽略	忽略
NO_x	4360	3300	3190	1980
尘	1090	830	77	53
CO_2	5400000	4390000	3090000	2100000
固体废弃物灰	330000	5200		
石膏	101000	229000		
发电量（GW·h）	6000	6000	6000	6000

上述三种燃料的排放量极限可见表 15-7[150]。

新型大燃烧装置（$P>300$MW）的排放量极限　　表 15-7

燃　料	排放量极限（mg/m^3）		
	NO_x	SO_2	尘埃
固　体	200	400	50
液　体	200	400	50
气　体	200	35	5

表中设固体燃料中 O_2 含量为 6%，液体和气体燃料中 O_2 含量为 3%；对燃气轮机 NO_x 的排放量极限为 $60mg/m^3$（15% O_2）。

由表 15-7 可知，与煤和燃料油相比，天然气有很好的环境效益，不仅污染物排放量低，且无须贮存燃料和处理固体废弃物。

五、天然气对气候变暖的影响

（一）甲烷的温室效应

天然气可减少温室气体的排放量，但天然气的主要成分甲烷本身就是重要的温室气体。温室气体常以全球变暖的潜力（Global Warming Potential）衡量其危害程度。各种温室气体的全球变暖潜力可见表 15-8。

各种温室气体的全球变暖潜力[155,122]　　表 15-8

温室气体	全球变暖潜力（以质量为基准）（GWP）		
	时间标准		
	20 年	100 年	500 年
CO_2	1	1	1
CH_4	60	21	7
N_2O	280	310	170
CHF_3	9100	11700	9800
CF_4	4400	6500	10000
SF_6	16300	23900	34900

上表中甲烷的全球变暖潜力包括对对流层臭氧的非直接效应和同温层水蒸气的生成。

全世界 1995 年燃气工业的甲烷排放量为 20000kt，其中欧洲 1455kt，加拿大 1144kt，俄罗斯 4190kt，美国 5660kt 和其他国家 7807kt，还不包括原油、炼油过程中未送入管网的甲烷气在内。美国、俄罗斯和加拿大是排放量最大的三个国家。世界天然气的总产量约为 79000PJ（净热值），单位排放量约为 0.26kt/PJ（0.92g/（kW·h）），按最不利情况估计，若天然气纯为甲烷气，排放系数为 0.92g/（kW·h），相当的漏气率为 1.3%[155]。因此，工程中估算甲烷的排放量十分重要。

（二）甲烷排放量的三种估算方法

估算的范围上游从生产井口开始，下游至燃气用具为止，整个燃气链包括：生产和处理设施、输气管道、加压站、地下贮气设施、液化天然气厂、调压和计量站、配气系统和燃气用具。计算中可采用以下公式：

$$E = \Sigma A_i \times E_i \qquad (15\text{-}1)$$

式中　E——甲烷总的排放量；

A_i——活动范围系数；

E_i——排放系数。

活动范围系数应包括所有的排放设施，如管道的长度，安装压缩机的能力和管道维修和偶发事故中产生的排放量等。

排放系数指燃气系统中某一部分的甲烷排放量，包括阀门、管段等在运行中或临时的排放量。

1. 排放系数法

排放系数应考虑到不同国家燃气工业的差异性，使用技术的不同和系数已使用的年限，因此将排放系数分成高、中、低三档。表 15-9 中所列为仅供参考的数据。

仅供参考的排放系数[157,158,159,160,161]　　**表 15-9**

设　施	活动范围系数	低	中	高	单　位
生产与处理	净燃气产量（市场产量）	0.05	0.2	0.7	净产量的%
高压输气管道	输气干管长度	200	2000	20000	m^3/（km·年）
加压站	已安装的加压站能力	6000	20000	100000	m^3/（MW·年）
地下贮气	地下气库的工作能力	0.05	0.1	0.7	工作燃气能力的%
LNG 厂（液化或气化厂）	通过 LNGT 的燃气总量	0.005	0.05	0.1	通过量的%
调压计量站	调压计量站数（高压至低压）	1000	5000	50000	m^3/（站·年）
配气管网	配气管网长度	100	1000	10000	m^3/（km·年）
燃气应用	燃烧器具数	2	5	20	m^3/（燃具·年）

2. 政府间气候变化专家组（IPCC）的排放模式法

政府间气候变化专家组（IPCC）曾经根据各国的调查资料对来自油气活动范围的甲烷排放列出了具体数据，如果没有新的调查资料，则数据是可参考的。表 15-10 为修订后的世界各地区来自油气活动范围的甲烷排放系数（kg/PJ）。将排放系数乘以各活动范围的燃气量（以 PJ 计）就可求得甲烷的排放量。

修订的地区甲烷排放系数和燃气活动系统（kg/PJ）[162]　　**表 15-10**

活动范围	活动的基础	西欧	美国和加拿大	前苏联，中欧和东欧	石油输出国国家	世界其他地区
燃气生产的短期和管道维修排放量	燃气生产	15000 ~ 27000	46000 ~ 84000	140000 ~ 314000	46000 ~ 96000	46000 ~ 96000
油气生产中排放和烧掉的燃气量	燃气生产	—	—	6000 30000	758000 ~ 1046000	175000 ~ 209000
工业和电厂的漏气量	非民用的燃气消费	—	—	175000 ~ 384000	0 ~ 175000	0 ~ 175000
民用和商业的漏气量	民用燃气消费	—	—	87000 ~ 192000	0 ~ 80000	0 ~ 80000
燃气处理，长输和配气的排放量	燃气消费	—	—	288000 ~ 628000	288000	288000

由表可看出，前苏联的燃气生产中排放系数与别的国家完全不同且数量很大，与西欧相比，相差 10 ~ 20 倍。前苏联的排放系数来自较多的研究资料[163]，当时是按专家的意见

确定的。

3. 不确定性分析中的全球分析法

在第三种方法中考虑了输配管网中的最重要参数，即与漏气有关的管材和管内压力。但排放系数的确定仍十分困难，因为在不同国家和公司之间所采用的管材和压力等级不完全相同，因而系数也不尽合理，且输配管道还应包括可能发生漏气的其他设施，如管道本身，调压计量站，膨胀透平（机），压缩机和其他辅助设备（气动装置、阀门、连接件和压力放散阀等）。

十分遗憾的是文献中对这类设施的漏气率报导甚少，作为示例，表 15-11 为英国公开发表的配气管网漏气率，可用来计算天然气的漏气率。

英国配气管网的永久性漏气率[156]（在 30mbar 压力下）　**表 15-11**

管　材	漏气率［m^3 天然气/（km·h）］
钢　管	0.33
灰铁管	0.49
球铁管	0.18
聚乙烯管	0.044

表中所列数据代表不确定性的相对程度，虽然不同参数有一个大小的排列次序，但已知系数的不确性并不能说明对最后的结果有相同的影响，此外，系数本身的不确定性在文献中并没有详细的介绍；在不同的系统中应用漏气率时也会增高其不确定性，在有些情况下，表中不同的漏气率应乘上一个可调的安全系数才能得到合理的最后值。

上述三种方法的区别是：第二种方法只列出了 5 种排放系数，但对不同国家有所区别。而第一种方法有 8 个排放系数，考虑了不同国家和技术上的差别分成三个值（高、中、低）。此外，所用方法的原理也不同，第二种方法是运行分析法（排气量与漏气率的关系）；而第一种方法的本质则是一种功能的分析法。在三种方法中，国际燃气联盟的专家建议采用第一种方法，因为它更多地考虑了不同材料配气管网的排放系数，并对不同国家的实际情况作了评价。如对中国、印度尼西亚、尼日利亚、委内瑞拉等国列为同一类型，从排放和火炬烧掉的情况看国际能源署认为属于高排放量国家[164]。如采用第三种方法，则排放系数的高限值（不是平均值）可作为确定可调安全系数的依据。

六、平衡漏气率的计算

天然气燃烧后可减少温室气体的排放量，但从上述分析可知，天然气中的主要成分甲烷本身就是重要的温室气体。甲烷的排放产生于燃气工业中的漏损。与油和煤从全球变暖的角度来比较，天然气的漏损又减少了其效益，因此，在比较各种燃料对温室气体的影响时，必须考虑甲烷的排放量。比较的方法是应用“平衡漏气率”的概念。它用实际漏气量占耗气量的一个百分比表示。在平衡点上，天然气利用的效益已完全被甲烷的排放量所取代。

图 15-5 为漏气率的平衡图[162]。图 15-5 只说明漏气率所起的作用，因为所采用的数据还随具体条件而有变化。如：

1. 不同类型的天然气、油（汽油或重质燃料油）和煤（硬煤或褐煤）由于其组成的不同，其 CO_2 的排放系数也不同。

2. 在油和煤的生产中甲烷的排放量也不同，这是由燃料的本质所决定的，尤其是

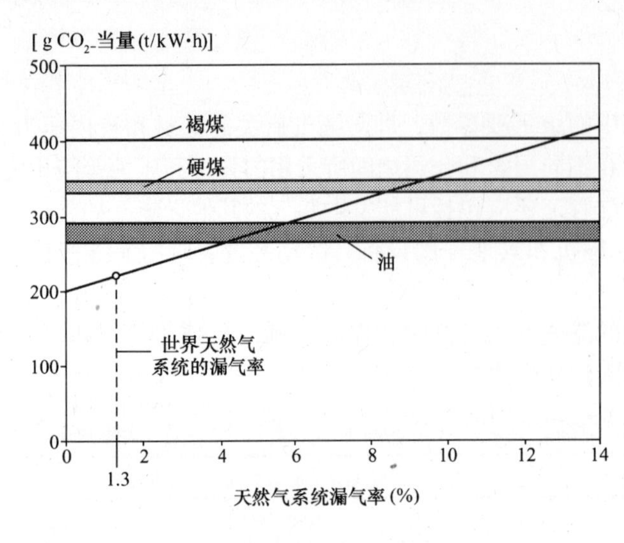

图 15-5 漏气率的平衡图

硬煤。

3. 甲烷对气候变化潜在影响的不确定性可用 CO_2 的当量值表示。图中所采用的是国际通用值 21，即 1kg 甲烷相当于 21kgCO_2 的全球变暖潜力。

图中用几个带状表示，如在天然气和不同油品之间作比较，则平衡点在 4%～6%之间；如与不同类型的煤相比较，则平衡点在 8%～13%之间。由于天然气工艺的效率大于油和煤，如考虑能源利用率的关系，则平衡点的天然气漏气率甚至可更高。

图 15-5 中不同燃料 CO_2 的排放系数（以净热值计）可见表 15-12[162]。

不同燃料的 CO_2 排放系数 [g CO_2/（kW·h）] **表 15-12**

燃　　料	CO_2 排放系数
天然气	200
汽　油	260
重质燃料油	280
硬　煤	330
褐　煤	400

由前所述，1995 年世界单位天然气的排放量为 0.26kt/PJ（0.92g/（kW·h）或 13.92gCO_2 当量值/（kW·h）），相当的漏气率为 1.3%（见图 15-5[150]）。而 1990 年油制品产生的甲烷排放量为 17×10^6t[150,166,167]，油的产量为 3.18×10^9t,[168,150]，相当于 38×10^{12}（kW·h），以甲烷计的排放系数为 0.45gCH_4/（kW·h）（9.45gCO_2 当量/（kW·h））。硬煤产生的甲烷排放量估计为 22×10^6t[170,150]，硬煤产量为 3.57×10^9t[169,150]，相当于 29.5×10^{12}（kW·h），以甲烷计的排放系数为 0.75gCH_4/（kW·h）（15.75gCO_2 当量/（kW·h））。假设褐煤生产中甲烷的排放量忽略不计。图 15-5 中均以净热值即低热值作计算依据。

七、天然气中的重金属

在讨论不同能源的生态兼容性（Ecological compatibility）时，天然气中的重金属浓度已引起人们的关切，早期已有有价值的论文发表[171]，德国的鲁尔燃气公司也做了许多深入的研究工作，可作为生态评估的参考。

与油和煤相比，天然气的组分十分简单，大约仅有 20 种（不包括同分异物的烃），但原油含有数千种物质中的几十种。虽然天然气常含有相同的主要成分，但其准确的组分和气体质量则决定其来源。在输配系统的计算中，通常的成分为甲烷、乙烷、丙烷、惰性气体如氮、氦和二氧化碳以及癸烷以内的重烃。以上的组分和约占 99.9999%，余下的 0.0001%相当于 1ppm（$1/10^6$）常称为痕量（Traces）或痕量物质（Trace substances），其中有些属于烃的油雾，在输气过程中会沉淀下来。本节主要讨论重金属，特别在燃料的生态证书（Ecological credentials of a fuel）中十分重要，因为它对环境会产生负面影响。燃料燃烧后重金属会转换成氧化物和碳化物。如燃料中含有高硫和氯的成分则会产生硫化物和卤化物。这些组分释放于大气中如同尘埃，可能存在数天，直到经下雨的洗涤才降落。燃烧产生重金属的排放散布很广，水生生态系统（Aquatic eco-systems）对重金属大气污染的反应特别敏锐。我国在某些天然气中已发现含有氯，会造成对不锈钢的腐蚀。近 10 年来重金属的排放在德国已有所降低，含铅汽油的应用已大量减少也是原因之一。

德国鲁尔燃气公司（Ruhrgas）的天然气除来自本国气田外，还来自荷兰、挪威、丹麦、俄罗斯和英国，与供气国有一系列的技术合作协定，德国希望有长期的稳定供气，这也反映在对燃气质量的稳定要求上，因此鲁尔公司十分重视对燃气质量的研究，发现各种进口天然气中仅重金属的含量有一些差别，其平均值就可作为比较研究的基础，至今已有天然气中测得的痕量物质的比较方法发表，最早的是 1976 年鲁莱采姆（Lommerzheim）对荷兰的天然气有检测结果发表[171,150]，1994 年对美国天然气中金属化合物的分析也做了大量工作[172,150]，随后又有检测方法的论文发表[173,150]。

根据早先的研究工作，单位含量约在 0.1$\mu g/m^3$ 左右，试样相当于从 300m^3 的游泳池中取出的一滴雨水（50μL）。研究工作在这样低含量的要求下均能得到准确的结果[174,150]。

表 15-13 为鲁尔公司测得的天然气中重金属含量与鲁莱采姆对荷兰天然气[171]测得结果的比较。

天然气中重金属的含量 **表 15-13**

元 素	单位	检测限值	中间值	最大值	最小值	鲁氏测得值
锑 Sb	$\mu g/m^3$	0.05				未测
砷 As	$\mu g/m^3$	0.01				<0.001
铍 Be	$\mu g/m^3$	0.001				未测
铅 Pb	$\mu g/m^3$	0.06	0.07	0.2	0.07	0.016
镉 Cd	$\mu g/m^3$	0.03	0.03	0.04		0.4
铬 Cr	$\mu g/m^3$	0.01	0.03	0.06		0.041
钴 Co	$\mu g/m^3$	0.002	0.003	0.007		<0.001
铜 Cu	$\mu g/m^3$	0.1	0.2	0.3		0.01
锰 Mn	$\mu g/m^3$	0.006	0.01	0.03	0.01	0.031
钼 Mo	$\mu g/m^3$	0.01				<0.005
镍 Ni	$\mu g/m^3$	0.02	0.06	0.1		0.014
汞 Hg	$\mu g/m^3$	0.1	1.0	2.2		1.4
硒 Se	$\mu g/m^3$	0.1				<0.02
锌 Zn	$\mu g/m^3$	0.003		0.01		0.01
锡 Sn	$\mu g/m^3$	0.1		0.6		0.014

表中空格为未测出。

由表 15-13 可知，在试样中的重金属含量均接近或低于检测限值，对测试的各种燃气没有明显的差别。在测试的天然气中不考虑尘埃的含量，因为 >1μm 的尘埃含量常低于检测限值 1$\mu g/m^3$，它低于周围大气中的悬浮物含量 20$\mu g/m^3$。

天然气中重金属的痕量很小，有些可与周围大气中的浓度相比。在德国，对 As、Be、Co、Hg、Pb、Cr、Ni 和 Mo 的初始限值（Threshold limit values-TLV）和技术指导浓度（Technical guide concentrations-TGC）比它还要高出 100～1000 倍。因此，由天然气人为造成的重金属排放量可以忽略不计，研究它的生态影响在德国也就没有意义。

第二节　职业健康与安全

在许多国家，根据法律对职工工作中的工伤事故均有收集和分析，工伤的数据有时按主要的产业部门分类归档，如石油、化工和农业部门等，但燃气工业部门涉及职工健康与安全的数据仅少数国家有报导。表 15-14 为美国主要部门的职工死亡率。

美国主要部门的职工死亡率[144]（1981～1985 年）　**表 15-14**

部　门	1981 年		1982 年		1983 年		1984 年		1985 年	
	总死亡人数	每 10 万职工死亡人数	总死亡人数	每 10 万职工死亡人数	总死亡人数	每 10 万职工死亡人数	总死亡人数	每 10 万职工死亡人数	总死亡人数	每 10 万职工死亡人数
所有部门总计	12300	12	11200	11	11300	11	11500	11	11600	11
农业	1900	54	1800	52	1800	52	1600	46	1600	49
建设	2200	40	2100	40	2000	37	2200	39	2200	37
政府	1600	10	1500	10	1500	10	1400	9	1300	8
制造	1400	7	1000	5	1200	6	1100	6	1200	6
矿业（采矿油、气）	600	55	600	55	500	50	600	60	500	50
服务业	1700	7	1700	6	1800	7	1900	7	1900	6
商业	1200	5	1100	5	1200	5	1200	5	1300	5
运输和公共事业	1700	31	1400	26	1300	25	1500	27	1600	29
燃气	23	8	34	12	20	7.34	7	2.74	13	5.78

来源：国家安全委员会：偶发事故事实（1985 年）。燃气数据来自美国燃气协会。

虽然，从燃气的本质看是属于危险性气体（易燃、易爆和压力输送），但从世界范围内燃气工业的安全记录来看，使用的效果是很好的。然而，这决不能自满，有必要不断收集事故的数据，对事故进行分析研究，作为今后工作的借鉴。为此，国际燃气联盟（IGU）的环境、安全和健康委员会开展了研究工作，并要求各成员国按规定要求提供数据，得到回复的公司有 66 个，同时，又根据世界上资料最为完整的美国燃气协会所属的 96 家公司提供的资料进行分析比较和研究，从而得出一些有意义的结论。我国的燃气工业还处于发展的初级阶段，来参加这一活动，但也可从中吸取教训和了解差距。

一、事故失去的时间（Lost Time Accidents-LTA）

研究工作首先需要建立一个可以比较不同燃气公司职业健康与安全的评价指标，选定了国际劳工组织（International Labour Organization-ILO）定义的事故失去的时间作标准[146]。事故失去的时间（LTA）定义为：因工作关系发生的偶发事故中，致伤至少失去一个完整工作日的时间，或工伤事故为失去一个完整工作日以上的偶发事故。由于各国对定义的理解不完全相同，按定义回答的国家仅 44%，后又要求再进行补充和更正。

数据的调查按燃气公司的主要经营活动进行分类。按照燃气链分成天然气的生产，长输（包括地下贮气和 LNG 调峰厂）和配气，由于还有一些公司同时经营供气、供水和供电，因而这类公司称为综合公司而另作一类形成了四大类[184]。

调查中对公司的规模也作了规定：

小型公司：　　职工人数≤100

中型公司：　101 < 职工人数≤500

大型公司：　501 < 职工人数≤1500

特大型公司：　1501 < 职工人数

国际燃气联盟根据对各国66个公司和美国燃气协会96个公司的调查，综合后的数据可见表15-15和表15-16。

国际燃气联盟调查的工伤数据[184]　　表15-15

类别	规模	被统计的公司数	1997年的工作时数	LTA	失去的工作日数
生产	小型	0	0	0	0
	中型	1	538672	3	49
	大型	3	3672589	12	162
	特大型	3	55183600	431	55653
输气	小型	2	327680	0	0
	中型	10	6720353	29	598
	大型	3	5322769	85	2520
	特大型	7	79388760	996	67917
配气	小型	6	628124	12	242
	中型	14	6532665	107	1748
	大型	6	8847150	154	4053
	特大型	7	80732712	612	18086
综合类	小型	0	0	0	0
	中型	2	796684	35	406
	大型	0	0	0	0
	特大型	2	22674440	27	1010
总计		66	271366198	2503	152444

美国燃气协会汇总的工伤数据[184]　　表15-16

类别	规模	被统计的公司数	1997年的工作时数	LTA	失去的工作日数
输气	小型	4	497464	4	75
	中型	8	4304505	12	142
	大型	11	19644321	48	1048
	特大型	5	22215398	84	2268
配气	小型	8	729778	19	138
	中型	14	6834347	108	1033
	大型	17	28495240	358	6314
	特大型	13	71424379	672	15008
综合类	小型	1	13761	0	0
	中型	4	1380797	17	454
	大型	5	9444365	58	970
	特大型	6	67114651	267	8433
总计		96	232099006	1647	35883

由表15-15和表15-16可知，162家公司1997年共失去188327个工作日，假设每个工作日的成本为500美元，则总损失为9400万美元，还不包括医疗处理费和保险索赔费。

二、比较方法

为了使公司之间的数据在一定的时间段内有可比性，且与公司的规模无关，常采用相对比较的方法，即采用反映危险性广度和强度的两个因素作指标。代表危险性广度的因素是事故的发生频率（Frequency rate），代表强度的因素是事故的严重程度（Severity rate）。两个因素的乘积就代表安全性或危机性。乘积越小则越安全，乘积越大，则危机性越大。由于比较只说明其相对的结果，因此频率和严重程度这两个因素可以任意定义，对不同的比较目标可以有不同的定义，对不同的行业可有不同的计量方法，如对经济活动而言，也可用这两个因素来确定投资的风险性。以美国为例，在其职工工伤事故的统计资料中[144,145]，1976年以前采用一种方法（ANST标准E16.1），1976年以后则采用另一种方法，即职业安全和健康法令（Occupational Safety and Healfh Act-OSHA数据）[147]。在1976年以后的方法中，频率（即事故率）定义为100个全职工作人员的受伤人数；严重程度定义为每个受伤人员平均失去的工作日。而1976年以前的Z16.1数据，则雷同于国际劳工组织的定义，即频率（事故率）定义为：每100万个全员职工应工作的总时数中失去1日以上工作时间的事故总次数，用公式表示为：

$$频率 = \frac{\text{LTA 的总数}}{\frac{全员职工应工作的总时数}{1000000}} = \frac{\text{LTA 的总数} \times 1000000}{全员职工应工作的总时数} \tag{15-2}$$

式中 LTA总数——在一定时间段内（通常以年计）每一致伤职工失去一个或一个以上工作日的事故总次数（即表15-15中的LTA值）。

式（15-2）也是按国际劳工组织定义的公式。

对严重程度的定义为：每100万个全员职工应工作的总时数中，因受伤害而失去的工作日总数。由于按此定义得出的严重程度数较大，因而国际劳工组织的定义改为：每100万个全员职工应工作的总时数中，因致伤而失去的工作日总数。用公式表示为：

$$严重程度 = \frac{\frac{失去的工作日总数}{1000}}{\frac{全员职工应工作的总时数}{1000000}} = \frac{失去的工作日总数 \times 1000}{全员职工应工作的总时数} \tag{15-3}$$

平均失去的时间值（Mean lost time-MLT）即平均每次事故失去的工作日可表示年度事故的严重性，用公式表示为：

$$平均失去的时间值(\text{HLT}) = \frac{严重程度}{频率} = \frac{失去的工作日总数}{\text{LTA 的总数}} \tag{15-4}$$

由于事故的频率和严重程度计算时所根据的定义不同，计算结果也不同，在表达计算结果时应说明所依据的定义。对输配系统，失去的工作时间（TLA）也可用单位管道的长度来表示。

根据表15-15中国际燃气联盟（IGU）的数据，每一类型平均频率和平均严重程度的计算结果可见表15-17。

计算所得的平均频率和平均严重程度[184]　　表 15-17

类型	1997 年的工作时数	LTA	失去的工作日数	频率 P	严重程度 M	危机性 $R=P\cdot M$
生产	59394861	446	55864	7.51	0.94	7.06
输气	91759562	1110	71035	12.10	0.774	9.37
配气	96740651	885	24129	9.15	0.249	2.28
综合类	23471124	62	1416	2.64	0.06	0.15
总计	271366198	2503	152444	9.22	0.56	5.16

由表 15-17 的计算结果可知，若不论公司规模的大小，只考虑其业务分类，在燃气生产、输送和分配三大类中（不研究供气、供水和供电的综合类），配气公司职工的危机性最小，安全性最好；输气公司的危机性最大，安全性最差。

三、统计数据的分析结果（以 IGU 数据为依据）

（一）频率与公司类别和规模的关系

既考虑公司的规模又考虑公司的业务性质后事故的频率可见图 15-6[184]。

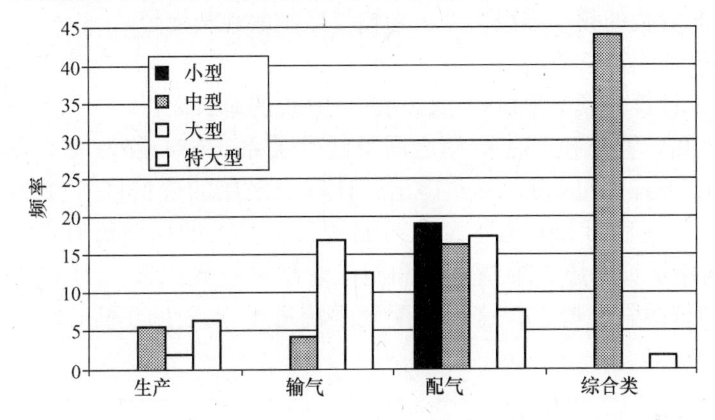

图 15-6　不同公司类型和规模的事故频率（按 ILO 的定义）

由图可知，燃气生产部门的性能状态最好。输气和配气公司的频率和规模之间无十分明显的差别。

（二）严重程度与公司类别和规模的关系[184]

由图 15-7 可知，在不同类别公司之间的严重程度无太大的关系。

（三）每次事故的平均失去时间（MLT）

按表 15-15 的数据可得表 15-18 中 MLT 的汇总值。

每次事故平均失去的工作日（日）[184]　　表 15-18

公司的类别	小　型	中　型	大　型	特 大 型	MLT
生　产	—	16.3	13.5	129.1	125.3
输　气	—	20.6	29.6	68.2	64.0
配　气	20.2	16.3	26.3	29.6	27.3
综合类	—	11.6	—	37.4	22.8

由表 15-18 可知，偶发事故最严重的是燃气生产部门，原因是进行危险的活动较多，如接触重型材料、高压和不利的工作条件等，尤其是特大型的公司。

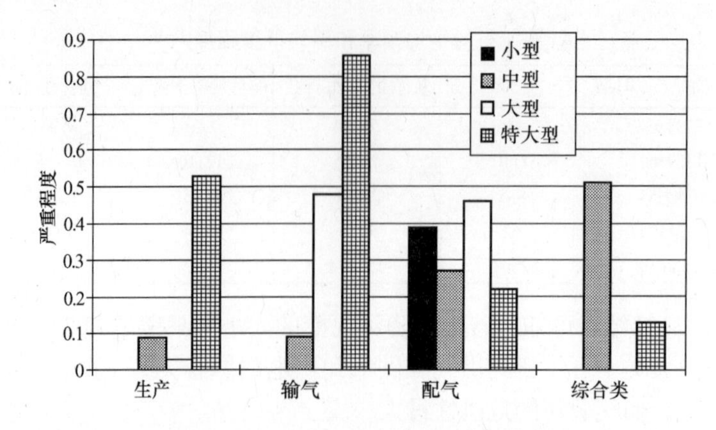

图 15-7 严重程度与公司类别和规模的关系（按 ILO 的定义）

（四）特性指标

1.LTA 与输气系统管长的关系[184]

LTA 为每千米管长的频率乘以一个公司输气系统的总长而得。

2.LTA 与配气系统管长的关系

LTA 为每千米管长的频率乘以一个公司配气系统的总长而得。

由图 15-7 可知，管长和 LTA 频率之间呈线性关系。LTA 数为一个公司在一年内的频率按泊松分布（Poisson distribution）得出，计算中采用的置信度为 95%。分析图 15-8 和图 15-9 中的期望线后可知，输气工业与配气工业 LTA 的期望值有很大的差别，这说明对 LTA 的影响除管长外还有维修系统和施工管理系统等因素。图 15-9 中的期望线斜率比图 15-8 中期望线斜率要大，这说明配气系统每千米发生的职工伤亡事故率要大于输气系统。

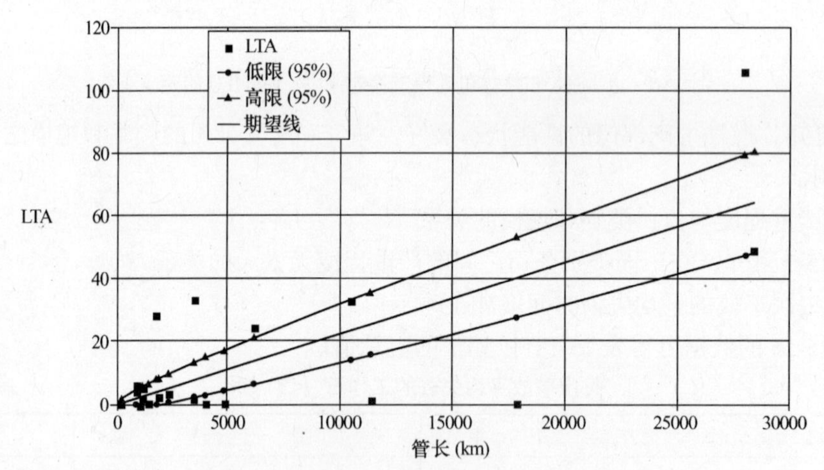

图 15-8 LTA 与输气系统管长的关系

四、国际燃气联盟（IGU）与美国燃气协会（AGA）数据的比较

将 AGA 的数据与 IGU 的数据分开进行比较，是由于 AGA 的数据并没有按 IGU 的提问回答，而有其自己的长期调查规律，同时 AGA 的数据是独立的，没有包括在 IGU 的数据之内。在比较中由于美国综合类的企业较少，无可比的基础；此外，AGA 没有收集燃气

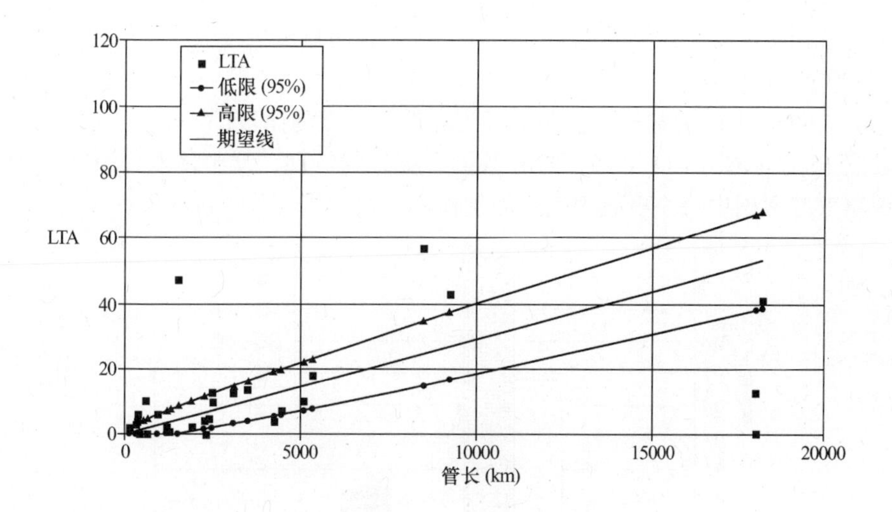

图 15-9 LTA 与配气系统管长的关系[184]

生产方面的数据，因此比较中只有输气和配气两类。

（一）频率的比较

图 15-10 和图 15-11 为输气工业和配气工业频率的比较[184]。

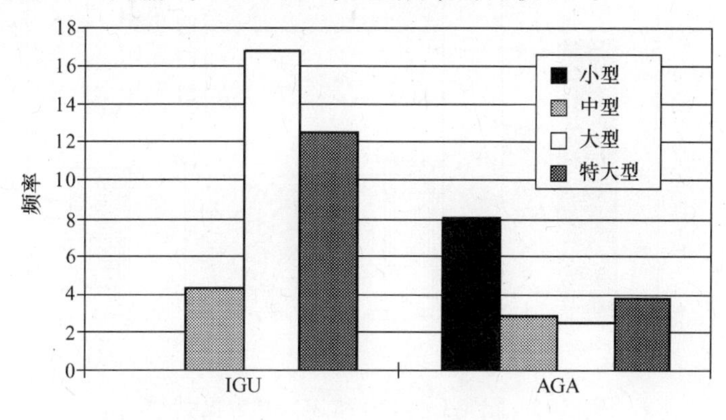

图 15-10 输气工业 IGU 和 AGA 频率的比较

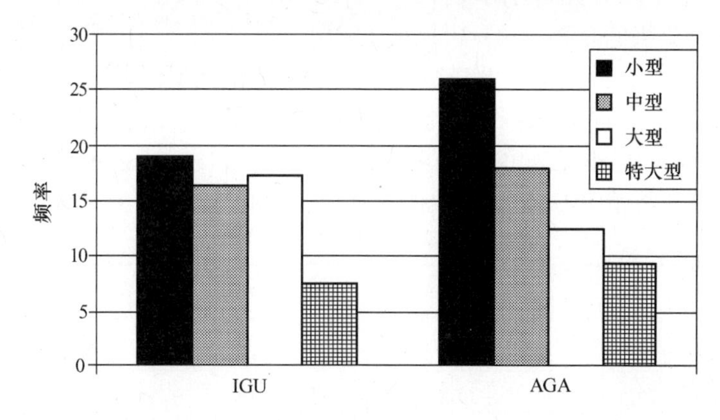

图 15-11 配气工业 IGU 和 AGA 频率的比较

比较图 15-10 和图 15-11 可知，AGA 数据的输气频率低于 IGU 数据。此外，AGA 数据还说明了与公司规模有关的频率趋势，配气公司尤其明显。

(二) 严重程度的比较

图 15-12 和图 15-13 为输气工业和配气工业严重程度的比较[184]。

比较图 15-12 和图 15-13 可知，AGA 数据有更好的特性，从整体看，AGA 的严重程度较低，说明 IGU 数据中每一事故因病不能工作的日数较多。

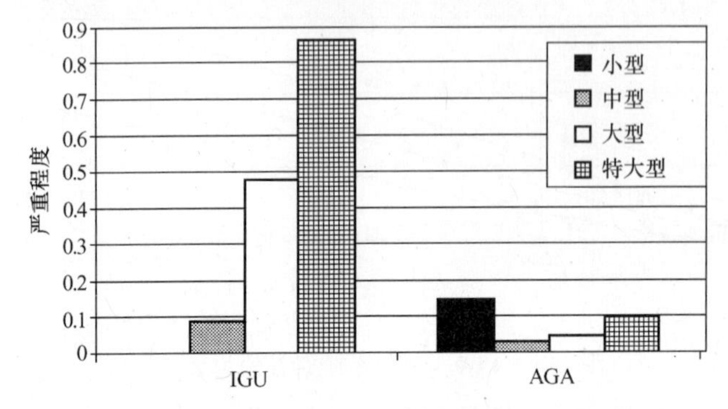

图 15-12 输气工业 IGU 和 AGA 严重程度的比较

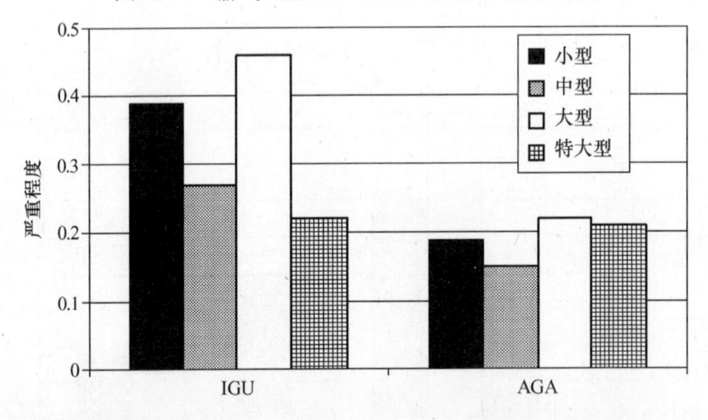

图 15-13 配气工业 IGU 和 AGA 严重程度[184]

(三) 每一事故平均失去的时间（日）

每一事故平均失去的时间（日）可见表 15-19。

表 15-19 说明美国的数据低于 IGU 所统计公司的数据，其原因为：

1. 在 IGU 统计的公司中有更多的严重偶发事故。

2. 在竞争的市场中美国公司的运行常与社会安全系统(Social security system)相合作。

但是，如欲真正弄清 IGU 和 AGA 数据的差别，尚须进一步研究和分析。

每事故的平均失去时间（日）[184] **表 15-19**

类　别	IGU	AGA	类　别	IGU	AGA
输　气	64.0	23.9	综合类	22.8	28.8
配　气	27.3	19.4	平　均	60.9	21.8

五、与其他工业的事故频率比较

本节开始时通过表 15-14 介绍了美国主要部门的职工死亡率（1981 ~ 1995 年）。但没有对燃气工业与其他工业的事故频率作比较，由于资料缺乏，比较只能局限在与燃气工业相类似的部门之间，如油（气）生产和化学工业。根据油气开采与生产论坛的报告[175]，表15-20介绍了所能收集到的数据。

不同工业的事故频率 表15-20

工业类型	频率	年份	范围
全部油气开采与生产公司	2.67	1997	世界范围[175]
以雇员计	1.97		
以承包商计	3.02		
以陆上公司计	2.18		
以近海公司计	4.46		
燃气的生产和分配	17.0	1997	美国[176]
公用服务综合部门	10.0	1997	美国[176]
管道（不包括天然气）	6.0	1997	美国[176]
煤矿	27.0	1997	美国[176]
油、气开采	<0.25	1997	美国[176]
化学工业	12.16	1997	欧洲[177]

表15-20的数据说明，不同工业事故频率的差距很大，燃气工业的特性不算太好也不太坏，处于中间状态。

六、结论

1. 公司规模的大小似对事故发生的频率有一定的影响，但难以找出它们之间的关系。燃气生产部门的事故频率低于其他部门（图15-6）。

2. 配气公司的规模和事故频率之间没有明显的关系。但大型输气公司比中型和特大型的事故频率要高（图15-6）。

3. 美国大型配气公司的事故频率较低，但中、大型输气公司的事故频率没有明显的关系（图15-11，图15-10）。

4. 配气公司的事故严重程度在公司的规模之间无明显的关系。最严重的偶发事故在输气部门，尤其是特大型的公司。

5. 美国公司有较翔实的事故记录。

6. 不断地分析和积累职工健康和安全的资料才能使评估工作符合实际，我国与先进国家的差距甚大。必须认识到，安全生产本身就是一个公司的效益。

第三节 配气系统的危机管理与评价

当今世界上很多国家在燃气工业的运行、施工、维修和配气系统或其部件的更新方面开始以危机分析作基础。许多的示例表明，已有很多的危机管理政策、程序、方法和技术正在世界各地的燃气公司中应用。由于当今的各类企业均面临着各种不同的危机，就需要有更为全面的方法来管理危机以保证安全和有效的运行。

危机管理的系统、框架和实践正在不断地进步，它可反映国家的要求以及公司的政策和程序，因而配气公司也已开始采用整体的危机管理系统。

用整体的方法管理危机时，需要连续地监控投资水平、运行费用、维修成本和建立一个合理的资源配置过程，使高危区能以成本效益为目标，同时优化安全和效益的关系且减少对环境的负面影响。在履行整体危机管理系统的过程中，对主观的努力和资源的状况也不能低估，因为效益、管理能力的提高和达到可持续的发展比初始的投资更有价值。

一、危机管理的框架[21]（Risk Management Framework）

（一）危机管理概述

危机管理是政策、程序和方法管理的系统应用，其目的是使保护职工、大众、环境和公司财产的成本达到一个可接受的程度。简单说，危机的度量是根据不利事件可能发生的次数和可能达到的危险程度。危机管理包括系统的评估、潜在的危机及其控制程序，使有限的资源在生产中得到最大的回报。

社会的本身就有发生不利事件的因素，在生活中逆境常存在于各个方面。例如，通过购买保险来限制不利事件的潜在影响，有些人甚至愿意支付较高的保险金，以期减少偶发事故发生的支出。两者的差值就构成了所谓的危机容忍量（Risk tolerance）。容忍量决定于个人的分析和对危机的评估。虽然这一说法并不一定全面，但从中可以得到一个危机管理的基本概念。为了减少危机，人们几乎每天都在运用这个概念。

企业部门对面临不利事件所采取的对策常以整体管理的付出来保证良好效益的获得[185]。当前，这些危机领域均是通过企业内部的不同部门在独立地运作。例如，有的部门负责购买保险以减少一旦失火引起的财务损失或生产利益，而另一些部门则是为了处理职工的健康与安全和发生的环境危机。因此，由于管理方式的不同也不能在相同的基础上对危机进行度量，但必须弄清其内在的关系，以便评估其在公司范围内所产生的影响。例如，保护职工健康和安全的目的是减少职工在危机中所受的伤害，而现在的概念则是代之以在职工的生产保护方面进行投资，并制定一个运行程序使危机中的伤害减至最小的程度。评价一个公司在职工健康与安全方面的危机控制方法是采用一个危机管理过程的构成表，其中危险性最大的活动应放在优先考虑的地位；如有必要，还可采用新的成本-效益危机管理方法。对环境和工厂的整体危机区可采用这一类型的评估方法，如果再能结合广泛的预算决策，还可以做得更细致和更完善。

（二）危机管理的主要组成

危机管理系统的标准框架由若干个关键部分组成，每一部分均有其独立的完整性。系统的有效性决定于其每一独立的部分执行的完善程度。关键的部分包括危机的评估，危机的控制和危机特性的度量，分述如下：

1. 危机的评估[21]（Risk Assessment）

危机的评估是一种方法或过程。利用这一方法可对不同不利事件的原因、可能性和结果进行鉴定、比较和分析。作为一种方法，它可辨明什么事件会导致错误，错误的程度如何？经常是怎样发生的，会达到怎样的容忍程度等。对非正常事件原因的鉴定，还可弄清与这一事件有关的各个方面可能发生的危险程度。

重要的是要理解危险（Hazard）和危机（Risk）之间的差别。从本质上看，有危险但并一定会形成危机。例如，当穿过繁忙的街道时，都有被汽车撞倒的危险，但在确定穿过街道的状况时，实际的致伤危机或死亡危机是可以控制的。通常的情况是带着灯光过街和不带灯光过街发生的致伤危机的可能性是完全不同的。对一些传染病，如非典和禽流感的危机事件也相同。如前一节所述，危机的大小不仅决定于危险的严重程度，还决定于其发生的频率。因此，危机的评估应根据不利事件发生的频率和产生的后果进行，对此，以后还将作深入的讨论。

从历史上看，工业上已有控制巨大灾难事件的经验，即使这类事件发生的频率很小。最易理解的例子是民航的空难事故。与汽车造成的事故相比，飞机造成的事故机会相对较小，但人们总是认为民航致死危机最高。

一个有效的危机管理框架应考虑不利事件的发生频率和后果两个因素，然后综合起来使危机减少到可以接受的危机等级。为了综合地减少整体范围内的危机，需要对系统内各个分支部分危机计量的方法采用同一个单位或通用名称。这一方法的复杂性和规模常决定于公司的需求。某些危机评估的方法可用简单的矩阵（Matrices），而另一些可采用秩系统（Ranking systems）使危机的计量定量化[185]。

一些量化的危机评估方法必须使危机的情势模型化并能确定不利事件或失效事件的特性；反过来，失效特性或失效的标志又可帮助公司对薄弱环节的特殊事件建立起模型。通常，只有对特殊的运行方式或工厂的条件收集了大量的详细数据后才能模拟最为真实的危机情势。

2. 危机的控制[21]（Risk Control）

危机评估的目的是为了消除或减轻危机。在一个公司内通过危机评估明确了高危区的问题后就应设计和落实合适的、有创见的危机控制方法，其中首先修订已有的管理规程或政策以减少易发危机是十分必要的。例如，操作人员常犯的错误可通过切实的培训来解决；其次，成功地解决危机控制与公司组织如何选用职工有关。吸引职工参与危险事件的处理有利于培养职工的主人翁感，提高培训计划的效益。

3. 危机特性的度量[21]（Performance Measurement）

危机管理计划的最后一个重要部分是其特性的度量。特性度量的实质是用来评估危机控制的成功程度和危机管理系统的整体效益。为了做好这一工作，首先应建立特性的度量方法。例如，如果危机管理计划中关键的特性度量是偶发事故的年报量，则危机控制方法就应特别注意减少这类事故的数量。

二、危机管理在配气系统中的应用

（一）危机管理问题的提出[21]

公众对安全性和可靠性的不断了解和关心要求配气公司能提供一种安全和不间断供气的服务以保护人民、财产和环境。从世界范围来看，配气工业已进入了一个重新组建的挑战时代，它日益受到市场力量的竞争和驱动。这一现实情况与围绕着管道和大量旧有管道改造的建设活动使潜在的人员伤害事件也不断增长。因此，收集长期以来管道失效的数据已成为危机评估的基础。

当前的商业环境又要求不断地监控投资、运行费用和维修成本的合理水平，这就要求落实更为严格的资源配置过程，把目标瞄准高危区，使其能够达到最佳的安全程度和取得更好的效益。在这样的前提下，危机管理计划就应运而生，它可以帮助达到一个关键性的共同目标：如减少总体的运行成本，安排投资的有效时间表，得到群众的最大理解和保持公司的整体信誉。

（二）危机管理的经济意义[21]

危机管理贯穿于从项目的规划到设计，委托和运行等整个商业过程，如能减少易发和偶发的事故数，也就可以减少与劳动力和材料、罚款与惩处以及与结算、应得权利和公共关系有关的直接成本。但是为了减少成本或运行费用就要求提高运行效率，优化现有的检测和漏气测定频率以提高可靠性，又要防止无效的活动。

投资支出的正确水平取决于对维修成本的分析结果与更换成本的关系。深入地评估配气管道当前的自然状况和有效寿命的范围是控制投资支出的关键。如能准确地了解某些重要干管的危险状况，就可做出切合实际的更换计划或维修的时间安排决策。有些配气公司在其运行的某些部分已运用了有效的危机管理计划，如用一种替代的方法使资源的配置更为有效。当前，许多国家的配气公司已实行了多种有效的危机管理计划。

（三）危机管理的应用示例[21]

世界上许多配气公司已经制定了更换管子的程序和检测的计划，使危险不致发展到危机。例如，做好第三方损坏，管道腐蚀和脆性失效的控制计划等。这是一种通过更换和加强控制来达到危机管理的方式，它特别适用于高危区（即管道漏气频率很高或漏气的影响因素很多的地区）。在这些区内，应采用以可靠性为核心的维修方式（或 R. C. M 方式，即 Reliability Centered Maintenance）。

在多数的燃气公司，漏气的检测计划也是当前防止危机发生的一种基本方法。检测的频率决定于一个具体系统中管道的薄弱状况。无绝缘保护层的钢管和灰铁管系统就是典型的漏气检测目标，尤其在城市里。总之，对漏气频率高，失效后果严重的系统，检测的次数也应增加。

从健康和安全方面看，燃气公司应该限制对健康有损的潜在因素，尽量减少与有害物质的接触，如铅和石棉制品。健康的危机通常是用消除和减少日常运行中的危险物质来控制。

对易发事故的反应如采用更为合理的危机管理实践可防止转化为偶发事故，以提高用户的信任程度。同样，危机管理也适用于应对自然灾害，如地震和洪水。应对这类事件时，可用增加管环和设分段阀门的方法防止和减轻对支管的潜在破坏。危机管理的方法与实践也适于应付对配气管网的环境影响。

三、政策与规程

（一）国家法规

不同的国家有不同的国家法规，有时也分成不同的法令（Acts）和法律（Laws），其状况决定于一个国家内配气工业发展的历史。多数国家有一个总的规程，责成配气公司必须以安全和可靠的方式进行配气。

与新发展配气工业的国家相比，配气工业历史悠久的国家还有许多“自定规程”。

一般来说，多数国家都有关于漏气检测、阴极保护和燃气加臭的政府规程，且配气公司有义务上报其易发事故和偶发事故的状况。

国际燃气联盟对所属的成员国做了调查，至今还没有一个政府的法令能完全以配气系统的整体管理方法为基础。加拿大已做了不少工作，但详情不清；在英国，只有适用于输气管线和系统的规程以危机管理为基础。总的来说，各国政府均有不同详细程度的法律条文，但多数是作为易发和偶发事故已经产生后的法律依据。

各国的法律和法律要求的汇总情况可见表 15-21[21]。

不同国家的国家规程现状　　**表 15-21**

国　家	规 程 现 状
阿尔及利亚	政府负责在安全状态下进行配气
阿 根 廷	无规定的政府要求。阿根廷的燃气标准 N.A.G-100 中对公司的维修活动有规定，但无需要更新的政策
比 利 时	加臭和正常的漏气检查在法律中有强制性的规定。统计工作涉及到的漏气、易发事故和材料的失效应每年向行政部门报告，行政部门有权根据安全原因要求更新某些材料
加 拿 大	在加拿大，“燃气安全法令 1997”已成为规范。此法令规定了在一些情况下的检测计划，而其他方面则可由公司自行处理。根据法令的一些章节，在 1998 年修订的规程中有上报燃气易发事故的规定
丹　麦	采用美国 ASME 规范，略作补充和删节
匈 牙 利	政府有漏气检查的规程。管道和土壤的数据由公司负责收集，并规定应定期审核阀门的运行状况
意 大 利	对维修与换管，无法律规定的安全要求
日　本	对换管无法律规定的安全要求。在易发事故发生后，有一个维修和更换类似干管和支管的注意事项
荷　兰	有漏气检测的责任要求。荷兰皇家燃气协会制定了施工、维修和更换的注意事项
斯洛伐克	根据政府法律制定的规程包括燃气装置的控制、修正和试验。有对钢支管和聚乙烯支管以及燃气干管的技术标准。燃气公司也有运行和维修的规章
瑞　典	对 4bar 的系统，有国家安全规程 EGN。对低压系统通常国家规程和公司的规程合在一起使用
英　国	一般有法律要求来保证安全的等级，在实践中的改进则包括在燃气法令（1995）中。有一系列的规程提出了对燃气活动的要求（管理、安装和使用）。有效的安全管理系统已经由立法部门颁布，围绕着良好的实践和方法制定危机管理和控制的条文。配气公司也需要制定“安全案例”
法　国	对维修和更换新管无法律规定的安全要求
澳大利亚	已由配气公司完成编制燃气安全法令（1997）和燃气安全规程（安全案例）（1998）
西 班 牙	西班牙已有一个全国性的特别规程“管网和可燃气体规程”，出版于 1974 年 11 月 11 日，规程甚为详细，包括工作的类型、授权的材料、干管的埋深、管外的填埋材料、启动前的压力试验和维修计划。对每一运行方式还规定了维修的时间表

由表 15-21 可知，当前世界各国在配气工业领域的国家规程尚未完全做到以危机管理为基础，不能防患于未然，发挥危机管理在保证安全工作中的主动性，贯彻在运行中的各个环节，而只是解决事故发生后处理中的法律问题，靠指令办事的较多。近年来在世界各国许多行业的安全规程已转向危机管理和危机评估。我国通过国际上的海啸、地震、传染病和国内的煤矿事故，已开始注意到危机管理的问题，但在燃气工业方面虽然事故不少，尚未引起足够的重视。研究工作应首先从燃气公司开始，深入收集各种数据，做好前期工作，迅速赶上世界发展的步伐。

(二) 公司的政策[21]

世界上所有的配气公司均有自己的安全规章，包括整个系统和涉及大众或职工的安全规定。但至今尚无燃气公司完全以危机管理系统作基础来制定政策。许多公司已感到有这个必要，并已开始收集资料和系统储存相关数据作为工作的起步，需要从“指示规定”转向以“目标为基础”的管理体制。如果在所有公司的运行中没有危机管理系统，这一转变就不能完成。

在许多国家，关于安全和连续供气的历史责任主要落在公司内部而不是政府的法律。一些国家，如法国、加拿大、荷兰、意大利和英国已发表了以危机管理为基础实现优化维修和换管的研究报告，这是正确的发展方向。已经有了许多以系统为基础的计算机可以收集数据并帮助燃气公司制定和执行有关的危机管理政策，有些还和地理信息系统（GIS）联合在一起使用。当前，法国有 SACRE，荷兰有 NESTOR 和 MAINMAN，英国有 MRPS 软件，即干管危机优化系统（Mains Risk Priortisation System）已做好或接近做好准备可用于配气系统的运行上。以危机为基础的活动在输气系统中比配气系统还更多一些。

四、方法和模型[21]

这里主要论述天然气工业中当今各国危机管理的实践状况，但危机管理的方法和范围尚没有现成的规程可作依据，各燃气公司有各自的技术和软件，差别很大，用以改进向用户供气的质量和安全性。由于应用的技术和方法不是十分统一，因此并无定论。配气公司对软件的设计方法特别感兴趣，期望能解决以下问题：

1. 明确更换管道的成本-效益定义；

2. 在“实时”的基础上进行配气管网特性的测试，以便选择有效的方法处理可能出现的任何突发事件；

3. 为防止突发事故的扩大，选择运行中切断阀的优化位置。

以下介绍配气公司当前常用的方法和技术：

(一) 旧有燃气管线的更新改造

配气公司对危机分析和旧管道（灰铁管、裸露钢管和未作保护的钢管等）的分级排列有多种方法，用以优化换管的次序。所有的这些方法均以历史上的维修和失效统计数据作基础。计算机技术、成本-效益更新计划和软件方法的开发均已取得了一定的进展。缺点系统（Demerit Point System）和专家系统（Expert System）两个系统和分析方法在配气公司中已得到应用。

1. 缺点系统

在缺点系统中对管道的更新更多的是考虑安全（或环境的影响）而不是其经济性，是一种经验的方法，且需要大量的数据。基本出发点有两个，即：

(1) 管道的潜在漏气情况；

(2) 如发生漏气，其潜在的危险性如何？

一根管道，如潜在的漏气量很高（强度因数），潜在的事故危机频率也很高（广度因素），则得分也越高；反之，则得分越小。当一根管道的分值接近于最高分时，就应进行更换，这就是前面已采用过的秩评定算法（Ranking Algorithm）。

但是，危机产生的根源来自于危机因素的不确定性，对不确定因素的表述，通常用分布函数来描述。在对事故发生的可能性进行预测时，一般只需简单地与类似的事故进行比较而无须考虑它的不良后果，而在危机分析中却必须考虑到事故的不良后果。因此，危机就等于考虑了不良后果潜在损失的事故不确定性，一个偶然事故的危机性如表15-17中已提及的可用以下两个危机因素来表示：

$$R = P \times M \tag{15-5}$$

式中　P——偶然事故发生的概率；

M——偶然事故产生的潜在损失。

由于这两个危机因素的不确定性，需用概率的分布函数来表示，确定危机因素自身的值就需要以大量统计数据作基础。如前述讨论职工健康与安全时，用失去一个以上工作日的事故频率来表示，而潜在损失则用失去的工作日总数即严重程度来表示。实际上，根据对危机的评估要求，不同的评估目标可用不同的指标来表示，如潜在的损失可用失去的工作日、人员的伤亡、资金损失和非金钱的环境损失等。又如对大气环境评估时可用对臭氧层破坏的潜力（ODP）和对全球变暖的潜力（GWP）等，对管道的更新评估可用漏气量（单位管长在单位时间段内的漏气量）和由漏气造成的爆炸后果等。危机的定义也可用在许多其他的地方，这里讨论的危机性主要是针对燃气管道判废的预测标准。当危机性达到一定程度时，必须更新旧管换新管；而未达到一定程度时则可采用维修的方法而不必换管，使安全性与经济性得到最大的统一，也是当今各国的燃气输配系统遇到的最大问题。由于当今世界各国燃气输配系统发展迅速，大量旧管网处于更新改造阶段，国际燃气联盟已列为有代表性和方向性的重点课题。由表 15-21 可知，许多国家也已开始重视这个问题，但由于问题的复杂性，需要大量的实践数据作依据，各国收集数据的能力又大不相同，情况各异，因而目前尚处于起步阶段。以事故严重程度的测算为例，事故的严重程度是指管道发生事故后可能波及的范围和程度，包括对周围环境和人员的损害等，如进一步分析，又涉及管道沿线建筑物的用途和类型等，各国的情况完全不同，设施条件各异。例如同样的煤矿事故，不同的国家就有不同的人员死亡率，因此危机评估必须立足于国情，但评估的方法可借鉴各国的研究工作，没有现成的模式可用。

2. 专家系统[21]

专家系统是一种以逻辑为基础的方法，用专家分析的模拟方法求解。这样的危机管理系统考虑到相互影响的各个因素，可帮助燃气的运行工作者鉴别和选择有效的动作以减少危机（如爆炸危机）。为此目的要考虑许多与管道失效危机、爆炸危机和发生爆炸时带来的其他危险等因素。

一个专家系统以下列三个部分为基础：

(1) 信息的数据库和技术细节

例如，作为灰铁管的更新计划可用一个合理的属性表来说明管道的每一管段，涉及的内容有：

a. 管道的失效危机（管材、基础的土壤、埋管特点和断裂的历史等）。

b. 爆炸危机（离建筑物的距离、有无地下室或其他地下设施在供气时要通过等）。

c. 爆炸的后果（建筑物的密度和类型等）。

(2) 因果分析中的逻辑方法

这一阶段的分析模拟过程应由对燃气管网的运行和维修实践非常有经验的专家来考虑。对易发的爆炸事件，其推理的结构如下：

如果（假设）→则会发生何种后果（结论）→为什么会发生（论证）

任何由专家根据实际情况可作出的结论均应是有效的，且从现场收集到的信息应与专家的结论相符。

(3) 决策模型

建模的目的是选择一个特殊的逻辑程序和相应的动作使爆炸危机可以有效制止或不良后果可减至最小。模型的结构为：

a. 广泛收集和分析专家作出的结论；

b. 选择最适当的分析方法；

c. 建议危机管理的具体方法。

专家的任何结论对结果的分析均应是有价值的，它可以充分说明假设所得的结果。例如防水的路面在发生爆炸时其危机性大于高渗透能力的路面，这一结论是正确的。

（二）危机评估示例

在20届世界燃气大会上，意大利燃气公司的专家发表了他们危机预测分析研究中的进展情况[179]，可作为参考。他们将地理信息系统与资料数据库、图纸系统联系起来，从而克服了传统管理系统的缺陷，对所运行的管道有三类信息储存于数据库的模板上：燃气管道及其连接状况、管网配件的类型和位置及其维修、泄漏记录和相应的事故发生原因，从而建立了计算机辅助系统，用于选定管网的某一部分并可说明与之有关的每一区域运行的可靠性。分析按式15-5进行，但对事故产生的潜在损失或危害程度 M，因涉及管网沿线建筑物的用途和类型无进一步的分析资料而只能限于对事故发生的概率和可能性 P 进行讨论，这是一个不足之处。研究中[179]：

$$P = \sum_{i=1}^{m} \{(A_1 + A_2 + \cdots + A_n)_m \times B_m\} \tag{15-6}$$

式中 m——计算机图档系统（GMS）管理的燃气管网第 m 段管道；

A_j——确定事故发生概率的主要因素的特性系数（如燃气泄漏）（$j = 1 \cdots\cdots n$）；

B_m——第 m 段管道发生燃气泄漏入户的可能性，它与管道离建筑物外墙的距离 L 和墙外水泥开阔地宽度 l 等有关：

$$\begin{aligned} B_m &= B_m(d, P, l, L, S) \\ &= K \times f(d, P) \times (f(L, l) + f(S)) \end{aligned} \tag{15-7}$$

式中 d——管径；

P——燃气管道的运行压力；

l——墙外水泥开阔地宽度；

L——燃气管道与建筑物外墙的距离；

S——其他地下管线设施的密度因素。

A_j 主要与下列因素有关：

1. 燃气管道的物理特性，管径、涂层状况、接口、焊接工艺和管材条件等。

2. 埋管的特点（如覆土深度、土壤类型和地面状况等）。

3. 当地的偶发事件因素，如交通流量，周围其他公用设施的状况等。

意大利燃气公司的研究工作主要针对灰铁管和钢管两类管道。研究中对危机分析所考虑的每一项因素按照所描述的特性给予一个“特性系数”。特性系数按概率的分布得出。

具体示例可见表 15-22 所表示的灰铁管特性系数和表 15-23 表示的钢管特性系数。

灰铁管的特性系数[179] 表 15-22

参数	A_j	描述	特性系数	描述	特性系数	描述	特性系数	描述	特性系数
使用时间	A_1	1955 年以后	0	1940～1955	0.2	1930～1940	0.6	1930 年以前	1.0
接口类别	A_2	快速连接	0	机械接口	0.28	承插接口	0.57	青铅麻丝接口	1.0
土壤类别	A_3	砂石（极好）	0	土壤（好）	0.33	黏土	0.66	堤石、碎石混合物	1.0
道路类型	A_4	乡村，花园绿化区	0	安全岛，林荫大道	0.33	人行道，自行车道等	0.66	车行道	1.0
交通流量	A_5	少	0	较少	0.3	密集	0.6	繁忙	1.0
接口泄漏记录*	A_6	0	0	<3 次	0.37	4～6 次	0.75	>6 次	1.0
损坏记录*	A_7	0	0	<1 次	0.25	2～3 次	0.55	>3 次	1.0

* 以 100m 长的灰铁管为准。

钢管的特性系数[179] 表 15-23

参数	A_j	描述	特性系数	描述	特性系数	描述	特性系数	描述	特性系数
敷设位置	A_1	乡村，花园绿地，	0	安全岛林荫大道	0.2	人行道和自行车道	0.5	车行道	1.0
土壤类型	A_2	砂石（极好）	0	土壤（好）	0.3	黏土	0.6	堤石、碎石混合物	1.0
交通流量	A_3	少	0	较少	0.3	密集	0.6	繁忙	1.0
极化电压（V）	A_4	> -0.85	0	-0.65～-0.85	0.3	-0.5～-0.65	0.6	< -0.5	1.0
电阻率（kΩ·m²）	A_5	>100	0	30～100	0.08	10～30	0.25	5～10 <5	0.66 1.0
腐蚀泄漏记录*	A_6	<1 次	0	2～3 次	0.2	4～5 次	0.50	6～8 次 >8 次	0.8 1.0

* 用于危机分析时设定干管最小长度为 500m。

以下对灰铁管和钢管的其他特点分别讨论。

1. 灰铁管

如已知因素 A_j，则尚须研究灰铁管对裂缝的敏感性和管道泄漏进入建筑物的可能性。

（1）对裂缝的敏感度

埋地管道的受力主要与下列荷载有关：静态或动态的交通流量，管段的尺寸因素（厚度和管径等），埋土覆盖层厚度和管道施工中由于应力升高导致的裂缝因素等。常通过建立一个埋地灰铁管抗弯应力的数学模型来计算不同管径的特性系数，其值可见表 15-24。

灰铁管的裂缝敏感度[179] 表 15-24

管径（in）	覆土深度（cm）		
	$h \leq 60$	$60 < h \leq 90$	$h > 90$
2	1	0.51	0.19
3	0.68	0.35	0.13
4～5	0.50	0.25	0.10
6～8	0.33	0.16	0.06
>8	0.25	0.06	0.05

(2) 燃气泄漏进入建筑物的可能性

如前所述，燃气泄漏入户的可能性可按式（15-7）计算：

$$B_m = B_m(d, P, l, L, S)$$

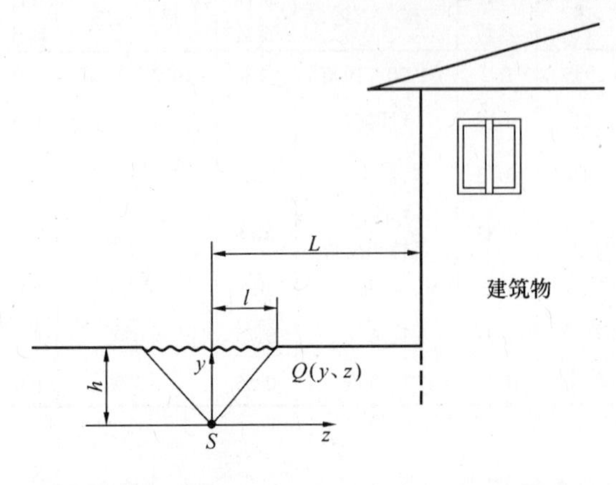

图 15-14　穿过同质地层的燃气扩散理论模型

如不考虑其他地下设施的密度因素，则上式可写为：

$$B_m = K \times f(d \cdot P) \times f(l \cdot L) \tag{15-8}$$

函数 $f(d \cdot P)$ 取决于与管径和压力成正比的燃气泄漏量，至于 $f(l \cdot L)$ 可根据地下燃气扩散理论模型进行计算（图 15-14）[179]。扩散能力取决于地面的扩散特性，覆土深度和建筑物外墙离运行管线距离 L 等因素。

根据意大利燃气公司当前使用的土壤层渗透性类别（见表 15-25）[179]，B_m 因素中的特性系数可见表 15-26。

燃气管线上不同土壤层的渗透性类别　　表 15-25

燃气管线上的土壤层渗透性	离最近建筑物的距离			
	<1.5	1.5 ~3	3~5	>5
连续路面（如沥青路，砖地、混凝土路面）下从燃气管道至建筑物外墙的距离	*A*	*A*	*B*	*C*
燃气管道大部分位于连续路面下，但有一小段位于渗透性较好的土壤中（至少 5m）	*A*	*B*	*B*	*C*
燃气管道位于带有开阔地带的不连续路面下（$l>2$m）	*A*	*B*	*C*	*C*
燃气管道位于带有开阔地带的不连续路面下（$l>5$m）		*B*	*C*	*D*

D 级区域对燃气管道采用了钢筋混凝土或钢/混凝土套管保护。

不同管径和渗透性类别的特性系数[179]　　表 15-26

管　径	土壤层渗透性类别			
(in)	*A*	*B*	*C*	*D*
2~3	1	0.62	0.47	0.20
4~6	0.7	0.47	0.33	0.14
6~8	0.57	0.37	0.27	0.11
>8	0.5	0.33	0.23	0.10

不同公称管径对发生事故可能性的影响可见图 15-15[179]。图 15-15 是根据英国和意大利的统计数据，对管段破裂所造成的事故分析所得的结果，这里所谓的事故是指由于燃气泄漏导致了爆炸。由图 15-15 可知，管径越小，特性系数越大，发生危机的可能性也越大。

2. 钢管

如已知因素 A_j，则尚须研究埋地钢管的防腐水平、腐蚀现象的敏感度和燃气泄漏入户的可能性等因素。意大利燃气公司所属的地下钢管均采用阴极保护法防腐，计算机决策系统所考虑的特性系数可见表 15-23。特性系数与阴极保护的水平有关，燃气泄漏的可能性决定于管道本身、防腐工艺和运行压力。

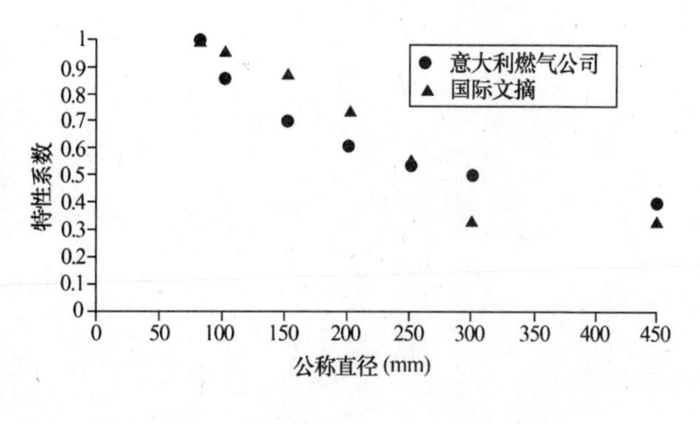

图 15-15　公称管径对发生事故可能性的影响

（1）埋地钢管的防腐水平

一般认为埋地钢管的防腐水平取决于：

a. 周围土壤对管道的相对电势；

b. 管道涂层的耐力和质量；

c. 采用的阴极保护系统的效率和可靠性；

d. 杂散电流的密集程度及对管道的影响。

可由计算机辅助数据库直接处理的电流系数有：

a. 极化电压 V_{off}（V）（表 15-23 中的 A_4）；

b. 管道所在地区的土壤电阻率（表 15-23 中的 A_5）。

根据电化区域的特征（电化区域的类别）可用表 15-27 中的参数 K 值进行调整。

电化区域的类别[179]　　**表 15-27**

电化区域的类别	说　明	K
1 级	电势读数变化很小的区域	0.5
2 级	预计电势可能发生较大变化的区域（如钢管穿过电气铁路网或埋设于杂散电流区）但未到需要在短期内改进防腐工艺的程度	1
3 级	受到杂散电流严重的影响，短期内会破坏钢管防腐保护的区域	2

（2）腐蚀现象的敏感度（A_7）

在相同的管道环境（如周围土壤的物化特性和外部电性）和相同的埋设条件下对腐蚀可能发生影响的主要因素有：

a. 埋管的技术水平（如管材质量、管道涂层和焊接工艺的质量）；

b. 管壁厚度；

c. 由维修和第三方施工对管道涂层效率产生的影响。

意大利燃气公司对已有的腐蚀事故进行了研究，选择有代表性的燃气泄漏事故进行分析，作出了燃气泄漏的可能性与覆盖层深度之间的关系函数，采用蒙特卡洛统计方法可得出可能性密度的分布函数（图 15-16）[179]以预测腐蚀过程的敏感度。

（3）燃气泄漏入户的可能性

参考灰铁管 B_m 参数的描述，研究得出了与管径、运行压力有关的腐蚀所引起的燃气向邻近建筑物泄漏的可能性（表 15-28）。显然，表 15-28 中的数据将随表 15-27 中电化区

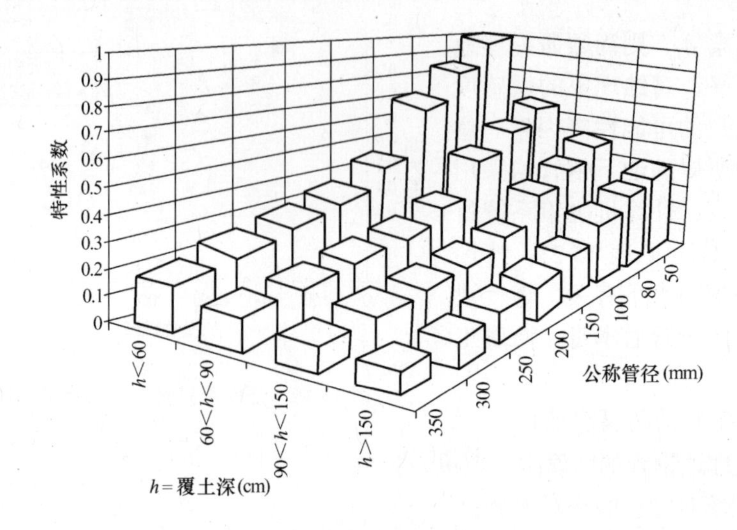

图 15-16　腐蚀过程的敏感度

域类别参数的变化而等比例地变化。

燃气泄漏入户的可能性　　表 15-28

运行压力（bar）	公称管径（mm）			
	50	80 ~ 150	200 ~ 300	> 300
< 0.04	1	1.1	1.5	2
0.5 ~ 1.5	2.2	2.5	3.4	4.4
1.5 ~ 5	5	5.7	7.7	10

由表 15-28 可知，在相同的运行压力下，管径越大，燃气泄漏入户的可能性也越大。

上述危机预测分析是燃气管道更新设计时的重要资料，但是否立即采取相应的措施，还要看经济分析的结果。经济分析中应考虑下列问题：

1. 过去 10 年中所需的泄漏维修费用；

2. 与管材有关的运行费用，如气源处理（铸铁管的运行压力），阴极保护措施（钢管）以及其他费用等；

3. 管网的运行维修预测费用（一般考虑今后 5 年内）；

4. 管线本身的残值。

当预测维护费用曲线上的点与燃气管道本身的残值重合时，意大利的经验认为可以更新管道。

（三）燃气紧急事故的管理方法（Gas Emergency Management Tools）

一旦发生燃气的紧急事故，燃气企业的各个部门均有严重的责任。只有极少的燃气公司有计算机软件可帮助运行人员面对和有效地处理这类事故。

1. 紧急燃气事故的管网流量分析

紧急事故管理的计算机辅助程序（Computer assisted procedures）应以实时为基础，能及时地区分和选择相应的动作（如切断气源、应用移动式降压设备、安装旁通管线和关闭一些特殊的用户等），以便尽可能地减少事故所发生的危险。为对计算机系统有充分的了解，可参看图 15-17 所示的流程图[179]。

在实时基础上紧急事故管理的主要关键有：

a. 紧急事故发生后获得信息的可靠性和有效性，它涉及到配气管网的结构（地理图档系统）和燃气的消费情况（用户账单档案）；

b. 已有的各种数据库与特殊的软件应处于“联线”状态；

c. 对供气可靠性的测试软件和在实时基础上为处理紧急事故而选择的运行动作应是最有效的。

2. 紧急事故隔断阀系统

紧急事故隔断阀系统是一个以危机管理为基础的方法，在新的配气系统中它可用来确定隔断阀的最佳位置且成本最低（固定成本和与危机有关成本的总和）。

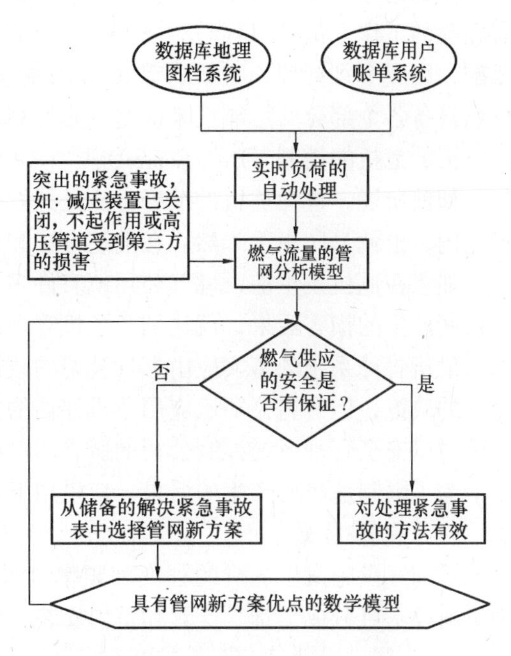

图 15-17　计算机系统流程图

与危机有关的成本可用失效概率乘以附加成本计算。一个已知管网区域内的总危机成本，可用对所有可能发生的失效模式（小泄漏、大泄漏和破裂）增加一个附加值的方法获得，且适用于该区内所有的燃气干管。

对已知的失效模式和管网的管段，其失效的概率可根据历史上的失效数据进行计算，成本则根据模式所包含的部件逐个计算，同时考虑到管径、燃气压力和邻近土地的使用情况。

支管中断供气的成本模型应考虑到用户的类型和数量以及中断供气时间的长短。计算受影响的用户时要将为隔离失效区而必须中断供气的管网各个部分区分出来。许多阀门的位置用同样的方法也可以模型化，总成本也可以比较。

3. 远端压力管理

对管网危机管理的另一个有效方法是安装远端压力监控系统和仪表控制系统。这一系统可防止下游压力的变化并能在紧急事故中完成隔离动作。包括安装和远端系统的运行成本需进行经济评估，在审查项目时就应进行。在评估中应考虑到因优化了运行压力、减少了泄漏量而产生的附加效益。

（四）以可靠性为核心的维修工作

历史上，配气公司对所属的运行设备常根据制造商的推荐意见或自身的经验制定一个定时的维修计划。

以可靠性为核心的维修计划（RCM）可作为确定运行中任何自然资源维修计划的一个方法。其依据是一件设备的两个完全相同的部分在运行中可能有不同的维修要求，而 RCM 的数据库既包括正确的运行规定，又包括设备每一部分的故障数据，用历史的数据就可预测报废的时间间隔。将故障数据输入 RCM 数据库后，就可重新计算和重新安排维修的时间间隔。

正确的运行规定可称为样板方法，它适用于相同的运行条件和失效模式。有样板后，有经验的工作人员就很容易对设备的各个部分确定维修的时间间隔；如无样板或与样板不匹配，则应个别处理，重新确定 RCM 的频率，这样做就可大量节省人力和设备的维修量。按照设备各个部分的可靠性来确定维修计划，其优点就十分明显。

五、危机的控制（Risk Control）

如前所述，避免危机的最好方法是开发一个管理系统，将所有危机控制在可接受的范围之内，也就是防患于未然。在前述方法和模型中已介绍了危机管理的几种方法。

如果在危机发生前，燃气公司就有许多方法既可减少危机到可接受的程度，又可限制危机所产生的损害后果，就达到了危机管理的目的。

危机管理系统的落实应由燃气公司的政策来保证。虽然至今各国的燃气公司尚未制定完善的政策，但有些公司已应用危机评估的方法在运行的各个部门中进行了危机控制，这说明对以安全管理系统控制公司的所有活动已有了一定的认识。

为了限制危机所产生的后果，应采用下述两个通用方法。

（一）减少失效

对配气设施发生危机的程度和频率可采用新技术、新材料和新的管理环境因素来减少。新技术可分成干管、支管和室内安装三个部分介绍如下：

1. 干管

（1）干管的检测

燃气管道系统漏气量的增长与使用年龄、所用材料和受腐蚀的环境有关。潜在的燃气泄漏危机可用一定时间段内有计划的检测来减少。

天然气的加臭有利于迅速测得漏气点，也可从根本上减少危机。

（2）管道的维修

如果管道因漏气而发生的危机增大，管道就应维修或更换，并应考虑更换的成本。在配气系统中，经常用到管道的维修技术。各国已开发了多种有效的维修技术，从传统的煤制气转换到天然气后就有了许多维修漏气接口的新技术。使用干天然气后的直接结果就使得旧有的配气系统开始发生漏气，因为管道接口的密封材料发生了干裂。为解决这一问题，可采用一些技术，包括内部和外部的包衬，注入乙烯-醇类（Ethylene-alcohol）或对燃气进行处理。

（3）更新或更换管道

如果由于技术和经济的原因，维修已不是限制漏气危机的最佳方法，则旧有管道就需要更新（Renovate）或更换（Replace）。更新技术中，旧管也可作为新管的套管使用，新管通常采用高质量的现代化材料，如聚乙烯（PE）等，插入旧管或作衬管使用，这些在第十三章中已讨论过。

如果已做出了更换而不是更新旧有管道的决策，燃气工程师就应研究最新的技术、有效的材料、埋设深度和环境等。脆性管材应及早更换，包括灰铸铁管、纤维水泥管等；在有些国家中甚至已作出强制更换这类管道的决定。

当今世界上的多数燃气公司已采用聚乙烯管（PE）和钢管，取决于旧有管网改造后所需的运行压力，更换管道时通常与管道系统结合在一起考虑。新钢管系统通常采用阴极保护。

2. 支管

支管在漏气危机增大时应该处理和更换。多年来，为此目的已开发了多种技术，有些技术已经淘汰，有些还在使用并得到了改进，使用这些技术时应和系统主要干管的发展结合起来考虑，并注意到：

(1) 活接头的密封材料；

(2) 接口的内部喷涂；

(3) 树脂（环氧）内衬的工艺。

3. 室内安装

天然气的正确加臭是漏气检测不可缺少的前提。燃气检漏仪也能帮助提高安全性。

旧有室内管道可能引发危机时同样也需处理和更新，与支管的情况相同。

有些燃气公司也采取预防措施以保护居民不受到外部危机的损伤。如：

(1) 使用带有安全装置的调压器。在较低的进口压力下出现出口压力升高的事件时可隔断民用装置与燃气管网的联系；

(2) 支管上的安全阀在非正常的流量增大事故中可切断燃气的流通，当燃气管道受到第三方损害时可以限止漏气量。

（二）机构与培训

为在突发事件或不可预见的易发事故中摆脱危机，要求职工学习处理紧急事故的知识。即使一个相对较小的易发事故，如果处理不当也会酿成灾难性的后果。如在爆炸中封住漏气口时，若不按规程操作，也可能造成创伤，甚至死人。因此，每一个配气公司均应制定紧急事故的对策计划。

危机管理的主要内容包括教育、培训和事故状态的模拟训练。涉及事故的工作人员应该学习和处理由易发事故所引起的危机。在紧急事故对策培训计划中应安排理论课程、易发事故的理论模拟（纸上谈兵）和接近大规模的、逼真的模拟训练。

对可能发生的危机进行控制训练的另一内容是在易发事件中对工作人员合理地分配任务（指挥技术）。这种临阵确定的指挥计划在易发事故的模拟中有很大的意义，并证明十分有效。

最后，要提醒人们的是在易发事故中应有准确的反应能力，对管网的应变方案应处理得井井有条，此外，也应能得到社会各界，包括消防队的支援，要做到这一点，至少应有较为完善的通信系统。

参 考 文 献

[1] Gerald G. Wilson(Chairman. GEOP Task Group) Distribution Book D-1. System Design[M]. Arlington Virginia. The American Gas Assoeiation, 1990.

[2] C. George Segeler (Editor-in-Chief). Gas Engineers Hardbook. Fuel Gas Engineering Practices[M]. 93 Worth Street, New York, N.Y. 1965.

[3] Д. Б. БАЯСАНОВ, А. А. ИОНИН. РАСПРЕДЕЛИТЕЛЪНЫЕ СИСТЕМЫ ГАЗОСНАЪЖЕНИЯ [M]. МОСКВА СТРОИИЗДАТ, 1997.

[4] A.A. 约宁著,李猷嘉、王民生译.煤气供应(M).北京:中国建筑工业出版社,1986.

[5] Study on Underground Gas Storage in Europe and Central Asia.[R]. Working Party on Gas of the United Nations Economic Commission for Europe 2000.

[6] 中华人民共和国行业标准,JGJ26—95,民用建筑节能设计标准(采暖居住建筑部分)北京:中国计划出版社,1996.

[7] А.И. ГОРДЮХИН. РЕЖИМ РАЪОТЫ ГОРОДСКИХ СИСТЕМ ГАЗОСНАЪЖЕНИЯ[M]. Москва ИЗДАТЕЛЪСТВО МИНИСТЕРСТВА КОММУНАЛЬНОГО ХОЗЯИСТВА РСФСР, 1955.

[8] 建设部综合财务司.中国城市建设统计年报[R].北京:中国建筑工业出版社,2005

[9] Donald J. Heim. Washington Gas Annual Report 1992[R] Washington Gas 1100H street. N. W. Washington D.C. 20080.

[10] Rob KLEIN(Netherlands). LNG and LPG Peak shaving and Satellite Plant[R]. 21th World Gas Conference, Nice France. 6-9 June, 2000.

[11] Progress Report No.5[R]. Technical Coordinating Committee of International Gas Union. November. 2002. Tokyo. Japan.

[12] Ottar REKOAL(Norway) Exploration, Production, Treatment and Underground Storage of Natural Gas[R]. Report of Working Committee 1, 21th World Gas Conference. June 6-9 2000, Nice France.

[13] Karen Benson, Underground Storage: The U.S. Experienee[R]. From Fundamentals of the World Gas Industry [R]. 22nd World Gas Conference. June 1-5, 2003. Tokyo Japan.

[14] J. SEMEK(Poland). Gas Distribution Systems and Underground Gas Storage[R], IGU/A10-88, 17th World Gas Conference. June 5-9. 1988 Washington. D.C U.S.A.

[15] Giampaolo Bonfiglioli, President(SNAM), Natural GAS in Italy[R], Published on the occasion of the 3rd ATIG Conference Genoa, 26-28 November, 1990.

[16] Proposals for 2000—2003 Triennial Work Programme (Draft)[R], IGU Council Meeting. Nice 2000.

[17] G.W. Govier and K. AZIZ. The Flow of Complex Mixtures in Pipes[M]. VAN NOSTRAND REINHOLD COMPANY(VNR), New York, Cincinati, Toronto, London, Melbourne.

[18] Jewell, G.L. Customer Use Characteristics[M]. Paper presented at A.G.A. Distribution Conference 1984.

[19] 李猷嘉.燃气水力计算公式通式的推导[J].煤气与热力.1982,3.

[20] Arup SIRCAR, Danniel HEC. Report of Study Group 5.1. Service Pipes[R]. 21th World Gas Conference, 6-9 June 2000, Nice France.

[21] Jaap VAN DER KUIL/Mel KARAM. Report of Study Group 5.2. Gas Distribution Quality and Safety Policies [R]. 21st World Gas Conference. June 6-9, 2000, Nice France.

[22] Bernard DELCOUK/Mark MASSCHELIN (France/Belgium), Report of Study Group 5.3. Quality Assurance for

Distribution of Gas[R].21st World Gas Conference. June 6-9,2000, Nice France.

[23] Dietmar SPOHN(Germany) and Andrzez OSIADACZ(Poland). Report of Study Group 5.4. Remote Operation of Distribution Networks[R].21st World Gas Conference. June 6-9.2000 Nice-France.

[24] MCIlroy, M.S. Gas Pipe Networks Analyzed by Direct-Reading Electric Analogue Computer[J]. A.G.A. Operating Section Proceedings, 1952.433-47.

[25] Stoner, M.A. Steady State Analysis of Gas Production, Transmission and Distribution Systems[J] Paper SPE 2554 presented at 44th Annual Meeting of Society of Petroleum Engineers of AIME. Denver, Colorado. September 1969.

[26] Stoner, M.A. Sensitivity Analysis Applied to a Steady State Model of Nataral Gas Transportation Systems[J]. Society of Petroleum Engineers J.12.115-25 April 1972.

[27] Dumas, R.M., and M.A. Stoner. Gas Transportation System Analysis[J]. A.G.A Operating Section Proceedings. 1972 D-152-6.

[28] Sosinski, B.C. and M.A. Stoner. Gas Transportation System Modeling at Consumers Power Company[J]. A.G.A. Operating Section Proceedings 1972. T-85-92.

[29] Stoner, M.A. Modeling the Steady State Pressure-Flow Responce of Steam and Water Systems[J]. Paper presented at 65th Annual Meating of International District Heating Association, Cooperstown, New York. June 25,1974.

[30] Hyman, S.I. Network Analysis by the Method of Adjusting Pressure[J]. A.G.A. Operating Section Proceedings, 1963; Paper GSTS-63-9.

[31] Cross, H. Analysis of Flow in Networks of Conduits or Conductors[J]. University of Illinois Engineering Experiment Station Bulletin No.286 Urbane, Ill. University of Illinois. 1936.

[32] M. WETTSTEIN. Design of Distribution Networks[R]. ACTIM Multinternational Session on Gas Distribution, 1981,9. France.

[33] C. LE BRAS. The Analysis of Gas Supply Networks[R]. ACTIM Multinternational Session on Gas Distribution. 1981,9. France.

[34] M. COUEIGNOOX. A Theoretical Approach to Computation on Large Meshed Networks[R]. ACTIM Multinternational Sesson on Gas Distribution 1981,9. France.

[35] 熊洪允,曾绍标,毛云英编著.应用数学基础[M].天津:天津大学出版社,1994.

[36] 张驰.矩阵初步[M].上海:上海教育出版社,1979.

[37] Epp, R., and A.G. Fowler. Efficient Code for Steady Flows in Networks[J]. Hydraulics Div. ASCE 96 (January 1970): NHYT 43-56.

[38] MANUEL POUR LE TRANSPORT ET LA DISTRIBUTION DU GAZ[M]. Conception et Construction des Reseaux de Distribution Titre X. Associatoon Technique de L'industrie du gaz en France. 62, rue de Courcelles 75008 Paris.

[39] Stoner, M.A., T.E. Richwine, and F.J. Hunt. Analysis of Unsteady Flow in Gas Pipeline-Design to On-line[J]. A.G.A. Operationg Section Proceedings 1982:71.

[40] A.G.A. Plaslic Pipe Manual For Gas Service[N]. CATALOG NO. XR8902. Copyright 1989 by American Gas Associadion. 1515 Wilson Bouleverd Arlington. Va 22209.

[41] Guidance Manual for Operators of Small Gas Systems[M]. U.S. Department of Transportation Research and Special Programs Administration.

[42] GPTCL (Gas Piping Technology Committee). Guide For Gas Transmission and Distribution Piping Systems[M].

[43] Hyman, S.I., M.A. Stoner., and H.A. Karaitz. Gas Flow Formulas-An Evaluation Pipeline and G[J].202(December 1975):34-44.

[44] Moody, L.F. Friction Factors for Pipe Flow[J]. Transaction ASME 66(November 1944):671-84; Chem. Eng. 64 (November 1944):671-84.

[45] Smith, R. V., J. S. Miller, and J. W. Ferguson. Flow of Natural Gas Through Experimental Pipelines and Transmission Lines. [R]. U. S. Bureau of Mines Nomograph No. 9. New York: American Gas Association, 1956.

[46] Uhl, A. E., et al. Steady Flow in Gas Pipelines[R]. Technical Report No. 10. Institute of Gas Technology, 1965, Chicago, U. S. A.

[47] Wilson, G. G., and R. T. Ellington. Selection of Flow Equations for Use in Distribution System Calculations[J]. A. G. A. Operatoon Section Proceedings 1958: D231-12.

[48] А. В. Александров, ъ. в. ъарабш, И. Е. Ходанович. РАСЧЕТ МАГИСТРАЛЬНЫХ ГАЗОПРОВОДОВ И ПРЕДПОСЫЛКИ К ВЫЪОРУ ОПТИМА ЛЪНЫХ УСЛОВИ Й ГАЗОПЕРЕДАЧН [R]. ЗАРУБЕЖНАЯ ТЕХНИКА ГАЗОВО Й ПРОМЫШЛЕННОСТИ ДОКЛАДЫ Ⅷ МЕЖДУНАРОДНОГО ГАЗОВОГО КОНГРЕССА [M]. ГОСУДАРСТВЕННОЕ НАУЧНО-ТЕХНИЧЕСКОЕ ИЗДАТЕЛЬСТВО НЕФТЯНО Й И ГОРНО-ТОПЛИВНО Й ЛИТЕРАТУРЫ Москва, 1963.

[49] Gregory, G. A., and M, Fogarasi. Alternate to Standard Friction Factor Equation[J]. Oil and Gas J. 83 no. (April 1985): 120-7

[50] Round, G. F. Accurate, Fast Friction Factor Computation for Turbulent Flow in Pipes[J]. Pipeline and Gas J. 212 (December 1985); 32-33.

[51] Wilson. G. G. Gas Distribution. IGT Home study Course[R]. Chicago, Institute of Gas Technology, 1964.

[52] Menegakis, D., and E. H. Luntey. Experimental Investigation of Flow Characteristics of Low Pressure Service[J]. A. G. A. Operating Section Proceedings 1961: paper DMC-61-15

[53] Curtis, C. C., H. M. Boger, M. F. Hall, B. E. Hunt, H. P. Rogers, and G. G. Wilson. The Economics of Pressure [J]. Gas Age 136(September 1969): 39-36, 46; and 137(October. 1969): 18-23.

[54] Rose C. Establishing the Level of Methane Leakage from the British Gas Distribution System and the Requirement for leakage reduction strategies[J]. IGU Conference, 1993.

[55] Klans ALTFELD(Germany) Report of Study Group 8.1. Methane Emissions Caused by the Gas Industry Worldwide[J]. 21st World Gas Conference. June 6-9. 2000-Nice. France.

[56] Lindsey, D. L., and C. L. Woody. Using a Mini-Computer to Control a Gas Distribution System[J]. A. G. A. Operating Section Proceedings 1979: D-258-67.

[57] Hanson, J. W. Distribution System Design Using Idealized Piping Layout[J]. Gas 44(July 1968)45-8

[58] Patterson, M. K. Investment per Customer: How can it be reduced? [J]. American Gas J. 188(December 1961): 25-8.

[59] Boyer, H. M. Increasing the Capacity of Existing Distribution Systems[J]. A. G. A. Operating Section Proceedings. 1970: D-168-72.

[60] Richwine, T. E., and D. W. Schrueder. Large Scale Gas Network Design by Automated Means[J]. A. G. A. Operating Section Proceedings 1986: 314-19.

[61] Fuidge, G. H., and A. V. Smith. Gas Borne Dust[J]. IGE. J. May 1966: 333-356.

[62] Hunt, B. E. Variation-plat Piping Proposals[J]. A. G. A. Operating Section Proceedings 1967: 151-63.

[63] Walter, L. J. Gas Network Analysis Economics[J]. Gas 45(August 1969): 65-72, 74-6.

[64] Clennon, J. P., and J. K. Dawson. Gas Distribution Problems Solved by Electric Network Calculators[J]. A. G. A. Operating Seetion Proceedings 1951: 389-414.

[65] Hunt, B. E. Uses and Applications of the Distribution System Calculator[J]. Chicago. Institute of Gas Technology, 1953.

[66] Henderson, W. M., and R. C. Boughton. Distribution Design[R]. Internal Memo, Los Angeles Gas and Electric Corporation, Los Angels, California October, 28. 1976.

[67] Sickafoose, R. D. A Punched Card Program for Calculating Gas Distribution Network Pressures by the Hardy Cross Method[J]. A. G. A. Operating Section Proceedings. 195x: 433-47.

[68] Wilson, G. G., D. V. Kniebes, and R. T. Ellington. Practical Aspects of Distribution System Analysis with an Electronic Digital Computer[J]. A. G. A. Operating Section Proceedings 1957: paper DMC-57-19.

[69] 国家发展改革委,建设部发布.建设项目经济评价方法与参数(第三版)[M].北京:中国计划出版社,2006.

[70] 化工咨询服务公司编.工业项目可行性研究[M].北京:化学工业出版社 .1982.

[71] American Telephone and Telegraph Company, Construction Plans Department. Engineering Economy: A Manager's Guide to Economic Decision Making[M]. 3d. Ed. New York: McGraw-Hill Book Company, 1977.

[72] Newman, D. G. Engineering Economic Analysis[M]. 3d Ed. San Jose. California: Engineering Press, Inc., 1988.

[73] Duffy, F. I. Pipe sizing for Maximum Profit[J]. American Gas J. 196(August 1969)30-9.

[74] Boyer, H. M. Measures of a Good Distribution System in the Context of Design Optimization[R]. Discussion at the Seventh Joint Winter Workshop of A. G. A. Operating section's Distribution Design and Development and Engineering and Operating Analysis Committee, New Orleans, Louisiana, March 7. 1972.

[75] Sudridis, J., and G, Kalman. Meter Sizing Through Field Load Studies[J]. Paper presented at A. G. A. Distribution and Underground Storage Conference. April 4. 1962.

[76] Quinby, R. Report of Rate Committee[R]. A. G. A. Operation Section Proceedings 1950: 101-43.

[77] American Gas Association. Economics of Gas Heating and Related load Characteristics-Progress Report and Case studies[M]. New York, The Association, 1954.

[78] American Society of Heating, Refrigerating and Air-Conditioning Engineers. Inc. ASHRAE[M]. Handbook and Product Directory, Fundamentals Volume. New York: The Society, 1977.

[79] Barr, M. D., and W. J. Gunderson. Load Forecasting and Dispatching for Distribution Companies[J]. A. G. A. Operating Section Proceedings, 1962 : paper CEP-62-16.

[80] Ferber, E. P. Estimating Loads for Individual Consumers in a Retail Gas Distribution System[J]. A. G. A. Operating Section Proceedings 1975-paper 25-0-26.

[81] Kobayashi, F, S. Leipziger, S. A. Weil, and G. G. Wilson. Statistical Method of Estimating Peak Demand and Sendouts[J]. Paper presented at A. G. A. Computer Applications Workshop. Toronto, Canada 1971.

[82] Hyman, S. I., F. I. Buck., J. H. Kerstetter, S. Rosen, and C. Ward. Procedures for Gathering Load Data for Distribution Design[J]. A. G. A. Operating Section Proceedings 1961: paper DMC-61-24.

[83] Hyman, S. I., G. L. Laatsch, and L. S. Valor. Procedure for Gathering Loads for Distribution Design-An Update [J]. A. G. A. Operating Section Proceedings 1977: D 239-49.

[84] American Gas Association. A. G. A. Marketing Research Handbook[M]. New York: The Association, 1967.

[85] 潘家华 . 我国管道钢管的发展方向[J].焊管.第 21 卷第 4 期,1998.

[86] 王仪康 . 高压输送天然气管线用钢和焊接钢管[J].焊管.第 21 卷第 4 期,1998.

[87] 王晓香 . 建设大口径直缝埋弧焊管生产线可行性研究的几点说明[J].焊管.第 21 卷第 4 期 1998.

[88] 中华人民共和国国家标准.GB/T 3091—2001.低压流体输送用焊接钢管[S].北京:中国标准出版社,2001.

[89] 中华人民共和国国家标准.GB 8163—87.输送流体用无缝钢管[S].北京:中国标准出版社,1987.

[90] 中华人民共和国国家标准.GB 15558.1—1995.燃气用埋地聚乙烯管材[S].北京:中国标准出版社,1995.

[91] 中华人民共和国行业标准.CJJ 63—95.聚乙烯燃气管道工程技术规范[S].北京:中国标准出版社,1995.

[92] 中华人民共和国国家标准.GB 15558.2—1995.燃气用埋地聚乙烯管件[S].北京:中国标准出版社,

1995.
[93] 中华人民共和国标准.GB/T 13295—2002.水及燃气管道用球墨铸铁管、管件和采用材料[S].北京:中国标准出版社,2002
[94] 中华人民共和国国家标准.GB/T 11618—1999.铜管接头[S].北京:中国标准出版社,1999.
[95] 中华人民共和国国家标准.GB/T 18033—2000.无缝铜水管和铜气管[S].北京:中国标准出版社,2000.
[96] (日)久保田铁工株式会社著,陈源,朱玉俭,姚鹏泉,关福凌等译.球墨铸铁管手册[M].北京:中国金属学会铸铁管委员会,1994.
[97] 中华人民共和国标准.GB 3420—82 灰口铸铁管件[S].北京:中国标准出版社,1982.
[98] 中华人民共和国标准.GB 3422—82 连续铸铁管[S].北京:中国标准出版社,1982.
[99] 中华人民共和国国家标准.GB 6483—86 柔性机械接口灰口铸铁管
[100] 中华人民共和国国家标准.GB 13295—91 离心铸造球墨铸铁管
[101] 中华人民共和国国家标准.GB/T 9711.1—1997 石油天然气工业输送钢管交货技术条件第一部分:A级钢管[S].北京:中国标准出版社,1997.
[102] 中华人民共和国国家标准.(GB/T 9711.2—1999 石油天然气工业输送钢管交货技术条件第二部分:B级钢管[S].北京:中国标准出版社,1999.
[103] 中华人民共和国国家标准.GB 50028—2006 城填燃气设计规范[S].北京:中国建筑工业出版社,2006.
[104] Dupont.Aldyl'A'.Polyethylene Piping Systems Product and Technical Bulletin [R].E-68026,P.8-9
[105] Husted,J.L.,and D.M.Thompson.Pull-out Forces on Joint in Polyethylene Pipe Systems[M].A Guidline for Gas Distribution Engineering.E-06450.April 1976.1-3,7-8.
[106] Hyman,S.I.,M.A.Stoner,and M.A.Karnitz Gas Flow Formulas-strength,Weaknesses and Practical Applications[J].A.G.A.Operating Section Proceedings 1975:paper 75-D-34,pp D-125-32
[107] Watkins,Szpak,and Allman.Structual Design of Polyethylene Pipes Subjected to External Loads[J].Logen,Utah:Engineering Experiment Station, Utah State university,1974.
[108] PLEXCO.Extra High Molecular Weight High Density Polyethylene PE 3408,Industrial Piping System[R].
[109] Pierce,R.N.,O.Lucas.P.Rogers,and C.L.Rankin."Design Consideration for Uncased Road Crossings[J].Pipeline Lndustry May 1978:51-4.
[110] Hyman,S.I.Stresses in Distribution Pipelines[J].A.G.A.Operating Section Proceadings 1979:D-193.
[111] Spangler,M.G.,and R.L.Handy.Stress Distribution in Soil[M].Soil Engineering 3rd ed.New York Intext Educational Publishers.
[112] Spangler,M.G.Secondary Stresses in Buried High Pressure Pipe Lines[J].The Petroleum Engineer NoV.1954.
[113] Britan,K.E.The Redundancy of Casing in Today's Pipeline Design[R].Report of Tennessce Gas Pipeline Co.,May 1966.
[114] Portland Cement Association.Vertical Loads on Culverts Under Wheel Loads on Concrete Pavement Slaks[M].Concrete Information Publication. Chicago.The Association.
[115] Zlohovitz,R.I.Design of Steel Gas Piping on Bridge[J].A.G.A.Operating Section Proceedings 1987:228.
[116] KENNETHE, STARLING. FLUID THERMODYNAMIC PROPERTIES FOR LIGHT PETROLEUM SYSTEMS [M].Gult Publishing Company Book Publishing Division:Huston 1973.
[117] A.G.A."Thermdynamic Properties Program"[R]Catalog NO.XQ 8806, 1988.
[118] Nebojša Nakicenovie(Lead Author)Global Natural Gas Perspectives[M].International Institute for Applied Systems Analysis. International Gas Union for the Kyoto Council Meeting.October 2-5 2000 Kyoto,Japan.
[119] M.A.Adelman.,and Michael C.Lynch.Natural Gas Supply to 2100[M].First published in October,2002 by

the Internatoonal Gas Union.

[120] International Gas Union, Technical Coordinating Committee. Progress Report[R]. April 2003, Tokyo.

[121] Walter Vergara, Nelson E. Hay and Carl, W. Hall. Natural Gas. Its Role and Potential in Economic Development [M]. Westview Press. BOULDER SAN FRANCISCO & OXFORD, 1990.

[122] Shephard F.E., Engstrom G. Gas-THE SOLOTION, A ROUTE TO SUSTANABLE DEVELOPMENT[R]. Catalana de Gas, 1991.

[123] Statistical Data[R]. 20th World Gas Conference 1997 Copenhagen Denmark 1997.

[124] Gas Facts[R]. 1991 Data, A Statistical Record of the Gas Utility Industly. Copyright 1992 by the A.G.A.

[125] Didier USCLAT. Strategy of Investment of GAZ de FRANCE in China[R]. China Gas'2000, CHENGDU, China, November 28-29, 2000.

[126] 李猷嘉.燃气管道长度与用气量之间关系的分析[J].城市燃气,2001,1.

[127] Murphy, C.E. How to Size Pipe for any Piping Arrangement[J]. Pipe Line Industry 23(November 1964): 80.

[128] ϕystein Bruno LAREN(Norway). Small Scale LNG Project and Mudular System[R]. 21st World Gas Conference, 6-9 July, 2000, Nice France.

[129] Mc Cafferty, D.W., and C.V. Kloeger. How to Predict Gas Main Capacity[J]. American Gas J. 182(September 1955): 14-5.

[130] Control Valve Handbook [M]. Fisher Controls Company. Marshalltown, Iowa, 1977.

[131] British Gas Engineering Standard BGC/PS/E 26 Specification for NEW GOVERNOR INSTALLATIONS With inlet pressure in the range above 75 mbar and not exceeding 7 bar.

[132] Flogd, D. Jury(Director of Education). Fundamentals of Gas Pressure Regulation[R]. Technical monograph 27 Fisher Controls 1972.

[133] FRANK st. AMAND(Fisher Controls Company, Marshalltown, Iowa) Evaluating & Selecting Over-pressure Protection Devices[J]. Pipeline & Gas Journal. March, 1971

[134] General Catalog 501[M]. Fisher Controls. Marshalltown Iowa, U.S.A. 1981.

[135] Rockwell Manufacturing Company An Engineer's Handbook: Gas Pressure Regulators Part Ⅱ. Fundamental Principles Regulators and Safety Devices[M]. Pittsburgh, PA: Rockwell Manufacturing CO., 1972.

[136] Rockwell Manufacturing CO. An Engineer's Handbook: Gas Pressure Regutators Part Ⅳ. Technical Information [M]. Pittsburgh, PA: Rockwell Manufacturing CO., 1972.

[137] American Gas Association. Gas Measurement Manual, Part10, Pressure and Volume Control, Section 10.1. Fandamentals of Regulatorsand Section 10.3, Noise Abatement at Measurement and Control Stations Arlington, VA: The AGA, 1984.

[138] Holmstoen, G.A. Design for Noise Abatement[J]. A.G.A Operating Section Proceedings 1978: D-166-7.

[139] American Gas Association, Laboratory and Chemical Services Committee, Arlington, V.A: the Association, 1983

[140] Wilson, Gernald G. and Attari, Amir, Odorization Ⅱ [M]. Chicago: Institute of Gas Technology, 1990.

[141] McGuire, Daniel J. District Regulator Station Design[J]. A.G.A. Operating Section Proceedings 1980: pp D-106-159, 1980.

[142] 合田 宏四郎.ガス事业便览.日本ガス协会,平成 16 年版.

[143] Siegfried HERING(Germany), Giuseppe POZZI(Italy) Report of Working Group D-Ⅱ. Satety[R]. 20th World Gas Conference-Copenhagen, Denmark 10-13 June 1997.

[144] Historical statistics of the Gas Utility Industry(1976—1985)[R]. prepared by Department of Statistics. American Gas Association 1987 Catalog F20301.

[145] Gas Data Book[R]. Brief excerpts from GAS FACTS. 1991 Data, American Gas Association 1992 Catalog# Foo991

[146] Parmeggrane, L. Encyclopaedia of Occupational Health and Safety[M]. International Labour Office (ILO), Geneva, third edition, 1983. pp. 32-35

[147] American Gas Association, National Gas Utility and Transmission Industry Occupational Injury and Illness Statistics[R]. 1997, OSH 98-2-2, May 1998.

[148] Pace University Centre for Environmental Legal Studies (1991), Environmental Costs of Electricity[M]. New York State Energy Research and Development Authority & United States Department of Energy.

[149] European Commission, Directorate-General Ⅻ, Science, Research and Development (1995)[R]. Extern E-Externalities of Energy.

[150] Klaas BEUKEMA(the Netherlands), Report of Working Committee8 Environment, Safety and Health[R]. 21st world Gas conferenee 6-9 June2000 Nice-France.

[151] Eurogas(1999), Energy Taxation in Western Europe as of 1 January[R]. 1999.

[152] EMEP-CORINAIR(1996) Atmospheric Emission Inventory Guidebook[M].

[153] EPA(1996). Compilation of Air Pollutant Emission factors, Fifth Edition, 11/96.

[154] CIPE(1994). Italian national Programme for reduction of Carbon dioxid emissions[J]. Italian official Journal. March 18. 1994.

[155] Climate Change 1995; The Science of Climate Change[R]. Contribution of WGI to the Second Assessement Report of the IntergoVernmental Panel of Climate Change; IPCC. 1996.

[156] Rose, C. Establishing the level of methane leakage from the British Gas Distrobution system and the reguirement for the reduction strategies[R]. IGU conference 1993.

[157] Lott Robert, A., Kirchgessner David. A., Methane emissions from the natural gas industry Volume: Executive Summary, Jane 1996.

[158] Dedikov J. V. Estimating methane releases from natural gas production and transmission in Russia[J]. Atmospheric Environment 33(1999)3291-3299.

[159] Schneider-Fresenius W. et al: Ermittlung der Methan-Freisetzung durch Stoffverluste bei der Erdgasversorgung der Bundesrepublik Deutschland Beitrag des Methans Zum Treibhauseffekt[R]. V 67. 147; August 1989; Battelle Institute e. v.

[160] Oonk J., Vosbeek M. E. J. P; Methane emissions due to oil and natural gas operations in the Netherlands[R]. intended for National Research Programme Global Air Pollution and Climate Change-Bilthoven; TNO-Report, R95-168, 12326-24942; July 1995.

[161] Lott R. A; Methane Emission from U. S. Natural Gas Operation; Nordisk Konference om Naturgaz og Miljφ; Kφbenhavn 2-3 September 1992, GRI.

[162] IPCC; Greenhouse Gas Inventory Work Book [M]. Volume Ⅱ 1995.

[163] Rabchuk Victor I., Ilkevich Nicolay I with contributions by Kononov Yuri D.; A Study of methane leakage in the Soviet natural gas supply system prepared for the Battelle Pacific Northwest Laboratory[R]. Irkutsk, USSR; May 1991; Siberian Energy Institute.

[164] Methane emission from the oil and gas industry[R]. IEA Greenhouse Gas R&D Programme, Report Number PH2/7 January 1997.

[165] Climate Change-the case for gas[R]. A joint publication of the International Gas Union Eurogas and Marcogaz, 1998.

[166] IEA Green House Gas R&P programme (1997). Methane Emissions from the Oil and Gas Industry[R]. Report number PH2/7. January 1997.

[167] BP(1996). Statistical Review of World Energy.

[168] IEA Greenhouse Gas R&D programme (1998). Abatement of Methane Emissions [R].

[169] Intergovernmental Panel on Climate Change (1995). Radiative Forcing of Climate Change and an evalution of the IPCC 1992 Emission scenarios[R].

[170] United Nations(1997). 1995 Energy Statistics Yearbook[M]

[171] Lommerzheim. w. (1976), Neuere Untersuchungen über Erdgas-Spurenelemente[J]. gwf-gas/Erdgas 117(10): 430-432.

[172] Chao, S., and Attari. A(1994). Measurement of Arsenic, Mercury, Radon and other trace constituents in natural gas[J]. proceedings of Seventy-Third GPA Annual convention(1994): 114-117.

[173] Jadoul, S., and Masson, F(1995). Analysis of Metal Impurities in Natural Gas: New Methods of Trapping [J]. 1995 International Gas Research Conference, 362-371.

[174] Altfeld, K., Forster, R.; Kaesler, H(1999). Spurenstoffe in Erdgas(Trace substances in Natural Gas) gwf-Gas/Erdgas. 140(11).

[175] E&P Forum, Safety Performance of the Global E&P Industry[R]. 1998, Report NO. 6. 80/295, July 1999.

[176] Occupational Safety & Health Administration, statistics and Data workplace Injuries d Illnesses[R]. 1997.

[177] CEFIC(International Chemistry Industry) CEFIC 1996 & 1997-Safety Performance Data[R]. VNCI 1999.

[178] Staats, W. R., and R. T. Ellington. Flow Phenomena in Large Diameter Natural Gas pipelines[J]. A. G. A. Operating section proceedings 1958: paper Gsts-58-10.

[179] Lilia Vakka., Faustin Nkokolo., Fedele Pisino. Economic and Reliability Analysis in Determining a Programme for the Technological Rehabilitation of Gas Networks[R]. 20th world Gas Conference 10-13 June Copenhagen. Denmark, 1997.

[180] Christopher, MARCHANT. (UK), Donald J. MOORE. Report of working Group NO. 1, Construction, Maintenance and Operation of Gas Distribution Grids. 18th world Gas Conference, Berlin, Germany 1991.

[181] J. S. Drabble(Chairman) U. K. IGU Committee D, Reporting Working Group NO. 1, Mechanization in the Construction of New distribution systems and new technology for the maintenance, repair and replacement of existing distribution networks[R]. 17th World Gas Conference washington D. C. USA. 1988

[182] Henk KOENS(The Netherlands) and Jaime ELGSTöM(Spain), IGU Committee D, Reporting working group NO. 2, Safety and Reliability in Gas Distribution[R]. 18th world Gas Conference, Berlin, Germany. 1991.

[183] E. Dzirba., and A. Osiadacz(Poland) Structure of Distribution Gas Network Operation System[J]. woc5. 21st world Gas Conference . Nice. France. 2000.

[184] Tjerk VEENSTRA(The Netherlands) Study Group 8.2. Occupational Health and Safety in the Gas Industry[R]. 21st world Gas Conference., June. 6-9. 2000-Nice-France.

[185] Bernard Delcour/Mark Masschelin(France/Belgium) Report of Study Group 5.3. Quality Assurance for Distribution of Gas[R]. 21st World Gas Conference June 6-9, 2000, Nice-France.

[186] Blasting near Pipelines is addressed in the A. G. A. Pipeline Research Committee's Report. Analysis and Testing of Pipe Response to Buried Explosive Detonations[R]. July 1978, A. G. A. Catalog NO. L 51378 and in the Interim Report on project PR-15-109. (A nomograph for use when blasting is Conducted near Pipelines is included in A. G. A Catalog NO. L51300).

[187] National Association of Corrosion Engineers(NACE) RP-01-69(1983 Rev). Control of External Corrosion on Underground or Submerged Metallic Piping Systems[R]. Houston, Texas.

[188] American Gas Association. Corrosion Control/System Protection, Catalog NO. XY0186.

[189] U. S. Department of Transportation(DOT), Materials Transportation Bureau(MTB), Office of pipeline Safety Regulation(OPSR). Pait 192 Title 49 of the Code of Federal Regulations. Transportation of Natural and Other gases by pipeline: Minimum Federal Safety Standards. (共十三章).

[190] Gardner, J. R. and Others. Report of Subcommittee on Customer load Characteristics[R]. A. G. A. Proc. 1950:

117-43.

[191] A.G.A.Reference Manual of Modern Gas Service[M].New York 1946-7.

[192] Masino,J.A.Gas Demand Analysis,What's Been Happening the Last Few Years-Observed Customer Conservation at PSE&G[J].A.G.A.Operating section Proceedings 1979:T165-70.

[193] Gilbert,D.M.Process Control of a Gas Distribution System[J].Gas Age 136(September 1969):24-31.

[194] Quist,H.E.,and D.F.Hansen.The Gas Distribution System of the Future[J].Gas Age 133(November 1966):19-24.